作者简介

陈肇友：教授，四川人，1951年毕业于北京清华大学，毕业后在东北工学院（现东北大学）从事冶金物理化学教学与研究工作，1965年后在冶金工业部洛阳耐火材料研究院从事研究、开发与指导研究生工作；享受国务院政府特殊津贴。已出版的著作有《冶金原理》、《化学热力学与耐火材料》等。

陈肇友耐火材料论文选

Selected Papers on Refractories by Chen Zhaoyou

（增订版）

蒋明学　李　勇　陈开献　主编

Edited by Jiang Mingxue　Li Yong　Chen Kaixian

北　京

冶　金　工　业　出　版　社

2011

内 容 简 介

本书从陈肇友教授发表的一些论文中，精选出有关钢铁、有色冶金和水泥回转窑烧成带用耐火材料的文章。特别是 MgO-CaO 系材料、含 Cr_2O_3 耐火材料、镁铬材料、镁质铁铝尖晶石材料、六铝酸钙材料、熔融石英陶瓷、含碳耐火材料、碳化硅、氮化硅质耐火材料等方面的论文。这些论文介绍了耐火材料的一些基础研究与应用，从化学热力学、相图、化学动力学、抗腐蚀介质侵蚀与渗透、抗热剥落与结构剥落、高温强度、化学组成与组织结构等方面深入浅出、理论结合实际进行了分析与阐述。

该书对广大从事耐火材料、金属火法冶炼及水泥回转窑衬研究、生产与使用的科技工作者及大专院校学生、研究生、教师很有实际用处与参考价值。

图书在版编目(CIP)数据

陈肇友耐火材料论文选/蒋明学，李勇，陈开献主编．—增订本．—北京：冶金工业出版社，2011.1

ISBN 978-7-5024-5379-4

Ⅰ.①陈… Ⅱ.①蒋… ②李… ③陈… Ⅲ.①耐火材料—文集 Ⅳ.①TQ175-53

中国版本图书馆 CIP 数据核字(2010)第 223934 号

出 版 人 曹胜利

地　　址 北京北河沿大街嵩祝院北巷 39 号，邮编 100009

电　　话 (010)64027926 电子信箱 yjcbs@cnmip.com.cn

责任编辑 王 楠 美术编辑 李 新 版式设计 孙跃红

责任校对 王贺兰 责任印制 牛晓波

ISBN 978-7-5024-5379-4

北京百善印刷厂印刷；冶金工业出版社发行；各地新华书店经销

1998 年 6 月第 1 版，2011 年 1 月增订版，2011 年 1 月第 1 次印刷

148mm×210mm；23.375 印张；1 彩页；691 千字；735 页

80.00 元

冶金工业出版社发行部 电话：(010)64044283 传真：(010)64027893

冶金书店 地址：北京东四西大街 46 号(100010) 电话：(010)65289081(兼传真)

(本书如有印装质量问题，本社发行部负责退换)

增订版前言

《陈肇友耐火材料论文选》出版后，由于论文理论联系实际，内容新颖，逻辑性强，并且能深入浅出地论述，清晰易懂，深受高等院校师生、研究院所研究人员以及企业技术工作者的欢迎，销售甚快。一些希望得到该论文选的读者纷纷提出重印要求。考虑到陈肇友教授近年来又相继发表了一些新论文，涉及钢的炉外精炼用耐火材料、耐火材料与洁净钢、有色金属冶炼新技术如澳斯麦特炉用耐火材料，以及水泥回转窑烧成带用无铬耐火材料和如何制取铁铝尖晶石（$FeO \cdot Al_2O_3$）等方面；有的论述内容已在实践中得到了证实，在论文思路指导下，炉衬寿命显著提高，效果很好，在国内外产生了一定影响。因此确定了原书不重印，而采取在原来论文选基础上，将新发表的一些主要论文，原来漏编的有理论意义的论文增选进来，以增订版形式出版，以飨读者。

西安建筑科技大学教授　　蒋明学　博士
北京科技大学教授　　李　勇　博士
北京禅联大成贸易有限公司总经理　　陈开献　博士
2010 年 6 月 8 日

原版前言

陈肇友教授1951年毕业于北京清华大学，是我国著名的耐火材料专家，在耐火材料界享有崇高的威望。

1951年后，他在东北工学院（现东北大学）从事冶金物理化学教学与研究，并与同事合作编著了冶金类高等院校用《物理化学》，主编了《冶金原理》。1965年后，他在冶金部洛阳耐火材料研究所（现冶金部洛阳耐火材料研究院）从事耐火材料的研究、开发工作。在该院工作期间，他成功地研制了我国浇钢用滑动水口、板坯连铸用熔融石英陶瓷浸入式水口以及铝碳质浸入式水口，为我国浇钢系统的重大改革与连续铸钢的发展做出了卓越贡献。70年代末至今，陈肇友教授在高温腐蚀介质对耐火材料的侵蚀、炉外精炼用耐火材料（镁钙、镁铬、镁碳与镁钙碳材料）、有色金属用耐火材料等领域进行了一系列深入探索，有专利三项，并卓有成效地将热力学和相图等应用于耐火材料的研究、开发与使用，为我国耐火材料基础科学的研究和发展做出了积极贡献。

陈肇友教授在取得科研成果的同时，也非常重视培养人才，他是我国四所高等院校的兼职教授。他的学生、硕士生与博士生在我国钢铁、有色金属与耐火材料等行业发挥着骨干作用。

现从陈肇友教授发表的一些论文中精选出有关钢铁工业与有色金属火法冶炼（铜、镍、铅、锌、铝）用耐火材料，如含碳耐火材料、含 Cr_2O_3 耐火材料、MgO-CaO 系材料、镁铬材料、AZS

材料、熔融石英陶瓷、碳化硅质耐火材料等方面的论文汇集成册，以飨读者。这些论文介绍了耐火材料基础理论的一些应用与研究；从化学热力学、相图、动力学、抗腐蚀介质侵蚀与渗透、抗热剥落与结构剥落、高温强度、化学组成与组织结构等方面对耐火材料的研制、开发与使用进行了分析和阐述。

本书在编辑过程中，陈肇友教授对所有论文都亲自审阅，对个别论文进行了适当增删。

我们认为，这本书对广大从事耐火材料和金属火法冶炼研究、生产与使用的工作者及大中专学生、研究生、教师，是具有实用与参考价值的书。

蒋明学　李　勇

1997 年 10 月

目　录

氧化物酸碱性强弱与复合氧化物的生成自由能

陈肇友

（冶金工业部洛阳耐火材料研究院）

1 引言

在耐火材料、冶金炉渣与玻璃陶瓷工业中，人们早就使用了“酸性氧化物”与“碱性氧化物”这些术语，并用氧化物的酸碱性来解释所观察到的现象和反应。由于酸碱性这一概念甚为有用，又易理解，也就引起了人们的注意与兴趣。

A. 迪茨尔（Dietzel）[1]、孙观汉[2,3]以及 H. 弗勒德（Flood）等[4]曾分别从阳离子与氧离子的静电引力、氧化物供给电子对与接受电子对、碳酸盐或硫酸盐分解反应的自由能来研究讨论过氧化物的酸碱性。迪茨尔把各种氧化物都看成是纯粹的离子键化合物，这与实际不甚相符。弗勒德等提出的氧化物酸碱性强弱次序中，缺少常用的 Cr_2O_3、Al_2O_3、Fe_2O_3 等许多两性氧化物，也缺少碱性强的 Na_2O 与 K_2O 等氧化物。

本文从氧化物形成二元复合氧化物（含氧酸盐）时的生成自由能大小，来探讨氧化物酸碱性的强弱，绘制出了由氧化物生成硅酸盐、钙盐的生成自由能与温度关系图，根据自由能图排列了常用氧化物的酸碱性强弱次序，并尝试将这些图与次序应用于耐火材料以及炉渣的反应中。

2 由氧化物生成复合氧化物的标准生成自由能图与氧化物酸碱性强弱次序

由氧化物生成复合氧化物（含氧酸盐）的反应：

$$MO + AO_x \xlongequal{\quad} MO \cdot AO_x (\text{或 } MAO_{x+1})$$

可视为碱性氧化物（MO）与酸性氧化物（AO_x）生成盐（MAO_{x+1}）的反应，即：

$$碱 + 酸 === 盐$$

碱可以是固体或液体，酸可以是固体、液体或气体。

在标准条件下，上述反应进行的热力学条件为标准自由能变化（$\Delta G^{\ominus}$）小于零。$\Delta G^{\ominus}$负值越大，由氧化物生成复合氧化物的趋势越大。我们知道，两个氧化物的酸碱性相差越大，其生成盐的趋势也越大。对于同一种酸性氧化物来说，碱性越强的氧化物，越容易与其形成复合氧化物，其反应自由能 $\Delta G^{\ominus}$负值应越大。反之，对于同一种碱性氧化物来说，酸性越强的氧化物，越容易与其形成复合氧化物，其 $\Delta G^{\ominus}$负值也应越大。因此，若以某一氧化物为参比标准，根据它与各种氧化物生成复合氧化物（含氧酸盐）的自由能 $\Delta G^{\ominus}$的大小，我们可以确定出各种氧化物的碱性或酸性强弱次序。

对于高温下的耐火材料、冶金炉渣与玻璃熔体来说，自然以 SiO_2 或 CaO 作为参比标准较为合适。为此，作者根据已有数据或经过计算，绘制出了由各种氧化物生成硅酸盐和钙盐时的生成自由能 $\Delta G^{\ominus}$与温度的关系图，如图 1、图 2 所示。

由于有些氧化物如 V_2O_3 尚缺生成钙盐或硅酸盐的热力学数据，为了大致确定这些氧化物在酸碱性强弱次序中的位置，还绘制出了对耐火材料有用的镁盐、铁盐与铬酸盐的生成自由能与温度的关系图，如图 3、图 4 所示。

一些复合氧化物的生成自由能与温度关系线的来源如下：

（1）锆英石生成反应：

$$ZrO_2 + SiO_2 === ZrO_2 \cdot SiO_2 (或 ZrSiO_4)$$

其 $\Delta G_{298}^{\ominus} = -21.6 kJ/mol$（$-5155 cal/mol$），是根据文献［5］所列数据计算出的。由 ZrO_2-SiO_2 系相图[6] 知，$ZrSiO_4$ 高于 1677℃（1950K）时要分解为 ZrO_2 与 SiO_2。因此上述反应在 1677℃时的 $\Delta G^{\ominus}$应为零。由 $\Delta G_{298}^{\ominus}$与 $\Delta G_{1950}^{\ominus}$值即可绘制出由氧化物生成锆英石的生成自由能与温度的关系。

（2）反应：

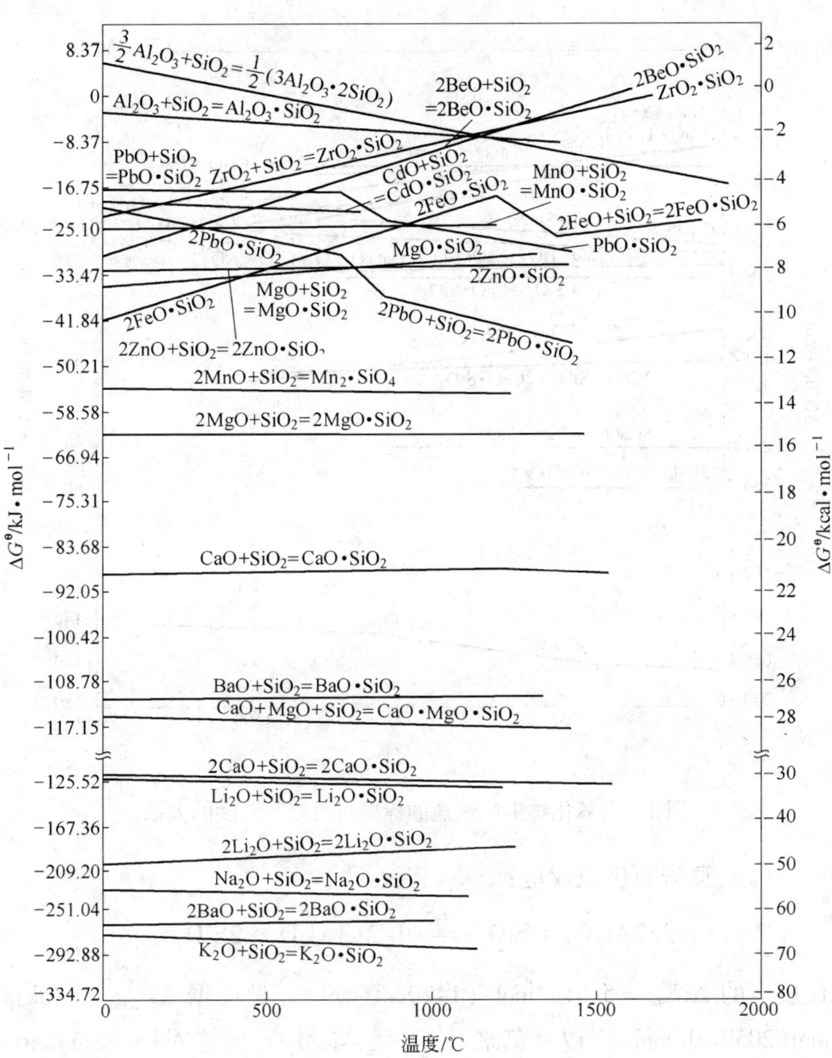

图 1　由氧化物生成硅酸盐的标准自由能与温度的关系

$$2BeO + SiO_2 \xlongequal{\quad} 2BeO \cdot SiO_2$$

其 $\Delta G^\ominus_{298} = -29.9$kJ/mol（$-7154$cal/mol）是由文献［7］所列数据算出的。由 BeO-SiO_2 系相图[8]知，$2BeO \cdot SiO_2$ 高于 1560℃ 时要分解为 BeO 与 SiO_2。因此在 1560℃时，其 $\Delta G^\ominus$应等于零。

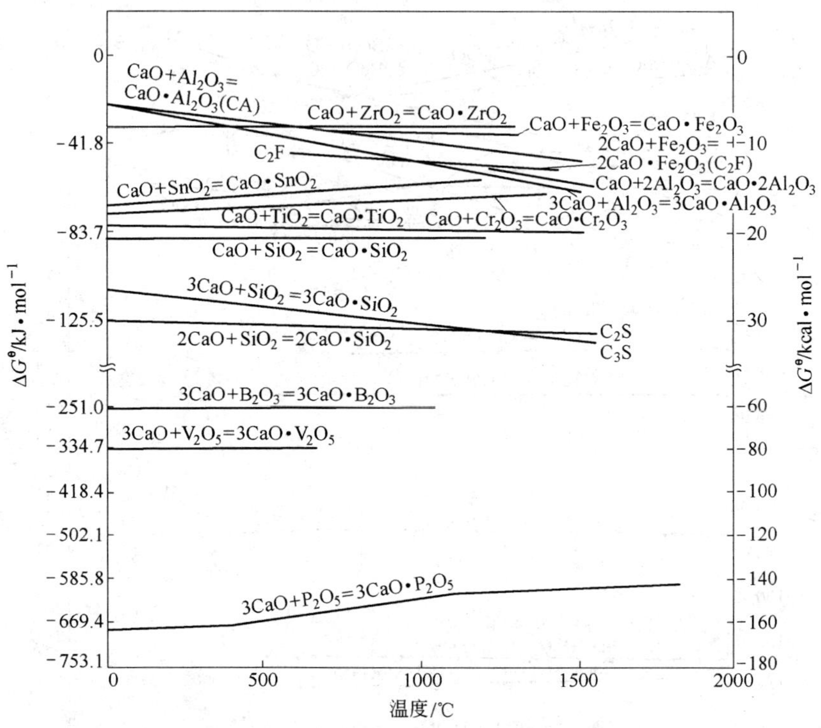

图2　由氧化物生成钙盐的标准自由能与温度的关系

（3）莫来石生成反应：

$$3/2Al_2O_3 + SiO_2 \xlongequal{\quad} 1/2(3Al_2O_3 \cdot 2SiO_2)$$

该反应的 $\Delta G^\ominus_{298} = 5.9$kJ/mol（1420cal/mol），是根据 $\Delta H^\ominus_{298} = 8.6$kJ/mol(2050cal/mol)[5]以及莫来石、SiO_2 与 Al_2O_3 的绝对熵值 354.40、41.46 与 50.99J/(mol·K)[60.8、9.91、12.2cal/(mol·K)]计算出的。而 1550℃时的 $\Delta G^\ominus = -11.7$kJ/mol(−2800cal/mol)，用的是 R. H. 赖因（Rein）与 J. 奇普曼（Chipman）[9]的数据。由此得到的 $\Delta G^\ominus$与温度关系线与 T. 罗森维斯特（Rosenqvist）[10]所得出的十分一致。

（4）反应：

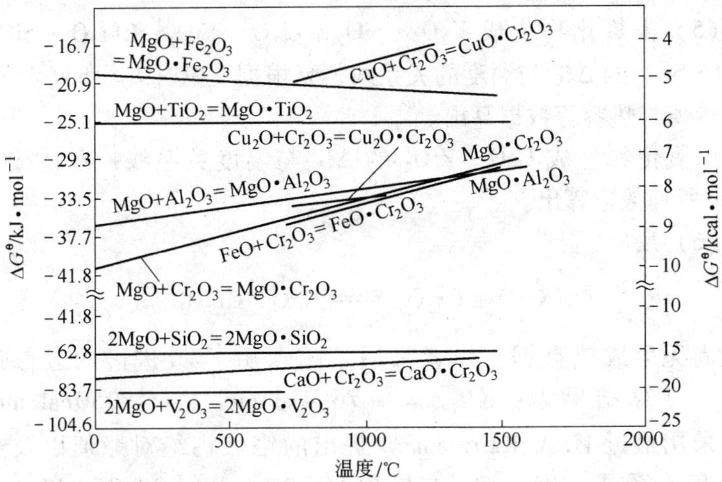

图3　由氧化物生成镁盐或铬酸盐的标准自由能与温度的关系

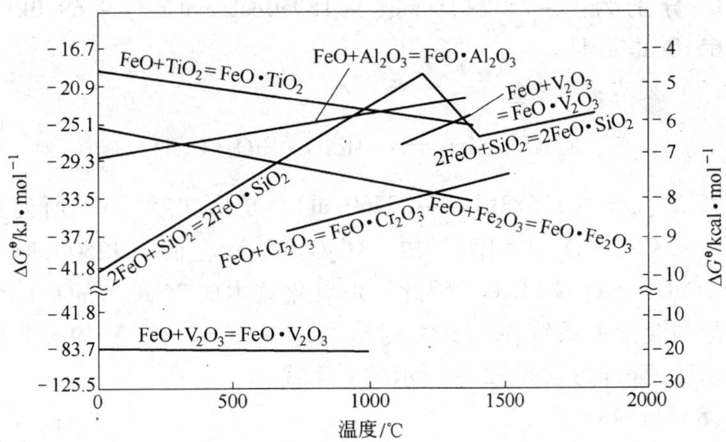

图4　由氧化物生成铁盐的标准自由能与温度的关系

$$MgO + Al_2O_3 \Longrightarrow MgO \cdot Al_2O_3$$

其 $\Delta G^{\ominus}_{298} = -36.3$kJ/mol（$-8680$cal/mol），是由文献［5］所列数据算出的。1000℃时的 $\Delta G^{\ominus} = -35.1$kJ/mol（$-8400$cal/mol），来自文献［11］。而1600℃时的 $\Delta G^{\ominus} = -30.6$kJ/mol（$-7310$cal/mol），是

用文献［9］中的数据算出的。

（5）由氧化物生成 $K_2O \cdot SiO_2$、$Li_2O \cdot SiO_2$、$2Li_2O \cdot SiO_2$ 与 $2BaO \cdot SiO_2$ 的 $\Delta G^\ominus$ 与温度的关系线，是根据文献［7］所列生成热、绝对熵值与热容等数据算出。

由氧化物生成 $CaO \cdot ZrO_2$ 的 $\Delta G^\ominus$ 与温度关系线，则是按文献［12］所列数据算出。

（6）反应：

$$CaO + Cr_2O_3 = CaO \cdot Cr_2O_3$$

现在尚无生成热数据。作者采用了陈念贻[13]改进过的近似计算方法，计算结果为：$\Delta H^\ominus_{298} = -76.4kJ/mol$（$-18250cal/mol$）。然后采用最近 И. А. Кантеева[14]提出的铬酸钙绝对熵值以及热容与温度关系式，即 $S^\ominus_{298} = 118.6kJ/(mol \cdot K)$［$28.35cal/(mol \cdot K)$］，$c_p = 32.39 + 11.0 \times 10^{-3}$等，算出上面反应在 298 与 1273K 时的 $\Delta G^\ominus$ 分别为：-75.5 kJ/mol（$-18050cal/mol$）与 $-69.0kJ/mol$（$-16510cal/mol$）。

（7）反应：

$$3CaO + SiO_2 = 3CaO \cdot SiO_2(C_3S)$$

其 $\Delta G^\ominus_{298} = -115.3kJ$（$-27560cal$），是由文献［5］所列数据算出。从 $CaO\text{-}SiO_2$ 系相图[8]知，$3CaO \cdot SiO_2$ 在低于 1250℃ 时将分解为 $2CaO \cdot SiO_2$ 和 CaO。因此，由氧化物生成 $3CaO \cdot SiO_2$ 的生成自由能与温度关系线在 1250℃ 时应与生成 $2CaO \cdot SiO_2$ 的关系线相交。由此即可得到如图 2 中所示的关系线。

（8）反应：

$CaO + MgO + SiO_2 = CaO \cdot MgO \cdot SiO_2(CMS)$ 是用文献［5］所列数据算出的：$\Delta H^\ominus_{298} = -115.4kJ/mol$（$-27600cal/mol$），$\Delta S^\ominus_{298} = 2.3J/(mol \cdot K)$［$0.55cal/(mol \cdot K)$］，$\Delta G^\ominus_{298} = -116.1kJ/mol$（$-27760cal/mol$）。然后用文献［12］所列热容关系式，算出 1273K 时 $\Delta G^\ominus = -116.8kJ/mol(-27910cal/mol)$。

其他一些复合氧化物的生成自由能与温度关系线的来源或计算

也依据有关资料❶。

从图1、图2、图3与图4可以看出，温度对氧化物生成复合氧化物的自由能是有影响的，特别是对有 Al_2O_3、Fe_2O_3、Cr_2O_3、ZrO_2、BeO与FeO参加的反应影响较大。

从图1所示各种由氧化物生成硅酸盐的标准自由能变化的大小，可以排列出在不同温度时氧化物的酸碱性强弱次序。例如在1000℃时，从偏硅酸盐可排列出：

Al_2O_3、ZrO_2、CdO、PbO、MnO、CaO、BaO、Li_2O、Na_2O、K_2O

从正硅酸盐可排列出：

BeO、FeO、ZnO、PbO、MnO、MgO、CaO、Li_2O

综合以上次序得：

Al_2O_3、ZrO_2、BeO、FeO、ZnO、CdO、PbO、MnO、MgO、CaO、BaO、Li_2O、Na_2O、K_2O

类似的，从图2可以排列出下列氧化物酸碱性强弱次序，在1000℃时为：

P_2O_5、V_2O_5、B_2O_3、SiO_2、TiO_2、Cr_2O_3、SnO_2、Al_2O_3、Fe_2O_3、ZrO_2

从图1~图4可以看出，以不同氧化物作为衡量酸碱性强弱的参比标准时，氧化物酸碱性强弱次序也将有所不同。其中特别是两性氧化物的次序改变较大。

由于目前从实验测定氧化物生成复合氧化物的生成热或自由能时，一般误差较大，约在±6.28kJ(±1500cal)。而两性氧化物与

---

❶ $MgO \cdot SiO_2$[5], $2MgO \cdot SiO_2$[5], $2MnO \cdot SiO_2$[5], $CaO \cdot SiO_2$[5], $2CaO \cdot SiO_2$[5], $Na_2O \cdot SiO_2$[5], $Al_2O_3 \cdot SiO_2$[10], $2FeO \cdot SiO_2$[10], $BaO \cdot SiO_2$[10], $3CaO \cdot P_2O_5$[10], $CaO \cdot Al_2O_3$[9,10], $CaO \cdot 2Al_2O_3$[9,10], $3CaO \cdot Al_2O_3$[9,10], $PbO \cdot SiO_2$[15], $2PbO \cdot SiO_2$[15], $2ZnO \cdot SiO_2$[15], $CdO \cdot SiO_2$[15], $MnO \cdot SiO_2$[15], $3CaO \cdot V_2O_5$[16], $2MgO \cdot V_2O_5$[16], $FeO \cdot TiO_2$[16], $FeO \cdot Cr_2O_3$[16], $FeO \cdot V_2O_5$[16], $CuO \cdot Cr_2O_3$[16], $Cu_2O \cdot Cr_2O_3$[16], $CaO \cdot Fe_2O_3$[16], $2CaO \cdot Fe_2O_3$[17], $MgO \cdot TiO_2$[17], $CaO \cdot TiO_2$[16,17], $3CaO \cdot B_2O_3$[5,10], $MgO \cdot Fe_2O_3$[11,16], $MgO \cdot Cr_2O_3$[11,16], $FeO \cdot Al_2O_3$[5,11], $FeO \cdot Fe_2O_3$[11], $FeO \cdot V_2O_3$[18], $CaO \cdot SnO_2$[19]。

其他氧化物生成复合氧化物时的生成热或自由能又不甚大（指绝对值）。因此，实验误差可能掩盖两性氧化物酸碱性强弱的真实次序。鉴于这一原因，对于两性氧化物，在排列酸碱性强弱次序时，还参考了它们之间形成复合氧化物的实际情况。例如，从资料已知：

（1）ZrO_2 与 Fe_2O_3、Cr_2O_3 或 Al_2O_3 不生成化合物，表明 ZrO_2 的酸碱性与 Fe_2O_3、Cr_2O_3 或 Al_2O_3 相近。

（2）SiO_2 与 TiO_2、Cr_2O_3 或 Fe_2O_3 不生成化合物，而与 Al_2O_3 或 ZrO_2 生成化合物，表明 TiO_2、Cr_2O_3 与 Fe_2O_3 的酸性较 Al_2O_3 和 ZrO_2 强。

（3）Fe_2O_3 与 Al_2O_3 生成化合物，表明 Fe_2O_3 的酸性较 Al_2O_3 大。Cr_2O_3 与 Al_2O_3 不生成化合物，表明 Cr_2O_3 与 Al_2O_3 的酸性靠近。

（4）TiO_2 与 Fe_2O_3、Cr_2O_3、Al_2O_3 或 ZrO_2 生成化合物，表明 TiO_2 的酸性较 Fe_2O_3、Cr_2O_3、Al_2O_3 与 ZrO_2 都强。

从以上实际情况看，这几个氧化物的酸碱性强弱次序似乎是：

SiO_2、TiO_2、Fe_2O_3、Cr_2O_3、Al_2O_3、ZrO_2。

此外，从图 4 可以看出，V_2O_3 的酸性（或碱性）大致在 Fe_2O_3 与 Al_2O_3 之间。而从铬酸盐（图 3）看，Cu_2O 与 CuO 的碱性较 FeO 与 MgO 弱。

综上所述，氧化物的酸性或碱性的强弱次序排列如下：

碱性增强———→

P_2O_5、V_2O_5、B_2O_3、SiO_2、TiO_2、Fe_2O_3、Cr_2O_3、SnO_2、V_2O_3、Al_2O_3、ZrO_2、BeO、CuO、Cu_2O、FeO、ZnO、CdO、PbO、MnO、MgO、CaO、BaO、Li_2O、Na_2O、K_2O。

应该指出，在这一酸碱性强弱次序中，有的氧化物虽然彼此靠近（例如 MgO 与 CaO），但从其生成硅酸盐的标准自由能变化与温度的关系图看，其位置却是相差较远，即它们的碱性还是相差较大的。

为了比较不同研究者所得出的结果，表 1 中同时列有本文所得出的次序以及根据静电引力[1]、碳酸盐或硫酸盐分解反应[4]所得出的氧化物酸碱性强弱次序。

表1 不同研究者所得出的氧化物酸碱性强弱次序

本文所得出的次序（1000℃）	按阳离子与氧离子静电引力大小得出的次序[1]	按碳酸盐分解反应得出的次序[4]	按硫酸盐分解反应得出的次序[4]
P_2O_5	P_2O_5	P_2O_5	⋮
V_2O_5	SiO_2	B_2O_3	⋮
B_2O_3	V_2O_5	SiO_2	⋮
SiO_2	B_2O_3	TiO_2	⋮
TiO_2	TiO_2	⋮	⋮
Fe_2O_3	SnO_2	⋮	⋮
Cr_2O_3	Al_2O_3	⋮	⋮
SnO_2	Cr_2O_3	⋮	⋮
V_2O_3	Fe_2O_3	⋮	⋮
Al_2O_3	ZrO_2	⋮	⋮
ZrO_2	BeO	FeO	BeO
BeO	CeO_2	ZnO	Fe_2O_3
CuO	MgO	CoO	CuO
Cu_2O	ZnO	Ag_2O	CoO
FeO	CuO	MnO	NiO
ZnO	FeO	MgO	ZnO
CdO	MnO	CdO	CdO
PbO	CaO	PbO	MnO
MnO	BaO	CaO	Ag_2O
MgO	Li_2O	Li_2O	MgO
CaO	Cu_2O	BaO	PbO
BaO	Na_2O		CaO
Li_2O	K_2O		Li_2O
Na_2O	Cs_2O		BaO
K_2O			

从表 1 看，本文所列氧化物酸碱性强弱次序较其他研究者所列次序更符合耐火材料、冶金炉渣与玻璃生产中的实际情况。

3 复合氧化物标准生成自由能图与氧化物酸碱性强弱次序的用处

从氧化物酸碱性强弱次序可以看出，酸碱性相差较大的氧化物，一般都将生成复合氧化物，酸碱性相近的两个氧化物一般将形成固溶体或形成低共熔物。

由于酸性最强的氧化物总是先和碱性最强的氧化物反应，然后再和碱性稍次的氧化物反应；以及碱性最强的氧化物总是先和酸性最强的氧化物反应，然后再和酸性稍次的氧化物反应，因此，从氧化物酸碱性强弱次序和图 1 ~ 图 4，可以了解各种氧化物之间的相互作用，大致预示出在含有多种氧化物的复杂体系中，将会发生一些什么反应，它们在热力学上的反应次序以及达到平衡时存在的矿物相。

下面举几个耐火材料和冶金炉渣中的例子，说明氧化物酸碱性强弱次序与自由能图的用处。

例 1 将锆英石与 Al_2O_3 混合，并在高温下进行煅烧或熔融。从图 1 可以得出，将发生下列形成莫来石的反应：

$$3/2Al_2O_3 + ZrSiO_4 = 1/2(3Al_2O_3 \cdot 2SiO_2) + ZrO_2$$

例 2 若白云石中含有少量 SiO_2，由于 CaO 的碱性较 MgO 强，即 SiO_2 与 CaO 的亲和力较 MgO 大，因此高温煅烧时，白云石中的少量 SiO_2 将与 CaO 生成 $2CaO \cdot SiO_2(C_2S)$ 或 $3CaO \cdot SiO_2(C_3S)$。

若将镁橄榄石或蛇纹石或滑石加入到白云石中，根据上面同样理由，在高温下将发生下列反应：

$$2MgO \cdot SiO_2 + 2CaO = 2MgO + 2CaO \cdot SiO_2(\text{或 } C_3S)$$

$$3MgO \cdot 2SiO_2 + 4CaO = 3MgO + 2(2CaO \cdot SiO_2)(\text{或 } C_3S)$$

例 3 当 CaO : SiO_2 = 1 : 1 时，在下列固相反应中：

$$CaO + SiO_2 = CaO \cdot SiO_2 \quad (1)$$

$$CaO + SiO_2 = 1/2(2CaO \cdot SiO_2) + 1/2SiO_2 \quad (2)$$

$$CaO + SiO_2 = 1/3(3CaO \cdot SiO_2) + 2/3SiO_2 \quad (3)$$

从图2的数据可以算出，反应式1的$\Delta G^\ominus$负值最大。即$CaO/SiO_2 = 1$时，将只生成$CaO \cdot SiO_2$。

同样可以得出，当$CaO/SiO_2 < 1$时，也将只能生成$CaO \cdot SiO_2$。

当$CaO : SiO_2 = 3 : 1$，而温度低于1250℃时，类似地可得出以下反应：

$$3CaO + SiO_2 = 2CaO \cdot SiO_2 + CaO$$

即：

$$2CaO + SiO_2 = 2CaO \cdot SiO_2(C_2S)$$

可能发生。即在此条件下，只生成C_2S，而不能生成$3CaO \cdot SiO_2$或$CaO \cdot SiO_2$。

有一菱镁矿煅烧后的化学组成为：91% MgO、4% CaO与5% SiO_2。由于$CaO/SiO_2 < 1$，高温煅烧时，CaO将首先与SiO_2生成$CaO \cdot SiO_2$，剩余的SiO_2再与MgO生成镁橄榄石（$2MgO \cdot SiO_2$），其余MgO则以方镁石存在。但从图1可知，生成的$CaO \cdot SiO_2$是不稳定的，将会与MgO进一步反应生成钙镁橄榄石（$CaO \cdot MgO \cdot SiO_2$）。因此，这种菱镁矿在高温煅烧后，其矿物相为：方镁石、镁橄榄石与钙镁橄榄石。

例4 在含有氧化物CaO、SiO_2、FeO、MnO、MgO与P_2O_5的含磷碱性渣中，可能存在一些什么矿物？

在这些氧化物中，酸性最强者为P_2O_5，其次为SiO_2；碱性最强者为CaO。CaO首先与P_2O_5反应形成磷酸盐。若此渣中CaO含量较多，则剩余的CaO将与SiO_2形成C_2S或C_3S；若CaO还有剩余，此CaO即以游离CaO存在。其余MgO、FeO与MnO则形成固溶体，即所谓“RO”相。

例5 炼铜闪速炉炉渣成分主要为：35% SiO_2、50% FeO与10% Fe_2O_3。试估计此炉渣淬火后存在的矿物相。

闪速炉熔炼温度为1350℃。由于此种炉渣主要为FeO，因此以生成铁盐的图来说明炉渣中的反应较好。从图4可以看出，在熔炼温度为1350℃时，FeO与Fe_2O_3生成磁铁矿的自由能小于FeO与

SiO_2 生成硅酸铁的自由能。因此，渣中 FeO 首先与 Fe_2O_3 反应生成磁铁矿。由于磁铁矿熔点高于 1350℃，磁铁矿将以晶体析出。剩下的 FeO 与 SiO_2 等形成硅酸盐熔体，由于此熔体熔点低，SiO_2 含量高、黏度大，因而冷却时可能以玻璃相存在。由此得出，炉渣淬火后的矿物相将主要由磁铁矿自形晶与玻璃相组成。这一估计结果与显微镜实际鉴定结果甚为相符[20]。

应该指出，上面所举的其他例子，也是与实际情况十分相符。

4 结语

绘制出了由氧化物生成硅酸盐、钙盐、镁盐与铁盐的生成自由能与温度关系图。根据自由能图以及两性氧化物生成复合氧化物的实际情况，排列了氧化物酸碱性强弱次序。

由氧化物酸碱性强弱次序与自由能图，可以甚为方便地大致了解各种氧化物之间的相互作用，大致预示由多种氧化物构成的体系中，可能发生的反应，以及可能存在的矿物相。我们知道，四元以上的复杂体系要用相图来讨论说明其中可能发生的反应和存在的矿物相，是比较复杂与困难的。

参 考 文 献

[1] Dietzel A. Z. Elektrochem.，1942，48：9.

[2] Sun K H，Silverman A. J. Amer. Ceram. Soc.，1945，28(1)：8.

[3] Sun K H. J. Soc. Glass Tech.，1947，31(143)：245.

[4] Flood H，Förland T. Acta Chem. Scand.，1947，1：592.

[5] Kubaschewisk O，Alcock C B. Metallurgical Thermochemistry. 5 th Edition. Pergaman Press，1979：270～323.

[6] Shultz R L，Muan A. J. Amer. Ceram. Soc.，1971，54(10)：504.

[7] Бабушкин В И，Матвеев Г М，Мчедлов-Петросян О П. Темодинамика Силикатов. Издателъство Литераутры по Строителъству，1972：324～345.

[8] Levin E M，Robbins C R，McMur die H F. Phase Diagrams for Ceramists. Amer. Ceram. Soc.，Columbus，Ohio，1964，100：104.

[9] Rein R H，Chipman J. Tran. Metall. Soc. AIME，1965，233(2)：415.

[10] Rosenqvist T. Principles of Extractive Metallurgy，McGraw-Hill Book Company. 1974：532～533.

[11] Alper A M. High Temperature Oxides, Part 1. Academic Pless, New York, London, 1970: 299.

[12] Balin I, Knacke O. Thermochemical Properties of Inorganic Substance. Springer, Berlin, Heidelberg, New York, 1973, 205: 211.

[13] 陈念贻，温元凯．金属学报，1979，151：85.

[14] Кантеева И А, Коган В С, Изв. АН СССР, Неорган Мат. , 1980, 16(6): 1051.

[15] Aranda-Forno S B, Jeffes J H E. Inst. Min. Met. Trans. , 1976, 85(4): 213.

[16] Kubaschewiski O. High Temperature-High Pressure, 1972, 4: 1 ~ 12.

[17] Elliott J F, et al. . Thermochemistry for Steelmaking, Vol. Ⅱ, Addison Wesley Publishing Company, INC, 1963.

[18] Завейворот Н С, Лыкасов А А, Михайлов Г Г, Изв. АН СССР, Неорган. Мат. , 1978, 14(2): 374.

[19] Jacob K T, Chan J C. J. Electrochem. Soc. , 1974, 12(4): 534.

[20] 钟香崇，张丽华．炼铜炉用熔铸镁铬砖显微结构的研究，1980.

本文选自《硅酸盐通报》，1983，(5)：29.

含碳耐火材料中添加剂的热力学行为

陈肇友

（冶金工业部洛阳耐火材料研究院）

摘　要：本文绘制了金属与碳、氮形成的碳化物与氮化物的标准自由能与温度的关系；各种元素、碳化物和氮化物对氧的亲和力（$\Delta G^{\ominus}$）与温度的关系；以及 Si-C-N-O 系与 Al-C-N-O 系中氮化物、碳化物与氧化物稳定存在区域图。从这些图可以预示含碳耐火材料中添加剂的作用，以及如何发挥其作用，得到抗氧化性能好和高强度的含碳制品。

1　引言

含碳耐火材料是现今耐火材料的发展方向之一。含碳耐火材料的主要缺点是碳易被氧化，其次是强度较低。为了抑制碳的氧化并提高强度，通常要加入一定量的添加剂，这些添加剂有 Si、Al、Mg、Ca、Zr、SiC、B_4C、BN 等。

近年来山口明良[1~3]以及施密斯（Smith）与怀特（White）等[4,5]对含碳耐火材料中某些添加物的热力学行为进行过一些分析与研究。

本文系统、简明地阐述和分析了这些添加物在含碳耐火材料中的热力学行为，以便较清晰地了解这些添加剂的作用，发挥其作用。

2　碳化物与氮化物的生成自由能

图 1 示出了含碳耐火材料中碳与加入的一些单质的亲和力（$\Delta G^{\ominus} = RT\ln a_c$）同温度的关系。图 1 是根据文献［6~8、10］所提供的热力学数据绘制的。从图 1 可知，除 Mg 以外，Si、Al、Ca、B

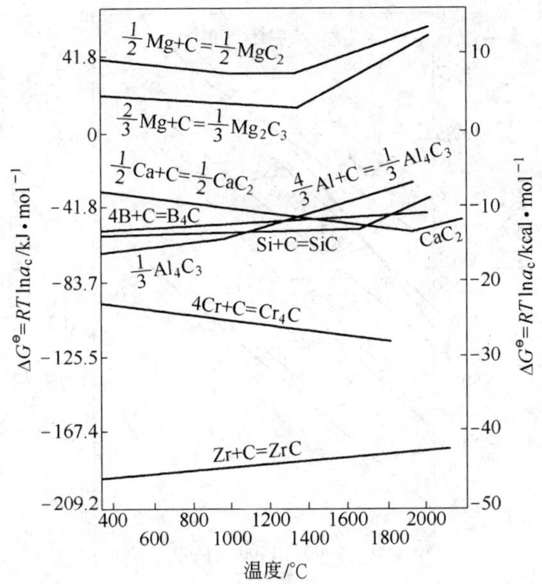

图 1 碳化物的标准生成自由能与温度的关系

Fig. 1 The standard free energy of formation of carbides as a function of temperature

与 Zr 都要与碳生成碳化物。

图 2 示出了含碳耐火材料中加入的单质与 N_2 反应形成氮化物时，其 $\Delta G^{\ominus}=RT\ln p_{N_2}$ 与温度的关系。p_{N_2} 为平衡时 N_2 的分压（atm）。

从图 2 可见，在氮气氛下，Al、Si、Mg、B、Ca、Zr 都能形成氮化物。

3 添加剂与氧的亲和力

添加剂能否抑制碳氧化，涉及到添加剂与氧亲和力的大小。

图 3 绘出了一些元素、碳化物及氮化物与氧反应的标准自由能变化（$\Delta G^{\ominus}$）同温度的关系。该图是根据文献［6～10］提供的热力学数据，经过一定选择绘制的。

从图 3 可以得出在不同温度下，各种元素、碳化物、氮化物对

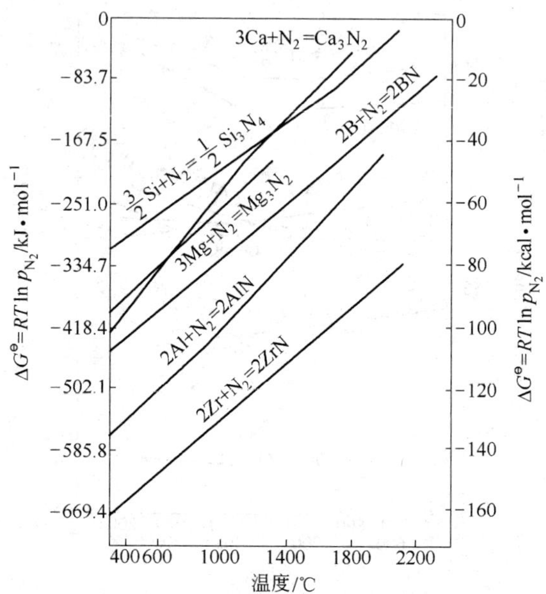

图2 氮化物的标准生成自由能与温度的关系

Fig. 2 The standard free energy of formation of nitrides as a function of temperature

氧亲和力的大小次序。

例如，用于炼钢炉的不烧 MgO-C 砖，若其中加有 Al 和 SiC，在1650℃时 Al 对氧亲和力大于碳，可以起抑制碳氧化的作用，而 SiC 则不能起保护碳的作用。

再如，用于铁水预处理的不烧 Al_2O_3-C 砖，添加有 Al、Si 和 SiC，在使用温度为 1350℃时，Al、Si 与 SiC 均能起抑制碳氧化的作用。但是，同样添加有 Al、Si 与 SiC 的 Al_2O_3-C 质浸入式水口，由于经过埋在碳粒中于 1300℃左右烧成，其中 Al 已全部转变为 Al_4C_3 与 AlN，Si 部分地转变为 SiC 与 Si_3N_4[11]❶。在连续铸钢 1550℃时，

---

❶ 此种高温处理并未达到热力学平衡。

注：本文当时采用的标准态压力为 1atm。

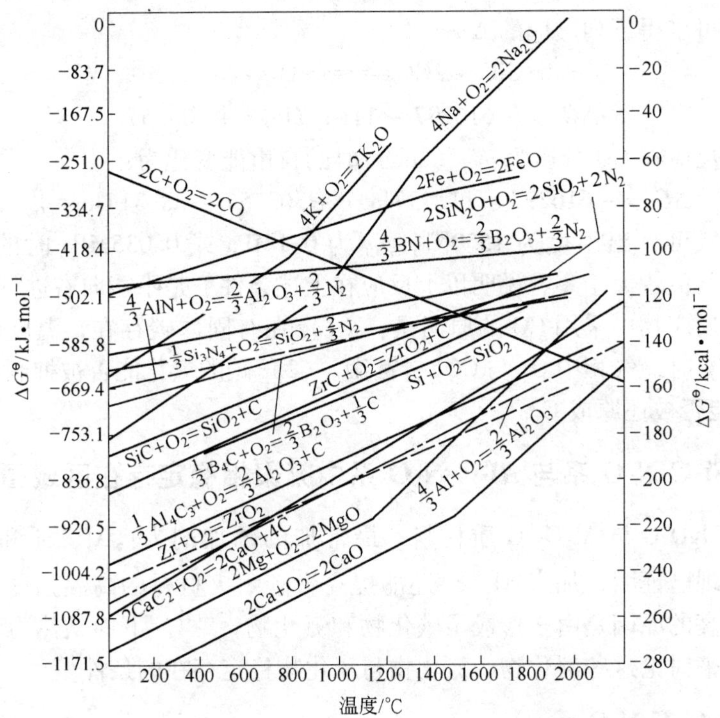

图 3 含碳耐火材料中，有关元素、碳化物和氮化物同氧反应的标准自由能变化

Fig. 3 The plots of affinity of metals, carbides and nitrides with oxygen ($\Delta G^{\ominus}$) against temperature

只有 Al_4C_3 与 Si 能优先于碳氧化而保护碳，而 SiC、Si_3N_4 与 AlN 只有在碳氧化后才能被氧化，它们就不能保护碳。总之，SiC 在 Al_2O_3-C质浸入式水口中起不到保护碳的作用，而在铁水预处理用的 Al_2O_3-C 砖中则能抑制碳的氧化。

下面用热力学数据来直接计算。由下列两反应式的 $\Delta G^{\ominus}$，

$$SiC + O_2 = SiO_2 + C$$

$$\Delta G^{\ominus} = -839870 + 11.43T\log T + 128.1T$$

$$2C + O_2 = 2CO$$

$$\Delta G^{\ominus} = -223575 - 175.4T$$

可求得下列反应的 $\Delta G^{\ominus}$

$$SiC + 2CO \longrightarrow SiO_2 + 3C$$

$$\Delta G^{\ominus} = -616297 + 11.43T\log T + 303.5T$$

以上反应在 CO 分压为 p_{CO}（atm）时的自由能变化为：

$$\Delta G = -616297 + 11.43T\log T + 303.5T - 38.31T\log p_{CO}$$

从上式可算出温度为 1550℃，p_{CO} 为 0.1MPa 或 0.035MPa 时的 ΔG 值，其值皆大于零，说明以上反应在上述条件下是不能向右进行的。

反应物中采用 CO 的原因是：（1）在有固体碳存在，温度超过 1000℃时，气相中 O_2 与 CO_2 皆甚微。（2）碳的氧化能否被抑制要看 CO 能否被还原成 C。

4 Si-C-N-O 系与 Al-C-N-O 系中凝聚相稳定存在区域图

MgO-C 与 Al_2O_3-C 质材料，最常加的添加剂为：Al、Si 和 SiC 粉。现已证明，加入 Al、Si 还能提高含碳耐火材料的高温强度。强度提高的原因是由于形成了碳化物和氮化物[12~14]。下面从热力学的角度来讨论这些碳化物、氮化物与氧化物稳定存在的条件。

4.1 Si-C-N-O 系

在 Si-C-N-O 系中有重要实际意义的凝聚相有：Si、SiC、Si_3N_4、Si_2N_2O、SiO_2 与 C。由于 β-氮化硅（Si_3N_4）生成后，一直到室温都可以存在，而 α-氮化硅与 β-氮化硅相变性质尚有争议，因此，本文未考虑 α-氮化硅。

烧成含碳耐火材料通常是在大气下埋于碳粒中在约 1300℃烧成的。不烧含碳耐火材料又多是在高温大气中使用。在有固体碳存在时，根据反应：$C + O_2 = CO_2$ 与 $2C + O_2 = 2CO$，或反应：$C + CO_2 = 2CO$ 的热力学数据计算可知，当温度超过 1000℃时，气相中的 O_2 几乎全部转变为 CO。因此，含碳耐火材料经常受到 CO 分压为 35kPa，N_2 分压为 66kPa 的混合气体的作用。

由文献［6~9］提供的热力学数据，可以求得表 1 中前 5 个（1~5）反应的 $\Delta G^{\ominus}$。

表 1 Si-C-N-O 系与 Al-C-N-O 系中凝聚相与气相之间反应的标准自由能变化

Table 1 Standard free energy changes for reaction of condensed phase with gas phases in Si-C-N-O system and Al-C-N-O system

反应	$\Delta G^{\ominus}$
$SiC + 2CO \Longrightarrow SiO_2 + 3C$	$-616297 + 11.43T\log T + 303.5T$
$3SiC + 2N_2 \Longrightarrow Si_3N_4 + 3C$	$-559775 + 305.93T$
$2SiC + CO + N_2 \Longrightarrow Si_2N_2O + 3C$	$-638696 + 313.72T$
$Si_2N_2O + 3CO \Longrightarrow 2SiO_2 + N_2 + 3C$	$-610645 + 378.70T$
$4/3Si_3N_4 + 2CO \Longrightarrow 2Si_2N_2O + 2/3N_2 + 2C$	$-531012 + 219.55T$
$Al_4C_3 + 6CO \Longrightarrow 2Al_2O_3 + 9C$	$-2431275 + 1081.7T$
$2AlN + 3CO \Longrightarrow Al_2O_3 + N_2 + 3C$	$-695595 + 356.04T$
$Al_4C_3 + 2N_2 \Longrightarrow 4AlN + 3C$	$-1040085 + 369.61T$

由表 1 中所列 $\Delta G^{\ominus}$ 与温度的关系式，可绘出在一定 p_{N_2} 时，反应 1 ~ 5 的 $RT\ln p_{CO}$ 与温度的关系。当 p_{N_2} 为 0.1MPa 或 66kPa 时，其 $RT\ln p_{CO}$ 与温度的关系如图 4 所示。

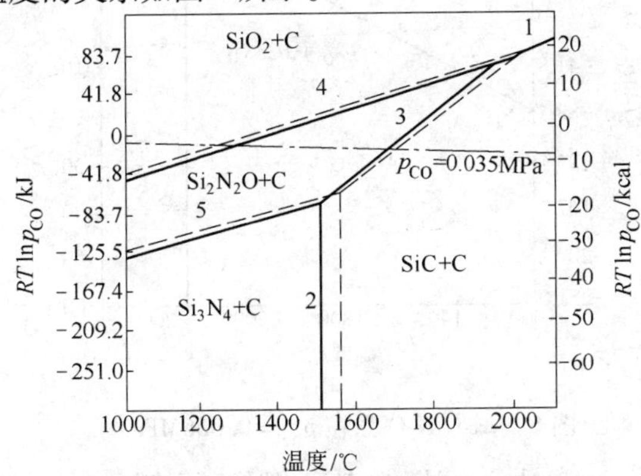

图 4 Si-C-N-O 系在 $p_{N_2} = 0.066$MPa 或 $p_{N_2} = 0.1$MPa 时，SiC、Si_3N_4、Si_2N_2O 与 SiO_2 的稳定存在区

- - - - 为 $p_{N_2} = 0.1$MPa 时的边界线；——为 $p_{N_2} = 0.066$MPa 时的边界线；

—·—为 $p_{CO} = 0.035$MPa 时的 $RT\ln p_{CO}$ 线

Fig. 4 Diagram of stability relations of SiC, Si_3N_4, Si_2N_2O and SiO_2 in Si-C-N-O system at $p_{N_2} = 0.066$MPa or $p_{N_2} = 0.1$MPa

从图 4 可知，在 $p_{N_2}=0.066$MPa 与 $p_{CO}=0.035$MPa 的气氛下，当温度低于1270℃时，SiO_2 稳定；1270℃与1675℃之间，Si_2N_2O 稳定；高于 1675℃；SiC 稳定。但在上述条件下，Si_3N_4 则是不稳定的。

4.2 Al-C-N-O 系

在 Al-C-N-O 系中有重要实际意义的凝聚相有：Al、Al_4C_3、AlN、Al_2O_3 与 C。由已有的热力学数据[1~3]可以求出如表 1 中后 3 个（6 ~ 8）反应的 $\Delta G^{\ominus}$。

根据表 1 中所列的 $\Delta G^{\ominus}$，可绘出 $p_{N_2}=0.066$MPa 时，反应 6 ~ 8 的 $RT\ln p_{CO}$ 与温度的关系。其结果如图 5 所示。

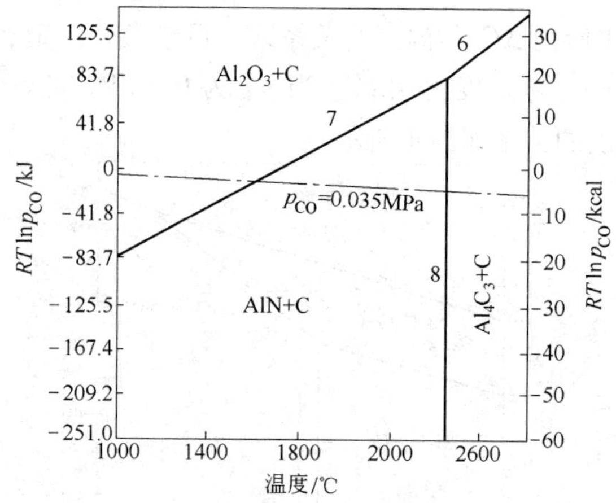

图 5　Al-C-N-O 系在 $p_{N_2}=0.066$MPa 时，Al_4C_3、AlN 与 Al_2O_3 的稳定存在区

Fig. 5　Diagram of stability relations of Al_4C_3, AlN and Al_2O_3 in Al-C-N-O system at $p_{N_2}=0.066$MPa

从图 5 可知，在 $p_{N_2}=0.066$MPa、$p_{CO}=0.035$MPa 气氛下，当温度低于1570℃时，Al_2O_3 稳定；高于此温度，AlN 稳定，只有在更高的温度，Al_4C_3 才是稳定的。

参考文献

[1] Yamaguchi A. Taikabutsu Overseas, 1984, 4(3): 14.
[2] Yamaguchi A. Taikabutsu Overseas, 1987, 7(1): 4.
[3] Yamaguchi A. Taikabutsu Overseas, 1987, 7(2): 11.
[4] Smith P L. White J. Trans J Br Soc 1983, 82(1): 23.
[5] Smith P L, et al. Trans J Br Soc, 1985, 84(2): 62.
[6] Kubaschewski O, Alcock C B. Metallurgical Thermochemistry. Pergamon Press, 1979.
[7] Reed Thomas. Free Energy of Formation of Binary Compouds. M. I. T. Press, 1971.
[8] Рузинов Л Л, Гулняцкий Б С. Равновссные Превращеия Металлургических Реакпий. Металлургия, 1975.
[9] Bruce Fegley, Jr M. J Am Ceram Soc, 1981, 64(9): 124.
[10] Lupis C H P. Chemical Thermodynamics of Materials. North Holland, 1983.
[11] Watanabe A, et al. Taikabutsu Overseas, 1987, 7(2): 17.
[12] Watanabe A, et al. Preprint of the First Intern. Conf. on Refractories. Techn Assoc Refractories, Japan, 1983: 125.
[13] 远藤勇, 等. 耐火物, 1986, 38(3): 178.

Thermodynamic Behavior of Additives in Carbon-Containing Refractories

Chen Zhaoyou

(Luoyang Institute of Refractories Research, Ministry of Metallurgical Industry)

Abstract: The standard free energy of formation of carbides and nitrides as a function of temperature, the plots of affinity of the metals, carbides and nitrides with oxygen ($\Delta G^{\ominus}$) against temperature, and the diagrames of stability relations of nitride, carbide and oxide in the system Si-C-N-O and in the system Al-C-N-O have been constructed from published thermodynamic data. These diagrams are very useful for estimating the role of additives and for giving full play to their functions in the carbon-containing refractories.

本文选自《耐火材料》, 1988, (2): 51.

热力学在耐火材料新近开发中的应用

陈肇友

（冶金工业部洛阳耐火材料研究院）

摘　要：本文绘制了由氧化物生成各种硅酸盐的自由能与温度关系图，含碳耐火材料有关元素、碳化物、氮化物同氧反应的自由能与温度关系图，各种氮化物、碳化物与氧化物稳定存在区域图（即优势区相图）。结合耐火材料近来的发展说明了这些图的用处。

1　引言

近年来由于含碳耐火材料与非氧化物耐火材料的发展，日益显示出热力学的重要作用。

作者曾于文献［1］中系统地介绍了热力学在传统耐火材料中的应用。在文献［2］中曾绘制了由氧化物生成各种硅酸盐、钙盐、镁盐与铬酸盐的自由能与温度关系图，探讨了氧化物酸碱性强弱次序。在文献［3］中从热力学分析了含碳耐火材料中添加剂的行为。本文将从自由能与温度关系图以及氮化物、碳化物与氧化物稳定存在区域图（即优势区相图）来说明热力学在近年来耐火材料的发展与使用中的作用。

2　由氧化物生成硅酸盐的自由能图及其应用

由氧化物生成硅酸盐的标准自由能（$\Delta G^{\ominus}$）与温度的关系如图 1 所示[2]。

从图 1 可以看出，如将锆英石与 Al_2O_3 混合，在高温下煅烧将发生下列形成莫来石的反应：

$$3/2Al_2O_3 + ZrO_2 \cdot SiO_2 \longrightarrow 1/2(3Al_2O_3 \cdot 2SiO_2) + ZrO_2$$

这就是现在用 Al_2O_3 与锆英石生产锆莫来石材料的依据。

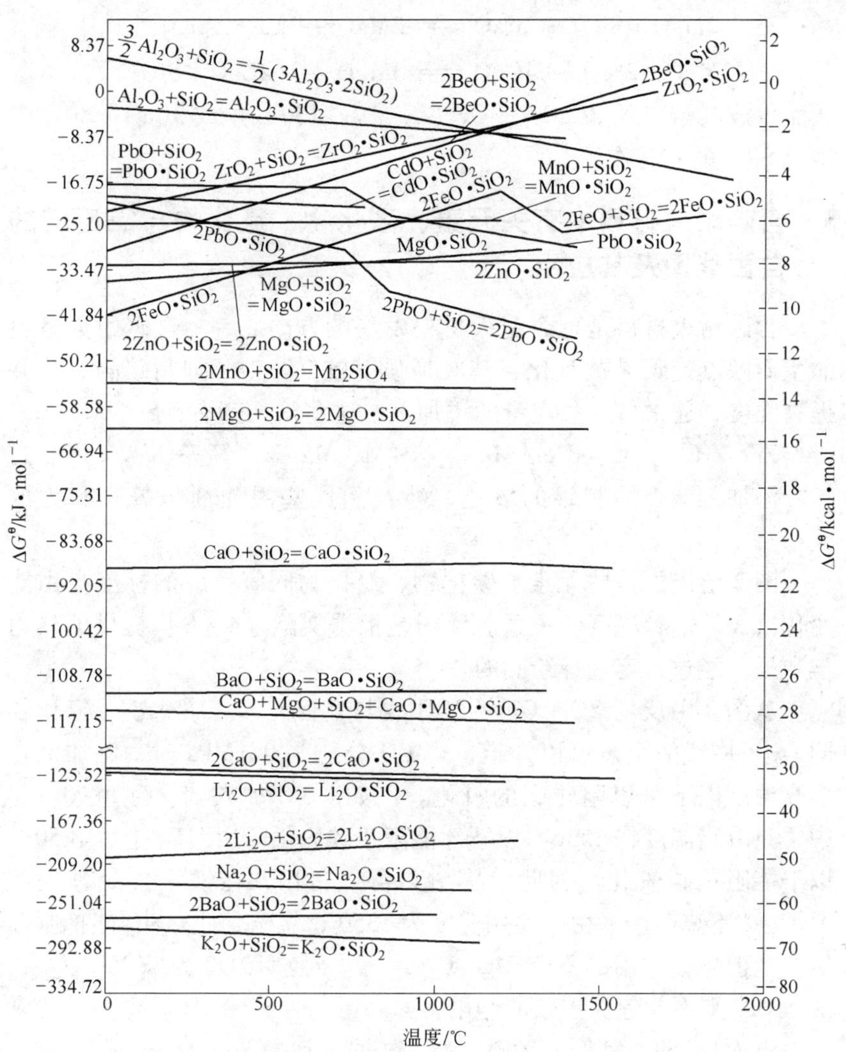

图 1　由氧化物生成硅酸盐的标准自由能与温度的关系

再如，我国掖县菱镁矿，含 SiO_2 较高。从图 1 可以看出，由于 $2CaO + SiO_2 = 2CaO \cdot SiO_2$ 的生成自由能比 $2MgO + SiO_2 = 2MgO \cdot SiO_2$ 的生成自由能要负得多，因此，可以加入白云石到高硅菱镁矿，使高温煅烧时白云石中的 CaO 与菱镁矿中的硅酸镁发生下列反应：

$$2MgO \cdot SiO_2 + 2CaO = 2MgO + 2CaO \cdot SiO_2$$

$$3MgO \cdot 2SiO_2 + 4CaO = 3MgO + 2(2CaO \cdot SiO_2)$$

从而生成高熔点的 $2CaO \cdot SiO_2$（熔点为2130℃）或 $3CaO \cdot SiO_2$ 来避免 SiO_2 的有害作用。

3 含碳耐火材料中有关元素、碳化物、氮化物与氧反应的自由能图及其应用

含碳耐火材料是现今耐火材料发展的方向之一。含碳耐火材料的主要缺点是碳易被氧化，其次是强度较低。为了抑制碳的氧化并提高强度，通常加入一定量的添加剂，这些添加剂有：Si、Al、Mg、Ca、Zr、ZrC、B_4C、BN、Al-Si、Mg-Al、Mg-Ca，等等。

添加剂能否抑制碳的氧化，涉及到这些添加剂与氧亲和力的大小。

图2绘出了一些元素、碳化物、氮化物同氧反应的标准自由能变化（$\Delta G^{\ominus}$）和温度的关系。该图是根据文献［4～8］提供的热力学数据，经过一定选择绘制的。

从图2中反应 $2C + O_2 = 2CO$ 线与其他元素、碳化物、氮化物同 O_2 反应线的交点可以知道，当CO分压为0.1MPa时，添加剂在多高温度以下可以阻止碳的氧化。例如，SiC加入到含碳耐火材料中，只有当温度在1536℃以下才能阻止碳氧化；加入Si能在1650℃以下能阻止碳氧化。因此，从图2可以得出，在铁水预处理用的 Al_2O_3-C不烧砖中，由于使用温度为1350℃左右，加入SiC能抑制碳氧化。但炼钢炉用的不烧MgO-C砖，由于使用温度为1620℃左右，加入SiC则不能起保护碳的作用。

下面以SiC为例，由热力学数据，计算在CO分压分别为0.1MPa与35kPa时，SiC能抑制碳氧化的最高温度。

$$SiC + O_2 = SiO_2 + C \qquad \Delta G^{\ominus} = -839870 + 11.43T\log T + 128.1T$$

$$-)\quad 2C + O_2 = 2CO \qquad \Delta G^{\ominus} = -223575 - 175.4T$$

$$SiC + 2CO = SiO_2 + 3C \qquad \Delta G^{\ominus} = -616295 + 11.43T\log T + 303.5T$$

以上反应在CO分压为任一分压 p_{CO} 时的 $\Delta G^{\ominus}$ 为：

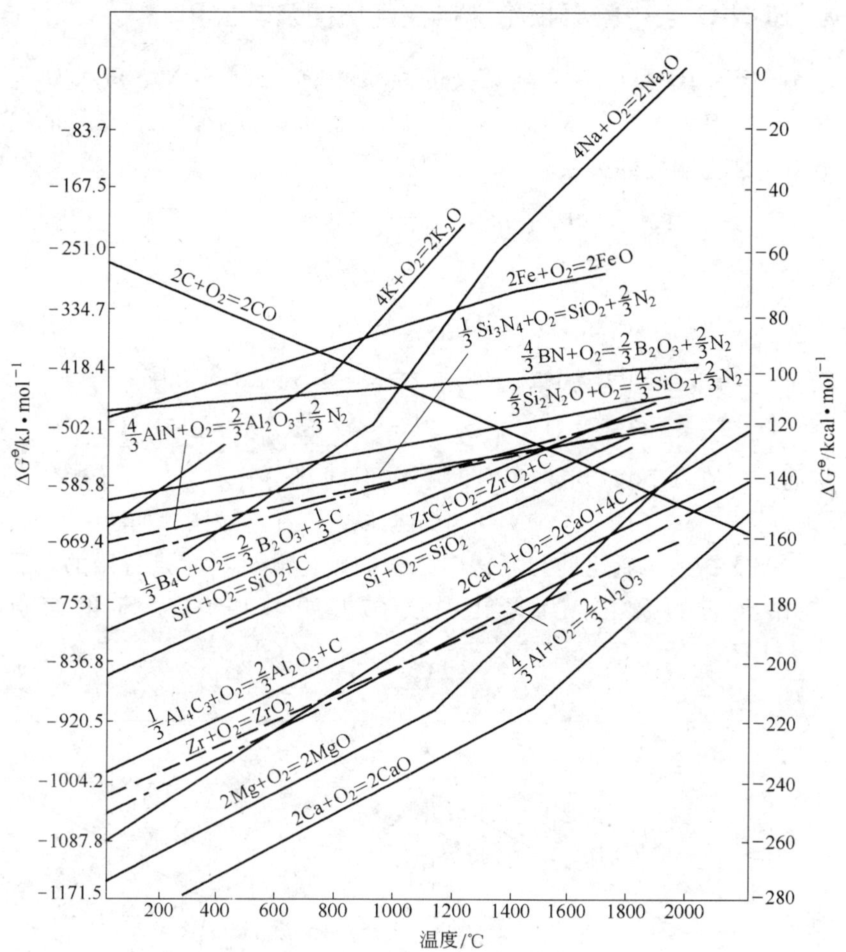

图2 含碳耐火材料中，有关元素、碳化物、氮化物同氧反应的标准自由能变化与温度的关系

$$\Delta G^{\ominus} = -616295 + 11.43T\log T + 303.5T - 2RT\ln p_{CO}$$

当 $p_{CO} = 0.1\text{MPa}$ 时，由 $\Delta G^{\ominus} = 0$，得 $T = 1809\text{K}$（1536℃）；

当 $p_{CO} = 0.035\text{MPa}$ 时，由 $\Delta G^{\ominus} = 0$，得 $T = 1720\text{K}$（1447℃），即当CO分压为0.035MPa时，SiC只有在低于1447℃时才能抑制碳的氧化。

4 Si-N-O 系中凝聚相稳定存在区域图及其应用

在 Si-N-O 系中有实际意义的凝聚相有：Si、Si_3N_4、Si_2N_2O 与 SiO_2。利用文献［4，5，7］中的热力学数据可以求得下列反应的标准自由能与温度的关系。

$$Si_{(s或l)} + O_{2(g)} = SiO_{2(s)}$$

$$3Si_{(s或l)} + 2N_{2(g)} = Si_3N_{4(s)}$$

$$2Si_{(s或l)} + N_{2(g)} + 1/2O_{2(g)} = Si_2N_2O_{(s)}$$

$$3Si_2N_2O_{(s)} + N_{2(g)} = 2Si_3N_{4(s)} + 3/2O_{2(g)}$$

$$2/3Si_2N_2O_{(s)} + O_{2(g)} = 4/3SiO_{2(s)} + 2/3N_{2(g)}$$

从而绘出在 1350℃ 与 1450℃ 时，在不同氧分压（p_{O_2}）与氮分压（p_{N_2}）下，Si、Si_3N_4、Si_2N_2O 与 SiO_2 稳定存在区域图，如图 3 所示。

图 3 在生产氮化硅和氮化硅结合的碳化硅材料时是有用的。通常用 Si 进行氮化，其氮化温度在 1250 ~ 1450℃。Si 的熔点为 1412℃。

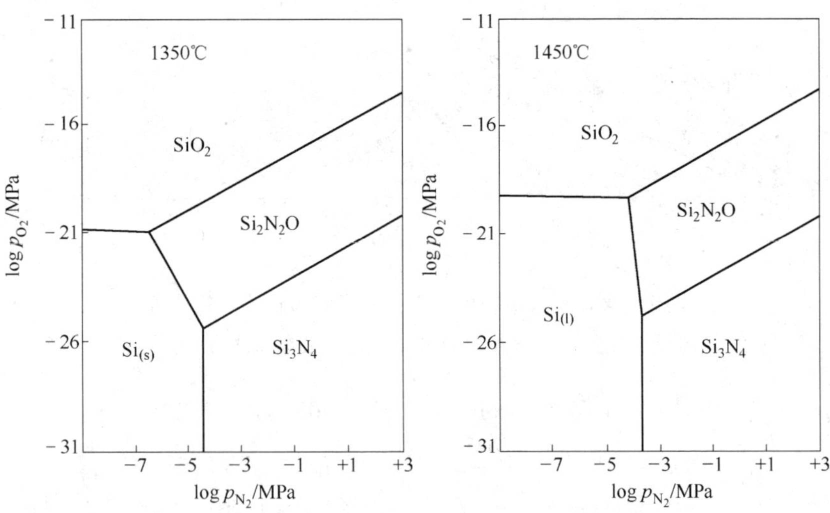

图 3 Si-N-O 系在不同温度时，凝聚相稳定存在区域图

从图3可知，在 $p_{N_2}=0.1$MPa 时，将 Si 氮化为 Si_3N_4，要求 N_2 气中的 O_2 分压值非常低，即 N_2 气要很纯。

5 X-C-N-O 系中凝聚相稳定存在区域图及应用

5.1 Si-C-N-O 系

由文献［4～7］提供的热力学数据可以求得下列反应的 $\Delta G^{\ominus}$ 与温度的关系：

$$SiC_{(s)}+2CO_{(g)}=SiO_{2(s)}+3C_{(s)}$$

$$3SiC_{(s)}+2N_{2(g)}=Si_3N_{4(s)}+3C_{(s)}$$

$$2SiC_{(s)}+CO_{(g)}+N_{2(g)}=Si_2N_2O_{(s)}+3C_{(s)}$$

$$Si_2N_2O_{(s)}+3CO_{(g)}=2SiO_{2(s)}+N_{2(g)}+3C_{(s)}$$

$$4/3Si_3N_{4(s)}+2CO_{(g)}=2Si_2N_2O_{(s)}+2/3N_{2(g)}+2C_{(s)}$$

当 p_{N_2} 为 0.1MPa 或 0.066MPa 时，其 $RT\ln p_{CO}$ 与温度的关系如图4所示。

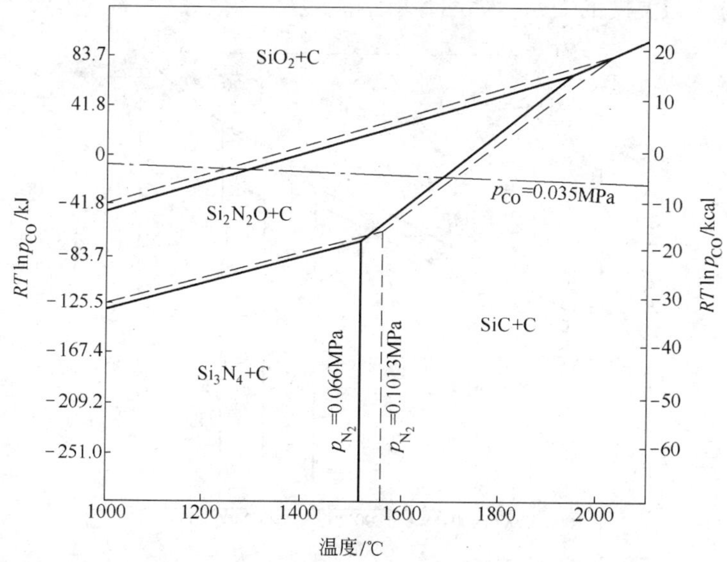

图4 Si-C-N-O 系在 $p_{N_2}=0.1$MPa 或 0.066MPa 时，SiC、Si_3N_4、Si_2N_2O 与 SiO_2 和碳共存的稳定区域图

图 4 在 SiC 材料和含碳耐火材料中均有用。从图可知，在有固体碳存在时，在 $p_{N_2}=0.066\text{MPa}$，$p_{CO}=0.035\text{MPa}$ 时，温度低于 1270℃，SiO_2 稳定；1270℃与 1675℃之间 Si_2N_2O 稳定，高于 1675℃ SiC 稳定。

5.2 Al-C-N-O 系

在 Al-C-N-O 系中，有实际意义的凝聚相有 Al、Al_4C_3、AlN、Al_2O_3 与 C。由已有的热力学数据[4~7]可以求出下列反应的 $\Delta G^{\ominus}$ 与温度的关系。

$$Al_4C_{3(s)} + 6CO_{(g)} = 2Al_2O_{3(s)} + 9C_{(s)}$$

$$2AlN_{(s)} + 3CO_{(g)} = Al_2O_{3(s)} + N_{2(g)} + 3C_{(s)}$$

$$Al_4C_{3(s)} + 2N_{2(g)} = 4AlN_{(s)} + 3C_{(s)}$$

由此可绘出 p_{N_2} 分别为 0.066MPa、0.01MPa 与 0.001MPa 时，$RT\ln p_{CO}$ 与温度的关系，如图 5 所示。

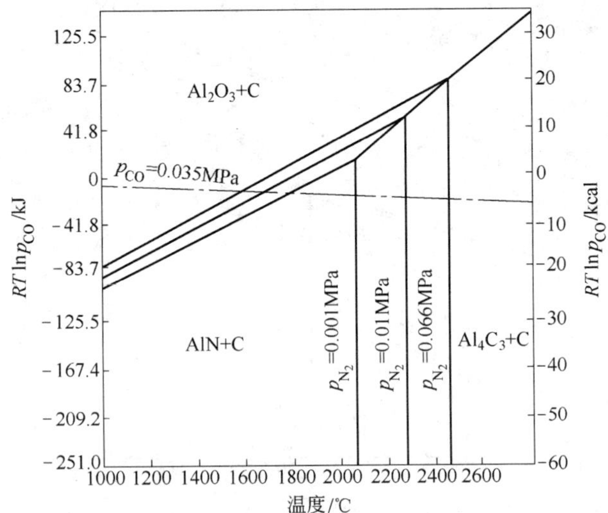

图 5 Al-C-N-O 系在 p_{N_2} =66110Pa 与 1kPa 时，Al_4C_3、AlN 与 Al_2O_3 的稳定存在区域图

由图 5 可知，在用碳电极埋弧生产电熔刚玉时，将会有 Al_4C_3 生成。这种含有 Al_4C_3 的电熔刚玉若用于大型高炉出铁沟的 Al_2O_3-SiC-C 不定形材料中，烘烤时会发生下列反应：

$$Al_4C_3 + 12H_2O \longrightarrow 4Al(OH)_3 + 3CH_4\uparrow$$

$$2Al(OH)_3 \longrightarrow \gamma\text{-}Al_2O_3 + 3H_2O$$

造成耐火材料疏松、鼓胀、开裂与粉化。

为了避免碳化铝的生成，一般是通过加入某种添加剂来消除 Al_4C_3 的生成或将其转化为不易水化的碳化物。

5.3 B-C-N-O 系与 Ti-C-N-O 系

在 B-C-N-O 系中有实际意义的凝聚相有 B_2O_3、BN、B_4C 与 C。而在 Ti-C-N-O 系中有 TiO_2、TiN、TiC 与 C。采用前面类似方法，由已有的热力学数据[4~8]可以分别绘出图 6 与图 7。

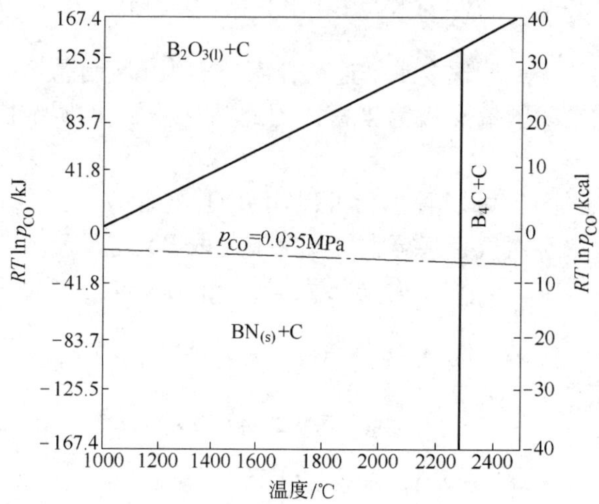

图 6 B-C-N-O 系在 $p_{N_2}=0.066$MPa 时，BN、B_4C 与 B_2O_3 稳定存在区域图

BN 与 TiN 均为高级耐火材料。它们的熔点很高，分别为 2970℃ 与 2950℃。它们的抗热冲击性很好，有不为金属熔体润湿和抗钢液

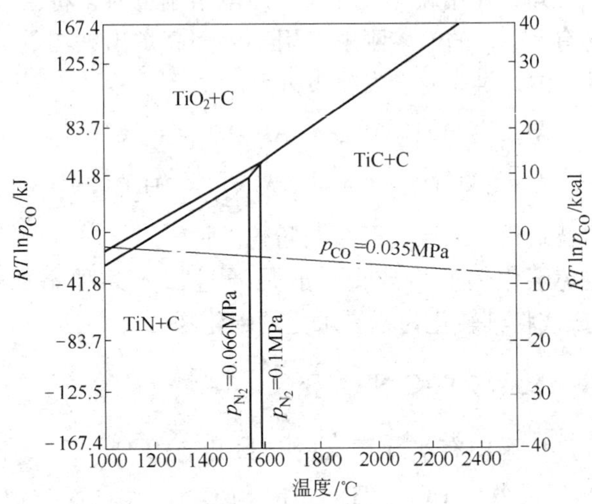

图 7 Ti-C-N-O 系在 p_{N_2} = 0.1MPa 与 0.066MPa 时，

TiC、TiN 与 TiO_2 稳定存在区域图

侵蚀、冲刷的优点。现今水平连铸分离环多为 BN 制品。

硼与钛在我国蕴藏极为丰富。因此，这种氮化物有很好的发展前景。

从图 6 与图 7 可以看出，可以用 B_2O_3 与 TiO_2 为原料，加入碳粉，采用火法于氮气氛甚至大气气氛下制取 BN 与 TiN。其反应为：

$$B_2O_3 + 3C + N_2 = 2BN + 3CO$$

$$2TiO_2 + 4C + N_2 = 2TiN + 4CO$$

参 考 文 献

[1] 陈肇友. 耐火材料，1979，1：56.

[2] 陈肇友. 硅酸盐通报，1983，5：29.

[3] 陈肇友. 耐火材料，1988，2：51.

[4] Kubaschewski O，Alcock C B. Metallurgical Thermochemistry. Pergamon Press，1979.

[5] Reed Thomas. Free Energy of Formation of Binary Compounds. M. I. T. Press，1971.

[6] Рузинов Л Л，Гулияцкий Б С. Равновесныс Превращения Металлургических Реакций. Металлургия，1975.

[7] Bruce M Fegley Jr. J. Am. Ceram. Soc. , 1981, 64(9): 124.
[8] Lupis C H P. Chemical Thermodynamics of Materials. North-Holland, 1983.

Application of Thermodynamics in Recent Development of Refractories

Chen Zhaoyou

(Luoyang Institute of Refractories Research, Ministry of Metallurgical Industry)

Abstract: The standard free energies of formation of silicates from its oxides as a function of temperature, the standard free energy changes of elements, carbides and nitrides reacting with oxygen against temperature, and the diagrams of stability relations of nitride, carbide and oxide in the systems: Si-N-O, Si-C-N-O, Al-C-N-O, B-C-N-O and Ti-C-N-O (viz predominance phase diagrams) have been constructed from published thermodynamic data. The application of those diagrams in recent development of refractories has been also introduced.

本文选自《耐火材料》, 1989, (4): 34.

Si-C-O 复杂体系中的化学反应

陈肇友

（中钢集团洛阳耐火材料研究院）

摘　要： 由热力学分析了 Si-C-O 系中一些化学反应之间的关系以及 SiC 制品的钝化氧化。在有固体碳过剩存在的条件下，绘制了该体系凝聚相的稳定区域图。计算表明，气相中 SiO 气体含量不小，这就为生产 SiO_2 微粉创造了条件。文中针对 SiC 制品的钝化氧化与活化氧化进行了分析。

关键词： Si-C-O 系　热力学　SiC　氧化

Si-C-O 体系涉及到耐火材料工业中广泛使用的原料 SiC、SiO_2 微粉与硅的生产，以及 SiC 制品高温使用时保护膜的形成与破坏。但尚未见到从热力学角度对此体系中的一些反应进行较为简明扼要的系统分析，以及其凝聚相的稳定区域图。

SiO_2 与碳反应不仅生成 SiC 及单质硅，而且还生成低价 SiO 气体。这些反应产物还能作为还原剂与原始物反应，从而构成了甚为复杂的体系。

1　有过剩碳存在的 Si-C-O 系

在有过剩碳存在时，根据 C-O 系平衡，在 1000℃以上高温下，气相中 CO_2 与 O_2 甚微，其 CO 含量几乎为 100%。因此，其存在的物种（未考虑 O_2 与 CO_2）只考虑 SiO_2、SiO、Si、SiC、C、CO 等 6 个，它们由 3 个元素 Si、C、O 构成。其独立反应数为：物种数 (n) − 元素数 (m) = 6 − 3 = 3。即：虽然在高温下，可以列出下列许多反应：

$$SiO_{2(s)} + C_{(s)} = SiO_{(g)} + CO_{(g)}$$

$$SiO_{2(s)} + 2C_{(s)} = Si_{(s或l)} + 2CO_{(g)}$$

$$SiO_{2(s)} + 3C_{(s)} = SiC_{(s)} + 2CO_{(g)}$$
$$2C_{(s)} + SiO_{(g)} = SiC_{(s)} + CO_{(g)}$$
$$SiC_{(s)} + SiO_{(g)} = 2Si_{(s或l)} + CO_{(g)}$$
$$2SiO_{2(s)} + SiC_{(s)} = 3SiO_{(g)} + CO_{(g)}$$
$$SiO_{2(s)} + SiC_{(s)} = SiO_{(g)} + CO_{(g)} + Si_{(s或l)}$$
$$SiO_{2(s)} + SiC_{(s)} = 2SiO_{(g)} + C_{(s)}$$
$$SiO_{2(s)} + 2SiC_{(s)} = 3Si_{(s或l)} + 2CO_{(g)}$$
$$SiO_{2(s)} + SiO_{(g)} + 3C_{(s)} = 2Si_{(s或l)} + 3CO_{(g)}$$
$$C_{(s)} + SiO_{(g)} = Si_{(s或l)} + CO_{(g)}$$
$$SiO_{2(s)} + Si_{(l)} = 2SiO_{(g)}$$
$$Si_{(s或l)} + C_{(s)} = SiC_{(s)}$$

但在这些反应中，只有 3 个反应是独立的。自然这 3 个独立反应应包含所有 6 个物种。其余反应都可由所选择的 3 个独立反应的线性组合求得。因此，只要知道 3 个独立反应的热力学函数，其他反应的热力学函数就可求得。

从已有的热力学数据资料，可查得温度高于 Si 的熔点 1412℃ 时，SiO_2、SiO、CO 与 SiC 的标准生成自由能：

$$Si_{(l)} + O_{2(g)} = SiO_{2(s)}$$
$$\Delta_f G^{\ominus}_{SiO_2} = -946350 + 197.64T$$
$$Si_{(l)} + 1/2O_{2(g)} = SiO_{(g)}$$
$$\Delta_f G^{\ominus}_{SiO} = -155230 - 47.28T$$
$$C_{(s)} + 1/2O_{2(g)} = CO_{(g)}$$
$$\Delta_f G^{\ominus}_{CO} = -114400 - 85.77T$$
$$Si_{(l)} + C_{(s)} = SiC_{(s,\beta)}$$
$$\Delta_f G^{\ominus}_{SiC} = -114400 + 37.20T$$

由以上标准生成自由能可得：

$$SiO_{2(s)} + C_{(s)} = SiO_{(g)} + CO_{(g)} \quad (1)$$
$$\Delta G^{\ominus}_1 = 676720 - 330.69T$$
$$SiO_{2(s)} + 3C_{(s)} = SiC_{(s)} + 2CO \quad (2)$$

$$\Delta G_2^{\ominus} = 603150 - 331.98T$$

$$2C_{(s)} + SiO_{(g)} = SiC_{(s)} + CO_{(g)} \tag{3}$$

$$\Delta G_3^{\ominus} = -73570 - 1.29T$$

$$SiC_{(s)} + SiO_{(g)} = 2Si_{(l)} + CO_{(g)} \tag{4}$$

$$\Delta G_4^{\ominus} = 155230 - 75.69T$$

$$SiO_{2(s)} + SiO_{(g)} + 3C_{(s)} = 2Si_{(l)} + 3CO_{(g)} \tag{5}$$

$$\Delta G_5^{\ominus} = 758380 - 407.67T$$

当 $p_{CO} = p^{\ominus}$（标准态压力），由反应（1）、（3）、（4）、（5）的 $\Delta G^{\ominus}$ 与 T 的关系式，可以计算出不同温度时的 $\lg\frac{p_{SiO}}{p^{\ominus}}$，绘出 $\lg\frac{p_{SiO}}{p^{\ominus}}$ 与 $\frac{1}{T}$ 的关系直线。

例如，反应式（3）：

$$2C_{(s)} + SiO_{(g)} = SiC_{(s)} + CO_{(g)}$$

$$\Delta G_3^{\ominus} = -73570 - 1.29T$$

及

$$\Delta G_3^{\ominus} = -RT\ln K_3^{\ominus} = -RT\ln\frac{(p_{CO}/p^{\ominus})}{(p_{SiO}/p^{\ominus})}$$

于是得：

$$\lg\frac{p_{CO}}{p^{\ominus}} - \lg\frac{p_{SiO}}{p^{\ominus}} = \frac{3842}{T} - 0.067$$

当 $p_{CO} = p^{\ominus}$ 时，

$$\lg\frac{p_{SiO}}{p^{\ominus}} = -\frac{3842}{T} + 0.067$$

由以上方程可绘出反应（3）的 $\lg\frac{p_{SiO}}{p^{\ominus}}$ 与 $\frac{1}{T}$ 的关系直线，如图 1 所示。

类似地，根据反应（1）、（4）与（5）的 $\Delta G_1^{\ominus}$、$\Delta G_4^{\ominus}$ 与 $\Delta G_5^{\ominus}$，可绘出反应（1）、（4）与（5）的 $\lg\frac{p_{SiO}}{p^{\ominus}}$ 与 $\frac{1}{T}$ 的关系直线，如图 1 中所示。

由反应（2）：

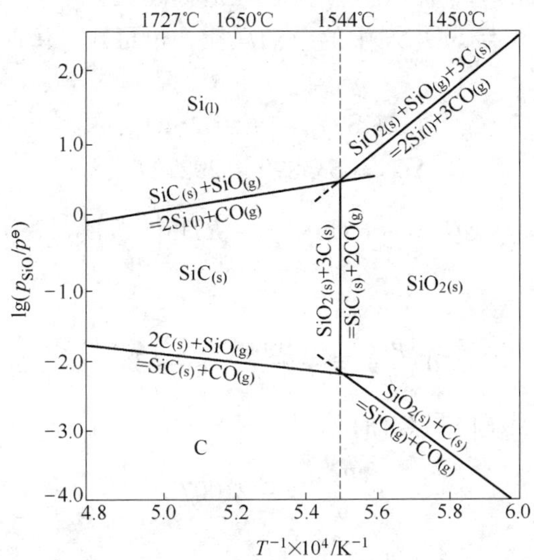

图 1　Si-C-O 系在碳过剩存在与 $p_{CO}=p^\ominus$ 时，凝聚相稳定存在区域图

$$SiO_{2(s)} + 3C_{(s)} = SiC_{(s)} + 2CO_{(g)}$$

$$\Delta G_2^\ominus = 603150 - 331.98T$$

以及反应式中的 SiO_2、C 与 SiC 都是纯固态（标准态）存在，而 $p_{CO}=p^\ominus$；因此，令：

$$\Delta G_2^\ominus = 603150 - 331.98T = 0$$

即可求得反应（2）在标准态时的开始反应温度：

$$T_{开} = \frac{603150}{331.98} = 1817K$$

当 $T>T_{开}$，在 $p_{CO}=p^\ominus=101.325kPa$ 时，$SiO_{2(s)}$ 与 $C_{(s)}$ 将反应生成 $SiC_{(s)}$。这就是图 1 中的垂直线。

图 1 示出了 Si-C-O 系在碳过剩存在下及 $p_{CO}=p^\ominus$ 时，各凝聚相稳定存在要求的 p_{SiO} 与 T 的条件。从图 1 可以看出，在用碳还原石英以生产单质硅或碳化硅时，其 SiO 气体的分压是不小的，即气相中的 SiO 含量不少。这种含有 SiO 的烟气排出时，其 SiO 会再氧化，气相

沉积为 SiO_2。此 SiO_2 就是 SiO_2 微粉，俗称硅灰。

从无碳时 Si 与 SiO_2 发生的下列反应，也可知平衡时 SiO 气体的分压是相当大的。

$$Si_{(1)} + SiO_{2(s)} \xlongequal{\quad} 2SiO_{(g)}$$

$$\Delta G^{\ominus} = 635890 - 292.2T$$

又因 $$\Delta G^{\ominus} = -RT\ln K^{\ominus} = -RT\ln\left(\frac{p_{SiO}}{p^{\ominus}}\right)^2$$

于是得：

$$\lg\frac{p_{SiO}}{p^{\ominus}} = -\frac{16605}{T} + 7.63$$

在 $T = 1723K(1450℃)$时：

$$\lg\frac{p_{SiO}}{p^{\ominus}} = -2.007$$

$$\frac{p_{SiO}}{p^{\ominus}} = 9.84 \times 10^{-3}$$

式中，$p^{\ominus} = 101.325kPa$，$p_{SiO} = 9.84 \times 10^{-3} \cdot p^{\ominus} = 0.997kPa = 997Pa$。即在 1450℃时，$SiO_2$ 与 $Si_{(1)}$ 平衡共存的 SiO 气体分压为 997Pa。

2 SiC 制品在大气中或 CO_2 气氛中的氧化

碳化硅棒炉一般是在大气中使用的，钢厂热处理炉内 SiC 制品则是在 CO_2 气氛中使用。

2.1 碳化硅制品在大气或含氧气氛中的氧化

当气氛中 O_2 含量高时，

$$SiC_{(s)} + 3/2O_{2(g)} \xlongequal{\quad} SiO_{2(s)} + CO_{(g)} \tag{6}$$

$$\Delta G_6^{\ominus} = -946350 + 74.67T(J/mol)$$

当气氛中 O_2 含量不高时，

$$SiC_{(s)} + O_{2(g)} \xlongequal{\quad} SiO_{(s)} + CO_{(g)} \tag{7}$$

$$\Delta G_7^{\ominus} = -155230 - 170.25T(J/mol)$$

反应（7）由于生成气态 SiO，在 SiC 制品表面不能形成 SiO_2 膜，会加速 SiC 表面的进一步氧化，称为活化氧化（active oxidation)。而反应（6）能使 SiC 制品表面生成 SiO_2，形成 SiO_2 保护膜，称为钝化氧化（passive oxidation）。比较反应（6）与（7）可知，只有当气氛中 O_2 含量高时，才会形成 SiO_2 保护膜。由此看来，在密闭性好的 SiC 马弗炉内，碳化硅就可能发生活化氧化。

由反应（6）与反应（7）可得：

$$SiO_{2(s)} === SiO_{(g)} + 1/2O_{2(g)} \tag{8}$$

$$\Delta G_8^{\ominus} = 791120 - 244.92T(\mathrm{J/mol})$$

反应（8）就相当于 SiC 制品表面形成 SiO_2 保护膜以及 SiO_2 保护膜气化、破坏的转折反应式。

在空气中，$p_{O_2}/p^{\ominus}=0.21$ 时，反应（8）的自由能变化为：

$$\Delta G_8 = \Delta G_8^{\ominus} + RT\ln J$$

$$= \Delta G_8^{\ominus} + RT\ln\left(\frac{p_{O_2}}{p^{\ominus}}\right)^{\frac{1}{2}}\left(\frac{p_{SiO}}{p^{\ominus}}\right)$$

$$\Delta G_8 = 791120 - 244.92T + \frac{1}{2}RT\ln 0.21 + RT\ln\left(\frac{p_{SiO}}{p^{\ominus}}\right)$$

SiC 炉使用温度一般在 1600K（1327℃）左右，代入上式得：

$$\Delta G_8 = 388866 + 30635\lg\left(\frac{p_{SiO}}{p^{\ominus}}\right)$$

若 $\Delta G_8 > 0$，反应（8）不能向右进行；若 $\Delta G_8 < 0$，则 SiO_2 气化；$\Delta G_8=0$，反应处于平衡。令 $\Delta G_8=0$ 得：

$$\lg\left(\frac{p_{SiO}}{p^{\ominus}}\right) = -12.69$$

即在 1600K 的大气中，当外界 p_{SiO} 值使 $\lg\left(\frac{p_{SiO}}{p^{\ominus}}\right)$ 值比 -12.69 更负，SiC 制品表面的 SiO_2 保护膜就会被破坏。反之，SiO_2 保护膜就不会被破坏。

类似地，可以计算出当 $\frac{p_{O_2}}{p^{\ominus}}=0.21$ 时，在其他温度时，$\Delta G_8=0$ 的 $\lg\frac{p_{SiO}}{p^{\ominus}}$ 值。例如：$T=1500$K 时，$\lg\frac{p_{SiO}}{P^{\ominus}}=-14.42$；$T=1700$K 时，

$\lg\frac{p_{SiO}}{p^{\ominus}}=-11.67$。由于不同温度时的 $\lg\frac{p_{SiO}}{p^{\ominus}}$ 值，可绘出钝化氧化与活化氧化的分界线，如图2所示。

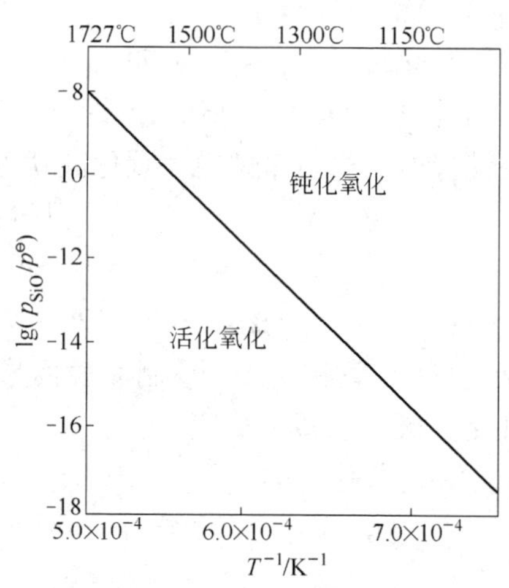

图2　SiC在空气中活化氧化与钝化氧化的分界线

图2示出了在大气中不同温度时，要保证SiC制品表面 SiO_2 不被破坏，对外界大气中SiO气体分压 p_{SiO} 的要求。

看来，若在碳化硅炉内放置能产生SiO气体的材料（例如 SiO_2 与SiC或 SiO_2 与碳混匀压制的坯体），可能有利于保证马弗炉内一定的SiO压力，防止SiC制品表面 SiO_2 保护膜的破坏，延长SiC制品的寿命。

SiC制品在其他含氧气氛中的氧化，可假设其外界条件为：$p'_{O_2}=np'_{SiO}$，于是反应（8）的

$$\Delta G_8=\Delta G_8^{\ominus}+RT\ln J_8$$

$$=\Delta G_8^{\ominus}+RT\ln\left(\frac{p'_{O_2}}{p^{\ominus}}\right)^{\frac{1}{2}}\left(\frac{p'_{SiO}}{p^{\ominus}}\right)$$

$$\Delta G_8=791120-244.92T+RT\ln\left(\frac{p'_{O_2}}{p^{\ominus}}\right)^{\frac{1}{2}}\left(\frac{p'_{O_2}}{np^{\ominus}}\right)$$

若 $n=10$，即 $p'_{O_2}=10p'_{SiO}$，则：

$$\Delta G_8=791120-264.07T+RT\ln\left(\frac{p'_{O_2}}{p^{\ominus}}\right)^{\frac{3}{2}}$$

令 $\Delta G_8=0$，得平衡时：

$$\lg\left(\frac{p'_{O_2}}{p^{\ominus}}\right)=-\frac{27545}{T}+9.19$$

从上式可计算出不同温度时的 $\lg\left(\frac{p'_{O_2}}{p^{\ominus}}\right)$ 值。例如 T = 1400K 时，$\lg\left(\frac{p'_{O_2}}{p^{\ominus}}\right) = -10.48$；$T$ = 1600K 时，$\lg\left(\frac{p'_{O_2}}{p^{\ominus}}\right) = -8.02$；从而绘出了图 3。

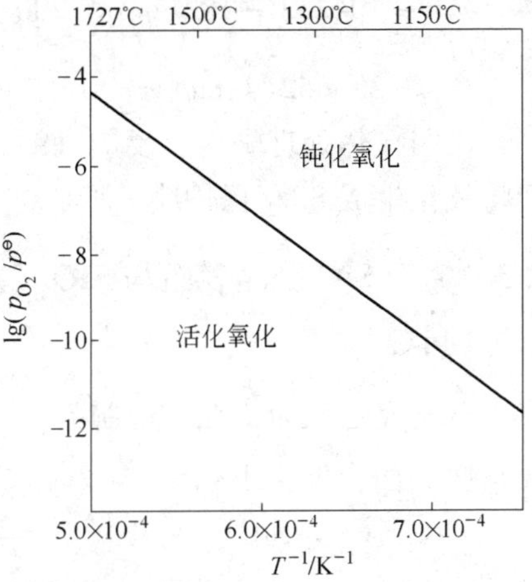

根据图 3 可推知，在含氧气氛中 $p'_{O_2} = 10p'_{SiO}$ 时，在不同温度下，SiC 制品钝化氧化所要求的气相中的 $\lg\left(\frac{p'_{O_2}}{p^{\ominus}}\right)$ 值。当氧分压一定时，升高温度有利于活化氧化；当温度一定时，减小氧分压也有利于活化氧化。

图 3　SiC 在含 O_2 气氛中（$p'_{O_2} = 10p'_{SiO}$）活化氧化与钝化氧化的分界线

2.2　SiC 制品在含 CO_2 气氛中的氧化

以钢厂热处理炉为例来说明，其工作温度大致在 1200K，气氛中 CO_2、CO 与 N_2 的摩尔数大约分别为 0.066、0.021 与 0.913；残余 O_2 极少，可不考虑。总压力为 1 大气压即 101.325kPa。$\frac{p_{CO_2}}{p^{\ominus}}$ = 0.066，$\frac{p_{CO}}{p^{\ominus}} = 0.021$。

SiC 制品在含 CO_2 气氛中的反应为：

$$SiC_{(s)} + 3CO_{2(g)} \xlongequal{\quad} SiO_{2(s)} + 4CO \tag{9}$$

$$\Delta G_9^{\ominus} = 104232 - 182.17T(\text{J/mol})$$

在热处理炉的工作条件下，反应（9）的自由能变化为：

$$\Delta G_9 = \Delta G_9^{\ominus} + RT\ln J_9$$

$$= -104232 - 182.17T + RT\ln\left[\left(\frac{p_{CO}}{p^{\ominus}}\right)^4 \Big/ \left(\frac{p_{CO_2}}{p^{\ominus}}\right)^3\right]$$

$$= -104232 - 182.17 \times 1200 + 8.314 \times 1200\ln\frac{(0.021)^4}{(0.066)^3}$$

$$= -395652(\text{J/mol}) < 0$$

说明在热处理炉内，反应（9）将自发向右进行，即 SiC 制品表面将氧化生成 SiO_2 保护膜，形成钝化氧化。

2.3 关于 SiC 制品表面与 SiO_2 氧化膜的界面处可能发生的反应问题

有研究者认为，在 SiC 制品表面形成 SiO_2 保护膜后，在 SiC 与 SiO_2 膜界面会发生下列反应：

$$SiC_{(s)} + SiO_{2(s)} = 2SiO_{(g)} + C_{(s)} \tag{10}$$

$$\Delta G_{10}^{\ominus} = 750290 - 329.40T$$

$$2SiC_{(s)} + SiO_{2(s)} = 3Si_{(s)} + 2CO_{(g)} \tag{11}$$

$$\Delta G_{11}^{\ominus} = 803488 - 359.22T$$

$$SiC_{(s)} + 2SiO_{2(s)} = 3SiO_{(g)} + CO_{(g)} \tag{12}$$

$$\Delta G_{12}^{\ominus} = 1446284 - 687.21T$$

由于产生了气体，从而破坏了 SiO_2 膜。

如果 SiC 制品表面覆盖的是连续致密的 SiO_2 膜，要在 SiC 与 SiO_2 界面上发生上列反应之一都是困难的。原因是：（1）在界面上产生新相气体是困难的；（2）产生的气体的总压力至少必须大于大气的压力才能使 SiO_2 膜破裂。根据反应（10）与（11），在 SiC 制品通常使用温度或 SiC 棒的实际温度为 1200~1800K，和要求$\frac{p_{SiO}}{p^{\ominus}}=1$或$\frac{p_{CO}}{p^{\ominus}}=1$的条件下，由 $\Delta G_{10}^{\ominus}$ 和 $\Delta G_{11}^{\ominus}$ 的计算结果，$\Delta G_{10}^{\ominus}>0$，$\Delta G_{11}^{\ominus}>0$。因此，反应（10）与（11）皆不可能向右进行。

至于反应（12）：

$$SiC_{(s)} + 2SiO_{2(s)} = 3SiO_{(g)} + CO_{(g)}$$

决定其反应是否向右进行，需根据化学反应等温方程式：

$$\Delta G_{12} = \Delta G_{12}^{\ominus} + RT\ln J_{12}$$

$$= 1446284 - 687.21T + RT\ln\left(\frac{p_{CO}}{p^{\ominus}}\right)\left(\frac{p_{SiO}}{p^{\ominus}}\right)^3$$

从反应式（12）知，产生 1mol CO，同时要产生 3mol SiO，此时 $p_{SiO} = 3p_{CO}$，于是，

$$\Delta G_{12} = 1446284 - 687.21T + RT\ln\left(\frac{p_{CO}}{p^{\ominus}}\right)\left(\frac{3p_{CO}}{p^{\ominus}}\right)^3$$

$$= 1446284 - 687.21T + 3RT\ln 3 + 4RT\ln\left(\frac{p_{CO}}{p^{\ominus}}\right)$$

产生的 CO 与 SiO 气体要冲破 SiC 表面的 SiO_2 膜层，至少 $p_{SiO} + p_{CO}$ 的总压力要等于大气的压力，即：

$$\frac{p_{SiO}}{p^{\ominus}} + \frac{p_{CO}}{p^{\ominus}} = 1$$

又因 $p_{SiO} = 3p_{CO}$，于是得 $\frac{p_{CO}}{p^{\ominus}} = \frac{1}{4}$，代入上式，得：

$$\Delta G_{12} = 1446284 - 705.91T$$

令 $\Delta G_{12} = 0$，$T_{开} = 2048$K（1775℃）。即只有当温度高于 1775℃ 时，反应（12）才会自发向右进行。因此，除非 SiC 发热体本身温度过高，在通常使用温度下，SiC 与 SiO_2 界面处发生反应（12）也是困难的。

若 SiC 制品表面未能形成连续性 SiO_2 膜，其表面有裸露；而外界气氛中 SiO 及 CO 含量又极微小时，根据化学反应等温方程式：

$$\Delta G = \Delta G^{\ominus} + RT\ln J$$

其 J 值非常小，$RT\ln J$ 为负值，且绝对值大于 $\Delta G^{\ominus}$ 值，ΔG 才能小于零。从而在 SiC 制品表面的裸露处才会发生反应（10）、（11）或（12）。

在钢厂热处理炉中，当 $\frac{p_{CO}}{p^{\ominus}} = 0.021$，$T = 1200$K 时，反应（11）的 ΔG_{11} 为：

$$\Delta G_{11} = 803488 - 359.22 \times 1200 + 8.314 \times 1200\ln(0.021)^2$$

$$= 295338(\text{J/mol}) > 0$$

所以在热处理炉内，反应（11）是不会发生的。

在钢厂热处理炉内，由于有氧化铁皮，SiC 制品的损坏很可能是 SiC 以及 SiO_2 与氧化铁相互作用的结果。

Chemical Reaction in Si-C-O Complex System

Chen Zhaoyou

(Luoyang Institute of Refractories Research, Ministry of Metallurgical Industry)

Abstract: The chemical reactions in Si-C-O complex system and the passive oxidation and active oxidation in silicon carbide products are analyzed from thermodynamics. The areas of condensed phases stability in Si-C-O system are drawn under the condition of existing surplus carbon. The calculation results show that there is some amount of SiO gas in gas phase and that has created a condition for forming silica fume.

Key words: Si-C-O system, thermodynamics, oxidation of silicon carbide

本文选自《耐火材料》，2003，37(6)：311.

在炼钢炉内镁质含碳层氧压的计算❶

陈肇友

（冶金工业部洛阳耐火材料研究院）

摘　要：对贝克（Baker）等计算含碳层氧压所用的反应和方法提出商榷意见。通过分析和计算，作者认为：若把镁质含碳层当作封闭体系，1600℃时的氧压为 3.67×10^{-19} MPa（3.67×10^{-18} 大气压）；若当作敞开体系，氧压为 5.6×10^{-17} MPa（5.6×10^{-16} 大气压）。

近年来一些文献在讨论氧气转炉或氩氧炉炉衬侵蚀时，常引用贝克等对含碳层氧压计算的结果[1,2]。但贝克等计算含碳层氧压所用的化学反应是值得商榷的。

贝克等在其文献［1，2］中提出，由反应式：

$$MgO_{(s)} \rightleftharpoons Mg_{(g)} + 1/2O_{2(g)}$$

可算出含碳镁质材料，在1600℃时的氧压，并得出氧压（p_{O_2}）为约 10^{-19} MPa（约 10^{-18} 大气压）。

现在，我们就按贝克等所提出的反应来计算氧压值。

$$2MgO_{(s)} \rightleftharpoons 2Mg_{(g)} + O_{2(g)} \tag{A}$$

$$\Delta G_A^{\ominus} = 341500 - 92.60T \tag{1}$$

$$\Delta G_A^{\ominus} = -RT\ln K_{P,A} = -RT\ln p_{Mg}^2 \cdot p_{O_2} \tag{2}$$

式中，p_{O_2} 与 p_{Mg} 分别为反应式A达平衡时氧与镁气的分压。

在1600℃时，由式（1）与式（2）可得出：

$$K_{P,A} = p_{Mg}^2 \cdot p_{O_2} = 2.45\times10^{-20} \tag{3}$$

---

❶ 本文中的热力学数据来自：R. Thomas，“Free Energy of Formation of Binary Compounds”，M. I. T. Press，1971.

从反应式 A 可以看出，生成 1mol O_2，将同时产生 2mol 气体 Mg。设总压为 p，则 $p_{O_2}=\frac{1}{3}p$，$p_{Mg}=\frac{2}{3}p$

所以：

$$p_{Mg}=2p_{O_2}$$

代入式（3）得：

$$p_{O_2}=1.83\times10^{-8}\text{MPa}=1.83\times10^{-7}\text{atm}$$

这说明仅从反应式 A，是得不出贝克等的计算结果的：$p_{O_2}\approx10^{-18}$大气压。

要从反应式 A 得出 $p_{O_2}\approx10^{-19}$ MPa（10^{-18}大气压），必须假设 $p_{Mg}\approx0.01$MPa（0.1 大气压）或 $p_{Mg}+p_{O_2}\approx0.01$MPa（0.1 大气压）。这种假设显然不太合理。

有人可能提出，在绘有氧压（p_{O_2}）刻度标的氧化物标准生成自由能与温度的关系图上，不是就可以直接读出 MgO 在 1600℃ 时，$p_{O_2}\approx10^{-20}$MPa（10^{-19}大气压）吗？

但应指出，在这一种图上，若反应为下面类型：

$$2M_{(g)}+O_{2(g)}=\!=\!=2MO_{(s)}$$

图上查得的 MO 的分解压或氧压，是指气体 M 的压力为 0.1MPa（1 大气压）时的[3]。即 MgO 在 1600℃时，由图上查得的氧压：$p_{O_2}\approx10^{-20}$MPa（10^{-19}大气压），是有条件的，是指 $p_{Mg}=0.1$MPa（1 大气压）时的。因此不能随意引用。罗伯特（Robert）[4]就曾错误地引用此值作为 MgO 的氧压。自然不加分析地将此值当成含碳区的氧压就更不合适了。

炼钢炉内碱性耐火材料含碳层的氧压，如何计算才合理呢？下面就介绍这一计算方法与过程。

在镁质含碳炉衬这一复杂体系中，可能发生以下反应：

$$2MgO_{(s)}=\!=\!=2Mg_{(g)}+O_{2(g)} \tag{A}$$

$$2C_{(s)}+O_{2(g)}=\!=\!=2CO_{(g)} \tag{B}$$

$$MgO_{(s)}+C_{(s)}=\!=\!=Mg_{(g)}+CO_{(g)} \tag{C}$$

在由 n 个元素构成，共形成 m 个组成分的复杂体系中，其独立

反应数为 $m-n$。在此 $n=3$（即 C、Mg、O），$m=5$（即 C、CO、O_2、Mg、MgO），独立反应数为 $m-n=5-3=2$。即在上列三个反应中只有两个是独立的，其他一个可由此两个反应相加或相减得到[5]。如取反应式 A 与式 C 作为独立反应来计算平衡气相组成。

反应式 C 的标准自由能变化 $\Delta G_C^\ominus$ 为：

$$\Delta G_C^\ominus = 142950 - 66.35T$$

又：$\Delta G_C^\ominus = -RT\ln K_{P,C} = -RT\ln p_{Mg}p_{CO}$，得出 1600℃时，

$$\log p_{Mg}p_{CO} = -2.17$$

$$K_{P,C} = p_{Mg}p_{CO} = 6.76\times10^{-3} \qquad (4)$$

反应式 A 在 1600℃时的平衡常数，即式（3）：

$$K_{P,A} = p_{Mg}^2\cdot p_{O_2} = 2.45\times10^{-20}$$

由上面式（3）与式（4），要解出 p_{O_2}、p_{CO}、p_{Mg}，还需要一个条件或方程式。

设镁质含碳层为一封闭体系。由于碳过剩存在，氧压是不会大的。即气相中的氧含量与 CO 或 Mg 气体相比，可以忽略。因此，从反应式 A 产生的 Mg 与 O_2 可不考虑。因而 Mg 与 CO 气体几乎都是由反应式 C 产生的。由反应式 C 可得：

$$p_{Mg} = p_{CO}$$

代入式（4）得：

$$p_{Mg} = p_{CO} = 8.16\times10^{-3}\text{MPa}(8.16\times10^{-2}\text{ 大气压})$$

将上面数值代入式（3），求得含碳层氧压为：

$$p_{O_2} = 3.67\times10^{-19}\text{MPa}(3.67\times10^{-18}\text{ 大气压})$$

虽然这一计算结果与贝克提出的相近，但这只是一种巧合。

设镁质含碳层为敞开体系。在氧气转炉炼钢中，气氛中的 CO 是接近 0.1MPa（1 大气压）的，即可认为含碳层 $p_{CO}=0.1$MPa（1 大气压）。

取反应式 A 与式 B 为独立反应。从反应：

$$2C + O_{2(g)} = 2CO_{(g)}$$

$$\Delta G_{\mathrm{B}}^{\ominus} = -55600 - 40.1T$$

与 $$\Delta G_{\mathrm{B}}^{\ominus} = -RT\ln K_{\mathrm{P,B}} = -RT\ln p_{\mathrm{CO}}^2/p_{\mathrm{O_2}}$$

可得出 1600℃时，

$$K_{\mathrm{P,B}} = p_{\mathrm{CO}}^2/p_{\mathrm{O_2}} = 1.78 \times 10^{15} \tag{5}$$

将 $p_{\mathrm{CO}}=0.1\mathrm{MPa}$（1 大气压）代入上式，求得含碳层氧压为：

$$p_{\mathrm{O_2}} = 5.6 \times 10^{-17}\mathrm{MPa}(5.6 \times 10^{-16}\text{ 大气压})$$

将 $p_{\mathrm{O_2}}$ 值代入反应式 A 的式（3），求得 Mg 气压力为：

$$p_{\mathrm{Mg}} = 6.6 \times 10^{-4}\mathrm{MPa}(6.6 \times 10^{-3}\text{ 大气压})$$

因此，1600℃时含碳层各气体分压为：

$$p_{\mathrm{CO}} = 0.1\mathrm{MPa}(1\text{ 大气压})$$

$$p_{\mathrm{Mg}} = 6.6 \times 10^{-4}\mathrm{MPa}(6.6 \times 10^{-3}\text{ 大气压})$$

$$p_{\mathrm{O_2}} = 5.6 \times 10^{-17}\mathrm{MPa}(5.6 \times 10^{-16}\text{ 大气压})$$

结语

从以上分析与计算可以看出，贝克等计算含碳层氧压所用的反应与方法是有问题的。在炼钢炉中，根据作者的计算，若把镁质含碳层当作为封闭体系，1600℃时的氧压为 3.67×10^{-19} MPa（3.67×10^{-18}大气压）；若当作为敞开体系，氧压为 5.6×10^{-17} MPa（5.6×10^{-16}大气压）。

参 考 文 献

[1] Baker B H, et al. Amer. Ceram. Soc. Bull, 1975, 54(7): 665.
[2] Baker B H, et al. Amer. Ceram. Soc. Bull, 1976, 55(7): 649.
[3] 陈肇友. 耐火材料, 1979, (1): 56.
[4] Robert A H, et al. Amer. Ceram. Soc. Bull, 1976, 55(2): 205.
[5] 陈肇友. 东北工学院学报, 1963, (2): 93.

本文选自《耐火材料》, 1981, (1): 59.

含碳耐火材料在炼铜、炼镍转炉中使用效果不理想的原因分析

陈肇友

（冶金工业部洛阳耐火材料研究院）

由于熔渣对碳润湿性不好，加入碳到耐火氧化物中可以大大减少熔渣渗入耐火材料的深度，从而减轻耐火材料的热剥落与结构剥落。因此，近年来在钢铁工业的一些间歇式生产设备：如铁水预处理包、氧气转炉、盛钢桶等广泛使用含碳耐火材料，并取得了很好的效果。自然也就想把含碳耐火材料用于炼铜、炼镍转炉上，但效果都不理想。前苏联、日本以及我国都曾在炼铜或炼镍转炉上试用过 MgO-C、MgO-CaO-C，但效果都不理想。我们曾在金川炼镍转炉风口试过 Al_2O_3-C 砖，仅用 18 炉就全部蚀损，比普通镁铬风口砖还差。

为何含碳耐火材料在钢铁工业特别是氧气转炉炼钢上使用效果很好，而在炼铜、炼镍转炉上就不理想呢？

钢铁工业所遇到的金属熔体是 Fe-C 熔体。高炉炉内气体中含有大量 CO，铁水中碳达到了饱和；自然，高炉、铁水预处理包都可用碳与含碳材料。氧气转炉炼钢的重要任务是减少铁液中的碳，炼钢中会析出大量 CO 气体，炉气中 CO 气体的压力约为 0. 1MPa。

反应式 $2C + O_2 = 2CO$ 的平衡常数为 $K_P = p_{CO}^2/(p_{O_2} \cdot a_C^2)$，$a_C$ 为铁液中碳的活度，若碳已达饱和或为纯碳时，$a_C = 1$，则 $K_P = p_{CO}^2/p_{O_2}$，K_P 与温度的关系：

$$\log K_P = 12153/T + 8.77$$

当 $p_{CO} = 0.1\text{MPa}$，$a_C = 1$ 时，在炼钢温度 1600℃下，炉气中氧的压力为：$p_{O_2} = 5.5 \times 10^{-17}\text{MPa}$。

当 $p_{CO}=0.1\text{MPa}$，$a_C=0.1$ 时，$p_{O_2}=5.5\times10^{-15}\text{MPa}$。

说明在转炉炼钢过程中，氧压是很低的。

在炼铜或炼镍转炉中，熔体为 Cu-Fe-S 或 Ni-Fe-S，炉内气体中 SO_2 的浓度大致为 14%，即 SO_2 压力为：$p_{SO_2}=0.014\text{MPa}$。

由 SO_2 分解反应：

$$SO_2 \xlongequal{} 1/2S_2 + O_2$$

$$K_P = (p_{S_2}^{1/2}\cdot p_{O_2})/p_{SO_2}$$

以及 K_P 与温度的关系式：

$$\log K_P = 18850/T + 0.163\log T + 2.65$$

可以算出炉气中 O_2 的压力。因为当气相中的 O_2 只由 SO_2 分解而来时，$p_{O_2}=2p_{S_2}$，代入上列式子中，即可算出在炼铜或炼镍温度 1400℃下，氧的分压为：$p_{O_2}=6.9\times10^{-6}\text{MPa}$。比氧气转炉炼钢中的氧压大 9 ~ 11 个数量级。

若在炼铜或炼镍转炉中采用含碳耐火材料，在 $p_{O_2}=6.9\times10^{-6}$ MPa 下，含碳材料中碳氧化的趋势可从下面计算结果得出。

从碳的氧化反应：$2C+O_2 = 2CO$ 的 $K_P=p_{CO}^2/p_{O_2}$ 以及 K_P 与温度的关系式：

$$\log K_P = 12153/T + 8.77$$

可算出 CO 的平衡压力 $p_{CO}=8.6\times10^4\text{MPa}$。即只要外界 CO 压力小于此平衡压力，含碳耐火材料中的碳就将被氧化。而炼铜或炼镍转炉中，CO 的压力却远远低于此 CO 的平衡压力；因而含碳耐火材料中的碳，其氧化趋势是很大的，是很容易被氧化的。所以炼铜或炼镍转炉用含碳耐火材料做炉衬，使用效果不理想。

本文选自《耐火材料》，1992，26(3)：177.

氧气转炉炼钢中炉衬的电化学侵蚀[❶]

陈肇友

（冶金工业部洛阳耐火材料研究所）

在炼钢工业中，近年来氧气转炉发展尤为迅速。因此提高炉龄降低耐火材料消耗是当前重要的课题。为了提高炉龄，对炉衬侵蚀的原因进行探讨是有实际意义的。

1　问题的提出

为了均衡炉衬各部位的蚀损，在不同部位采用不同材质和性能的耐火材料进行砌筑的所谓“均衡炉衬”（或称“综合炉衬”），已被认为是提高炉龄的有效办法之一。

1966 年在首钢 30t 氧气转炉使用烧成镁钙砖和“均衡炉衬”试验时，曾观察到下列异常现象。

（1）在氧气转炉内采用烧成镁钙砖时，其炉龄低于同时期用焦油结合的碱性砖（指焦油镁砂砖，或焦油镁钙砂砖，或焦油白云石砖）。但当采用烧成镁钙砖和焦油结合的碱性砖混砌时，无论在使用过程中或在该炉役寿终时，都发现烧成镁钙砖较焦油结合的碱性砖有非常明显的凸起。即焦油结合的碱性砖较烧成镁钙砖反而侵蚀严重得多。

唐山钢厂在侧吹转炉上，将烧成镁钙砖与焦油白云石砖同时砌上进行比较试验时，也曾发现同样现象[2]。

英国埃布-佛尔钢厂在采用烧成镁质大砖与焦油白云石砖混砌时也发现焦油白云石砖蚀损较厉害[3]。

---

❶　本文是在 1965 ~ 1968 年参加冶金工业部首钢氧气转炉攻关组期间所写与所进行的实验。

（2）炉身下部同时砌上烧成镁钙砖和焦油结合碱性砖时，焦油结合砖的蚀损现象不仅要比其单独使用时严重得多，且改变了焦油结合砖残砖的渣化层的外观结构和厚度。

单独使用焦油结合碱性砖时，炉身下部残砖工作面（热面）较平整光滑，炉役寿终时残砖甚厚。而混砌时，焦油结合砖的残砖表面则呈蜂窝烂泥状，残砖甚薄，其中一个炉役几乎发生烧穿漏钢事故。

（3）当烧成镁钙砖与焦油浸渍的烧成镁钙砖混砌时，在烧成砖与焦油浸渍烧成砖交界处，浸渍砖往往易于损坏，而显示不出焦油浸渍的好效果。

上面这些异常现象是很难用通常耐火材料侵蚀的理论来解释的。但是用电化学侵蚀理论却能很好地得到解释。应该指出这里的电化学侵蚀机理，并不排斥耐火材料由于熔体和气流的冲刷、机械作用、砖的热稳定性差而产生剥落掉片，以及高温下的熔蚀所造成的炉衬损坏。

为什么说在焦油砖与烧成砖混砌时具有电化学腐蚀性质呢?

我们知道电化学腐蚀都属于原电池作用。最简单的原电池为铜-锌电池，如图 1 所示。

将铜和锌插入电解质溶液中，并用导线连接这两块金属，则有电流通过。锌极为阳极（即负极）发生氧化过程，锌极逐渐被腐蚀。

原电池都必须具有下列条件：

（1）要具有两种或两种以上不同材质的电极，并能导电。

（2）要有电解质溶液。

（3）电流要能形成通路。

上列条件在我们现在所讨论的转炉炼钢中都是具备的。

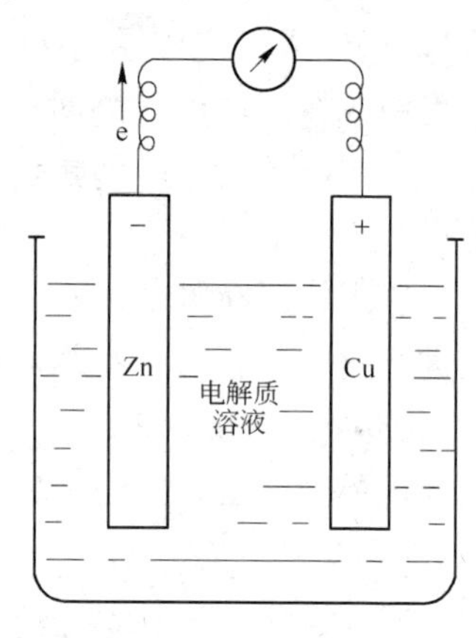

图 1　铜-锌原电池

我们知道熔融炉渣是能导电的，是电解质溶液。炭素材料（包括含碳的材料）和钢液是电子导体；氧化镁等耐火材料在高温下也是能导电的，而且在高温物理化学研究中已有人采用过氧化镁作电极[4]。因此这些材料都可成为电极。既然在炼钢条件下，这些材料都是导体，而且彼此又是接触的，自然也就形成了电流通路，构成了腐蚀电池，发生电化学腐蚀。

若在此腐蚀电池中，焦油结合砖为阳极（即负极），而烧成砖为阴极（即正极），则阳极的焦油结合砖就会发生氧化而加速其脱碳过程。加速脱碳后的焦油结合砖由于砖体的气孔率较大，颗粒间又没有来得及很好的烧结，自然其侵蚀就比单独用焦油结合砖砌筑时严重得多。

2 实验装置

为了证实在混砌炉衬时，具有电化学腐蚀的性质；曾测定了由烧成砖与碳化后的焦油结合砖和熔融炉渣构成的电池的正、负极，以及电池的电动势。由于电池有内阻和为了避免浓差极化，因此电池电动势的测定必需采用对消法即电位计来进行。实验装置如图 2 所示。

FJ10 型分压箱是增大 UJ9 型电位计的量程用的。为了保证测量时电位计等仪器的安全，在线路上接了电解电容器。

导线用的是直径约 0. 8mm 的铜丝，铜丝与电极的连接是采用的

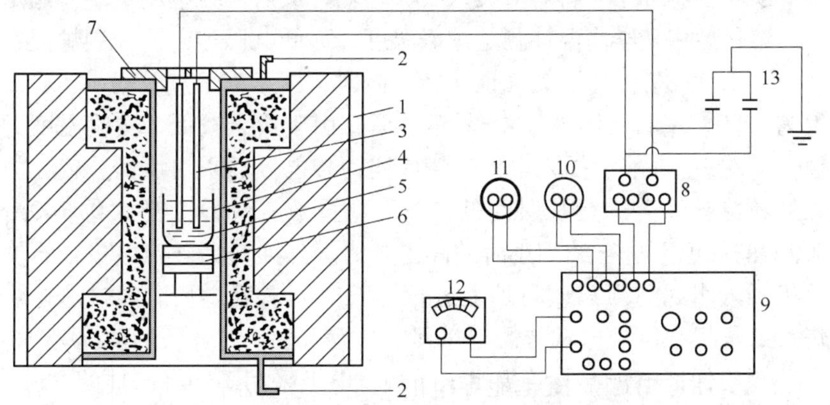

图 2 电动势测定装置

1—炭粒电阻炉；2—接变压器；3—烧成镁钙砖和碳化后的焦油镁钙砂砖（或石墨）电极；4—石墨坩埚；5—炉渣；6—刚玉片；7—轻质高铝砖炉盖；8—FJ10 型分压箱；9—UJ9 型电位计；10—辅助干电池（2V）；11—标准电池；12—镜式检流计；13—电解电容

硅碳棒电炉上的电极卡头。

试验用的电极是由烧结镁钙砖，转炉炼钢使用后的焦油镁钙砂砖的残砖（已全部碳化）或电弧炉用的石墨电极切制而成的。切制好的电极其长度为260mm，断面为20mm×12mm。

烧成镁钙砖与碳化后的焦油镁钙砂砖以及试验中所用炉渣的化学组成见表1。

表1 烧成镁钙砖，碳化后的焦油镁钙砂砖和所用炉渣的化学组成 （%）

材 料	化学组成（质量分数）									
	MgO	CaO	SiO_2	Al_2O_3	FeO	Fe_2O_3	C	MnO	P_2O_5	TFe
烧成镁钙砖	85.20	8.46	2.91	0.82		2.72				
碳化后的焦油镁钙砖	81.96	6.70	4.12	0.77		1.16	4.23			
30t 氧气顶吹转炉 3 号钢炉渣	6.40	55.95	15.51	2.26	10.53	3.25		2.28	0.83	
平炉 45 号钢渣	11.94	49.61	14.73	5.35	9.75			4.49		10.25

实验步骤如下：将炉渣装入石墨坩埚，放入炭粒电阻炉中升温熔化，熔化后用光学高温计测定炉渣温度；降低电压与电流控制炉温在1400～1550℃左右（用氧气顶吹转炉渣时，由于其熔点较高，实验温度为1550℃左右，用平炉45号钢渣时，由于熔点较低，实验温度为1400℃左右）。然后插入电极。烧成镁钙砖电极插入坩埚前，曾先放在炭粒电阻炉上进行长时间低温烘烤，再放入炉膛上部大约700～800℃的高温下进行约半小时的高温烘烤。焦油镁钙砂砖电极或石墨电极插入坩埚前则只放在炉上进行过长时间低温烘烤。经过这样烘烤过的电极在高温电动势测定过程中，没有发生过炸裂的情况。

为了保证电极不与石墨坩埚接触，电极采用了绝缘吊挂的办法。

电极插入到熔渣后，用万用电表确定电极的正、负极。然后按正、负极与电位计相连，并开始测定电位值。约20～25min，电极温度和炉温即达稳定，电位值在较长时间内保持不变，此时测得的电位值即为该高温原电池在该温度下的电动势值。在测量时，此高温电池的电动势甚为稳定易于读数。

在实验中曾用万用电表近似地测定过电池的内阻。

3 实验结果

（1）由石墨和烧成镁钙砖作电极，氧气顶吹转炉渣作电解质构成的电池。经测定，石墨极为阳极（即负极）。两次试验，稳定时测得电池的电动势如下：

温度/℃	电动势/mV	电池内阻/kΩ
1550	1030	3（1400℃）
1520	1080	

（2）由石墨和烧成镁钙砖作电极，平炉45号钢渣作电解质构成的电池。经测定，石墨极为负极。其测定结果如下：

电极插入熔渣后的时间/min	10	12	14	16	18	20	22	24	26	28	30	35
电位值/mV	678	680	700	730	762	800	865	900	1030	1100	1090	1070
电池内阻/kΩ	38	36	34	33	30	25	10	8	3	2	2	—
熔渣温度/℃	1400	—	—	—	—	—	—	—	—	—	—	1420

稳定时电池的电动势值为1030～1100mV。

（3）由碳化后的焦油镁钙砂砖和烧成镁钙砖作电极，平炉45号钢渣作电解质构成的电池。经测定，焦油镁钙砂砖极为负极。两次实验，其测定结果分别如下：

实验Ⅰ：

电极插入熔渣后的时间/min	10	12	14	16	17	19	21	25	30	32	38
电位值/mV	661	758	769	792	836	862	868	869	869	869	0
电池内阻/kΩ	26	—	—	—	—	—	—	—	—	—	—
熔渣温度/℃	1400	—	—	—	—	—	—	—	—	—	1390

实验Ⅱ：

电极插入熔渣后的时间/min	10	12	16	20	23	24	27	30	32	35	36	39	42
电位值/mV	362	448	720	800	860	870	870	869	875	868	866	630	25
电池内阻/kΩ	55	50	—	—	20	—	—	—	—	—	—	—	—
熔渣温度/℃	1380	—	—	—	—	—	—	—	—	—	—	1410	—

两次实验，稳定时电池电动势值非常一致，均在 860 ~ 875mV。

为什么电极插入熔渣后，电位值会逐渐上升而后才达一稳定值呢？这主要是因为电极插入熔渣前，电极温度低（只有 700 ~ 800℃），插入后，电极温度逐渐上升，经历一段时间（约 20 ~ 25min）后，温度才达到均一稳定的结果。这一点从电极插入熔渣后，电池的内阻逐渐下降这一现象也可得到说明。

每次测定完毕后，观察插入熔渣内的电极部分的侵蚀情况，发现烧成镁钙砖电极侵蚀不明显，但石墨电极或碳化后的焦油镁钙砂砖电极侵蚀却十分严重。这与石墨和焦油镁钙砂砖皆为阳极（即负极），发生氧化过程是完全一致的。

其次，实验完毕以后，焦油镁钙砂砖处于高温带的表面已变为淡黄色，但其内部断面仍为黑色；但插入熔渣内的部分，其断面则已全部脱碳。既然插入渣内部分的焦油镁钙砂砖已全部脱碳，而变为与烧成镁钙砖组成相近，那么此时电池的电位值就应突然降低，而接近于零。这一点与以焦油镁钙砂砖与烧成镁钙砖构成的电池的实验结果也是吻合的。

从以上实验结果可以得出下列几点：

（1）含有炭素的电极与烧成镁钙砖构成的电池，其含炭素的一极为阳极（即负极）。

（2）电池的电动势都较大，且稳定，易于测定和读出。由石墨和烧成镁钙砖构成的电池，其电动势约为 1100mV。由碳化后的焦油镁钙砂砖和烧成镁钙砖构成的电池，其电动势约为 870mV。

（3）由石墨与烧成镁钙砖构成的电池，由于电池中石墨、熔渣的电阻与烧成镁钙砖相比要小得多，因此测得的电池内电阻可当作为烧成镁钙砖电极的电阻。由此得出烧成镁钙砖电极的电阻在本实验条件下约为 2000 ~ 3000Ω。

（4）电极插入熔渣后，电极温度的变化对电池的电位值的影响甚为明显。

4 关于转炉炼钢炉衬侵蚀机理的探讨

由石墨或碳化后的焦油镁钙砂砖与烧成镁钙砖和熔渣构成的腐

蚀电池，含碳极为阳极，其电池电动势在860~1100mV左右。此电动势是什么电化学反应产生的呢？

我们知道在炼钢熔渣中存在着O^{2-}、$Si_xO_y^{z-}$、高价铁酸根离子FeO_2^-（或$Fe_2O_4^{2-}$）、AlO_2^-、PO_4^{3-}等阴离子，和Fe^{2+}、Ca^{2+}、Mg^{2+}、Mn^{2+}等阳离子的[5]。

根据炼钢条件，下面就来设想几种电化学反应的机构，然后从热力学上计算，看哪一种电化学反应进行的可能性最大。

（1）若伴随着阳极碳的氧化，其阴极是由于氧化镁的还原；即：

阳极电极反应为：$C + O^{2-} \longrightarrow CO\uparrow + 2e$

阴极电极反应为：$MgO + 2e \longrightarrow Mg_{(g)}\uparrow + O^{2-}$

总的电化学反应为：$C + MgO \longrightarrow Mg_{(g)}\uparrow + CO\uparrow$ （Ⅰ）

因为Mg的沸点为1107℃，故在反应式中Mg为气体状态。反应（Ⅰ）在标准条件下的自由能变化$\Delta Z^{\ominus}$可以从下列二反应的$\Delta Z^{\ominus}$求得❶：

$$2C + O_2 = 2CO \qquad \Delta Z^{\ominus} = -53400 - 41.90T$$

$$-)\ 2Mg_{(g)} + O_2 = 2MgO_{(s)} \qquad \Delta Z^{\ominus} = -363400 + 102.5T$$

$$2C + 2MgO_{(s)} = 2Mg_{(g)} + 2CO \qquad \Delta Z^{\ominus} = 310000 - 144.4T$$

即：
$$C + MgO_{(s)} = Mg_{(g)} + CO$$

$$\Delta Z^{\ominus} = 155000 - 72.2T \qquad (1)$$

在炼钢温度$T=1873K$（1600℃）下，反应（Ⅰ）的标准自由能变化：

$$\Delta Z^{\ominus} = 155000 - 72.2 \times 1873 = 20000cal❷$$

---

❶ 计算的所有热力学数据来自：

（1）C. T. 罗斯托夫采夫，冶金过程理论。

（2）A. H. Крестбвнцков：Справочнцк по росчётам равновёсий мётамургцεёских рёакцпй，1963.

（3）在1968年以前自由能变化我国不是用ΔG而是用ΔZ来表示。

❷ 1cal = 4.1868J。

即：$\Delta Z^{\ominus} > 0$，说明反应（Ⅰ）在标准条件下，即 $p_{CO} = 1\text{atm}$[1]，$p_{Mg} = 1\text{atm}$ 下是不可能进行的。

我们知道氧气转炉炼钢过程中是产生了大量 CO 气体的，其压力可设为 $p_{CO} = 1\text{atm}$。由于氧气转炉炼钢过程是一敞开体系，而金属 Mg 或 Ca 是处于气体状态存在，故 Mg 蒸气一经逸出，即会重新被氧或氧化物氧化成 MgO 而进入渣中，因此在炼钢条件下，体系中 Mg 的蒸气分压可以认为是很小的，设 $p_{Mg} = 1\text{mmHg}$[2]。

因此从：

$$C + MgO_{(s)} \longrightarrow Mg_{(g)}(1\text{atm}) + CO(1\text{atm})$$

$$\Delta Z^{\ominus} = 155000 - 72.2T$$

$$+)\ Mg_{(g)}(1\text{atm}) \longrightarrow Mg_{(g)}(1\text{mmHg}) \quad \Delta Z = RT\ln(1/760)$$

可得：$C + MgO_{(s)} \longrightarrow Mg_{(g)}(1\text{mmHg}) + CO(1\text{atm})$

$$\Delta Z = 155000 - 72.2T + RT\ln(1/760)$$

当 $T = 1873\text{K}$ 时：

$$\Delta Z = 155000 - 72.2 \times 1873 - 4.575 \times 1873\lg 760 = -4600\text{cal}$$

即 $\Delta Z < 0$，说明在上面假设的条件下，反应（Ⅰ）是可能进行的。

从热力学知，可逆电池其电化学反应的电动势与自由能变化的关系为：

$$\Delta Z = -nFE \tag{2}$$

式（2）中 ΔZ 为电化学反应的自由能变化，E 为其产生的电动势，F 为法拉第常数，即 96500C，n 为反应物发生变化的当量数。

将 $\Delta Z = -4600\text{cal}$，$n = 2$ 代入式（2），

又因：$1\text{cal} = 4.184\text{J}$。

所以：$E = -\dfrac{-4600 \times 4.184}{2 \times 96500} \approx 0.1\text{V} = 100\text{mV}$。

（2）若伴随着阳极碳的氧化，其阴极是氧化钙的还原，即：

---

[1] $1\text{atm} = 101325\text{Pa}$。

[2] $1\text{mmHg} = 133.322\text{Pa}$

阳极反应为： $C + O^{2-} \longrightarrow CO + 2e$

阴极反应为： $CaO + 2e \longrightarrow Ca_{(g)}\uparrow + O^{2-}$ （Ⅱ）

总的电化学反应：$C + CaO \longrightarrow Ca_{(g)}\uparrow + CO\uparrow$

Ca 的沸点为 1487℃。用前面类似的方法可求得反应（Ⅱ）在 1873K 的标准自由能变化：$\Delta Z^{\ominus} = 36120\text{cal}$，即反应（Ⅱ）在标准条件下是不可能进行的。

若 $p_{CO} = 1\text{atm}$，$p_{Ca} = 1\text{mmHg}$。在此条件下，反应（Ⅱ）的自由能变化：$\Delta Z = +11520\text{cal} > 0$。因此反应（Ⅱ）在氧气转炉炼钢中是很难进行的。

（3）若伴随着阳极碳的氧化，其阴极为 SiO_2 的还原，即：

阳极反应： $C + O^{2-} \longrightarrow CO + 2e$

阴极反应： $SiO_2 + 2e \longrightarrow SiO_{(g)} + O^{2-}$ （Ⅲ）

总的电化学反应：$C + SiO_2 \longrightarrow SiO_{(g)} + CO$

从：

$$2C + O_2 = 2CO \qquad \Delta Z^{\ominus} = -53400 - 41.90T$$

$$+)\ 2SiO_2 = 2SiO_{(g)} + O_2 \qquad \Delta Z^{\ominus} = 371600 - 116.1T$$

$$2C + 2SiO_2 = 2SiO_{(g)} + 2CO \qquad \Delta Z^{\ominus} = 318200 - 158.0T$$

$$C + SiO_2 = SiO_{(g)} + CO \qquad \Delta Z^{\ominus} = 159100 - 79.0T$$

当 $T = 1873\text{K}$ 时，$\Delta Z^{\ominus} = 11300 > 0$，即在标准条件下，上反应是不可能向右进行的。

若 $p_{CO} = 1\text{atm}$，$p_{SiO} = 1\text{mmHg}$，在 $T = 1873\text{K}$ 时，反应（Ⅲ）的自由能变化：

$\Delta Z = -13300\text{cal}$，即 $\Delta Z < 0$，故反应（Ⅲ）在此条件下从热力学上来说是可能进行的。利用式（2）算出电动势为：$E = 0.289\text{V} = 289\text{mV}$。

（4）若伴随阳极碳的氧化，其阴极为熔渣中三价铁还原为二价铁。即：

阳极反应为： $C + O^{2-} \longrightarrow CO + 2e$

阴极反应为： $2FeO^{+} + 2e \longrightarrow 2Fe^{2+} + 2O^{2-}$

总的电化学反应为： $2FeO^{+} + C \longrightarrow CO + 2Fe^{2+} + O^{2-}$ （Ⅳ）

上面离子反应式（Ⅳ）可改写为分子反应式，例如由：

$$
\begin{array}{rl}
 & 2FeO^{+} + C \longrightarrow CO + 2Fe^{2+} + O^{2-} \\
+) & Fe^{2+} + 2O^{2-} \longrightarrow Fe^{2+} + 2O^{2-} \\
\hline
 & Fe^{2+} + 2O^{2-} + 2FeO^{+} + C \longrightarrow CO + 3Fe^{2+} + 3O^{2-}
\end{array}
$$

即 $Fe_3O_{4(l)} + C \longrightarrow CO + 3FeO_{(l)}$ （Ⅴ）

式（Ⅳ）也可改写为：

$$Fe_2O_3 + C \longrightarrow CO + 2FeO \qquad (Ⅵ)$$

从： $2C + O_2 = 2CO$， $\Delta Z^{\ominus} = -53400 - 41.90T$

$6FeO_{(s)} + O_2 = 2Fe_3O_4$， $\Delta Z^{\ominus} = -152220 + 61.17T$

可求得： $C + Fe_3O_{4(s)} = CO + 3FeO_{(s)}$

$$\Delta Z^{\ominus} = 49410 - 51.53T \qquad (3)$$

已知：FeO 的熔点为 1370℃，其熔化热为 7660cal，Fe_2O_3 的熔点为 1597℃，其熔化热为 33000cal。根据熔点与熔化热可以计算出相变时的熵变 ΔS，得出相变时的自由能变化与温度的关系式。例如：

$$FeO_{(s)} = FeO_{(l)} \qquad \Delta Z^{\ominus} = 7660 - 4.66T \qquad (4)$$

$$Fe_3O_{4(s)} = Fe_3O_{4(l)} \qquad \Delta Z^{\ominus} = 33000 - 17.6T \qquad (5)$$

由(3) +3 ×(4)可得：

$$C + Fe_3O_{4(s)} = CO + 3FeO_{(l)}$$

$$\Delta Z^{\ominus} = 72390 - 65.51T \qquad (6)$$

由（6）–（5）可得：

$$C + Fe_3O_{4(l)} = CO + 3FeO_{(l)}$$

$$\Delta Z^{\ominus} = 39390 - 47.91T \qquad (7)$$

当 $T = 1673K$（即 1400℃）时，从式（6）可算出反应（Ⅴ）的标准自由能变化，$\Delta Z^{\ominus} = -37410cal$。从式（2）可算其标准电动势

为：$E=812\text{mV}$。

当 $T=1873\text{K}$（1600℃）时，从式（7）可算出反应（Ⅴ）的标准自由能变化，$\Delta Z^{\ominus}=-50210\text{cal}$，从式（2）可算出电化学反应（Ⅴ）的标准电动势为：$E=1090\text{mV}$。

用类似的方法可算出反应（Ⅵ）在1400℃时的标准电动势为：$E=950\text{mV}$。

（5）若伴随阳极碳的氧化反应，其阴极为 Fe^{2+} 还原为Fe。即：

阳极反应为： $C+O^{2-}\longrightarrow CO+2e$

阴极反应为： $Fe^{2+}+2e\longrightarrow Fe$

总的电化学反应为：$C+Fe^{2+}+O^{2-}\longrightarrow CO+Fe$

或 $$C+FeO_{(l)}\longrightarrow CO+Fe \quad (\text{Ⅶ})$$

用前面类似的方法可求得：

$$C+FeO_{(l)}\longrightarrow CO+Fe_{(s)},\ \Delta Z^{\ominus}=30900-33.7T \quad (8)$$

$$C+FeO_{(l)}\longrightarrow CO+Fe_{(l)},\ \Delta Z^{\ominus}=34500-35.7T \quad (9)$$

当 $T=1673\text{K}$ 时，从式（8）可算出反应（Ⅶ）的 $\Delta Z^{\ominus}=-25500\text{cal}$，标准电动势 $E=575\text{mV}$。

当 $T=1873\text{K}$ 时，从式（9）可算出反应（Ⅶ）的 $\Delta Z^{\ominus}=-32150\text{cal}$，标准电动势 $E=696\text{mV}$。

应该指出，在氧气转炉中除上面焦油砖与烧成砖和熔渣构成腐蚀电池外。钢液与含碳砖和熔渣之间也构成了腐蚀原电池：

焦油结合砖(C)|熔渣|钢液(Fe)

含碳砖和钢液与熔渣构成的电池，其电极反应与电化学反应就是上面所写的反应式，即：

$$C+FeO_{(l)}\longrightarrow CO+Fe_{(l)}$$

应该说只要在熔炼金属时采用碳或含碳耐火材料作炉衬时，都可能发生与上面类似的电化学反应。只不过此时具体的电化学反式不同，也可能阳极是金属熔体，而阴极是耐火材料。

此外通常耐火材料都是一不均匀的多相体系。在此不均匀的多相体系中各不同相与电解质也可以构成为许多的微电池。

从上面热力学计算，各电化学反应的电动势大小次序如下：

$C + Fe_2O_3 \longrightarrow CO + 2FeO$ 在1400℃时，$E = 950mV$；

$C + Fe_3O_4 \longrightarrow CO + 3FeO$ 在1400℃时，$E = 812mV$；在1600℃时，$E = 1090mV$；

$C + FeO \longrightarrow CO + Fe$ 在1400℃时，$E = 575mV$；在1600℃时，$E = 696mV$；

$C + SiO_2 \longrightarrow CO(1atm) + SiO_{(g)}(1mmHg)$ 在1600℃时，$E = 289mV$；

$C + MgO \longrightarrow CO(1atm) + Mg_{(g)}(1mmHg)$ 在1600℃时，$E = 100mV$。

由于阳极反应都是碳的氧化，是相同的；因此上面电动势大小次序，也代表了阴极反应的电极电位的大小次序。

根据上面热力学计算出的电动势大小次序，和前面电池电动势值的测定结果，在氧气转炉炼钢中，当以焦油结合砖或焦油浸渍砖与烧成砖作炉衬时，可能发生的电化学反应是：

$$C + 2FeO^{+} \longrightarrow CO + 2Fe^{2+} + O^{2-} \quad (\text{IV})$$

或

$$C + Fe_3O_4 \longrightarrow CO + 3FeO \quad (\text{V})$$

或

$$C + Fe_2O_3 \longrightarrow CO + 2FeO \quad (\text{VI})$$

与

$$C + FeO_{(l)} \longrightarrow CO + Fe \quad (\text{VII})$$

以及

$$C + SiO_2 \longrightarrow SiO_{(g)}\uparrow + CO \quad (\text{III})$$

$$C + MgO \longrightarrow Mg_{(g)}\uparrow + CO \quad (\text{I})$$

电化学反应（Ⅳ）、（Ⅴ）、（Ⅵ）的进行，不仅解释了焦油结合砖中C的被侵蚀，也解释了在碳被侵蚀的同时，由于吸收FeO和其他氧化物作用会逐渐发生熔蚀的现象。

其次，当焦油结合砖工作面（反应面或热面）附近，包裹镁钙砂或镁砂或白云石的碳是不连续的或连续性被破坏，也会构成很多微电池，发生电化学侵蚀（这与镀Zn的铁板，当一处锌镀层脱落会发生电化学侵蚀相似）。从这点出发，如何能使焦油结合砖中的碳形成分布均匀的连续相包裹住所有的镁钙砂或镁砂或白云石颗粒并渗入所有的孔隙是十分重要的。这也说明了焦油结合砖经轻烧后再浸渍焦油对提高炉衬寿命是有益的。也解释了大、中颗粒充分进行焦油浸泡和采用振动成型的好处。因为振动成型大砖不仅减少了砌筑时的砖缝，而且避免了成型时颗粒的破碎，保证了颗粒外都能很好地被涂了一层保护层，这就延缓了侵蚀作用的进行和存放时白云石的水化。还解释了一般不好解释的下面现象，即为什么在颗粒细粉中加入石墨粉对提高炉龄并不明显的原因。从这点出发，看来在制砖中采用一部分使用后的焦油残砖回收料（已去掉渣层的）是有好处的。

由于焦油结合砖与烧成砖混砌时构成了腐蚀电池，发生电化学侵蚀，加速了焦油结合砖的脱碳过程，加上焦油砖本身内包裹镁钙砂的碳是不连续的，即某些颗粒没有全部被焦油覆盖着，（当时首钢焦油砖为机压成型。成型后将砖打开观察，颗粒在压制时特别是大颗粒已被破碎，破碎的颗粒新表面没有焦油或很少焦油）所形成的许多微电池，更加大了脱碳速度。脱碳后的焦油砖气孔率甚大。颗粒间又来不及很好烧结，自然在耐冲刷与抗化学侵蚀方面就非常差。颗粒很容易被冲刷而脱落掉，造成混砌时焦油结合砖侵蚀特别严重，残砖工作层表面呈蜂窝烂泥状。

由此可以得出，在采用焦油结合砖与烧成砖混砌的“均衡炉衬”中，为了减少电化学侵蚀，砌筑前烧成砖应经过很好的浸渍焦油。

可能会有同志提出：既然在氧气转炉中焦油砖中的碳，无论在单独使用时或与烧成砖进行混砌时，都会形成原电池，发生电化学侵蚀，而要被氧化掉，那我们在氧气转炉中何必采用焦油结合砖和焦油浸渍的烧成砖呢？这就值得进一步分析。

前面已经提到过，在首钢30t氧气转炉中采用烧成镁钙砖进行的几个炉役试验，其使用寿命均低于同时期的焦油结合砖。据国外的报道，采用无碳镁砖或无碳白云石砖的炉衬寿命都较低。现代氧气转炉炉衬都是采用焦油结合砖或焦油浸渍的烧成砖。这是因为在氧气转炉条件下，采用没有焦油结合或焦油浸渍的烧成砖，虽然看来少了由于碳存在产生的电化学侵蚀，但是烧成镁砖或镁质白云石砖却直接受到了熔渣中 Fe_2O_3、FeO、SiO_2、P_2O_5、Al_2O_3 等等氧化物的化学熔蚀作用。单独使用焦油结合砖或焦油浸渍砖时，即使在焦油砖接近工作面附近由于颗粒的部分脱碳而形成微电池，发生电化学侵蚀，但是这些电化学反应都是使高价氧化铁变为低价氧化铁［反应（Ⅳ）（Ⅴ）（Ⅵ）］或甚至将低价氧化铁转变为金属铁［反应（Ⅶ）］，或者把 SiO_2 转变为 $SiO_{(g)}$ 等。这就大大降低了高价氧化铁和酸性氧化物的危害。从高温物理化学知道，若一种金属与氧能形成几种氧化物，其低价氧化物具有碱性，其高价氧化物具有酸性[6]；因此低价氧化物较高价氧化物对碱性耐火材料的侵蚀要弱些。

关于高价氧化铁与低价氧化铁对镁质或白云石质耐火材料的熔蚀，可以用在 1500℃时，MgO-CaO-Fe_2O_3 和 MgO-CaO-FeO 两个相平衡图，即图 3 与图 4[7] 来说明。

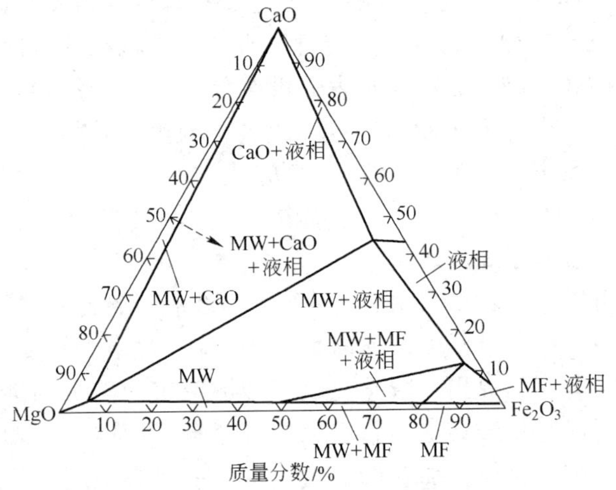

图 3　在 1500℃和空气中，CaO-MgO-氧化铁系的相平衡

MW = magnesio Wüstite—镁浮士体；

MF = magnesioferrite—铁酸镁

从 MgO-CaO-Fe_2O_3 和 MgO-CaO-FeO 相图可以看出，当其组成范围不越出 MW + CaO 区域，即不出现液相。但不出现液相的 MW + CaO 区域，图 3 比图 4 要小得多；即在氧化性条件下（铁的氧化物以 Fe_2O_3 存在）的图 3 比在还原条件下（铁的氧化物以 FeO 存在）时，其不出现液相的区域要小得多。也就是说 MgO-CaO 质耐火材料在有碳存在的还原气氛下比无碳存在的氧化气氛中能吸收更多的氧

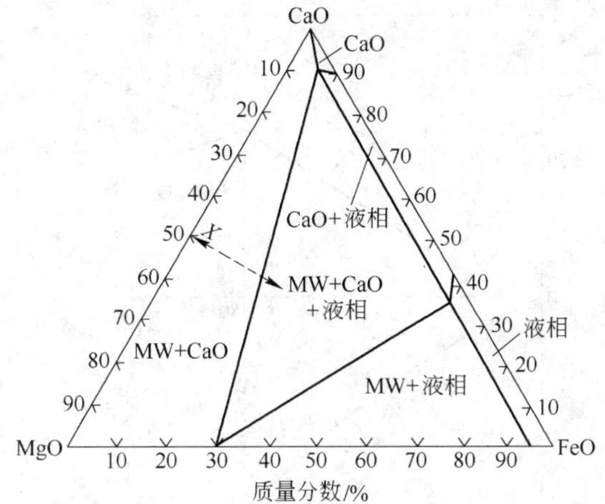

图4 在1500℃和氧压为10^{-9}大气压时
CaO-MgO-氧化铁系的相平衡
MW—镁浮士体

化铁而不出现液相。

例如最初组成为X（含50% MgO）的MgO-CaO质耐火材料，当其在1500℃与铁的氧化物（Fe_2O_3或FeO）接触发生作用时，耐火材料的组成将沿着连接X点和组成三角形的氧化铁（Fe_2O_3或FeO）顶点的连接线变化，如图中箭头所示。从图3与图4可以得出：当组成为X的MgO-CaO耐火材料与Fe_2O_3接触时，耐火材料中只要吸收3%的Fe_2O_3就会出现液相，开始熔化；而与FeO接触时情况就很不一样了，要吸收约22%的FeO时，才会出现液相，开始熔化。因此，在MgO-CaO质耐火材料中，由于碳的存在而造成的还原性气氛，对其抗含氧化铁炉渣的熔蚀作用是非常有好处的。

我们知道方镁石中Fe可以以Fe、FeO、Fe_3O_4或Fe_2O_3存在。方镁石中铁的氧化物的还原和氧化都伴随着有很大的体积变化，见图5[8]。因而镁质材料不宜在气氛性质经常变动的条件下使用。当砖内有固体碳存在，也就保证砖内维持还原性气氛，保证了制品的体积稳定性。

碳的存在不但保证了方镁石体积的稳定性，同时由于碳的存在还提高了砖的导热性，这些都对提高砖的热稳定性是有好处的。从

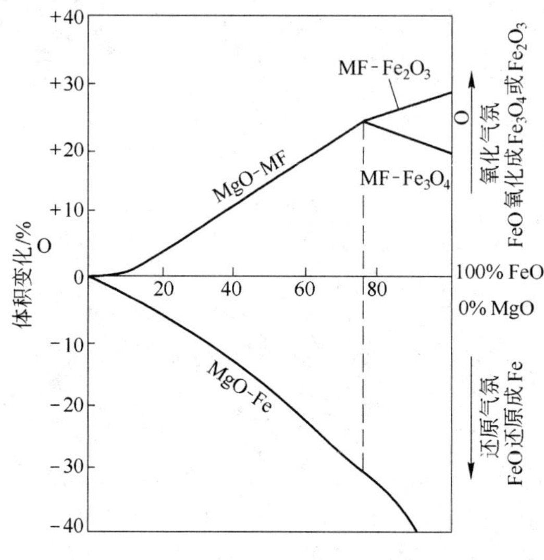

图5 (Mg,Fe)O 在氧化和还原时体积变化

而减少或避免了砖的剥落掉片。

焦油砖或焦油浸渍砖高温碳化后，由于颗粒中的孔隙被碳充填，也就减少了砖的气孔率，增加了砖的强度，提高了砖的抗机械冲刷的性能。同时由于碳不为炉渣所润湿，砖内颗粒间孔隙被碳所充填后，也就阻止了熔渣和金属液向砖体内部的渗透，因而限制了炉渣中的某些成分只能在砖的工作面（即反应面或热面）的几毫米内的所谓脱碳层内进行反应。

此外，由于碳与易还原氧化物反应产生 CO 气体，CO 在耐火材料工作层形成一层气体膜，这样就隔离与阻碍了熔渣与耐火材料的相互作用，减弱了熔渣对耐火材料的侵蚀作用。

最后，再来谈一谈烧成镁钙砖与焦油浸渍的烧成镁钙砖混砌时，为什么在其交界处浸渍砖往往易于损坏的问题。

从前面已可得出，当烧成镁钙砖与焦油浸渍的烧成镁钙砖混砌时就会与熔渣构成腐蚀电池，此时焦油浸渍砖为阳极，碳被氧化，发生电极反应：$C + O^{2-} \longrightarrow CO + 2e$，也就是说此时焦油浸渍烧成镁钙砖是处于还原性气氛条件下。但是腐蚀电池却加速了在交界处焦油浸渍烧成砖的脱碳过程，迅速脱碳后，气氛也迅速地改变为氧化性气氛。这种气氛的迅速变化，就使原来的焦油浸渍烧成镁钙砖的体积发生很大的变化（见图5），因而在交界处浸渍砖往往易于损坏。但是在交界处原来的烧成砖就没有这种气氛的变化情况，所以反而显出不易损坏。

从以上讨论可以看出，在氧气转炉炼钢中，炉衬的电化学侵蚀与化学侵蚀或熔蚀并不是完全互相排斥的，而是互为补充相互联系的。但是在一定条件下，矛盾是可以互相转化的。

例如采用焦油结合砖与烧成砖混砌时，电化学侵蚀起了主导作用；而在采用烧成砖作炉衬时，化学侵蚀或熔蚀则是主要的。当炉衬采用焦油结合砖或焦油浸渍砖时，则电化学侵蚀与化学侵蚀或熔蚀都起着一定的作用；而此时电化学侵蚀有有利的一面，即将高价氧化物还原为低价氧化物。降低了酸性氧化物对 MgO-CaO 质耐火材料的化学侵蚀或熔蚀；也有不利的一面，例如当包裹 MgO-CaO 质颗粒的碳是不连续的或连续性受到某种破坏时，由于构成许多微电池，造成电化学侵蚀，加速了砖体工作面附近的脱碳过程，也就创造了熔渣对耐火材料侵蚀的条件。

5 结语

（1）从电化学侵蚀解释了在氧气转炉炼钢中。炉衬采用焦油结合砖或焦油浸渍砖和烧成砖混砌时所发生的一些异常现象。

为了减少电化学侵蚀，在采用焦油结合砖与烧成砖混砌时，烧成砖要经过很好的浸渍焦油，然后再混砌。

（2）实验测定了由碳或碳化后的焦油镁钙砂砖与烧成镁钙砖和熔渣构成的电池的电动势，确定了含碳的一极为阳极。

根据热力学计算和电动势的测定，在炉衬上可能进行的电化学反应为：

$$C + 2FeO_2^+ \longrightarrow CO + 2Fe^{2+} + O^{2-}$$

或 $$C + Fe_3O_4 \longrightarrow CO + 3FeO$$

或 $$C + Fe_2O_3 \longrightarrow CO + 2FeO$$

和 $$C + FeO \longrightarrow CO + Fe$$

以及 $C + SiO_2 \longrightarrow SiO_{(g)} + CO$

和 $C + MgO \longrightarrow Mg_{(g)} + CO$ 反应

（3）从电化学侵蚀角度出发提高焦油结合砖质量，很重要的是要使焦油砖碳化后砖中碳要能形成分布均匀的连续相，即碳要能将颗粒完全包裹起来并充填所有气孔或孔隙。

此外，从电化学侵蚀角度阐述了颗粒充分进行焦油浸渍，焦油结合砖轻烧后再浸渍焦油和振动成型的好处；以及在制砖中采用部分使用后的残砖可能是有益的。

（4）说明了在氧气转炉炼钢中，炉衬的电化学侵蚀与化学侵蚀或熔蚀是互为补充和相互联系的。在采用焦油砖与烧成砖混砌时，电化学侵蚀是炉衬蚀损的主要原因；在单独采用烧成砖砌炉时，化学侵蚀或熔蚀是炉衬蚀损的主要原因；在全部采用焦油结合砖或焦油浸渍砖时，电化学侵蚀与化学侵蚀或熔蚀同时存在，而此时电化学侵蚀有其有利的一面，也有其不利的一面。

文中还对 MgO-CaO 质耐火材料中碳素存在的好处作了一些理论阐述。

（5）氧气转炉炼钢中连续测温是一个很有实际意义的重要问题。既然焦油砖与烧成砖和熔渣构成的原电池，其电动势甚大，温度对电极电位有明显的影响。是否可以利用这一特性来进行连续测温，可做探讨。

参考文献

[1] 冶金部氧气顶吹工作组炉衬小组．镁钙砖在首钢 30 吨氧气顶吹转炉上的试用观察．1966.

[2] 唐山钢厂．镁钙砖在转炉上试用的初步总结．1966.

[3] Refractories for oxygen steelmaking. special Report 74，1962：64～71.

[4] Есин. О А. Изв. высш. улебн，Завед，черная металлуртия，1960，(11)：12.

[5] 罗斯托采夫 C T. 冶金过程理论．北京：冶金工业出版社，1959.

[6] 东北工学院．冶金原理．北京：中国工业出版社，1961.

[7] Johnson R E，Arnulf muan. J Amer Ceram Soc. 1965，48(7)：359～364.

[8] 天津大学．耐火材料工学．北京：中国工业出版社，1961.

本文选自《耐火材料》，1972，(9)：15～27.

含碳耐火材料的电化学侵蚀

陈肇友　张　欣　杨丁熬　李　勇

（冶金工业部洛阳耐火材料研究院）

摘　要：为了说明碳或含碳耐火材料在熔渣-金属熔体交界处局部侵蚀的原因，测定了不同熔渣与碳及纯铁构成的高温电池：C|熔渣|Fe的电动势，其值在250～450mV。在这些高温电池中，碳电极皆为阳极（负极），Fe电极皆为阴极（正极）。发现当对此高温原电池外加一反电动势时，碳电极的侵蚀即被抑制。根据这些实验结果，认为含碳耐火材料在熔渣-金属交界处局部侵蚀的主要原因是由于电化学侵蚀机理造成的。文中还拟出了可能发生的电化学反应，并提出了抑制和减轻含碳耐火材料局部侵蚀的措施。

1　引言

近年来，碳与含碳耐火材料广泛用于钢铁工业，作为高炉、出铁沟、铁水预处理、氧气转炉、电炉、炉外精炼、盛钢桶等的内衬以及连续铸钢的保护管和浸入式水口的材质。含碳耐火材料大多为碳结合，并且碳在材料内形成了连续网络结构。碳与含碳耐火材料的最大弱点是在高温使用中易被氧化，而且在含碳耐火材料，例如Al_2O_3-C质浸入式水口与熔渣及钢液的交界处常呈现严重的局部侵蚀。

对含碳耐火材料在钢液-熔渣交界处的局部侵蚀虽有一些研究报道[1~7]。但在所有这些报道中，对高温熔渣是离子导体、是导电性良好的电解质，而碳亦是良好的电子导体这些事实，却未能给予重视。因而对于由下面腐蚀电池：

碳|熔渣|金属熔体

造成含碳耐火材料的电化学侵蚀，至今却未能引起人们的注意与重视。陈肇友[8]虽曾提出过此问题，进行过部分试验，但未进行以碳与纯铁作电极、不同炉渣为电解质的实验。本文即报道这方面的研究工作。

2 实验方法与实验结果

2.1 实验方法

采用铁水预处理渣、转炉炼钢渣、炉外精炼渣与连续铸钢用保护渣作电解质（配制组成见表1），设计了下面腐蚀电池：

C|熔渣|Fe

表1 各种炉渣的配制组成与熔点

Table 1 Formulation and melting point of slags

炉 渣	化学组成/%								熔点/℃
	CaO	SiO_2	Fe_2O_3	Al_2O_3	MgO	MnO	Na_2CO_3	CaF_2	
钢水预处理渣		36					64		≈1070
结晶器保护渣	40	40					15	5	≈1240
精炼渣	36	38	3	17	6				≈1320
氧气转炉渣	45	28	14	3	8	2			≈1350

所用铁电极为纯铁，长450mm，断面为14mm×5mm；碳电极为高纯碳，长500mm，断面为14mm×5mm。实验所用装置如图1所示。

实验步骤如下：将炉渣装入外套有石墨坩埚的刚玉坩埚（直径为75mm，深90mm）内（外面的石墨坩埚是为了避免Al_2O_3坩埚炸裂或蚀穿时熔渣损坏电炉），然后将坩埚放入电炉中，升温使炉渣熔化；当温度达到实验要求温度后，将纯碳与纯铁电极插入炉内至熔渣液面上，保持约5min，然后再插进熔渣中。用数字显示万用电表确定电极的正、负，测定熔渣的大致电阻值。再将高温电池的正、负极分别与电位计线路相连，测定高温电池的电动势。

为了避免铁电极在实验中熔化而造成实验困难，实验温度均较实际冶炼温度低约200℃。

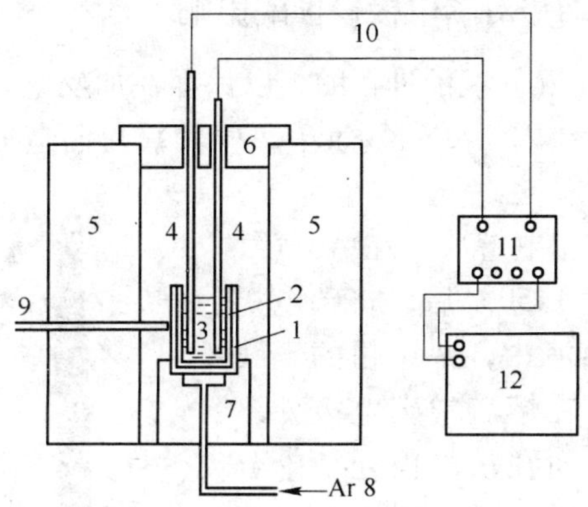

图 1　电动势测定的实验装置

1—石墨坩埚；2—刚玉坩埚；3—熔渣；4—电极（C、Fe）；5—电炉；6—轻质 Al_2O_3 盖；7—Al_2O_3 底座；8—氩气入口；9—热电偶；10—粗铜线；11—KJ10；12—UJ-33 电位计

Fig. 1　Experimental apparatus for E. M. F. measurement

2.2　不同熔渣构成的高温电池的内阻与电动势

由碳与纯铁电极和各种熔渣构成的高温电池，碳电极皆为阳极（负极），铁电极为阴极（正极）。高温电池的内阻与电动势的测定结果列于表 2 中。

表 2　碳与铁电极和不同熔渣构成的高温电池的电动势和内阻值

Table 2　E. M. F. and resistance of cells（C | Molten slag | Fe）With different molten slag at elevated temperature

熔　渣	实验温度/℃	E. M. F. /mV	电池的电阻/Ω
钢水预处理渣	1200	258～280	2.2
结晶器保护渣	1300	324～348	2.1
精炼渣	1400	320～352	1.8
氧气转炉渣	1450	420～458	1.4

在进行电动势测定时，在碳电极处有气泡逸出。电动势虽有一定波动，但其值始终比较稳定。

2.3 外加反电动势对碳电极侵蚀的影响

试验是在 Ar 气气氛下进行的，以保证在加反电动势与不加反电动势下碳电极不会因为受到气氛中氧气的氧化而造成化学侵蚀，影响试验的对比可靠性。

采用转炉渣作电解质，在 Ar 气气氛下，当温度达 1450℃后，将碳电极与铁电极插入熔渣中，并用粗的铜线将二电极相联。在熔渣中碳电极处不断有气泡冒出，而在铁电极处却十分平静。经 10min 后，浸入熔渣中的石墨电极侵蚀严重，但铁电极无变化。

同样采用转炉渣，在 Ar 气气氛下进行实验，但铁电极与碳电极分别与一外加约 1.0V 的干电池组的正、负极相连。当熔渣温度达 1450℃后，再将上面加有反电动势的碳电极与铁电极插入熔渣中。发现碳电极与铁电极处熔渣表面都甚平静，无气泡逸出。试验后碳电极外观与试验前几乎一样，未变细，也未呈现出表面疏松粗糙化现象，见图 2。

图 2 未外加与外加反电动势后碳电极侵蚀情况
a—未外加反电动势；
b—外加反电动势后
（碳电极的上部为浸入熔渣部分）

Fig. 2 Corrosion of carbon electrodes without external back e. m. f. applied (*a*) and without external back e. m. f applied (*b*)
(The upper portion of carbon electrodes dipped in molten slag)

3 讨论

3.1 含碳耐火材料在熔渣-金属液交界处以电化学侵蚀机理为主的实验依据

（1）由碳与纯铁和不同熔渣构成的腐蚀电池，碳电极皆为阳极，铁为阴极，而且即使是在比实际冶炼温度低约 200℃的实验温度下，其内阻都不大；而电动势值在 250 ~ 450mV 之间。这说明电化学侵蚀速度是不可忽视的。在实际冶炼中，由于温度更高，因而其电动势值应比测得的要高得多。此外，在实际生产过程中，含碳材料同铁液（或钢液）与熔渣三相交界处事实上是处于短路状态的，因此，其电阻值估计比由实验测得的电阻值要低得多。如以 $E=0.6V$，$R=0.1\Omega$ 计算，则腐蚀电流估计可达 $I=6A$，因此腐蚀速率是比较大的。

在实际生产过程中，三相交界处应不只是一个 C|熔渣|金属液腐蚀电池，而应是许多个腐蚀微电池。因此，由这些微电池造成的侵蚀速率与量都是不可忽视的。

（2）当外加反电动势大于高温腐蚀电池：C|熔渣|Fe 的电动势时，试验证实碳电极的侵蚀与气泡的逸出即被抑制。外加反电动势可以阻止碳的侵蚀，这有力地证明：含碳耐火材料在钢液-熔渣三相交界处，碳的侵蚀主要是由于电化学侵蚀造成的。

3.2 产生高温电池电动势的电化学反应

（1）对于氧气转炉渣构成的高温电池。

若阳极（负极）反应式为：

$$C + O^{2-} \longrightarrow CO + 2e$$

阴极（正极）反应式为：

$$Fe^{2+} + 2e \longrightarrow Fe_{(s)}$$

总的电化学反应式为：

$$C + Fe^{2+} + O^{2-} \longrightarrow CO + Fe_{(s)}$$

即：

$$C + (FeO) \longrightarrow CO + Fe_{(s)} \qquad (1)$$

由

$$\Delta G = \Delta G^{\ominus} + RT\ln \frac{p_{CO}}{a_{FeO}}$$

与

$$\Delta G = -nFE$$

可算出电化学反应产生的电动势 E。式中，p_{CO} 为 CO 的分压；a_{FeO} 为渣中 FeO 活度；F 为法拉第常数；n 为反应物发生变化的当量数（在此 $n=2$）。根据已有的热力学数据可以求得不同温度时的 $\Delta G^{\ominus}$。按文献［9］，可设 a_{FeO} 近似为 0.15，p_{CO} 近似为 0.01MPa，由此可算得在 1450℃时电池的电动势为：$E=610mV$。

考虑到计算的近似性与高温实验的误差，则计算值与实际测得的电动势还是比较符合的。

（2）对于铁水预处理渣构成的高温电池。

若阳极反应式为：

$$C + O^{2-} \longrightarrow CO + 2e$$

阴极反应式为：

$$2Na^{+} + 2e \longrightarrow 2Na$$

总的电化学反应式为：

$$C + 2Na^{+} + O^{2-} \longrightarrow CO + 2Na$$

即：
$$C + (Na_2O) \longrightarrow CO + 2Na \tag{2}$$

由已有的热力学数据可算出上述反应的 $\Delta G^{\ominus}$。若 p_{CO} 为 0.01MPa，Na_2O 与 Na 活度皆为1，可算得 $T=1473K$ 时，上述电化学反应产生的电动势为380mV。在硅酸钠熔体中，Na_2O 的活度远低于1。因此，实际电动势值低于380mV，约250～280mV是合理的。

（3）对于炉外精炼渣构成的高温电池。

考虑到氧化铁含量比较低，SiO_2 含量比较高，设：

阳极反应：

$$C + O^{2-} \longrightarrow CO + 2e$$

阴极反应：

$$(SiO_2) + 2e \longrightarrow SiO + O^{2-}$$

总的电化学反应为：

$$C + (SiO_2) \longrightarrow SiO + CO \tag{3}$$

由已有的热力学数据可算出上述反应在不同温度时的 $\Delta G^{\ominus}$。若 $p_{CO}=0.01MPa$，$p_{SiO}=1\times10^{-4}MPa$，$a_{SiO_2}=0.3$，$T=1673K$，可算得：$E=150mV$。此值只有实测值的一半。

若电极反应与转炉渣时一样，即反应式1，按 $a_{FeO}=0.03$，$p_{CO}=$

0.01MPa，$T=1673K$ 计算，得 $E=460mV$，与实际测得的电动势值较接近。因此由炉外精炼渣构成的高温电池，其电化学反应可能仍是以反应式1为主。

（4）对于由连铸保护渣构成的高温电池。

该熔渣中含有大量 Ca^{2+}、Na^{+}、F^{-} 与 O^{2-} 离子，从热力学计算知，由电化学反应生成 Ca、SiF_4 或 CF_4 都几乎是不可能的。因此，其电极反应可能与前面铁水预处理渣相同，即反应式（2）。由于保护渣构成的电池，其实验温度高于铁水预处理渣构成的电池，而该渣中 Na^{+} 离子浓度又低于铁水预处理渣。因此，该高温电池比由铁水预处理渣构成的电池的电动势高一些是合理的。

3.3 用电化学侵蚀机理解释其他研究者所观察到的现象与结果

豪克（Hauck）等与向井楠宏（Mukai）等都曾观察到和得出如下现象与结果：（1）Al_2O_3-C 材料在熔渣-铁液交界处的局部侵蚀程度以及气泡逸出情况是随铁液中碳的含量增加而减轻的，向井楠宏还指出，连铸时钢液中碳含量低是造成 Al_2O_3-C 浸入式水口在交界处局部侵蚀严重的原因；（2）当铁液中碳浓度达饱和时，交界处的局部侵蚀就大大减轻或消失了。

上述现象与结果可以用下面电极浓差电池造成的电化学侵蚀来很好地解释。

电极浓差电池：

$$C(a_C = 1)\,|\,熔渣\,|\,Fe\text{-}C(熔体)(a'_C)$$

其电动势为：

$$E = \frac{RT}{nF}\ln\frac{1}{a'_C}$$

从上式可以看出，随着铁液中碳浓度的增加，铁液中碳活度 a'_C 的增大，电动势即随之减小，电化学侵蚀就减弱，因而在金属液-熔渣交界处的局部侵蚀减轻。相反，当钢液中碳含量低时，a'_C 值就小，E 值就大，因而交界处的局部侵蚀就加剧。当铁液中碳浓度达到饱和时，$a'_C = a_C = 1$，因此浓差电池的电动势为零。由电极浓差造成的电化学局部侵蚀也就消失了。这样，用电化学侵蚀机理就更好地解释了豪克与向井楠宏等所观察到的前述现象与结果了。

此外，向井楠宏等还认为用BN代替石墨加入到浸入式水口，水口在钢液-保护渣交界处局部侵蚀减轻的原因，是由于BN不易溶于钢液，延缓了钢液-熔渣界面上升的时间所致。其实，加入大量BN到Al_2O_3-C浸入式水口可以减轻局部侵蚀的事实，也可以用电化学侵蚀机理来解释。因为BN在高温下是优良的电绝缘材料，电阻很大。把大量BN加入到Al_2O_3-C质浸入式水口，由于增加了腐蚀电池的内阻，减轻了腐蚀电流，电化学侵蚀速率降低了，因而电化学侵蚀引起的局部侵蚀也就减轻了。

3.4 防止含碳耐火材料局部侵蚀的措施

既然含碳耐火材料在金属-熔渣交界处碳的侵蚀主要是由电化学侵蚀机理引起的，因此，减轻或防止局部侵蚀的措施就应从减轻电化学侵蚀的途径来考虑。从电化学侵蚀方面考虑，减轻含碳耐火材料局部侵蚀可采取如下措施：

（1）在含碳耐火材料中加入比碳电极电位更低（或更负）的金属，例如：Si、Al、Mg、Ca等以保护碳。这也是目前常采用的有效办法，只不过一般都不是从电化学腐蚀角度来考虑，而仅从其对氧亲和力大小来考虑罢了。

（2）将碳或含碳耐火材料直接接到直流电源的负极上，进行阴极保护。

（3）加入能使腐蚀电池内阻增大的物质，以减轻腐蚀电流。例如在Al_2O_3-C中加入高电阻的BN，在熔渣中加入导电性不良的造渣剂等。

最后还须说明的是，虽然我们强调了含碳耐火材料在熔渣-金属交界处的电化学侵蚀机理，但并未否认在局部侵蚀中，Marangoni效应也可能起的部分作用。

4 结语

（1）根据对高温腐蚀电池：C|熔渣|Fe 测得的电动势、内阻值，碳电极为阳极以及对该原电池加一反电动势可以抑制碳电极侵蚀的现象，可以说明含碳耐火材料在熔渣-金属交界处局部侵蚀的主要原因是由于电化学侵蚀机理造成的。用电化学侵蚀机理还可以很好地解释其他研究者所观察到的一些现象与结果。

（2）由铁水预处理渣或连铸保护渣构成的电池，其电化学反应可能为：

$$C + (Na_2O) \longrightarrow CO + 2Na$$

由炉外精炼渣或氧气转炉渣构成的电池，其电化学反应可能为：

$$C + (FeO) \longrightarrow CO + Fe$$

（3）既然电化学侵蚀对含碳耐火材料在熔渣-金属交界处的局部侵蚀起主要作用，因此建议采取下面措施来抑制与减轻其侵蚀：

1）在含碳耐火材料中加入比碳电极电位更低的金属元素；

2）将含碳耐火材料直接接在直流电源的负极上；

3）加入能使含碳耐火材料电阻增大的物质；

4）加入能增加熔渣电阻的造渣剂。

参考文献

[1] Bruton T M, Cooper C F, Corft D A. Amer. Ceram. Soc. Bull., 1981, 60(7): 709.

[2] Hauck F, Potschke J. Arch. Eisenhuttenwes, 1982, 53(4): 133.

[3] Naruse Y, Fujimoto S, Shikano H, et al. Taikabutsu Overseas, 1984, 4(2): 49.

[4] Mukai K, Toguri J M, Yoshitomi J. Canadian Metallurgical Quarterly, 1986, 25(4): 256.

[5] Hiragushi K, Furusato I, Shikano H, et al. Taikabutsu Overseas, 1987, 7(3): 4.

[6] Yoshitomi J, Kiwaki S, Yagi T, et al. ibid, 1987, 7(3): 20.

[7] 向井楠宏．日本金属学会会报，1987，26(1)：16.

[8] 陈肇友．耐火材料，1972，(9)：15.

[9] Herausgegeben vom Verein Deutscher Eisenhüttenleute, Schlackenaltas, Verlag Stahleisen G. M. B. H. Düsseldorf, 1981: 134.

Electrochemical Corrosion of Carbon-Containing Refractories

Chen Zhaoyou Zhang Xin Yang Ding'ao Li Yong

(Luoyang Institute of Refractories Research, Ministry of Metallurgical Industry)

Abstract: The electrochemical examination on the corrosion of carbon or carbon-containing refractories at the molten slag-liquid metal interface has been carried out. The electromotive force (E. M. F.) of cells with different molten slags: C | Molten slag | Fe at elevated temperatures has been measured by means of potentiometer and it is in the range from 250 to 450 mV. It is found that the carbon electrode in these cells is anode and when an inverse E. M. F. is applied externally to the cell, the corrosion of carbon electrode will be suppressed entirely. Test results show that the local corrosion of carbon containing refractories at slag-metal interface is mainly caused by the mechanism of electrochemical corrosion.

本文选自《硅酸盐学报》, 1991, 19(5): 442.
或"UNITECR'93 Congress Proceedings",
São Paulo, Brasil, 1993: 1506.

耐火材料抗热震性的预测与评定[1]

陈肇友

（冶金工业部洛阳耐火材料研究院）

摘　要：本文对耐火材料抗热震性方面的理论、提高抗热震性的途径、评定抗热震性的实验方法等作了较系统的阐述。分析了含石墨耐火材料抗热震性优于相应不含石墨的氧化物材料的原因。

1　引言

耐火材料是一种非均质的脆性材料，其弱点是韧性与抗热震性比金属材料差。

在间歇式生产设备中，由于耐火材料承受着周期性的温度急变，热剥落与结构剥落严重。

对顶底复合炼钢中的供气砖、连铸中的浸入式水口、滑动水口的滑板等关键部位的耐火材料，为了正常生产与安全，不仅要求它们的抗热震性必须很好，而且要求它们的抗侵蚀性也要较好。总之，抗热震性与抗侵蚀性是决定耐火材料能否使用的两个最重要的性能。对这两个性能的不断改进，促进了耐火材料的发展。

近十多年来，为了提高耐火材料的抗热震性，对如何评定与预测进行了大量的研究工作。鉴于目前尚缺乏较系统的总结论述，以及在一些报告中存在不确切之处，本文拟对这方面的工作进行较系统的扼要论述。

2　理论研究

不少研究者都曾企图从理论上导出陶瓷与耐火材料处于脆性阶

[1] 本文是在我院与北京科技大学合作培养耐火材料博士生进行考生口试后所写。

段的抗热震性与其他性质之间的关系。但是，由于热应力对材料的影响不仅决定于热震条件、应力大小、分布和持续时间，而且决定于材料的性质，其中包括塑性、均匀性以及存在的裂纹大小、数量和类型等。因此，企图用一个适合于任何情况的定量关系式或热震参数来计算、预测材料的抗热震性，看来是困难的。

2.1 热弹性理论

热弹性理论认为，材料受到热震产生的热应力若不超过材料的强度极限时，材料是不会破坏的。当最大温差（ΔT_{max}）引起的热应力达到断裂强度（σ_f）时，材料就发生破坏。

$$\Delta T_{max} = \frac{\sigma_f(1-\mu)}{\alpha E} \tag{1}$$

即热应力超过材料的破坏强度时，材料即出现新裂纹，这种裂纹一经出现，材料就发生灾难性破坏。根据热震条件不同，常用 Kingery[1] 推荐的下面三个抗热震参数来表征材料的抗热震性。

$$R = \frac{\sigma_f(1-\mu)}{\alpha E} \tag{2}$$

$$R' = \frac{\sigma_f(1-\mu)\lambda}{\alpha E} = \lambda R \tag{3}$$

$$R'' = \frac{\sigma_f(1-\mu)}{\alpha E} \cdot \frac{\lambda}{c_p\rho} = aR \tag{4}$$

这 3 个参数常称为抗热震断裂参数或抗裂纹产生因子或抗热应力断裂因子（Fracture initiation parameter）。

式中，σ_f 为材料的断裂强度；E 为弹性模量；α 为线膨胀系数；μ 为泊松比；λ 为热导率；c_p 为恒压热容；ρ 为材料的密度；a 为热扩散率，$a = \lambda/(c_p\rho)$，表示材料在温度变化时温度趋于均匀的能力。

抗热震参数 R 代表材料可以经受的最大温差。但没有考虑到导热系数的影响，实际上由于散热的作用会对热应力的产生与缓解有影响，因此 R' 引入了导热系数 λ。在获得相同热量的条件下，热容量大的材料产生的温度变化较小，因此 R'' 引入了材料的热容量，即 $c_p\rho$。

根据这一理论，自然是强度越高，弹性模量与线膨胀系数越小的材料，R 值越大；裂纹的起始越困难，抗热震性越好。

2.2 能量理论

能量理论的哈塞尔曼（Hasselman）[2] 认为，一些陶瓷与耐火材料本来就存在大量微裂纹，当受到热震时其所以发生热剥落或炸裂，是由于裂纹扩展造成的。裂纹扩展产生新表面，需吸收能量，使应变能得到释放；当应变能全转化为裂纹扩展产生新表面所需能量时，裂纹扩展即终止。哈塞尔曼把断裂力学中格里菲思（Griffith）处理裂纹扩展的能量原理用来分析热应力引起的裂纹扩展[2,3]。

哈塞尔曼采用平板力学模型，假设所有裂纹长度相等、方向相同，平板受限制方向垂直于裂纹取向。若平板厚度为 1 单位，单位体积中有 N 条长度为 $2L$ 的裂纹；N 即为裂纹密度，L 为裂纹半长。

有效杨氏模量：

$$E_{\mathrm{eff}} = E/(1 + 2\pi NL^2)$$

式中，E 为无裂纹时材料的杨氏模量。

温度差（ΔT）产生的热应力为 $E_{\mathrm{eff}}\alpha(\Delta T)$，产生的变形量为 $\alpha(\Delta T)$。热应力在板中储存的弹性应变能为：

$$\frac{1}{2}E_{\mathrm{eff}}\alpha(\Delta T)\cdot\alpha(\Delta T) = \frac{E\alpha^2(\Delta T)^2}{2(1 + 2\pi L^2 N)}$$

若产生单位裂纹表面需要的能量，即断裂表面能（surface fracture energy）为 G，由于一条裂纹具有面积为 $2L$ 的两个表面，因此 N 条裂纹的表面能为：

$$2(2LNG) = 4GNL$$

每单位体积的总能量 W 为：

$$W = \frac{\alpha^2 E(\Delta T)^2}{2(1 + 2\pi NL^2)} + 4GNL \tag{5}$$

当 $\mathrm{d}W/\mathrm{d}L<0$，裂纹发生扩展。

$\mathrm{d}W/\mathrm{d}L=0$，裂纹处于临界状态。微分式（5），并令其等于零，即可求得裂纹扩展需要的临界温差（ΔT_{C}）为：

$$\Delta T_C = \left(\frac{2G}{\pi\alpha^2 EL}\right)^{1/2}(1 + 2\pi NL^2) \tag{6}$$

或

$$\Delta T_C\left(\frac{\pi\alpha^2 E}{2G}\right) = \frac{1}{L^{1/2}} + 2\pi NL^{3/2} \tag{7}$$

裂纹长度和密度一定时，$[G/(\alpha^2 E)]^{1/2}$ 值越大，其临界温差（ΔT_C）越大。由此，哈塞尔曼提出了新的抗热震参数 R_{st}，常称为热应力裂纹稳定性参数（thermal stress crack stability parameter），也称为抗准静态裂纹扩展参数（quasi-static crack propagation resistance parameter），即：

$$R_{st} = \left(\frac{G}{\alpha^2 E}\right)^{1/2} \tag{8}$$

和

$$R'_{st} = \left(\frac{G\lambda^2}{\alpha^2 E}\right)^{1/2} = \lambda R_{st} \tag{9}$$

由上式可知，材料的线膨胀系数与杨氏模量越小，断裂表面能越大；其 R_{st} 值越大，裂纹开始扩展需要的温度差也越大，裂纹的稳定性越好。

根据式（7），还可绘出在一定 N 值下 $\Delta T_C\left(\frac{\pi\alpha^2 E}{2G}\right)^{1/2}$ 对 L 的关系曲线，如图 1 中实线所示。

由式（6）可知，当裂纹长度甚短时，$2\pi NL^2 \ll 1$，因此

$$\Delta T_C \approx \left(\frac{2G}{\pi\alpha^2 EL}\right)^{1/2} \tag{10}$$

说明 ΔT_C 与 N 无关。当裂纹长度长时，$2\pi NL^2 \gg 1$，

$$\Delta T_C \approx \left(\frac{8\pi N^2 L^3 G}{\alpha^2 E}\right)^{1/2} \tag{11}$$

即在裂纹长度长时，ΔT_C 与 N 有关。

从 $d(\Delta T_C)/dL = 0$，可求得临界温差曲线最低点时裂纹长度（L_m）为：

$$L_m = (6\pi N)^{-1/2} \tag{12}$$

式（6）尚未能描述出裂纹扩展的所有情况，因为当原来长度小

于 L_m 的裂纹扩展时，由于弹性能释放速率超过表面断裂能，这一差值就转变为裂纹扩展的动能。因此，当长度小于 L_m 的裂纹达到临界温差 ΔT_C 时，裂纹会由于动能而动态地扩展（kinetic crack propagation）到图1中的虚线长度为 L_f 才终止。裂纹扩展的最终长度，按能量平衡原理可由式（5）推得的下式求出：

$$\alpha^2 E(\Delta T_C)^2\{[2(1+2\pi NL_0^2)]^{-1}-[2(1+2\pi NL_f^2)]^{-1}\}$$
$$=4GN(L_f-L_0) \tag{13}$$

由此可绘出图1中的虚线部分。

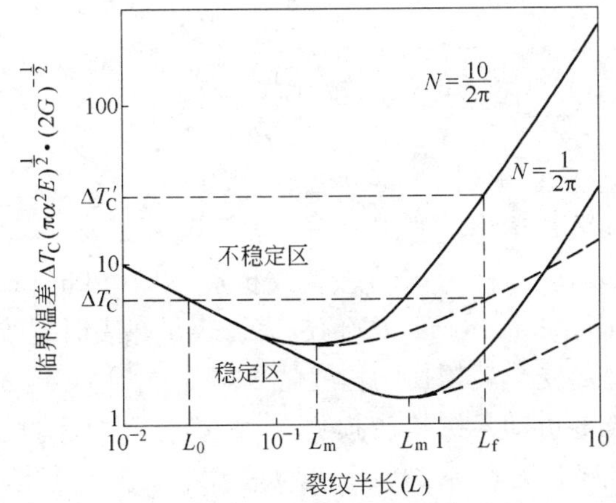

图1 裂纹开始扩展所需的温差与裂纹长度及裂纹密度 N 的关系

实线—裂纹开始扩展的临界温差；

虚线—具有 $L<L_m$ 的最初的短裂纹，扩展后的裂纹长度

若原来的裂纹甚短，即 $2\pi NL_0^2\ll1$，$L_f\gg L_0$，$2\pi NL_f^2\gg1$，由上式与式（10）可得：

$$L_f=(4\pi NL_0)^{-1} \tag{14}$$

从上式可看出，热应力下微裂纹（$L_0<L_m$）扩展后的最终长度与材料的性质无关，而仅仅与裂纹密度及原来长度有关。原来裂纹密度越大，长度越短，最终裂纹长度愈长。

对于平板，格里菲思曾得出临界应力（σ）与裂纹半长的关系为：

$$\sigma = \left(\frac{EG}{\pi L_0}\right)^{1/2} \tag{15}$$

由式（14）与式（15）可得出：

$$L_f = \frac{\sigma^2}{4NEG} \tag{16}$$

式中，σ 是热震前材料的抗张强度。L_f 越大，表示裂纹从原来长度 L_0 发生的动态扩展越厉害，即材料受热震损害越大。由此，哈塞尔曼提出了下列两个抗热震参数：

$$R''' = \frac{E}{\sigma^2(1-\mu)} \tag{17}$$

$$R'''' = \frac{GE}{\sigma^2(1-\mu)} \tag{18}$$

这两个参数常称为抗热震损伤参数（thermal shock damage resistance parameters），或称为抗动态裂纹扩展参数（kinetic crack propagation resistance parameter）。R''''值越大，表示热震时裂纹的动态扩展距离越小，材料受热震损伤的程度就小。

从以上推导可知，抗热震损伤参数 R''' 与 R'''' 只适用于裂纹长度小于 L_m 的情况。若原来裂纹长度大于 L_m（或动态扩展后的新裂纹），裂纹的扩展将得不到动能。裂纹达到临界温差 ΔT_C 后（动态扩展后的新裂纹，其温差则要由原来的 ΔT_C 增加至 $\Delta T'_C$ 后，见图1），裂纹将沿图 1 中实线［即式（6）］以准静态扩展（quasi-static crack propagation），即随着 ΔT_C 的增加，裂纹只能逐渐地扩展。裂纹的准静态扩展可借助式（6）或 R_{st} 值来加以控制。因为增大 R_{st} 值，可使 ΔT_C 值增大，从而减缓裂纹的扩展。即材料中裂纹若以准静态、稳定地扩展，其抗热震性可用 R_{st} 来表征。

通过以上分析，可以清晰地了解到：裂纹开始扩展需要的温度差，裂纹发生动态扩展的条件，以及提高材料抗热震性的途径。

为了有助于对图 1 的理解，假设有一横截面为 L_f 的试样，若该试样裂纹密度为 $N=10/2\pi$，原来裂纹长度 L_0 小于 L_m；当温差达到

ΔT_C 后，裂纹即发生动态扩展，扩展后的最终长度即为 L_f，试样即断裂。但若此试样原来的裂纹长度较长，约大于 L_m，当温度差达到临界温差后，裂纹则是沿图 1 中实线随着温差的增加而逐渐扩展。只有当温差达到比 ΔT_C 更大的温差 $\Delta T'_C$ 时，裂纹长度才能达到 L_f，试样才会断裂。因此，裂纹密度大、裂纹长度长一点、材料强度低一些的材料，在抗热震性上反而还好一些。但是，原来裂纹过长、裂纹密度过大，则会导致材料强度过低，而易于受到机械损伤。

鉴于引出 R_{st} 与 R'''' 等参数时，认为原来材料中已有裂纹存在，因此这些参数中的 G 应是原有裂纹启动与扩展产生单位面积新表面所需要的能量，即通常测得的断裂功 G_{WOF}（work of fracture）。提高材料的断裂功就能提高其抗热震性。

根据图 1，可以绘制出 ΔT_C 与热震后裂纹长度及强度的关系，如图 2 所示。图 2 还示出了三种主要抗热震参数适用的情况[4]。

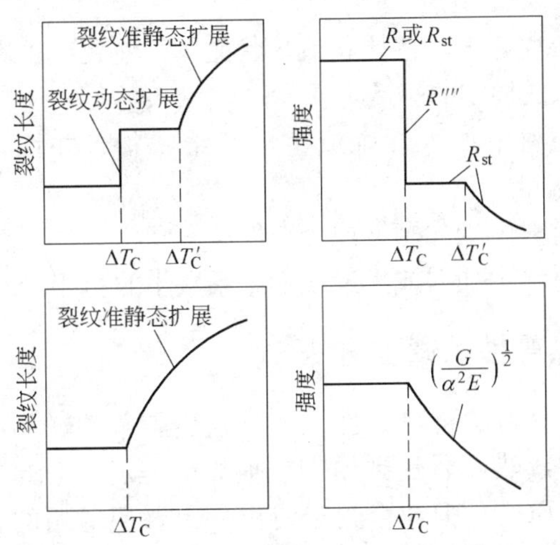

图 2　裂纹动态及准静态扩展的长度与强度和温差的关系

由以上分析可得出，首先，即使化学组成相同的材料，由于结构不同（如有无裂纹、裂纹长度与密度），热震条件不同，表征抗热震性的参数也可以不同。其次，还可以看出，在 R 与 R_{st} 参数中，E 与 α 的影响相同；而在 R 与 R'''' 中，σ_f 同 E 对其影响刚好相反。因此，除非在所指的热震条件下，材料断裂的行为已知，否则随意采用某一抗热震参数来预测或比较耐火材料的抗热震性是可能导致错误的。

3 提高耐火材料抗热震性的途径

提高耐火材料的抗热震性，可采取阻止裂纹扩展，消耗裂纹扩展动力，增加材料断裂表面能，增加塑性，降低线膨胀系数，增加热导率等途径来达到。大致可归纳为：

（1）在保证一定强度下，使材料中的裂纹有适当长度与密度。

（2）使材料内裂纹尖端附近形成一些显微裂纹，产生耗能机制。

（3）加入或形成某种物相（例如四方 ZrO_2）使之能在裂纹尖端发生相变，造成吸能机制。

（4）在材料基质中加入能弥散开、起钉扎作用的物相，阻止裂纹扩展。

（5）材料内弥散一些棒状或片状晶体，使裂纹扩展时发生倾斜、偏转，从而降低裂纹的驱动力。

（6）在材料中加入纤维或生成纤维状物，并均匀地分散在材料内。

（7）在材料中加入塑性或黏滞性组元。

（8）在材料中加入或生成线膨胀系数小的物相。

4 评定抗热震性的试验方法

评定耐火材料的抗热震性，涉及到热震条件和如何检测、比较试样在热震中或热震后受到损伤或损坏的程度。对此，虽然进行过广泛而大量的研究，但至今尚未得出一个普遍适用的方法。根据热震条件和检测、比较损伤程度的办法，可大致归纳如下，见表 1。

4.1 一般加热-冷却循环法

拉森（Larson）等[5]曾对 Al_2O_3 含量为 45% ~ 99% 的 38 种 Al_2O_3-SiO_2 系砖，分别切取尺寸为长 11.43cm、宽 1.91cm、高 1.91cm 的试样进行 1000℃—水冷热震试验。根据试验前后测得试样

的抗折强度，由抗折强度残存百分率来评定抗热震性，发现抗折强度残存百分率与R_{st}之间有良好的关系，即可用R_{st}来预测抗热震性。

表1　检测、比较损伤程度的办法

热震条件	检测方法	抗热震性评定依据
Ⅰ整个试样 （1）加热或冷却 （2）循环进行：加热-冷却	（1）裂纹检测 （2）称重 （3）抗折强度试验 （4）弹性模量测试	（1）目测裂纹状况 （2）质量损失率 （3）抗折强度残存百分率 （4）弹性模量残存百分率
Ⅱ部分试样 （1）加热或冷却 （2）循环进行：加热-冷却	（1）裂纹检测 （2）称重 （3）抗折强度试验 （4）弹性模量测试 （5）声发射技术	（1）目测裂纹状况 （2）质量损失率 （3）抗折强度残存百分率 （4）弹性模量残存百分率 （5）热震过程中的声发射特征

对含90% Al_2O_3的试样，进行了温差为200℃、300℃、400℃、600℃、800℃、1000℃、1180℃的水冷淬火，得出淬火后的抗折强度与温差之间的关系有类似图2准静态裂纹扩展的形状，说明这种耐火材料的裂纹扩展是准静态的。因此，抗热震性用R_{st}来表征也是合适的。

布鲁顿（Bruton）等[6]从Al_2O_3-SiO_2-C质浸入式水口上切取高为25mm环形试样或长方形试样，进行加热-冷却循环试验，得出试样不开裂的热震循环次数或抗折强度残存百分率都与R之间有良好的一致性，并与水口实际使用情况相符。这说明Al_2O_3-SiO_2-C质水口的抗热震性可用R来预测。

4.2　ASTM镶板试验法

此法是将试验砖镶砌在壁上，加热、冷却该壁面，经一定次数冷-热循环后，由目测裂纹情况和测定砖的质量损失或强度变化或弹性模量变化来评定试验砖的抗热震性。

兰迪（Landy）等[7]用ASTM镶板法测定了镁-碳系砖（残碳量为4.8%~37%）的抗热震性。试样尺寸长7.6cm、宽11.4cm、高15.2cm。试验砖用金属箔包封，以免碳氧化。加热至1125℃保温30min，然后吹风冷却至室温。如此循环5次，由弹性模量残存百分率来评定其抗热震性，得出镁-碳系砖的抗热震性与R_{st}值之间有良好的关系，如图 3 所示。该图说明镁-碳砖可用 R_{st} 来表征其抗热震性。

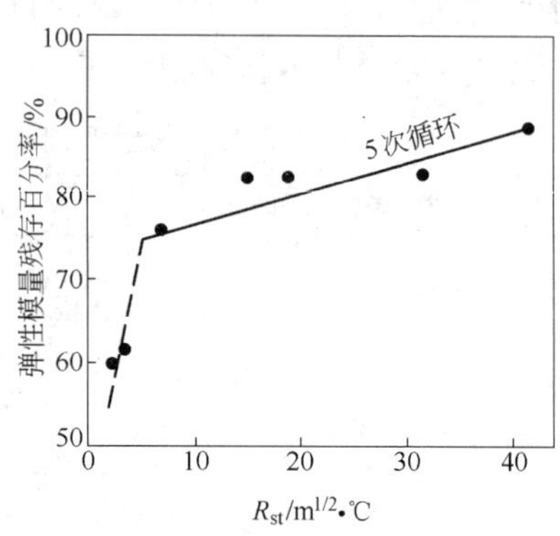

图 3　镁-碳砖经 5 次循环热震后，弹性模量残存百分率与 R_{st} 的关系

4.3　长条形试验法（Ribbon Test Method）

此法为塞姆勒（Semler）等[8]提出。长条形试样两端放在支承架上，试样加热面（2.54 × 22.86）下设有煤气烧嘴与吹风设备，加热 15min，强制冷却 15min。研究结果表明，最大热震损伤是在第一次加热-冷却后发生的，进行 5 次循环热震后，数据即趋稳定。

塞姆勒等[9]用此法对 45% ~91% Al_2O_3 的 Al_2O_3-SiO_2 系耐火材料的抗热震性进行了测定。结果表明，弹性模量残存百分率与 R'''' 值之间有良好的关系，其关系曲线类似于图 3。此外，R'''' 有一临界值，在临界值以上的高 R'''' 值区的试样，即使重复热震，材料也保持完整。他们用来计算抗热震性参数的数据见表 2。

表 2　Al_2O_3-SiO_2 质耐火材料的一些常温性质和计算出的抗热震性参数值

Al_2O_3 /%	密度 /g · cm^{-3}	抗折强度 /MPa	α /℃$^{-1}$	E /MPa	μ	G_{WOF} /J · m^{-2}	R/℃	R'''' /m	R_{st} /m$^{1/2}$·℃
45	2.54	31.8 ±1.7	5.2 ×10^{-6}	69.8 ×10^3	0.22	22.5 ±5.7	68	2.0 ×10^{-3}	3.45
59	2.50	22.9 ±0.8	5.9 ×10^{-6}	46.1 ×10^3	0.20	34.0 ±3.0	67	3.7 ×10^{-3}	4.58
70	2.58	9.7 ±1.4	5.7 ×10^{-6}	10.5 ×10^3	0.14	70.0 ±7.3	139	9.7 ×10^{-3}	14.28
70	2.55	13.9 ±2.9	5.5 ×10^{-6}	30.3 ×10^3	0.14	63.0 ±25.5	72	11.5 ×10^{-3}	8.28
72	2.60	11.2 ±1.3	6.6 ×10^{-6}	24.1 ×10^3	0.17	58.0 ±10.3	58	13.4 ×10^{-3}	7.43
72	2.65	27.4 ±2.8	5.2 ×10^{-6}	75.4 ×10^3	0.18	31.7 ±4.3	57	3.9 ×10^{-3}	3.94
85	2.90	45.6 ±1.5	7.1 ×10^{-6}	93.0 ×10^3	0.18	56.0 ±9.5	57	3.1 ×10^{-3}	3.45
91	2.95	20.0 ±1.2	7.2 ×10^{-6}	40.0 ×10^3	0.16	65.0 ±8.0	58	7.7 ×10^{-3}	5.59

塞姆勒等[10]对 MgO 含量为35% ~80% 的镁-铬材料的抗热震性测定的结果示于图 4。并得出镁-铬材料的抗热震性比前面所研究的 Al_2O_3-SiO_2 系材料好得多，前者的 R''''值比后者约大 10 倍。用来计算镁铬砖抗热震性参数的数据见表 3。

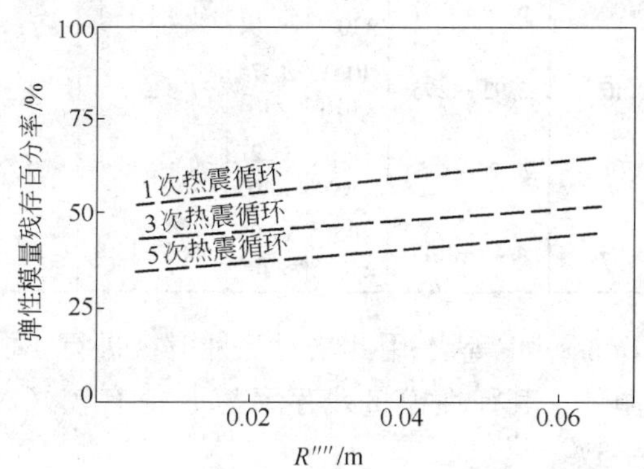

图 4　镁铬耐火材料经不同次数的热震循环后的弹性模量残存百分率与 R''''的关系

表 3　镁铬耐火材料的一些常温性质和计算出的抗热震性参数值

MgO /%	Cr_2O_3 /%	密度 /g·cm^{-3}	抗折强度 /MPa	α /℃$^{-1}$	E /MPa	G_{WOF} /J·m^{-2}	R /℃	R'''' /m	R_{st} /m$^{1/2}$·℃
35	25	3.07	6.68 ±0.83	11.4×10^{-6}	18.95×10^3	33.3 ±10.5	37	17×10^{-3}	3.68
45	25	3.04	6.41 ±1.39	9.6×10^{-6}	29.97×10^3	40.0 ±13.3	27	35×10^{-3}	3.81
50	20	3.06	18.26 ±2.41	10.6×10^{-6}	65.52×10^3	53.9 ±8.7	33	13×10^{-3}	2.87
50	20	3.20	6.89 ±1.38	9.3×10^{-6}	41.27×10^3	59.0 ±19.2	21	61×10^{-3}	4.07
55	20	3.28	6.61 ±1.65	9.7×10^{-6}	27.49×10^3	40.7 ±6.0	30	31×10^{-3}	3.97
55	20	3.23	10.34 ±1.58	12.8×10^{-6}	17.85×10^3	54.2 ±9.9	54	11×10^{-3}	4.30
55	20	3.17	6.29 ±1.45	10.0×10^{-6}	21.50×10^3	47.3 ±10.8	35	31×10^{-3}	4.69
60	20	3.31	10.29 ±2.48	9.9×10^{-6}	29.83×10^3	62.2 ±15.8	42	21×10^{-3}	4.65

续表 3

MgO /%	Cr_2O_3 /%	密度 /g·cm^{-3}	抗折强度 /MPa	α /℃$^{-1}$	E /MPa	G_{WOF} /J·m^{-2}	R /℃	R'''' /m	R_{st} /m$^{1/2}$·℃
60	20	3.30	9.71 ±1.86	10.0×10^{-6}	50.64×10^3	67.2 ±14.9	23	43×10^{-3}	3.64
60	15	3.08	6.89 ±1.37	10.3×10^{-6}	31.42×10^3	71.8 ±23.1	25	57×10^{-3}	4.64
60	15	3.10	3.93 ±0.75	10.0×10^{-6}	20.74×10^3	37.3 ±15.7	23	59×10^{-3}	4.24
80	10	3.01	20.26 ±4.54	10.5×10^{-6}	33.21×10^3	78.1 ±13.5	69	8×10^{-3}	4.61
70	10	3.03	4.41 ±1.17	10.2×10^{-6}	20.95×10^3	46.6 ±15.9	25	59×10^{-3}	4.62

道塞尔（Doussal）等[11]用此法对三种滑板进行了测定，经 5 次 1250℃—室温循环，其弹性模量残存率与 R 值有较好对应，而且与实际使用效果一致。

4.4 镶板-AE 法（Panel-AE-Spalling Test）及其他 AE 法

熊谷正人等[12]把镶板法和声发射测定结合起来提出了镶板-AE 法。

材料受力出现裂纹或裂纹扩展、相变以及塑性变形时，其迅速释放出的弹性波可通过波导管传出，换能器将声发射信号转换成电信号。信号由前置放大器放大，再通过带通滤波器、主放大器进一步放大。处理 AE 信号有各种方法，常用的是振铃计数法（Ringdown counting）。

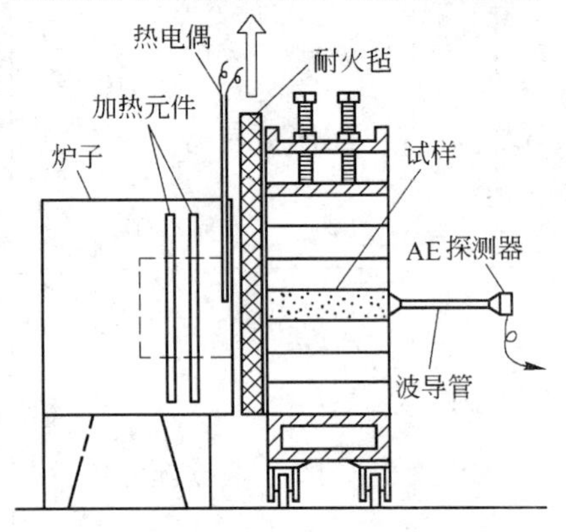

图 5　镶板-AE 法示意图

镶板-AE 计数法的示意图见图 5。迅速拔起耐火纤维毡可以使镶板砖的一面受到热震。当砖中产生裂纹或裂纹扩展，即可由声发射技术来检测出。产生的声发射计数越少，试样抗热震性越好。一般只要测量一个加热或冷却期，就可评定材料的抗热震性。此法的优点是：能模拟耐火材料实际使用中温度的变化，比较直接与直观，易记录，灵敏度高。但换能器与被测试样必须确实接触，环境噪声要低。目前这种方法在定量上尚有困难。

图6示出了不同耐火材料的AE特性曲线[12]，镁砖（M）与电熔 Al_2O_3 砖（A）呈阶梯式上升，表明裂纹是动态扩展；而镁白云石砖（MD）和镁-铬（MK）砖的AE曲线呈连续性上升，表明裂纹是准静态扩展。因此，镁砖与刚玉砖的抗热震性不如镁白云石和镁-铬砖。

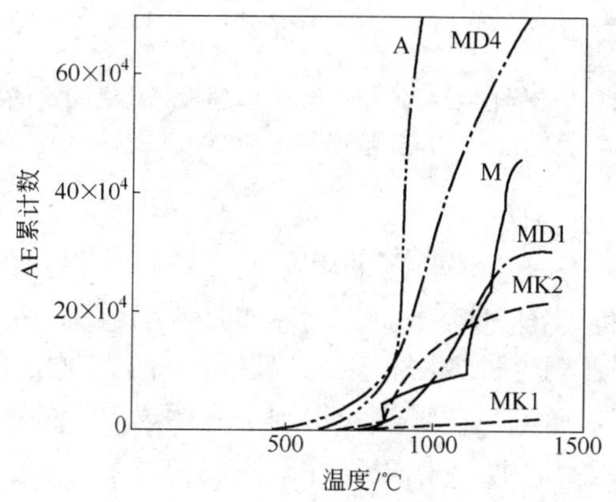

图6　各种耐火材料用镶板-AE法试验结果
（升温速度为每分钟20℃）

对同一种材质，裂纹扩展类似的砖，用镶板-AE法来比较它们的抗热震性是相当可靠的。文献［12］与文献［13］分别报道了几种组成不同的镁白云石砖与镁-铬砖的AE特性曲线。根据曲线评定出的抗热震性次序与实际使用时的结果非常一致。

森本忠志等[14]在Q-BOP风嘴周围用过三种镁白云石砖，损坏速率分别为：A砖6.9mm/炉，B砖3.3mm/炉，C砖1.9mm/炉，都不合适。根据AE特性曲线（图7）选用了由树脂结合的镁碳砖，显著地提高了寿命。

文献［15］用镶板-AE法测定得出镁铝尖晶石结合的镁铝砖的

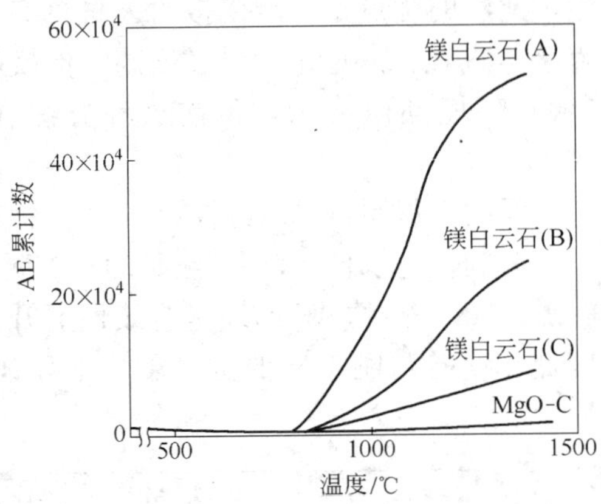

图 7　烧成镁白云石砖与镁碳砖用镶板-AE 法测定的结果
（升温速度为每分钟 20℃）

抗热震性优于镁-铬砖。

山口（Kawaguchi）等[16]采用文献［12］中提出的空心圆柱体-AE 法测定不同 Al_2O_3-C 质浸入式水口的抗热震性。由于这种材质的抗热震性很好，用这种方法很难加以区分。他们改用了长方形试样，在试样中间部位通电急速加热，得到了有明显差异的 AE 特性曲线如图 8 所示。图中 1、2、3 代表三种不同混料工艺，a 与 d 为两种不同配方。根据水口的 AE 曲线次序和实际使用结果都与 R 值有良好的

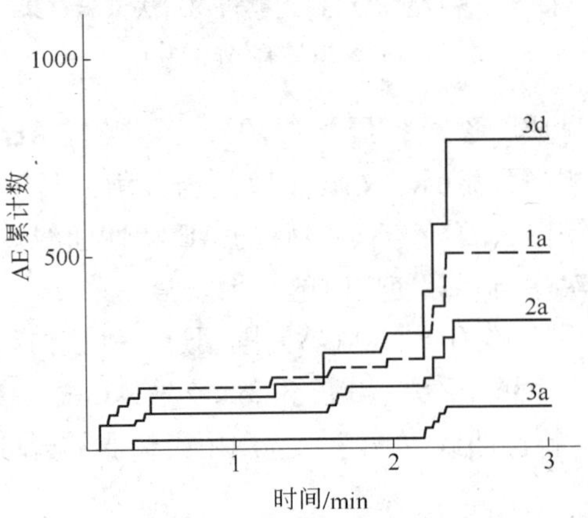

图 8　AE 累计数与施加热震的时间关系

一致性，说明可用 R 值来表征、预测 Al_2O_3-C 质浸入式水口的抗热震性。

5 含石墨耐火材料抗热震性好的原因

含石墨耐火材料由于石墨的取向，主裂纹弯曲扩展和裂纹在石墨中分岔，使断裂路程大大增加。由于片状石墨具有很好的挠曲性，弯曲很大角度也不会断裂，以及石墨基底滑移等塑性变形可吸收大量能量，因此含石墨耐火材料的断裂功比相应不含石墨的要大得多。图 9 示出了 Al_2O_3-C 材料的断裂功与石墨含量的关系[17]。

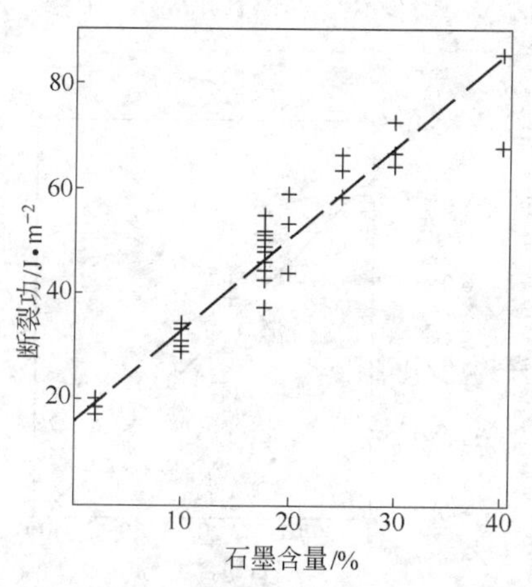

图 9 Al_2O_3-C 材料的断裂功与石墨含量的关系

石墨结构中，层与层之间的结合力很弱。结合剂很难润湿这些基底层，只能在石墨边缘有结合作用。因此，石墨和含石墨材料中分布着大量裂纹。这就导致含石墨材料的弹性模量比相应不含石墨的低，如图 10 所示。该图还示出了热导率与石墨含量的关系。

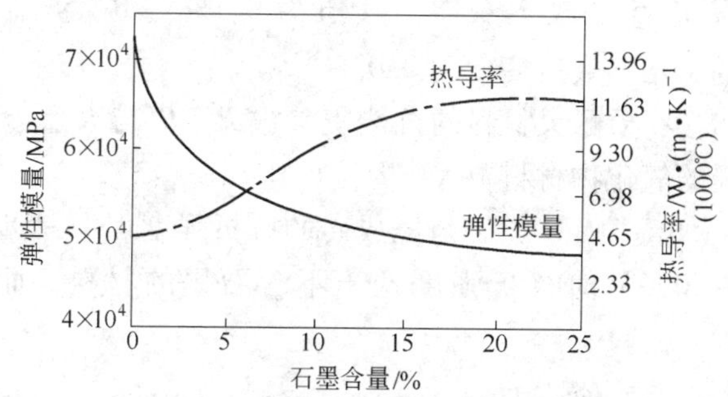

图 10 MgO-C 材料的弹性模量、热导率与石墨含量的关系

图 11 与图 12 示出了 Al_2O_3-C 和 MgO-C 材料的热膨胀与石墨含量的关系[7,18]。说明含石墨材料的热膨胀比相应不含石墨的氧化物材料低。

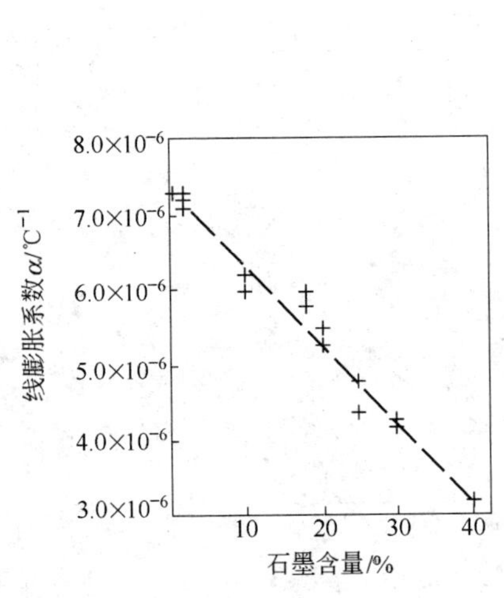

图 11 Al_2O_3-C 材料的线膨胀系数与石墨含量的关系

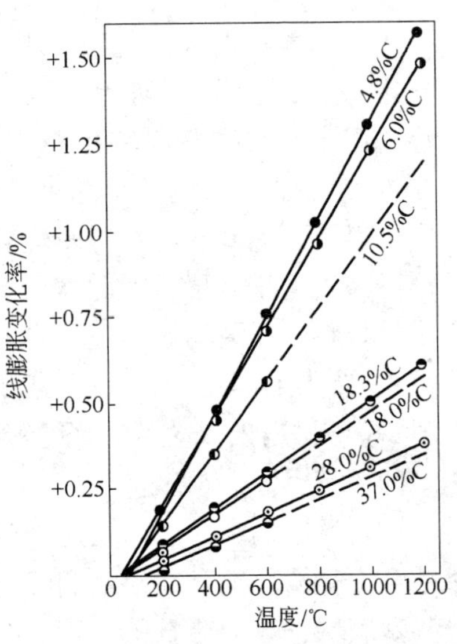

图 12 MgO-C 材料在不同温度的热膨胀与石墨材料的关系

石墨具有可塑性变形，因此石墨与含石墨耐火材料的平均断裂应变（σ_f/E）都比较大[16,17]，其值为 0.1% ~ 0.25%；而 Al_2O_3-SiO_2 材料的平均断裂应变仅为 0.03%[3]。

据此，含石墨耐火材料的抗热震参数 R、R' 与 R_{st} 值无疑将比相应不含石墨的氧化物材料要大。

图 13 示出了 MgO-C 砖与烧成砖的抗折强度[19]。表明含石墨材料在室温—1000℃ 时抗折强度低于不含石墨的材料，而高温时则相反。

从 $R'''' = \dfrac{GE}{\sigma_f^2(1-\mu)}$ 看，虽然含石墨材料的 E 与 σ_f 值都低于不含石墨材料，但强度的影响是 σ_f^2；含石墨材料的断裂功比不含石墨

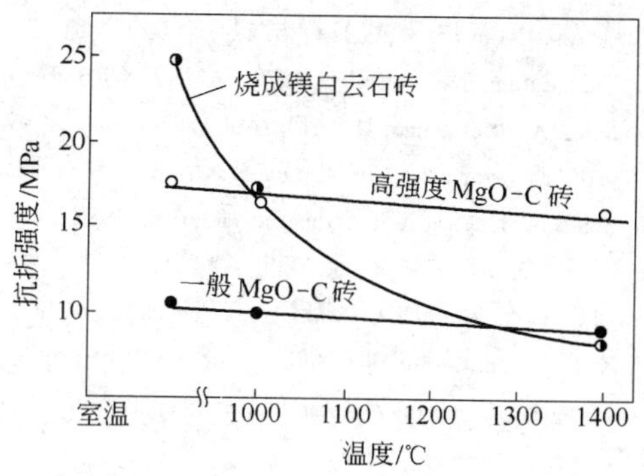

图 13 含石墨与不含石墨耐火材料的抗折强度与温度之间的关系

的大，因此，估计含石墨材料的 R'''' 值也会比不含石墨的大。

既然加入石墨后耐火氧化物的 R、R'、R'''' 或 R_{st} 值都会显著增大，因此预料含石墨材料的抗热震性都会比相应不含石墨的要好。这正是近年来含石墨耐火材料迅速发展的原因之一。

6 结语

（1）即使化学组成相同的材料，由于结构和热震条件不同，表征抗热震性的参数也可能是不同的。

（2）提高耐火材料的抗热震性，可以由控制耐火材料中裂纹的长度与密度，消耗裂纹扩展的动力，造成吸能机制、阻止裂纹扩展，增加断裂表面能（断裂功），降低线膨胀系数等途径来达到。

（3）采用与材料实际使用相似的热震条件，是合理地进行抗热震性试验与评定的前提。目前以长条形法与镶板-AE 法较好。

（4）由于含石墨材料的 R、R'''' 或 R_{st} 值比相应不含石墨的大，因此含石墨材料的抗热震性比不含石墨材料的好。

参 考 文 献

[1] Kingery W D. J. Am. Ceram. Soc.，1955，38(1)：3.

[2] Hasselman D P H. Ceramics in Sever Environments，Ed. by Kriegel W W and Hayne Palmour Ⅲ，Plenum Press，New York，1971：89.

[3] Hasselman D P H. J. Am. Ceram. Soc. , 1969, 52(11): 600.
[4] Hasselman D P H. Am. Ceram. Soc. , Bull. , 1970, 49(12): 1033.
[5] Larson D R, Coppola J A, Hasselman D P H. J. Am. Ceram. Soc. , 1974, 57(10): 417.
[6] Bruton T M, Cooper C F, Craft D A. Am. Ceram. Soc. Bull. , 1981, 60(7): 709.
[7] Landy R A, Darroundi T, Hughes R H. Industrial Heating, 1982, 49(4): 27.
[8] Semler C E, Hawisher T H. Am. Ceram. Soc. Bull. , 1980, 59(7): 732.
[9] Semler C E, Hawisher T H, Bradt R C. Am. Ceram. Soc. Bull. , 1981, 60(7): 724.
[10] Semler C E, Bradt R C. Am. Ceram. Soc. Bull. , 1984, 63(4): 605.
[11] Doussal H L, Lecrivain L. Pre print of First International Conference on Refractories, Japan, 1983: 670.
[12] 熊谷正人，内村良志，川上長勇．窯業協会誌，1979，87(6)：307.
[13] Kumagai M, Uchimura R. Taikabutsu Overseas, 1982, 2(2): 22.
[14] Morimoto T, Ohishi T, Harita A. Preprint of First International Conference on Refractories, Tokyo, Japan, 1983; The Tech Assoc of Refractories, 1983: 146.
[15] 海老沢勉，高桥忠明，渡边敏夫．耐火物，1985，37(6)：17.
[16] Kawaguchi T, Asada H, Kawamura K. Preprint of First International Conference on Refractories, 1983, Tokyo, Japan, The Tech Assoc of Refractories, 1983: 737.
[17] Cooper C F, Alexander I C, Hampson C J. Br. Ceram. Trans. J. , 1985, 84(2): 57.
[18] Cooper C F, Br Ceram. Trans. J. , 1985, 84(2): 48.
[19] Watanabe A, Takeuchi Y. Taikabutsu Overseas, 1981, 1(1): 40.

Evaluation and Prediction of Thermal Shock Resistance of Refractories

Chen Zhaoyou

(Luoyang Institute of Refractories Research, Ministry of Metallurgical Industry)

Abstract: This paper systematically describes some theories, evaluation and prediction of the thermal shock resistance of the refractories. The reason why the thermal shock resistances of the carbon-conting refractories are superior to that of the corresponding carbon-free oxide refractories is analyzed.

本文选自《耐火材料》，1988，22(1)：50.

固体溶解动力学及其在耐火材料中的应用[1]

陈肇友

（冶金工业部洛阳耐火材料研究院）

摘　要： 本文归纳、总结了从流体力学边界层理论与相似理论等得出的一些固体溶解动力学理论式，以及这些理论在耐火材料中的应用情况。

1　引言

固体溶解动力学对于陶瓷与冶金过程都是很重要的。其中如耐火材料在炉渣等熔体中的溶解侵蚀，冶炼与玻璃生产中炉料的溶解，以及陶瓷材料的液相烧结，均涉及到固体溶解动力学。

耐火材料的侵蚀，常遇到的是在熔体中的侵蚀。自然溶解速度就成为研究这类课题的最基本的数据。因此，对溶解动力学进行理论分析与研究，显然是有实际意义的。

2　溶解速度的控制步骤

溶解过程可当成由化学反应与扩散两个步骤构成。

当扩散速度比化学反应速度慢得多时，过程受扩散步骤控制，称过程处于扩散控制范围。在此种情况时，溶质就会在边界处积累起来而增浓，最后达到饱和浓度。因此，溶解过程的总速度将等于最大可能的扩散速度，即：

$$J = (J_{扩})_{max} = \beta(C_S - C_0) \tag{1}$$

式中，β 为溶质的传质系数；C_S 为边界处溶质的饱和浓度；C_0 为溶

---

[1] 吴学真同志曾对本文提出宝贵建议，特此致谢。

液本体中溶质的浓度。

当反应速度比扩散速度慢得多时，过程受化学反应步骤控制，称过程处于化学动力学控制范围。在此种情况时，边界处溶质的浓度将等于溶液本体中溶质的浓度 C_0。因此，过程的总速度 J 将等于化学反应速度即：

$$J = (J_{化})_{max} = kC_0^n \tag{2}$$

式中，k 为化学反应速度常数；n 为反应的级数。

当扩散速度与化学反应速度相当时，称过程处于过渡范围。

过程处于不同控制范围时，其动力学特征是不相同的，所遵守的动力学规律和各种因素对过程速度的影响也是不相同的。

根据现在已有的研究结果看，耐火材料在熔体中的溶解过程大多是处于扩散速度控制范围的。因此，下面将着重介绍扩散过程动力学。

3 纳恩斯特（Nernst）方程

根据纳恩斯特的研究，前面固体溶解速度方程式（1）中的 β 是与溶质的扩散系数 D 成比例的。因而式（1）可改写为：

$$J = \frac{D}{\delta}(C_S - C_0) \tag{3}$$

上式中的 δ 称为纳恩斯特扩散层厚度。纳恩斯特方程作为一个经验式是广泛适用和正确的。但纳恩斯特认为扩散层中的液体是不动的，只进行分子扩散，其浓度分布是线性的，则是不正确的。纳恩斯特方程另一个不足之处是不能从理论上来计算出溶解速度 J 值。

4 边界层理论——固体在强制对流下的溶解

4.1 速度边界层

由于液体具有黏性，并受到固体表面的吸附作用，因此流动液体在固体表面处的速度等于零。自固体表面到流体流速不再改变的距离称为速度边界层厚度，以 δ_0 表示。边界层厚度以外的区域叫主流区。主流区流速以 u_0 表示。由于主流区内速度梯度很小，因此可以忽略黏度的影响。

边界层对许多工程问题是很重要的。在固体的溶解过程中也很重要。

4.1.1 绕流平板的速度边界层厚度[1~3]

这是在液体流动中，由于固体存在，在紧靠固体表面附近流速受到影响的情况。

设 x 轴顺着平板，y 轴垂直于平板，坐标原点为平板的前缘。设液体以速度 u_0 迎着平板前缘，u 为离平板表面距离 y 处的流速，ρ 为液体的密度，τ_S 为在平板表面处的剪切应力。在层流情况下，其边界层的动量方程式可简化为：

$$\tau_S = \rho \frac{\partial}{\partial x}\int_0^{\delta_0} u(u_0 - u)\mathrm{d}y \tag{4}$$

从边界层的边界条件，用待定系数法，可以得到在边界层内的速度分布函数为：

$$u = \frac{3u_0}{2}y - \frac{u_0}{2\delta_0}y^3 \tag{5}$$

在平板表面处的切应力为：

$$\tau_S = \eta\left(\frac{\mathrm{d}u}{\mathrm{d}y}\right)_{y=0} \tag{6}$$

从式（4）、式（5）与式（6）可以得出平板的速度边界层厚度为：

$$\delta_0 = 5.0\left(\frac{\nu x}{u_0}\right)^{1/2} \quad 或 \quad \delta_0 = 5.0x(Re,x)^{-1/2} \tag{7}$$

式中，$(Re,x) = \dfrac{u_0 x}{\nu}$，$x$ 是离平板前缘的距离；ν 为运动黏度，$\nu = \eta/\rho$。

从式（7）可得出，速度边界层是随着离平板前缘的距离 x 的平方根值增加而增厚。

4.1.2 旋转圆盘的速度边界层厚度[2,4,5]

当圆盘在液体中绕着垂直于其表面的中心轴旋转时，圆盘便带动液体运动。紧邻圆盘表面的液体从圆盘中心被抛向边缘，因此，圆盘中心附近形成负压。液体就从远离圆盘的地方不断垂直流向圆盘表面，如图 1 所示。

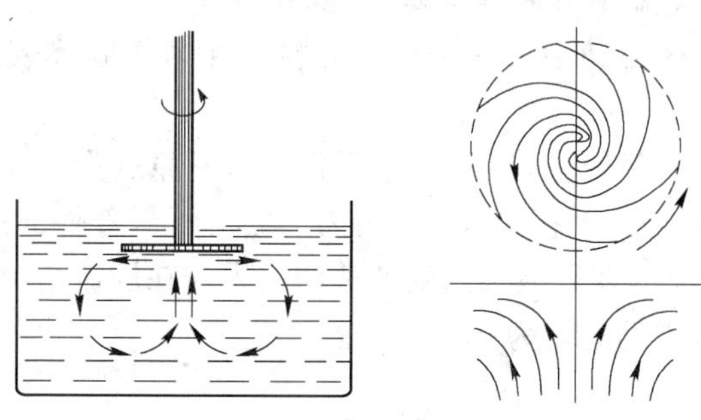

图 1　在旋转圆盘表面附近液体流动状况示意图

Fig. 1　Flow pattern at the surface of a disc rotating in a liquid

流向圆盘表面的液流，随着向圆盘边缘的移动，其边界层厚度增加。但另一方面，液体随着向圆盘边缘的运动，其线速度增大（$u=\omega x$，ω 为角速度，x 为离圆盘中心的距离），其边界层厚度应该减小。其结果导致沿圆盘表面的速度边界层厚度各处都是相同的。

V. G. 列维奇（Levich）[2] 从流体力学的运动方程、连续方程和边界层的边界条件导出圆盘的速度边界层厚度为：

$$\delta_0 = 3.6\left(\frac{\nu}{\omega}\right)^{1/2} \tag{8}$$

设 r 为圆盘半径，则 $u=\omega r$；$Re, r=\frac{ur}{\nu}$，

于是

$$\delta_0 = 3.6r(Re,r)^{-1/2} \tag{8a}$$

由于熔渣或玻璃的运动黏度比水或金属熔体的大得多。因此耐火材料-熔渣体系的速度边界层远比固体-水或固体-金属熔体的厚得多。

4.2　流体中的对流扩散方程

在运动的液体中，物质的传质有两种途径：其一是由浓度差发

生的分子扩散，其二是液体运动带动溶质传递，即对流传质。

液体中由浓度差引起的物流为：

$$\boldsymbol{j}_{\mathrm{D}} = -D\mathrm{grad}C$$

液体运动带动溶质传递的物流为：

$$\boldsymbol{j}_{\text{运动}} = C\boldsymbol{u}$$

式中，C 是溶质的浓度；$\boldsymbol{u}$ 是液体流动速度，即单位时间通过 $1\mathrm{cm}^2$ 假想平面的液体体积。

因此以向量表示的总物流为：

$$\boldsymbol{j} = C\boldsymbol{u} - D\mathrm{grad}C \tag{9}$$

从式（9）可以推得：

$$\frac{\partial C}{\partial t} + \boldsymbol{u}\mathrm{grad}C = D\nabla^2 C \tag{10}$$

式中，∇^2 为拉普拉斯算子。若用分量表示，上式即为：

$$\frac{\partial C}{\partial t} + u_x\frac{\partial C}{\partial x} + u_y\frac{\partial C}{\partial y} + u_z\frac{\partial C}{\partial z} = D\left(\frac{\partial^2 C}{\partial x^2} + \frac{\partial^2 C}{\partial y^2} + \frac{\partial^2 C}{\partial z^2}\right) \tag{10a}$$

上式一般称为对流扩散方程。

在液体介质静止的情况下，由于式（10）中 $\boldsymbol{u}=0$，因而式（10）即为通常的分子扩散方程式：

$$\frac{\partial C}{\partial t} = D\left(\frac{\partial^2 C}{\partial x^2} + \frac{\partial^2 C}{\partial y^2} + \frac{\partial^2 C}{\partial z^2}\right) \tag{11}$$

上式一般称为菲克第二定律。

当浓度 C 的分布不随时间改变时，则 $\frac{\partial C}{\partial t}=0$，式（10$a$）即为：

$$u_x\frac{\partial C}{\partial x} + u_y\frac{\partial C}{\partial y} + u_z\frac{\partial C}{\partial z} = D\left(\frac{\partial^2 C}{\partial x^2} + \frac{\partial^2 C}{\partial y^2} + \frac{\partial^2 C}{\partial z^2}\right) \tag{12}$$

上式左边表示随同液体流动进行的对流传质，右边表示一般的分子扩散。在上式中左、右边二项之比为一无量纲群，在数量级上等于[6]：

$$Pe = u\left|\frac{\partial C}{\partial x}\right| \Big/ D\left|\frac{\partial^2 C}{\partial x^2}\right| = u\frac{C}{l}\Big/ D\frac{C}{l^2} = \frac{ul}{D} \tag{13}$$

上面无量纲数 Pe 称为贝克莱（Peclet）数。l 为特征长度。如果 Pe 大于 1，说明分子扩散可以忽略；如果 Pe 小于 1，则分子扩散占优势。由于 D 值小，即使液体流动速度不大，Pe 也大于 1。因此在运动液体中，分子扩散与对流传质相比，通常分子扩散总是可以忽略的。既然方程式（12）中分子扩散项可以忽略，方程式的解将是：

$$C = 常数 = C_0$$

这一解说明在运动液体中溶质的浓度在液体本体内各处都是相同的。

这一解对边界层内的液体则是不正确的，虽然扩散系数值很小，但由于在边界层内浓度变化迅速，浓度对坐标的导数是很大的。因此在边界层，式（12）中表示分子扩散的右边各项不能忽略。

由此可以得出，当贝克莱数大时，从固体表面到液体本体可以分为两个区：一个是紧靠固体表面，浓度迅速改变的地区；另一个是离开固体表面浓度不变的区域。前者称为扩散边界层。在扩散边界层内必须考虑分子扩散。这与在速度边界层内必须考虑液体的黏度，而在主流区可以忽略黏度的影响有些类似。

4.3 绕流平板的扩散边界层厚度

对于绕流平板，溶质的浓度分布只与坐标 x 和 y 有关。因此平板表面上层流边界层中对流扩散方程为：

$$u_x \frac{\partial C}{\partial x} + u_y \frac{\partial C}{\partial y} = D \frac{\partial^2 C}{\partial y^2} \tag{14}$$

利用量级对比法，由于 $\frac{\partial^2 C}{\partial x^2}$ 与 $\frac{\partial^2 C}{\partial y^2}$ 相比是小量，因此上式忽略了 $\partial^2 C/\partial x^2$ 项。

利用量级对比法可以大致得出：

$$\delta_D \approx \left(\frac{D}{\nu}\right)^{1/3} \delta_0 \tag{15}$$

式中，δ_D 为扩散边界层厚度；δ_0 为速度边界层厚度。

列维奇利用扩散边界层的边界条件：$y=0$，$C=C_S$；$y=\delta_D$，$C=C_0$；从式（14）导出层流时绕流平板的扩散边界层厚度为：

$$\delta_{\mathrm{D}} = 3.09\left(\frac{D}{\nu}\right)^{1/3}\left(\frac{\nu x}{u_0}\right)^{1/2} = 0.6\left(\frac{D}{\nu}\right)^{1/3}\delta_0 \tag{16}$$

或

$$\delta_{\mathrm{D}} = 3.09x(Re,x)^{-1/2}Sc^{-1/3}$$

式中，Sc 为施密特（Schmidt）数，$Sc=\nu/D$。

从式（15）或式（16）可知，由于液体中扩散系数通常比运动黏度小得多，因此扩散边界层的厚度远比速度边界层厚度薄，如图 2 所示。

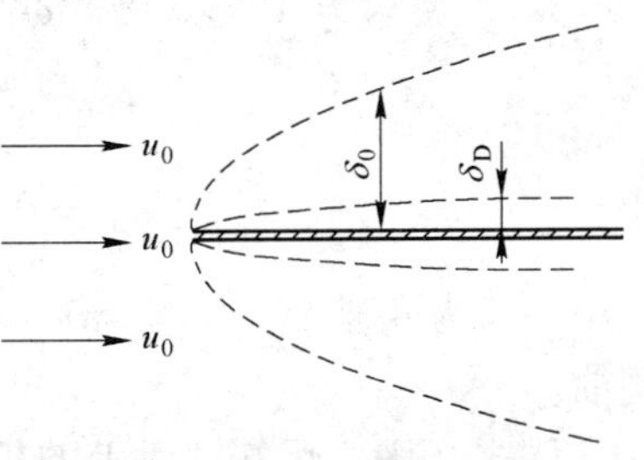

图 2 液体绕流平板的层流边界层
δ_0—速度边界层厚度；
δ_{D}—扩散边界层厚度

Fig. 2 Thicknesses of the hydrodynamic and diffusion boundary layers on a flat plate with a liquid flowing around it

高炉渣、炼钢渣、煤灰渣与玻璃体的 ν 一般在 0.1 ~ 200cm^2/s，而 D 大约为 10^{-6} cm^2/s，因而耐火材料-熔渣系的扩散边界层厚度大约要比速度边界层薄几十倍至一百多倍。

从式（16）可以看出：（1）扩散边界层的厚度随着液体主流区的流速 u_0 增大而减薄，随着离平板前缘的距离增加而增厚，并且与液体的运动黏度和溶质的扩散系数有关。（2）若 D、ν 已知，并给定了 u_0 与 x 值，就可以计算出扩散边界层厚度。（3）对于同一种液体，由于不同物质的扩散系数不同，其 δ_{D} 值也不一样。因此，若固体同时有几种物质溶解，就应有几种不同厚度的扩散边界层。

4.4 旋转圆盘的扩散边界层厚度与溶解速度

由于紧靠旋转圆盘的溶质浓度分布只与离圆盘的距离 y 有关，即 $C = C(y)$，因此式（12）即为：

$$u_y\frac{\mathrm{d}C}{\mathrm{d}y} = D\frac{\mathrm{d}^2C}{\mathrm{d}y^2} \tag{17}$$

解上面微分方程式，当过程达稳定态时，列维奇得出扩散流为：

$$J = D\left(\frac{\mathrm{d}C}{\mathrm{d}y}\right)_{y=0} = 0.62D^{2/3}\nu^{-1/6}\omega^{1/2}(C_{\mathrm{S}} - C_0) \tag{18}$$

又由

$$J = \frac{D}{\delta_D}(C_S - C_0)$$

得

$$\delta_D = 1.61D^{1/3}\nu^{1/6}\omega^{-1/2} = 1.61\left(\frac{D}{\nu}\right)^{1/3}\left(\frac{\nu}{\omega}\right)^{1/2} \tag{19}$$

或

$$\delta_D = 1.61r(Re,r)^{-1/2}(Sc)^{-1/3} \tag{20}$$

或

$$\delta_D = 0.45\left(\frac{D}{\nu}\right)^{1/3}\delta_0$$

式中，ω 为角速度，$\omega = 2\pi n$；n 为转速；其余符号所代表的意义同前。

从式（19）可知圆盘上的扩散边界层厚度与离圆盘转轴的远近无关。即沿整个圆盘表面，无论速度边界层或是扩散边界层，其厚度都是定值。这说明从圆盘表面上任何一点向外扩散的条件均完全相同，与该点离转轴的距离无关。

从式（18）可以看出：（1）若溶解过程是处于扩散控制，其溶解速度应与转速的方根（$\omega^{1/2}$）呈线性关系；（2）溶解速度是随着溶质的扩散系数与溶解度增加而增大，随着溶液的黏度降低而增大，以及随着搅动速度的加快而增大；（3）提供了从理论上计算溶解速度与扩散层厚度的依据，（4）提供了由溶解速度实验数据计算扩散系数或饱和浓度的办法。

因此，旋转圆盘法在确定溶解过程机理、溶解速度以及扩散系数上都是一种很有用的方法。

列维奇的理论式已为许多研究者的实验结果所证实[7]，并得到了广泛的应用。

应指出，式（18）与式（19）只有在液体处于层流时才适用，因此要求雷诺数 Re，$r = \omega r^2/\nu < 10^4$。这可以从调整圆盘的半径和转速来实现。

还应指出，由式（19）算出的扩散边界层厚度是有效扩散层厚度。因为它是根据稳定态时，$J = D\left(\frac{dC}{dy}\right)_{y=0}$ 与 $J = \frac{D}{\delta_D}(C_S - C_0)$ 得出的，即：

$$\delta^* = (C_S - C_0) \bigg/ \left(\frac{dC}{dy}\right)_{y=0} \quad (21)$$

有效扩散层厚度与扩散边界层厚度是不同的，如图3所示。当边界层浓度分布可用立体抛物线表示时，有效扩散层厚度大致是扩散边界层厚度的2/3。

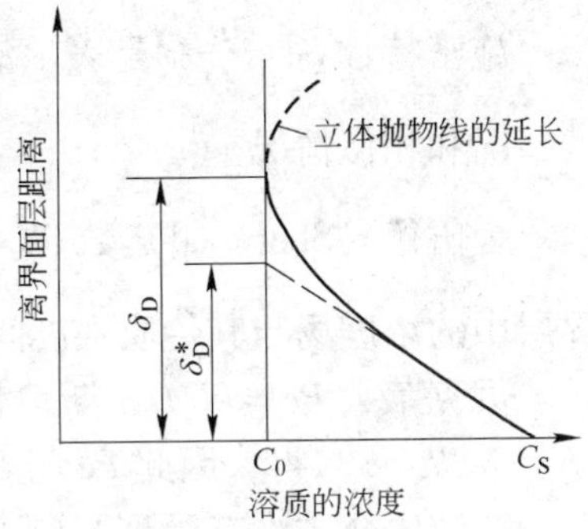

图3 扩散边界层厚度与有效扩散层厚度

Fig. 3 Thickness of the diffusion boundary layer and the effective diffusion boundary layer

当旋转圆盘只有一面溶解时，其总的溶解速度为：

$$J_{总} = \pi r^2 J = 1.9 r^2 D^{2/3} \nu^{-1/6} \omega^{1/2} (C_S - C_0) \quad (22)$$

式中，r 为圆盘的半径。

5 相似理论——溶解过程中相似准数之间的关系

由边界层理论得出的一些理论式，都是由数学分析写出反映流体运动与扩散过程中各物理量之间关系的微分方程式，然后根据初始条件和边界条件对微分方程式或积分方程式求解，以求得各量之间的关系。但对一些几何图形稍微复杂的，例如旋转圆柱体在液体中的溶解，就难以求解。但从相似原理，确可以把复杂体系中的各物理量间的关系，表示成为相似准数间的函数关系，使变数减少，处理大大简化，问题得到部分解决。

从相似原理知道，一个由 n 个物理量表示的现象，若这些物理量有 m 种基本量纲，则可以用 $n-m$ 个独立准数（无量纲群）的函数来表示。自然，所用的准数应该是能表示现象特征的。

例如，雷诺数 $Re = \dfrac{lu}{\nu}$ 能表示流体流动情况。式中 l 为特征长度，通常以脚注 x、r 或 d 等表示 Re 中所用的特征长度。Re 是代表惯性力与黏性力之比。Re 小，表示流体中黏性力的作用大，流体保持层流状态；Re 大，表示惯性力的作用大，流体呈紊流状态。

施密特数 $Sc=\frac{\nu}{D}$，是表示液体介质中速度场分布与浓度场分布的情况和相似情况。

舍伍德（Sherwood）数 $Sh=\frac{\beta l}{D}$（或 $=l/\delta_D$），是表示液体介质边界层中的浓度场与其传质强度间的情况。

贝克莱数 $Pe=ul/D$，斯坦顿（Stanton）数 $St=\beta/u$ 可以分别由 Sh、Re 及 Sc 求得，因此 Pe 与 St 都不是独立的。

若液体介质没有受到强制搅动，传质是由于密度不同而产生的自然对流，应该用表示重力影响的格拉晓夫（Grashof）数，

$$Gr=\frac{gl^3}{\nu^2}\frac{\rho_s-\rho_0}{\rho_0}$$

式中，ρ_s 为边界上饱和溶液的密度；ρ_0 为溶液本体的密度。

在强制对流情况下，当重力影响可以忽略时，扩散过程中准数之间的关系为：

$$f(Sh,Sc,Re)=0 \tag{23}$$

或
$$Sh=f(Sc,Re)$$

或
$$Sh=C\cdot Re^a Sc^b \tag{24}$$

因为
$$Sh=l/\delta_D$$

所以
$$\delta_D=l/Sh=\frac{l}{C}(Re)^{-a}(Sc)^{-b} \tag{25}$$

值得注意的是，式（24）与式（25）不管层流或紊流都是适用的。而前面从边界层理论得出的，对于绕流平板：

$$Sh=0.33(Re,x)^{1/2}(Sc)^{1/3}$$

$$\delta_D=3.09x(Re,x)^{-1/2}(Sc)^{-1/3}$$

对于旋转圆盘：

$$Sh=0.62(Re,r)^{1/2}(Sc)^{1/3}$$

$$\delta_D=1.61r(Re,r)^{-1/2}(Sc)^{-1/3}$$

等，都只适用于层流的情况。

由上面这些式子可见，从相似理论可以得出在形式上与数学分析法得出的类似关系式。不过相似理论得出的公式中还包含着一些

待定的系数与指数。

M. 艾森伯格（Eisenberg）等[8]通过研究旋转苯甲酸与肉桂酸圆柱体在水中的溶解得出在紊流条件下，

$$\frac{\beta}{u}\cdot(Sc)^{0.644}=0.0791(Re,d)^{-0.30}$$

即 $$Sh=0.0791(Re,d)^{0.7}(Sc)^{0.356} \tag{26}$$

或 $$\delta_D=12.6d(Re,d)^{-0.7}(Sc)^{-0.356} \tag{27}$$

式中，d 为旋转圆柱体的直径，$(Re,d)=du/\nu$。

只有在甚低的转速下，才能保证旋转圆柱体与不动容器之间的流体为层流。而转速过低，自然对流的影响又不能忽视，因此，对于旋转圆柱体以在转速较高的紊流条件下进行研究为宜。

6 自然对流下的溶解速度

前面介绍了在强制对流下固体的溶解，下面简略地介绍一下关于自然对流下的溶解。

6.1 垂直平板由密度差引起的自然对流

由密度差引起的自然对流，是经常遇到的液体内部自发流动的情况之一。

设平板垂直放置于液体中，并在表面发生溶解。根据在重力场中边界层内液体的运动方程和对流扩散方程，列维奇[2]得出扩散流为：

$$J=0.5D\left(\frac{g\Delta\rho}{D\eta}\right)^{1/4}x^{-1/4}(C_S-C_0) \tag{28}$$

式中，$\Delta\rho$ 为饱和溶液与溶液本体的密度差；η 为黏度；g 为重力加速度；x 为离平板前缘距离。

从式（16）与式（28）可以看出，无论是绕流平板或是自然对流平板，x 越小的地方，侵蚀速率越大。H. K. 帕克（Park）等[9]曾对 MgO 单晶平板浸在硼酸钠溶体中的自然对流进行过研究，结果表明溶解速度是与离 MgO 平板前缘的距离的 1/4 次方的倒数成比例。

6.2 表面张力差引起的自然对流

一般在固-液-气三相交界处，其侵蚀都比下面固-液界面严重得多。A. R. 小库珀（Cooper. Jr.）等[10]曾于1560℃将蓝宝石（Al_2O_3）部分地浸泡在 $CaSiO_3$-Al_2O_3 熔渣中，20min 后蓝宝石在熔渣-气交界处的侵蚀比在熔渣内的厉害得多。他们认为这是由于 Al_2O_3 溶解，增大了熔渣表面张力，引起自然对流的结果。

P. 赫马（Hrma）[11]根据其提出的模型，得出固体在液-气界面处的侵蚀速率为：

$$J = B[gD^2\rho_0(\sigma_S - \sigma_0)/\eta\sigma_0]^{1/3}(C_S - C_0) \tag{29}$$

式中，σ_S 与 σ_0 分别为饱和溶液与溶液本体的表面张力，B 为常数，其余符号代表的意义同前。

图4示出了由于密度差或表面张力差引起自然对流造成的溶蚀情况。

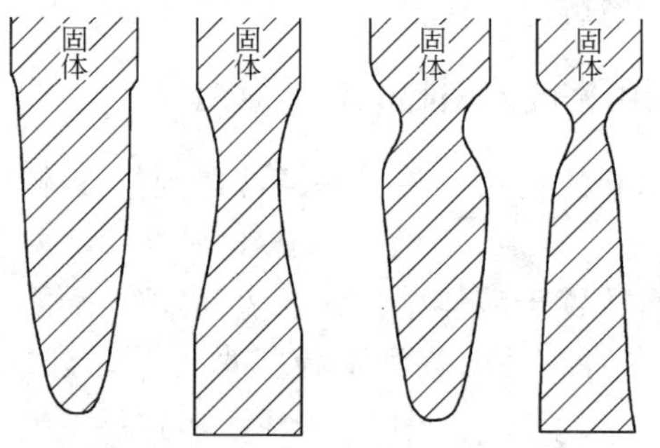

图4 由密度差或表面张力差引起自然对流造成的溶蚀情况

Fig. 4 Dissolution of solid under natural convection from density differences or from surface tension differences

7 在耐火材料溶解中的应用

下面着重介绍旋转圆盘法与旋转圆柱体法在耐火材料溶解中的应用情况。

7.1 旋转圆盘法的应用情况

近年来，一些研究者采用旋转圆盘法对耐火材料溶解动力学进行了研究。研究结果[12~15]表明，溶解速度都是与 $\omega^{1/2}$ 呈线性关系，因此，这些耐火材料的溶解都处于扩散控制范围。

此外,由溶解速度计算了扩散系数。例如,R. G. 奥尔森(Olsson)等[12]得出在1450℃时,Al_2O_3 在 FeO 熔体中的 D 为 3×10^{-5} cm^2/s。B. Г. Бабкин 等[14]得出1400℃时，Al_2O_3、MgO 与 SiO_2 在铁橄榄石熔体中的 D 分别为：2.9×10^{-6} cm^2/s、9.3×10^{-6} cm^2/s 与 3.2×10^{-5} cm^2/s。F. Oeters 等[15]得出1400℃时，MgO 在 85% FeO + 15% CaO 熔渣中的 D 为 3.1×10^{-4} cm^2/s；并得出25r/min时，δ_D 为 3.5×10^{-2} cm；400r/min 时，δ_D 为 1×10^{-2} cm。另外，Бабкин 等还得出 Al_2O_3、MgO 与镁铬尖晶石在 $2FeO\cdot SiO_2$ 熔体中的溶解活化能大致都为179.9kJ/mol(43kcal/mol)；SiO_2 的溶解活化能为64.9kJ/mol(15.5kcal/mol)。

由于目前一些熔体的黏度、密度与扩散系数等数据还十分缺乏，因此用列维奇理论式（18）来计算各种耐火材料在熔体中的溶解速度也就遇到了困难。

7.2 旋转圆柱体法应用情况

虽然旋转圆盘法有好的理论基础，可以从理论上进行计算与验证，是一种理想的好方法。但转盘法对吸渣能力大的耐火材料试样，却易于崩裂。

松岛雅章等[16]于1400~1500℃采用纯铁坩埚研究过旋转石灰圆柱体在炼铁渣与炼钢渣中的溶解速度。为了避免石灰圆柱体上下端面溶解的影响，两个端面均盖有石墨或铁圆片。他们根据溶解速度与转速有着明显的关系，得出石灰的溶解过程是处于扩散控制范围。

当溶解速度以单位时间内圆柱体半径的减少量来表示，而浓度以重量百分数来表示时，式（1）即为：

$$-\frac{dr}{dt}=\frac{\beta}{100\rho}[\rho_S(wt\%)_S-\rho_0(wt\%)_0] \qquad (30)$$

式中，$\frac{dr}{dt}$单位为 cm/s；β 为传质系数，cm/s；ρ、ρ_S 与 ρ_0 分别为试

样、饱和熔渣与熔渣本体的密度，g/cm^3；$(wt\%)_S$ 与 $(wt\%)_0$ 分别为饱和熔渣与熔渣本体中溶质的浓度。

根据溶解速度、石灰试样与熔渣的密度以及熔渣中 CaO 的含量，松岛雅章等计算了 β 值。例如在 1400℃ 炼钢渣中，当转速在 200r/min 与 400r/min 时，β 值分别为 9.7×10^{-4} cm/s 与 1.7×10^{-4} cm/s。他们利用已有的扩散系数数据，估算了扩散层厚度，其值约为 $1\times10^{-2}\sim3\times10^{-2}$ cm。

奥特斯（Oeters）等[17]采用纯铁坩埚于 1400℃，研究过旋转 MgO 圆柱体在 FeO-CaO-SiO_2-MgO 渣中的溶解速度（以失重来表示），得出：

当圆柱体上、下端面盖以钼片时：

$$Sh = 0.26(Re,d)^{-0.72}(Sc)^{1/3}$$

不盖钼片时：

$$Sh = 0.50(Re,d)^{0.62}(Sc)^{1/3}$$

小林弘旺等[18]采用 MgO 坩埚（气孔率为零）研究过锆英石和氧化铝圆柱体于 1400 ~ 1600℃ 在氧化铁、FeO-MnO、FeO-CaO、Fe_2O_3-CaO、CaO-SiO_2、FeO-SiO_2-CaO、FeO-CaO-SiO_2-MgO 以及 FeO-CaO-SiO_2-MgO-Al_2O_3 渣中旋转时的溶解速度，并得出锆英石和氧化铝溶解在氧化铁中的活化能分别为 334.7kJ/mol（80kcal/mol）和 230.1kJ/mol(55kcal/mol)；扩散系数在 1400℃ 与 1500℃ 时分别为 $1.7\times10^{-3}\sim8.5\times10^{-3}$ cm^2/s 和 $1.4\times10^{-5}\sim2.1\times10^{-5}$ cm^2/s。可是小林弘旺在试验中却忽视了圆柱体下部端面溶解所造成的影响。

参 考 文 献

[1] Eckert E R G. Introduction to Heat and Mass Transfer. McGraw-Hill Book Company Inc., 1963: 80.

[2] Levich V G. Physico-Chemical Hydrodynamics. Prentice-Hall Inc., Englewood Cliffs N. J., 1962: 1 ~ 136.

[3] 郑洽馀，鲁钟琪. 流体力学. 北京：机械工业出版社，1980：194.

[4] Фрумкин А Н, Багоцкий В С, Иофа З А и др. Кинетика электродных процессор, Изд. Московского Университета, 1952: 78.

[5] Cooper A R, Jr., Kingery W D. in W. D. Kingery Ed. Kinetics of High-Temperature Proces-

ses, 1959: 85.
[6] Levich V G. Discussions Faraday Soc. , 1947, 1: 37.
[7] Gregory D P, Riddiford A C. J. Chem. Soc. , 1956, (10): 3756.
[8] Eisenberg M, Tobias C W, Wilke C R. Chem. Eng. Progress, Symp. Ser. , 1955, 51(16): 1~16.
[9] Park H K, Barrett L R. Trans. Brit. Ceram. Soc. , 1979, 78(2): 33.
[10] Cooper A R, Jr. , Kingery W D. J. Amer. Ceram. Soc. , 1964, 47(1): 37.
[11] Hrma P. Chem. Eng. Sci. 1970, 25(11): 1679.
[12] Olsson R G, Perzak T F, Koump V. Trans. Met. Soc. AIME. , 1968, 242(5): 776.
[13] Olsson R G, Koump V, Perzak T F. Trans. Met. Soc. AIME. , 1966, 236(4): 426.
[14] Бабкин В Г, Царевский Б В, Попелъ С И и др. Огнеупоры, 1974, (12): 37.
[15] Oeters F, Neuer B. Arch. Eisen. , 1973, 44(6): 443.
[16] Matsuchima M, Yadoomaru S, Mori K, et al. Trans. Iron and Steel Inst. Japan, 1977, 17: 442.
[17] Oeters F, Wanibe Y. Arch. Eisen. , 1979, 50(1): 37.
[18] 小林弘旺, 尾山竹滋. 窯業協誌. 1974, 82(10): 546; 1975, 83(2): 97; 1977, 85(5): 247; 1977, 85(9): 464.

Dissolution Kinetics of Solids and Its Application to Refractories

Chen Zhaoyou

(Luoyang Institute of Refractories Research, Ministry of Metallurgical Industry)

Abstract: Dissolution kinetics of solids is important for many ceramic and metallurgical processes. This paper systematically summaries the dissolution kinetics of solids and some theoretical equations derived from the boundary-layer theory and similarity theory under conditions of free convection and forced convection. Furthermore, the rotating disc method, the rotating cylinder method, and their application to the corrosion and the mass-transfer of refractories at high temperatures developed in recent years have been also introduced.

本文选自《硅酸盐学报》, 1983, 11(4): 498.

熔融石英陶瓷❶

陈肇友

（冶金工业部洛阳耐火材料研究院）

摘　要：本文阐述了熔融石英陶瓷的特性；石英玻璃的化学组成，影响石英玻璃结晶化的一些因素，如杂质、气氛、温度与保温时间；生产熔融石英陶瓷的工艺原理，如湿磨、泥浆与料浆性能、烧成温度与保温时间等。

1　熔融石英陶瓷的特性及其用途

为了与通常透明或半透明的石英玻璃制品相区别，凡是以石英玻璃（即熔融石英）为原料，经粉碎、成型与烧成的再结合制品都称为熔融石英陶瓷或石英玻璃陶瓷或石英玻璃烧结制品。

熔融石英陶瓷不仅保留了其所用原料石英玻璃的许多优良性质，而且还具有一些石英玻璃所缺乏的性质。

（1）熔融石英陶瓷的线膨胀系数很小，与石英玻璃相同或相近，为 $0.54 \times 10^{-6}℃^{-1}$（0～1010℃）。由于其线膨胀系数很小，因此有较好的体积稳定性。用熔融石英陶瓷砖砌筑，就可以不留膨胀缝。熔融石英陶瓷与其他耐火材料的线膨胀率的比较见图 1[1]。

（2）熔融石英陶瓷的热震稳定性很好。耐火材料的抗热震性指标主要与其线膨胀系数有关。由于熔融石英陶瓷线膨胀系数很小，因此熔融石英陶瓷的热震稳定性很好。熔融石英陶瓷在 1300℃与 20℃空气或水之间冷热循环 35 次左右仍能保持不破裂；而石英玻璃只有数次冷热循环即被破坏。

（3）熔融石英陶瓷和石英玻璃一样具有很好的化学稳定性，耐

---

❶ 本文是在 1971～1976 年冶金工业部上钢一厂连铸攻关时所写。

酸性能好。除氢氟酸及300℃以上的浓磷酸对其有侵蚀外，其他盐酸、硫酸、硝酸与其几乎毫无作用。

(4) 熔融石英在高温时黏度很大，在2000℃时为10^5Pa·s（10^6泊），1700℃时为3×10^6Pa·s（3×10^7泊），1550℃时为5×10^7Pa·s（5×10^8泊）[2,3]。因此，高温时耐侵蚀冲刷性好。由于熔融石英黏度很大，即使在2000℃时其黏度也比通常玻璃熔体高100倍；而高温时其挥发性又会增大[2000℃时蒸气压为53Pa（0.4mmHg），5min挥发量约20%]，这就给生产大型、复杂的石英玻璃制品造成了困难。但将石英玻璃粉碎后，用生产陶瓷的方法来生产大型、形状复杂的石英玻璃陶瓷则比较容易，成本也低得多。

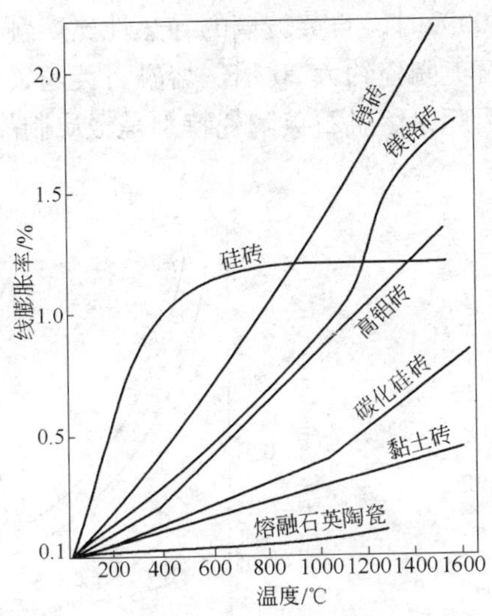

图1 各种耐火材料的线膨胀率

(5) 石英玻璃为透明或半透明的，而石英玻璃陶瓷则为不透明的。石英玻璃导热性好，而且随着温度升高而增加。但熔融石英陶瓷的导热性却很差，在1100℃以下几乎不变，如图2所示[4]。在

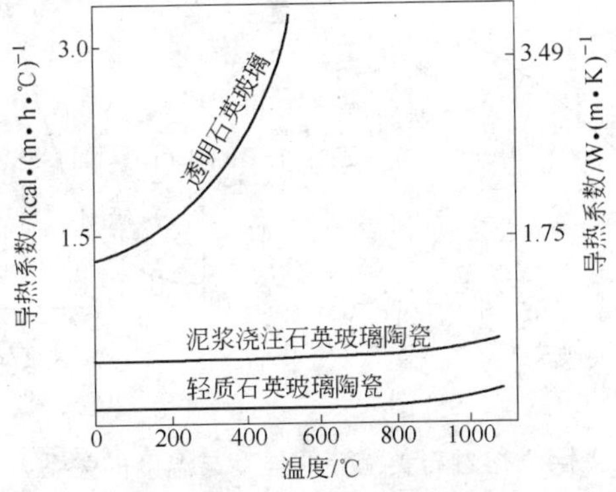

图2 石英玻璃与熔融石英陶瓷的热导率与温度的关系

500℃时，石英玻璃的导热性比熔融石英陶瓷约大 5 倍，比轻质熔融石英陶瓷约大 20 倍。熔融石英陶瓷与其他陶瓷的导热性比较见图 3。因此，熔融石英陶瓷特别是轻质制品可以作隔热材料用。

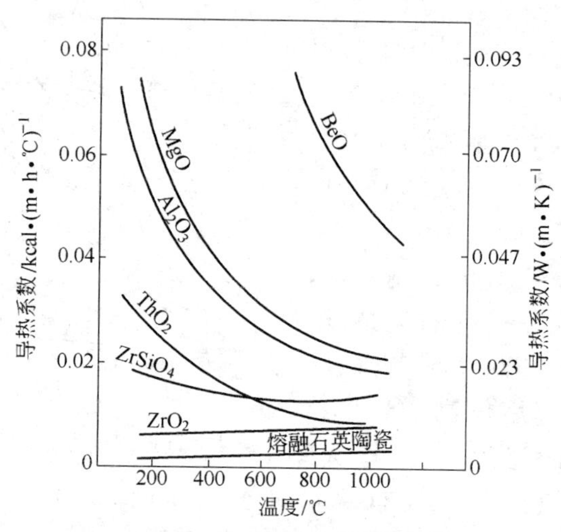

图 3　各种陶瓷的导热系数

（6）与其他陶瓷不同，熔融石英陶瓷的抗折强度、抗张强度是随温度的升高而大大增加，如图 4 所示。这是因为熔融石英陶瓷随

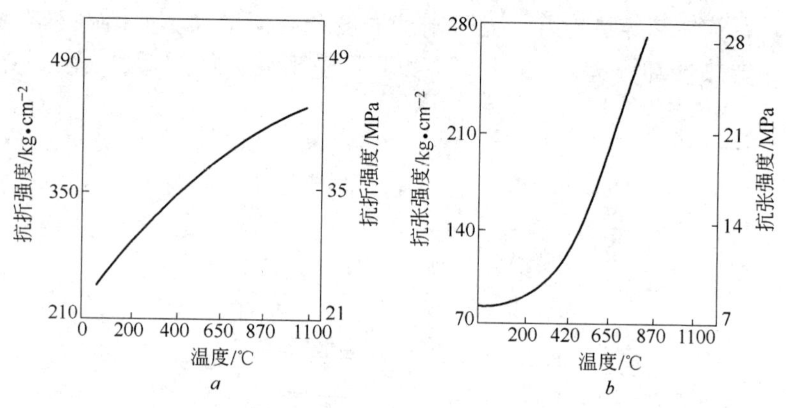

图 4　熔融石英陶瓷的强度与温度的关系

a—抗折强度；*b*—抗张强度

着温度的升高其塑性增加，脆性减小之故。例如，从室温至1100℃时，刚玉陶瓷的抗折强度降低67%，高温陶瓷9606降低25%，而熔融石英陶瓷反而增加33%[4,6,9,11]。这一性能对熔融石英陶瓷在高温下使用很有好处。

(7) 熔融石英陶瓷的荷重软化开始温度并不高，只有1250℃左右。但由于其导热性差，因此制品冷面温度仍可维持在开始软化温度以下。

(8) 熔融石英陶瓷的电性质很好，电阻很大，其介电常数与介电损失正切角随温度的变化都远远低于刚玉与高温陶瓷[2]，因此可作绝缘材料，也是雷达天线罩的良好材料。

(9) 熔融石英陶瓷的核性质也很好。由于一般晶体在重辐射下都将转变为非晶质相，而石英玻璃是非晶质结构，热膨胀系数又很小，因此在辐射条件下与其他材料相比其结构是稳定的。此外，熔融石英陶瓷的强度等基本不受核辐射的影响，并具有低的热中子俘获截面，所以广泛用于原子工业及辐射实验室[5]。由于辐射能够稳定非晶质结构，因此其工作温度可以超过一般使用时的界限，即发生大量结晶化的温度界限。

(10) 熔融石英陶瓷所用原料可以利用石英玻璃制品生产中的切头、碎块等废料；成型较石英玻璃制品容易，易制成大型、复杂制品；烧成温度低、时间短，故成本较石英玻璃制品低得多。熔融石英陶瓷砖坯在干燥与烧成时收缩很小，生产时可以不用放尺。

(11) 熔融石英陶瓷由于是以石英玻璃为原料，因此制品在太高温度下烧成或使用时会发生结晶化，因而烧成温度不能太高，使用时要防止其过多的结晶化。但熔融石英陶瓷与石英玻璃制品相比仍有其优越性。例如，石英玻璃制品在高温使用时，一旦在某处发生结晶化或出现失透，就会破裂报废；而熔融石英陶瓷制品在高温下使用时，纵然在热面或某处发生结晶化，但由于开始生成的结晶牢固地附着在没有转化的玻璃相上，即使在振动条件下也能维持原来形状，继续使用。因此熔融石英陶瓷可以在其开始结晶化温度以上或更高一些温度下使用。

熔融石英陶瓷在冶金中最重要的用处是用来做连续铸钢的浸入

式水口与长水口（即保护管）。连续铸钢用浸入式水口与长水口比一般浇钢用的水口使用时的条件要苛刻得多。浸入式水口与长水口使用时其头部要浸入钢液与保护渣中，使水口头部内外同时处于高温状态。而水口的另一部分的内孔为钢液流而外表面又露在空气中。因此对浸入式水口与长水口材质，要求其抗热震性要好，导热性要差（以免钢流降温过快在水口内壁凝结堵塞），耐钢液侵蚀冲刷，并能抗保护渣侵蚀。从前面熔融石英陶瓷的特性可以得出，熔融石英陶瓷能较好地满足连续铸钢对浸入式水口与长水口材质的要求。熔融石英陶瓷浸入式水口与长水口特别适宜于浇铸碳素钢与铝镇静钢。由于熔融石英陶瓷抗热震性很好，因此熔融石英陶瓷水口使用前可以不必高温烘烤。熔融石英陶瓷在冶金中还可用于焦炉的炉门、上升道，铝液、铜液等金属液的输送管道与铸口。

熔融石英陶瓷还可用于航天工业如火箭、导弹的头部、航天飞行器外壳防护。当航天飞行器返回进入稠密大气层时，虽然其温度大大高于石英的熔点，但因进入稠密大气层的时间短，以及石英玻璃黏度大，因而熔损速度甚小。在原子能工业中，可作为核燃料的基质、辐射屏蔽材料以及核反应堆的隔热材料。在无线电电子工业中，可作为绝缘器、整流罩，是雷达天线罩的理想材料。

2 石英玻璃的结晶化与影响结晶化的因素

不论是石英玻璃制品或熔融石英陶瓷制品，以及含有石英玻璃原料的其他制品，只要含有石英玻璃，在生产与使用时都将会遇到石英玻璃的结晶化问题。石英玻璃转变为方石英，以及方石英在低温下的晶型转变都有较大的体积效应，当石英玻璃转变为方石英达到一定数量后，就会导致制品松散与破坏。为了抑制石英玻璃的结晶化，必须了解石英玻璃的化学组成、结构与稳定存在的条件以及影响石英玻璃结晶化的因素。

SiO_2 可以以石英玻璃、方石英、鳞石英与石英的形态存在。我们知道，一种化合物如能以不同形态和几种晶型存在，在一定温度下只有自由能（或蒸气压）最低的形态或晶型，才能稳定存在。

SiO_2 各相的蒸气压与温度关系的示意图如图 5 所示。从图 5 可以看出，石英的热力学稳定范围是从低温至 870℃，鳞石英是从 870℃到 1470℃，方石英是从 1470℃至其熔化温度；而石英玻璃在熔点以下温度，其蒸气压曲线总是高于其他结晶相的蒸气压曲线，因此石英玻璃在熔点以下温度是不稳定的。但由于石英玻璃在结构上的巨大阻力析晶困难，因此可以长期以介稳状态存在。若将石英玻璃置于 1000℃以上长时间受热，石英玻璃就会发生析晶现象。图 5 不仅没有包括后来发现的其他新的 SiO_2 晶型，而且现已证实在没有矿化剂存在的纯 SiO_2 体系中，鳞石英是不存在的。即纯石英或纯方石英或纯的非晶质 SiO_2，在 870 ~ 1470℃之间长时间保温也不会转变为鳞石英的。曾有人对鳞石英结晶试样在 870 ~ 1470℃温度范围内进行过电解试验，发现在阳极区域附近，当电解温度高于 1000℃时，转变为方石英，低于 1000℃时转变为石英[9]，这说明将鳞石英稳定剂除去后，鳞石英结构即被破坏。因此提出了如图 6*a* 所示的纯 SiO_2 系相图。图 6*b* 是含有杂质时的 SiO_2 相图。即在讨论纯 SiO_2 系时如生产石英玻璃、熔融石英陶瓷时就应采用图 6*a*；当讨论含有矿化剂的硅砖时就应采用图 6*b*。

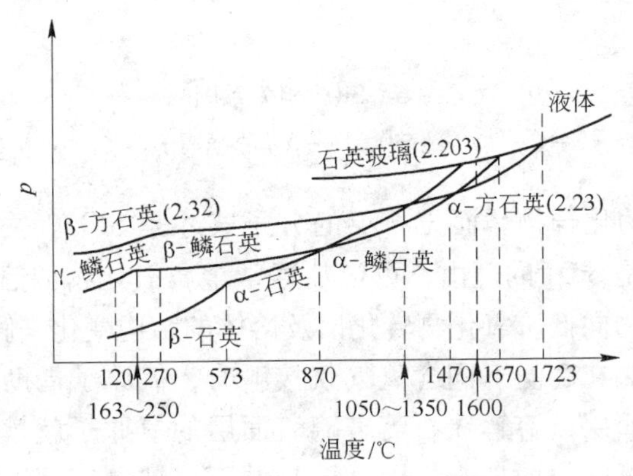

图 5 SiO_2 系统的蒸气压-温度示意图

石英玻璃的化学组成，从结构上来说并不与分子式 SiO_2 相符合，其氧含量低于分子式 SiO_2 中的氧含量。即熔融石英是一个分子

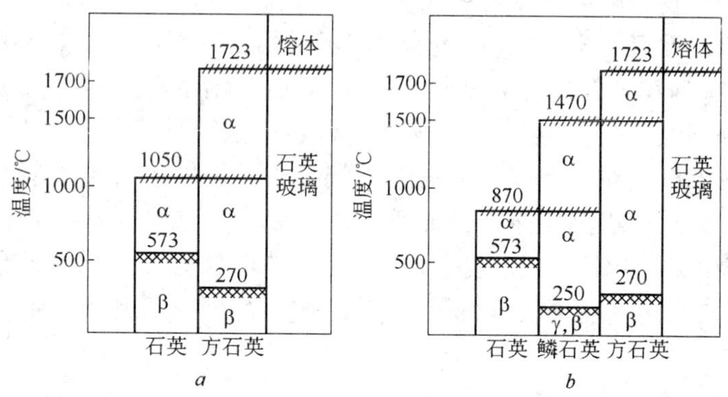

图6 SiO_2 相关系图

a—纯 SiO_2；*b*—含有杂质离子

式为 SiO_{2-x}的化合物。而方石英的分子式才是 SiO_2。关于石英玻璃的分子式不是 SiO_2 的理由，可以从通常金属氧化物加热时，会发生由高价氧化物向低价氧化物转化以及熔体的结构变化来解释。

石英玻璃在高温下同含氧气氛接触时，氧原子借助热扩散渗入石英玻璃表面层，溶解在石英玻璃表面层的氧原子就填补了原来石英玻璃阴离子缺位的地方，因之原来的石英玻璃表面层就局部地形成与 SiO_2 分子式相一致的微晶集团，但此时仍然是属于无序的。这种微晶集团进一步有序化即转变为方石英。因此在高温氧化气氛下，石英玻璃易转变为方石英；而在还原气氛下则不易转变为方石英。这一论点也为下面实验所证实。曾有人[9]将有开口与闭口的透明石英管在空气中加热至1300℃保温10～15h时，发现在石英玻璃管外表面与开口管的内表面都发生了结晶化；但是在闭口石英玻璃管的内表面却没有发生结晶化。此外，还曾发现当石英玻璃转变为方石英时，由于氧化其重量约增加0.1%。因此，若采取某种措施使石英玻璃达不到分子式 SiO_2 中的氧含量，结晶化也就困难。

影响石英玻璃结晶化的因素有：气氛、杂质、分散度、温度和保温时间等。

2.1 气氛的影响

利平斯基（Липинский）等曾测定过杂质含量不超过0.003%的石英玻璃在1200℃、1300℃、1400℃时，在真空、空气、N_2、O_2、Ar、CO、CO_2 介质中的结晶化，得出在 Ar、N_2、CO、CO_2 介质中结晶化非常缓慢；在1200℃空气中保温2.5h即开始结晶化，8h后就达到80%；在 CO_2 气氛中要经过32h才开始结晶化。

沃尔顿（Walton）曾采用过在石英玻璃上用涂层的办法来隔离石英玻璃与大气中的湿气和氧气的接触，防止石英玻璃制品的失透[5]。

总之，石英玻璃或熔融石英陶瓷在缺少 O_2 气与水蒸气的惰性气氛或还原气氛中不易结晶化。

我们曾在熔融石英陶瓷浸入式水口中加入过碳或 SiC 粉，发现加有碳或 SiC 粉的熔融石英陶瓷浸入式水口经1550℃连续浇钢3h后，水口外形完整无开裂现象；而不加碳或 SiC 粉的浸入式水口使用后都发生破裂，说明碳与 SiC 有阻止石英玻璃结晶化的作用。这是因为碳与 SiC 对氧亲和力大，使气氛中氧压大大降低，从而使石英玻璃结晶化困难。

2.2 杂质的影响

大家知道 A_2O、AO 型氧化物在玻璃形成中是不能形成网络的，他们只能填充在网络结构的空穴，并使 Si—O 键减弱或断裂。因此，碱金属、碱土金属氧化物如 Na_2O、K_2O、CaO 等都会破坏石英玻璃结构，促进其结晶化。在周期表的同一族中，阳离子半径越大，造成变形越厉害，越易促进石英玻璃的结晶化，即 K^+ 离子比 Na^+ 离子、Ca^{2+} 离子比 Mg^{2+} 离子更易引起石英玻璃的结晶化。自然杂质含量越多，对石英玻璃结晶化的影响越大。文献［24］中提出：即使 Na_2O 含量增加不大，从0.001%增至0.003%也会明显地促进石英玻璃的结晶化。

A_2O_3、AO_2 和 A_2O_5 型氧化物，如 B_2O_3、SiO_2、P_2O_5 等本身就能形成玻璃的网络结构，而 ZrO_2 与 Al_2O_3 在一定条件下也能形成玻

璃网络结构。因此，这些氧化物对石英玻璃结晶化的影响应是不大的，或许能减缓石英玻璃的结晶化。对于 Al_2O_3，有的认为 Al_2O_3 含量在 0.05% 以下将使结晶化减缓；有的则认为 Al_2O_3 含量在 1.5% 将使结晶化减缓[9]。

我们曾根据 Cr_2O_3 对 SiO_2 熔点与黏度影响不大的特点，在熔融石英浸入式水口中加入 Cr_2O_3 或将熔融石英侵入式水口浸渍 CrO_3 然后热处理，发现这种水口抗钢水侵蚀能力增加，经 1550℃ 连续浇钢使用后，水口外形完整也没有开裂现象，说明 Cr_2O_3 有减缓石英玻璃结晶化的作用。估计磷酸铝对石英玻璃结晶化也能起减缓作用。

2.3 分散度的影响

石英玻璃在热力学上是不稳定的，其自由能大于方石英的自由能。石英玻璃的分散度越大，其表面自由能也越大，因此，分散度很大的石英玻璃微粒比大颗粒更易转化为方石英。

2.4 温度与保温时间的影响

罗伯特（Robert）曾介绍石英玻璃在高温转化为方石英的量与温度及保温时间的关系，见表 1[22]。

表 1 石英玻璃在不同温度与保温时间生成的方石英量

保温时间/h	在不同温度下方石英生成量/%				
	1200℃	1300℃	1400℃	1500℃	1600℃
0.5	—	—	5	34	60
1	0	2	17	50	90
2	—	5	25	100	—
4	0	10	—	—	—

维杜奇（Verduch）[21] 对硅胶的非晶质 SiO_2 进行了研究，认为在 940℃ 保温 40h 就已开始结晶。这里顺便提一下，由于在石英晶体转变为方石英时要破坏原有的晶格，因此其转变温度比石英玻璃要高些。

沃龙宁（Воронин）[8] 对泥浆浇注成型的熔融石英陶瓷的结晶化进行了研究，其结果列于表 2。

表2 烧成温度与保温时间对转化为方石英的量及热稳定性的影响

烧成温度/℃	1150			1200			1250		
保温时间/h	2	3	5	2	3	5	2	3	5
方石英含量/%	痕迹	痕迹	痕迹	痕迹	≈1	≈1	≈1	1~2	3~4
热稳定性（1300℃—水冷）									
至出现裂纹	40	37	35	35	20	20	13	12	8
至破坏	>60	>60	>60	>60	>26	>26	>26	>26	>26

皮文斯基（Пивинский）[26] 对石英玻璃开始结晶温度与保温时间的研究结果如图7所示。从图可见，当温度高于1400℃时，在不太长的保温时间结晶化就开始了。他还认为，熔融石英陶瓷的烧成应在结晶化尚未开始的温度与保温时间内就应结束。

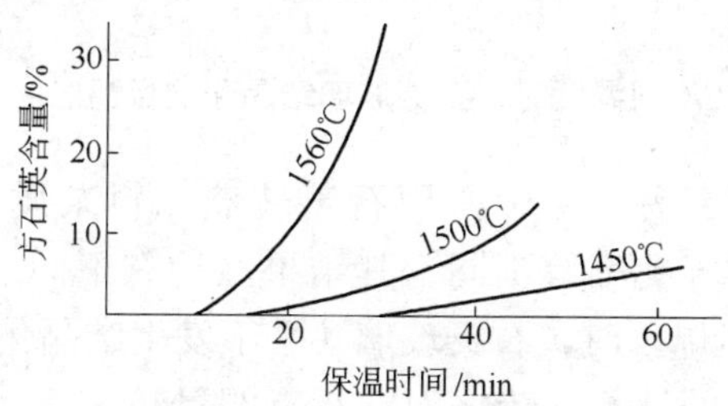

图7 开始结晶温度与保温时间之间的关系

戈罗别茨（Горобец）[23] 的研究结果如图8所示。

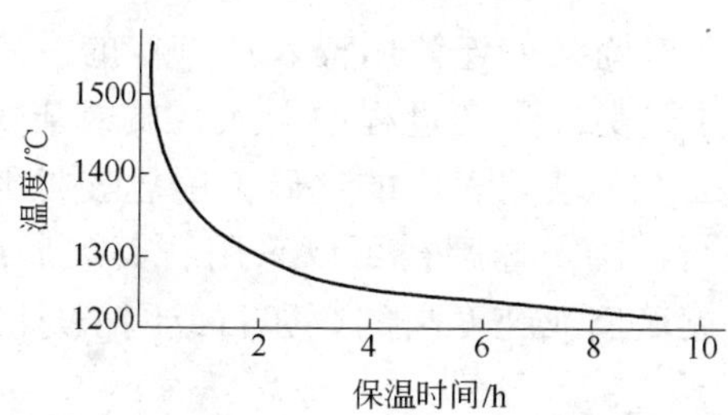

图8 在一定温度下转化为方石英量与保温时间的关系

大庭宏等[24] 在高温X光衍射仪上，将0.043mm以下的石英玻璃粉以600℃/h升温速度分别于1100~1450℃温度下进行0~120min

保温，测定方石英量，其结果见图9。

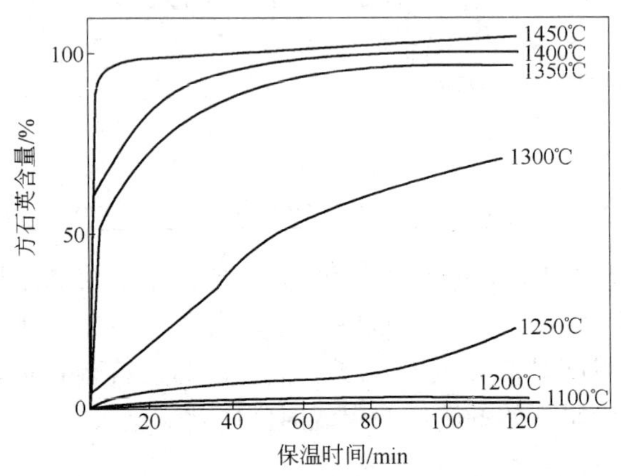

图9　在不同温度时，石英玻璃结晶化与保温时间的关系

上述一些研究者，由于所用石英玻璃原料杂质含量、分散度、生产工艺、试样气孔率等不同，其结果虽约有不同，但基本上可以得出：在1200℃以下时，石英玻璃几乎不发生结晶化；1250℃以上，温度越高保温时间越长，转化为方石英的量越多；在1450℃以上温度时，在甚短时间内就几乎全部转化为方石英。

3　熔融石英陶瓷生产工艺原理

生产熔融石英陶瓷（如连铸用浸入水口）的主要方法是石膏模泥浆浇注法。为了避免在生产过程中混入杂质或杂物，减少工序与成本，首先要除去石英玻璃表面的皮砂，用盐酸与水将石英玻璃冲洗干净，然后进行湿磨。球磨衬可以采用石英玻璃或燧石或刚玉，研磨体可采用石英玻璃或纯度高的鹅卵石或刚玉球。其生产工艺大致为：

粉碎——→湿磨细磨制泥浆——→制料浆——→石膏模浇注成型——→干燥——→烧成。

上述工序各国并不完全一致。例如在制料浆方面：有的是由湿磨直接制出料浆；有的是将一定级配的石英玻璃颗粒料与硅溶胶混在一起，经过强烈搅拌制成料浆；有的是用湿磨细磨制得的石英玻璃泥浆，再与一定粒度组成的石英玻璃的颗粒料（例如2mm以下的颗粒）制成料浆。后面两种常称为悬浮浇注或颗粒浇注。

要得到致密的石膏模浇注件，料浆中的水含量，料浆的粒度组成，料浆的流动性与稳定性都十分重要。

要得到致密的浇注件，料浆中的颗粒组成必须要符合颗粒紧密堆积理论。Пивинский 等[22,28]引用了颗粒组成紧密堆积的Andreasen式：

$$P = 100\left(\frac{X}{D}\right)^m$$

式中，D为料浆中最大颗粒的粒度（径）；P为某一粒级X以下累计分数，即小于某一筛网尺寸的筛下料占总料的百分数；m为粒径分布系数，m值选为0.33。当采用最大微粒为25μm的泥浆浇注料，其合适的微粒组成为：

<5μm	<10μm	<15μm	<20μm	<25μm
40%～60%	60%～75%	70%～85%	80%～95%	90%～100%

总之，泥浆必须要具有一定的细度，一般认为泥浆中5μm以下微粒应占约50%。

制成的料浆，其中石英玻璃颗粒要彼此不接触或接触点很少，料浆的流动靠石英玻璃泥浆（即石英玻璃微粒）的流动来带动。好的料浆不仅料浆中的气体易排出，而且不会发生颗粒偏析与沉淀现象。

石英玻璃在细磨制泥浆时，由于石英玻璃微粒表面有剩余价力，会同水发生相互作用形成硅酸：

$$SiO_2 + H_2O \rightleftharpoons 2H^+ + SiO_3^{2-}$$

胶粒都带有同类电荷（负电）。石英玻璃磨得越细，其水化程度也越大，泥浆越具酸性，pH值越小。石英玻璃在湿磨制泥浆中，pH值会不断改变，由最初的pH值为7变到pH值为5～3。硅酸胶粒具有很好的胶结性能，可作为结合剂。因此，要使注坯具有一定强度：泥浆必须要具有一定的细度。

升高湿磨温度，由于粒子的水化层减薄，从而能使湿磨磨细的速度加快。

泥浆或料浆中的水含量（W）也可从泥浆或料浆的密度（ρ）与石英玻璃的真密度（ρ_1）按下式算出：

$$W = \frac{\rho_1 - \rho}{\rho(\rho_1 - 1)} \times 100$$

石英玻璃的真密度为 2.18 ~ 2.21g/cm^3。

石英玻璃泥浆或料浆中的水含量要合适，一般在 12% ~ 20%。熔融石英浇注中，泥浆或料浆中的水含量比其他陶瓷泥浆浇注时要低得多。如果不用水的质量分数来表示，而以体积分数来表示，这一差异就更大，因为熔融石英的密度较低。

要使石英玻璃颗粒稳定地悬浮于泥浆中而不致发生颗粒偏析与下沉，除保证料浆具有一定的 pH 值外，还需加入少量的酸性表面活性剂如乳酸作为稳定剂。这种稳定剂还具有一定的减水作用，从而可降低料浆中水的加入量，提高注坯的密度。

石英玻璃泥浆或料浆很易触变，触变泥浆或料浆的浇注性能差。对泥浆或料浆采取适当的振动不仅有利于泥浆与料浆中气体的排除，也可以避免泥浆或料浆的触变。振动或剧烈的搅混，由于能产生强大的切向力，将 SiO_2 胶粒水化层的一定量结合水撕去，使之成为游离水，随着泥浆中游离水分数量的增加（当总的含水量不变时），泥浆或料浆的黏度自然就降低，流动性增加。

泥浆或料浆浇注到石膏模内，经一定时间后需及时脱模。砖坯留在石膏模内太久，会造成坯体不同部位的失水收缩不匀，产生应力，形成裂纹。脱模后应进行一段时间的自然干燥，然后烘干至坯体中水分小于 0.5%。

考虑到硅胶脱水困难和水蒸气对烧成有不利影响。因此烧成制度应是低温时慢速升温，高温时快速升温，使砖坯在低温时充分将水脱完。当温度达 650℃后，则应快速升温至烧成温度，并保温一段时间。熔融石英坯体的烧成温度一般在 1100℃与 1300℃之间，保温时间为 0.5 ~4h。总之，烧成时当石英玻璃开始结晶化时，烧成就要结束。

烧成温度与保温时间的长短，应根据石英玻璃原料的纯度与泥浆或料浆粒度情况来决定。石英玻璃原料很纯，杂质混入少，粒度较大，烧成温度可高一点；石英玻璃原料纯度差些，浆料又很细，烧成温度则应低一些。

烧成时，650℃以后快速升温有利于石英玻璃的大部分缺陷一直到烧成温度时还能保存，从而有利于制品的烧结。650℃以后升温过慢会使石英玻璃表面的缺陷得到克服，并导致制品结晶化程度增加。

砖坯在烧制过程中的结晶化，首先是从细粉和颗粒表面有缺陷处开始的。此外，砖坯表面由于易受到模子等的污染以及杂质的表面活性作用容易集中在砖坯表面，因此烧成过程中的结晶化又往往是从砖坯表面开始的。在制品烧成过程中，由于砖坯导热性不好，因此当砖坯表面已达到开始结晶化的温度时，砖坯内部并不一定已开始结晶化。

沃尔顿[4]进行了烧成后制品的强度与其中方石英含量之间的研究，其结果示于图10。从图10可以看出，随着方石英含量的增加，其强度也随之增大到最大值。当方石英含量在2%～3%以上时，熔融石英陶瓷的强度即开始下降。这样最大强度可以用来作为控制方石英含量的标准。因此，一般对熔融石英陶瓷中方石英的含量要求在2%～3%以下。

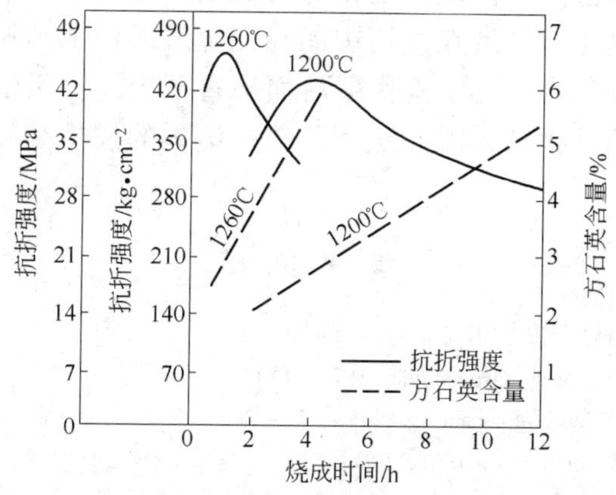

图10 在不同烧成温度时，熔融石英陶瓷的强度和其中方石英含量与保温时间的关系

沃尔顿[4]还认为，在熔融石英陶瓷烧成时，由于石英玻璃微粒是均匀分布在整个制品内，这些微粒首先开始转化为方石英，因此造成了石英玻璃相由方石英相所结合的情况。这与一般陶瓷和耐火材料是结晶相由玻璃相来结合恰好相反。

在对制品气孔率要求较低的一些使用领域，还可采用浸渍有机液或无机液来降低熔融石英陶瓷制品的气孔率，提高其强度。例如浸渍由甲苯稀释的硅酮溶液、CrO_3 溶液、氯化铝水溶液等。沃尔顿[5]曾进行过浸渍氯化铝水溶液的研究。他将熔融石英陶瓷放在氯化铝水溶液中进行浸渍，浸渍后调节 pH 值，使之生成氢氧化铝沉积在气孔中；高温下 $Al(OH)_3$ 脱水变为 Al_2O_3，Al_2O_3 与气孔表面的 SiO_2 生成莫来石。

除上面熔融石英陶瓷制品外，还可以生产轻质熔融石英制品或捣打料制品。

轻质熔融石英陶瓷制品：其办法是在石英玻璃泥浆或料浆中加入适量的发泡剂，然后倒入模内，静置一定时间后脱模，再进行干燥与烧成。

熔融石英干式捣打料：将石英玻璃颗粒、粉料与硼酸混合进行捣打。硼酸加入量按 B_2O_3 计算大致为 0.5%。硼酸的加入使捣打衬的工作面在不甚高的温度就能很好的烧结，形成玻璃状的薄而结实的烧结层。这层烧结层在使用中能经受金属熔体的冲刷、搅拌，没有剥落，蚀损很小。由于工作层后面一直至冷面仍保留捣打后的原来状态，导热性很低，因而防止了炉衬龟裂的发生和发展，炉子热损失也少。

参 考 文 献

[1] 小林晃. 燃料与燃烧. 1970,（9）: 31 ~38.

[2] Чуракова Р С, и др. Огнеупоры, 1972,（11）: С. 20 ~32.

[3] Hofmaier G. Science of ceramics, 1968,（4）: 25.

[4] Walton I D. Ceramic Age, 1961,（5）: 52.

[5] Walton I D. Ceramic Age, 1961,（7）: 38.

[6] Vance A C etc. Ceramic Industry, 1964,（3）: 91.

[7] Willaims A E. Ceramics, 1965, 192: 23.

[8] Воронин Н И. Огнеупоры. , 1967, (1): C. 47 ~49.
[9] Будников П П, и др. Успехи Химии, 1967, (3): C. 511 ~541.
[10] Ромащин А Г, и др. Огнеупоры, 1968, (9): C. 58 ~63.
[11] Kenneth. Show, Refractories and their uses, 1972: 151.
[12] Swarr H D. Iron and steel Engineer, 1972, (10): 43.
[13] Backer L, etc. J. of metals, 1971, (5): 17.
[14] Irwin F W, etc. J. of metals, 1970, (9): 37.
[15] Humphreys D E. Refractories. J. , 1969, (5): 135.
[16] Довнар М П, и др. Огнеупоры, 1972, (8): C. 8 ~9.
[17] Карклит А К, и др. Огнеупоры, 1971, (9): C. 4 ~10.
[18] Clarence, E Sims. Electric furnace steelmaking, Vol Ⅱ 1963.
[19] Торонов, Н А, и др. Диаграммы Состояния силикатных систем, 1965.
[20] Robert, Sosman B. The phases of silica, 1964.
[21] Verduch A. J. Amer. Ceramic Soc. , 1958, 41: 427.
[22] Пивинский, Ю Е, и др. Огнеупоры, 1968, 8: C. 45 ~50.
[23] Горобец, Ф Т. Огнеупоры, 1972, (5).
[24] 大庭宏，等. 耐火物，1971，159.
[25] 大庭宏，等. 耐火物，1971，166.
[26] Пивинский, Ю. Е. Огнеупоры, 1971, 7: C. 49 ~57.
[27] 杉江满寿夫. 日本特许公报，1971，1 月.
[28] Пивинский Ю Е, и др Стекло и. керамика, 1968, (5): C. 19 ~21.

本文选自《耐火材料》，1973，(3)：11 ~28.

连铸锰钢用浸入式水口材质的探讨
——锰钢与耐火材料的相互作用❶

陈肇友

（冶金工业部洛阳耐火材料研究院）

摘　要：锰钢用浸入式水口材质是目前国内外关心的问题。本文从化学热力学、相图、材质的组织结构及对钢液或熔渣的润湿性，以及各种材质的热稳定性与强度等方面进行了理论分析与探讨，提出了浇铸锰钢可能适合的材质，从理论上阐述了高铝（或氧化铝）石墨浸入式水口可能较为合理的生产工艺。经试验室研究与浸入式水口的试制及使用，证明这些分析是正确的。

1　引言

锰钢是一类用得比较广泛、用量较大的合金钢。连续铸钢虽然发展十分迅速，但在锰钢浇铸时，耐火材料却存在着问题。因此，近年来引起了国内外的关心与注意，并进行了一些研究与试验[1~9]。

采用浸入式水口和保护渣浇铸是解决连铸板坯纵裂的一项关键措施，也是提高钢坯质量的一项重要措施。浸入式水口和保护渣浇铸如图1所示。

从图1可以看出，浸入式水口使用时所处的条件比一般浇铸用水口要苛刻得多。其一部分要浸泡在结晶器的钢液与保护渣中，处于高温受热状态，和在钢流的冲击下；而另一部分的外部又露在空气中。因此，对浸入式水口的材质要求：（1）热稳定性要好；（2）能抗钢液侵蚀与冲刷；（3）高温强度好，在钢流冲击与热应力下不会发生断裂（浸入式水口断头）；（4）抗保护渣侵蚀。对后一

---

❶ 本文是在1971~1976年冶金工业部上钢一厂连铸攻关时所写。

项可以采取在浸入式水口渣线部位涂保护层或套保护管以及采取合适的保护渣成分来解决。

浇铸锰钢时，钢流与耐火材料的相互作用，目前尚缺乏较全面与系统的理论分析。本文试图从物理化学角度，结合一些感性认识进行分析，从而探讨连铸锰钢时用何种耐火材质的浸入式水口更为合适，其生产工艺又大致如何，显然，这些分析与探讨是具有实际意义的。

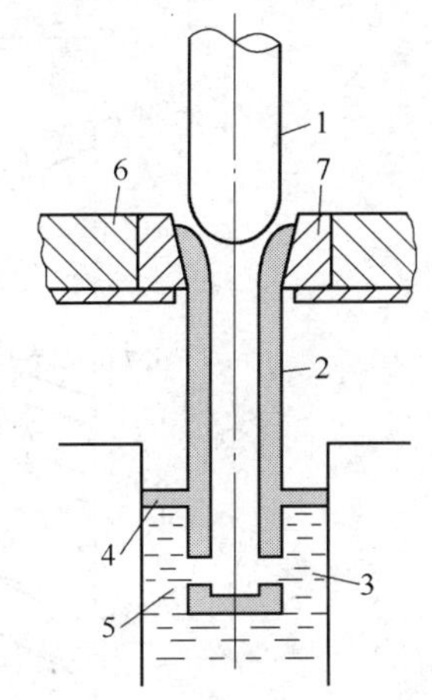

图 1　浸入式水口和保护渣浇铸示意图

1—中间包塞棒；2—浸入式水口；3—结晶器；4—保护渣；5—钢液；6—中间包底；7—坐砖

2　锰钢与各种耐火材料之间的化学反应

锰钢中的 Mn 含量随钢种不同而有所变化。常用的 16Mn 钢种，其化学成分为：0.12% ~ 0.20% C，1.2% ~ 1.6% Mn，0.2% ~ 0.6% Si。浇铸时，中间包钢液温度在 1550℃左右。

下面就来讨论锰钢中的 Mn 与各种耐火氧化物之间的化学作用。

2.1　锰钢中的 Mn 与各种耐火氧化物反应的一般规律

Mn 与各种耐火氧化物的反应，可大致由各种氧化物的标准生成自由能 $\Delta G_{生}^{\ominus}$（即元素对氧的亲和力）与温度的关系图看出，图 2 绘出了与浇铸锰钢有关的各种氧化物的标准生成自由能与温度的关系。图中各氧化物的 $\Delta G_{生}^{\ominus}$ 都是按 1mol 氧参加反应计算的。这样一来，任何两种氧化物的生成反应相减，就可以把 O_2 消掉了。

从化学热力学知，元素对氧亲和力越大，其 $\Delta G_{生}^{\ominus}$ 越小（即越负），由这种元素生成的氧化物就越稳定。因此，图 2 就示出了在标准条件下，各种氧化物的稳定次序或各种元素对氧亲和力大小的次序。即图中位置在下面的金属，比在上面的金属对氧亲和力要大。

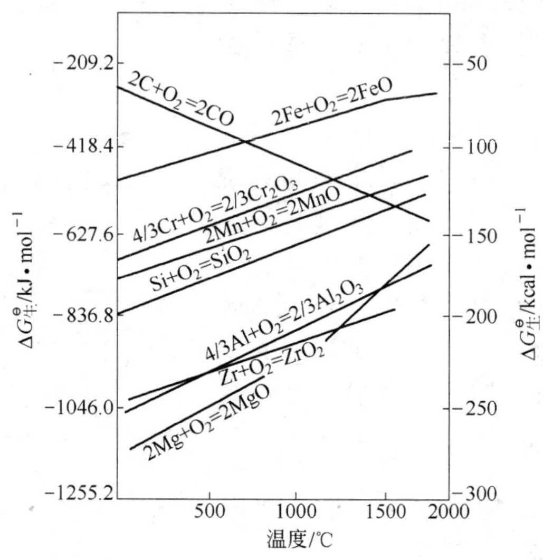

图 2 氧化物的标准生成自由能 $\Delta G^{\ominus}_{生}$ 与温度的关系

根据这一次序可以得出，例如 Mn 可以将 FeO 还原，即发生：Mn + FeO ══Fe + MnO 的反应，因为 Mn 比 Fe 对氧亲和力要大。同样可以得出，在一定高温下，碳能将 FeO、MnO 或 SiO_2 还原。

应当指出，上面各氧化物的 $\Delta G^{\ominus}_{生}$ 都是根据纯金属与纯氧化物参加反应计算的，也就是说没有考虑形成溶液的情况。事实上冶炼中的反应大多是在溶液中进行的，元素形成金属相（如 Mn 是溶解在钢液中），而氧化物则是形成熔渣相。当形成溶液时，前面图中氧化物的稳定次序就可能发生变动。例如钢液中的 Mn 就可能将硅质耐火材料 SiO_2 还原（下面将要讨论这一问题）。但一般说来，锰钢中的 Mn 却不会与氧化铝（刚玉）、氧化锆或氧化镁起反应，或者说发生化学侵蚀，因为 MnO 的 $\Delta G^{\ominus}_{生}$ 与温度的关系曲线在 Al_2O_3、ZrO_2 及 MgO 的关系曲线之上，而且相距位置甚远。

2.2 锰钢中的 Mn 与含有游离 SiO_2 的耐火材料之间的反应

熔融石英浸入式水口就是纯 SiO_2，黏土质耐火材料中就有游离

SiO_2。钢液中的 Mn 与这些材料的反应可写成：

$$2[Mn] + SiO_{2(s)} \Longrightarrow [Si] + 2(MnO) \qquad (1)$$

式中，[ ] 代表形成金属熔体相，( ) 代表形成熔渣相。MnO 与 SiO_2 的 $\Delta G^{\ominus}_{生}$，Mn、Si 在钢液中的溶解自由能，可由文献［10，11］查出。

$$Si_{(l)} + O_2 \Longrightarrow SiO_{2(s)} \qquad \Delta G^{\ominus} = -226500 + 47.5T$$

$$2Mn_{(l)} + O_2 \Longrightarrow 2MnO_{(s)} \qquad \Delta G^{\ominus} = -192100 + 41.0T$$

$$2Mn_{(l)} \Longrightarrow 2[Mn]_{1\%} \qquad \Delta G^{\ominus} = -18.22T$$

$$Si_{(l)} \Longrightarrow [Si]_{1\%} \qquad \Delta G^{\ominus} = -28500 - 6.09T$$

MnO 的熔点为 1785℃，熔化热为 54.4kJ/mol（13000cal/mol），由此可以算出：

$$2MnO_{(s)} \Longrightarrow 2MnO_{(l)} \qquad \Delta G^{\ominus} = 26000 - 12.62T$$

将上列各式进行加、减可得：

$$2[Mn] + SiO_{2(s)} \Longrightarrow 2(MnO) + [Si]$$

$$\Delta G^{\ominus} = 31900 - 6.99T \qquad (2)$$

应当指出，上面方程式中的 Mn 和 Si 都是分别以稀溶液，即 1% Mn、1% Si 为标准态；SiO_2 是以纯固体为标准态；MnO 则是以纯液体为标准态。

判断上面反应进行的方向，可以利用范特荷夫等温方程式：

$$\Delta G = \Delta G^{\ominus} + RT\ln \frac{a'_{[Si]} a'^2_{(MnO)}}{a'^2_{[Mn]}}$$

式中，R 为气体常数；打一撇的 $a'_{[Si]}$、$a'_{[Mn]}$ 与 $a'_{(MnO)}$ 分别代表在某一指定条件下，钢液中 Si 和 Mn 的活度，以及熔渣中 MnO 的活度。

由于熔融石英水口中的 SiO_2 是以纯粹状态（或独立相）存在，故 $a_{SiO_2} = 1$；Mn 与 Fe 形成的溶液近似于理想溶液，故 $a_{[Mn]} = [Mn\%]$；钢液中 Si 含量很少，近似于稀溶液，故 $a_{[Si]} = [Si\%]$。MnO 与 SiO_2 形成的溶液其活度与浓度的关系如图 3[12] 所示。

$$\Delta G = \Delta G^{\ominus} + 4.575T\lg \frac{[Si\%]' a'^2_{(MnO)}}{[Mn\%]'^2} \qquad (3)$$

在浇铸16锰钢时，若钢液中Mn含量为1.5%，Si含量为0.3%，浇铸温度为1550℃（1823K），由SiO_2-MnO相图可查出饱和SiO_2的MnO-SiO_2熔渣中$N_{MnO}=0.45$，由图3可得$a'_{(MnO)}=0.1$。将这些数据及式（2）的$\Delta G^{\ominus}$代入式（3），当$T=1823K$时，得：

$$\Delta G=-20.2\text{kJ}(-4830\text{cal})<0$$

说明反应式（1）在上述条件下能向右进行。即锰钢中的Mn将与SiO_2起反应，使熔融石英水口遭到化学侵蚀。

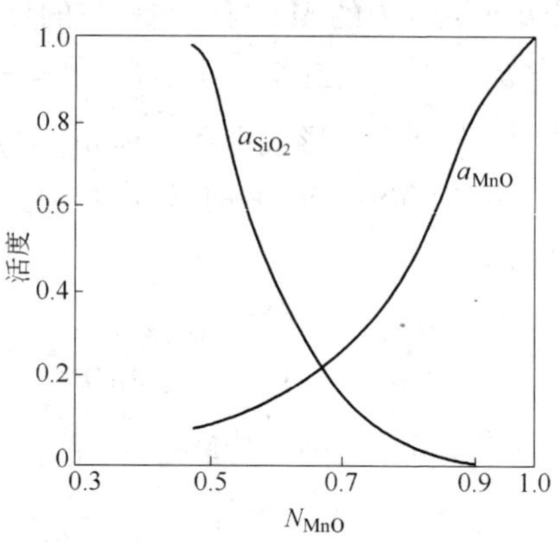

图3 1550℃时，MnO-SiO_2熔体中MnO与SiO_2的活度

从式（3）可以看出，温度越高，钢液中[Mn%]越多，[Si%]和$a_{(MnO)}$值越小，反应式（1）向右进行的热力学趋势越大。

令式（3）$\Delta G=0$，还可以算出$T=1823K$时，在[Si%]′=0.3和饱和SiO_2的MnO-SiO_2熔渣中，钢中Mn与熔融石英发生反应的最低浓度。计算结果为[Mn%]′≈0.7。这说明钢中Mn含量大于0.7%时，钢中的锰就会与熔融石英发生反应。这一结果与实践相符。例如，用熔融石英浸入式水口浇铸4C船板钢（Mn含量为0.6%~1.0%）时，其侵蚀比浇铸普碳钢严重得多。

以上计算对凡有游离SiO_2存在（即SiO_2以独立相存在）的材质，如黏土质或加有其他氧化物的熔融石英质水口都适用。由此可知，浇铸Mn含量大于0.7%的钢，采用熔融石英或黏土质作水口材质或盛钢桶衬都是不合适的。浇铸锰钢时，熔融石英浸入式水口侵蚀严重，除上述原因外，还同SiO_2与MnO形成低共熔物以及MnO能显著地降低SiO_2的黏度等密切相关。

2.3 锰钢中的Mn与莫来石的反应

从Al_2O_3-SiO_2相图（见图4）可以看出，当硅酸铝质耐火材料中

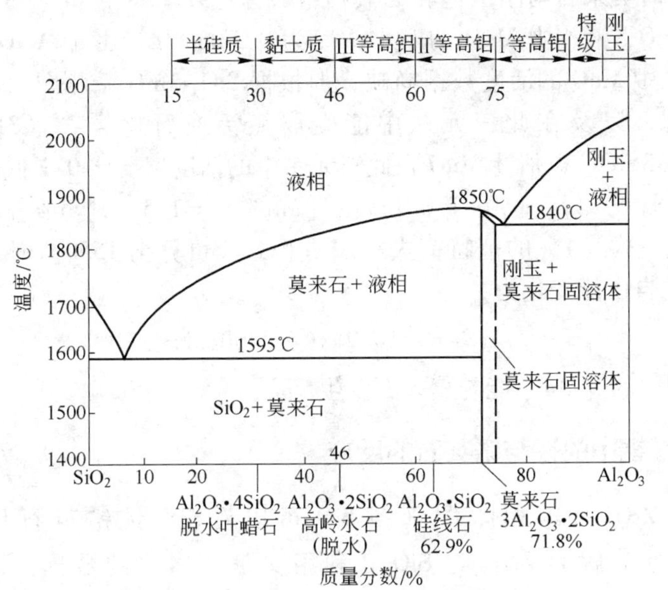

图4 Al_2O_3-SiO_2 系相图

Al_2O_3 含量大于71%时，其存在的矿物相就只有莫来石（$3Al_2O_3 \cdot 2SiO_2$）与刚玉。前面已指出，［Mn］是不会与刚玉发生化学反应的，因此一般 Al_2O_3 含量大于71%的高铝材质的问题是下列反应能否进行：

$$4[Mn] + 3Al_2O_3 \cdot 2SiO_{2(s)} = 3Al_2O_{3(s)} + 4(MnO) + 2[Si] \quad (4)$$

关于莫来石有关的热力学数据已有一些报道[13~15]。利用文献［15］的数据，反应：

$$3Al_2O_{3(s)} + 2SiO_{2(s)} = 3Al_2O_3 \cdot 2SiO_{2(s)}$$

在1550℃时的 $\Delta G^{\ominus}$ 为 -23.4kJ（-5600cal）。

再由前面式（2）算得反应：

$$4[Mn] + 2SiO_{2(s)} = 4(MnO) + 2[Si]$$

在1823K时的 $\Delta G^{\ominus} = 163.2$kJ（39000cal）。由此可得出反应式（4）的 $\Delta G^{\ominus}_{1823} = 186.6$kJ(44600cal)。

从 Al_2O_3-SiO_2-MnO 系1550℃的等温截面图（图11）可知，在

1550℃时莫来石与刚玉饱和的液相组成为：37% SiO_2、37% Al_2O_3 和 26% MnO，液相中 MnO 的摩尔浓度为 0.27mol/L。由于 Al_2O_3-SiO_2-MnO 系中 MnO 的活度数据尚缺，但根据 SiO_2-MnO 系相图及其活度图情况，以及在此三元系中能生成锰铝榴石化合物（$3MnO \cdot Al_2O_3 \cdot 3SiO_2$）；估计 MnO 在此三元系中的活度值要比 0.1 低。为保险计，就设 $a'_{(MnO)}$ 仍等于 0.1；由［Mn%］′=1.5，［Si%］′=0.3；利用反应式（4）的范特荷夫等温方程式，可算出 1550℃时反应式（4）的自由能变化为：

$$\Delta G = -14.2\text{kJ}(-3400\text{cal})$$

即锰钢中的［Mn］能与莫来石发生反应。

2.4 锰钢中的锰与锆英石的反应

从 ZrO_2-SiO_2 相图[16]（图 5）可以看出，纯锆英石只有在 1677℃才分解为 ZrO_2 与 SiO_2。利用文献［14］的数据，可算出反应：

$$ZrO_{2(s)} + SiO_{2(s)} \Longrightarrow ZrSiO_{4(s)}$$

在 1550℃时，$\Delta H^{\ominus} = -41.8$kJ/mol（-9980cal/mol），$\Delta S^{\ominus} = -15.4$ J/(K·mol)（-3.68cal/(℃·mol)），$\Delta G^{\ominus} = -13.7$kJ/mol（-3280cal/mol）。再由前面式(2)的数据，可算出反应式如下：

$$2[Mn] + ZrSiO_{4(s)} \Longrightarrow ZrO_{2(s)} + 2(MnO) + [Si] \qquad (5)$$

在 1550℃ 时，$\Delta G^{\ominus}_{1823} = 94.1$kJ（22480cal）。

从 ZrO_2-SiO_2-MnO 相图（图 13），查出 1550℃时锆英石饱和

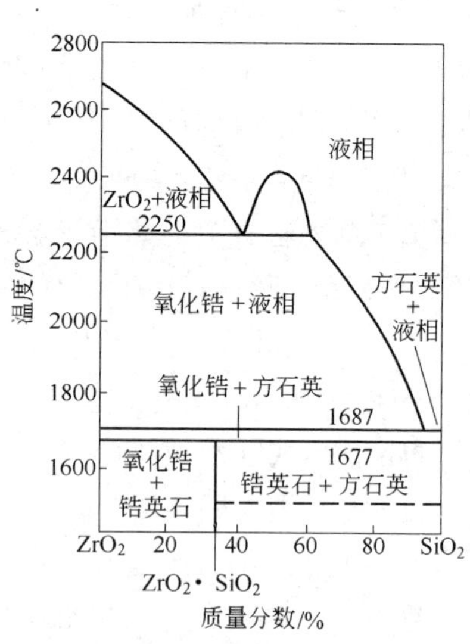

图 5　ZrO_2-SiO_2 相平衡图

溶液中 MnO 浓度大致为 $N'_{MnO} \approx 0.45$。由于在此三元系中锆英石析晶区很小，高温下锆英石容易分解，ZrO_2 熔点高，而液相中 ZrO_2 含量又不大；因此可近似地用 MnO-SiO_2 系的活度与浓度关系图，即可以认为 $a'_{(MnO)} = 0.1$。再将［Mn%］′=1.5，［Si%］′=0.3 代入范特荷夫等温方程式，可算出反应式（5）的自由能变化为：

$$\Delta G = -6.4\text{kJ}(-1520\text{cal})$$

说明反应式（5）是能向右进行的。

一般说来，由于硅酸盐化合物分解需要能量，因此从硅酸盐化合物中还原 SiO_2 要比从游离 SiO_2 难一些。

2.5 锰钢中的 Mn 与游离 Cr_2O_3 的反应

从 SiO_2-Cr_2O_3 系相图（图 6）[17] 可看出，Cr_2O_3 基本上不降低 SiO_2 熔点，当 Cr_2O_3 含量稍多时反而提高其熔点。此外，在熔融石英中加入 Cr_2O_3 对 SiO_2 的黏度也不会降低[19]。因此，作者曾将熔融石英浸入式水口浸渍氧化铬，降低制品气孔率，提高其抗锰钢侵蚀的能力。使用这种浸渍氧化铬的熔融石英水口浇铸一般碳素钢，抗侵蚀效果比较明显，而且使用后水口内壁光滑没有沟槽，冷却后水口不开裂。对使用后的这种含 Cr_2O_3 熔融石英水口进行显微镜观察发现，石英玻璃没有转化为方石英，即 Cr_2O_3 有抑制石英玻璃转化为方石英的作用。但用这种浸渍氧化铬的水口浇铸锰钢，在抗侵蚀上确并没有较明显的改进。除 SiO_2 仍然会与锰钢中的 Mn 起化学反应外，从热力学计算表明，锰钢中的 Mn 也会与 Cr_2O_3 起反应。

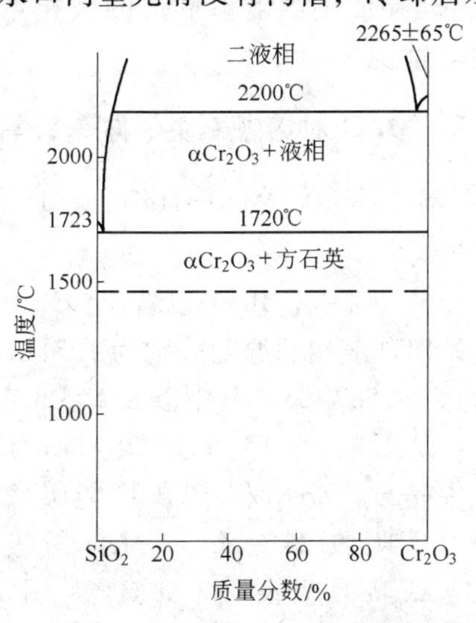

图 6 Cr_2O_3-SiO_2 系相平衡图

从热力学可以证明，由固溶体中还原某一氧化物要比其以游离状态存在时困难。由于 Cr_2O_3 与 Al_2O_3 能形成连续固溶体，因此铬刚玉抗锰钢侵蚀可能会较好。

从以上热力学计算可以得出：浇铸锰钢时，钢中 Mn 将与熔融石英、黏土、Cr_2O_3、莫来石或锆英石发生化学反应，但不能与刚玉、氧化锆或氧化镁发生反应。碳或含碳材料能将 MnO 或 SiO_2 还原。

3 MnO 对各种耐火材料的熔蚀

在连铸中，与浸入式水口耐火材料发生熔蚀的 MnO，有以下几个来源：（1）锰钢中的 Mn 与耐火材料如熔融石英、黏土、硅酸铝、锆英石或 Cr_2O_3 发生反应产生 MnO（上面已讨论过）。（2）出钢时钢液氧化性较强，含有 FeO，Mn 与 FeO 反应生成 MnO。（3）浇铸过程中，钢液与空气接触，以及钢液高速流经水口，造成负压，从水口壁的气孔和水口之间接缝吸入空气，使钢液发生氧化，生成 FeO 和 MnO。为了讨论方便，在此暂不考虑钢液中的 FeO 的熔蚀，只讨论 MnO 对各种耐火材料的熔蚀。

下面从相图讨论 MnO 与各种耐火氧化物的熔蚀。对耐火材料，从相图可了解到：液相出现的开始温度（例如最低共熔点），在使用温度下形成的液相量，以及随着温度的升高液相量增加情况。

3.1 MnO 对熔融石英、刚玉、氧化锆或氧化镁的熔蚀

SiO_2-MnO、Al_2O_3-MnO、ZrO_2-MnO 与 MgO-MnO 相图如图 7 ~ 图 10 所示[16,17]。

从图 7 ~ 图 10 可以看出：MnO 与 SiO_2、Al_2O_3、ZrO_2 以及 MgO 开始出现液相的温度分别为 1251℃、1520℃、1540℃和 1550℃（转熔点为 1587℃）。其中以 SiO_2-MnO 系开始出现液相的温度最低。

从图 8 ~ 图 10 可以看出：Al_2O_3 与 MnO 能生成熔点达 1850℃的锰尖晶石。ZrO_2 和 MgO 均能吸收大量的 MnO 与之形成固溶体；ZrO_2 能吸收 23% MnO，MgO 能吸收高达 94% MnO。例如 Al_2O_3、ZrO_2 或 MgO 吸收 15% MnO，从图 8 ~ 图 10 还可看出，在 1800℃以下温度都是不会出现液相的。因此，Al_2O_3、ZrO_2 和 MgO 抗锰钢及其

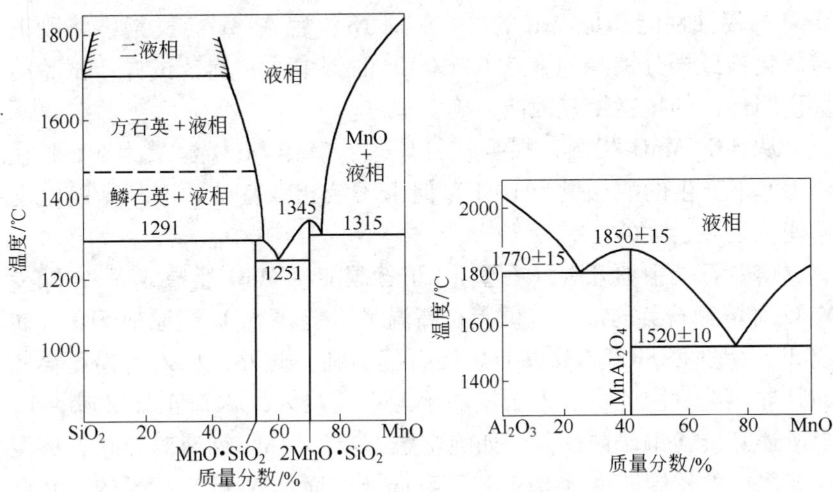

图7 SiO_2-MnO 系相图

图8 Al_2O_3-MnO 系相图

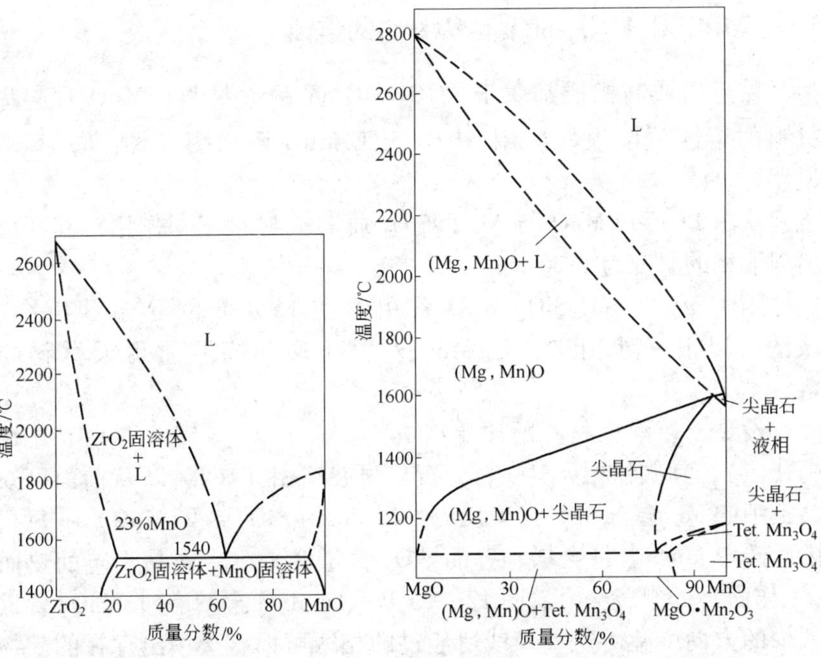

图9 ZrO_2-MnO 系相图

图10 MgO-MnO 系相平衡图

MnO 的侵蚀性能都是很好的。文献［18］曾在 Ar 气气氛下将刚玉与氧化锆试样分别浸泡在含 6.5% Mn 的钢中，并旋转试样；试验结果说明他们的抗锰钢侵蚀能力确实很好。

从 SiO_2-MnO 相图，根据杠杆原理，算出 MnO 含量为 5% 时在 1550℃下产生的液相量为 10%。但由于液相线甚陡，液相量随温度的变化是不会大的。

熔融石英中加入碳（石墨），虽然碳能将 MnO 还原成 Mn，减少 MnO 对熔融石英的危害，但碳在高温下也能将 SiO_2 还原成 SiO 气体或 Si（特别是 SiO），这又对熔融石英不利；此外，加入石墨还会增加其导热性。因此，加入石墨的熔融石英浸入式水口正如文献［1］中所述其抗锰钢侵蚀反而不如纯熔融石英。16Mn 钢液对熔融石英浸入式水口的侵蚀速度为 6.9 ~ 10.4mm/h，而加入 15% 石墨的，其侵蚀速度反而为 14mm/h。但加入石墨的水口，使用后冷却时不炸裂，说明石墨有抑制石英玻璃析晶的作用。

3.2 MnO 对 Al_2O_3-SiO_2 耐火材料的熔蚀

黏土质或高铝质都属于 Al_2O_3-SiO_2 系耐火材料。MnO 对这些材料的熔蚀可以很好地用 Al_2O_3-SiO_2-MnO 系相图（图 11）[19] 来说明。

从图 11 可知 MnO 与 Al_2O_3-SiO_2 质耐火材料相互作用，其开始出现液相的温度为 1120℃。

图 12 为 Al_2O_3-SiO_2-MnO 系相图在 1550℃ 的等温截面图。该图可以很好地用来说明 MnO 对黏土质与高铝质耐火材料的熔蚀。

设黏土质耐火材料的原始组成为 45% Al_2O_3 + 55% SiO_2（图 12 中 *A* 点），其矿物相为莫来石、石英与玻璃相（液相）。从前面可知锰钢中的 Mn 会与 SiO_2 发生反应：$2[Mn] + SiO_2 = 2(MnO) + [Si]$，因此砖中 MnO 含量会增加，而 SiO_2 含量会减少。即黏土砖的热面（工作面）的组成会沿着图 12 中 *A*-*B* 线向 MnO 含量增加、SiO_2 含量减少的方向变化。从 *A*-*B* 线所经过的相区可以直接读出存在的矿物相与液相组成。从图 12 可知，总组成在三角形莫来石 + 石英 + 液相

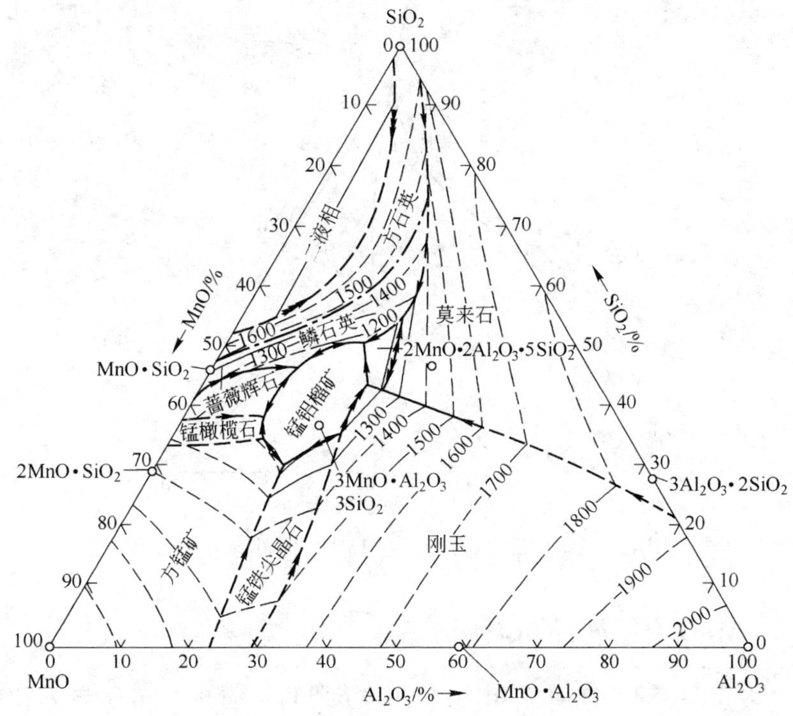

图 11　Al_2O_3-SiO_2-MnO 系相平衡图

区内时，液相的组成一直为 *a* 点，*a* 点组成的液相中含有大量 SiO_2（约 85%），黏度较大，因此此时黏土砖损坏尚不严重。当总组成移到三角形莫来石 + 液相、莫来石 + 刚玉 + 液相区中时，液相中 SiO_2 含量迅速减少（至图中 *b* 点），而液相量又增加，显然此时的热面就会严重地或完全熔损了。

根据杠杆原理，可算出上述组成的黏土质耐火材料在 1550℃，总组成中含 5% MnO 时，形成的液相量竟达 50%。如此多的液相量，这部分耐火材料也就早已熔损掉了。

类似的，若采用 Al_2O_3 含量为 85% 的 Ⅰ 级或特级高铝砖，在 1550℃ 含 5% MnO 时，形成的液相量却只有 8%。因此，Ⅰ 级或特级高铝抗 MnO 的熔蚀要比黏土砖强得多。

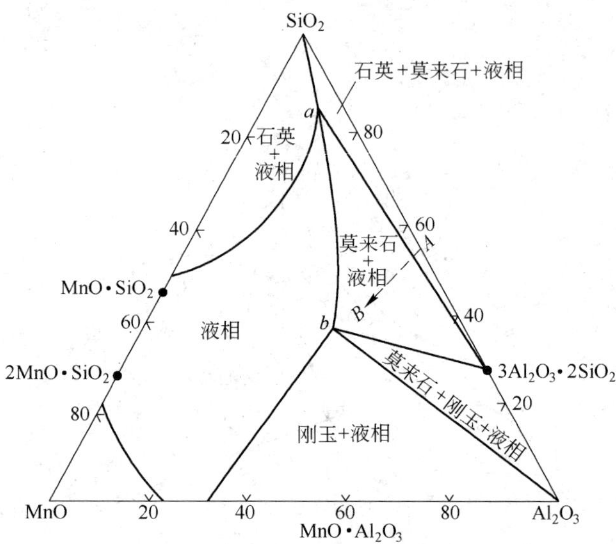

图 12　Al_2O_3-SiO_2-MnO 系在 1550℃时的等温截面图

3.3　MnO 对锆英石的熔蚀

从 ZrO_2-SiO_2-MnO 系相图（图 13）[16] 可以看出，MnO 与 $ZrSiO_4$

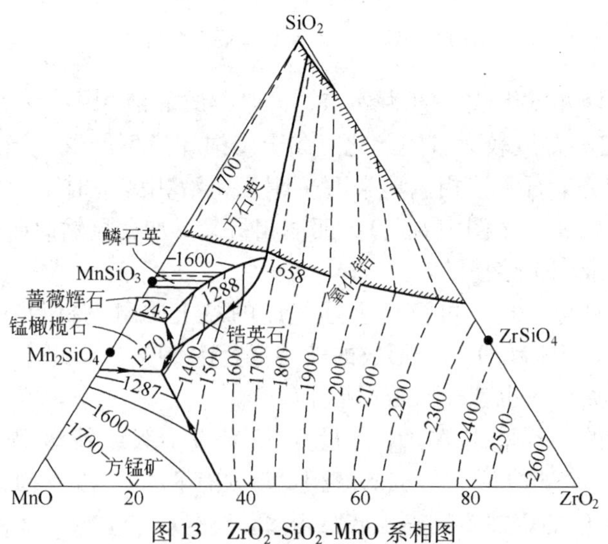

图 13　ZrO_2-SiO_2-MnO 系相图

开始形成液相的温度为1245℃，比 Al_2O_3-SiO_2-MnO 系高 100℃。此外，比较 ZrO_2-SiO_2-MnO 与 Al_2O_3-SiO_2-MnO 系相图还可发现：(1) 在1550℃时，前者的液相区比后者小得多；(2) 锆英石被 MnO 熔蚀的有关液相面比 Al_2O_3-SiO_2 质被 MnO 熔蚀的有关液相面陡峭得多，这表明前者产生的液相量随温度的升高变动不大，而后者则变动大；(3) 锆英石吸收5% MnO，1550℃根据杠杆原理，形成的液相量约为10%。从这些方面看，锆英石比 Al_2O_3-SiO_2 质砖在抗 MnO 熔蚀上似乎要好些。

从以上分析，抗 MnO 熔蚀最好的材质是 ZrO_2、刚玉和 MgO，其次是锆英石与Ⅰ级高铝，熔融石英与黏土不好。

4 影响钢液对浸入式水口冲刷侵蚀的其他因素

浸入式水口浇锰钢时，除上述侵蚀作用外，还有被钢液冲刷侵蚀的问题。这种冲刷侵蚀与钢液流动的形态、浇钢温度、在工作面形成的熔体的性质（如黏度）以及耐火材料的组织结构等有关。

4.1 钢液流动的形态

钢液流动形态可以由雷诺数（Re）来确定。

$$Re = \frac{du\rho}{\eta}$$

式中，d 为浸入式水口通道直径；u 为钢流的速度；ρ 为钢液的密度；η 为钢液的黏度。

设浸入式水口内径为36mm，若钢坯拉速为0.8m/min，钢坯的断面尺寸为150mm×1050mm；则钢流速度为210cm/s。中间包钢液温度为1550℃时，由文献［19］可推知锰钢的黏度为6.9mPa·s（厘泊），钢液密度为7.1g/cm³。算出的雷诺数：

$$Re = \frac{3.6 \times 210 \times 7.1}{6.9 \times 10^{-2}} = 65000$$

当 $Re < 2200$ 时，流体的流动形态是层流。层流时，钢流与耐火材料反应面之间物质的迁移是靠分子扩散的。分子扩散是缓慢的，自然钢流处于层流时冲刷侵蚀就不会厉害。

当 $Re > 10000$ 时，流体的流动形态是紊流。从上面算出的雷诺数可知，钢流经浸入式水口时，其紊流程度是很高的。在这样极度发达的紊流情况下，水口内壁工作面（或反应面）将很快被加热到钢液的温度。此外，还由于剧烈的搅动，有利于钢流与耐火材料反应面之间物质的迁移，使生成物很快被钢流所带走，而反应物却不断得到新的补充。这就造成了钢液同耐火材料相互作用在动力学上极为有利的条件，加速了耐火材料的被冲刷侵蚀。

4.2 温度以及形成氧化物熔渣性质的影响

温度对耐火材料侵蚀速度的影响是很大的。温度升高，耐火材料的侵蚀速度总是显著增大。这是因为温度升高不仅使反应速度加快和使耐火材料工作面的液相量增多，同时还使扩散层（图 14）熔体的黏度下降，以及使反应物与生成物通过扩散层的扩散速度增大。

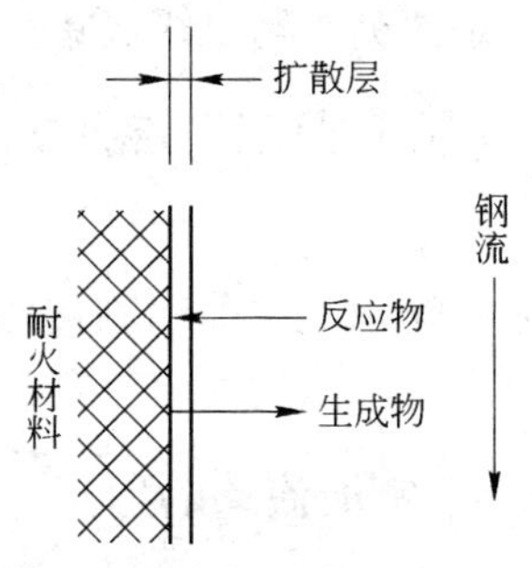

图 14 作用物扩散示意图

熔体的黏度，严格说来是指扩散层熔体的黏度。扩散层熔体的黏度对传质与传热都有影响，如果扩散层熔体黏度很大，不仅反应物不易扩散进去，生成物不易扩散出来，反应进行很慢，而且钢流还不易将此层带走或冲刷掉。

例如，熔融石英浸入式水口在浇普碳钢时，使用寿命较长，钢液侵蚀速度只有约 1mm/h；其中一个原因就是熔融石英黏度很大，在 1550℃时，其值约为 10^7Pa·s（10^8 泊）。但是熔融石英浸入式水口在浇锰钢时，使用寿命就短，锰钢对其侵蚀的速度为 6.9 ~ 10.4mm/h[1]。这除了发生反应：$2[Mn]+SiO_2=2(MnO)+[Si]$，以及 MnO 与 SiO_2 形成低熔物 MnO·SiO_2 外，其中另一原因就是 MnO 能显著地降低 SiO_2 熔体的黏度。因为碱性氧化物 CaO、MnO、FeO 等能破坏 $(SiO_2)_\infty$ 或 $(Si_xO_y)_n$ 的网状结构，使之分裂为较小的结构单元，从而使 SiO_2 熔体黏度显著下降。下面列出了在 1400℃ MnO 对 SiO_2-MnO 熔体黏度的影响[19]，也说明了这一点。

SiO_2-MnO 熔体中 MnO 含量/%	54	56	60	65
黏度/Pa·s	0.3	0.2	0.15	0.1

4.3 耐火材料组织结构的影响

耐火材料通常是一种成分不均匀的多相体系，而且由粗、细颗粒构成。为了易于成型或烧结，在基质中有时还加入一些其他添加物如黏土等。这就造成了在使用中的选择性侵蚀，即一些容易被侵蚀的矿物或细粉首先被侵蚀。这种选择性侵蚀造成耐火材料工作面的凹凸不平和粗颗粒裸露的复杂外形，并松弛了耐火材料的结构。当遇到密度甚大的钢流时，自然就容易被冲刷掉。

一般耐火材料都有一定的气孔。如果钢液或生成的氧化物熔体对耐火材料润湿性好，钢液或氧化物熔体就会由于毛细作用沿着气孔渗入到砖的内部，再由于选择性侵蚀，形成许多沟道造成纵深损毁。

在耐火材料使用中，当然希望钢液或熔渣对其润湿不好。钢液对各种耐火材料的润湿性如表 1、表 2 所示。

表 1 在 1550℃，钢液（0.32% C、0.37% Si、0.58% Mn）**与各种耐火材料之间的接触角**[21]

耐火材质	熔融 Al_2O_3	稳定 ZrO_2	锆英石
化学成分	92.8% Al_2O_3 4.7% SiO_2	91.9% ZrO_2 4.5% CaO	63.9% ZrO_2 34.1% SiO_2
气孔率/%	23.7	23.0	21.4
接触角/(°)	124	123	112
耐火材质	熔融 MgO	Ⅲ等高铝	黏土质
化学成分	95.8% MgO 1.8% SiO_2	50.8% Al_2O_3 43.8% SiO_2	34.8% Al_2O_3 58.9% SiO_2
气孔率/%	22.5	22.4	23.5
接触角/(°)	92	54	48

表 2 钢液（0.16% C、0.28% Si、0.53% Mn）**与各种耐火材料的接触角**[22]

耐火材质	刚　玉	Ⅰ等高铝	Ⅱ等高铝
主要成分	98.8% Al_2O_3	78.2% Al_2O_3	62% Al_2O_3
气孔率/%	0.09	19.3	16.5
接触角/(°)	115（1520℃）	114.5（1520℃）	112.5（1560℃）
耐火材质	氧化镁质	锆英石	碳化硅质
主要成分	95.4% MgO	64.6% ZrO_2	91.9% SiC
气孔率/%	9.3	1.34	25.8
接触角/(°)	111（1520℃）	110（1520℃）	67.6（1500℃）

文献［23］测量过 Fe-Mn 熔体在由化学纯的 Al_2O_3 压制烧结的刚玉上的接触角，其值如下：

$w(Mn)/\%$	0.62	1.27	1.78	2.96	6.15
接触角/(°)	137	122	117.5	113	109.5

从以上数据可以得出：钢液对稳定氧化锆、刚玉、锆英石、Ⅰ等和Ⅱ等高铝以及氧化镁的润湿性是不好的；而对黏土、Ⅲ等高铝以及碳化硅的润湿性是较好的。

氧化物熔体与耐火材料的润湿性：文献［22］曾测定过连铸中间包渣（47.2% SiO_2，17.8% Al_2O_3，15.4% MnO，5.1% FeO，7.0% CaO）在 1050～1200℃时，在各种耐火材料上的接触角，其值如下：

材　质	黏土-石墨	SiC	锆英石	刚　玉	黏　土
接触角/(°)	110～132	140～122	88.5	56～80	35～63

从上面数据可大致得出，熔渣对含碳材料及 SiC 润湿性不好，而对刚玉、黏土的润湿性较好。

因此可以得出，在有些耐火材料中加入适量的碳，对浇铸锰钢来说可能是有好处的。在高铝或锆英石中加入黏土，对抗锰钢侵蚀来说则是不合适的。

5　浸入式水口的热震稳定性与强度

使用浸入式水口时，同时受到热应力与钢流的冲击。因此，要求浸入式水口要具有好的热震稳定性和一定的高温强度。

热应力的定量计算是比较困难的。显然在开浇时由于温度变化剧烈，热应力是很大的。为了减少这种温度剧变，最常用的办法就是将水口预热到一定温度。

浸入式水口的热震稳定性主要取决于材质本身的热膨胀性、导热性、弹性与强度等。

选用热膨胀系数小的材质，自然温度急变而产生的热应力就小。例如，熔融石英陶瓷浸入式水口，由于其线膨胀系数很小（0.54×10^{-6}），其热震稳定性就很好[20]；这种水口如不含有水分，使用时就可以不预热。

导热性好的材质，温度急变小，制品内部温差较小，热应力也就较小，自然热震稳定性也好，如碳化硅制品。

弹性好（即弹性模量小）的材质，由于缓冲热应力的能力强，自然抗热震性会好。

关于材质的强度，则应以热震后仍能保持较高强度的为好，说明其抗应力作用强。

各种耐火材料的膨胀系数，热导率和弹性模量如表3所示。图15示出了Al_2O_3、ZrO_2和石墨的抗拉强度与温度的关系。从图15可看出，在1500℃以上，石墨是强度最高的材料。

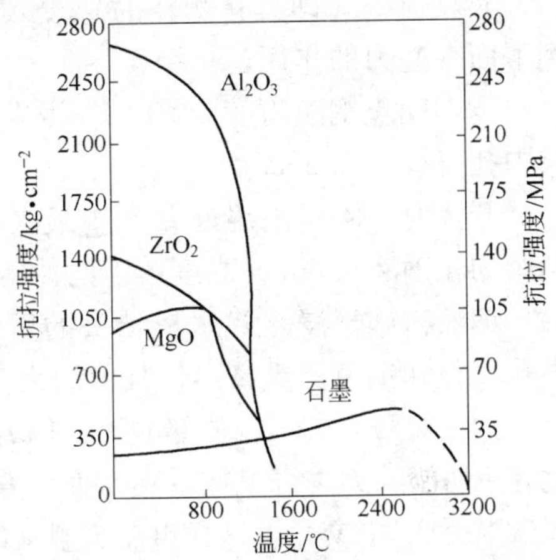

图15 高温材料的抗拉强度与温度的关系

表3 各种耐火材料的膨胀系数、热导率与弹性模量

材 质	线膨胀系数（20~1000℃）/℃$^{-1}$	热导率（1000℃）/W·(m·℃)$^{-1}$	弹性模量/MPa
Al_2O_3	8.0×10^{-6}	5.815	37×10^4
MgO	13.5×10^{-6}	7.0943	21×10^4
稳定ZrO_2	10.0×10^{-6}	2.0934	15×10^4
锆英石	4.2×10^{-6}	3.7216	21×10^4
莫来石	5.3×10^{-6}	3.8379	15×10^4
黏土砖	4.5×10^{-6}	1.3956	
熔融石英陶瓷	0.51×10^{-6}	0.9304	5×10^4
石 墨	1.4×10^{-6}	63.965	0.9×10^4
SiC	4.0×10^{-6}	53.498	35×10^4

从表3与图15可以看出，石墨是唯一同时具有上面几种优良性质，抗热震性很好的材料。而氧化铝、氧化镁、氧化锆、锆英石、高铝的热震稳定性都不是甚好的。直接用这些材料制作烧成的浸入式水口，使用时就可能会发生开裂、断头的情况。

非直通型（即具有侧孔的）浸入式水口，使用时其端头还会受到下面一些力的作用。

设中间包钢液深度为40cm，浸入式水口总长为60cm，浸入式水口中孔直径为3.6cm。

开浇时，除了因温度差产生最大的热应力外，在水口端头还受到约3kg钢液从60cm高度落下的冲击。

钢液柱施于浸入式水口端头的重力，可以由钢液柱高度，水口中孔直径和钢液比重算出，其值约为7kg。

钢流对浸入式水口端部的力，作者根据钢流在单位时间内动量变化等于所施的力进行了推算。为推导方便计，设浸入式水口的侧孔与水口中孔成90°交角，这样钢流流至水口端头后，其垂直分速度即变为零。因此浸入式水口端头受到钢流流速变化产生的力（f）为：

$$f = u\pi\left(\frac{d}{2}\right)^2\rho u - 0 = \frac{\pi}{4}d^2u^2\rho$$

钢流的最大速度为：

$$u = \sqrt{2gh}$$

所以：

$$f = \frac{\pi}{2}ghd^2\rho \tag{6}$$

式中，h 为钢液的高度；g 为重力加速度。

将所需数据代入上式，算得：$f\approx147$N（或15kg）。

因此，开浇初期，浸入式水口端头要经受住最大的热应力、29.4N（3kg）重的钢柱下落的冲击，并承受钢流流速变化产生的力147N（15kg）和钢液重力68.6N（7kg）。若水口的抗热震性不好，强度不够高；在开浇后不久，浸入式水口在端头侧孔断面处就会发生横裂与断头。

当水口端头浸泡在钢液以后，水口就会受到钢液的浮力。若水口浸入深度为15cm，根据水口尺寸，可算出浮力约为49N（5kg）。因此，开浇一段时间后，水口端头受到的力就减小了。断头的可能性也就小了。

由于钢坯拉速不稳定，水口通道的侵蚀、中间包钢液面的变化以及结晶器内钢液面的波动，在浇铸过程中水口端头受的力是经常波动的，这种波动对水口也是不利的。

正是由于上述这些应力与侵蚀，导致了质量不够好的浸入式水口在开浇后不久或浇铸一段时间后，在水口薄弱部位如侧孔或渣线部位发生开裂掉头现象。

浸入式水口渣线部位不仅温差大，而且侵蚀也比其他部位严重得多；采用机压垂直成型时，刚好在此部位致密度最低。因此，在此处最易发生断裂掉头现象。

近年来发现，将耐火晶须或纤维加入到耐火材料中，制成所谓“增强复合材料”，对提高制品的抗热震性与强度有很大效果。文献[27，28]把莫来石晶须加入到氧化铬或氧化铝材料中，发现其抗热震性与强度都成倍的增加，其结果如表4所示。

表4　加晶须与不加晶须时，试样的热稳定性与强度比较

材　质		热稳定性（1200～20℃水冷）/次	耐压强度/MPa	抗折强度/MPa	冲击强度/MPa
氧化铬	不　加	2	280	92	0.19
	加10%莫来石晶须	30	360	160	0.60
刚　玉	不　加	3	483（1000℃）	146.7	0.15～0.25
	加10%莫来石晶须	60	540（1000℃）	2480	0.82～1.0

由于石墨（或碳）具有高温强度好、热膨胀系数小、导热性好、弹性模量小等优良性能；因此，如能将石墨或碳以及碳纤维加入到高铝、刚玉或氧化锆中制成复合含碳材料的浸入式水口；可能会对浸入式水口的抗热震性、高温强度及抗锰钢与保护渣的侵蚀都有很大好处。但是这里必须提醒的是，从材料结构上来讲，这种含碳制品中的碳必须要在水口内形成连续相，才有助于提高水口的高温强度。

6　连铸锰钢浸入式水口材质的确定——高铝（氧化铝）-石墨浸入式水口试制与使用

6.1　浸入式水口材质与试制方案的确定

从上面进行的探讨可以得出：抗锰钢及其MnO侵蚀最好的材质是ZrO_2、Al_2O_3和MgO，其次是Al_2O_3含量在85%以上的高铝和锆英石；熔融石英与黏土抗锰钢与MnO的侵蚀都不好。由于碳能将MnO

还原成 Mn，因此在刚玉、氧化锆、氧化镁、高铝或锆英石中加入碳，对提高抗锰钢侵蚀是有好处的。熔融石英中加入碳，由于碳能将 SiO_2 还原，因此加入碳无好处。碳质材料的抗热震性与高温强度都很好，因此，在刚玉、氧化锆、镁质、高铝及锆英石中加入碳，并使之形成连续网络结构对提高制品的抗热震性与高温强度都有好处。

ZrO_2 太贵，刚玉也较贵，加晶须或碳纤维目前也不现实和不经济，因此从经济和原料来源来看，以制作含碳的高铝或镁质较为合适。在这里着重讨论关于高铝-石墨浸入式水口的试制问题。

生产高铝-石墨浸入式水口的关键是如何发挥碳的作用，以提高制品的抗热震性与高温强度。从水口组织结构上来说。碳只有在制品内形成连续网络结构，才能较好地发挥其优良的抗热震性与高温强度的作用。采用无机结合剂：水玻璃或磷酸（盐）作为结合剂，要使碳成为连续网络结构是困难的。要使碳在制品内能形成连续网络结构，应采用含碳有机结合剂如树脂或沥青之类。树脂价格贵，沥青便宜。采用沥青作结合剂不仅可以起到成型时的黏结作用，而且由于沥青高温碳化，还会把石墨碳联结起来成为连续的网络结构。此外，沥青还能将高铝颗粒表面包裹一层，又能渗入到颗粒的气孔中；烧成碳化后，其残碳纵横交错地楔入颗粒的气孔中，使整个制品中的颗粒和石墨碳结合得十分牢固。用沥青作结合剂，成型压制时，高铝和石墨还能借助于沥青的塑性发生位移，最后又借助于沥青的黏结作用将其固定下来，使颗粒实现紧密堆集，消除桥架现象。沥青的这些作用，显然对高铝-石墨的成型与制品的强度都是有好处的。

SiC 的强度是很好的，Si 和 C 在不太高的温度约 1350℃ 下就能反应生成 β-SiC，特别是由于沥青碳化时生成的碳活性大，在动力学有利于 Si 和 C 形成 SiC。这种 SiC 能更好地提高制品的强度，因此加入适量的 Si 粉是有好处的。

沥青的缺点是劳动条件差。为了改进劳动条件，除采用一般焦油沥青砖的热料成型外，也可采用我国冷捣炭素炉衬的经验[28]，进行冷料成型。冷料成型可将沥青在适当温度下溶于轻柴油或蒽油来实现。冷料对等静压成型也合适。

根据上面阐述的理由，提出了试制高铝-石墨样块与水口的方案：采用Ⅰ级或特级高铝熟料为粗、中颗粒，细粉为高铝粉加15%石墨、加4% Si粉与少量SiC，以焦油沥青热料或焦油沥青冷料进行机压成型。成型后为防止石墨氧化，埋于焦炭粒中在1300～1450℃保温3h烧成。烧成时在150～450℃要慢升温，使沥青充分挥发、热解、聚合、碳化；以免烧后制品气孔率太大。烧后制品可再浸渍焦油沥青，使制品气孔率减少，强度增加。

6.2 高强度高铝-石墨试样与水口试制及使用

1974年对上述方案进行了实践，在实验室用水玻璃、磷酸、磷酸二氢铝、焦油沥青热料、焦油沥青热料加Si粉、沥青冷料加Si粉等不同结合剂制作了16种不同的高铝-石墨试样，试样均是埋在焦炭粒中烧成。对试样进行性能测定的结果表明：采用沥青加适量Si粉的热料或冷料成型的试样，其烧后试样的常温强度与高温强度最好，其值见表5。

表5 试样的耐压强度和抗折强度

试样名称	耐压强度/MPa		抗折强度/MPa①
	常温	1200℃	1200℃
焦油沥青（加Si粉）热料成型	57.3	48.9	11.1 11.3 12.4
沥青（加Si粉）冷料成型	50.0	34.3	12.6 13.6

① 1200℃高温耐压与高温抗折皆是将试样埋在石墨碳粉中进行的。

根据上面研究结果，1974年在青岛耐火材料厂我们试制出了高铝-石墨浸入式水口。将这种水口在1200℃与冷水中反复进行三次急冷急热试验，水口完整，无炸裂、开裂或掉块现象。后又模拟浇钢条件进行180℃至1550℃的急冷急热试验，并随之将1550℃高温浸入式水口放入流动的冷水中急冷，急冷后水口完好，同样无开裂、掉块、断头现象。说明研制出的高铝-石墨浸入式水口的抗热震性是很好的。

将研制出的高铝-石墨浸入式水口在上钢一厂板坯连铸机上进行使用试验，效果良好，锰钢对水口的侵蚀速度为0.5～1.6mm/h。

7 结语

本文从物理化学角度分析了连铸锰钢，锰钢与浸入式水口的相互作用；得出适合浇铸锰钢的耐火材料有：刚玉-石墨、氧化锆-石墨、高铝-石墨。从经济上与原料来源看，高铝-石墨较合适。以 I 级或特级高铝熟料和石墨为主，加入适量 Si 粉与少量 SiC 粉，以沥青为结合剂制得的高铝-石墨制品，其常温与高温强度及抗热震性都甚好，可用于连铸锰钢。

参考文献

[1] КАРПИНОС Д М，и др. Огнеупоры，1973，(2)：56~57.

[2] Kappmeyer K K，et al. J. of metals，1974，(7)：29~36.

[3] Hardy C W. Refractories，J，1974，(5)：9~21.

[4] Довнар М П. Огнеупоры，1972，(8)：8~9.

[5] 古海宏一，等. 耐火物，1972，(9)：426~428.

[6] 丹羽庄平，等. 耐火物，1971，(9)：425~427.

[7] 丹羽庄平，等. 耐火物，1971，(3)：129~132.

[8] 丹羽庄平，等. 耐火物，1970，(5)：224~226.

[9] Swarr H D. Iron and Steel Engineer，1972，(10)：43.

[10] Reed Thomas. Free Energy of Formation of Binary Compounds，1971.

[11] Elliott J F，et al.，Thermodynamics for Steelmaking，1963，12.

[12] Bell Murad Carter. Trans. AIME 1952，(4)：718.

[13] Robert F，et al. High temp. Oxides，1971.

[14] БаБумкин В И，и др. Термодинамика Силикатов，1972.

[15] Rein R H，Chipman. J. Trans. AIME，1965，(2)：415.

[16] Shultz R L，Arnulf Muan. J. Amer. Ceram. Soc，1971，(10)：504~510.

[17] Emest M Levin，et al. Phase Diagrams for Ceramists，1969.

[18] Richard L Shultz. Amer. Ceram. Soc. Bulletin，1973，(11)：833~837.

[19] 溶钢·溶滓部会报告：溶铁熔滓の物性便览. 日本铁钢协会，1971.

[20] 陈肇友. 耐火材料，1973，(3)：11~27.

[21] 大庭宏，等. 窑业协会志，1963，(11)：207~213.

[22] Питак Н В，Пъяных Н Л. Огнеупоры，1965，(5)：31~37.

[23] 王景唐. 金属学报，1965，(1)：59.

[24] Кунин. Поверхностные Явления в Металлах，1955.

[25] 藤村宗平，等. 耐火物，1973，(2)：76~79.

[26] 河岛千灵，等. 特种硅酸盐材料，1966.

[27] Карпинос Д М，и др. Огнеупоры，1974，(1)：55~56.

[28] 一冶冶金建筑研究所. 高炉冷炭捣炉衬的试验研究，1974.

本文选自《耐火材料》，1975，(4)：8~23.

炉渣对氧气转炉炉衬的侵蚀

陈肇友

（冶金工业部洛阳耐火材料研究院）

摘　要：本文对炉衬中碳的作用、碳的氧化途径、碳氧化的热力学与动力学、氧化镁致密层的形成、熔渣的渗透及其阻止、砖内杂质和熔渣中各种成分对炉衬侵蚀的影响与作用、炉衬材质在渣中的溶解以及减轻炉渣对炉衬的侵蚀等进行了较系统、详细的分析与阐述。

氧气转炉炼钢是目前炼钢中最主要的方法。耐火材料在使用中损毁的原因很多，其中最重要的是熔渣的侵蚀。炉渣对转炉炉衬的侵蚀及其机理是一个甚为复杂的过程，研究这一课题具有重要的现实意义。

本文试图从物理化学角度对此问题进行较为系统的综合分析与探讨，并提出一定看法，以便于进一步开展这方面的工作。

氧化转炉所用耐火材料一般都是含碳的碱性材料。由于炉衬中含有碳，其侵蚀过程就由碳的氧化与熔渣向脱碳层的渗透、溶解侵蚀两个阶段所构成。这两个阶段既彼此密切相关而又各有其独立性与特殊性。

1　炉衬中碳的氧化

1.1　含碳耐火材料内碳氧化的热力学[1]

从各种氧化物的标准生成自由能与温度的关系图可以知道，只要在足够高的温度下，任何氧化物都有可能被碳还原。在标准状态下，虽然碳与 MgO 的开始反应温度约 1870℃，但由于反应式：$C + MgO = Mg_{(g)} + CO$，产物都是气体。在真空或在炼钢时的强烈气流流动下，Mg 蒸气与 CO 气的压力都可能很低，因此碳与 MgO 的开始反应温度可以大大下降，如图 1 所示。在氧气转炉炼钢过程中，产生的气体主要是 CO，因是敞开体系，故 CO 压力约为 0.1MPa；而产生的 Mg 蒸气，一经逸出即被再氧化成 MgO，因此镁的蒸气压可认为是很小的，若为 $p_{Mg} \approx 133.3Pa$；碳与 MgO 开始反应温度降到大约 1520℃。热力学计算如下：

由 $$2C + O_2 = 2CO(0.1MPa), \Delta G^{\ominus} = -55600 - 40.1T$$

$$2Mg_{(g)}(0.1MPa) + O_2 = 2MgO_{(s)}, \Delta G^{\ominus} = -341500 + 92.6T$$

与 $$Mg_{(g)}(0.1MPa) = Mg_{(g)}(约 133.3Pa)$$

$$\Delta G = RT\ln(1/760)$$

可得： $$C + MgO_{(s)} = Mg_{(g)}(约 133.3Pa) + CO(0.1MPa)$$

$$\Delta G = 142950 - 66.35T - RT\ln 760$$

令 $\Delta G = 0$，即得碳与 MgO 开始反应的温度：$T_{开} = 1793K(1520℃)$。

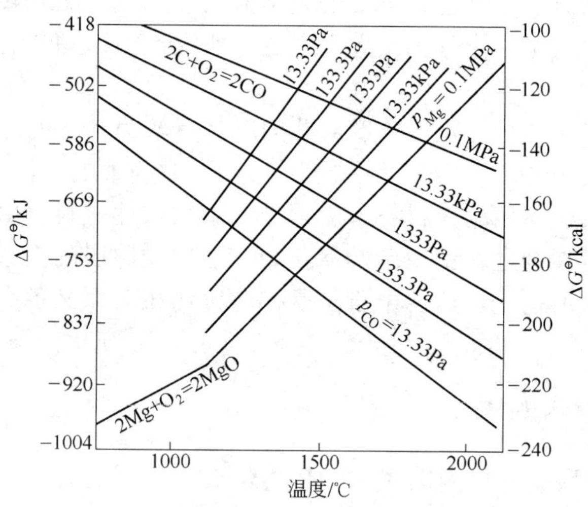

图 1　压力对 CO 与 MgO 生成自由能的影响

在含碳镁质白云石或含碳白云石中，含有 MgO、CaO、SiO_2 与 C 等组分，在炼钢温度下，它们可能发生如下反应：

$$MgO_{(s)} + C_{(s)} = Mg_{(g)} + CO \quad (1)$$

$$CaO_{(s)} + C_{(s)} = Ca_{(g)} + CO \tag{2}$$

$$SiO_{2(s)} + C_{(s)} = SiO_{(g)} + CO \tag{3}$$

利用有关氧化物的标准生成自由能的热力学数据，可以求得上列反应的标准自由能与温度的关系式：

$$\Delta G^{\ominus}_{(1)} = 146550 - 69.25T$$

$$\Delta G^{\ominus}_{(2)} = 159700 - 65.86T$$

$$\Delta G^{\ominus}_{(3)} = 162300 - 79.36T$$

反应式（1）、（2）、（3）的平衡常数分别为：

$$K_{(1)} = \frac{p_{Mg} \cdot p_{CO}}{a_{MgO} \cdot a_C}$$

$$K_{(2)} = \frac{p_{Ca} \cdot p_{CO}}{a_{CaO} \cdot a_C}$$

$$K_{(3)} = \frac{p_{SiO} \cdot p_{CO}}{a_{SiO_2} \cdot a_C}$$

由 $\Delta G^{\ominus} = -RT\ln K$ 可得：

$$\lg K_{(1)} = 15.14 - \frac{32030}{T}$$

$$\lg K_{(2)} = 14.40 - \frac{34910}{T}$$

$$\lg K_{(3)} = 17.35 - \frac{35480}{T}$$

含碳镁质白云石或白云石耐火材料在炼钢温度下，其 MgO、CaO 和碳主要都是以纯粹态（即独立相）存在，因此它们的活度为 1。但是 SiO_2 则是以化合物或溶液存在，因此其活度都比纯 SiO_2 小得多。赖因（Rein）和奇普曼（Chipman）在 1600℃ 测定 MgO-CaO-SiO_2 体系中的活度，得 $a_{SO_2} = 0.017$。为了计算方便，假设在讨论的温度范围内，a_{SiO_2} 没有太大变化。即计算时采用 $a_{MgO} = a_{CaO} = a_C = 1$，$a_{SiO_2} = 0.017$。故：

$$K_{(1)} = p_{Mg} \cdot p_{CO}$$

$$K_{(2)} = p_{Ca} \cdot p_{CO}$$

$$K_{(3)} = p_{SiO} \cdot p_{CO}/0.017$$

将以上三式联立解方程得：

$$p_{Mg} + p_{Ca} + p_{SiO} = \frac{K_{(1)} + K_{(2)} + 0.017K_{(3)}}{p_{CO}} \tag{4}$$

反应式（1）表明，1mol 碳参加反应将产生 1mol Mg 气体和 1mol CO 气体。同样，在反应式（2）和式（3），将分别产生 1mol Ca 气体和 1mol CO 气体，以及 1mol SiO 气体和 1mol CO 气体。因此，如果在此体系中三个反应都发生，CO 的分子数必等于 Mg、Ca 与 SiO 的总分子数。而分压又与其气体的分子数成比例，故：

$$p_{CO} = p_{Mg} + p_{Ca} + p_{SiO}$$

将上式代入式（4）得：

$$p_{CO}^2 = K_{(1)} + K_{(2)} + 0.017K_{(3)} \tag{5}$$

或 $$p_{CO} = (K_{(1)} + K_{(2)} + 0.017K_{(3)})^{1/2}$$

由平衡常数与温度关系式可算出不同温度时的 $K_{(1)}$、$K_{(2)}$ 与 $K_{(3)}$ 值。将这些值代入上式，即可算出不同温度时的 p_{CO}。再算出不同温度时的 p_{Mg}、p_{Ca} 与 p_{SiO}。其计算结果见表 1。

表 1　在不同温度时 CO、Mg、Ca 和 SiO 的分压[2]

温度/℃	分压/MPa			
	p_{CO}	p_{Mg}	p_{Ca}	p_{SiO}
1500	4.20×10^{-3}	4.1×10^{-3}	1.2×10^{-5}	8.7×10^{-5}
1600	1.07×10^{-2}	1.02×10^{-2}	5.33×10^{-4}	8.05×10^{-4}
1700	2.90×10^{-2}	2.75×10^{-2}	1.74×10^{-4}	1.36×10^{-3}
1760	5.05×10^{-2}	4.74×10^{-2}	3.33×10^{-4}	2.66×10^{-3}
1800	7.54×10^{-2}	7.11×10^{-2}	4.78×10^{-4}	3.86×10^{-3}

从表 1 可以看出：（1）在 1760℃ 时，反应产物的总压将达到 0.1MPa，这说明当温度高于 1760℃ 时，反应将进行得很剧烈；（2）SiO的分压是比较小的，Ca 的分压比 SiO 更小。

G. D. 皮金（Picking）等[3]将钙镁橄榄石（CMS）或镁蔷薇辉石（CMS_2）与碳混合后，在 1620℃ 下保温 2h，发现化合物中 MgO

被还原，而 CaO 与 SiO_2 未被还原。S. C. 卡米吉利亚（Carmiglia）[4]也发现在高温下碳能将 CMS_2 中 MgO 还原，而 CaO 与 SiO_2 不被还原。

以上结果表明，在炼钢温度下，可以不考虑砖内发生 $C + CaO = Ca_{(g)} + CO$ 的反应。

1.2 含碳耐火材料内碳氧化动力学

碳与氧化物的反应机制已有不少论证[5]，其结论是依靠固体碳与固体氧化物之间的直接接触来进行反应不是主要的。一般都是借助气相或液相来进行。碳与 MgO 反应的动力学也有不少人研究[6]。由于 MgO 在高温下有较大的蒸气压，这一反应可能也是通过气相来进行的。

在含碳砖内，碳与 MgO 的反应一般是处于扩散速度范围。R. J. 伦纳德（Leonard）等[7]在 1300 ~1600℃ 测得碳化后烧成油浸砖在 He 气流下的失重速率比在 CO 气流下快十倍。卡米吉利亚[4]将碳化后的烧成油浸砖样块暴露在氩气流中，1600℃ 时的失重速率为 10. 5mg/min，而将上面试样放在加盖不密闭的坩埚内，以阻碍反应产物逸出时，则失重率仅为 0. 13mg/min，这些都说明砖内碳与 MgO 的反应，产物逸出是控制环节。

1.3 炉衬中碳氧化的途径

炉衬热面碳的氧化不外有以下三种途径：

（1）砖内碳与耐火材料内的 MgO、杂质氧化铁、SiO_2 等发生氧化-还原反应。这种反应进行的结果会造成砖的气孔率增加，结构变坏。

（2）氧化性气体通过脱碳层直接使碳氧化。文献［8］对了解这一途径是有意义的。碳氧化的这一途径，一般发生在开炉、烘炉、停吹倒炉或两炉冶炼之间。当炉衬表面覆盖上一层熔渣时，这种途径的氧化就受到很大的抑制。在耳轴这一部位由于不易覆盖上炉渣，因此砖内的碳容易受到气体的直接氧化，并易受渣的侵蚀。

（3）熔渣渗入炉衬内使碳氧化。

作者曾测定过烧成镁质白云石与碳化后的沥青结合镁质白云石砖或石墨同熔渣构成的高温电池的电动势[9]。测得碳或含碳极为阳极（负极），而且在1400～1550℃之间，电动势值为860～1030mV。从热力学计算，这一电动势值相当于反应式：$C + FeO = Fe + CO$ 或 $C + Fe_2O_3 = 2FeO + CO$。作者根据熔渣离子理论还写出了电极反应。从这一实验看，碳在熔渣中的氧化主要是由于渣中含有氧化铁。如果渣中还有其他易还原的氧化物，自然也将起与氧化铁类似的作用。

关于熔渣中氧化铁使砖内碳氧化的化学反应机理：

如果渗入炉衬内的熔渣没有与碳接触，而又有致密 MgO 层形成，其反应机理就可能比较复杂。如不形成致密 MgO 层，其反应机理可能是：$FeO + CO = Fe + CO_2$，$CO_2 + C \rightarrow 2CO$。如果渗入的熔渣与碳接触，则可能主要是作者认为的电化学侵蚀机理[9]。

不管以上哪种机理，渣中氧化铁对碳的氧化起着重要作用，这一点则是一致的。既然如此，凡是能降低渣中氧化铁的措施，都能减轻砖内碳的氧化。

1.4 氧化镁致密层的形成

上面分别阐述了炉衬热面碳氧化的三种途径，但它们之间又是有联系的。MgO 致密层的形成，即：

$$MgO + C \longrightarrow Mg\uparrow + CO\uparrow \qquad Mg + FeO \longrightarrow MgO + Fe$$

或 $$FeO + CO \longrightarrow Fe + CO_2\uparrow \qquad Mg + CO_2 \longrightarrow MgO + CO$$

就体现了这种联系。

H. 巴塞尔（Barthel）[10]用碳化后的烧成油浸镁砖作抗终渣试验时，发现在靠近熔渣层部位有一致密 MgO 层。皮金等[3]将烧成油浸镁砖在空气中于1750℃进行重烧时，也发现了 MgO 致密层。此后伦纳德等[7]对沥青结合镁质或白云石砖以及烧成油浸镁砖进行了研究，得出要形成 MgO 致密层必需的条件是：（1）反应温度在1480℃以上；（2）气氛中氧的分压至少要等于 CO_2 产生的氧压，或炉衬表面覆盖了 MgO 饱和的熔渣；并认为这两个条件缺一不可。他们还发现沥青结合的 ZnO 或 SiO_2 砖也能形成致密层，但沥青结合的 CaO、

Al_2O_3 或 ZrO_2 砖却不能形成致密层。原因是后面这些氧化物较稳定，而且还原出来的金属其蒸气压很小。

B. H. 贝克等[11]对氩氧炉与氧气转炉两种冶炼操作与终渣成分进行了比较之后，认为氩氧炉采用含碳镁砖使用寿命低，熔渣渗入砖内较深的原因，是由于它没有像氧气转炉内能形成 MgO 致密层的条件。他们从热力学进行计算得出，氧气转炉内由于热面氧压比含碳层大很多，因此碳与 MgO 反应产生的镁蒸气向外扩散时将再被氧化成 MgO，形成致密层。而氩氧炉内，热面氧压与含碳层接近，因此 Mg 蒸气不能形成致密层，而逸出到炉衬之外。

S. M. 金（Kim）等[12]用沥青浸渍镁砖作实验，证实只有含 FeO 的炉渣才能形成致密 MgO 层。而且证明致密 MgO 层确实有阻止炉渣渗透的作用。并提出了致密 MgO 层的破坏和重建的断续机理。

氧化镁致密层的形成可概括为示意图如图 2 所示。

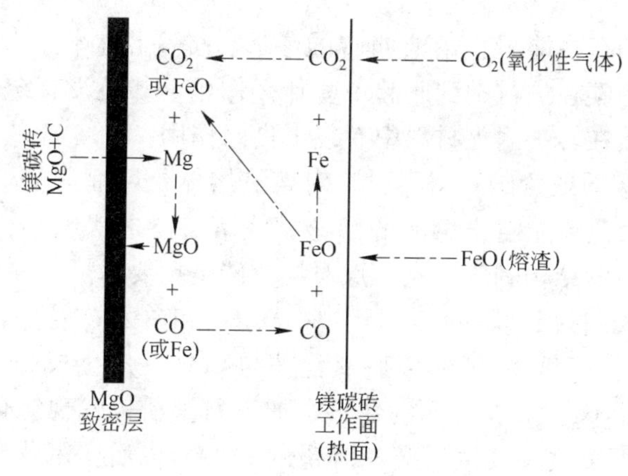

图 2　氧化镁致密层形成示意图

形成 MgO 致密层的必要条件是：（1）温度必须在 MgO 能与碳反应生成 Mg 气体的温度以上。（2）气氛中的氧分压至少要等于 CO_2 或 FeO 产生的氧压。

在氧气转炉炉衬使用中能否形成 MgO 致密层，还取决于工作面被熔渣蚀损的速率以及 Mg 气与氧化性介质形成致密层的速率。如果前者较大，Mg 气就逸出炉衬外，不会有 MgO 致密层出现；反之，则可以观察到 MgO 致密层。采用白云石造渣，使炉渣中 MgO 浓度增加或形成 MgO 饱和渣，从而炉衬工作面蚀损速率降低，自然有利于 MgO 致密层的形成。

MgO 致密层形成的好处是：（1）使热面颗粒之间有了新的联结，强度增大。（2）炉衬受到一定程度的封闭，碳与 MgO 反应减慢，熔渣的渗入受到阻碍。（3）炉衬抗侵蚀、冲刷能力增强。从强度看，致密层的形成对烧成油浸砖影响不大，但对沥青或树脂结合的砖影响则大。

如能形成 MgO 致密层，砖内碳与 MgO 的自耗反应，以及熔渣中含有的 FeO 就不一定对炉衬完全是有害的了，因为它们对形成 MgO 致密层起着作用。

1.5 碳在转炉耐火材料中的作用

炭素的存在能阻止熔渣向砖的渗透，提高抗渣性，这已是公认的事实。但碳在炉衬中到底起一些什么作用，却还没有统一的见解。作者认为碳在转炉耐火材料中有以下良好作用：

（1）碳质或含碳质耐火材料对熔渣熔体是不润湿的。即接触角 $\theta > 90°$，因此碳能阻止熔渣的渗透，使熔渣渗透深度小，这就减少或避免了砖的结构剥落，这一点对烧成砖是重要的。

（2）K. 杉田（Sugita）等[13]将 Fe_2O_3 和白云石混合，在空气中加热，发现在 700 ~ 800℃ 以后氧化铁与 CaO 反应生成 $2CaO \cdot Fe_2O_3$ 或 $CaO \cdot Fe_2O_3$。如在上面混合料中加入石墨粉，发现氧化铁和 CaO 在 700 ~ 900℃ 之间发生反应，但超过 1200℃ 以后，氧化铁则以 FeO 形态溶于 MgO 中，而不与 CaO 反应。因此碳阻止了 CaO 与 Fe_2O_3 形成低熔点、低黏度物并使 Fe_2O_3 还原成 FeO 或 Fe。由此可以认为砖中碳素主要起了还原作用。这一点与 R. E. 约翰逊（Johnson）等[14]在还原气氛与氧化气氛得出的 $MgO\text{-}CaO\text{-}FeO_n$ 相图也是一致的。即 MgO-CaO 质耐火材料在有碳存在的还原气氛中比无碳存在的氧化气氛能吸收更多的氧化铁而不出现液相。

（3）氧气转炉炼钢中气氛是变动的，砖内碳的存在保证了气氛的稳定性，避免了高价铁与低价铁转变伴随着方镁石固溶体较大的体积变化。

（4）碳在砖中的作用除上述几点之外，还能增加制品的高温强度[15]。

关于砖内碳含量以多少为好，应根据冶炼条件来确定。

2 熔渣的渗透及其阻止

无论沥青或树脂结合的或烧成油浸的转炉炉衬，碳总是要被氧化的。脱碳后即成为多孔耐火材料。多孔耐火材料除了其外表面溶蚀外，熔渣还能沿着孔隙渗入到耐火材料内部，扩大其相互作用的面积。

讨论熔渣向砖内渗入时，一般都用竖直毛细管插入液体，从液体上升高度的关系式来考虑，这是不合适的。因为：（1）多孔耐火材料的毛细管并不是竖直于熔渣中，而一般是处于水平位置；（2）这一关系式中的高度是最后达到平衡时的高度，未考虑动力学因素。

J. J. 比克曼（Bilkerman）[16]应用泊松方程式，推导出当毛细管处于水平位置时，经过时间 τ 之后液体渗入毛细管的深度 X 为：

$$X = \sqrt{\frac{r\sigma\cos\theta}{2\eta}\tau} \tag{6}$$

式中，r 为毛细管半径；σ 为液体的表面张力；θ 为接触角；η 为黏度。

在时间 τ 内，液体经过截面积为 S 的一束毛细管渗入的液体的体积 V 为：

$$V = S \cdot X = S\sqrt{\frac{r\sigma\cos\theta}{2\eta}\tau} \tag{7}$$

对于实际的多孔材料，这一公式不足之处是没有考虑材料的结构因素。

对于同一耐火材料，由于结构因素是相同的，因此在一定温度下，不同熔渣Ⅰ和Ⅱ经过一定时间后渗入的深度或渗入液体的体积应遵从下面关系：

$$\frac{X_{\mathrm{I}}}{X_{\mathrm{II}}}=\frac{V_{\mathrm{I}}}{V_{\mathrm{II}}}=\sqrt{\frac{\sigma_{\mathrm{I}}\eta_{\mathrm{II}}\cos\theta_{\mathrm{I}}}{\sigma_{\mathrm{II}}\eta_{\mathrm{I}}\cos\theta_{\mathrm{II}}}} \tag{8}$$

K. K. 斯特列洛夫（Стрелов）[17]将气孔率为32%的镁质试样在1450℃下，分别浸入到 $CaO\text{-}2FeO\text{-}SiO_2$ 熔渣及平炉渣中，在相同时间内，前一种渣充填在试样中的体积为12.5%，后一种为8%。由此得 $V_{\mathrm{I}}/V_{\mathrm{II}}=1.56$。利用式（8），分别代入相应的数据得 $V_{\mathrm{I}}/V_{\mathrm{II}}=1.72$。计算值与实验值很接近，说明式（8）即式（6）是正确的。

由此可得出，熔渣渗入多孔耐火材料的深度或量是与因子 $\left(\frac{\sigma\cos\theta}{\eta}\right)^{1/2}$ 有关。因此，阻止熔渣渗入的方法是：增加接触角，降低表面张力，增加黏度。

从转炉炼钢渣与碱性砖的接触角 θ 看，在1400℃以上时，θ 值都是比较小的，其值在0°~30°之间变化[18,19]。因此 $\cos\theta$ 值变化是不大的，仅在1~0.86之间。

炼钢渣的表面张力大致如图3所示[20]。熔渣的表面张力还可以由下面经验公式[21]来计算：

$$\sigma=\Sigma N_iF_i \tag{9}$$

式中，N_i 为熔渣中组元 i 的摩尔分数；F_i 为组元 i 的表面张力因素。

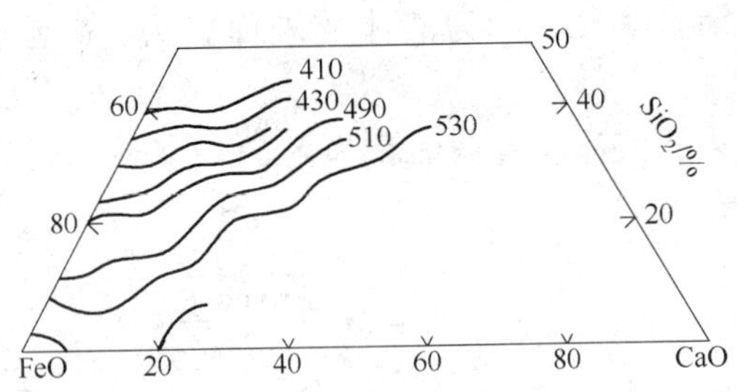

图3　$FeO\text{-}SiO_2\text{-}CaO$ 系在1400℃时等表面张力曲线

无论从炼钢渣的已有数据或从式（9）计算，σ 值大致在 $400\times10^{-5}\sim550\times10^{-5}$ N/cm 之间，其值变化也不大。

可是炉渣或炉渣与耐火材料作用后形成的渣，其黏度值变化却是非常之大的。例如含氧化铁渣黏度可以在0.05Pa·s以下，当熔渣内有晶体析出或接近凝固温度时，其黏度则可以增加到几百Pa·s以上。因此作者认为阻止熔渣渗入、减少侵蚀的一个途径是设法增加入侵炉渣的黏度。

熔渣与耐火材料作用后，如能析出晶体使孔隙通道堵塞，同样可以阻止熔渣的渗入及减轻侵蚀。

N. H. 克里斯滕森（Christensen）等[22]证明了上述观点，他们用如图4所示的耐火材料 R_1 与 R_2 以及组成为 M_1、M_2 与 M_3 的熔渣在1450℃进行了实验。1450℃时，熔渣和界面饱和渣的黏度如表2所示。

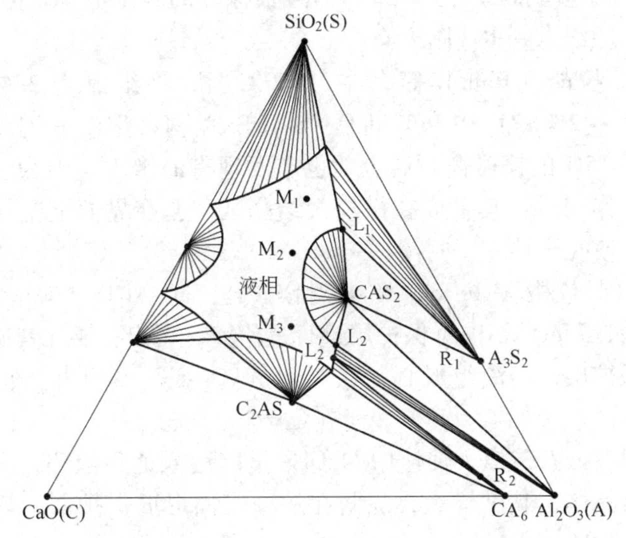

图4 $CaO\text{-}Al_2O_3\text{-}SiO_2$ 系在1450℃时的等温截面

表2 熔渣及其与耐火材料的界面组成和性质

名 称	组成/%			σ/N·cm^{-1}	η/Pa·s (P)
	CaO	SiO_2	Al_2O_3		
M_1	16.0	66.0	18.0	431×10^{-5}	200（2000）
M_2	26.0	53.0	21.0	448×10^{-5}	9（90）
M_3	34.0	37.0	29.0	458×10^{-5}	2.2（22）
L_1	13.0	58.0	29.0	437×10^{-5}	150（1500）
L_2	25.0	25.0	40.0	457×10^{-5}	5（50）

在图 4 中，阴影部分为固-液二相区，中心部分为液相区。耐火材料在熔渣中溶解时，其途径的一端在熔渣的组成，另一端在耐火材料的液相线上。只要熔渣组成保持不变，这一途径应是不变的。在紧邻 R_1（莫来石）的熔体组为 L_1；紧邻 R_2（CA_6）的熔体组成为 L'_2。从图 4 可以看出：R_1 与 M_1，R_2 与 M_3 的作用是一简单溶解。但 R_1 与 M_2 或 M_3，以及 R_2 与 M_1 或 M_2 作用则将析出 CAS_2（钙长石）晶体。R_1 界面处 L_1 的黏度高，R_2 界面处 L_2 黏度低。因此，熔渣 M_3 渗入 R_2 的速率最大；熔渣 M_2 与 M_3 渗入 R_1 中的速率将是最小的。由于 L_1 与 M_1 的黏度都甚高，预料熔渣渗入的速率也是低的。实验结果与这些推断完全一致。而且很惊异的是熔渣 M_2 或 M_3 几乎一点也不能渗入到 R_1 中。

A. P. 拉胡（Raju）等[23]在 1550℃时，将组成为 28% CaO + 30% MgO + 42% SiO_2 和 36% MgO + 64% SiO_2 两种熔渣分别放在开口气孔率为 15% 的镁橄榄石砖上，也未发现有渣渗入。因为上面两种熔渣与砖作用后，其组成在橄榄石结晶区，会在界面上生长新的晶体，从而使孔道堵塞、封闭。

S. P. 赫佐格（Herzog）[24]曾对镁砖与 CaO-Al_2O_3-SiO_2 渣接触时生成尖晶石 MgO · Al_2O_3 保护层进行过研究，得出：要在镁砖上形成尖晶石保护层，熔渣组成必须在 MgO-Al_2O_3-SiO_2-CaO 相图的镁铝尖晶石结晶区。

采用白云石造渣，使渣中 MgO 含量接近或达到饱和，当温度下降即析出晶体，黏度增大，黏附在炉壁表面形成保护层，均属于上述情况。

3 砖内杂质和熔渣中各种成分对炉衬的侵蚀

3.1 砖内杂质与矿物相的影响

熔渣的入侵不外乎沿着砖的孔隙和砖中杂质形成的液相渠道网来进行。图 5[13]清楚地示出了白云石砖中杂质含量与 Fe_2O_3 渗入砖内的情况。

减少砖中杂质含量，使砖中主要成分晶粒形成直接结合，密封气孔，将少量杂质孤立起来，堵塞熔渣的入侵渠道，就可抑制熔渣的入侵。

一般镁质耐火材料是由尖晶石或硅酸盐（M_2S、C_2S 或 C_3S）结合的。以尖晶石、M_2S 或 C_2S 结合的镁砖在 1600℃ 时其相关系如图 6 所示[25]。此图 MgO 为 95%，其余 5% 为 CaO、Al_2O_3 与 SiO_2。虚线为 1600℃ 时的等液相量线，虚线上的数值是液相量占的百分数。

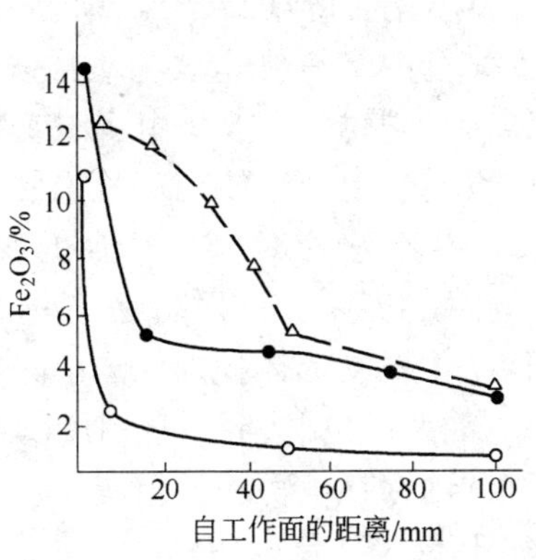

图 5 使用后砖中 Fe_2O_3 的渗入状况

△—杂质 10.9%；●—杂质 6.7%；○—杂质 3.2%

当熔渣渗入砖内，就会与原来砖内的液相混合，而使原来砖内存在的固-液相平衡关系受到破坏，砖内某一结晶相就会开始溶解。例如由镁橄榄石与尖晶石结合的镁砖，当含 CaO 的熔渣侵入，就会出现液相，当 CaO 继续增加液相也增多，镁橄榄石或尖晶石就会逐渐消失。

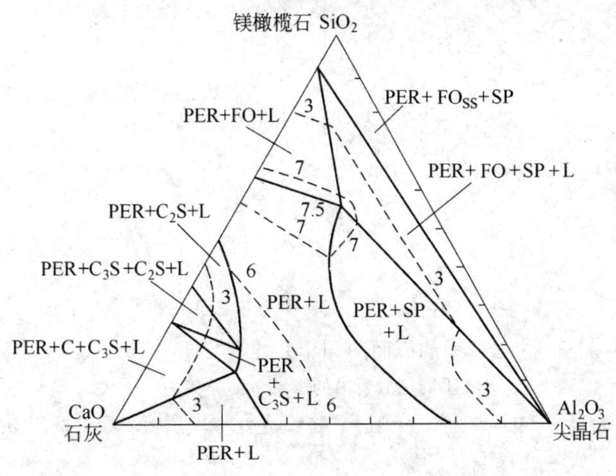

图 6 MgO-CaO-SiO_2-Al_2O_3 系，当 MgO 含量为 95% 时，在 1600℃的相关系图

M_2S 结合的镁砖，其 M_2S 会被含 CaO 高的熔渣溶解，而镁铝尖晶石结合的又易被 CaO 与氧化铁溶解。所以转炉不宜用这两种结合的镁砖作炉衬，一般是用 C_2S 或 C_3S 结合的镁砖。

在转炉中广泛使用的还有白云石与镁质白云石。E · 克鲁克斯（Crookes）等[26]对 70% MgO 的四元系 $MgO\text{-}CaO\text{-}SiO_2\text{-}FeO_n$ 进行了研究，如图 7 所示。此图是 70% MgO 截面图，是在方镁石固溶体（MW）❶ 的初晶体积内。图中除 MW 结晶相外，还标出了析出第二个结晶相的区域边界。从图可以看出杂质对 MgO-CaO 耐火材料的危害和砖内存在矿物相的情况。从图中等温线还可以看出凝结路线将趋向于 Fe_2O_3 端角。

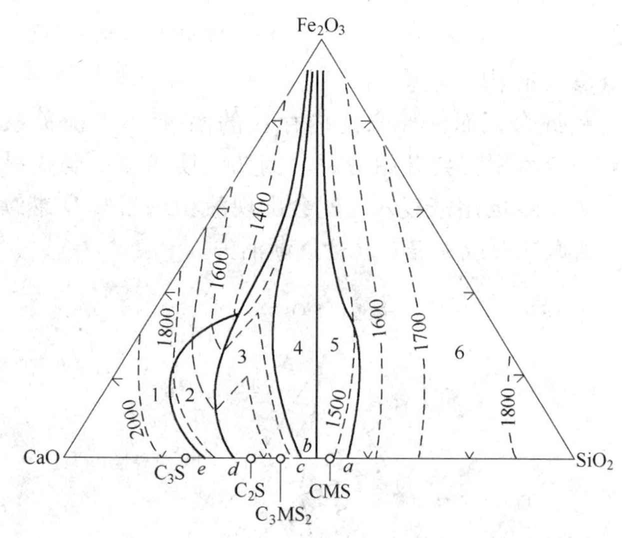

图 7　在空气中，$MgO\text{-}CaO\text{-}SiO_2\text{-}FeO_n$ 系的截面图和相的共存关系

在不同区域析出的第二个结晶相是

1—CaO；2—C_3S；3—C_2S；4—C_3MS_2；5—CMS；6—M_2S

❶ 镁富氏体 Magnesio-Wüstite(Mg,Fe)O。

在 MgO-CaO 系耐火材料中，从 MgO-CaO-SiO_2 相图可知，当 SiO_2 含量在 MgO-C_2S 连线以上时，其结晶完毕温度在1575℃以下；而当 SiO_2 含量在 MgO-C_2S 连线以下时，其结晶完毕温度为1850℃或1790℃，即在1790℃以下是不会出现液相的。因此 MgO-CaO 系耐火材料中，CaO/SiO_2 比应大于2。从 MgO-CaO-Al_2O_3 相图得知，MgO-CaO 系耐火材料中，含有不多的 Al_2O_3，在1345℃或1450℃时即出现液相。因此应尽量减少 Al_2O_3 含量。此外，由于铁铝酸钙的熔点低，因此不希望白云石中含有 Al_2O_3 和 Fe_2O_3。

由于砖中杂质在高温下形成液相，而且杂质越多液相量也越多。因此杂质含量高的砖，其高温强度低，吸渣荷重变形率大，抗熔渣渗入、熔蚀以及冲刷能力也就差。

3.2 冶炼中熔渣的形成，一般初期渣与末期渣的侵蚀作用

转炉中熔渣的形成过程，及随着冶炼的进行其成分的变化，对炉衬侵蚀有着密切的关系。

开始炼钢吹氧后形成的初期渣，其成分主要是 FeO 与 SiO_2。从 CaO-SiO_2-FeO 相图得知，加入造渣剂石灰，在石灰表面会形成熔点高的 C_2S 层，这就阻碍了石灰的溶解，使初期熔渣的实际组成处于 CaO-SiO_2-FeO 系中碱度低、FeO 含量较高、熔点在1100～1200℃的部位。

要破坏石灰表面 C_2S 壳层，使石灰尽快溶解，迅速提高渣的碱度，一般是加入萤石。只要对比 CaO-SiO_2-CaF_2 与 CaO-SiO_2-FeO 相图，就可以看出，1400℃时前者的液相区远比后者大得多，而 C_2S 在含 CaF_2 渣中的溶解度也大得多。

一般末期渣的特点是：炉温高达1650℃左右，渣的碱度在3以上，氧化铁含量也高，而且有不少 Fe_2O_3；渣的组成靠近 C_2S 或 C_3S 饱和面；渣量大。由于侵蚀，渣中总含有5%～6% MgO。

中期渣碱度在上面二者之间，但氧化铁含量则低于二者。

F. 奥特斯（Oeters）等[27]的实验，对了解初期渣与末期渣侵蚀白云石或镁质炉衬是有帮助的。他们用圆盘试样旋转法研究了烧成白云石在 CaO-SiO_2-FeO_n 系熔渣中的溶解速度，其结果如图8所示。

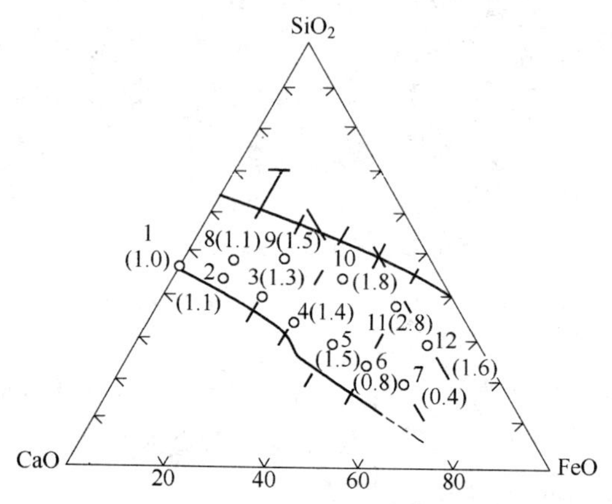

图 8　1400℃时白云石在图中组成点的合成渣中的溶解速度（转速为 200r/min）

图中括弧内的数值是图中所示组成点的熔渣对白云石的溶解速度［mg/(cm^2 · s)］。从图可以看出，当渣中 FeO 含量相同时，白云石的溶解速度是随渣中 CaO 浓度增大而减小。

他们还研究了 1400℃时白云石与镁质试样在 30% CaO + 30% SiO_2 + 40% FeO_n 渣中的溶解速度，得出当转速在 100r/min 以下时，白云石与镁质材料的侵蚀速度差不多，而在 100r/min 以上时，白云石被侵蚀的速度大大加快。

图 9[27] 是 1600℃时，白云石在 CaO-SiO_2-FeO_n 渣内的溶解速度。从图 9 可见，随着氧化铁含量的增加，白云石溶解速度总是增大的，而不出现 1400℃时所示的情况。对比图 8 与图 9，可以看出白云石在末期渣内的溶解速度比在初期渣中大得多。

3.3　含 CaF_2 或 Al_2O_3 渣的侵蚀

一般都用加入萤石或火砖块来加快造渣剂石灰的溶解。既然萤石或火砖块有助于石灰溶解，萤石与火砖块也必然有助于白云石中 CaO 的溶解，造成炉衬侵蚀加剧。萤石和 Al_2O_3 对碱性耐火材料的侵蚀主要在于形成熔点低的共熔物和降低了熔渣的黏度。

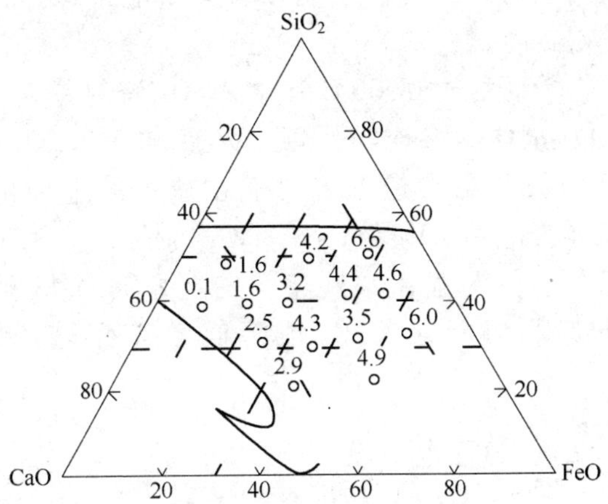

图 9 1600℃时白云石在图中组成点熔渣中的溶解速度（转速为 200r/min）

图 10 示出了含 Al_2O_3 不同的 MgO-CaO-CaF_2 系在 1600℃时的液相区[44]。从图可知，当渣中同时存在有 CaF_2 与 Al_2O_3 时，液相区甚大；说明 CaF_2 与 Al_2O_3 对 MgO-CaO 耐火材料侵蚀十分厉害。

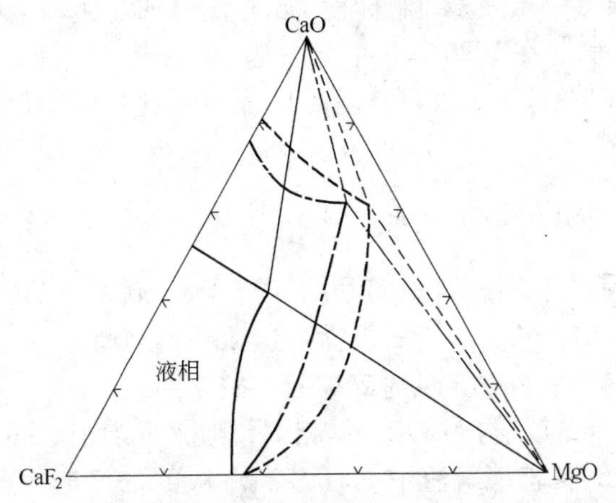

图 10 含 Al_2O_3 不同的 MgO-CaO-CaF_2 系在 1600℃的液相区
—— 含 0% Al_2O_3 的液相区；—·— 含 10% Al_2O_3 的液相区；
---- 含 20% Al_2O_3 的液相区

平櫛敬资等[28]的实验证实，含 CaF_2 渣能很深地渗透到镁质、镁白云石与镁铬砖内。

S. M. 金等[29]研究过1600℃时含 Al_2O_3 渣对镁砖（C_2S 结合，含94.7% MgO）试样的渗透与侵蚀，发现加入 Al_2O_3 的熔渣渗入试样很深，有的甚至可渗透到未浸泡在渣中的上面部位很远处。他们将镁砖试样浸泡在10%～15% Al_2O_3 的渣中，发现其强度大大下降并发生断裂。进行显微镜观察，发现方镁石大颗粒分裂。产生这种情况的原因可能与 Al_2O_3 能降低方镁石-熔渣间的二面角有关。

3.4 熔渣中 MnO 的行为

Mn^{2+} 与 Fe^{2+} 的离子半径相近，FeO 与 MnO 能形成连续固溶体，而且 FeO-MnO 熔体接近理想溶液，说明质点间作用力相近。此外，FeO-SiO_2 与 MnO-SiO_2 相图相似，SiO_2-FeO-MnO 相图中有一定的对称性。因此，可认为 MnO 与 FeO 在硅酸盐渣中的行为是相近的。

虽然 MnO 与 FeO 相近，但 MnO 的熔点远比 FeO 高。因此 MnO 对 MgO-CaO 系耐火材料的侵蚀应比 FeO 为轻。C. R. 比钱（Beechan）等[30]在1620℃下进行过烧成油浸砖在加有 MnO_2 的碱性合成渣中的侵蚀试验，发现随着渣中氧化锰含量的增加，镁砖侵蚀减小。

3.5 含磷渣的侵蚀

冶炼含磷生铁时，渣中 FeO、CaO、P_2O_5 含量皆高。高磷渣中，P_2O_5 含量达10%～20%，FeO 含量达25%～40%；中磷渣中 P_2O_5 含量一般约5%，FeO 含量约25%；其碱度都高。

比较 CaO-P_2O_5 与 MgO-P_2O_5 相图，似乎 CaO 比 MgO 更抗 P_2O_5 的侵蚀。但不要忘记磷渣中 FeO 甚高。从1600℃时 MgO-FeO-P_2O_5 与 CaO-FeO-P_2O_5 相图[31,32]看，FeO-P_2O_5 与 MgO 或 CaO 形成的液相区都很大。但从这两个相图看，MgO 吸收一部分 FeO 与 P_2O_5，仍可以固相存在；而 CaO 只能与液相直接共存，液相区也更大。由此看来 CaO 抗含磷渣似乎不如 MgO。

熔渣中还含有一定量的 SiO_2，SiO_2 将进一步扩大 CaO-FeO-P_2O_5 系的液相区，增加熔渣对 CaO 的侵蚀。从氧化物生成复杂化合物的自由能看，由于 CaO 比 MgO 对 P_2O_5 或 SiO_2 的亲和力大得多，因此当熔渣中 CaO 不足时，P_2O_5 与 SiO_2 将强烈地夺取白云石中的 CaO。虽然 3CaO · P_2O_5 熔点不低，但由于渣中 FeO 高，形成的 C_3P 并不能起保护作用。

一般冶炼含磷生铁时，冶炼时间长，渣量大，因此其对炉衬的侵蚀就显得更为严重。

3.6 含钒或含钛渣的侵蚀

从二元相图看，V_2O_5 与 CaO 或 MgO 形成低熔物的温度都很低。看来含钒渣对 MgO-CaO 系耐火材料的侵蚀是较厉害的。

M. 埃克（Eke）等[33]结合含钒玻璃对碱性耐火材料的侵蚀，研究过 MgO-CaO-SiO_2-V_2O_5 四元系。从他们的研究可以归纳为如下几点：(1) V_2O_5 发生挥发；(2) CaO 含量高时，没有发现 C_3S 存在，而发现有 C_2S-C_3V（3CaO · V_2O_3）固溶体存在，此固溶体可与 MgO 或 CaO 共存。这说明有 V_2O_5 时，C_3S 化合物是不稳定的；(3) 镁橄榄石稳定存在区扩大，并表明 V_2O_5 存在时 M_2S 比 C_2S 更稳定；(4) V_2O_5 与碱性耐火材料中的硅酸钙反应，降低了砖的高温强度，并发现砖内 CaO 发生显著迁移的证据。因此认为由 C_2S 结合的 MgO-CaO 系材料抗钒渣侵蚀是不好的。

文献［34］进行了焦油白云石试样对含钒渣（4% ~5% V_2O_5）与其他类型渣的吸渣荷重变形实验。结果也表明，用含钒渣时，变形率最大。

TiO_2 具有酸性，对碱性耐火材料自然是不利的。S. 博斯，(Bose) 等[35]研究单晶 MgO 在炼钢渣中的溶解时得出，向熔渣中加入 TiO_2，MgO 的溶解总是增大的。这可能是由于 TiO_2 降低了液相线温度所致。

4 炉衬材质在炼钢渣中的溶解——关于白云石造渣

固体在液体中的溶解过程，一般都是处于扩散速度范围。耐火氧化物在熔渣中的溶解也不例外，扩散是控制性环节[27,36,37]。因此耐火氧化物在熔渣中的溶解速度应遵守 Nernst 关系式，即：

$$V_{溶解} = \frac{D}{\delta}(C_{饱} - C) \tag{10}$$

式中，D 为扩散系数；δ 为扩散层厚度；C 为熔渣中耐火氧化物的浓度；$C_{饱}$ 为熔渣紧邻耐火氧化物表面耐火氧化物的饱和浓度，可由相图查出。

从转炉炼钢初期渣的组成与矿物鉴定[18,38]可知，初期渣大致在橄榄石区域内，即渣的组成大致在 $2CaO \cdot SiO_2$-$2MgO \cdot SiO_2$-$2FeO \cdot SiO_2$ 相图内。由图 11[39] 可看出，在 1400℃ 的初期渣中，MgO 的溶解度约为 12%。

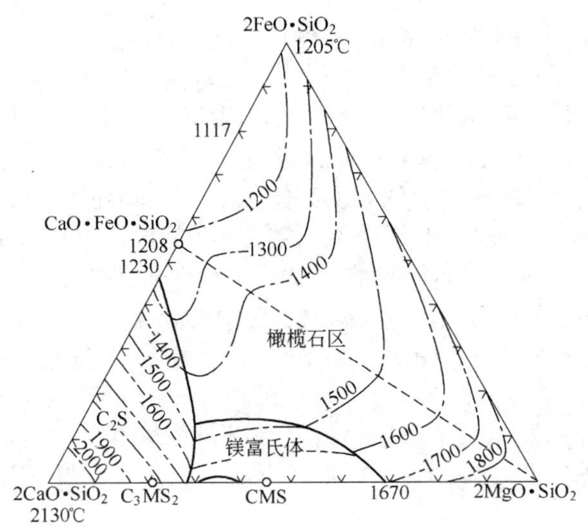

图 11　CaO-FeO-MgO-SiO_2 四元系中，正硅酸盐截面图

1600℃时，MgO 在 CaO-FeO-SiO_2 渣中的溶解度可从图 12[40] 查出。

从式（10）与图 12 可预示，要减轻钢渣对炉衬的侵蚀，可用增加钢渣中 MgO 的浓度和减小 MgO 的饱和溶解度来达到。前者可采用白云石造渣，后者可用提高渣的碱度的办法。

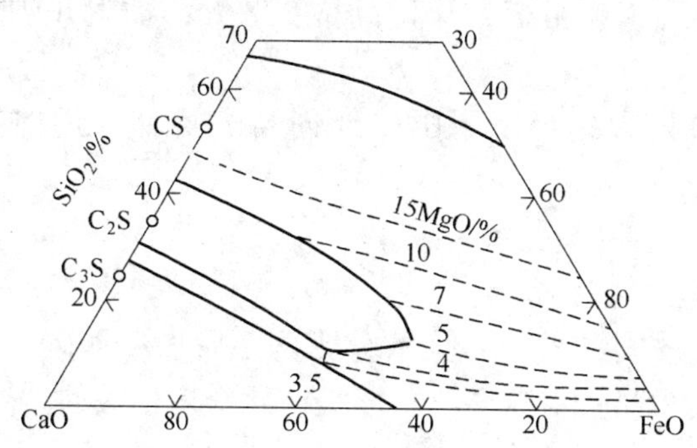

图 12　1600℃时 MgO 在 $CaO-SiO_2-FeO$ 系内的溶解度

J. 怀特（White）[41]从 $CaO-MgO-SiO_2-FeO_n$ 相图分析得出，含有 MgO 的熔渣对阻止在石灰块上形成 C_2S 也是有利的。从文献［42］可知，C_2S 的“驼峰”仅限于 MgO 含量低的部分，向上即趋于消失。从图 13[43]看，当碱度约为 1，渣中 MgO 含量在 10% 以下时，MgO 不会使 $CaO-SiO_2-FeO$ 渣的黏度增大。因此加入一定量的白云石造渣，看来是有利于化渣和迅速提高渣的碱度。这样还可以少加萤石，减轻对炉衬的侵蚀。

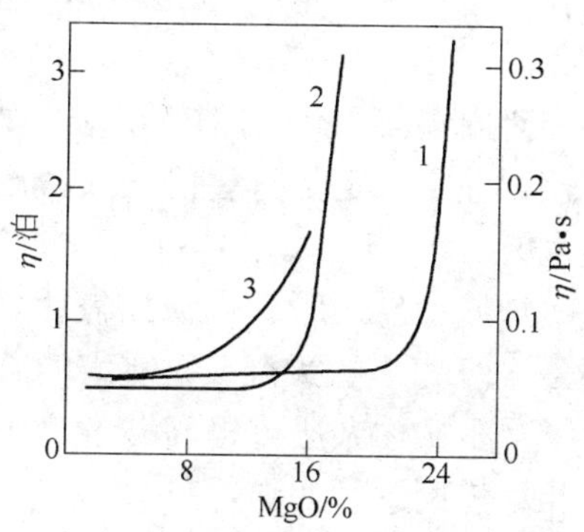

图 13　MgO 对 $SiO_2-FeO-CaO$ 熔渣黏度的影响

1—37.2% SiO_2，39.4% FeO，23.3% CaO；
2—32.7% SiO_2，38.1% FeO，32.1% CaO；
3—29.2% SiO_2，32.8% FeO，37.9% CaO

此外，加入白云石使渣中饱和了 MgO，有利于炉衬形成 MgO 致密层，减少熔渣的渗透与侵蚀。

冶炼后期，由于有更多的 CaO 进入熔渣，渣的碱度提高，从热力学可知，CaO 与 SiO_2 的亲和力较大，渣中 CaO 就可能将渣中各种橄榄石内的 SiO_2 夺走，形成 C_2S。如果渣中石灰继续增加，就将形成 C_3S，剩余的 CaO 与 FeO、MgO、MnO 等形成所谓“RO”相。RO 相是一种固溶体。在冶炼后期加入白云石，可使 RO 相内

MgO 含量增加，RO 相熔点升高，黏度增大，黏附在炉衬上，起着保护作用。

从以上分析大致揭示了国内外创高炉龄都采用白云石造渣的原因。

5 结语

含碳碱性炉衬的侵蚀可大致分为两个阶段，即碳被氧化与渣的渗入及对炉衬的熔蚀。这两个阶段是彼此密切相关的。

碳在砖内被氧化的途径有三：(1) 砖内碳与 MgO 等氧化物自消耗反应；(2) 氧化性气体直接将碳氧化；(3) 熔渣渗入砖内将碳氧化（一般主要为渣中氧化铁）。途径 (2) 是没有好处的，应尽量避免。

砖内碳与 MgO 自消耗反应，如能形成 MgO 致密层，这种反应与消耗则并不一定是有害的，致密层的形成对沥青或树脂结合的砖更为重要。

炉渣中易还原氧化物如氧化铁对形成 MgO 致密层起一定作用，但是 FeO 过多，无疑又是有害的。

减少砖内杂质可提高砖的高温强度，避免熔渣沿着杂质形成的液相渠道网进行的渗透。

根据毛细管理论，阻止熔渣渗入的最有效办法是增大入侵炉渣的黏度。熔渣或熔渣与砖作用后如能析出晶体，同样可以阻止熔渣的渗透。

尽快造成高碱度渣，少加萤石或 Al_2O_3，加入白云石造渣是可以大大减轻熔渣侵蚀作用的。

为了提高转炉炉衬寿命，今后应结合我国的一些典型渣系（如含钒渣、含磷渣等），进行以阻止熔渣渗入和形成 MgO 致密层方面的研究，以便探讨在不同渣系中，炉衬砖中 MgO、CaO 和碳的合理含量、砖的显微结构以及减轻熔渣侵蚀的各种有效途径。

参考文献

[1] 陈肇友. 耐火材料，1979，(1)：56；1979，(2)：48.

[2] Brezny B. J. Amer. Ceram. Soc., 1976, 59(11、12): 529.
[3] Picking G D, et al. Amer. Ceram. Soc. Bull., 1971, 50(7): 611.
[4] Carmiglia S C. Amer. Ceram. Soc. Bull., 1973, 52(2): 160.
[5] 东北工学院. 冶金原理. 北京: 中国工业出版社, 1961: 167.
[6] Стрелец Х Л, и др. Металлургия Магния, Металлургнздат, 1960: 384.
[7] Leonard R J, et al. J. Amer. Ceram. Soc., 1972, 55(1): 1.
[8] Nacamu R L, et al. Amer. Ceram. Soc. Bull., 1975, 54(7): 647.
[9] 陈肇友. 耐火材料, 1972, 15(9).
[10] Barthel H, Ber. Deut. Keram. Ges., 1970, 47(7): 402.
[11] Baker B H, et al. Amer. Ceram. Soc. Bull., 1975, 54(7): 665; 1976, 55(7): 649.
[12] Kim S M, et al. Amer. Ceram. Soc. Bull., 1978, 57(7): 649.
[13] Sugita K, et al. 耐火技术情报, 1972, (2): 7.
[14] Johnson R E, et al. J. Amer. Ceram. Soc., 1965, 48(7): 359.
[15] 吉田英雄, 等. 耐火材料, 1975, (3): 61.
[16] Bilkerman J J. Surface Chemistry, Academic Press Inc., New York, 1958: 23.
[17] Стрелов К К. Огнеупоры, 1977, (11): 45.
[18] 石钢炼钢厂, 石钢钢研所, 等. 科技情报(石钢), 1975, 31(4).
[19] 浜野健也. 耐火物, 1974, 26(1): 10.
[20] 溶钢、溶滓部会报告. 溶铁、溶滓の物性值便览, 日本铁钢协会, 1972.
[21] Boni R E, et al. J. Met. 1956, (8): 53.
[22] Christensen N H, et al. J. Amer, Ceram. Soc., 1972, 55(12): 592.
[23] Raju A P, et al. Amer. Ceram. Soc. Bull., 1973, 52(2): 166.
[24] Herzog S P. Scand. J. Met., 1976, 5(4): 145.
[25] Ohara M J, et al. Trans. Brit. Ceram. Soc. 1970, 69(6): 243.
[26] Crookes E, White J. Trans. Brit. Ceram. Soc., 1974, 73(3): 81.
[27] Oeters F, et al. Arch. Eisen., 1973, 44(6): 443.
[28] 平櫛敬資, 等. 耐火物, 1977, 26(10): 2.
[29] Kim S M, et al. Can. Met. Quart., 1976, 15(1): 61.
[30] Beechan C R, et al. Amer. Ceram. Soc. Bull., 1973, 52(8): 595.
[31] Trömel G, et al. Arch. Eisen., 1967, 38(8): 595.
[32] Drewes E J, et al. Arch. Eisen., 1967, 38(3): 163.
[33] Eke M, et al. Trans. Brit. Ceram. Soc., 1973, 72(5): 195.
[34] 攀钢提钒炼钢厂, 等. 耐火材料, 1976, (6): 1.
[35] Bose S, et al. Amer. Ceram. Soc. Bull., 1978, 57(7): 674.
[36] Cooper A K, Jr. et al. J. Amer. Ceram. Soc., 1964, 47(1): 37.
[37] Бабкин В Г, и др. Огнеупоры, 1974, (12): 37.
[38] 苏良赫. 耐火材料, 1976, 8(3).

[39] Eitel W. Silicate Science, Vol. 3, Academic Press, New York, 1965: 417.
[40] Fetters K, Chipman J. Amer. Inst. Mining Met. Eng. , 1941, 145: 95.
[41] White J. Refractory Materials, 1976, 6: 281.
[42] Trömel G, et al. Tonind. Keram. Rund. Z. , 1966, 90(5): 207.
[43] 荻野和巳 . 耐火物, 1977, 29(7): 8.
[44] Nafziger R H. High Temp. Sci, 1975, 7(3): 179.

The Corrosion of Basic Oxygen Furnace (BOF) Linings by Slags

Chen Zhaoyou

(Luoyang Institute of Refractories Research,
Ministry of Metallurgical Industry)

Abstract: This paper presents a survey of the corrosion and mechanism of slag attack on carbon bearing basic refractories (BOF linings). It is discussed in four parts; (*a*) oxidation of carbon in BOF linings; (*b*) slag penetration into the brick pores and measures of prevention; (*c*) influence of impurity content in refractories and composition of slag on the corrosion of BOF linings; (*d*) dissolution of the basic refractories in slags and use of dolomite as part of the flux. Finally, some proposals for further research work are suggested.

本文选自《硅酸盐学报》, 1980, 8(4): 397.

氧气转炉渣对 MgO-CaO 系材料的侵蚀

陈肇友　吴学真　刘慧敏　叶国庆

（冶金工业部洛阳耐火材料研究院）

摘　要： 本文采用吸渣荷重变形法进行了两种转炉渣系对不同组成的 MgO-CaO 系材料的侵蚀实验，并借助化学分析、显微镜与电子探针对吸渣侵蚀机理进行了研究。得出如下结论：

（1）随着材料气孔率的减少，其抗熔渣侵蚀的能力增强。

（2）随着 MgO-CaO 系材料中 MgO 含量的增加，其抗炼钢渣侵蚀的能力增强，对于含钒、钛渣，增强尤为显著。

氧气转炉渣对不同组成 MgO-CaO 系材料的侵蚀尚缺乏较为系统的研究。虽然曾有一些研究者[1~6]进行过炉渣对不同组成 MgO-CaO 系材料的侵蚀实验，但有的所用炉渣较为奇特，难以代表氧气转炉渣；有的所用 MgO-CaO 系材料的杂质含量与气孔率波动较大，CaO、MgO 等成分在组织结构中分布也不够均匀。而这些因素在炉渣对耐火材料的渗透侵蚀上却又很重要。本工作采用吸渣荷重变形法[1]进行了两种转炉渣系对不同组成的 MgO-CaO 系材料的侵蚀实验，并借助化学分析、显微镜与电子探针对吸渣侵蚀机理进行了研究。

1　炉渣与材质制备

1.1　炉渣

采用了两种炼钢转炉渣系：转炉一般渣与含钒、钛渣。

这两种渣系的末期渣分别取自石钢❶和攀钢，然后经粉碎、除

---

❶ 石景山钢铁公司，后改名为首都钢铁公司，即首钢。

去游离石灰与金属铁、细磨至小于0.1mm。初期渣是根据现场的炉渣分析数据，用化学试剂配制合成的。配好的渣混合均匀后，放入纯铁坩埚内，于1300～1400℃预熔。预熔后的渣块经粉碎并细磨至小于0.1mm。炉渣的化学组成与熔点见表1。

表1 炉渣的化学组成与熔点

炉渣类别		炉渣编号	化学成分/%										熔点①/℃
			CaO	SiO_2	FeO	Fe_2O_3	MgO	MnO	Al_2O_3	V_2O_5	TiO_2	P_2O_5	
一般转炉渣	初期渣	S-1	29.84	37.22	20.17	4.83	4.89	2.59	1.30				1180
	末期渣	S-2	50.48	13.22	12.88	7.03	6.09	7.66	1.82			0.93	1370
含钒、钛转炉渣	初期渣	V-1	33.89	9.78	24.81	12.44	3.55	1.52	3.27	6.36	4.45		1240
	末期渣	V-2	53.18	6.51	10.06	7.26	9.13	2.10	2.80	4.48	3.24		1300

①炉渣熔点由北京钢铁研究总院孙川同志测定。

1.2 试样制备

用较纯的白云石、菱镁矿与方解石为原料，合成了不同组成的MgO-CaO材料。

为了使试样中CaO、MgO等成分在组织结构中分布较为均匀，采用二步煅烧工艺制备熟料。即将上述原料在不同温度轻烧后，配成MgO含量不同的几种混合料，然后分别进行湿磨、混匀，干燥后压成荒坯，煅烧成熟料。MgO含量不同的熟料分别经粉碎、细磨，以相同的颗粒配比，用石蜡结合压成尺寸为ϕ50mm×50mm，中孔尺寸为ϕ25mm×25mm的坩埚，分别于1620℃、1700℃、1800℃下烧成。

烧成后的坩埚试样在显微镜下观察，CaO、MgO的分布较为均匀，直接结合程度较高，少量C_3S和C_2S以团块状或孤岛状均匀分布，钙铁盐极少，基质多孔隙。试样的理化性质见表2。

2 实验方法

采用吸渣荷重变形法[1]进行实验。将相当于试样质量的6%的渣样约14～15g装入试验坩埚内，置于$MoSi_2$炉内升温，在1550℃荷重0.1MPa（1kg/cm^2）下，测定经2h的变形量。根据变形量、试样

表 2 坩埚试样的理化性质

试样编号	化学成分/%						显气孔率/%	密度/g·cm^{-3}	常温耐压强度/MPa (kg/cm^2)
	MgO	CaO	SiO_2	Al_2O_3	Fe_2O_3	Σ杂质			
D	40.45	57.65	1.80	0.09	0.05	1.94	11.7	2.97	46（460）
							16.4	2.81	31（310）
							19.6	2.70	26（260）
MD_6	67.93	30.31	0.77	0.34	0.64	1.75	15.7	2.97	41（410）
MD_7	78.43	20.15	0.63	0.26	0.51	1.40	16.7	2.91	38（380）
							19.3	2.80	32（320）
MD_8	89.30	8.45	0.90	0.71	0.63	2.24	16.7	2.93	68（680）
M	94.87	2.45	0.93	0.53	1.22	2.68	18.1	2.85	49（490）

高度及空白试样的变形量与高度，试样变形率按下式计算：

$$试样变形率 = \left(\frac{\varepsilon}{h} - \frac{\varepsilon_0}{h_0}\right) \times 100\%$$

式中，h 为渣蚀前试样高度，mm；ε 为渣蚀试样的变形量，mm；h_0 为空白试样高度，mm；ε_0 为空白试样的变形量，mm。

吸渣荷重变形法的优点在于，能间接地评价耐火材料吸渣损坏程度，并给予量的概念，比较直观。此外，采用此法避免了探寻盛氧化性炉渣的容器问题。

3 实验结果

3.1 试样气孔率对侵蚀的影响

降低耐火材料气孔率是提高材料抗渣性最常用的手段之一。在文献［2，7］中曾进行过碱性耐火材料气孔率对抗渣性影响的研究。

为了研究气孔率对侵蚀的影响，本工作采用组成相同而气孔率不同的坩埚试样进行了吸渣荷重试验。表 3 及图 1 示出了不同气孔率的白云石试样 D 和 MD7 试样吸收不同炉渣后的变形率。

表 3　显气孔率大小对试样变形率的影响[①]

材　料		炉　渣			
		S-1	S-2	V-1	V-2
		变形率/%			
白云石试样的气孔率/%	11.7	1.86，2.39（2.13）[②]	3.16，3.59，3.61（3.45）	3.60，4.18（3.89）	1.72，2.17（1.95）
	16.4	5.75，6.55（6.15）	7.25，7.28（7.27）	10.36，11.00（10.68）	7.07，7.61（7.34）
	19.7		9.55，10.53（10.04）		8.42，8.66（8.54）
MD7 试样的气孔率/%	16.7	1.17，1.30（1.24）	2.84，3.20（3.02）	4.81，5.08（4.95）	3.12，3.26（3.19）
	19.3	2.25，2.67（2.46）	3.84，4.50（4.17）	6.42，7.07（6.75）	4.79，4.92（4.86）

① 1550℃、荷重 0.1MPa（$1kg/cm^2$）在 2h 的变形率。
②括弧内为平均值。

从图 1 可以看出；（1）试样气孔率对变形率有明显的影响，降低 MgO-CaO 系材料的气孔率可以提高材料的抗渣性；（2）对不同材料或不同炉渣，气孔率的影响是不一样的；（3）含钒、钛渣的线较转炉一般渣陡峭，因此降低材料气孔率对抗含钒、钛渣的侵蚀尤为有效；（4）气孔率为 11.7% 的白云石试样抗炉渣侵蚀的能力相当于气孔率为 16.7% 的 MD7 试样，可见降低白云石材料的气孔率可收到相当于提高材料中 MgO 含量的效果。

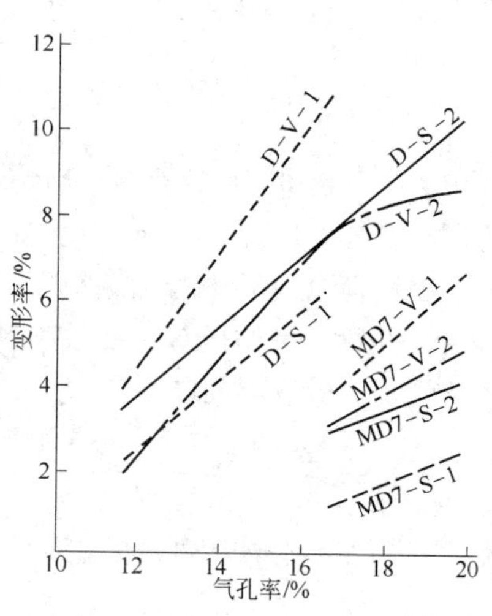

图 1　试样气孔率对变形率的影响

3.2　不同转炉渣和材料中 MgO 含量对侵蚀的影响

图 2 绘出在 1550℃与荷重 0.1MPa（$1kg/cm^2$）下，气孔率相近的 MgO-CaO 系材料在 V-2 渣作用下变形率与时间的关系。从图 2 看

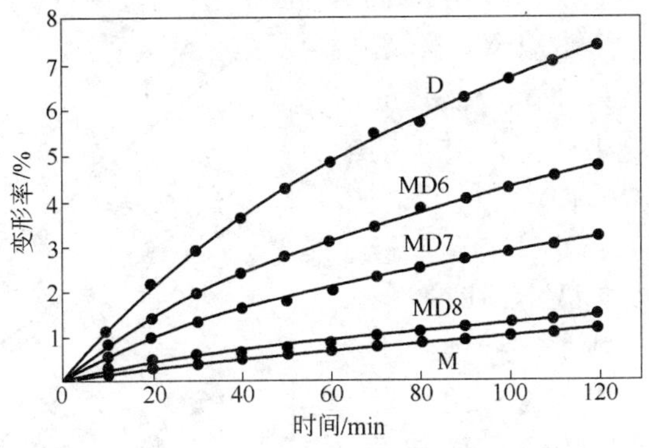

图2 MgO-CaO 系材料吸收 V-2 渣的变形率平均值与时间的关系

出，材料中 MgO 含量对变形率有明显的影响。用其他三种渣试验时，也得到形状相似的曲线，在此不一一绘出。

表4和图3示出了气孔率相近而 MgO 含量不同的 MgO-CaO 系材料于1550℃荷重0.1MPa（$1kg/cm^2$）下，吸收不同转炉渣后在2h时的荷重变形率。

表4 MgO-CaO 系材料吸收不同转炉渣后在2h时的变形率 （%）

	名　称	D	MD6	MD7	MD8	M
材　料	MgO 含量/%	40.45	67.93	78.43	89.30	94.87
	气孔率/%	16.4	15.7	16.7	16.7	18.1
转炉一般渣	初期渣 S-1	5.75，6.55（6.15）①	2.24，2.26（2.25）	1.30，1.17（1.24）	1.06，0.57（0.82）	0.67
	末期渣 S-2	7.28，7.25（7.27）	4.16，3.98，4.57（4.24）	3.20，2.84（3.02）	1.58，1.72（1.65）	1.95，1.75（1.85）
含钒、钛转炉渣	初期渣 V-1	11.00，10.36（10.68）	7.26，6.38，6.51（6.71）	4.81，5.08（4.95）	3.02，2.84（2.93）	1.32
	末期渣 V-2	7.61，7.07（7.34）	4.51，4.97（4.74）	3.27，3.13（3.20）	1.41，1.56（1.49）	1.14，1.20（1.17）

①括号内数值为平均变形率。

从表4及图3可以得出：(1) 对于同一种炉渣，随着MgO-CaO系材料中MgO含量的增加变形率减小；(2) 对于同一组成的MgO-CaO材料，采用不同转炉渣时，V-1变形率最大，S-1变形率最小，即变形率大小次序（或炉渣侵蚀性次序）为：V-1，V-2或S-2，S-1；(3) S-1与S-2曲线始终保持一定距离，大约在75%MgO处以后，二曲线变得平缓，即对转炉一般渣，增加材料中MgO的含量至75%以前时，效果较为显著；(4) 对于含钒、钛转炉渣，随着材料中MgO含量增加，V-1与V-2曲线下降迅速并逐渐接近，大约在95%MgO处，二曲线汇合，这说明，对于含钒、钛渣采用含MgO高的MgO-CaO材料作炉衬较好。

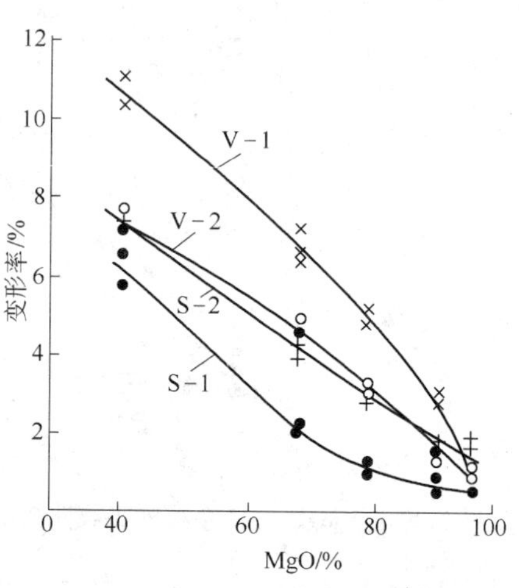

图3 MgO-CaO系材料吸收不同转炉渣后在2h时的变形率

S-1—转炉一般初期渣；S-2—转炉一般末期渣；V-1—转炉含钒、钛初期渣；V-2—转炉含钒、钛末期渣

此外，用两种初期渣进行实验，实验后坩埚内未见残留物。采用两种末期渣时，实验后的坩埚内均有残留物。其成分列于表5和表6。

表5 用转炉一般末期渣实验后，坩埚内的残渣成分 (%)

成 分		CaO	SiO_2	FeO	Fe_2O_3	MgO	MnO	Al_2O_3	P_2O_5
原炉渣		50.84	13.22	12.88	6.96	6.09	7.66	1.82	0.93
各种坩埚内的残渣	D	55.25	25.68	0.05	3.15	11.90	0.96	0.58	1.57
	MD7	55.39	25.31	0.08	1.90	12.31	0.78	0.60	1.60
	MD8	55.04	25.38	0.07	1.80	12.40	0.83	0.52	1.64
	M	56.42	26.00	0.18	1.76	12.11	1.05	0.42	0.87

表 6 用含钒、钛末期渣实验后，坩埚内的残渣成分 (%)

成 分		CaO	SiO_2	FeO	Fe_2O_3	MgO	MnO	Al_2O_3	V_2O_5	TiO_2	F^-
原炉渣		53.18	6.51	10.06	7.26	9.13	2.10	2.80	4.48	3.24	1.67
各种坩埚内的残渣	D	39.65	1.55	1.04	2.69	53.13	0.70	0.60	微	0.55	0.22
	MD6	39.96	0.97	0.07	2.75	54.70	0.72	0.32	微	0.49	0.16
	MD7	40.02	0.89	0.09	2.55	55.28	0.77	0.32	微	0.31	0.13
	MD8	39.67	0.62	0.13	2.12	55.40	0.82	0.31	微	0.22	0.11
	M	40.16	0.36	0.21	1.06	56.00	0.99	0.31	微	0.22	

从表 5、表 6 可以看出：（1）同一种渣，虽然坩埚材料中 MgO 含量很不相同，但残渣组成却十分相近；（2）两种末期渣的残渣成分有着十分显著的差异。转炉一般末期渣、残渣中 CaO、SiO_2 与 MgO 的总含量约为 95%，矿物相主要为 C_2S（约 90%）与 MgO（约 5%）。含钒、钛末期渣、残渣中 MgO 与 CaO 总含量也约为 95%，矿物相主要是方镁石与 CaO。

产生上述情况的原因，看来是由于末期渣中含有较多高熔点矿物，在坩埚与炉渣同时加热升温过程中，低熔点矿物先熔化渗入坩埚，而高熔点矿物却被残留下来的结果。

为了探讨炉渣对 MgO-CaO 系材料的渗透侵蚀过程，对试验后试样进行了显微镜观察和电子探针分析如图 5、图 7、图 8 与图 10 ~ 图 13 所示。

4 MgO-CaO 系材料吸渣侵蚀机理的探讨

主要探讨熔渣与耐火材料的相互作用和导致耐火材料吸渣侵蚀的原因。

4.1 熔渣入侵的途径

熔渣侵入耐火材料的途径有：毛细管通道、晶界、砖内杂质形成的液相渠道网和晶格。通过晶格扩散的侵入一般甚为缓慢，可不予考虑。若材料中杂质含量不多，直接结合程度高，杂质形成的液相以孤岛状存在，则熔渣通过液相渠道网的侵入也可暂不考虑。因此，在这里只考虑沿毛细管通道和晶界的渗入。试样变形率随着显气孔率增加而明显增大的现象进一步说明，在熔渣入侵的几种途径中，沿毛细管通道渗入最为主要。正因为如此，降低材料气孔率才成了提高抗渣性的有效手段之一。

熔渣能否沿晶界渗入，取决于固-固和固-液界面张力大小的对比，通常以二面角来衡量。对实验后的试样进行显微镜观察时，可看到含钒、钛转炉渣能渗入到晶粒边界，破坏砖体主晶相的直接结合（见图10）。这说明，含钒、钛转炉渣和 MgO-MgO、CaO-CaO 以及 MgO-CaO 晶粒的二面角是很小的，因此它较转炉一般渣侵蚀性大。

4.2 熔渣的渗透深度

对于某一指定的耐火材料，由于结构因素相同，熔渣渗入毛细管的深度（X）可用修改后的比克曼（Bilkerman）推导的关系式[8]来表示。

$$X = A\sqrt{\frac{\sigma \cdot \cos\theta}{\eta}\tau}$$

式中，σ 为熔渣的表面张力；η 为熔渣黏度；θ 为接触角；τ 为时间；A 为常数。

炼钢渣渗入碱性耐火材料的深度，作者曾进行过分析[9]，并指出，由于炼钢渣的表面张力大致在 $4\times10^{-3}\sim5\times10^{-3}$N/cm（400～500dyn/cm），接触角在 0°～30°之间[10,11]，σ 与 $\cos\theta$ 值变化都不大，因此渗透深度主要取决于熔渣的黏度。文献[12]的实验结果也证实了这一点。可惜炼钢渣的黏度数据至今很少见。

对试验后的试样进行显微镜观察时，可看到在同一种试样中不同炉渣的渗透深度是不同的。V-1 渣渗透最深。例如，对于白云石，V-1 渣渗透贯穿整个埚壁，而 V-2 与 S-2 渣的渗透深度则分别为 10mm 与 7mm。对于 MD8 试样，V-1 渗透深度为 10mm，而 S-2 则只有 5～6mm。看来，在这几种渣中 V-1 黏度最小。这可能是由于 V－1 中含有大量的氧化铁、氧化钒、氧化钛与氧化铝所致。

将渗透深度与变形率大小对照，可以得出，熔渣渗透越深，试样变形率越大。这是因为渗透越深，试样中液相量越多，组织结构破坏越厉害。

4.3 熔渣与耐火材料作用生成液相

对渣蚀后的试样显微镜观察结果表明，实验时变形率大的，其液相量也较多，而且液相主要为钙铁盐。显然渣中氧化铁对变形率有较大的影响。既然如此，我们就可以近似地用 MgO-CaO-Fe_2O_3 相图来说明，为什么在同一炉渣作用下，MgO-CaO 系材料的变形率总是随材料中 MgO 含量增加而减少。

图 4 为 1500℃时 MgO-CaO-Fe_2O_3 系相平衡状态图[13]。从图 4 可知，在 MgO-CaO 系材料中，MgO 含量越多，越能容纳较多的 Fe_2O_3 而不出现液相。即使在出现液相的 MW（镁富氏体）+CaO+液相的相区内，液相组成点固定在 *A* 点，但 MgO 含量不同的 MgO-CaO 材料在吸收同样数量的 Fe_2O_3 后，其液相量却是不相等的。液相量是随着 MgO 含量增加而减少。自然变形率也就随之而减小。

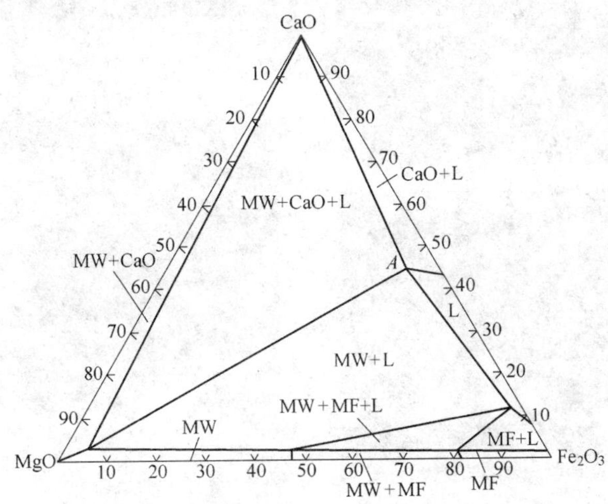

图 4　1500℃时 MgO-CaO-Fe_2O_3 系相图

MW—镁富氏体；MF—镁铁矿

显然，如果炉渣与耐火材料作用后形成大量的液相，那么，试样就可能发生坍塌。

关于含钒、钛渣与 MgO-CaO 材料作用后生成的液相，我们还可以从 MD8-V-2❶ 试样的微区元素面分布图（见图 5）进一步看出，液相是由 Ca、Fe、V、Ti 与 Si 的氧化物组成，而且主要是 CaO、氧

❶ MD8-V-2 表示材料 MD8 与 V-2 渣作用后的试样。

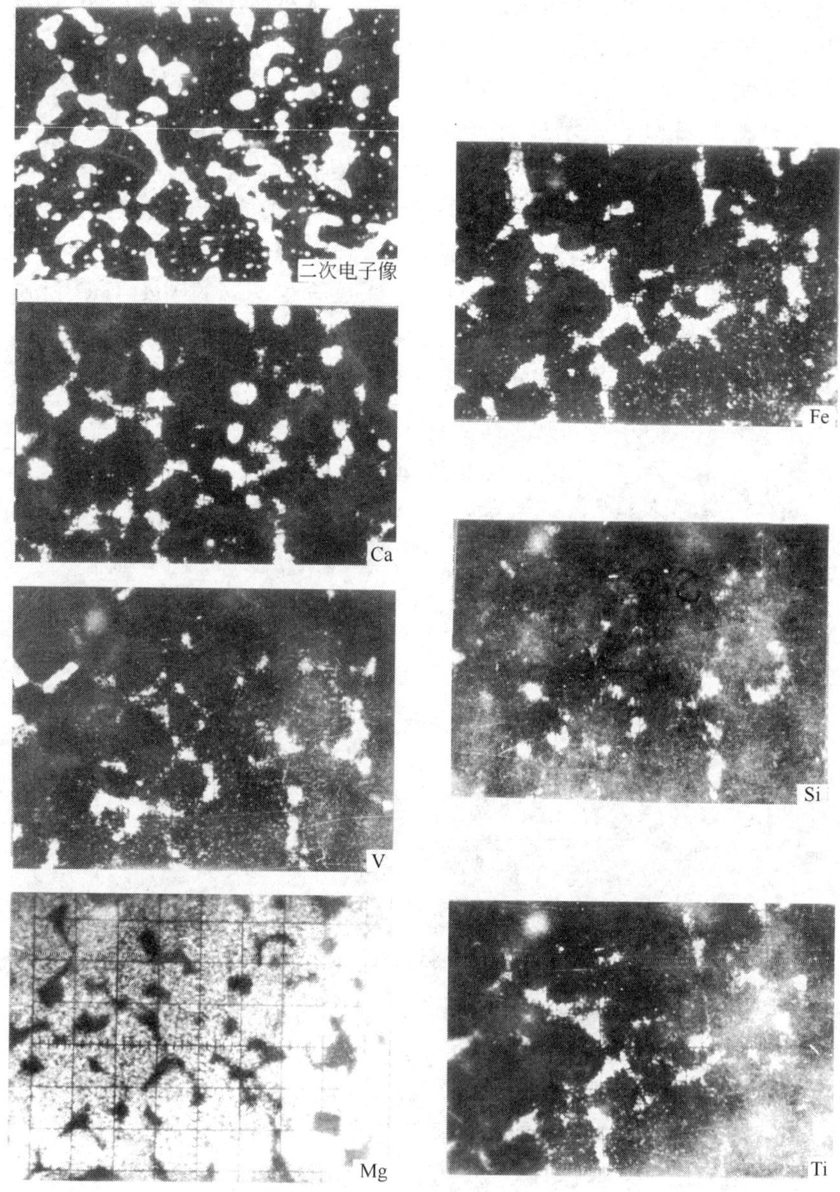

图 5 MD8-V-2 试样的微区元素面分布图

化铁与氧化钒。即氧化钒主要存在于液相中。从图 5 还可以看出，液相中缺乏 MgO，Mg 与 V 的面分布图不重叠。这说明 MgO 溶解在液相中甚少，也不与氧化钒生成化合物。

很有意思的是，这一电子探针检测的结果与我们根据氧化物酸碱性强弱次序预示的结果十分吻合。作者[14]曾利用已有的热力学数据，经过计算，绘制出了由氧化物生成硅酸盐、钙盐等的生成自由能与温度关系图。根据自由能图排列出了常用氧化物的酸碱性强弱次序为：

P_2O_5　V_2O_5　B_2O_3　SiO_2　TiO_2　Fe_2O_3　Cr_2O_3　SnO_2　V_2O_3
Al_2O_3　ZrO_2　BeO　CuO　Cu_2O　FeO　ZnO　CdO　PbO
MnO　MgO　CaO　BaO　Li_2O　Na_2O　K_2O

由于酸性最强的氧化物总是先和碱性最强的氧化物反应，然后再和碱性稍次的氧化物反应，因此含钒、钛转炉渣被 MgO-CaO 材料吸收后，V_2O_5 首先与材料中的 CaO 作用生成钒酸钙，然后 SiO_2 与 CaO 生成硅酸钙，TiO_2 与 CaO 生成钛酸钙，Fe_2O_3 与 CaO 生成铁酸钙。由于钒酸钙与铁酸钙的熔点皆低于 1550℃，因而在材料中以液相存在。即 MgO-CaO 材料吸收钒、钛转炉渣后，其液相应主要由 CaO、Fe_2O_3 与 V_2O_5 组成。由于 V_2O_5、SiO_2、TiO_2 与 Fe_2O_3 同 CaO 作用后已无剩余，因此轮不到与 MgO 反应。所以材料中的 MgO 不能与 V_2O_5、TiO_2、SiO_2 等反应生成化合物，溶解在液相中也甚少。这一预示与我们从电子探针测得的结果十分吻合。

从埃克[14]在 1500℃ 研究得到的相图（见图 6）也同样可以看出，含钒炉渣与 MgO-CaO 材料作用后，氧化钒主要存在于液相，也可能一部分存在于 C_2S-C_3V 固溶体中。

由于 MgO 溶于钒、钛转炉渣中甚少；又不与氧化钒生成化合物。说明 MgO 比 CaO 更能抗含钒、钛转炉渣的侵蚀。因此，对于含钒、钛渣，采用 MgO 含量高的 MgO-CaO 材料作炉衬较好。

4.4 熔渣与耐火材料作用生成高熔点化合物

S-1 渣中，CaO/SiO_2 为 0.8，氧化铁含量也比较多，流动性应该是很好的。从 CaO-SiO_2-FeO 系在 1400℃ 的等黏度图，可查出该渣在 1400℃ 的黏度值，依此进行粗略计算，得出在 1550℃ 时其黏度约为 0.05Pa · s

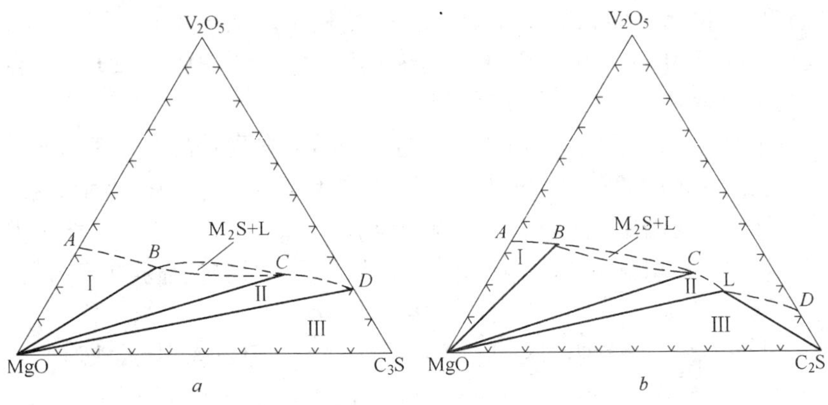

图 6　1500℃时，$MgO-CaO-SiO_2-V_2O_5$ 相图

a 图中：Ⅰ—MgO + 液相；Ⅱ—MgO + 液相；

Ⅲ—MgO + $(C_2S - C_3V)_{s.s.}$ + CaO + 液相

b 图中：Ⅰ—MgO + 液相；Ⅱ—MgO + 液相；Ⅲ—MgO + C_2S + 液相

(0.5P)。这样低的黏度，渗透应是较深的，侵蚀也应较大。但用这种渣进行实验时，MgO-CaO 系材料的变形率却是四种渣中最小的。

这种渣侵蚀后的试样显微结构可见图 7、图 8。对于白云石，由

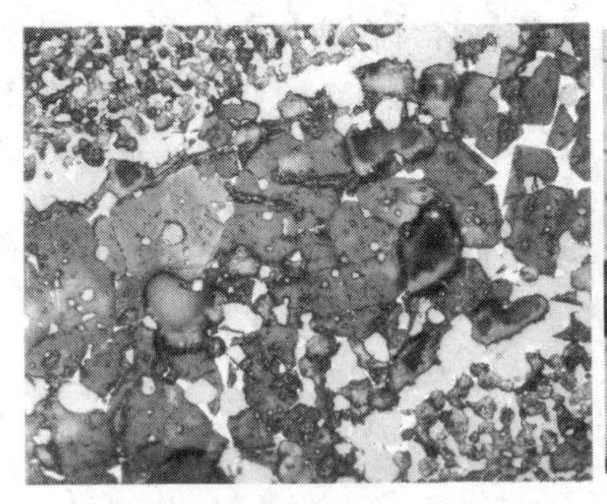

图 7　D-S-1 渗透通道内矿物相

左上角、右下角均为微变带，

中间为渗透通道（反光 260 ×）

白色—钙铁盐；灰白色—方镁石；

灰黑色—C_3S、C_2S

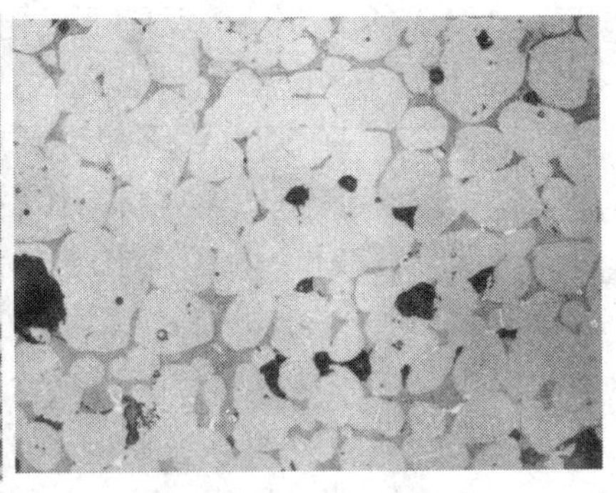

图 8　MD8-S-1 靠近渣面

（反光 260 ×）

白色—钙铁盐；灰白色—方镁石；

灰色—C_3S；黑色—气孔

于该渣含有较多的 SiO_2，SiO_2 与砖中 CaO 反应析出大量的高熔点化合物 C_3S 和 C_2S，这些 C_3S 和 C_2S 使通道堵塞。同时方镁石固溶渣中的氧化铁使液相量减少，炉渣只能侵入毛细管或裂隙而不能渗入晶界（见图 7）。对于 MD8，SiO_2 与 CaO 生成大量 C_3S 和 C_2S，但它们都是填充在裂隙中或方镁石晶粒间。渣中的氧化铁绝大部分都固溶到方镁石中，使之发育长大。C_2F 仅占 2% ~3%（见图 8）。这就解释了为什么用 S-1 渣时，MgO-CaO 系材料的变形率最小。

从 $MgO-CaO-SiO_2-Fe_2O_3$ 相图（图 9）[4] 也可得出，S-1 渣与 MgO-CaO 材料作用后将形成上述的矿物相。

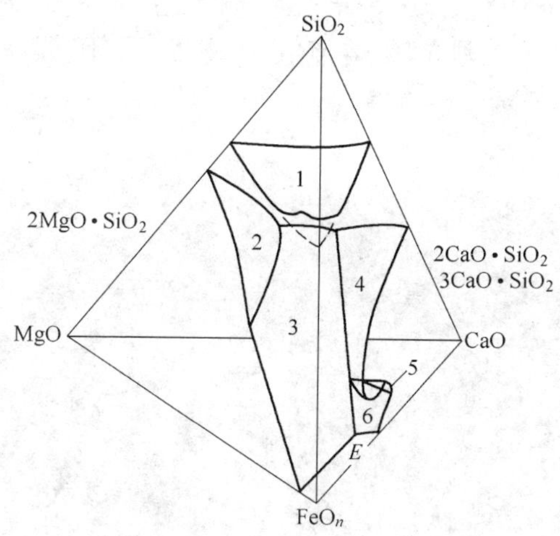

图 9　1600℃时，$MgO-CaO-SiO_2-FeO_n$ 系相图

饱和面：1—SiO_2；2—2(Mg,Fe,Ca)O·SiO_2；3—(Mg,Fe,Ca)O；4—2CaO·SiO_2；5—3CaO·SiO_2；6—(Ca,Fe,Mg)O

从这些结果可以得出：在高温下，熔渣向耐火材料的渗透与化学作用是同时进行的。如果化学作用后生成大量的高熔点化合物而析出，那么熔渣的渗透就会受到阻碍，材料的组织结构破坏就不会大，试样的变形率也不会很大。材料将显示出对这种渣有较好的抗侵蚀能力。

4.5 转炉一般末期渣与含钒钛末期渣为什么其吸渣侵蚀性相近

在上述侵蚀机理的分析中，结合实验与显微镜观察结果，我们已对含钒钛初期渣侵蚀性为何最大，转炉一般初期渣为何最小作了解释与说明。显然，产生这种情况的根本原因是在于炉渣的化学本性，即化学成分与含量。例如含钒钛初期渣，由于氧化铁、V_2O_5、TiO_2 与 Al_2O_3 含量较其他几种渣都高，因此这种渣黏度小、渗透深、与耐火材料作用后形成的液相量多，并能渗入到耐火材料晶粒间如图 10、图 11 所示。转炉一般初期渣，虽然氧化铁含量也不少，黏度小、渗透深，但由于 SiO_2 含量较其他几种渣大 3 ~ 5 倍，在渗入过程中，渣中 SiO_2 与材料中的 CaO 生成大量的高熔点化合物 C_2S，阻碍了炉渣的进一步渗透（见图 7）。

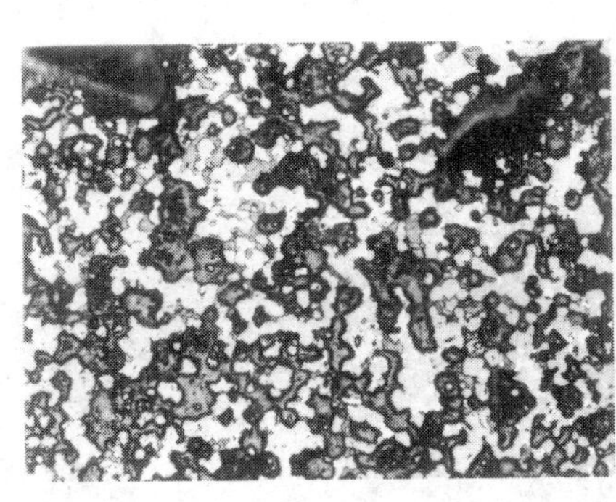

图 10　D-V-1 微变带（反光 260 ×）
白色—钙铁盐；灰白色—方镁石；
浅灰色—C_3S、C_2S；
深灰色—CaO；黑色—气孔

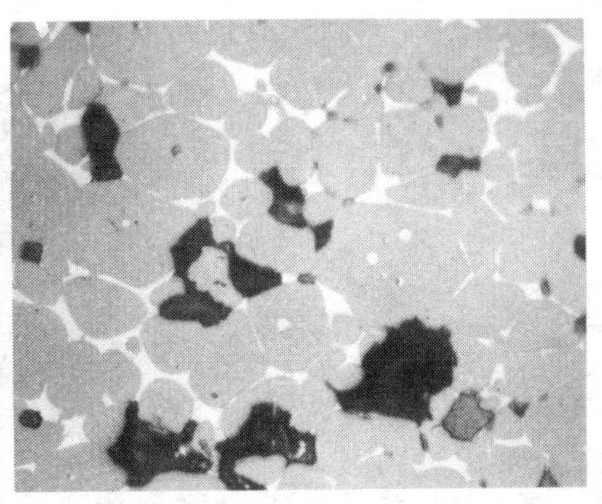

图 11　MD8-V-1 靠近渣面
（反光 260 ×）
白色—钙铁盐；浅灰色—方镁石；
黑色—气孔

由此可见，两种末期渣为什么侵蚀性相近，也只能从其化学本性上去寻求解答。

如果把 S-2 与 V-2 在坩埚里的残留物扣去，S-2 与 V-2 实际渗入到耐火材料内（见图 12、图 13）的组成见表 7。若把性质相近的氧

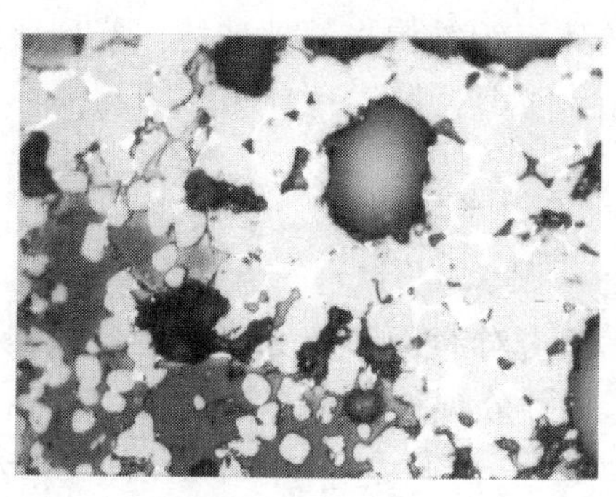

图 12 D-S-2 渣蚀带（反光 260×）
白色—钙铁盐；灰白色—方镁石；
灰色—C_3S、C_2S

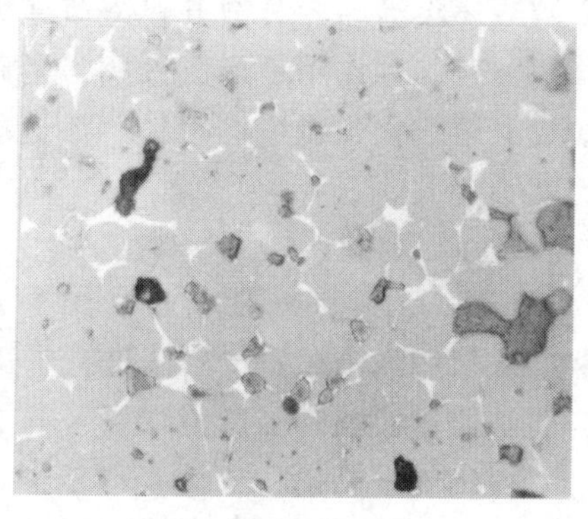

图 13 MD8-V-2 靠近渣面（反光 260×）
白色—钙铁盐；浅灰色—方镁石；
深灰色粒状—CaO；黑色—气孔

化物合并，例如 Fe_2O_3 与 V_2O_5，SiO_2 与 TiO_2，MgO、CaO 和 MnO，则两种渣的组成见表 8。

表 7 两种渣渗入到耐火材料内的组成 (%)

化学组成	CaO	SiO_2	MgO	MnO	Al_2O_3	Fe_2O_3 ①	V_2O_5	TiO_2
S′-2	48.6	10.6	4.7	9.1	2.1	24.9		
V′-2	54.3	7.2	4.0	2.3	3.1	20.5	5.0	3.6

①氧化铁全部换算成 Fe_2O_3。

表 8 两种渣的组成 (%)

化学组成	CaO + MgO + MnO	$Fe_2O_3 + V_2O_5$	$SiO_2 + TiO_2$	Al_2O_3
S′-2	62.4	24.9	10.6	2.3
V′-2	60.6	25.5	10.8	3.1

由此可见，两种渣是甚为相近。自然它们的侵蚀性也就相近。

综合以上分析与讨论，耐火材料吸渣侵蚀过程为：熔渣首先沿气孔与裂隙等毛细管通道侵入砖体。如果熔渣与主晶相的二面角小，熔渣还将沿晶界分散开。熔渣在渗透的同时与耐火材料发生化学作用，若这种作用是形成液相，则砖体组织结构将遭到破坏。若是形成高熔点化合物或固溶体，渗透就会受到阻碍，砖体组织结构损坏就不会大。

5 结语

采用吸渣荷重变形法进行了炼钢渣对 MgO-CaO 系材料的侵蚀实验。通过实验，显微镜观察与电子探针分析对侵蚀机理进行了探讨。并得出如下结论：

（1）随着材料气孔率的减少，其抗熔渣侵蚀的能力增强。

（2）随着 MgO-CaO 系材料中 MgO 含量的增加，其抗炼钢渣侵蚀的能力增强，对于含钒、钛渣，增强尤为显著。

（3）含钒、钛转炉渣的侵蚀性较转炉一般渣大。

（4）对于含钒、钛炼钢渣用含 MgO 高的 MgO-CaO 材料为炉衬较好。

吸渣荷重变形法用来研究耐火材料因吸渣受到的侵蚀是可行的。但这一方法并不能确定耐火材料在熔渣中的溶解速度。

参考文献

[1] 大庭宏，杉田清．窯業協会誌，1963，71(8)：163.
[2] 平櫛敬資，等．耐火物，1977，29(10)：2.
[3] 鞍钢钢研所炼钢室耐火组．耐火材料，1973，(6~7)：26.
[4] Trömel G，et al. Tonind. Keram. Rund. Z. 1966，90(5)：193.
[5] 滑石直幸，等．耐火物，1976，28(10)：449.
[6] Obst K H，et al. Arch Eisenhüttenwes，1975，46(1)：65.
[7] 大庭宏，等．耐火物，1971，23(2)：64.
[8] Bilkerman J J. Surface Chemistry，Academic Press Inc.，New York，1958：23.
[9] 陈肇友．硅酸盐学报，1980，8(4)：397.
[10] 浜野健也．耐火物，1974，26(1)：1.
[11] 石钢炼钢厂，等．科技情报（石钢），1975，31(4).
[12] 北京钢铁研究院九室检验组．耐火材料，1979，23(5).
[13] Johnson R E，Muan A. J. Amer，Ceram. Soc.，1965，48(7)：359.
[14] Eke M，Brett N H. Trans. Brit. Ceram. Soc.，1973，72(5)：195.

The Corrosion of MgO-CaO Refractories by BOF Slags

Chen Zhaoyou Wu Xuezhen Liu Huimin Yie Guoqing

(Luoyang Institute of Refractories Research, Ministry of Metallurgical Industry)

Abstract: Slagging-under-load test was used to study the BOF slags attack on fired dolomite, dolomite magnesite, and magnesite refractories. Two BOF-type slags were used in this work. One was a general steelmaking slag and another a vanadium oxide and titanium oxide-containing slag. The mechanism of slag attack on MgO-CaO refractories has been suggested basing on the experimental results, microscopic observation, and electron microprobe analysis.

The conclusions drawn from the study results are as follows:

(1) The slag resistance of MgO-CaO refractory increases with lowering porosity and increasing MgO content.

(2) The high-magnesia refractories are more suitable to with stand the attack of vanadium oxide and titanium oxide-containing slag.

本文选自《硅酸盐学报》, 1982, 10(1): 86.

转炉渣中钒、钛、铝氧化物对 MgO-CaO 材料的侵蚀影响

陈肇友　吴学真　叶方保

（冶金工业部洛阳耐火材料研究院）

摘　要： 采用吸渣荷重变形法进行了 V_2O_5、TiO_2 与 Al_2O_3 含量不同的转炉初期渣对 MgO-CaO 材料的侵蚀实验。通过实验得出如下几点：（1）在转炉初期渣中，分别加入 V_2O_5、TiO_2 或 Al_2O_3 氧化物时，其对 MgO-CaO 材料的侵蚀性大小次序为：$TiO_2 > Al_2O_3 > V_2O_5$。（2）V_2O_5、TiO_2 与 Al_2O_3 在初期渣中同时存在与其分别存在相比，对 MgO-CaO 材料的侵蚀无显著增强或减弱。

文中还根据含 V_2O_5、TiO_2 或 Al_2O_3 渣的黏度以及渣蚀后试样的显微镜观察，分析讨论了渣中 V_2O_5、TiO_2 和 Al_2O_3 对 MgO-CaO 材料的侵蚀行为。

1　引言

我国攀枝花钢铁（集团）公司的转炉渣中含有一定量的钒钛氧化物，通称含钒钛转炉渣。由于造渣时加入黏土砖块，故渣中 Al_2O_3 的含量也较高。

我们在前文中[1]曾进行过含钒钛转炉渣与一般转炉渣对不同组成的 MgO-CaO 系材料的侵蚀及其机理的探讨，并得出：

（1）含钒钛转炉渣较一般转炉渣侵蚀性大；

（2）随着 MgO-CaO 系材料中 MgO 含量的增加，其抗含钒钛渣的侵蚀能力增强。

本文拟对含钒钛转炉渣中钒、钛、铝氧化物对 MgO-CaO 材料侵蚀程度的差异及其原因进行研究与探讨。

2 试样与炉渣

2.1 试样

采用二步煅烧工艺分别在 1650℃ 与 1800℃ 煅烧温度下制备了白云石和含 90% MgO 的 MgO-CaO 熟料，用上述两种熟料压制成尺寸为 ϕ50mm × 50mm，中孔尺寸为 ϕ25mm × 25mm 的坩埚试样，并分别在 1650℃ 与 1800℃ 下烧成。试样的性质示于表 1。

表 1 坩埚试样的理化性质

试样编号	化学组成/%						显气孔率/%	常温耐压强度/MPa (kg/cm^2)
	MgO	CaO	SiO_2	Al_2O_3	Fe_2O_3	S + A + F		
D	39.91	57.17	2.42	0.20	0.27	2.91	15.3	30（300）
MD9	90.79	8.14	0.50	0.19	0.38	1.07	17.4	40（400）

2.2 炉渣

实验所用炉渣均由化学试剂配制合成。作为基渣的化学组成相当于转炉一般初期渣。为了研究渣中 V_2O_5、TiO_2 与 Al_2O_3 等单一成分的改变对 MgO-CaO 材料侵蚀的影响，分别往基渣中外加一定量的 V_2O_5、TiO_2 与 Al_2O_3，配制了含有不同量的 V_2O_5、TiO_2 或 Al_2O_3 的炉渣。此外，按攀钢钒钛实际渣中 V_2O_5、TiO_2 与 Al_2O_3 含量的大致比例，即 $V_2O_5 : TiO_2 : Al_2O_3 = 3 : 3 : 2$，还配制了两种渣，一种是往基渣中外加 V_2O_5、TiO_2、Al_2O_3 总和为 5%；另一种是外加总和为 12% 的渣；以研究 V_2O_5、TiO_2、Al_2O_3 同时存在时对 MgO-CaO 材料侵蚀的综合影响。

按上述组成配好的渣料在铂容器内预熔，熔后的渣块经粉碎、细磨备用。炉渣的配制组成见表 2。此外，用圆柱扭摆振动黏度计测定了基渣中分别外加 10% V_2O_5 或 TiO_2 或 Al_2O_3 后炉渣的黏度。其结果如图 1 所示。

表 2 炉渣的配制组成

炉渣名称	编号	化学组成/%					外加量/%			
		CaO	SiO_2	FeO	MgO	MnO	V_2O_5	TiO_2	Al_2O_3	V_2O_5 : TiO_2 : Al_2O_3 = 3 : 3 : 2
基渣	B	43.7	36.3	15	3	2	0	0	0	0
含钒渣	V5	43.7	36.3	15	3	2	5	0	0	0
	V12	43.7	36.3	15	3	2	12	0	0	0
含钛渣	Ti5	43.7	36.3	15	3	2	0	5	0	0
	Ti12	43.7	36.3	15	3	2	0	12	0	0
含铝渣	Al4	43.7	36.3	15	3	2	0	0	4	0
	Al10	43.7	36.3	15	3	2	0	0	10	0
含钒钛铝渣	VTiAl5	43.7	36.3	15	3	2	0	0	0	5
	VTiAl12	43.7	36.3	15	3	2	0	0	0	12

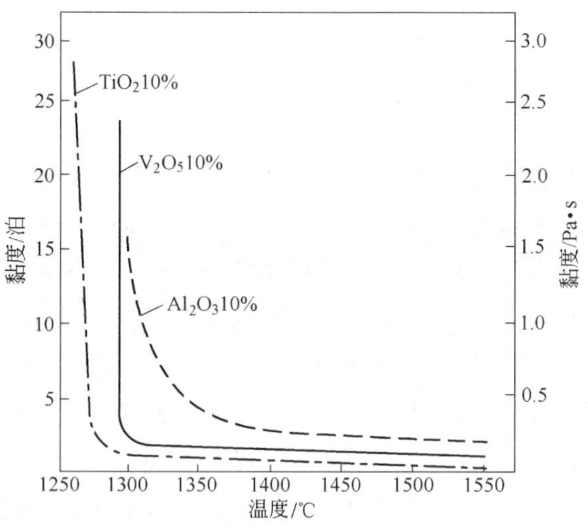

图 1 基渣中分别外加 10% 的 V_2O_5、TiO_2 或 Al_2O_3 后，炉渣黏度与温度的关系

3 实验方法

采用吸渣荷重变形法[2]进行实验。将相当于试样质量 6% 的渣样

约 14 ~ 15g 装入试验坩埚内，置于 $MoSi_2$ 炉内升温，在 1550℃ 荷重 0.1MPa（$1kg/cm^2$）下，测定经 2h 的变形量。根据变形量、试样高度及空白试样的变形量与高度，计算出试样变形率。

4 实验结果

4.1 渣中 V_2O_5、TiO_2、Al_2O_3 单一成分对 MgO-CaO 材料的侵蚀影响

用基渣、V5、V12、Ti5、Ti12、Al4、Al10 几种渣分别对两种材料做侵蚀实验。实验结果如图 2 与图 3 所示。

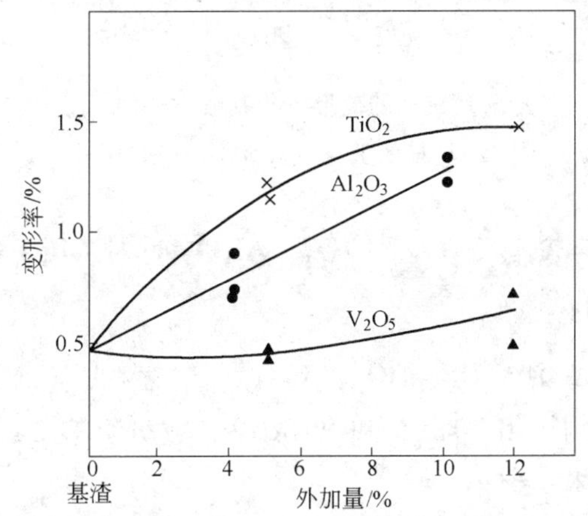

图 2 MD9 试样的变形率与基渣中外加 V_2O_5、TiO_2 或 Al_2O_3 量的关系（1550℃，0.1MPa）

从图 2 与图 3 可看出：（1）在一般转炉渣中（即基渣中），加入 TiO_2、Al_2O_3 都会增加炉渣对 MgO-CaO 材料的侵蚀，而加入 V_2O_5 似乎影响不大。（2）转炉渣中，这三种氧化物对 MgO-CaO 材料的侵蚀性大小次序为：$TiO_2 > Al_2O_3 > V_2O_5$。（3）当炉渣中 TiO_2、Al_2O_3 含量从 4% ~5% 增到 10% ~12% 时，对 MD9 的侵蚀性都有明显增加。而对白云石却不明显。（4）对本实验所用各种渣，白云石的抗渣性均不如 MD9。

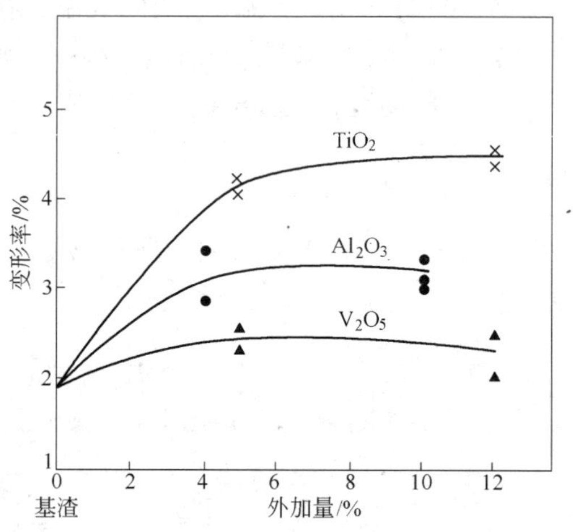

图 3　白云石 D 试样的变形率与基渣中外加 V_2O_5、TiO_2 或 Al_2O_3 量的关系（1550℃，0.1MPa）

4.2　渣中同时含有 V_2O_5、TiO_2、Al_2O_3 时对 MgO-CaO 材料的侵蚀影响

为了研究渣中 V_2O_5、TiO_2、Al_2O_3 同时存在时对 MgO-CaO 材料侵蚀的综合影响，用 VTiAl5 和 VTiAl12（成分见表 2）两种渣进行了实验，其结果见图 4。

从图 4 可看出，随着渣中（$V_2O_5 + TiO_2 + Al_2O_3$）含量的增加，炉渣对 MgO-CaO 材料的侵蚀加剧。

由于研究 V_2O_5、TiO_2、Al_2O_3 等单一成分对侵蚀影响所用的炉渣和研究 V_2O_5、TiO_2、Al_2O_3 同时存在时所用的炉渣，都是采用同一基渣配制的。因此，只要上述氧化物的外加量相同（例如都为 5%），则相同质量的不同炉渣中，SiO_2、CaO、Fe_2O_3、MgO 与 MnO 的绝对量是相等的。即渣中这些氧化物的侵蚀作用可近似的当作是恒定的。这样我们就可利用前面的试验数据，来探讨炉渣中 V_2O_5、TiO_2、Al_2O_3 同时存在与它们分别存在时在侵蚀性上的关系。

例如，根据 V_2O_5、TiO_2、Al_2O_3 单一成分对 MD9 的吸渣荷重变

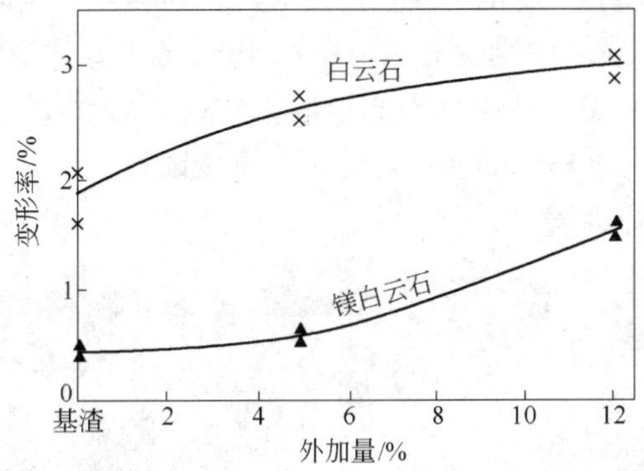

图4　MD9与D试样的变形率与基渣中同时外加钒、钛、铝氧化物时之间的关系（1550℃，0.1MPa）

形率的数据，按叠加法计算出MD9试样吸收VTiAl5渣时的荷重变形率为0.85%，但实际测得的变形率为0.6%，比计算值略小。

同样，按叠加法计算出用VTiAl12渣时，MD9的吸渣荷重变形率为1.18%，而实际测得的变形率平均为1.54%，比计算值略大。

由此可以认为，渣中三种氧化物同时存在，其侵蚀性无明显的增强或减弱。

4.3　坩埚渣蚀后的情况

4.3.1　MD9材料坩埚

本实验所用的各种炉渣都能全部渗入坩埚材料内，坩埚中孔内无残渣。

除含钒炉渣外，其余炉渣侵蚀后的坩埚壁均发生粉化。经X光分析，坩埚壁粉化物主要是方镁石（约70%）和γ-C_2S（约25%）。含钒渣侵蚀后的坩埚之所以不粉化，是与氧化钒同CaO生成的钒酸钙能与C_2S形成固溶体[3]，阻止了C_2S的晶型转变有关。

4.3.2　白云石坩埚

除Ti5与Ti12炉渣外，其余炉渣侵蚀后的坩埚中孔内皆有残渣，且残渣中含有较多的低熔点氧化物，如氧化铁约12%～16%。对于钒渣（V5、V12），残渣中还含有 V_2O_5 约 4% ~8%。对于铝渣（Al4，Al10）、残渣中则含有 Al_2O_3 约 4% ~6%。这说明炉渣一经渗入白云石后即生成了高熔点物的挡墙，致使部分炉渣不能继续渗入。图 5 和图 6 示出了白云石经 V5 与 Al4 渣侵蚀后，形成了连续性与间断性高熔点 C_2S 挡墙。

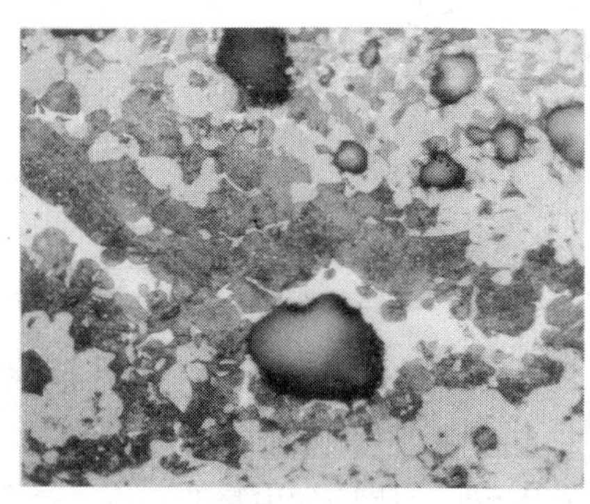

图 5　白云石经 V5 侵蚀后，上部为渣蚀带，中下部为 C_2S 挡墙（反光 260 ×）

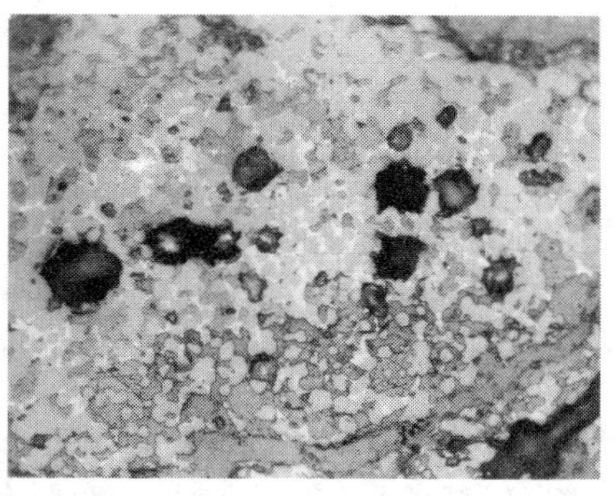

图 6　白云石经 Al4 侵蚀后，上部为渣蚀带，下部为不连续 C_2S 挡墙（反光 260 ×）

5　讨论

5.1　对 MgO-CaO 材料的侵蚀性大小，为什么是：$TiO_2 > Al_2O_3 > V_2O_5$

（1）含 TiO_2 渣的侵蚀：渣蚀后试样的显微镜观察结果表明，含钛渣侵蚀后的试样同其他渣侵蚀后的相比，有以下不同之点：1）无明显的渣蚀带，无高熔点 C_2S 挡墙。2）低熔物的数量明显增多。3）试样中原有的 CaO-MgO 连续网络被严重肢解（见图 7）。4）低熔点相渗透到方镁石或氧化钙的晶界（见图 8）。这些都表明含钛渣对 MgO-CaO 材料的渗透性好，侵蚀性强。

含 TiO_2 渣侵蚀性大，主要是因为：1）这种渣的黏度特别小（见图 1）。2）这种渣易渗入 MgO-MgO、CaO-CaO 和 MgO-CaO 晶粒间。3）TiO_2 在渣中的行为与 SiO_2 相近，为一酸性氧化物[4,5,6]，加入 TiO_2 会导致炉渣碱度降低，并破坏 C_2S 的形成。

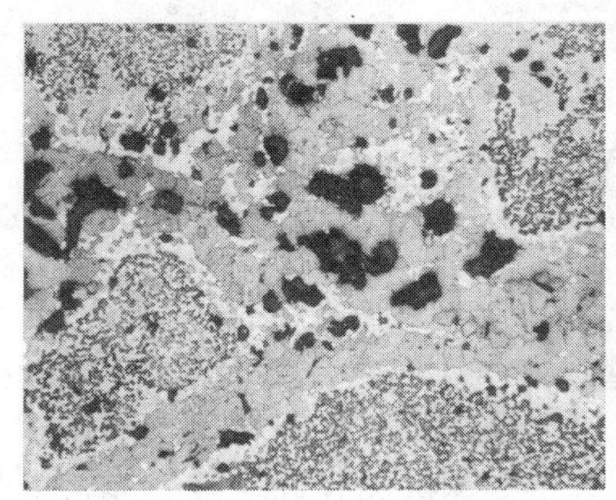

图 7　白云石经 Ti5 渣侵蚀后，试样结构被肢解的情况（88 ×）

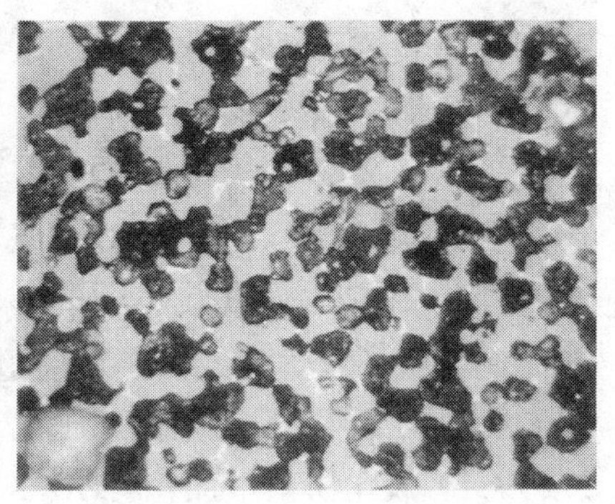

图 8　Ti5 渣渗入白云石材料的晶界，白色为钙铁盐，灰白色为方镁石，深灰色为氧化钙（680 ×）

在一般转炉渣中加入 TiO_2 会加剧炉渣对 MgO-CaO 材料的侵蚀，也曾被生产[7]和其他研究者的实验所证实[8,9]。例如，博塞（Bose）等研究单晶氧化镁在酸性渣中的溶解时得出，溶渣中加入 TiO_2 会明显加剧对 MgO 的侵蚀。

（2）含钒渣的侵蚀：从图 5 可以看出，含钒渣侵蚀后试样的渣蚀带形成的 C_2S 挡墙不仅较厚，而且连续性较好，这可能是由于 V_2O_5 与 CaO 生成的 $3CaO \cdot V_2O_5$ 固溶于 C_2S[3] 所致。这种连续的 C_2S 挡墙，阻止了侵蚀性强的低熔物向砖体内的渗透与侵蚀。

（3）含 Al_2O_3 渣的侵蚀：比较图 5 与图 6，可知含铝渣侵蚀后形成的挡墙，其连续性和挡墙厚度皆不如含钒渣，故含铝渣应比含钒渣更多地渗入坩埚材料内。从黏度看（见图 1）含铝渣的黏度大于含 TiO_2 渣，因此这种渣渗透深度不如含 TiO_2[10]。此外，Al_2O_3 是两性氧化物，一般说来，它对碱性耐火材料的侵蚀较酸性氧化物 TiO_2 低，所以含 Al_2O_3 渣的侵蚀性介于含 TiO_2 渣与含钒渣之间。

5.2　白云石抗含 V_2O_5、TiO_2、Al_2O_3 渣的侵蚀为何不如含 MgO 高的 MD9

我们所用的这几种试验渣中，都含有约 15% 的氧化铁。根据我们以前的研究[1]可知，变形率大的，渣蚀后试样中液相量也较多，而且液相主要是钙铁盐，即渣中氧化铁对变形率有较大影响。因此，我们曾用 MgO-CaO-氧化铁相图[10]来解释为什么随着坩埚试样中的 MgO 含量的增加变形率会减小。

舒尔茨（Shultz）[11]于 1500℃在空气中 $p_{O_2}=0.021$MPa（0.21 气压）和在 $p_{O_2}=10^{-10}$MPa（10^{-9}气压下），对 MgO-CaO-氧化铁 +5% TiO_2 系的相平衡关系进行了研究。其结果如图 9 所示。为了便于比较，图 9 中还以虚线绘出了约翰逊（Johnson）和姆恩（Muan）[10]在 1500℃对 MgO-CaO-氧化铁系研究的部分结果。从图 9 可看出，在 MgO-CaO-氧化铁系中加 5% TiO_2，表示固相区和（固 + 液）相区的分界线 *A-B*，其位置发生显著改变。MgO-CaO 材料含有 5% TiO_2 比不含 TiO_2 时不出现液相而能吸收的氧化铁量要低得多。图 9 不仅能说明渣中加入一定量 TiO_2 时，MgO-CaO 材料中 MgO 含量增加，液相量减少，变形率变小这一规律；同时也解释了为什么加入 TiO_2 到炉渣会加剧炉渣对 MgO-CaO 材料的侵蚀。

至于 Al_2O_3，如果不考虑其他成分，我们也可以从 MgO-CaO-Al_2O_3 相图，大致算出在 1600℃时，MgO-CaO 材料吸收一定量的 Al_2O_3 后产生的液相量。例如，当吸收 10% Al_2O_3 后，白云石材料的液相量为 26%，而 MD9 则为 21%[12]。这些计算结果同样说明 MD9

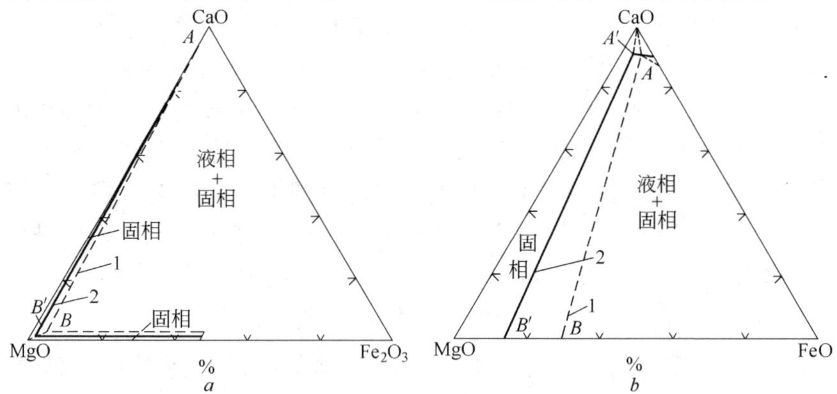

图 9　MgO-CaO-氧化铁-5% TiO_2 在 1500℃的相平衡关系图

a—在空气中；*b*—在 $p_{O_2}=10^{-10}$MPa；

虚线 1 是无 TiO_2 时固相与（固 + 液）相分界线（Johnson and Muan）；

实线 2 是加 5% TiO_2 后，固相与（固 + 液）相分界线（Shuttz）

比白云石更抗 Al_2O_3 的侵蚀。

对于氧化钒，由于缺乏有关这方面的相图，因此尚不能进行类似上面的说明。

6 结语

采用吸渣荷重变形法进行了 V_2O_5、TiO_2 与 Al_2O_3 含量不同的转炉初期渣对 MgO-CaO 材料的侵蚀实验。通过实验得出如下几点结论：

（1）将 TiO_2 或 Al_2O_3 加入到转炉一般初期渣中，都会增加炉渣对 MgO-CaO 材料的侵蚀，而加入 V_2O_5 则影响不大。

（2）在转炉初期渣中，分别加入 V_2O_5、TiO_2 或 Al_2O_3 氧化物时，其对 MgO-CaO 材料的侵蚀性大小次序为：$TiO_2 > Al_2O_3 > V_2O_5$。

（3）V_2O_5、TiO_2 与 Al_2O_3 同时加入渣中与其分别加入相比，对 MgO-CaO 材料的侵蚀无显著增强或减弱。

（4）本实验条件下所用各种渣，白云石的抗侵蚀性均不如 MD9。

文中还根据含 V_2O_5、TiO_2 或 Al_2O_3 渣的黏度以及渣蚀后试样的显微镜观察，分析讨论了渣中 V_2O_5、TiO_2 或 Al_2O_3 对 MgO-CaO 材料的侵蚀行为。

参 考 文 献

[1] 陈肇友，吴学真，等．硅酸盐学报，1982，10(1)：86.
[2] 大庭宏，杉田清．窑业协会志，1963，71(8)：163.
[3] Eke M，Brett N H. Trans. Brit. Ceram. Soc.，1973，72(5)：195.
[4] Iyengar R K，Petrilli F C. Open Hearth Proceedings，1973，56：21.
[5] 陈肇友．硅酸盐通报，1983，(5)：29.
[6] Mackellar W J. Open Hearth Proceedings，1975，58：487.
[7] Bose S，McGee T D. Amer. Ceram. Soc. Bull.，1978，57(7)：674.
[8] Tompkins T L，Howe R A，McGee T D. Amer. Ceram. Soc. Bull.，1979，58(7)：710.
[9] 陈肇友．硅酸盐学报，1980，8(4)：397.
[10] Johnson R E，Muan A. J. Amer. Ceram. Soc.，1965，48(7)：359.
[11] Shultz R L，J. Amer. Ceram. Soc，1973，56(1)：33.
[12] 陈肇友．金属学报，1983，19(2)：B62.

本文选自《硅酸盐通报》，1985，(5)：35.

从相图剖析炉渣对 MgO-CaO 系材料的侵蚀

陈肇友

（冶金工业部洛阳耐火材料研究院）

摘　要：本文根据有关三元系等温截面图和四元系存在的液相区与固相区，分析讨论了各种氧化物、一般炼钢渣以及含磷炼钢渣对 MgO-CaO 系材料的侵蚀。通过分析得出，无论是一般炼钢渣或是含磷炼钢渣，都以含有一定量 CaO 的 MgO-CaO 材料作炉衬较好。

1　引言

MgO-CaO 系材料现在广泛地用于各种炼钢炉。近年来这类材料已扩大用于钢液炉外精炼设备上。但对不同炉渣，采用何种组成的 MgO-CaO 材料较为合适，却说法不一。

本文拟借助有关相图来分析炉渣及其中的各个组元对 MgO-CaO 系材料侵蚀行为的差异，从而预示何种组成的 MgO-CaO 材料较为合适，自然这是很有实际意义的。

2　氧化物或 CaF_2 对 MgO-CaO 材料的侵蚀

冶金炉渣通常是由下列氧化物或氟化物构成：SiO_2、CaO、FeO、Fe_2O_3、MnO、MgO、Al_2O_3、P_2O_5 与 CaF_2。要讨论这些氧化物或氟化物对 MgO-CaO 材料的侵蚀，需要首先绘出 MgO-CaO-SiO_2、MgO-CaO-FeO、MgO-CaO-Fe_2O_3、MgO-CaO-MnO、MgO-CaO-Al_2O_3、MgO-CaO-P_2O_5 以及 MgO-CaO-CaF_2 系在所讨论温度下的相图。在炼钢温度为 1600℃时，上列三元系的等温截面图来源如下：

MgO-CaO-FeO、MgO-CaO-MnO 与 MgO-CaO-CaF_2 系的 1600℃ 等温截面图是分别从文献［1～3］查得；MgO-CaO-SiO_2 与 MgO-CaO-

Al_2O_3 系是根据文献［4］中所载相图绘出；MgO-CaO-Fe_2O_3 系的是根据文献［5］与［6］的资料绘出；MgO-CaO-P_2O_5 系的则是依据有关二元系与文献［7］的数据绘出。

从上述三元系在1600℃的等温截面图，运用杠杆原理，我们计算了 MgO-CaO 系材料在1600℃吸收5%，10%或20%某一氧化物或 CaF_2 后产生的液相量，并绘制成图1、图2，从图1与图2可以看出：

（1）MgO 含量在60%以上的 MgO-CaO 材料，在1600℃吸收20% FeO 后，也不产生液相；即 MgO 含量高于60%的 MgO-CaO 材料抗 FeO 侵蚀好。

（2）随着 MgO-CaO 材料中 MgO 含量的增加，吸收 Fe_2O_3 后产生的液相量减少；因此，MgO 含量越多，抗 Fe_2O_3 侵蚀越强。

（3）无论哪种组成的 MgO-CaO 材料，吸收10% MnO 以后都不会出现液相；因此，MgO-CaO 材料都能抗 MnO 侵蚀。

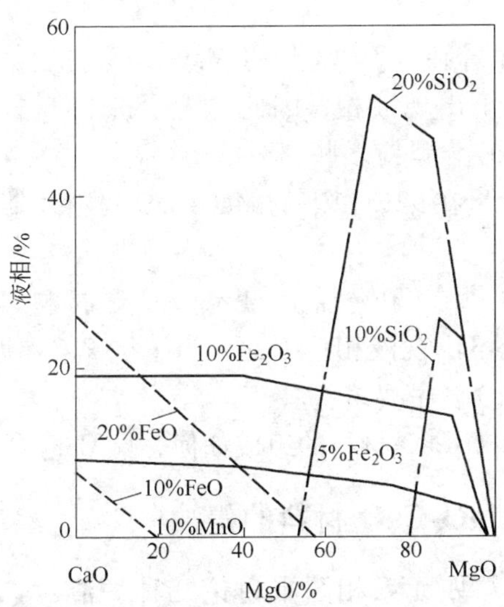

图1 不同组成的 MgO-CaO 材料在1600℃吸收一定量的 SiO_2、FeO、Fe_2O_3 或 MnO 后产生的液相量

Fig. 1 Liquid formed at 1600℃ in various MgO-CaO refractories after a certain percents of SiO_2, FeO, Fe_2O_3 or MnO absorbed

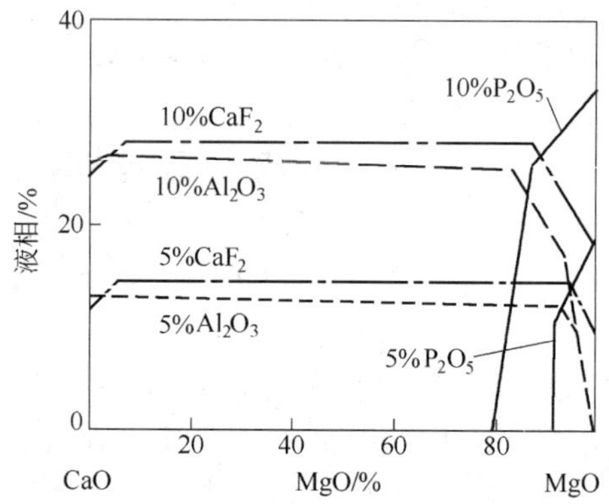

图 2 不同组成的 MgO-CaO 材料在 1600℃ 吸收一定量的 Al_2O_3，P_2O_5 或 CaF_2 后产生的液相量

Fig. 2 Liquid formed at 1600℃ in various MgO-CaO refractories after a certain percents of Al_2O_3，P_2O_5 or CaF_2 absorbed

（4）CaO 含量在 50% 以上的 MgO-CaO 材料，在 1600℃ 吸收 20% SiO_2 后，也不出现液相；因此，为了抗 SiO_2 侵蚀，希望 MgO-CaO 材料中的 CaO 含量应多些。

（5）MgO 含量在 92% 以上的 MgO-CaO 材料才能较好地抗 Al_2O_3 侵蚀。

（6）CaO 含量在 20% 以上的 MgO-CaO 材料，在 1600℃ 吸收 10% P_2O_5 后，也不出现液相；因此，为了抗 P_2O_5 侵蚀，希望 MgO-CaO 材料中的 CaO 含量要多些。

（7）不论 MgO-CaO 材料的组成如何，抗 CaF_2 侵蚀均不理想。

3 炼钢渣对 MgO-CaO 材料的侵蚀

下面从三元与四元系相图来讨论几种炉渣对 MgO-CaO 材料的侵蚀。

3.1 一般炼钢渣

一般炼钢渣主要由 CaO，SiO_2，FeO 与 MgO 构成。因此这类渣对 MgO-CaO 材料的侵蚀可近似地当作 MgO-CaO-SiO_2-FeO 四元系来处理。

图 3 示出 MgO-CaO-SiO_2-FeO 四元系于 1600℃时的液相区（或饱和面）[1]，图中还根据有关三元系相图，作者添绘了 1600℃时存在的固相区。

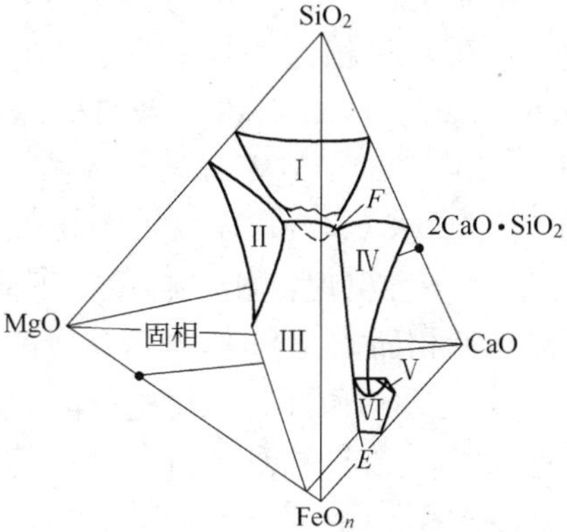

图 3 MgO-CaO-SiO_2-FeO 系于 1600℃时存在的液相区与固相区

Fig. 3 Liquid and solid zones of MgO-CaO-SiO_2-FeO system at 1600℃

Saturated face：Ⅰ—SiO_2；Ⅱ—2(Mg,Fe,Ca)O · SiO_2；Ⅲ—(Mg,Fe,Ca)O；Ⅳ—2CaO · SiO_2；Ⅴ—3CaO · SiO_2；Ⅵ—(Ca,Fe,Mg)O

从图 3 可以看出，随着熔渣中 SiO_2 含量的增加，液相量增大，例如 1600℃时，2CaO · SiO_2-2MgO · SiO_2-2FeO · SiO_2 系中还有（固+液）区；而在 CaO · SiO_2-MgO · SiO_2-FeO · SiO_2 系中则全为液相区（图略）。因此，随着渣中 SiO_2 含量的增加，炉渣对 MgO-CaO 材料的侵蚀越厉害。

图 3 中 *EF* 线是 MgO 与 CaO（或 C_3S 或 C_2S）的双饱和线，即熔渣组成在 *EF* 线上时，熔渣中的 MgO 与 CaO 含量同时达到饱和。因此靠近 *EF* 线组成的炉渣对 MgO-CaO 材料的侵蚀应该是甚小的。

图 3 中 *E* 点与 *F* 点的组成可从 CaO-MgO-FeO 与 CaO-MgO-SiO_2 在 1600℃时的等温截面图得出，分别为：4.5% MgO，26% CaO，69.5% FeO 与 18% MgO，44% CaO，38% SiO_2。从 *E* 点与 *F* 点组成可以看出，随着渣中 SiO_2 含量的增加，熔渣中的 CaO 与 MgO 含量增大，说明对 MgO-CaO 材料的侵蚀亦增加。

对图 3 值得注意的是，SiO_2 含量低于 35% 左右，FeO 含量低于约 30%，在靠近四面体的 MgO-CaO 边存在着一固相区域。固相区的存在，说明 MgO-CaO 材料在 1600℃能吸收一定量的 SiO_2 与 FeO，而不会出现液相。

图4是图3在SiO_2为20%时的截面，它示出SiO_2含量为20%时，存在的固相区与液相区，图中*L*点的组成大致为：20% SiO_2，35.5% CaO，11.5% MgO与33.0% FeO；*S*点的组成大致为20% SiO_2，13% FeO，37% CaO与30% MgO。由*S*点的组成说明，MgO/CaO比为0.8（=30/37）的MgO-CaO材料能吸收20% SiO_2与13% FeO，而不会出现液相。自然，不同MgO/CaO比的MgO-CaO材料，不出现液相而能含SiO_2与FeO量的上限是不同的。若从图3作出不同SiO_2含量的截面，从这些截面的固相区可以清楚看出：渣中SiO_2含量高时，要求MgO-CaO材料中的CaO要高；FeO含量高时，则要求材料中MgO含量亦高。

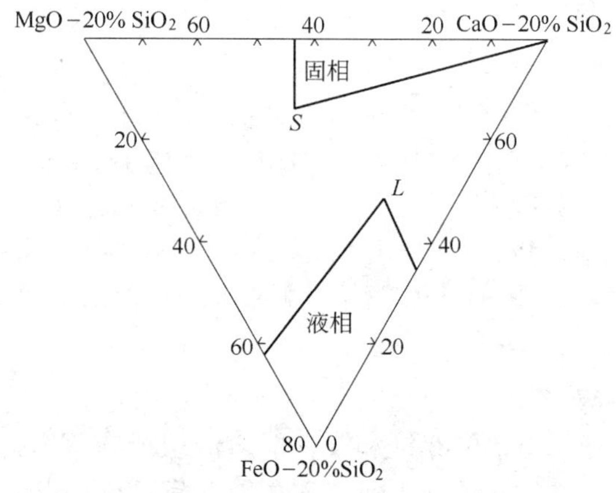

图4　MgO-CaO-SiO_2-FeO系当SiO_2含量为20%时于1600℃的液相区与固相区

Fig. 4　Liquid and solid zones on profile of 20% SiO_2 of MgO-CaO-SiO_2-FeO system at 1600℃

从以上分析，我们可以得出如下两点：

（1）根据MgO-CaO-SiO_2-FeO四元系相图中MgO与CaO的双饱和线，可以用增加渣中MgO与CaO含量（例如加入白云石造渣），使熔渣组成达到或接近饱和线，来减轻熔渣对MgO-CaO材料的侵蚀性。

（2）根据MgO-CaO-SiO_2-FeO四元系存在的固相区，可以由渣中

FeO 与 SiO_2 含量情况，来选择 MgO/CaO 比值较为合适的 MgO-CaO 材料。例如，渣中 FeO 含量较高时，则 MgO 含量要较高；渣中 SiO_2 较高时，MgO-CaO 材料中的 CaO 要较高。

3.2 含 Fe_2O_3 炼钢渣

当一般炼钢渣中的氧化铁为 Fe_2O_3 时，就应该用 MgO-CaO-SiO_2-Fe_2O_3 系来代替 MgO-CaO-SiO_2-FeO 系。从 1600℃ 时，MgO-CaO-Fe_2O_3 三元系存在的固相区大大小于 MgO-CaO-FeO 系，可知 MgO-CaO-SiO_2-Fe_2O_3 系中存在的固相区也一定远远小于 MgO-CaO-SiO_2-FeO 系。因此，MgO-CaO 材料吸收不多的含 Fe_2O_3 渣后就会出现液相。液相的大量出现自然会降低 MgO-CaO 材料的强度，加剧侵蚀与损坏。

MgO-CaO-SiO_2-Fe_2O_3 系在 1600℃ 时存在的液相区与 MgO-CaO-SiO_2-FeO 系甚为相似；在此不再绘图与讨论。

3.3 含磷炼钢渣

冶炼含磷生铁时，渣中 FeO，CaO，P_2O_5 含量皆高。高磷渣 P_2O_5 含量达 10% ~20%，FeO 含量达 25% ~40%。中磷渣 P_2O_5 含量一般约为 5%，FeO 含量约为 25%，含磷渣的 CaO/SiO_2 比皆甚高。

3.3.1 MgO 与 CaO 在 FeO-P_2O_5 渣中的侵蚀

图 5 同时绘出 MgO-FeO-P_2O_5 与 CaO-FeO-P_2O_5 系于 1600℃时的液相区，图中 MgO-FeO-P_2O_5 的液相线根据 MgO-P_2O_5 与 MgO-FeO 系相图绘出[4]；CaO-FeO-P_2O_5 是引自文献 [8]。

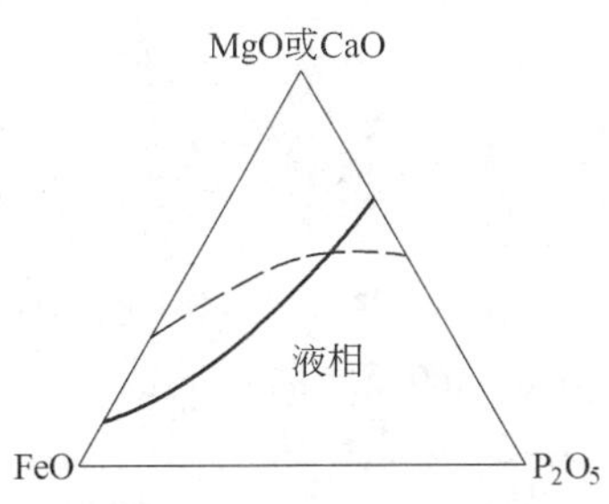

图 5 MgO-FeO-P_2O_5 与 CaO-FeO-P_2O_5 系于 1600℃时的液相线

实线—MgO-FeO-P_2O_5；虚线—CaO-FeO-P_2O_5

Fig. 5 Isothermal liquidus of MgO-FeO-P_2O_5 and CaO-FeO-P_2O_5 system at 1600℃

从图可以看出：（1）MgO 与 CaO 在 FeO-P_2O_5 渣中的溶解度都很大。（2）当 P_2O_5/FeO 比大于 1.65 时，MgO 在 FeO-P_2O_5 渣中的溶解度大于 CaO；当 P_2O_5/FeO 比小于 1.65 时，MgO 的溶解度小于 CaO。

3.3.2 MgO 与 CaO 分别在 FeO-P_2O_5-SiO_2 渣中的侵蚀

含磷渣中总含有一定量的 SiO_2，其含量大致为 10% ~20%。要讨论有 SiO_2 存在时，含磷渣对 MgO 与 CaO 的侵蚀，需要绘制 MgO-SiO_2-FeO-P_2O_5 系与 CaO-SiO_2-FeO-P_2O_5 系于 1600℃ 时的相图。图 6 是根据有关二元系与三元系相图[4,7]绘出，图 7 是引自文献[9]。在图 6 与图 7 中的 MgO-FeO-P_2O_5 与 CaO-FeO-P_2O_5 组成的三角形内，还标出了 SiO_2 含量为 10% 与 20% 时，靠 MgO 与 CaO 端元的饱和面界线。图 8 为克鲁珀（Knüppel）[10]的结果。

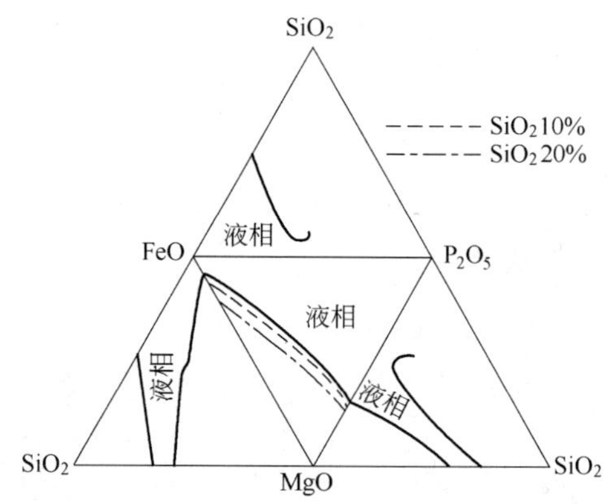

图 6　MgO-FeO-P_2O_5-SiO_2 系于 1600℃ 的相图

Fig. 6　1600℃ phase diagram of MgO-FeO-P_2O_5-SiO_2 system The liquidus surface of MgO for 0，10% and 20% SiO_2 respectively shown in triable MgO-FeO-P_2O_5 of the quarternary system

从图 6 可看出，随着磷渣中 SiO_2 含量的增加，饱和面界线向 MgO 端元方向推进，每增加 1% SiO_2，饱和面界线推进约 0.6%。

从图 7 可看出，随着磷渣中 SiO_2 含量的增加，饱和面界线并不是一直向 CaO 端元方向推进的，当 SiO_2 含量从 0 至 8% 时（图 8），

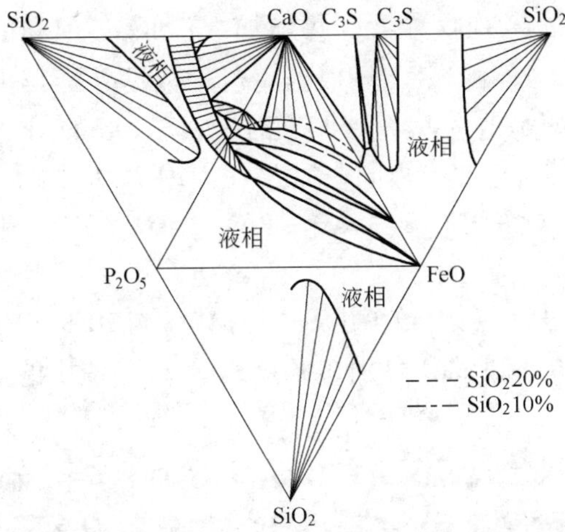

图 7 $CaO-FeO-P_2O_5-SiO_2$ 系于 1600℃ 的相图

Fig. 7 1600℃ phase diagram of $CaO-FeO-P_2O_5-SiO_2$ system

The liquidus surface of CaO and C_4P for 0, 10% and 20% SiO_2 respectively shown in triangle $CaO-FeO-P_2O_5$ of the quarternary system

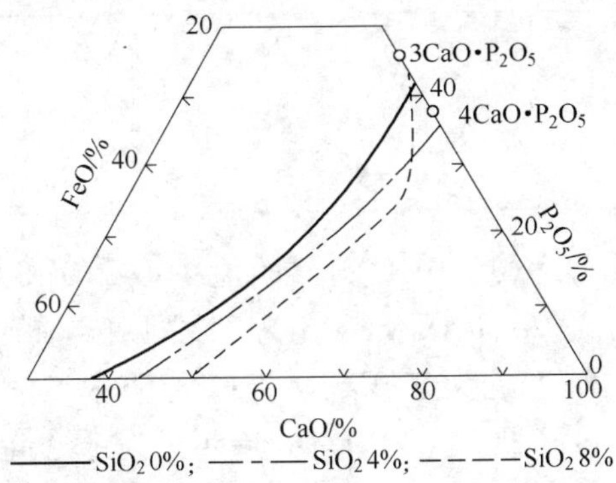

图 8 $CaO-FeO-P_2O_5-SiO_2$ 于 1600℃ 当 SiO_2 含量分别为 0、4% 和 8% 时的饱和面界线[10]

Fig. 8 Liquidus surface of CaO for 0%、4% and 8% SiO_2 respectively in $CaO-FeO-P_2O_5-SiO_2$ system at 1600℃

饱和面界线基本上是向 CaO 端元方向推进的。大约每增加 1% SiO_2，饱和面界线推进 1%。但当 SiO_2 含量从大约 10% 至 20%，饱和面界线则反而逐渐远离 CaO 端元。每增加 1% SiO_2，饱和面界线远离约 1.5%，这一点与郁国城[11]只根据克鲁珀数据外推得出的结果是不一致的，这可能是他忽视了 1600℃时，在 CaO-SiO_2-FeO 相图中 C_2S 和 CaO 的饱和线走向不相同，以及在 CaO-P_2O_5-SiO_2 相图中，C_4P（4CaO · P_2O_5）与 C_3P-C_2S（3CaO · P_2O_5-2CaO · SiO_2）固溶体饱和面界线并不相联的结果。

从图 6 与图 7，可大致算出 SiO_2 为 10% 与 20%，P_2O_5/FeO 比为 0.2 或 1 时，MgO 和 CaO 分别在 FeO-P_2O_5-SiO_2 渣中的溶解度。其计算结果见表 1。

表 1　MgO-FeO-P_2O_5-SiO_2 与 CaO-FeO-P_2O_5-SiO_2 系于 1600℃在一定的 P_2O_5/FeO 比与 SiO_2 含量下，饱和渣中的 MgO 和 CaO 含量（%）的比较

Table 1　Comparison between MgO and CaO contained in 1600℃ saturated slags of MgO-FeO-P_2O_5-SiO_2 and CaO-FeO-P_2O_5-SiO_2 system at given ratio P_2O_5/FeO and SiO_2 content

P_2O_5/FeO	0.2		1	
SiO_2	10	20	10	20
MgO	27	28	48	46
CaO	51	37	54	44

从表 1 可看出：（1）MgO 与 CaO 在 FeO-P_2O_5-SiO_2 渣中的溶解度都是相当大的。（2）P_2O_5/FeO 比为 0.2 的中磷渣，SiO_2 含量又不高时，CaO 的溶解度远大于 MgO，但随着渣中 SiO_2 含量的增高，CaO 的溶解度明显降低。（3）P_2O_5/FeO 比为 1 的高磷渣，MgO 与 CaO 的溶解度相近。

3.3.3　含磷炼钢渣对 MgO-CaO 材料的侵蚀

上面分析了 MgO 与 CaO 单独抗 FeO-P_2O_5-SiO_2 渣的情况，下面从 MgO-CaO-FeO-P_2O_5 与 MgO-CaO-FeO-SiO_2 四元系相图来分析 MgO-CaO 材料抗含磷炼钢渣侵蚀。

图 9 示出 MgO-CaO-FeO-P_2O_5 系于 1600℃时存在的液相区与固

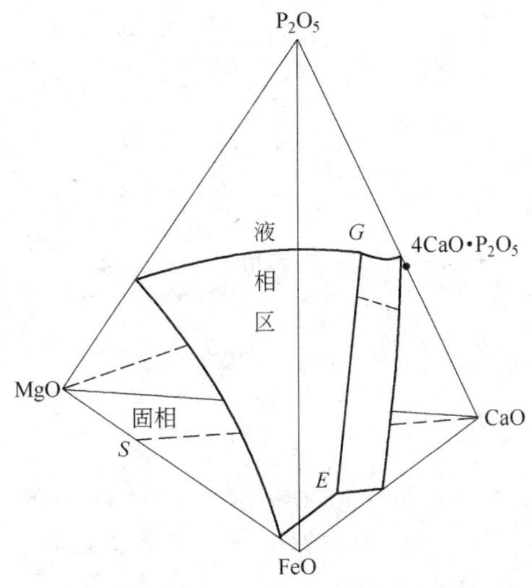

图 9 MgO-CaO-FeO-P_2O_5 系于 1600℃时存在的固相区与液相区

Fig. 9 Solid and liquid zones of MgO-CaO-FeO-P_2O_5 system at 1600℃

相区，该图是根据有关二元系与三元系相图资料[4,7,8]绘制的，图中由 S-CaO-C_4P-MgO-S 曲面与 S-CaO-MgO 平面以及 CaO-C_4P-MgO 平面包围的空间为固相区，EG 线为双饱和线；组成在此线上的熔渣，其 MgO 与 CaO 含量达到饱和。

图 10 是图 9 在 20% P_2O_5 处的截面图，图中 T 点的组成大致为：20% P_2O_5，30% CaO，35% MgO 与 15% FeO。

从 MgO-CaO-FeO-P_2O_5 系于 1600℃存在的固相区（图 9）可知，MgO-CaO 材料能吸收一定量的 P_2O_5 与 FeO 而不会出现液相。例如 MgO/CaO 比为 1.15 的 MgO-CaO 材料，大致能吸收 20% P_2O_5 与 15% FeO 而不会出现液相（图 10）。类似的从图 9 在 5% P_2O_5 处的截面（未绘出）可知，MgO/CaO 比为 8 时，能吸收大约 5% P_2O_5 与 25% FeO 而不会出现液相。

从图 3 已知 MgO-CaO-FeO-SiO_2 系于 1600℃时也存在与 MgO-CaO-FeO-P_2O_5 系类似的固相区，可以推测 MgO-CaO-FeO-P_2O_5-SiO_2

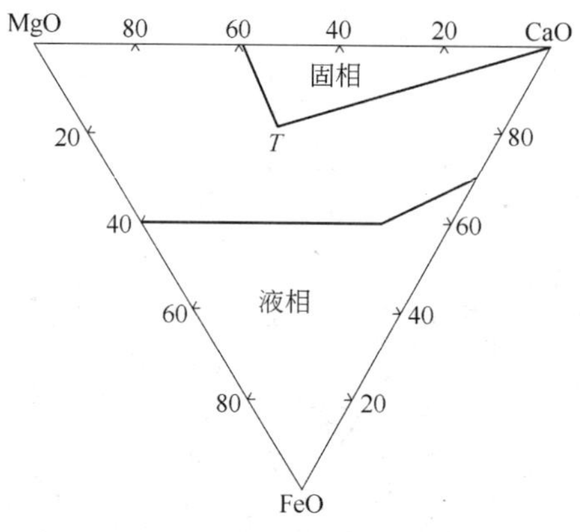

图 10　$MgO-CaO-FeO-P_2O_5$ 系于 1600℃当 P_2O_5 含量为 20% 时存在的固相区和液相区

Fig. 10　Solid and liquid zones of $MgO-CaO-FeO-P_2O_5$ system at 1600℃ for 20% P_2O_5

五元系于 1600℃时也将存在一个这样的固相区。因此，可以预示，抗高磷渣以 CaO 含量较多的 MgO-CaO 材料为好；抗中磷渣以 CaO 含量较低些的 MgO-CaO 材料为佳。

从图 9 中 *EG* 线 *E* 点组成：4.5% MgO，26.0% CaO，69.5% FeO 与 *G* 点组成：4.5% MgO，53% CaO，42.5% P_2O_5，可知，*EG* 线上 MgO 含量保持不变，CaO 含量变化较大，即同 MgO-CaO 材料处于平衡的饱和熔渣中，随着 FeO 与 P_2O_5 含量的改变，CaO 的饱和含量虽然发生变化，但 MgO 的饱和含量却始终保持为 4.5%。在特勒梅尔（Tröemel）等[12]于 1600℃的 $MgO-CaO-FeO-MnO-SiO_2-P_2O_5$ 图中，可知 MgO 的饱和量约为 5%，此值与 4.5% 十分相近。总之，有 CaO 时含磷炼钢渣中 MgO 的溶解度是不大的。从前面表 1 知，没有 CaO 时，MgO 在 $FeO-P_2O_5-SiO_2$ 渣中的溶解度是相当大的，远远大于 4.5%。由此看来，MgO 与 CaO 的同时存在是有利于减轻磷渣侵蚀的。

归纳以上分析，可以认为提高高磷铁水炼钢炉炉衬寿命的方法是：（1）加入活性石灰迅速提高渣中 CaO 含量；（2）采用含有一定量CaO的MgO-CaO材料作炉衬，对高磷渣，MgO-CaO材料中的CaO含量要高一些；对于中磷渣，则CaO含量要低一些。

郁国城[11]认为高磷铁水炼钢炉炉衬应以镁砖为宜；欧拉（Euler)[13]认为高磷铁水炼钢炉炉衬用白云石砖较镁砖好；上述观点显然与郁国城不一致，而与欧拉的有些相近，但又不全相同。

4 结论

根据上面对三元系与四元系相图的剖析，可得出如下几点：

（1）一般炼钢渣以含有一定量CaO的MgO-CaO材料作炉衬较好，FeO高，SiO_2低的渣，炉衬中MgO含量应高些；FeO低，SiO_2高的渣，炉衬中MgO含量可低些。

（2）含磷炼钢渣，也以含有一定量CaO的MgO-CaO材料作炉衬较好，高磷渣，炉衬中CaO含量要高些；中磷渣，炉衬中CaO含量要低些。

（3）不论何种组成的MgO-CaO材料，在抗CaF_2的侵蚀上都是不理想的。

参 考 文 献

[1] Trömel G, Obst K H, Goerl E Stradtmann. J. , Tonind. Ztg. , 1966, 90: 193.

[2] Барзаковский В П. Диаграммы состояния силикатных систем（Тройные окисние системы）, Издательство Наука, 1974: 5.

[3] Nafziger R H. High Temp. Sci. , 1975, 7: 179.

[4] Levin E M, Robbins C R, McMurdie H F. Phase Diagrams for Ceramists, Second Edition, 1969, 209, 210, 113; Phase Diagrams for Ceramists, 1969 Supplement, 36, 85.

[5] Johnson R E, Muan A. J. Am. Ceram. Soc. , 1965, 48: 359.

[6] Stephenson I M, White J. Trans. Br. Ceram. Soc. , 1967, 66: 443.

[7] Tröemel G, Fix W, Kaup R. Arch. Eisenhuettenwes. , 1967, 38: 595.

[8] Drewes E J, Olette M. ibid. 1967, 38: 163.

[9] Tröemel G, Fix W, Koch K. ibid. , 1967, 38: 177.

[10] Knüeppel H, Oeters F. Stahl Eisen, 1961, 81: 1437.

[11] 郁国城. 金属学报, 1978, 14: 272.

[12] Tröemel G, Koch K. Arch. Eisenhuettenwes. , 1974, 45: 671.

[13] Euler R, Ber Dtsch. Keram. Ges. , 1967, 44: 345.

Application of Phase Diagrams to Slag Attack on MgO-CaO Refractories

Chen Zhaoyou

(Luoyang Institute of Refractories Research,
Ministry of Metallurgical Industry)

Abstract: On the basis of the related isothermal sections of ternary systems and the liquid or solid zones of quaternary systems at 1600℃, the attack resistance of MgO-CaO refractories has been examined with certain oxides, conventional steelmaking slags and P_2O_5-containing slags. It seems that the converter lining made of MgO-CaO refractories with a certain amount of CaO contained got the better than the MgO refractory alone to resist the attack of either conventional or P_2O_5-containing steelmaking slags.

本文选自《金属学报》，1983，19(2)：B62.

从相图剖析炉外精炼渣对 MgO-CaO 系材料的侵蚀❶

陈肇友

（冶金工业部洛阳耐火材料研究院）

摘　要：本文根据有关三元系相图绘制出 $CaO-SiO_2-Al_2O_3-MgO$ 四元系于1600℃时的液相区、饱和面。通过计算还绘出1600℃时 MgO 在 $CaO-SiO_2-Al_2O_3$ 渣中的溶解度图，以及 MgO-CaO 系材料在高温时同时吸收一定量 Al_2O_3 与 SiO_2 后产生的液相量。

依据这些图，分析讨论了炉外精炼渣对 MgO-CaO 系材料的侵蚀。从控制炉渣成分和选择恰当的 MgO-CaO 材料组成两个方面提出了改善炉衬寿命的途径。

1　引言

炉外精炼工艺中，渣线部位的耐火材料衬砖使用寿命甚低，如何提高衬砖寿命是当前一个甚为重要的问题。

炉外精炼渣基本上属于 $CaO-SiO_2-Al_2O_3-MgO$ 四元系。考夫曼（Kaufman）和埃火里（Aguirre）[1]，曾用 $CaO-SiO_2-MgO$ 三元系相图讨论过 AOD 炉中形成的炉渣以及与镁铬耐火材料的作用，但用 $CaO-SiO_2-Al_2O_3-MgO$ 四元系相图来分析讨论炉外精炼渣对 MgO-CaO 材料的侵蚀至今尚未见到，而 MgO-CaO 系材料近年来却已逐步应用于一些炉外精炼设备，并取得了较好的使用寿命。

本文拟借助有关相图，分析讨论炉外精炼渣对 MgO-CaO 系材料的侵蚀，提出提高炉衬寿命的途径。

---

❶　本文曾得到吴学真同志的帮助，谨致谢意。

2 各种炉外精炼渣的化学成分

表 1 列出了各种炉外精炼渣的化学成分，可以看出，这些炉外精炼渣均可近似地当作 CaO-SiO_2-Al_2O_3-MgO 四元系来处理。

表 1 各种炉外精炼渣的化学组成

Table 1 Chemical composition of slag in off-furnace steel refine-ment

(%)

编号	渣 名	CaO	SiO_2	Al_2O_3	MgO	FeO	Cr_2O_3	MnO
1	AOD，不锈钢出钢渣	52 ~ 59	10 ~ 25	9 ~ 10	5 ~ 9	<1	<1	<1
2	不锈钢出钢渣	33.5	23.5	21.6	14.5	1.3	2.3	0.4
3	不锈钢出钢渣	27.4	30.6	23.9	10.4	1.7	2.9	2.5
4	VOD，超低碳不锈钢终渣	39.9	28.0	22.1	6.4	1.9	1.4	0.7
5	VHD（VAD）轴承钢终渣	43.9	11.4	24.3	13.8	0.8		
6	SKF，脱气前，5CrMnMo	53.1	14.7	18.0	8.1	2.3		0.3
7	脱气后，5CrMnMo	53.5	13.2	24.4	7.9	0.6		0.6
8	脱气前，35 钢	54.0	15.1	19.2	7.2	2.8		0.4
9	脱气后，35 钢	55.0	18.9	16.9	7.5	1.0		0.6
10	喷射前（电炉），GCr15	50.2	12.3	9.8	13.5	0.5	0.1	0.1
11	平炉，精炼 20 钢	41.3	22.6	7.0	15.5	5.4	0.2	3.4

3 CaO-SiO_2-Al_2O_3-MgO 四元系于 1600℃ 时的液相区与饱和面图

既然炉外精炼渣的组成基本上属于 CaO-SiO_2-Al_2O_3-MgO 四元系，要讨论这种渣对 MgO-CaO 系材料的侵蚀，需先绘出 CaO-SiO_2-Al_2O_3-MgO 四元系于精炼温度下的液相区与饱和面图，如图 1 所示。该图是根据有关三元系相图[2]与该四元系的部分资料[3]绘出。图中有关各点的化学组成如表 2 所示，这些点的组成是从有关相图直接读出，点 A 是通过推算得到的。

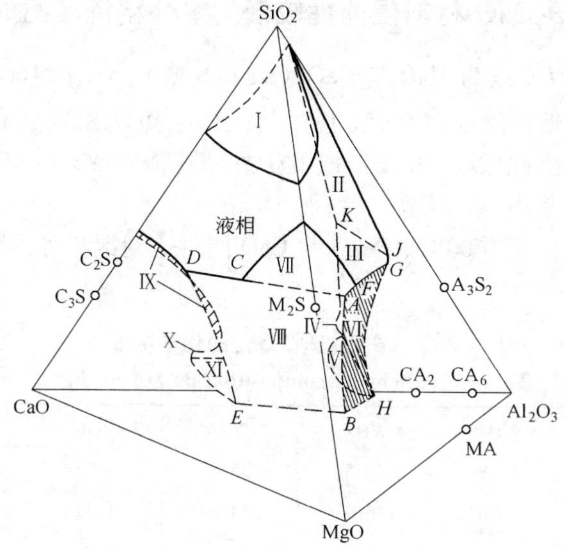

图 1 CaO-SiO_2-Al_2O_3-MgO 系于 1600℃时的液相区和饱和面

Fig. 1 Liquid phase zone and saturation surface of quarternary system CaO-SiO_2-Al_2O_3-MgO at 1600℃

Ⅰ—SiO_2；Ⅱ—A_3S_2；Ⅲ—Al_2O_3；Ⅳ—CA_6；Ⅴ—CA_2；Ⅵ—MA；Ⅶ—M_2S；Ⅷ—MgO；Ⅸ—C_2S；Ⅹ—C_3S；Ⅺ—CaO

表 2 图 1 中相应各点的化学组成

Table 2 Chemical composition of relevant point in Fig. 1 (%)

点	MgO	CaO	SiO_2	Al_2O_3
A	24.5	29.5	30.0	16.0
B	16.5	30.0	0	53.5
C	33.3	25.6	41.0	0
D	17.8	43.5	38.7	0
E	9.0	53.5	0	37.5
F	36.2	0	41.1	22.7
G	16.3	0	40.1	43.6
H	4	27	0	69
J	14.1	0	42.3	43.6
K	0	13.3	45.9	40.8

4 对 MgO-CaO 材料侵蚀性较低的炉外精炼渣组成

图 1 中 *DE* 线为 MgO 与 CaO（或 C_3S 或 C_2S）在 1600℃时的双饱和线，即熔渣组成在 *DE* 线上时，渣中的 MgO 和 CaO 含量同时达到了饱和，因此靠近 *DE* 线组成的炉外精炼渣对 MgO-CaO 材料的侵蚀性应该是甚小。

表 3 列出了 1600℃时 MgO 与 CaO 同时达到饱和时，熔渣的化学组成。

表 3 图 1 中 *DE* 线上的化学组成

Table 3 Chemical composition on *DE* in Fig. 1

（%）

Al_2O_3	MgO	CaO	SiO_2	CaO/SiO_2	Al_2O_3/SiO_2
0	17. 8	43. 5	38. 7	1. 12	0
5. 0	16. 0	45. 0	34. 0	1. 32	0. 15
10. 0	13. 5	46. 0	30. 5	1. 51	0. 33
15. 0	12. 0	47. 0	26. 0	1. 81	0. 58
20. 7	10. 0	51. 3	18. 0	2. 85	1. 15
25. 0	9. 5	56. 0	9. 5	5. 89	2. 60
30. 0	9. 3	54. 7	6. 5	8. 30	4. 60
37. 5	9. 0	53. 5	0		

从表 3 可以得出：（1）*DE* 线上饱和渣中 CaO 含量甚高，皆在 44% ~56% 之间。（2）随着渣中 Al_2O_3 含量的增加，渣中 MgO 与 SiO_2 含量下降，尤以 SiO_2 下降特别明显。（3）饱和渣中 MgO 与 CaO 含量总和基本保持在 60% 左右，而 Al_2O_3 与 SiO_2 含量总和则保持在 38% 左右。（4）随着 CaO/SiO_2 比与 Al_2O_3/SiO_2 比的增加，饱和渣中 MgO 含量减少；当 CaO/SiO_2 比与 Al_2O_3/SiO_2 比分别增至 2. 85 与 1. 15 以后，渣中 MgO 含量下降甚小，即采用 MgO-CaO 材料作炉外精炼设备衬砖时，渣中碱度与 Al_2O_3/SiO_2 比分别在 2. 8 与 1. 2 左右较为适宜。（5）采用白云石造渣，既可提高渣的碱度，又可增加渣中 MgO 含量，使熔渣组成接近 MgO 与 CaO 的双饱和线。

从表 1 看，SKF 精炼设备，其抽气前与抽气后的熔渣，其 CaO/

SiO_2 比与 Al_2O_3/SiO_2 比分别在 2.8 与 1.2 以上，靠近 *DE* 线，这种渣对 MgO-CaO 材料的侵蚀应较低。

AOD 炉，其出钢渣的 CaO/SiO_2 比与 Al_2O_3/SiO_2 比分别在 0.9 ~ 1.4 与 0.8 左右；VOD 设备的终渣，其 CaO/SiO_2 比与 Al_2O_3/SiO_2 比则分别为 1.4 与 0.8 左右。看来 AOD 与 VOD 设备若要用 MgO-CaO 材料作衬砖，渣的碱度与 Al_2O_3/SiO_2 比似乎都应提高一些好。至于钢包喷吹，从渣的碱度看是符合前面的要求，但 Al_2O_3/SiO_2 比低了一些。

5 形成 MA❶ 保护层与炉渣组成关系

赫佐格（Herzog）曾研究过在镁质与镁铬质耐火材料上形成镁铝尖晶石（MA）保护层的问题[4]。他通过试验得出：增加炉渣中 Al_2O_3 含量，使其在镁质或镁铬质耐火材料上形成 MA，可以减轻炉外精炼渣对这些耐火材料的侵蚀；这种镁铝尖晶石保护层不会因炉外精炼的间歇式操作而受到损害。

在镁质材料上形成 MA 保护层，须对图 1 中 MgO 与 MA 的双饱和线 *AB* 进行分析讨论。

图 1 中 *A* 点是方镁石，MA，镁橄榄石（M_2S）和液相的平衡共存点，*AB* 线是 MgO 与 MA 的双饱和线，从点 *A* 与 *B* 的组成知，*AB* 线上的 CaO 含量大致都在 30% 左右。若假设 *AB* 为一直线，可近似地算出双饱和线上各点的大致组成，其结果示于表 4。

表 4 示出了在镁质衬砖上同时析出 MgO 与 MA 时，熔渣需要具备的化学组成和最低 Al_2O_3 含量，从图 1 很易看出，当 MgO，SiO_2 与 CaO 的含量满足 *AB* 线上的要求时，只要 Al_2O_3 含量大于 *AB* 线所示的值，熔渣组成就进入 MA 饱和面，从而在衬砖上只析出 MA 固体，形成 MA 保护层。即要形成 MA 保护层，渣中 Al_2O_3 必须大于 16%；当渣中 Al_2O_3 与 MgO 含量达到要求的值时，渣的碱度则要低于相应值。

---

❶ 本文中 MA 代表 $MgO \cdot Al_2O_3$，C_3S 代表 $3CaO \cdot SiO_2$，C_2S 代表 $2CaO \cdot SiO_2$，M_2S 代表 $2MgO \cdot SiO_2$，CA_2 代表 $CaO \cdot 2Al_2O_3$，CA_6 代表 $CaO \cdot 6Al_2O_3$。

表4 图1中AB线上的化学组成

Table 4 Chemical composition on AB in Fig. 1 (%)

Al_2O_3	MgO	SiO_2	CaO	CaO/SiO_2
16.0	24.5	30.0	29.5	0.98
20.0	23.2	27.1	29.7	1.1
25.0	22.2	23.9	29.7	1.2
30.0	21.2	19.0	29.8	1.6
35.0	20.2	15.0	29.8	2.0
40.0	19.2	10.9	29.9	2.7
45.0	18.2	6.8	30.0	4.4
50.0	17.2	2.8	30.0	10.7
53.5	16.5	0	30.0	

6 MgO在炉外精炼渣中的溶解度图及其用处

在讨论炉外精炼渣对碱性耐火材料的侵蚀时，均要涉及MgO在渣中的溶解度，即图1中的MgO和MA等的饱和面。当渣中MgO含量达饱和时，耐火材料中的MgO，自然就很难再往渣中溶解。因此，MgO在渣中的溶解度图是很有用的。

为此，根据图1与表2所示的点和DE，AB等线上的组成，经过近似计算，作者绘制了1600℃时MgO在$CaO-SiO_2-Al_2O_3$渣中的等溶解度曲线，其结果如图2所示。

下面以VHD法冶炼轴承钢的终渣来说明图2的用处。该终渣中，CaO，SiO_2，Al_2O_3与MgO的原含量如下：

终渣的成分	CaO	SiO_2	Al_2O_3	MgO	总量
含量/%	43.90	11.40	24.33	13.76	93.60

将上面渣的原含量换算成$CaO-SiO_2-Al_2O_3-MgO$四元系，换算后MgO含量为14.7%。并将上面渣中CaO，SiO_2与Al_2O_3的原含量，按$CaO-SiO_2-Al_2O_3$三元系换算后，其组成为：

渣的组成	CaO	SiO_2	Al_2O_3
质量分数/%	55.0	14.4	30.6

将该渣的化学组成，标记在图2中，由其组成点的位置可知，MgO在该渣中的溶解度大致为11%，这就表明该VHD终渣中MgO

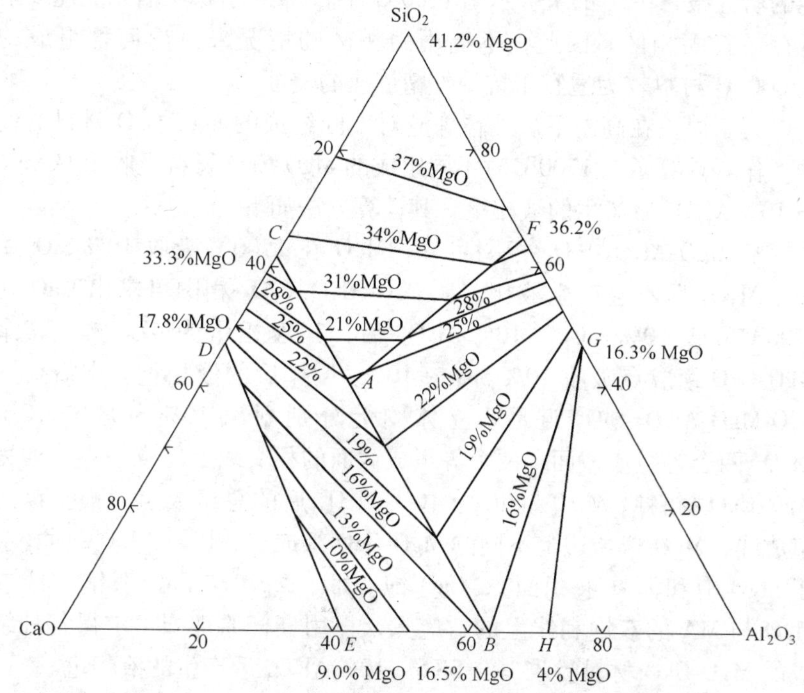

图 2　1600℃时 MgO 在 $CaO-SiO_2-Al_2O_3$ 渣中的溶解度

Fig. 2　Solubility of MgO in $CaO-SiO_2-Al_2O_3$ slags at 1600℃

的实际含量（14.7%）已超过了其饱和值（11%）。

若将 AOD 炼不锈钢时的出钢渣 3，标记在图 2 中，其组成点位置则在 *AB* 线右侧靠近 MgO 溶解度为 22% 处，该渣按 $CaO-SiO_2-Al_2O_3-MgO$ 四元系计算，MgO 实际含量只有 11.3%，显然该渣远未饱和，还可继续从衬砖中吸取 MgO。

若加入轻烧白云石造渣，使精炼过程中炉渣的 MgO 含量接近或达到图 2 中所示的饱和值，自然就能有效地减轻炉渣对衬砖的侵蚀。

7　选择 MgO-CaO 材料组成依据

在 $CaO-SiO_2-Al_2O_3-MgO$ 四元系相图中，除了奥哈拉（O'hara）等[5]曾示出 1600℃含 MgO 为 95% 的截面有一很小的固相区外，在其他的研究报告中[6]都未曾示出1600℃时靠 MgO 与 CaO 端元的连线附近存在着固相区。因此，不能用固相区的情况来讨论何种组成的 MgO-CaO 材料较为适宜于抗炉外精炼渣的侵蚀。

为了讨论在高温下炉外精炼渣对不同组成的 MgO-CaO 材料的侵蚀，作者计算了在1700℃时不同组成的 MgO-CaO 材料吸收10% SiO_2 与10% Al_2O_3 后产生的液相量，其计算方法如下：

从 MgO-Al_2O_3-SiO_2 相图可知，MgO 在1700℃吸收10% SiO_2 + 10% Al_2O_3 后不会产生液相。从 CaO-Al_2O_3-SiO_2 相图可求出 CaO 在1700℃吸收 10% SiO_2 + 10% Al_2O_3 后，其液相量为42.5%。其余 MgO-CaO 组成点吸收10% SiO_2 + 10% Al_2O_3 后的液相量，则需要在 CaO-MgO-Al_2O_3-SiO_2 四元系立体图上分别划出10% SiO_2 与10% Al_2O_3 两个等组成截面，两个等组成截面的相交线上任意一点，即为 MgO-CaO 材料吸收10% SiO_2 + 10% Al_2O_3 后的总组成点。根据该总组成线，MgO-CaO 边上不同的 MgO-CaO 组成点，以及1700℃时相应于 MgO 饱和面（液相面）、CaO 饱和面、MgO 与 CaO 双饱和线或 MgO 与 MA 的双饱和线上的对应点，再用杠杆原理即可求得各种组成的 MgO-CaO 材料吸收10% SiO_2 + 10% Al_2O_3 后产生的液相量。

1700℃时，MgO 与 CaO 的饱和面（液相面）以及 MgO 与 CaO 或 MA 的双饱和线可以由 CaO-MgO-SiO_2-Al_2O_3 四元系相图在含有不同 Al_2O_3 的等组成截面图[3]求得，如图3所示。

不同组成的 MgO-CaO 材料在1700℃吸收10% SiO_2 与10% Al_2O_3 后产生的液相量，近似计算结果如图4所示。

从图4看，MgO 含量高的 MgO-CaO 材料抗炉外精炼渣侵蚀较好。这一点与山本力等[7]于1700℃在 VOD 渣中，用 MgO-CaO 材料进行试验的结果是基本一致的。

此外，从前面表3可知，随着渣中 Al_2O_3 含量的增加，MgO-CaO 材料中 MgO 在渣中的溶解度下降；以及当渣中 Al_2O_3 含量高时，可在衬砖材料上形成 MA 保护层来看，也是以 MgO 含量较高的 MgO-CaO 材料较为合适。

虽然高温下特别是真空条件下，MgO 较 CaO 更易挥发[8]，但从高宫陽一等[9]研究 CaO 含量对 MgO 挥发性的影响结果看（见图5），

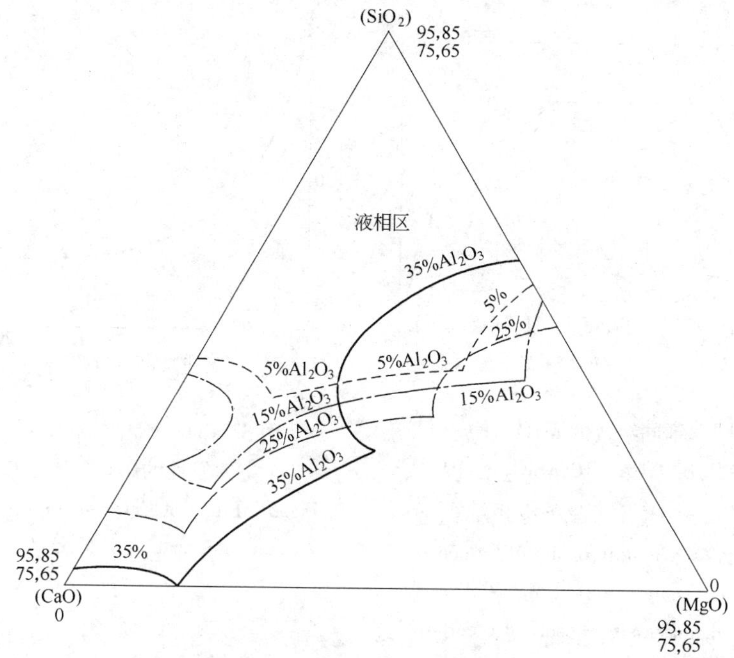

图 3 MgO-CaO-SiO$_2$-Al$_2$O$_3$ 四元系 1700℃时不同 Al$_2$O$_3$ 含量等组成截面的液相线

Fig. 3 Liquid phase zone of quarternary system MgO-CaO-SiO$_2$-Al$_2$O$_3$ at various levels of constant Al$_2$O$_3$ content (1700℃)

只要 MgO 材料中含有 10% ~20% CaO，就可使 MgO 的相对挥发量大大下降。降低的原因是由于 CaO 少量固溶于 MgO，以及 MgO 优先挥发后，在 MgO-CaO 材料表面形成富 CaO 层。

根据以上分析，如果炉外精炼设备采用 MgO-CaO 材料作衬砖，则以 MgO 含量高的较为合适。

8 结语

根据绘制出的 CaO-SiO$_2$-Al$_2$O$_3$-MgO 系于 1600℃时的液相区与饱和面，MgO 在 CaO-SiO$_2$-Al$_2$O$_3$ 渣中的溶解度图，以及不同组成的 MgO-CaO 材料在 1700℃吸收一定量 SiO$_2$ 与 Al$_2$O$_3$ 后产生的液相量，

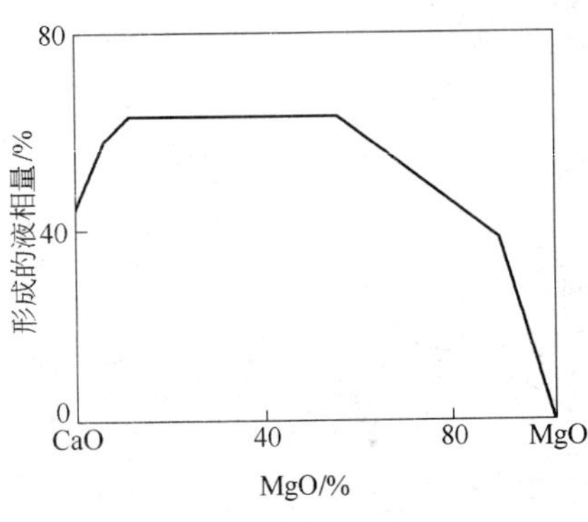

图 4　不同组成的 MgO-CaO 材料在 1700℃ 吸收 10% SiO_2 与 10% Al_2O_3 后产生的液相量

Fig. 4　Quantity of liquid formed in different compositions of MgO-CaO system refractories after absorbed a certain amount of Al_2O_3 and SiO_2 at 1700℃

100
50
相对蒸发量
5
10
15
20
CaO 的摩尔分数/%

图 5　CaO 含量对 MgO 挥发性的影响

Fig. 5　Effect of CaO content on the vaporization of MgO

分析讨论了炉外精炼渣对 MgO-CaO 材料的侵蚀，并得出如下几点：

(1) 要减轻炉外精炼渣对 MgO-CaO 材料的侵蚀，炉渣组成最好靠近 MgO 与 CaO（或 C_3S 或 C_2S）的双饱和线。

(2) 为了减轻精炼过程中炉渣从衬砖中吸取 MgO，可按 MgO 在 $CaO-SiO_2-Al_2O_3$ 渣中的溶解度图，加入适量白云石造渣，使炉渣组成接近饱和浓度。

(3) 要在碱性衬砖上形成 MA 保护层，可以按 MgO 与 MA 双饱和线组成配渣，并使渣中碱度低于其相应值，炉渣组成即可达到 MA 饱和面内，从而析出镁铝尖晶石来。

(4) 如果炉外精炼设备采用 MgO-CaO 材料作衬砖，似以 MgO 含量高的较为合适。

参 考 文 献

[1] Kaufman J W, Aguirre C E. Electr. furnace proc., 1977, 35: 74.

[2] Levin E M, Robbins C R, McMurdie H F. Phase Diagrams for Ceramists, 2nd ed.,

Am. Ceram. Soc. , 1969: 210, 219, 246.
[3] Muan A, Osborn E F. Phase Equilibria Among Oxides in Steelmaking, Addison-Wesley, Reading, Massachusetts, 1965, 101: 130 ~ 136.
[4] Herzog S P. Scand. J. Metall. , 1976, 5: 145.
[5] O' hara M J, Biggar G M. Trans. Br. Ceram. Soc. , 1970, 69: 243.
[6] Levin E M, McMurdie H F. Phase Diagrams for Ceramists 1975 Supplement, Ed. Reser, M. K. , Am. Ceram. Soc. , Columbus, Ohio: 267 ~ 276.
[7] 山本力，田中征二郎，佐佐木三明．耐火物，1981，33：216.
[8] Sata T, Sasamoto T, Lee H-L . Rep. Res. Lab. Eng. Mater. , Tokyo Inst. Technol. , 1978, 3: 41.
[9] 高宮陽一，长谷川安利，田賀井秀夫，嵐治夫．耐火物，1975，27：242.

Discussion on Secondary Steel Refining Slag Attack upon MgO-CaO Refractories from Aspect of $CaO\text{-}SiO_2\text{-}Al_2O_3\text{-}MgO$ Quarternary Phase Diagram

Chen Zhaoyou

(Luoyang Institute of Refractories Research, Ministry of Metallurgical Industry)

Abstract: From the aspect of the phase diagram, the slags of the secondary steel refinement may be substantially considered similar in nature of a $CaO\text{-}SiO_2\text{-}Al_2O_3\text{-}MgO$ quarternary system. The liquid zone and the saturation surface at 1600℃ of this system and the MgO solubility line at 1600℃ in $CaO\text{-}SiO_2\text{-}Al_2O_3$ slags as well as the quantity of liquid formed in different compositions of MgO-CaO system refractories after absorbed a certain amount of SiO_2 and Al_2O_3 at 1700℃ have been constructed by the allied ternary phase diagrams and the published data. Based upon above-mentioned, the secondary steel refining slags attack upon the MgO-CaO system refractories was discussed. Suggestion may be made of the improvements upon the service life of the linings either by controlling the composition of slags or by selecting properly the constituents of MgO-CaO refractories.

本文选自《金属学报》，1983，19(6)：B237.

MgO-CaO 和镁铬耐火材料在炉外精炼渣中的溶解动力学

陈肇友　吴学真　叶方保

（冶金工业部洛阳耐火材料研究院）

摘　要：采用旋转圆柱体法研究了 MgO-CaO 系材料和镁铬材料在炉外精炼渣中的溶解动力学。研究用的耐火材料为四种 MgO-CaO 试样（MgO 含量为 40% ~93%）、两种镁铬试样（一种为共烧结镁铬，另一种为半再结合镁铬）。实验用的合成渣是类似于碱度不同的 VOD 和 AOD 渣（碱度 0.6 ~ 2.68）。实验是在 Ar 气氛中于不同温度（1600 ~ 1750℃）、不同转速（200 ~ 500r/min）下进行。用光学显微镜、扫描电镜和电子探针观察研究了试验前、后试样的显微结构。根据试验结果，对溶解过程的动力学和机理进行了讨论。

1　引言

用 AOD 和 VOD 设备生产不锈钢等的成本中，炉衬耐火材料的消耗占有可观的份量。这些设备衬砖寿命低是目前国内外存在的甚为突出的问题。AOD 和 VOD 设备受侵蚀损坏最严重的部位是渣线。因此，研究耐火材料在 AOD 和 VOD 炉外精炼渣中的溶解动力学及其侵蚀机理是一个很有实际意义的课题。

国外对这一课题曾进行过一些研究[1~7]，但所用方法多为静态和定性的，缺乏在动态条件下较为系统的研究。

本文采用旋转圆柱体法，测定了 MgO-CaO 系材料与镁铬材料在 Ar 气氛下，于不同转速、不同温度和不同碱度的炉外精炼渣中的溶解速度，并借助于化学分析、显微镜、扫描电镜与电子探针研究了炉外精炼渣对 MgO-CaO 与镁铬材料的溶解过程与机理。

2 溶解动力学、实验装置与方法

2.1 溶解动力学[8]

固体在液体中的溶解过程可看作由化学反应与扩散两个步骤构成。当扩散速度比化学反应速度慢得多时，过程受扩散步骤控制，称过程处于扩散控制范围。当化学反应速度比扩散速度慢得多时，过程受化学反应步骤控制，称过程处于化学动力学控制范围。当扩散速度与化学反应速度相当时，称过程处于过渡范围。

当过程受控于不同机理时，其动力学特征各不相同，其所遵守的动力学规律和各种因素对过程速度的影响也是不同的。

从已有的研究结果来看，耐火氧化物在熔体中的溶解过程一般是处于扩散速度控制范围。溶解速度 J 为:

$$J = \beta(C_S - C_0) = \frac{D}{\delta}(C_S - C_0) \tag{1}$$

式中，β 为溶质的传质系数；C_S 与 C_0 分别为边界层与熔渣本体中溶质的浓度；δ 为扩散边界层厚度；D 为溶质的扩散系数。

若为圆柱体试样，当溶解速度以单位时间内圆柱体半径的减少来表示，而浓度以质量分数（wt%）表示时，上式则为:

$$J = \frac{\beta\rho_0}{100\rho}[(\mathrm{wt\%})_S - (\mathrm{wt\%})_0] \tag{2}$$

式中，$(\mathrm{wt\%})_S$、$(\mathrm{wt\%})_0$ 分别为边界层与熔渣本体中溶质的浓度；ρ 与 ρ_0 分别为试样与溶渣的密度。

在强制对流下，当重力影响可忽略时，根据量纲分析可得出扩散过程中准数之间的关系为[8]:

$$Sh = C \cdot (Re)^a (Sc)^b \tag{3}$$

式中，Sh 为舍伍德数，$Sh = \frac{\beta d}{D}$；Re 为雷诺数，$Re = \frac{du\rho_0}{\eta}$；$Sc$ 为施密特数，$Sc = \frac{\eta}{D\rho_0}$；$\eta$ 为熔体的黏度；d 为旋转圆柱体的直径；u 为线速度，$u = \pi dn$；n 为圆柱体的转速。

M. 艾森伯格（Eisenberg）等[9]通过研究旋转苯甲酸与肉桂酸圆柱体在水中的溶解，得出在湍流条件下，

$$Sh = 0.0791(Re)^{0.7}(Sc)^{0.356} \tag{4}$$

若溶解速度、熔体的黏度与密度，以及溶质在边界层的浓度已知，则由式（2）与式（4）可算出溶质的传质系数β与扩散系数D。

如果耐火氧化物在熔体中的溶解过程是处于扩散控制范围，从式（1）与式（4）可得出溶解速度与转速有如下关系：

$$J \propto n^{0.7} \tag{5}$$

溶解速度与温度关系的阿累尼乌斯（Arrehnius）方程式为：

$$J = A\exp\left(-\frac{E}{RT}\right) \tag{6}$$

式中，E为溶解活化能；R为气体常数；T为绝对温度（K）；A为常数。

2.2 实验装置与方法

实验装置如图1所示。采用碳管为发热体。Mo坩埚内径为50mm，深90mm，装入渣量为300g。圆柱体试样尺寸为ϕ20mm × 30mm，中孔为ϕ7mm。试样的上、下端面盖以Mo圆片，用Mo螺母固定在转动的Mo杆上。测温用PtRh6/PtRh30热电偶，通过控温系统控温，实验时温度波动保持±2℃。实验在Ar气氛中进行，Ar气流量为45mL/s。

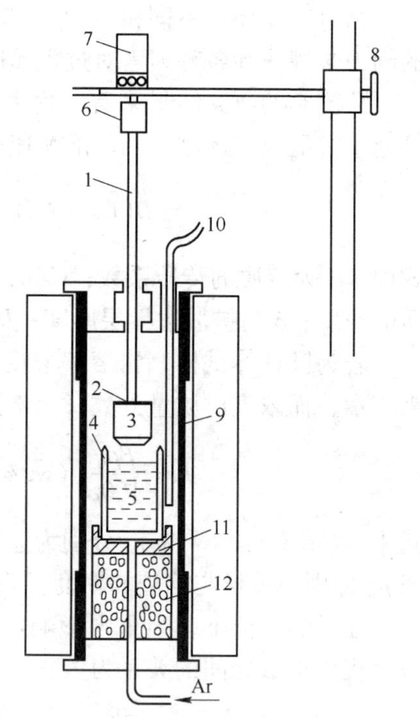

图1　实验装置图

Fig. 1　Test apparatus

1—Mo杆；2—Mo盖片；3—试样；4—Mo坩埚；5—炉渣；6—万向联轴节；7—变速电动机；8—试样升降装置；9—碳管；10—热电偶；11—Al_2O_3坩埚座；12—Al_2O_3空心球支柱

升温时，试样位于炉膛上部预热。当炉温达到所需要的实验温度后，将试样下降至炉渣液面上方，保持 10min 后再将试样全部浸入熔渣内，并以预定转速旋转，15min 后将试样提出液面，高速旋转 4min，以甩掉试样表面黏附渣。

试验前、后试样的直径用游标卡尺测量，测量是在相互垂直的两个方向、14 个部位进行。以单位时间内试样半径的减少来表示试样的溶解速度。对试验后表面出现凹坑或凹槽的试样，还用煤油测定了其体积，以进行校正❶。

3 试样与炉渣的制备

3.1 试样

MgO-CaO 系试样，用二步煅烧法制备了 MgO 含量不同的四种 MgO-CaO 熟料。熟料破、粉碎成颗粒（1.6 ~ 0.5mm）和细粉（ <0.088mm）。按相同的颗粒配比，以石蜡为结合剂，于 200MPa（2000kg/cm^2）压力下，压制成圆柱体试样。不同 MgO 含量的样坯分别在 1650 ~1800℃下烧成，以制得气孔率相近的试样。

共烧结镁铬（M-K）试样，将轻烧菱镁矿细粉与铬矿细粉以一定比例混合，压成荒坯，于 1800℃下煅烧，制得共烧结镁铬熟料。熟料破、粉碎成颗粒与细粉，以纸浆废液为结合剂压制成圆柱体试样，于 1800℃烧成。

半再结合镁铬（S. M-K）试样，颗粒为电熔镁铬料，细粉为共烧结镁铬熟料。其余工艺与共烧结镁铬试样相同。

各种耐火材料试样的化学组成与物理性质列于表 1。

烧成后的试样经显微镜鉴定，MgO-CaO 试样中，MgO 与 CaO 分布均匀，少量 C_3S 和 C_2F 以孤岛状存在，颗粒间有裂隙。镁铬试样中主晶相为方镁石固溶体和复合尖晶石，在方镁石固溶体中有许多晶内尖晶石。低熔点硅酸盐相以薄膜状填充于晶间。共烧结镁铬试

---

❶ M-K 试样经 S-1.0 渣于 1750℃试验后，表面出现大量凹坑与凹槽。将直接测量试验后试样的直径与用煤油测定试验后的体积而算出的直径值相比较，后者比前者小 1.2%。

样中气孔细而多，半再结合镁铬试样中在颗粒和基质间有较大裂隙。

表 1　MgO-CaO 与镁铬试样的化学组成与物理性质

Table 1　Chemical composition and physical properties of MgO-CaO and magnesite-chrome specimens

试　样	化学组成/%						显气孔率/%	密度/$g \cdot cm^{-3}$	常温耐压强度/MPa
	CaO	MgO	Cr_2O_3	Fe_2O_3	Al_2O_3	SiO_2			
白云石 D	59.43	40.29		0.03	0.14	0.10	16	2.87	41
MD6	34.15	64.91		0.20	0.52	0.22	15～16	2.92	90
MD8	17.01	82.03		0.30	0.31	0.35	15	2.95	59
MD9	5.61	93.12		0.37	0.43	0.47	16～17	2.94	87
Co-共烧结镁铬 M-K	1.06	65.82	20.24	5.99	5.54	1.36	19	3.09	56
半再结合镁铬 S. M-K 粗颗粒	0.90	80.66	10.36	3.65	3.00	1.55	14	3.24	51
半再结合镁铬 S. M-K 细粉	1.21	45.06	32.13	9.94	8.55	3.12			

3.2　炉渣

炉渣用化学试剂按 VOD 和 AOD 渣的组成配制。经混合均匀后，压坯、烧结、再粉碎、细磨至 0.088mm 以下。炉渣的配制组成与矿相成分示于表 2。

表 2　炉渣的化学组成与矿物相

Table 2　Chemical composition and minerals of slags

炉渣	化学组成/%						主要矿物相①
	CaO	SiO_2	Al_2O_3	MgO	Fe_2O_3	CaO/SiO_2（摩尔比）	
S-0.6	26.57	47.43	17	6	3	0.6	CAS_2，CS
S-1.0	35.73	38.27	17	6	3	1.0	$Ca_2(Al,Mg,Si)Si_2O_7$
S-1.8	46.39	27.61	17	6	3	1.8	C_2AS（主要），C_2S（少）
S-2.68	52.86	21.14	17	6	3	2.68	C_2S（主要），C_2AS（少）

① C—CaO；A—Al_2O_3；S—SiO_2。

4 实验结果

4.1 转速对溶解速度的影响

在1650℃和不同转速200r/min、300r/min、400r/min、500r/min下，分别测定了MD8、M-K试样在碱度（摩尔比 CaO/SiO_2）为1.0的S-1.0渣中的溶解速度，其结果如图2所示。

从图2可见：(1) 溶解速度与 $n^{0.7}$ 之间呈直线关系；(2) MD8直线的斜率比M-K大，说明转速对MgO-CaO材料的影响比镁铬大；(3) 镁铬材料比MgO-CaO材料更抗炉渣的冲刷侵蚀。

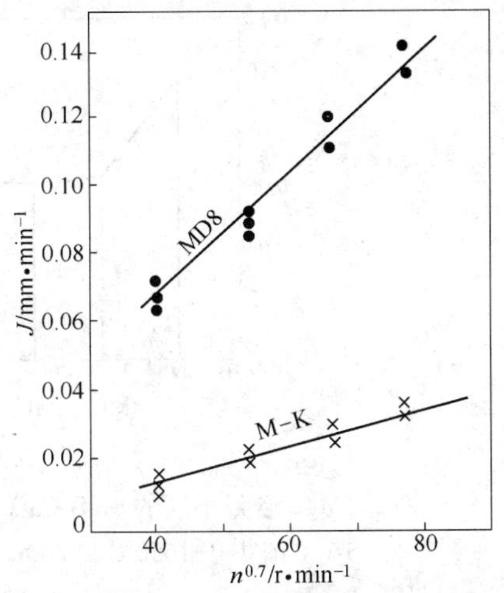

图2 在1650℃时转速对MD8、M-K试样溶解速度的影响

Fig. 2 Dissolution rate J *vs* speed of revolution $n^{0.7}$ at 1650℃ of MD8 and M-K in S-1.0 slag

4.2 MgO-CaO试样、共烧结镁铬与半再结合镁铬试样溶解速度比较

在1650℃和转速200r/min下，分别测定了不同组成的MgO-CaO试样与镁铬试样在碱度为1.0的炉渣中的溶解速度，其结果如图3所示。

从图3可以看出：(1) 在MgO-CaO系材料中，白云石试样的溶解速度最大，MD9次之，MD8与MD6最小，而且MgO含量在60%～80%之间溶解速度变化不大；(2) 两种镁铬试样的溶解速度相差甚小，且都远小于MgO-CaO系试样的溶解速度，说明镁铬材料在碱度为1的炉外精炼渣中的抗溶蚀性能比MgO-CaO材料要好得多。

4.3 炉渣碱度对MgO-CaO、镁铬试样溶解速度的影响

在1650℃和转速为200r/min下，测定了MD8与M-K试样在不

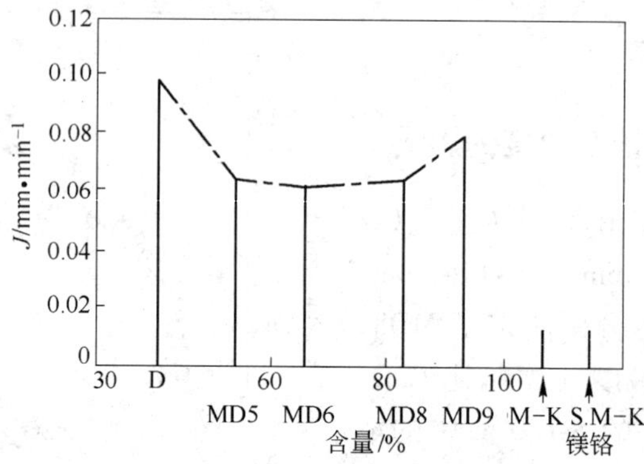

图 3　MgO 含量不同的 MgO-CaO 试样以及 M-K 和 S. M-K 试样在 S-1. 0 渣中于 1650℃和 200r/min 下的溶解速度（平均）

Fig. 3　Dissolution rate（average）of samples of various MgO-CaO contents and co-clinkered and semirebonded magnesite-chrome in S-1. 0 slag at 1650℃ and 200r/min

同碱度（0. 6、1. 0、1. 8 与 2. 68）的炉外精炼渣中的溶解速度，其结果如图 4 所示。

由于 M-K 试样在碱度为 2. 68 渣中试验后，冷却时发生反应层粉

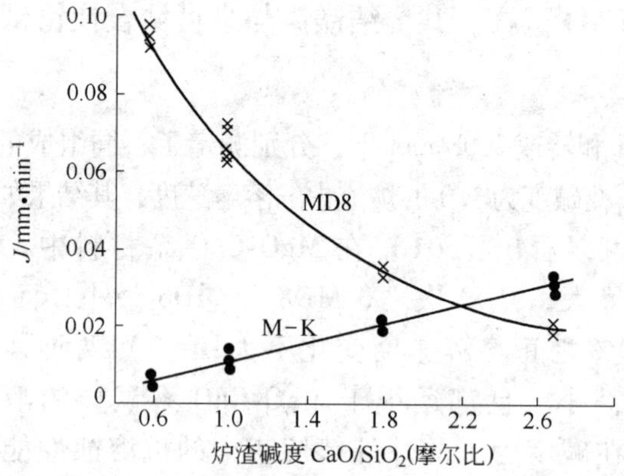

图 4　炉渣碱度对 MgO-CaO、M-K 试样溶解速度的影响（1650℃，200r/min）

Fig. 4　Dissolution rate of MD8 and M-K for different basicities of slag at 1650℃ and 200r/min

化，因此，试验后直径的测定采用了在高温下照相的办法。

从图 4 可以看出：（1）MgO-CaO 试样的溶解速度随着炉渣中碱度的提高而显著下降，MD8 在碱度为 0.6 的渣中的溶解速度约为在碱度为 2.68 的渣中的 5 倍；（2）M-K 试样的溶解速度随着渣中碱度的提高明显地呈线性增大，M-K 试样在碱度为 2.68 的渣中的溶解速度约为在碱度为 0.6 的渣中的 6 倍；（3）MD8 与 M-K 两曲线在碱度大约为 2.2 处相交。在低碱度渣中，镁铬比 MgO-CaO 溶解速度小；而在高碱度渣中，镁铬比 MgO-CaO 溶解速度大。即镁铬材料的抗酸性渣溶蚀的性能优于 MgO-CaO 材料，而 MgO-CaO 材料的抗碱性渣溶蚀的性能优于镁铬。

4.4 温度对 MgO-CaO、镁铬材料溶解速度的影响

为了确定温度对 MgO-CaO 与镁铬材料溶解速度的影响，分别测定了 MD8 与 M-K 试样在 S-1.0 渣中于 1600℃、1650℃、1700℃与 1750℃时的溶解速度。将溶解速度的对数与 1/T 作图，如图 5 所示。

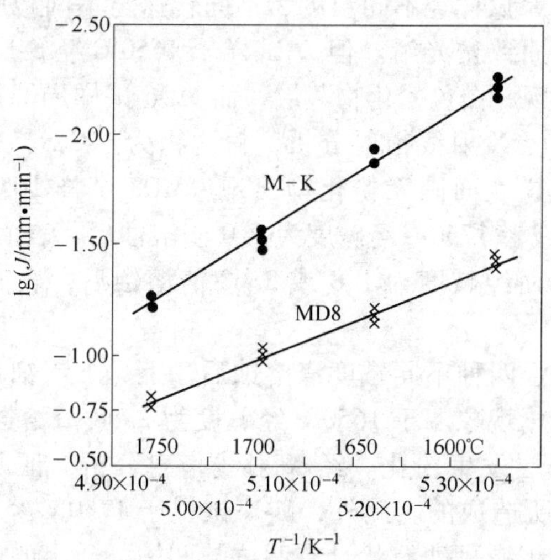

图 5 MD8 与 M-K 试样在 S-1.0 渣中的溶解速度与温度的关系（200r/min）

Fig. 5 lg J of MD8 and M-K in S-1.0 slag vs 1/T (at 200r/min)

从图 5 可知，MgO-CaO 与 M-K 材料在炉外精炼渣中的溶解速度与温度的关系，遵循阿累尼乌斯方程式。从图 5 中直线的斜率可得 MgO-CaO 材料在炉外精炼渣中的溶解活化能为 292. 6kJ/mol（70kcal/mol），其溶解速度与温度的关系为：

$$\lg J = -\frac{70000}{4.575T} + 6.795 \quad (7)$$

共烧结镁铬样的溶解活化能为 459. 8kJ/mol(110kcal/mol)，其溶解速度与温度的关系为：

$$\lg J = -\frac{110000}{4.575T} + 10.645 \quad (8)$$

温度对镁铬材料溶解速度的影响大于 MgO-CaO。温度每升高 100℃，镁铬材料的溶解速度增加 4 ~ 5 倍，而 MgO-CaO 材料为 2 ~ 3 倍。

4.5 试样进行溶解试验后的情况

MgO-CaO 系试样经不同温度、不同转速与不同碱度的炉外精炼渣溶蚀后，表面致密光滑。但 *D* 试样于 1650℃ 经 S-1. 0 渣溶蚀后，冷却时表面出现一白色粉化物薄层，而 MD6 试样局部地方出现少量白色粉化物。经 X 射线衍射分析，粉化物为 γ-C_2S、MgO 和 C_2AS。MD8、MD9 试样表面则无粉化物出现。MD8 试样 1650℃ 经碱度为 0. 6 渣溶蚀，或者 1750℃ 经碱度为 1. 0 渣溶蚀后，表面虽致密瓷化，但呈现凹坑；而经碱度为 1. 8 或 2. 68 渣溶蚀后，表面光滑无凹坑出现。

镁铬试样经四种不同碱度渣溶蚀后，上、下粗细均匀，肉眼观察表面无致密化现象。于 1650℃ 经碱度为 2. 68 渣溶蚀后的 M-K 试样，冷却时外层发生粉化。经 X 射线衍射分析，证明粉化是由于 C_2S 晶型转变所造成的。此外，M-K 试样于 1750℃ 经 S-1. 0 渣溶蚀后，试样表面粗糙呈砂粒状且有凹坑与凹槽。凸出的砂粒状物经显微镜与电子探针分析为复合镁铬尖晶石，其组成为：MgO 45. 79%，Cr_2O_3 17. 40%，Al_2O_3 10. 51%，Fe_2O_3 4. 81%，SiO_2 14. 15%，CaO 7. 33%。这充分表明镁铬材料中的尖晶石比方镁石更抗 S-1. 0 渣高温溶蚀。

另一种值得提出的现象是，对一些溶蚀不甚严重的 MgO-CaO 或镁铬试样，试验后试样的直径虽然减小，但其质量反比试验前重。其增重情况如表 3 所示。

表 3 镁铬试样的增重情况

试 样	MD8-S-1. 8①	MD8-S-2. 68	M-K-S-0. 6
增重(平均)/g	1. 0	1. 10	2. 94
试 样	M-K-S-1. 0	M-K-S-1. 8	M-K-S-2. 68
增重(平均)/g	2. 62	1. 94	0. 73

① MD8-S-1. 8，M-K-S-0. 6 代表试样 MD8 与 M-K 分别溶于 S-1. 8，S-0. 6 渣中。

增重表明旋转试样在溶解的同时，熔渣还向试样内渗入。从试样经炉渣渗透后的显微镜观测，发现熔渣渗入镁铬试样较之 MgO-CaO 试样深，而 MgO-CaO 试样中又以 MgO 含量最高的 MD9 渗透最深。

5 分析与讨论

5.1 MgO-CaO 试样中 MgO 含量与溶解速度之间所呈关系的解释

图 3 中的溶解速度都是在同一炉渣、相同温度、相同转速、试样原来直径几乎相同，以及渣量较大、实验中熔渣组成变化不大的情况下测定的。因此，可以近似地认为式（2）中的 β 与（wt%）$_0$ 值为一常数。这样，不同 MgO 含量的 MgO-CaO 试样在渣中的溶解速度就主要随（wt%）$_S$ 值的不同而变化了。即

$$J \propto [(\mathrm{wt}\%)_S - (\mathrm{wt}\%)_0] \tag{9}$$

利用文献［10、11］中的四元系相图，我们可以求得 1600℃ 时，试样 D、MD6、MD8、MD9 与 S-1. 0 渣边界处 MgO 和 CaO 的浓度（wt%）$_S$ 值。其值示于表 4。

表 4 在 1600℃下 MgO-CaO 材料与 S-1.0 渣边界层处 MgO 与 CaO 的浓度

Table 4 Concentrations of CaO and MgO in the boundary layer between various MgO-CaO refractories and S-1.0 slag at 1600℃

项 目	D		MD6		MD8		MD9	
	CaO	MgO	CaO	MgO	CaO	MgO	CaO	MgO
$(wt\%)_S$	45.8	14.9	38.0	18.4	34.4	21.7	31.5	22.9
$(wt\%)_S-(wt\%)_0$	10.1	8.9	2.3	12.4	<0	15.7	<0	16.9
$\Sigma\Delta(wt\%)$	19.0		14.7		15.7		16.9	

从表 4 可以看出：

$\Sigma\Delta(wt\%)_D > \Sigma\Delta(wt\%)_{MD9} > \Sigma\Delta(wt\%)_{MD8} > \Sigma\Delta(wt\%)_{MD6}$，根据式（9）即可得出：

$$J_D > J_{MD9} > J_{MD8} > J_{MD6}$$

这一次序与实验结果是十分一致的。

从表 4 还可看出，试样 MD8 与 MD9 由于

$$[(wt\%)_S - (wt\%)_0]_{CaO} < 0$$

这两个试样中的 CaO 是不能溶于 S-1.0 渣中的，只有 MgO 溶解。而试样 D 与 MD6 中的 CaO 与 MgO 均应往 S-1.0 渣中溶解。

表 5 列出了 S-1.0 渣在溶解 D、MD8 与 MD9 试样后与试验前几种成分的浓度变化。从表 5 可以看出 D 试样中的 MgO 与 CaO 都同时溶于 S-1.0 渣，而 MD8 与 MD9 只有 MgO 溶解。这与上面由相图分析的结果是十分吻合的。

表 5 S-1.0 渣溶解不同 MgO-CaO 材料后与溶解前化学组成的变化

Table 5 Differences of chemical compositions of S-1.0 slag before and after dissolution test

项 目	CaO	MgO	SiO_2	Al_2O_3
D $\Delta(wt\%)$	0.17	1.25	-0.89	-0.64
MD8 $\Delta(wt\%)$	-0.39	1.40	-1.02	-0.26
MD9 $\Delta(wt\%)$	-0.51	1.66	-0.99	-0.40

这样就很好地解释了为什么 MgO 含量不同的 MgO-CaO 试样在 S-1.0渣中的溶解速度会呈现出图 3 中所示的形状。

5.2 MgO 在炉外精炼渣中的扩散系数与扩散边界层厚度

既然 MD8 与 MD9 试样中的 CaO 不能溶于 S-1.0 渣中，而只有 MgO 能溶解，那么利用式（2）与式（4）就可算出 MgO 在炉外精炼渣中的扩散系数与扩散边界层厚度。

从文献［11］可以求出 1650℃ 时 MD9 与 S-1.0 渣边界处的浓度：$(\mathrm{wt\%})_{\mathrm{S,CaO}} = 30.6$，$(\mathrm{wt\%})_{\mathrm{S,MgO}} = 24.0$。由实验已知直径为 2.147cm 的 MD9 圆柱体于 1650℃ 与 200r/min 时，在 S-1.0 渣中的溶解速度为 $J = 7.75 \times 10^{-2}\mathrm{mm/min}$。MD9 的密度 $\rho = 2.94\mathrm{g/cm^3}$。从文献［12］推得 1650℃ 时，S-1.0 渣的密度约为 $2.569\mathrm{g/cm^3}$。利用上列数据得出 MgO 在炉外精炼渣中的传质系数为：

$$\beta_{\mathrm{MgO}} = 8.2 \times 10^{-4}\mathrm{cm/s}$$

S-1.0 渣在 1650℃ 时的黏度，按 G. 厄本（Urbain）[13,14] 方法计算，求得 $\eta = 0.2\mathrm{Pa \cdot s}(2.27\mathrm{P})$。利用式（4）算出 MgO 的扩散系数为：

$$D_{\mathrm{MgO}} = 3.7 \times 10^{-5}\mathrm{cm^2/s}$$

边界层厚度为：

$$\delta = 4.5 \times 10^{-2}\mathrm{cm}$$

5.3 炉渣碱度对 MD8 试样溶解速度影响的解释

由图 6 可见，MD8 试样中主要矿物为方镁石，约占 80%，方镁石晶体形成连续网络结构，CaO 填充在连续网络的中间。因此，当试样在炉渣中溶解时主要是 MgO 溶解。

如果渣中 MgO 的浓度远低于它的饱和浓度时，MD8 试样在这种渣中的溶解速度势必很大；反之，若渣中 MgO 的浓度等于或大于它的饱和浓度，则 MD8 试样就不会溶解。从文献［14］MgO 于 1600℃ 在 $\mathrm{CaO\text{-}SiO_2\text{-}Al_2O_3}$ 系中的溶解度图可求得 MgO 在不同碱度的炉渣中的饱和浓度，其结果示于表 6。

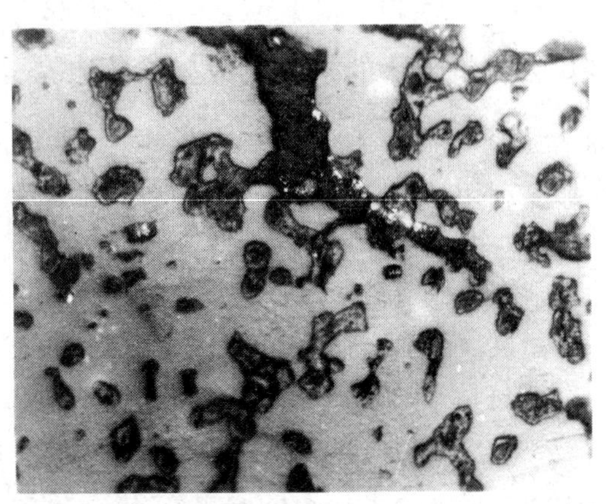

图 6　MD8 试样的显微照片（反光，770 ×）HNO_3 腐蚀

Fig. 6　Microphotograph of MD8 specimen（eroded by HNO_3）

Reflected light，770 ×

表 6　MgO 在不同碱度的炉渣中的溶解度（1600℃）

Table 6　Solubility of MgO in slag of different basicities at 1600℃

炉渣碱度（CaO/SiO_2 摩尔比）	0.6	1.0	1.8	2.68
MgO 的溶解度/%	30	25	15	11
MgO 在原渣中的浓度/%	6	6	6	6
浓 度 差	24	19	9	5

从表 6 可以看出，MgO 在 S-0.6 渣中浓度差约为在 S-2.68 渣中的 5 倍。这与本试验测得 MD8 试样在 S-0.6 渣中的溶解速度大约为在 S-2.68 渣中的 5 倍是一致的。这再次说明渣中 MgO 含量对 MgO-CaO 系耐火材料的溶蚀有着很大的影响。

图 7 与图 8 分别示出了经 S-0.6 和 S-1.8 渣侵蚀后 MD8 试样的渗透渠道。从图 7 可看出，在 MD8-S-0.6 的渗透渠道里生成了大量的 C_3MS_2 和极少量的 C_2S。C_3MS_2 在本实验温度下为液相，因而会松弛颗粒之间的结合，促使试样的蚀损。看来 MD8-S-0.6 试样表面呈现凹坑与此低熔物的生成有关。反之，从图 8 中可以看到在 MD8-S-1.8 的渗透渠道里，生成物主要是高熔点的 C_2S。自然 MD8 试样在 S-1.8 渣中的溶解速度比在 S-0.6 中要小。

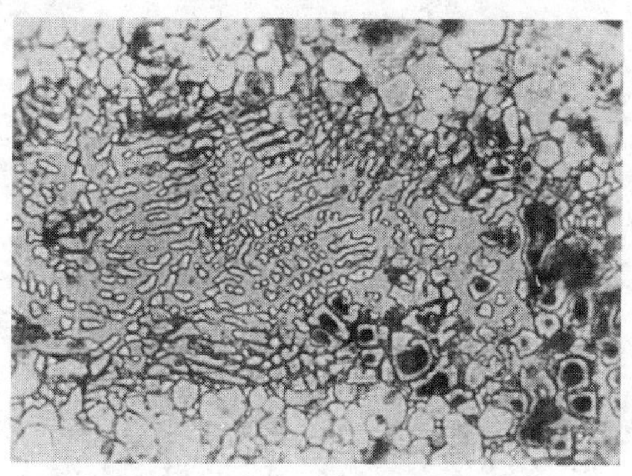

图 7　MD8 试样经 S-0.6 渣试验后的渗透渠道（反光，≈190×）
（渗透通道中形成的 C_3MS_2）

Fig. 7　Microphotograph of penetration zone of MD8 subjected to S-0.6 slag, Reflected light, ≈190×

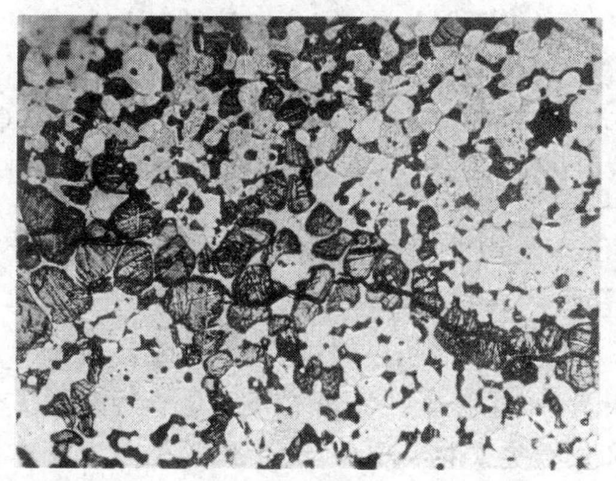

图 8　MD8 试样经 S-1.8 渣试验后的渗透渠道（反光，≈190×）
（渗透通道中形成的 C_2S）

Fig. 8　Microphotograph of penetration zone of MD8 subjected to S-1.8 slag, Reflected light, ≈190×

5.4　MgO-CaO、镁铬试样在酸性渣中溶解速度差异甚大的原因

图 9 示出了 1700℃ 时 MgO、Cr_2O_3、Al_2O_3、MgO · Cr_2O_3 与 MgO ·

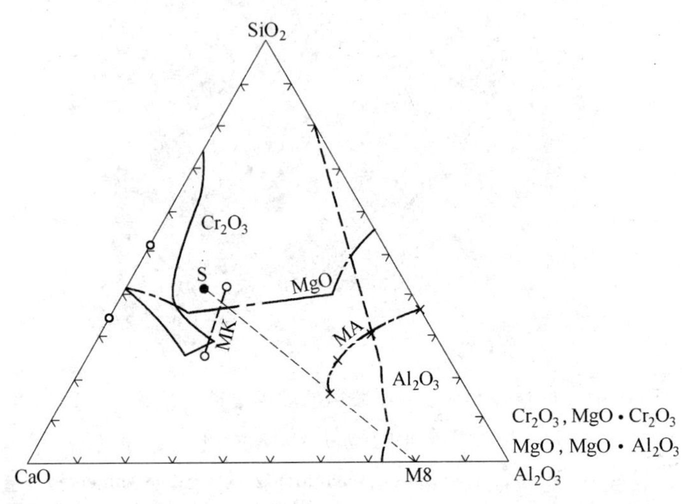

图 9　在 1700℃时 MgO、Cr_2O_3、Al_2O_3、$MgO \cdot Cr_2O_3$ 与 $MgO \cdot Al_2O_3$ 在 $CaO\text{-}SiO_2$ 渣中的溶解度

Fig. 9　Solubility limits (wt%) of MgO, Cr_2O_3, Al_2O_3, $MgO \cdot Cr_2O_3$ and $MgO \cdot Al_2O_3$ in $CaO\text{-}SiO_2$ slag at 1700℃

Al_2O_3 在 $CaO\text{-}SiO_2$ 渣中的溶解度[14]。从图可以看出在酸性渣中 MgO 与 CaO 的溶解度（CaO 在 SiO_2 中的溶解度为 57%）远大于 Cr_2O_3 与 $MgO \cdot Cr_2O_3$。即镁铬材料的抗酸性渣溶蚀性能要比 MgO-CaO 材料好。

其次，从图 10 可以看到 MD6 被 S-1.0 渣溶蚀后，在渣蚀带主要形成 C_3MS_2 和长石类矿物，CaO 已全部被溶蚀，浑圆状的方镁石孤立地分散在这些硅酸盐相中，CaO-MgO 之间的连续网络遭到完全破坏。而图 11 中，M-K 试样被 S-1.0 渣溶蚀后，在渣蚀带虽然方镁石已部分溶蚀，但尖晶石矿物却富集长大，有的已连成片，高温相之间的结合要比 MD6 试样牢固。自然 M-K 比 MgO-CaO 材料更抗酸性渣溶蚀。

5.5　炉渣碱度对 M-K 试样溶解速度影响的解释

由于镁铬材料是一复杂的多元系，目前还不能借助已有的相图

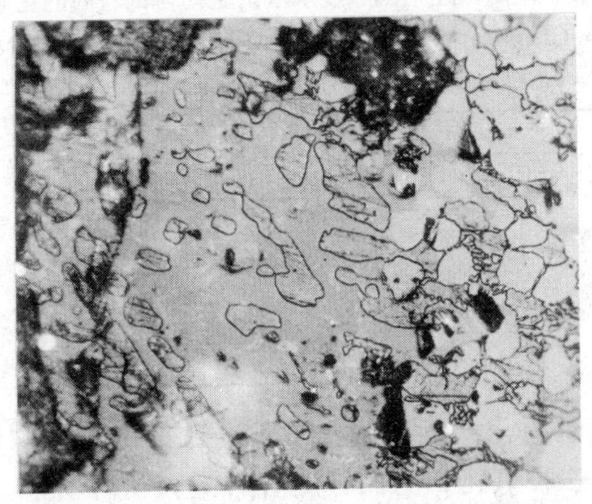

图 10 MD6-S-1.0 的显微照片（左边为工作面，反光，≈530×）

Fig. 10 Microphotograph of MD6-S-1.0 (working face on left) Reflected light, ≈530×

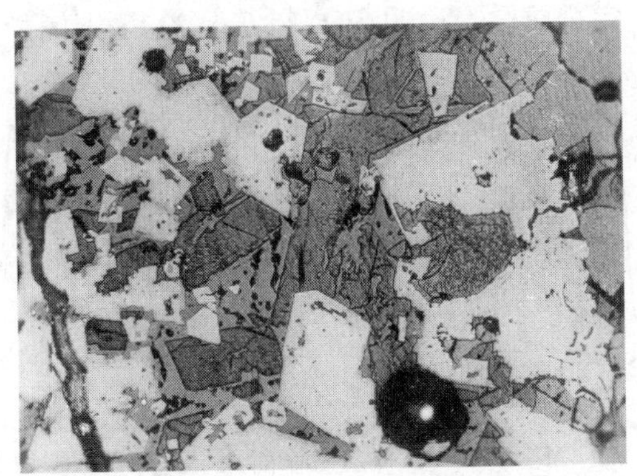

图 11 M-K-S-1.0 的显微照片（左边为工作面，反光，≈190×）

Fig. 11 Microphotograph of M-K-S-1.0 (working face on left) Reflected light, ≈190×

来讨论它与炉渣的相互作用。只能从溶蚀后试样的化学分析与扫描电镜鉴定的结果来进行探讨。

表 7 列出了 M-K 试样经不同碱度炉渣试验前与试验后的化学组成。

表 7 M-K 试样经不同碱度炉渣试验前与试验后的化学组成

Table 7 Chemical composition of M-K specimen before and after dissolution test at different basicities of slag

试 样	化学组成/%						CaO/SiO_2 (摩尔比)
	SiO_2	Al_2O_3	Fe_2O_3	CaO	MgO	Cr_2O_3	
M-K	1. 36	5. 54	5. 99	1. 06	65. 82	20. 24	0. 83
M-K-S-0. 6	7. 25	7. 22	5. 81	4. 46	56. 27	18. 14	0. 66
M-K-S-1. 0	6. 28	7. 63	5. 70	5. 78	56. 86	17. 80	0. 99
M-K-S-1. 8	4. 58	7. 17	5. 76	6. 79	58. 03	17. 69	1. 59
M-K-S-2. 68	3. 50	6. 92	6. 03	7. 65	58. 11	17. 59	2. 34

从表 7 可以看出，M-K 试样从不同碱度的炉渣中吸收了 SiO_2、CaO 与 Al_2O_3 三种氧化物。而且随着炉渣碱度的增大，吸收炉渣后的 M-K 试样中的碱度也明显增大。

图 12 是 M-K-S-1. 0 试样从工作面到中孔进行元素线扫描的结果。从图 12 可以看到 SiO_2 与 CaO 的谱线高峰重叠，而 Al_2O_3 的谱线高峰却不与之完全重叠，说明 SiO_2 与 CaO 总是相伴存在。

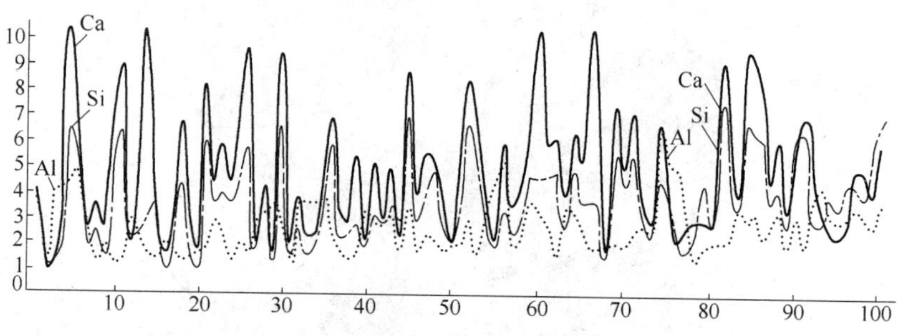

图 12 M-K-S-1. 0 试样从工作面到中孔元素线扫描图

Fig. 12 Microprobe analysis from working face to the center hole of M-K-S-1. 0 slag (window full scale = 500)

图 13 为 M-K 试样经不同碱度炉渣试验后，其形成的主要硅酸盐相的能谱图。从硅酸盐相的 EDXR 图可以得出，M-K 经 S-0. 6 渣作用后主要形成 M_2S❶（组成为：49. 8% MgO，42. 3% SiO_2）；经 S-1. 0

❶ M—MgO；K—Cr_2O_3；C—CaO；S—SiO_2；A—Al_2O_3。

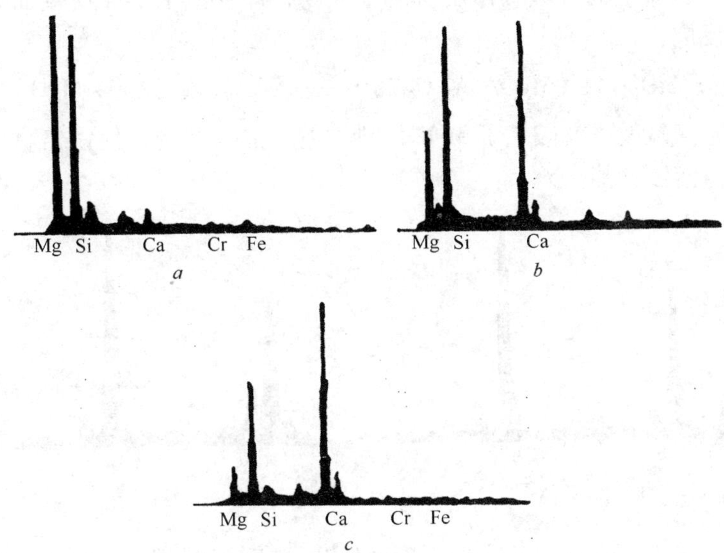

图 13 M-K 试样经 S-0.6、S-1.0 与 S-1.8
渣试验后形成的主要硅酸盐能谱图

Fig. 13 EDXR spectra of the main silicates formed in the reaction zone of M-K specimens for slag of different basicities

a—M-K-S-0.6，M_2S；*b*— M-K-S-1.0，CMS；*c*—M-K-S-1.8，C_3MS_2

渣作用后主要形成 CMS（30.0% CaO，20.7% MgO，39.8% SiO_2）；而经 S-1.8 渣作用后则主要形成 C_3MS_2（47.1% CaO，14.4% MgO，31.8% SiO_2）。这样就可以由 MgO-MK-M_2S、MgO-MA-M_2S、MgO-MK-C_3MS_2（CMS）与 MgO-MA-C_3MS_2（CMS）相图较好地来解释。因为在前二者中最低共熔点温度分别为 1825℃ 与 1710℃，而后面二者的开始熔化温度则只有 1410 ~ 1490℃[11]。自然镁铬试样在 S-1.8 渣中的溶蚀比在 S-0.6 渣中要大。

M-K 试样经碱度为 2.68 渣试验后，冷却时反应层发生粉化。取粉化物进行显微镜与扫描电镜鉴定，发现了在原来 M-K 试样与 S-2.68 渣中所没有的矿物 $C_{12}A_7$（44.70% Al_2O_3，43.47% CaO）与 CA（46.58% Al_2O_3，34.96% CaO），而且量还不少（见图 14）。这显然是镁铬试样与碱性炉渣作用后的生成物，即发生了下面使尖晶石分解的反应：

$$(CaO)_{渣} + (MgO \cdot Al_2O_3)_{M\text{-}K} \longrightarrow C_{12}A_7(\text{或 } CA) + MgO$$

这样，高碱度渣就破坏了 M-K 材料中的尖晶石结构，使镁铬材料抗碱性渣溶蚀性能变差。

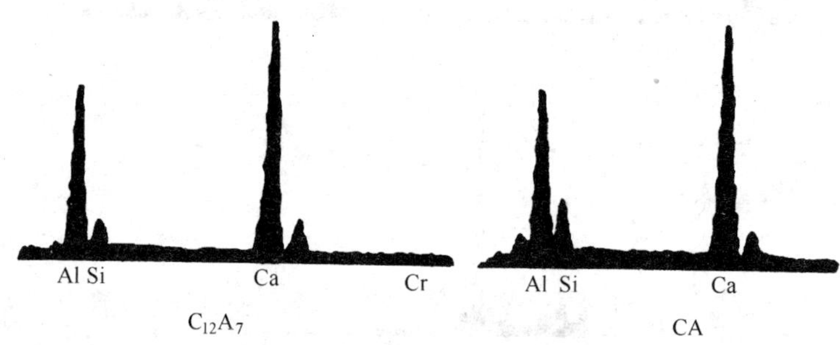

图 14　M-K 与 S-2.68 渣作用后在反应带生成的 $C_{12}A_7$ 与 CA 的能谱图（粉化物）

Fig. 14　EDXR spectra of $C_{12}A_7$ and CA in reaction zone formed by M-K with S-2.68 slag (powder of spalling and dusting)

5.6　MgO-CaO 与镁铬材料在炉外精炼渣中的溶蚀机理

我们知道当过程处于扩散速度控制范围时，转速对过程的总速度影响较大。而在过渡速度特别是在化学反应速度范围时，转速的影响较小，而活化能值较大。

转速对 MgO-CaO 试样在炉渣中的溶解速度影响甚大，而对镁铬影响较小；镁铬试样的溶解活化能较大。因此，MgO-CaO 材料的溶解过程是处于扩散机理控制。但镁铬材料是受何种机理控制，根据本实验结果尚难确定。

从试验后试样的化学分析、显微镜与扫描电镜鉴定结果可知，MgO-CaO 与镁铬试样在表面溶解的同时，熔渣渗入试样内，并发生相互作用。

MgO-CaO 材料在酸性渣中溶蚀严重的原因是形成了低熔点化合

物 C_3MS_2；而镁铬材料在碱性渣中溶蚀较严重是由于形成了 C_3MS_2 以及尖晶石发生分解并形成 $C_{12}A_7$ 与 CA。MgO-CaO 材料抗碱性渣溶蚀好是由于形成了高熔点化合物 C_2S，而镁铬材料抗酸性渣溶蚀好是由于形成了高熔点化合物 M_2S。

6 结语

（1）镁铬材料比 MgO-CaO 材料更抗精炼熔渣的冲蚀。

（2）在 MgO-CaO 系材料中，以 MgO 含量大约在 60% ~80% 之间的材料抗炉外精炼渣溶蚀较好。

（3）随着炉外精炼渣中碱度的增加，MgO-CaO 材料的溶解速度显著降低，而镁铬材料的溶解速度却明显增大。在碱度约为 2.2 时，两类耐火材料的溶解速度相近。

（4）渣中 MgO 含量对碱性耐火材料的溶蚀有着很大的影响。

（5）在 1600℃至 1750℃之间，温度每升高 100℃，MgO-CaO 材料的溶解速度增加 2 ~3 倍，而镁铬材料增加 4 ~5 倍。MgO-CaO 材料的溶解活化能为 292.6kJ/mol（70kcal/mol）；镁铬为 459.8kJ/mol（110kcal/mol）。

在 1650℃时 MgO 在炉外精炼渣中的扩散系数为 $3.7\times10^{-5}cm^2/s$。

（6）镁铬材料与酸性渣作用形成高熔点 M_2S，而 MgO-CaO 材料与碱性渣作用形成高熔点 C_2S。

（7）MgO-CaO 材料在炉外精炼渣中的溶解过程是处于扩散控制机理。

参考文献

[1] 木下凯雄，小雄进．耐火物，1976，28(5)：196.

[2] Quon D H H，Bell K E. Inter. Ceram，1983，50(2)；1983，40(3).

[3] Herzog S P. Scand. J. Metall. 1976，145(5).

[4] 盐田政利，林雄一郎．耐火物，1979，31(3)：129.

[5] 古海宏一，八木琢夫，鎌田義行．耐火物，1980，32(5)：265.

[6] Hayashi Y，Amemiya Y，Uwai N，et al. Preprint of the First Intern. Conf. on Refr. Techn. Associ. Refractories，Japan，1983，461.

[7] 渡边明，德田博保，中谷二三男．耐火物，1980，32(11)：638.

[8] 陈肇友．硅酸盐学报，1983，11(4)：498.
[9] Eisenberg M，Tobias C W，Wilke C R. Chem. Eng. Prog.，1955，51(16).
[10] 陈肇友．金属学报，1983，19(6)：B237.
[11] Levin E M，Robbins C R，McMurdie H F，Phase diagrams for Ceramists. The Amer. Ceram. Soc. INC，Figs. 714，715（1964）；Supplement，1969：2647，2654，2664，2665，2666.
[12] The Verein Deutscher Eisenhüttenleute Ed.，Schlacken atlas，Verlag Staleisen M. B. H. Düsseldorf，1981：182.
[13] Urbain G. Rev. Intern. Hautes Temp. Refr.，1974，11(2)：133.
[14] 陈肇友．钢铁，1989，24(7)：52.
[15] 陈肇友．耐火材料，1984，48(5).

Dissolution Kinetics of MgO-CaO and Magnesite-chrome Refractories in Secondary Steel Slag

Chen Zhaoyou Wu Xuezhen Ye Fangbao

（Luoyang Institute of Refractories Research，
Ministry of Metallurgical Industry）

Abstract：Dissolution kinetics of MgO-CaO and magnesite-chrome refractories in secondary steel slag has been studied by means of the rotating cylinder method. Materials investigated include four MgO-CaO samples（MgO content：40% to 93%）and two magnesite-chrome samples（co-clinkered and semi-rebonded）. Synthetic slags similar to VOD and AOD slags with different basicities（0. 6-2. 68）are used. The experiments were carried out in Ar atmosphere at different temperatures（1600-1750℃）and rsvolution speeds（200 to 500r/min）. The microstructure of specimens（before and after slag tests）are studied by OM，SEM and EPMA.

本文选自《硅酸盐学报》，1985，13(4)：475.
或“The Third China-Japan Symposium on Science and Technology of Iron and Steel”，1985：319.

炉渣在耐火材料中的等温渗透

蒋明学　陈肇友

（冶金工业部洛阳耐火材料研究院）

摘　要：本文提出了用旋转圆柱体法定量确定炉渣在耐火材料中等温渗透的方法，导出了炉渣渗入量和尺寸变化与重量变化的关系；从理论上和实验上考察了转速对炉渣 渗入量的影响，并得出在200～500r/min的范围内这一影响可以忽略不计的结论。

1　引言

炉渣或玻璃等高温熔体在耐火材料中渗透，引起耐火材料变质或结构剥落，是造成耐火材料损毁的主要机理之一。不少作者[2～4]利用W. D. 金格瑞（Kingery）等[1]提出的在熔体中旋转试样的方法，对固体在渣中的溶解动力学进行了较广泛的研究。但是，用重量法测定溶解速度，特别是多孔材料的溶解速度有一定的困难。作者之一在进行同样研究时发现，多孔材料试样质量变化必须考虑试样的溶解和炉渣的渗透两个过程，炉渣渗透与溶解中尺寸变化和质量变化都有联系。本文力图分析这些关系以提供一种研究炉渣渗透和结构剥落的新途径。

这种方法的主要思想是在进行旋转圆柱体测溶解速度的同时，测定试样在试验期间的尺寸变化和质量变化，并通过一定关系求得炉渣在耐火材料中的渗透程度，以此定量研究炉渣在耐火材料中的渗透。这里将讨论在耐火材料中炉渣的等温渗入量的计算及旋转速度的影响，并给出必要的实验证明。

2　炉渣渗透与试样尺寸、质量变化的关系

如图1所示，假定材料有均匀的径向气孔率分布。考虑某一段

时间 Δt 内炉渣渗透与试样质量及尺寸变化的关系，设试验前试样质量为 W_1，Δt 时间后质量为 W_2，则此期间试样质量的变化为：

$$\Delta W = W_1 - W_2$$

这是可以由实验测得的。在旋转中，试样一方面要溶解，一方面炉渣又在不断地向试样中渗透。

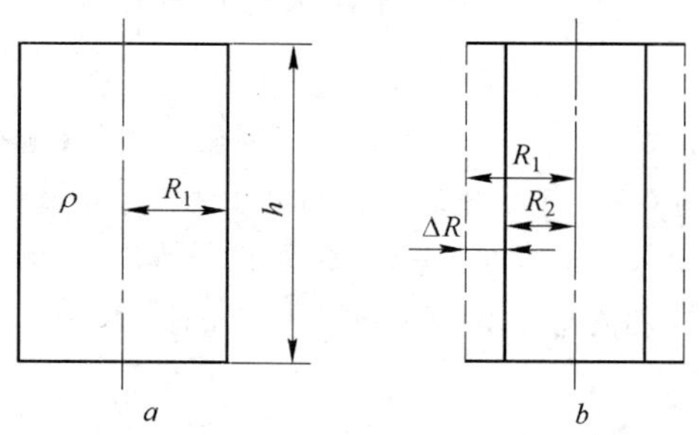

图1　试验前后试样质量和尺寸变化示意图

Fig. 1　Illustration of the changes in weight and dimension of the specimen before and after test

a—试验前；*b*—试验后

考虑试样两端用钼片等保护的情况，这时试样高度 h 可以认为不变。试样原来的体积密度为 ρ（g/cm^3），试验前试样半径为 R_1（cm），试验后为 R_2（cm），Δt 时间内试样的半径减少了：

$$\Delta R = R_1 - R_2$$

因此，由于半径减少引起的试样失重，即试样溶解于渣中的质量为：

$$W_{dis} = \pi h \rho (R_1 + R_2) \Delta R$$

如果不渗炉渣，则 Δt 时间后试样质量应为：

$$W_2' = W_1 - W_{dis} = W_1 - \pi h \rho (R_1 + R_2) \Delta R$$

现在实际上称得试样质量为 W_2。因此，试验后试样中渗入的炉渣质量为：

$$W_S' = W_2 - W_2' = W_{dis} - \Delta W = \pi h \rho (R_1 + R_2) \Delta R - \Delta W$$

炉渣在耐火材料中的渗透程度一般可用渗透深度（x）或渗入炉

渣体积或渗入渣质量予以表征，无论用哪一种表征方式，其结果应该是一致的。因此，我们用渗进耐火材料中的炉渣质量来表示，并简称为炉渣渗入量。

为使炉渣渗入量对不同尺寸的试样有一致的比较基础，我们引入单位表面积炉渣渗入量：

$$W_S = W'_S/2\pi R_2 h = [\pi h\rho(R_1 + R_2)\Delta R - \Delta W]/2\pi hR_2$$

对非匀速溶解和渗透，考虑 dt 时间内的变化。同前类似，有：

$$\mathrm{d}W_{\mathrm{dis}} = \pi h\rho(2R_1 - \mathrm{d}R)\mathrm{d}R = 2\pi\rho hR_1\mathrm{d}R$$

$$\mathrm{d}W'_S = \mathrm{d}W_{\mathrm{dis}} - \mathrm{d}W = 2\pi h\rho R_1\mathrm{d}R - \mathrm{d}W$$

于是在 $\Delta t = t_2 - t_1$ 时间内

$$W'_S = \int_{t_1}^{t_2} 2\pi h\rho R(t)v(t)\mathrm{d}t - \Delta W$$

式中，$\mathrm{d}R = v(t)\mathrm{d}t$，$v(t)$ 是溶解速度。于是如前面讨论的一样，定义单位面积上的炉渣渗入量：

$$W_S = [\int_{t_1}^{t_2} 2\pi h\rho R(t)v(t)\mathrm{d}t - \Delta W]/2\pi hR_2$$

3 炉渣渗透各种表示之间的关系

这里只粗略地讨论炉渣渗透深度和炉渣渗入量的关系。设半径方向上气孔率分布均匀。为了简化，引入平均渗透深度的概念。它是一种假想的渗透深度，在这一深度范围内，每个气孔都被炉渣所充满，且所填炉渣质量之和等于炉渣渗入量。则：

$$\pi\bar{x}(2R_2 - \bar{x})h \cdot \rho_{渣,25℃}p = W'_S$$

式中，$\bar{x}$ 为平均渗透深度，cm；$\rho_{渣,25℃}$ 为25℃时炉渣的密度，g/cm^3；p 为气孔率（100% = 1）；h 为试样高度，cm；R_2 为试验后试样半径，cm；W'_S为炉渣渗入量，g。如果知道炉渣渗入量 W'_S，则平均渗透深度 $\bar{x}$ 可按下式计算（方程求根）：

$$\bar{x} = R_2 - \sqrt{R_2^2 - W'_S/\pi hp\rho_{渣,25℃}}$$

总之，如果平均渗透深度越大，炉渣渗入量也越大，反之亦然。

4 旋转速度对渗透深度的影响

上述推导对于其他形状的试样也是可以推广的。但无论在什么情况下，试验后试样外表必须不黏渣，否则将影响分析的精度。旋转圆柱体试验是能满足上述条件的方法之一。但这时必须考虑转速对炉渣渗入量的影响。

如图2所示，取坩埚中旋转试样的一部分进行分析。考虑恒温时试样中某一半径为 r（cm）的开口气孔，设：（1）圆柱气孔中炉渣液面与孔壁交角为 $\theta(°)$；（2）相对于炉渣的渗透，润湿速度很大；（3）渗透速度很慢，可以忽略动量变化与孔口拖拉效应；（4）空气的黏度和密度均可忽略不计；（5）试样外表光滑。

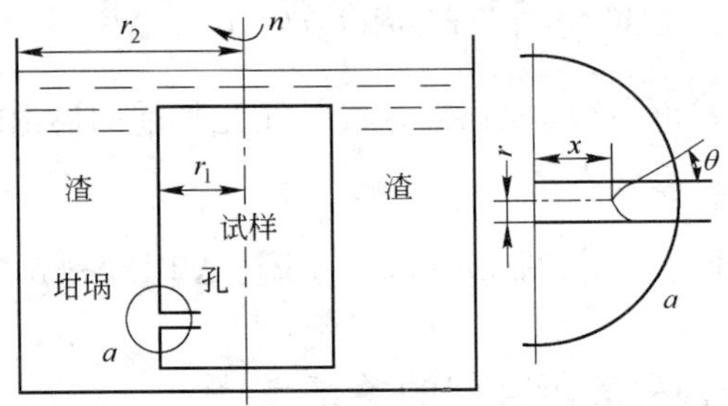

图2 炉渣渗入旋转的试样的示意图

Fig. 2 Illustration of the slag penetrating into pores of the rotating specimen

分析孔口和孔内流动时流体所受之力，在孔内炉渣受表面张力拉力 F_σ、流动时孔壁的阻力 F_η、转动时炉渣的离心力 F_n 和流体的压应力 F_v 的作用。这些力分别为：

$$F_\sigma = 2\pi\sigma r\cos\theta$$

$$F_\eta = 8\pi\eta x\mathrm{d}x/\mathrm{d}t$$

$$F_n = 4\pi^2 r^2 x(r_1 - x/2)n^2\rho_s$$

$$F_v = 4\pi^2 r^2 \nu n r_2^2/(r_2^2 - r_1^2)$$

由静力平衡：$F_\sigma + F_v - F_\eta - F_n = 0$，有：

$$r\sigma\cos\theta + 2\pi\nu r^2 n r_2^2/(r_2^2 - r_1^2) - 4\eta x\mathrm{d}x/\mathrm{d}t = 2\pi^2 n^2 r^2 x(r_1 - x/2)\rho_s \quad (1)$$

式中，σ 为炉渣的表面张力 10^{-5}N(dyn/cm)；n 为转速，1/s；η 为黏度，Pa·s；ν 为运动黏度，$\nu=\eta/\rho_s$，cm^2/s；ρ_s 为炉渣密度，g/cm^3；x 为渗透深度，cm；r_1 为试样半径，cm；r_2 为坩埚半径，cm。

令：

$$A = 2\pi^2 n^2 r^2 \rho_s / 4\eta$$

$$B = [r\sigma\cos\theta + 2\pi n\nu r_2^2 r^2/(r_2^2 - r_1^2)]/4\eta$$

则方程（1）可以表示为：

$$B - x\mathrm{d}x/\mathrm{d}t - A(r_1 - x/2)x = 0 \tag{2}$$

或

$$x\mathrm{d}x/[B + A(x/2 - r_1)x] = \mathrm{d}t$$

初值条件为：$t=0$，$x=0$

当 $n=0$ 时，$A=0$，$B=r\sigma\cos\theta/4\eta$，式（2）的解为：

$$x = \sqrt{r\sigma t\cos\theta/2\eta} \tag{3}$$

这就是比克曼（Bilkerman）的渗透深度表达式[6,7]。

当 $n\neq0$ 时，分三种情况给出式（2）解如下：

（1）当 $r_1^2>2B/A$ 时，

$$At = \ln[1 - A(r_1 - x/2)x/B] + r_1/L_1 \cdot \ln\left[\frac{1 - x/(L_1 + r_1)}{1 - x/(L_1 - r_1)}\right] \tag{4}$$

（2）当 $r_1^2=2B/A$ 时，

$$At = 2\ln(1 - x/r_1) + 2x/(r_1 - x) \tag{5}$$

（3）当 $r_1^2<2B/A$ 时，

$$At = \ln[1 - Ax(r_1 - x/2)/B] + 2r_1/L_2 \cdot \arctan(x - r_1)/L_2 + 2r_1/L_2 \arctan r_1/L_2 \tag{6}$$

其中 $L_1 = \sqrt{r_1^2 - 2B/A}$，$L_2 = \sqrt{2B/A - r_1^2}$；实际上实验属于哪一种情况取决于实验系统的 r_1、A、B 值，可用判别式判别：

$$\Delta = r_1^2 - 2B/A$$

$\Delta>0$ 即第一种情况，$\Delta=0$ 和 $\Delta<0$ 分别为第二、第三种情况。从各文献报道的实验条件分析，第三种情况即方程（6）有较大的转速适用范围。因此借助于计算机对式（6）进行了数值分析。取时间为90s，不同 r、η、$\sigma\cos\theta$ 和 n 时的结果列于表1中。由表可看出有时炉渣渗透随转速而增加，有时随转速而减少。但无论在哪种情况下，变化都十分微小，几乎可以不计。我们从实验上也得到同样的结果，实验结果如下：

表1 方程（6）在几种条件下的数值解

Table 1 Numerical solution of equation（6）under several conditions（$t=90$s，x 为 mm）

$r=0.01$cm $\eta=10$Pa·s						
$\sigma\cos\theta$/N·cm^{-1}	100r/min	200r/min	300r/min	400r/min	500r/min	600r/min
1×10^{-3}	0.802	0.796	0.783	0.764	0.739	0.709
2×10^{-3}	1.582	1.573	1.556	1.530	1.495	1.452
3×10^{-3}	2.343	2.338	2.327	2.310	2.285	2.252
4×10^{-3}	3.087	3.092	3.098	3.105	3.110	3.114
5×10^{-3}	3.816	3.836	3.868	3.913	3.971	4.043
$r=0.001$cm $\eta=10$Pa·s						
1×10^{-3}	0.081	0.081	0.081	0.081	0.081	0.081
2×10^{-3}	0.162	0.162	0.162	0.162	0.162	0.162
3×10^{-3}	0.243	0.243	0.243	0.243	0.243	0.243
4×10^{-3}	0.324	0.324	0.324	0.324	0.323	0.323
5×10^{-3}	0.404	0.404	0.404	0.404	0.404	0.403
$r=0.001$cm $\eta=1$Pa·s						
1×10^{-3}	0.802	0.801	0.799	0.797	0.794	0.790
2×10^{-3}	1.582	1.581	1.579	1.576	1.572	1.568
3×10^{-3}	2.342	2.341	2.340	2.338	2.336	2.332
4×10^{-3}	3.083	3.084	3.084	3.084	3.085	3.086
5×10^{-3}	3.808	3.809	3.812	3.816	3.821	3.827

实验在碳管炉中 Ar 气氛下 1650℃时进行。测定了烧成镁白云石质试样 MD8（84% MgO，15.4% CaO）和白云石试样 D（41.6% MgO，58.2% CaO）（气孔率均为 15.6%）在炉渣（20% Al_2O_3，38.5% CaO，29.5% SiO_2，2% CaF_2，6% MgO，2.5% FeO，1.5% MnO）中的溶解与渗透。图 3 是两种试样保温 15min 的炉渣渗入量 W_s 和转速 n(r/min) 的关系。从图中可以看出，两种试样的炉渣渗入量 W_s 随转速的增加缓慢变小，但在 200 ~ 600r/min 的

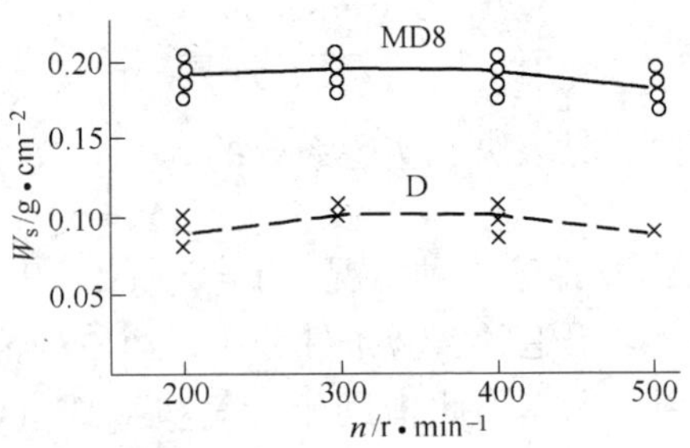

图 3 炉渣渗入量和转速的关系

Fig. 3 Relationship between weight of slag penetration per unit area and revolution of the specimen

转速范围内，炉渣渗入量变化不大。用本文第三部分的关系式计算平均渗透深度后其规律与此相同。因此对于镁白云石系耐火材料，理论考虑与实验结果都很一致。在这种情况下，转速对炉渣渗透影响不大，允许在较大的转速范围内研究溶解和渗透两个过程。

参考文献

[1] Cooper A R Jr, Kingery W D. Kinetics of High Temperature Processes. Ed. by Kin-gery W D. Techn. Press of MIT, 1959: 85.

[2] 小林弘旺. 耐火物, 1980, 32(1): 8.

[3] Oeters F, et al. Arch, Eisen., 1974, 45(5): 575.

[4] 陈肇友, 吴学真, 叶方保. 硅酸盐学报, 1985, 13(4): 475.

[5] 陈肇友. 硅酸盐学报, 1980, 8(4): 401.

[6] Bilkerman J J. Surface Chemistry. Academic Press, New York, 1958: 23.

The Isothermal Penetration of Slags into Refractories

Jiang Minxue　Chen Zhaoyou

(Luoyang Institute of Refractories Research, Ministry of Metallurgical Industry)

Abstract: An approach was proposed by which the isothermal penetration of slags into refractories can be determined quantitatively with the rotating cylinder method. The correlations between the weight of slag penetration and the changes in dimension and weight of refractories were derived. The effect of the revolution of the specimen in slags on the weight of slag penetration was examined theoretically and experimentally. The effect in the range of 200 ~ 500r/min could be neglected.

本文选自《硅酸盐学报》, 1990, 18(3): 256.

含 Al_2O_3 和 CaF_2 炉外精炼渣在镁白云石耐火材料中的渗透

蒋明学　陈肇友

（冶金工业部洛阳耐火材料研究院）

摘　要： 用旋转圆柱体法[1]研究了含 Al_2O_3 和 CaF_2 炉外精炼渣在镁白云石耐火材料中的等温渗透。炉渣渗入量随渣中 Al_2O_3 含量增加而增加；随渣中 CaF_2 含量增加而降低；随砖中 MgO 含量增加而增加；镁白云石耐火材料中，炉外精炼渣渗透可用 $L=\sqrt{\sigma/\eta}\cdot[CaO]^{-3}$ 来预测其规律。

1　引言

镁白云石耐火材料资源丰富，在高温下很稳定，对钢液有净化作用，在炉外精炼中得到广泛应用[2]。炉外精炼渣中 Al_2O_3 含量较高，此外还加入 CaF_2。因此，研究渣中 Al_2O_3 和 CaF_2 对镁白云石耐火材料的侵蚀和渗透有重要意义。S. M. 金[3]在研究 BOF 渣对镁砖的侵蚀中发现含 Al_2O_3 多的炉渣渗透较深。CaF_2 渣对碱性砖侵蚀能力大，但其机理目前尚不清楚。平節敬梓[4]认为 CaF_2 降低炉渣黏度引起渗透增加。由于

$$Al_2O_{3(s)} + 3CaF_{2(l)} = 3CaO_{(s)} + 2AlF_{3(g)} \qquad (1)$$

$$SiO_{2(s)} + 2CaF_{2(l)} = 2CaO_{(s)} + SiF_{4(g)} \qquad (2)$$

有人认为[5] CaF_2 对砖的结构有破坏作用，腐蚀性强。因此，对含 Al_2O_3 和 CaF_2 炉外精炼渣在镁白云石材料中的渗透，有必要进行系统的定量研究。作者曾用各种观察手段对此进行了初步研究，本文用旋转圆柱体法进行了定量研究，并进行了理论分析。

2 样品制备和实验方法

制备了 MgO 含量不同，成分分布均匀，气孔率相近的四种镁白云石试样，性能如表 1 所示。

表 1 试样的理化性能

试样	化学组成/%					气孔率(25℃)/%	抗压强度(25℃)/MPa	密度(25℃)/$g \cdot cm^{-3}$
	MgO	CaO	Al_2O_3	FeO	SiO_2			
D	41.62	58.21	0.05	0.04	0.07	15.6	50.7	2.80
MD5	55.41	44.07	0.05	0.17	0.30	14.8	61.8	2.87
MD7	67.37	30.39	0.13	0.46	1.60	13.9	47.8	2.91
MD8	83.69	15.39	0.07	0.48	0.39	15.6	68.1	2.89

炉渣用化学试剂配制，经混匀后压坯，烧结，再粉碎至小于 0.1mm 备用。炉渣的配制组成如表 2 所示。

表 2 炉渣的化学组成 (%)

C/S(摩尔比)	渣	Al_2O_3	CaO	SiO_2	CaF_2	MgO	FeO	MnO
1.4	A10	10.00	45.22	34.68	0.00	6.00	2.50	1.50
	A15	15.00	42.49	32.51	0.00	6.00	2.50	1.50
	A20	20.00	39.25	30.35	0.00	6.00	2.50	1.50
	A25	25.00	36.82	28.18	0.00	6.00	2.50	1.50
	A20F2	20.00	38.52	29.48	2.00	6.00	2.50	1.50
	A20F4	20.00	37.39	28.61	4.00	6.00	2.50	1.50
	A20F6	20.00	36.26	27.74	6.00	6.00	2.50	1.50
	A10F2	10.00	44.20	33.80	2.00	6.00	2.50	1.50
	A10F4	10.00	43.10	32.90	4.00	6.00	2.50	1.50
	A10F6	10.00	41.90	32.10	6.00	6.00	2.50	1.50
1.8	A′15	13.47	48.47	29.10	0.00	6.00	2.50	1.40
	A′20	18.10	45.30	27.50	0.00	5.40	2.30	1.40
	A′25	22.70	43.50	25.60	0.00	5.40	2.30	1.40

用旋转圆柱体法[1]，由于旋转速度对炉渣渗入量的影响可以忽略不计，实验结果按式（3）整理。

$$Q_s = \pi(R_1 + R_2)\Delta R \cdot \rho \cdot h - \Delta W \quad (3)$$

式中，Q_s 为炉渣渗入量，g；$\Delta R = R_1 - R_2$，R_1 和 R_2 分别为试验前后试样的半径，cm；ρ,h 分别为试样的密度和高度，g/cm^3 和 cm；ΔW

$=W_1-W_2$，W_1 和 W_2 分别为试验前后试样的质量，g。

本实验只改变渣和砖的组成，温度恒定于 1650℃，转速恒定于 200r/min，时间恒为 15min。

3 实验结果与讨论

3.1 炉渣渗入量和试样中 MgO 含量的关系

四种试样在 A20F2 渣中旋转后，炉渣渗入量对试样 MgO 含量作图，结果见图 1。可以看出，炉渣渗入量随 MgO 含量增加而增加。

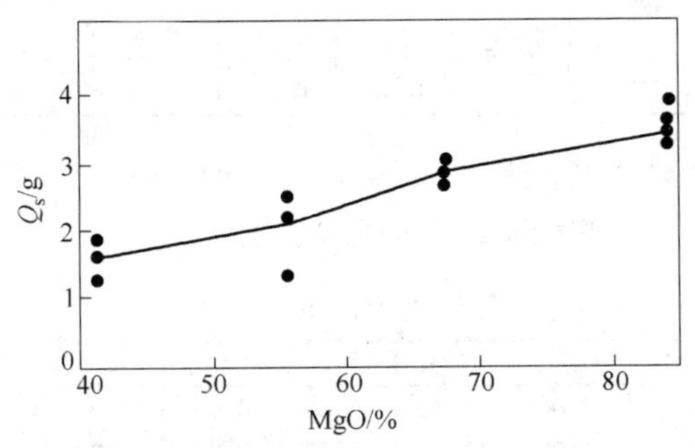

图 1 炉渣渗入量和试样中 MgO 含量的关系

实践表明，MgO 含量高的砖抗结构剥落性差，但无法用理论或实验加以说明，本文通过设计的方法从实验中发现这可能就是炉渣渗透性所决定的。由于 MgO 含量高，则 CaO 含量小，炉渣难与砖反应生成 C_2S 和 C_3S，以阻止炉渣的渗透性。因此，高 MgO 砖的炉渣渗入量大是由砖的化学性质决定的。

3.2 炉渣渗入量与渣中 Al_2O_3 含量的关系

MD7 试样在碱度分别为 1.4 和 1.8，Al_2O_3 含量不同的各种渣中旋转后，所得炉渣渗入量与渣中 Al_2O_3 含量的关系见图 2。可以看出：（1）碱度对炉渣渗入量有很大影响，碱度越大炉渣渗入量越小；（2）对于同一碱度的炉渣，Al_2O_3 含量越高，炉渣渗入量越大。但在 C/S = 1.4，Al_2O_3 为 25% 的渣不服从这一规律，这主要是此渣接近尖晶石饱和组成而造成的。

3.3 炉渣渗入量和渣中 CaF_2 含量的关系

MD7 试样在 Al_2O_3 分别为 10%、20%，CaF_2 含量不同的渣中旋转后，炉渣渗入量与渣中 CaF_2 含量的关系示于图 3，当 Al_2O_3 含量为 20% 时，炉渣渗入量随 CaF_2 含量增加而降低。当 Al_2O_3 含量为 10% 时，炉渣渗入量随 CaF_2 含量呈缓慢下降的趋势。

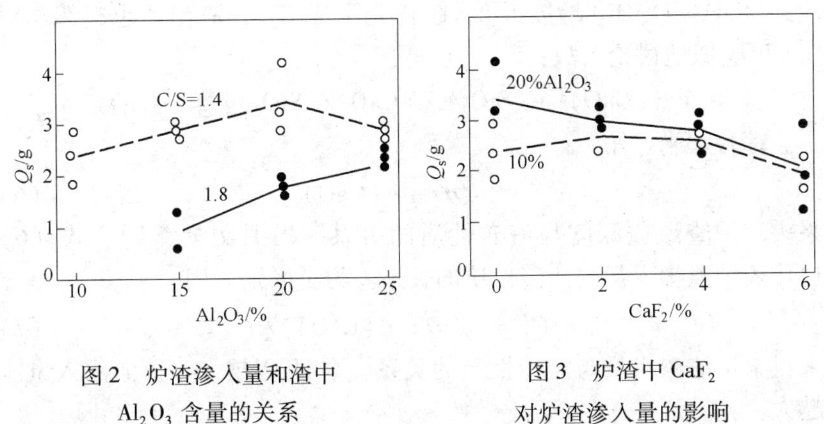

图 2　炉渣渗入量和渣中 Al_2O_3 含量的关系

图 3　炉渣中 CaF_2 对炉渣渗入量的影响

作者在研究中曾发现，含 CaF_2 渣对镁白云石耐火材料有较大的溶解速度，而且能增强炉渣与耐火材料反应的能力。本文则发现它对炉渣渗透有阻碍作用。由于反应式 1 和式 2，CaF_2 阻碍炉渣渗透的行为是因为其生成物系高熔点化合物 CaO，CaO 还能进一步反应生成 C_2S 和 C_3S，气体又不能促进渗透。

4 炉渣在镁白云石耐火材料中渗透的规律性

4.1 炉渣渗透深度的影响因素

炉渣渗透深度 x 与熔体性质的关系可用式（4）表示[6]。

$$x = \sqrt{r\sigma t \cdot \cos\theta / 2\eta} \tag{4}$$

式中，r 为气孔半径，cm；σ 为炉渣的表面张力，N/cm；θ 为润湿角；η 为炉渣的动力黏度，Pa · s；t 为时间，s。由于各试样的气孔率相近，又都为镁钙质材料，假定其气孔半径相近，至于 $\cos\theta$，也可认为是一常数[6]。则：

$$x \propto \sqrt{\sigma/\eta} \tag{5}$$

这些理论忽视砖和渣的反应对渗透的影响，显然与实际不符。作者发现炉渣渗透与渣砖反应后生成的 C_2S、C_3S 数量有关。由质量作用定律，$(CaO)^2 \cdot (SiO_2)$ 越大，则生成的 C_2S 数量越多，渗透越浅；$(CaO)/(SiO_2)$ 越接近 2，越优先生成 C_2S，渣渗透也越浅。对 C_3S 可类似地讨论。故：

$$x \propto 1/\{(CaO)^2 \cdot (SiO_2) \cdot (CaO)/(SiO_2)\} = (CaO)^{-3}$$

综合起来，用：

$$x \propto \sqrt{\sigma/\eta} \cdot (CaO)^{-3} \tag{6}$$

来表示炉渣渗透深度与渣砖性质的关系。根据文献［1］，式（6）也代表炉渣渗入量与渣砖性质的关系。为了区别，用

$$Q' = \sqrt{\sigma/\eta} \cdot (CaO)^{-3} \tag{7}$$

来讨论炉渣渗入量与渣砖性质的关系。并且 Q' 越大，炉渣渗入量应越大。

4.2 渣砖性质的计算

炉渣和砖的界面组成用作者提出的方法[7]计算。在计算过程中由于渣和砖中除 CaO、MgO、Al_2O_3 和 SiO_2 外，其他成分含量小，所以按 $CaO + MgO + Al_2O_3 + SiO_2 = 100\%$ 计算。

炉渣的表面张力按加和公式计算

$$\sigma = \sum_{i=1}^{n} N_i F_i \tag{8}$$

式中，n 为组元数；N_i 和 F_i 分别为 i 组元的摩尔分数和表面张力系数，按文献［8］推得 1650℃的表面张力系数分别为：

$F_i \times 10^{-5} N$

CaO	MnO	FeO	MgO	Al_2O_3	SiO_2
558	629	536	492	620	225

炉渣的黏度用 G. 厄本[9] 的公式计算，在计算中应将 MgO 折合成 CaO。

4.3 对实验结果的应用

（1）含 Al_2O_3 炉渣渗入量比较。首先计算了含 Al_2O_3 不同的各渣与 MD7 的界面组成，然后根据界面组成计算了有关性质和 Q' 值，其结果如表 3 所示。

表 3　炉渣与耐火材料反应后的性质（试样 MD7）

炉渣	化学组成/%				$(CaO)^3$	F /N·cm^{-1}	η /Pa·s	Q'
	Al_2O_3	MgO	CaO	SiO_2				
A10	8.1	16.5	43.3	33.1	75687	443×10^{-5}	0.157	7.0183×10^4
A15	11.6	19.9	39.7	28.8	62571	455×10^{-5}	0.168	8.3170×10^4
A20	14.8	21.9	37.0	26.3	50653	461×10^{-5}	0.177	10.0753×10^4
A25	18.0	23.3	35.0	23.7	42875	468×10^{-5}	0.188	11.6370×10^4
A′15	11.5	15.2	45.8	27.5	94196	460×10^{-5}	0.160	5.6923×10^4
A′20	14.7	17.6	42.5	25.2	76766	467×10^{-5}	0.173	6.7681×10^4
A′25	16.3	23.2	39.8	20.7	63045	478×10^{-5}	0.154	8.8370×10^4

比较 Q' 值和实验测得的炉渣渗入量（图 2），二者有相当一致的关系。

（2）砖中 MgO 含量对炉渣渗入量的影响。渣砖性质和 Q' 值如表 4 所示。Q' 值和实验结果（图 1）是十分一致的。

表 4　炉渣与耐火材料反应后的性质（A20F2 渣）

试样	化学组成/%				$(CaO)^3$	F /N·cm^{-1}	η /Pa·s	Q'
	Al_2O_3	MgO	CaO	SiO_2				
D	14.3	16.2	44.0	25.5	85184	467×10^{-5}	0.173	6.0993×10^4
MD5	14.5	19.5	40.0	26.0	64000	464×10^{-5}	0.173	8.092×10^4
MD7	14.8	21.9	37.0	26.3	50653	461×10^{-5}	0.177	10.0753×10^4
MD8	15.1	25.2	32.8	26.9	35288	458×10^{-5}	0.198	13.6293×10^4

（3）含 CaF_2 渣渗入量的比较。目前对 CaF_2 渣的研究尚不充分。首先计算了 MD7 与炉渣 A10 和 A20 的界面组成。至于 CaF_2 的作用则根据反应式（1）和式（2），通过其转化成的 CaO 来体现。在这

种情况下，可根据（CaF_2）^{3} ·（Al_2O_3）与（CaF_2）^{2} ·（SiO_2）的大小判断 CaF_2 是主要与 Al_2O_3 还是 SiO_2 反应。若前者大，CaF_2 与 Al_2O_3 反应；若后者大，CaF_2 与 SiO_2 反应。这样计算的界面组成、性质及 Q'值如表 5 所示。

表 5　炉渣与耐火材料反应后的性质（试样 MD7）

炉渣	化学组成/%				[CaO]^3	F /N · cm^{-1}	η /Pa · s	Q'
	Al_2O_3	MgO	CaO	SiO_2				
A20	14.8	21.9	37.0	26.3	50653	461×10^{-5}	0.177	10.075×10^4
A20F2	13.8	21.8	38.2	26.2	55747	462×10^{-5}	0.167	9.449×10^4
A20F4	12.9	21.6	39.4	26.0	66163	463×10^{-5}	0.158	8.859×10^4
A20F6	12.0	21.5	40.6	25.9	66923	463×10^{-5}	0.150	8.312×10^4
A10	8.1	16.5	42.3	33.1	75687	443×10^{-5}	0.157	7.018×10^4
A10F2	8.1	16.4	43.4	32.1	81747	447×10^{-5}	0.148	6.722×10^4
A10F4	8.0	16.3	44.6	31.2	88717	457×10^{-5}	0.145	6.296×10^4
A10F6	6.3	16.2	45.8	31.7	96072	448×10^{-5}	0.135	5.996×10^4

比较计算结果与实验结果（图 3）；20% Al_2O_3 的各渣计算值与实验值吻合较好；对于 10% Al_2O_3 的各渣也较一致；并且 CaF_2 对炉渣渗入量的影响，在 20% Al_2O_3 渣中较大，在 10% Al_2O_3 渣中较小，也为计算所预测。但是，实验结果中 20% Al_2O_3 渣渗透随 CaF_2 含量的增加而下降的幅度比计算的要大，表明还有未考虑到的因素在起作用，有待进一步探讨。

总之，式（7）对 CaF_2 的行为趋势作出了较令人满意的说明。

通过旋转圆柱体法与式（7）不仅从实验上定量给出了其他作者观察到的规律，也进一步弄清了用现有炉渣渗透理论很难说明的一些实验结果。即只有考虑了渣砖性质和砖渣反应才会使理论与实验一致。

5　结语

用旋转圆柱体法研究了渣中 Al_2O_3 含量、CaF_2 含量和砖中 MgO 含量对镁白云石耐火材料中炉渣渗透的影响，并得到如下几点：

（1）渣中 Al_2O_3 增强炉渣渗透能力；

（2）砖中 MgO 含量越高，炉渣越易渗透；

（3）渣中 CaF_2 降低炉渣在镁白云石中的渗透能力，在高 Al_2O_3

渣中，这种趋势尤其明显；

（4）对于镁白云石耐火材料中的炉外精炼渣渗透，可以用 $Q' = \sqrt{\sigma/\eta}\cdot(\text{CaO})^{-3}$ 来预测其趋势。

参 考 文 献

[1] 蒋明学，陈肇友．硅酸盐学报，1990，19(3)：263～268.
[2] Stradtman J，et al. Preprint of the 1st Intern. Conf. Refract.，Tokyo，Japan，1983：396～413.
[3] Kim S M，et al. Bull. Amer. Ceram. Soc.，1978，57(7)：649.
[4] 平節敬梓，等．耐火物，1980，32(267)：205～206.
[5] Воронов В А. Цзв. АН. СССР. Металлы，1975：3.
[6] 陈肇友．硅酸盐学报，1980，9(4)：498.
[7] 蒋明学，李柳生．硅酸盐通报，1988，4：9～14.
[8] 曲英．炼钢学原理．北京：冶金工业出版社，1980.
[9] Urbain G，et al. Trans. &. J. Brit. Ceram. Soc.，1981，80(4)：139.

Penetration of Al_2O_3 and CaF_2 Containing Secondary Refining Slags into Magnesia-Dolomite Refractories

Jiang Mingxue　Chen Zhaoyou

（Luoyang Institute of Refractory Research，
Ministry of Metallurgical Industry）

Abstract: The isotherm penetration of Al_2O_3 and CaF_2 containing secondary refining slags into magnesia-dolomite refractories was investigated with the rotatinging cylinder method purposed by the authors. It is found that the penetration of the slags increases with Al_2O_3 content and reduces with that of CaF_2, and increases with MgO content in refractory. It is pointed out that the penetration can be predicted by a formula $Q' = \sqrt{\sigma/\eta}\cdot[\text{CaO}]^{-3}$.

本文选自《钢铁》，1993，28(7)：21.
或 China's Refractories，1992，1：66～70.

镁铬材料与炉外精炼渣的相互作用

李柳生　陈肇友

（冶金工业部洛阳耐火材料研究院）

摘　要：采用光学显微镜与电子探针对渣蚀后的镁铬淬火样进行了观察与分析。结果表明，在碱度为1.2的炉外精炼渣中，高温固相的MgO和Al_2O_3组元最易溶解，Cr_2O_3的溶解度仅约2.0%。复合尖晶石的溶解主要是MA的溶解。提高反应层中硅酸盐液相的黏度可使高温下试样边界层增厚，提高抗侵蚀性。

1　实验方法

目前研究镁铬材料渣蚀均以缓冷试样为对象，而缓冷试样是很难代表高温下实际情况的。

本工作对渣蚀后的镁铬试样分别进行了淬火或缓冷处理，借助光学显微镜与电子探针进行了观察分析，探讨了高温下镁铬材料与炉外精炼渣的相互作用。

将镁铬圆柱体试样在1650℃炉外精炼渣中旋转20min（200r/min）后，迅速提升试样，取出放入水中淬火。旋转圆柱体抗渣法与装置见文献［1］。镁铬试样与炉渣成分见表1。

表1　镁铬试样与炉外精炼渣的物理性能和化学组成

名　称	化学组成/%						显气孔率	密度
	SiO_2	Al_2O_3	Fe_2O_3	CaO	MgO	Cr_2O_3	/%	$/g\cdot cm^{-3}$
镁铬试样	0.75	10.36	5.11	0.37	63.09	19.61	21.74	2.98
炉　渣	36.36	5	3	43.64	10	2	—	—

2　结果与讨论

2.1　缓冷试样

图1为渣蚀后缓冷试样的显微照片。缓冷过程中晶体由液相中

析出并发育长大，直接结合率较高，硅酸盐相较少。工作面附近富集的次生尖晶石显然是缓冷过程中析出的。

图 2 示出了同一试样缓冷后中层方镁石与尖晶石直接结合以及方镁石的脱溶情况。

图 1 镁铬试样经渣蚀（1650℃，20min，200r/min）后缓冷（270×）（右为工作面）

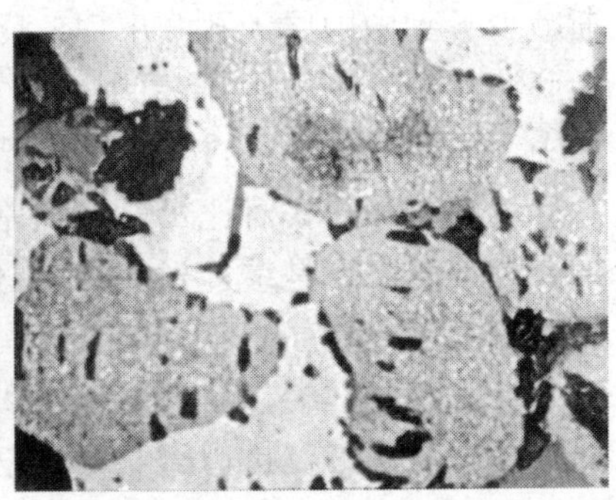

图 2 镁铬试样经渣蚀（1650℃，20min，200r/min）后缓冷，中层（750×）

2.2 淬火试样

图 3 为渣蚀后淬火试样的显微照片。距试样边缘 0.15 ~0.94mm 范围内的硅酸盐呈玻璃相。淬火中部分玻璃相已剥落，残存最厚部

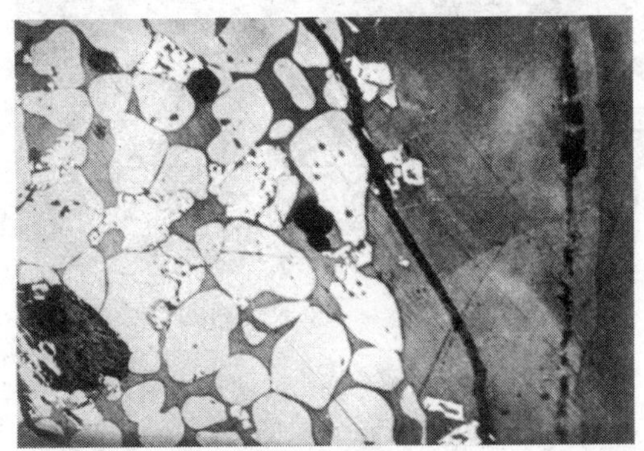

图 3 镁铬试样经渣蚀（1650℃，20min）后水淬冷（270×）（右为工作面）

位约为0.20mm，与扩散边界层厚度相近。少量直边自形细小的次生尖晶石及多孔不规则的残存原生尖晶石浮于玻璃相中，反射率均高于试样内层尖晶石，表明 Cr_2O_3 含量较原试样中的尖晶石高。工作面附近原生尖晶石多孔，由试样边缘向内，残存原生尖晶石孔洞逐渐减少，到中内层无孔洞出现，反射率也较外层的低。方镁石浑圆，无脱溶相，反应层附近晶间直接结合已荡然无存，晶粒浮于高温液相中。原始试样中的自形二次尖晶石已不复存在。

将图1和图3对比可知，通常渣蚀缓冷试样反应层附近的直接结合纯系假象，是缓冷过程中晶体长大所至。缓冷试样边缘次生尖晶石富集带，在高温下是不存在的，而是缓冷过程中析出的，高温下实为边界层。尖晶石含量很高的液相，估计黏度是很高的。这种高黏滞层液体不仅可以维护镁铬砖的结构，而且可以大大降低镁铬试样的溶解速度，减轻溶渣的侵蚀能力。

2.3 EPMA 分析

在淬火样图4所示区域，由边缘裂隙依次用 EPMA 在 $100 \times 20\mu m^2$ 的矩形区域内分析各组元含量，结果绘制成图5。可以看出 SiO_2 和 CaO 从熔渣向试样内部迁移，MgO 和 Cr_2O_3 由试样向渣中迁移，而 Al_2O_3 变化甚小。

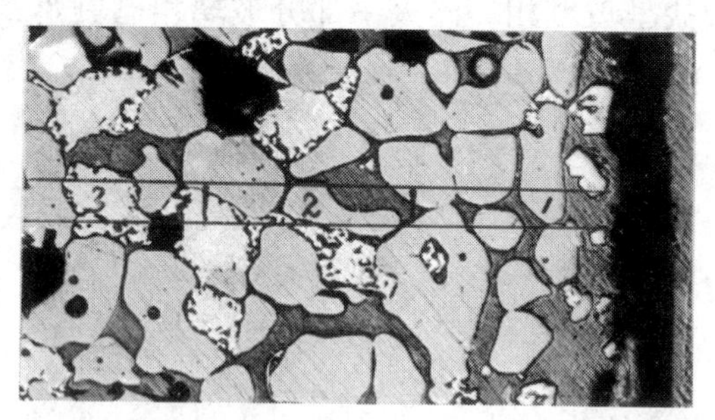

图4　EPMA 分析区域示意图
镁铬试样经渣蚀（1650℃，20min，200r/min）
后水淬冷（270×）（右边为工作面）

对渣试前后试样中的方镁石、尖晶石与硅酸盐相成分进行探针

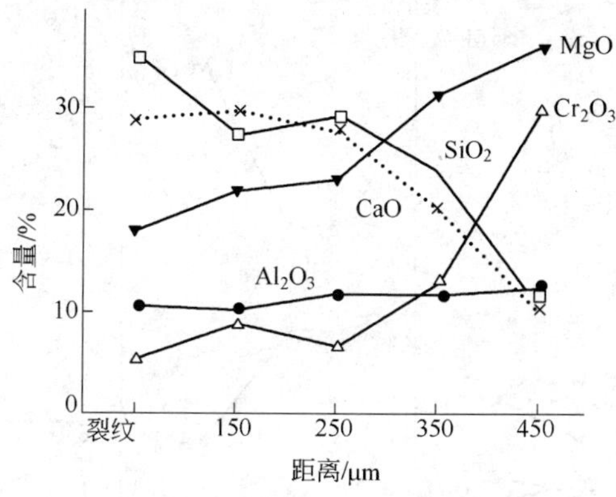

图5 各组元在工作面的分布

分析，其结果（见表2）绘制成图6。从图可见，渣蚀后试样未变带的方镁石和尖晶石的化学组成与原始试样相近，而在反应层的方镁石与尖晶石的 MgO 和 Al_2O_3 含量明显降低，Cr_2O_3 含量增加，Fe_2O_3 含量变化不大。由此可见，虽然 MgO 与 Al_2O_3 是处于固溶体中，但仍然易被硅酸盐渣溶解，而 Cr_2O_3 则不易溶解。此外，还可看出 Cr_2O_3 在玻璃相的含量是很低的，仅2%，说明 Cr_2O_3 在硅酸盐渣中的溶解度甚小。

表2 各相的 EPMA 分析值 （%）

相名	分析部位	MgO	Al_2O_3	SiO_2	CaO	Cr_2O_3	Fe_2O_3
方镁石	原砖	65.82	7.63	2.79	0.07	16.04	7.66
	内层	66.67	7.88	3.99	0.67	13.75	7.06
	反应层	61.76	5.80	4.01	0.97	18.63	8.85
尖晶石	原砖	27.41	26.99	2.62	0.35	40.04	2.60
	内层	26.33	26.47	4.09	0.71	39.21	3.20
	反应层	21.97	13.39	2.27	0.91	58.63	2.83
硅酸盐	内层	15.93	14.07	34.69	30.01	1.67	3.64
	边界	15.90	7.73	36.50	33.95	2.13	3.80
	本体渣（化学分析）	9.10	5.05	35.61	44.07	1.92	3.59

很有意义的是，原试样与反应层中尖晶石内 Al_2O_3 含量之

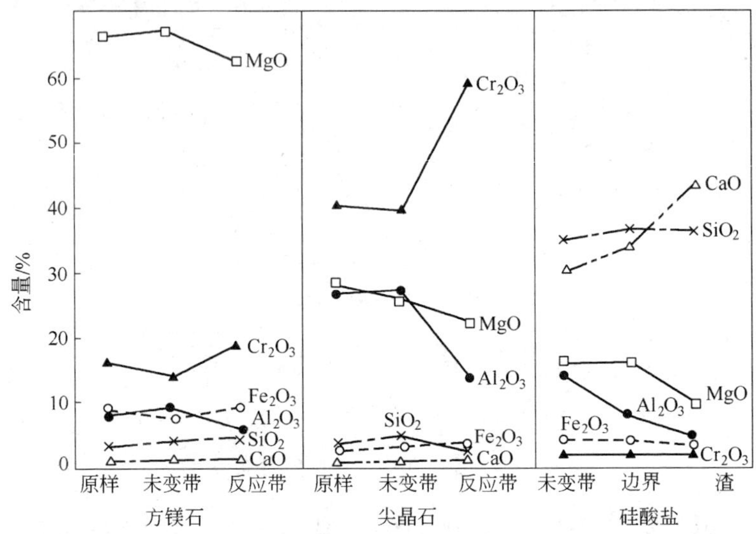

图 6 各相中的组成变化

差（13.34）以及 MgO 含量差（4.9）的比值（2.72）与镁铝尖晶石（$MgO \cdot Al_2O_3$）中的 Al_2O_3 与 MgO 比值（2.53）十分接近，说明复合尖晶石的溶解主要是其中 $MgO \cdot Al_2O_3$ 的溶解。

为了进一步探讨高温下固相与液相之间的相互作用，我们用 EPMA 对图 7 的 A、D 区进行了逐点分析，C、B 区进行了面分析，结

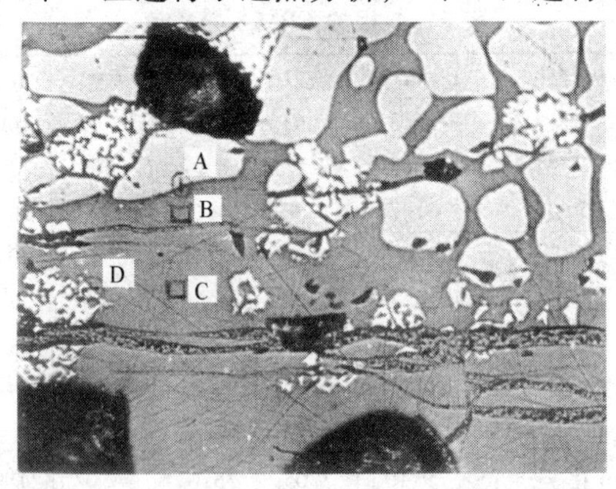

图 7 EPMA 分析区域示意图

（镁铬试样：渣蚀 1650℃，20min，200r/min，水淬冷，270×）

果绘制图 8。可知高温液相中 Cr_2O_3 含量约 1% ~2%，Fe_2O_3 约 3% ~4%，Al_2O_3 约 7% ~8%，MgO 约 14%，与边界层组成相同，同文献［2］中报道的结果十分相近。与炉渣中的组成比较，其 $\Delta C_{MgO} > 0$，$\Delta C_{Al_2O_3} > 0$，而 $\Delta C_{Cr_2O_3}$ 约为 0，说明只要熔渣中含有约 2% Cr_2O_3，即可抑制镁铬尖晶石（MK）的溶解，也说明 MK 有很好的抗熔渣侵蚀的能力。

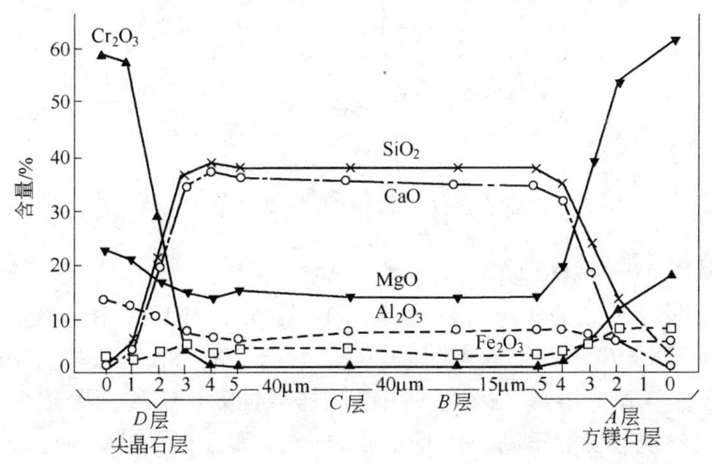

图 8　高温固相邻近液相组元分布

图 9、图 10 分别为方镁石与尖晶石边缘区域的线扫描强度。从图 8 ~ 图 10 可知，无论是尖晶石还是方镁石，在晶粒边缘附近，

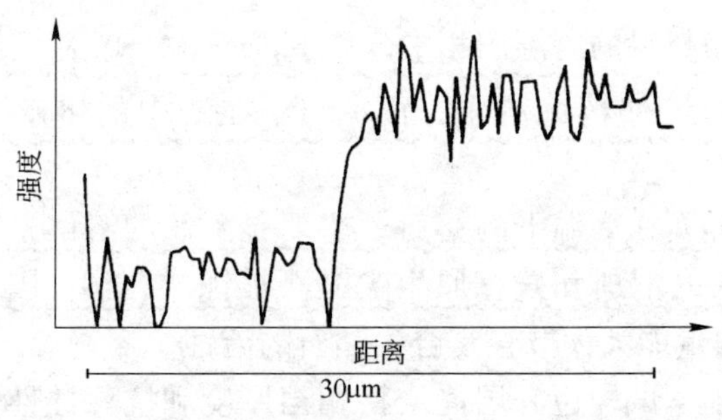

图 9　方镁石晶体边缘 MgO 强度分布（水淬冷）

Cr_2O_3 或 MgO 的浓度梯度均异常陡峭，超过约 5μm 即趋于恒定。这种浓度分布与通常认为的抛物线分布是不相同的。

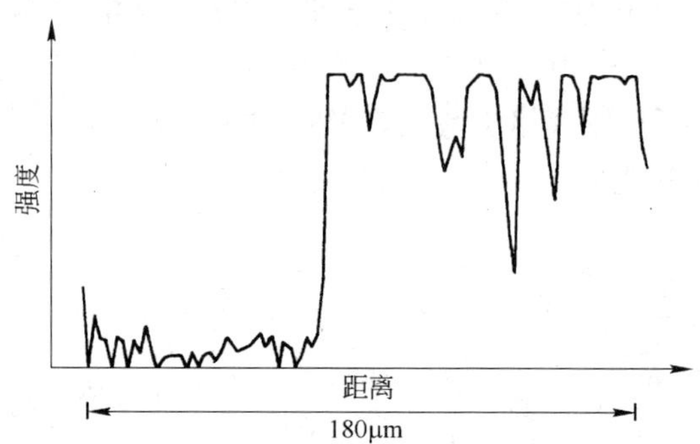

图 10　尖晶石晶体边缘 Cr_2O_3 强度分布（水淬冷）

从 MgO · Cr_2O_3（MK），MgO · Al_2O_3（MA）在 CaO-SiO_2 渣中的溶解度图（参见文献［1］）可知，MA 在 CaO-SiO_2 渣中的溶解度大大高于 MK。电子探针分析结果表明，复合尖晶石在硅酸盐渣中的溶解主要是 MA 的溶解。因此，镁铬试样渣蚀后，工作面附近尖晶石孔洞的出现与反射率高，正是由于复合尖晶石中的 MA 被硅酸盐渣溶解所造成。我们知道，Al_2O_3 在方镁石中的溶解度比 Cr_2O_3 与 Fe_2O_3 都小，因此，镁铬材料中二次尖晶石的主要成分一般为 MA，这样二次尖晶石消逝的原因也就很容易解释了。

3　结语

（1）镁铬材料的高温固相中，以 MgO 和 Al_2O_3 组元最易溶解于碱度为 1.2 的炉外精炼渣中，而 Cr_2O_3 在渣中的溶解度不大，仅约 2%。

（2）尖晶石在高温下的溶解，主要是 MA 的溶解，表现为高温下二次尖晶石的消逝和残存原生尖晶石被蚀成孔洞。因此，提高炉渣中 Al_2O_3 含量能大大减轻复合尖晶石的溶蚀。

（3）高温下试样边界层能维持相当厚度和抗侵蚀性好的原因可能是反应层中的硅酸盐相具有相当高的黏度的结果。

（4）无论是尖晶石还是方镁石的晶粒边缘附近，Cr_2O_3 或 MgO 的浓度梯度均异常陡峭，浓度分布不是通常认为的抛物线分布。

参考文献

[1] 陈肇友，吴学真，叶方保．硅酸盐学报，1985，4：475.
[2] Dewendra J D，Wilson C M，Brett N H. Trans. J. Br. Ceram. Soc. 1982，82：64.

The Interaction between Magnesitech-Rome Refractory and Steel Refining Slag

Li Liusheng　Chen Zhaoyou

(Luoyang Institute of Refractory Research, Ministry of Metallurgical Industry)

Abstract: The microstructures of magnesite-chrome refractory tested in slag and followed by quenching in water have been observed and studied by the optical microscope and EPMA. It has been shown that the high temperature solid components MgO and Al_2O_3 are the most susceptible to dissolve, while the solubility of Cr_2O_3 being only around 2%. The dissolution of complex spinals is mainly due to the dissolution of MA. At high temperature, the boundary layer of the sample will be thickened with the resistance to slag being also enhanced, if the viscosity of the silicate liquid in reaction layer increases.

本文选自《耐火材料》，1990，（1）：8.

Cr_2O_3 含量不同的镁铬耐火材料在炉外精炼渣中的溶蚀❶

李柳生　陈肇友

（冶金工业部洛阳耐火材料研究院）

摘　要： 采用旋转圆柱体法研究了不同 Cr_2O_3 含量的耐火材料在炉外精炼渣中的溶解动力学。结果表明，镁铬材料的 Cr_2O_3/MgO 值越高，抗渣（$CaO/SiO_2=1.2$）蚀性越强。显微观察和电子探针分析结果证实：复合尖晶石的溶蚀主要是其中 $MgO \cdot Al_2O_3$ 的溶解。

1　引言

AOD 和 VOD 炉衬寿命低是一个亟待解决的问题。适合 AOD 和 VOD 炉用的耐火材料主要有镁铬与 MgO-CaO 这两类材料。不少学者曾对此进行过一些工作[1~11]。我们也曾对 MgO-CaO 系材料在炉外精炼渣中的溶解进行了较系统的研究[12]。但是，较系统地研究不同组成的镁铬材料在炉外精炼渣中的溶蚀迄今甚少。本文采用旋转圆柱体法对不同 Cr_2O_3 含量的镁铬耐火材料在炉外精炼渣中的溶解进行了研究，并通过光学显微镜与电子探针探讨了其溶蚀机理。

2　试样和熔渣的制备

2.1　试样

采用大石桥菱镁矿和西藏铬精矿为原料。为了使试样中 Al_2O_3 与 Fe_2O_3 含量保持一定，我们用加入氧化铬试剂来调整 K/M❷ 比，

---

❶ 显微镜观察和电子探针分析分别得到钟万里和任喜新的协助，谨此致谢。

❷ 本文中 K/M 代表 Cr_2O_3/MgO。

以研究镁铬砖中 K/M 比对抗侵蚀的影响。不同 K/M 比的镁铬料经粉碎、细磨、混匀后压成荒坯，于 1800℃烧成共烧结熟料。用这种共烧结镁铬熟料制备试样。粗颗粒小于 1.5mm，细粉小于 0.088mm。成型压力为 294MPa，烧成温度为 1800℃。试样尺寸为 ϕ21mm × 30mm，中孔 ϕ7mm，重约 30g。其理化性质见表 1。

表 1　试样理化性能

Table 1　Chemical compositions and physical properties of magnesite-chrome specimens

No.	化学组成/%						K/M	显气孔率 /%	密度 /g · cm^3
	SiO_2	Al_2O_3	Fe_2O_3	CaO	MgO	Cr_2O_3			
MK1	0.74	10.37	5.03	1.08	74.81	7.59	0.10	18.32	3.04
MK3	0.75	10.36	5.11	0.37	63.09	19.61	0.31	21.74	2.98
MK5	0.65	10.33	5.20	0.62	54.94	27.91	0.51	20.87	3.08
MK8	0.90	10.15	5.49	1.05	44.04	37.27	0.85	21.08	3.15

2.2　熔渣

试验用的炉渣是根据 AOD 和 VOD 渣的化学组成用化学试剂配制的。配制的合成渣经球磨混均，然后压块，烧结后粉碎、磨细至小于 0.1mm。合成渣（S1.2A5）的化学组成如表 2 所示。

表 2　合成渣的化学组成

Table 2　Chemical composition of synthetic slag　（%）

MgO	Al_2O_3	FeO	Cr_2O_3	CaO	SiO_2	C/S①
10	5	3	2	43.64	36.36	1.2

① C—CaO；S—SiO_2。

3　实验和结果

所用实验装置和方法与文献［12］中所发表的相同，在此从略。

3.1　试样半径变化与时间的关系

在 1650℃，200r/min 下测定 MK3 试样在 S1.2A5 渣中的溶解速

度，其结果绘于图 1 中的曲线 1。本实验的初始条件：$t = 0$；$|\Delta r| = 0$，所以曲线 1 必过原点。其所以呈曲线 1 所示形状，是因为溶解的同时试样吸渣，产生膨胀效应[13]。要消除这种膨胀与直接测定这种膨胀是困难的。曲线 1 是溶解和膨胀综合作用的结果。大约 13min 后曲线斜率恒定，表明过程趋于稳定。将曲线 1 的直线部分外推至零分钟时的 Δr 值可近似看作膨胀终值，而图中曲线 2 和 3 分别为推算的溶解和吸渣膨胀曲线，二者叠加即为曲线 1，因此曲线 1 直线部分的斜率也就代表了实际的溶解速度。本工作的其他实验曲线或外推曲线均取其直线部分的斜率作为溶解速度，以此消除膨胀效应引起的误差。

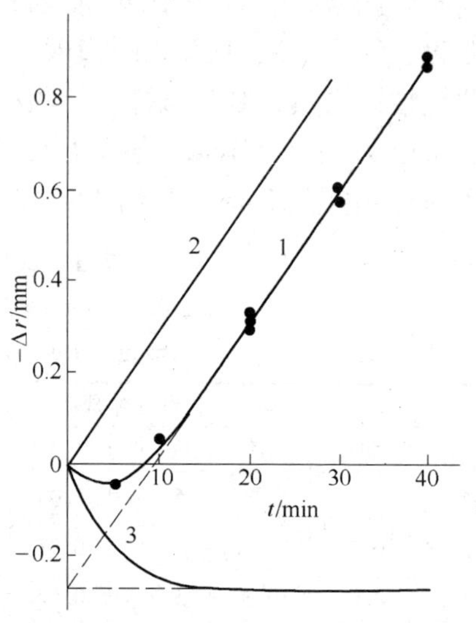

图 1　试样的溶解和膨胀曲线

Fig. 1　Curves of dissolution and expansion of specimen

3.2　溶解速度与温度的关系

在 200r/min 下，分别测定了 MK3 试样在 S1.2A5 渣中于 1600℃、1650℃、1700℃和 1750℃时的溶解速度。结果绘于图 2。图中各曲线的斜率即为溶解速度。将溶解速度取对数与温度倒数作图，如图 3 所示。其关系式为：

$$\lg J = 4.4 + \frac{-77000}{4.575T} \tag{1}$$

由曲线的斜率得出 MK3 试样在 S1.2A5 渣中的表现溶解活化能约为 322kJ/mol（77kcal/mol）。在 1600 ~ 1750℃ 范围内，每增加 100℃，溶解速度约增加 2 ~ 3 倍。

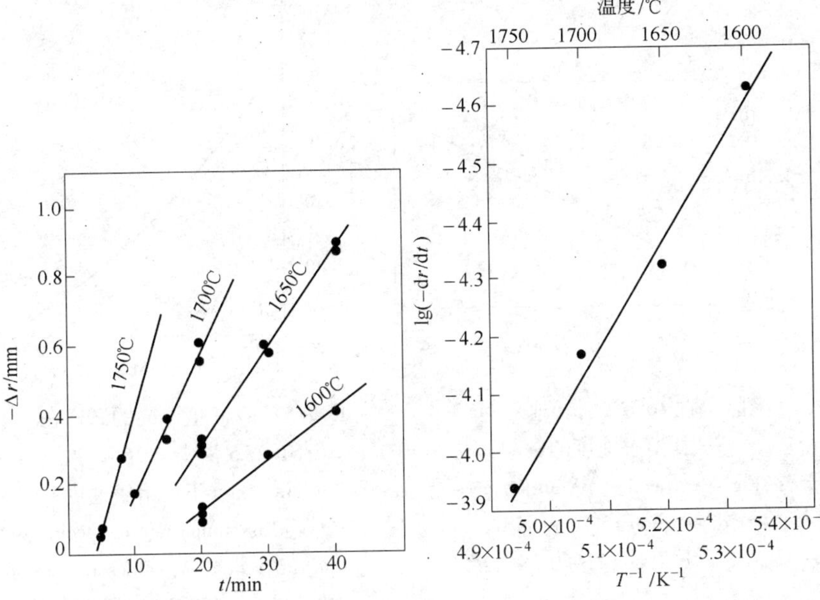

图 2 MK3 试样在 S1.2A5 渣中的半径与时间的关系（4 种温度）

Fig. 2 Decrease in radius of MK3 in slag S1.2A5 vs time at different temperatures

图 3 MK3 试样在 S1.2A5 渣中的溶解速度与温度的关系（200r/min）

Fig. 3 lg(− dr/dt) of MK3 in slag S1.2A5 vs 1/T (at 200r/min)

3.3 转速对溶解速度的影响

在 1650℃ 和不同转速（200r/min、300r/min、400r/min、500r/min）下，测定 MK3 试样在 S1.2A5 渣中的溶解速度，结果如图 4 所示❶。溶解速度与转速的 0.7 次幂成正比关系。

3.4 试样组成的 K/M 值对溶解速度的影响

在 1650℃、200r/min 下，分别测定 K/M 值不同的试样在 S1.2A5 渣中的溶解速度，其结果如图 5 所示。由图 5 可知，随着试

❶ 图 4 和图 5 绘制方法与图 3 相同，为节约篇幅，将 $-\Delta r$ 与时间关系图省略。

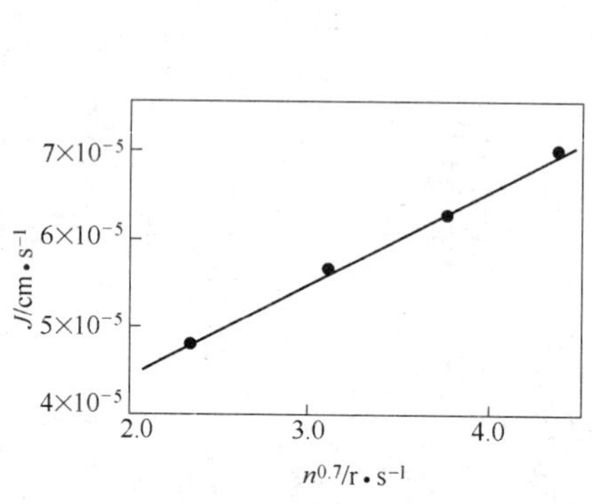

图4 在1650℃时转速对MK3试样溶解速度的影响

Fig. 4 Speed of revolution n vs dissolution rate J of MK3 in slag at 1650℃

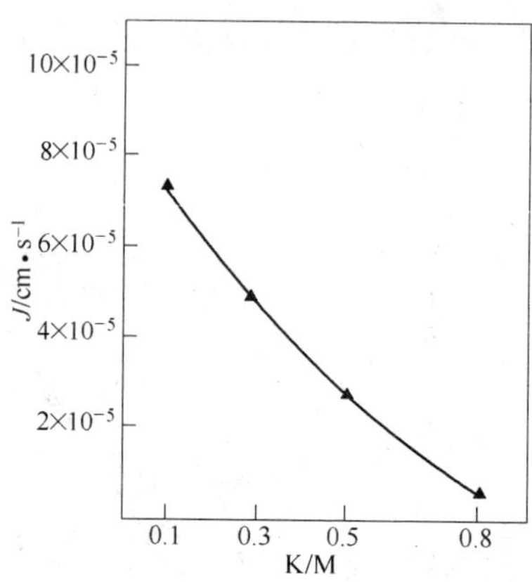

图5 K/M值不同的试样在S1.2A5渣中于1650℃、200r/min下的溶解速度

Fig. 5 Dissolution rate of specimens of different K/M values in slag S1.2A5 at 1650℃ and 200r/min

样的K/M值增大，溶解速度近似线性减小。

3.5 显微结构观察与探针分析

3.5.1 原始试样显微结构

四种试样的原始显微结构如下：MK1的原生尖晶石边缘反射率低，中部反射率高（见图6），说明边缘富含Al_2O_3，而其他试样无此现象（见图7）。四种试样中原生尖晶石和次生尖晶石的数量和尺寸有如下关系：

$$MK1 < MK3 < MK5 < MK8 \quad (2)$$

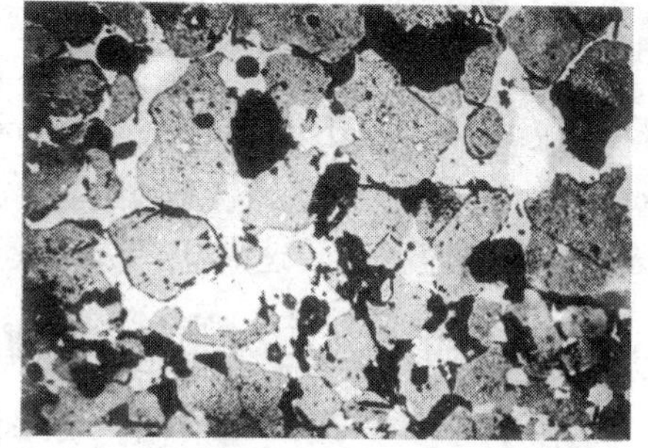

图6 MK1原始试样（缓冷）的显微结构照片

Fig. 6 Original microstructure of MK1, slowly cooled, Reflected light (121×)

而方镁石数量和尺寸顺序与此相反。四种试样中方镁石-尖晶石之间均有良好的直接结合，

而方镁石之间的直接结合罕见。

3.5.2 MK3-S1.2A5 淬火试样的显微结构

图 8 是 MK3 试样在 S1.2A5 渣中试验 20min（1650℃、200r/min）后的水淬冷试样。HF 腐蚀表明，距边缘 0.15～0.94mm 范围内硅酸盐已成玻璃相。边缘玻璃相厚度不等，最厚者约 0.20mm，与边界层厚度的数量级相符。少数直边发育自形小尖晶石与个别多孔不规则残存原生尖晶石浮于玻璃相中，且反射率均比中内层者高。反应面附近原生尖晶石多孔；由渣边向内，孔洞逐渐减少；中内层无孔洞出现，但反射率较低；方镁石浑圆，无脱溶相，系镁富氏体。反应面附近晶粒间直接结合已荡然无存，基本上以液相结合的团聚体结构存在。因此，结合液相的黏度与侵蚀有很大关系。

图 7 MK5 原始试样（缓冷）的显微结构照片

Fig. 7 Original microstructure of MK5, slowly cooled, Reflected light (121×)

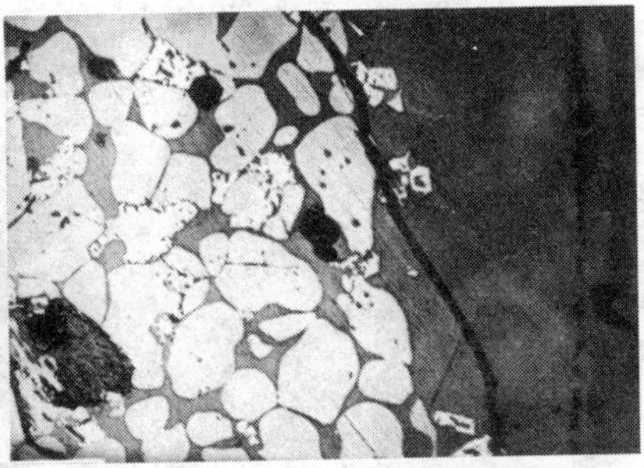

图 8 MK3-S1.2A5 试样（水淬冷，右边为工作面）的显微结构照片（右边暗灰色约 0.15mm 范围为液相）

Fig. 8 Microphotograph of MK3-S1.2A5 (working face on right hand) quenched in water, Reflected light (121×)

3.5.3 试验后试样的显微结构

图 9～图 12 是四种试样在 1650℃、200r/min 下经 20min 渣蚀后，其工作面的显微结构。

表 3 列出各残样渣化层厚度和反应面附近尖晶石蚀洞出现的范围。渣化层中尖晶石的数量和尺寸符合式（2）顺序。

图 9 MK1-S1. 2A5 试样（缓冷，右边为工作面）的显微结构照片

Fig. 9 Microphotograph of MK1-S1. 2A5(working face on right hand) slowly cooled, Reflected light(121 ×)

图 10 MK3-S1. 2A5 试样（缓冷，右边为工作面）的显微结构照片

Fig. 10 Microphotograph of MK3-S1. 2A5(working face on right hand) slowly cooled, Reflected light(121 ×)

图 11 MK5-S1. 2A5 试样（缓冷，右边为工作面）的显微结构照片

Fig. 11 Microphotograph of MK5-S1. 2A5(working face on right hand) slowly cooled, Reflected light(121 ×)

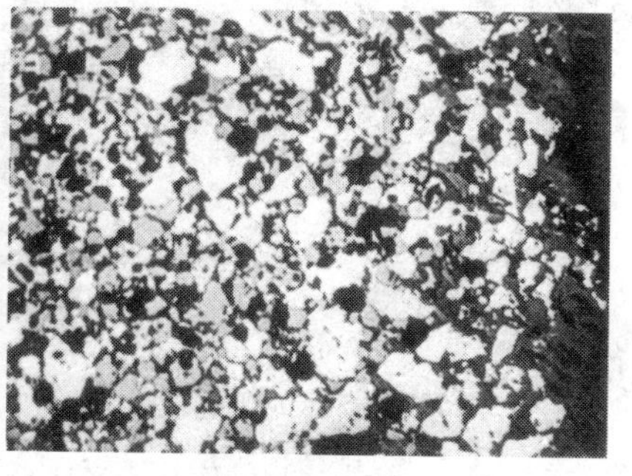

图 12 MK8-S1. 2A5 试样（缓冷，右边为工作面）的显微结构照片

Fig. 12 Microphotograph of MK8-S1. 2A5(working face on right hand), slowly cooled, Reflected light(48 ×)

MK1 渣化层中直边次生尖晶石细小，其反射率高于内层残存原生尖晶石，系缓冷时析出的富铬尖晶石。由渣面向里很深范围内看不到残存原生尖晶石，说明富 Al_2O_3 尖晶石抗渣性能差。方镁石浑圆，浮于硅酸盐相中。

表 3 渣化层厚度和原生尖晶石蚀洞范围

Table 3 Thickness of slag zone and extent of corroded pore of primary spinel

(mm)

项 目	MK1	MK3	MK5	MK8
渣化层厚度	0 ~ 0.03	0.03 ~ 0.16	0.09 ~ 0.31	0.16 ~ 0.47
原生尖晶石蚀洞范围	无原生尖晶石存在	0.06 ~ 0.19	0.02 ~ 0.05	0

MK3 的渣化层外缘的尖晶石直边发育，多为缓冷时析出的次生尖晶石。1650℃时渣化层中残存原生尖晶石甚少。反应带有多孔（蚀洞）残存原生尖晶石，方镁石浑圆。比较图 8 和图 10，二者有明显的差别，后者晶体均大于前者，且发育较好；后者方镁石多脱溶相，前者为镁富氏体；后者渣化层中有大量直边发育的尖晶石，而前者无此现象。这说明缓冷试样的所谓尖晶石富集带，高温下实为液相边界层。

MK5 渣化层中布满残存原生尖晶石和发育良好的自形尖晶石，直边部分往往反射率高于尖晶石内部，系残存原生尖晶石缓冷时发育的标志，方镁石浑圆。

MK8 试样的渣化层中，尖晶石最大者可达 0.15mm，发育的直边反射率高于晶体内部（见图 13），方镁石小而浑圆，藏于尖晶石之后。

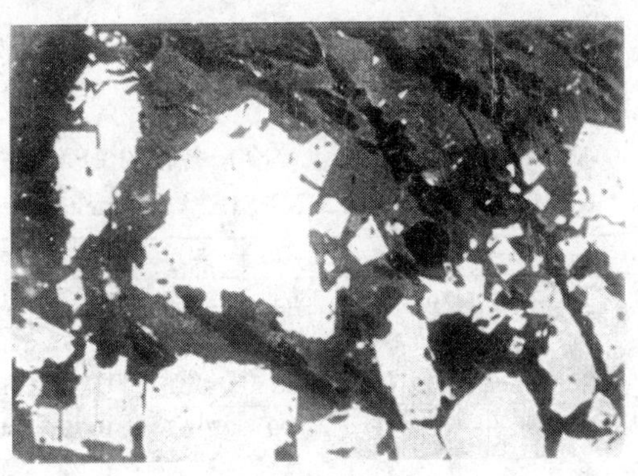

图 13 MK8-S1.2A5 试样渣化层（缓冷，尖晶石呈高反射率边缘）的显微结构照片

Fig. 13 Microphotograph of MK8-S1.2A5 (slag zone), spinel with higher reflecting edge, slowly cooled, Reflected light (121 ×)

3.5.4　电子探针分析

本试验为七元系统，极为复杂，目前尚无较为完善的相平衡图可供参考。故分别对试验前后的 MK3 试样进行淬火，用电子探针分析了方镁石、尖晶石与硅酸盐相。结果列于表 4，并绘制成图 14。

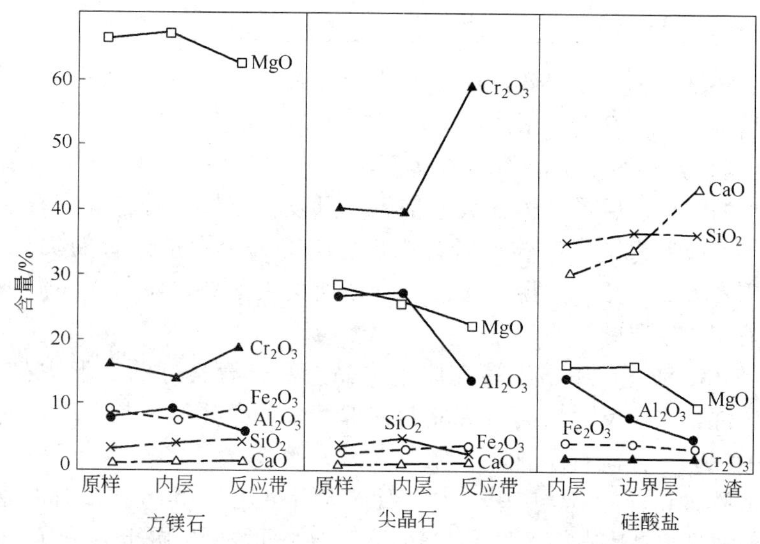

图 14　MK3-S1.2A5 试样（水淬冷）中各相的组成

Fig. 14　Compositions of phases of MK3-S1.2A5, quenched in water

表 4　MK3-S1.2A5 试样（水淬冷）各相的 EPMA 分析值

Table 4　EPMA of phases of MK3-S1.2A5, quenched in water（%）

化学分析		MgO	Al_2O_3	SiO_2	CaO	Cr_2O_3	Fe_2O_3
方镁石	原　样	65.82	7.63	2.79	0.07	16.04	7.66
	内　层	66.67	7.88	3.99	0.67	13.75	7.06
	反应带	61.76	5.80	4.01	0.97	13.63	8.85
尖晶石	原　样	27.41	26.99	2.62	0.35	40.04	2.60
	内　层	26.33	26.47	4.09	0.71	39.21	3.20
	反应带	21.97	13.39	2.27	0.90	58.63	2.83
硅酸盐	内　层	15.93	14.07	34.69	30.01	1.67	3.64
	边界层	15.90	7.73	36.50	33.95	2.13	3.80
	渣本体	9.10	5.05	35.61	44.07	1.92	3.59

由图表可以看出，原试样与残样内层的方镁石和尖晶石中各组元含量变化不大；而在反应带，MgO 和 Al_2O_3 的含量明显降低，Cr_2O_3 含量增加。这说明方镁石和尖晶石中的 Cr_2O_3 是最不易被溶解的组元。

4 讨论

4.1 镁铬材料在炉外精炼渣中溶解时的控制步骤

MK3-S1.2A5 淬火试样的显微结构表明试样边缘玻璃相的厚度与扩散边界层的厚度相当，由电子探针分析结果可知：此玻璃相中各组元的含量与本体渣各组元含量之差为 $\Delta C_{MgO}>0$，$\Delta C_{Al_2O_3}>0$，$\Delta C_{Fe_2O_3}\approx 0$，$\Delta C_{Cr_2O_3}\approx 0$。因此有浓度边界层存在，且有相当厚度。加之转速对溶解速度有明显影响，而溶解活化能约为 322kJ/mol。因此，镁铬材料在炉外精炼渣中的溶解是处于扩散控制范围。

4.2 关于试样中 Cr_2O_3 含量对镁铬材料溶解速度的影响

镁铬耐火材料主要由方镁石、尖晶石和液相组成。利用 $MgO-Cr_2O_3-CaO\cdot SiO_2$ 系相图可近似估算这三相的相对比例[14]。将各试样的溶解速度与材料中方镁石和尖晶石的体积分数作图，如图 15 所示。由图可知溶解速度与试样中尖晶石的含量之间呈线性关系，这与实验结果一致。

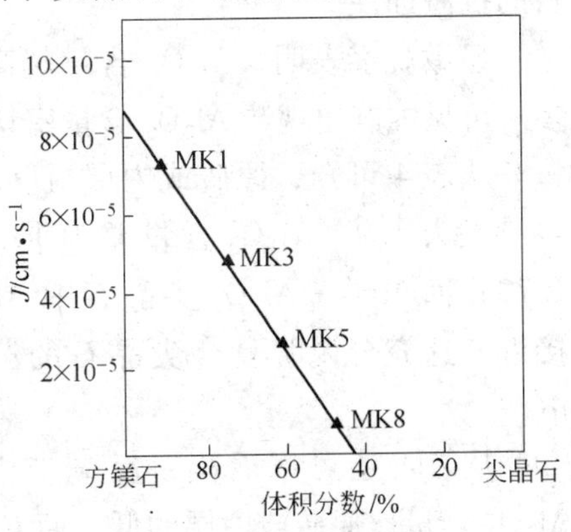

图 15 尖晶石体积分数与溶解速度的关系

Fig. 15 Volume fractions of spinel in specimens vs J

从图 16[15] 可知，富铬尖晶石更抗 $CaO-SiO_2$ 渣溶蚀。因此，复合尖晶石中 Cr_2O_3 含量增加时，其抗炉渣溶蚀性增强，渣化层（高温边界层）中残存

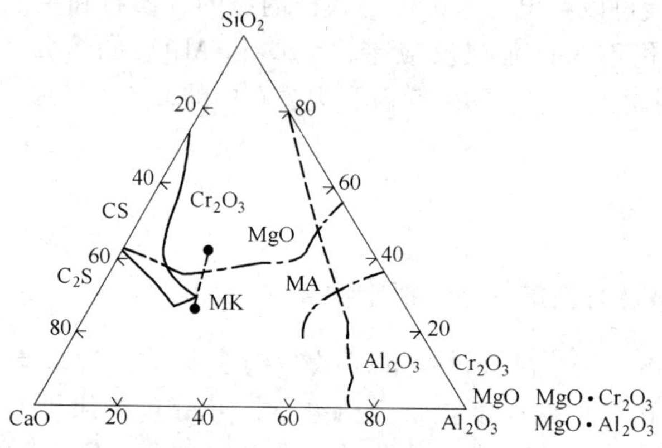

图 16　在 1700℃时 MgO、Cr_2O_3、Al_2O_3、MgO · Cr_2O_3 与 MgO · Al_2O_3 在 CaO-SiO_2 渣中的溶解度[15]

Fig. 16　Solubility limits (%) of MgO, Cr_2O_3, Al_2O_3, MgO · Cr_2O_3 and MgO · Al_2O_3 in CaO-SiO_2 slag at 1700℃[15]

的原生尖晶石增多（见图 9 ~ 图 12），自然渣化层的黏度增大，此层变厚，溶解速度降低。因此提高材料的 Cr_2O_3 含量，可大大提高材料的抗渣蚀性。

显微观察表明，Al_2O_3 含量越高，尖晶石出现蚀洞的程度就越多。可见蚀洞出现与 Al_2O_3 含量密切相关。

从表 4 可知，原砖或内层与反应带内的尖晶石组成不同，MgO 含量差为 4. 9，Al_2O_3 含量差为 13. 34，二者之比 $\Delta Al_2O_3/\Delta MgO$ = 2. 72；而 MgO · Al_2O_3 尖晶石中 Al_2O_3/MgO 为 2. 53。两个比值很接近。这充分说明复合尖晶石的溶解主要是其中 MgO · Al_2O_3 的溶解。

从表 4 还可以看出，反应带中方镁石和尖晶石中的 MgO 和 Al_2O_3 含量比原砖或内层的低，而 Cr_2O_3 含量反而高；因此，无论是方镁石还是尖晶石，Cr_2O_3 是最不易被硅酸盐溶解的组元，而 MgO 和 Al_2O_3 易被溶解，从这一点出发，设法增加高温固相中的 Cr_2O_3 含量，减少 Al_2O_3 含量是有益的。

5 结语

（1）镁铬材料在进行旋转圆柱体法试验时，往往伴随有吸渣膨胀效应。将试验曲线的直线部分的斜率作为溶解速度，可基本消除膨胀效应的影响。

（2）富铬尖晶石比方镁石更耐侵蚀，而富铝尖晶石抗渣蚀性较差。随着试样的 K/M 值增加，方镁石体积分数减少，尖晶石体积分数增加。尖晶石的组成也由富铝变为富铬。试样晶粒的抗渣蚀性增加，边界层中残存原生尖晶石增多，液相黏度增大，此层变厚，最终导致溶解速度降低。

（3）方镁石和尖晶石中以 Cr_2O_3 最不易被溶解，而 MgO 和 Al_2O_3 易被溶解。尖晶石溶蚀主要以 $MgO \cdot Al_2O_3$ 溶解的形式进行，在光学显微镜下表现为尖晶石呈现的蚀洞。因此增加高温固相中的 Cr_2O_3 含量是有益的。

（4）根据镁铬材料在 C/S = 1.2 的渣中的表观溶解活化能约为 322kJ/mol，溶解速度与转速的 0.7 次幂成正比。镁铬材料在炉外精炼渣中的溶解过程处于扩散控制范围。

参考文献

[1] Hajime Nashiwa, Tohru Kishda, Motoo Hattori. taikabutsu Overseas, 1981, 1(2): 37.

[2] Calkins D J, Van Gilbert, Saccomano J M. Amer. Ceram. Soc. Bull., 1973, 52(7): 570.

[3] Baker B H. Trans. J. Brit. Ceram. Soc., 1975, 74(6): 213.

[4] Herzog S P. Sand. J. Metall. 1976, (5): 145.

[5] Baker B H. Indus. Heat., 1977, 44(4): 8, 12.

[6] 木下凱雄，小熊進. 耐火物，1976，28(5)：12.

[7] Kaufman J W, Aguirre C E. Elect. Furn. Proc., 1977, 35: 74.

[8] Whitworth D A. Bull. Amer, Ceram. Soc., 1974, 53(11): 804.

[9] 滑石直幸，松村竜雄，安達秀男. 耐火物，1977，(5)：240.

[10] Yoshiaki Watanabe. Preprint of the First Intern. Conf on Refr. Techn. Assoc. Refractories, Japan, 1983: 414.

[11] Carniglia S C. Elect. Furn. Proc., 1972, 30: 138.

[12] 陈肇友，吴学真，叶方保. 硅酸盐学报，1985，13(4)：475.

[13] Pickering G D, Ford W F. Trans. J. Brit. Ceram. Soc., 1964, 63(9): 487.

[14] Baptista J L, White J. Trans. J. Brit. Ceram. Soc. , 1982, 81: 21.
[15] 陈肇友. 耐火材料, 1984, (5): 48.

Dissolution Kinetics of Magnesite-Chrome Refractories with Various Cr_2O_3 Contents in Secondary Steelmaking Slag

Li Liusheng　Chen Zhaoyou

(Luoyang Institute of Refractories Research, Ministry of Metallurgical Industry)

Abstract: The dissolution kinetics of some magnesite-chrome refractories with various Cr_2O_3 contents in secondary steelmaking slag (CaO/SiO_2 = 1.2) has been studied by means of the rotating cylinder method under forced convection. It is shown that magnesite-chrome refractory absorbs slag during the dissolution tests and causes expansion at the same time. The dissolution activation energy for magnesite-chrome refractory is about 322kJ/mol and there is a linear relationship between dissolution rate and 0.7 power of revolution speed. The process of dissolution of magnesite-chrome refractory in secondary steelmaking slag is controlled by the diffusion mechanism in the boundary layer. It is also shown that the higher the Cr_2O_3/MgO value of the magnesite-chrome refractories studied, the greater will be the corrosion resistance to slag ($CaO/SiO_2 = 1.2$). Based on the results of optical microscopy and EPMA of specimens before and after slag tests, the corrosion of the spinel solid solution is mainly due to the dissolution of $MgO \cdot Al_2O_3$ in slag.

本文选自《硅酸盐学报》, 1988, 16(2): 154.

Al_2O_3含量不同的镁铬耐火材料在炉外精炼渣中的溶蚀

陈肇友　刘　波

（冶金工业部洛阳耐火材料研究院）

摘　要：本文研究了 Al_2O_3 含量不同的镁铬耐火材料在炉外精炼渣中的溶蚀。结果表明：（1）当镁铬耐火材料中 Al_2O_3/MgO 比在 0.085～0.14之间时，随着试样中 Al_2O_3 含量的增加溶解速度显著增大；（2）增加渣中 Al_2O_3 含量对 Al_2O_3 含量不同的镁铬材料的溶蚀都有抑制作用。

提高真空吹氧脱碳（VOD）与氩氧脱碳（AOD）炉镁铬耐火材料炉衬的寿命，目前仍是重要问题。我们曾对不同 Cr_2O_3 含量的镁铬耐火材料在炉外精炼渣中的溶蚀进行了研究，本文采用同样实验方法和装置[1]研究了 Al_2O_3 含量不同的镁铬耐火材料在炉外精炼渣中的溶蚀。

1　试样与炉渣

采用 Al_2O_3 含量不同的镁铬共烧料，分别经压制、烧成制作了圆柱试样，化学组成如表 1 所示。

表 1　Al_2O_3 含量不同的镁铬试样的物理性质与化学组成

Table 1　Chemical composition and properties of cylindrical specimens with various Al_2O_3 contents

试样编号	MgO /%	Cr_2O_3 /%	Al_2O_3 /%	Fe_2O_3 /%	SiO_2 /%	CaO /%	$\frac{Al_2O_3}{MgO}$	显气孔率/%	密度 /g·cm^{-3}
MKA0	70.97	20.63	—	6.28	0.79	1.00	—	22	2.98
MKA6	69.18	17.85	5.91	4.81	0.75	1.00	0.085	20	3.01
MKA9	65.55	18.21	9.23	4.97	0.75	1.06	0.14	20	3.01
MKA16	58.59	18.35	16.25	4.96	0.79	0.93	0.28	16	3.17
MKA24	50.94	18.03	23.46	5.19	0.84	1.07	0.46	15	3.22

Al_2O_3 含量不同的炉外精炼渣是采用化学试剂，经压坯、烧结、粉碎、细磨分别合成的。合成渣的化学组成如表 2 所示。

表 2　合成渣的化学组成

Table 2　Chemical composition of synthetic slags

炉　渣	Al_2O_3/%	CaO/%	SiO_2/%	MgO/%	FeO/%	$\frac{CaO}{SiO_2}$
S1.2A5	5.0	44.7	37.3	10.0	3.0	1.2
S1.2A13	13.0	40.4	33.6	10.0	3.0	1.2
S1.2A20	20.0	36.6	30.5	10.0	3.0	1.2
S1.2A25	25.0	33.8	28.2	10.0	3.0	1.2

2　实验结果与讨论

2.1　溶解蚀速率确定

对 MKA9 与 MKA16 试样在 S1.2A13 与 S1.2A25 渣中于 1650℃、200r/min 下进行了不同时间的旋转试验，以确定试验前后试样的平均半径变化值 ΔR 与旋转时间 t 的关系，其结果如图 1 所示。从图 1

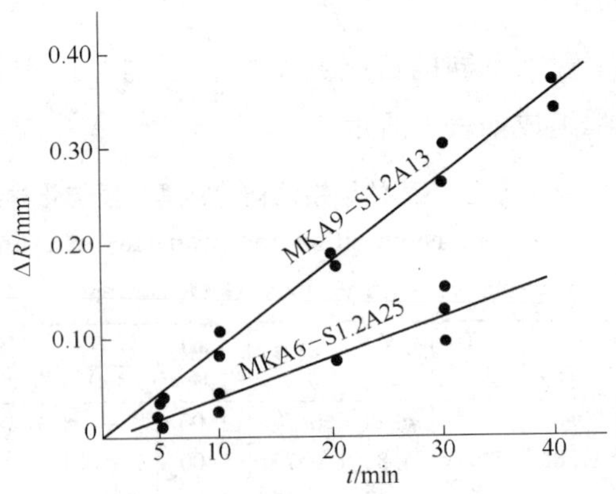

图 1　试样半径减小与试验时间的关系

Fig. 1　The correlation between time and ΔR

可见 ΔR 与 t 之间呈一直线关系，表明试样在渣中的溶解速度为一常数。因此可用下式来表示溶蚀速率：

$$J = \frac{dR}{dt} = \frac{\Delta R}{\Delta t}$$

2.2 Al_2O_3 含量不同的镁铬试样在渣中溶蚀试验

将表1中所列不同 Al_2O_3/MgO 比的5种试样于1650℃下以200r/min 转速在渣 S1.2A13 中进行试验，测定溶蚀速率，其结果示于图2。

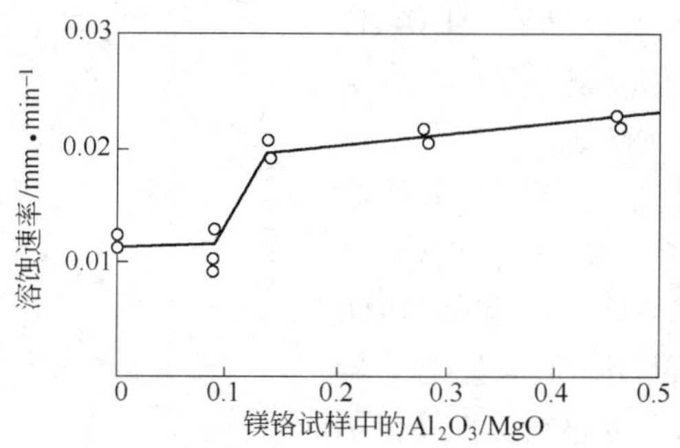

图2 Al_2O_3 含量不同的镁铬试样在 S1.2A13 渣中于1650℃和200r/min 下的溶蚀速率

Fig. 2 Dissolution rate of magnesite-chrome specimens containing various Al_2O_3 at 1650℃ in slag S1.2A13 under 200r/min

从图2可看出：试样中 Al_2O_3/MgO 比小于0.085，溶蚀速率无变化；大于0.14以上，随 Al_2O_3 含量加大溶蚀速率增加不大；在0.085至0.14之间，溶蚀速率陡然增大。

造成上述变化的原因，可以解释为：（1）根据 MgO，Al_2O_3，Cr_2O_3，MgO · Al_2O_3，MgO · Cr_2O_3 在 CaO-SiO_2 渣中于1700℃的溶解度图[2]，Al_2O_3 和 MgO · Al_2O_3 的溶解度远比 Cr_2O_3 和 MgO · Cr_2O_3 大；因此，随着镁铬试样中 Al_2O_3 含量的增加，其溶蚀速率增大。（2）各种倍半氧化物在方镁石中的溶解度次序为：$Fe_2O_3 > Cr_2O_3 >$

Al_2O_3[3]；增加镁铬试样中 Al_2O_3 含量，晶间复合尖晶石增多（例如由显微结构分析知 MKA6 中复合尖晶石量为 30%，MKA9 为 35%，MKA16 为 50%，而 MKA24 则达 60%）；晶间尖晶石增多，试样内固-固直接结合率提高，自形复合尖晶石与浑圆粒状方镁石形成的镶嵌结构越致密，气孔率降低，从而提高了阻止熔渣渗入的能力，改善了试样抗溶蚀的能力。

2.3 渣中 Al_2O_3 含量对不同 Al_2O_3 含量的镁铬试样的溶蚀试验

取含 Al_2O_3 量不同的 MKA6 和 MKA16 两种试样，在 1650℃，以 200r/min 的转速分别在 Al_2O_3 含量不同的渣中进行试验，测得溶蚀速率结果示于图 3。

由图 3 可见：（1）随着渣中 Al_2O_3 含量增多，镁铬耐火材料试样的溶蚀速率下降；特别是 Al_2O_3 含量高的试样下降尤为显著。即增加渣中 Al_2O_3 可起到保护镁铬耐火材料的作用。（2）当渣中 Al_2O_3 含量增至 25% 时，镁铬试样中 Al_2O_3 含量虽有不同，但其溶蚀速率却趋于相近。由此可以认为：对 Al_2O_3 含量高的渣，为了提高镁铬砖的抗热震性，采取增多砖中 Al_2O_3 含量的途径是合适的。

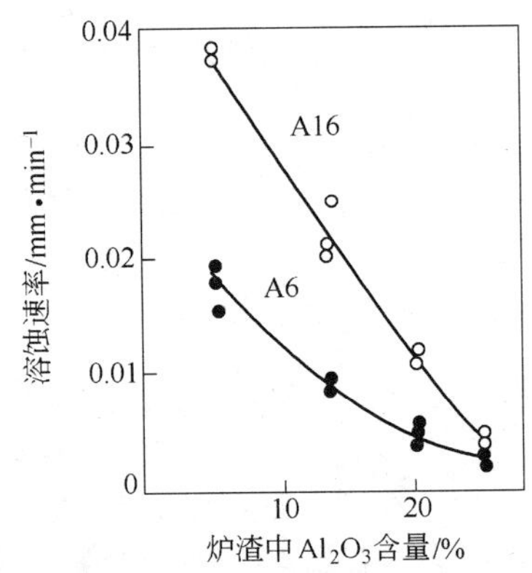

图 3 渣中 Al_2O_3 含量对 Al_2O_3 含量不同的镁铬耐火材料溶蚀速率的影响

Fig. 3 Al_2O_3 content in slag *vs* dissolution rate of magnesite-chrome specimens containing various Al_2O_3 1650℃, 200r/min

图 4 与图 5 是 MKA6 试样分别经 S1.2A5 与 S1.2A25 渣溶蚀后的显微照片。在图 4 中渣化层主要为 CMS 与 C_3MS_2，只有少量形状不规则的尖晶石分散于渣中；而从图 5 可以看到渣化层主要为复合尖晶石，并互相搭接成致密的尖晶石层。尖晶石层内的尖晶石，其中心反射率较高外缘较低，说明中心部位含 Cr_2O_3 较多为原生尖晶石，而原生尖晶石外则为次生的 MA。由

此可以看出随着渣中 Al_2O_3 含量的增加试样工作面的尖晶石量增多。大量尖晶石的析出，形成了尖晶石保护层，自然其溶蚀速率减缓。

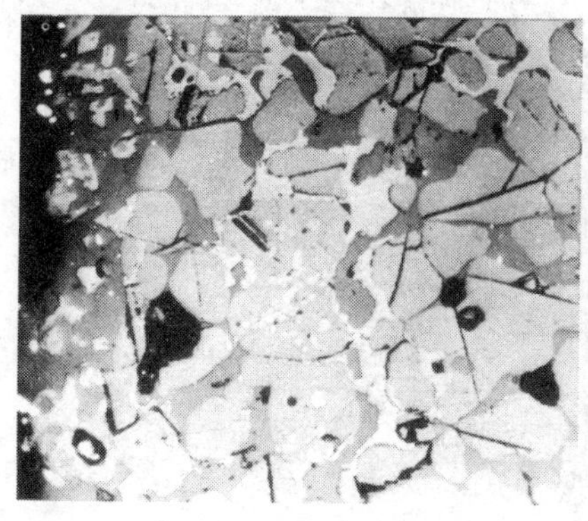

图 4　MKA6 经 S1.2A5 渣溶蚀后的显微照片（280×，反光，左为工作面）

Fig. 4　Microphotograph of MKA6 subjected to S1.2A5 slag (working face on left), Reflected light(280×)

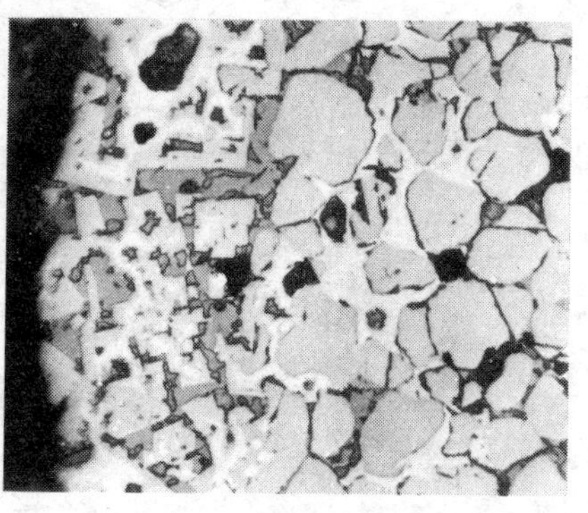

图 5　MKA6 经 S1.2A25 渣溶蚀后的显微照片（280×，反光，左为工作面）

Fig. 5　Microphotograph of MKA6 subjected to S1.2A25 slag (working face on left), Reflected light(280×)

2.4　电子探针分析

用电子探针对溶蚀后试样从工作面向内部依次分析在 100μm×20μm 矩形区内各氧化物含量，结果示于图 6*a* 和图 6*b*。由图 6 可见：MgO 和 Cr_2O_3 从试样内往外迁移，CaO 和 SiO_2 从炉渣向试样内迁移，其中 SiO_2 渗入量较 CaO 多。值得注意的是 Al_2O_3 在渣化层或反应层中的含量均高于原砖和炉渣中的含量。产生这一情况的原因可能是试样中 MgO 极易与渗入渣的 Al_2O_3 反应生成 $MgO \cdot Al_2O_3$，从而造成渣相中 Al_2O_3 的浓度差，推动 Al_2O_3 的扩散。但是 $MgO \cdot Al_2O_3$ 却不抗硅酸盐渣的溶蚀，因此会重新溶于渣中。

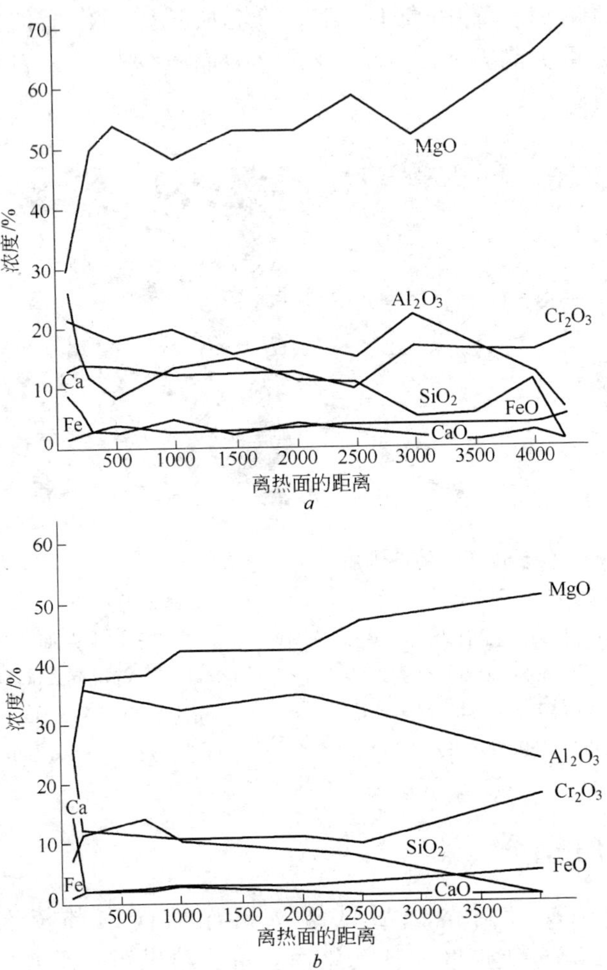

图 6 MKA6 和 MKA24 经 S1. 2A13 渣溶蚀后
从热面往内各种氧化物含量的变化
a—MKA6-S1. 2A13；*b*—MKA24-S1. 2A13
Fig. 6 EPMA，oxide variation *vs* distance from hot face

参 考 文 献

[1] 陈肇友，吴学真，叶方保．硅酸盐学报，1985，13(4)：475.

[2] Willshee J C, While J. Trans Br Ceram Soc, 1967, 66: 541.

Influence of Al_2O_3 on Dissolution of Magnesite-Chrome Refractory in Steel Refining Slag

Chen Zhaoyou Liu Bo

(Luoyang Institute of Refractories Research, Ministry of Metallurgical Industry)

Abstract: Simulative study for erosion of refractory in VOD or AOD steel refining was carried out by the method of rotating cylindrical magnesite-chrome specimen immersed in a synthetic molten slag. It was resulted that the dissolution rates of specimens with contents of same Cr_2O_3 but various Al_2O_3 are the same at the ratio Al_2O_3/MgO from 0 to 0.085% and increase sharply from 0.085 to 0.14% then smoothly over 0.14%. With the increasing of Al_2O_3 content in the slags, the dissolution rates of specimens decrease, and their decrement meet each other at 25% Al_2O_3 in slags. The microscopic observation and EPMA were also made of the eroded specimens.

本文选自《金属学报》, 1988, 24(3): 224.
或 *ACTA METALLURGIA SINCA* (English Edition)
series B, 1989, 12(6): 422.

镁铬耐火材料在不同 CaF_2 含量的炉外精炼渣中的溶蚀

李柳生　陈肇友

（冶金工业部洛阳耐火材料研究院）

摘　要： 用旋转圆柱体法研究了镁铬耐火材料在不同 CaF_2 含量的炉外精炼渣中的溶蚀速度。试验结果表明，加入 CaF_2 到炉外精炼渣中会使镁铬材料溶蚀速度增大，尖晶石蚀洞增加。

1　引言

在冶金过程中，以萤石作为助熔剂颇为普遍。一般说来，CaF_2 在熔渣中的行为有：（1）降低熔渣黏度，提高了渗透性；（2）增大耐火材料在熔渣中的溶解度；（3）与砖中组元反应，破坏显微结构。迄今有关渣中 CaF_2 含量对镁铬系材料影响的研究很少。据此，本工作采用旋转圆柱体法进行了镁铬材料在不同 CaF_2 含量的炉外精炼渣中的溶蚀速度。

2　试样与熔渣制备

以大石桥菱镁矿和西藏铬精矿为原料，加入部分试剂调整化学组成，采用共烧结镁铬砖的制法制备。粗颗粒小于 1.5mm，细粉小于 0.088mm。成型压力为 294MPa，烧成温度 1800℃。试样尺寸为直径 21mm，高 30mm，中孔直径 7mm，重约 30g。其理化性质见表 1。

表 1　试样理化性质

编号	化学组成/%						Cr_2O_3/MgO	显气孔率/%	密度/$g \cdot cm^{-3}$
	SiO_2	Al_2O_3	Fe_2O_3	CaO	MgO	Cr_2O_3			
MK5	0.65	10.33	5.20	0.62	54.94	27.91	0.51	20.87	3.08

合成渣模拟 AOD 和 VOD 渣的成分，全部用试剂配制。球磨混匀，压块预烧后粉碎并细磨至小于 0.1mm，其化学组成见表 2。

表 2　合成渣化学成分

编　号	MgO /%	Al_2O_3 /%	FeO /%	Cr_2O_3 /%	CaO /%	SiO_2 /%	CaF_2 /%	C/S
S1. 2A5	10	5	3	2	43. 64	36. 36	0	1. 2
S1. 2A5F2	10	5	3	2	42. 55	35. 45	2	1. 2
S1. 2A5F5	10	5	3	2	40. 91	34. 09	5	1. 2

3　实验装置与方法

本实验设备如图 1 所示。

炉中通氩气保护（Ar 流量为 45mL/s）。将 300g 渣置于钼坩埚（直径 50mm，高 90mm）中，在实验温度下预熔。试样两端盖钼片，以钼螺帽和钼螺杆紧固，仅仅使试样侧面与熔渣接触。试样在渣面上方预热后于实验温度浸入渣中，并以所需转速旋转一定时间，提升试样至渣面上方，高速甩渣（700r/min）后在炉中缓冷至室温。

沿试样轴向等距量取 14 处直径，以其平均值作为试验后的直径值，以试验前后的半径变化作为估算试样溶蚀速度的依据。

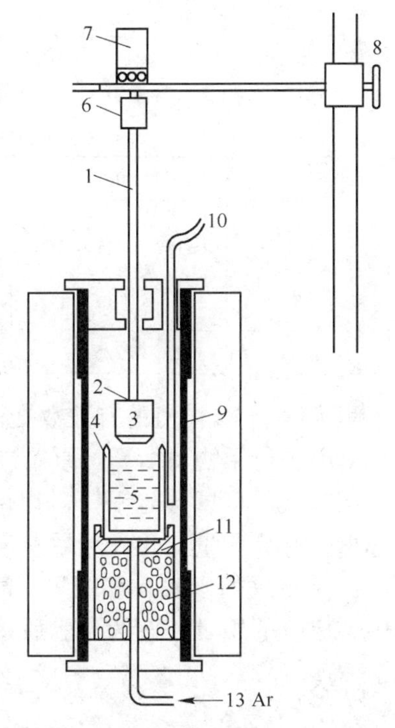

图 1　实验设备

1—钼棒;2—钼盖片;3—试样;4—钼坩埚;5—渣;6—连接器;7—变速电机;8—升降手柄;9—石墨管;10—热电偶;11—氧化铝座;12—氧化铝空心球砖;13—氩气入口

4　实验结果

用 MK5 试样分别在三种渣中进行试验。试验条件为:

1650℃，200r/min，20min。试验结果见图2和表3。

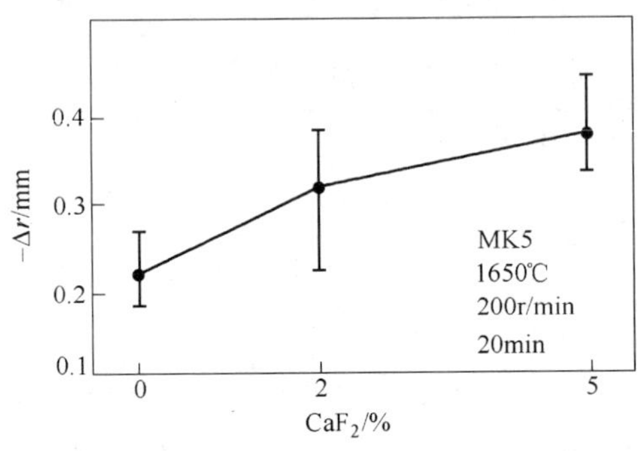

图2　CaF_2 含量与 Δr 的关系

表3　熔渣中 CaF_2 含量与试样半径 Δr 的关系

（1650℃，20min，200r/min）

CaF_2/%	0	2	5
$-\Delta r$/mm	0.180 0.217 0.266 0.198 0.263	0.342 0.221 0.375 0.324 0.356 0.281 0.284 0.339	0.327 0.337 0.434 0.386 0.339 0.393
平均值/mm	0.225	0.315	0.369

因为含 CaF_2 熔渣的有关数据很少，无法利用相图等工具定量估算，所以进行了物料衡算。原始试样用工业天平（感量0.002g）称重。试验前后将试样与钼杆，钼螺丝一起在托盘天平（感量0.5g）上称重，计算质量变化，然后参考试验前后的试样化学分析结果衡算。衡算结果列于表6和表7。表中 W 表示试验前试样总重以及试样中各成分的质量，W' 为试验后试样总质量和各成分的质量。

5　讨论

由表3和图2可知试验值分散，但总的变化趋势依然存在。利用微机对表3数据进行方差分析，结果列于表4。$F=14.25$，F_α（$\alpha=0.05$）$=3.63$，即 $F>F_\alpha$，所以熔渣中 CaF_2 含量变化对试样溶蚀速度影响显著。由于 CaF_2 含量为2%和5%两组数据接近，所以利用 S 检验法进行多重比较，结果列于表 5。由表 5 可知，含 CaF_2 与不含 CaF_2 的熔渣之间溶蚀速度差异显著，而 CaF_2 为 2% 和 5% 的熔渣的溶蚀速度之间无显著差异。由此可知，向熔渣中加入 CaF_2 后溶蚀速度增大，但是继续加入 CaF_2，溶解速度变化不大。

表 4　表 3 结果的方差分析

偏差来源	自由度	离差平方和	均方	均方比，F	F_α（α 为显著性水平）
组间	2	0.058	0.029	$F=\frac{0.029}{0.002}=14.25$	$F_{0.05}=\begin{pmatrix}f_1=2\\f_2=16\end{pmatrix}=3.63$
组内	16	0.032	0.002		
总和	18	0.090			

表 5　数据的多重比较

i，j	1，2	1，3	2，3
$\lvert \overline{X_i}-\overline{X_j} \rvert=\Delta$	0.090	0.145	0.054
D_{ij}	0.069	0.073	0.065
	$\Delta>D_{1,2}$	$\Delta>D_{1,3}$	$\Delta<D_{2,3}$

物料衡算结果表明（见表 6 和表 7）：SiO_2、CaO 和 CaF_2 由熔渣向试样内渗透，而 Al_2O_3、Fe_2O_3、MgO 和 Cr_2O_3 由试样溶解到熔渣中。由于相当可观的 SiO_2 和 CaO 渗入试样中，所以试样增重，与文献［1］的吸渣膨胀效应相吻合。

表 6　MK5-S1.2A5F2 系统物料衡算

化学成分/%	SiO_2	Al_2O_3	Fe_2O_3	CaO	MgO	Cr_2O_3	CaF_2	总量
原砖分析/%	0.65	10.37	5.22	0.62	55.13	28.01	0	100
残砖分析/%	6.37	9.12	4.80	8.39	48.07	23.09	0.17	100.01
W	0.21	3.31	1.67	0.20	17.67	8.95	0	32.01
W'	2.21	3.16	1.66	2.91	16.66	8.00	0.06	34.66
$\Delta W=W'-W$	2.00	−0.15	−0.01	2.71	−0.96	−0.95	0.06	2.65
$\frac{\Delta W}{W}\times100$	952.38	−4.53	−0.60	1355.00	−5.45	−10.61	—	8.28

表 7　MK5-S1.2A5F5 系统物料衡算

化学成分/%	SiO_2	Al_2O_3	Fe_2O_3	CaO	MgO	Cr_2O_3	CaF_2	总量
原砖分析/%	0.65	10.37	5.22	0.62	55.13	28.01	0	100
残砖分析/%	5.52	9.23	4.83	7.24	48.83	23.88	0.47	100
W	0.20	3.16	1.59	0.19	16.81	8.54	0	30.47
W'	1.79	3.00	1.57	2.35	15.87	7.76	0.15	32.49
$\Delta W = W' - W$	1.60	-0.16	-0.02	2.16	-0.95	-0.78	0.15	2.02
$\frac{\Delta W}{W} \times 100$	801.75	-5.12	-1.37	1139.94	-5.62	-9.15	—	6.63

一般说来，耐火材料的溶解是受扩散控制的[2]。在强制对流条件下，溶解速度可描述如下：

$$J = \left(-\frac{\mathrm{d}r}{\mathrm{d}t}\right) = \frac{\beta\rho_b}{100\rho_0}\Delta C \tag{1}$$

由因次分析可得

$$Sh = \mathrm{const} \cdot Re^a Sc^b \tag{2}$$

式中，$Re = \rho_0 \cdot d \cdot u/\eta$；$Sc = \eta/\rho_0 D$；$Sh = \beta d/D$

在一定转速下，

$$\beta = \mathrm{const} \cdot D^{(1-b)}(\eta/\rho_0)^{(b-a)} \tag{3}$$

$$J = \mathrm{const} \cdot D^{(1-b)} \cdot \eta^{(b-a)}\Delta C \tag{4}$$

忽略熔渣密度 ρ_0 的变化，并假设 $\eta \cdot D = \mathrm{const}$[3]，则

$$J = \mathrm{const} \cdot \eta^{2b-a-1}\Delta C \tag{5}$$

即：

$$\mathrm{const} \cdot \Delta C = J \cdot \eta^{a+1-2b} \tag{6}$$

熔渣黏度计算方法如下：设不含 CaF_2 的炉渣黏度为 η_0，按厄本[4]的方法估算。

含 CaF_2 炉渣的黏度与 CaF_2 质量分数 W_F 有如下关系，1650℃时：

$$\eta = \eta_0 + 0.0083 W_F^2 - 0.1089 W_F \tag{7}$$

式中，η 为含 CaF_2 渣的黏度。

表 8 列出了三种渣的计算结果。由式（6）与表 8 数据可知，含 2% CaF_2 的熔渣与含 5% CaF_2 的熔渣中其溶质的浓度差比为：

$$\frac{\Delta C_{F5}}{\Delta C_{F2}} = \frac{J_{F5} \cdot \eta_{F5}^{a+1-2b}}{J_{F2} \cdot \eta_{F5}^{a+1-2b}} \approx 1.0$$

而表 6 与表 7 中 MgO、Cr_2O_3 与 Al_2O_3 的相对之比约为 1.0，与之极为接近。

表 8　CaF_2 含量与 const · ΔC 的关系

CaF_2/%	0	2	5
$\Delta\bar{r}$/mm	0.225	0.315	0.369
$\Delta\bar{r}/\Delta t$	0.011	0.016	0.018
η	1.50	1.32	1.16
const · ΔC	0.0164	0.0211	0.0208

注：取 $a=0.7$，$b=0.356$[2]。

显微观察表明，含 CaF_2 渣使尖晶石的蚀洞程度增加（图 3 和图 4），即增加了对尖晶石的侵蚀，这与表 6 和表 7 中 MgO、Cr_2O_3 与 Al_2O_3 相对损失相吻合。

图 3　MK5 经 S1.2A5 渣蚀（1650℃，200r/min）后缓冷（270×），右端为工作面

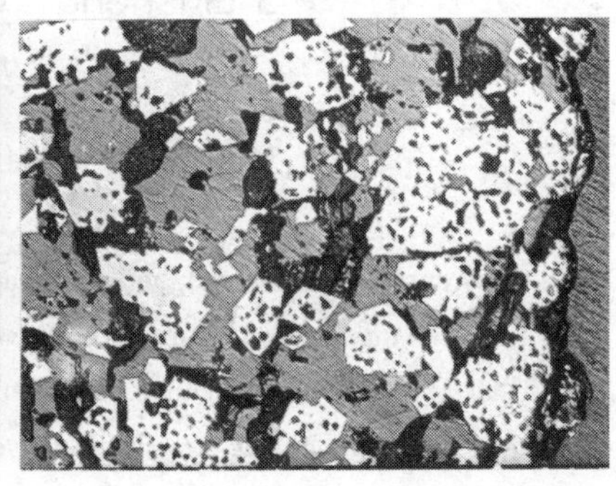

图 4　MK5 经 S1.2A5F2 渣蚀（1650℃，200r/min）缓冷（270×），右端为工作面

6 结语

炉外精炼渣中加入 CaF_2 使镁铬材料的溶蚀速度增加，但 CaF_2 由 2% 增加至 5% 时溶蚀速度变化不显著。

加入 CaF_2 除了使熔渣黏度降低外，还使砖-渣之间溶质浓度差 ΔC 增大。ΔC 的变化是影响溶解速度的重要因素。

加入 CaF_2 增加了对尖晶石的侵蚀，试样中 Cr_2O_3、MgO、Al_2O_3 损失较大。

参考文献

[1] Pickering G D, Ford W F. Trans J Br Ceram Soc, 1964, 63(9): 487.
[2] 陈肇友. 硅酸盐学报, 1983, 11(4): 498.
[3] 曲英. 炼钢学原理. 北京：冶金工业出版社, 1981.
[4] Urbain G. Trans. J. Br. Ceram. Soc., 1981, 80(4): 139.

Dissolution Kinetics of Magnesite-Chrome Refractory in Secondary Steelmaking Slag with Various-CaF_2 Content

Li Liusheng Chen Zhaoyou

(Luoyang Institute of Refractories Research, Ministry of Metallurgical Industry)

Abstract: Dissolution kinetics of magnesite-chrome refractory in secondary steelmaking slag with various CaF_2, content has been studied by means of the rotating cylinder method. It is found that the addition of CaF_2 to secondary steelmaking slag greatly increases the dissolution rate of magnesite-chrome refractory and the corroded pores of complex spinel grains.

本文选自《耐火材料》, 1988, (3): 1.

提高 AOD、VOD 镁铬或镁白云石炉衬寿命的途径

陈肇友

（冶金工业部洛阳耐火材料研究院）

摘　要：本文根据镁-铬与镁白云石材料的特性，从熔渣的渗透与阻止，耐火氧化物在熔渣中的溶解速度与溶解度，耐火材料与熔渣边界层的饱和浓度，熔渣的黏度，炉渣的碱度和 Al_2O_3 含量，白云石造渣制度，温度的影响与烘炉等方面分析讨论了如何减少 AOD 与 VOD 炉炉衬的熔蚀、冲刷、热剥落与结构剥落，从而提高 AOD 与 VOD 炉衬的寿命。

1　引言

炉外精炼生产不锈钢的成本中，炉衬耐火材料的费用占有不小的份量。要提高耐火材料的使用寿命与经济效益，除选用合适的耐火材料外，使用得当也是十分重要的。

目前，AOD 与 VOD 炉广泛使用的耐火材料有镁-铬与镁白云石两类。镁-铬砖的主晶相是方镁石固溶体与尖晶石固溶体。镁白云石砖的主晶相为方镁石与石灰。

镁-铬砖的优点是抗酸性渣侵蚀，强度高，耐冲刷。镁白云石的优点是抗碱性渣侵蚀，抗热剥落与结构剥落较镁-铬砖好，而且镁白云石有利于脱硫。

本文从炉渣成分与炉温控制来分析讨论如何提高这两类耐火材料的使用寿命。

2　炉渣成分控制

AOD 与 VOD 炉衬的损毁主要是熔蚀、冲刷以及温度波动引起的

热剥落与结构剥落。而结构剥落可能是间歇式生产设备中炉衬损毁的主要机理。但无论熔蚀或结构剥落，都是与炉渣有密切关系。

在 AOD 与 VOD 精炼过程中，除脱碳期外，各期炉渣的主要成分为 CaO、SiO_2、Al_2O_3 与 MgO。在脱碳期，Cr 氧化为 Cr_2O_3，渣中含有大量 Cr_2O_3；但由于 Cr_2O_3 熔点高，炉渣黏度大，熔渣发生结块现象，而使 Cr_2O_3 对炉衬的危害不大。因此，AOD 与 VOD 炉渣的侵蚀组元可近似地当作是 CaO-SiO_2-Al_2O_3-MgO 四元系[1]。

2.1 熔渣的渗透及其阻止

炉衬结构剥落的厚度与熔渣渗透的深度有关。根据我们的研究，熔渣渗入的主要途径是沿砖的气孔与裂隙等毛细管通道[2]。如果熔渣与主晶相的二面角小，熔渣还将沿晶粒间界渗入和分散开。例如硅酸盐熔体易渗入方镁石晶粒之间，而不易渗入镁铬尖晶石晶粒间。

熔渣渗入毛细管的深度（x）可表示为[3,4]：

$$x = A\sqrt{\frac{\sigma\cos\theta}{\eta}t} \tag{1}$$

式中，σ 为熔渣的表面张力；η 为熔渣的黏度；θ 为接触角；t 为时间；A 与耐火材料结构有关，对于某一指定材料，A 为常数。

从式（1）可以得出，减小炉渣渗入耐火材料深度的方法是增加接触角，降低熔渣表面张力，增加熔渣黏度。

在 1400℃以上，θ 值都较小，在 0°~30°之间[5]。因此，$\cos\theta$ 值变化不大，仅在 1~0.86 之间。精炼渣的 σ 值，1550℃时大致为 $(4.5\sim5.0)\times10^{-3}$N/cm[5]，变化也不大。可是炉渣或炉渣与耐火材料作用后形成的渣，其黏度值变化却非常之大。因此，决定炉外精炼渣渗入炉衬深度的主要因素是黏度。

熔渣与耐火材料作用后，如能形成高熔点化合物，析出晶体，使渗入通道堵塞，同样可以阻止熔渣的渗入，减少结构剥落。例如精炼渣与镁白云石砖中的 CaO 作用后形成高熔点化合物 2CaO · SiO_2 就是这种情况。因此，近年来出现了在镁白云石材料基质中加入电熔 CaO 细粉这一新砖种，并在 VOD 炉上取得了较好的使用寿命[6]。

当炉外精炼渣中含 Al_2O_3 高时，Al_2O_3 会与镁-铬砖形成高熔点尖晶石保护层[7]，自然也能减少熔渣的渗透与结构剥落。

2.2 耐火氧化物在熔渣中的溶解速度[8]

根据我们的研究结果，不论是镁白云石或是镁-铬耐火材料，在炉外精炼渣中的溶解过程都处于扩散速度控制范围[9,10]。

当溶解过程处于扩散速度控制时，列维奇[11]从理论上导出了旋转圆盘的溶解速度。若浓度以质量分数表示时，则为：

$$J = \frac{0.62}{100}\rho(D)^{2/3}(\nu)^{-1/6}(\omega)^{1/2} \times [(S\%) - (B\%)] \qquad (2)$$

式中，J 为溶解速度；D 为扩散系数；$(S\%)$ 为熔渣与耐火材料边界层处耐火材料的饱和浓度；$(B\%)$ 为熔渣本体中耐火材料的浓度；$\nu = \eta/\rho$，η 与 ρ 分别为熔渣的黏度与密度；ω 为角速度，$\omega = 2\pi n$，n 为转速。

式（2）提供了从理论上计算耐火氧化物在熔渣中的溶解速度。可惜，有关熔渣的黏度与密度以及扩散系数与溶解度数据目前都十分缺乏。由于耐火氧化物在熔渣中的扩散系数与熔渣的黏度之间有如下关系，即

$$D \cdot \eta = 常数$$

因此，扩散系数对溶解速度的影响可归结为黏度的影响。

从式（2）可知耐火材料的溶解速度是随饱和浓度的增大，熔渣黏度的降低，以及搅拌速度的加快而增大。

从式（2）可以看出，$[(S\%) - (B\%)]$ 值对溶解速度影响很大。如果耐火材料在熔渣中的浓度已达饱和，则 $J = 0$。因此，增加熔渣中 MgO 浓度，是会减轻以方镁石为主晶相的镁-铬或镁白云石砖侵蚀的。如果 $(B\%) = 0$，则 $(S\%) - (B\%)$ 值达最大，溶解速度也就最大。因此，耐火氧化物在熔渣中的溶解度值以及耐火材料与熔渣边界处的饱和浓度在讨论耐火材料侵蚀问题时都是很重要的基本数据。

2.2.1 耐火氧化物在精炼渣中的溶解度以及熔渣与耐火材料边界处饱和浓度的估算

精炼渣的主要成分为 SiO_2、CaO、MgO 与 Al_2O_3。一般，VOD 渣

中 Al_2O_3 含量较高，而 AOD 渣中 Al_2O_3 含量较低（约 5%）。这样，AOD 渣中的主要溶剂为 CaO 与 SiO_2，而 VOD 渣为 CaO、SiO_2 与 Al_2O_3。

图 1 绘出了 MgO、Cr_2O_3、Al_2O_3、镁铬尖晶石（MK）、镁铝尖晶石（MA）于 1700℃在 CaO-SiO_2 渣中的饱和浓度。该图是根据有关相图数据或计算后绘出的[12]。

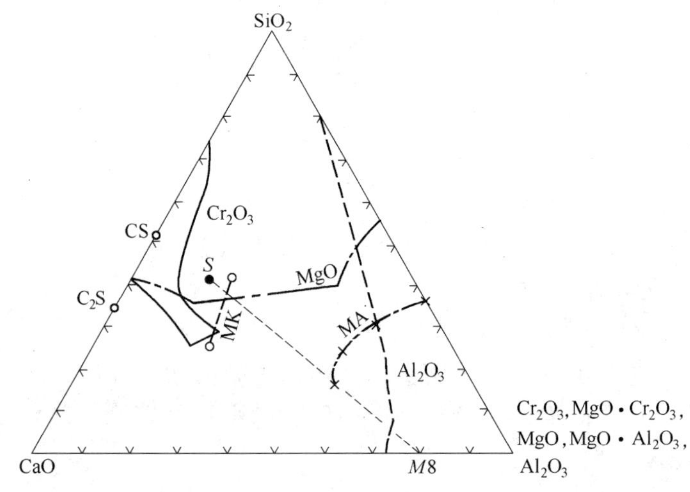

图 1 MgO、Cr_2O_3、Al_2O_3、MgO · Ca_2O_3 与 MgO · Al_2O_3 在 CaO-SiO_2 渣中的溶解度[12]（1700℃）

从图 1 可以看出，MA 与 MgO 在酸性渣中的溶解度是很大的，MK 较小，而 Cr_2O_3 最小。

从图 1 可以估算出熔渣与耐火材料边界处的饱和浓度。例如一组成均匀含有 80% MgO 与 20% CaO 的 MgO-CaO 材料（图中 *M*8 点）在 1700℃受到组成为 42% SiO_2 + 42% CaO + 16% MgO 的熔渣（图中 *S* 点）熔蚀时，*S* 与 *M*8 点的连线同 MgO 饱和线的交点即为 MgO-CaO 材料与熔渣边界处的饱和浓度。其值为 MgO 23%；CaO 42%；故 MgO 的（*S*%）-（*B*%）= 23 - 16 = 7，而 CaO 的（*S*%）-（*B*%）= 0。即此种 MgO-CaO 材料中的 MgO 会溶解。

图 2 绘出了 CaO-SiO_2-Al_2O_3-MgO 四元系于 1600℃时的液相区和

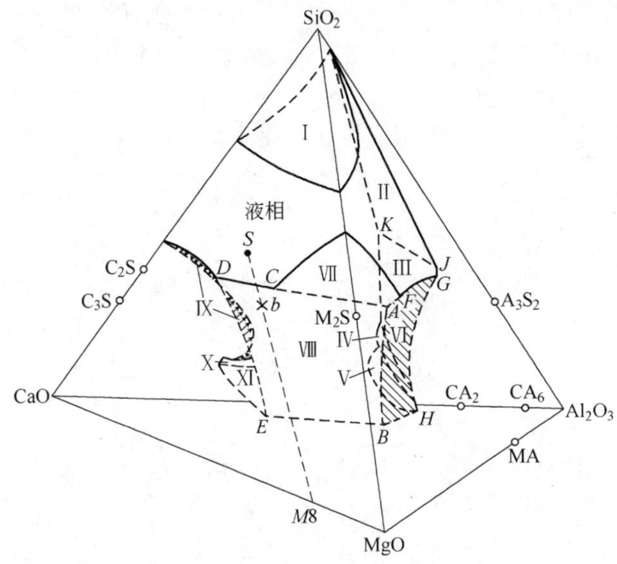

图 2 $CaO-SiO_2-Al_2O_3-MgO$ 系的液相区和饱和面

Ⅰ—SiO_2；Ⅱ—A_3S_2；Ⅲ—Al_2O_3；Ⅳ—CA_6；Ⅴ—CA_2；Ⅵ—MA；

Ⅶ—M_2S；Ⅷ—MgO；Ⅸ—C_2S；Ⅹ—C_3S；Ⅺ—CaO

饱和面[1]。

图 3 是 MgO 于 1600℃在 $CaO-SiO_2-Al_2O_3$ 渣中的溶解度图。该图是作者根据图 2 中有关点的组成绘制出的。图 3 的用法如下，将渣中的 CaO、SiO_2 与 Al_2O_3 换算成 100%，然后从图 3 即可查出该渣在 1600℃能溶解的 MgO 量。

从图 2 可以估算出一组成均匀含有 80% MgO + 20% CaO 的 MgO-CaO 材料（点 *M*8），在组成为 40% SiO_2 + 40% CaO + 10% Al_2O_3 + 10% MgO 熔渣（*S* 点）中溶蚀时，熔渣与耐火材料边界处的饱和浓度。其法是连接 *S* 点与 *M*8 点，连线与 MgO 饱和面的交点 *b* 的组成即为 1600℃时熔渣与 MgO-CaO 材料边界处的饱和浓度。

根据 MgO 饱和面上一些点的组成数据，用待定系数法可求出靠近 *b* 点的 MgO 饱和面方程式，即：

$$(\%Al_2O_3) = 0.61(\%CaO) - 1.40(\%SiO_2) + 1.55(\%MgO) \tag{3}$$

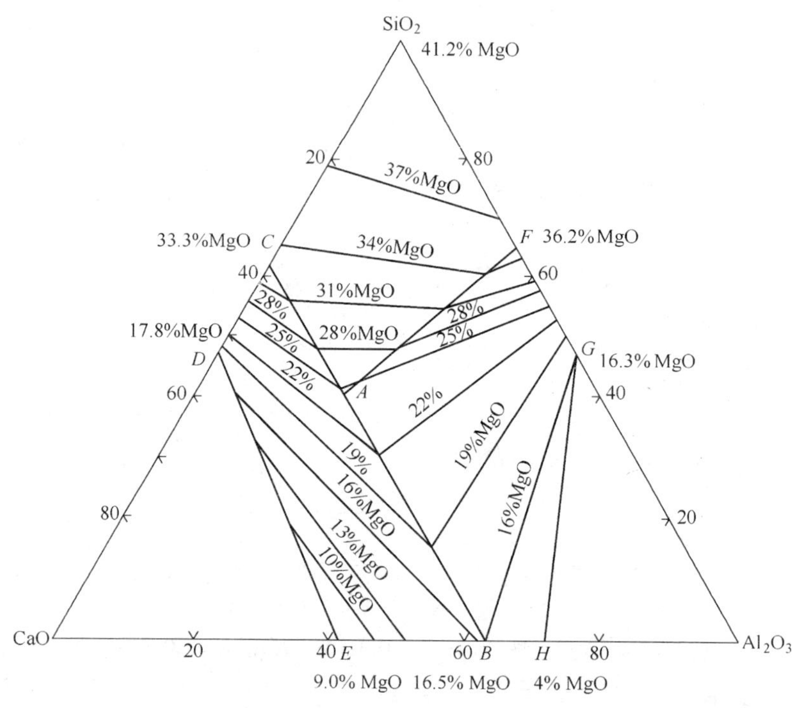

图 3　MgO 在 $CaO\text{-}SiO_2\text{-}Al_2O_3$ 渣中的溶解度

（图内数字为 MgO 质量分数）

从 *S* 点与 *M*8 点的组成和上面方程式即可得出边界处 MgO 与 CaO 的饱和浓度为 25.5% MgO 与 36.8% CaO。即 MgO 的（*S*%）-（*B*%）= 25.2 - 10 = 15.2。由于渣中 CaO 已达 40%，因此，此种 MgO-CaO 材料中的 CaO 不会溶于渣中。

2.2.2　熔渣黏度的近似计算

由于熔渣黏度对炉衬的渗透深度与溶解速度都很有影响，而黏度数据又缺，因此，在这里介绍一下 Urbain[13] 的近似计算方法。

对于 $SiO_2\text{-}CaO\text{-}MgO\text{-}Al_2O_3\text{-}MnO\text{-}FeO$ 渣，可将渣中 MgO、MnO 与 FeO 的摩尔分数并入到 CaO 的摩尔分数。这样，就可由 $CaO\text{-}SiO_2\text{-}Al_2O_3$ 系的 ln*A* 值图（图 4）与等 *B* 值图（图 5），查出 ln*A* 值与 *B* 值。将这些值与温度（*K*）代入式（4），即：

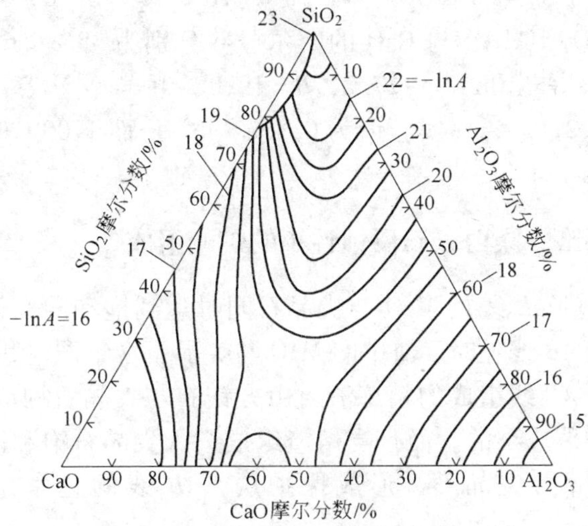

图 4　$CaO-SiO_2-Al_2O_3$ 系等 ln*A* 值图

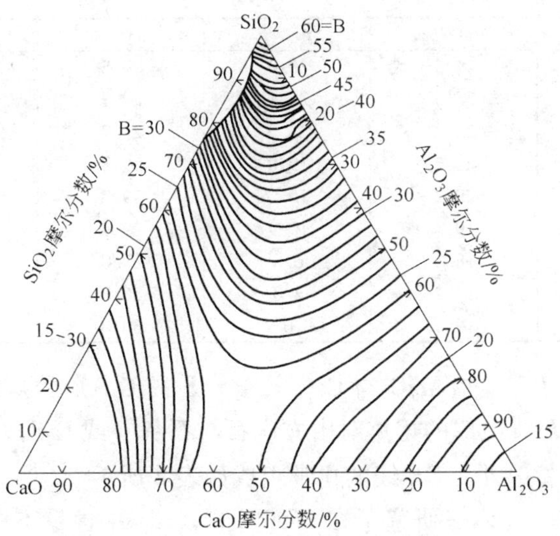

图 5　$CaO-SiO_2-Al_2O_3$ 系等 *B* 值图

$$\ln\eta = \ln A + \ln T + 10^3 B/T \tag{4}$$

便可近似地求出在各种温度下不同组成的精炼渣的黏度值。

例如组成为 40% SiO_2 +40% CaO +10% Al_2O_3 +10% MgO 渣，经换算后，SiO_2、Al_2O_3 与 CaO 的摩尔分数分别为 38%、6% 与 56%。从图 4、图 5 查出 $\ln A = -17.2$，$B = 19.0$，由式（4）算出 1500℃时的黏度为 0.27Pa·s（实验值为 0.3Pa·s[5]）而 1700℃时的黏度约为 0.1Pa·s。

2.3 对镁-铬、镁白云石侵蚀性小的炉渣组成

图 2 中的 AB 线是 MgO 与尖晶石同时达到饱和的双饱和线，即熔渣组成在 AB 线上时，渣中的 MgO 与尖晶石含量同时达到了饱和。因此，靠近 AB 线组成的精炼渣对由方镁石与尖晶石构成的镁-铬砖的溶蚀应该是甚小的。而且当熔渣组成进入尖晶石饱和面，还会在镁-铬砖上析出尖晶石，形成保护层。AB 线的化学组成如表 1 所示[1]。

表 1　图 2 中 AB 线上的化学组成

Al_2O_3/%	MgO/%	SiO_2/%	CaO/%	CaO/SiO_2
16.0	24.5	30.0	29.5	0.98
20.0	23.3	27.1	29.7	1.1
25.0	22.2	23.9	29.7	1.2
30.0	21.2	19.0	29.8	1.6
35.0	20.2	15.0	29.8	2.0
40.0	19.2	10.9	29.9	2.7
45.0	18.2	6.8	30.0	4.4
50.0	17.2	2.8	30.0	10.7
53.5	16.5	0	30.0	

图 2 中 DE 线是 MgO 与 CaO（或 C_3S 或 C_2S）的双饱和线。因此，靠近 DE 线组成的熔渣对由方镁石与石灰（或 C_2S）构成的镁白云石材料侵蚀甚小。DE 线的化学组成如表 2 所示[1]。

用旋转圆柱体法研究了在 1650℃时，Al_2O_3 含量不同的镁-铬材料在碱度为 1.2、Al_2O_3 含量不同的精炼渣中的溶蚀，其结果示于图 6[14]。从图 6 可看出：（1）镁-铬材料的溶解速度随渣中 Al_2O_3 含量的增加而明显下降，当砖中 Al_2O_3 含量高时，下降尤为显著。（2）随着渣中 Al_2O_3 含量的增加，两曲线逐渐汇合；当渣中 Al_2O_3

含量为 25% 时，镁-铬材料的溶解速度最小。这与上面由相图分析得到的结果一致。总之，AOD 与 VOD 炉采用镁-铬砖时，可以用造高 Al_2O_3 渣来减轻侵蚀。

表 2　图 2 中 *DE* 线上的化学组成

Al_2O_3/%	MgO/%	CaO/%	SiO_2/%	CaO/SiO_2
0	17.8	43.5	38.7	1.12
5.0	16.0	45.0	34.0	1.32
10.0	13.5	46.0	30.5	1.51
15.0	12.0	47.0	26.0	1.81
20.7	10.0	51.3	18.0	2.85
25.0	9.5	56.0	9.5	5.89
30.0	9.3	54.7	6.5	8.30
37.5	9.0	53.5	0	

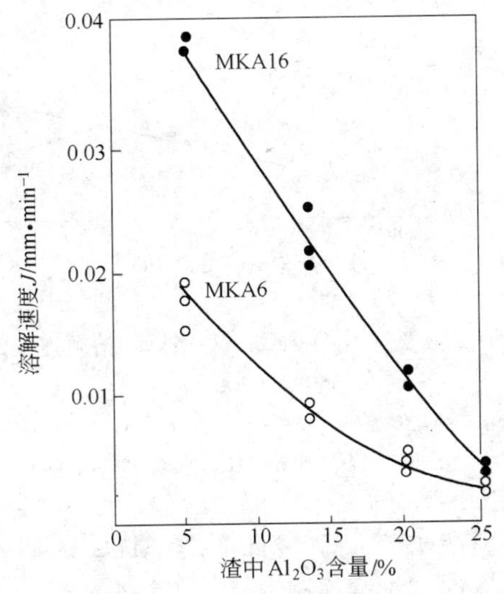

图 6　渣中 Al_2O_3 含量对 Al_2O_3 含量不同的镁铬耐火材料溶解速度的影响（1650℃，200r/min）

MKA16—58.6% MgO，18.4% Cr_2O_3，16.4% Al_2O_3，5.0% Fe_2O_3；

MKA6—69.2% MgO，17.9% Cr_2O_3，5.9% Al_2O_3，4.8% Fe_2O_3；

炉渣碱度为 1.2，含 10% MgO 与 3% FeO

2.4 加入白云石造渣

加入白云石造渣会使渣中 MgO 含量增加，减轻镁-铬与镁白云石砖的溶蚀。但加入白云石也会增加渣中 CaO 含量，提高渣的碱度。而碱度对镁-铬与镁白云石材料的侵蚀影响则是不一样的。因此，何时加入白云石则是需要研究的。

2.4.1 碱度对镁-铬、镁白云石材料侵蚀的影响

用旋转圆柱体法研究了镁-铬、镁白云石材料在不同碱度的精炼渣中的侵蚀，其结果示于图 7[9]。

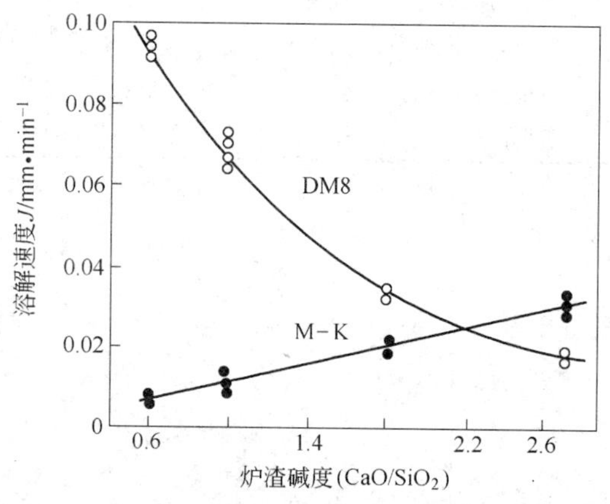

图 7　炉渣碱度对 MgO-CaO、镁-铬试样溶解速度的影响

（1650℃，200r/min）

DM8—82% MgO，17% CaO；M-K—65.8% MgO，20.2% Cr_2O_3，5.5% Al_2O_3，6.0% Fe_2O_3

从图 7 可看出镁-铬材料抗酸性渣溶蚀优于镁白云石，而镁白云石材料抗碱性渣溶蚀优于镁-铬材料。

2.4.2 采用镁-铬炉衬何时加入白云石

脱碳初期，钢中 Si 氧化，渣的碱度甚低，炉渣将从炉衬夺取 MgO。如在装入钢水后加入白云石，自然就会减轻熔渣向衬砖夺取 MgO。然后，在还原期与脱硫期分别加入适量石灰，以利于还原剂（Si）还原渣中 Cr_2O_3 和脱硫。从图 7 看，加入的石灰量不宜太多。

考夫曼（Kaufman）等[15]对AOD炉镁-铬衬采用装入钢水后加入白云石和还原期与出钢前加入石灰的造渣制度。据称，70t AOD炉衬的侵蚀率减少了一半多。图8是其采用白云石、石灰造渣制度时其炉渣组成、碱度与炉温的变化情况。

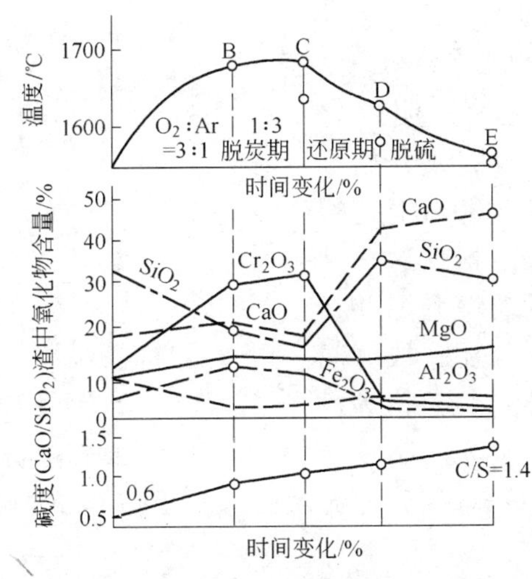

图8 70t AOD炉采用白云石造渣时，炉渣组成、碱度与温度随精炼时间的变化

2.4.3 采用镁白云石炉衬时何时加入白云石

随着渣中碱度和MgO含量的增加，镁白云石材料的侵蚀总是减小的。因此，用这种炉衬时，可在AOD或VOD炉装入钢水前和脱碳期中加入白云石与石灰。但脱碳期加入白云石与石灰过多，会降低炉温，增加渣量，减小Cr_2O_3的活度，降低钢液脱碳速率，延长脱碳期[15,16]。

据Nashiwa等报道[16]，日本和歌山90t AOD炉用镁白云石衬采用上述造渣制度，炉龄一般都在300炉以上。

3 炉温控制方面

3.1 烘炉

烘炉制度对减轻耐火材料热剥落很重要。

3.1.1 镁-铬炉衬的烘炉制度

渡边（Watanabe）等[17]用镶板-AE 法测定了直接结合与半再结合镁-铬砖的声发射累计数与热面温度之间的关系，结果如图 9 所示。图 9 表明镁-铬砖大约在 500℃ 时裂纹开始准静态扩展，而在 800℃ 时，裂纹发生动态扩展。根据这一结果，他们采取了缓慢升温并在 500℃ 和 800℃ 时保温一段时间的烘炉制度。据称，镁-铬炉衬的使用寿命提高 20%。

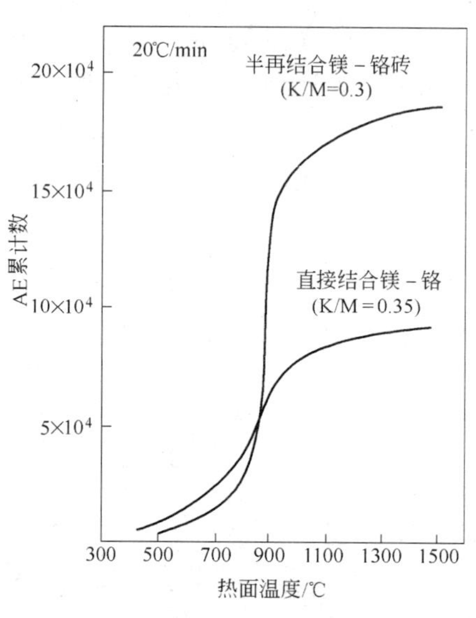

图 9 两种镁-铬砖进行镶板-AE 法试验结果

3.1.2 镁白云石炉衬的烘炉制度

镁白云石砖抗热震性较好，因此，可以采取较快速度升温的烘炉制度。

3.2 精炼温度对侵蚀的影响

随着温度的升高，熔渣黏度大大降低，耐火氧化物在渣中的溶解度显著增加，从式（2）可以得出温度对炉衬的侵蚀影响是很大的。

我们曾测定镁-铬与镁白云石圆柱体在精炼渣中当转速为 200r/min 时，于 1600℃、1650℃、1700℃ 与 1750℃ 时的溶解速度，得出每升高 100℃，侵蚀量增加 2～3 倍[9,10]。因此，控制精炼温度，使其不超过 1700℃，对延长炉衬寿命是很重要的。

3.3 间歇时间的保温

AOD 与 VOD 炉都是间歇式操作，两炉次之间的间歇时间较长时，炉衬工作面温度下降太大，极易引起耐火材料严重的热剥落与结构剥落。为此，在间歇时间内采取适当的保温措施是非常必要的。

对 AOD 炉镁白云石衬可以采用留渣法并加入适量石灰使渣覆盖

衬砖表面。对镁-铬炉衬可以采用增加渣中 Al_2O_3 含量使其形成尖晶石保护层。这样，不仅可以减少侵蚀，而且这种覆盖层还能隔热，降低炉次之间的温差。

再如，在间歇时间内，在炉口加隔热保温盖也是有效的。

除了上面从炉渣成分与炉温控制来提高炉衬使用寿命外，减少装入钢水中的 Si 与 C，薄渣操作，以及适当增加 AOD 风嘴数，减轻冲刷，都会减轻炉衬侵蚀，缩短冶炼周期，对提高炉龄都是有好处的。

4 结语

增加熔渣黏度，使熔渣与镁-铬或镁白云石反应后形成尖晶石或 $2CaO \cdot SiO_2$ 高熔点化合物，可以减轻或阻止熔渣的渗透，从而减轻结构剥落与侵蚀。

根据 $CaO\text{-}SiO_2\text{-}Al_2O_3\text{-}MgO$ 相图中 MgO 与尖晶石的双饱和线和 MgO 与 CaO 的双饱和线，可以配制对镁-铬和镁白云石侵蚀性小的炉渣。

增加熔渣中 MgO 含量，减小熔渣与耐火材料边界处饱和浓度，可以减轻耐火材料的溶蚀。对镁-铬炉衬，增加渣中 Al_2O_3 含量是特别有效的。

炉渣碱度对镁-铬和镁白云石的溶蚀影响不同。因此，对这两种材质的炉衬加白云石与石灰的造渣制度也应不同。

温度对炉衬的侵蚀有很大影响，精炼温度应尽量不超过 1700℃。

在炉次之间的间隔时间内，炉子应采取保温措施。可以采用在衬砖热面形成隔热保护层，也可以采用在炉口加隔热盖的办法。

镁-铬砖与镁白云石砖性质不同，其烘炉制度也应不同。

参 考 文 献

[1] 陈肇友. 金属学报，1983，19(6)：B237.

[2] 陈肇友，吴学真，等. 硅酸盐学报，1982，10(1)：86.

[3] Bilkerman J J. Surface chemistry. Academic Press InC. , New York，1958：23.

[4] 陈肇友. 硅酸盐学报，1980，8(4)：397.

[5] The Verein Deutscher Eisenhüttenleute Ed. Schlackenaltas，Verg Stahleisen M. B. H. Düsseldorf. 1981：202，206，244，245，254.

[6] Hayashi Y，Ameniya Y，Uwai N，Shigamatsu N. Preprint of the First International Conference on Refractories. Tech. Assoc. Refractories. Tokyo，Japan，1983：461.

[7] Herzog S P. Scand. J. Metall, 1976, (5): 145.
[8] 陈肇友. 硅酸盐学报, 1983, 11(4): 498.
[9] 陈肇友, 吴学真, 叶方保. 钢铁, 1985, 20(11): 33.
[10] 李柳生, 陈肇友. 硅酸盐学报, 1988, 16(2): 154.
[11] Levich V G. Physico-chemical Hydrodynamics, Prentice Hall InC., Englewood Cliffs N. J., 1962, 1~136.
[12] 陈肇友. 耐火材料, 1984, (5): 48.
[13] Urbain G. Rev. Int. Htes. Temp. et Refractories, 1974, 11(2): 133.
[14] 陈肇友, 刘波. 金属学报, 1988, 24(3): B224.
[15] Kaufman J W, Aguirre C E. Electr. Furnace Proc., 1977: 35, 74.
[16] Nashiwa H, Kishida T, Hattori M. Taikabutsu Overseas, 1981, 1(2): 37.
[17] Watanabe Y, Sasaki K, Koto H. Preprint of the First International Conference on Refractories. Tech. Assoc. Refractories, Tokyo, Japan, 1983: 414.

Measures for Improving Service Life of Magnesite-Chromite or Magnesitic Dolomite Lining of AOD and VOD Furnaces

Chen Zhaoyou

(Luoyang Institute of Refractories Research, Ministry of Metallurgical Industry)

Abstract: Based on the properties of magnesite-chromite and magnesitic-dolomite refractories, slag penetration and its prevention, solubility and dissolution rate of refractories in slag, saturated concentration at boundary between refractory and slag, slag viscosity, slag basicity and Al_2O_3 content in slag, influence of temperature, addition program of dolomite and lime and preheating of furnace, the measures to reduce wear and thermal and structural spallings of AOD and VOD furnaces are discussed in this paper, in order to prolong the service life of lining.

本文选自《钢铁》, 1989, 24(7): 52.
或 "Indian Refractory Makers Association Journal",
1991, XXIV(4): 11~18.

MgO-CaO-C 系材料在高温真空下的行为

蒋明学　陈肇友　石　干

（冶金工业部洛阳耐火材料研究院）

摘　要： 测定了 CaO 含量和碳含量不同的 MgO-CaO-C 系材料于 1400～1600℃、66.6Pa 真空下的失重。探讨了失重过程中不同阶段的控制机理。

1　引言

由于 CaO 与碳反应产生的气体压力比 MgO 的低得多[1]，以及 CaO 有利于钢的洁净，因此近年来钢液真空处理和真空精炼炉开始采用 MgO-CaO-C 材料作炉衬[2,3]。但 MgO-CaO-C 材料在真空下的行为至今未见报道。本文研究了 CaO 含量和碳含量不同的 MgO-CaO-C 系材料在高温真空下的失重行为。

2　实验

2.1　试样

将组成不同的 MgO-CaO 砂骨料、细粉和鳞片状石墨混练，用沥青-蒽油混合物作结合剂，常温成型为直径 20mm、高 30mm 的试样。试样的化学组成和经 1000℃ 预处理 3h 后的物理性能示于表 1。

表 1　试样的化学组成和物理性能

Table 1　Chemical composition and physical properties of specimens

编　号	化学组成/%			显气孔率/%	密度/$g \cdot cm^{-3}$	耐压强度/MPa
	MgO	CaO	石墨			
MDIC15	84	1	15	15.0	2.59	28.9
MD17C15	68	17	15	15.6	2.59	19.6
MD34C15	51	34	15	17.3	2.52	10.6
MD51C15	34	51	15	16.4	2.53	9.3
MD18C10	70	18	12	19.1	2.56	21.0
MD16C20	64	16	20	19.1	2.43	12.5
MD15C25	60	15	25	20.8	2.33	5.8

2.2 试验方法

试验在真空碳管炉中进行，如图1所示，压力为66.6Pa。试样2用金属丝框悬挂在连续显示天平1上，用碳管4加热，铂铑热电偶3测温。外接真空泵及真空规6以实现真空和压力监视。平均升温速度为30℃/min。天平感量为10mg。

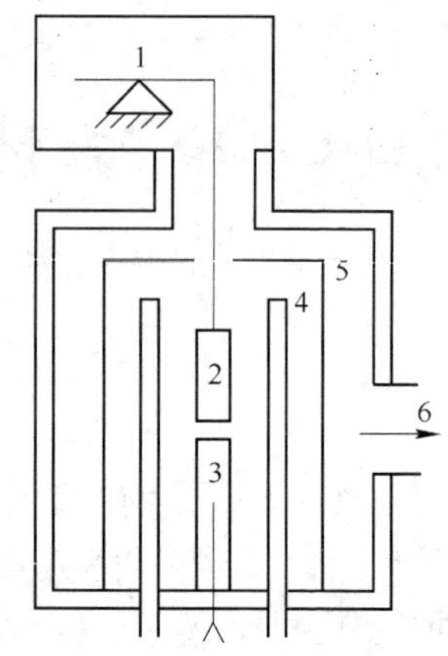

图1 试验仪器示意图

Fig. 1 Test apparatus

1—天平;2—试样;3—热电偶;4—碳管;5—防护罩；6—真空泵和真空规

3 实验结果与讨论

在1400～1600℃范围内对MgO-CaO-C系材料在66.6Pa压力下的失重进行了测定。用不同时间试样的质量变化与试样的表面积的比值表示不同时间试样的单位面积失重。不同CaO含量的各试样失重曲线如图2所示。不同碳含量的各试样的失重曲线如图3所示。此外，测得了

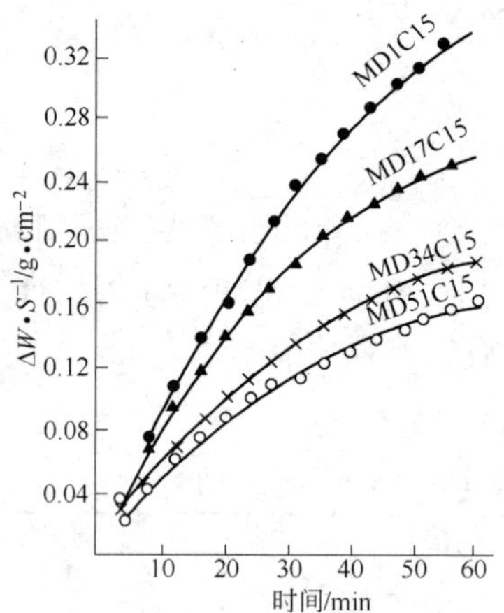

图2 不同CaO含量各试样失重曲线（1600℃）

Fig. 2 Lines of weight loss of specimens with different CaO content

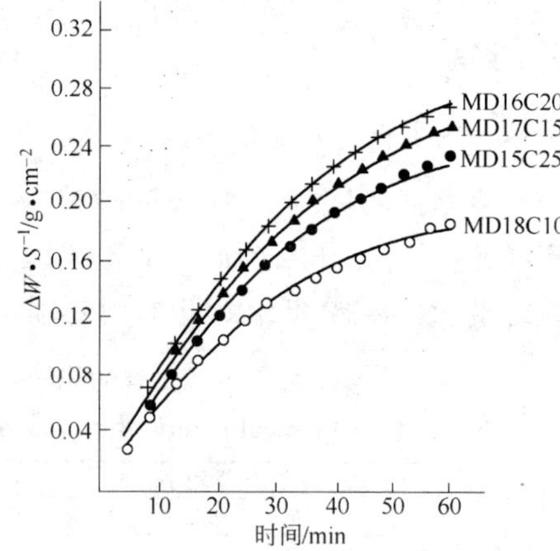

图3 不同碳含量各试样的失重曲线（1600℃）

Fig. 3 Lines of weight loss of specimens with different carbon content

MD34C15 试样于 1400℃、1500℃ 和 1600℃ 下的失重曲线，如图 4 所示。

3.1 材料中 CaO 含量对失重的影响

从图 2 可以看出，材料中 CaO 含量变化对失重有明显的影响。为了直观地显示失重与 CaO 含量的关系，将保温 60min 时各试样单位面积的失重对材料中 CaO 含量作图示于图 5 中。由图可知，CaO 含量增加，试样的单位面积失重明显降低，根据 B. 布雷尼（Brezny）等[1]的计算，在白云石中，CaO 与碳反应生成的 $Ca_{(g)}$ 压力为 MgO 与碳反应生成的 $Mg_{(g)}$ 压力的千分之一。此外，CaO 比 MgO 更难被碳还原。因此，在 MgO-CaO-C 材料中，失重主要决定于 MgO-C 的反应：

$$MgO_{(s)} + C_{(s)} = Mg_{(g)} + CO_{(g)}$$

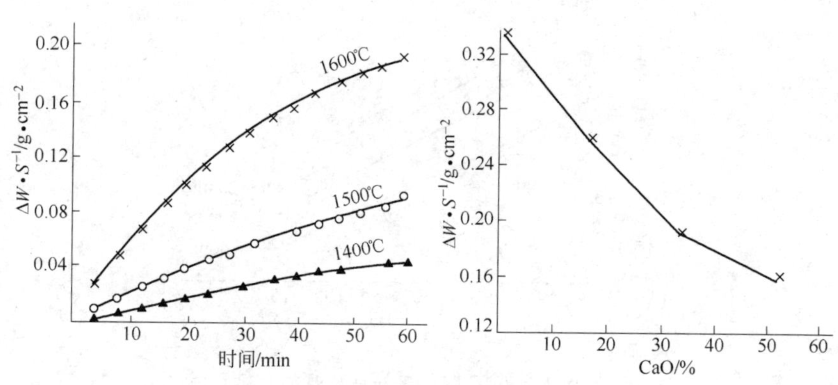

图 4 不同温度下 MD34 C15 试样的失重曲线

Fig. 4 Lines of weight loss of MD34 C15 specimen at different temperatures

图 5 失重与砖中 CaO 含量的关系（1600℃，1h）

Fig. 5 Dependence of weight loss on the CaO content of clinker at 1600℃, 1h

加入 CaO，由于减少了碳和 MgO 的接触，增加了产物气体向外扩散的阻力，因而失重减少。

3.2 MgO-CaO-C 材料失重的表观活化能

温度对 MD34C15 的真空失重有明显的影响（见图 4），温度越高，失重越大。将保温初期（0 ~ 20min）、末期（40 ~ 60min）和全保温期（0 ~ 60min）内单位时间平均失重速率的对数与 $1/T$ 作图，如图 6 所示，并求得三个时期的表观活化能。由图 6 可见，在相同温度下，初期保温的平均失重速度较大，末期平均速度较小。从不同保温期的表观活化能来看，初期活化能较大，接近由化学反应的控制的反应活化能[4]（250kJ/mol）。保温末期的活化能较小，接近由反应产物扩散控制的活化能。由此可以初步推知，MgO-CaO-C 材料在高温真空下的反应，初期主要由化学反应控制，末期主要由反应产物扩散控制。

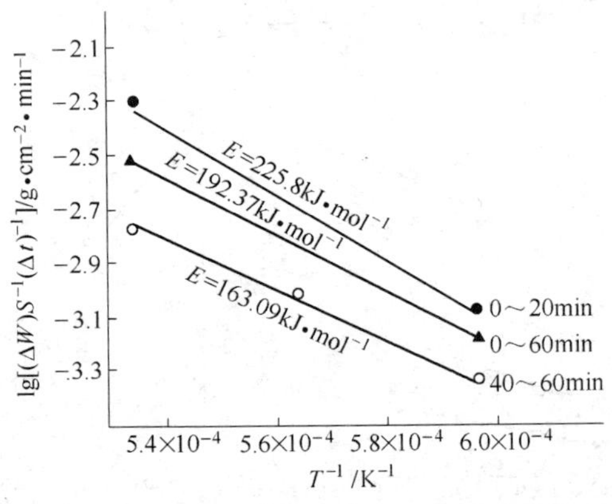

图 6 失重与 $1/T$ 的关系及其活化能

Fig. 6 Rate of weight loss of MD34 C15 specimen against $1/T$

3.3 材料中碳含量与失重的关系

从图 3 可以看出，在 MgO-CaO-C 材料中，随着碳含量的增加，材料单位面积失重有明显的变化。将保温 60min 时各试样的单位面积失重对碳含量作图，如图 7 所示。在 10% ~20% 内，试样的单位面积失重随碳含量增加而增加，这与 MgO-C 材料中的结果相同[5]，而由图 7

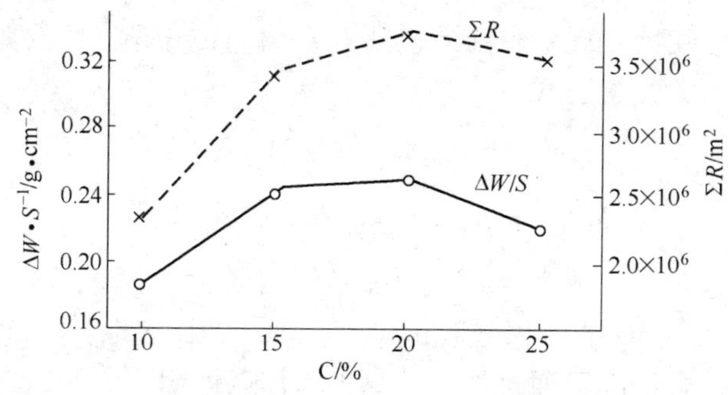

图 7　失重与碳含量的关系

Fig. 7　Dependence of weight loss on carbon content of specimen

可见，当碳含量由 20% 增加到 25%，试样的单位面积失重有所下降。

关于碳含量对单位面积失重的影响，目前尚无完满的理论可供解释。根据金属的碳热还原制取过程，碳含量的影响与金属氧化物和碳的比例有关，比例越小（氧化物少，碳多)，则失重越大。但这对于超过 20% 时失重呈下降趋势无法说明。用石墨与熟料颗粒的接触面积却可以较好解释。试样的颗粒级配示于表 2。取分级中间尺寸为该范围内颗粒尺寸，四种试样分别按 1kg 料计算了熟料颗粒与石墨的表面积。对于每一种试样，取熟料颗粒和石墨中表面积小的作为最大可能的总接触面积 ΣR。其值也示于表 2。并绘于图 7 中。由图 7 可见，总接触面积 ΣR 随石墨含量的变化曲线与失重随石墨含量的变化曲线基本相近。

表 2　试样的颗粒级配和表面积

Table 2　Size Composition and surface area

试　样	熟料颗粒尺寸/mm				石墨	表面积/m^2		ΣR/m^2
	2 ~ 1.0	1.0 ~ 0.5	0.5 ~ 0.088	<0.088	0.074	熟　料	石　墨	
MD18C10	42.3	19.0	5.3	23.4	10	3.96×10^{-6}	2.27×10^{-6}	2.27×10^{-6}
MD17C15	40.0	18.0	5	22.0	15	3.95×10^{-6}	3.41×10^{-6}	3.41×10^{-6}
MD16C20	37.7	17.0	4.7	20.7	20	3.71×10^{-6}	4.55×10^{-6}	3.71×10^{-6}
MD15C25	35.3	15.9	4.4	19.4	25	3.48×10^{-6}	5.68×10^{-6}	3.48×10^{-6}
MD1C15	40.0	18.0	5	22.0	15			
MD34C15	40.0	18.0	5	22.0	15			
MD51C15	40.0	18.0	5	22.0	15			

此外，我们发现所有结果包括 CaO 含量的影响，C 含量的影响，都符合下面的经验公式：

$$\Delta W = K\varepsilon_{MgO} S_{MgO} \varepsilon_{C}^{0.5}/(1-\varepsilon_{CaO})^{0.5}$$

或

$$\Delta W^{*} = \varepsilon_{MgO} S_{MgO} \varepsilon_{C}^{0.5}/(1-\varepsilon_{CaO})^{0.5}$$

式中，K 为常数，显然 ΔW^{*} 越大，ΔW 也越大；ε_{MgO}、ε_{C}、ε_{CaO} 分别为 MgO、C、CaO 的体积分数；S_{MgO} 为 MgO 的比表面积。此公式与实验结果的符合情况可通过如下计算过程加以说明。

各试样的颗粒级配如表 2 所示。仍取分级中间尺寸为该范围内颗粒尺寸。几种试样分别按 1kg 料计算了熟料颗粒的总表面积 S_{MgO}，并按化学组成（见表 1）计算了 MgO、C、CaO 的体积分数，然后按上面的公式计算了 ΔW^{*} 和按大小排列的序。将实验得到的 ΔW 值（1h）也按大小排列取其序。所有计算结果如表 3 所示。我们看到 ΔW^{*} 与 ΔW 的序完全相同。因此可认为所给出的经验公式能较好地解释实验结果。

表 3 试样的计算参数

Table 3 Calculated parameters of each specimen

试 样	S_{MgO}	ε_{MgO}	ε_{C}	ε_{CaO}	ΔW^{*}	ΔW^{*} 次序	ΔW 次序
MD18C10	88243	0. 68	0. 14	0. 18	24794	5	5
MD17C15	85369	0. 64	0. 20	0. 16	26660	3	3
MD16C20	80546	0. 59	0. 27	0. 15	26783	2	2
MD15C25	75171	0. 54	0. 33	0. 13	25001	4	4
MD1C15	105246	0. 79	0. 20	0. 01	37370	1	1
MD34C15	64027	0. 48	0. 20	0. 32	16667	6	6
MD51C15	42684	0. 32	0. 20	0. 48	8470	7	7

4 结语

（1）在 MgO-CaO-C 系材料中，随着 CaO 含量的增加，单位面积失重量减少。

（2）失重过程中，初期可能主要是受化学反应控制，后期可能是受产物气体扩散所控制。

（3）含碳量在10% ~20%范围内，MgO-CaO-C系材料失重量随碳含量呈并增趋势；碳含量从20%增加到25%，材料失重量开始下降。

（4）所有实验结果与如下经验公式相吻合：

$$\Delta W = KS_{MgO}\varepsilon_{C}^{0.5}\varepsilon_{MgO}/(1-\varepsilon_{CaO})^{0.5}$$

参考文献

[1] Brezny B，et al. Bull. Amer. Ceram. Soc.，1976，49(9)：808.
[2] 岩波义幸，等. 耐火物，1985，37(12)：50.
[3] 岩佐宇一. 耐火物，1983，35(300)：41.
[4] Komarek K L，Concolas A，Klinger N. J. Electrochem.，1963，110(7)：783.
[5] 滑石直幸. 耐火物，1981，33(5)：38.

Behavior of Magnesia-Calcia-Carbon Bricks under Vacuum at High Temperature

Jiang Mingxue　Chen Zhaoyou　Shi Gan

(Luoyang Institute of Refractories Research,
Ministry of Metallurgical Industry)

Abstract: Weight losses of magnesia-calcia-carbon bricks with different calcia and carbon content were measured under 66.6 Pa vacuum within the range 1400 ~ 1600℃. Mechanisms dominating weight losses at the initial and final stage of the one hour isotherm period were discussed.

本文选自《耐火材料》，1989，(6)：1.

添加剂对高温真空下镁碳材料内反应的影响

蒋明学　陈肇友

（冶金工业部洛阳耐火材料研究院）

摘　要： 在真空碳管炉中测定了含不同数量 Al、Si、B_4C 和 SiC 的镁碳耐火材料的高温真空失重。发现加 Si、SiC 和 B_4C 后材料在真空下大量失重。加入少量 Al 可降低材料真空下的失重，但随 Al 加入量的增加，失重增加。利用试验结果和性能测定数据，并借助于 SEM 手段，探讨了这些添加物，特别是 Al 对镁碳耐火材料真空失重机理的影响。

1　引言

近来，镁碳材料在真空炉上的成功试用已引起人们的极大兴趣[1~3]，但 MgO 与 C 的反应及碳的氧化严重地影响了普通镁碳砖的使用寿命[4]。大量的研究表明，Al、Si、B_4C 等能有效地提高镁碳材料的抗氧化性。但对加入添加物后，镁碳材料在真空下的失重行为研究不多[4,5]。

2　试样制备、实验装置

2.1　试样制备

所用原料化学分析结果如表 1 所示。镁砂块破碎并细磨以后的颗粒料分成三级：（1）粗颗粒 0.5 ~ 1.0mm；（2）中颗粒小于 0.5mm；（3）细粉小于 0.088mm。石墨为 0.074mm 以下的细粉。结合剂系中温型沥青改性酚醛树脂，其加入量为 5% ~5.5%。混料时粗：中：细按 50：10：40 的比例混合，其中细粉内 MgO：C ＝ 28：12，并加入一定数量的 Al、Si、B_4C 及 SiC。其中 Al、Si 均为 99.8% 以上的工业粉，铝粉小于 0.2mm，硅粉小于 0.074mm；SiC 含量大于 98%，小于 0.074mm；B_4C 为小于 0.074mm 的化学试剂。混炼后在液压机上（150MPa）成型为 ϕ22mm × 20mm 的圆柱形试样。在 200℃ 下进行

10h 的热处理。试样的配方和性质如表 2 所示。

表 1 电熔镁砂、烧结镁砂和片状石墨的化学分析

Table 1 Chemical composition of fused and sintered magnesite as well as flake graphite

样 品	化学组成/%						密度 /g · cm^{-3}
	SiO_2	Al_2O_3	Fe_2O_3	MgO	CaO		
电熔镁砂	0.5	0.36	0.31	97.2	0.98		3.46
烧结镁砂	0.02	0.21	0.21	97.86	1.47		3.35
样 品	SiO_2	Al_2O_3	Fe_2O_3	H_2O	挥发分	灰分	固定碳
片状石墨	0.36	0.14	0.25	0.07	1.37	1.09	97.47

表 2 试样的添加物配方及性质

Table 2 Formulation and properties of additives

试样	添加物/%			气孔率 /%	密度 /g·cm^{-3}	试样	添加物/%			气孔率 /%	密度 /g·cm^{-3}
	Al	Si	B_4C				Al	Si	B_4C		
FC	0	0	0	8.4	2.98	S5	0	5	0	9.9	2.86
A3	3	0	0	8.5	2.96	S12	0	12	0	12.1	2.74
A5	5	0	0	8.4	2.96	B05	0	0	0.5	8.7	2.90
A12	12	0	0	8.4	2.88	B10	0	0	1.0	7.7	2.93
S3	0	3	0	8.5	2.93	B15	0	0	1.5	8.9	2.95

2.2 实验条件

实验装置如图 1 所示，试样 2 用钨铼丝悬挂在天平 1 上（感量为 10mg），碳管 4 加热，钨铼热电偶 3 测温，外接真空泵和真空规 6。实验中压力维持于 26.6 ~ 66.5Pa，手调升温，恒温自控，温度波动小于 2℃。

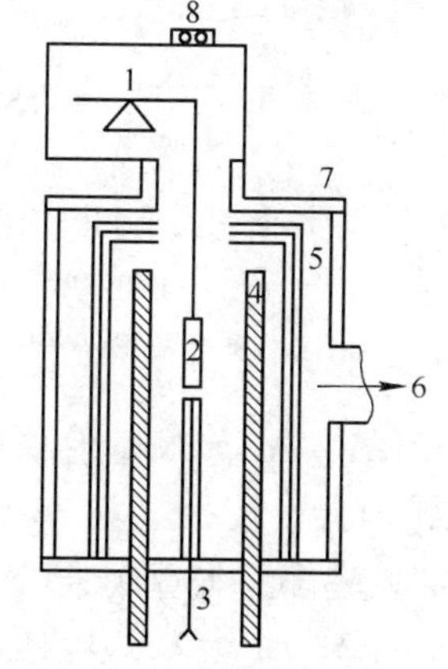

图 1 真空碳管炉简图

Fig. 1 Test apparatus

1—天平；2—试样；3—热电偶；4—碳管；5—防护罩；6—接真空泵与真空规；7—炉壳；8—读数窥孔

3 实验结果

3.1 恒温失重实验结果

测定前进行的空白试验表明，金属丝的失重可忽略不计。用单位面积失重表示实验结果。设试样最初质量为 W_0(g)，失重后在某时刻的质量为 W(g)，若试样的外表面积为 S(cm^2)，则单位面积失重为：

$$\frac{W_0 - W}{S} = \frac{\Delta W}{S}$$

由于实验过程中试样尺寸几乎不变，因此以试验前测定的表面积计算 S。各种试样在不同温度的单位面积失重 $\Delta W/S$ 与添加物加入量的关系示于图 2 ~ 图 4。

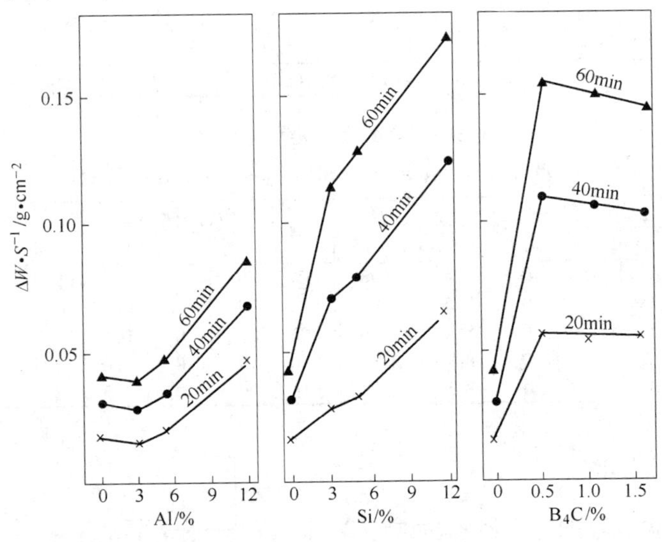

图 2　单位面积失重和添加物加入量的关系（1400℃，26.6 ~ 66.5Pa）

Fig. 2　Dependence of weight loss per unit surface area on amount of additives（1400℃，26.6 ~ 66.5Pa）

3.1.1　Al 加入量对镁碳材料恒温失重的影响

Al 加入量较少（如 3%）时，可减少材料的失重。加入量较大量，加入越多，失重越大。

3.1.2　Si 加入量对镁碳材料恒温失重的影响

加入硅后，材料失重显著增加，因此，在镁碳材料中加入硅不利于其真空使用。我们还看到，加硅后失重突然增大，然后转向缓慢增加。这一转折点因温度而异，1400℃几乎没有转折点，1500℃约 5%，1600℃则降为 3%。

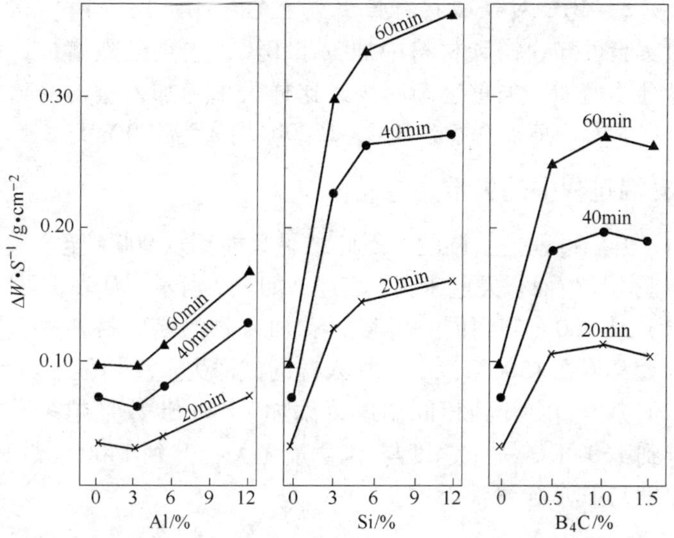

图3 单位面积失重与添加物加入量的关系（1500℃，26.6～66.5Pa）

Fig. 3 Dependence of weight loss per unit surface area on amount of additives（1500℃，26.6～66.5Pa）

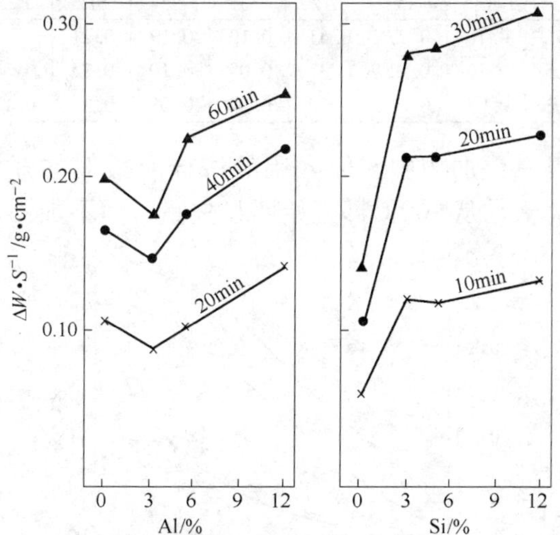

图4 单位面积失重和添加物加入量的关系（1600℃）

Fig. 4 Dependence of weight loss per unit surface area on amount of additives（1600℃）

3.1.3 B_4C 对镁碳材料恒温失重的影响

由实验可知，镁碳材料中加少量 B_4C，失重剧烈增加，但随着加入量继续增加，失重逐渐减少，这样失重随加入量的变化呈单峰函数，1400℃峰值点 0.5% B_4C，1500℃增大为 1.0% B_4C。

3.2 升温过程中的失重

由于升温过程是手调的，因此结果只能用从 900℃至实验温度的过程中平均单位面积失重速度来表述，如表 3 所示。从表 3 可以看到:

（1）从 900℃升到同一温度，有加入物的镁碳材料失重比无添加物的大，但在 1500℃以下，加入硅的试样失重增加很小。

（2）从 900℃升到相同温度，添加 Al 和 Si 数量越多，失重越大。升到 1600℃，失重速度与 Si 含量无关；升到 1400℃和 1500℃，失重速度与 B_4C 含量都无关。

表 3 升温过程中各试样的平均失重速度（$g \cdot cm^{-2} \cdot min^{-1}$，100 ×）

Table 3 Mean rate of weight loss（$g \cdot cm^{-2} \cdot min^{-1}$，100 ×）**for various specimens at heating process**

试　样	FC	A3	A5	A12	S3	S5	S12	B05	B10	B15
1600℃	0.12	0.10	0.27	0.41	0.19	0.19	0.21			
1500℃	0.05	0.10	0.21	0.37	0.08	0.10	0.23	0.11	0.13	0.13
1400℃	0.03	0.07	0.16	0.32	0.04	0.05	0.11	0.11	0.10	0.08

另外，几种添加物中，加入铝的试样有最低的开始失重温度，如图 5 所示，大约从 900℃即开始明显失重，而不加添加物的 FC 试

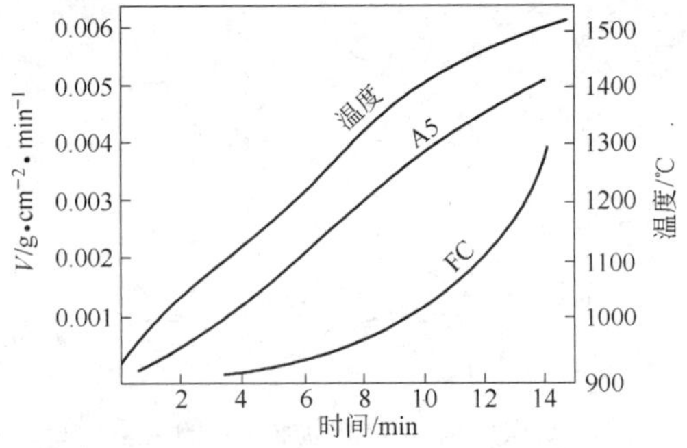

图 5 900 ~ 1500℃升温中 A5 和 FC 的失重

Fig. 5 Weight loss of Specimens A5 and FC at 900 ~ 1500℃

样直到1200℃才开始失重。B_4C 加入后失重开始温度也较低，加 Si 的试样则与 FC 具有相同的开始失重温度。

4 分析与讨论

4.1 关于铝的影响

从热力学上考虑，Al 在镁碳材料中的行为有三种：一是直接还原 MgO，生成尖晶石 $MgO \cdot Al_2O_3$（MA）；二是与 C 反应，生成 Al_4C_3；三是生成的尖晶石与碳反应，生成的 Al_4C_3 与 MgO 反应。由于生成 Al_4C_3 对失重无直接影响，因此只需考虑还原反应：MgO-Al 反应、MgO-Al_4C_3 反应和 MA-C 反应即可。

在 MgO-C-Al 系中，Al_4C_3 的存在以及 Al、Al_4C_3 与 $MgO \cdot Al_2O_3$ 所起的作用的依据如下：

（1）从图 5 可知，加 Al 到 MgO-C 试样后，开始失重温度从 FC 试样的1200℃降到900℃。显然，这是由 Al 引起的，Al 起了作用。

（2）利用热力学数据计算了 Mg、CO、CO_2、AlO 和 Al_2O 等气体与 Al_4C_3、MgO、C、Al(液)和 MA 平衡时的分压力，并利用气体动力学理论计算了真空下最大失重速度 v_{max}（$g \cdot cm^{-2} \cdot s^{-1}$）：

$$v_{max} = 44.4\left(\sum_{i-1}^{n} P_i \sqrt{M_i}\right) / \sqrt{T} \tag{1}$$

式中，P_i 为 i 种气体的分压；M_i 为其相对分子质量；T 为绝对温度。结果如图 6 所示。

从图 6 可以看出，加入 Al 后，如果不生成尖晶石，则其最大失重速度与纯镁碳材料甚为相近；如果生成 MA，则其失重速度明显增大。而 MA 与碳反应的失重速度则低得多。从图 5 可知，加 5% Al 后，在升温过程中失重速度明显增大，说明可能形成了尖晶石。但从前面加 3% Al 的试样的实验结果看，失重却比不加 Al 的 FC 试样反而低，这又说明形成 MA 抑制失重的作用。

（3）将加有 Al 的试样 A5 在不同温度下在真空炉内保温 40min，然后取出试样在空气中进行自然水化，至重量不变时，确定水化增重率 β(%)：

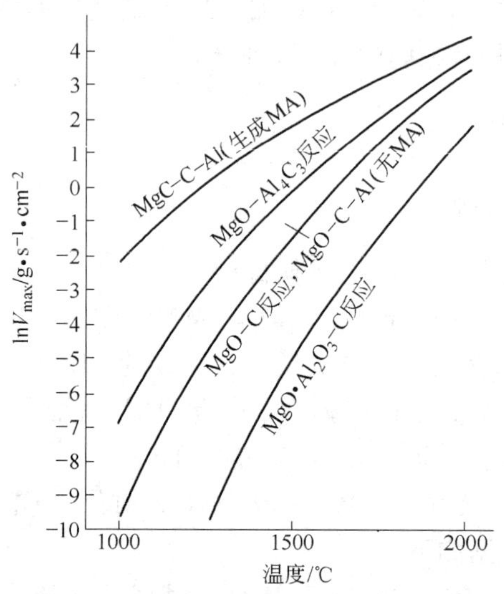

图6 高温真空下 MgO-Al-C 系的最大挥发速度

Fig. 6 Maximum vaporization rate for MgO-Al-C system at high temperature under vaccum

$$\beta = (W_\infty - W_0) \times 100/W_0$$

式中，W_∞ 为增至恒重时的质量；W_0 为未水化时试样的质量。试验结果示于表4。

表4 A5 试样经不同温度处理后的水化率

Table 4 Hydration of A5 specimen after tests at several temperature

温 度	1200℃	1300℃	1400℃	1500℃
W_0/g	20.56	20.23	19.28	18.81
W_∞/g	21.15	20.66	19.59	19.02
β/%	2.87	2.13	1.61	1.12
Al_2C_3/%	2.45	1.83	1.38	0.96

一般 MgO(电熔镁砂)水化缓慢，这里可以忽略不计，于是，造成试样水化增重的反应为：

$$Al_4C_3 + 12H_2O = 4Al(OH)_3 + 3CH_4$$

由此可估算出试样中 Al_4C_3 的含量为 0.86β，其结果也列入表4 中。

这些结果表明，含 Al 试样中确有 Al_4C_3 生成，而且随着温度的升高，Al_4C_3 量减少。经 1600℃，26.6Pa，1h 处理后的 A5 试样，从断口观察已无针状 Al_4C_3 存在，而且试样也无水化迹象。随着温度的升高和 Al_4C_3 含量的减少，高温真空下 Al_4C_3 发生转化，温度越高，转化越快。

（4）在实验中，每次试验前后测定了试样的尺寸，发现试样尺寸几乎不变。由此可知，试样内部会更加疏松，气孔率增加。FC 和 A5 两试样试验后的质量变化及气孔率与体积密度的变化，如图 7 所示。气孔率 ΔP 随 ΔW 呈线性增加，密度则随 ΔW 呈线性减少。对 FC 求得 $\Delta P=(77.8\%)\Delta W$，对 A5 试样求得 $\Delta P=(90\%)\Delta W$。其中的系数是很有意义的。这可从如下分析中看出。

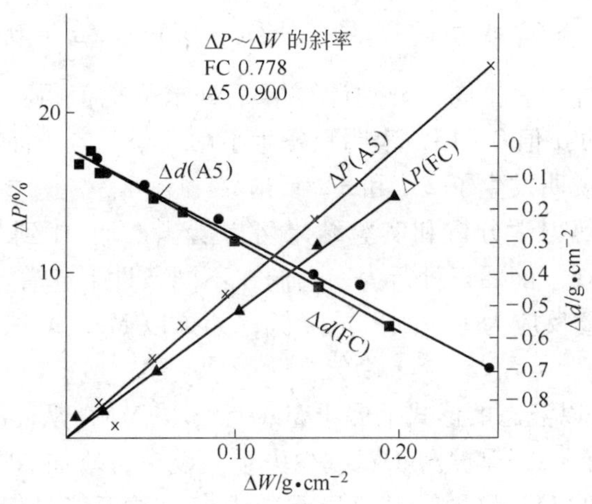

图7 ΔP、Δd 和 ΔW 的关系

Fig. 7 Relation between ΔP, Δd and ΔW for specimens A5 and FC

对于一个给定的化学反应

$$aA + bB \xlongequal{} cC + dD_{(g)}$$

单位面积失重 ΔW 与试样气孔率 ΔP 增加存在着如下关系[6]：

$$\Delta P = K \cdot \mu \cdot \Delta W \tag{2}$$

式中，K 为常数，对于圆柱体试样，$K = 2\left(\frac{1}{r} + \frac{1}{h}\right)$；$r$ 为圆柱体半径；h 为其高。μ 为只与参加反应物质的相对分子质量，计量系数和密度（ρ）有关；对于上面给定的化学反应：

$$\mu = \left(\frac{aM_A}{\rho_A} + \frac{bM_B}{\rho_B} - \frac{cM_C}{\rho_C}\right) \Big/ (aM_a + bM_b - cM_c) \tag{3}$$

当各试样外形尺寸相同时，ΔP 与 ΔW 直线的斜率即为材料中反应机理的宏观反映。对于下列反应，按式（3）计算的 μ 值分别如下：

1) $MgO + C \xlongequal{} Mg_{(g)} + CO_{(g)}$，$\mu = 0.313$

2) $11MgO + Al_4O_3 \xlongequal{} 2(MgO \cdot Al_2O_3) + 9Mg_{(g)} + 3CO_{(g)}$，$\mu = 0.324$

3) $2Al_{(l)} + 4MgO \xlongequal{} MgO \cdot Al_2O_3 + 3Mg_{(g)}$，$\mu = 0.433$

由于试样稍有不同，分别计算 K 后，求平均值得：$\overline{K} = 2.5$。由此求得 FC 的 μ 值 0.313，表明只发生了第一个反应。而对 A5 试样，$\mu = 0.360$，说明发生了 2）和 3）反应。

从以上热力学分析和实验结果可以看出，加 Al 到 MgO-C 材料后，确实出现了前面三种行为，它们在不同条件下起着不同的作用。如果以 MA-C 反应为主，则失重降低；如果以 MgO-Al_4C_3 反应为主，则失重增加。

由于 Al 以液态的形式铺展于 MgO 上形成 MA，从而少量的 Al 即可形成尖晶石层，保护 MgO，减少失重。设想再增加 Al 加入量，一种可能是增加 MA 数量，引起失重减少，一种可能是增加 Al_4C_3 数量，引起失重增加。实际上，增加 Al 后，Al 必须通过 MA 层向内扩散，才能形成新的尖晶石，然而这是非常困难的。因此在 MgO-C 材料中，加 Al 较少时，可降低失重；如果加入量大，则由于 Al_4C_3 生成量大，增加失重。这样使我们对 Al 的影响有了一个正确的认识。

4.2 B_4C 的影响

在加入 B_4C 的试样测失重过程中，天平的读数出现停止和跳跃的间断现象。最初以为这是天平出故障引起的，但经过校验和对比试验，发现问题不是天平产生的，而是由试样本身造成的。恒温试验完毕取出试样，发现外表有一层泡状玻璃态物质。由于量少，未能进行分析。将其用电镜观察（1500℃处理的），发现表面有较大的MgO颗粒已被溶蚀，并裂解了（如图8所示）。

图8 B10断口SEM（1500℃，1h，26.6Pa处理）
Fig. 8 SEM morphology of fracture surface for specimen B10 (treatment at 1500℃, 1h, 26.6Pa)

从热力学上分析，这些均是 B_4C 与 MgO 反应所为：

$$7MgO_{(s)} + B_4C_{(s)} = 7Mg_{(g)} + CO_{(g)} + 2B_2O_{3(l)}$$

$$\Delta G^{\ominus} = 662862 - 102.9T\lg T - 250.11T$$

即使在常压下，此反应在约1200K也会发生。如果 B_2O_3 与 MgO 反应，还可以生成一系列硼酸镁化合物质，冷却速度较大时即为玻璃态。

因此，加 B_4C 对材料真空失重有两个作用，一是增加 Mg 和 CO 分压，失重增加；二是反应产物有液体 B_2O_3，可堵塞气体向外疏散，使失重降低。前者主要由温度决定，温度越高，失重越大；后者主要由加入量决定，加入量越大，液体越多，阻碍作用越大，失重越小。因此，失重随加入量的变化呈单峰曲线，这正是所得实验曲线的情形。1500℃时极值点之所以比1400℃高，是因为1500℃蒸气压力大，液体黏度低，需加入更多的 B_4C 形成较多的液相才能对失重有显著的阻碍。

天平读数停止和跳动是因试样外表玻璃泡的形成和破裂所引起的。

4.3 Si 的影响

Si 在镁碳材料中，同样有三种行为，一是 Si 还原 MgO，二是 Si 与 C 生成 SiC，三是 SiC 还原 MgO：

$$Si + C \xlongequal{} SiC$$

$$Si + MgO \xlongequal{} SiO + Mg$$

$$SiC + 2MgO \xlongequal{} SiO + 2Mg + CO$$

同样，加入镁碳材料中的 Si 一部分与 MgO 反应生成气体，另一部分与 C 反应生成 SiC。与加 Al 不一样的根本之点是不能形成稳定的固态物质，因此加 Si 后镁碳材料的失重都很大。

理论计算表明，SiC 对 MgO 的还原能力比 C 强，实验表明这是正确的（如图 9 所示）。

不同于 Al 的另一点是，Si 在 1400℃ 仍是固体，Si 对 MgO-C 失重的影响还和它与 MgO 的接触有关系，接触面越大，则失重越大。通过计算，1kg 料中，MgO 的表面积为 189685cm^2，而固体 Si 粉当加入量分别为 3%、5% 和 12% 时，其表面积分别为 20270cm^2、33784cm^2、81082cm^2，从中可以看出，MgO 的表面积较大，Si 的表面积较小，此时 Si 的表面积大小决定了材料失重的大小。因此，在 1400℃ 加入的 Si 越多，表面积越大，从而失重越大。

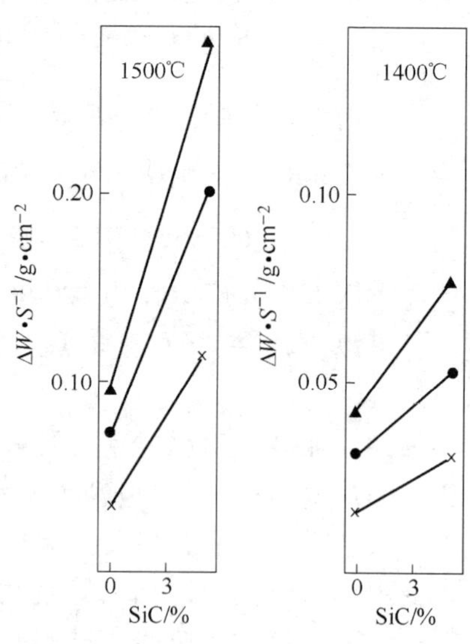

图 9　添加 SiC 对 MgO-C 失重的影响

Fig. 9　Effect of SiC on weight loss of MgO-C

在1500℃或1600℃，由于Si为液体，它与MgO的接触比固态Si粉要好，不需加太多的Si就能使其与MgO充分接触。从而在1500℃，Si加入量超过5%时，增加Si不再增加失重。1600℃时，Si液黏度降低，更易于分散，从而在超过3%的加入量后就可使Si与MgO充分接触，失重不再增加。

4.4 添加物对镁碳真空稳定性的影响

作者根据[4]对含碳材料的热力学平衡的计算，提出了碳还原氧化物的难易顺序：

$$\text{难}\quad BeO > ThO_2 > CaO > Al_2O_3 > MgO > SiO_2 \quad\text{易}$$

并指出，前边的氧化物可以稳定后边的氧化物。十分有趣的是，本文的结果可当作此规则的一种推论：如果添加剂只生成氧化物，那么，某氧化物在MgO前面，则这种添加物有可能稳定MgO-C材料，即减少MgO-C材料的真空失重，相反则增加MgO-C材料的真空失重。

事实上，在进行本工作前，永井敏已探讨过Al含量为6%和12%时MgO-C材料的失重情况，基本上认为Al是不可取的。本文决意再探讨Al的影响，正是基于上述规则。结果发现Al加入量为3%左右时真空失重小，这对实际是有意义的。

5 结语

通过实验及电镜观察，并经过理论分析，得到如下结论：

（1）加入Al会使MgO-C材料在较低温度即开始失重。少量时可降低恒温失重。多则增大失重。

（2）加入少量B_4C即可剧烈增大MgO-C材料的失重，多则有所缓和。

（3）加入Si会剧烈增加MgO-C材料的失重。

添加物对MgO-C材料真空失重的影响不仅与添加种类有关，而且与加入物数量有关。

参考文献

[1] 浜本不夫. 耐火物，1978，30(10)：607

[2] 京田洋．耐火物，1985，30(7)：9.
[3] Williams P, et al. Steel Times, 1988, 216(3): 128.
[4] 蒋明学，陈肇友．耐火材料，1990，(5)：49.
[5] Nagai Bin, et al. Taikabutsu Overseas, 1986, 6(2): 51.
[6] 蒋明学．高温真空下碱性耐火材料的稳定性及炉渣侵蚀（博士论文）．北京科技大学，1990.

Influence of Additives on Reactions Mechanism of MgO-C Refractories at High Temperature under Vaccum

Jiang Mingxue Chen Zhaoyou

(Luoyang Institute of Refractories Research, Ministry of Metallurgical Industry)

Abstract: The influence of addition of Al, Si, B_4C and SiC on weight loss of MgO-C refractories at high temperature under vaccum was made in the vaccum carbon tube furnace. It is found that the addition of Al up to a certain level drops weight loss, but the addition of Si, B_4C, and the addition of Al at hight level increase weight loss. Based on the experimental results. the mechanisms of weight loss by adding additives to MgO-C refractories are discussed.

本文选自《复吹转炉炼钢用耐火材料基础研究论文集》：276.

高温真空下镁碳材料内的反应动力学

蒋明学　陈肇友　钟香崇

（冶金工业部洛阳耐火材料研究院）

摘　要：在真空碳管炉中测定了不同温度下的镁碳试样的质量随时间的变化。从试验数据得到了动力学方程的指数介于 0.7～0.9 之间，表明此反应系由化学反应和扩散所控制；得到了气孔率与失重的线性关系，这一关系用来预测材料内导致失重的反应，理论预测与实践一致。获得了材料失重的表观活化能，电熔镁砂镁碳砖为 209kJ/mol，烧结镁砂镁碳砖则为 197kJ/mol，二者相差不大。

1　引言

镁碳质耐火材料已成功地应用于真空炼钢炉衬[1]。高温真空下，镁碳材料中的 MgO 与 C 的反应，与其使用性能紧密相关，因而引起了人们极大的兴趣，早期的研究主要是 MgO 和 C 都是细粉的情况，与实际中 MgO 为颗粒不符。日本学者的研究[2]虽然考虑了 MgO 为颗粒的情况，但并没有得到与全细粉有本质不同的结果。作者对此进行了理论分析，提出了适合于 MgO 为颗粒的动力学模型。本文利用真空碳管炉，测定了不同温度下的失重曲线，进而从实验上研究了镁碳材料内的反应动力学。

2　试样制备和实验条件

2.1　试样制备

所用原料为较纯的电熔镁砂、烧结镁砂和石墨，化学分析结果及体积密度见表 1。

表1　电熔镁砂、烧结镁砂和片状石墨的化学分析

样　品	化学组成/%						密度
	SiO_2	Al_2O_3	Fe_2O_3	MgO	CaO	灰分	$/g \cdot cm^{-3}$
电熔镁砂	0.5	0.36	0.31	97.2	0.98		3.46
烧结镁砂	0.02	0.21	0.21	97.9	1.47		3.35
片状石墨	0.36	0.14	0.25	0.07 (H_2O)	1.37 (lg)	1.09	97.47 (F·C)

镁砂块破碎后颗粒料分为三级:(1)粗颗粒 0.5～1.0mm;(2)中颗粒小于 0.5mm；(3) 细粉小于 0.088mm；石墨粉小于 0.074mm。

按粗∶中∶细 = 50∶10∶40 的比例，加入 5%～5.5% 的结合剂，其中细粉包括 MgO 和石墨粉，二者比例为 28∶12 。在液压机上成型为 ϕ22mm × 20mm 的圆柱状试样，压力 150MPa。在 200℃，10h 条件下热处理待用。

所制两种试样分别为：FC-电熔镁砂加石墨粉：SC-烧结镁砂加石墨粉。

2.2　实验装置和程序

实验装置如图 1 所示。试样 3 用金属丝悬挂于连续显示天平 2 上（感量为 10mg)，碳管 5 加热，PtRh30-PtRh6 或 WRe 热电偶 4 测温，1 为读数窗，外接真空泵和真空规 6。实验中连续抽气压力维持于 26.7～66.7Pa 之间。升温手调，恒温自动控制。热电偶顶端与试样下端相距不超过 2cm。

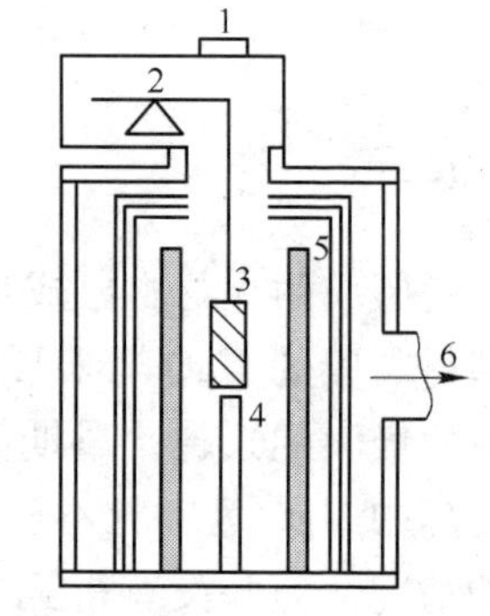

图1　真空挥发实验炉简图

3　实验结果与讨论

测定了用电熔镁砂和烧结镁砂制取镁碳试样的失重曲线如图 2 所示。

3.1　实验数据的处理

根据动力学模型，ΔW 可用下式表示：

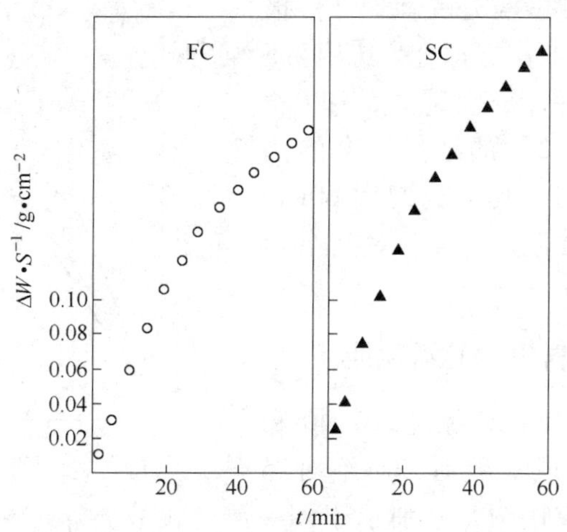

图 2　FC 和 SC 试样 1600℃下的失重曲线

$$\Delta W = A \cdot t^m$$

式中，A 是常数。对上式取对数有：

$$\ln\Delta W = m\ln t + \ln A$$

可知 $\ln\Delta W$ 是 $\ln t$ 的线性函数，用最小二乘法可由实验数据估计 m 和 $\ln A$。各温度下两试样的回归结果如表 2 所示。

表 2　FC 和 SC 试样的回归结果

试　样	参　数	1600℃	1500℃	1400℃	1300℃
FC	m	0.8029	0.8102	0.8837	0.8408
	$\ln A$	-0.1655	-0.6708	-3.1521	-2.8411
	r	0.9998	0.9998	1.000	0.9999
SC	m	0.7746	0.7619	0.8488	0.7139
	$\ln A$	0.1192	-0.3078	-1.5945	-2.2426
	r	0.9999	0.9998	1.000	0.9999

从实验结果分析，对镁碳材料，指数分布于 0.7～0.9 之间，与作者提出的动力学模型所预言的较一致。另外，由于是同种材料，温度差别引起的指数变动不大。

另一重要事实是文献［2］报道的数据用0.8次方拟合，比用0.5次方拟合更好，分别用0.5和0.8次方对文献［2］的结果拟合的比较如图3所示，其中我们用60min的结果计算常数A，然后对其余两个点进行拟合。

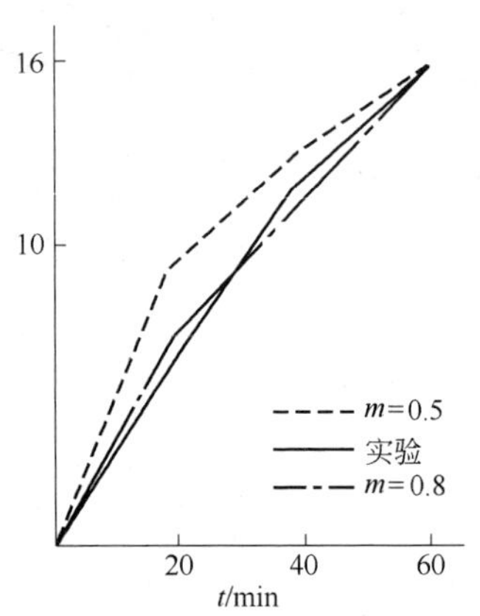

图3　失重曲线拟合比较

3.2　镁碳材料失重的活化能

FC和SC两试样保温20、40和60min的失重取对数后，对绝对温度的倒数$1/T$作图，分别示于图4和图5中。从图中可以看出，在1300～1600℃范围内，$\ln(\Delta W/S)\backsim 1/T$可以近似地看作一条直线。根据图中直线的斜率，计算了失重的表观活化能，其结果如图4和图5所示。

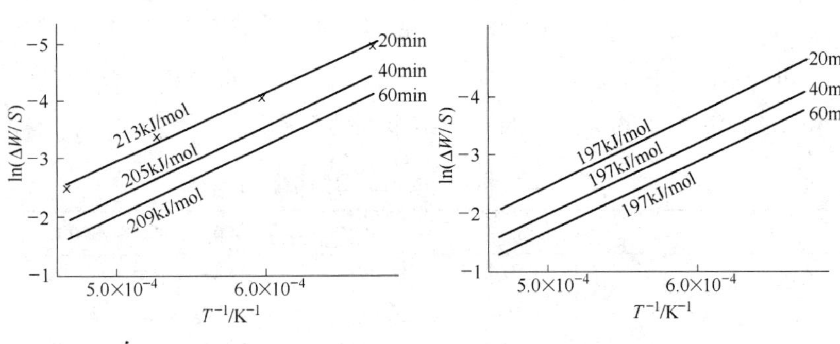

图4　失重与$1/T$的关系及活化能（FC）

图5　失重与$1/T$的关系及活化能（SC）

结果表明，失重的活化能与保温时间关系不大，与材料的性质关系也不大，FC试样失重的表观活化能大约为209kJ/mol，SC试样的失重表观活化能约为197kJ/mol，其差值很小。

科马耶克（Komarek K. L.）用全细粉在真空中测得MgO-C失重

的表观活化能[4]为250kJ/mol，本实验中所用样块为压块并加入了颗粒料，扩散控制的程度有所增加，这样看来二者是不矛盾的。

3.3 *m* 值与活化能的意义及其联系

根据镁碳反应动力学，m 值分布于0.5～1.0之间，如果 m 值既不为0.5，也不为1.0，则过程就既不是扩散控制的，也不是化学控制的，而是由两个过程共同控制的。m 值不同就意味着二者所起作用不同：m 值越大，则化学反应控制的作用就越大。分析表2就可以看出，在同一温度下，FC试样的 m 值较大，表明化学反应控制的作用比SC试样中化学反应控制的作用大，这是由于FC试样中，MgO系电熔镁砂，其化学活性较小，因而反应较慢一些。

通常认为，化学反应控制时，失重的活化能较大，扩散控制的活化能较小。FC试样失重的活化能比SC试样的大，这也表明FC试样化学反应控制的程度增加。同时表明，m 值与活化能也有一定关系，m 值越大，表观活化能越大。很有意义的是，FC试样1400～1600℃内 m 值平均为0.8323，SC试样则为0.7951，它们的活化能分别为209kJ/mol和197kJ/mol，如果用这些数据外推 $m=1.0$ 时的活化能，则为263kJ/mol，这个值正好与科马耶克用全细粉测得的活化能相近（250kJ/mol，$m=1.0$）。

3.4 ΔP、Δd 与 ΔW 的关系

由MgO-C反应的动力学，材料失重后，气孔率将会增加，并且有如下关系 $\Delta P=K\cdot\Delta W/\mu d$

其中 K 是常数，取决于 ΔW 的单位，对于单位体积失重，$K=1$。如果 ΔW 为单位面积失重，则 K 即为单位面积与单位体积之比。如对于半径为 r，高为 h 的圆柱形试样，由于面积为 $2\pi r^2+2\pi rh$，体积为 $\pi r^2 h$，因此：

$$K=2(1/r+1/h)$$

μd 称为约化密度，对于MgO-C反应：

$$MgO_{(s)}+C_{(s)}=\!=\!=Mg_{(g)}+CO_{(g)}$$

$\mu d=\rho_{MgO}\cdot\rho_C(M_{MgO}+M_C)/(M_{MgO}\cdot\rho_C+M_C\cdot\rho_{MgO})$，$\rho_C$ 和 ρ_{MgO}分别为 C 和 MgO 的密度，M_C 和 M_{MgO}分别为 C 和 MgO 的分子量。MgO 的密度为 3.65g/cm^3，C 的密度按 2.25g/cm^3 计算，则 $1/\mu d=0.313$。

对 FC 试样，真空试验前后都测定了试样的气孔率和密度，所有实验温度下试样失重后尺寸几乎不变但失重后试样的气孔率增加，密度下降。以 ΔW 为横坐标，ΔP 和 Δd 为纵坐标作图可分别得到两条直线如图 6 所示，ΔP 和 ΔW 的关系式为：

$$\Delta P=0.778\Delta W$$

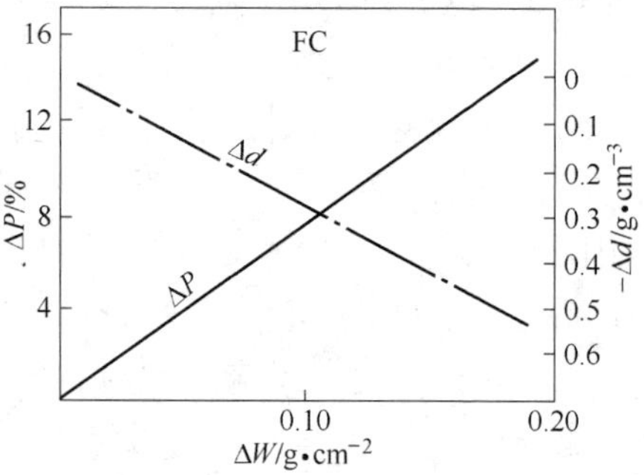

图 6　ΔP、Δd 与 ΔW 的关系

根据试样的情况，确定了平均面积与体积的比为 $K=2.5$。于是：

$$1/\mu d=0.311$$

从理论计算的 $1/\mu d$ 与实验结果计算的值十分接近。在动力学研究中，我们可以先设定导致失重的反应，然后逐个计算其 μd 值，再用实验确定 μd 值。只有按某一反应计算的 μd 与实验的 μd 一致时，这个反应就可能是材料中实际发生的反应。也就是说，用理论计算可以判断材料的反应机理。

4　结语

本文分析了高温真空下镁碳材料内 C 与 MgO 的反应，提出了反应模型，在真空碳管炉内进行了实验研究，得到如下结果：

（1）反应过程中，气孔率随失重线性增加。

（2）动力学方程中时间 t 的指数可以是 0.5～1.0 之间的值。表明 MgO-C 反应处于化学反应与扩散控制的过渡范围。

（3）实验测得电熔镁砂镁碳砖失重的表观活化能为 209kJ/mol，烧结镁砂镁碳砖的则为 197kJ/mol，二者相差不大。

参考文献

[1] Willams P, et al. Steel Times, 1988, 216(3): 128.
[2] 田烟腾弘. 耐火物, 1987, 39(2): 674.
[3] 郁国诚. 碱性耐火材料理论基础. 上海: 上海科学技术出版社, 1981.
[4] Komarek K L, et al. J. Electrochem, 1963, 110(7): 783.

Reaction Kinetics in MgO-C Refractory Materials at High Temperature under Vacuum

Jiang Mingxue Chen Zhaoyou Zhong Xiangchong

(Luoyang Institute of Refractory Research, Ministry of Metallurgical Industry)

Abstract: The weight losses of MgO-C specimen with time at different temperature were measured with vacuum carbon tube furnace. The exponent of time in the kinetic equation is in the range of 0. 7-0. 9 from the experimental data, revealing that the reaction is controlled by chemical reaction together with diffusion; a linear relationship of porosity increasing with weight loss was also obtained. This relationship can be used to predict the reaction resulting weight loss. The apparent activation energies for the weight loss of the materials were achieved; the one for fused MgO-C specimen being 209kJ/mol; the one for sintered MgO-C being 197kJ/mol.

本文选自《耐火材料》, 1992, 26(3): 163.

Al 与 Si 添加剂对 Al_2O_3-C 材料抗保护渣侵蚀的影响

陈肇友　田守信

（冶金工业部洛阳耐火材料研究院）

摘　要：本文采用现场浸棒法与实验室中频感应炉浸棒法对 Al 和 Si 含量不同的 Al_2O_3-C 材料以及 ZrO_2-C 材料进行了抗保护渣侵蚀试验。结果表明，Al 和 Si 的加入量之比为 1 时，Al_2O_3-C 材料抗保护渣侵蚀性最好，但还不及 ZrO_2-C 材料。

含碳耐火材料是现今耐火材料的发展方向之一。添加 Al 与 Si 对 MgO-C 材料性能的影响已有详细报道[1~3]；而添加 Al 与 Si 对 Al_2O_3-C 材料性能的影响却未见有较系统的报道。本文研究了 Al 与 Si 添加剂在烧成 Al_2O_3-C 质材料中的作用，及其对抗保护渣侵蚀的影响。

1　试样的制备与矿物成分

制备试样所用原料为：电熔刚玉含 Al_2O_3 为 99.7%，鳞片石墨含碳为 96.6%，SiC 粉含 SiC 不少于 97%，Si 粉含 Si 不少于 98.5%，Al 粉含 Al 不少于 98.5%。石墨为 0.074mm，SiC 粉、Al 粉与 Si 粉均小于 0.06mm。半稳定 ZrO_2 含 ZrO_2 为 95%（CaO 为 5%）。

将上述原料按表 1 的配比，以 196MPa 压力等静压成型，制得尺寸为直径 21mm × 140mm 的圆棒和其他形状的试样，然后埋于焦炭中在 1300℃保温 4h 烧成，试样的组成与理化性能见表 1。

Al_2O_3-C 试样烧成后，经 X 光衍射分析矿物成分见表 2。Si_3N_4 与 AlN 看来是由于试样埋在焦炭中烧成时，埋炭层内只有 CO 与 N_2，其体积分数分别为 35% CO 与 65% N_2，N_2 同 Si 与 Al 作用的结果。

表 1 试样的配方与物理性能

Table 1 Formulation and physical properties of specimens

试样	电熔 Al_2O_3/%	鳞片石墨 /%	α-SiC /%	Si①/%	Al①/%	ZrO_2/%	有机结合剂/%	显气孔率②/%
1	78	18	4	5.0	0	0	5.5	12.7
2	78	18	4	4.0	1.0	0	5.5	13.3
3	78	18	4	3.0	2.0	0	5.5	13.9
4	78	18	4	2.5	2.5	0	5.5	14.2
5	78	18	4	2.0	3.0	0	5.5	14.2
6	78	18	4	0	5.0	0	5.5	15.8
ZrO_2-C	0	20	0	0	0	80	5.5	15.6

①外加；②在 1300℃热处理 4 小时后。

表 2 烧成 Al_2O_3-C 试样的矿物成分

Table 2 Minerals in fired Al_2O_3-C specimens (at 1300℃, 4h) by X-ray diffraction analysis

试样	α-Al_2O_3	石墨	α-SiC	β-SiC	Si	Si_3N_4	Al_4C_3	AlN
1	VS	VS	M	M	M	VW		
3	VS	VS	M	M	M		VW	
4	VS	VS	M	M	M		VW	
5	VS	VS	M	W	W		VW	VW
6	VS	VS	M				W	W

注：VS—很强；M—中；W—弱；VW—很弱。

试验用保护渣取自连续铸钢现场，其成分（%）为：SiO_2 36.2，CaO 29.7，Al_2O_3 3.8，CaF_2 6.8，Na_2O 6.5，Fe_2O_3 3.2，C 12.0。

2 试验方法与结果

2.1 现场浸棒试验

将各种圆棒试样垂直安装于试验用钢夹持架上，然后插入连铸结晶器内的保护渣和钢中（中间包钢液温度为1550℃），浸泡 20min 后取出。由侵蚀前后的平均半径（$\bar{r}$）计算侵蚀速率。

由于浇钢过程中结晶器上、下振动，致使渣-钢界面上下浮动。试样侵蚀后有一颈部，并近似呈双曲线旋转体。以颈部最细处的中心为坐标原点，以试样轴线为 y 轴，径向为 x 轴。在试样侵蚀的轴线方向取 12 个点，用卡尺测量对应于每一个 y_i 位置在 4 个方向的直径，即可算出不同位置的侵蚀半径 x_i。进行线性回归，求出回归双曲线方程，侵蚀后试样的平均半径为：

$$\bar{r} = \frac{1}{l_1 + l_2}\int_{-l_1}^{l_2} x\mathrm{d}y = \frac{a}{(l_1 + l_2)b}\int_{-l_1}^{l_2} (b^2 + y^2)^{1/2}\mathrm{d}y \qquad (1)$$

式中，a、b 为回归双曲线的实半轴和虚半轴；$-l_1$ 和 l_2 为从原点至未受侵蚀处的两个纵坐标值。试验结果示于表 3。

表 3　Al 和 Si 含量对 Al_2O_3-C 材料在保护渣中侵蚀速率的影响

Table 3　Relation between contents of Al, Si and corrosion rate of Al_2O_3-C specimens after immersion tests at industrial condition and in induction furnace

试样 No.	1	2	3	4	5	6	ZrO_2-C
Si 含量/%	5.0	4.0	3.0	2.5	2.0	0	
Al 含量/%	0	1.0	2.0	2.5	3.0	5.0	
侵蚀速率①/mm · h^{-1}	3.06	2.76	2.58	2.04	2.94	2.94	1.86
侵蚀速率②/mm · h^{-1}	0.52	0.15	0.10	0.06	0.14	0.15	0.01

①工业条件下；②实验室感应炉。

从表 3 可知，在 Al/Si = 0 ~ 1 范围内，随 Al/Si 比值增加侵蚀速率下降，在 Al/Si = 1 时，Al_2O_3-C 试样 4 抗侵蚀性最好；Al/Si > 1.5 时，Al/Si 比值对侵蚀速率影响不大；ZrO_2-C 试样比 Al_2O_3-C 试样的抗侵蚀性好。

2.2　中频炉浸棒试验

每次试验时，装入钢 7kg，达到试验温度时加入保护渣粉 1kg，以后每隔 15min 再补加一定量保护渣粉，试验时钢液温度为 1550℃，浸泡 55min 后，取出试棒，试验结果也列于表 3。

由表 3 可见，中频炉中的试验结果与现场试验结果基本一致。但仅加 Si 的试样，其侵蚀速率远比加有 Al 的试样大得多；而 ZrO_2-C 试棒在渣线部位的侵蚀非常小，几乎测不出来。此外，在中频炉中所有试棒的侵蚀都比连铸现场试验时轻得多，这是由于连铸时，钢-渣上下浮动，导致保护渣、钢液与空气交替侵蚀，钢液与保护渣不断流动与更新的结果。

3 讨论

3.1 ZrO_2-C 材质抗侵蚀性优于 Al_2O_3-C 的原因

根据曼弗雷多（Manfredo）等[4]的研究结果，ZrO_2 在硅酸盐玻璃熔体中的溶解度比 Al_2O_3 要小得多。保护渣的化学成分除含碳外，与硅酸盐玻璃相近，因此，ZrO_2 比 Al_2O_3 更抗保护渣的侵蚀。

Al_2O_3-C 试样侵蚀后，渣线部位试样的工作面是一不连续的黏渣层，其保护作用不大。而 ZrO_2-C 试样侵蚀后，试样渣线部位表面为一连续的黏渣层，渣层的化学成分（%）为：CaO 39.2，SiO_2 27.9，Na_2O 4.0，FeO 5.9，ZrO_2 23.0。这种含 ZrO_2 高的连续性黏渣层对试样的抗侵蚀性会起一定保护作用。

3.2 Al/Si 比值为 1 的 Al_2O_3-C 试样抗侵蚀性好的原因

图 1 绘出了一些元素、碳化物和氮化物同氧反应的标准自由能变化与温度的关系[5]。从图可知，1550℃时，在烧成的 Al_2O_3-C 试样中各种元素、碳化物、氮化物与氧反应的趋势大小顺序为：

$$Al_4C_3,\ Si,\ C,\ Si_3N_4,\ AlN,\ SiC$$

因此，只有 Al_4C_3 与 Si 能优先于碳氧化，保护碳。而 SiC、Si_3N_4 与 AlN 只有在碳氧化后才能被氧化。图 2 示出了 Al_2O_3-C 试样渣蚀后在脱碳层中残存的 SiC 与 Si_3N_4。说明 SiC 起不了保护碳的作用。而 Al_4C_3 与 Si 不仅能保护碳不易氧化，而且由于下面反应

$$Al_4C_{3(s)} + 6CO_{(g)} = 2Al_2O_{3(s)} + 9C_{(s)} \tag{2}$$

$$Si_{(l)} + 2CO_{(g)} = SiO_{2(s)} + 2C_{(s)} \tag{3}$$

的结果，还分别伴随有约 1 倍或 2 倍多的体积膨胀，从而使砖体组织更加致密。因此，Al_4C_3 与 Si 直接地与间接地都抑制了碳的氧化，减缓了侵蚀。

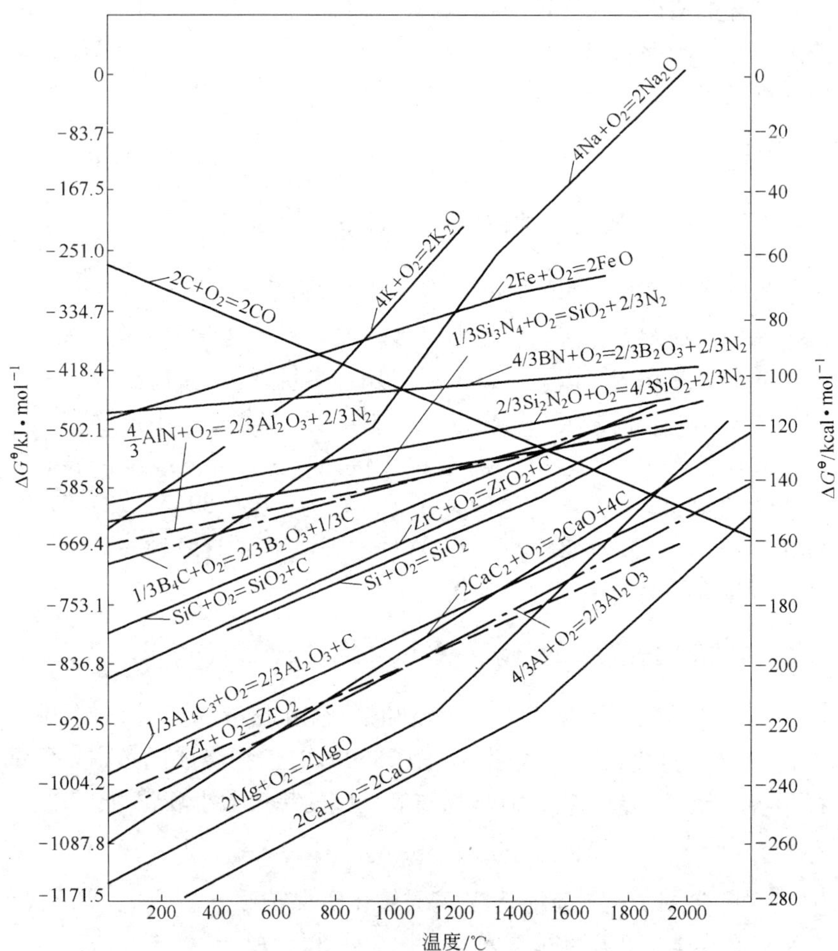

图 1　含碳耐火材料中，有关元素、碳化物和氮化物同氧反应的标准自由能变化

Fig. 1　The plots of affinity of metals, carbides and nitrides with oxygen ($\Delta G^{\ominus}$) against temperature

从表 2 可见，同时加 Si 粉和 Al 粉的试样 3 与 4 和其他试样不同的是几乎没有 Si_3N_4 与 AlN 形成。因此，试样 4 中存在的 Si 与 Al_4C_3 的总量估计也较多，从而保护碳的作用较其余试样要强。其抗氧化

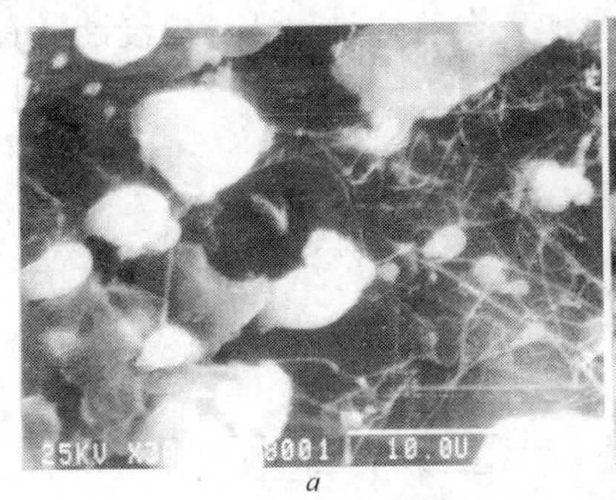

a

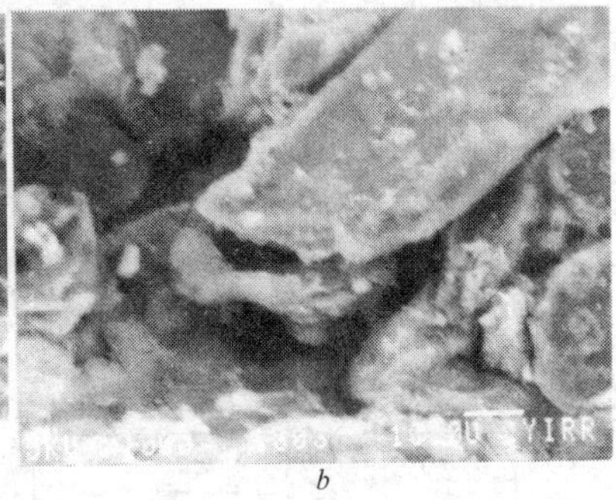

b

图 2 试样 1 经连铸现场试验后脱碳层中残存的 Si_3N_4 纤维（*a*）和 α-SiC（*b*）

Fig. 2 SEM morphologies of fracture surfaces for specimens No. 1 after immersion tests at industrial condition, showing Si_3N_4 fibers（*a*）and α-SiC particles（*b*）still exist in decarbonized zone

性与抗渣蚀性较其余试样好。我们曾对上述 Al_2O_3-C 试样进行抗氧化性试验的结果也证实了这一点。

我们曾进行了如下实验：将 Si 粉加石墨粉、Si 粉加 Al 粉加石墨粉、Al 粉加石墨粉分别混匀、成型，并埋在焦炭中于 700℃、800℃、900℃、1000℃、1100℃、1200℃与 1300℃下保温 4h，然后对上述烧后试样分别进行 X 光衍射分析，得出 Si 粉加石墨粉试样要在 1100℃以上才能形成 β-SiC；而加 Al 粉后，β-SiC 在 700℃即可形成，而且生成量明显增加，但 Si 粉的加入对 Al_4C_3 与 AlN 的形成温度影响不大，因此，同时加 Al 与 Si 到 Al_2O_3-C 材料中对生成 β-SiC 有利。

在加 Si 的 Al_2O_3-C 试样 1 中，片状石墨的边棱上生成了 β-SiC（见图 3），这种 SiC 的形成会增强石墨的抗氧化

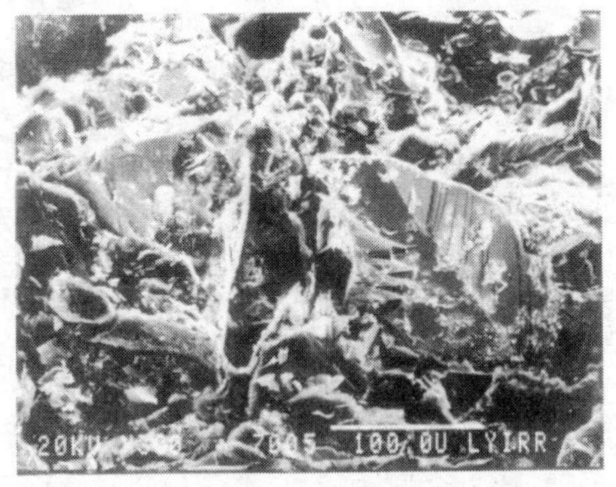

图 3 Al_2O_3-C 试样 1 中片状石墨边棱上生成的 β-SiC

Fig. 3 SEM morphology of fracture surface for Al_2O_3-C specimen No. 1, showing β-SiC formed on edges of flake graphite

性与抗侵蚀性。因此，Al 与 Si 同时加入会对抗氧化性与抗侵蚀性有好处。

连铸现场试验后 Al_2O_3-C 试样的渣线部位，经电子探针从工作面至原砖层依次分析基质里各元素的含量，结果如图 4 所示。试样 4 的脱碳层比其余试样都薄，这表明同时加有 Al 与 Si 的试样，其抗氧化性与抗炉渣渗透性比其余试样好。

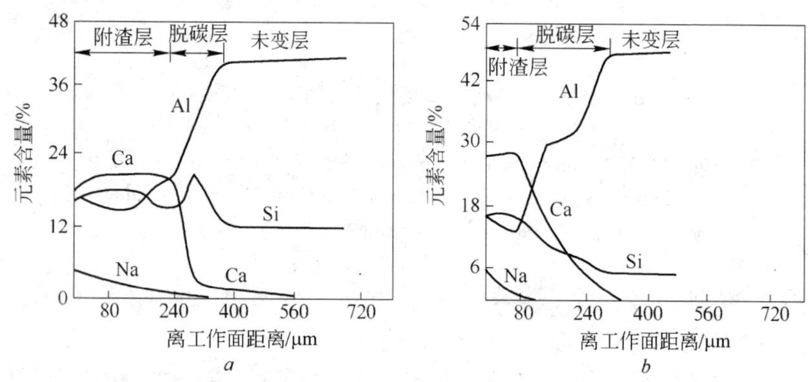

图 4　连铸现场试验后，试样 4（*a*）与试样 6（*b*）其渣线部位基质中元素分布图

Fig. 4　Profiles of elements in matrix of specimens No. 4（*a*）and No. 6（*b*）after tests at industrial condition（EPMA）

从图 4 还可看出，Na_2O 在试样中渗入甚浅，仅 80μm 左右。这可能是由于 Na_2O 与 SiC 等在脱碳层发生反应，以及 Na_2O 易被 Al_2O_3 吸收形成 β-Al_2O_3 固溶体的结果。

4　结语

（1）Al_2O_3-C 材料（含 4% SiC）中，以 Al、Si 加入量之比为 1 时，抗保护渣侵蚀性最好。

（2）在连续铸钢条件下，Al_2O_3-C 砖中的 Al_4C_3 与 Si 能保护碳；而 SiC、Si_3N_4 与 AlN 则不能起保护作用。

（3）同时加入 Al 与 Si 可降低 Al_2O_3-C 材质中 β-SiC 的生成温

度，增加β-SiC的生成量。在石墨边棱上形成β-SiC有利于提高石墨的抗氧化性。

（4）ZrO_2-C材料比Al_2O_3-C材料抗保护渣侵蚀好。

参考文献

[1] Toritani H, Kawakami T, Takahashi H, Tuchiya I, Ishii H. Taikabutsu Overseas, 1985, 5(1): 21.

[2] Watanabe A, Takahashi H, Matsuki T, Takahashi M. Preprint of the 1st Int Conf. on Refra., Techn Associ Refractories, Jpn, 1983: 125.

[3] Watanabe A, Takahashi H, Takanaga S, Goto N, Anan K, Uchida M. Taikabutsu Overseas, 1987. 7(2): 17.

[4] Manfredo L J. McNally R N. J. Am. Ceram. Soc., 1984, 67(8): C155.

[5] 陈肇友. 耐火材料, 1988, 22(2): 51.

Effect of Al and Si Additives on Corrosion Resistance of Al_2O_3-C Refractories in Mold Cover Flux

Chen Zhaoyou Tian Shouxin

(Luoyang Institute of Refractories Research, Ministry of Metallurgical Industry)

Abstract: Simulative study on corrosion of Al_2O_3-C refractories by mold cover flux has been carried out by means of immersion method. The results show that the refractory exhibits best resistance to the flux while the ratio of additive Al and Si is approximately equal to one. In addition, ZrO_2-C specimens exhibit better corrosion resistance to mold cover flux than Al_2O_3-C specimens.

本文选自《金属学报》, 1989, 25(3): B191.
或"Acta Metallurgical Sinica", 1989, 2B(6): 416.

含碳制品中β-SiC与Al_4C_3的形成反应

田守信　陈肇友

（冶金工业部洛阳耐火材料研究院）

摘　要：本文研究了含碳制品里Al和Si与碳反应生成β-SiC和Al_4C_3的温度。通过显微观察和热力学分析，推测了SiC和Al_4C_3的生成机理。

1　引言

关于金属Al和Si在含碳耐火材料中起抗氧化作用的实际起始温度与碳化物生成温度之间的关系，近年来已有一些研究[1~3]，但结果不甚一致，且在生成Al_4C_3和β-SiC形貌方面涉及甚少。本文将着重进行这方面的研究与论述。

2　试样制备及X射线衍射分析结果

以纯金属Al、Si、Mg粉和石墨为原料，按表1所示的配方进行配料，以改性沥青酚醛树脂为结合剂于80MPa压力下成型为φ20mm×10mm、内径为8mm的空心圆柱体，埋在焦炭粉里在表1所示的温度下保温4h烧成。烧成后的试样进行大功率旋转靶X射线衍射物相分析。

衍射条件：靶Co，工作电压50kV，管流100mA，DS 1，RS 3，扫描速度2°/min。

其衍射分析结果见表2。由表2可知：

（1）只有碳和金属硅时，生成β-SiC的起始温度为1100℃，随烧成温度增高，β-SiC增加较慢。由于试样气孔里有少量N_2，1200℃开始生成了Si_3N_4。这说明只加Si的含碳制品要在1100℃以上才能提高制品强度。

表 1　试样的配比和烧成温度

Table 1　Formulation and fired temperature

试样号	原料/%				烧成温度/℃
	Al 粉	Si 粉	Mg 粉	石墨	
Si-C-1000	—	30	—	70	1000
Si-C-1100	—	30	—	70	1100
Si-C-1200	—	30	—	70	1200
Si-C-1300	—	30	—	70	1300
Al-C-700	30	—	—	70	700
Al-C-800	30	—	—	70	800
Al-C-900	30	—	—	70	900
Al-C-1000	30	—	—	70	1000
Al-C-1300	30	—	—	70	1300
Al-Si-C-700	36	28	—	36	700
Al-Si-C-800	36	28	—	36	800
Al-Si-C-900	36	28	—	36	900
Al-Si-C-1000	36	28	—	36	1000
Al-Mg-C-500	60	—	20	20	500
Al-Mg-C-600	60	—	20	20	600
Al-Mg-C-700	60	—	20	20	700
Al-Mg-C-800	60	—	20	20	800
Al-Mg-C-900	60	—	20	20	900
Si-C-$Al_2O_3$①-1300	—	28	Al_2O_3 60	12	1300
Al-C-Al_2O_3-1300	30	—	Al_2O_3 60	10	1300

①用 0.5 ~0.088mm 电熔刚玉。

（2）当向 Si-C 中加入一定量 Al（Al-Si-C 试样）时，生成 β-SiC 的起始温度为 700℃，且生成 β-SiC 量很大。如 Al-Si-C（800℃）试样中生成 SiC 量达 19.38%，为理论生成量的 48%，即同时加 Al、Si 的含碳制品在 700℃就开始提高强度。

（3）对于 Al-C 试样，生成 Al_4C_3 的起始温度为 900℃。而金属 Al 与气孔里的 N_2 反应生成 AlN 始于 800℃。这说明只加 Al 的含碳制品要在 800℃以上强度才增加。

表 2 各烧成试样的物相组成

Table 2 Minerals in fired specimens (from XRD pattern)

试样号	石墨	Si	β-SiC	Si_3N_4	Al	Al_4C_3	α-Al_2O_3	AlN
Si-C-1000	VS	S						
Si-C-1100	VS	S	≈2					
Si-C-1200	VS	S	≈6	VW				
Si-C-1300	VS	S	≈4	VW				
Al-C-700	VS				S		VW	
Al-C-800	VS				S		VW	W
Al-C-900	VS				S	W	W	W
Al-C-1000	VS				S	m	W	W
Al-C-1300	VS					m	S	W
Al-Si-C-700	VS	S	m		VS		VW	
Al-Si-C-800	VS	S	19. 38		VS	VW	VW	W
Al-Si-C-900	VS	S	S		VS	VW	W	W
Al-Si-C-1000	VS	m	VS		S	W	W	W
		Mg	MgO	Mg_3Al_2				
Al-Mg-C-500	S	m	VW	W	VS			
Al-Mg-C-600	S	m	S	W	VS			
Al-Mg-C-700	S	VW	S	W	VS	VW		
Al-Mg-C-800	S		S		VS	W		VW
Al-Mg-C-900	S			MA m	VS	m	VW	VW

注：VS—很强；S—强；m—中；W—弱；VW—很弱。

（4）在 Al-C 试样基础上加入一定量的 Si(Al-Si-C)，也可使生成 Al_4C_3 的温度降至 800℃。这说明 Al、Si 同时加入含碳制品时，有相互促进碳化物生成的作用，但对 Al_4C_3 的促进不如 SiC 的明显。

（5）在 Al-Si-C 和 Al-C 系试样里，都在 700℃生成了 α-Al_2O_3。这说明在碳存在下，金属 Al 与气孔中的 CO、CO_2 发生反应（$2Al + 3CO = Al_2O_3 + 3C$，$4Al + 3CO_2 = 2Al_2O_3 + 3C$），从而使含碳制品具有抗氧化作用。

（6）对于 Al-Mg-C 试样，生成 Al_4C_3 的温度为 700℃。在 500℃以上生成 Mg_3Al_2 合金。而在 700℃以上 Mg_3Al_2 消失，这正好是 Al_4C_3 生成的起始温度。这说明金属 Mg 的加入，使生成 Al_4C_3 的温度降低，可能与 Mg_3Al_2 合金的生成有关。MgO 在 500℃以下就生成，而金属 Al 与气孔中的 CO、CO_2 反应却推迟到 900℃。MA 尖晶石也在 900℃生成。即在 Mg、Al 同时加入的含碳制品里，在 700℃以上因 Al_4C_3 的生成使制品的强度增加。

3 显微结构分析及讨论

3.1 β-SiC 的生成

3.1.1 β-SiC 的生成反应

在 Si-C 试样中，β-SiC 的生成主要有两个平行反应：(1) Si 与 C 直接反应，金属 Si 主要与接触的结合剂碳和石墨边棱（此处活性较高）反应生成 β-SiC；(2) 通过气相传质而生成，即首先 Si 与气孔中 CO 反应：

$$Si_{(s)} + CO_{(g)} = SiO_{(g)} + C_{(s)} \tag{1}$$

生成的 SiO 气体通过气相扩散到活性较高的碳质点上（石墨边棱和结合剂碳）发生式（2）反应生成 β-SiC。

$$SiO_{(s)} + C_{(s)} = SiC_{(s)} + CO_{(g)} \tag{2}$$

扫描电镜分析证明：生成的 β-SiC 主要集中在石墨边棱（见图 1），弥散的粒子分布见图 2。而在石墨片上很少发现 β-SiC。弥散的 β-SiC 粒子可能是 Si 与结合剂碳反应生成的。

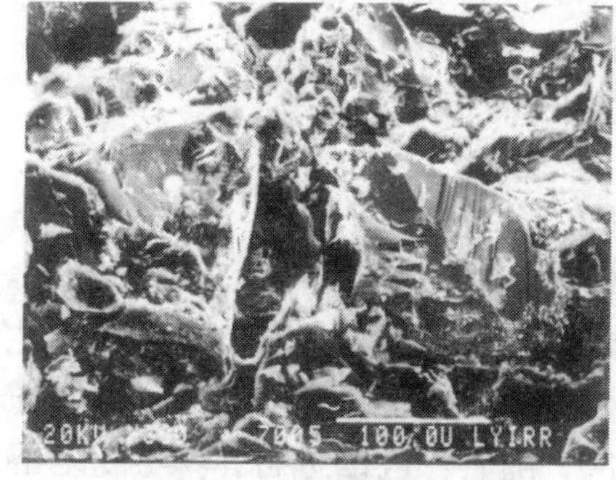

图 1 片状石墨边棱上的粒状 SiC

Fig. 1 β-SiC formed on edges of flake graphite

图 2 Si-C(1300℃)试样内弥散分布 β-SiC 粒子(0.2～3μm)

Fig. 2 Granular β-SiC(0.2～3μm) dispersed in Si-C(1300℃) specimen

3.1.2 添加刚玉和金属 Al 对 β-SiC 的生成及结晶的影响

加刚玉后，由于 Al_2O_3 覆盖在反应物 Si 和 C 表面，阻碍了 SiO 的生成和扩散，抑制了 SiC 的生成和晶粒的长大，因此生成的 β-SiC 晶粒较细小（见图 3）。

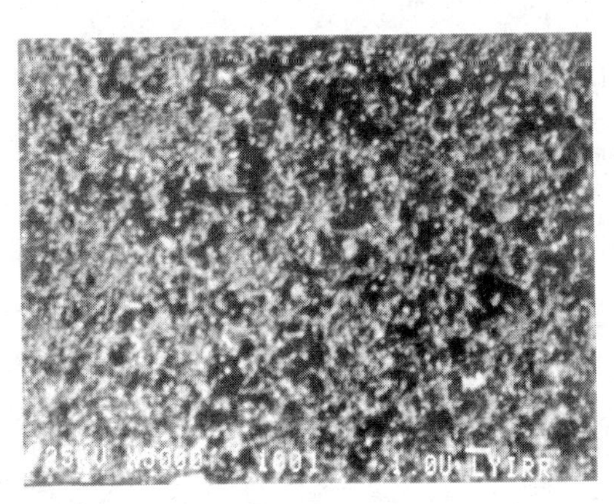

图 3 Si-C-Al_2O_3（1300℃）试样内 0.1 ~ 0.3μm 粒状 β-SiC

Fig. 3 Granular β-SiC（0.1 ~ 0.3μm）
in Si-C-Al_2O_3（1300℃）specimen

把金属 Al 加入到 Si-C（Al-Si-C 试样）中，可使 β-SiC 生成的起始温度从 1100℃降至 700℃。这可能是由于 SiC 生成机理发生了新的变化引起的。加入金属 Al 后，Si 颗粒表面的 SiO_2 与 Al 发生如下反应：

$$3SiO_2 + 4Al \xlongequal{} 2Al_2O_3 + 3Si \tag{3}$$

这样 Si 颗粒表面的 SiO_2 薄膜被破坏，并且 Si 与 Al 在 577℃生成了共熔体[4]。这样，金属 Si 与 C 的反应由原来的固相反应和固-气反应（在 Si-C 试样里）变成了有液相参与的反应。根据文献［5］，这种通过液相反应的历程可能是 C 溶解在 Al-Si 熔体里（波谱分析所证实），在熔体里发生合成 SiC 的反应，随着反应的进行，C 不断地溶解在 Al-Si 熔体里，而 SiC 不断地生成和沉积出来。

3.2 Al_4C_3 的生成

对于 Al-C 试样，Al_4C_3 很明显的是通过气相生成的，因为扫描

电镜观察生成的 Al_4C_3 是向气孔中生长的晶须，如图4、图5所示。

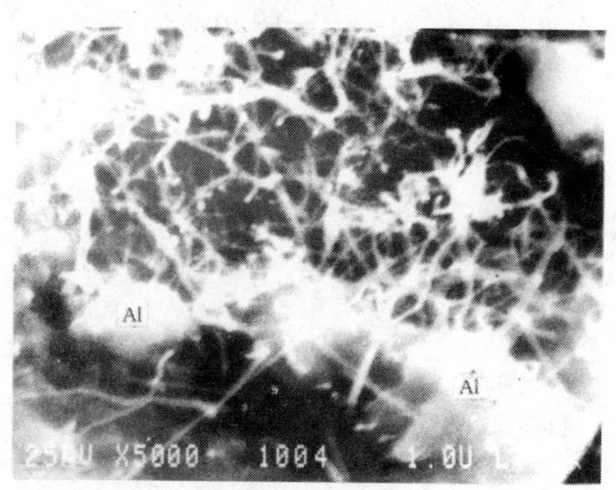

图4　Al-C（1300℃）在铝颗粒上向气孔里生长的纤维状 Al_4C_3

Fig. 4　Growth of fibred Al_4C_3 from aluminum particle to pore in Al-C-1300 specimen

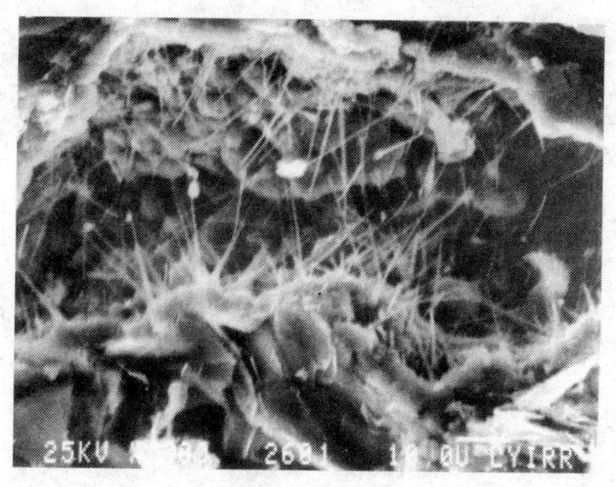

图5　Al-Si-C（800℃）向气孔里生长的针状 Al_4C_3

Fig. 5　Growth of needle-like Al_4C_3 toward pores in Al-Si-C-800 specimen

根据热力学原理，Al_4C_3 通过气相生成的过程可能是：首先 Al 与气孔中 CO 反应生成 Al_2O 气体：

$$2Al_{(l)} + CO_{(g)} = Al_2O_{(g)} + C_{(s)} \quad (4)$$

根据新相形成原理，Al_2O 与 CO 在固相或液相表面上反应生成新相 Al_4C_3：

$$2Al_2O_{(g)} + 8CO_{(g)} = Al_4C_3 + 5CO_2 \quad (5)$$

设 $p_{CO} = 0.035MPa$，p_{CO_2} 由 $C + CO_2 = 2CO$ 的热力学平衡求得。这样，从热力学求出式（4）、式（5）二式的平衡 p_{Al_2O} 大小列于表3。

表3　不同温度的 Al_2O 平衡压力

Table 3　Equilibrium pressure of Al_2O_3 at different temperature

（MPa）

方程式	温度/℃						
	700	800	900	1000	1100	1300	1500
（4）	0.571	0.281	0.156	9.5×10^{-2}	6.2×10^{-2}	3.1×10^{-2}	1.8×10^{-2}
（5）	1.31×10^{-5}	2.99×10^{-5}	5.92×10^{-5}	1.05×10^{-4}	1.73×10^{-4}	3.84×10^{-4}	7.12×10^{-4}

由表3可知，根据热力学理论，$Al_{(l)}$ 与 CO 反应是易于生成 Al_2O 气体的。生成的 Al_2O 气体与 CO 在固相或液相上反应生成 Al_4C_3 和 CO_2（CO_2 扩散到碳附近又生成 CO）。这种在固相或液相表面上生成的 Al_4C_3 晶核可能再溶解在 Al 液里或在固体表面外延长大。在固体表面外延生长的 Al_4C_3 即为晶须或纤维状 Al_4C_3；而溶解在 Al 液中 Al_4C_3 达到过饱和后就会沉积在液滴所在的固体颗粒上，并不断长大成为晶须或针状晶体。在晶体生长过程中，液滴也随之上升，因而在晶须尖端处出现粗大的亮点（见图4、图5）。这样 Al_4C_3 晶须生成过程是符合 VLS（Vapor-Liquid-Solid）晶体生长机理[6]的。

向 Al-C 里加入 Si 后，由于出现液相的温度降低（降至577℃），这样 Al_4C_3 的生成温度也就降低。同样对于加金属 Mg 的 Al-Mg-C 试样，出现液相的温度为436℃[4]。因此，Al_4C_3 生成温度也大大降低。加金属 Mg 促进 Al_4C_3 生成的另一个原因如文献［3］所介绍的一样，首先 Mg 与 Al 反应生成 Mg_3Al_2 合金，然后 Mg_3Al_2 与 C、CO、CO_2 反应：

$$2Mg_3Al_2 + 3C = Al_4C_3 + 6Mg$$

$$2Mg_3Al_2 + 3CO_2 = Al_4C_3 + 6MgO$$

$$2Mg_3Al_2 + 6CO = Al_4C_3 + 6MgO + 3C$$

生成了 Al_4C_3。这样的反应历程，降低了生成 Al_4C_3 的活化能，促进了 Al_4C_3 的生成。

用扫描电镜分析了 Al-C-Al_2O_3（1300℃）试样的断口可知，生成的 Al_4C_3 呈板状和短粗纤维状（见图6），这可能是 Al_2O_3 有利于 Al_4C_3 晶体的长大。

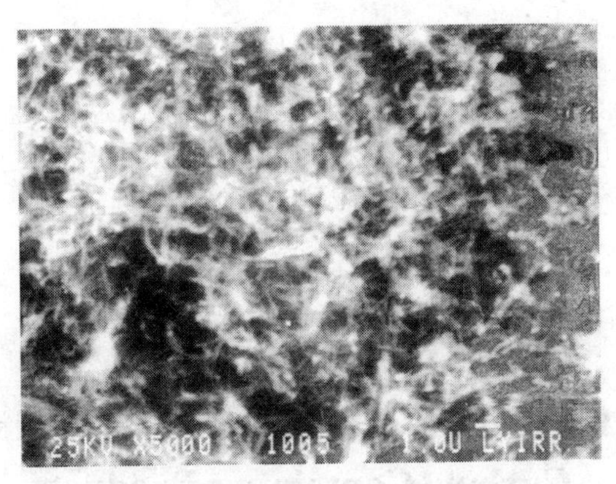

图6 Al-C-Al_2O_3（1300℃）试样中的板状和短纤维状 Al_4C_3

Fig. 6 Platelike and fibred Al_4C_3 in Al-C-Al_2O_3（1300℃）specimen

4 结语

综合试验结果和显微分析讨论可知，Al_4C_3 是通过气相生成的。它是通过 VLS 过程形成的向气孔里生长的晶须。而加入 Mg 或 Si 到 Al-C 内，使生成液相的温度降低，促进了 Al_4C_3 的生成速度，降低了 Al_4C_3 生成的实际起始温度。Al_2O_3 能阻止 Al_4C_3 晶须向一维方向发展，从而使之呈板状和短纤维状。

在 Si-C 试样里，除 Si 与 C 直接反应生成 SiC 外，还通过 Si 与

CO 反应生成 SiO 气体，然后 SiO 气体扩散到碳的活性中心上，与 C 反应生成 SiC。刚玉阻碍了 SiC 晶粒的成长，使 SiC 的晶粒细小。对于 Al-Si-C 试样，Al、Si 生成共熔体，C 溶解在该熔体里，通过液相反应和 SLS 晶体生长机理（Solid-Liquid-Solid Mechanism of Crystals）使生成 SiC 的温度明显降低。

由于 Al、Si 表面存在氧化物薄膜，使 Al、Si 发生氧化的温度提高。因而 Al 在 700℃以上，Si 在 1000℃以上才能抑制含碳制品中碳的氧化。

参 考 文 献

[1] 渡边明，高桥宏邦. 耐火物，1986，38(11)：740.

[2] Aira Watanabe，et al. Preprint of the First Intern Corfer on Refrac. Techn Associ：Refractories Japan，1983：125.

[3] Aira Watanabe，et al. Taikabutsu Overseas，1985，5(2)：7.

[4] 金相图谱. 下册. 北京：机械工业出版社，1965.

[5] Pampuch R J.，Ceram International，1987，13(1)：63.

[6] Albert P，Levitt. Whisker Technology，Wiley-Inter science，1970.

Formation of β-SiC and Al_4C_3 in Carbon-Containing Products

Tian Shouxin　Chen Zhaoyou

(Luoyang Institute of Refractories Research,
Ministry of Metallurgical Industry)

Abstract: The formation temperatures of β-SiC and Al_4C_3 in carbon containing products have been studied in this work. Their formation mechanisms have been also suggested by means of the SEM and chemical thermodynamic analysis.

本文选自《耐火材料》，1989，(6)：10.

Al 和 Si 添加剂提高含碳材料强度机理的研究

田守信　陈肇友

（冶金工业部洛阳耐火材料研究院）

摘　要：本文通过试验研究证明，在加入 Si 的含碳制品里，高温下 Si 与 C 反应生成 0.1 ~ 0.3μm 的粒状 β-SiC，相应提高了制品强度。该强化机理属于粒子增强。而向含碳制品里加入的金属 Al，在高温下生成 Al_4C_3 和 AlN 晶须。这类制品强度的提高实属纤维增强。

1　引言

含碳耐火材料近年来发展十分迅速。碳引入氧化物耐火制品后，使制品的抗热震性、耐侵蚀性大大提高。但是含碳制品的强度低和抗氧化性差，影响了它的使用寿命。近年来很多研究者对含碳制品中的添加物 Al、Si 进行了研究，并取得了一定的进展。但在金属 Al、Si 如何提高含碳制品强度方面研究甚少。渡边明[1]在研究添加物的作用时指出，加入 Al、Si 的含碳制品强度提高的原因是：生成的 Al_4C_3 和 SiC 有可能把方镁石（基体）和石墨“桥接”起来。随后，有些研究者引用此观点。渡边明用 X 光衍射证明了制品中 Al_4C_3 和 SiC 的存在，但没有观察 Al_4C_3 和 SiC 的形貌和结晶习性。因此方镁石和石墨被生成的 SiC、Al_4C_3 “桥接”起来的说法仅是他的推断。关于 Al、Si 添加剂提高含碳制品强度机理的进一步报道甚少，至今尚不十分清楚。本文对添加 Al、Si 提高 Al_2O_3-C 制品强度机理进行了探讨。

2　试样的制备和试验方法

以电熔刚玉（$Al_2O_3 \geqslant 99\%$）、石墨粉（固定碳：96%）等为原料，按表 1 所示的配方进行配料，用 200MPa 的压力等静压成型，埋在碳粒中于1300℃保温4h烧成，之后在切样机上切成25mm×25mm×125mm的抗折试样和ϕ36mm×36mm的耐压试样。在氮气保护下，用三点弯曲法测定1400℃下的高温抗折强度。

表1 试样的配方

Table 1 Prescriptions of specimens (%)

编号	电熔氧化铝	石墨	α-SiC	Si粉	Al粉	颗粒组成		
						0.5~3mm	0.5~0.088mm	<0.088mm
1	78	18	4	0	0	45	13	42
2	78	18	4	5	0	45	13	42
3	78	18	4	2.5	2.5	45	13	42
4	78	18	4	0	5	45	13	42

3 试验结果

试验结果见表2。由表2可知，添加Al、Si使强度成倍地提高，而且添加剂Al比Si更明显地提高了试样的高温强度。

表2 试样的强度

Table 2 Strength of specimens

编号	常温抗折强度/MPa	1400℃抗折强度(N_2)/MPa
1	12.8±1.8	3.1±0.6
2	22.1±2.4	7.8±0.3
3	27.5±4.5	8.9±0.2
4	25.2±1.6	9.4±0.5

4 显微结构和讨论

为说明Al、Si添加剂提高试样强度的原因，首先进行了烧成试样的高功率转靶X射线衍射分析，分析结果见表3。

表3 试样的物相组成

Table 3 Phase compositions of specimens

编号	α-Al_2O_3	α-SiC	β-SiC	Si	Al	AlN	Si_3N_4	Al_4C_3	石墨
1	VS	M							VS
2	VS	M	M	M			VW		VS
3	VS	M	M	M				VW	VS
4	VS	W				VW		M	VS

注：VS—很强；M—中；W—弱；VW—很弱。

由X射线衍射物相分析结果可知：（1）在加入Si的试样中，Si与C反应生成了β-SiC，但反应不完全，仍有相当数量的游离Si存在。另一方面Si粉与气孔中的氮气反应生成了少量Si_3N_4。（2）加入的Al粉除生成Al_4C_3外，还与气孔中的CO、N_2反应生成了α-Al_2O_3和AlN[3]。由Si生成Si_3N_4、SiC和由Al生成AlN、Al_4C_3的热力学已由山口明良[2,3]所研究。

总之，Si没有全部反应，而Al却在烧成过程中反应殆尽。

比较表1和表3可知，烧成后，加Si的2号试样生成了β-SiC和极少量的Si_3N_4。4号试样生成了Al_4C_3和较少的AlN。而1号试样未发生什么变化。通过比较可知：β-SiC和Al_4C_3反应产物的生成分别成为含碳材料2号和4号强度提高的主要原因。

为了探讨加入Si和Al的生成物——碳化物和氮化物使制品增强的机理，对烧成试样进行了扫描电镜分析和俄歇能谱的元素分析。其结果见图1和图2。

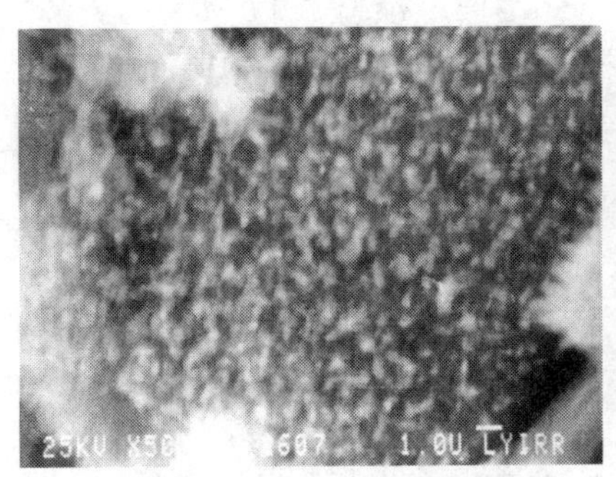

图1　2号试样中0.1~0.3μm粒状β-SiC（5000×）

Fig. 1　β-SiC in particl-size 0.1 ~ 0.3μm in No. 2 specimen(5000×)

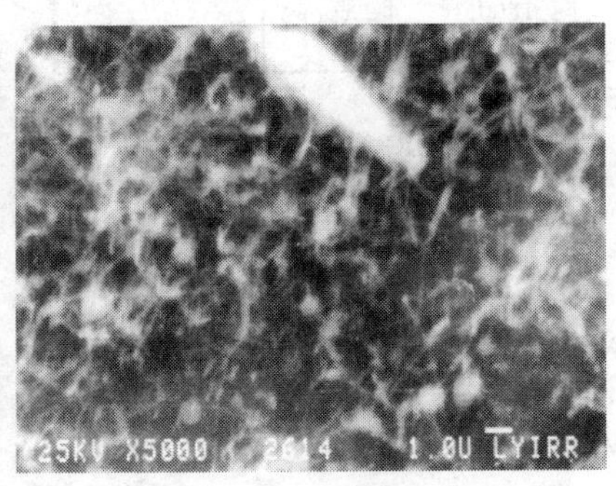

图2　4号试样里的板状和纤维状Al_4C_3晶须

Fig. 2　Platelike and fibred Al_4C_3 whisker in No. 4 specimen

在4号试样中发现了板状、纤维状的Al_4C_3、AlN晶须（见图2）。晶须的直径约0.2μm，长度2~10μm。因Al_4C_3、AlN晶须结晶完整而强度较大，根据复合材料的强度复合法则[4]，含碳制品里生成的Al_4C_3晶须可大大提高制品的强度，起到了类似于钢筋混凝土的作用。

另一方面，Al_4C_3 晶须增强的幅度除与 Al_4C_3 晶须的强度和在制品中的含量等有关外，还与 Al_4C_3 晶须与基体石墨和刚玉的结合有关。Al_4C_3 是在活性较高的石墨边缘生成的，这样，不同石墨片在边缘处由 Al_4C_3 "桥接"起来。由 Al_2O_3 和 Al_4C_3 的相图[5]（见图 3）及有关报告可知，Al_4C_3 与基体刚玉也会发生化学反应生成 Al_2OC、Al_4O_4C，从而可能通过这种中间氧碳化物把 Al_4C_3 晶须和基体刚玉结合起来。图 2 是大颗粒刚玉表面上的板状、纤维状的 Al_4C_3 晶须。由以上分析可知，生成的 Al_4C_3 和中间氧碳化物可能把基体刚玉和石墨"桥接"起来。

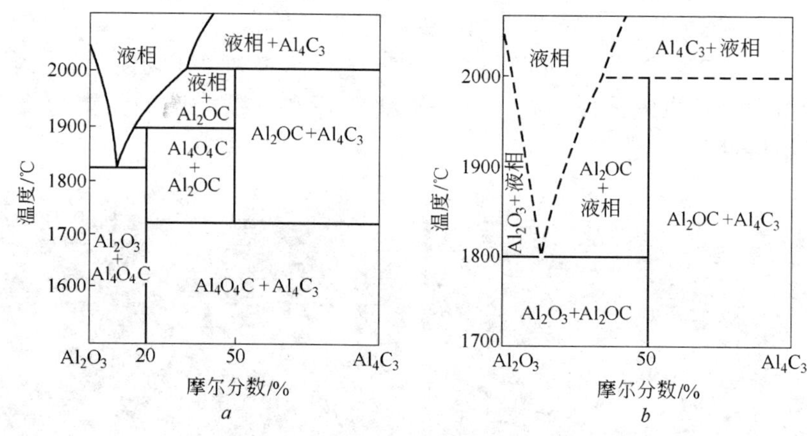

图 3　Al_2O_3-Al_4C_3 相图

a—平衡；*b*—介稳

对于添加 Si 的 2 号试样，扫描电镜形貌观察和俄歇能谱探针分析可知，生成的 β-SiC 呈粒状，大小约为 0.1～0.3μm（见图 1）；生成的 Si_3N_4 为纤维状晶须（见图 4）。生成的 β-SiC 粒子弥漫地分布在整个试样里，发挥了抑制裂纹生长或导致裂纹绕道扩展作用，使制品的断裂能和强度有所增加。

2 号试样强度提高的另一个原因是：在石墨边缘上生成的 β-SiC（见图 5）通过化学结合，把片状石墨"桥接"起来。但 SiC 不能与刚玉反应。因此它们之间不能形成化学结合，更不具有把基体刚玉

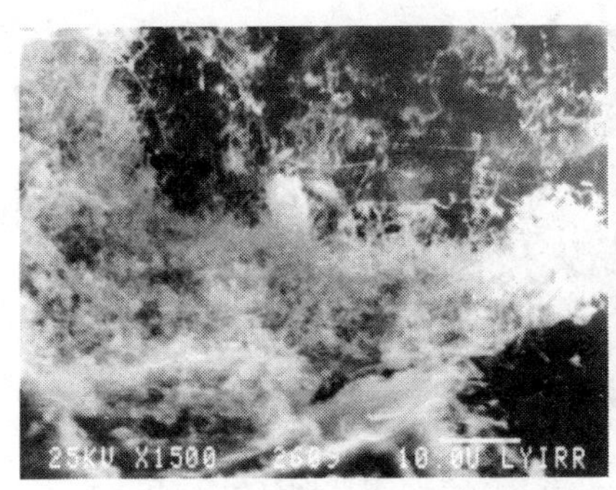

图4　2 号试样中 Si_3N_4 晶须(1500×)

Fig. 4　Si_3N_4 whisker in No. 2 specimen(1500×)

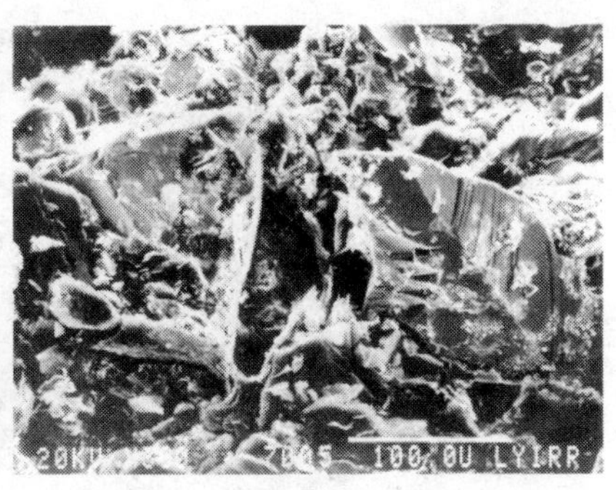

图5　2 号试样中石墨边缘有粒状 β-SiC（300×）

Fig. 5　Granular β-SiC along graphite edge in No. 2 specimen（300×）

和石墨“桥接”起来的作用。这也许是2 号试样强度低于4 号试样的原因。

对于同时加入 Al、Si 的3 号试样，作者在做 X 射线衍射试验时发现，在晶面间距 0. 271 ~0. 273nm 之间出现了衍射峰。该衍射峰明显地偏离了 AlN 晶面间距为 0. 2695nm 的衍射峰。同样在晶面间距为 0. 283nm 处出现的衍射峰也偏离了 Al_4C_3 的晶面间距为 0. 281nm 或 0. 286nm 的衍射峰位置。从衍射学的角度来分析，造成这种偏离的原因主要有两个：一是形成固溶体，二是有衍射峰相近的物相存在。据 X 射线衍射结果推测，此物相可能是 SiC 和 AlN 的固溶体或 Al_4C_3 和 SiC 的固溶体，亦可能是 Al_4C_3 与 SiC 形成的化合物如 Al_4SiC_4、$Al_4Si_2C_5$ 等。用扫描电镜和俄歇能谱探针分析表明，此物相呈粒状和棒状形貌（见图6)，且由含量不定的 Al、Si、N、O、C 组成。但由于微区分析面积较大，电子束有可能打在背底上，因此在定量分析时造成 C 含量较高。综合 X 射线衍射、扫描电镜和俄歇能谱探针分析结果，认为该棒状、粒状物相可能是 SiC 与 Al_4C_3 或 AlN 的固溶体。

综合上述分析认为，对于 Al 和 Si 同时加入的3 号试样，强度的增加是由试样内生成的 SiC、Al_4C_3 和未知的粒状、棒状物相引起的。

图6　3号试样中粒状、棒状未知物相（2000×）

Fig. 6　Sticklike and granular phase unknown in No. 3 specimen（2000×）

其增强机制很可能是由于 β-SiC 粒子的弥散强化和石墨-Al_4C_3-Al_xO_yC-Al_2O_3"桥接"增强的综合结果。上述分析的未知物相有可能起到了连接石墨和刚玉的"桥"的作用。

5　结语

通过对含 Al、Si 的 Al_2O_3-C 试样性能的测试和 X 射线物相分析以及扫描电镜和俄歇能谱探针的研究，可得出如下几点：

（1）在添加 Al 的含碳制品中，Al 与 C 反应生成 Al_4C_3 晶须，使制品的强度大大提高，属于纤维增强型。

（2）在添加 Si 的含碳制品中，Si 与 C 反应生成 0.1～0.3μm 的粒状 β-SiC，制品强度的增加，属于粒子弥散增强。

（3）在 Al 和 Si 同时加入的含碳制品中，除生成的 SiC 和 Al_4C_3 有助于提高制品强度外，生成的含 Al、Si 等元素的未知物相也有利于提高制品强度。

参考文献

[1] Watanabe Akira. First Inter, conf. on Refractories, Tokyo, Japan, 1983: 125.

[2] 山口明良. 耐火物, 1984, (10): 2.
[3] 山口明良. 耐火物, 1986, (8): 506.
[4] 赵渠森编译. 复合材料. 北京: 国防工业出版社, 1979.
[5] Larrere Y, et al. Rev. Int. Hautes Temper Refract, 1984, 21(1): 3.

Mechanism of Strengthening Carbon-Containing Refractories with Additives of Si and Al

Tian Shouxin　Chen Zhaoyou

(Luoyang Institute of Refractories Research,
Ministry of Metallurgical Industry)

Abstract: The paper investigates the mechanism of strengthening carbon-containing refractories with additives of Si and Al, The results obtained show that at high temperature Si reacts with carbon producing granular β-SiC (0.1 ~ 0.3μm), the mechanism of strengthening belongs to the particle dispersion in the carbon-containing refractories with Si additive, and Al reacts with carbon and nitrogen producing Al_4C_3 and AlN whiskers, the mechanism of strengthening belongs to fibre strengthening in the carbon-containing refractories with Al additive.

本文选自《无机材料学报》, 1989, 4(3): 238.

添加剂在 Al_2O_3-C 制品氧化过程中堵塞气孔的机理

田守信　陈肇友

（冶金工业部洛阳耐火材料研究院）

摘　要：本文通过试验和热力学分析说明了 Al、Si 及其碳化物和氮化物能在原砖层中与 CO 反应放出 Al_2O 和 SiO 气体。这些气体外逸至脱碳层，遇到 CO_2 等氧化性气体反应生成 Al_2O_3 和 SiO_2 气相沉积。这种由气相生成的固体物质造成了气孔堵塞，降低了气体扩散流量，提高了制品的抗氧化性。

1　引言

添加物 Al、Si 提高含碳制品的抗氧化，这已由实践所证实。抗氧化的原理之一认为：添加物与气孔中 CO 反应生成 SiO_2、Al_2O_3 和 C，而这些反应都是体积增加的过程，从而堵塞了气孔，阻止了反应物气体的扩散，提高了制品的抗氧化性[1]。这种解释只肯定了反应的体积增加效应所造成堵塞气孔和降低气孔率的一面，而忽略了这些反应的体积增加效应可能造成的制品膨胀和导致气孔率增加的一面。事实上后者是不可忽视的。例如，在合成镁铝尖晶石时，由于 MA 的生成体积增加而导致了制品气孔率增加（不考虑烧结因素）。空气中水气通过扩散到 MgO-CaO 砖内部而发生 $CaO + H_2O = Ca(OH)_2$ 的膨胀反应。此反应结果是 MgO-CaO 砖的气孔率增加甚至松散。作者[2]在进行含 Al 的 Al_2O_3-C 试样烧成试验时，也发现因 $2Al + 3CO = Al_2O_3 + 3C$ 反应（该反应体积增加 2.09 倍）而导致了试样气孔率的增加。

2　试样制备和试验结果

以电熔刚玉（Al_2O_3 99.6%）和石墨（固定碳 96%）等为原料，

按表 1 所示的配方，以 200MPa 的等静压成型，埋在碳粒内于 1300℃保温 4h 烧成。

表 1　试样配比及氧化失重率

Table 1　Formulation and wt loss by oxidation of specimens　(%)

序号	刚玉	石墨	SiC 粉	Si 粉	Al 粉	氧化重量损失率（1200℃，4h）	
						电炉内	热天平内
1	78	18	4	5	0	4.9	3.9
2	78	18	4	0	5	8.3	3.2

把制成的直径 36mm、高 50mm 的试样放在电炉里，分别在 1200℃与 1400℃氧化。把制成的直径 20mm、高 20mm 的试样放在热天平的铂丝炉里，在 1200℃氧化。由氧化前后试样的质量求出氧化失重率。其结果见表 1。把 1400℃氧化后的试样制成光片，进行能谱元素线扫描，结果如图 1 所示。由图 1 和表 1 的结果可知：

在脱碳层，有 Al、Si 元素富集层。气氛的氧化性不同，Al、Si 抑制含碳制品中碳氧化的效果也不一样。

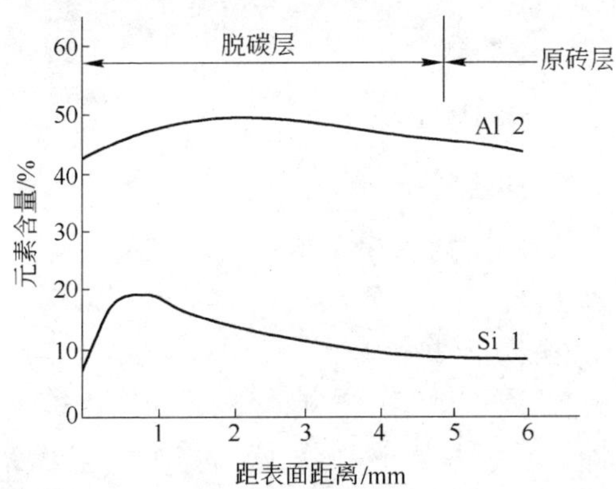

图 1　1400℃，2h 氧化试样从外向内元素分布（光片）

Fig. 1　EPMA. Profiles of elements (Al, Si) from outside to inside of specimen after oxidation at 1400℃, 2h (polished section)

3 热力学分析和讨论

3.1 砖内 CO、CO_2 与 N_2 的分布

高温下含碳制品的氧化是由扩散控制的[3,4]。在原砖层基本上存在 $C + CO_2 = 2CO$ 的平衡。根据热力学计算，原砖层中 O_2、CO_2 含量极少，基本上是 N_2 和 CO。可根据反应：

$$0.42C + 0.21O_2 + 0.78N_2 = 0.42CO + 0.78N_2$$

求得原砖层内部气孔中各种气体的分压：

$$p_{CO} = \frac{0.42}{0.42 + 0.78} \times 0.1 = 0.035\text{MPa}$$

$$p_{N_2} = \frac{0.78}{0.42 + 0.78} \times 0.1 = 0.065\text{MPa}$$

试样表面是空气，随着空气向内扩散和 CO 向外扩散，在脱碳层 CO 被氧化成 CO_2。根据扩散特点 $\left(J = -D\frac{dp}{dr}\right)$ 可求出试样内各处 p_{CO}、p_{CO_2}、p_{N_2}、p_{O_2} 的大小为：

$$p_{CO} = \begin{cases} 0.035 & [0、r_0] \\ 0.035\log_{r_0/R}(r/R) & [r_0、R] \end{cases}$$

$$p_{N_2} = \begin{cases} 0.065 & [0、r_0] \\ 0.078 - 0.013\log_{r_0/R}(r/R) & [r_0、R] \end{cases}$$

$$p_{CO_2} = \begin{cases} 0 & [0、r_0] \\ 0.021\log_{r_0/R}(r_0/r) & [r_0、R] \end{cases}$$

$$p_{O_2} \approx 0 \qquad [0、R]$$

以 r 为横坐标，相应分压为纵坐标作图，如图 2 所示。

由图 2 可知：不同位置的气氛氧化性强弱不同。因此要分析氧化热力学，必须选有代表性的位置才行。无论何种位置选用 $p_{O_2} = 0.1\text{MPa}$[5] 或 $p_{N_2} = 0.167\text{MPa}$[6]，显然是不合适的。应用 $p_{N_2} = 0.065 \sim$

0.078MPa 和 $p_{CO}=0.035\sim0MPa$、$p_{CO_2}=0\sim0.021MPa$ 才适合在空气中含碳制品的氧化过程。

3.2 原砖层中 Al 和 Si 的变化

Al、Si 及其碳化物和氮化物与 CO 反应生成凝聚相的热力学已由文献［5～8］分析过了。但是，Al、Si 及其碳化物和氮化物与 CO 反应生成凝聚相（SiO_2、Al_2O_3、A_3S_2 等）有一个共同特点，即高于某一温度（T_1）就不能与 CO 反应[8]；而在 T_1 以下，虽然能发生反应，但由于金属、碳化物和氮化物颗粒表面已有的氧化物保护层的隔离作用，它们与 CO 不能直接接触。因此，只有保护层被破坏之后才能继续进行上述生成凝聚相的反应。SiO_2 保护层的破坏可能是通过下面的反应来达到的：

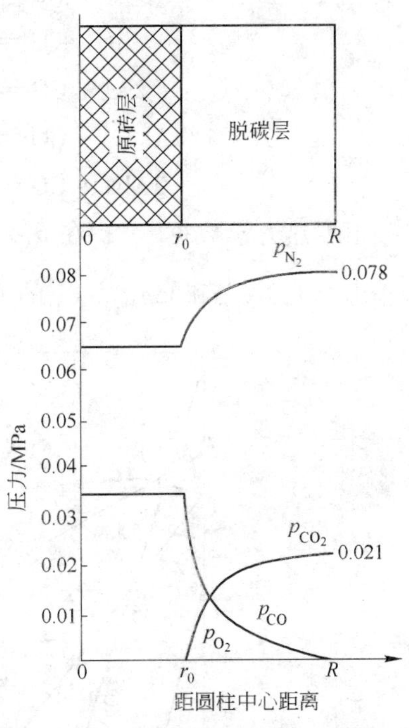

图 2 不同位置气孔内各成分的分压

Fig. 2 Partial pressures of CO, CO_2 and N_2 at different positions

$$SiO_2 + C \xlongequal{>1200℃} SiO + CO$$

该反应破坏保护层的温度 T_2 根据热力学计算是小于 T_1 的。但 T_2 与 T_1 温度相差不大。故很难从添加物（Al、Si、Al_4C_3）与 CO 反应直接生成固体来解释制品在较大温度范围内具有抑制碳氧化的作用。用气相反应及扩散可满意地解释试验结果。

原砖层中 Al、Si 及其碳化物和氮化物与 CO 发生如下汽化反应：

$$SiC + CO \xlongequal{} SiO + 2C \tag{1}$$

$$1/3Si_3N_4 + CO \xlongequal{} SiO + 2/3N_2 + C \tag{2}$$

$$Si + CO \xlongequal{} SiO + C \tag{3}$$

$$Si_2N_2O + CO = 2SiO + N_2 + C \tag{4}$$

$$SiO_2 + C = SiO + CO \tag{5}$$

$$2Al + CO = Al_2O + C \tag{6}$$

$$1/2Al_4C_3 + CO = Al_2O + 5/2C \tag{7}$$

$$2AlN + CO = Al_2O + N_2 + C \tag{8}$$

根据热力学数据[6,9]，在 $p_{N_2} = 0.065\text{MPa}$、$p_{CO} = 0.035\text{MPa}$ 条件下作出 $\ln p_{SiO} - \frac{1}{T}$ 和 $\ln p_{Al_2O} - \frac{1}{T}$ 的关系如图 3 和图 4 所示。

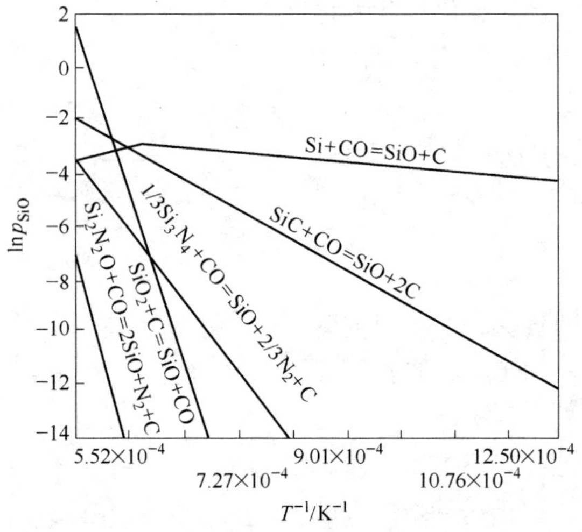

图 3 在 $p_{N_2} = 0.065\text{MPa}$，$p_{CO} = 0.035\text{MPa}$ 时各反应式的 $\ln p_{SiO}$ 与 $\frac{1}{T}$ 的关系

Fig. 3 Plots of ln p_{SiO} against $1/T$ for each reaction at $p_{N_2} = 0.065\text{MPa}$, $p_{CO} = 0.035\text{MPa}$

由图 3 和图 4 可知：Al、Si 及碳化物和氮化物都会与 CO 反应产生 Al_2O 和 SiO 气体。由图 3 可知，Si 及其碳化物和氮化物颗粒表面产生出 SiO 气体的大小次序为：Si、SiC、Si_3N_4 和 Si_2N_2O。因此，在高温下原砖层内首先是 Si 以 SiO 形式蒸发，其次是 SiC、Si_3N_4 和 Si_2N_2O。同样在含 Al、Al_4C_3 和 AlN 的试样里，高温下首先是 Al 以 Al_2O 形式蒸发，其次是 Al_4C_3 和 AlN。原砖层中产生的 Al_2O 和 SiO

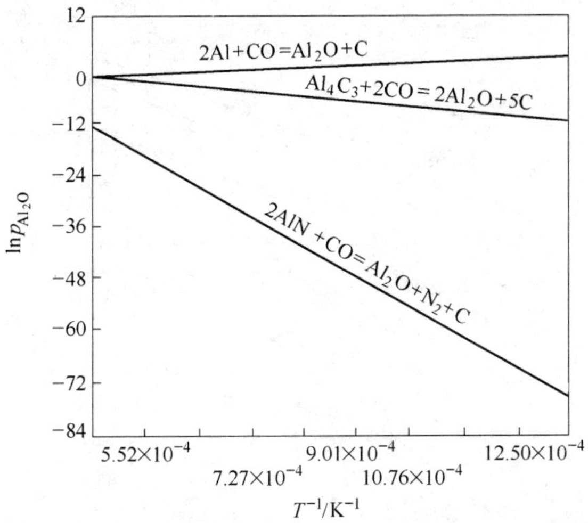

图 4　在 $p_{N_2}=0.065$MPa，$p_{CO}=0.035$MPa 时各反应式的 $\ln p_{Al_2O}-\frac{1}{T}$ 的关系

Fig. 4　Plots of $\ln p_{Al_2O}$ against $1/T$ for each reaction at $p_{N_2}=0.065$MPa, $p_{CO}=0.035$MPa

气体就会外逸至脱碳层。

3.3　脱碳层的反应

Al_2O 和 SiO 在脱碳层遇到 CO_2，就会发生如下氧化反应：

$$SiO + CO_2 = SiO_{2(s)} + CO \quad (9)$$

$$Al_2O + 2CO_2 = Al_2O_{3(s)} + 2CO \quad (10)$$

上述反应程度与氧化气氛（p_{CO}/p_{CO_2}）和温度有关，其 p_{SiO} 和 p_{Al_2O} 分压与氧化气氛和温度的关系见图 5。

由图 5 可知：由于脱碳层中氧化气氛比原砖层强得多，因此，在原砖层逸出的 SiO 和 Al_2O 就会氧化生成 SiO_2 和 Al_2O_3，而气相沉积在脱碳层的扩散通道上，堵塞了气孔，提高了试样的抗氧化性。温度越高，原砖层 Al_2O 和 SiO 逸出越快；氧化气氛越强，Al_2O 和

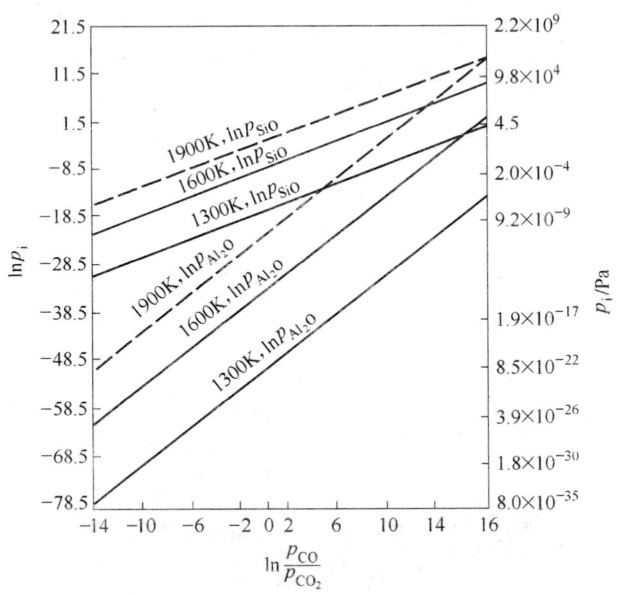

图5 反应式（9）与式（10）平衡时，p_{SiO}和p_{Al_2O}与氧化气氛（p_{CO}/p_{CO_2}）温度的关系

Fig. 5 Equilibrium pressures of SiO and Al_2O against p_{CO}/p_{CO_2} at different temperatures for reactions:（9） and （10）

SiO 氧化沉积的 Al_2O_3 和 SiO_2 越多，使制品抗氧化的效果也就越明显。Al_2O 和 SiO 在原砖层产生并迁移到脱碳层，以 SiO_2 和 Al_2O_3 形式沉积在气相通道上。这导致 Al、Si 元素富集在脱碳层。电子探针的元素线分析证实了这一点（图 1）。上述 Al、Si 及其碳化物和氮化物使制品抗氧化的过程类似于 MgO-C 砖中方镁石致密层的形成。

试样的外界氧化气氛不同，Al、Si 及其碳化物和氮化物使制品的抗氧化性不同。当外界氧化气氛越强时，试样脱碳层中 Al_2O 和 SiO 分压越低，因而，Al_2O 和 SiO 逸出试样的量就越少，Al_2O 和 SiO 以 Al_2O_3 和 SiO_2 形式沉积在脱碳层通道上的量越多。因此，在强氧化气氛下，Al、Si 及其碳化物和氮化物越能使制品发挥出抗氧化能力。另一方面，外界的氧化气氛不同，对含 Al 的试样和含 Si 的试样抗氧化能力不同。在强氧化气氛下，SiO、Al_2O 几乎全部以 SiO_2 和 Al_2O_3 形式沉积在脱碳层。而吸氧量 Si 比 Al 大（每克 Si 变成 SiO_2 可吸氧 1.143g，每克 Al 变成 Al_2O_3 吸氧仅 0.889g）且 $SiO + CO_2 = SiO_2 + CO$ 的沉积体积比 $Al_2O + 2CO_2 = Al_2O_3 + 2CO$ 的大（前者每克 SiO 生成 SiO_2 的体积为 0.5878cm^3，后者每克 Al_2O 生成 Al_2O_3 的体积为 0.3661cm^3）。因此，加 Si 的试样比加 Al 的试样抗强氧化气氛强。表 1 的电阻炉氧化试验结果证明了这一点。但在弱的氧化气氛下，SiO 比 Al_2O 逸出外界要多（见图 5），未能充分发挥出 Si 的作用。这样在弱的外界氧化气氛下，加 Si 的试样比加 Al 的试样抗氧化性低。表 1 的热天平试验结果证明了这一点。

4 结语

本文通过试验和热力学分析说明了 Al、Si 及其碳化物和氮化物能在原砖层中与 CO 反应放出 Al_2O 和 SiO 气体。这些强还原性气体外逸至脱碳层遇 CO_2 气体反应生成 Al_2O_3 和 SiO_2 沉积。这种由气相生成的固态物质沉积于气孔内固体表面上，提高了制品的抗氧化性。这种添加物使制品抗氧化的这一原理与 MgO-C 砖中方镁石致密层的形成相似。

参考文献

[1] 山口明良. 耐火物，1983，35(11)：3.
[2] 田守信，陈肇友. 耐火材料，1988，(4)：14.
[3] Oezgen O S. Br Ceram Trans J，1985，84(2)：138.
[4] Oezgen O S. Br Ceram Trans J，1985，84(1)：70.
[5] 山口明良. 耐火物，1986，38(8)：2.
[6] Simith P L，White J. Trans J Br Ceram Soc，1983，82(1)：23.
[7] 山口明良. 耐火物，1986，38(4)：2.
[8] 陈肇友. 耐火材料，1988，(2)：51.
[9] 曲英. 炼钢学原理. 北京：冶金工业出版社，1980.

Mechanism of Blockage of Gas Hole by Additives in Al_2O_3-C Products during Oxidation

Tian Shouxin　Chen Zhaoyou

(Luoyang Institute of Refractories Research, Ministry of Metallurgical Industry)

Abstract: Investigation on the oxidation-resistance of carbon-containing specimens by experiments and thermodynamical analyses indicates that carbides, nitrides, Al and Si in the carbon-containing region can react with CO to produce Al_2O and SiO gases, both then diffuse to decarbonzed zone and react with CO_2 to form deposition of Al_2O_3 and SiO_2. These depositions block up gas hole, resulting in decrease of gas diffusion and increase of oxidation resistance.

本文选自《耐火材料》, 1989, (2): 1.
或 "China's Refractories", 1996, (2): 12～16.

Cr_2O_3在耐火材料中的行为

陈肇友

（冶金工业部洛阳耐火材料研究院）

摘　要：本文从铬的氧化物、Cr_2O_3 与各种耐火氧化物形成的二元与三元系、Cr_2O_3 与含铬材料的蒸发、Cr_2O_3 对耐火材料的润湿性与二面角的影响、Cr_2O_3 对硅酸盐熔体黏度的影响、Cr_2O_3 在熔渣与玻璃熔体中的溶解度、Cr_2O_3 在 MgO 中的溶解度以及 Cr_2O_3 对镁铬或铬镁材料中的方镁石溶解——尖晶石沉析过程中的作用，阐述了 Cr_2O_3 在耐火材料中的行为。

Cr_2O_3 本身具有良好的耐火性能。含 Cr_2O_3 耐火材料广泛用于各种工业窑炉。将 Cr_2O_3 添加到耐火氧化物中还能改善材料的某些性能。但有关 Cr_2O_3 在耐火材料中的行为及其对材料性能的影响尚缺较系统的阐述。本文将介绍 Cr_2O_3 在耐火材料中的行为。

1　铬的氧化物

铬与氧可以形成一系列氧化物。通常能稳定存在的是三价铬与六价铬两种氧化物：Cr_2O_3 与 CrO_3。二价铬的化合物是不稳定的，常存在于高温熔体中。

根据氧的浓度，Cr-O 系可分为 Cr-Cr_2O_3 与 Cr_2O_3-CrO_3 两个系。前者包括在高温下稳定的化合物，后者包括在较低温度下稳定的化合物。在 Cr-Cr_2O_3 系中，1660℃熔化的共晶组成（20% Cr 与 80% Cr_2O_3）很接近 CrO 的组成[1]。

高价铬氧化物加热时分解为较低价铬氧化物并析出 O_2。例如：

$$2CrO_3 = Cr_2O_3 + 3/2O_2$$

在高温下，Cr^{3+} 会部分地转变为 Cr^{2+}，而使 Cr_2O_3 熔点下降。因此，Cr_2O_3 的熔点至今还没有一致意见，只有一个温度范围，

2265～2330℃。CrO 熔点为 1640～1727℃；CrO_3 熔点为 188℃。

CrO_3 是强氧化剂，溶于水形成铬酸（H_2CrO_4）或重铬酸（$H_2Cr_2O_7$）。CrO_3 可以以气相存在。CrO_3 是有剧毒的物质。六价铬的化合物会造成环境污染。

在同一金属的各种氧化物中，高价氧化物的酸性比低价氧化物要强。因此，在氧化气氛下，当有强碱性物质如 CaO 存在时，将有利于三价铬转变为六价铬。即：

$$Cr_2O_3 + 2CaO + 3/2O_2 \longrightarrow 2CaCrO_4$$

所以，将 Cr_2O_3 引入白云石或镁白云石会促进六价铬化合物的形成。

由于铬可以以不同价的氧化物存在，因此，气氛中的氧分压和温度对铬的氧化物都是敏感的。Cr_2O_3 在还原气氛中会还原为 CrO 或 Cr，而在氧化气氛中会氧化为 CrO_3。

2　Cr_2O_3 与各种耐火氧化物形成的二元系与三元系

Cr_2O_3 能与一些耐火氧化物形成固溶体或高熔点化合物。在形成二元共晶时，其共晶的熔化温度甚高，如表 1 所示。

表 1　Cr_2O_3 与一些耐火氧化物形成的二元系

系	形成的化合物（化合物的熔点）	共晶成分	Cr_2O_3 含量/%	共晶的熔化温度/℃
$MgO-Cr_2O_3$（MgO 2825℃）	$MgCr_2O_4$（2350℃）	$Cr_2O_3-MgCr_2O_4$ $MgCr_2O_4-MgO$	约 90 约 63	2150 2330
$CaO-Cr_2O_3$（CaO 2625℃，中性气氛）	$CaCr_2O_4$（2170℃）	$Cr_2O_3-CaCr_2O_4$ $CaCr_2O_4-CaO$	85 50	2100 1930
$La_2O_3-Cr_2O_3$（La_2O_3 2320℃）	$LaCrO_3$（2430℃）	$Cr_2O_3-LaCrO_3$ $LaCrO_3-La_2O_3$	78 20	2080 2060
$Al_2O_3-Cr_2O_3$（Al_2O_3 2045℃）	连续固溶体	—	—	—
$ZrO_2-Cr_2O_3$（ZrO_2 2700℃）	无	$Cr_2O_3-ZrO_2$	66	2090
$SiO_2-Cr_2O_3$（SiO_2 1723℃）	无	$Cr_2O_3-SiO_2$	1	1720

从 $Al_2O_3-SiO_2-Cr_2O_3$ 相图（图 1）看，由于 Al_2O_3 与 Cr_2O_3 能形

成连续固溶体以及 Cr_2O_3 与莫来石能形成有限固溶体，因此，在 Al_2O_3-SiO_2 系耐火材料特别是含 Al_2O_3 高的 Al_2O_3-SiO_2 系耐火材料中，加入 Cr_2O_3，其耐火度不但不会降低，反而会有所提高。

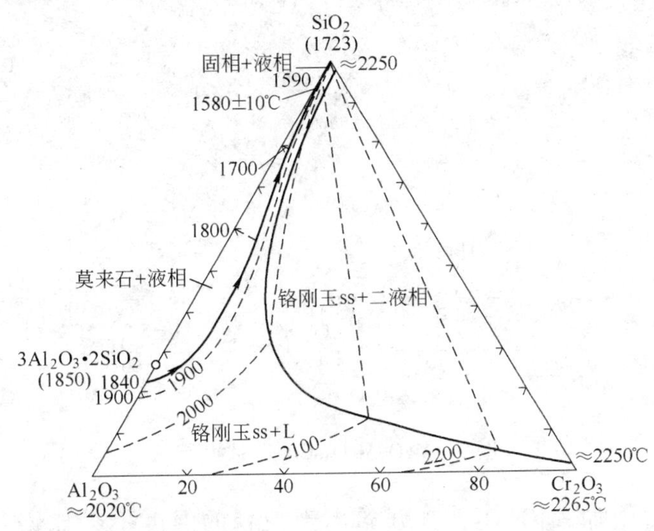

图 1　Al_2O_3-SiO_2-Cr_2O_3 系相图

由于 Al_2O_3 与 Cr_2O_3 以及 MgO · Al_2O_3 与 MgO · Cr_2O_3 能形成连续固溶体，因此，从 MgO-Al_2O_3-Cr_2O_3 三元相图（图 2）看，无论是在 MgO-MgO · Al_2O_3 系或在 MgO · Al_2O_3-Al_2O_3 系耐火材料中加入 Cr_2O_3，其开始出现液相的温度都有所提高。

在镁橄榄石（2MgO · SiO_2）耐火材料中加入 Cr_2O_3，从 MgO-SiO_2-Cr_2O_3 相图（从略）看，其最低共熔点温度下降甚微。即在 MgO-Mg_2SiO_4 系中加入 Cr_2O_3，最低共熔点温度仅由 1860℃ 下降至 1850℃。

ZrO_2-SiO_2-Cr_2O_3 三元系相图尚未见到。但可从 ZrO_2-SiO_2、ZrO_2-Cr_2O_3 与 Cr_2O_3-SiO_2 二元系相图大致估计出 ZrO_2-SiO_2-Cr_2O_3 三元系中的最低共溶点组成应靠近 SiO_2 顶角，其最低共溶点温度应比 1677℃低（ZrO_2-SiO_2、ZrO_2-Cr_2O_3 与 Cr_2O_3-SiO_2 二元系最低共熔点温度分别为 1677℃、2090℃、1720℃），估计为 1650℃左右。因此，

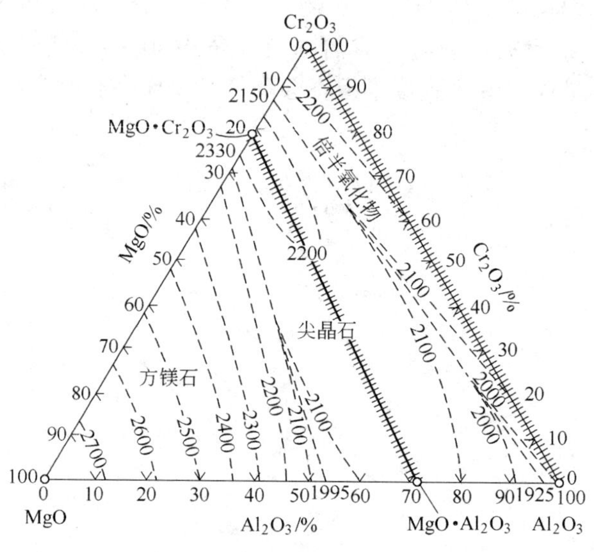

图 2　$MgO\text{-}Al_2O_3\text{-}Cr_2O_3$ 系相图

在锆英石中加入 Cr_2O_3，其开始出现液相的温度不会比锆英石低多少。

加入 Cr_2O_3 到白云石中，从有关二元系相图看，即使在中性气氛下，也将大大降低白云石的耐火度。此外，还会促进六价铬的形成，污染环境。

3　Cr_2O_3 与含 Cr_2O_3 材料的蒸发（挥发）

在高温下，耐火材料中组分的蒸发会造成材料组成与结构的变化，影响材料的烧结和使用寿命。

各种氧化物在不同温度下的蒸气压示于图 3[2]。从图 1 可见，Cr_2O_3 是较易挥发的氧化物。

应当指出，有些氧化物和复合氧化物，例如 MgO、Cr_2O_3 与 $MgCr_2O_4$ 在低氧压与高氧压下，高温蒸发反应是不相同的[3]。

在高温真空中或低的氧分压下：

$$MgO_{(s)} = Mg_{(g)} + 1/2O_{2(g)}$$

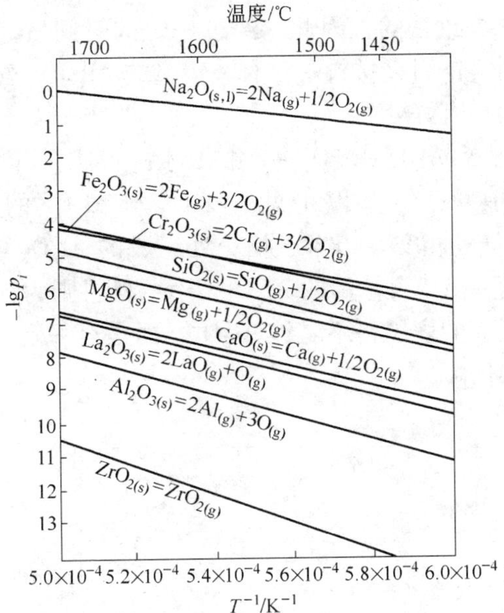

图 3　各种氧化物在不同温度下的蒸气压

$$Cr_2O_{3(s)} = 2Cr_{(g)} + 3/2O_{2(g)}$$

$$MgCr_2O_{4(s)} = Mg_{(g)} + 2Cr_{(g)} + 2O_{2(g)}$$

在高温、高的氧分压（p_{O_2}）下：

$$MgO_{(s)} = MgO_{(g)}$$

$$Cr_2O_{3(s)} + 3/2O_{2(g)} = 2CrO_{3(g)}$$

$$MgCr_2O_{4(s)} + 3/2O_{2(g)} = MgO_{(s)} + 2CrO_{3(g)}$$

在复合氧化物、固溶体或多组元耐火材料中，若各组元之间的蒸气压或蒸发速率相差很大，即为异分蒸发，而不易蒸发的组元将在表层富集。如果形成的表层为致密的，自然就会抑制继续蒸发。例如 $MgAl_2O_4$-$MgCr_2O_4$ 系固溶体，在 1700℃真空下经 1h 蒸发后，表面形成了富 $MgAl_2O_4$ 尖晶石层，而经 5h 蒸发后，从表面往内部形成了三层：Al_2O_3、$MgO \cdot nAl_2O_3$ 和 $MgO \cdot n\ (Al_{1-x}Cr_x)_2O_3$ 层[4]。由于形成的表层是致密的，因此，经过一定的时间后，蒸发就受到了抑制。这说明镁铬耐火材料中含有一定量的 Al_2O_3，对这种材料在高温真空下使用是有好处的。

图 4 示出了 Al_2O_3-Cr_2O_3 系耐火材料在 1900℃ 时其 Al_2O_3 与 Cr_2O_3 的蒸发速率[2]。从图可见，Cr_2O_3 与 Al_2O_3 的蒸发速率线在 Cr_2O_3 含量较低处相交。相当于相交处组成的 Al_2O_3-Cr_2O_3 材料将是同分蒸发。而 Cr_2O_3 含量高的 Al_2O_3-Cr_2O_3 材料则为异分蒸发。但异分蒸发后所形成的表层将不是纯 Al_2O_3，而是有一定量 Cr_2O_3 残存的 Al_2O_3-Cr_2O_3 固溶体[2]。

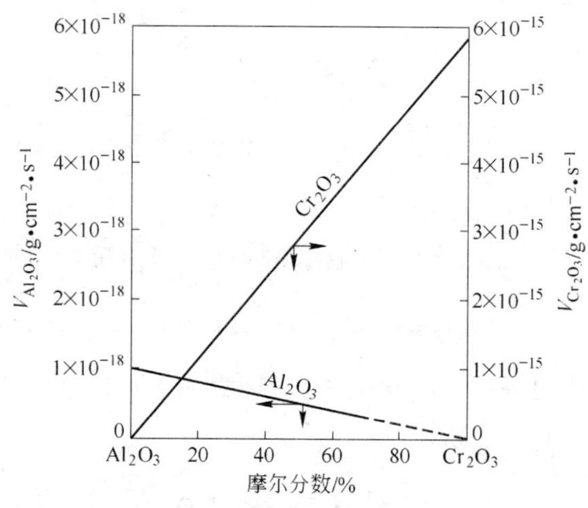

图 4　Al_2O_3-Cr_2O_3 系在 1900℃时的蒸发速率

加入 CaO 到 MgO-Al_2O_3-Cr_2O_3 材料，由于它促进了铬从 +3 价变到 +6 价，从而增加了蒸发速率[5]。因此，在含 Cr_2O_3 材料中加入 CaO 是有害的。

4　Cr_2O_3 对耐火材料的润湿性与二面角的影响

我们知道，界面张力（或界面能）的大小是表征二界面之间亲和力大小的。界面张力越小，表示这两个界面的亲和力越大。例如液体与固体之间的界面张力（σ_{SL}）越小，表明液体对固体的润湿性越好。二固体之间的界面张力（σ_{SS}）越小，二固体的直接结合越好。由于界面张力测定甚难，因此，常用液体与固体之间的接触角来表示其润湿性。用液体在二晶粒之间的二面角来表示液体能否渗入二晶粒间界或晶粒之间的直接结合程度。润湿性的大小与液体的渗透深度和耐火材料的结构剥落甚为有关。

4.1 润湿性

铁碳合金熔体不润湿 Cr_2O_3，接触角 θ 为135°。铜熔体也不润湿 Cr_2O_3，1100℃时接触角为139°～145°，1600℃时为98°～129°[6]，钠硼玻璃熔体在铬砖上的润湿性也不好[7]。

表2示出了组成为 SiO_2 61.5%，Al_2O_3 17.8%，MgO 20.7%的熔体在 Cr_2O_3、$MgCr_2O_4$、MgO 以及加有3% mol 其他氧化物的 MgO 耐火材料，于1370℃保持2h后的接触角[8]。表明在 Cr_2O_3 与含铬材料上的接触角最大。

表2 熔体在不同的试样上的接触角 θ

固 相	最终接触角/(°)	固 相	最终接触角/(°)
单晶 MgO	30	MgO + Cr_2O_3	29
烧结 MgO	24	MgO + Al_2O_3	10
烧结 Cr_2O_3	70	MgO + SiO_2	5
烧结 $MgCr_2O_4$	47	MgO + B_2O_3	5
烧结 $MgFe_2O_4$	7	MgO + CaO	3
		MgO + ZrO_2	6

硫与氧对铜液是强表面活性物质，能大大降低铜液的表面张力以及与固体的界面张力，增加对耐火材料的润湿性。图5示出了铜液中氧与硫含量对其在镁铬耐火材料上接触角的影响[9]。说明硫化铜和氧化铜熔体都能很好地润湿镁铬耐火材料。

图6示出了铜液中的氧含量对在 Cr_2O_3 含量不同的共烧结镁铬材料上接触角的影响[9]。表明砖中 Cr_2O_3 含量增大，润湿性变差。

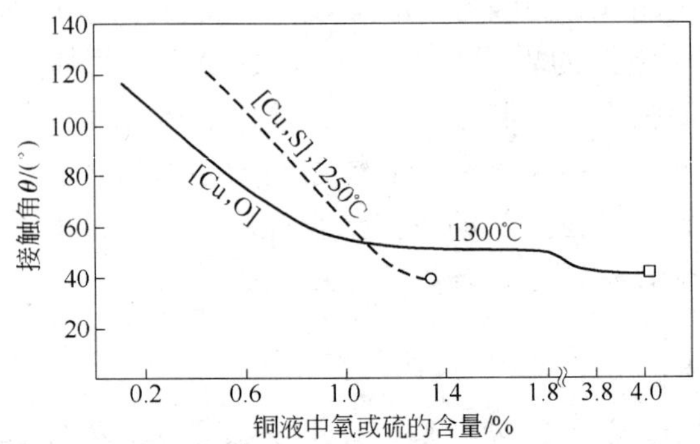

图 5　铜液中氧和硫含量对在镁铬上接触角的影响

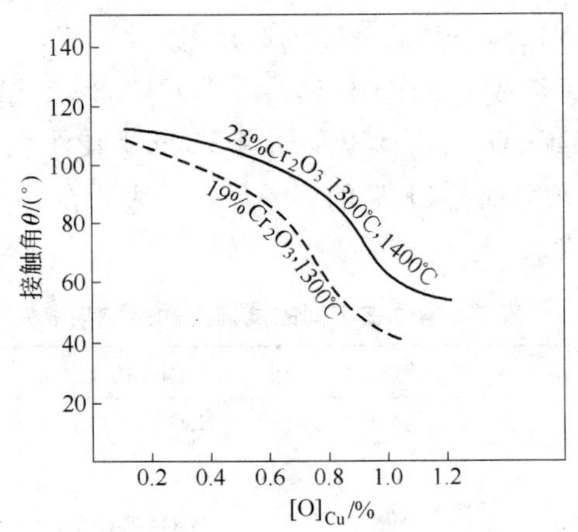

图 6　含氧的铜液在 Cr_2O_3 含量不同的共烧结镁铬耐火材料上的接触角

4.2　二面角

对同一种晶粒 A，液相渗入晶粒之间的条件为 $\sigma_{AA} \geqslant 2\sigma_{AL}$，对不同的 A 与 B 晶粒，液相渗入晶粒之间的条件为 $\sigma_{AB} \geqslant \sigma_{AL} + \sigma_{BL}$。$\sigma_{AA}$ 为晶粒 A 之间的界面能，σ_{AB} 为晶粒 A 与晶粒 B 之间的界面能，σ_{AL} 为晶粒 A 与液体之间的界面能；σ_{BL} 为晶粒 B 与液体之间的界面能。界面能之间的大小常用二面角 Φ 的大小来表示。

图 7 示出了在 85% 方镁石-15% CMS 的镁质耐火材料中分别加入 Cr_2O_3、Al_2O_3、Fe_2O_3 与 TiO_2 时，对二面角的影响[10]。从图 7 可见，加入 Cr_2O_3，二面角明显的增大，而加入 Al_2O_3、Fe_2O_3 或 TiO_2 二面角减小。

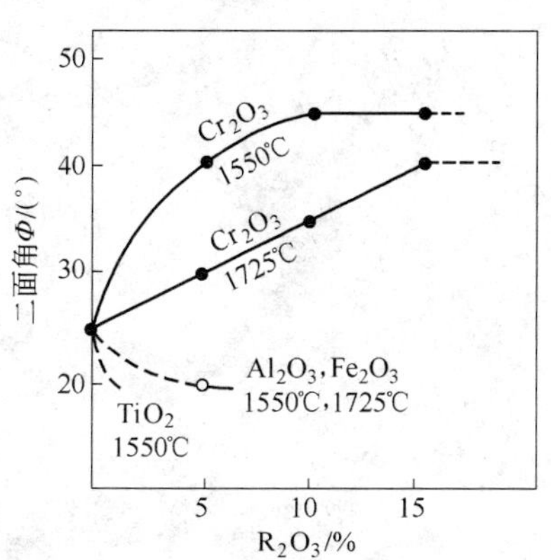

图 7　在 85% 方镁石-15% CMS 混合物中分别加入 Cr_2O_3、Al_2O_3、Fe_2O_3 与 TiO_2 时对二面角的影响（急冷）

山口[1]等曾测定过硅酸盐液体在烧结海水镁砂和电熔镁砂中方镁石晶粒之间的二面角，均在 30° 以下；在烧结的镁铬尖晶石晶粒之间的二面角为 30° ~ 80°，平均为 58.3°。在镁铬材料中，当方镁石与二次尖晶石晶粒共同与硅酸盐液体接触时，二面角也明显较大（分别见图 8 中照片 *a*、*b*、*c*）。

普雷斯列等曾测定过饱和了 MgO 的 CuO 熔体加 R_2O_3 对在方镁石晶粒之间二面角的影响[12]。不加时，二面角为 0°，熔体渗入到方镁石晶粒之间。加入 2% Al_2O_3 时（熔体组成为 96% CuO + 2% MgO + 2% Al_2O_3），没有发现熔体向方镁石晶粒间渗透，二面角平均值为 61°。当加入 2.5% Cr_2O_3 时（熔体为 95% CuO + 2.5% MgO + 2.5% Cr_2O_3），也没有发现熔体向方镁石晶粒间渗透，二面角平均值为 88°。当加入 Fe_2O_3 时，则需要加入 15% 以上的 Fe_2O_3（即熔体组成为 50% CuO + 35% MgO + 15% Fe_2O_3），才没有发现液体向方镁石晶粒间渗透。

5　Cr_2O_3 对硅酸盐熔体黏度的影响

熔体黏度大小与熔渣对耐火材料的侵蚀和渗透深度有关。

图 9 与图 10 示出了加入 Cr_2O_3 或其他氧化物到硅酸盐渣中时对黏度的影响。从图可见，加入 Cr_2O_3 会显著地增加炉渣的黏度。

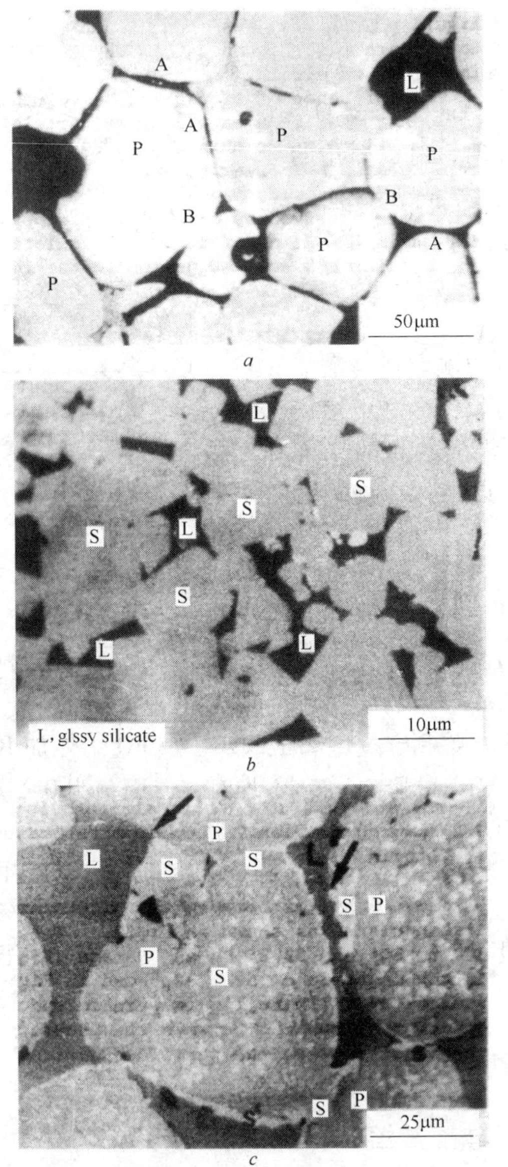

图 8　烧结海水镁砂（a）、镁铬尖晶石（b）和 $MgO-Cr_2O_3$ 耐火材料（c）中，硅酸盐液体（L）与方镁石（P）或尖晶石（S）之间的二面角[11]

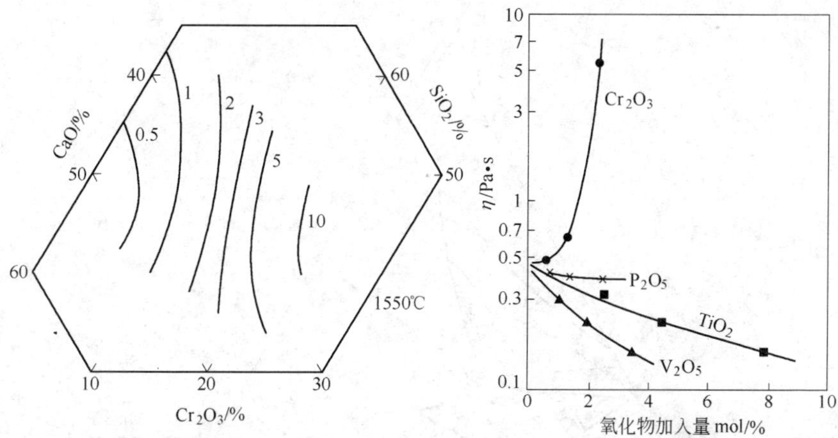

图 9　CaO-SiO_2-Cr_2O_3 系在 1550℃时的黏度值，Pa · s[13]

图 10　在 CaO(43)-SiO_2(43)-Al_2O_3(14)渣中加入各种氧化物对黏度的影响（1500℃）

6　Cr_2O_3 在熔渣与玻璃熔体中的溶解度

图 11、图 12 与图 13 示出了 Cr_2O_3 和其他耐火氧化物与尖晶石

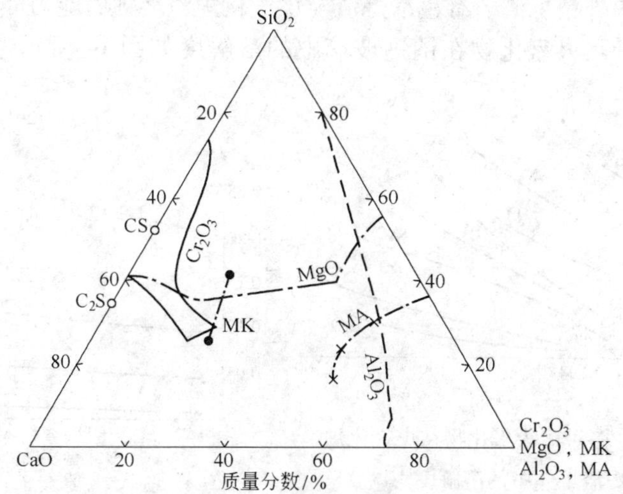

图 11　在 1700℃下，MgO、Cr_2O_3、Al_2O_3、MK 与 MA 在 CaO-SiO_2 渣中的溶解度[14]

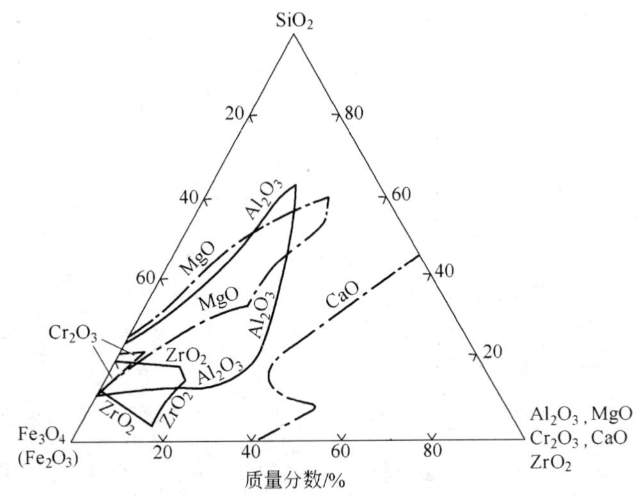

图 12　Al_2O_3-SiO_2-Fe_3O_4、Cr_2O_3-SiO_2-Fe_2O_3、ZrO_2-SiO_2-Fe_2O_3、MgO-SiO_2-Fe_3O_4 与 CaO-SiO_2-Fe_2O_3 系在 1500℃时的液相区

等在 CaO-SiO_2 渣、SiO_2-Fe_2O_3 渣与煤气化炉渣中的溶解度或形成的液相区[14,15]。从图可以看出，Cr_2O_3 与含 Cr_2O_3 耐火材料具有很好的抗炼钢炉外精炼渣、有色冶炼渣与煤气化炉渣熔蚀的能力。

各种耐火氧化物在钠钙玻璃中的溶解度如图 14 所示[16]。说明

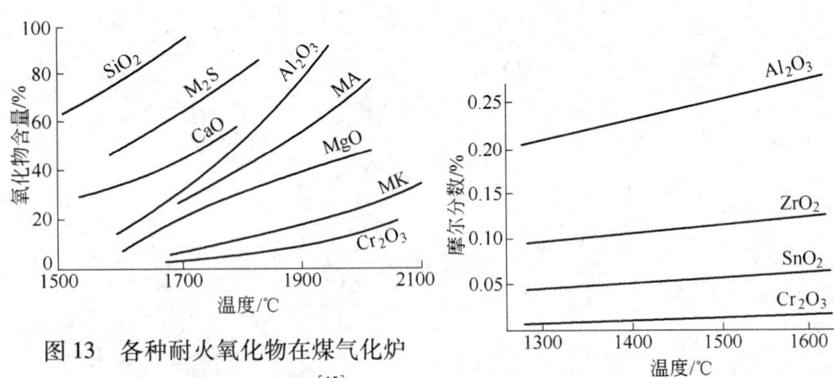

图 13　各种耐火氧化物在煤气化炉炉渣熔体中的溶解度[15]

M_2S—镁橄榄石；MA—镁铝尖晶石；MK—镁铬尖晶石

图 14　Al_2O_3、ZrO_2、SnO_2 与 Cr_2O_3 在钠钙玻璃中的饱和浓度

Cr_2O_3 与含 Cr_2O_3 耐火材料最抗玻璃熔体的侵蚀。

托马斯等[17]曾研究 Cr_2O_3 含量不同的 Al_2O_3-Cr_2O_3、AZS、刚玉、莫来石、锆英石与优质黏土砖在钠钙玻璃、隔热玻璃棉和硼酸钠玻璃熔体中的溶蚀，认为含 Cr_2O_3 为 16% ~27% 的 Al_2O_3-Cr_2O_3 砖抗玻璃液溶蚀最好。

图 15 示出了 MgO-C_2S-B_2O_3 与 MgO-SP-B_2O_3 系在 1550℃ 时，方镁石和 C_2S 或尖晶石（二固相）共存的液相组成，分别为：L_{C_2S}、L_{MK}、L_{MA}、L_{MF}（L_P 为菲律宾铬矿：33.4% Cr_2O_3、27.7% Al_2O_3、15% Fe_2O_3、23.6% MgO 的液相组成）[18]。

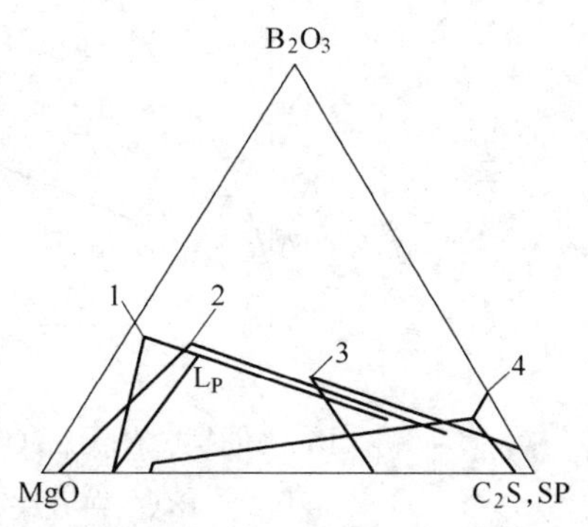

图 15　1550℃，MgO-B_2O_3-C_2S 与 MgO-B_2O_3-SP 中二固相与液相共存关系

1，2，3，4—分别为 L_{MK}、L_{MA}、L_{MF}、L_{C_2S}

从图 15 可以看出：同方镁石和 C_2S 共存的液相 L_{C_2S} 中，含有约 80% C_2S 与 10% B_2O_3，即 B_2O_3 可熔化 8 倍于它的 C_2S。因此，极少量的 B_2O_3 可使 C/S 约为 2 的镁砂中的硅酸二钙全熔化。但同方镁石和 MK 或 MA 尖晶石共存的液相组成 L_{MK} 与 L_{MA} 中，尖晶石的熔解度甚低。这说明对镁砖危害甚大的 B_2O_3，对镁铬或铬镁砖却无多大影响。

7　Cr_2O_3 及其他 R_2O_3 在 MgO 中的溶解度

图 16 示出了各种倍半氧化物在方镁石中的固溶度及开始熔化的最低温度[19]。图 17 示出了 MgO-Cr_2O_3 系相图，以便对图 16 更好的了解与对比。从图 16 可知倍半氧化物在方镁石中的固溶度大小次序为：$Fe_2O_3 > Cr_2O_3 \gg Al_2O_3$。而开始熔化温度的高低次序为：$Cr_2O_3 > Al_2O_3 > Fe_2O_3$。

二元 R_2O_3 在方镁石中的固溶度大小次序为（$Cr_2O_3 + Fe_2O_3$）>（$Al_2O_3 + Fe_2O_3$）≥（$Al_2O_3 + Cr_2O_3$）。开始熔化温度的高低次序为：

$$(Cr_2O_3 + Al_2O_3) > (Cr_2O_3 + Fe_2O_3) > (Al_2O_3 + Fe_2O_3)$$

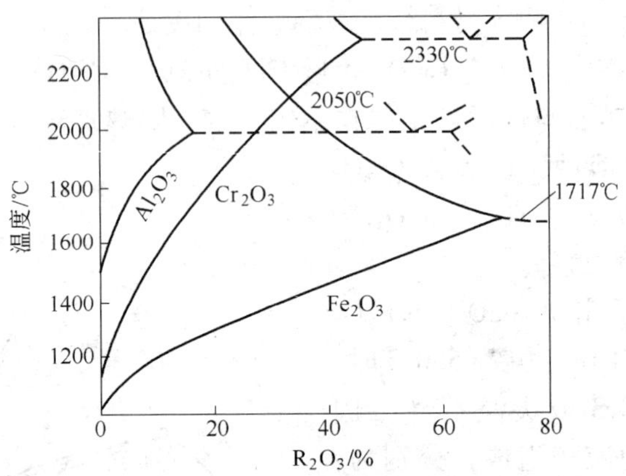

图 16 MgO-Al_2O_3、MgO-Cr_2O_3 与 MgO-Fe_2O_3 系中 R_2O_3 在方镁石中的固溶度

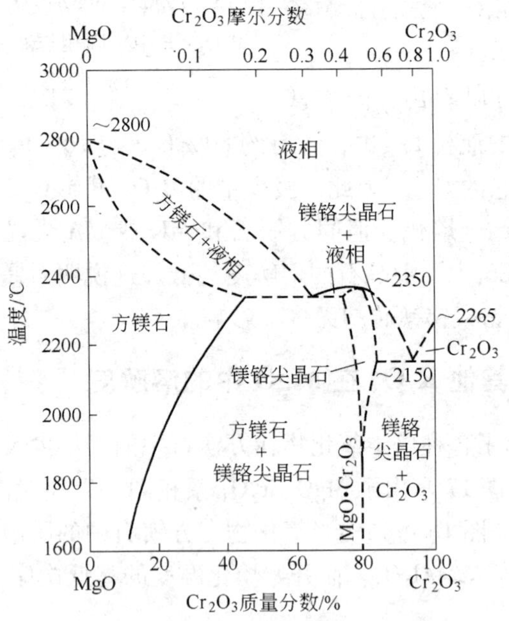

图 17 MgO-Cr_2O_3 系相图

由此可见，要使镁铬耐火材料中能形成较多尖晶石和高的耐火度，所用铬矿应是 Cr_2O_3 与 Al_2O_3 含量高的，特别是 Cr_2O_3 含量要

高，而 Fe_2O_3 含量则越低越好。

MgO-Cr_2O_3-CS 系与 MgO-Al_2O_3-CS 系相图[20]之间的主要差别是 Al_2O_3 比 Cr_2O_3 在 MgO 中的固溶度小得多。当混合物组成在方镁石初晶区内时，熔体冷凝过程中最初析出方镁石，然后析出尖晶石。在 MgO-Al_2O_3-CS 系，尖晶石 MA 析出时，方镁石固溶体组成变化甚小。而在 MgO-Cr_2O_3-CS 系，尖晶石 MK 析出时，方镁石固溶体的组成变化甚大（Cr_2O_3 在 MgO 中的溶解度变化大）。因此，组成处于方镁石初晶区内的 MgO-Cr_2O_3-CS 混合物，在熔体冷凝过程中，先析出的方镁石会转熔，再溶解到液相，使方镁石固溶体量减少，即方镁石固溶体有倒溶解现象（retrograde solubility）。而 MgO-Al_2O_3-CS 混合物则几乎无方镁石固溶体的倒溶解现象。

至于 MgO-Fe_2O_3-CS 系混合，方镁石固溶体的再溶解或倒溶解，则是在还原条件比氧化条件的大。这是因为，MgO-Fe_2O_3-CS 系在空气中，虽然 Fe_2O_3 在 MgO 中的溶解度很大，但在 MF 尖晶石析晶时，方镁石固溶体组成却变化不大。因此，几乎观察不到方镁石固溶体的倒溶解现象。然而，在还原气氛，由于铁主要以 Fe^{2+} 存在，凝固过程中 FeO 会从方镁石转移到尖晶石，而 MgO 则从尖晶石转移到方镁石，从而方镁石固溶体的组成变化增大，因而也会发生倒溶解现象。

含 Cr_2O_3 高的镁铬砖或铬镁砖，Cr_2O_3 的增强作用，可由尖晶石从硅酸盐熔体析晶时，方镁石固溶体的倒溶解现象，即方镁石的再熔解（或方镁石中 Cr_2O_3 的再熔解）来解释。这种方镁石固溶体的再溶解与尖晶石从硅酸盐析出的溶解-沉析过程，以及它们在晶体结构上的相似，导致了尖晶石在方镁石晶体上的外延生长或黏连性沉析，从而形成了大量的尖晶石“桥”。即使两个方镁石晶粒的结晶取向不相同（即解理方向之间有夹角），方镁石晶粒也能被这种二次尖晶石“桥”所结合。并将解理的裂隙弥合（见图18）。这种尖晶石“桥”自然就增强了制品的强度和抗熔体渗透的能力。

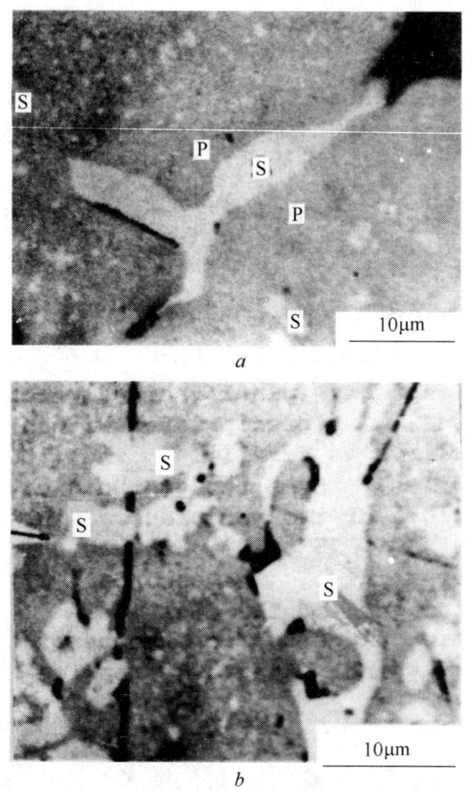

图 18　镁铬砖中二次尖晶石在方镁石晶粒之间（a）与方镁石解理的裂隙（b）形成的桥[11]

参 考 文 献

[1] И. С. Каинарский Э. В. Деггярсва，Огнсупоры，1977，(1)：42.

[2] Sata T，Sasamoto T，Lee H L . Report of Research laboratory of Engineering Materials. Tokyo Inst Technol，1978，(3)：41.

[3] Lee H L，Sata T. Yogyo-Kyokai-Shi，1978，86(1)：28.

[4] Sata T，Sasamoto T，Lee H L，Moeda E. Rev. int. Hautes，Temp. Refract. Fr.，1978，15 (3)：237.

[5] Lee H L，Sata T. Yogyo-Kyokai-Shi，1979，87(1)：32.

[6] Кузъмин Л И. Огнсупорвы，1973，(12)：30.

[7] Taylor T J. J. Canad. Ceram. Soc. , 1969, 38(1): 47.
[8] 浜野健也，田村信一，成田幸．耐火物，1972，24(11)：492.
[9] Makipaa M, Taskinen P. Scand. J. Metall. , 1980, (9): 273.
[10] Jackson B, Ford W F. Trans. Br. Ceram. Soc. , 1966, 65(1): 19.
[11] Yamaguchi A, Kato E. Preprint of First International Conference on Refractories. Tokyo, 1983: 209.
[12] Pressley H, White J. Trans. J. Brit. Ceram. Soc. , 1979, 78(1): 4.
[13] The Verein Deutscher Eisenhuettenleute Ed. , Schlachen atlas, Verlag Staleisen M. B. H. Duesseldorf, 1981: 206.
[14] 陈肇友．耐火材料，1984，(5)：48.
[15] Lim K H. Interceram, 1983, 32(4): 34.
[16] Manfredo L J, McNally R N. J. Am. Ceram. Soc. , 1984, 67(8): C155.
[17] Thomas E A, Manigault E L. J. Canad. Ceram, Soc. , 1976, 45: 21.
[18] Smith P L, Liddle J, White J. Trans. J. Br. Ceram. Soc. , 1985, 84(2): 62.
[19] Dewendra J D, Wilson C M, Brett N H. Trans. J. Br. Ceram. Soc. , 1982, 81(6): 185; 1983, 82(3): 87.
[20] Baptista J L, White J. Trans, J. Br. Ceram. Soc. , 1982, 81(1): 21.

Behavior of Cr_2O_3 in Refractories

Chen Zhaoyou

(Luoyang Institute of Refractories Research, Ministry of Metallurgical Industry)

Abstract: This paper presents the behavior of Cr_2O_3 in refractories. It is described in seven parts: (1) oxides of chromium; (2) binary and ternary systems of Cr_2O_3 and refractory oxides; (3) vaporizations of Cr_2O_3 and Cr_2O_3-containing materials; (4) effects of Cr_2O_3 on the wetting and dihedral angle of refractories; (5) effects of Cr_2O_3 on the viscosity of silicate melts; (6) solubilities of Cr_2O_3 in slags and glasses; (7) solubility of Cr_2O_3 in periclase and the role of Cr_2O_3 in the periclase solution-spinel precipitation process.

本文选自《耐火材料》，1990，(2)：37 ~44.

Cr_2O_3 对耐火材料性能的影响

陈肇友

（冶金工业部洛阳耐火材料研究院）

摘　要：本文从以下几个方面：（1）烧结；（2）直接结合；（3）强度；（4）抗热震性；（5）抗侵蚀性；（6）抗结构剥落；（7）抑制相变与粉化；（8）环境污染等阐述了 Cr_2O_3 对耐火材料性能的影响。

含 Cr_2O_3 耐火材料具有某些优良性能，因而它是某些高温炉与冶炼设备甚为合适的材料。作者在文献［1］中曾介绍了 Cr_2O_3 在耐火材料中的行为，本文将较系统地介绍 Cr_2O_3 对耐火材料，特别是对镁铬材料性能的影响。

1　Cr_2O_3 对耐火材料烧结的影响

纯 Cr_2O_3 和含 Cr_2O_3 高的耐火材料由于其难烧结而影响它的发展与推广。含 Cr_2O_3 高的耐火材料难烧结的主要原因是当氧压较高时，高温下的 Cr_2O_3 会氧化为 CrO_2 与 CrO_3 气体，而当氧压过低时，高温下的 Cr_2O_3 又将分解为 Cr、CrO 与 O_2 气体。文献［2～4］指出，用纯 Cr_2O_3 与高 Cr_2O_3 物料压制的坯体，其烧结密度、失重与氧压有密切关系。

翁拜（Ownby）等人[3]认为只有当氧压处于下列反应的平衡氧压时，才能使 Cr_2O_3 烧结致密并接近理论密度。该反应式为：

$$Cr_2O_{3(s)} = 2Cr_{(s)} + 3/2O_{2(g)}$$

安德森（Anderson）[4]研究了氧压对镁铬尖晶石（$MgO \cdot Cr_2O_3$）烧结的影响，认为镁铬尖晶石坯体在 1700℃ 和氧压为 $10^{-11} \sim 10^{-12}$ MPa 下煅烧 10h，可达到理论密度的 97%；而在 1600℃ 和氧压为 10^{-13} MPa 下，进行较长时间的煅烧也能达到理论密度的 97%。但是在 1700℃ 氧压大于 10^{-7} MPa 时，就不能使镁铬尖晶石坯体致密化。能使 $MgO \cdot Cr_2O_3$ 坯体烧结致密的氧压，正好是下列反应：

$$MgO \cdot Cr_2O_{3(s)} = 2Cr_{(s)} + MgO_{(s)} + 3/2O_{2(g)}$$

或

$$Cr_2O_{3(s)} = 2Cr_{(s)} + 3/2O_{2(g)}$$

由热力学数据计算出的在 1700℃ 与 1600℃ 时的平衡氧压。

山口[5,6]研究了含 Cr_2O_3 高的 ZrO_2-Cr_2O_3 和 Al_2O_3-SiO_2-Cr_2O_3 坯体的烧结。将 ZrO_2-Cr_2O_3 质坯体分别埋在和不埋在炭粒中进行煅烧。埋在炭粒中的坯体经 1500℃ 保温 2h，其密度可达理论密度的 98% 以上；不埋在炭粒中的坯体，其密度仅为理论密度的 52%，未烧结。他认为埋在炭粒中烧结致密的原因是由于系统的氧压决定于反应 $2C + O_2 = 2CO$ 的平衡氧压，而此氧压低于反应 $4/3Cr + O_2 = 2/3Cr_2O_3$ 的平衡氧压，因而 Cr_2O_3 部分地被还原为 Cr-Cr_2O_3 或 CrO-Cr_2O_3 低共熔体，促进了烧结。

山口又将莫来石与 Cr_2O_3 细粉混匀后压制的坯体分别埋在和不埋在炭粒中进行烧结。埋在炭粒中的坯体大约在 1500℃ 即可烧结，其密度达理论密度的 95% 以上；而不埋在炭粒中的坯体经 1500℃ 烧后完全未烧结。

我们也曾对 Al_2O_3-Cr_2O_3 和 Al_2O_3-ZrO_2-SiO_2-Cr_2O_3 进行过类似的试验，发现埋在炭粒中煅烧的试样比不埋在炭粒中的试样致密得多。

铬矿与加有铬矿的材料其烧结更为复杂。铬矿中含有氧化铁，其价态易受氧压的影响而变化。铬矿中的氧化铁主要为低价态，分子式为：$(Mg_nFe_m)O \cdot (Cr_xAl_y)_2O_3$。加有铬矿的耐火材料，例如铬镁或镁铬材料在煅烧过程中，低价铁氧化为高价铁；高温时高价铁可再转变为低价铁，冷却时又氧化为高价铁。当镁富士体(Mg,Fe)O 氧化为铁酸镁时，由于晶格中氧离子结点的增加，而导致体积膨胀。当铁酸镁还原为镁富士体时，除 Fe^{2+} 离子半径大于 Fe^{3+} 的半径而体积增大外，氧气逸出还会留下空位并聚集成封闭气孔，从而产生更大的体积膨胀。这种反复的氧化-还原会导致煅烧后铬镁或镁铬材料的开裂，形成多孔和松散的结构。铬矿中的铁含量越高，烧成时间越长，其开裂越严重。因此，采取快速高温烧成，使铬镁或镁铬材料中的大部分氧化铁保持原价态，减少体积膨胀，就可得到较好的产品[7,11]。显然，加入不易发生价态变化的 MgO 与 Al_2O_3，减少 FeO 与 Cr_2O_3 含量，无疑也会减轻铬镁或镁铬材料煅烧时的异常膨胀，从而得到较好的产品。

2 Cr_2O_3 对直接结合程度的影响

普通铬镁或镁铬砖的耐火物相晶粒之间常被一些硅酸盐所隔开，而直接结合镁铬砖的耐火物相晶粒之间则有较多的直接接触。

图 1 示出了 MgO-$MgCr_2O_4$-15% CMS❶ 混合物在 1700℃ 煅烧 2h 后，总的固-固接触率（N_{ss}/N）、MgO-尖晶石接触率（$N_{M\cdot sp}/N$）、MgO-MgO 接触率（N_{MM}/N）、尖晶石-尖晶石接触率（$N_{sp\cdot sp}/N$）随 MgO/Cr_2O_3 比值变化的情况[8]。N 为总接触数，包括各固相之间的接触数和各固相与硅酸盐相（液相）的接触数。在图中二垂直虚线之间为方镁石固溶体，镁铬尖晶石与硅酸盐液体共存的三相区。垂直虚线左边为方镁石固溶体与液相共存，垂直虚线右边为镁铬尖晶石与液相共存区。在三相共存的组成范围内，总的固-固结合出现最大值。当混合物中的 Cr_2O_3 分别被 Al_2O_3 或 Fe_2O_3 取代时，固-固直接结合率明显下降[9]。

图 2 示出了 60% MgO-35%（Cr_2O_3 + Fe_2O_3）-5% CaO · SiO_2 混合物经 1700℃ 煅烧后，固-固结合率、尖晶石含量和液相量随 Fe_2O_3/Cr_2O_3 比的变化[10]。从图 2 可以看出，随着 Cr_2O_3 含量的增加、Fe_2O_3 含量的减少，尖晶石含量增加，直接结合率提高。

镁铬材料中固-固直接结合率随 Cr_2O_3 含量的增加而增大的主要原因是：（1）随着方镁石中 Cr_2O_3 含量的增加，硅酸盐熔体在方镁

❶ 本文中以下缩写分别代表：M—MgO；K—Cr_2O_3；A—Al_2O_3；F—Fe_2O_3；C—CaO；S—SiO_2；MK—MgO · Cr_2O_3；MA—MgO · Al_2O_3；MF—MgO · Fe_2O_3；C_2S—2CaO · SiO_2；CMS—CaO · MgO · SiO_2。

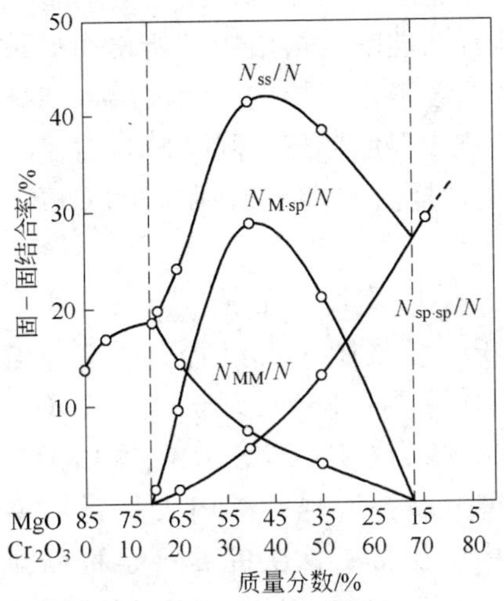

图 1 MgO-MK-15% CMS 混合物经 1700℃，2h 煅烧后，固-固结合率与 MgO/Cr_2O_3 比的关系

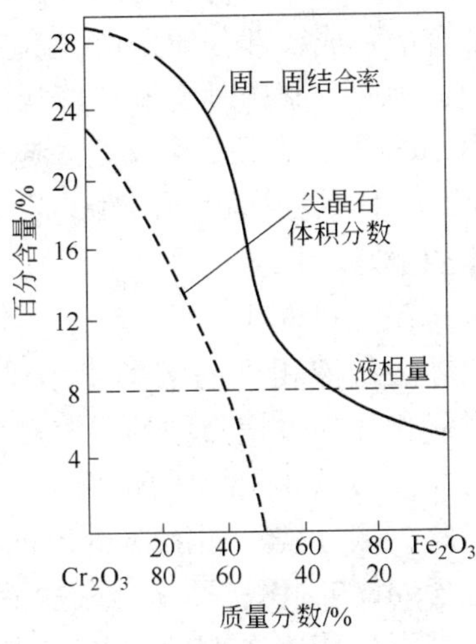

图 2 60% MgO-35%（Cr_2O_3 + Fe_2O_3）-5% CS 混合物经 1700℃煅烧后，固-固结合率随 Fe_2O_3/Cr_2O_3 比的变化

石晶粒之间的二面角增大；相反，随着方镁石中 Al_2O_3 或 Fe_2O_3 含量的增加，二面角反而减小。（2）硅酸盐熔体在镁铬尖晶石晶粒之间的二面角以及在方镁石-尖晶石之间的二面角均大于硅酸盐熔体在方镁石晶粒之间的二面角。（3）硅酸盐熔体对 Cr_2O_3 以及镁铬尖晶石的润湿性较镁铁尖晶石的润湿性差[1]。正是这些原因使硅酸盐相不是以薄膜状分散于耐火物相晶粒之间，而是以孤岛状存在。

通常用铬精矿与镁砂生产的直接结合镁铬砖，其直接结合是在烧制与烧后的冷却过程中铬矿与方镁石相互扩散、固溶以及二次尖晶石（或次生尖晶石）和方镁石从硅酸盐熔液中析晶，以及尖晶石从方镁石固溶体中沉析而形成的。因此，这种直接结合的形成通常是溶解-沉析过程。溶解不仅包括铬矿向方镁石中的固溶，也包括铬矿在液态硅酸盐中的溶解。显然，铬矿越细、烧成温度越高，溶解越快、越多，沉析出的二次尖晶石也越多。既然这种镁铬砖的直接结合的形成，部分地是由二次尖晶石从硅酸盐熔液中的析出而导致的，因此，制砖时少量硅酸盐的存在看来是需要的。烧成温度与砖中 SiO_2 含量有关。SiO_2 含量越低，烧成温度越高。例如 SiO_2 含量为 1.8% 时，烧成温度为 1700℃；SiO_2 含量低 1% 时，要在 1800℃ 以上才能烧好。

在 1700℃ 时，Cr_2O_3、Al_2O_3、Fe_2O_3 及其二元混合物在方镁石和硅酸盐液相中的溶解度示于图 3[11]。从图 3 可以看出，三种倍半氧化物在方镁石中的固溶度大小次序为：$Fe_2O_3 > Cr_2O_3 > Al_2O_3$，而在硅酸盐液相中的溶解度大小次序为：$Fe_2O_3 > Al_2O_3 > Cr_2O_3$。因此，从方镁石固溶体析出的二次尖晶石（也称晶内尖晶石）将富含 MF 与 MK；而从硅酸盐液相中析出的二次尖晶石（也称晶间尖晶石）将富含 MF 与 MA。因此，镁铬砖中 Al_2O_3 含量高其晶间尖晶石就多。

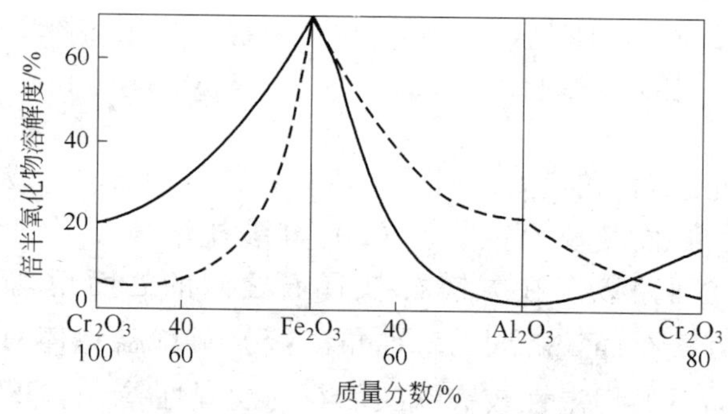

图 3　1700℃ 时倍半氧化物在方镁石（实线）和硅酸盐液相中（虚线）的溶解度

3　Cr_2O_3 对强度的影响

Hiragushi[12] 研究过半再结合镁铬试样的性质与 Cr_2O_3/MgO 质量比之间的关系。其结果示于表 1。

表 1 半再结合镁铬试样的强度与 K/M 的关系

编号		Ⅰ	Ⅱ	Ⅲ	Ⅳ
化学组成/%	MgO	79.8	69.3	63.0	56.7
	Cr_2O_3	14.8	21.8	26.1	30.5
	Al_2O_3	1.8	3.0	3.9	4.5
	Fe_2O_3	2.6	4.5	5.6	6.8
	SiO_2	0.7	1.2	1.3	1.5
	CaO	0.5	0.5	0.4	0.4
显气孔率/%		12.4	11.7	12.1	12.5
常温耐压强度/MPa		92	113	130	142
常温抗折强度/MPa		4.1	5.1	5.9	6.4
高温抗折强度/MPa(1480℃)		4.5	9.2	11.3	18.2

从表 1 可见，在所研究的 Cr_2O_3 含量范围内，半再结合镁铬试样的强度随 Cr_2O_3/MgO 比增加而增大。

Cr_2O_3 的增强作用，可由尖晶石从硅酸盐熔体析晶时，方镁石固溶体的倒溶解，即方镁石的再溶解来解释。这种方镁石固溶体的再溶解与尖晶石从硅酸盐析出的溶解-沉析过程，以及它们在晶体结构上的相似，导致了尖晶石在方镁石晶体上的外延生长或粘联性沉析，从而形成了大量的尖晶石“桥”。即使两个方镁石晶粒的结晶取向不相同，方镁石晶粒也能被这种次生尖晶石“桥”所结合。这种尖晶石“桥”自然就增强了制品的强度和抗熔渣渗透能力。

史密斯等[13]曾研究过镁铬材料在 1470℃ 的高温抗折强度与砖中 Cr_2O_3(K)、Al_2O_3(A)、Fe_2O_3(F) 以及 SiO_2(S)、CaO(C) 含量之间的关系，其结果示于图 4。

从图 4 可以看出，当 Cr_2O_3 含量不高，其 K/(A+F) 质量比大致为 1 时，高温抗折强度随 C/S 增大而减小；当 Cr_2O_3 含量高，K/(A+F) 质量比大于 1.8 时，在 C/S=2.0 左右高温抗折强度达到最大。这是因为镁铬材料中硅酸盐的熔化是在同时存在有方镁石与尖晶石的情况下发生的；而尖晶石 MK、MA、MF 与方镁石在 C/S 比不同时，其共存的液相边界线的熔化温度是不同的，如图 5 所示。

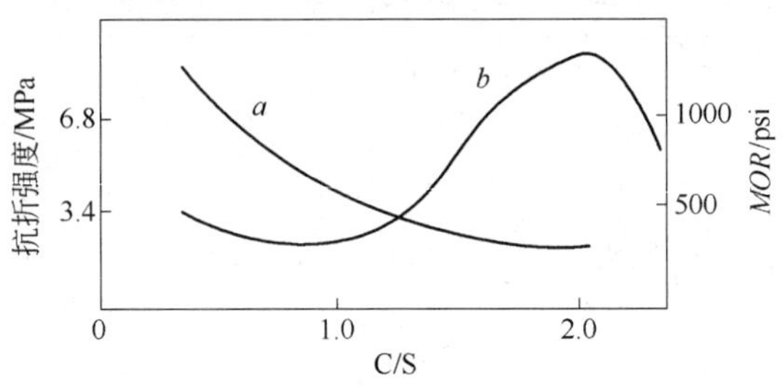

图4 具有 K/(A+F) 比为 1.04(a)和 2.33～2.55(b)的镁铬耐火材料 1470℃下的抗折强度与 C/S 的关系

当 Cr_2O_3 含量不高时，起主导作用的是 MA 与 MF。因此，高温抗折强度随 C/S 增加而下降的情况与图 5 中的曲线 2、3 一致。当 Cr_2O_3 含量高、K/(A+F)>1.8 时，起主导作用的是 MK。因此，图 4 中的曲线 b 与图 5 中的曲线 1 一致。高温抗折强度出现最高点的原因，则正是富 Cr_2O_3 尖晶石与 C_2S 形成低共熔体的熔化温度高的结果。

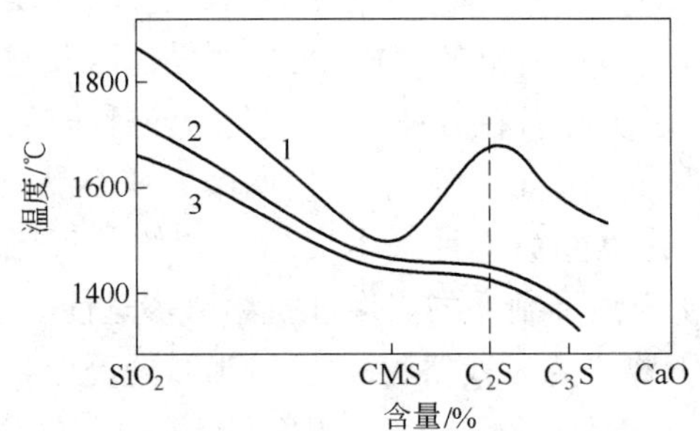

图5 $MgO\text{-}R_2O_3\text{-}CaO\text{-}SiO_2$ 系中，方镁石初晶区析出 MK(1)、MA(2)与 MF(3)时液化边界线的熔化温度与 C/S 的关系

默特（Mörtl）[14]用高纯电熔氧化镁与高纯电熔镁铬尖晶石经高压成型、1750～1850℃高温烧成制作了 Cr_2O_3（或 MK）含量不同的镁铬试样，其性能见表 2。

表 2　Cr_2O_3（或 MK）含量不同的高纯镁铬试样的性质

Cr_2O_3/%	16	24	31	78
MK/%	20	30	40	100
体积密度/$g \cdot cm^{-3}$	3.02	3.10	3.12	3.73
显气孔率/%	18.0	17.4	17.6	17.3
常温耐压强度/MPa	38	33	39	34
高温抗折强度/MPa				
1260℃	4.2	5.6	6.3	6.2
1480℃	3.2	4.3	4.8	2.5
1600℃	3.1	3.2	3.8	2.0
1750℃	4.0	4.8	4.3	1.5

从表 2 可见，由于这种高纯镁铬砖中缺乏硅酸盐，其常温耐压强度与 1260℃的高温抗折强度都比较低，但在 1750℃的高温抗折强度则很高。其次，MK 加入量为 30% ~40% 时，其 1480 ~1750℃时的高温抗折强度最大。此外，他还进行了在上述配方中加入 Cr_2O_3 粉的试验。试验表明，由于加入的 Cr_2O_3 粉在烧成中能形成二次镁铬尖晶石使砖结合增强，从而进一步提高了强度并减轻了吸收氧化铁而产生的暴胀。

4　Cr_2O_3 对抗热震性的影响

通常用哈塞曼（Hasselman）提出的热应力裂纹稳定性参数 R_{st} 或 $R_{st'}$ 来估计耐火材料的抗热震性[15]。

$$R_{st} = \left(\frac{G}{\alpha^2 E}\right)^{\frac{1}{2}}$$

或

$$R_{st'} = \left(\frac{G\lambda^2}{\alpha^2 E}\right)^{\frac{1}{2}}$$

式中，G 为断裂功；α 为线膨胀系数；E 为弹性模量；λ 为热导率。

R_{st} 值越大，材料的抗热震性越好。在上列参数中，线膨胀系数对 R_{st} 值影响特别显著。比较各种耐火氧化物的线膨胀系数，可以看出在镁砖中加入 Cr_2O_3 或 Al_2O_3 可提高镁砖的抗热震性；刚玉中加入 Cr_2O_3 则不一定能提高刚玉砖的抗热震性。

Singh 等[16] 曾用长条试验法测定了 Al_2O_3-Cr_2O_3（Cr_2O_3 从 10% ~66%）耐火材料的抗热震性，认为（1）Cr_2O_3 含量高的材料抗热震性较差；（2）Al_2O_3-Cr_2O_3 材料的抗热震性可用 R_{st} 值大小来表征。

渡边等[17] 曾测定了直接结合镁铬砖和半再结合镁铬砖的抗热震性与 Cr_2O_3/MgO 比的关系，其结果示于图 6。从图 6 可以看出，无论是直接结合或半再结合镁铬砖，其抗热震性随着砖中 Cr_2O_3/MgO 比增大而提高。这可能与砖中 Cr_2O_3 含量增加，线膨胀系数减小有关。

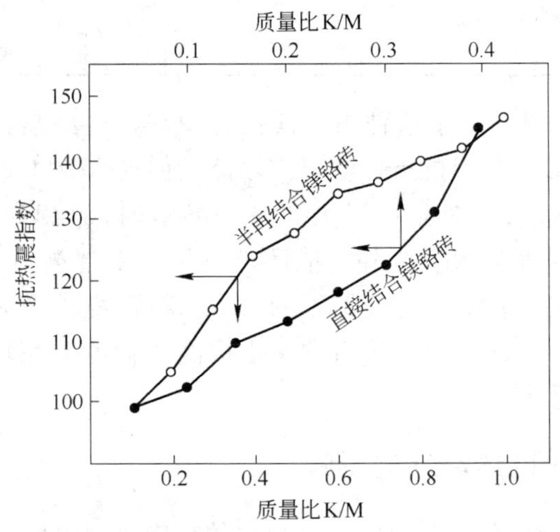

图 6　直接结合镁铬砖与半再结合镁铬砖的 K/M 比与抗热震性的关系

我们曾用铬精矿与含 MgO 97% 镁砂制备了 Cr_2O_3、Al_2O_3 含量不同的一系列共烧结料。用这些共烧结料制作了一系列镁铬试样，并进行了抗热震性测定。结果表明，增加 Al_2O_3 含量较增加 Cr_2O_3 含量更能明显地提高镁铬砖的抗热震性。

5　Cr_2O_3 对抗侵蚀性的影响

Cr_2O_3 在 SiO_2-CaO、SiO_2-FeO_n、煤气化炉炉渣以及各种玻璃熔体中的溶解度比其他耐火氧化物的溶解度小得多[1]，因而 Cr_2O_3 与

含 Cr_2O_3 高的耐火材料具有优良的抗炉外精炼钢渣、有色冶炼渣、煤气化炉渣和各种玻璃熔体的溶蚀能力。

图 7 示出了 Al_2O_3-ZrO_2-SiO_2、锆英石、刚玉和 Cr_2O_3 含量不同的 Al_2O_3-Cr_2O_3 耐火材料在钠钙玻璃、玻璃棉和硼酸钠中的溶蚀[18]。从图 7 可见，含 Cr_2O_3 为 16% ~27% 的 Al_2O_3-Cr_2O_3 砖抗玻璃熔体的溶蚀最好。

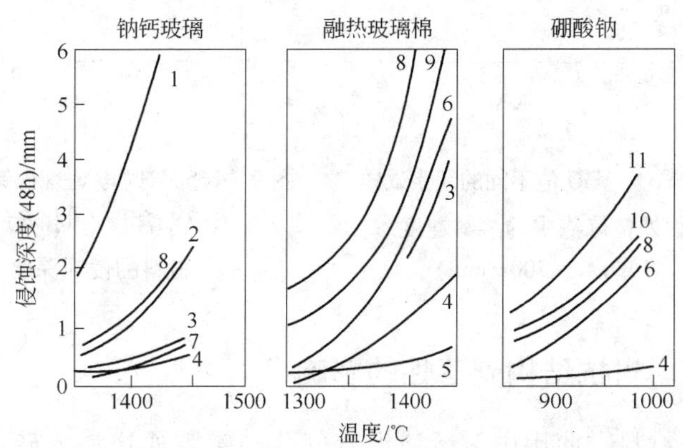

图 7　AZS 砖、锆英石砖、刚玉砖、铝铬砖在几种玻璃熔体中经 48h 的侵蚀量

1—烧结刚玉（Al_2O_3 94.3%）；2，3，4，5—分别为含 3%、9.8%、16.3%、27.3% Cr_2O_3 的烧结铝铬砖；6，7，8—分别为含 32.5%、40.4%、19.5% ZrO_2 的电熔 AZS 砖；9—烧结锆英石砖；10—烧结莫来石砖；11—优质黏土砖

图 8 示出了用 Cr_2O_3 含量不同的共烧结料制作的烧成镁铬圆柱体试样在碱度为 1.2 的炉外精炼渣中的溶解速度[19]。从图 8 可见，随着镁铬试样中 Cr_2O_3 含量的增加，其溶解速度下降。

图 9 示出了 Cr_2O_3 含量不同的镁铬砖于 1650℃时在电炉炼镍锍炉渣（SiO_2 44%，FeO 29%，MgO 19%，Cr_2O_3 1.5%）中的侵蚀[20]。从图 9 可知，随着砖中 Cr_2O_3 含量的增加，抗炼镍锍渣的侵蚀能力增强。

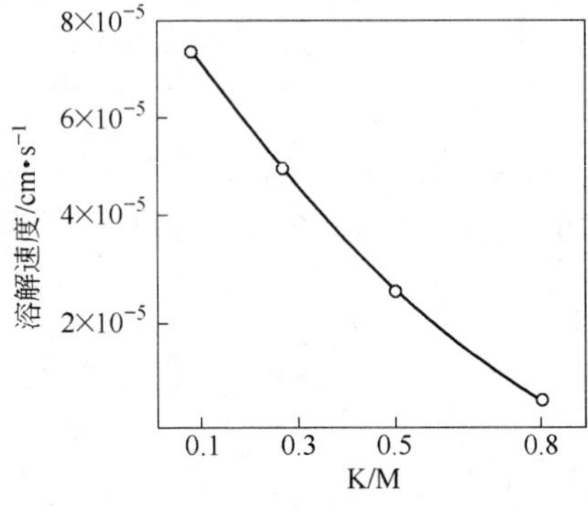

图8　Cr_2O_3/MgO 值不同的镁铬试样在炉外精炼渣中的溶解速度（1650℃，200r/min）

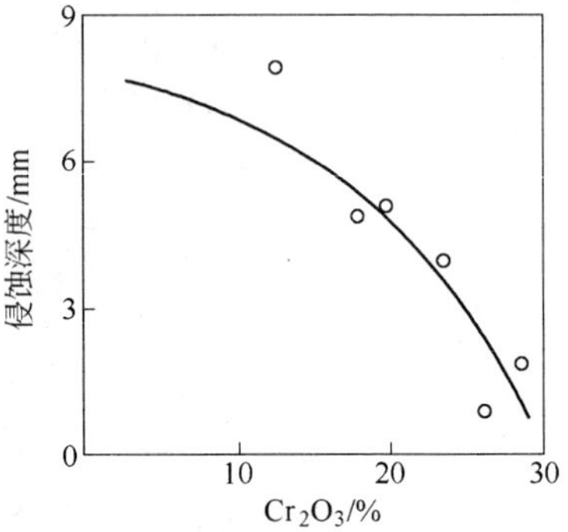

图9　1650℃时电炉炼镍锍炉渣对 Cr_2O_3 含量不同的镁铬材料的侵蚀深度

6　Cr_2O_3 对抗结构剥落性的影响

耐火材料在使用中，熔渣沿其气孔与裂隙通道渗入砖内，并与之相互作用形成与原砖结构和性质不同的变质层。当温度发生剧烈变化时，这种变质层崩裂、剥落。这种剥落称为结构剥落。熔渣渗入越深，变质层越厚，结构剥落层越厚，造成的危害越严重。结构剥落往往是生产间断式的冶炼设备炉衬损毁的主要原因[21]。

提高耐火材料抗结构剥落的途径有：一是加入与熔渣润湿性不好的组分，例如将碳加到耐火氧化物中制成含碳耐火材料；二是在耐火材料中加入与熔渣形成高熔点或高黏度的组元；三是使耐火材料气孔微细化。

Cr_2O_3 可与很多氧化物形成固溶体、高熔点化合物或熔化温度高的低共熔物；Cr_2O_3 还可增加熔渣的黏度[1]。因此熔渣渗入含 Cr_2O_3 高的耐火材料中的深度一般会比相应不含 Cr_2O_3 的耐火材料要浅。所以耐火材料中加入 Cr_2O_3 一般会减轻结构剥落。例如镁铬砖、铝铬砖的抗结构剥落一般都较镁砖与刚玉砖好。

但 Cr_2O_3 与铬矿在氧化气氛下易与碱金属氧化物（K_2O、Na_2O）

以及 CaO 生成低熔点的六价铬酸盐[22]，其反应式如下：

$$Cr_2O_3 + 2Na_2O + 3/2O_2 \longrightarrow 2Na_2CrO_4\text{（熔点 797℃）}$$

$$Cr_2O_3 + 2K_2O + 3/2O_2 \longrightarrow 2K_2CrO_4\text{（熔点 981℃）}$$

$$Cr_2O_3 + 2CaO + 3/2O_2 \longrightarrow 2CaOCrO_3$$

这不仅破坏了 Cr_2O_3 与铬矿结构，而且形成的低熔物还会渗入砖内。因此，在氧化性气氛、碱金属氧化物或 CaO 高的条件下，使用含铬材料是不合理的。采用镁铝、镁白云石或白云石较为合适。

7 Cr_2O_3 对抑制相变与粉化的影响

作者在 20 世纪 70 年代初研制连续铸钢用熔融石英浸入式水口时，曾观察到加入少量 Cr_2O_3 或浸渍过铬酸（H_2CrO_4）的熔融石英水口，使用后不炸裂、外形完整。经 X 射线衍射分析，Cr_2O_3 能起稳定石英玻璃相或抑制石英玻璃转变为方石英的作用。

硅酸二钙（C_2S）冷却时，由于 β-C_2S 或 α'_L-C_2S 转变为 γ-C_2S 伴有很大的体积膨胀，因此含 C_2S 的耐火材料在烧成或使用后的冷却过程中常常发生粉化现象。格拉塞（Glasser）认为 Cr_2O_3 可与 C_2S 形成固溶体，有抑制 C_2S 晶型转化、避免粉化的作用。作者用共烧结镁铬试样（含 Cr_2O_3 20%）进行碱度为 2.7 的渣蚀试验中，观察到试样的反应带因 C_2S 发生晶型转变而粉化[23]。这表明 Cr_2O_3 并不一定能抑制 C_2S 的晶型转变。

硅酸铝玻璃纤维在 1300℃下使用时常发生热收缩与粉化。在硅酸铝纤维中加入 3% ~4% Cr_2O_3 可减少高温收缩并抑制其粉化。其原因是 Cr_2O_3 可抑制硅酸铝玻璃纤维在高温下生成的莫来石与方石英细晶的长大、阻碍纤维在相互交叉处的烧结[24]。

8 Cr_2O_3 对环境的污染

六价铬是有毒的，且溶于水，会对环境造成污染。但三价铬是无毒的，只要对含 Cr_2O_3 耐火材料使用得当，是会减少或不对环境造成污染。例如镁铬耐火材料在含有较多酸性氧化物如 SiO_2 以及有铁或碳的高温下使用，由于 SiO_2、铁、碳等都有稳定 Cr^{3+} 的作用，

甚至将其转变为 Cr^{2+}。因此，六价铬的危害可不考虑。再如铬刚玉材料，由于 Cr_2O_3 能与 Al_2O_3 形成连续固溶体，使 Cr^{3+} 进一步稳定；以及煤气化炉为还原气氛，因此在煤气化炉中使用铬刚玉砖，形成六价铬问题也是很小的。

但是含 Cr_2O_3 耐火材料在氧化性气氛与碱金属氧化物或 CaO 高的侵蚀介质接触时会使部分三价铬转化为六价铬。因此，对使用后含有六价铬的残砖应进行必要的处理，以免污染环境。例如：镁铬材料在水泥窑中使用时，镁铬材料和 CaO 混合物在氧化性气氛中会发生下列反应：

$$5(MgO \cdot Cr_2O_3) + 18CaO + 9/2O_2 \xlongequal{\quad} 2(9CaO \cdot 3CrO_3 \cdot Cr_2O_3) + 5MgO$$

使部分 Cr^{3+} 转变为 Cr^{6+}，造成环境污染。

参考文献

[1] 陈肇友. 耐火材料，1990，24(2)：37.

[2] Кайнарскйи И С. Деггярева Э. В. Огнеупоры，1977，(3)：36.

[3] Ownby P D，Jungquist G E. J. Am. Ceram. Soc.，1972，55(9)：443.

[4] Anderson H U. J. Am. Ceram. Soc.，1974，57(1)：34.

[5] Yamaguchi A. J. Am. Ceram. Soc.，1981，64(4)：C67.

[6] Yamaguchi A. Ceramics International，1986：12.

[7] Leonard R J，Herron R H. Am. Ceram. Soc. Bull.，1972，51(12)：891.

[8] Stephenson I M，White J. Trans. J. Brit. Ceram. Soc.，1976，66(9)：443.

[9] Richmond C. Trans. J. Brit. Ceram. Soc.，1973，72：117.

[10] Dewendra J D，Wilson C M，Brett N H. Trans. J. Brit. Ceram. Soc.，1983，82(3)：87.

[11] Alper（ED）A M. High Temperature Oxides. Part Ⅰ. Academic Press，1970.

[12] Hiragushi K. Taikabutsu Overseas.，1987，7(4)：22.

[13] Smith P L，Liddle J，White J. Trans J. Brit. Ceram. Soc.，1985，84(2)：62.

[14] Mörtl G. Proceedings of 2nd International Conference on Refractories. Tokyo，Japan，1987，2：857.

[15] 陈肇友. 耐火材料，1988，22(1)：50.

[16] Singh J P，Diercks D R，Poeppel R B. Am. Ceram. Soc. Bull.，1985，64(10)：1373.

[17] Watanabe Y，Sasaki K，Kato H. Preprint of the first International Conference on Refractories. Tokyo，Japan，Tech. Assoc. Refractories，1983：414.

[18] Thomas E A, Manigault E L. J. Canad. Ceram. Soc. , 1976, 45: 21.
[19] 李柳生，陈肇友．硅酸盐学报，1988，16(2)：154.
[20] Pressley H, White J. Interceram. 1984, 30, Special Issue: 280.
[21] 陈肇友．钢铁，1989，24(7)：52.
[22] Bartha P. Proceedings of International Symposium on Refractories. China. International Academic Publishers, 1988: 661.
[23] 陈肇友，吴学真，叶方保．硅酸盐学报，1985，13(4)：475.
[24] Olds L E, Miiier W C, Pallo J M. Am. Ceram. Soc. Bull, 1980, 59(7): 739.

Influence of Cr_2O_3 on Properties of Refractories

Chen Zhaoyou

(Luoyang Institute of Refractories Research,
Ministry of Metallurgical Industry)

Abstract: This paper presents the influence of Cr_2O_3 on the properties of refractories. It is described in eight parts: (1) sintering or firing, (2) solid-solid bonding, (3) strength, (4) thermal shock resistance, (5) corrosion resistance, (6) structural spalling resistance, (7) inhibition of phase transition and dusting, (8) environment pollution.

本文选自《耐火材料》，1991，(5)：354.

抑制含 Cr_2O_3 耐火材料中六价铬化合物形成与其危害的途径

陈肇友

（中钢集团洛阳耐火材料研究院）

摘　要：从氧化物的一些共同规律与特性，以及化学热力学，分析了形成六价铬化合物的条件，提出了防止在含 Cr_2O_3 耐火材料中生成六价铬的途径。

关键词：含 Cr_2O_3 耐火材料，六价铬，环境污染

由于 Cr_2O_3 具有一些其他耐火氧化物少有的优良性质[1,2]，因此含 Cr_2O_3 或高铬耐火材料广泛用于炉外精炼炼钢炉如 RH、重有色金属熔炼炉与吹炼炉、煤的汽化炉、石油化工的汽化炉与转化炉、无碱玻璃（E 玻璃）纤维池窑、水泥回转窑烧成带以及处理垃圾与废弃物的焚烧熔融炉等。

但含 Cr_2O_3 耐火材料在氧化性气氛与存在碱性氧化物如 K_2O、Na_2O、CaO 等时，在一定高温下其三价铬（Cr^{3+}）会部分转化为六价铬（Cr^{6+}）。

$$Cr_2O_3 + 3/2O_2 = 2CrO_3$$

$$Cr_2O_3 + 2K_2O + 3/2O_2 = 2K_2CrO_4$$

$$Cr_2O_3 + 2CaO + 3/2O_2 = 2CaCrO_4$$

$$3(MgO \cdot Cr_2O_3) + 3CaO + 3/2O_2 = 3CaO \cdot 2CrO_3 \cdot 2Cr_2O_3 + 3MgO$$

$$5(MgO \cdot Cr_2O_3) + 9CaO + 3O_2 = 9CaO \cdot 4CrO_3 \cdot 3Cr_2O_3 + 5MgO$$

六价铬的化合物可溶于水，也可以气相存在。因此六价铬可以通过烟气进入大气中，也会溶于水，污染水源。而六价铬是一种对人类健康有严重危害的物质。

水泥回转窑烧成带至今仍主要使用镁铬砖。水泥回转窑使用的镁铬砖，其 $w(Cr_2O_3)$ 在 4% ~12%。一些发达国家，如德国对水泥窑及含 Cr_2O_3 耐火材料生产厂的废物排放中 Cr^{6+} 早就有了限制规定。

本文将从氧化物的一些共同规律与特性，以及化学热力学，分析了形成六价铬化合物的条件，提出了防止在含 Cr_2O_3 耐火材料中生成六价铬的途径。

1　在含 Cr_2O_3 耐火材料中适当添加一些酸性氧化物

具有变价的金属元素，如钛、铁、铬等的氧化物都有一个共性，就是其高价氧化物如 TiO_2、Fe_2O_3、CrO_3 等呈酸性，而其低价氧化物呈碱性[3]。酸性氧化物与碱性氧化物如 Na_2O、CaO 等会自发地发生中和反应，从而促进了酸性氧化物的稳定性。当在含 Cr_2O_3 耐火材料中，适当添加或存在一些酸性氧化物如 TiO_2、SiO_2、B_2O_3 或 Fe_2O_3 时，就会降低其酸性氧化物 CrO_3 的稳定性，也就抑制了六价铬 CrO_3 的形成。

山口明良的研究报告证实了当有 TiO_2 或 SiO_2 与三价铬化合物（$CaCr_2O_4$）共存时，就能抑制 $CaCr_2O_4$ 转化为 $CaCrO_4$[4]。

2　通过控制温度来阻止六价铬化合物的产生

若金属元素与氧能形成一系列氧化物，其高价氧化物在一定高温下会分解为低一级氧化物[3]，例如：

$$3TiO_2 = Ti_3O_5 + 1/2O_2$$

$$Fe_3O_4 = 3FeO + 1/2O_2$$

$$2CrO_3 = Cr_2O_3 + 1/2O_2$$

也就是说高价氧化物只能在某一温度下才能存在，高于这一温度高价氧化物将分解为低一级氧化物，只有低价氧化物才能稳定存在。图 1 示出了在空气中 CaO-Cr_2O_3 系相图[5]。从图 1 可知，在 600 ~1174℃时存在六价铬氧化物如 $CaCrO_4$、$3CaO \cdot 2CrO_3 \cdot 2Cr_2O_3$、$9CaO \cdot 4CrO_3 \cdot 3Cr_2O_3$ 等；高于 1174℃时，高价铬化合物不存在，只有低价铬化合物 $CaCr_2O_4$ 能稳定存在。

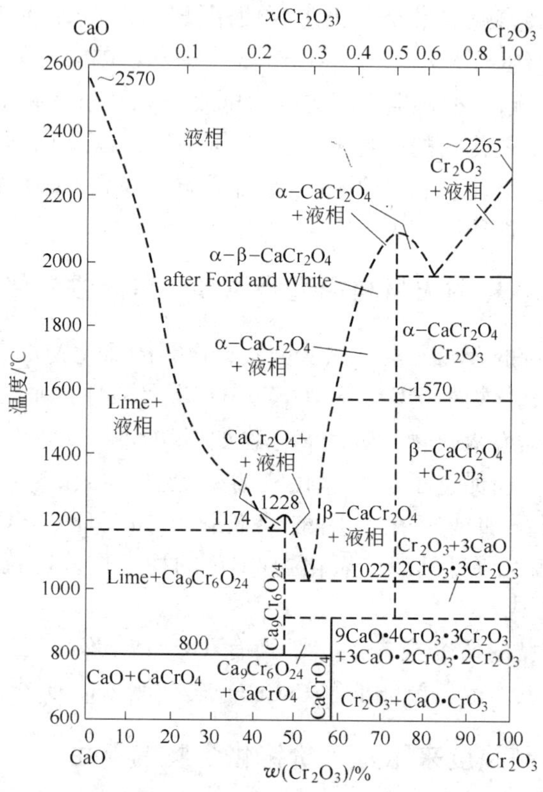

图1 在空气中 CaO-Cr_2O_3 系相图

Fig. 1 Phase diagram of CaO-Cr_2O_3 system in air atmosphere

图2示出了在500～1300℃下，在空气中加热等物质的量的$CaCO_3$与Cr_2O_3混合物时，随着温度的升高，三价铬化合物与六价铬化合物转化的情况[4]。从图可以看出，在600～1100℃时形成了六价铬化合物$CaCrO_4$；当温度高于900℃时，高价铬化合物$CaCrO_4$逐渐转变为低价铬化合物$CaCr_2O_4$；温度高于1100℃时，只有低价铬混合物能稳定存在。这与在空气中的CaO-Cr_2O_3系相图基本一致。

3 在还原气氛下六价铬易还原为三价铬

若金属元素与氧能形成一系列氧化物，其高价氧化物容易被还

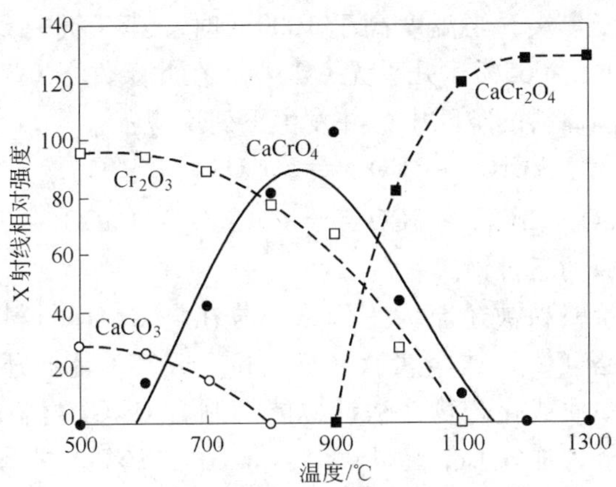

图 2　等物质的量的 $CaCO_3$ 与 Cr_2O_3 混合物在空气中加热 2h 后反应的产物

Fig. 2　Reaction products of the equivalent mol mixture of and after heating in air for 2h

原为低价氧化物[3]。当有固体碳过剩存在时，六价铬化合物在不太高温度就可以被还原为低价氧化铬。例如：

$$2CrO_{3(l)} + 3C_{(s)} = Cr_2O_{3(s)} + 3CO_{(g)} \quad (1)$$

从已有的 CO、Cr_2O_3 与 CrO_3 的标准生成自由能 $\Delta_f G^{\ominus}_{CO}$、$\Delta_f G^{\ominus}_{Cr_2O_3}$ 与 $\Delta_f G^{\ominus}_{CrO_{3(l)}}$[3]，可以求得反应（1）的标准反应自由能 $\Delta G^{\ominus}_1$：

$$\Delta G^{\ominus}_1 = -370266 - 373.5T$$

类似的可求得：

$$2CrO_{3(g)} + 3C_{(s)} = Cr_2O_{3(s)} + 3CO_{(g)} \quad (2)$$

$$\Delta G^{\ominus}_2 = -863660 - 155.7T$$

反应（1）与（2）的标准反应自由能 $\Delta G^{\ominus}_1$ 与 $\Delta G^{\ominus}_2$ 等式的右边两项皆为负数，说明从化学热力学角度讲，反应（1）与（2）在任一不高温下皆能自发地向右进行。即只要在不高温度下能克服化学反应动力学上的障碍，在固体碳过剩存在时就可将高价铬还原为低价铬，甚至金属铬或碳化铬。六价铬的危害自然也就消除了。

若将含高价铬的料（例如铬绿或电熔镁砂中通常就含有六价铬）

在空气中埋于焦炭，当温度高于1000℃时，其气氛中 CO 的体积分数为35%，N_2 为65%，几乎无 CO_2[3]。在此条件下 CO 气体更易渗入含六价铬固体料的空隙中，并发生下列反应：

$$2CrO_3 + 3CO = Cr_2O_{3(s)} + 3CO_{2(g)}$$

$$2(CaO \cdot CrO_3) + 3CO = CaCr_2O_4 + CaCO_3 + 2CO_2$$

使六价铬还原为三价铬。

既然六价铬易被还原为三价铬，若在含 Cr_2O_3 材料中适当地加入一些金属铬（Cr）或金属钛（Ti）粉，或其他能起还原作用而对制品无害的单质或化合物，估计也能抑制含 Cr_2O_3 材料中生成 CrO_3 的问题。此外，加入 Cr，由于 Cr 与 Cr_2O_3 在1645℃能形成低共熔物（相当于 CrO 的组成），还可促进含 Cr_2O_3 材料的烧结致密化。

4 使含 Cr_2O_3 或高 Cr_2O_3 耐火材料中的 Cr_2O_3 与其他氧化物形成固溶体

例如，在高 Cr_2O_3 耐火材料中适当加入一些 Al_2O_3，使之形成铬刚玉固溶体；镁铬尖晶石耐火材料中加入 $MgO \cdot Al_2O_3$ 尖晶石与 $2MgO \cdot TiO_2$ 尖晶石使其形成尖晶石固溶体。要从固溶体中将 Cr_2O_3 氧化为高价铬 CrO_3，困难自然就大一些。

5 使用后的含铬残砖或生产的含 Cr_2O_3 耐火材料，如有高价铬存在，应在还原气氛下进行无公害处理

对使用后的含铬残砖加入一些焦炭，混合后进入处理炉，在适当温度下，将残砖中的六价铬还原为低价铬。

同样对生产厂生产的含 Cr_2O_3 耐火材料如有高价铬存在，也应在还原气氛下进行处理，消除六价铬。

6 开展水泥回转窑无铬碱性耐火材料的研究、生产与应用

例如在水泥回转窑烧成带用新开发出的镁质铁铝尖晶石砖或镁钙锆砖取代镁铬砖。

7 建议国家制定一些法规

建议国家制定一些法规，对生产含 Cr_2O_3 原料或含 Cr_2O_3 耐火材

料的生产厂及使用含 Cr_2O_3 耐火材料的高温企业实行一些严格的管理制度。这些法规包括对排放的废水、烟气中含六价铬量的限制标准，也包括一些管理制度。例如不得露天存放含 Cr_2O_3 原料、废渣、废砖或残砖，严防六价铬溶入地下水或废水通道。对生产含铬原料，含 Cr_2O_3 耐火材料与使用含 Cr_2O_3 耐火材料的高温工业炉的烟气要进行高效除尘，避免六价铬化合物进入大气中。

参 考 文 献

[1] 陈肇友. Cr_2O_3 在耐火材料中行为[J]. 耐火材料，1990，24(2)：37 ~ 44.

[2] 陈肇友. Cr_2O_3 对耐火材料性能的影响[J]. 耐火材料，1991，25(6)：352 ~ 358.

[3] 陈肇友. 化学热力学与耐火材料[M]. 北京：冶金工业出版社，2005：370 ~ 479，480 ~ 491，592.

[4] Akira Yamaguchi. Characteristics and problem of chrome-containing refractories[C]. Supplement of China's Refractories—Proceeding of the Fifth International Symposium on Refractories, 2007, 16: 28 ~ 30.

[5] The Verein Deutscher Eisenhuttenleute. Slag atlas [M]. Verlag staleisen M. B. H. Düsseldorf, 1981: 34.

Ways of Suppressing the Formation of Hexavalent Chromium Compounds in Cr_2O_3-Containing Refractories and Its Harm

Chen Zhaoyou

(Sinosteel Luoyang Institute of Refractories Research Co. , Ltd.)

Abstract: The conditions for formation of hexavalent chromium compounds are analyzed from the common rules and characteristic of oxides and chemical thermodynamics. Then some ways of suppressing the formation of hexavalent chromium compounds in Cr_2O_3-containing refractories are suggested.

Key words: Cr_2O_3-containing refractories, hexavalent chromium, environmental pollution

本文选自《耐火材料》，2010，增刊：6.

炼铜、炼镍炉用耐火材料的选择与发展

陈肇友

（冶金工业部洛阳耐火材料研究院）

摘　要：本文介绍了炼铜、炼镍技术的发展；分析了冶炼特点、条件和各种耐火材料抗炼铜、炼镍熔体及 SO_2 侵蚀与渗透的情况，阐述了对耐火材质的选择；文中还对镁铬耐火材料的分类，提高镁铬砖性能与炉衬寿命的途径提出了看法与论述。

有色金属种类繁多，冶炼方法多种多样。有色金属工业虽然对耐火材料有些特殊要求，但由于用量不大，约为耐火材料总产量的5%，通常多是选用为钢铁或其他工业研究开发的产品，因之对耐火材料重视、研究不够，报道也不多。在有色金属工业中消耗耐火材料的大户是有色重金属（铜、镍、铅、锌）冶炼与炼铝。本文介绍、分析铜、镍冶炼方面所用耐火材料。

1　炼铜、炼镍炉的发展

炼镍与炼铜过程基本相似，仅在以下方面有差异：炼铜转炉的产品为粗铜，而炼镍为高冰镍（镍锍）；铜电解精炼用的是铜阳极板，而镍电解精炼则是 Ni_3S_2 阳极板。为了对炼铜、炼镍过程中的熔炼、吹炼炉的作用、耐火材料使用条件有一较清楚的了解，图 1 示出了炼铜工业的主要流程。

为了提高生产率、降低能耗、减少污染，近年来在铜、镍熔炼中，闪速炉、诺兰达炉得到了迅速发展；而传统的鼓风炉与反射炉减少。在电力便宜的地方采用矿热电炉。吹炼则仍用转炉。此外，连续炼铜与熔化电解铜的 ASARCO 竖炉也有一定发展。

1.1　闪速炉

图 2 示出芬兰奥托昆普型闪速炉。贵溪冶炼厂、金川有色金属

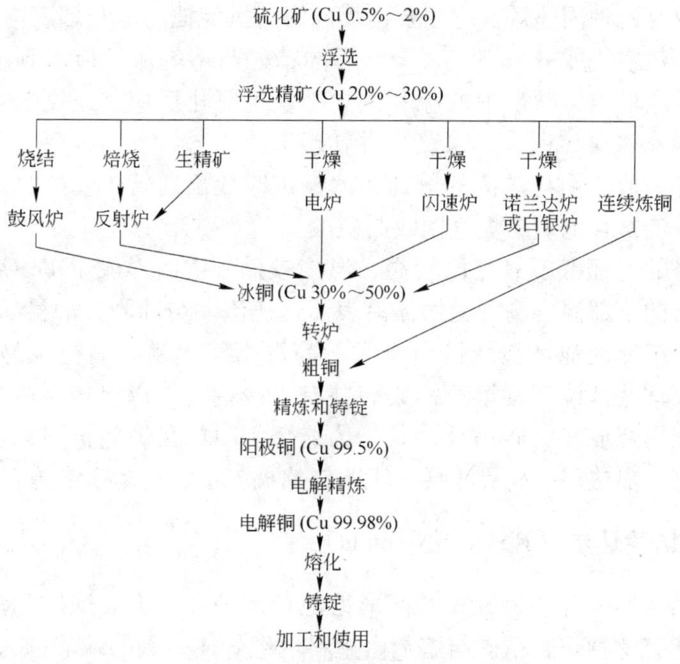

图1 火法炼铜的主要流程

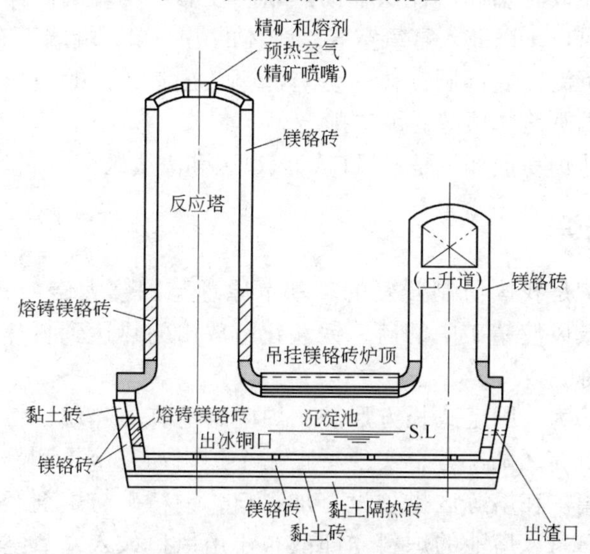

图2 闪速炉熔炼与炉衬耐火材料

公司建有此种闪速炉。它主要由反应塔、沉淀池与上升烟道构成。

预热空气或富氧空气、干燥后的精矿与熔剂从反应塔顶喷入炽热的反应塔内，精矿中的硫和铁立即发生氧化反应，速度极快，生成冰铜或冰镍（铜锍或镍锍）并初步造渣，落入沉淀池后，进一步造渣并完成冰铜与炉渣的分离，冰铜定时放出送转炉吹炼，炉渣连续流入渣贫化电炉，烟气回收制硫酸。

塔的上部由于氧分压较高、温度较低，塔壁形成了 Fe_3O_4 保护层。塔的下部温度高并受熔体沿表面迅速流动与冲刷，炉衬易磨损、熔蚀；沉淀池池墙渣线区由于大量高温熔渣流动，墙衬也易熔损；因此在这些部位都砌熔铸镁铬砖并有水冷铜套加以保护。塔顶与沉淀池顶用烧成镁铬砖吊挂砌筑。为避免 Fe_3O_4 在炉底析出，炉底隔热要好，隔热层上砌黏土砖，上为镁铬捣打层，再砌镁铬砖。

1.2 诺兰达炉（Reactor Noranda）

诺兰达熔炼炉为卧式圆筒形熔池熔炼炉。大冶冶炼厂和沈阳冶炼厂建有此种炉，精矿与熔剂由抛料机经炉体一端的端墙抛入炉内。在这一端还设有燃烧器提供辅助热量。在靠加料端圆筒体下部一侧设有一排风口，以鼓入富氧空气。炉体的另一端，端墙下有放渣孔。靠放渣端沉淀区底部圆筒体一侧有冰铜放出口，定时放出冰铜。烟气从放渣端圆筒体顶部的炉口排出。

诺兰达炉易损部位是：风口、风口区和渣线区。

1.3 白银炉

白银炉是我国研制开发的。基本原理与加拿大诺兰达炉相近。采用富氧鼓风使精矿中的硫、铁氧化，放出的热达到自热熔炼。也是熔池熔炼。

白银炉为一固定式长方形炉，炉内熔池有一隔墙，将其分成为熔炼区和沉淀区两部分；实现了在一个炉内动态熔炼和静态的熔渣和冰铜分离。在熔炼区拱顶设有加料口，铜精矿与熔剂经加料口投入熔炼区。落入熔池的炉料立即散布于由风口鼓入富氧空气所激烈搅动的熔体之中，迅速完成氧化反应和造渣反应；并由于下面反应

避免了 Fe_3O_4 的生成。

$$3Fe_3O_4 + FeS + 5SiO_2 \longrightarrow 5(2FeO \cdot SiO_2) + SO_2\uparrow$$

熔炼区生成的高温熔体，通过隔墙下通道进入较平静的沉淀区，进行熔渣和冰铜的分离。熔渣和冰铜分别经渣口与虹吸口放出。

白银炉的炉衬易损部位是：熔炼区风口部位、熔炼区炉拱及中部隔墙附近的炉墙，以及沉淀区的渣线部位。

1.4 转炉

炼铜、炼镍吹炼炉多为 PS（Peirce-Smith）圆筒形卧式转炉。筒体下部一侧沿水平方向设有一排风口，以鼓入空气或富氧空气。

炼铜转炉的任务，不仅要除去熔炼炉送来的冰铜中的硫化铁，而且要一直吹炼至形成粗铜。

$$FeS + 3O_2 + SiO_2 \longrightarrow FeO \cdot SiO_2 + 2SO_2\uparrow$$

$$Cu_2S + 3/2O_2 \longrightarrow Cu_2O + SO_2\uparrow$$

$$2Cu_2O + Cu_2S \longrightarrow 6Cu + SO_2\uparrow$$

炼镍转炉则只是除去硫化铁，只吹炼至形成 Ni_3S_2，即停止。因为继续吹炼，Ni_3S_2 会氧化成 NiO 并进入渣中。

转炉吹炼过程中，由于反复加料、吹炼、排渣以及上、下炉次之间的停歇，因此炉内温度特别是风口区温度不仅波动大，而且波动频繁；再加上渣量大、熔体的剧烈冲刷，因而风口与风口区以上区域的炉衬最易受到损坏。蚀损情况如图 3 所示[1]。

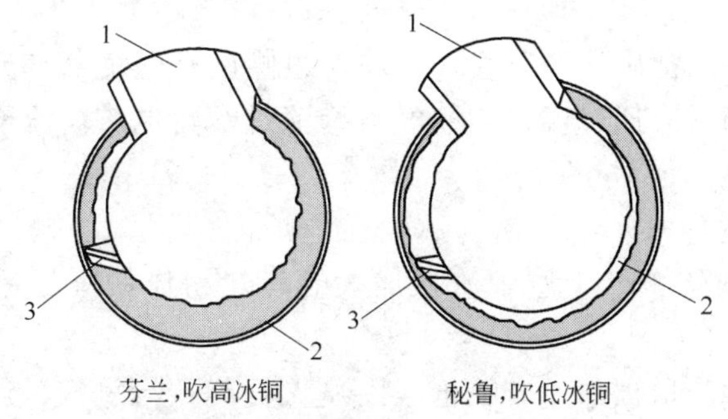

图 3 转炉吹炼铜后的蚀损情况

1—炉口；2—炉衬；3—风口

我国白银、金川、大冶与云南冶炼厂为50t转炉，贵溪冶炼厂为150t转炉。

1.5 连续炼铜

日本三菱法连续炼铜是靠冶炼熔体通过密闭的流槽自流输送，将熔炼炉、炉渣贫化炉和吹炼炉连接成统一的整体；完成从铜精矿到粗铜的冶炼过程，如图4所示[2]。

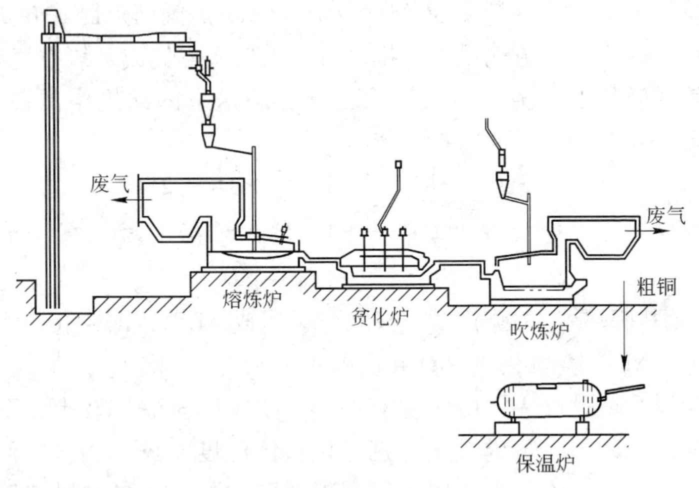

图4 连续炼铜

熔炼炉：精矿从炉顶喷入，炉顶边侧设有燃烧器补充热量。产生的冰铜和熔渣通过溢流口，经流槽流进贫化电炉。流槽设有煤气喷嘴以保温。

炉渣贫化电炉：炉渣与冰铜在电炉内分层，冰铜由虹吸口经流槽流入吹炼炉，上层炉渣在加入的焦炭粉作用下还原贫化，成为弃渣。

吹炼炉：炉顶部设有喷枪，以喷入石英石与氧气，连续地吹炼成粗铜。由于吹炼炉为连续式生产，耐火材料无结构剥落问题，因此该吹炼炉炉衬寿命较长。

1.6 电解铜熔化炉（阴极炉）

我国现在多为反射炉和感应炉。美国熔炼与精炼公司开发出的熔化电解铜的 ASARCO 竖炉（如图 5 所示），由于生产效率高、能耗低、自动化程度高，且炉内无金属熔池（熔化了的铜即流入前面保温炉）便于停炉与开炉，因此受到欢迎。炉内工作衬为 SiC 砖。

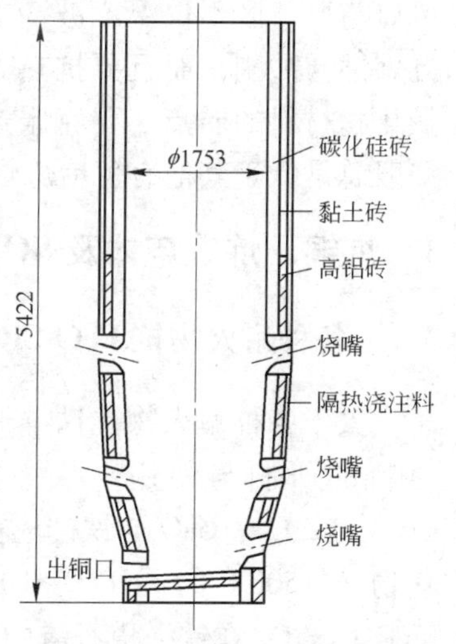

图 5 ASARCO 竖炉示意图

2 炼铜、炼镍炉冶炼时的主要特点

钢铁工业所用矿石为氧化铁矿，金属熔体为 Fe-C 熔体，熔渣为 CaO-SiO_2-Al_2O_3 或 CaO-SiO_2-FeO 渣系，冶炼中产生大量的 CO 气体。而炼铜与炼镍工业所用矿石多为含铜、含镍甚低的硫化物矿，因此冶炼中产生的气体与遇到的熔体都与钢铁工业有很大差异，其主要特点如下：

（1）气氛中有大量 SO_2 气体。由于矿石为硫化物矿，冶炼中的中间产品为硫化物熔体，因此在熔炼与吹炼中要产生大量的 SO_2 气体，即炉子的气氛中含有大量 SO_2。

（2）遇到的熔体不仅有氧化物熔渣、金属熔体，还有硫化物熔体冰铜或冰镍（铜锍或镍锍）；而且这些熔体的熔化温度比钢铁工业遇到的熔体要低得多，但流动性却很好。

（3）熔渣为 FeO-SiO_2 系渣，而且渣量大。由于硫化物矿与冰铜或冰镍中含有大量硫化铁，为了除去铁，在熔炼与吹炼中要将 FeS 氧化为 FeO；因此必须加入 SiO_2 造渣。所以不管是反射炉熔炼、电炉熔炼与闪速炉熔炼铜或镍，或是转炉吹炼冰铜或冰镍，其炉渣成分主要是 FeO 与 SiO_2。此外，由于矿石与锍中含铜或镍都不甚高，因此熔炼与吹炼时，渣量都很大。

（4）除转炉吹炼铜或镍为间断式生产外，其他鼓风炉、矿热电炉、反射炉、闪速炉、诺兰达炉、白银炉、连续炼铜、ASARCO 炉等都为连续式生产。连续式生产炉除风口外，炉温波动小，主要要求耐火材料抗熔蚀与冲刷性要好。间断式生产炉，炉内温度波动大，风口与风口区不仅温度波动大而且频繁，因此要求耐火材料不仅要抗熔蚀与冲刷，而且要抗热剥落与结构剥落。而结构剥落却是耐火氧化物材料的弱点，要克服这一弱点是较难的，因此转炉炉衬寿命一般总是低于其他有色冶炼炉。

3　炼铜、炼镍熔体及 SO_2 对一些耐火材料的侵蚀和渗透

3.1　各种耐火物抗 $FeO-SiO_2$ 渣侵蚀情况

关于各种耐火物抗铁硅渣侵蚀问题，在“炼镍转炉风口用耐火材料的研制与使用[3]”一文中，我们较详尽的从 Al_2O_3、MgO、Cr_2O_3、ZrO_2、CaO 与铁硅渣在 1500℃形成的液相区大小以及这些氧化物于 1500℃时在 $FeO-SiO_2$ 渣中的溶解度；SiO_2、Al_2O_3、MgO、$MgO \cdot Cr_2O_3$ 在铁橄榄石渣中的溶解速度；镁铝尖晶石（MA）、镁铬尖晶石（MK）以及他们的复合尖晶石与不同组成的铁硅渣构成的混合物在 1600℃形成的液相量和 MA、MK 在液相中的溶解量等一些实验结果进行了分析并得出：（1）Cr_2O_3、ZrO_2、镁铬尖晶石抗铁硅渣侵蚀好；（2）石灰、白云石与 MgO-CaO 材料抗铁硅渣侵蚀差。

3.2　熔体渗透与耐火材料结构剥落

耐火材料在使用过程中，熔体可沿其气孔与裂隙等毛细管通道渗入砖内，并与之相互作用形成与原来砖的结构和性质不同的变质层。当炉内温度发生剧烈波动时，变质层就会崩裂、剥落，这种剥落称为结构剥落。结构剥落不像溶解、冲蚀那样逐渐蚀损，而是几毫米、几十毫米的突然剥落掉，因此对炉衬寿命危害甚大。显然，熔体渗透越深，变质层越厚，结构剥落危害也就越严重。间断式生产的炉子，由于炉温波动大且频繁，因此结构剥落常常是炉衬损毁的主要原因。

熔体向耐火材料中渗透的深度（X）可由下式表示[4,5]：

$$X = \sqrt{\frac{r\sigma\cos\theta}{2\eta}\tau}$$

式中，σ 为熔体的表面张力；θ 为熔体在耐火材料上的接触角。如果润湿性不好，接触角 $\theta > 90°$，$\cos\theta$ 为负值，熔体就不能渗入耐火材料；η 为熔体的黏度；r 为耐火材料孔隙的半径；τ 为时间。

从上式可以看出：减小耐火材料孔隙半径，增大接触角，增加熔体的黏度，降低熔体的表面张力，可以减少熔体渗入耐火材料的深度。

在炼铜与炼镍中，各种熔体流动性都甚好，渗透都比较深。在熔渣与冰铜等熔体中，硫化物熔体由于熔点低、黏度小，在 SO_2 气氛下对耐火材料润湿性好，因此硫化物熔体渗透最深。从目前一些研究结果看，虽然硫化物渗透得深，但温度已低，对耐火材料结构破坏可能不大。而铁硅渣的渗入则会与耐火材料相互作用造成化学上与结构上的很大改变。

表 1 示出了镁铬风口砖在炼镍转炉使用后，各种层带的厚度及硫化物、硅酸盐渗入的情况[6]。

表 1　硫化物、硅酸盐的渗入与层带的关系

层　带	厚度/mm	矿物相情况
微变带	140 ~ 170	与原砖几乎相同，无硫化物
过渡带	50 ~ 60	硅酸盐含量与微变带差不多，硫化物含量明显增多
反应带	约 40	硅酸盐和硫化物含量明显增加
渣　层	约 0.5	主要由铁、镁橄榄石构成

从表 1 可以看出硫化物渗得很深，一直到过渡带；而硅酸盐仅渗透到反应带（变质层）。研究结果表明，开裂是在离热面约 40mm，沿反应带（变质层）与过渡带交界处，以平行于热面的方向曲折进行。这说明结构剥落与硫化物渗入深度关系不大，而与炉渣的渗入深度有关。因此，如何减少铁硅渣的渗入深度最为重要。

如果熔渣与耐火材料作用后，能形成高熔点化合物，析出晶体，堵塞渗透通道或形成高黏滞层，皆可以减少熔渣的渗入深度，减轻结构剥落的危害。

从以上分析，可以得出减轻结构剥落的途径有：（1）加入与熔渣润湿性不好的耐火组元如碳或石墨到耐火氧化物中，制成含碳耐火材料；（2）加入与熔渣形成高熔点物或高黏滞层的组元到耐火材料中，以堵塞渗透通道；（3）使耐火材料孔隙微细化。

在此只分析加入何种氧化物能与硅铁渣形成高熔点物和增加熔渣黏度的问题。

Cr_2O_3 可与很多氧化物形成固溶体、高熔点化合物或熔化温度很高的低共熔物。例如 Cr_2O_3 与 SiO_2 形成的低共熔物的熔化温度高达1720℃；Cr_2O_3 与 FeO 能形成熔点为2100℃的 $FeO \cdot Cr_2O_3$；Cr_2O_3 与 Al_2O_3 可形成固溶体；Cr_2O_3 与 Cu_2O 可形成熔点在 1600℃以上的化合物。此外，Cr_2O_3 还能大大提高熔渣的黏度[7]。因此，熔渣渗入含 Cr_2O_3 高的耐火材料中的深度一般都较不含 Cr_2O_3 的耐火材料浅得多。即耐火材料中加入 Cr_2O_3 一般都能减轻结构剥落的危害。

3.3 含碳耐火材料在 SO_2 气氛下的行为

由于熔渣对碳润湿性不好，加入碳到耐火氧化物中可以大大减轻耐火材料的热剥落与结构剥落；因此，近年来在钢铁工业的一些间断式生产设备，如铁水预处理包、氧气转炉、盛钢桶、连铸浸入式水口等广泛使用含碳耐火材料，并取得了很好的效果。自然就想把含碳耐火材料用于炼铜、炼镍转炉。前苏联、日本以及我国都曾在炼铜或炼镍转炉上试用过镁碳、镁白云石碳、铝碳，但效果都不理想[8,9]。例如，我们曾在金川炼镍转炉风口试过 Al_2O_3-C 砖，仅用18 炉就全部蚀损了，比普通镁铬风口砖还差。

为何含碳耐火材料在钢铁工业特别是氧气转炉炼钢上使用效果很好，而在炼铜、炼镍转炉上使用效果就不理想呢[9]？

高炉炉衬在还原气氛下使用，气体中含有大量 CO，铁水中碳达到了饱和，所以高炉、铁水预处理包都可用碳与含碳材料。氧气转炉炼钢中析出大量 CO 气体，其压力约为 0.1MPa，由反应式：$2C + O_2 = 2CO$，从热力学计算炉气中氧的分压为 $p_{O_2} = 5.5 \times 10^{-15} \sim 5.5 \times 10^{-17}$MPa，说明转炉炼钢中氧压很低。

在炼铜或炼镍转炉中，炉内气体中 SO_2 浓度大致为 14%，即

SO_2 压力为：$p_{SO_2}=0.01$MPa。根据 SO_2 分解反应式：$SO_2 = 1/2\ S_2 + O_2$，从热力学计算，1400℃时炉气中 O_2 的分压为：$p_{O_2}=6.9\times10^{-6}$ MPa。比转炉炼钢中的氧压大 9～11 个数量级。

若在炼铜或炼镍转炉中采用含碳耐火材料，在 $p_{O_2}=6.9\times10^{-6}$ MPa 下，碳氧化的趋势可从碳氧化反应：$2C + O_2 = 2CO$，利用热力学算出 CO 的平衡压力为：$p_{CO}=8.6\times10^{4}$MPa。即只要外界 CO 压力小于此平衡压力，含碳耐火材料中的碳就将被氧化。而炼铜或炼镍转炉内，CO 的压力却远远低于上述 CO 平衡压力，因而碳易被氧化。这可能就是含碳耐火材料在炼铜或炼镍转炉上使用不好的原因。

4 炉衬材质的选择

从上述分析可知：（1）在含有大量 SO_2 气体的条件下，含碳耐火材料使用效果不理想；（2）石灰与含 CaO 多的 MgO-CaO 质材料抗铁硅渣侵蚀不好；（3）从抗铁硅渣侵蚀与结构剥落看，Cr_2O_3、镁铬尖晶石与含 Cr_2O_3 耐火材料比较好。

纯 Cr_2O_3 耐火材料难于生产，且价格太高。用镁铬尖晶石、纯 ZrO_2-Cr_2O_3 或 Al_2O_3-Cr_2O_3 制造耐火材料，成本也很高。从价格看，以含 Cr_2O_3 的镁铬砖或铝铬渣砖较为合理。但制造铝铬渣砖用的原料来源有限且成分不够稳定，因此以立足于镁铬材料较好。

在熔炼炉与吹炼炉内，易蚀损部位应采用一些高档、优质的镁铬材料，甚至熔铸镁铬砖；一些温度不高又不接触熔体的部位，则可用档次低一些的镁铬或其他材质的耐火材料进行综合砌炉，从而达到既经济、炉龄又长的效果。

5 镁铬材料的种类以及影响其性能的因素

5.1 镁铬砖的种类

生产镁铬砖用的原料有：天然原料、人工合成原料以及工业氧化铬与工业氧化铝等。天然原料：如各种级别的烧结镁砂、普通铬矿以及杂质含量低的铬精矿。人工合成原料：由镁砂与铬精矿经细磨、混匀、压坯，然后在高温下煅烧制得的共烧结镁铬料，以及由菱镁矿与铬矿经电熔制得的电熔镁铬料，还有电熔镁砂。合成料一般应是杂质含量低的原料。

将以上原料采用不同组合与配方可制成名称繁多的镁铬砖，加之厂方不愿对其配方多加说明，因此镁铬砖的品种、名称甚乱，易混淆。根据国内外对镁铬砖已有的名称，大致可进行如下规范化。

（1）普通镁铬砖（即硅酸盐结合镁铬砖），这种砖是由杂质（SiO_2 与 CaO）较多的铬矿与镁砂制作的。烧成温度不高在 1550℃左右。砖的显微结构特点是：耐火物晶粒之间由硅酸盐结合。

洛阳耐火材料厂生产的预反应镁铬砖是这类砖的改进型。制砖时的细粉是采用由普通铬矿与镁砂磨细、混匀、压坯、煅烧后的镁铬料，仍为硅酸盐结合。但性能较普通镁砖有改进。

（2）直接结合镁砖，是由杂质含量低的铬精矿与较纯镁砂制作的。烧成温度在 1700℃以上。该种砖的结构特点是，耐火物晶粒之间多呈直接接触。因此其高温性能、抗侵蚀与抗冲刷都较普通镁铬砖好。

（3）再结合镁铬砖，国外常将全由人工合成原料共烧结镁铬料或电熔镁铬料（或加有部分电熔镁砂）制作的镁铬砖皆称为再结合镁铬砖。而国内只将全用电熔镁铬料制作的镁铬砖称为再结合镁铬砖。为了与国际上较为一致，以采用共烧结镁铬砖（coclinkered magnesite-chrome brick）与电熔料再结合镁铬砖或熔粒再结合镁铬砖（fused grain rebonded magnesite-chrome brick）为宜。

再结合镁铬砖由于制砖原料较纯，都需要在 1750℃以上高温或超高温下烧成。其显微结构特征是尖晶石等组元分布均匀，耐火物晶粒之间为直接接触。在抗侵蚀、抗冲刷方面都比前两种镁铬砖好。

我们为炼镍转炉风口研制开发的优质镁铬砖，由于所用原料皆为人工合成料，因此也属于这类砖。

（4）半再结合镁铬砖，按上面再结合镁铬砖的含义，只要以人工合成原料做颗粒，以铬精矿与镁砂为细粉制成的镁铬砖都应称为半再结合镁铬砖。而国内将由电熔镁铬料做颗粒，而以共烧结料为细粉或以铬精矿粉与镁砂粉为混合细粉制作的镁铬砖都称为半再结合镁铬砖。为了区分，可将以电熔料做颗粒、共烧结镁铬料为细粉制成的镁铬砖称为熔粒-共烧结镁铬砖。

这类砖也是在1700℃以上高温烧成，砖内耐火物晶粒之间也是以直接结合为主。其优点是抗热震性较好，抗侵蚀、抗冲刷也不错。

（5）熔铸镁铬砖，是用镁砂和铬矿加入一定量外加剂，经混合、压坯与素烧，破碎成块，进电弧炉熔融，再注入模内、退火，生产成母砖；母砖经切、磨等加工制成所需要的砖型。熔铸镁铬砖的显微结构见图6，其理化性能见表2[11]。

图6 熔铸镁铬砖显微结构（×250）

表2 熔铸镁铬砖的理化性能

名称	化学成分/%						显气孔率/%	密度/g·cm^{-3}	真密度/g·cm^{-3}	耐压强度/MPa	荷重软化温度/℃	热导率/W·(m·K)$^{-1}$
	MgO	Cr_2O_3	Al_2O_3	Fe_2O_3	SiO_2	CaO						
日本	50.44	19.82	15.88	9.35	2.86	1.09	13	3.32	3.84	107.3	>1700	2.20
法国	57.90	19.24	6.77	11.21	2.67	1.08	15	3.26	3.87	86.3	>1700	1.22
中国	54.75	20.80	13.25	6.25	2.00		11	3.40	3.84	100.0	>1700	2.05

熔铸镁铬砖的结构特点是成分分布均匀、耐火物晶粒之间主要为直接接触、硅酸盐以孤岛状存在。这种砖抗熔体熔蚀、渗透与冲刷特别好，是专为有色冶炼开发的制品，最适宜砌在连续式生产设备熔炼炉如闪速炉反应塔下部与沉淀池渣线区等。

（6）化学结合不烧镁铬砖，一般采用镁砂与铬矿为制砖原料，以聚磷酸钠或六偏磷酸钠或水玻璃为结合剂压制的镁铬砖。不需高温烧成，只经200℃左右温度烘烤。由于这种砖未经高温烧成，砖中镁砂会发生水化，因此这种砖不能长期存放。

铬矿由于高温使用时收缩小，因此可用来做不烧砖原料。

5.2 影响镁铬砖性能的因素

5.2.1 镁铬砖中 Cr_2O_3、Al_2O_3、Fe_2O_3 含量对性能的影响

为了使试样中 MgO、Cr_2O_3、Al_2O_3、Fe_2O_3 等成分分布较为均匀，以便确切了解 Cr_2O_3、Al_2O_3 与 Fe_2O_3 对镁铬砖性能的影响，我们采用制作共烧结料，再制作砖的工艺。共烧结料镁铬砖中 Cr_2O_3、Al_2O_3、Fe_2O_3 含量对抗铁硅渣侵蚀、抗热震性与高温强度的影响见表3。

表3 共烧结镁铬试样中 Al_2O_3、Cr_2O_3、Fe_2O_3 含量对使用性能的影响

倍半氧化物含量变化	抗侵蚀性	抗热震性	高温强度
增加 Al_2O_3 含量	下 降	增 加	增 加
增加 Cr_2O_3 含量	增 加	增 加	增 加
增加 Fe_2O_3 含量	下 降	下 降	下 降

Cr_2O_3、Al_2O_3 含量增加，高温强度增加的主要原因为：(1) Al_2O_3、Cr_2O_3 含量增加，晶间尖晶石增多，直接结合率增大；(2) 增加 Al_2O_3 含量，使 Fe^{2+} 固定在尖晶石固溶体中，从而显著地降低了铁的氧化—还原效应，减少了镁铬材料因体积变化而引起的松散；(3) 含 Cr_2O_3 高的镁铬砖由于其中铬尖晶石从硅酸盐熔体析晶时，方镁石固溶体的倒熔解现象，会导致尖晶石在方镁石晶体上的外延生长或粘联性析出，形成大量的尖晶石“桥”使两个结晶取向不同的方镁石晶粒结合起来。

5.2.2 SiO_2、CaO 等杂质的影响

由于晶间尖晶石是从硅酸盐液相中析出的，因此少量 SiO_2 的存在对晶间尖晶石形成有利。但 SiO_2 含量多了，液相量会显著增加，从而降低镁铬砖高温强度并有助于外来熔体沿液相渠道的渗入，使侵蚀加剧。CaO 含量多了，会显著降低出现液相的温度，对高温强度与

抗侵蚀不利，特别是在镁铬砖中 Al_2O_3 与 Fe_2O_3 含量高时更为显著。

我们曾将 Cr_2O_3 含量高达33%、SiO_2 含量为5.1%的镁铬砖在吹炼炉上进行过试验，结果其使用寿命却与普通镁铬砖差不多。

因此，在制作优质镁铬砖时，应尽量选用 SiO_2、CaO、Fe_2O_3（FeO）含量低，而 Cr_2O_3、Al_2O_3 含量高的铬矿为原料。

5.2.3 不同品种镁铬砖的抗侵蚀性与抗热震性

卡斯韦尔（Carswell）用回转抗渣法对不同品种的镁铬砖进行了抗炼铜渣的试验[12]，结果示于表4。从表4可知，以全共烧结料制作的镁铬砖最好。共烧结镁铬砖用于150t炼铜转炉风口与风口区寿命达430炉，而使用直接结合镁铬砖则为330炉。

表4 不同镁铬砖抗各种炼铜渣的侵蚀情况

砖 种	侵蚀程度比较/%		
	反射炉熔炼渣（1600℃，4d）	转炉渣（1500℃，5d）	反射炉精炼渣（1600℃，5d）
硅酸盐结合镁铬砖	34	17	
硅酸盐结合镁铬砖	28	14	19
直接结合镁铬砖	20	12	13
部分共烧结料镁铬砖	16	8	
全共烧结料镁铬砖	5	6	7

图7、图8示出了不同品种镁铬砖的抗折强度与抗热震性[13]。

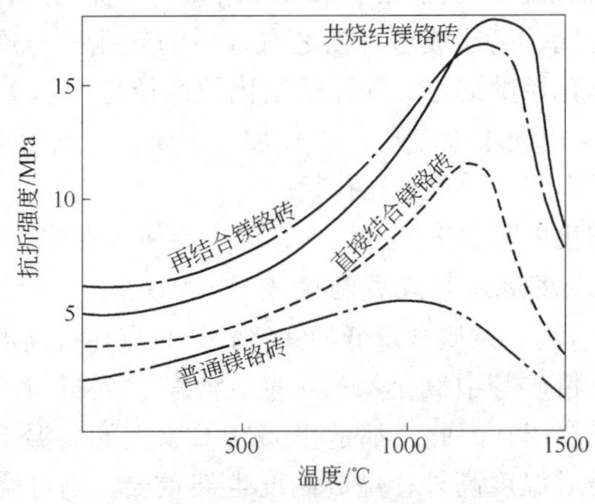

图7 镁铬砖的抗折强度

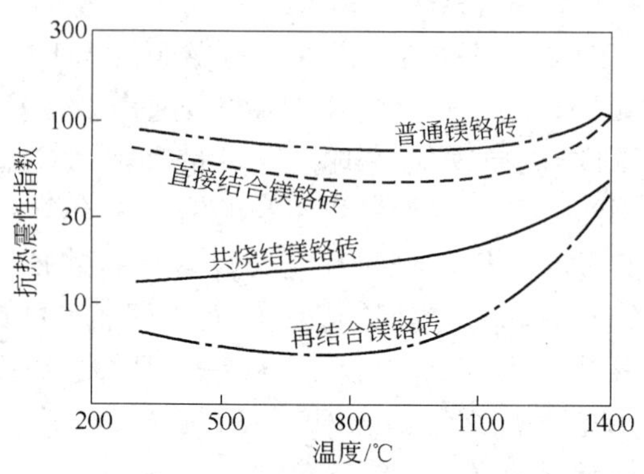

图 8 镁铬砖的抗热震性

从以上实验结果可以看出，共烧结料镁铬砖的综合指标较好。

提高镁铬砖的抗热震性，还可采用化学成分与耐火矿物相不同的原料来制砖，利用线膨胀系数的差异，形成微裂纹，产生吸能机制来提高抗热震性。也可采取加入适当添加剂如 ZrO_2 来提高砖的抗热震性。

5.2.4 气孔孔径微细化

对抗熔体渗透性要求特别高的烧成镁铬砖，除增加 Cr_2O_3 与 Al_2O_3 含量以增加晶间尖晶石、形成高熔点物、提高熔体黏度；选择合适的粒度配比、高压成型，使之有合适的气孔率与透气性外；就是使砖中气孔孔径微细化。气孔微细化的途径有：（1）加入超微粉 Cr_2O_3 或 Al_2O_3 以充填大气孔；（2）加入金属粉，利用金属粉烧成时氧化产生体积膨胀，减小气孔孔径。

气孔微细化可减少熔体的渗入，但也会使砖的抗热震性变差。

5.2.5 烧成温度与烧成制度

Cr_2O_3 含量高、杂质含量低的镁铬砖，只有在很高温度下才有利于方镁石、铬精矿等中氧化物的扩散、溶解、沉析与晶体发育，形成高的直接结合率；因此，都是在 1750℃ 以上的高温下烧成。优质镁铬砖除要烧成温度高外，烧成制度也甚重要。制订烧成制度时需考虑：$Mg(OH)_2$ 结构水的析出，临时黏结剂失去结合作用，出现液相与液相凝固的温度，Fe^{2+} 与 Fe^{3+} 相互转变引起的体积效应等。

6 提高铜、镍冶炼炉炉衬寿命的途径

（1）针对不同使用条件及对镁铬砖性能的要求，选用不同品种的镁铬砖，开发新品种。

（2）炉内不同部位砌不同的材质、不同品种的砖，进行综合砌炉，均衡炉衬材料的蚀损。

（3）严格控制砖的尺寸公差。采用合适的火泥与结合剂，提高砌筑质量，减少砖缝蚀损。

（4）改进炉型，合理设置风口、喷枪、烧嘴的数量与位置。

（5）改进使用条件：

1）采用合理的烘炉制度，减轻开炉时耐火材料的热剥落。

2）控制冶炼温度，加入适当冷料，降低炉温，减轻炉衬的蚀损。

3）在炉衬工作面形成保护层。Фадеев 等曾研究了在转炉中加入高铝矾土或 Al_2O_3-Cr_2O_3 废料代替部分硅石造渣，使炉衬表面形成以 $FeAl_2O_4$ 尖晶石为主的保护层。

$$FeS + 3Fe_3O_4 + 10Al_2O_3 = 10FeAl_2O_4 + SO_2\uparrow$$

这种保护层比 Fe_3O_4 保护层形成所需时间缩短一半，而侵蚀速度却低。采用 $FeAl_2O_4$ 保护层后转炉寿命可提高 50%。

4）对间断式生产的炉子如转炉，在两炉次之间的间歇时间内，采取适当的保温措施，可减轻耐火材料的热剥落与结构剥落。

参 考 文 献

[1] Makipaa M, Taskinen P. Scand. J of Metall, 1980,(9): 273.

[2] Fujio Hamamoto. Taikabutsu Overseas, 1981, 1(1): 97.

[3] 陈肇友，李勇．耐火材料，1993，27(2)：72.

[4] Bilkerman J J. Surface Chemistry. Academic Press Inc., New York, 1958: 23.

[5] 陈肇友．钢铁，1989，(7)：52.

[6] Кузьмин Л И, Перепелиын В А, Митюшов Н А, и др. Огнеупоы, 1977, (6): 28.

[7] 陈肇友．耐火材料，1990，24(2)：37.

[8] Фадеев О Н, Кашеев и Д, Фудяков И Ф. Мокеев. Огнеупоы, 1981, (5): 29.

[9] Kimura T, Tsuyuguchi S, Ojima Y, Mori Y, Ishii Y. J of metals, 1986, (9): 38.
[10] 陈肇友. 耐火材料, 1992, 26(3): 177.
[11] 洛阳耐火材料厂, 洛阳耐火材料研究院, 等. 熔铸镁铬耐火材料的开发 (鉴定材料), 1996: 12.
[12] Carswell G P, Peattfield M. Spencer, D. R. F. Trans Inst Min Metall, Sect C, 1980, 89 (12): c179.
[13] Barthel H, Kassegger F, Soucek F. Proceedings of International Symposium on Refractories. Hangzhou, China, 1988: 489.

Development and Selection of Refractories for Copper-and Nickel-Making Furnace

Chen Zhaoyou

(Luoyang Institute of Refractories Research, Ministry of Metallurgical Industry)

Abstract: It is described in eight parts: (1) development of copper-and nickel-making processes; (2) features and conditions of pyrometallurgical processes of copper and nickel; (3) attack of iron oxide-silica slags on refractories; (4) liquid penetration into refractory body and structural spalling resistance of refractories; (5) behavior of carbon-containing refractories in SO_2 atmospheres; (6) selection of refractories for copper or nickel smelting and blowing furnaces; (7) trends of high performance magnesite-chrome refractories; (8) approaches for improving service life of refractories lining of copper and nickel smelting and converting furnaces.

本文选自《有色金属冶炼用耐火材料研讨会(1991 年)文集》, 部分内容刊登在《耐火材料》, 1992, 26(2): 108.

炼镍转炉风口用耐火材料的研制与使用

陈肇友　李　勇

（冶金工业部洛阳耐火材料研究院）

摘　要：本文分析了炼镍转炉冶炼的特点及对耐火材料的要求；分析了含碳耐火材料在炼镍、炼铜转炉上使用不好的原因；研究了 Al_2O_3、Cr_2O_3、Fe_2O_3 含量以及添加剂 ZrO_2、杂质对镁铬材料高温强度、热震稳定性、抗炼镍转炉渣与抗冰镍侵蚀的影响。根据研究结果，试制出了优质镁铬风口砖。这种优质镁铬风口砖在50t 炼镍转炉风口使用，其寿命比普通镁铬风口砖高一倍多，达61 炉。

在铜、镍火法冶炼中，耐火材料消耗量最大的是炼铜与炼镍转炉。炼镍转炉炉衬寿命低，劳动强度大，已成为镍冶炼生产过程中的薄弱环节，是一亟待解决的难题。其中尤以风口与风口区耐火材料蚀损最为严重，其寿命仅为转炉炉衬其他部位寿命的1/3。我国金川有色金属公司炼镍转炉风口寿命仅为20 炉左右，但炼镍转炉用耐火材料的研究国内外报道却甚少。为此，我们开展了炼镍转炉风口与风口区用耐火材料的研究。研制出了一种性能较好的优质镁铬风口砖，在炼镍转炉风口使用，寿命达50 炉以上。

1　炼镍转炉吹炼特点、对耐火材料的要求及材质选择

1.1　冶炼特点及对耐火材料的要求

50t 炼镍转炉吹炼 1 炉约 7h，吹炼温度为 1300 ~ 1500℃，分 7 ~ 8 次加入低冰镍与石英造渣剂，倒渣 7 ~ 8 次。炼 1 炉出高冰镍（Ni 48%）约 50t，出渣约 130t。耐火材料特别是风口与风口区耐火材料所处条件十分恶劣。

吹炼的低冰镍（硫化物）熔体含硫很多，吹炼中要产生大量

SO_2 气体，耐火材料是在含有大量 SO_2 气体中使用的。冰镍中含大量硫化铁，为了除去 FeS，要将 FeS 氧化为 FeO；为此需加入 SiO_2 造渣。因此熔渣成分主要为 FeO 与 SiO_2。由于低冰镍含镍不高，吹炼时渣量很大，因此，耐火材料要能抗铁硅渣的侵蚀。

低冰镍与熔渣的熔点低，流动性好，易渗入耐火材料内。有色金属冶炼炉多为连续式生产设备，但转炉为间断式生产。间断式生产设备炉温波动大，风口处温度波动更大、更频繁。

既然冰镍与铁硅渣易渗入耐火材料，风口处温度波动大且频繁，因此，要求风口耐火材料抗热剥落与结构剥落要好。风口与风口区耐火材料会受到熔体与气流的剧烈冲刷侵蚀，捅风眼还会使风口砖受到机械损伤。因此，风口耐火材料还要有好的常温强度与高温强度。

1.2 风口砖材质初步选择

1.2.1 抗铁硅渣侵蚀较好的材料

图 1 与图 2 分别示出了一些耐火氧化物与 Fe_3O_4-SiO_2 渣构成的三元系在 1500℃液相区[1]以及 1500℃时在 FeO-SiO_2 渣中的溶解度。

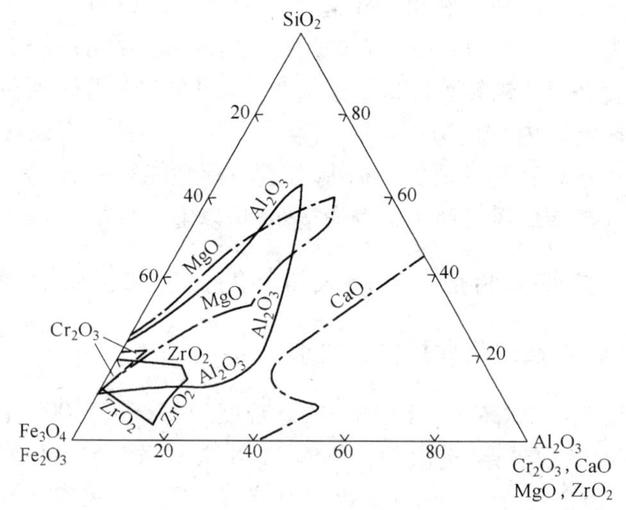

图 1 Al_2O_3-SiO_2-Fe_3O_4、Cr_2O_3-SiO_2-Fe_2O_3、ZrO_2-SiO_2-Fe_3O_4、MgO-SiO_2-Fe_3O_4、CaO-SiO_2-Fe_2O_3 系在 1500℃时的液相区

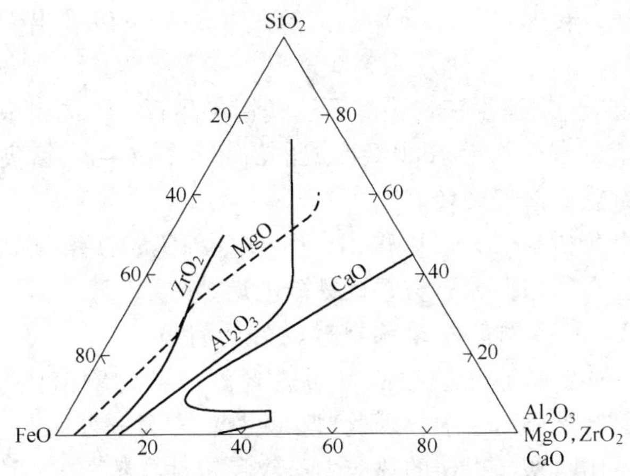

图 2 在 1500℃时 Al_2O_3、MgO、CaO、ZrO_2 在 SiO_2-FeO 渣中的溶解度

从图 1 与图 2 可看出，石灰与铁硅渣形成的液相区最大。因此，石灰与含 CaO 多的白云石材料抗铁硅渣熔蚀差，不适于用来做炼镍转炉的风口。Cr_2O_3 及 ZrO_2 与铁硅渣构成的液相区小以及在 FeO-SiO_2 渣中溶解度小，表明其抗铁硅渣熔蚀好。

图 3[2]示出了一些耐火氧化物在 FeO-SiO_2 渣中的溶解速度（旋

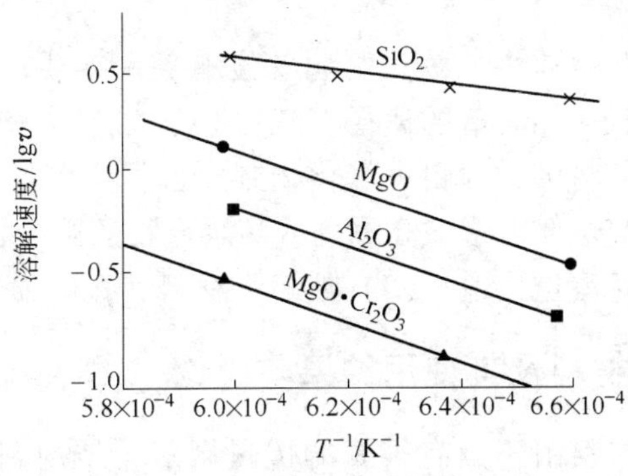

图 3 SiO_2、MgO、Al_2O_3 与镁铬尖晶石在铁橄榄石渣中的溶解速度与温度的关系

（转速为 120r/min）

转圆柱体法，转速 120r/min）与温度的关系。可以看出，镁铬尖晶石甚好。

文献［3］报道了镁铬尖晶石、镁铝尖晶石与不同组成的 Fe_2O_3-SiO_2 渣构成的混合物在 1600℃形成的液相量，说明镁铬尖晶石比镁铝尖晶石抗铁硅渣侵蚀要好。

从以上分析与研究可以得出：Cr_2O_3、ZrO_2、镁铬尖晶石抗铁硅渣熔蚀好，石灰与白云石材料抗铁硅渣熔蚀差。

1.2.2 抗热剥落与结构剥落较好的材质

溶解、冲蚀是逐渐蚀损的，而热剥落与结构剥落则是几毫米、几十毫米厚突然剥落蚀损，因此对耐火材料寿命危害甚大。

一般可用哈塞曼提出的热应力裂纹稳定性参数 R_{st} 或 R'_{st} 来估计耐火材料的抗热震性[4]。

$$R_{st}=(G/\alpha^2E)^{1/2}$$

$$R'_{st}=(G\lambda^2/\alpha^2E)^{1/2}$$

式中，G 为断裂功；α 为热膨胀系数；E 为弹性模量；λ 为热导率。

R_{st} 值越大，材料的热震性越好。从上式可以看出，热膨胀系数对 R_{st} 值影响特别大。比较各种耐火物的热膨胀系数可知，含碳耐火材料热震稳定性好。在镁砖中加入 Cr_2O_3 或 Al_2O_3 可提高镁砖的热震稳定性。

结构剥落与熔体渗入耐火材料深度有关。变质层越厚，结构剥落越严重。减轻结构剥落的途径有三：（1）加入与熔体润湿性不好的耐火组元，如将碳加入耐火氧化物制成含碳耐火材料；（2）在耐火材料中加入与熔体能形成高黏性或高熔点物的组元，如 Cr_2O_3，以减轻渗透或堵塞渗透通道；（3）使耐火材料气孔微细化。

2 含碳耐火材料及其使用结果与讨论

含碳耐火材料由于具有很好的抗热剥落与结构剥落性能，近年来广泛用于钢铁工业，取得了很好的效果。

前苏联曾在炼镍转炉风口使用过白云石碳砖，效果不好[6]。其原因主要是 CaO 抗 FeO-SiO_2 渣侵蚀性差造成的。日本人在炼铜转炉风口曾试验过镁碳砖，效果也不理想[7]。我国某耐火厂也曾在炼镍转炉风口试验过镁碳砖，效果也不好。我们对炼镍转炉进行了 Al_2O_3-C 砖的试验。

我们在实验室进行了含碳耐火材料在 N_2 气气氛下，抗低冰镍与转炉渣的侵蚀、渗透试验。结果表明，含碳耐火材料明显优于镁铬试样。含碳耐火材料中，铝碳质优于镁碳质；而加有 SiC 的 Al_2O_3-C 试样又优于未加 SiC 的 Al_2O_3-C 试样。

试验用 Al_2O_3-C 质风口砖是以电熔刚玉、石墨（98%C）、SiC 粉（97%SiC）为原料，加有少量 B_4C，以酚醛树脂为结合剂，在 630t 摩擦压砖机上成型的。成型后，外观规整、无裂纹。经 200℃热处理后，密度为 3.1g/cm^3，气孔率为 12%，常温抗折强度为 15MPa，1400℃下的高温抗折强度为 4.4MPa。

在炼镍转炉风口进行了铝碳质与普通镁铬风口砖的对比试验。结果表明铝碳质风口砖的使用效果比普通镁铬风口砖还差，仅用 18 炉即全部被蚀损掉。

为何含碳耐火材料在钢铁工业特别是氧气炼钢转炉上使用效果很好，而在炼镍、炼铜转炉上就不理想呢？

钢铁工业处理的熔体是 Fe-C 熔体。高炉炉内是还原气氛，气体中含有大量 CO，铁水中碳达到了饱和，所以高炉、铁水预处理都可用碳与含碳耐火材料。氧气转炉炼钢的主要任务是减少铁液中的碳，吹炼中析出大量 CO 气体，其 CO 气体的压力约为 0.1MPa。

反应式 $2C + O_2 \Longrightarrow 2CO$ 的平衡常数：

$$K_p = p_{CO}^2 / p_{O_2} \cdot a_C^2$$

以及 K_p 与温度的关系：

$$\log K_p = 12153/T + 8.77$$

式中，p_{O_2} 为氧气的分压；a_C 为 C 的活度。

从上列式子可算出在转炉炼钢温度 1600℃时炉气中氧的压力。当 $p_{CO} = 0.1$MPa，$a_C = 1$ 时，$p_{O_2} = 5.5 \times 10^{-17}$MPa。当 $p_{CO} = 0.1$MPa，$a_C = 0.1$ 时，$p_{O_2} = 5.5 \times 10^{-15}$MPa。这说明转炉炼钢中，氧压是很低的。

在炼镍、炼铜转炉中，炉内 SO_2 气体的浓度约为 14%，即 SO_2 压力为 $p_{SO_2} = 0.014$MPa。

SO_2 分解反应 $SO_2 = 1/2S_2 + O_2$

平衡常数 $K_p = (p_{S_2}^{1/2} \cdot p_{O_2})/p_{SO_2}$

K_p 与温度的关系为：

$$\log K_p = -18850/T + 0.163\log T + 2.65$$

从上面二式可算出在炼镍、炼铜温度为1400℃时，炉气中 O_2 的压力为 $p_{O_2} = 6.9 \times 10^{-6}$ MPa。这比炼钢转炉中的氧压大9～11个数量级。因而在炼镍或炼铜转炉中，含碳耐火材料中的碳是很易被氧化的。这可能是含碳耐火材料在炼镍或炼铜转炉中使用效果不好的原因。

3 炼镍转炉风口用镁铬材料的探讨

从风口用材质的选择分析、含碳耐火材料在风口的试验结果以及制砖原料的来源、价格来看，炼镍转炉风口与风口区的耐火材料以采用镁铬质较好。为了制取优质镁铬风口砖，我们开展了 Cr_2O_3、Al_2O_3、Fe_2O_3 含量、添加剂 ZrO_2 及杂质与工艺对镁铬材料的高温强度、抗热震性、抗炼镍转炉渣与抗冰镍侵蚀等性能影响的研究。

3.1 Cr_2O_3、Al_2O_3、Fe_2O_3 含量对镁铬材料性能的影响

原料：轻烧菱镁矿、铬精矿、工业氧化铬、工业氧化铝与试剂级三氧化二铁，其化学组成示于表1。

表1 原料的化学组成 (%)

原料	MgO	Cr_2O_3	Al_2O_3	Fe_2O_3	CaO	SiO_2	灼减
轻烧菱镁矿	97.34	—	0.085	0.10	1.09	0.37	1.12
国产铬精矿	16.41	52.39	13.57	15.02	痕	1.61	0.20
菲律宾铬精矿	16.50	35.72	27.84	16.90	0.55	1.70	0.14
工业 Al_2O_3	—	—	99.60	0.03	—	0.075	—
工业 Cr_2O_3	—	>98	—	—	—	—	—

用上述原料配制出表2所示的各种镁铬料，然后磨细至小于0.088mm。经混炼、压制成荒坯，并于1750℃煅烧。煅烧后的各种料中，以 $K_{18}A_{16}F_5$ 共烧结料的显气孔率最低（13%），密度最高（3.27g/cm³），$K_{25}A_5F_5$ 与 $K_{18}A_5F_{12}$ 的显气孔率（分别为21%与20%）最高，密度（分别为3.00g/cm³与3.03g/cm³）最低。

表2　各种共烧结镁铬样的化学成分　　（%）

试　样	MgO	Cr_2O_3	Al_2O_3	Fe_2O_3	CaO	SiO_2
$K_{12}A_5F_5$	79.7	12.0	3.2	3.5	0.85	0.66
$K_{18}A_5F_5$	70.4	18.0	4.7	5.2	0.72	0.80
$K_{25}A_5F_5$	59.5	25.1	6.6	7.2	0.58	0.96
$K_{18}A_{12}F_5$	63.1	18.1	12.1	5.3	0.65	0.79
$K_{18}A_{16}F_5$	59.2	18.1	16.1	5.2	0.64	0.76
$K_{18}A_5F_8$	67.6	18.1	4.7	8.1	0.70	0.79
$K_{18}A_5F_{12}$	63.6	18.1	4.7	12.1	0.65	0.83

将上列各种共烧结料破粉碎分级，以亚硫酸纸浆废液为结合剂，于150MPa压力下压制成各种不同规格的样块与坩埚，并在1750℃烧成。各种共烧结镁铬样的性能示于表3与图4。

表3　各种共烧结镁铬样的物理性能

试　样	显气孔率/%	密度/$g \cdot cm^{-3}$	耐压强度/MPa	常温抗折强度/MPa	高温抗折强度/MPa(1400℃)
$K_{12}A_5F_5$	16	3.09	80	32.5	13.6
$K_{18}A_5F_5$	17	3.07	52	16.6	15.5
$K_{25}A_5F_5$	22	2.98	25	10.5	14.8
$K_{18}A_{12}F_5$	16	3.12	49	17.5	18.2
$K_{18}A_{16}F_5$	13	3.34	61	19.3	19.4
$K_{18}A_5F_8$	18	3.04	29	11.7	9.4
$K_{18}A_5F_{12}$	23	2.98	28	11.2	7.3

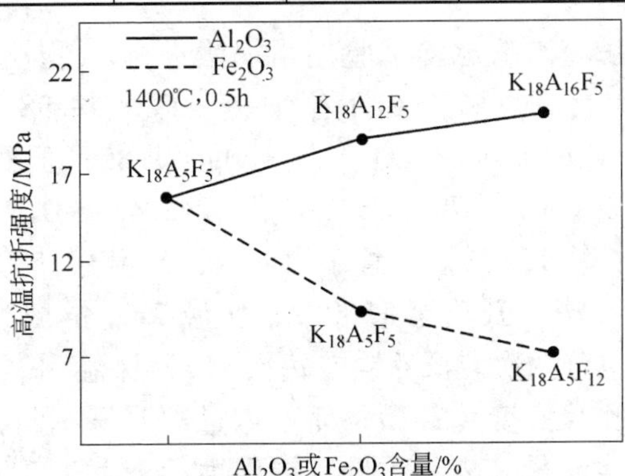

图4　Al_2O_3、Fe_2O_3含量对共烧结镁铬样高温抗折强度的影响

从表3与图4可以看出，在相同烧成温度下制成的试样，随着Cr_2O_3含量的增加，镁铬试样的常温强度降低，高温抗折强度变化不大；但Al_2O_3含量增加，无论常温强度，还是高温强度皆增大；Fe_2O_3含量增加，则常温强度、高温强度皆降低。

各种镁铬共烧结样的抗热震性用1100℃—空冷循环5次后试样的残余抗折强度百分数来表示。试验结果示于图5。从图5可以看出：随着Cr_2O_3含量或Al_2O_3含量的增加，镁铬共烧结样的抗热震性增加；随着Fe_2O_3含量的增加，抗热震性则降低。

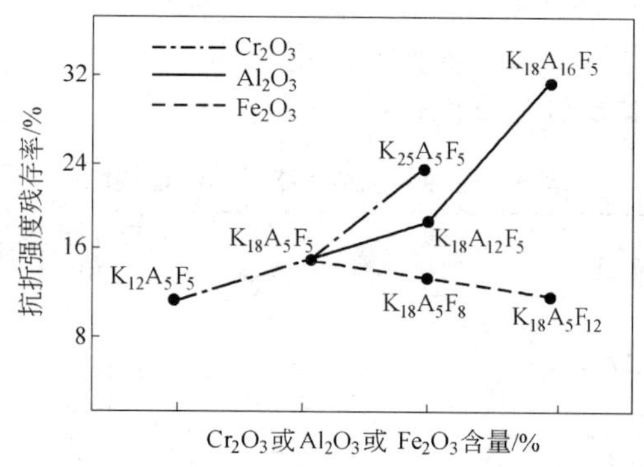

图5 Cr_2O_3、Al_2O_3、Fe_2O_3含量对共烧结镁铬样抗热震性的影响

抗炼镍转炉渣与低冰镍试验用坩埚法进行。低冰镍与转炉渣均取自现场。其成分（%）如下：炉渣：FeO 49.98，SiO_2 34.74，Al_2O_3 1.09，Fe_2O_3 6.70，CaO 0.78，MgO 1.85；低冰镍成分：Ni 13.17，Fe 44.24，Cu 6.70，Co 0.46，S 24.04，SiO_2 3.90。

抗渣试验：将15g转炉渣置于坩埚内，升温至1500℃，保温3h；冷却后再加15g渣，升温至1500℃，保温3h。抗低冰镍试验是在1300℃进行，也分两次装低冰镍，每次15g，保温3h。由于渣蚀后，各坩埚试样中孔尺寸变化甚微，而残渣量却明显不同，因此抗转炉渣侵蚀大小以残渣量来表示。低冰镍侵蚀后，由于低冰镍全部渗入坩埚，熔蚀量极少，因此用渗透深度来表示侵蚀程度。两次抗侵蚀试样中，抗侵蚀性大小都是以$K_{18}A_5F_5$试样的侵蚀率为1来进行相对比较的。试验结果示于图6、图7。

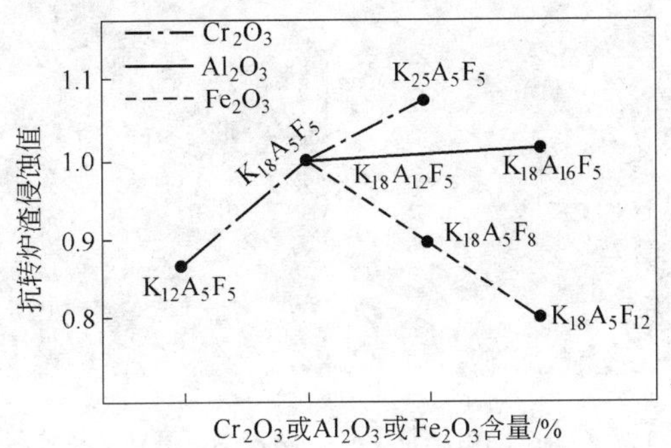

图6 Cr_2O_3、Al_2O_3、Fe_2O_3 含量对共烧结镁铬样抗转炉渣侵蚀的影响

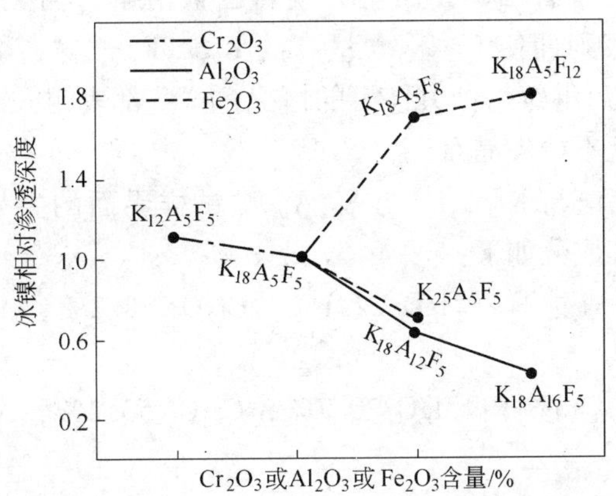

图7 Cr_2O_3、Al_2O_3、Fe_2O_3 含量对共烧结镁铬样抗冰镍渗透的影响

从图6、图7可知，增加镁铬共烧结样中的 Fe_2O_3 含量对抗转炉渣与低冰镍侵蚀不利；增加 Al_2O_3 含量对镁铬样抗转炉渣侵蚀影响不大，但对抗低冰镍渗透有好处；增加 Cr_2O_3 含量对抗转炉渣与低冰镍侵蚀都有好处。

图8、图9分别示出了 $K_{18}A_5F_5$ 与 $K_{18}A_5F_{12}$ 渣蚀后的电镜照片。对比这些照片可以看出，含氧化铁高的镁铬试样抗渣性要明显差些。

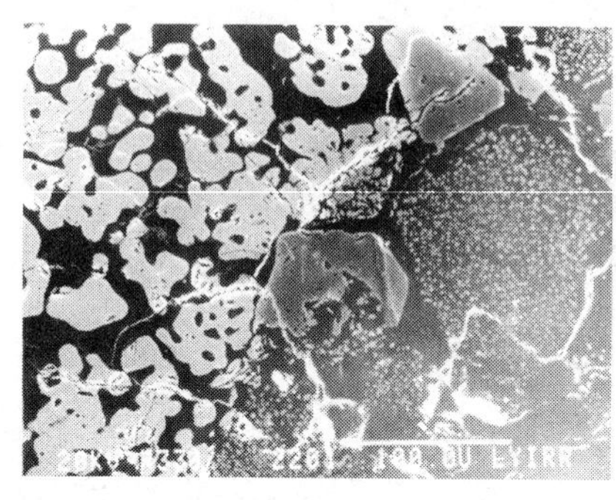

图 8 $K_{18}A_5F_5$ 试样渣蚀后的电镜照片
左边为接触渣面，右边为原砖层

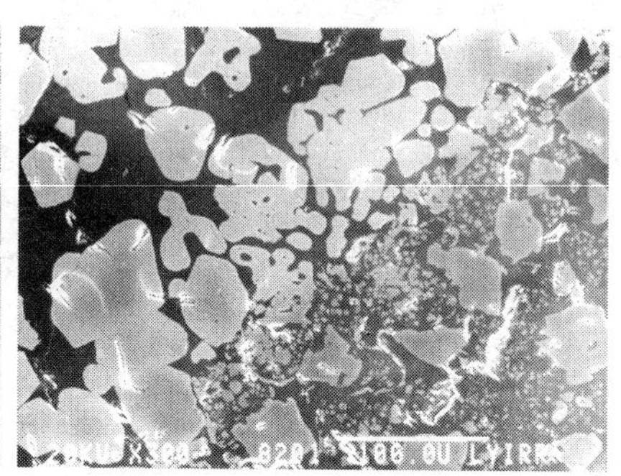

图 9 $K_{18}A_5F_{12}$ 试样渣蚀后的电镜照片
左边为接触渣面，右边为原砖层

从这些照片还可看出，界面上方镁石已被溶解，而尖晶石已增多。此外，还观察到即使 Cr_2O_3 含量高的 $K_{25}A_5F_5$ 试样，熔渣也能绕到“尖晶石”背后继续熔蚀方镁石的情况。这些都表明方镁石抗有色冶炼渣的溶蚀远不如尖晶石。

对悬浮在渣与 $K_{18}A_5F_5$ 与 $K_{18}A_{16}F_5$ 试样界面的尖晶石，经电子探针分析，其成分如下：

$K_{18}A_5F_5$ 渣蚀样：MgO 22.1%，Cr_2O_3 48.2%，Al_2O_3 16.7%，FeO 12.9%；

$K_{18}A_{16}F_5$ 渣蚀样：MgO 20.7%，Cr_2O_3 53.2%，Al_2O_3 17.2%，FeO 6.4%。

表明相当于上面组成的镁铬复合尖晶石在抗炼镍转炉渣侵蚀上可能是较好的。

图 10～图 13 示出了 $K_{25}A_5F_5$ 与 $K_{18}A_5F_5$ 试样经低冰镍侵蚀后的显微照片以及试样内渗透带的情况。图中白色亮点为外来渗入物。经探针分析白色亮点的主要化学成分为 Cu、Fe、S 及少量 Ni。表明冰镍（硫化物）可以渗透很深。

比较图 12 与图 13 可以看出氧化铬含量高的镁铬试样渗入带内白色亮点较少，说明其抗冰镍的渗透性较好。

Cr_2O_3、Al_2O_3、Fe_2O_3 对镁铬样强度、抗热震性与抗侵蚀性的影

图 10 $K_{25}A_5F_5$ 试样经低冰镍试验后的显微照片（×250）
左边为接触冰镍面，右边为原砖层

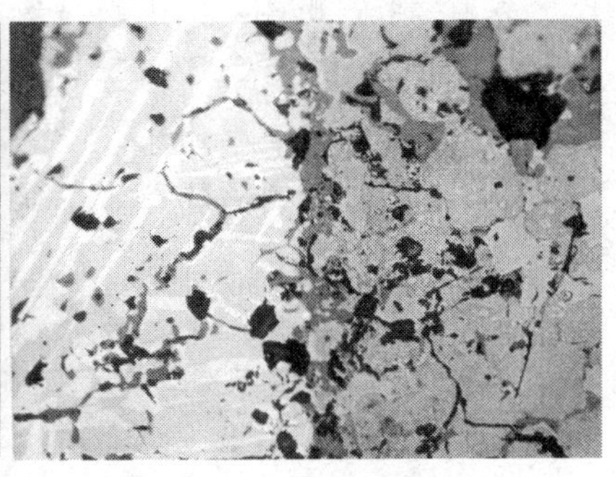

图 11 $K_{18}A_5F_5$ 试样经低冰镍试验后的显微照片（×250）
左边为接触冰镍面，右边为原砖层

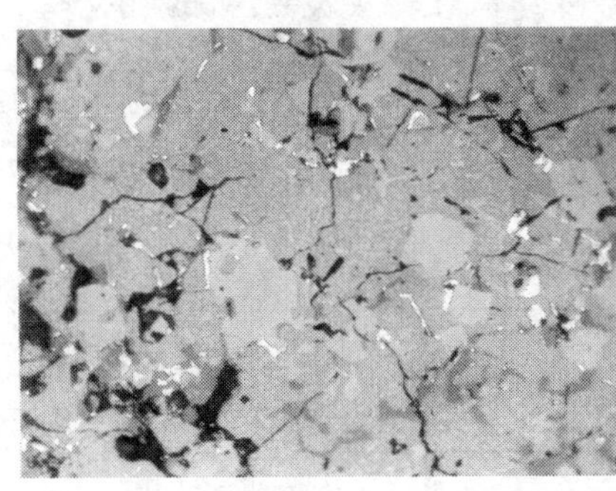

图 12 $K_{25}A_5F_5$ 试样经低冰镍侵蚀后渗透带显微照片（×250）
图中白色亮点为外来物

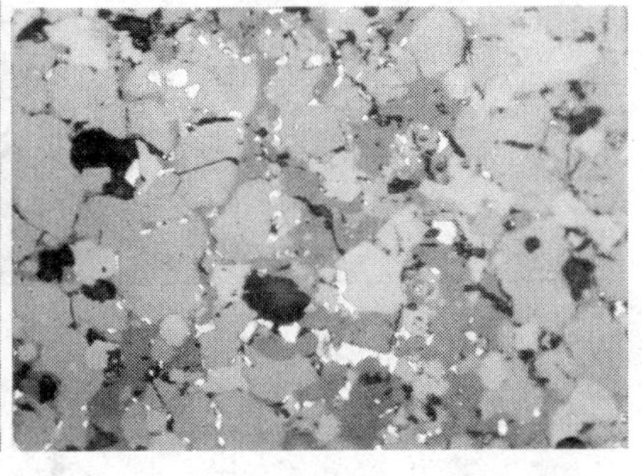

图 13 $K_{18}A_5F_5$ 试样经低冰镍侵蚀后渗透带显微照片（×250）
图中白色亮点为外来物

响，与倍半氧化物 R_2O_3 在方镁石及硅酸盐液相中的溶解度，Cr_2O_3 的倒溶解现象以及冷却时析出的二次尖晶石、晶间尖晶石量有关；也与这些倍半氧化物的变价有关[8]。

3.2 ZrO_2 对镁铬材料性能的影响

为提高镁铬耐火材料的使用性能，研究了加入 ZrO_2 对镁铬试样的影响。

将轻烧菱镁矿、铬精矿、工业氧化铝粉按 60：33：7 的比例配料。配料后的化学组成（%）为：MgO 62.0，Cr_2O_3 18.1，Al_2O_3 13.0，Fe_2O_3 5.3，SiO_2 0.8，CaO 0.7。然后分别外加0%、2.5%、5%的 ZrO_2 粉（ZrO_2 99%），共磨、压成荒坯，于1730℃煅烧成共烧结熟料。共烧结熟料的气孔率与体积密度示于表4。

表4　ZrO_2 对镁铬共烧结料性质的影响

ZrO_2（外加）/%	0	2.5	5
显气孔率/%	18	11	10
密度/$g \cdot cm^{-3}$	3.08	3.38	3.43

从表4中可以看出，加入 ZrO_2 可降低镁铬共烧结料的气孔率，增加密度。

用上面共烧结料分别制成了 Z_0、$Z_{2.5}$、Z_5 三种镁铬样。试样的烧成温度为1730℃。ZrO_2 含量对镁铬样性能的影响见表5。

表5　ZrO_2 对镁铬样性能的影响

编号	显气孔率/%	密度/$g \cdot cm^{-3}$	常温耐压强度/MPa	常温抗折强度/MPa	1400℃抗折强度/MPa	热震稳定性/次（1100℃—水冷）
Z_0	16	3.19	68	15.6	5.6	2.5
$Z_{2.5}$	15	3.25	50	15.8	11.8	5
Z_5	12	3.40	91	18.5	13.1	5

从表5中可以明显看出，加入 ZrO_2 可以提高共烧结镁铬样的常温强度与高温强度。加 ZrO_2 还可以明显地改善共烧结镁铬材料的热震稳定性。从试样切口比较，加有 ZrO_2 的试样，其内部都有大量微细裂纹存在。可能正是由于这些微细裂纹的存在，吸收了裂纹扩展的能量，从而增强了试样的热震稳定性。图14、图15为 Z_0 与 Z_5 试样的断口照片。从照片可以看出，两种试样的断口有着明显的差别。加 ZrO_2 的镁铬试样基质中晶粒，其表面呈锯齿状，这可能是由于 ZrO_2 的加入妨碍了晶体生长造成。这些锯齿状物可

能起了咬合、钉扎作用，增强了颗粒之间的结合，从而提高了试样的强度与热震稳定性。

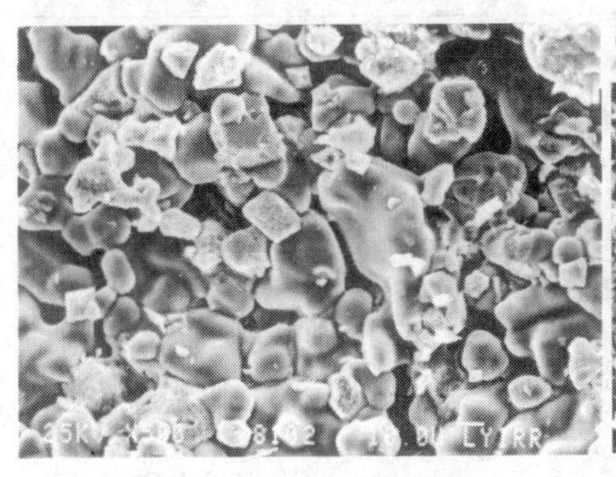

图 14 未加 ZrO_2 的试样 Z_0 断口 SEM 照片

图 15 加 5% ZrO_2 的共烧结镁铬样 Z_5 断口 SEM 照片

上面三种试样，用坩埚法进行了抗转炉渣侵蚀试验。试验结果表明，加 ZrO_2 的镁铬样优于不加 ZrO_2 的试样。

对再结合镁铬样，我们也进行了在基质中加入 ZrO_2 对性能影响的试验。试验结果示于图 16。从图 16 可以看出，加入 ZrO_2 可提高再结合镁铬样的高温强度与热震稳定性，但加入量不宜超过 5%。

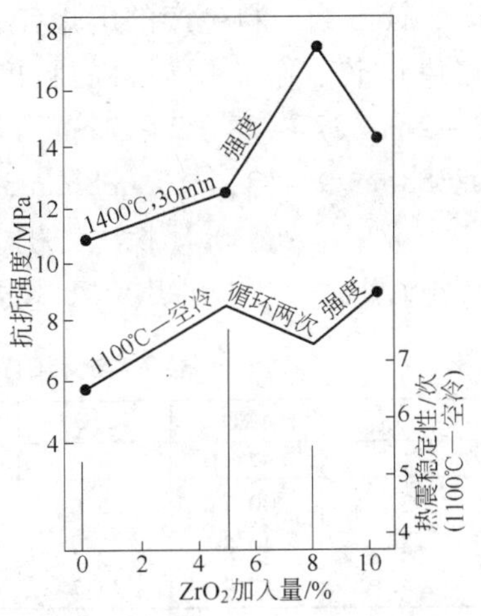

图 16 基质中 ZrO_2 加入量对再结合镁铬试样性能的影响

3.3 杂质与工艺对镁铬材料性能的影响

杂质与工艺对镁铬材料使用性能的影响，我们曾在文献［5］中作了综述。在此只对我国目前实际使用的普通镁铬（即硅酸盐结合镁铬），电熔再结合镁铬与共烧结镁铬 $K_{18}A_5F_5$ 的热震稳定性、抗低冰镍与抗转炉渣侵蚀进行了试验，试验结果示于表 6。

表 6 不同镁铬材料的性能比较

试 样	热震稳定性 /次（1100℃—水冷）	冰镍的相对 渗透深度	转炉渣熔 蚀量对比
普通镁铬	4	1.7	1.5
电熔再结合镁铬	2	1.5	1.2
共烧结镁铬	2.5	1.0	1.0

从表 6 可见，共烧结镁铬样除热震稳定性不如普通镁铬外，其他方面均优于普通镁铬与再结合镁铬。

4 优质镁铬风口砖的试制与现场使用试验

4.1 试制与现场对比试验

在实验室研究的基础上，采用铬精矿、镁砂、工业氧化铝、工业氧化铬等为原料，试制了优质镁铬风口砖。为了对比，用普通铬矿、镁砂为原料生产的电熔镁铬料制作了杂质含量较高的再结合镁铬风口砖。制砖用泥料的粒度组成如下（%）：>3mm 0.5～0.6，3～2mm 27～28，2～1mm 11～12，1～0.5mm 10～11，0.5～0.088mm 9～12，<0.088mm 38～41。

成型是在 630t 摩擦压砖机上进行。烘干后，在隧道窑中于1730～1750℃烧成。试制的几种风口砖的化学组成与性能示于表 7、表 8。

表 7 试制的镁铬风口砖的化学组成 （%）

编 号	MgO	Cr_2O_3	Al_2O_3	Fe_2O_3	CaO	SiO_2
1	57.4	18.3	14.0	7.6	0.86	1.74
2	40.7	35.6	7.2	8.0	0.49	2.40
3	40.8	33.9	6.9	8.5	0.47	5.13
4	42.9	35.7	7.2	8.9	0.49	5.39

表 8 试制的镁铬风口砖的物理性能

编 号	气孔率/%	密度 $/g\cdot cm^{-3}$	常温耐压 强度/MPa	常温抗折 强度/MPa	1400℃抗折 强度/MPa	对比试验后 残砖厚度/mm
1	20.0	—	40.2	11.0	7.5	110
2	25.0	—	48.0	12.9	7.7	150
3	10.3	3.44	105.0	13.3	—	50
4	15.3	3.38	79.0	15.9	—	无残砖

试制的四种镁铬风口砖分两次与常用镁铬风口砖共砌在50t炼镍转炉风口对应部位进行比较试验。

第一次用No.1与No.2优质镁铬风口砖砌于转炉第8~19个风眼处。使用24炉后，常用镁铬风口砖已全部蚀损掉，而试验砖残砖厚度尚有110~150mm，显著优于常用镁铬风口砖。

由于No.1与No.2镁铬风口砖所用原料为铬精矿，考虑到目前我国铬精矿来源较困难，因此第二次是用未经选矿的铬矿，由电熔来得到高铬料，再试制成再结合镁铬风口砖No.3、No.4。试验砖与常用镁铬风口砖砌于炼镍转炉风口进行对比试验。试验结果表明，No.4与常用镁铬风口砖相近；而加 ZrO_2 的No.3样比常用镁铬风口砖好一些，但其残砖只多出30~50mm。

从以上试验结果可以看出：即使砖中含 Cr_2O_3 量高，但由于杂质 SiO_2 高，使用效果也不好；加入 ZrO_2 可提高镁铬风口砖的使用寿命。

4.2 优质镁铬风口砖试生产、使用及残砖分析

经过两次对比试验后，采用铬精矿，含MgO为97%的镁砂、工业氧化铝与工业氧化铬为原料，在洛阳耐火材料厂试生产了优质镁铬风口砖。试生产出的优质镁铬风口砖的化学组成与性能示于表9。

表9 优质镁铬风口砖的化学组成和物理性能 (%)

编号	MgO	Cr_2O_3	Al_2O_3	Fe_2O_3	CaO	SiO_2
5	55.3	26.6	9.1	6.0	1.03	1.61
6	52.4	31.7	8.9	4.2	1.61	0.93
7	51.2	29.5	9.7	7.5	0.69	1.16

编号	显气孔率/%	密度/$g \cdot cm^{-3}$	常温耐压强度/MPa	1400℃抗折强度/MPa	荷重软化开始温度/℃
5	18.3	3.14	53.5	11.4	—
6	24.0	2.95	66.5	—	—
7	21.0	3.07	59.1	—	1770

研制出的优质镁铬风口砖，其基质部分结合甚好，尖晶石发育很好，如图 17、图 18 所示。

图 17　优质镁铬风口砖断口，基质部分 SEM 照片

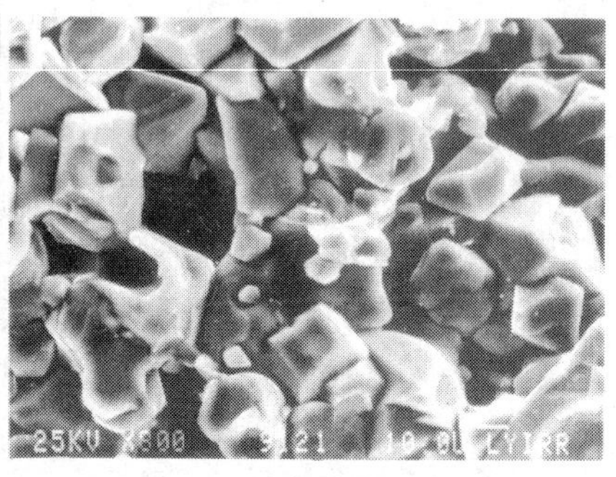

图 18　基质中镁铬尖晶石发育情况，SEM 照片

将上述优质镁铬风口砖与配套的镁铬风口砖砌于 50t 炼镍转炉风口与风口区，分批进行使用试验。进入转炉的低冰镍品位为 Ni 14%，产出的高冰镍品位为含 Ni 48%。使用中，曾由于炉口掉砖，中途停炉修理。最后，皆因非试验砖损毁而寿终。使用寿命分别为 51、57、58、61 炉。停炉后对风口与风口区用砖进行了测量，蚀损最严重的风口部位残砖厚度仍有 130 ~ 240mm。

用后镁铬风口砖的电子探针分析见图 19。从图中可以看出，氧化铁含量在离工作面 6mm 处即与原砖相近，说明氧化铁渗入深度不大。SiO_2 含量在离工作面 1.5mm 内变化大，在离工作面 11mm 处仍比原砖稍高。Ni、Cu、S 相伴渗入镁铬风口砖内，而且在离工作面 11mm 处，含量甚高，说明冰镍渗透能力很强，渗透很深，然而，反应层不厚。以上结果表明，优质镁铬风口砖具有良好的抗结构剥落性，因而使用效果好。

5　结语

（1）石灰与白云石耐火材料不宜用在炼镍转炉上。含碳耐火材料制作的风口砖在炼镍转炉上使用效果不理想。

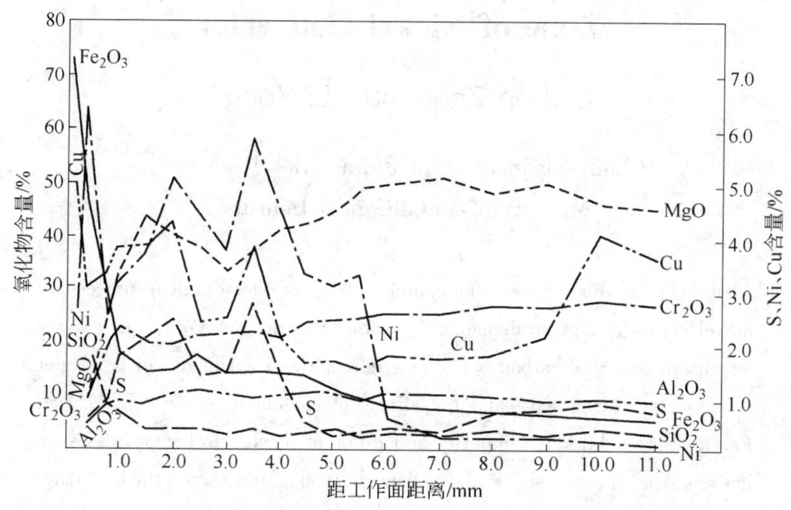

图19 用后镁铬风口砖的电子探针分析

（2）加 ZrO_2 可以改善镁铬材料的热震稳定性与使用效果。

（3）炼镍转炉风口以使用高 Cr_2O_3、低 Fe_2O_3、低 SiO_2 与低 CaO 的镁铬材质为好。研制出的优质镁铬风口砖用于炼镍转炉，风口寿命最高达61炉。若进一步改进转炉的炉口、端墙材质，优质镁铬风口砖寿命还可以大大增加。

参考文献

[1] 陈肇友．耐火材料，1990，24(2)：37.

[2] Бабкин В Г，Царевский Б В，Попель С И，и др. ОГНЕУПОРЫ，1974，(12)：37.

[3] Ключаров Я В，Кузнецов Ю Д，Суворов С А. ОГНЕУПОРЫ，1974，(7)：45.

[4] 陈肇友．耐火材料，1988，(1)：50.

[5] 陈肇友．耐火材料，1992，26(2)：108.

[6] Фадеев О Н，Обросов П П，Петухов Л П，и др. ОГНЕУПОРЫ，1985，(6)：55.

[7] Kimura T，Tsuyuguchir S，Cjima Y，Mori Y，Ishir Y. J. of Metals，1986，(6)：38.

[8] 陈肇友．耐火材料，1991，25(6)：352.

[9] 李勇，陈肇友．耐火材料，1991，25(5)：254.

Development of Refractories for Tuyere Zone of Nickel Converter

Chen Zhaoyou　Li Yong

(Luoyang Institute of Refractories Research, Ministry of Metallurgical Industry)

Abstract: In this paper, the characteristics of metallurgical process of nickel converter and its demands for refractories are analyzed, the reasons for unsatisfactory of carbon containing refractories used in nickel or copper converter are discussed, and the effects of content of Al_2O_3, Cr_2O_3 and Fe_2O_3, ZrO_2 additions, impurity and different manufactoring processes on hot strength, thermal shock and resistance to slag and matte attack of magnesitechrome refractories have been studied in laboratory. Based on the above investigations, a new premium quality magnesite-chrome brick has been developed and used at tuyere of 50t nickel converter. The service life of tuyere zone refractories has increased significantly from about 20 heats to 61 heats.

本文选自《耐火材料》, 1993, (2): 72; (3): 131.

混合稀土氧化物与Fe_2O_3对白云石烧结性能和抗水化性能的影响

陈开献　陈肇友

（冶金工业部洛阳耐火材料研究院）

摘　要： 研究了混合稀土氧化物和氧化铁对高纯天然白云石烧结性能和抗水化性能的影响。结果表明：加入混合稀土氧化物与氧化铁可以显著促进白云石的烧结，改善其抗水化性能。经1600℃，4h煅烧后可获得密度达3.40g/cm^3的致密熟料，其抗水化性能比无添加剂的白云石熟料有显著的提高。长期存放在大气中未见水化现象。

1　引言

我国白云石资源十分丰富，且分布广。由于白云石耐火材料抗热震性与抗结构剥落性较好；CaO又有利于脱磷、脱硫与除去钢中夹杂物，起净化钢液的作用，因此白云石是炼钢炉衬的良好材料。烧成白云石砖也是水泥窑衬的良好材料。但白云石耐火材料的最大弱点是易水化，不易存放。因此，如何提高白云石抗水化性而又保持良好的抗侵蚀性是国内外十分感兴趣的研究课题。但是至今这一问题并未得到较好的解决。稀土氧化物熔点高，且与碱土金属氧化物相近。本研究试图通过加入混合稀土氧化物与Fe_2O_3，以促进白云石烧结，改善其抗水化性。

2　试样的制备

白云石原料采用天然高纯白云石，其化学成分（%）为：CaO 30.75，MgO 21.11，SiO_2 0.06，Al_2O_3 0.10，Fe_2O_3 0.23，IL 46.61。混合稀土氧化物（REO）的化学成分（%）主要为La_2O_3(24.89)、CeO_2(52.80)、Pr_6O_{11}(5.31)与NdO_3(16.21)。

将刷洗干净的白云石原料经颚式破碎机、对辊破碎机破碎至小于0.5mm，然后配入添加剂，置于振动磨中共磨至小于0.088mm，加入少量黏结剂，混合均匀，在150MPa压力下成型，压制成直径36mm，高40mm或直径50mm，高65mm的试样。成型好的试样在$MoSi_2$炉中于1200～1600℃煅烧成熟料。各试样配比见表1。

表1　试样配比　（%）

试样编号	白云石	REO	Fe_2O_3
D	100	—	—
DR_2	99.50	0.50	—
DR_3	99.25	0.75	—
DR_4	99.00	1.00	—
DR_5	98.50	1.50	—
DF_1	99.50	—	0.50
DF_2	99.00	—	1.00
DR_2F_1	99.25	0.50	0.25
DR_2F_2	99.00	0.50	0.50

3　实验结果与讨论

3.1　混合稀土氧化物与Fe_2O_3对白云石烧结性能的影响

混合稀土氧化物或Fe_2O_3加入量对白云石烧结性能的影响见图1。

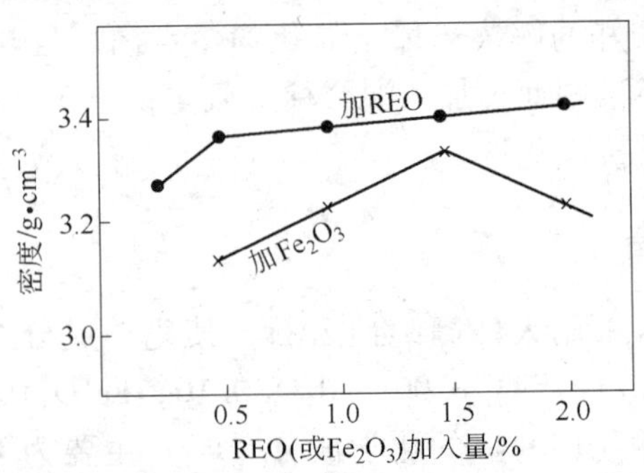

图1　混合稀土氧化物或Fe_2O_3加入量对试样体积密度的影响（1600℃，4h）

从图1可见：（1）随着混合稀土氧化物加入量的增加，试样的密度增大；但当 REO 加入量超过 0.5% 以后，增大的趋势减弱；（2）Fe_2O_3加入量小于1.5%时，随着 Fe_2O_3 加入量的增加，密度增加；但当 Fe_2O_3 加入量超过1.5%时，随着 Fe_2O_3 加入量的增加，密度反而下降。

表2与图2分别为各试样经不同温度煅烧后的密度。从表2可以看出：各试样的密度皆随煅烧温度的提高而增大；加入混合稀土氧化物与 Fe_2O_3 可以显著地改善白云石的烧结性能；添加混合稀土氧化物与 Fe_2O_3 的复合添加剂的 DR_2F_1 试样在1500℃煅烧4h就已基本烧结，在1600℃煅烧4h后可获得致密熟料，其密度达3.40 g/cm^3；复合添加剂效果最佳。

表2　各种试样在不同煅烧温度下的密度 （g/cm^3）

煅烧温度/℃	D	DR_2	DR_4	DR_5	DF_2	DR_2F_1	DR_2F_2
1300	—	2.60	2.62	2.63	2.61	2.64	2.66
1350	2.56	2.75	2.80	2.80	2.75	2.84	2.86
1400	2.62	2.93	2.93	2.96	2.91	3.00	3.02
1450	2.67	3.12	3.18	3.19	3.07	3.20	3.36
1500	2.78	3.26	3.25	3.28	3.18	3.35	3.39
1600	2.88	3.35	3.40	3.41	3.35	3.40	3.40

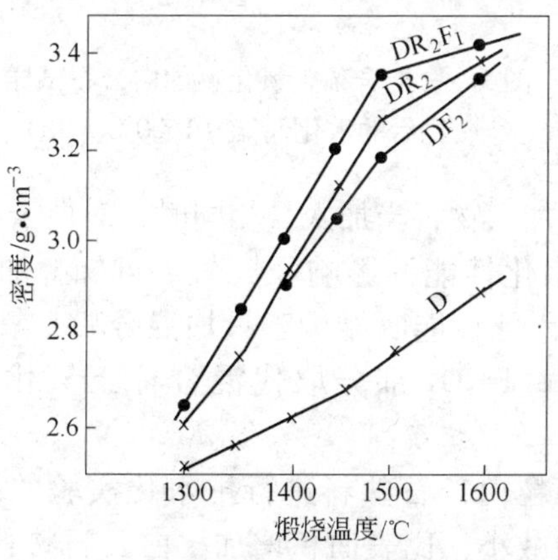

图2　试样在不同煅烧温度下的密度

3.2 混合稀土氧化物与氧化铁对白云石熟料抗水化性能的影响

水化实验是在恒温恒湿箱内进行，温度为(70 ±1)℃，相对湿度为95% ±5%，试样经表面抛光，以便试样能直接与水蒸气接触。每种试样 4 个，8h 称量一次。水化速率以熟料的增重百分率表示。

混合稀土氧化物的加入量对白云石试样经 1600℃，4h 煅烧后的抗水化性能的影响见图 3。试验中无添加剂的白云石熟料经 2h 水化实验后即开始溃散。而加入少量混合稀土氧化物的 DR_1（加 REO 0.25%）试样经 48h 水化，增重率为 1.28%，而同样水化条件下的 DR_2 试样增重率仅为 1.0%，可见加入 REO 对提高白云石的抗水化效果十分明显。

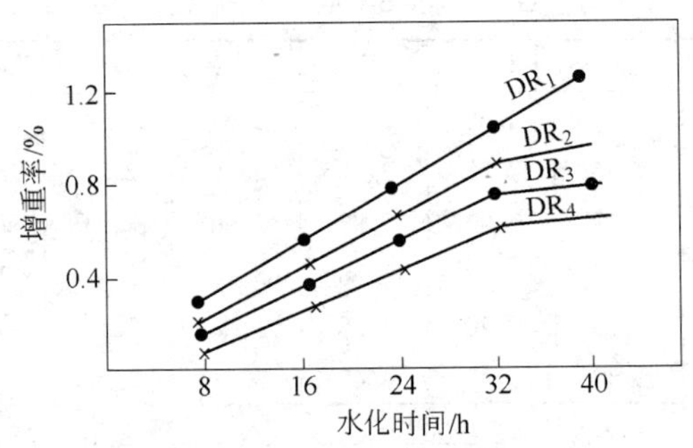

图3　含混合稀土氧化物的白云石试样经煅烧后的水化性能（1600℃，4h）

图 4 为不同加入物，当加入量相同时，对白云石试样经 1600℃，4h 煅烧后的抗水化性能的影响。从图 4 可知，加入复合添加剂的 DR_2F_1 试样的抗水化性能明显优于只加混合稀土氧化物的 DR_3 或只加 Fe_2O_3 的 DF_2。Fe_2O_3 部分取代混合稀土氧化物，还可以降低成本。

图 5 是用颗粒白云石熟料进行抗水化实验的结果。可以看出，随着颗粒尺寸的减小，比表面积增加，白云石熟料的抗水化性显著降低。

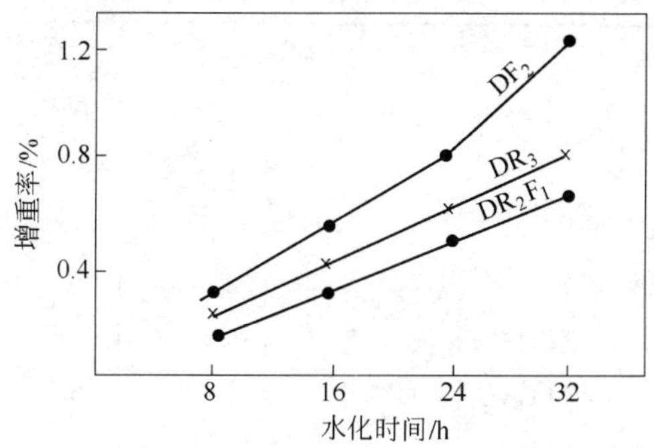

图4　不同的加入物，当加入量相同时，
其对白云石试样的抗水化性能的影响

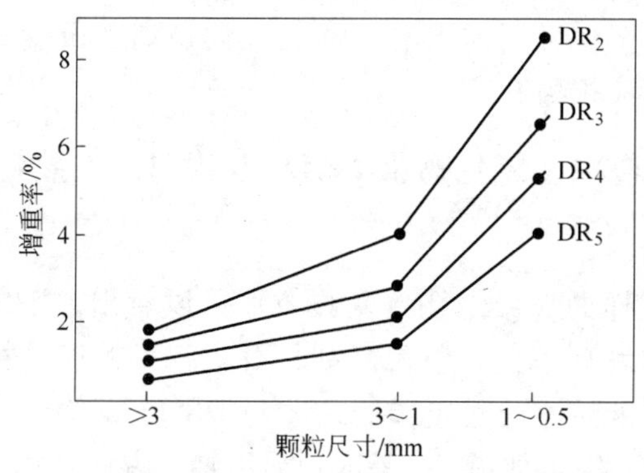

图5　白云石熟料颗粒尺寸对抗水化性能的影响

3.3　混合稀土氧化物与 Fe_2O_3 对白云石制品理化性能的影响

制样用的各种白云石熟料皆经1600℃，4h 煅烧。

将加有混合稀土氧化物与 Fe_2O_3 的各种白云石熟料以及由二步煅烧制得的白云石熟料（DH）分别进行破粉碎。各种试样所选用的颗粒级配相同，均以石蜡为结合剂，在147MPa 的压力下成型，置于 $MoSi_2$ 棒电炉中，在1600℃，4h 下烧成。烧后各试样的性能示于表3。

表 3 各种白云石试样的物理性能

试 样		DR_2	DR_4	DR_5	DF_2	DR_2F_1	DH
显气孔率/%		14.4	13.7	11.5	14.2	11.5	14.0
密度/$g \cdot cm^{-3}$		2.74	2.79	2.84	2.73	2.84	2.74
常温耐压强度/MPa		96.5	114.7	121.6	126.5	132.4	98.2
常温抗折强度/MPa		25.5	28.4	31.5	31.4	30.4	32.3
高温抗折强度/MPa	1200℃	9.6	13.2	14.6	9.85	8.9	7.9
	1400℃	9.3	11.5	12.2	6.8	8.7	7.3
线变化率(1600℃,0.5h)/%		1.0	0.5	0.5	—	0.9	0.9

从表 3 可以看出：含有混合稀土氧化物的试样比无混合稀土氧化物的二步煅烧料的试样的气孔率低，密度大，而且高温抗折强度明显提高。这至少说明加入混合稀土氧化物到白云石中，不会增加液相量或降低液相黏度。

3.4 加入混合稀土氧化物及 Fe_2O_3 改善白云石熟料抗水化性能的原因

从各组试样的显微结构（见图 6）可以看出，D 试样中，方镁石与石灰晶体发育不良，极无规则，石灰相互相连结将方镁石相包围，因此试样的抗水化性能差；DR_2 与 DR_2F_1 试样中，方镁石与石灰晶粒发育完善（自形晶），晶粒边界清晰，方镁石相所占的区域有显著增加，而石灰相相对减小；因而试样抗水化性能提高。而且在 DR_2F_1 试样中方镁石与石灰晶界处出现许多白色条状物，经电镜分析其化学组成（%）大致为：MgO 18，CaO 47，La_2O_3 2.5，CeO_2 28。这些白色条状物可能对提高抗水化性起一定作用。

从扫描电镜照片（图 7）可以看出：D 试样中方镁石与石灰晶粒发育不良，无规则，疏松，呈絮状，断口为沿晶断裂；而 DR_2F_1 试样晶粒发育完善，晶粒大，晶界清楚，断口呈穿晶断裂，说明加入混合稀土氧化物可以促进晶粒长大，增强晶粒间的结合力，从而提高了抗水化性。

加入混合稀土氧化物有利于 MgO 与 CaO 的固溶。从 MgO-CaO

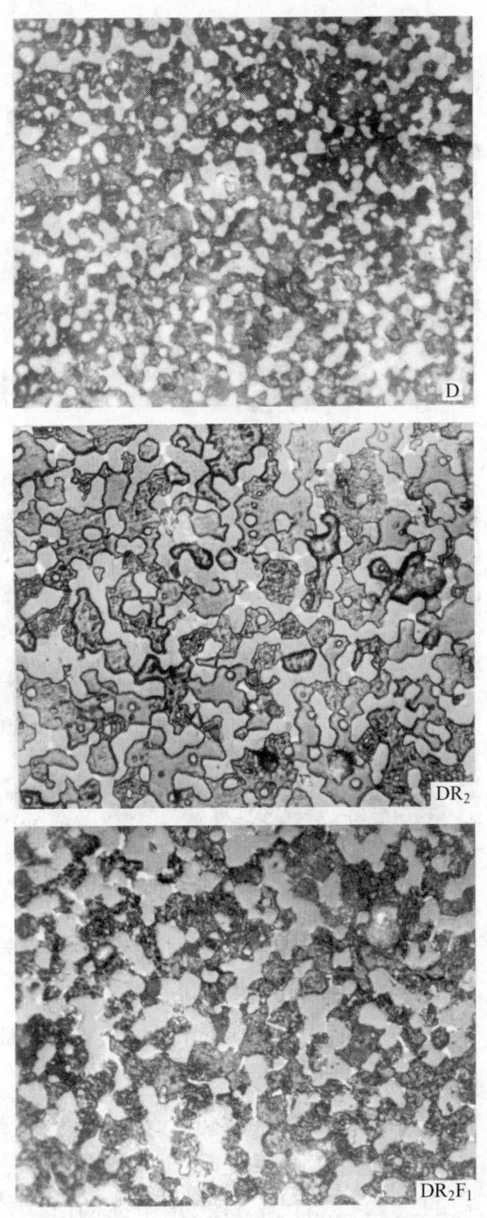

图 6 D，DR_2，DR_2F_1 试样的显微结构（×690）
（灰白色：方镁石；深灰色：石灰）

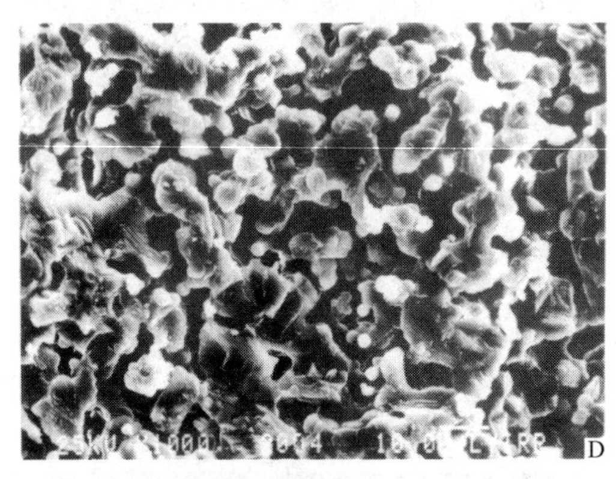

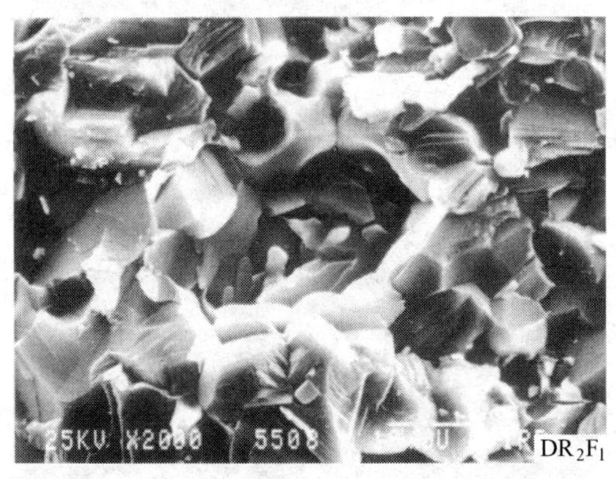

图 7 D，DR_2F_1 试样断口的 SEM 照片

二元系相图可知，在高温下 MgO 与 CaO 能相互部分固溶。在低共熔点 2370℃时，固溶度最大，MgO 中可固溶 7% CaO，而 CaO 中可固溶 17% MgO，在 1600℃时，MgO 中可固溶大约 1% CaO，而 CaO 中大约可固溶 2% MgO。

混合稀土氧化物的加入不仅促进了方镁石与石灰晶体的发育，而且使方镁石与石灰相相互固溶度增加。电子探针分析表明，加有混合稀土氧化物的白云石熟料，石灰相中能固溶大约 15% 的 MgO，而方镁石相中可固溶石灰的量大约 12%。图 8 为 DR_5 试样作电子探针分析的几个部位。A 点在方镁石相内，F 点在石灰相内。从点 A

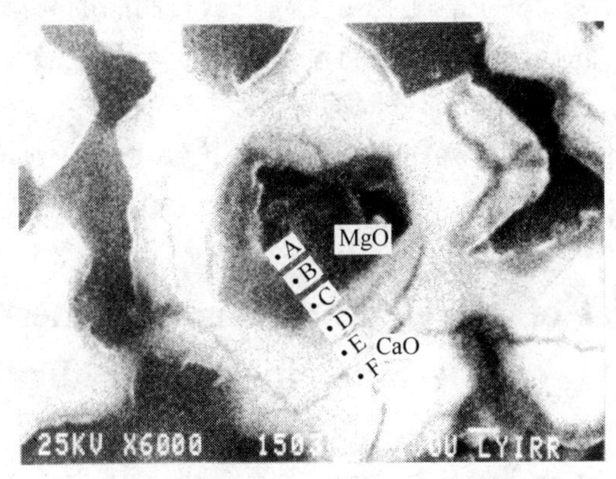

图 8 DR_5 试样磨光面进行 EDXA 分析部位

到 F 的分析结果见表 4。从表 4 可以看出，即使是在石灰相中心 F 点也固溶有一定的 MgO。这种固溶有利于提高白云石的抗水化性。应当指出，由于电子探针的弥散性和穿透性给测定结果带来影响，因此，MgO 与 CaO 之间的固溶度还需采用其他测试方法来进一步证实。

表 4 图 8 中各点的化学成分 (%)

组 成	A	B	C	D	E	F
CaO	35.68	47.70	52.68	69.49	79.87	81.53
MgO	64.32	52.30	47.42	30.41	20.17	18.47

加入稀土氧化物能提高 MgO 与 CaO 固溶度，促进烧结的原因，可能是由于稀土氧化物中稀土离子的 4*f* 层电子未充满、较活跃、价电子高，而离子半径又与 Mg^{2+}、Ca^{2+} 阳离子相近；因此易与 MgO、CaO 晶格中 Mg^{2+}、Ca^{2+} 发生不等价置换，形成阳离子空位；从而有利于阳离子扩散，形成固溶体，促进烧结。

4 结语

(1) 加入混合稀土氧化物可以促进白云石的烧结，提高白云石的抗水化性。

（2）加入混合稀土氧化物可提高白云石制品的高温强度。

（3）加入混合稀土氧化物有利于方镁石与石灰晶粒长大与发育，促进 MgO 与 CaO 的相互部分固溶。

（4）同时加入混合稀土氧化物与氧化铁可更好地增强白云石材料的抗水化性能。

Effect of Mixed Rare Earth Oxides and Fe_2O_3 on the Sintering and Hydration Resistance of Dolomite

Chen Kaixian　Chen Zhaoyou

（Luoyang Institute of Refractories Research, Ministry of Metallurgical Industry）

Abstract: Effect of mixed rare earth oxides and Fe_2O_3 on the sintering and hydration resistance of natural high purity dolomite was investigated, results indicated that doping the mixed rare earth oxides and Fe_2O_3 to dolomite can promote the sintering of the dolomite and improve its hydration resistance. Adding 0.25wt% mixed REO and 0.25wt% Fe_2O_3 to dolomite and sintering at 1600℃ can produce densed dolomite with bulk density 3.40g/cm^3 and significantly promote the hydration resistance of dolomite.

本文选自《耐火材料》，1992，26(4)：187.

稀土氧化物对白云石烧结与抗水化性的影响

徐延庆　陈肇友

（冶金工业部洛阳耐火材料研究院）

摘　要：本文介绍了稀土氧化物 La_2O_3、CeO_2、Pr_6O_{11}、Nd_2O_3 对白云石烧结与抗水化性的影响。结果表明，稀土氧化物 La_2O_3、CeO_2、Pr_6O_{11}、Nd_2O_3 的加入可以促进白云石的烧结，改善其抗水化性。向白云石中加入 0.25% 的 CeO_2、Pr_6O_{11} 或 Nd_2O_3，在 1600℃，4h 条件下煅烧后，可获得密度大于 3.25g/cm^3，显气孔率小于 1.0% 的致密白云石熟料，其抗水化性亦显著提高。

1　引言

白云石资源丰富，分布广，是良好的碱性耐火原料。但白云石难烧结、易水化，使其生产和应用受到了很大限制。为了改善白云石的抗水化性，人们尝试了各种各样的方法[1~11]。利用添加物是促进白云石烧结，改善其抗水化性的有效手段之一。常见的添加物有 Fe_2O_3、Al_2O_3、SiO_2、ZrO_2、$ZrSiO_4$ 等[1~3,9~11]。这些添加物在白云石烧结过程中大多与 CaO、MgO 及杂质生成低熔点化合物，损害了材料的高温性能[5,12]。稀土氧化物熔点高，其性质与 CaO、MgO 相似。文献［13］曾研究过混合稀土氧化物对白云石烧结及抗水化性的影响。本文将介绍分别加入 La_2O_3、CeO_2、Pr_6O_{11}、Nd_2O_3 于白云石中，其对白云石烧结与抗水化性的影响。

2　试验过程

白云石原料的化学成分（%）为：CaO 31.24、MgO 21.23、SiO_2 0.19、Al_2O_3 0.37、Fe_2O_3 0.045、灼减 46.86。

稀土氧化物 La_2O_3、CeO_2、Pr_6O_{11}、Nd_2O_3 为工业纯。

将白云石原料冲洗、晾干，破碎至小于 0.5mm，在振动磨中细磨至小于 0.088mm。按表 1 及下述配方配料，在振动磨中混匀，加入结合剂，混匀后在 157MPa 下压制成 ϕ36mm × 40mm 荒坯，经 110℃，24h 条件下干燥后，分别于 1550℃、1600℃、1650℃、1700℃，4h 条件下煅烧。白云石-La_2O_3-CeO_2 系配方：固定 La_2O_3 + CeO_2 为 0.50%，La_2O_3/CeO_2 分别为 $M_1$20/80、$M_2$40/60、$M_3$60/40、$M_4$80/20。

表 1 白云石-REO 系配方 (%)

编号	D	R_1	R_2	R_3	R_4	R_5
白云石	100.0	99.75	99.50	99.00	98.50	97.50
REO	0.00	0.25	0.50	1.00	1.50	2.50

注：R 分别表示添加有 La_2O_3、CeO_2、Pr_6O_{11}、Nd_2O_3 的白云石系列，后文中分别用 L、C、P、N 表示。

经高温煅烧后的熟料破碎成 5 ~ 2mm 颗粒，在 0.1MPa 下，在温度（70 ± 1）℃，相对湿度 95% ± 5% 条件下，测定颗粒料的增重百分率随水化时间的变化关系即水化速率，以此评价试样的抗水化性能。用反光显微镜、SEM 和 EDAX 观察分析了烧结体的显微结构变化。

3 试验结果与讨论

3.1 加入 La_2O_3、CeO_2、Pr_6O_{11}、Nd_2O_3 对白云石烧结性的影响

图 1 ~ 图 4 分别示出了 La_2O_3、CeO_2、Pr_6O_{11}、Nd_2O_3 添加物对白云石烧结性的影响。图 1 ~ 图 4 中 *a*、*b*、*c*、*d* 的试验煅烧条件分别为 1700℃，4h；1650℃，4h；1600℃，4h 和 1550℃，4h。

由图 1 可知，在小于 1600℃ 时，由于 La_2O_3 的加入，白云石的致密度增加。当 La_2O_3 的加入量为 0.50% 时，白云石致密度达极大值；继续增加 La_2O_3 的加入量，白云石的致密度反而变差。在大于 1600℃ 时，白云石致密度随 La_2O_3 加入量的变化关系是：在 La_2O_3 加

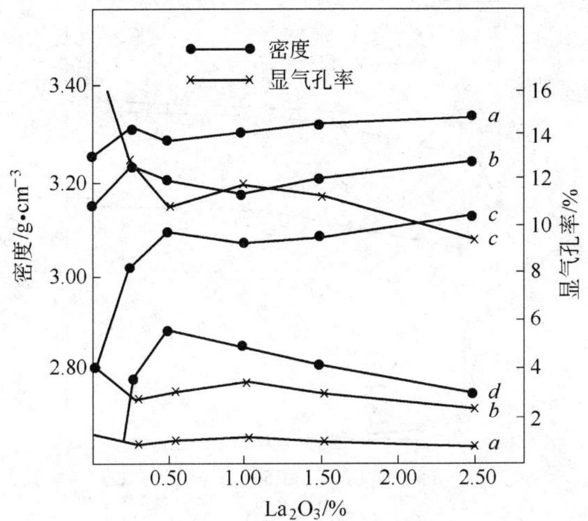

图 1 La_2O_3 对白云石致密度的影响

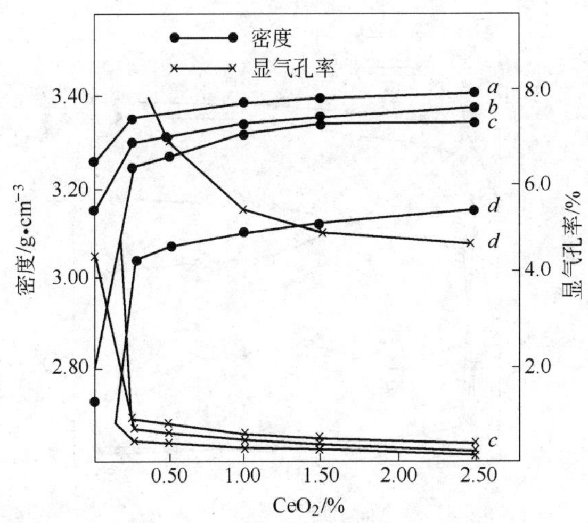

图 2 CeO_2 对白云石致密度的影响

入量为 0.25% 时，白云石致密度达到极大值；超过 0.25% 时，白云石致密度下降；当 La_2O_3 加入量大于约 1.0% 时，白云石致密度又上升。这主要是在大于 1600℃ 时，La_2O_3 的大量加入使白云石内液相

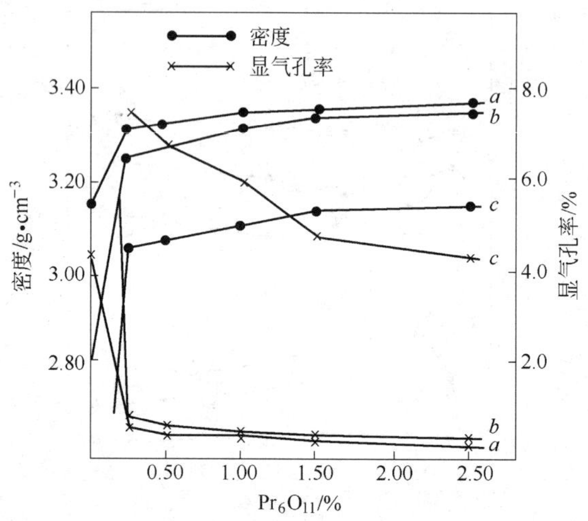

图 3　Pr_6O_{11} 对白云石致密度的影响

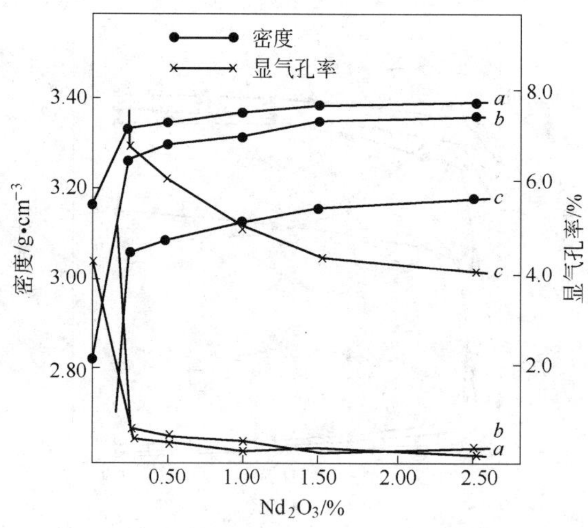

图 4　Nd_2O_3 对白云石致密度的影响

明显增加，烧结机理发生了变化。

从图 2 可看出，随着 CeO_2 加入量的增加，白云石的致密度呈上升趋势。当 CeO_2 加入量大于 0.25% 后，白云石的致密度增加变缓。

加入 0.25% CeO_2 于白云石内，经 1600℃煅烧，其密度可达 3.25g/cm^3，显气孔率为 0.9%。

由图 3 和图 4 可知，随着 Pr_6O_{11} 或 Nd_2O_3 加入量的增加，经 1550～1650℃煅烧后的白云石熟料的致密度也随之增加，其变化趋势与加 CeO_2 白云石的相似。添加 0.25% Pr_6O_{11} 或 Nd_2O_3 于白云石中，经 1600℃煅烧后，熟料密度均达到 3.26g/cm^3，显气孔率均小于 0.9%。

从图 1～图 4 的结果还可知，煅烧温度对含稀土氧化物的白云石的致密度有很大影响。虽然稀土氧化物的加入在一定程度上降低了白云石的烧结温度，但要得到致密熟料，煅烧温度仍须在 1600℃以上。

图 5 示出了 La_2O_3-CeO_2 复合加入物中 La_2O_3/CeO_2 比例的变化对白云石烧结性的影响。结果表明，随着 La_2O_3 的增加，白云石的致密度变差。这说明复合加入物中 La_2O_3 促进白云石烧结的效果不如 CeO_2。

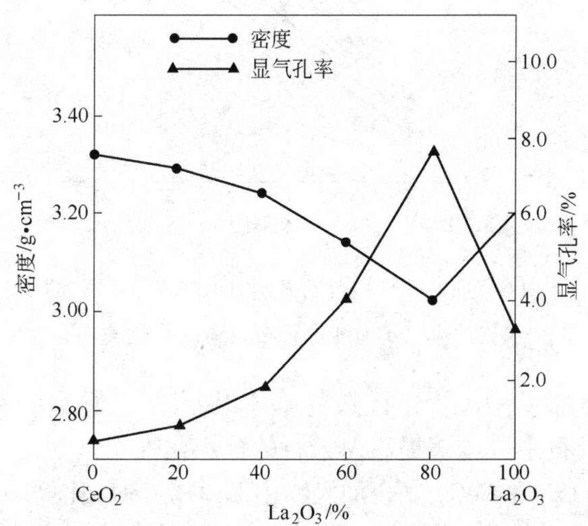

图 5 La_2O_3/CeO_2 比例的变化对白云石烧结性的影响（1650℃，4h）

以上实验结果说明，添加一定量的稀土氧化物于白云石中，可以促进白云石烧结，尤其是 CeO_2、Pr_6O_{11}、Nd_2O_3 的助烧结作用显著。

3.2 加入稀土氧化物对白云石抗水化性的影响

图6为加 La_2O_3 白云石熟料的水化速率。由图示结果可知，加 La_2O_3 于白云石中可在一定程度上提高白云石的抗水化性。加 0.50% La_2O_3 于白云石中，其熟料的水化速率与纯白云石的相比降低了$\frac{1}{2}$，如图6*a*所示。

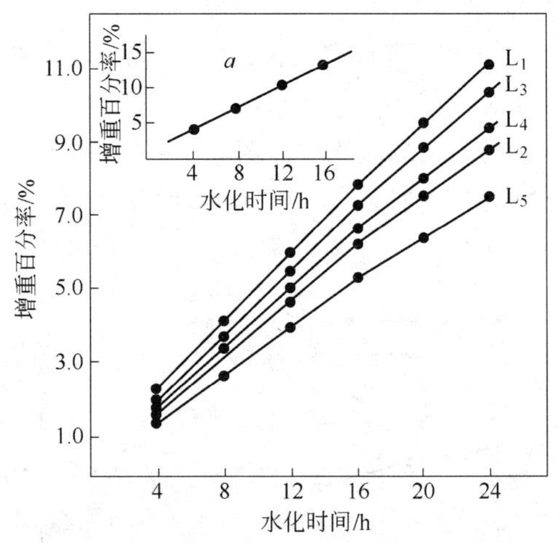

图6 加 La_2O_3 白云石熟料（1600℃，4h）的水化速率（*a* 为纯白云石熟料的水化速率）

图7为加 CeO_2 白云石熟料的水化速率。所示结果表明，加 CeO_2 于白云石中可显著提高白云石的抗水化性。

图8为 La_2O_3-CeO_2 复合加入物中 La_2O_3/CeO_2 比例的变化对白云石抗水化性的影响。结果说明复合添加物中 La_2O_3 的增加不利于白云石的抗水化性的提高。

水化试验结果还表明，含有 Pr_6O_{11} 或 Nd_2O_3 的白云石熟料其抗水化性与含有等量 CeO_2 的白云石熟料的抗水化性相似。

将水化试验结果与烧结试验结果对比可见，白云石熟料的抗水

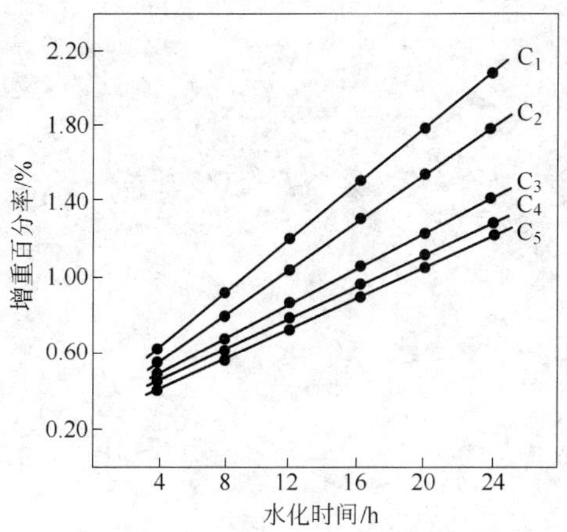

图7 加 CeO_2 白云石熟料（1600℃，4h）的水化速率

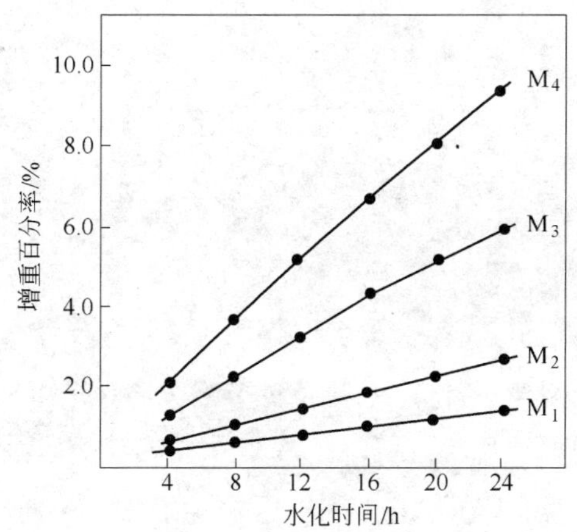

图8 La_2O_3-CeO_2 复合加入物中 La_2O_3/CeO_2 比例的变化对白云石抗水化性的影响

化性与其致密度成正比。

3.3 稀土氧化物促进白云石烧结，提高其抗水化性的原因

图9示出了经1650℃煅烧过的D、L_5、C_3 试样的显微镜照片。表2列出了D、L_5、C_3 试样中方镁石晶粒所占面积百分比。由于试

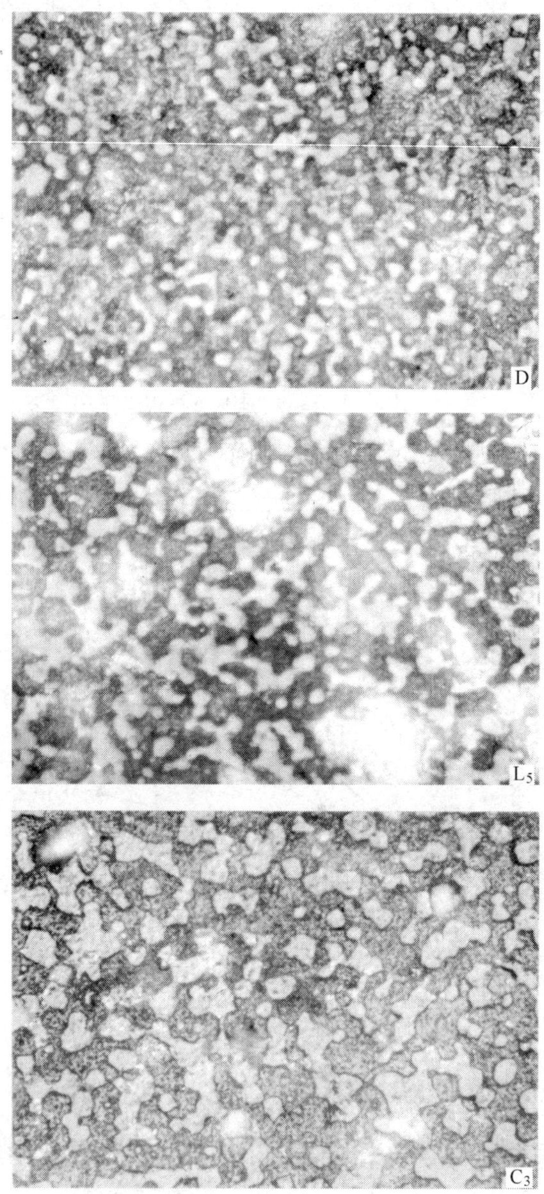

图 9　D、L_5 与 C_3 试样的显微结构照片（×770）
（灰白色：方镁石相；灰色：石灰相）

样 CaO 含量大，采用 NH_4Cl 稀溶液腐蚀后，CaO 晶粒在显微镜下难以观察，利用图像分析仪只对方镁石晶粒所占面积进行了统计。表3列出这三种试样中方镁石晶粒的粒径。

表2 D、L_5、C_3 试样中方镁石晶粒所占面积百分比

试 样	总面积	方镁石晶粒所占总面积	方镁石晶粒所占面积比/%
D	262144	41576	15.86
L_5	262144	69506	26.51
C_3	262144	85194	32.50

表3 D、L_5、C_3、C_4 试样中方镁石晶粒粒径

试 样	D	L_5	C_3	C_4
粒径/μm	2~8	3~10	4~12	5~15

由图9与表2、表3可清楚地看到，纯白云石试样（D）中，方镁石和石灰的发育均很差，方镁石晶粒粒径小，石灰相所构成的基质内气孔多，孔径大，致密性甚差。向白云石中加入 La_2O_3 的 L_5 试样，虽然方镁石晶粒增大，但石灰相所构成的基质内气孔仍甚多，致密性仍差。而加入 CeO_2 的 C_3 试样表明，方镁石与石灰均得到了正常发育与长大，方镁石晶粒大、连晶多，且分布均匀，方镁石与石灰晶粒的结晶网络相互包裹，石灰相基质内气孔显著减少，而且孔径小，整个显微结构均匀致密。这说明加入 CeO_2 到白云石内可有效地改善白云石显微结构，促进烧结，减少气孔，增加致密度，从而显著地提高了白云石的抗水化性。

加入 CeO_2 使白云石气孔减少，烧结致密化的原因，可能是由于 CeO_2 的加入抑制了石灰的二次再结晶，增大了 MgO 与 CaO 互溶度，促进了固溶体的形成所致。因为 Ce^{4+} 比 La^{3+} 电价高，Ge^{4+} 与 MgO、CaO 晶格中 Mg^{2+}、Ca^{2+} 离子发生的不等价置换，会形成较多的阳离子空位，更有利于阳离子扩散与形成固溶体。其次 Ce^{4+} 的离子半径（0.102nm）比 La^{3+} 离子半径（0.122nm）小，与 Ca^{2+} 离子半径（0.106nm）相近（Mg^{2+} 为 0.078nm）；La^{3+} 使 CaO、MgO 晶格均发生畸变，同时促进 CaO、MgO 晶粒长大；而 Ce^{4+} 只使 MgO 晶格畸变；因此加入 CeO_2 会增大 MgO 晶粒长大速度，而对 CaO 晶粒长大速度影响不大，CaO 晶粒长大速度相对减慢，石灰的二次再结晶被抑制，气孔得以排除。因此，加入 CeO_2 的白云石熟料，MgO、CaO 分布均匀、气孔少、致密，MgO 与 CaO 互溶度增大，MgO 晶粒长大、呈连晶、所占面积百分比增大，自然其抗水化性能就好。

从 C_5 试样的断口，在相邻方镁石与石灰相内所进行的电子探针分析结果，见图 10 与表 4，可看出加入 CeO_2 可显著地提高 MgO 与 CaO 的互溶度。

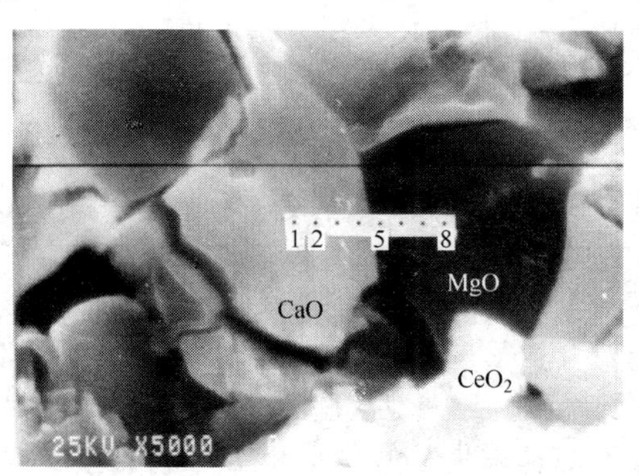

图 10　C_5 试样断口，相邻方镁石与石灰晶粒进行 EDXA 分析部位
（黑色：方镁石；灰白色：石灰；白色：CeO_2（CaO、MgO）固溶体）

表 4　图 10 中各点的 MgO、CaO 含量　　（%）

位　置	1	2	3	4	5	6	7	8
CaO	79. 8	74. 7	67. 1	50. 4	36. 2	18. 9	14. 7	14. 7
MgO	22. 2	26. 4	32. 9	49. 6	63. 8	81. 1	85. 3	85. 3

4　结论

（1）利用天然高纯白云石，添加少量 CeO_2、Pr_6O_{11} 或 Nd_2O_3，在 1600℃煅烧，就可获得具有致密、均匀结构的，且抗水化性良好的白云石熟料。

（2）添加 0. 25% CeO_2 或 Pr_6O_{11}、Nd_2O_3 于白云石中，经 1600℃煅烧后，熟料密度可达 3. 25g/cm^3 以上，显气孔率小于 0. 9%。

（3）添加物 La_2O_3 促进白云石烧结。提高其抗水化性的作用不如 CeO_2、Pr_6O_{11}、Nd_2O_3。

参考文献

[1] Carr K, Evans J L, Leonard L A, Richardson H M. Trans Brit Ceram Soc, 1968, 64(10): 473, 493.

[2] Serry M A, Ghoneim N M, Mandour M A. Silicates Industrials, 1990, 3 ~4: 107.

[3] Parnnam H, Refract J. 1963, 1: 2.

[4] Stradtman J, Prange R, Wendawiak G. Proc 2nd Inter Conf Refract, Tokyo, Japan, 1987: 349.

[5] Chatillon J H, Schmidt-Whitley D. Proc. Inter. Sym. Refract., Hangzhou. China, 1988: 433.

[6] Zoghmeyrand G, Romei D. Interceram, 1991, 40(2): 81.

[7] Stendera J W, Riedl J R. 1M&SM, 1986, March, 18.

[8] Uchida S, Degawa T, Ototani T. Interceram, 1991, 40(5): 290.

[9] Koval E J, Messing G L, Bradt R C. Am Ceram Soc Bull, 1984, 63(2): 274.

[10] Ghosh A, Das P K, Biswas J R, Das S K, Banerjce G. Trans Ind. Ceram. Soc, 1987, 46(4): 116.

[11] Wong L L, Bradt R C. UNITFCR'1989: 1570.

[12] 李广平. 硅酸盐, 1981, 4: 36.

[13] 陈开献, 陈肇友. 耐火材料, 1992, 26(4): 187.

Effect of Rare Earth Oxides on the Sintering and Hydration Resistance of Dolomite

Xu Yanqing　Chen Zhaoyou

(Luoyang Institute of Refractories Research, Ministry of Metallurgical Industry)

Abstract: The Sinteribility and hydration resistance of high grade natural dolomite doped with rare earth oxides (including La_2O_3, CeO_2, Pr_6O_{11}, Nd_2O_3) is studied. It is found that the addition of the rare earth oxide to dolomite can improve the sintering and the hydration resistance of dolomite. Doping 0.25wt% CeO_2, Pr_6O_{11}, Nd_2O_3 respectively, after sintering for 4h at 1600℃; a dense dolomite clinker with bulk density > 3.25g/cm^3; apparent porosity < 1.0% and excellent hydration resistance can be obtained.

本文选自《耐火材料》, 1992, 26(5): 282.

用特级矾土与锆英石砂制烧结 AZS 熟料及烧成试样的研究[1]

陈肇友　杨丁熬　李　勇　赵振武

（冶金工业部洛阳耐火材料研究院）

摘　要： 采用特级矾土与锆英石砂，以烧结法制得了致密的 AZS 熟料。用该熟料制出了 AZS-30 试样，试样中 ZrO_2 分布均匀，密度达 2.89 ~ 3.02g/cm³，常温耐压强度为 60 ~ 80MPa，高温抗折强度（1400℃，0.5h）为 8 ~ 12MPa，荷重软化温度开始点为 1580 ~ 1590℃。

Al_2O_3-ZrO_2-SiO_2（AZS）材料具有很多优良性质，如抗玻璃熔体与连续铸钢保护渣侵蚀性优良，抗热震性好，强度高等，因而被广泛用作玻璃熔窑熔池的内衬、浇钢用水口与滑板的材质。但由于 ZrO_2 与 Al_2O_3 价格较贵，限制了 AZS 材料的推广使用，因而进行了由特级矾土与锆英石砂制烧结 AZS 熟料与烧结试样的研究。

1　初步分析

1.1　原料

本研究用主要原料的化学成分见表 1。

表 1　特级矾土与锆英石砂的化学成分　　（%）

原　料	Al_2O_3	SiO_2	TiO_2	ZrO_2	Fe_2O_3	MgO	CaO	Na_2O	K_2O
特级矾土料	89.3	4.8	3.6	—	1.3	0.25	0.05	0.03	0.42
锆英石砂	0.75	32.6	0.11	65.8	0.10	0.03	微	微	0.01

[1] 文中 X 射线衍射分析与扫描电镜照片分别由任喜新高级工程师与赵孟喜同志完成，谨致谢意。本研究还曾得到零陵耐火材料厂的资助。

1.2 几种 AZS 料在相图中的位置

根据特级矾土与锆英石的化学成分，可以计算出 AZS-20、AZS-30 与 AZS-40 的配料组成，见表 2。

表 2 三种 AZS 料的配料组成 （%）

名 称	矾土加入量	锆英石加入量	Al_2O_3	ZrO_2	SiO_2
AZS-20	69.0	31.0	60.8	20.4	13.2
AZS-30	54.0	46.0	48.0	30.3	17.4
AZS-40	38.0	62.0	34.0	40.8	21.9

将表 2 中 Al_2O_3、ZrO_2 与 SiO_2 含量换算成 Al_2O_3-ZrO_2-SiO_2 三元系组成，列于表 3。其在 Al_2O_3-ZrO_2-SiO_2 三元系相图中的相应位置为 *a*、*b*、*c*，如图 1 所示。

表 3 三种 AZS 原料换算为 Al_2O_3-ZrO_2-SiO_2 三元系的组成 （%）

名 称	Al_2O_3	ZrO_2	SiO_2
AZS-20	64.4	21.6	14.0
AZS-30	50.2	31.7	18.2
AZS-40	35.2	42.2	22.6

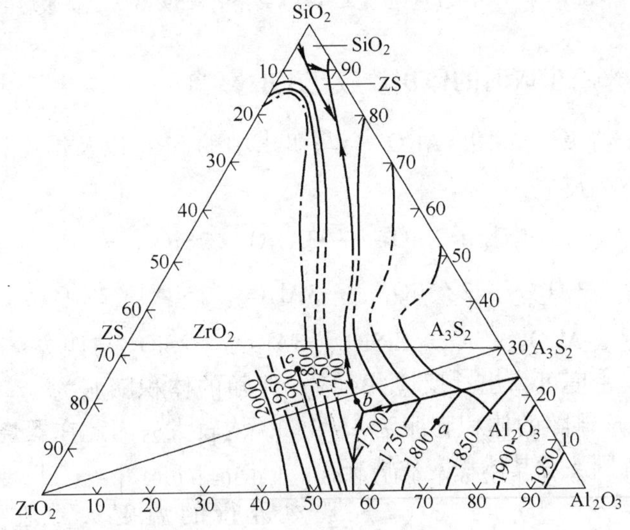

图 1 Al_2O_3-ZrO_2-SiO_2 系相图

a—AZS-20；*b*—AZS-30；*c*—AZS-40

从图 1 可以看出，AZS-30 的配料组成位于低共熔点附近，其烧成温度范围窄，较难控制其煅烧温度；适于制作电熔料与电熔制品。

1.3 几种 AZS 料的物相估算

设 AZS 料中的锆英石全部分解，ZrO_2 相单独存在，Al_2O_3 与 SiO_2 生成莫来石（$3Al_2O_3 \cdot 2SiO_2$），多余的 Al_2O_3 以刚玉相存在，多余的 SiO_2 与杂质进入玻璃相，则可计算出配制的三种 AZS 料中的矿物组成，见表 4。

表 4　三种 AZS 原料煅烧后的矿物相组成估算　（%）

名　称	ZrO_2	莫来石	刚　玉	玻璃相
AZS-20	20.4	46.8	27.2	5.6
AZS-30	30.3	61.7	3.7	4.3
AZS-40	40.8	47.4	—	11.8①

①设原料中 SiO_2 与 Al_2O_3 反应生成莫来石后，多余的 8.5% SiO_2 进入玻璃相。

1.4 莫来石生成时的体积效应产生的影响

由于特级矾土中的 Al_2O_3 会与矾土中的 SiO_2 以及锆英石在高温下发生下列反应：

$$3Al_2O_3 + 2SiO_2 \longrightarrow 3Al_2O_3 \cdot 2SiO_2 \quad (1)$$

$$3Al_2O_3 + 2ZrSiO_4 \longrightarrow 3Al_2O_3 \cdot 2SiO_2 + 2ZrO_2 \quad (2)$$

根据 α-Al_2O_3、SiO_2、$ZrSiO_4$、$3Al_2O_3 \cdot 2SiO_2$ 与四方 ZrO_2 的分子量及其密度可算出：反应式（1）伴随的体积膨胀为 12.8%，反应式（2）伴随的体积膨胀为 15.4%，均较大，因此在煅烧 AZS 熟料时要特别注意其体积变化情况。

反应式（1）与式（2）激烈进行的温度大致在 1300 ~ 1550℃[2,3]。从文献［4］采用烧结法由工业 Al_2O_3、锆英石与苏州土制取 AZS-20（18.24% ZrO_2，62.6% Al_2O_3，17.9% SiO_2）所进行

的热膨胀实验结果（见图 2）可以看出，在 1400～1550℃发生了相当于 9% 以上的体积膨胀。

为避免矾土本身发生反应式（1）所造成的有害作用，自然应当采取矾土熟料来做制取 AZS 的原料。

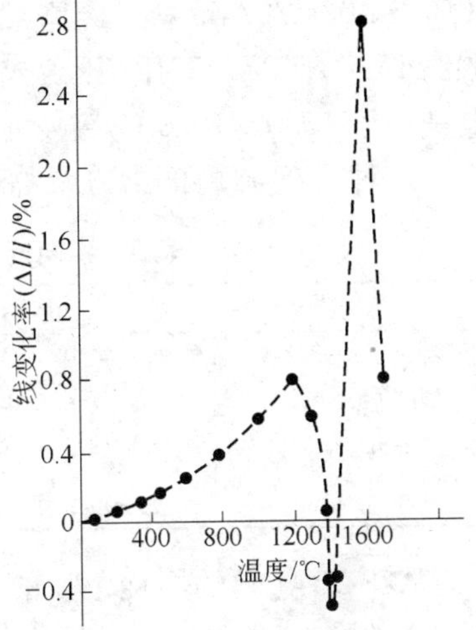

图 2　由工业 Al_2O_3、锆英石与苏州土等生料配制 AZS-20 料的热膨胀曲线

1.5　ZrO_2 晶型转变产生的影响

由 AZS 熟料或一些生料制作 AZS 制品时，在烧成过程中由于未稳定 ZrO_2 在升温与冷却时会发生下列相变：

$$\text{单斜 } ZrO_2 \underset{950℃\ \text{膨胀}}{\overset{1150℃\ \text{收缩}}{\rightleftharpoons}} \text{四方 } ZrO_2$$

并伴随有图 3 所示的体积变化。因此烧成时需要注意其体积变化情况，采用缓慢升温与冷却。

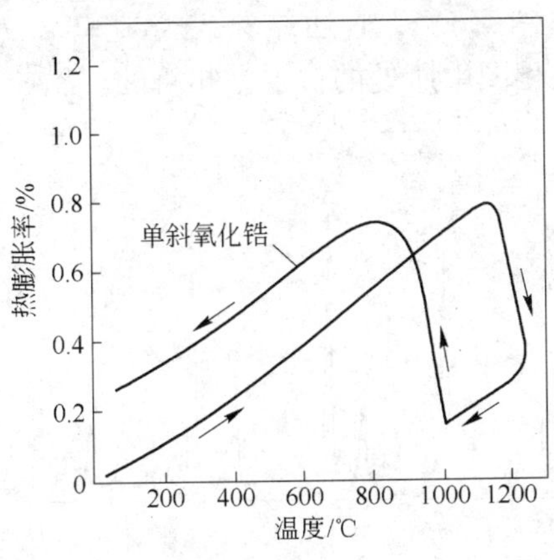

图 3　未稳定氧化锆的热膨胀率

2　AZS 熟料的制备

将锆英石与特级矾土按一定比例配制成含 ZrO_2 分别为 20%、

30%与40%的AZS料，经磨细、混合，加入纸浆废液在湿碾机中混碾约15min，以147MPa压力成型，成型后的荒坯经干燥后，在$MoSi_2$电炉内于1550～1620℃烧成。

三种AZS熟料的配方及物理性能示于表5。

表5　不同配方的AZS熟料的性能

性　能	AZS-20	AZS-30	AZS-40
特级矾土料/%	69.0	54.0	38.0
锆英石/%	31.0	46.0	62.0
气孔率/%	1～6	10～18	1～4
密度/g·cm^{-3}	3.30～3.41	3.08～3.26	3.23～3.34

AZS-30熟料的煅烧正如前面从相图分析所预示那样，煅烧温度较难控制，不是欠烧就是过烧。

AZS-20与AZS-40熟料的X射线衍射分析结果见图4、图5。从图可见：AZS-20熟料已无残存锆英石，主要矿物相为约50%的刚玉，30%的莫来石与20%的单斜ZrO_2。而AZS-40的熟料中却还残存约10%的锆英石，刚玉相已不存在，其余矿物相为：约50%的莫来石；35%的单斜ZrO_2。上述结果与AZS-20、AZS-40在Al_2O_3-ZrO_2-SiO_2三元系相图中所处的位置是相符的。

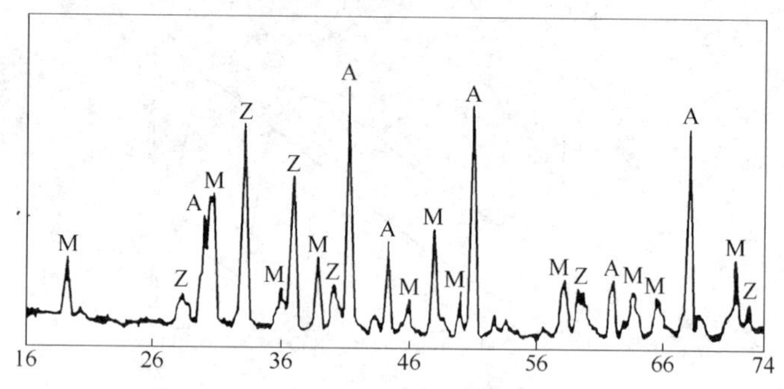

图4　AZS-20熟料的X射线衍射图

M—莫来石；Z—单斜ZrO_2；A—刚玉

根据特级矾土的化学组成，特级矾土因含SiO_2而约有15% Al_2O_3将生成莫来石，假设剩下的Al_2O_3全部与锆英石反应，则按反

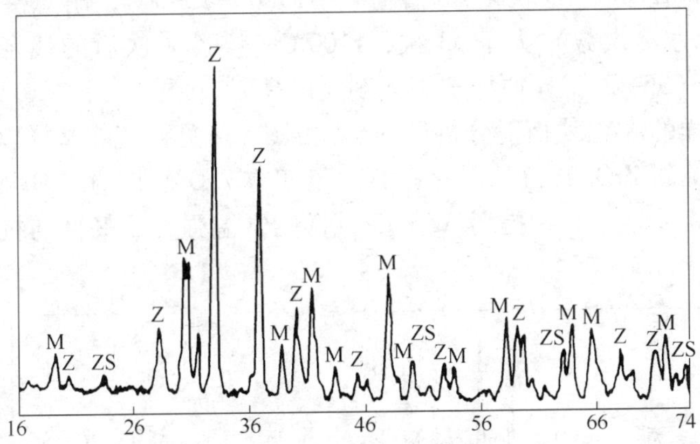

图 5 AZS-40 熟料的 X 射线衍射分析

M—莫来石；Z—单斜 ZrO_2；ZS—锆英石

应式（2）计算还有 6% 的锆英石不能参与反应而残存下来。原料的煅烧温度为 1560 ~ 1620℃，低于 ZrO_2-SiO_2 二元系相图[5]锆英石的分解温度 1677℃，加之所用特级矾土与锆英石都较纯，因此 AZS-40 熟料中残存一部分锆英石是合理的。

3 烧成 AZS-30 试样制备及性能

采用烧结法，用 AZS-20 熟料颗粒与 AZS-40 粉料（或用特级矾土熟料与锆英石细粉配制含 ZrO_2 为 40% 的粉料）制作了烧成 AZS-30 试样。

泥料的颗粒配比如下：

2 ~ 0.5mm 粗颗粒 50%，< 0.5mm 中颗粒 10%，< 0.074mm 细粉 40%。

混练加料次序为：先将粗、中颗粒与纸浆废液混练约 5min，再加入细粉混练 15min。成型压力为 147MPa。成型后的试样经干燥后于 1600℃保温 4h 烧成。

烧成后的试样外观良好，无裂纹，收缩不大。其气孔率为 17% ~ 21%，密度为 2.89 ~ 3.02g/cm^3，常温耐压强度为 60 ~ 80MPa，常温抗折强度为 18 ~ 30MPa，高温抗折强度（1400，0.5h）

为 8 ~ 12MPa，荷重软化开始温度为 1580 ~ 1590℃，耐急冷急热性（1100℃水冷次数）大于 13 次，1100℃—空冷一次后的残余抗折强度为 27 ~ 35MPa，比原样抗折强度反而高。

试样的 X 射线衍射分析见图 6。由图 6 可见：烧成试样以莫来石为主，单斜 ZrO_2 次之，并存在有少量四方 ZrO_2。四方 ZrO_2 的存在，会产生相变增韧，对提高 AZS-30 试样的常温强度、韧性与抗热震性有好处。

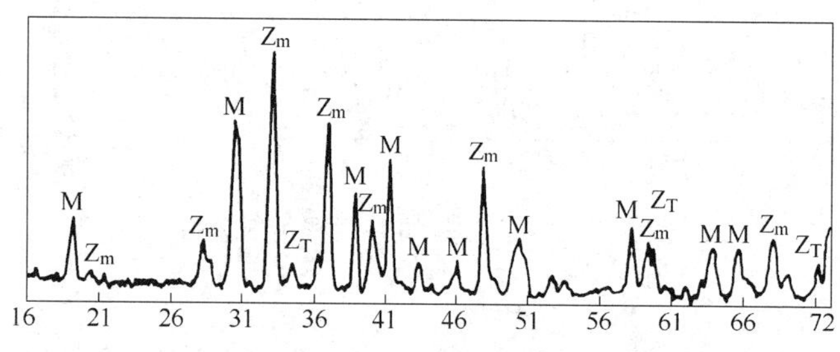

图 6　AZS-30 的 X 射线衍射分析图谱

M—莫来石；Z_m—ZrO_2；Z_T—四方 ZrO_2

图 7 为烧成 AZS-30 试样断口的 SEM 照片。从照片 *a* 可以看出基质中 ZrO_2 分布较均匀，从照片 *b* 可以看出基质与颗粒结合良好。

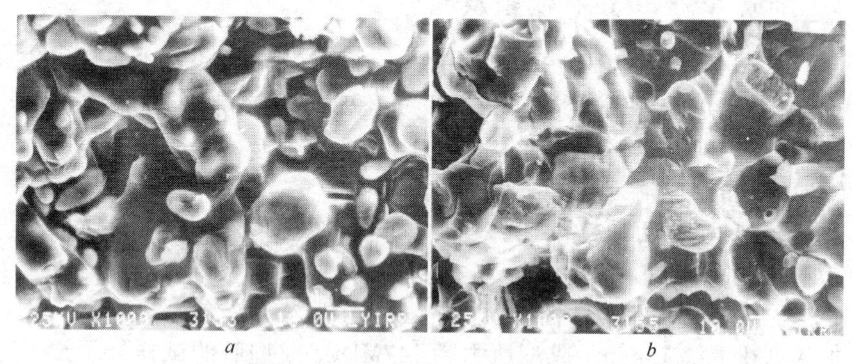

a　　*b*

图 7　烧成 AZS-30 试样断口的 SEM 照片（×1000）

4　结语

采用特级矾土与锆英石砂，由烧结法可以制得致密的各种 AZS

熟料，并可由熟料制出性能良好的烧成 AZS-30 试样。

参考文献

[1] 沈继耀．硅酸盐学报，1983，11(2)：252.
[2] Nils Claussen，Jurgen Jahn. J Am Ceram Soc，1980，63（3～4）：288.
[3] 沈淑慧，褚大胜，陈作夫．玻璃与搪瓷，1984，12(4)：8.
[4] 涂淑进，张世俭，沈淑慧，等．玻璃与搪瓷，1984，12(6)：8.
[5] Lerin E M，Robbins C R，Mcmurdie H F. Phase Diagrams for Ceramists 1969 Supplement，Ohio，The American Ceramic Society，110.

Development of Sintered AZS Clinkers and Burned AZS Sample Made from Special Grade Bauxite and Zircon

Chen Zhaoyou Yang Ding' ao Li Yong Zao Zhenwu

（Luoyang Institute of Refractories Research，Ministry of Metallurgical Industry）

Abstract：The sintered densed AZS clinkers have been produced from the grade special bauxite and zircon，from which burned AZS-30 samples were made. Their properties are as follows：the distribution of ZrO_2 in sintered AZS clinkers or in burned AZS-30 samples was uniform；with bulk density 2. 89～3. 02g/cm^3，crushing strength under room temperature 60～80MPa，bending strength under high temperature（1400℃，0. 5h）8～12MPa，refractoriness under load 1580～1590℃.

本文选自《耐火材料》，1991，25(2)：72.

稀土氧化物和 SiO_2 对 AZS-40 烧结及显微结构的影响❶

柴俊兰　陈肇友

（冶金工业部洛阳耐火材料研究院）

摘　要：通过烧结试验及扫描电镜观察，研究了稀土氧化物（La_2O_3、CeO_2）和 SiO_2 含量变化对 AZS-40 材料的烧结及显微结构的影响。结果表明：加入少量的 La_2O_3 或 CeO_2 就能显著促进 AZS-40 的烧结，改善其显微结构。加入 0.5% 的 La_2O_3 或 CeO_2 在 1600℃，4h 的条件下煅烧后，可得到密度为 3.56 ~ 3.60g/cm³、显气孔率为 2% 的 AZS-40 熟料。继续增加 La_2O_3 或 CeO_2 的添加量，效果反而不好，对显微结构也产生了不利的影响。AZS-40 料随着 SiO_2 含量的增加，逐渐难以烧结。

1　引言

烧结 AZS 材料和电熔 AZS 材料相比具有不含碳、玻璃相含量较低、结构均匀，无缩孔、热震稳定性与抗侵蚀性良好等优点。因此，烧结 AZS 材料在玻璃行业得到了广泛的应用。国内外研究者对 AZS 材料的烧结进行了不少研究[1~6]，但大部分都局限于低锆，对 ZrO_2 含量达 40% 的 AZS 材料研究报道不多，添加稀土氧化物对 AZS-40 材料的烧结及显微结构的影响系统的报道尚未见到。本文介绍了稀土氧化物 La_2O_3 或 CeO_2 对 AZS-40 材料的烧结及显微结构的影响，以及 SiO_2 含量变化对 AZS-40 的烧结及相组成的影响。

❶　电镜分析由任喜新，黄振武帮助完成，谨致谢意。

2 试验过程

2.1 原料的选择与配料

原料选用特级矾土、锆英砂、工业氧化铝（Al_2O_3 99%）及工业纯氧化锆（ZrO_2 99%），化学成分见表 1。稀土氧化物选用 La_2O_3 和 CeO_2，纯度均为 99%。

表 1 主要原料的化学成分 （%）

原 料	Al_2O_3	ZrO_2	SiO_2	Fe_2O_3	TiO_2	CaO	MgO	K_2O+Na_2O	灼减
特级矾土	88.70	—	4.80	1.40	3.55	0.13	0.22	0.53	0.21
锆英砂	—	65.52	31.67	0.17	—	—	—	—	0.35

配料分为两个系列。Ⅰ系列用特级矾土、锆英砂、氧化锆为原料，保持 ZrO_2(40%)，SiO_2(13%)含量不变，稀土氧化物添加量分别为（%）：0、0.5、1.0、1.5、2.0、3.0，对应的试样编号分别为：$AZ_{40}S_{13}R_0$、$AZ_{40}S_{13}R_{0.5}$、$AZ_{40}S_{13}R_{1.0}$、$AZ_{40}S_{13}R_{1.5}$、$AZ_{40}S_{13}R_{2.0}$、$AZ_{40}S_{13}R_{3.0}$。Ⅱ系列用锆英砂、工业氧化铝及 ZrO_2 为原料，保持 ZrO_2(40%) 及稀土氧化物 La_2O_3(1%)含量不变，变动 SiO_2 含量。Ⅰ系列及Ⅱ系列的配料组成及化学成分见表 2。

表 2 各组试样的配料组成和化学成分 （%）

样 号	配料组成				化学成分				
	特级矾土熟料	工业氧化铝	锆英砂	ZrO_2	Al_2O_3	ZrO_2	SiO_2	REO	Σ杂质
$AZ_{40}S_{13}R_0$	47.8	—	34.4	17.8	42.4	40.2	13.2	0	4.2
$AZ_{40}S_4R_0$	—	56.2	12.6	31.7	55.6	40.0	4.0	0	0.4
$AZ_{40}S_4L_1$	—	55.2	12.6	31.7	54.6	40.0	4.0	1.0	0.4
$AZ_{40}S_6L_1$	—	53.0	18.9	27.6	52.5	40.0	6.0	1.0	0.5
$AZ_{40}S_9L_1$	—	49.7	28.4	21.4	49.2	40.0	9.0	1.0	0.8
$AZ_{40}S_{12}L_1$	—	46.4	37.9	15.2	46.0	40.0	12.0	1.0	1.0

注：表中 R 表示稀土氧化物 La_2O_3(L)或 CeO_2(C)；Σ杂质包括除 Al_2O_3、ZrO_2、SiO_2、REO 外的其他成分。

将表 2 中试样的化学组成以 $Al_2O_3+ZrO_2+SiO_2$ 为 100% 重新换算，它们在 Al_2O_3-ZrO_2-SiO_2 三元系中的位置见图 1。由图 1 可见，各组试样的组成点均位于 ZrO_2-A_3S_2-Al_2O_3 三角形之内，这对于 Al_2O_3-ZrO_2-SiO_2 材料的性质是有利的。

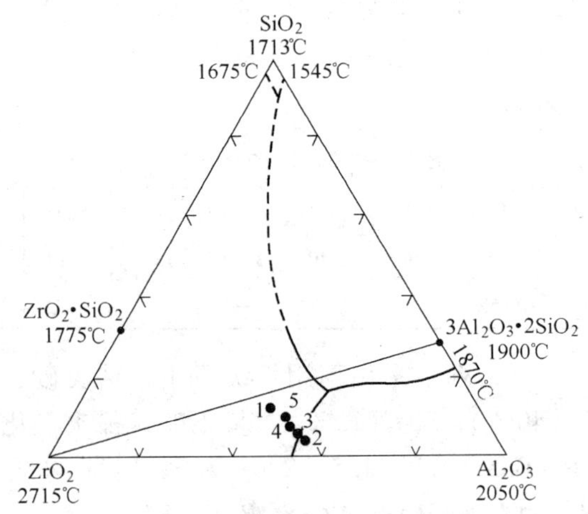

图 1 试样组成在 Al_2O_3-ZrO_2-SiO_2 三元系相图中的位置

1—$AZ_{40}S_{13}R_0$；2—$AZ_{40}S_4R_0$；3—$AZ_{40}S_6L_1$；4—$AZ_{40}S_9L_1$；5—$AZ_{40}S_{12}L_1$

2.2 熟料的制备

熟料的制备工艺流程如图 2 所示。

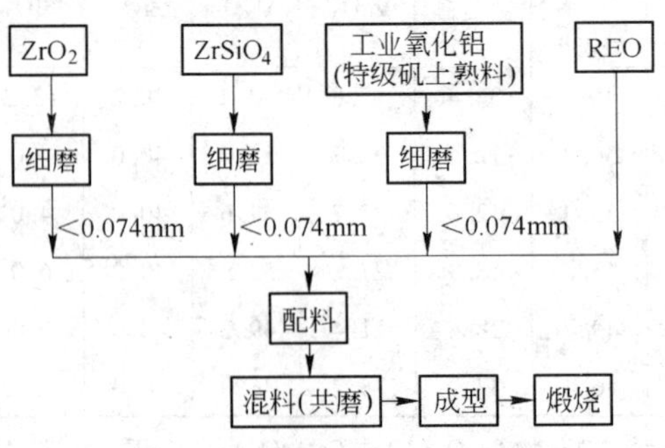

图 2 熟料的制备工艺流程图

在熟料的制备过程中，存在着锆英砂的分解，莫来石的形成及 ZrO_2 的晶型转变，同时还伴随着一定量的体积效应。为使 $ZrSiO_4$ 充分分解，A_3S_2 易于形成，同时削弱体积效应带来的不利影响，在熟料制备过程中采取了将原料分别磨细后，共同混磨、慢速升温及中间保温的措施。含特级矾土熟料的Ⅰ系列试样煅烧条件分别为：1550℃、4h，1600℃、4h，1640℃、4h，在1300～1550℃之间慢速升温（1～2℃/min）。采用工业氧化铝的Ⅱ系列试样煅烧条件分别为：1550℃、4h，1650℃、4h，1680℃、4h，1600℃、4h（1450℃、2h），1650℃、4h（1450℃、2h），1680℃、4h（1450℃、2h）。在1300～1550℃之间升温速度仍为1～2℃/min。

3 试验结果与讨论

3.1 稀土氧化物 La_2O_3 和 CeO_2 对 AZS-40 材料烧结性能的影响

Ⅰ系列试样经不同温度煅烧后，熟料的气孔率及密度随稀土氧化物 La_2O_3 和 CeO_2 添加量的变化情况见图3、图4。

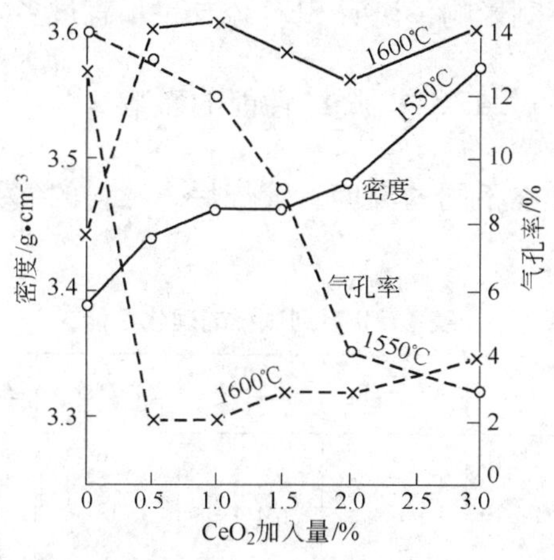

图3 CeO_2 添加量对熟料气孔率、密度的影响

由图3、图4可见，在1550℃，4h的条件下，随着稀土氧化物 La_2O_3 或 CeO_2 加入量的增多，熟料的气孔率下降，密度增大，在

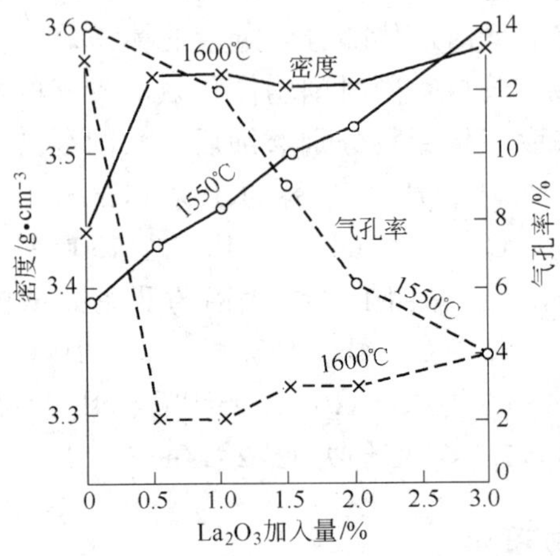

图4 La_2O_3 添加量对熟料气孔率、密度的影响

1600℃，4h 的煅烧条件下，添加 0.5% 的 La_2O_3 或 CeO_2 就能显著促进烧结；但当 REO 添加量超过 1.0% 时，熟料的气孔率反而升高，对致密化产生不利影响，说明 REO 添加量不宜过多。

3.2 SiO_2 含量对 AZS-40 烧结性能的影响

Ⅱ系列试样在不同的温度下煅烧后，熟料的气孔率及密度见表3、表4。

表3 Ⅱ系列试样的理化性能

名 称		$AZ_{40}S_4R_0$	$AZ_{40}S_4L_1$	$AZ_{40}S_6L_1$	$AZ_{40}S_9L_1$	$AZ_{40}S_{12}L_1$
气孔率/%	1550℃，4h	—	—	19	20	19
	1650℃，4h	10	0.4	12	17	17
	1680℃，4h	—	—	1	14	15
密度 /g·cm^{-3}	1550℃，4h	—	—	3.47	3.33	3.29
	1650℃，4h	3.84	4.09	3.70	3.42	3.32
	1680℃，4h	—	—	3.92	3.53	3.35

表 4 Ⅱ系列试样经 1450℃，2h 中间保温后的烧后性能

名称		$AZ_{40}S_4R_0$	$AZ_{40}S_4L_1$	$AZ_{40}S_6L_1$	$AZ_{40}S_9L_1$	$AZ_{40}S_{12}L_1$
气孔率/%	1600℃，4h	16	9	13	14	15
	1650℃，4h	10	0.4	1	11	14
	1680℃，4h	2	0.4	—	1	12
密度 /$g\cdot cm^{-3}$	1600℃，4h	3.61	3.89	3.68	3.51	3.38
	1650℃，4h	3.86	4.14	3.89	3.63	3.44
	1680℃，4h	3.97	4.11	—	3.73	3.51

从表 3 中数据可看出，同一配方的试样随着煅烧温度的提高，熟料的气孔率下降，但以 $AZ_{40}S_4L_1$ 下降最快，$AZ_{40}S_4L_1$ 在 1650℃，4h 条件下已达到烧结，而 $AZ_{40}S_{12}L_1$ 在 1680℃，4h 条件下气孔率还高达 15%，由此可看出，随着 SiO_2 含量的增加，AZS-40 材料逐渐难以烧结。由表 4 中数据可看出，采取中间保温的措施后，对促进 $AZ_{40}S_4L_1$、$AZ_{40}S_6L_1$、$AZ_{40}S_9L_1$ 的烧结是很有效的，而对 $AZ_{40}S_{12}L_1$ 效果则不太明显。

3.3 REO 及 SiO_2 含量变化对 AZS-40 的显微结构、相组成的影响

利用扫描电镜主要观察了 $AZ_{40}S_{13}R_0$、$AZ_{40}S_{13}L_1$、$AZ_{40}S_{13}L_2$、$AZ_{40}S_{13}C_1$、$AZ_{40}S_{13}C_2$ 几种熟料经 1600℃，4h 烧后的断口形貌见图 5。由图 5 可见，未添加 REO 的试样 $AZ_{40}S_{13}R_0$ 结构不太致密，ZrO_2 有聚集现象。添加 1% REO 试样（$AZ_{40}S_{13}L_1$）结构比较致密，ZrO_2 分布趋于均匀。添加 2% REO 的试样 $AZ_{40}S_{13}L_2$ 结构中，ZrO_2 晶粒有长大的趋势，并且玻璃相增多，由此可见，REO 的添加量不宜过多（不超过 1%）。当添加 REO 太多时，由于 ZrO_2 晶粒长大，玻璃相增多，会对材料的性质产生不利影响。此外，值得指出的是当 La_2O_3 和 CeO_2 的添加量相同时，其显微结构相似，说明这两种稀土氧化物对 AZS-40 的结构的影响没有明显的区别。

对Ⅱ系列的熟料 $AZ_{40}S_4L_1$、$AZ_{40}S_9L_1$、$AZ_{40}S_{12}L_1$ 所做的 X 射线衍射分析表明，随着 SiO_2 含量的增加，熟料中的莫来石增多，刚玉

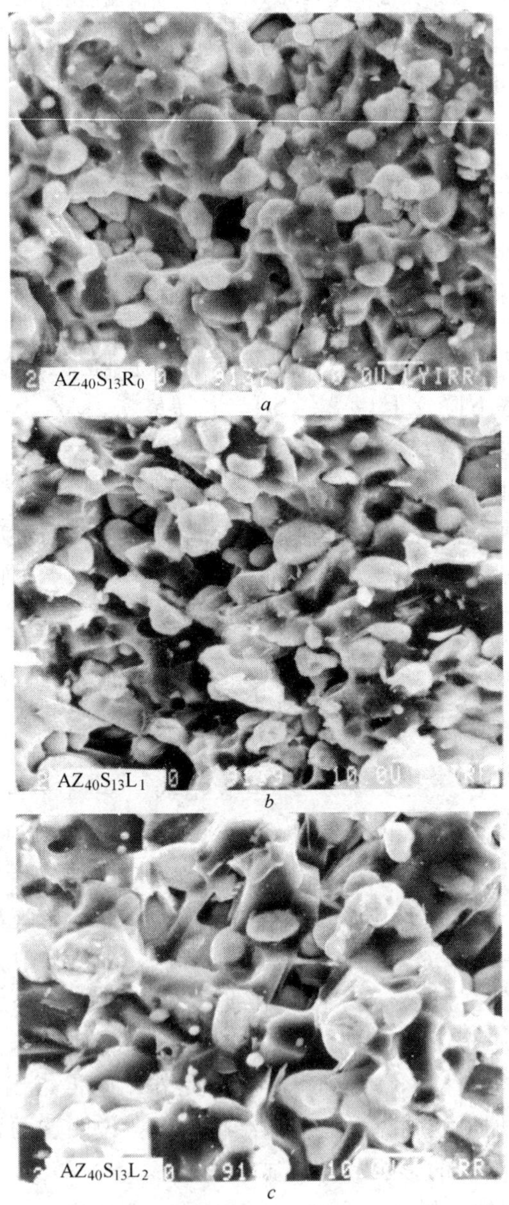

图 5　含不同 REO 试样的显微结构

相减少。

3.4 REO 促进 Al_2O_3-ZrO_2-SiO_2 材料烧结的机理

利用电子探针分析了加入的 La_2O_3 和 CeO_2 在 AZS-40 材料中的分布及存在状态。结果发现：CeO_2 主要分布于玻璃相内，在 ZrO_2 晶粒内固溶有少量的 CeO_2，根据 CeO_2-ZrO_2 二元相图[7]也可看出，ZrO_2 中可固溶有少量的 CeO_2；La_2O_3 主要分布于玻璃相内，在 ZrO_2 相和其他相内没有发现 La_2O_3，但根据 La_2O_3-ZrO_2 二元相图[8]，ZrO_2 中能够固溶有少量的 La_2O_3。只是随着温度的降低，固溶 La_2O_3 的量减少，在常温下固溶的 La_2O_3 非常少，电子探针不易分析出。根据扫描电镜观察，结合 X 射线衍射分析，没有发现含 La_2O_3 及 CeO_2 的新物质形成，根据以上对 La_2O_3 及 CeO_2 的存在状态的分析，可以推测 REO 促进 AZS-40 烧结的机理可能有两种：(1) 形成液相促进烧结。La_2O_3 及 CeO_2 本身的熔点很高，估计是与 Al_2O_3、SiO_2、ZrO_2、TiO_2 等形成多元低共熔物进入液相的。液相的出现，会促进传质过程的进行，从而促进烧结。(2) 固溶于 ZrO_2 晶粒内，使 ZrO_2 晶格发生畸变活化，促进 ZrO_2 与刚玉或莫来石在晶界的相互固溶，从而促进烧结。

图 6 与图 7 示出了 $AZ_{40}S_9L_1$ 熟料中，ZrO_2 与刚玉以及莫来石的结合情况。从图 6 与图 7 照片可以看出，ZrO_2 与刚玉以及莫来石结合十分紧密，在高倍电镜下，晶界十分模糊，说明 ZrO_2 与刚玉或莫来石之间有固溶现象。经电子探针分析，在距 ZrO_2-刚玉晶界 1μm

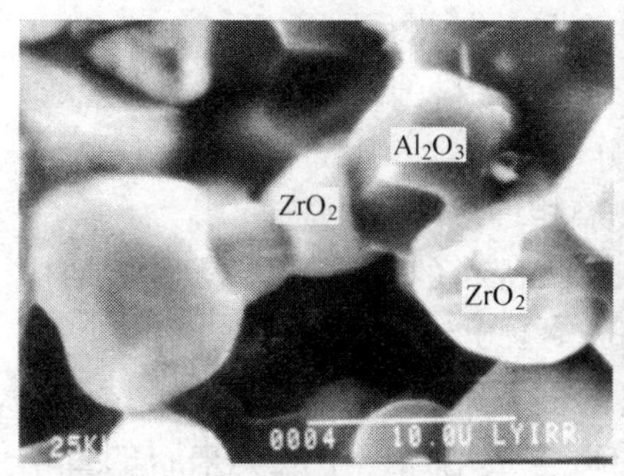

图 6 $AZ_{40}S_9L_1$ 熟料中 ZrO_2 与刚玉结合情况

图 7 $AZ_{40}S_9L_1$ 熟料中 ZrO_2 与莫来石结合情况

处，ZrO_2 晶体内其成分为：ZrO_2 68.2%，Al_2O_3 28.8%；刚玉晶体内其成分为：Al_2O_3 82.2%，ZrO_2 11.5%，SiO_2 5.9%。在距 ZrO_2-莫来石晶界一定距离的 ZrO_2 晶粒内以及莫来石晶粒内的化学成分变化示于图 8。从以上这些情况看，ZrO_2 与刚玉以及莫来石之间可能有一定互溶关系。

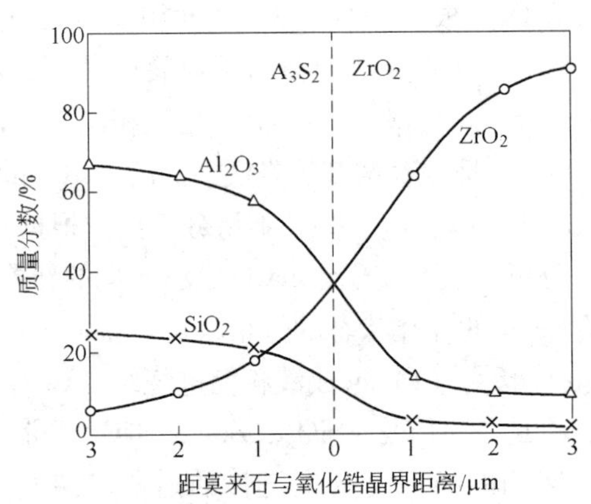

图 8　在距晶界一定距离处，ZrO_2 与莫来石之间的固溶情况

4　结语

（1）单独加入稀土氧化物 La_2O_3 或 CeO_2 均能促进 AZS 材料的烧结。在 1550℃，4h 的煅烧条件下，随着 REO 添加量的增加，其促进烧结的程度增加；在 1600℃，4h 的煅烧条件下，添加 0.5% REO 就能显著促进烧结，继续增加 REO 含量，效果反而不好。

（2）加入适量 REO 后，对 AZS-40 材料的结构产生的影响是：使得材料的结构致密，ZrO_2 晶粒分布趋于均匀，但若加入量太多（超过 1%），使 ZrO_2 晶粒长大，玻璃相增多。

（3）综合 REO 对 Al_2O_3-ZrO_2-SiO_2 材料的烧结性能及显微结构的影响，加入 REO 的适宜量为 0.5% ~1.0%。

（4）对于以工业氧化铝为原料的Ⅱ系列试样，随着 SiO_2 含量的增加，材料逐渐难以烧结，这与 SiO_2 含量增加，生成莫来石的量增加，从而产生较大的体积膨胀效应有关。在生成莫来石的温度范围内采取中间保温措施是有效的。

参考文献

[1] Dirupo E. J. Mater, Sci. , 1980, (1 ~3): 114 ~118.
[2] Dirupo E. J. Mater, Sci. , 1979: 705 ~711.
[3] Dirupo E. J. Mater, Sci. , 1979: 2924 ~2928.
[4] Claussen N. J. Am. Cerum. Soc. , 1980, (3 ~4): 228.
[5] 沈淑慧, 褚大胜, 等. 玻璃与搪瓷, 1986, 14(4): 8 ~13.
[6] 盛绪敏, 张跃, 等. 硅酸盐学报, 1988, 14(1): 1 ~6.
[7] Phase diagram for Ceramics. Vol. Ⅰ: 140: Fig. 355.
[8] Phase diagram for Ceramics. Vol. Ⅰ: 136: Fig. 346.

Effect of Rare Earth Oxides and Silica on the Sintering and Microstructure of AZS-40 Clinkers

Chai Junlan Chen Zhaoyou

(Luoyang Institute of Refractories Research, Ministry of Metallurgical Industry)

Abstract: The effect of the content of La_2O_3 CeO_2 and SiO_2 on the sintering and microstructure of AZS-40 clinkers has been studied by means of experiment and SEM examination. The results show that the density of the AZS-40 clinkers with addition of 0. 5% La_2O_3 or CeO_2 could reach 3. 56 ~ 3. 60 g/cm^3, apparent porosity reach 2% under the condition of 1600℃ for 4 hours. But it is not beneficial to the sintering and microstructure of the clinker when the addition of the rare earth oxides increases to more than 0. 5%. The clinker become difficult to be sintered as the addition of SiO_2 in the clinker increases.

本文选自《耐火材料》, 1993, 27(6): 321.
或 "China's Refractories", 1996, 5(2): 22 ~26.

从相图解析干式捣打料

陈肇友

（冶金工业部洛阳耐火材料研究院）

摘　要：本文根据有关二元系与三元系相图解析了硅质、刚玉质、镁质、镁钙质、方镁石-镁铝尖晶石质以及刚玉-镁铝尖晶石质干式捣打料的化学组成、合适的烧结剂及其加入量。

干式捣打料是一种不加液体结合剂的不定形耐火材料。施工后不必经过严格的养护，靠烘烤或使用时高温熔体的加热，使干式捣打料的热面烧结成整体，形成一层具有一定强度的工作面；而工作层之后一直至冷面则未烧结，保持原来的致密堆积结构。采用干式捣打料可以避免耐火材料在使用中由于膨胀或收缩产生的应力，防止了裂纹扩展与延伸和贯穿裂纹的出现，保证了高温设备的安全使用。干式捣打料还具有隔热性好、拆修方便的优点。因此，干式捣打料在冶金工业中广泛用来作为感应电炉炉衬和高功率、超高功率电炉炉底材料。偏心电炉炉底出钢口填料以及滑动水口的引流料均属干式捣打料。

干式捣打料工作面的烧结主要靠加入的固体粉状烧结剂在一定温度下形成液相，并与干式捣打料中的耐火组元发生液-固反应、相互扩散与均匀化，生成高熔点化合物、固溶体或高黏滞层，从而使工作面（热面）具有良好的抗熔体侵蚀与冲刷的能力。

1　硅质干式捣打料

采用感应炉熔化铸铁或有色金属时，常用硅石或熔融石英质酸性干式捣打料。烧结剂通常采用硼酐（B_2O_3）。

B_2O_3 熔点为 450℃。从 SiO_2-B_2O_3 系相图❶（图 1）可以看出：

---

❶　本文相图来自：Phase Diagrams for Ceramists 1969、1975、1981、1987 与 1991 年。

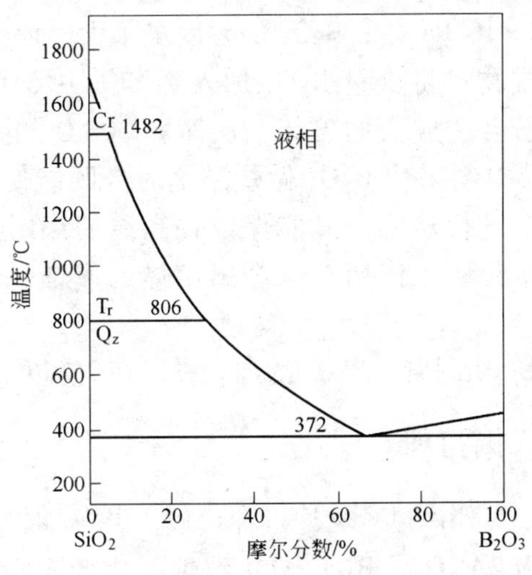

图1 SiO_2-B_2O_3 系相图

(1) B_2O_3 对 SiO_2 的熔化温度影响很大，加入约5% B_2O_3，其熔点下降至1482℃；(2) B_2O_3 与 SiO_2 形成的低共熔点温度仅为372℃。因此以 B_2O_3 做硅质干式料的烧结剂，在372℃就会出现液相，进行烧结。

从 B_2O_3 对 SiO_2 熔化温度影响来看，似乎 B_2O_3 做硅质干式捣打料的烧结剂不甚合适。但由于石英玻璃黏度很大（见图2），在

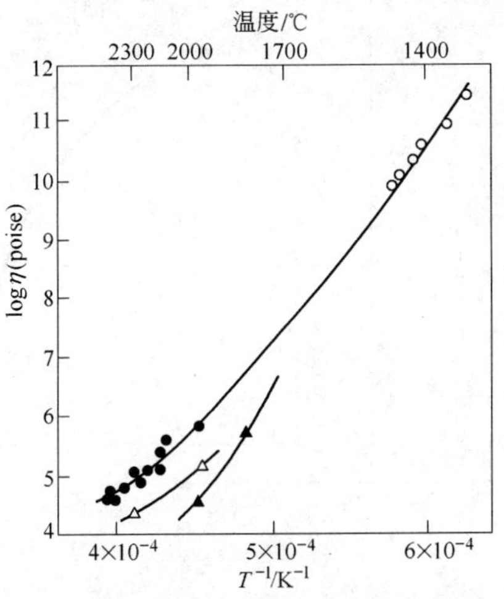

图2 SiO_2 的黏度与温度的关系

1730℃大约为 $2 \times 10^6 Pa \cdot s$；B_2O_3 的黏度虽不大，但 B_2O_3 本身是玻璃网络结构形成物；将少量 B_2O_3 加入到 SiO_2 中，可能对 SiO_2 玻璃的网络结构不会造成大的破坏，从而影响 SiO_2 熔体的黏度。因此，硅质干式捣打料采用 B_2O_3 做烧结剂时，既能使硅质干式料工作面在较低温度进行烧结，又能保证在高温使用时工作面为一高黏滞性层。高黏滞性工作面对抗金属熔体的侵蚀、渗透与冲刷都是有利的。

从 SiO_2-B_2O_3 相图看，B_2O_3 的加入量以在 2% 以下为宜。

2 刚玉质干式捣打料

从 Al_2O_3-B_2O_3 相图（图 3）可知：（1）B_2O_3 能与 Al_2O_3 形成不一致熔融化合物 $2Al_2O_3 \cdot B_2O_3$ 与一致熔融化合物 $9Al_2O_3 \cdot 2B_2O_3$；前者在 1035℃发生熔融分解，后者的熔点高达 1965℃。而 $9Al_2O_3 \cdot 2B_2O_3$ 与 Al_2O_3 的低共熔点温度也很高，为 1952℃。因此，刚玉干式捣打料中即使含有 13% 的 B_2O_3（相当于形成 $9Al_2O_3 \cdot 2B_2O_3$ 化合物时 B_2O_3 的质量分数），仍具有很好的耐火性能。（2）在靠近 B_2O_3

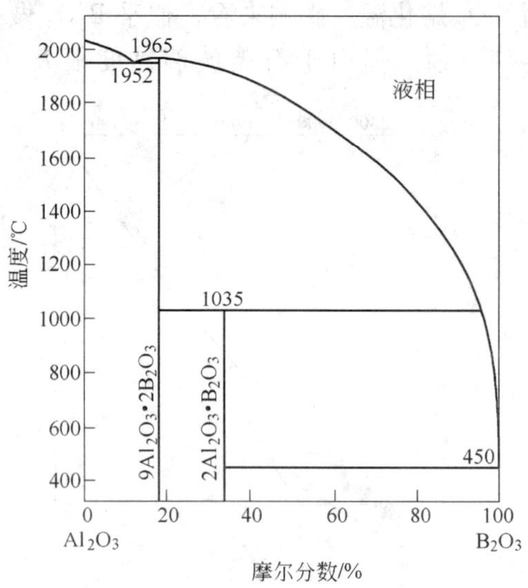

图 3 Al_2O_3-B_2O_3 系相图

端元，液相线十分陡峭，表明加入的 B_2O_3 粉在刚玉表面熔化后，随即与 α-Al_2O_3 发生液-固反应，熔点升高，将刚玉干式料工作面烧结固化成一整体。由此看来，B_2O_3 是刚玉干式捣打料甚为合适的烧结剂。

从相图看，B_2O_3 的加入量以低于 1952℃ 低共熔点质量分数为宜，即大致在 8% 以下。

3 镁质与镁钙质（MgO-CaO）干式捣打料

炼钢炉炉底用的干式料主要为镁质或镁钙质。

镁质干式料常用的烧结剂是氧化铁。氧化铁在高温时会发生热分解，由高价铁向低价铁转变。在有铁液存在的情况下，Fe_2O_3 将按下式进行反应：

$$Fe_2O_3 + Fe_{(1)} \rightleftharpoons 3FeO$$

或

$$Fe^{3+} + Fe_{(1)} \rightleftharpoons 3Fe^{2+}$$

FeO 的熔点为 1355℃，远低于 Fe_2O_3 的熔点 1576℃；因此低价氧化铁有利于形成液相，促进镁质干式捣打料热面的烧结。高价铁由于能使方镁石形成空位与晶格变形，因而对方镁石烧结也是有利的。

从 MgO-FeO_n 相图（图 4）可知，当 FeO_n 液与大量镁砂接触时，FeO_n 会逐渐被方镁石吸收形成固溶体［(Mg、Fe)O 镁富氏体］，随着均匀化的进行，熔点逐渐升高，镁质干式捣打料的工作面将烧结固化，形成一整体层。

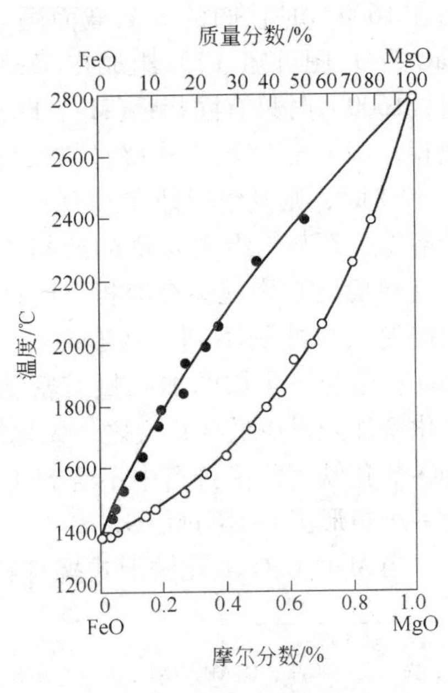

图 4　MgO-FeO 系相图

镁钙质干式捣打料的烧结剂

也可用氧化铁。氧化铁与干式料中的 CaO 反应生成铁酸二钙（$2CaO \cdot Fe_2O_3$，即 C_2F❶），铁酸二钙的熔点为 1449℃，但在有铁液存在的条件下，出现液相的温度却只有约 1100℃（见图 5）。因此，镁钙质干式捣打料的烧结剂也可以是铁酸二钙。镁钙质干式捣打料中通常总还有少量 SiO_2 与 Al_2O_3，因此，出现液相的温度比 1100℃还要低。

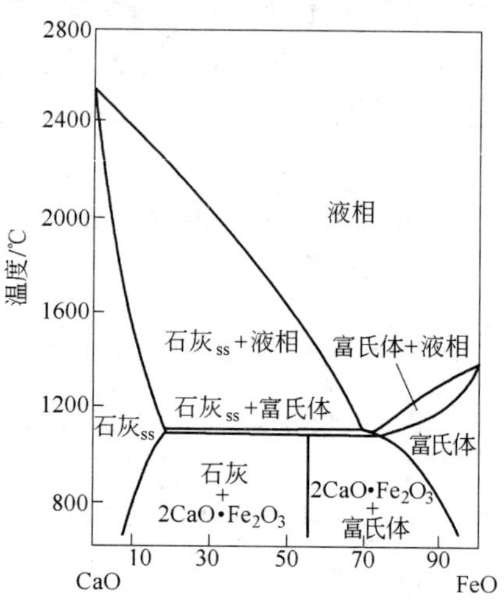

图 5　在有 Fe 存在下 CaO-FeO 相图

从有铁液存在下的 MgO-CaO-FeO_n、CaO-SiO_2-FeO_n 与 MgO-SiO_2-FeO_n 相图以及 MgO-CaO-SiO_2 三元系相图，我们可以绘制出在 1600℃时它们的等温截面图，如图 6 所示。从图 6 中的 MgO-CaO-FeO_n 图可知（1）组成在 MgO-CaO-B 区域内的镁钙质干式捣打料，1600℃时只有固相：(Mg、Fe)O_{ss}固溶体与石灰存在，不会出现液相；（2）若镁钙干式捣打料中含有 5% 的氧化铁，当 CaO 含量大于 50% 时，则其组成即在 CaO-B-D 区域内，此区域为（Mg、Fe)O_{ss} 固溶体、石灰与组成为 D 的液相共存区；即镁钙干式捣打料的工作层（热面层）内就会有液相出现；液相的存在对干式捣打料工作层的抗侵蚀与冲刷不利。从 CaO-B 线的走向可知，干式捣打料中的 CaO 含量与氧化铁的加入量有密切关系；干式料中 CaO 含量高时，氧化铁加入量应低些；反之，氧化铁加入量则可高些；（3）当 MgO-CaO-氧化铁干式捣打料中不含 SiO_2 时，1600℃时的液相区很小，仅为一小矩形区 D-E-FeO_n-G。

当 MgO-CaO-氧化铁干式捣打料中含有 SiO_2 时，从图 6 中 SiO_2-

❶　文中 C_2F、C_4AF、C_2S、C_3S、M_2S、MA、CA、CA_2 等等中 C 为 CaO、F 为 Fe_2O_3、A 为 Al_2O_3、S 为 SiO_2、M 为 MgO。

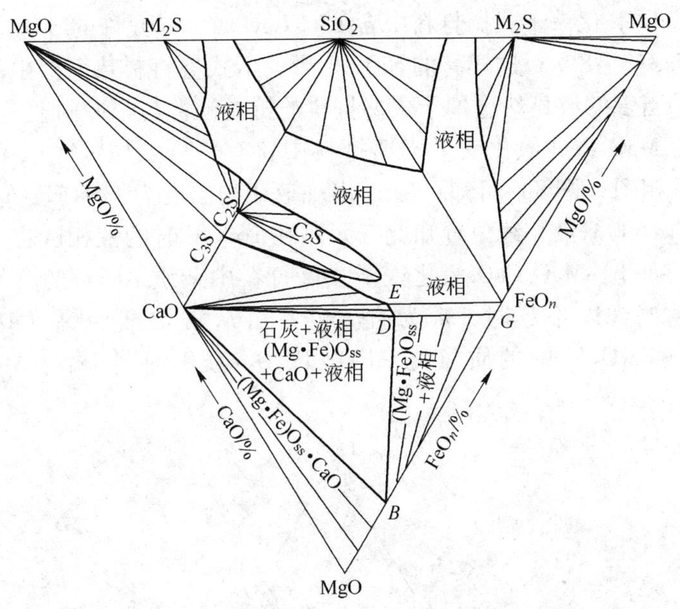

图6 在1600℃有Fe液存在下，$MgO-CaO-FeO_n$、$MgO-CaO-SiO_2$、$MgO-SiO_2-FeO_n$ 与 $CaO-SiO_2-FeO_n$ 系等温截面图

$CaO-FeO_n$ 等温截面图可知液相区很大。图7是将图6中四个三元系等温截面图合成为四面体的立体图。从图7可以清楚看出，如果这种干式捣打料中含有 SiO_2，液相区将大为扩展。因此MgO-CaO-氧化铁干式捣打料中 SiO_2 的含量应愈低愈好，应低于1%。有人认为MgO-CaO-氧化铁干式捣打料中，SiO_2 的含量可由形成硅酸二钙（C_2S）或硅酸三钙（C_3S）中的重量比 CaO/SiO_2（前者为1.87，后者为2.8）来限定，若按此来限定 SiO_2 含量，

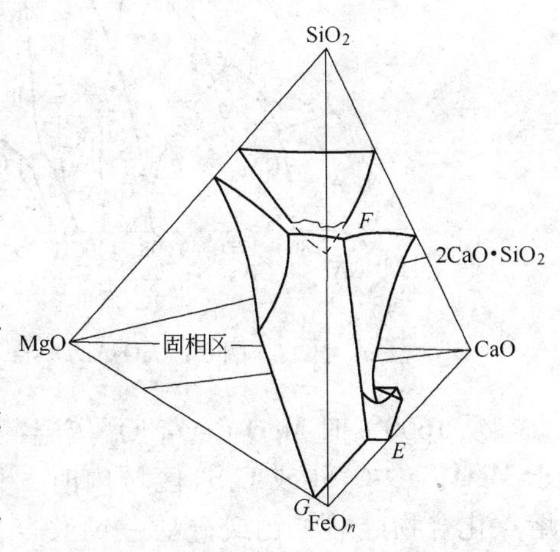

图7 $MgO-CaO-SiO_2-FeO$ 系于1600℃时存在的液相区与固相区

MgO-CaO-氧化铁干式捣打料中含 15% CaO 时，其允许的 SiO_2 含量将高达 5.3% ~8%；这样高的 SiO_2 含量，干式捣打料热面层中的液相量是相当多的；显然这种干式捣打料的抗侵蚀性与耐冲刷性是差的。

若 MgO-CaO-氧化铁干式捣打料中含有 Al_2O_3，从 Al_2O_3-CaO-氧化铁系相图（图 8）可知：（1）出现液相的温度为 1194℃；（2）从该图的 1600℃液相线位置知此三元系在 1600℃时的液相区也是相当大的；因此，MgO-CaO-氧化铁干式捣打料中杂质 Al_2O_3 的含量也是越低越好，以不超过 1% 为宜。也不可从铁铝酸四钙（$4CaO \cdot Al_2O_3 \cdot Fe_2O_3$）中的质量比 Al_2O_3/Fe_2O_3 为 0.64 来限定 Al_2O_3 含量。

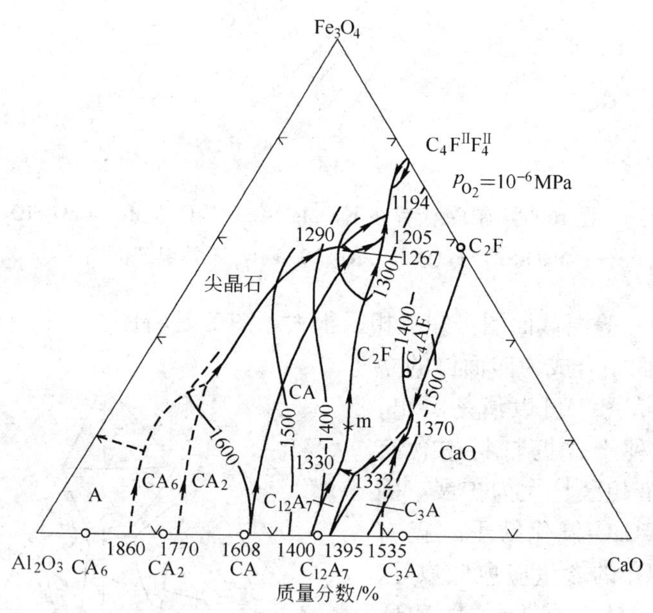

图 8　$CaO-Al_2O_3-Fe_2O_3$ 系相图

从 1600℃时 $MgO-CaO-SiO_2$ 等温截面图（图 6）可知：当组成处于 $MgO-CaO-C_2S$(或 C_3S) 区域内时，只有固相：方镁石、石灰与高熔点化合物硅酸二钙或硅酸三钙共存，而无液相存在。因此，镁钙质干式捣打料还可以采用硅酸钙（镁）来做烧结剂。若以硅酸钙（镁）来做烧结剂，氧化铁就成了有害杂质。因为，从图 6 中的

$CaO\text{-}SiO_2\text{-}FeO_n$ 1600℃的等温截面图知，氧化铁将使这种干式捣打料的液相区大为扩大。因此，以硅酸钙（镁）为烧结剂的镁钙干式捣打料，其氧化铁含量则应越低越好。同样从 $CaO\text{-}Al_2O_3\text{-}SiO_2$ 1600℃的等温截面图（图9）可知，Al_2O_3 在此种干式捣打料中也是有害杂质，其含量也是越低越好。

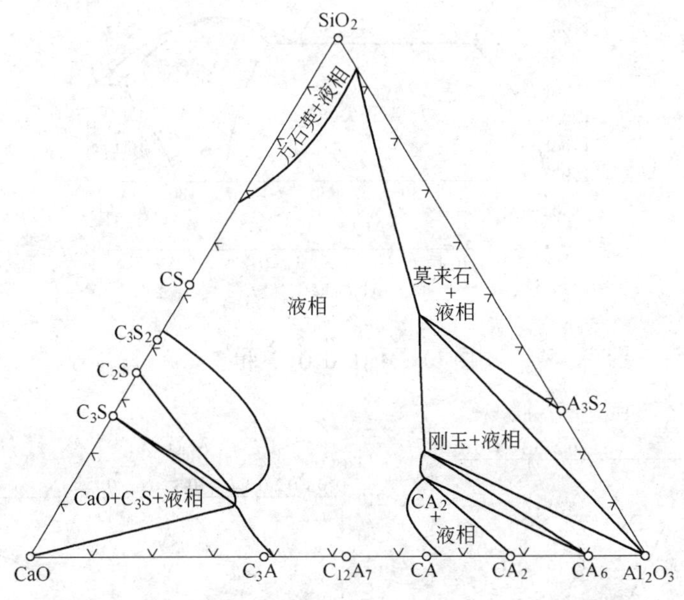

图9 $CaO\text{-}Al_2O_3\text{-}SiO_2$ 相图于1600℃时的等温截面图

4 镁铝尖晶石（方镁石-镁铝尖晶石与刚玉-镁铝尖晶石）干式捣打料

镁铝尖晶石干式捣打料也可以用氧化铁做烧结剂。$MgO\text{-}Al_2O_3\text{-}Fe_2O_3$ 与 $MgO\text{-}Al_2O_3\text{-}FeO$ 系尚无完整相图。但从 $MgO\text{-}Al_2O_3$、$MgO\text{-}Fe_2O_3$、$Al_2O_3\text{-}Fe_2O_3$、$Al_2O_3\text{-}FeO$（见图10～图13）与 $MgO\text{-}FeO$ 等二元系相图可知1600℃时：（1）$MgO\text{-}Al_2O_3$ 二元系不出现液相；（2）$MgO\text{-}Fe_2O_3$ 与 $Al_2O_3\text{-}Fe_2O_3$ 系只有在 Fe_2O_3 含量高达97%以上时才有液相出现；（3）$Al_2O_3\text{-}FeO$ 与 $MgO\text{-}FeO$ 系出现液相所需 FeO 含

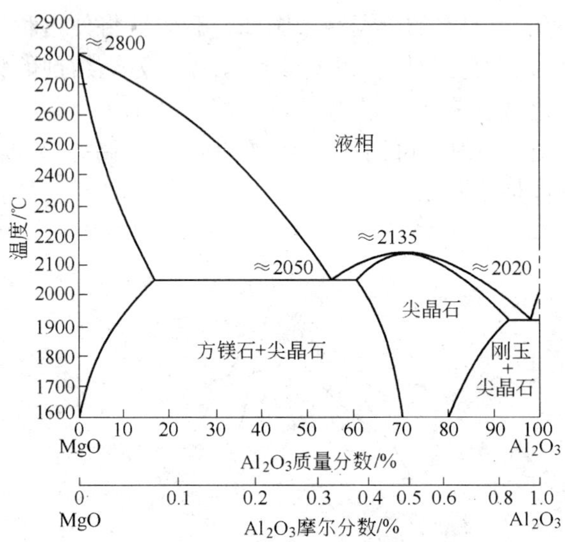

图 10　MgO-Al_2O_3 系相图

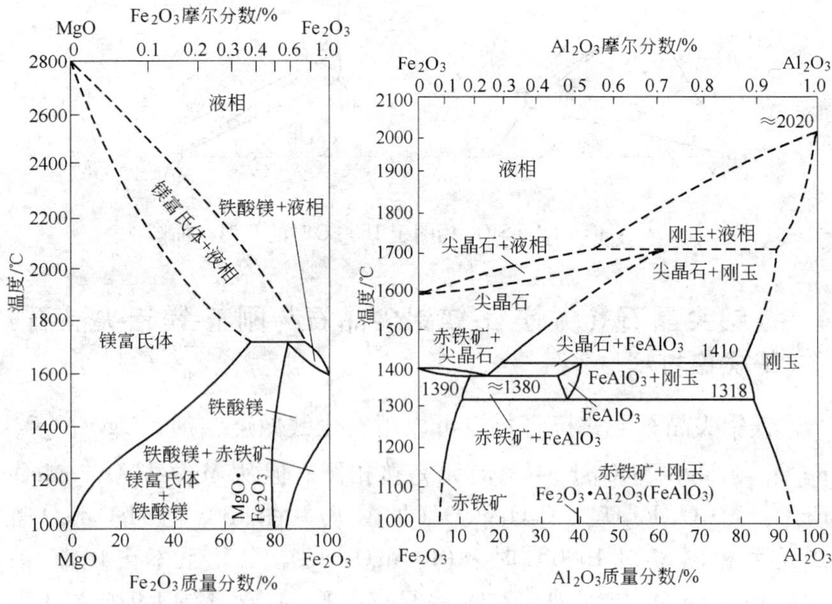

图 11　MgO-Fe_2O_3 系相图

图 12　Al_2O_3-Fe_2O_3 系相图

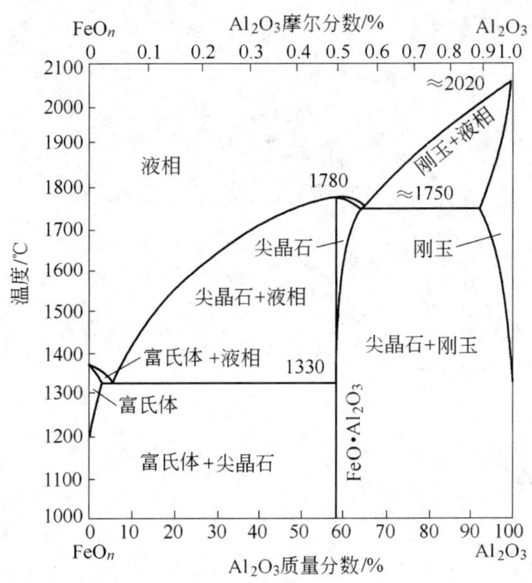

图 13 Al_2O_3-FeO_n 系相图

量也高。因此，MgO-Al_2O_3-Fe_2O_3 或 MgO-Al_2O_3-FeO 系在 1600℃时的液相区都是不大的。此外，FeO 与 Al_2O_3 可形成熔点为 1780℃的铁铝尖晶石，Fe_2O_3 或 FeO 均能同 MgO 和 Al_2O_3 形成复合尖晶石固溶体。由此可知，随着这种镁铝尖晶石干式捣打料热面层内氧化铁的被吸收和成分均匀化的进行，干式捣打料的热面层将逐渐烧结成为一整体，其热面层将主要由镁铁固溶体（Mg、Fe）O_{ss} 或刚玉与尖晶石固溶体（Mg^{2+}、Fe^{2+}）（Al^{3+}、Fe^{3+}）$_2O_4$ 高温矿物相构成。

从 MgO-Al_2O_3-CaO 三元系相图绘制出的1600℃等温截面图（图 14）可知：在 Al_2O_3 端元附近有一无液相存在的固相区：刚玉 + 镁铝尖晶石 + CA_2（或 CA_6）共存区。因此，刚玉-镁铝尖晶石干式捣打料可以用铝酸钙做烧结剂。但在方镁石与镁铝尖晶石共存的区域内则同时有液相存在。因此，方镁石-镁铝尖晶干式捣打料不宜用铝酸钙做烧结剂。

从 MgO-Al_2O_3-SiO_2 三元系相图绘制的 1600℃ 等温截面图（图 15）可知：方镁石-镁铝尖晶石干式捣打料可以用硅酸铝（镁）做烧结剂，因为在 MgO 端元附近为一固相区：方镁石 + 镁铝尖晶石 + 镁

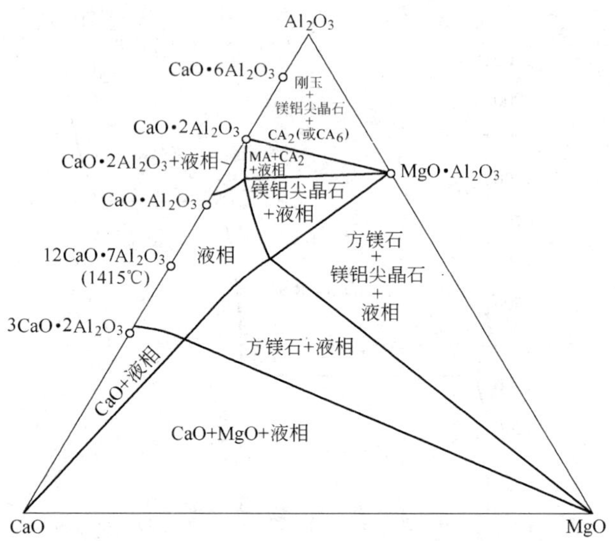

图 14 $MgO-Al_2O_3-CaO$ 相图于 1600℃时的等温截面图

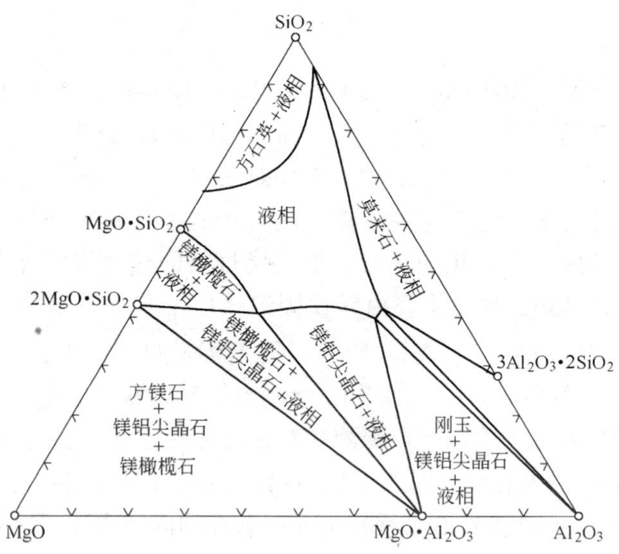

图 15 $MgO-Al_2O_3-SiO_2$ 相图于 1600℃时的等温截面图

橄榄石。而刚玉-镁铝尖晶石干式捣打料则不宜用硅酸铝（镁）做烧结剂，因为与刚玉 + 镁铝尖晶石共存的还会有液相。

从以上相图分析可以得知：刚玉-镁铝尖晶石干式料可以采用氧化铁或铝酸钙做烧结剂；而方镁石-镁铝尖晶石干式料可采用氧化铁或硅酸铝（镁）做烧结剂。

从以上相图解析了一些干式捣打料及其烧结剂。通过相图还可开发出一些新的烧结剂与新的干式捣打料。此外，有些低熔点盐类也可作为烧结剂；而且有些盐在使用条件下还会发生转化成为干式料中的耐火组元。但是选用来做烧结剂的物质应是对人体无害的、对产品质量无不利影响，而且价格合适。

Analyses of Some Dry Ramming Mixes with Phase Diagrams

Chen Zhaoyou

(Luoyang Institute of Refractory Research, Ministry of Metallurgical Industry)

Abstract: On the basis of the related phase diagrams of binary and ternary systems, the chemical composition of some dry ramming mixes as, silica, corundum, magnesia, calcia-containing magnesite, corundum-alumina spinel and magnesite-alumina spinel and their appropriate sintering agents have been analyzed.

本文选自《耐火材料》，1998，(1).

从相图讨论 $MgO-CaO-ZrO_2$ 耐火材料抗炉外精炼渣与水泥的侵蚀

陈肇友

（中钢集团洛阳耐火材料研究院）

摘　要：从有关三元系相图讨论了 $MgO-CaO-ZrO_2$ 材料抗 $CaO-SiO_2$、Al_2O_3-CaO 炉外精炼渣以及硅酸钙水泥与铝酸钙水泥的侵蚀。结果表明，$MgO-CaO-ZrO_2$ 材料抗 Al_2O_3 含量不高的碱性渣与硅酸钙水泥的侵蚀性好，但抗含 Al_2O_3 高的炉外精炼渣与铝酸钙水泥的侵蚀性可能不好。

关键词：$MgO-CaO-ZrO_2$ 耐火材料，炉外精炼，水泥，相图应用，侵蚀

为了提高钢的质量，生产优质合金钢，广泛采用炉外精炼技术。炉外精炼渣与一般转炉或电炉炼钢渣不同之处是，前者渣中氧化铁含量低，后者氧化铁含量高。其次炉外精炼温度皆比一般炼钢温度要高，大致为 1700℃。从抗炉渣侵蚀与提高钢质量来看，炉外精炼更适宜于采用 MgO-CaO 系材料做炉衬。提高 MgO-CaO 材料在 1700℃ 的抗侵蚀性与寿命是目前耐火材料工作者的重要课题。

水泥回转窑烧成带，主要采用镁铬耐火材料。镁铬材料在此生产条件下会发生三价铬转变为六价铬，造成环境污染。因此，近年来各国都在积极开发无铬耐火材料。根据硅酸盐水泥的化学成分、烧成带温度和挂窑皮来看，采用 MgO-CaO 材料较合适。目前，在水泥回转窑烧成带用得较成功的是在 MgO-CaO 材料中加入 ZrO_2，即 $MgO-CaO-ZrO_2$ 烧成砖[1]。

本文拟从相图来分析讨论 $MgO-CaO-ZrO_2$ 材料是否也适用于炉外精炼与铝酸钙水泥窑。

1 炉外精炼渣与水泥的化学成分

炉外精炼渣基本上属于 $CaO-SiO_2-Al_2O_3-MgO$ 四元系[2]。虽然AOD与VOD在炼不锈钢的脱碳期，渣中有大量 Cr_2O_3，但由于 Cr_2O_3 熔点高，在渣中溶解度低，并且含铬渣黏度大，常呈结块现象，因此 Cr_2O_3 对炉衬耐火材料的侵蚀可不考虑[3,4]。精炼渣中的MgO主要来自炉衬材料，若采用白云石造渣，增加渣中MgO与CaO的含量，显然可以大大减轻精炼渣对MgO-CaO炉衬的侵蚀。

硅酸盐水泥的主要化学成分是CaO（约65%）与 SiO_2（约22%），矿物相主要是硅酸三钙（$3CaO \cdot SiO_2$）与硅酸二钙（$2CaO \cdot SiO_2$）。铝酸钙水泥和高铝水泥主要是 Al_2O_3（50%～80%）与CaO（38%～18%），矿物相主要是 $CaO \cdot Al_2O_3$ 与 $CaO \cdot 2Al_2O_3$。

2 $MgO-CaO-ZrO_2$ 耐火材料

含CaO材料易水化，为了提高抗水化性，可采用加入 ZrO_2，形成锆酸钙（$CaO \cdot ZrO_2$）化合物的办法。例如连续铸钢的浸入式水口采用的 $CaO-ZrO_2$ 材料，其 ZrO_2 含量稍大于 $CaO \cdot ZrO_2$ 的理论值（CaO 31.4%，ZrO_2 68.6%）。

图1示出了 $MgO-CaO-ZrO_2$ 系相图[5]。从图1可知其最低共熔点

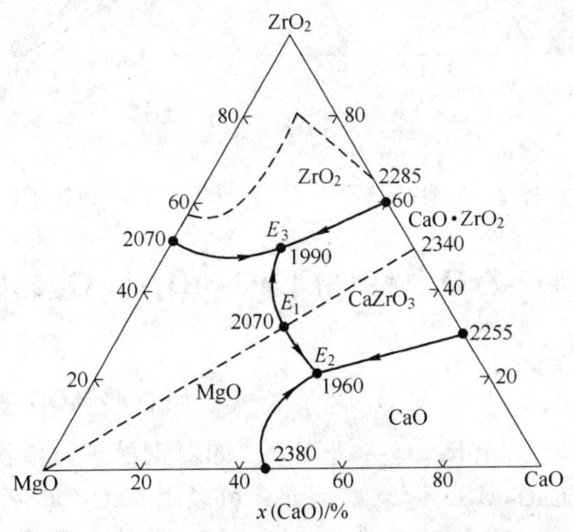

图1 $MgO-CaO-ZrO_2$ 三元系相图

温度 E_2 与 E_3 分别高达1960℃与1990℃。表明 $MgO\text{-}CaO\text{-}ZrO_2$ 材料的耐火性能很好。

图2是 $MgO\text{-}CaO\text{-}ZrO_2$ 系在1700℃的等温截面图。从图2可知，在以MgO为主的 $MgO\text{-}CaO\text{-}ZrO_2$ 材料中，随着 ZrO_2/CaO 分子比的不同，其矿物相为：方镁石固溶体（M_{ss}）+立方 ZrO_2 固溶体（$c-Z_{ss}$）或方镁石固溶体 + $CaO \cdot ZrO_2$（CZ）+ 立方 ZrO_2 固溶体或方镁石固溶体 + $CaO \cdot ZrO_2$ + CaO 固溶体（C_{ss}）。为避免水化，其矿物相组成以在方镁石固溶体 + $CaO \cdot ZrO_2$ + 立方 ZrO_2 固溶体相区内较为合适。

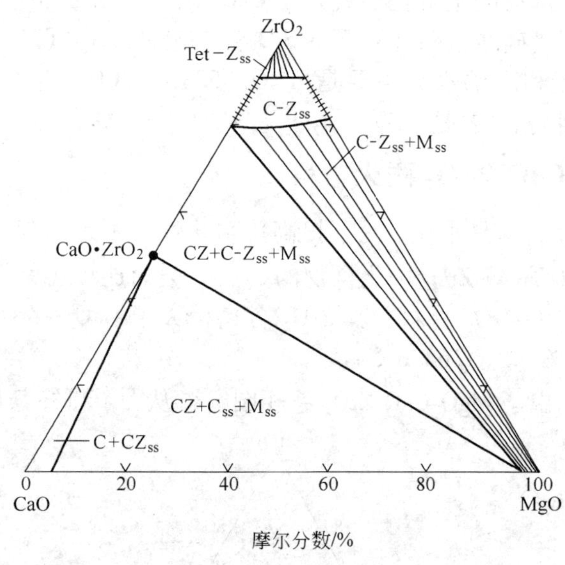

图2 $MgO\text{-}CaO\text{-}ZrO_2$ 系在1700℃的等温截面图

3 $MgO\text{-}CaO\text{-}ZrO_2$ 材料抗 $CaO\text{-}SiO_2\text{-}Al_2O_3$ 精炼渣与水泥的侵蚀

不少精炼渣中的 Al_2O_3 含量较低，如有些AOD渣，可简化为 $CaO\text{-}SiO_2$ 系渣。另外，有些精炼渣，如对钢液进行渣洗或喷吹的精炼渣则多属 $CaO\text{-}Al_2O_3$ 系渣。因此，可以用 $MgO\text{-}CaO\text{-}ZrO_2\text{-}SiO_2$ 系中有关的四个三元系相图来讨论 $MgO\text{-}CaO\text{-}ZrO_2$ 材料抗 $CaO\text{-}SiO_2$ 精炼

渣与硅酸钙水泥的侵蚀；用 $MgO-CaO-ZrO_2-Al_2O_3$ 四元系中有关的四个三元系相图来讨论 $MgO-CaO-ZrO_2$ 材料抗 $CaO-Al_2O_3$ 精炼渣与铝酸钙水泥的侵蚀。用这些分析结果就可大致评估 $MgO-CaO-ZrO_2$ 材料抗 $CaO-SiO_2-Al_2O_3$ 精炼渣的侵蚀。

3.1 $MgO-CaO-ZrO_2$ 材料抗 $CaO-SiO_2$ 精炼渣与硅酸钙水泥的侵蚀

由 $MgO-CaO \cdot ZrO_2-2CaO \cdot SiO_2$ 相图（图 3）[6] 知，其最低共熔点温度为 1750℃；由 $CaO-ZrO_2-SiO_2$ 相图[7]（图 4）中的右边子三角形 $CaO-ZrO_2-2CaO \cdot SiO_2$ 知，其最低共熔点温度在 1925℃以上；由 $MgO-CaO-SiO_2$ 系 1700℃等温截面图（图 5）知，MgO-CaO 材料在受到 CaO/SiO_2 比在 2 以上的 $CaO-SiO_2$ 渣侵蚀时，是处于 CaO + MgO + C_2S（或 C_3S）固相区。表明 $MgO-CaO-ZrO_2$ 材料抗 CaO/SiO_2 比大于 2 的 $CaO-SiO_2$ 精炼渣或硅酸钙水泥的侵蚀好。

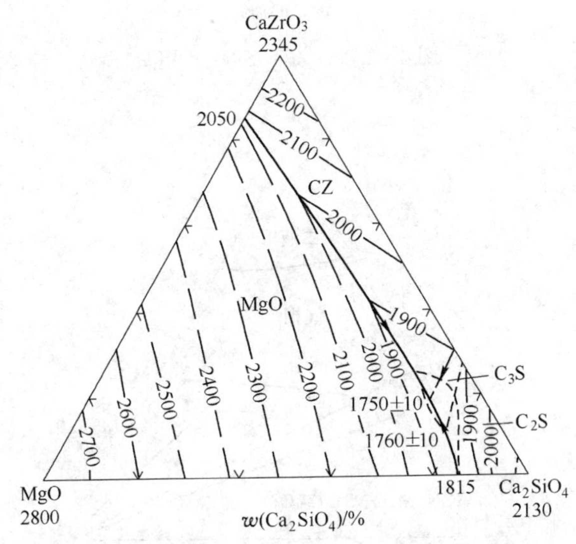

图 3 $MgO-CaO \cdot ZrO_2-2CaO \cdot SiO_2$ 系相图

根据 ZrO_2-SiO_2、$CaO-SiO_2$ 二元系相图以及 $CaO-ZrO_2-SiO_2$ 三元

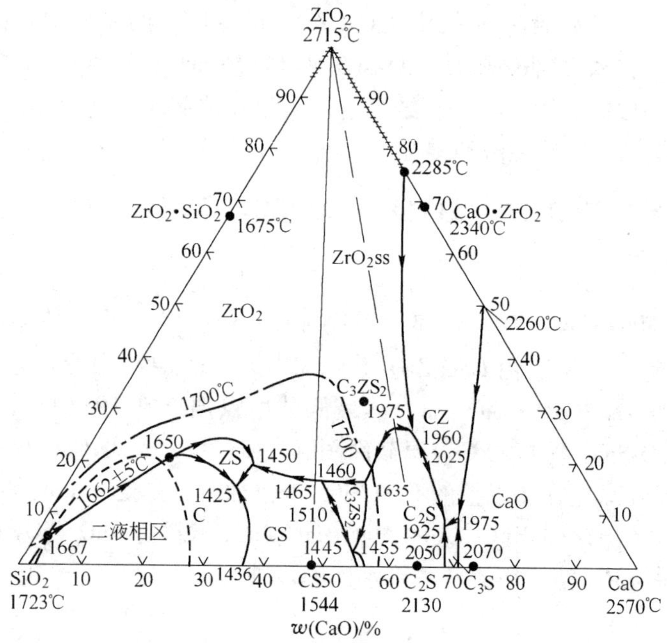

图 4　UCaO-ZrO_2-SiO_2 系相图

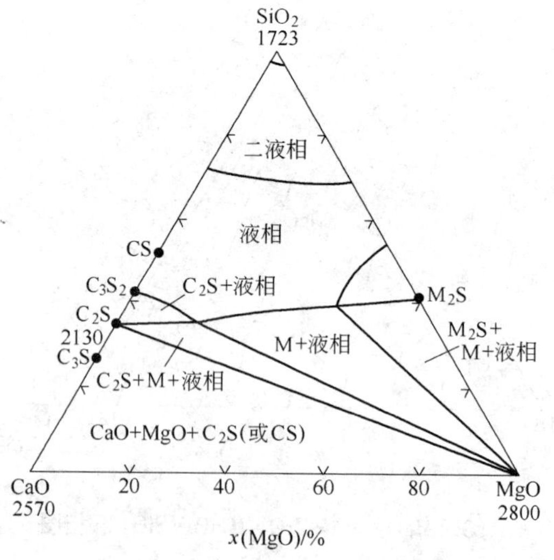

图 5　MgO-CaO-SiO_2 系在 1700℃ 的等温截面图

系相图（图4）中一些无变量点温度与组成、共晶线温度走向，在图4中粗略地画出了1700℃时液相线位置。1700℃液相线与靠近 SiO_2 顶角构成的液相区较大，表明 $CaO-ZrO_2$ 材料抗 $CaO-SiO_2$ 酸性渣不太好。从 $MgO-CaO-SiO_2$（见图5）与 $MgO-ZrO_2-CaO \cdot SiO_2$ 及 $MgO-CaO \cdot ZrO_2-CaO \cdot SiO_2$（见图6）在1700℃存在的液相区位置与大小看，MgO-CaO、$MgO-ZrO_2$ 与 $MgO-CaO \cdot ZrO_2$ 材料抗酸性渣侵蚀也不太好。以上这些信息表明，$MgO-CaO-ZrO_2$ 材料抗 $CaO-SiO_2$ 酸性渣的侵蚀不甚好。

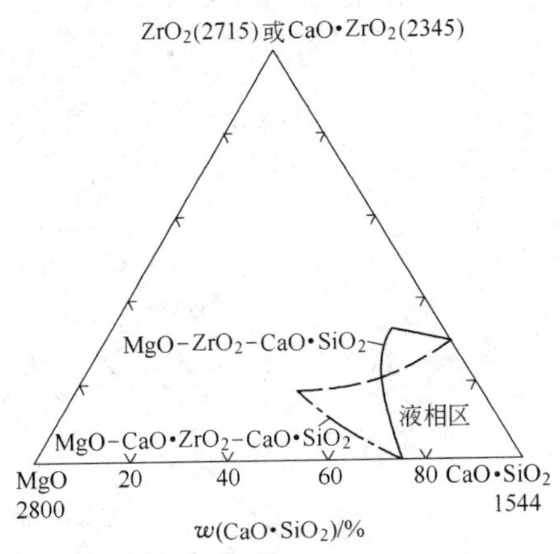

图6 $MgO-ZrO_2-CaO \cdot SiO_2$ 与 $MgO-CaO \cdot ZrO_2-CaO \cdot SiO_2$ 在1700℃的液相区

3.2 $MgO-CaO-ZrO_2$ 材料抗 $CaO-Al_2O_3$ 精炼渣与铝酸钙水泥的侵蚀

图7示出了 $MgO-ZrO_2-Al_2O_3$ 相图。从图7看，该三元系的最低共熔点温度也高达1830～1840℃，即在1800℃高温下也不会出现液相。因此，$MgO-ZrO_2$ 材料能抗 Al_2O_3 的侵蚀。

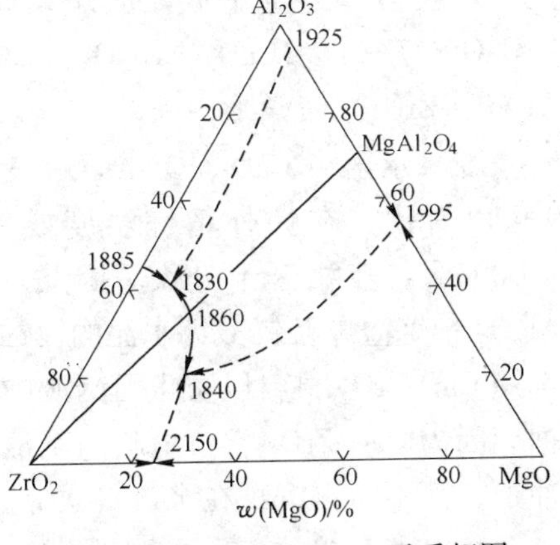

图7 $MgO-ZrO_2-Al_2O_3$ 三元系相图

从 $MgO-CaO-Al_2O_3$ 三元系在1700℃的等温截面图（图8）可看出：（1）靠近 Al_2O_3 与 CaO 组成边，且 Al_2O_3/CaO 分子比在大约2～0.3时有一液相区（L）。（2）在 MgO 与 CaO 含量高的相组成中皆为

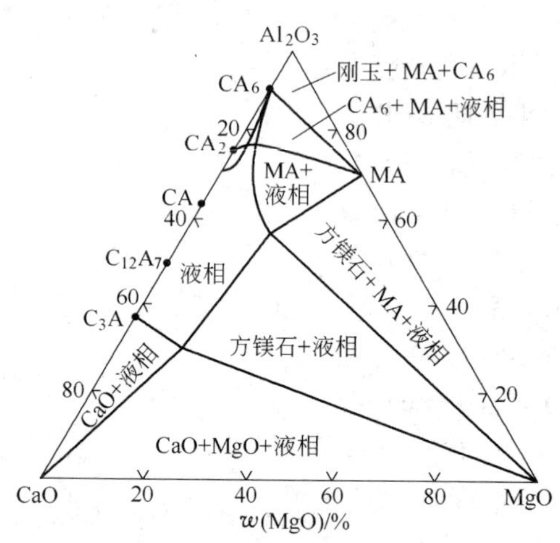

图 8　$MgO\text{-}CaO_2\text{-}Al_2O_3$ 在 1700℃的等温截面

（固 + 液）共存区；表明 MgO-CaO 材料在抗 Al_2O_3 侵蚀能力上，不是好的。

$CaO\text{-}ZrO_2\text{-}Al_2O_3$ 三元系已有一些研究。Беремиой 等[5]认为该三元系存在一个三元化合物 $7CaO \cdot 3Al_2O_3 \cdot ZrO_2$，其熔点为 1550℃。Bartha 等[8]认为三元系化合物是 $6CaO \cdot 3Al_2O_3 \cdot ZrO_2$，其熔点低于 1500℃。这表明在 $CaO\text{-}ZrO_2\text{-}Al_2O_3$ 三元系内的最低共熔点温度应比三元化合物的熔点更低，估计大致在 1345 ~ 1390℃，其组成应在 $12CaO \cdot 7Al_2O_3\text{-}3CaO \cdot Al_2O_3\text{-}7CaO \cdot 3Al_2O_3 \cdot ZrO_2$（或 $6CaO \cdot Al_2O_3 \cdot ZrO_2$）三角形内。

图 9 示出了 $CaO\text{-}ZrO_2\text{-}Al_2O_3$ 三元系不同温度的液相线[9]。从图 9 可以看出，在炉外精炼温度或铝酸钙水泥烧成带温度 1550 ~ 1700℃时，液相区十分大。因此，$CaO\text{-}ZrO_2$ 材料抗 Al_2O_3 或 $CaO\text{-}Al_2O_3$ 精炼渣以及铝酸钙水泥的侵蚀性差。这也正是连铸浸入式水口选用 $CaO\text{-}ZrO_2$ 材料以防止因钢液中 Al_2O_3 沉积而造成水口堵塞的依据。因为 $CaO\text{-}ZrO_2$ 水口材料与钢液中的 Al_2O_3 形成液相，会被钢流冲走，而不能再沉积在水口材质上。

从以上有关的三元系相图可知，虽然 $MgO\text{-}ZrO_2$ 材料在抗单一的

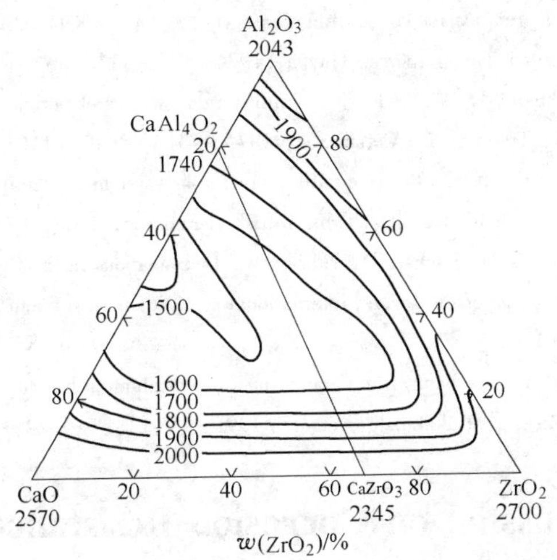

图 9　ZrO_2-CaO-Al_2O_3 系在不同高温下的液相区

Al_2O_3 或 CaO 的侵蚀上都是很好的，但 $MgO-CaO-ZrO_2$ 材料在抗 Al_2O_3-CaO 精炼渣或铝酸钙水泥的侵蚀上却不太好。即 MgO-CaO-ZrO_2 材料要用来做 Al_2O_3 含量高的 CaO-Al_2O_3 精炼渣炉或铝酸钙水泥窑烧成带的衬砖是不合适的。

4　结语

从以上有关的相图分析可大致得出：$MgO-CaO-ZrO_2$ 材料抗 Al_2O_3 含量不太高的碱性精炼渣或硅酸钙水泥的侵蚀是好的；但抗 Al_2O_3 含量高的精炼渣特别是酸性渣或铝酸钙水泥（包括高铝水泥）的侵蚀则是不太好的。

参 考 文 献

[1] Hisao Kozuka, Yoshiharu Kajita, Yoshiki Tuchiva, et al. New kind of chrome-free MgO-CaO-ZrO_2 bricks for burning zone of rotary cement kiln. UNITECR'93 Congress: 1027 ~ 1037.

[2] 陈肇友. 从相图剖析炉外精炼渣对 MgO-CaO 系材料的侵蚀. 金属学报，1983，19(6)：B237 ~ 243.

[3] 陈肇友. 提高 AOD、VOD 镁铬或镁白云石炉衬寿命的途径. 钢铁，1989，24(7)：52 ~ 59.

[4] 李柳生，陈肇友. 镁铬材料与炉外精炼渣的相互作用. 耐火材料，1990，24(1)：8 ~ 11.

[5] Беремиой В П. Диараммы состояния силикатных систем. СПРАВОЦНИК (Тройные окисние системы). Издагельство Наука, 1974: 111 ~ 113.

[6] Aza S de, Richmond C, White J. Compatibility relationships of periclase in the system CaO-MgO-ZrO_2-SiO_2. Trans British Ceram Soc, 1974, 73(4): 109 ~ 116.

[7] Qureshi M H, Brett N H. Phase equilibria in ternary-system containing zirconia and silica (I): the system CaO-ZrO_2-SiO_2. Trans British Ceram Soc, 1968, 67(6): 205 ~ 219.

[8] Bartha P, Nitsch K H, Fuchser D, Tabbert W. Investigations in the CaO-Al_2O_3-ZrO_2 phase diagram. Proceedings of the second international symposium on refractories, Beijing, China, 1992: 494 ~ 501.

[9] Shigeki Ogibayashi. Mechanism and countermeasure of alumina buildup on submerged nozzle in continuous casting. Taikabutsu Overseas, 1995, 15(1): 3 ~ 14.

Discussion on Corrosion Resistances of MgO-CaO-ZrO_2 Refractories to Secondary Refining Slag and Cement from Phase Diagrams

Chen Zhaoyou

(Sinosteel Corporation Luoyang Institute of Refractories Research)

Abstract: On the basis of the relevant phase diagrams of ternary systems in MgO-CaO-ZrO_2-SiO_2 and MgO-CaO-ZrO_2-Al_2O_3 quarternary systems, the corrosion resistances of MgO-CaO-ZrO_2 refractories to secondary refining slag and cement were discussed. It is concluded that the MgO-CaO-ZrO_2 refractories has good corrosion resistances to basic refining slags with low Al_2O_3 content and silicate cement, but its resistances to the refining slags with high Al_2O_3 content and aluminate cements may be bad.

Key words: magnesia-calcia-zirconia refractories, steel refining, cement, application of phase diagram corrosion resistance

本文选自《耐火材料》, 2002, 36(2): 107.

氧化亚铁与铁铝尖晶石的形成

陈肇友[1]　柴俊兰[1]　李　勇[2]

（1. 中钢集团洛阳耐火材料研究院；
2. 洛阳耐火材料集团有限责任公司）

摘　要： 由 Fe-O 系相图与铁的各级氧化物稳定存在区域图，从热力学分析了形成铁铝尖晶石的条件及制取铁铝尖晶石的途径。

关键词： 铁铝尖晶石，氧化亚铁，热力学分析

镁质铁铝尖晶石（$MgO\text{-}FeO \cdot Al_2O_3$）是近年来研究开发出的一种新的耐火材质，它具有很好的柔韧性（flexibility），其断裂功比镁铬砖高很多，是镁铝尖晶石或镁铝砖的 6 倍[1]。据称在水泥回转窑上应用既能挂窑皮，还能适应窑壳的变形，因而引起了注意与重视。但有关氧化亚铁与 Al_2O_3 形成铁铝尖晶石的条件却未见到分析与论述。本工作拟对氧化亚铁的组成以及氧化亚铁与 Al_2O_3 形成 $FeO \cdot Al_2O_3$ 尖晶石（hercynite）的条件进行分析，并提出制取铁铝尖晶石的途径。

1　氧化亚铁的组成

在自然界存在的氧化亚铁（FeO），其中 Fe 原子与 O 原子的比不是1∶1，而总是氧原子多于铁原子。从图 1 所示的 Fe-O 系平衡相图[2]可知，并不存在分子式为 FeO 的化合物，在组成为 FeO 的右边存在的是一个浮士体（wustite）固溶体区域。已知浮士体固溶体为 NaCl 型晶格，晶格中氧离子已填满了其应占的结点，而属于铁的结点却没有被铁离子填满，而有空位，所以浮士体固溶体是一种缺位式固溶体。由于部分铁离子位置是空着的，为了保持晶体的电性中性，因此一定要有一定的 Fe^{2+} 转变为 Fe^{3+}。不能生成 Fe 与 O 原子数之比为 1 的 FeO 的原因，是因为这种组成的化合物不能形成最紧密的堆积。

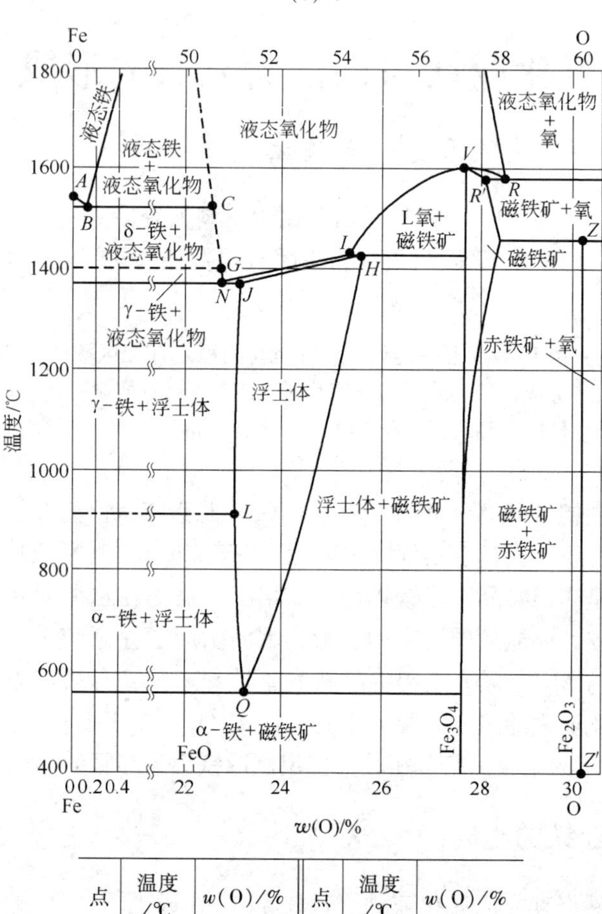

点	温度/℃	w(O)/%	点	温度/℃	w(O)/%
A	1539	—	*Q*	560	23.26
B	1528	0.16	*R*	1583	28.30
C	1528	22.60	*R′*	1583	28.07
G	1400	22.84	*S*	1424	27.64
H	1424	25.60	*V*	1597	27.64
I	1424	25.31	*Y*	1457	28.36
J	1371	23.16	*Z*	1457	30.04
L	911	23.10	*Z′*	—	30.06
N	1371	22.91			

图1　Fe-O 系相图

由于氧化亚铁相（浮士体）中氧原子总是多于铁原子，因此氧化亚铁常以“FeO”或 $Fe_xO(x<1)$ 或 $FeO_n(n>1)$ 来表示。从 Fe-O 相图还可看出，低于570℃时，浮士体是不能稳定存在的，要分解为 $Fe+Fe_3O_4$；高于570℃时，则会发生以下反应：

$$Fe_{(s)}+1/2O_{2(g)} = \text{“FeO”}_{(s)}$$

$$3\text{“FeO”}_{(s)}+1/2O_{2(g)} = Fe_3O_{4(s)}$$

在570～1371℃之间，与Fe处于平衡的“FeO”$_{(s)}$，其组成随温度的关系是按图1中的 *QLJ* 线变化。这就是说通常热力学数据所列的FeO标准生成热或标准生成Gibbs自由能等的数据，其FeO也不是浮士体区域内的组成，而是随温度升高沿 *QLJ* 线变化的组成。

温度达1371℃时，“FeO”熔化，根据图1附上的数据：*J* 与 *N* 点的平衡氧含量（*w*）分别为23.16%与22.91%，表明在“FeO”的熔点1371℃时，处于平衡的液相与固相组成是不同的，按元素摩尔数计算为：

$$Fe_{0.964}O_{(s)} = Fe_{0.950}O_{(l)}$$

或

$$FeO_{1.037(s)} = FeO_{1.052(l)}$$

在1371℃以上，金属Fe与液态“FeO”平衡时，液态“FeO”的组成随温度的升高是沿 *NGC* 线变化的。

应该指出，一些含氧化亚铁“FeO”的相图或活度图，如 $FeO\text{-}SiO_2$ 系、$FeO\text{-}Al_2O_3$ 系、$FeO\text{-}Al_2O_3\text{-}SiO_2$ 系、$FeO\text{-}CaO\text{-}SiO_2$ 系等，其实都是在有金属Fe平衡共存的实验条件下进行测定的。因为只有在金属Fe存在下，才能保证“FeO”的组成在一定温度下是一定值，自由度为1。这就是说，有金属铁存在时，含“FeO”的一些体系的相图或活度图，在一定温度下其“FeO”的组成是位于Fe-O系相图 *QLJ-NGC* 线上所指定温度的固定位置上，而不是变化的。

2 “FeO”与 Al_2O_3 形成铁铝尖晶石的条件

“FeO”与 Al_2O_3 的相图如图2所示。对 $FeO\cdot Al_2O_3$(hercynite)化合物，一些研究者认为是异成分熔融化合物，其转熔点为1750℃

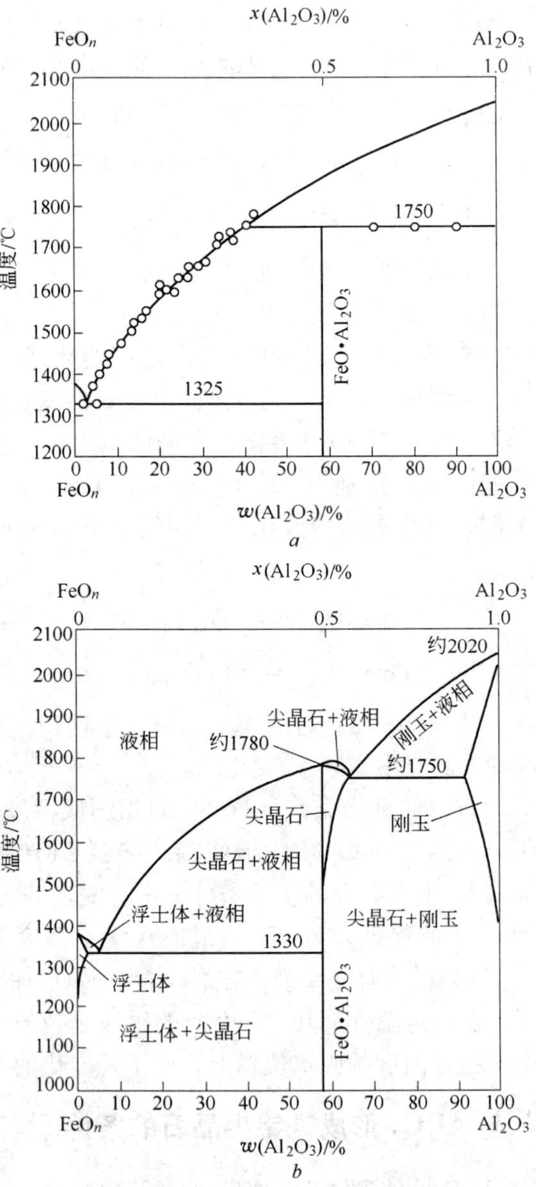

图 2　FeO_n-Al_2O_3 系相图

（见图 2a）；另一些研究者认为是同成分熔融化合物（或一致熔融化合物），其熔点为1780℃（见图 2b）但都认为 $FeO \cdot Al_2O_3$ 尖晶石在低于1750℃时是能稳定存在的化合物。

要形成铁铝尖晶石，必须保证氧化亚铁（“FeO”或 FeO_n）是处在其稳定存在的条件下。根据“FeO”或 FeO_n、Fe_3O_4 与 Fe_2O_3 的标准生成 Gibbs 自由能绘制出了 Fe-O 系中铁的各级氧化物的稳定区域图，如图 3[3] 所示。只有在氧化亚铁“FeO”能稳定存在的区域内，才能保证与 Al_2O_3 形成的化合物是 $FeO \cdot Al_2O_3$ 尖晶石。而在“FeO”稳定存在区域以外的条件下，铁的氧化物与 Al_2O_3 作用得到的产物都很难说是 $FeO \cdot Al_2O_3$ 尖晶石，而可能是含有大量或主要是 Fe_2O_3-Al_2O_3 固溶体。即必需保证是在“FeO”稳定存在区域内的温度与氧压（p_{O_2}）下，“FeO”与 Al_2O_3 形成的才是 $FeO \cdot Al_2O_3$ 尖晶石。

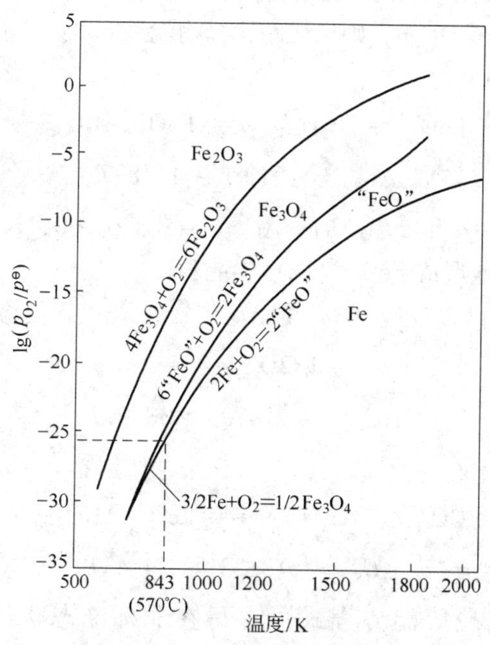

图 3　Fe-O 系中铁的各级氧化物的热力学稳定存在区域图

气相中氧压 p_{O_2} 的大小可由以下反应来控制和保证：

$$CO_{(g)} + 1/2O_{2(g)} \xlongequal{\quad} CO_{2(g)} \qquad (1)$$

$$\Delta G_1^{\ominus} = -280950 + 85.23T$$

因 $\Delta G_1^{\ominus} = -RT\ln K_1^{\ominus}$，于是：

$$-280950 + 85.23T = -RT\ln \frac{(p_{CO_2}/p^{\ominus})}{(p_{CO}/p^{\ominus})(p_{O_2}/p^{\ominus})^{0.5}}$$

$$\lg(p_{CO_2}/p_{CO}) = 0.5\lg(p_{O_2}/p^{\ominus}) + 14676/T - 4.45 \qquad (2)$$

例如由图 3 知，1700K（1427℃）与 $\lg(p_{O_2}/p^{\ominus}) = -6.5$ 是在氧化亚铁“FeO”稳定存在条件的区域内。因此在此条件下，氧化铁能以“FeO”或 FeO_n 存在。将这些条件代入式（2）可求得，在“FeO”稳定存在的 CO-CO_2-O_2 气氛中，CO 的含量为 10.5%。这就是说在 1427℃时，将铁鳞等氧化铁置于含有 10.5% CO 的 $CO + CO_2$ 的混合气体中，铁的氧化物粉或金属铁粉都将转变为以“FeO”存在。在此条件下，若加入 Al_2O_3 粉，则生成的化合物就是 $FeO \cdot Al_2O_3$。

根据反应：

$$FeO_{(l)} + Al_2O_{3(s)} \xlongequal{\quad} FeO \cdot Al_2O_{3(s)} \qquad (3)$$

$$\Delta G_3^{\ominus} = -71086 + 11.89T$$

当 $T = 1700K$（1427℃）时，$\Delta G_3^{\ominus} = -50870J < 0$，说明“FeO”会与 Al_2O_3 自发地形成 $FeO \cdot Al_2O_3$ 尖晶石。

由反应（1）、反应（3）的 $\Delta G_1^{\ominus}$、$\Delta G_3^{\ominus}$ 及以下反应：

$$Fe_{(s)} + 1/2O_{2(g)} \xlongequal{\quad} FeO_{(l)} \qquad (4)$$

$$\Delta G_4^{\ominus} = -220705 + 38.91T$$

可以求得反应：

$$Fe_{(s)} + CO_{2(g)} + Al_2O_{3(s)} \xlongequal{\quad} FeO \cdot Al_2O_{3(s)} + CO_{(g)} \qquad (5)$$

$$\Delta G_5^{\ominus} = -131331 - 34.43T$$

由化学反应等温方程式可求得在非标准态条件下反应（5）的 ΔG_5：

$$\Delta G_5 = \Delta G_5^{\ominus} + RT\ln J_5 = -131331 - 34.43T + RT\ln(p'_{CO}/p'_{CO_2})$$

在 $T = 1700K$（1427℃），含 10.5% CO 与 89.5% CO_2 的混合气

体条件下，

$$\Delta G_5 = -131331 - 34.43 \times 1700 + 8.314 \times 1700\ln(10.5/89.5)$$
$$= -220148(\mathrm{J}) < 0$$

这说明由 1mol Fe 粉与 1mol Al_2O_3 粉混匀压制的试样在 1700K 与含 10.5% CO + 89.5% CO_2 的混合气氛下会自发地形成 $FeO \cdot Al_2O_3$ 尖晶石。

类似地，由反应（1）、反应（3）的 $\Delta G_1^{\ominus}$、$\Delta G_3^{\ominus}$ 与以下反应：

$$3\text{“FeO”}_{(l)} + 0.5O_{2(g)} = Fe_3O_{4(s)} \quad (6)$$
$$\Delta G_6^{\ominus} = -429071 + 196.23T$$

可以求得反应：

$$Fe_3O_{4(s)} + CO_{(g)} + 3Al_2O_3 = 3(FeO \cdot Al_2O_3)_{(s)} + CO_{2(g)} \quad (7)$$
$$\Delta G_7^{\ominus} = -165137 - 75.33T$$

$$\Delta G_7 = \Delta G_7^{\ominus} + RT\ln J_7 = -165137 - 75.33T + RT\ln(p_{CO}/p_{CO_2})$$

在 T=1700K，含 10.5% CO 与 89.5% CO_2 的混合气体条件下：

$$\Delta G_7 = -165137 - 75.33 \times 1700 + 8.314 \times 1700\ln(89.5/10.5)$$
$$= -262911(\mathrm{J}) < 0$$

这说明由 1mol Fe_3O_4 粉与 3mol Al_2O_3 粉混匀压制的试样，在 1700K 与 10.5% CO + 89.5% CO_2 混合气氛下也会自发形成 $FeO \cdot Al_2O_3$ 尖晶石。

3 在固体碳过剩条件下 Fe 粉或氧化铁与 Al_2O_3 能否形成铁铝尖晶石

图 4 示出了在固体碳过剩条件下，Fe、“FeO” 与 Fe_3O_4 稳定存在的温度区间[3]。

从图 4 可知，只要有固体碳过剩存在，不管最初气相组成位于图中哪一位置，最后气相组成总是要达到碳气化反应：

$$C_{(s)} + CO_{2(g)} = 2CO_{(g)} \quad (8)$$

的平衡气相组成曲线上。

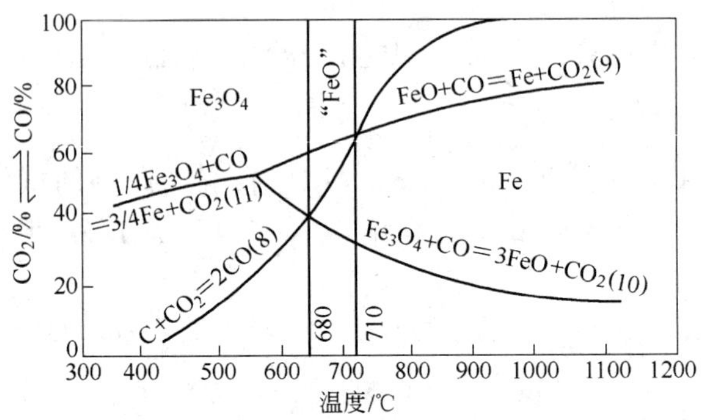

图 4　有过剩碳存在，$p_{CO}+p_{CO_2}=101.325$kPa 时，

Fe、FeO 及 Fe_3O_4 的稳定存在温度区间

当温度高于 710℃时，碳气化反应（8）的平衡气相中 CO 的含量总是高于反应（9）：

$$FeO + CO = Fe + CO_2$$

与反应（10）：

$$Fe_3O_4 + CO = 3FeO + CO_2$$

平衡时的 CO 含量。因此，Fe_3O_4 或“FeO”都将被还原为金属 Fe，即只有 Fe 能稳定存在。这也就解释了为什么氧气转炉炼钢用后的镁碳残砖中存在金属铁珠，以及采用溅渣护炉后镁碳残砖中存在金属沉积（淀）层的原因。

当温度低于 680℃时，碳的气化反应的平衡气相中 CO_2 含量总是高于反应式（9）、式（10）与式（11），因此只有 Fe_3O_4 能稳定存在。

只有当温度在 680～710℃之间，“FeO”才能稳定存在。这表明在固体碳过剩存在下，“FeO”稳定存在的温度区间不仅十分狭窄，而且温度不高。温度不高，在化学动力学上是不利于“FeO”与 Al_2O_3 反应生成 $FeO \cdot Al_2O_3$ 尖晶石。因此将氧化铁粉、Al_2O_3 和碳或石墨粉混匀，压制成荒坯，然后在一定温度下进行合成 $FeO \cdot Al_2O_3$ 尖晶石是困难的。

4 制取铁铝尖晶石的途径

4.1 烧结法

按 FeO 与 Al_2O_3 物质的量比为 1∶1 配制 Fe_2O_3 粉或 Fe_3O_4 粉与 Al_2O_3 粉的混合粉，混合均匀后，压制成荒坯，在保证“FeO”稳定存在的氧压下（由 CO 与 CO_2 混合气体来调节氧压）在 1100～1450℃下进行保温，可合成 FeO · Al_2O_3 尖晶石。

4.2 电熔法

将 Fe_2O_3 或 Fe_3O_4 粉与 Al_2O_3 粉及少量碳放在电炉内，起弧，使部分 Fe_2O_3 还原为金属 Fe 液，在高温下与金属 Fe 平衡的氧化铁液即为“FeO”，此时“FeO”与 Al_2O_3 反应即可生成 FeO · Al_2O_3 尖晶石。

参 考 文 献

[1] Gerald Buchebner, Thomas Molinari. Magnesia-hercynite bricks-an innovative burnt basic refractory. Proceeding of UNITECR'99, Germany: 201～203.

[2] The Verein Deutscher Eisenhuettenleute. Ed Schlachen Atlas, Verlay Staleisen M. B. H. Duesseldorf, 1981.

[3] 陈肇友. 化学热力学与耐火材料. 北京：冶金工业出版社，2005.

Formations of Ferrous Oxide and Hercynite

Chen Zhaoyou   Chai Junlan   Li Yong

(Sinosteel Corporation Luoyang Institute of Refractories Research)

Abstract: Based on the phase diagram of Fe-O system and the condensed phase stability area diagram of iron oxides, the forming conditions and preparing measures of hercynite are analyzed from thermodynamics.

Key words: Hercynite, Ferrous oxide, Chemical thermodynamics

本文选自《耐火材料》，2005，39(3)：207.

水泥回转窑烧成带用无铬耐火材料

陈肇友

（中钢集团洛阳耐火材料研究院有限公司）

摘　要：根据水泥回转窑烧成带对耐火材料的要求，从有关相图分析论述了 MgO-CaO-ZrO_2 材料抗硅酸盐水泥的侵蚀；由 Fe-O 系相图与铁的各级氧化物稳定存在区域图分析了形成铁铝尖晶石（FeO · Al_2O_3）的条件及制取铁铝尖晶石砖的途径。

关键词：水泥回转窑，MgO-CaO-ZrO_2 耐火材料，镁质铁铝尖晶石耐火材料

我国 2009 年水泥产量为 16.3 亿吨，同比增长 17.9%。由于我国正处于大发展期，水泥需要量还会不断增加，并再建一些回转窑。仅 2009 年水泥制造投资完成额就达 1521 亿元，同比增长 57.7%[1]。

水泥回转窑的过渡带现在完全可以使用镁质镁铝尖晶石砖取代镁铬砖。但这种砖在温度高的烧成带却不适宜，因为挂不上窑皮。

烧成带中心火焰温度大致为 1700℃左右。窑衬热面温度随窑的转动而发生周期性变化。当挂上窑皮的窑壁与水泥物料层刚开始接触之前，窑壁达到最高温度（大致为 1580℃），然后窑壁把热量大量传给物料层，温度下降 200℃以上。若回转窑以 1r/min 转动，则窑衬每天要经受 1400 次温差为 200℃以上的热应力作用。同时，回转窑内衬耐火材料在高温下随筒体一起转动，要承受炉料的磨损和冲击作用。硅酸盐水泥的主要化学组成（w）是：CaO 约 65%，SiO_2 约 22%；矿物相主要是 2CaO · SiO_2（C_2S）、3CaO · SiO_2（C_3S）与 4CaO · Al_2O_3 · Fe_2O_3（C_4AF）；除受到这些物质侵蚀外，还会受到原料和燃料中带来的碱、硫酸盐和氯化物的侵蚀。若采用可燃性废物为燃料，回转窑耐火材料所处环境更为苛刻。

若烧成带耐火材料衬挂上了一层稳定性窑皮，耐火材料衬就

能得到了良好的保护。耐火材料衬实际热面的温度就会比1580℃低得多，受到物料的磨损与冲击以及温度的波动也就小得多。耐火材料衬自然就能获得好的使用效果。因此，水泥回转窑烧成带对耐火材料要求的最重要性质，就是要具有能挂好稳定性的窑皮。

由于 Cr_2O_3 能提高镁质耐火材料的抗侵蚀性，抗热震性，降低热导率，并具有优良的挂窑皮性；因此我国水泥回转窑烧成带至今仍主要使用含 Cr_2O_3 在4%～12%的镁铬砖。

但含 Cr_2O_3 耐火材料在氧化性气氛与大量碱性氧化物如 K_2O、Na_2O、CaO 等存在时，在一定温度下其三价铬（Cr^{3+}）会转变为六价铬（Cr^{6+}）。六价铬化合物可溶于水，也可以以气相存在。因此六价铬可以通过烟气进入大气中，也会溶于水污染水源。六价铬是一种对人类健康有严重危害的物质。而水泥回转窑的过渡带与烧成带正是具有使三价铬转变为六价铬的条件。在一些先进国家对六价铬已制订了严格的限制标准。

本文拟对水泥回转窑烧成带用无铬耐火材料 MgO-CaO-ZrO_2 与镁质铁铝尖晶石（MgO-FeO·Al_2O_3）材料进行一些分析与讨论。

1 MgO-CaO-ZrO_2 材料

镁白云石（MgO-CaO）耐火材料能抗碱性氧化物侵蚀，不会被还原性气氛还原，还能挂上窑皮。但砖中游离 CaO 易水化；与窑内气氛中的 CO_2 和 SO_3 反应生成 $CaCO_3$ 和 $CaSO_4$ 产生较大体积效应，破坏砖的组织结构；当水泥原料中氧化铁含量高时，与镁白云石砖中 CaO 形成低熔物而不易形成稳定性窑皮。而 MgO-CaO-ZrO_2 砖既具有上述优点，又能克服上述缺点。

图1示出了 MgO-CaO-ZrO_2 系相图[2]，从图1可知 MgO-CaO-ZrO_2 系材料其最低共熔点温度 E_2 与 E_3 分别高达1960℃与1990℃，说明 MgO-CaO-ZrO_2 材料具有很好的耐火性能。而且由于材料中的 CaO 部分或全部与 ZrO_2 生成了不会水化的 CaO·ZrO_2，因此 MgO-CaO-ZrO_2 材料也不存在水化的缺点。

在文献［3］中，曾从 MgO-CaO·ZrO_2-2CaO·SiO_2 相图、CaO-

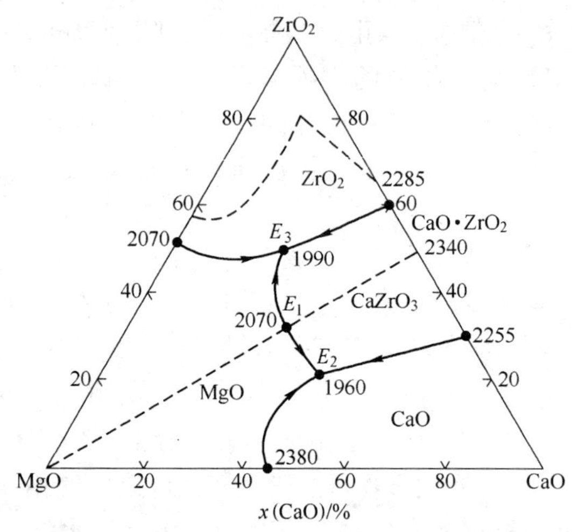

图 1　MgO-CaO-ZrO_2 三元系相图

ZrO_2-SiO_2 系相图的子三角形 CaO-ZrO_2-2CaO · SiO_2（C_2S）以及 MgO-CaO-SiO_2 系 1700℃的等温截面图分析得出了 MgO-CaO-ZrO_2 材料能与硅酸盐水泥矿物相 2CaO · SiO_2 或 3CaO · SiO_2 共存。例如，由 MgO-CaO · ZrO_2-2CaO · SiO_2 相图（图 2）知，其最低共熔点温度达

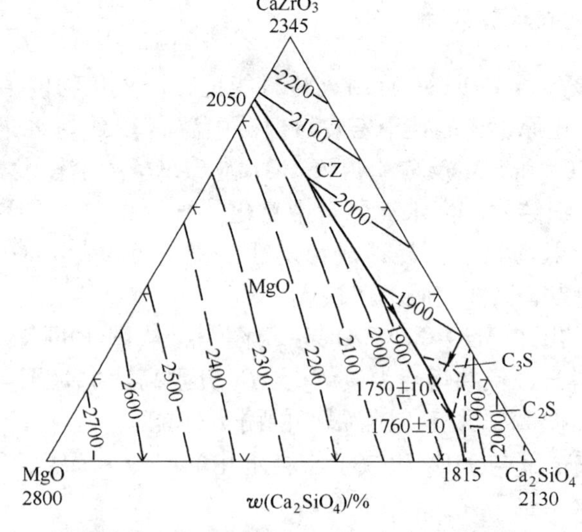

图 2　MgO-CaO · ZrO_2-2CaO · SiO_2 系相图

1750℃；由 $CaO-ZrO_2-SiO_2$ 相图（图 3）中的右边子三角形 $CaO-ZrO_2-C_2S$ 知，其最低共熔点温度在 1925℃以上；由 $MgO-CaO-SiO_2$ 系 1700℃等温截面图（图 4）知，MgO-CaO 材料受到 CaO/SiO_2 比在 2 以上的 $CaO-SiO_2$ 渣侵蚀时是处于 CaO + MgO + C_2S（或 C_2S）固相区。表明 $MgO-CaO-ZrO_2$ 材料抗硅酸盐水泥的侵蚀性很好。但不适宜做铝酸钙水泥的窑衬[3]，因为 CaO 与铝酸钙水泥中的 $CaO \cdot Al_2O_3$ 或 $CaO \cdot 2Al_2O_3$ 反应会生成低熔点物。

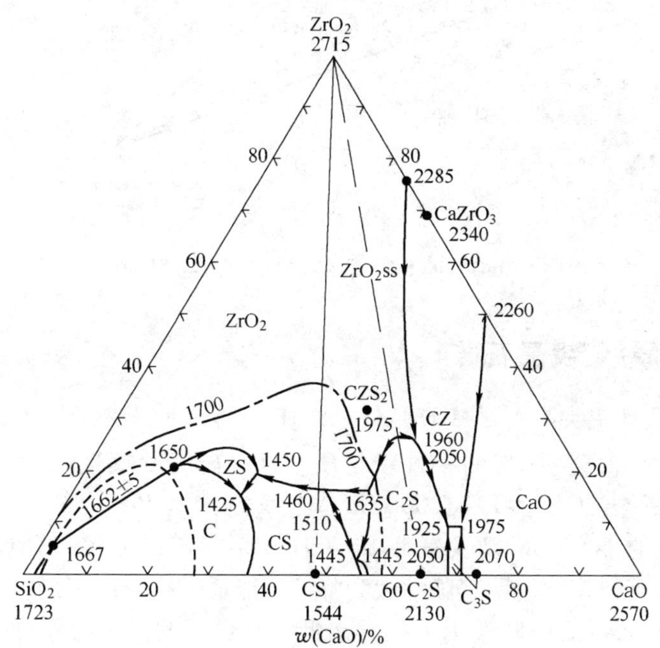

图 3 $CaO-ZrO_2-SiO_2$ 系相图

作为硅酸盐水泥回转窑烧成带的镁钙锆砖的化学组成大致为：$w(MgO)=80\% \sim 85\%$，$w(CaO)=4\% \sim 8\%$，$w(ZrO_2)=9\% \sim 12\%$。由于镁钙锆砖中的 CaO 已全部或大部分与 ZrO_2 形成 $CaO \cdot ZrO_2$ 化合物，从而大大提高了镁钙材料的抗水化性。此外砖中 ZrO_2 还能提高渗入砖中液相的黏度，从而有助于挂窑皮与窑皮的稳定性，并抑制了液相向砖内进一步渗透[4,5]。

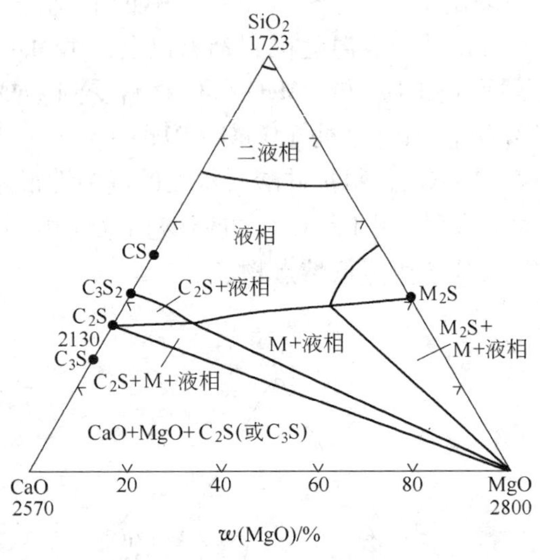

图 4　$MgO-CaO-SiO_2$ 系在 1700℃的等温截面图

2　镁质铁铝尖晶石砖

镁质铁铝尖晶石（$MgO-FeO \cdot Al_2O_3$）砖是近年来研究开发出用于水泥回转窑烧成带的一种新材质。这种砖的柔韧性（flexibility）好，其断裂功为 900 ~ 1000N/m，比镁铬砖（76% MgO，18.5% Cr_2O_3）的 600N/m 以及镁铝砖（91.5% MgO，6.5% Al_2O_3）的 150N/m 高得多。说明其脆性大为降低，能适应窑壳的变形。其热导率与热膨胀性比镁质镁铝尖晶石砖低，有良好的抗碱盐侵蚀与抗废物料燃烧导致的还原性气氛，能挂稳定性窑皮。这种新型镁质铁铝尖晶石砖其性价比也优于其他碱性砖[6]。

2.1　铁铝尖晶石原料的制取

我们曾在“氧化亚铁与铁铝尖晶石的形成”一文中，分析论述过如何制取铁铝尖晶原料的问题[7]。

氧化亚铁相（浮士体 wüstite）中，Fe 与 O 的物质的量比并不是 1∶1，而是氧原子总多于 Fe 原子，如 Fe-O 系相图（图 5）所示。

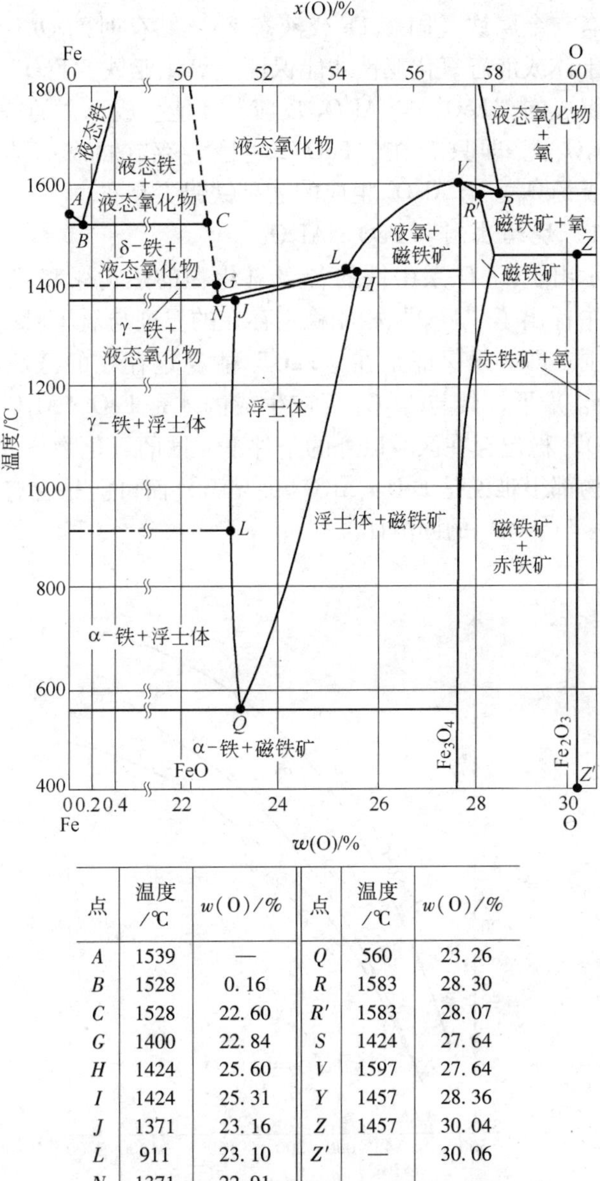

点	温度/℃	w(O)/%	点	温度/℃	w(O)/%
A	1539	—	Q	560	23.26
B	1528	0.16	R	1583	28.30
C	1528	22.60	R'	1583	28.07
G	1400	22.84	S	1424	27.64
H	1424	25.60	V	1597	27.64
I	1424	25.31	Y	1457	28.36
J	1371	23.16	Z	1457	30.04
L	911	23.10	Z'	—	30.06
N	1371	22.91			

图5 Fe-O 系相图

所以氧化亚铁通常以“FeO”或 FeO_n($n>1$)来表示。从 Fe-O 系相图可知，只有与金属铁（固态 Fe 或液态 Fe）共存时的 *QLJ-NGC* 线上组成的浮士体或液态氧化亚铁才能保证是氧化亚铁“FeO”或 FeO_n。只有这种组成的“FeO”与 Al_2O_3 反应，才能生成真正的铁铝尖晶石($FeO \cdot Al_2O_3$)。即只有在“FeO”能稳定存在的氧压与温度下，“FeO”（或 FeO_n）与 Al_2O_3 生成的才是铁铝尖晶石。

2.1.1 烧结法制取 $FeO \cdot Al_2O_3$

图 6 示出了 Fe-O 系中铁的各级氧化物的热力学稳定存在区域图[8]。图中标出了“FeO”相能稳定存在的温度与氧压($\lg(p_{O_2}/p^{\ominus})$)的区域范围。即必须保证是在“FeO”能稳定存在的区域内的温度与氧压（p_{O_2}）下，其与 Al_2O_3 反应生成的才是 $FeO \cdot Al_2O_3$ 尖晶石。而在“FeO”稳定存在区域以外的条件下，铁的氧化物与 Al_2O_3 作用得到的产物都很难说是 $FeO \cdot Al_2O_3$ 尖晶石，而可能是含有大量或主要是 Fe_2O_3 与 Al_2O_3 的固溶体。

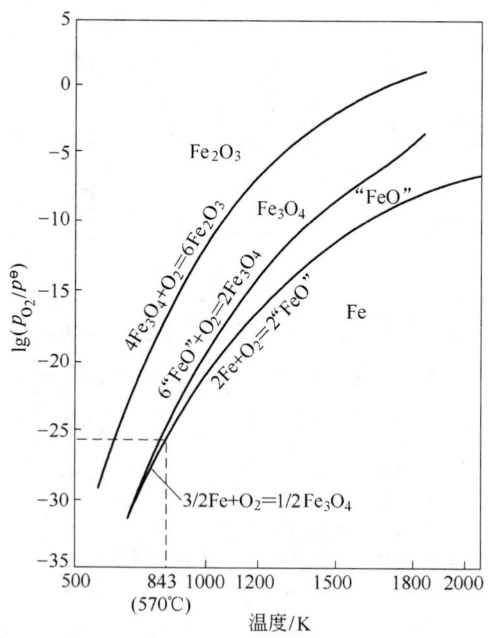

图 6 Fe-O 系中铁的各级氧化物的热力学稳定存在区域图

气相中的氧压 p_{O_2} 可由下列反应来控制

$$CO_{(g)} + 1/2O_{2(g)} = CO_{2(g)} \quad (1)$$

$$\Delta G_1^{\ominus} = -280950 + 85.23T$$

因 $\Delta G_1^{\ominus} = -RT\ln K_1^{\ominus} = -RT\ln \frac{p_{CO_2}/p^{\ominus}}{(p_{CO}/p^{\ominus})(p_{O_2}/p^{\ominus})^{0.5}}$

由此可得：

$$\lg(p_{CO_2}/p_{CO}) = 0.5\lg(p_{O_2}/p^{\ominus}) + \frac{14676}{T} - 4.45$$

例如从图 6 知，在 1700K（1427℃）与 $\lg(p_{O_2}/p^{\ominus}) = -6.5$ 是在“FeO”稳定存在区域内。将这些条件代入上式，可得：

$$\lg(p_{CO_2}/p_{CO}) = 0.93$$

即气氛中 CO 与 CO_2 的体积分数为 10.5% CO 与 89.5% CO_2 时，其铁的氧化物才是“FeO”。在此条件下的“FeO”$_{(l)}$ 与加入的 Al_2O_3 反应，生成 $FeO \cdot Al_2O_3$，

$$FeO_{(l)} + Al_2O_{3(s)} = FeO \cdot Al_2O_{3(s)} \quad (2)$$

$$\Delta G_2^{\ominus} = -71086 + 11.89T$$

反应（2）皆为凝聚相，因此 $\Delta G_2 = \Delta G_2^{\ominus}$。当 $T = 1700K$ 时，

$$\Delta G_2 = \Delta G_2^{\ominus} = -50870J < 0$$

说明在此条件下的“FeO”$_{(l)}$ 与 Al_2O_3 能自发反应生成铁铝尖晶石（$FeO \cdot Al_2O_3$）。

有人曾提出将氧化铁粉与 Al_2O_3 粉混匀压制成块，在埋炭条件下烧成，或将适量炭粉、氧化铁粉与 Al_2O_3 粉混匀，压制成块以制取 $FeO \cdot Al_2O_3$ 尖晶石的办法。用这种办法制取铁铝尖晶石也比较难，原因如下。

从图 7 所示在固体碳过剩存在条件下 Fe、“FeO”与 Fe_3O_4 稳定存在的温度区间[8]可知，只要固体碳过剩，不管最初气相组成相当于图中任一位置点上，最后气相组成总是要达到碳气化反应

$$C_{(s)} + CO_{2(g)} = 2CO_{(g)} \quad (3)$$

的平衡气相组成曲线上。因为碳气化反应是很容易达到平衡的。

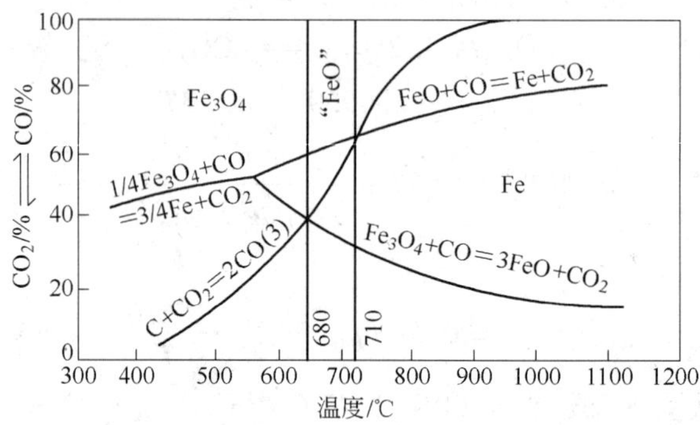

图 7　有过剩碳存在，$p_{CO} + p_{CO_2} = 101.325kPa$ 时，

Fe、FeO 及 Fe_3O_4 的稳定存在温度区间

当温度高于 710℃时，碳汽化反应（3）的平衡气相中 CO 的含量总是高于反应（4）和反应（5）:

$$FeO + CO = Fe + CO_2 \quad (4)$$

$$Fe_3O_4 + CO = 3FeO + CO_2 \quad (5)$$

平衡时的 CO 含量。因此 Fe_3O_4 或“FeO”都将被还原为金属 Fe，即只有 Fe 能稳定存在。

当温度低于 680℃时，碳的气化反应的平衡气相中 CO_2 总是高于反应（5）和反应（6）:

$$Fe_3O_4 + CO = 3FeO + CO_2$$

$$1/4Fe_3O_4 + CO = 3/4Fe + CO_2 \quad (6)$$

平衡时的 CO_2 含量，因此只有 Fe_3O_4 能稳定存在。

只有当温度在 680 ~ 710℃之间，“FeO”才能稳定存在。这表明在固体碳过剩存在时，“FeO”稳定存在的温度范围不仅十分狭窄，而且温度不高。温度不高在化学反应动力上是不利于“FeO”与 Al_2O_3 反应生成 $FeO \cdot Al_2O_3$ 尖晶石。因此将氧化铁粉、Al_2O_3 粉与炭粉混匀，压制成荒坯，然后在一定温度下合成铁铝尖晶石是困难的。

2.1.2　电熔法

将 Fe_2O_3 或 Fe_3O_4 粉与 Al_2O_3 粉及少量碳放入电熔炼炉内，起弧，使部分 Fe_2O_3 还原为金属 Fe 液，在高温下与金属 Fe 平衡的氧化铁液即为“FeO”，此时“FeO”与加入的 Al_2O_3 反应，即可生成 $FeO \cdot Al_2O_3$ 尖晶石。

因此生产铁铝尖晶石原料的最好途径是电熔法。

最近，周勇等[9]报道了用上述电熔法制取了 $FeO \cdot Al_2O_3$ 尖晶石，得出当配料中氧化铁偏高时，容易产生过多液相。在配料中适当增加了 Al_2O_3 含量，制得了电熔刚玉——$FeO \cdot Al_2O_3$ 尖晶石复合材料。

2.2 镁质铁铝尖晶石材料在烧成、使用中发生的相互作用及产生的效应

镁质铁铝尖晶石砖中的 MgO 质量分数大致在 85% ~92%，铁铝尖晶石质量分数大致在 7% ~12%。

用富 Al_2O_3 的铁铝尖晶石电熔料与镁砂制作的镁质铁铝尖晶石试样，经高温烧成后，发现镁砂与富 Al_2O_3 的铁铝尖晶石料之间发生了相互作用，铁铝尖晶石料中 FeO 会向镁砂扩散溶解，镁砂中 MgO 向铁铝尖晶石料扩散，在边界处形成了 $FeO \cdot Al_2O_3$ 尖晶石与 $MgO \cdot Al_2O_3$ 尖晶石固溶体，但并无单一的 $MgO \cdot Al_2O_3$ 尖晶石存在。并认为这一相互作用促进了试样的烧结[9]。

郭宗奇等[10]也曾发现在镁质铁铝尖晶石耐火材料的烧成与使用过程中，Fe^{2+} 离子扩散进入周围的镁砂中，部分 Mg^{2+} 离子扩散进入铁铝尖晶石颗粒，与其中 Al_2O_3 生成 $MgO \cdot Al_2O_3$ 尖晶石，并伴随有体积膨胀与微裂纹的形成。并认为这种离子相互扩散与反应在高温烧成与使用中一直在进行，对砖起了活化作用，使这种镁质铁铝尖晶石砖其烧成与在回转窑烧成带使用的过程中具备了独特的柔韧性（flexibility）。

3 结语

从有关相图得出 $MgO\text{-}CaO\text{-}ZrO_2$ 耐火材料适用于硅酸盐水泥回转窑烧成带。从化学热力学分析得出了生产铁铝尖晶石原料要求的条件，认为以电熔法生产铁铝尖晶石原料较为方便可靠。

参考文献

[1] 徐殿利 . 2009 全国耐火及主要相关行业生产运行情况分析[J]. 耐材之窗，2010（3）:

11 ~ 18.

[2] Барзакосксий В П. Диаграммы состояния силикатных снстем, Справочник (Тройные окисние системы), Издательство наука, 1974: 111 ~ 113.

[3] 陈肇友. 从相图讨论 MgO-CaO-ZrO_2 耐火材料抗炉外精炼与水泥的侵蚀[J]. 耐火材料, 2002, 36(2): 107 ~ 110.

[4] Hisao Kozuka, Yoshiharu Kajita, Yoshiki Tsuchiya, et al. New kind of chrome-free MgO-CaO-ZrO_2 bricks for burning zone of rotary cement kiln. Proceedings of UNITECR'93 Congress: 1027 ~ 1037.

[5] Nakoto Ohno, Kozo Tokunaga, Yoshiki Tsuchlya, et al. Applications of chrome-free bricks to cement rotary kilns in Japan. Proceedings of UNITECR'2003 Congress: 27 ~ 30.

[6] Gerald Buchebner, Thomas Molinari. Magnesia-hercynite bricks-an innovative burnt basic refractory. Proceedings of UNITECR'99, 201 ~ 203.

[7] 陈肇友, 柴俊兰, 李勇. 氧化亚铁与铁铝尖晶石的形成[J]. 耐火材料, 2005, 39(3): 207 ~ 210.

[8] 陈肇友. 化学热力学与耐火材料[M]. 北京: 冶金工业出版社, 2005: 395 ~ 399, 488 ~ 492.

[9] 周勇, 李楠. 镁砂与刚玉-铁铝尖晶石复合材料的反应[J]. 耐火材料, 2010, 44.

[10] Guo Zongqi, Josef Nievoll. An overview of magnesia-hercynite refractories for cement rotary kilns[J]. Supplement of China's Refractories, 2007, 16: 65 ~ 71.

Chrome-Free Basic Refractories for Burning Zone of Cement Rotary Kiln

Chen Zhaoyou

(Sinosteel Luoyang Institute of Refractories Research Co., Ltd.)

Abstract: Based on the relevant phase diagrams of ternary systems in MgO-CaO-ZrO_2-SiO_2 quarternary systems, the phase diagram of Fe-O system and the condensed phase stability area diagram of iron oxides, the cerrosion resistance of MgO-CaO-ZrO_2 refractories to silicate cement, and the forming conditions and preparing measures of hercynite are analyzed.

Key words: cement rotary kiln, MgO-CaO – ZrO_2 refractories, magresia-hercynite refractories

本文选自《耐火材料》, 2010, 44(4): 241.

2010 年 10 月大连耐火材料学术会议上报告

TiN 陶瓷

陈肇友

（冶金工业部洛阳耐火材料研究院）

1　引言

我国蕴藏着极为丰富的钛矿资源，对发展钛及其钛的化合物工业具有有利的条件。

TiN 熔点很高，抗热冲击性好，强度高，是一种高级耐火材料。TiN 的莫氏硬度为 9，可以做耐磨材料与切削工具。TiN 涂层与黄金的颜色相同，是很好的装饰材料。TiN 电导率高，而且电弧稳定，可做电气元件和电极用。TiN 具有超导性，可做超导材料。TiN 粉还可以做精密铸造铸模的涂料。

TiN 可以与一些氧化物做成强度高、耐热冲击性好的复合材料。

因此，TiN 陶瓷和以 TiN 为基做成的复合材料是一种很有发展前途的材料。

2　TiN 的性质

钛与氮可以形成一系列固溶体与化合物。图 1 示出了 Ti-N 系的部分相图。

在钛-氮体系中比较重要的化合物是氮化钛（TiN）。氮化钛为一组成广泛的缺位式固溶体。以一氮化钛为基的相，其稳定的组成范围为 $TiN_{0.37}$ ~ $TiN_{1.16}$。氮含量低时为氮缺位固溶体，氮含量高时为钛缺位固溶体。

氮化钛为 NaCl 型面心立方晶，晶格常数 $a=0.424$nm。25℃时的密度为 5.21g/cm^3。

氮化钛熔点为 2950℃，熔化热为 73.4kJ/mol（17.58kcal/mol）。TiN 的恒压热容 c_p 与温度的关系为：

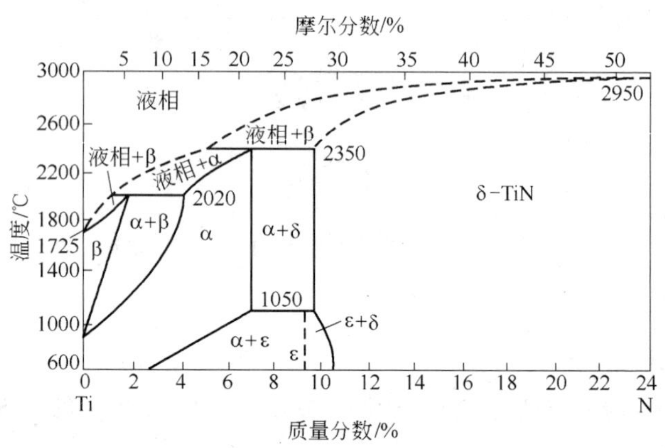

图 1　钛-氮系相图

$$c_p = 11.91 + 0.94 \times 10^{-3}T - 2.96 \times 10^{5}T^{-2}(298 \sim 1800\text{K})$$

20℃时的 $c_p = 37\text{J}/(℃ \cdot \text{mol})[8.86\text{cal}/(℃ \cdot \text{mol})]$。

TiN 的标准生成热为 $\Delta H_{298}^{\ominus} = (-80.4 \pm 0.8)\text{kcal/mol}$；绝对熵为 $S_{298}^{\ominus} = 7.24 \pm 0.10\text{cal}/(℃ \cdot \text{mol})$。TiN 的标准生成自由能为：$\Delta G_{298}^{\ominus} = -307.6\text{kJ/mol}$（73.6kcal/mol），其与温度的关系为：

$$2\alpha\text{-Ti} + N_2 = 2\text{TiN}$$

$$\Delta G^{\ominus} = -160500 + 44.42T$$

$$2\beta\text{-Ti} + N_2 = 2\text{TiN}$$

$$\Delta G^{\ominus} = -161700 + 45.54T$$

TiN 的蒸气压在 1230℃时，小于 10^{-8}MPa（10^{-7}大气压）；在 1730℃时大于 10^{-7}MPa（10^{-6}大气压）。

各种氮化物的标准生成自由能与温度的关系，如图 2 所示。从图可以看出 TiN 是相当稳定的化合物。在高温下不与铁、铬、钙、镁、钼与钨等金属反应。因此 TiN 坩埚是研究钢液与一些元素相互作用的优良容器。TiN 坩埚在 CO 与 N_2 气氛下也不与酸性渣和碱性渣起作用。

TiN 陶瓷在 CO、H_2 或 N_2 气氛中十分稳定。在 CO_2 气氛中，TiN

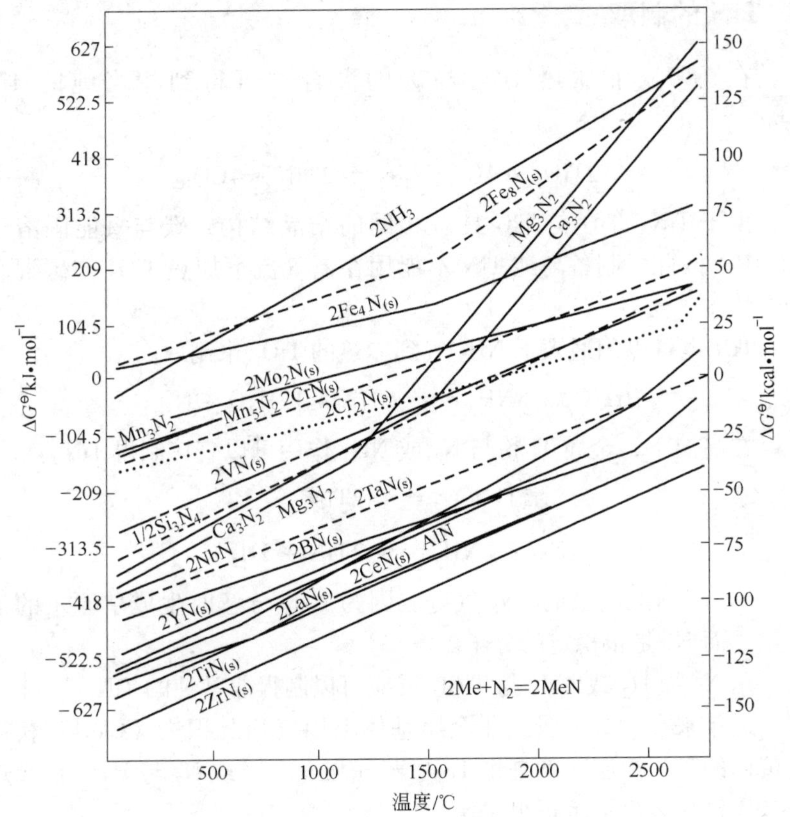

图 2　由各种金属单质与 1mol N_2 生成氮化物的标准自由能与温度的关系

氧化极缓慢。TiN 陶瓷在空气中加热时，由于 TiN 与 TiO 都是面心立方晶系，能形成固溶体；因此，在陶瓷表面只有少许氧化。TiN 在 Cl_2气中加热时形成 $TiCl_4$。

TiN 在真空中加热时失去氮，生成氮含量较低的氮化钛；此氮化物可再吸收氮恢复至原来的氮化钛。

TiN 不溶于硝酸也不溶于盐酸或硫酸，但可溶于王水中。熔融碱可使 TiN 分解产生 NH_3。

在高温下，将赤热 TiN 坩埚放入冷水中也不会炸裂。

3 TiN 的制取

在氮气流下加热 TiO_2 与碳的混合物可得到相当纯的 TiN（98%）。

$$2TiO_2 + 4C + N_2 = 2TiN + 4CO$$

由于 TiN、TiO 与 TiC 具有相同的结晶结构，碳与氧能固溶于 TiN 中；因此，制备高纯 TiN 不能用在氮气流下加热 TiO_2 与碳混合的方法。

TiN 也可以用通入干 NH_3 气到赤热的 TiO_2 来制取。

$$6TiO_2 + 8NH_3 = 6TiN + 12H_2O + N_2$$

在高温下，金属 Ti 粉与 N_2 或 NH_3 作用可以直接制得 TiN。

$$2Ti + N_2 = 2TiN$$

$$2Ti + 2NH_3 = 2TiN + 3H_2$$

用 NH_3 作氮化剂比 N_2 气好。因为 NH_3 分解时生成单原子的活性氮，而 N_2 是很稳定的分子。

用 N_2 加 H_2 或 NH_3 与 $TiCl_4$ 反应可以制得非常纯的 TiN。

近年来在一些金属或非金属基体上用气相沉积法（CVD）获得金黄色的 TiN 涂层，就是将 $TiCl_4$ 蒸气与 NH_3（或 N_2 与 H_2）在赤热的基体材料表面上沉析出 TiN。

$$2TiCl_4 + N_2 + 4H_2 = 2TiN + 8HCl$$

$$3TiCl_4 + 4NH_3 = 3TiN + 12HCl + 1/2N_2$$

在没有 H_2 的情况下可以在赤热低碳钢基体上沉析出 TiN。

$$2TiCl_4 + N_2 + 4Fe = 2TiN + 4FeCl_2 \uparrow$$

从已知热力学数据可以求得：

$$TiCl_{4(g)} + 1/2N_{2(g)} + 2H_{2(g)} = TiN_{(s)} + 4HCl_{(g)}$$

$$\Delta G^{\ominus} = 12770 + 5.76T\lg T - 3281T$$

当 $T > 800K$ 时，$\Delta G^{\ominus} < 0$。因此，在标准条件下，只要基体温度高于 800K，就能用 CVD 法在基体材料表面上沉析出 TiN，得到 TiN

涂层。

4 TiN 陶瓷制品的生产工艺

TiN 甚为稳定，虽然可以用水作介质进行湿磨，然后酸洗除铁。但由于 TiN 在湿磨中可以与 H_2O 生成 NH_3，因此，湿磨时最好用无水酒精作介质，并磨至 2μm 左右。

压制 TiN 坩埚时，可以用石蜡作结合剂，石蜡加入量约为 2%。

TiN 坩埚可以在钢模内用 300MPa(3000kgf/cm^2)压力成型。当高度与壁厚比值较大时，则最好采用等静压成型，成型压力约 200MPa (2000kgf/cm^2)。成型后，需要在 250～700℃脱蜡，然后在还原气氛或 N_2 气氛中于 1500～2000℃烧成。

用纯 TiN 很难制出气孔率低的坩埚。适当加入一点 TiO 可以使气孔率降低到 2%。

TiN 制品也可以用石墨模进行热压来生产。压力为 20MPa 左右，温度为 1500℃左右。

近年来采用高温等静压成型以制取高密度自结合的 TiN 制品。采用超细粉 TiN 可以在不太高的压力与温度下获得致密的 TiN 制品。

本文选自《特种耐火材料》（特陶）1987，(2)：33.

ZrB_2 质与 TiB_2 质耐火材料

陈肇友

（中钢集团洛阳耐火材料研究院）

摘　要：介绍了 ZrB_2 与 TiB_2 以及其他一些非氧化物高温材料的性质；ZrB_2 与 TiB_2 在高温工业中的应用与预期发展；ZrB_2 与 TiB_2 原料与制品的生产，包括自蔓延高温合成 ZrB_2 与 TiB_2；ZrB_2 质与 TiB_2 质复合材料，如 ZrB_2-SiC，TiB_2-SiC，ZrB_2-BN，TiB_2-BN，ZrB_2-$MoSi_2$，TiB_2-$MoSi_2$，ZrB_2-C，TiB_2-C，ZrB_2-B_4C，TiB_2-B_4C 等。

关键词：ZrB_2，TiB_2，非氧化物耐火材料，自蔓延高温合成

1　ZrB_2 与 TiB_2 的性质及在高温工业中的应用与预期发展

根据二元系相图[1]，Zr 与 B、Ti 与 B 都能形成几种化合物，但只有 ZrB_2 与 TiB_2 是最稳定的化合物。因 B 为主族，外层电子是 $2s^22p^1$；Ti 与 Zr 为副族，外层电子是 $4s^23d^2$ 与 $5s^24d^2$；ZrB_2 与 TiB_2 是同时有共价键与金属键的化合物，即其结构中还有自由电子存在。故 ZrB_2 与 TiB_2 具有陶瓷与金属的双重性：熔点很高，导电性良好。导电性好，则可采用放电加工制品。

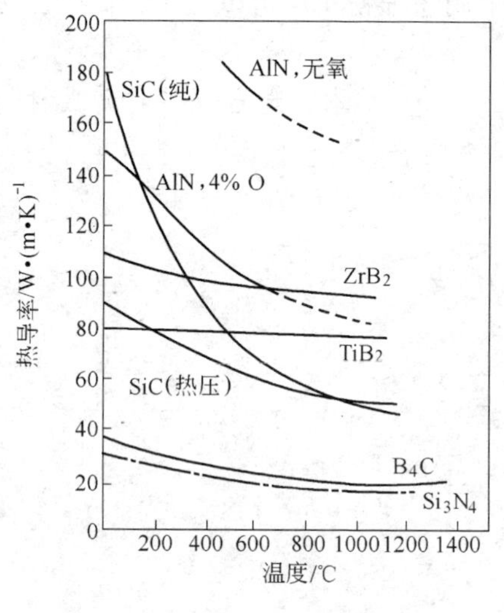

图 1　一些非氧化物耐火陶瓷的热导率与温度关系

ZrB_2 与 TiB_2 和其他常用的非氧化物材料的性能及抗金属熔体侵蚀性能见表 1 ~ 表 3 与图 1[2~10]。从表 1 ~ 表 3 与图 1 可见，ZrB_2 与 TiB_2 具有熔点高、

表 1　一些非氧化物耐火陶瓷的物理性质

非氧化物陶瓷		ZrB_2	TiB_2	B_4C	α-BN	SiC	β-Si_3N_4	AlN	$MoSi_2$
体积密度/$g \cdot cm^{-3}$		6.09	4.53	2.52	2.29	3.21	3.19	3.27	6.24
熔点/℃		3245	3225	2450	2730（升华）	2760（分解）	1900（分解）	2630（p_{N_2} = 101.325kPa）	2030
蒸气压/Pa（温度）		4.3×10^{-3}（1800℃）	1.14×10^{-2}（1800℃）	9.11×10^{-2}（1900℃）	1.01×10^{5}（2737℃）	—	—	8.0×10^{-2}（1597℃）	1.25×10^{-1}（1800℃）
热膨胀系数（25～1000℃）/$℃^{-1}$		5.9×10^{-6}	4.6×10^{-6}	4.5×10^{-6}	0.5×10^{-6}～1.7×10^{-6}	4.7×10^{-6}	2.8×10^{-6}	5.6×10^{-6}	8.2×10^{-6}
电阻率（25℃/1000℃）/Ω·cm		10^{-5}/—	$10^{-5}/10^{-4}$	0.1～10/0.1～4	$10^{16}/10^{6}$	5～50/1～20	$10^{12}/10^{5}$	$10^{12}/10^{5}$	2×10^{-5}/—
莫氏硬度		9	9.5	9.6	1～2	9.5	9	8	—
显微硬度		2250	3370	4950	—	3340	3340	1230	1200
弹性模量/Pa		3.43×10^{5}	5.30×10^{5}	1.42×10^{5}	0.34×10^{5}～0.85×10^{5}	3.87×10^{5}	0.46×10^{5}	0.31×10^{5}	4.22×10^{5}
最高使用温度/℃	氧化气氛	1100～1400	1100	800	900	1650	1300～1500	700	>700～1700
	惰性气氛	3200	3200	2250	2800	2200	1400～1600（N_2）	1850	1650

表 2　一些非氧化物耐火陶瓷与金属熔体及熔渣的反应性

金属熔体或熔渣		Al	Cu	Zn	Si	Ni	Fe	冰晶石	碱性渣	酸性渣
试验温度/℃		1000	1100	940	1450	1500	1550	1050	1520	1520
反应性评级①	ZrB_2	2 (5)	1 (5)	1 (3)	2 (0.2，1550℃)	3 (0.3)	1 (2)	2 (20)	1 (12)	1 (12)
	TiB_2	1 (0.5)	2 (5)	1 (4)	4 (0.3，1550℃)	3 (0.3)	3 (0.1)	1 (20)	—	—
	TiN	4 (0.1)	2 (1)	1 (2.5)	4 (0.2)	4 (0.1，1460℃)	2 (0.1)	2 (36)	1 (0.3)	1 (0.1)
	BN	2 (1)	1 (5)	1 (2.5)	1 (2)	4 (0.1，1460℃)	1 (0.5)	—	—	—
	Si_3N_4	1 (5)	1 (5，1200℃)	1 (2.5)	3 (0.1)	3 (0.1，1460℃)	2 (1)	2 (36)	—	—
	$MoSi_2$	3 (5)	2 (0.5,1130℃)	1 (2.5)	3 (0.1)	4 (0.5)	—	—	—	—

①评级分 1、2、3、4 级，1 级为不反应，2 级为微弱反应，3 级为反应，4 级为激烈反应。

注：括弧内数字表示熔体与非氧化物耐火陶瓷接触时间，h。

表3 金属熔体对 ZrB_2、TiB_2、BN 在 Ar 气氛下的润湿性

硼化物	接触的金属熔体	温度/℃	接触角 θ/(°)
ZrB_2	Al	900 ~ 1200	103 ~ 106
TiB_2	Al	900 ~ 1200	60 ~ 98
ZrB_2	Cu	1100 ~ 1300	132 ~ 135
TiB_2	Cu	1100 ~ 1300	124 ~ 143
ZrB_2	Fe	1450 ~ 1550	105
TiB_2	Fe	1450 ~ 1550	100
BN	Fe	$T_{熔融}$	112

蒸气压低、电阻率低、硬度高、抗侵蚀性优异、热导率良好等优点。此外，ZrB_2 与 TiB_2 在 HCl、H_2SO_4 与 HF 酸中是稳定的，但在碱金属氢氧化物中易分解。

ZrB_2 与 TiB_2 在 1100℃以下，由于氧化时能生成一层含 B_2O_3 的玻璃态物质，可以阻碍其进一步氧化，因此有较好的抗氧化能力。但超过 1100℃时，由于 B_2O_3 蒸发而失去了抗氧化的能力，因此在 1100℃以上 ZrB_2 与 TiB_2 的抗氧化能力差。

ZrB_2 与 TiB_2 由于具有前面所述的一些优良性质，除用作磨具、磨料外，ZrB_2 质材料现已用作钢铁工业连续测温的保护管，连铸中间包二次加热电极；预期 ZrB_2 可能还是连铸采用电磁技术解决水口堵塞、净化钢液和近终形连铸时的合适材料。TiB_2 由于具有优良的导电性和不与 Al 液及冰晶石反应的特点，现已用来做铝电解槽的阴极，并正在被迅速推广。采用 TiB_2 质材料或含 TiB_2 在 30% 以上的碳基材料作铝电解槽阴极后，可避免用碳阴极时生成的碳化铝，降低槽底电压，减少电耗，提高电解槽的使用寿命。TiB_2 质材料现在还用作真空蒸镀金属膜（如 Al、Cu、Cr、Ag、Au、Ge、TiN 等）的蒸发舟或容器，用于集成电路、薄膜电容器、光学器件薄膜、镀铝纸或塑料和玻璃的金属镀膜等。预期 ZrB_2 质与 TiB_2 质材料将在未来涉及电性质的一些高温工业与电子工业中受到极大重视与广泛的应用。

2 ZrB_2 与 TiB_2 料的制取

制取 ZrB_2 料有许多方法，但生产大量价格较低的 ZrB_2 和 TiB_2

料，普遍采用的是在还原氧化物的同时进行硼化的方法。

从三元系 Zr-B-C 相图（图 2）与 Ti-B-C 相图（图 3）[1] 可以看出，采用碳或碳化硼还原氧化物时，产品中都可能会含有残存碳、碳化硼等。

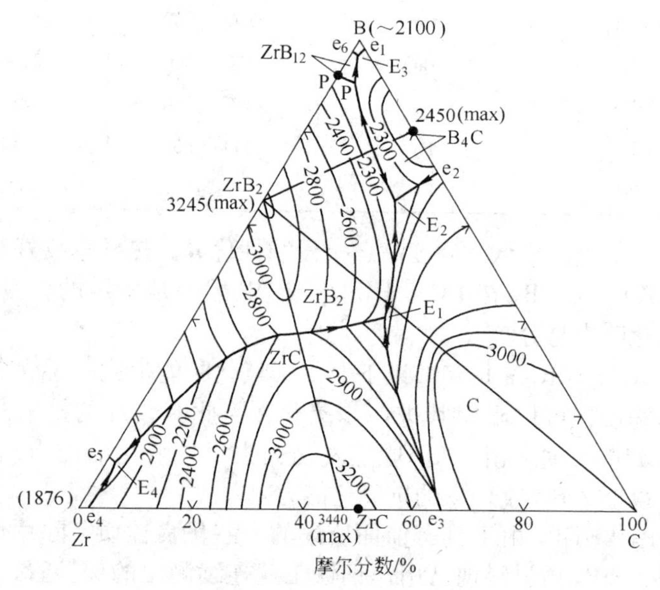

图 2 Zr-B-C 系相图

2.1 碳还原氧化物法❶

$$ZrO_2 + B_2O_3 + C \longrightarrow ZrB_2 + 5CO$$

$$\Delta G^{\ominus} = 1420800 - 799.19T(\text{J/mol})$$

在 $p_{CO} = p^{\ominus} = 101325\text{Pa}$ 时，其开始反应温度为：

$$T_{开} = \frac{1420800}{799.19T} = 1778\text{K}(1505℃)$$

$$TiO_2 + B_2O_3 + C \longrightarrow TiB_2 + 5CO$$

$$\Delta G^{\ominus} = 1307420 - 792.24T(\text{J/mol})$$

其开始反应温度为：

$$T_{开} = \frac{1307420}{792.24T} = 1650\text{K}(1377℃)$$

---

❶ 该文用的热力学数据来自：陈肇友《化学热力学与耐火材料》。

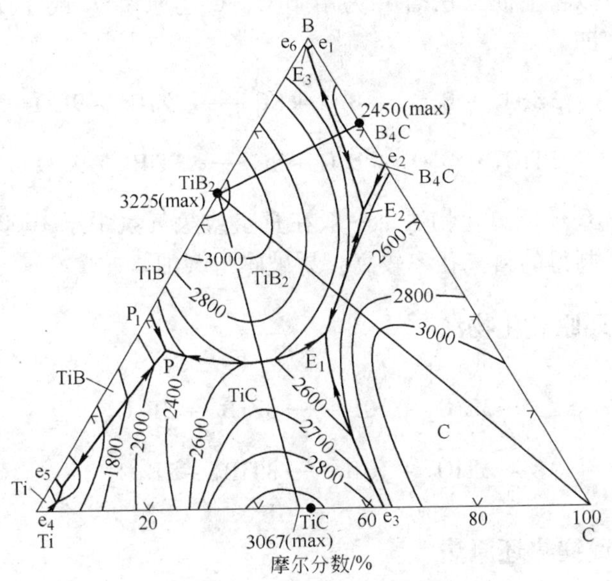

图 3 Ti-B-C 系相图

这种方法较经济，最为常用。但由于 B_2O_3 熔点低，在 1000℃ 以上会大量挥发，因此合成料的化学组成波动较大。

2.2 B_4C 还原氧化物法

$$ZrO_2 + 0.5B_4C + 1.5C \longrightarrow ZrB_2 + 2CO$$

$$\Delta G^{\ominus} = 555950 - 334.62T(\mathrm{J/mol})$$

$$T_{开始} = 1661\mathrm{K}(1388℃)$$

$$TiO_2 + 0.5B_4C + 1.5C \longrightarrow TiB_2 + 2CO$$

$$\Delta G^{\ominus} = 442570 - 327.67T(\mathrm{J/mol})$$

$$T_{开始} = 1350\mathrm{K}$$

这一方法 B_4C 不易挥发，好配料，工艺较稳定。如混料不匀，从三元系相图可以看出产品中可能会有 ZrO_2、ZrC、ZrB_{12}、TiC、TiB 等存在。

也可以将上面二法合并为由 B_4C、C 还原 ZrO_2 或 TiO_2 与 B_2O_3 的方法。即

$$3ZrO_2 + B_2O_3 + B_4C + 8C \longrightarrow 3ZrB_2 + 9CO$$

$$3TiO_2 + B_2O_3 + B_4C + 8C \longrightarrow 3TiB_2 + 9CO$$

用 B_4C 还原氧化物法，一般在真空或氢气氛中于 1600 ~ 2000℃ 中进行，制得的料气孔率较高，易破碎与磨细。

2.3 硼还原氧化物法

$$3ZrO_2 + 10B \longrightarrow 3ZrB_2 + 2B_2O_3$$

$$3TiO_2 + 10B \longrightarrow 3TiB_2 + 2B_2O_3$$

2.4 铝或镁热还原法

$$ZrO_2 + B_2O_3 + 10/3Al \longrightarrow ZrB_2 + 5/3Al_2O_3$$

$$TiO_2 + B_2O_3 + 5Mg \longrightarrow TiB_2 + 5MgO$$

产物中的 MgO 可用硫酸浸出，可得无碳的 TiB_2。

2.5 氢还原锆、钛、硼卤化物法

$$ZrCl_4 + 2BCl_3 + 5H_2 \longrightarrow ZrB_2 + 10HCl$$

$$TiCl_4 + 2BCl_3 + 5H_2 \longrightarrow TiB_2 + 10HCl$$

这种方法可制得高纯的 ZrB_2 与 TiB_2。

2.6 熔盐电解法

当硼与钛或硼与锆析出电位相近时，在熔盐电解中可同时析出 Ti 与 B 或 Zr 与 B 而得到 TiB_2 或 ZrB_2。利用 Ti 与 B 或 Zr 与 B 的氟化物在 700 ~ 1000℃ 进行熔融盐电解，可以电镀 ZrBr 或 TiB_2。

3 自蔓延高温合成 ZrB_2 与 TiB_2 [11~15]

自蔓延高温合成法（self-propagating high-temperature synthesis）也称燃烧合成法（combustion synthesis），简写为 SHS。这种方法是从 1953 年英国 F. Booth 发表“强放热化学反应的自蔓延过程”之后，逐渐发展起来的。

一般将反应物微粉混匀，压制成块，在块体的一端通电点火引燃反应，反应放出的巨大热量又使得邻近的物料发生反应，结果形成一个以速度 v 蔓延的燃烧波。随着燃烧波的推进，反应物即转变为产物。反应在一非常狭小范围的高温区进行。当燃烧波通过该狭小区域时，燃烧温度突然升高至最大值，然后由于热量散失又快速下降。即燃烧波的来去造成在一狭小区域的温度骤然升高和降低。

用自蔓延合成法可以合成如硼化物、碳化物、氮化物、硅化物、金属陶瓷、硬质合金、高硬度磨具、电极以及一些复合材料。这一技术被视为高科技新技术，受到国内外重视。但这一技术还有许多方面需要进一步研究。

对一些高熔点化合物进行 SHS 合成的研究表明，只有当绝热燃烧温度 $T_{ad} > 1800K$ 时，SHS 过程才能自动地持续进行。绝热燃烧温度是反应热全部用于升高产物的温度，也是放热反应能达到的最高温度。若生成 MeB_2（Me 代表金属）的生成热为 $\Delta H^{\ominus}_{f,298}$，固体 MeB_2 的热容为 $c_{p,s}$，则

$$-\Delta H^{\ominus}_{f,298} = \int_{298}^{T_{ad}} c_{p,s} dT$$

若 MeB_2 的熔点低于 T_{ad}，则需要知道 MeB_2 的熔点 T_m 与熔化热 ΔH_m 以及液态 MeB_2 的热容 $c_{p,l}$，则：

$$-\Delta H^{\ominus}_{f,298} = \int_{298}^{T_m} c_{p,s} dT + \Delta H_m + \int_{T_m}^{T_{ad}} c_{p,l} dT$$

例如由 Ti 与 B 生成 TiB_2 的生成热 $\Delta H^{\ominus}_{f,298} = -323.8kJ/mol$，熔点为 3498K，熔化热 $\Delta H_m = 100.42kJ/mol$，再查出 TiB_2 固体与液体

的热容，即可算得 TiB_2 的绝热燃烧温度大约为 3490K。实际测得的燃烧温度比算出的绝热燃烧温度约低 200K。

假设燃烧波的宽度（即反应区）比热力影响区狭窄，对流和热辐射导致的能量损失可以忽略，反应遵守 Arrhenius 动力学规律，Novozhihov 推导出燃烧波速度 v 为：

$$v^2 = f(n) \cdot \kappa \cdot \alpha \cdot \frac{c_p}{q} \cdot \frac{RT_c^2}{E} \cdot K \cdot \exp(-E/RT_c)$$

式中，$f(n)$ 是反应级数为 n 的反应动力学函数，例如 $n=0$，$f(n)=2$；$n=1$，$f(n)=1.1$；$n=2$，$f(n)=0.73$；c_p、κ 分别为产物的热容、热导率；α 为传热系数；q 为反应热；T_c 为燃烧温度；E 为反应过程的激活能；K 为常数；R 为气体常数。

不同材料合成时，燃烧波速度相差很大，这主要取决于原料本身的性质、原料的化学配比、原始压实块的气孔率、原始料混合均匀程度等。

4 ZrB_2 与 TiB_2 制品的生产工艺

ZrB_2 与 TiB_2 皆为共价键化合物，熔点高，烧结困难。ZrB_2、TiB_2 烧结温度均在 1900℃以上。为了促进烧结，一般加入烧结剂如金属、碳或稀土氧化物等。烧结剂有利于液相的形成或晶界扩散。加入烧结剂还可抑制烧成时晶粒的长大。

ZrB_2 与 TiB_2 制品采用常压烧成时，通常是将 ZrB_2 或 TiB_2 细粉、烧结剂、有机结合剂混匀，经成型、干燥，在惰性气氛中于 1900～2200℃烧成。

ZrB_2 与 TiB_2 制品常采用热压法在真空或惰性气氛中烧成。热压可在较短时间内使制品达到致密和烧结。增加热压压力可降低烧成温度。热压制品比常压烧成的更致密，但热压不能用来生产最终成品，还需要将热压件进行机加工或电加工才能成为成品。

分别由热压与常压烧成的 ZrB_2 试样的性质示于表 4。由热压烧成的 TiB_2 制品其抗折强度为 350～570MPa，断裂韧性(fracture toughness) K_{IC} 为 5～7MPa/m$^{1/2}$ [18]。

表 4 热压与常压烧成的 ZrB$_2$ 样的性质对比

项 目		热压烧成	常压烧成
体积密度/g · cm^{-3}		5.80	5.60
抗折强度/MPa	室 温	570	350
	1400℃	290	180
K_{IC}/MPa · m$^{-1/2}$		4.2	4.1
热膨胀系数/℃$^{-1}$		6.3×10^{-6}	6.1×10^{-6}
热导率(室温)/W · (m · K)$^{-1}$		64.4	56.5
抗热冲击温差 ΔT/℃		250 ~ 300	200 ~ 250

5 ZrB$_2$ 质与 TiB$_2$ 质复合制品

5.1 ZrB$_2$-SiC 与 TiB$_2$-SiC 复合材料

ZrB$_2$-SiC 二元系相图如图 4[1] 所示。从图 4 可见 SiC 有利于 ZrB$_2$ 的烧结。

硼化物在高温下易发生氧化，提高其抗氧化性，有利于扩大使用领域。

奥宫等[7] 曾研究过加入 10% ~20% SiC 到 ZrB$_2$ 时对其抗氧化性的影响，结果示于图 5。Tripp 以及 Bull 等也曾研究过 ZrB$_2$-SiC 复合

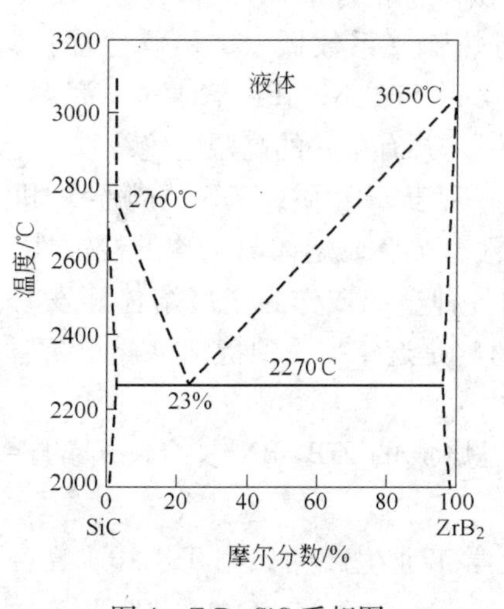

图 4 ZrB$_2$-SiC 系相图

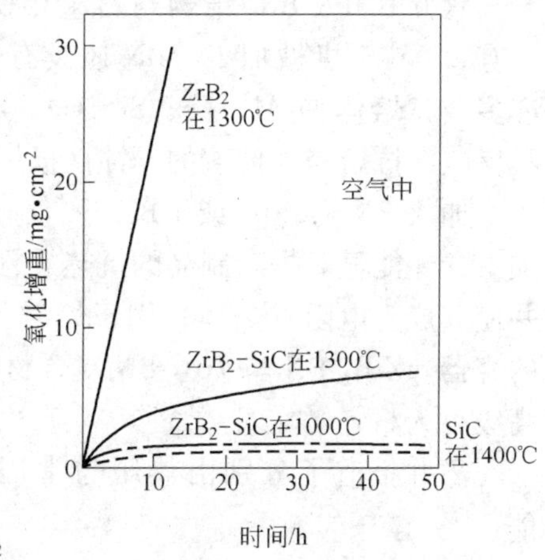

图 5 ZrB$_2$、SiC 及 ZrB$_2$-SiC 复合材料的抗氧化性

材料在1300～1500℃以及1800℃以上的抗氧化性，都表明加入SiC可明显地增强ZrB_2的抗氧化能力。

SiC增强ZrB_2抗氧化的能力可以解释为：在1100℃以下，由于ZrB_2氧化：

$$ZrB_2 + \frac{5}{2}O_2 \longrightarrow ZrO_2 + B_2O_3$$

生成的B_2O_3与ZrO_2形成了保护膜，阻止了ZrB_2的氧化；在1100℃以上时，B_2O_3蒸发速度大为增加，但由于加入了SiC，SiC在此温度与氧反应，形成了富SiO_2玻璃，较内为富ZrO_2氧化层，阻止了氧向材料内扩散，保护了材料不至于继续被氧化，从而提高了ZrB_2复合材料的抗氧化性。

高桥等研究了热压ZrB_2-SiC复合材料的导电性，表明当ZrB_2含量在79%以上时，SiC对其电导率影响不大[8]。

McMurtry研究过加入TiB_2以提高SiC材料的强度，表明加入16% TiB_2可提高其抗折强度30%，断裂韧性90%，分别达478MPa与8.9MPa/$m^{1/2}$。

5.2 ZrB_2-BN与TiB_2-BN复合材料

六方BN(α-BN)结构与石墨相似，有很好的润滑性，莫氏硬度只有2，易于机械加工。BN还具有热膨胀系数低，抗热震性优良，许多金属熔体如Al、Fe、Si、Cu、Zn、Sn、Ni、Bi等对其不润湿、不反应，抗熔渣、玻璃的侵蚀性极好，并有很好的高温电绝缘性。

加入BN到ZrB_2或TiB_2，不仅有利于ZrB_2质或TiB_2质陶瓷的机加工，还能显著提高制品的抗热震性、抗金属熔体与熔渣的侵蚀性，并使其成为电阻发热体，用于熔融各种金属或作为金属熔体蒸发时的容器。ZrB_2-BN与TiB_2-BN复合材料是近年来受到特别重视的新型高级耐火材料。

酒井报道了分别由热压与常压烧成的ZrB_2-BN复合陶瓷的性能[6,7]，示于表5。

张国军等[9]报道了日本电气化学工业生产的典型TiB_2-BN复合陶瓷的性能如下：体积密度约3.0g/cm^3，气孔率<6%，热膨胀系数

(20 ~ 1000℃)(4 ~ 6) $\times 10^{-6}$℃$^{-1}$，电阻率 200 ~ 2000μΩ · cm，热导率约 20.5W/(m · K)，耐压强度 250 ~ 700MPa，抗折强度 90 ~ 150MPa，非氧化气氛最高使用温度 2000℃。

表 5 热压与常压烧成的 ZrB_2-BN 复合陶瓷性能

项 目		热压烧成	常压烧成
体积密度/g · cm^{-3}		4.94	4.10
抗折强度/MPa	室 温	340	150
	1400℃	180	80
K_{IC}/MPa · m$^{-1/2}$		3.7	2.8
线膨胀系数/℃$^{-1}$		6.2×10^{-6}	5.7×10^{-6}
热导率/W · (m · K)$^{-1}$		39.9	30.1
抗热冲击温差 ΔT/℃		550 ~ 600	550 ~ 600

5.3 ZrB_2-$MoSi_2$ 与 TiB_2-$MoSi_2$ 复合材料

木下[16]等采用 20MPa 热压研究了 $MoSi_2$ 对 ZrB_2 烧结和抗氧化性的影响，其实验结果示于图 6 与图 7[16]。

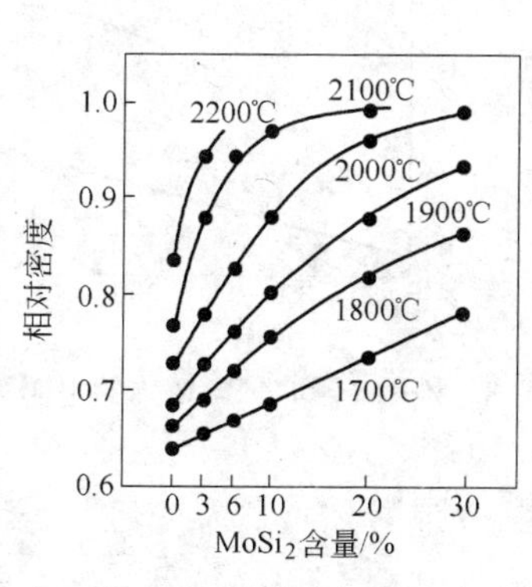

图 6 热压 20min 后，压坯的相对密度与 $MoSi_2$ 含量的关系

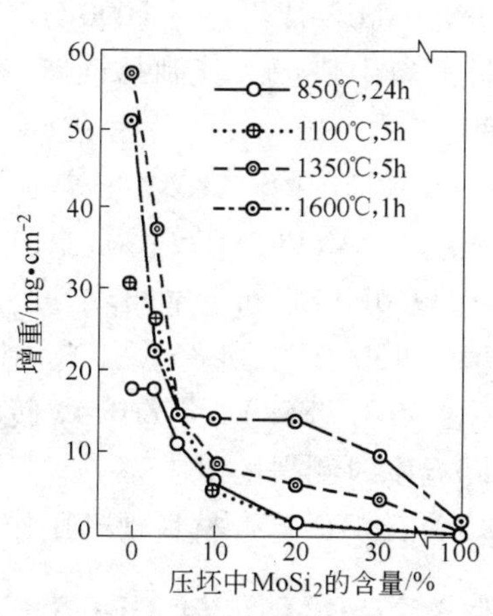

图 7 在空气中加热后热压坯的重量变化

从图可见：(1)加入 $MoSi_2$ 可显著地促进烧结与致密化；(2) 随着 $MoSi_2$ 含量的增加，抗氧化性增强。

$MoSi_2$ 促进 ZrB_2 烧结的作用主要是由于其在高温下形成液相。抗氧化性增强则是由于其氧化后形成富 SiO_2 致密玻璃层。

$MoSi_2$ 虽早已广泛用作高温发热元件，但其导电性能和熔点均较 ZrB_2 差。制成 ZrB_2-$MoSi_2$ 复合陶瓷发热元件，其使用温度可以提高。

樋渡等[17]采用自蔓延高温合成-动态准静压法（SHS-dynamic pseudo isostatic compaction process）制作 TiB_2-$MoSi_2$ 试样，研究了 $MoSi_2$ 含量在10%～60%的 TiB_2-$MoSi_2$ 复合材料的力学性能。

5.4 ZrB_2-C 与 TiB_2-C 复合材料

从三元系相图（图2与图3）可知 ZrB_2-C 系 TiB_2-C 系皆为典型的低共熔点相图，低共熔点温度分别为2390℃左右（含碳摩尔分数约33%）与2507℃左右（含碳摩尔分数约32%）。

加入石墨到 ZrB_2 或 TiB_2 制成复合材料，可降低成本，提高其抗热震性。

Kuwabara 等[4]研制过 ZrB_2-石墨砖，他们将 ZrB_2 颗粒及细粉与鳞片石墨混合，以酚醛树脂为结合剂，98MPa成型，于2000℃以上惰性气氛中烧成。其制品性能：ZrB_2 89%、C 9%，体积密度4.37g/cm^3，显气孔率11.9%，常温抗折强度34.3MPa，1260℃抗折强度大于39.6MPa，抗热冲击温度差 ΔT 值达1300℃。图8示出了 ZrB_2 砖（含 ZrB_2 98%）与 ZrB_2-C 砖在不同温度时测得的电阻率。

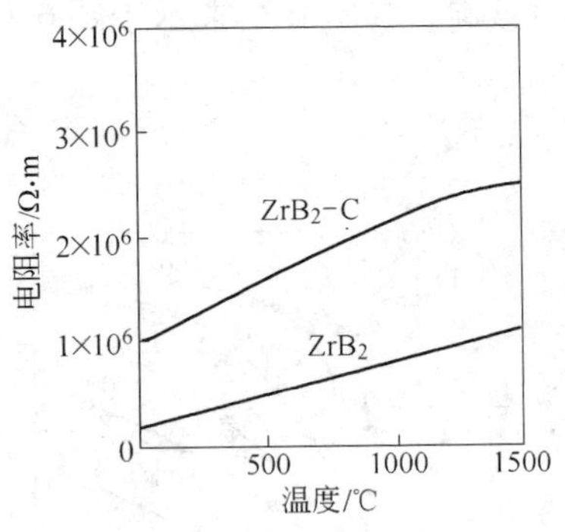

图8　ZrB_2 砖与 ZrB_2-C 砖的电阻率

TiB_2-C 复合材料现已用作铝电解槽的阴极。

5.5 ZrB_2-B_4C 与 TiB_2-B_4C 复合材料

ZrB_2-B_4C 与 TiB_2-B_4C 的低共熔点温度分别为：2200℃左右（含

B_4C 摩尔分数约65%）与2310℃（含 B_4C 摩尔分数约88%）。

加 B_4C 到 ZrB_2 或 TiB_2 主要是提高制品的硬度。这两种复合材料主要用作耐磨材料与磨具。

参考文献

[1] Phase Equilibria Diagrams. Phase diagrams for ceramists (borides, carbides and nitrides). Vol. X, Edited and published by the Am Ceram Soc, 1994: 141 ~ 145.

[2] Самсонов Т В, Виницкий И М. Тугоплавкие соединения (справочник), Металлуриздат, Москова, 1976.

[3] Beneske T. Use of nonoxide ceramic materials in metallurgy refractories for the steel industry. Elsevier applied science, 1990: 187.

[4] Kiyoharu Kuwabara, Hiroshi Taktsugu. Refractories containing ZrB_2. Taikabutsu Overseas, 1995, 15(4): 51 ~ 53.

[5] Cathleen Mroz. Titanium diboride, Zirconium diboride. Am Ceram Soc Bull, 1995, 74(6): 160 ~ 165.

[6] 酒井恆藏．ZrB_2 セテミッタスの性質と應用．セテミッタス，1989，24(6)：520 ~ 532.

[7] 奥宮正太郎，酒井恆藏．ZrB_2ガウZrB_2へ．化學工業，1986，37(9)：47.

[8] 高橋研，神保龍太郎，等．SiC 系導電性複合セラミックスの特性．窯業協會志，1985，93(3)：123 ~ 129.

[9] 张国军，包振清．真空镀膜用 BN-TiB_2 导电耐腐蚀复合陶瓷．硅酸盐学报，1990，18(1)：28 ~ 33.

[10] Kaneleshwar Upadhya, Jenn-Ming Yang, Wesley P. Hoffman. Materials for ultrahigh temperature structural applications. Am Ceram Soc Bull, 1997, 76(12): 51 ~ 56.

[11] 傅正义，袁润章，Zuhair A Munir. TiB_2 的 SHS 合成过程理论分析．硅酸盐学报，1993，21(6)：541 ~ 547.

[12] 傅正义，袁润章，Zuhair A Munir. TiB_2 的自蔓延高温合成过程研究．硅酸盐学报，1995，23(1)：27 ~ 32.

[13] Low I M. Self-propagating high-temperature synthesis of ZrB_2 ceramics. J Mater Sci Letters, 1992, (11): 715 ~ 718.

[14] Peng Z X, Bhahuri S B. Controlled combustion synthesis in the Ti-B system. Ceram Eng Sci Proc, 1997, 18(4): 637 ~ 644.

[15] 渡邉修三，中島征産．BN-TiB_2 系耐食性．ヒーターセテミッタス，1983，18(12)：1020 ~ 1024.

[16] 木下富，小瀬三郎，浜野羲光．ZrB_2-$MoSi_2$ 系のホットプレス燒結．窯業協會志，1970，78(2)：64 ~ 73.

[17] 樋渡隆幸，營原節，大柳滿之．燃燒合成動的擬等方壓縮法．TiB_2-$MoSi_2$ 復合材料の作制，日本セテミツタス協會 1997 年會講演予稿集，149.

[18] Kyu Cho，R Nathan Katz，Isa Bar-On. Strength and fracture toughness of hot pressed titanium diboride. Ceram Eng Sci Proc，1996，17(3)：375 ~ 382.

ZrB_2 and TiB_2 Refractories

Chen Zhaoyou

(Sinosteel Luoyang Institute of Refractories Research Co.，Ltd.)

Abstract：Properties of some non-oxide materials for high temperatures such as ZrB_2，TiB_2，etc.，application and expected development of ZrB_2 and TiB_2 in high temperature industry，production of ZrB_2 and TiB_2 materials and their products，including ZrB_2 and TiB_2 produced by self-propagating high-temperature synthesis，ZrB_2 and TiB_2 composites such as ZrB_2-SiC，TiB_2-SiC，ZrB_2-BN，TiB_2-BN，ZrB_2-$MoSi_2$，TiB_2-$MoSi_2$，ZrB_2-C，TiB_2-C，etc.，were introduced.

Key words：ZrB_2，TiB_2，non-oxide refractories，self-propagating high-temperature synthesis

铅锌火法冶炼用耐火材料
——碳化硅质耐火材料

陈肇友

（冶金工业部洛阳耐火材料研究院）

摘　要：本文介绍了现代铅、锌火法冶炼炉：QSL 炉、ISP 炉、锌蒸馏炉与锌精馏炉及其关键部位用耐火材料。特别较系统与较详细地阐述了各种不同结合相结合的碳化硅质耐火材料及其性能；其中包括氧化物结合碳化硅、Si_3N_4 结合碳化硅、Si_2N_2O 结合碳化硅、Sialon 及其结合碳化硅、自结合碳化硅。

我国铅、锌矿储量丰富，其储量均居世界首位。炼铅、炼锌的矿物有方铅矿（PbS）、铅锌矿与闪锌矿（ZnS）等。

1　炼铅、炼锌炉及其关键部位用耐火材料

传统的火法炼铅是焙烧-鼓风炉还原熔炼，为了防止污染开发出了氧气底吹直接炼铅炉（QSL 法）。对于铅锌混合矿开发出了铅锌密闭鼓风炉（ISP 法），以及粗锌精馏塔。

（1）氧气底吹直接炼铅炉（QSL）。该炉呈长圆筒状，炉内有一隔墙将其分为氧化熔炼区和炉渣还原区；隔墙下部有孔道以便熔体通过，氧化区炉底装有浸没式氧化喷嘴，还原区装设有粉煤和富氧喷嘴。粒状精矿从氧化区的炉顶投入，生成的铅液在此底部汇集。含有 PbO 的炉渣穿过渣坝进入还原区被碳还原为铅，流回氧化区底部。熔炼产生的铅液与贫化后的渣分别呈逆流状态从炉子两端放出，整个熔炼过程是在密闭炉内进行，避免了对环境的污染。我国西北冶炼厂、韶关冶炼厂有此炉。

QSL 法炼铅炉的熔池、渣线区、隔墙、装料口和喷嘴对面的炉墙关键部位采用熔铸镁铬砖砌筑，其余部位则用直接结合镁铬砖等砌筑。

(2) 密闭鼓风炉炼铅锌（ISP 法）。该法所用炉料为铅锌混合矿。铅锌烧结矿与焦炭分批加入密闭鼓风炉内，被还原成金属，液态铅进入炉缸，锌成气态随炉气进入铅雨冷凝器（铅雾室），被冷凝成液态锌，液态锌与铅进入分离室，上层锌以粗锌产出，再进入粗锌精馏装置；而下层铅液可送回冷凝器继续使用。韶关冶炼厂建有此种类型炼铅锌炉。

鼓风炉炉缸采用镁铬砖砌筑；冷凝器壁与转子由于要求导热性要好，耐冲刷、侵蚀，采用的是碳化硅质材料。

(3) 竖罐锌蒸馏炉。竖罐由竖式蒸馏罐、燃烧室、换热器和空气道等部分组成。竖罐本身分为上延部、罐体和下延部三部分。上延部为装入炉料与锌蒸气的导出用，含焦粉的烧结团矿从炉顶加入，团矿向下运行由两燃烧室间接加热，使团矿中的氧化锌还原成为气态锌。含有锌蒸气的炉气通过冷凝器冷凝成锌液，蒸馏残渣由下部排出。

竖罐蒸馏炉对罐壁要求要导热性好，高温强度大，耐磨，锌蒸气不能泄漏，因此采用碳化硅质耐火材料砌筑。冷凝器由于要导热性好，也采用碳化硅质材料。葫芦岛锌厂蒸馏罐内壁采用碳化硅波纹砖砌成竖沟状，由于增加了辐射面积，减弱了气流上升的阻力，从而提高了锌的产量。其后又将黏土结合碳化硅砖改为再结晶碳化硅砖砌筑，使竖罐寿命增长了 17%。葫芦岛锌厂还建有日产 18.8t 的大型竖罐蒸馏炉。

(4) 粗锌精馏炉。粗锌精馏炉是根据铅的沸点（1750℃）比锌（907℃）高得多，镉的沸点（767℃）比锌低的原理而设计的。粗锌精炼装置是由熔化炉、燃烧室、精馏塔和冷凝器等组成，精馏塔中部外围为燃烧室，整个装置如图 1 所示。

精馏塔分为铅塔与镉塔，铅塔是将 Pb 与 Zn-Cd 分离。铅塔出来的 Zn-Cd 冷凝液送入镉塔，镉塔是将 Zn 与 Cd 分离。精馏塔内是由许多一个放置在另一个之上的塔盘组成。例如在镉塔内，金属蒸气沿着塔向上升，遇到金属熔体即冷凝，冷凝放出的热使塔盘上金属熔体沸腾。随着金属蒸气的向上移动，蒸气中的 Cd 含量增大；而往下移动的金属液中，Zn 含量越来越高。从镉塔下面放出的锌液，其 Zn 的纯度达到 99.99% 以上。

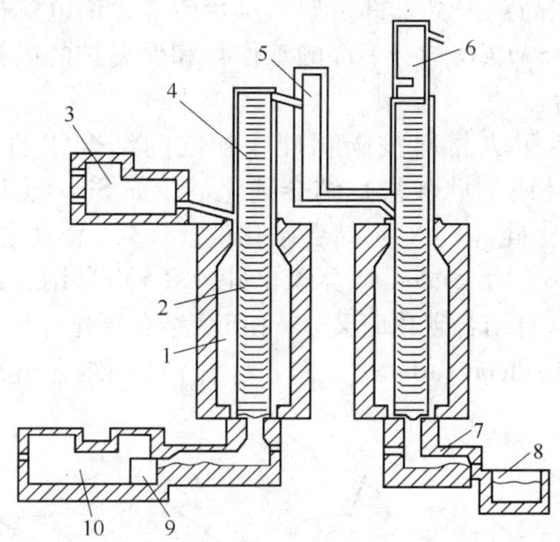

图1 粗锌精馏精炼炉示意图

1—燃烧室；2—蒸发盘；3—熔化炉；4—回流盘；
5—铅塔冷凝器；6—镉塔冷凝器；7—下延部；
8—精锌贮槽；9—无镉锌排除口；10—精炼炉

塔盘分为蒸馏盘和回流盘，粗锌精馏炉的内衬寿命主要取决于塔盘的使用寿命。对塔盘材质的要求是：能抗金属气体与液体的渗透、侵蚀，其强度要高、导热性要好，碳化硅材质最为合适。

我国葫芦岛锌厂、长沙锌厂、韶关冶炼厂、白银公司皆有此精馏炉。

2 碳化硅质耐火材料

近代一些炼铅、炼锌炉其关键部位主要采用镁铬质与碳化硅质耐火材料。镁铬材料已在炼铜、炼镍炉用耐火材料等文中进行了阐述，这里只阐述碳化硅质耐火材料。

碳化硅质耐火材料由于化学稳定性好，具有耐高温、高温强度大、导热率高、抗热震性好、耐磨、抗冲刷、不被金属熔体润湿、抗金属蒸气侵蚀等优点；除最适宜于用作竖罐锌蒸馏炉炉壁、锌精馏炉的塔盘、ISP炉的冷凝器与转子外，碳化硅质耐火材料近年来还大量用于炼铁高炉炉身下部，如风口套砖等，铝电解槽的侧壁、精铜熔化竖炉 ASARCO 炉身下部的工作衬和保温炉的内衬，以及陶瓷窑炉的窑具等。

碳化硅质耐火材料按碳化硅颗粒之间结合相的不同可分为：(1) 氧化物（或称硅酸盐）结合碳化硅，如 SiO_2 或黏土结合碳化硅；(2) 氮化硅（Si_3N_4）结合碳化硅；(3) 氧氮化硅（Si_2N_2O）结合碳化硅；(4) Sialon 结合碳化硅；(5) 自结合碳化硅（self-bonded SiC）；自结合碳化硅又分：β-SiC 结合碳化硅与再结晶碳化硅（recrystallised silicon carbide）。图 2 示出了不同结合相的结合情况。

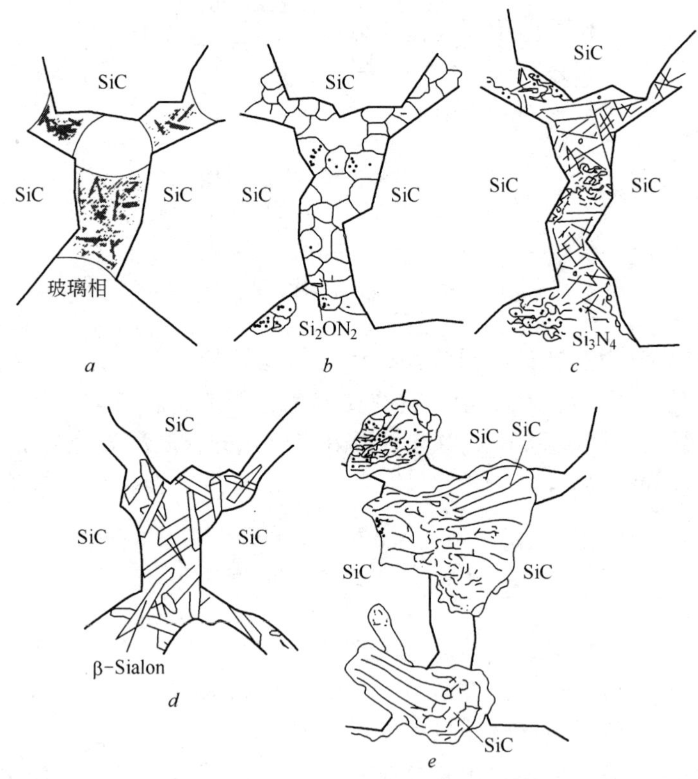

图 2　由不同结合相结合的碳化硅质材料结合情况示意图

a—氧化物结合；*b*—Si_2ON_2 结合；*c*—Si_3N_4 结合；

d—Sialon 结合；*e*—SiC 自结合

由于碳化硅和Si_3N_4、Si_2N_2O、Sialon等结合相都是以共价键为主的化合物，烧结困难；因此，除氧化物结合的碳化硅制品外，大都采用在碳化硅料中加入一些如Si粉、石墨粉、氧化物微粉、助烧结剂Y_2O_3等与暂时性有机结合剂，如羧甲基纤维素、聚乙烯醇糊精，经成型、干燥，埋于焦炭粒或高纯N_2气氛中在高温下进行反应烧结来制取。

2.1 氧化物结合碳化硅

结合相为SiO_2或富SiO_2的玻璃相，通常是在碳化硅料中加入5%～15%的结合黏土和少量的Si粉，经混练、困料、成型、干燥，于1350～1500℃烧成的。为了使压制的砖坯致密，避免砖坯内颗粒桥架现象；碳化硅可采用碾压以破坏其假颗粒与磨去其棱角。

制品中应无“黑心”。“黑心”会在使用中首先氧化造成损坏。硅粉的加入有利于消除因烧成中SiC氧化产生CO，CO分解而造成的“黑心”。

$$SiC + O_2 \longrightarrow SiO + CO$$

$$2CO \longrightarrow C + CO_2$$

$$Si + C \longrightarrow SiC$$

黏土结合碳化硅制品，由于升温过程中会呈现塑性，因此其强度会随着温度升高而显著降低。这种制品的高温强度、耐磨性、抗金属熔体与碱的侵蚀皆不如其他几种结合相结合的碳化硅制品性能好，但价格较低。

2.2 Si_3N_4结合碳化硅

以碳化硅为骨料，加入Si粉，在经过脱H_2O、脱氧的高纯N_2(99.9%以上)气氛（微正压）中，于1450℃烧成。原料中含有少量的氧化铁对促进Si粉的氮化有催化作用，但Fe_2O_3含量不应超过0.8%。

Si与N_2反应放热大，$3Si + 2N_2 \longrightarrow Si_3N_4 + 736kJ/mol$；硅粉过细，升温过快，氮化速度过大，会造成烧成温度失控，Si熔化发生

“流硅”现象。因此，一般烧成时采用在 1150～1450℃之间进行分段逐级升温的制度来控制氮化速率。当砖坯 Si 量已有 80% 以上被氮化后，可超过 Si 熔点温度进行氮化。烧成中砖坯内的 Si 要充分氮化完全，残余游离 Si 应最低，即烧后砖坯增重量应为加入 Si 粉重量的约 2.5 倍。此外，在 1300℃以上，要注意以下反应

$$SiC + 2N_2 \longrightarrow Si_3N_4 + 3C$$

造成“黑心”。制品中残余游离 Si 多了，制品在使用中会由于反复加热冷却而发生开裂。

Si_3N_4 结合碳化硅制品中，纤维状 Si_3N_4 形成网络结构。SiC 颗粒周围基质为粒状 SiC 和纤维状或针状 Si_3N_4。Si_3N_4 结合碳化硅具有高温强度大，高温下抗蠕变性好，抗氧化性良好，耐磨，抗金属熔体、抗碱与抗渣蚀性好，热膨胀系数低，导热性好，抗热震性好等优点。其抗氧化性、抗金属熔体与抗碱侵蚀性优于氧化物结合碳化硅与 β-SiC 结合碳化硅。

Si_3N_4 结合碳化硅广泛用于黑色、有色金属与陶瓷窑炉。

2.3 氧氮化硅（Si_2N_2O）结合碳化硅

氧氮化硅结合碳化硅的生产与 Si_3N_4 结合碳化硅相近。图 3 示出了 Si-N-O 系与 Si-C-N-O 系在不同气氛与温度下 Si、SiO_2、Si_2N_2O、Si_3N_4 与 SiC 稳定存在的区域。从图 3 可见 Si_2N_2O 可以在一定 N_2 与 O_2 的分压的气氛或埋碳中，由 Si 或 SiO_2 与 Si_3N_4 生成，即：

$$2Si + N_2 + 1/2O_2 \longrightarrow Si_2N_2O$$

$$3Si + 2N_2 + SiO_2 \longrightarrow 2Si_2N_2O$$

$$Si_3N_4 + SiO_2 \longrightarrow 2Si_2N_2O$$

$$3Si + N_2 + CO \longrightarrow Si_2N_2O + SiC$$

烧成温度在 1400～1500℃。烧成中 Si 与 N_2 及 O_2 或 CO 反应生成粒状 Si_2N_2O。

Si_2N_2O 结合碳化硅其强度在 1100℃达最高，此后随温度升高而下降。氧氮化硅结合碳化硅抗碱性不如 Si_3N_4 结合碳化硅。

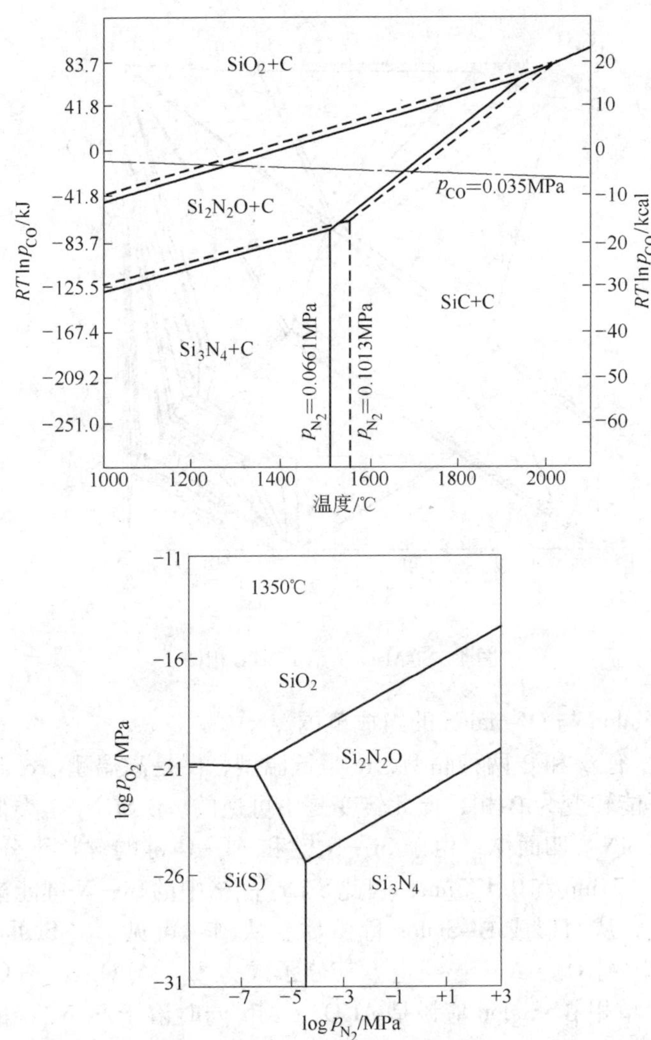

图 3　Si-N-O 系与 Si-N-O-C 系在不同气氛与温度下，各凝聚相稳定存在区域图

2.4　Sialon 结合碳化硅

图 4 示出了 Si-Al-O-N 交互系在 1750℃ 的相图。图中 β′与 O′区

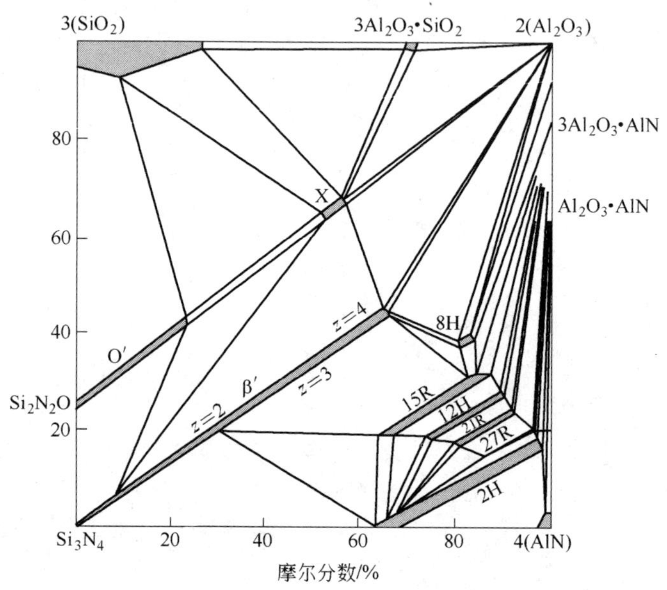

图 4　Si-Al-O-N 系 1750℃相图

域为 β′-Sialon 与 O′-Sialon 的组成范围。

Si_3N_4 有 α 和 β 两种晶型，α-是低温型，β-是高温型。α-相在一定温度下能转变为 β-相，但此转变是不可逆的。β-Si_3N_4 是类似 SiO_2 结构的［SiN］四面体，由于 Si—N 键和 Al—O 键的键长十分相近，分别为 0.174nm 和 0.175nm；因此 Si_3N_4 晶格中的 Si—N 键能被 Al—O 键取代，从而形成 β′-Sialon 固溶体。从图 4 可见，β′-Sialon 仅存在于 Si_3N_4-Al_2O_3 · AlN 连线上。其分子式为 $Si_{6-z}Al_zO_zN_{8-z}$（$0<z<4.2$），即单相 β′-Sialon 应该是 Al_2O_3 · AlN 同时溶于 Si_3N_4 中的固溶体。因此 β′-Sialon 可以从 Si_3N_4、Al_2O_3、AlN（或 Si、Al、N_2 和 Al_2O_3）反应得到，也可从 Si_3N_4、SiO_2、AlN（或 Si、Al、N_2 和 SiO_2）反应得到。

$$(2-z/3)Si_3N_4+z/3Al_2O_3+z/3AlN = Si_{6-z}Al_zO_zN_{8-z}$$

$$(2-z/2)Si_3N_4+z/2SiO_2+zAlN = Si_{6-z}Al_zO_zN_{8-z}$$

还可通过下列反应得到 β′-Sialon。

$$Al_2O_3 \cdot 4SiO_2(\text{叶蜡石}) + 9C + 3N_2 \longrightarrow Si_4Al_2O_2N_6 + 9CO(z = 2)$$

$$3(Al_2O_3 \cdot 2SiO_2)(\text{高岭土}) + 15C + 5N_2 \longrightarrow Si_3Al_3O_3N_5 + 15CO(z = 3)$$

$$2SiO_2 + 4Al + 2N_2 \longrightarrow Si_2Al_4O_4N_4(z = 4)$$

O′-Sialon 是 Si_2N_2O 与 Al_2O_3 的固溶体。分子式为：$Si_{2-x}Al_xO_{1+x}N_{2-x}$（$0<x<0.3$）。通常是由 Si_3N_4、SiO_2 与 Al_2O_3 反应烧结的。加入 Y_2O_3 作烧结助剂可在较低温度生成 O′-Sialon。

由于 Sialon 中溶有一定量 Al_2O_3，其抗氧化性较 Si_3N_4 与 Si_2N_2O 强。O′-Sialon 抗氧化性最佳。

Sialon 结合碳化硅通常是在碳化硅骨料中加入 10% ~20% 的 Si 粉，5% ~10% 的 Al_2O_3 粉以及烧结助剂如 Y_2O_3 等；成型、干燥后在 N_2 气氛中于 1450℃烧成。Sialon 结合碳化硅的抗氧化性与抗碱性优于 Si_3N_4 或 Si_2N_2O 结合的碳化硅。

Hirota Tetsuo 曾研究过 β-Sialon 结合碳化硅中 Sialon 的 z 值大小对制品性能的影响。得出：$z=2$ 时常温强度与高温强度最大；抗热震性随着 z 值增大而增强；抗碱性与抗渣性则随着 z 值增大而下降；z 值越大碱处理后的体积膨胀越大。

张治平等曾研究过 Sialon 结合相含量、z 值大小与不同加入物对 Sialon 结合碳化硅性能的影响，并得出：Sialon 相含量增加，试样的密度、气孔率与常温强度都得到改善；z 值增加，试样气孔率降低，高温强度下降。他们还生产了 Si_3N_4-Sialon 结合的碳化硅制品。

2.5 自结合碳化硅

（1）β-SiC 结合碳化硅。α-SiC 骨料中，按生成 β-SiC 的化学计量加入 Si 粉与石墨粉，加入暂时性结合剂后经混练、成型、干燥，埋于焦炭粒中在 1400 ~1600℃烧成。烧成后制品中的结合相除 β-SiC 外，还有少量 Si_2N_2O 等。

β-SiC 结合碳化硅由于其结合相 β-SiC 晶粒细小，活性较大，因此其抗氧化性、抗水蒸气以及结合力都不如 Si_3N_4 或赛隆结合的碳化硅。

（2）再结晶碳化硅。结合相为 α-SiC。要使结合相为 α-SiC，需

要将 β-SiC 在约 2400℃完全转变为再结晶 α-SiC。β-SiC 在高温转变为稳定的 α-SiC 后，冷却后不会再转变为 β-SiC。因此，这种制品需要在隔绝空气的惰性气氛中，于 2400℃左右高温烧成。这种制品成本高，价格贵。

由于这种制品是由高温相 α-SiC 直接结合无玻璃相的制品，因此其强度不会随温度升高而降低。这种制品经冷热循环后其强度变化也不大。

各种碳化硅质耐火材料的性能示于表 1。

表 1　不同结合相结合的碳化硅制品的理化性能

项　目		SiO_2 结合	黏土结合	Si_3N_4 结合①	Si_2N_2O 结合①	Sialon 结合①	β-SiC 结合	再结晶碳化硅
化学成分/%	SiC	约 90	>85	>75	>70	>70	94	94 ~ 96
	SiO_2	约 10					3.0	
	Si_3N_4			>20				
	Si_2N_2O				>20			
	Sialon					>20		
	游离 Si			0.29		0.39	1.0	
密度/g·cm^{-3}		2.6 ~ 2.7	约 2.5	2.74	2.72	2.70	2.63	2.65 ~ 2.70
显气孔率/%		12 ~ 15	14 ~ 18	13	12	15	16	17
常温耐压强度/MPa		100 ~ 145	约 100	220	208	228	140	
抗折强度/MPa	常温	约 25	20 ~ 25	53	57	53	30 ~ 50	约 90
	1400℃	约 20	约 13	56	51	50	约 30	约 95
线膨胀系数/℃$^{-1}$		约 4.7×10^{-6}	约 4.6×10^{-6}	4.7×10^{-6}	4.7×10^{-6}	5.1×10^{-6}	5.5×10^{-6}	
热导率(1000℃)/W·(m·K)$^{-1}$		11 ~ 14.5	约 11	15.0	14.6	17.4	12.8	

①洛阳耐火材料研究院生产的碳化硅砖实测值。

参 考 文 献

[1] Fujio Hamamoto. Taikabutsu Overseas, 1981, 1(1): 97.
[2] 李志坚，梁宏祥，等. 中国第二届国际耐火材料学术会议论文集，1992: 191.
[3] 张治平，黄辉煌，等. 中国第二届国际耐火材料学术会议论文集: 297.
[4] 陈肇友. 耐火材料，1989，(4): 34.
[5] 张治平，黄辉煌，等. 耐火材料，1988，(2): 8.
[6] Edrees H J, Holling G E, Hendry A. British Ceramic Transactions, 1995, 94(2): 52.
[7] Fickel A, Kramss J. Interceram, Special Issue, 1983: 38.
[8] Dale B Hoggard, Han K Park, et al. Am Ceram Soc. Bull, 1990, 69(7): 1163.
[9] Terenyi O. Interceram, 1983, (1): 36.
[10] Tetsuo Hirota. Taikabutsu Overseas, 1995, 15(4): 19.
[11] Питак Н В, Федорук Р М, и др. Огнеупвры, 1995, (4): 2.

Refractories for Lead and Zinc Pyrometallurgical Furnaces

—— Silicon Carbide Products

Chen Zhaoyou

(Luoyang Institute of Refractories Research, Ministry of Metallurgical Industry)

Abstract: It is described in two parts: (1) the refractories used in lead and zinc pyrometallurgical furnaces, such as Q. S. L furnace, I. S. P furnace, zinc vertical retort furnace and zinc fractionating distillation column; (2) Silicon carbide products bonded separately by oxide, Si_3N_4, silicon oxinitride, Sialon, β-SiC and recrystallized SiC.

本文选自《耐火材料学术会议论文集》，1997.

炼铝工业用耐火材料及其发展动向[1]

陈肇友

（冶金工业部洛阳耐火材料研究院）

摘　要：本文阐述了当今炼铝工业对耐火材料的要求与发展动向。介绍了Al_2O_3生产、铝电解槽（包括阴极、阳极、侧墙材料与炭质槽底的阻挡层材料）、铝锭或废铝熔融与合金化炉用耐火材料，以及钛酸铝材料的应用。

在世界有色金属生产中，铝的年产量居第一位，远远超过其他有色金属。铝工业每年消耗的耐火材料量比铜、铅、锌冶炼消耗的耐火材料总量还多得多。

世界上年产铝约2000万吨。铝产量最多的国家是美国，年产412万吨，其次是原苏联，然后是加拿大、澳大利亚、巴西与我国。世界上年消耗铝最多的国家也是美国，消耗量为420万吨，其次是日本240万吨，德国136万吨。日本与德国每年需要的金属铝全从国外进口。

从铝矾土的储量以及天然能源的资源来说，我国在世界铝工业开发及其所用耐火材料的领域里都应起更大的作用。但是在耐火材料方面，我们研究、报道甚少，重视不够。其原因可能是：炼铝工业炉操作温度低，一般认为耐火材料问题不大；国内把炭素材料划在耐火材料行业之外，对铝电解槽用耐火材料未加注意；日本在耐火材料研究、开发方面对我国影响较大，而日本又不生产原铝，对这方面研究较少，未能引起我们的注意。

炼铝工业用耐火材料至今尚未见到较系统、较全面的阐述，本文将从以下四个方面进行介绍。

---

[1] 本文是在1993年参加UNITECR’93会议后于1994年所写。

1 Al_2O_3 生产用耐火材料

生产 Al_2O_3 有电熔法、酸法与碱法三种。电熔法是将铝矾土与炭装入电炉熔炼，碳将铝矾土中的 SiO_2、Fe_2O_3 等还原成 Si-Fe 熔体，使之与 Al_2O_3 分离。但这种方法耗电量大、成本高、产量有限、产品不能满足电解铝的要求。因此，这种方法多用来制取刚玉磨料。我国现在用这种方法生产所谓亚白刚玉或称矾土刚玉的耐火原料。酸法由于用过的酸再生困难等，也很少用。现在生产 Al_2O_3 的主要方法是碱法。

碱法生产 Al_2O_3 主要有拜耳法与碱石灰烧结法。拜耳法只需将得到的 $Al(OH)_3$ 沉淀，在 900～1200℃窑中焙烧，使 $Al(OH)_3$ 脱水成 Al_2O_3。而碱石灰法则需两次煅烧，即先将铝矾土、碳酸钠、石灰混匀，于 1200～1300℃烧结成熟料，然后细磨、浸出、分离出 $Al(OH)_3$；再将 $Al(OH)_3$ 焙烧脱水成 Al_2O_3。因此，拜耳法生产 Al_2O_3 消耗的耐火材料少，每吨 Al_2O_3 约需消耗 5kg 耐火材料，而碱石灰法生产 1t Al_2O_3 则需约 20kg 耐火材料。

烧结熟料的回转窑，由于碱高，烧成带用磷酸盐结合高铝砖或铝酸钙水泥浇注料；冷却带由于工作面受到烧成物料的磨损，以采用磷酸结合高铝不烧耐磨砖为宜。

焙烧氢氧化铝的沸腾焙烧炉与闪速焙烧炉由于比传统焙烧回转窑能耗低，投资省；近年来得到了发展。焙烧炉要求耐火材料强度高、耐磨损、热稳定性能好，不影响氧化铝产品的质量。炉衬主要用的是低水泥耐磨浇注料；集料为焦宝石，以铝酸钙水泥或矾土水泥结合。在氢氧化铝焙烧中，由于 Al_2O_3 活性大，可能与耐火材料衬中 SiO_2 反应形成三次莫来石，使砖衬发生剥落。

2 铝电解槽用耐火材料

铝电解槽通常为矩形钢壳，内衬炭砖。电解槽中悬有一炭阳极，其炭质槽底为阴极。电解还原出来的金属铝熔体沉积于槽底阴极。阳极放出的氧与炭阳极反应生成 CO_2 与 CO。槽内电解质与铝保持熔融状态。隔一定时间从槽内放出铝液，并向槽内加入一定量的氧化铝与冰晶石。电解温度为900~1000℃。下面从四个方面介绍铝电解槽用耐火材料。

2.1 铝电解槽阴极材料

对铝电解槽阴极材料的主要要求是：要具有良好的导电性，并能在高温下抗冰晶石、NaF和铝液的侵蚀。铝电解槽槽底阴极一般采用碳质材料。

现在的一些研究结果表明，槽底碳质材料的破坏主要是由于Na的渗入，其次是冰晶石。

$$3NaF \cdot AlF_3 + Al \longrightarrow 3Na + 2AlF_3$$

研究结果还表明，Na的渗透随着碳阴极石墨化程度的提高而减少。因此，电解槽底阴极材料正由原来的无定形碳砖改为采用半石墨化碳砖或石墨化碳砖。

现在许多专利都集中在碳阴极表面涂一层与铝液润湿性好，而又不溶或难溶于铝液和冰晶石，且导电性好的涂层。报道最多而又较合适的是TiB_2。因TiB_2太贵，故多在阴极上涂一层含TiB_2粉的涂料。

2.2 阳极材料

由于碳阳极上析出氧，碳阳极氧化甚快，消耗很大，生产1t铝需消耗约500kg碳阳极材料。为使生产能连续进行，要不断向自焙阳极顶部加入阳极糊。阳极糊由沥青焦或石油焦与煤沥青组成，它是靠直流电通过阳极导电和极间产生的热焙烧的。除自焙阳极外，又发展了预焙阳极。

电解铝是耗电最大的用户之一。因此，寻找一种既能降低阳极电阻，减少消耗；又能不与阳极析出的氧反应；而冰晶石熔体还能良好润湿，不致形成气膜的惰性电极，就成了炼铝工业中的一重大科研课题。

惰性阳极材料的研究报道文献不少，但至今尚未见到工业化与商品化。可以作为惰性阳极的材料，根据已有的研究资料大致有：

金属陶瓷如 $NiO-NiFe_2O_4-Cu$、硼化锆、SnO_2 基材料。SnO_2 为阴离子空位，在1500℃以下稳定，线膨胀系数低，在冰晶石-Al_2O_3 熔体中溶解度很小，加入少量添加剂能显著降低 SnO_2 材料的电阻率，是一有希望的惰性阳极材料。

2.3 铝电解槽的侧墙材料

铝电解槽侧墙过去一直沿用碳砖。侧墙碳砖的破损，影响了电解槽的正常操作，降低了电解槽的寿命。为了使侧墙不氧化，又具有较大电阻，侧墙正朝着部分或全部采用 SiC 质材料的方向发展。这些 SiC 质材料有：Al_2O_3 或高铝结合 SiC 材料、氮化硅结合 SiC 材料、氧氮化硅结合 SiC 材料、Sialon 结合 SiC 材料和自结合 SiC 材料。目前较为一致的看法是用氮化硅结合的碳化硅材料。

SiC 材料虽然能与 O_2 或 CO_2 反应生成 SiO_2，但形成的 SiO_2 薄膜能阻止其继续氧化。此外，从热力学计算可知，在1000℃条件下，SiC 不会与 Na_3AlF_6、AlF_3、NaF 或 CaF_2 反应。

氮化硅结合 SiC 材料，抗冰晶石侵蚀，抗氧化、强度高、电阻大，不仅可延长电解槽的寿命，减少漏电，还可大大减少衬砖厚度，增加电解槽的容积。

2.4 碳质槽底下面的阻挡层

在电解铝生产中，Na 与 NaF 的蒸气和液体能通过槽底碳质阴极渗入到下面隔热层。隔热层渗入 NaF 等后热导率增加，电解槽热效率降低，电解槽工作状况随之恶化。阴极碳砖下面的阻挡层就是用来保护隔热材料免受熔盐渗入用的。

在电解槽生产过程中，由于以下反应会产生 Na 与 NaF，即：

$$3NaF \cdot AlF_3 + Al \longrightarrow 3Na + 2AlF_3$$

$$Na_3AlF_6 + 12Na + 3C \longrightarrow Al_4C_{3(s)} + 24NaF$$

$$2Na_3AlF_6 + 8Na + 2O_2 \longrightarrow NaO \cdot Al_2O_{3(s)} + 24NaF$$

$$4Na_3AlF_6 + 12Na + 2N_2 \longrightarrow 4AlN + 24NaF$$

NaF 在850℃以下会结晶，如果这种结晶发生在碳阴极内，就会引起体积膨胀与碳砖鼓胀，大大降低碳质阴极的寿命。电解槽的设计就是要保证碳阴极材料内部的温度在850℃以上，以免在碳阴极内发生上述现象。其办法就是采用阻挡层与隔热性能好的隔热材料，从而使碳质阴极材料的温度在850℃以上，同时 NaF 等又不能渗入到隔热层。

阿拉尔（Allaire）的研究结果表明，当阻挡材料的质量比 Al_2O_3/SiO_2 大于0.9时，就可将 Na 与 NaF 的渗透抑制住。因为渗入的 Na 与 NaF 会与这种 Al_2O_3-SiO_2 质耐火材料反应生成霞石（$NaAlSiO_4$ 熔点1520℃），从而堵塞耐火材料气孔，阻止 Na 与 NaF 继续往下渗透。

$$4Na + SiO_2 \longrightarrow 2Na_2O + Si$$

$$Na_2O + Al_2O_3 + 2SiO_2 \longrightarrow Na_2O \cdot Al_2O_3 \cdot 2SiO_2$$

$$6NaF + Al_2O_3 + 3SiO_2 \longrightarrow Na_3AlF_6 + 3NaAlSiO_4$$

$$Na_3AlF_6 + Al_2O_3 + 3SiO_2 \longrightarrow 2AlF_3 + 3NaAlSiO_4$$

从 Na_2O-Al_2O_3-SiO_2 三元相图（图1）可以看出，当质量比 Al_2O_3/SiO_2 大于0.85（相当于霞石中的 Al_2O_3/SiO_2 比）时，其低熔物的熔化温度都在732℃以上。因此，渗入物在阻挡层就已凝固，从而不能渗入到隔热层。

澳大利亚 C. L. 克罗舍尔（Crozier）研究出一种特殊低水泥高铝浇注料用来作阻挡层。其化学组成为（%）：Al_2O_3 67.5，SiO_2 20.6，Fe_2O_3 7.2，TiO_2 3.4，$K_2O + Na_2O < 0.1$；密度 2.7g/cm^3，气孔率约15%，110℃干燥后抗折强度约11MPa，1000℃烧后耐压强度大于90MPa，热导率（500℃）2.0W/(m · K)。用这种浇注料制成厚度为115mm的阻挡层，使用500天后，对残砖进行了扫描分析，结果说明 Na 和 NaF 已被阻挡层抑制住，不能继续渗入隔热层。

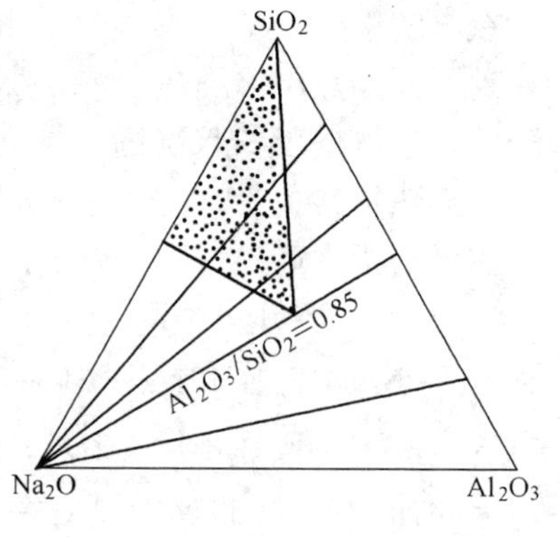

图1　Al_2O_3-SiO_2-Na_2O 三元系相图

（阴影区为732℃出现液相的区域）

也有采用钙长石（CAS_2）干

粉作阻挡层的，原理也是形成霞石，以阻止 Na 和 NaF 渗入隔热层。

3 铝锭或废铝熔化与合金化炉用耐火材料

常用的铝锭或废铝熔化与合金化炉有：反射炉、坩埚炉与感应炉。这些炉子内铝液或合金温度虽然只有 700 ~ 800℃，远比钢铁冶炼的低，但铝及其铝合金中的镁、硅与锰等都是很活泼的，很易与耐火材料衬中一些组元反应，造成耐火材料损坏。

铝熔炼炉用耐火材料的主要问题是在与铝液接触的部位以及耐火材料-铝液-气相的三相交界处附近。

铝熔炼炉的侵蚀机理与炼钢炉有些不同。铝熔炼炉的损毁主要是：(1) 铝液易于渗入耐火材料；(2) 铝及其铝合金中的合金元素如镁等对一些氧化物有很强的还原能力，而且是强放热反应；(3) 一些合金元素如镁等有很高的蒸气压，其蒸气比铝液更易渗入耐火材料，随之又被氧化。这些反应与作用导致耐火材料变质、结构疏松和损坏。

$$3Mg + Al_2O_3 \longrightarrow 3MgO + 2Al$$

$$3Mg + O_2 \longrightarrow 2MgO$$

$$Al + 3/2SiO_2 \longrightarrow Al_2O_3 + 3/2Si$$

$$MgO + Al_2O_3 \longrightarrow MgAl_2O_4$$

从以上分析可以得出，要提高铝熔炼炉炉衬寿命，就要阻止铝液与镁蒸气的渗入，以及渗入后如何使之形成致密层与黏滞的玻璃化层。

熔体渗入耐火材料毛细孔道的深度 X 可近似地用下式来讨论：

$$X = \sqrt{\frac{r\sigma\cos\theta}{2\eta}\tau}$$

式中，r 为耐火材料毛细孔道的半径；σ 为熔体的表面张力；η 为熔体的黏度；θ 为熔体在耐火材料上的接触角，$\cos\theta$ 值越大，渗透越深；τ 为时间。

从上式可得出要减少或阻止熔体渗入耐火材料，可采取以下办法：

（1）在耐火材料工作面涂上或在耐火材料内加入与铝液不润湿的耐火组元，如石墨、炭、碳化物、氮化物、Sialon、$9Al_2O_3 \cdot 2B_2O_3$、$Al_2O_3 \cdot TiO_2$、$BaSO_4$ 等。自然还要求这些加入物或涂料不会被铝或镁等还原。

（2）Na、K、Si 等进入铝液中，会降低其熔点与黏度，从而促进铝液渗入耐火材料。因此，耐火材料中的 SiO_2、Na_2O 和 K_2O 含量应低。

$$4Al + 3SiO_2 \longrightarrow 2Al_2O_3 + Si$$

$$2Al + 3Na_2O \longrightarrow Al_2O_3 + 6Na$$

$$2Al + 3K_2O \longrightarrow Al_2O_3 + 6K$$

（3）耐火材料的毛细孔道的孔径越大，铝液渗入越深。因此，在制作耐火材料时要使毛细孔道微细化。除此之外，使耐火材料透气度低也很重要，这样镁蒸气等气体就不易渗入耐火材料内。但过分致密化的耐火材料，抗热震性甚差，应综合考虑。

在铝熔炼炉内由于铝与合金元素的蒸发、氧化，还会在三相交界处附近形成高熔点氧化物如 Al_2O_3、MgO、SiO_2、MA 等，并牢牢黏附于耐火材料上。要清除这些附着物常采用机械或熔剂来清除。因此要求耐火材料要强度高，能抗清洗熔剂。

反射炉熔池、炉底多为 Al_2O_3 含量在 80% 以上的低水泥优质浇注料、磷酸盐结合高铝砖，或优质高铝砖。

4　钛酸铝的应用

钛酸铝由于不与一些有色金属熔体如 Cu、Pb、Zn、Al 润湿，因此这些金属熔体不会渗入钛酸铝耐火材料。此外，钛酸铝还具有线膨胀系数低，仅 $0.5 \times 10^{-6} K^{-1}$，抗热震性很好，热导率低[$1.2W/(m \cdot K)$]，保温性能好。在国外，钛酸铝已用于铝液从保温炉至铸模之间连接的管道与连接环。以前这些管道与连接环是采用钢质材料内涂能抗铝液侵蚀、价格昂贵的涂层，然后在管外加热进行保温，甚不方便；而且寿命短，还需经常更换。

钛酸铝材料的主要缺点是在800℃以上不稳定，易发生分解。现在的研究也集中于如何使其在800℃以上保持稳定而不分解。钛酸铝材料不稳定的原因，认为是在钛酸铝形成过程中，Ti^{4+}扩散速度慢，Al_2O_3与TiO_2反应不完全，残存于钛酸铝晶体中的Al_2O_3微晶，在800℃以上成为钛酸铝分解的晶核所致。解决这一问题的办法是，加入少量添加剂如Fe_2O_3、La_2O_3、MgO来促进Ti^{4+}的扩散，使TiO_2与Al_2O_3反应进行完全。

参 考 文 献

[1] Robert E Fisher, et al. UNITECR' 93 Congress: 131.
[2] Christopher L Crozier. UNITECR' 93 Congress: 862.
[3] Peter Jeschke, et al. UNITECR' 93 Congress: 843.
[4] Perera D S, et al. UNITECR' 93 Congress: 877.
[5] 陈肇友. 硅酸盐学报, 1980, 8(4): 397.
[6] Michael H O'Brien. J. Am. Cer. Soc, 1990, 73(3): 491.
[7] Peter J Hoagland. Light Metal Age, 1990, (10): 19.
[8] Claude Allaire. J. Am. Cer. Soc., 1992, 75(8): 2308.

Usages and Trends of Refractories Used in Aluminium Industry

Chen Zhaoyou

(Luoyang Institute of Refractories Research, Ministry of Metallurgical Industry)

Abstract: The usages and trends of refractories used in aluminium industry are described. These include refractories used in Al_2O_3 production, refractories used in aluminium reduction cell — materials of cathode, anode, sidewall and barrier layer of cell bottom, refractories used in ingot remelt, scrap melting and alloying furnaces, and applications of aluminium titanate.

本文选自《耐火材料》，1996，30(1)：46.

六铝酸钙材料及其在铝工业炉中的应用

陈肇友　柴俊兰

（中钢集团洛阳耐火材料研究院有限公司）

摘　要：本文对六铝酸钙材料的一些独特的优良性能，六铝酸钙的合成与制品，以及在铝工业中的应用进行了较系统的综合阐述。

关键词：六铝酸钙，铝工业炉，耐火浇注料，Bonite

六铝酸钙（$CaO \cdot 6Al_2O_3$）简写为 CA_6 是近年来研发出的新的耐火材质。由于其熔点高，耐火性能好，是难还原化合物，且具有板片状结晶和大量微孔结构，热导率低；因此是非常好的能抗高温、抗还原性介质侵蚀、抗铝液渗入、具有高温隔热保温性能；能直接用于工作衬热面，与铝液及熔盐接触的新耐火材质。

本文将对六铝酸钙的独特性能、六铝酸钙的合成以及在铝工业中的应用进行阐述。

1　六铝酸钙的性能

1.1　耐火度高

图 1 示出了 $CaO-Al_2O_3$ 二元系相图。从图 1 可知 CA_6 为 Al_2O_3 含量很高的化合物，其转熔点温度为 1903 ℃；即在 1903 ℃时，CA_6 转熔为刚玉 Al_2O_3 与熔体。耐火度甚高。

1.2　难还原化合物

从化学热力学知 Al_2O_3 与 CaO 皆是不易被碳或 CO 还原的氧化物[1]。CaO 与 Al_2O_3 形成化合物，自然更增加了其难还原性。即高

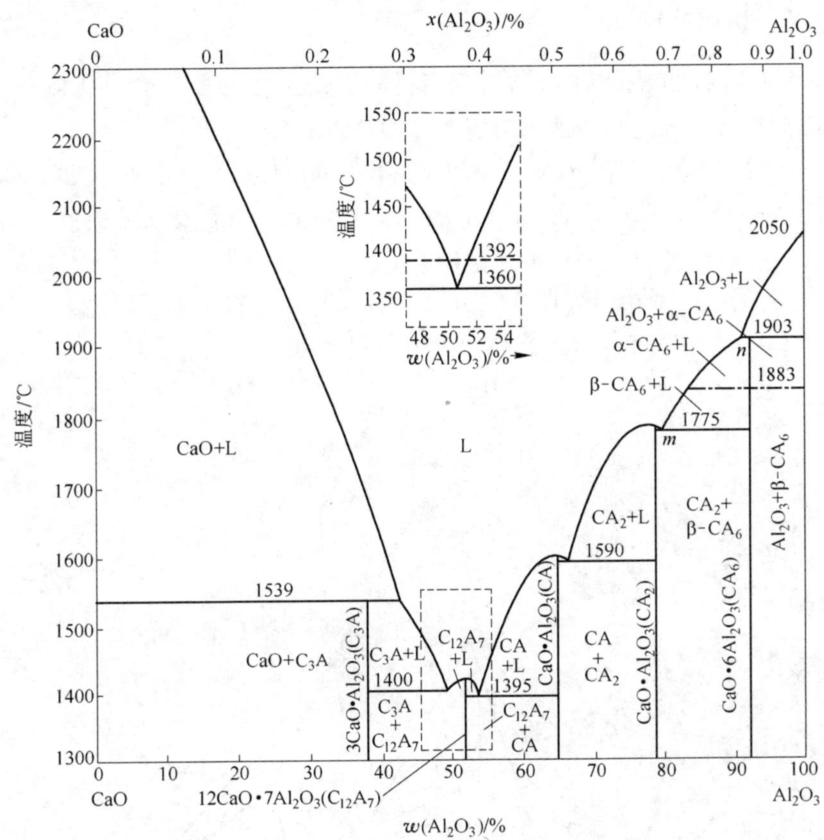

图1 CaO-Al_2O_3 系相图

温下 CA_6 的化学稳定性很好。因此 CA_6 材料可以用于煤气化炉、石油化工的气化炉与转化炉，以及铝工业炉等。

1.3 抗金属熔体 Al 液的渗入

六铝酸钙具有大量的微孔结构（microporous structure），而且即使升至高温其微孔孔径稳定。具有微细孔的材料能阻止金属熔体的渗透，例如微孔碳砖能阻止高炉铁水的渗入。具有微孔结构的六铝酸钙材料同样有抗金属 Al 液渗透的能力。

1.4 抗熔渣侵蚀性

CA_6 在抗铝酸钙水泥与抗钢精炼渣洗用渣的侵蚀会是很好的；因为铝酸钙水泥与渣洗用渣皆为 CaO-Al_2O_3 系。

虽然 CA_6 能与 Fe_2O_3 形成 $C(A,F)_6$ 固溶体（F 代表 Fe_2O_3），如图 2 所示[2]。CA_6 中含 CaO 不多，不会与 Fe_2O_3 形成大量的低熔点化合物：2CaO · Fe_2O_3 或 C_4AF(4CaO · Al_2O_3 · Fe_2O_3)；但从 CaO-Al_2O_3-Fe_3O_4 系相图（图 3）[2]看，其 1600 ℃时的液相区相当大，因此 CA_6 材料在抗含氧化铁高的渣不一定合适。

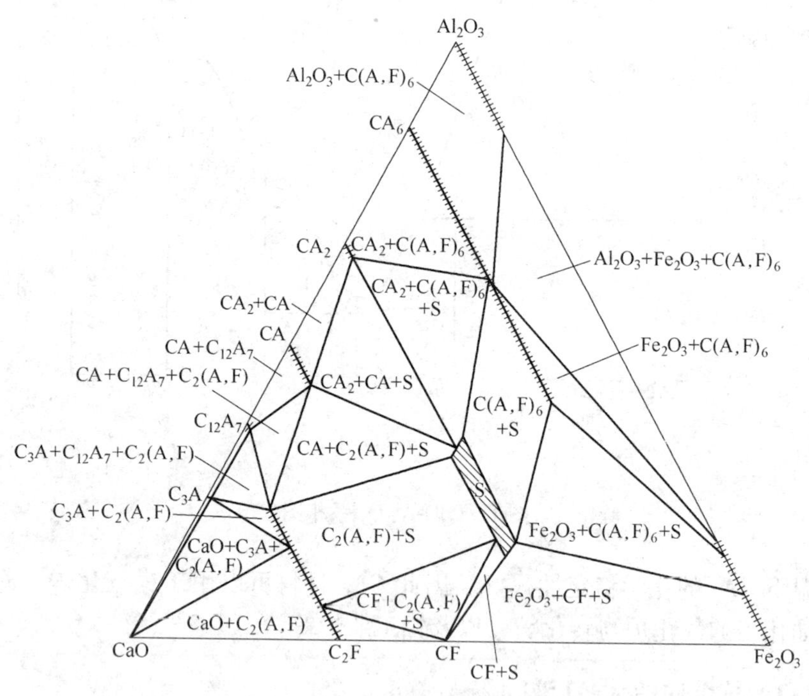

图 2 Al_2O_3-CaO-Fe_2O_3 系内可共存相相图

1.5 热膨胀系数

CA_6、CA_2 与 Al_2O_3 的热膨胀系数示于表 1[3]。

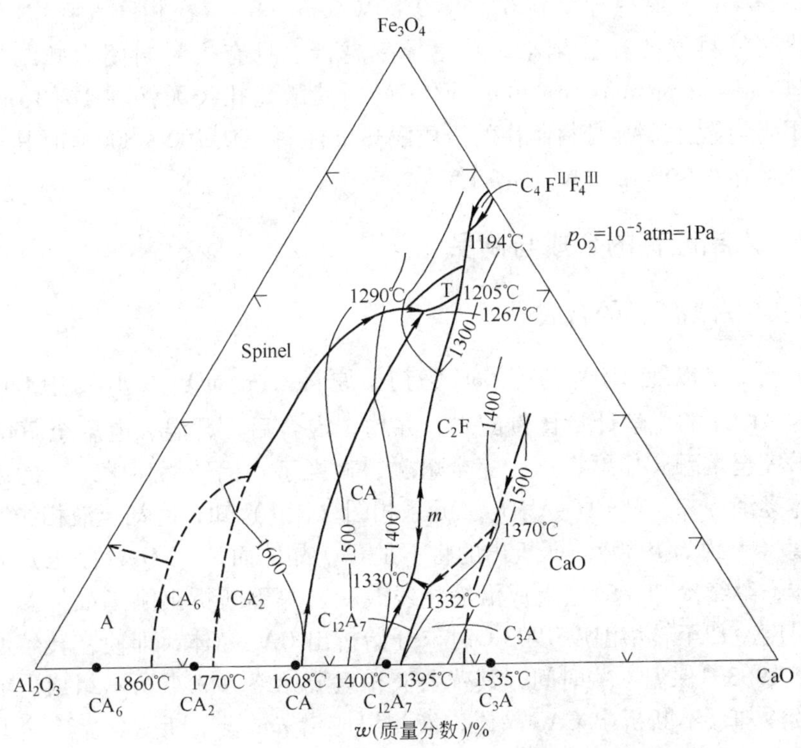

图 3　Al_2O_3-CaO-Fe_3O_4 系相图

表 1　铝酸钙与 Al_2O_3 的热膨胀系数　（$℃^{-1}$）

温度/℃	800	1000	1200	1400
CA_2	2.6×10^{-6}	3.3×10^{-6}	4.0×10^{-6}	4.4×10^{-6}
CA_6	7.7×10^{-6}	8.0×10^{-6}	8.3×10^{-6}	8.5×10^{-6}
Al_2O_3	8.0×10^{-6}	8.1×10^{-6}	8.0×10^{-6}	8.4×10^{-6}

从表 1 可知 CA_6 的热膨胀系数与 Al_2O_3 相近。因此，CA_6 与刚玉之间以任何比例配合，不会产生热膨胀失配问题。

1.6　热导率

通常刚玉质轻质隔热材料（Al_2O_3 含量约在 98%，体积密度

$1.2g/cm^3$）其热导率在 0.55～0.80W/(m·K)。在相同气孔率时，隔热材料气孔孔径越小，其热导率越低。具有大量封闭微孔结构（Close microporous structure）的 CA_6，其微孔孔径大多在 1～3μm。用高纯微孔 CA_6 骨料制作的轻质隔热浇注料，从 200～800℃时其热导率在 0.30～0.35W/(m·K)[4]。

2 六铝酸钙的合成与制品

2.1 六铝酸钙的合成

如果以纯 Al_2O_3 与纯 CaO 为初始原料，按 $CaO \cdot 6Al_2O_3$ 中 CaO 与 Al_2O_3 的化学计量比例配料，并均匀混合后，升温、电熔至 2000℃完全熔融。如果将这一完全熔融、相当于六铝酸钙化学组成的熔体逐渐冷却，从 $CaO\text{-}Al_2O_3$ 二元系相图（图 1）知，冷却至液相线温度（大约为 1960℃），析出的将不是 CA_6 晶体而是 Al_2O_3（刚玉）晶体；继续冷却，液相组成沿液相线改变，并不断析出刚玉晶体。当温度冷却至转熔温度 1903℃时，开始析出 CA_6 晶体，即使在转熔温度 1903℃保温一些时间，其残余液相组成始终为 n 点所示组成。继续冷却，不断析出 CA_6 晶体，液相组成沿 nm 线不断变化。冷至共熔点温度 1775 ℃时，同时析出 CA_6 与 CA_2（$CaO \cdot 2Al_2O_3$）晶体。因此，按 CA_6 化学组成配制的电熔料，最后得到的不是单一的 CA_6 相，而是刚玉 + CA_6 + CA_2 结晶混合物。即用电熔法合成不了单一的纯六铝酸钙材料。

现在合成 CA_6 的方法是采用高温烧结合成工艺。所用初始原料有：$Al(OH)_3$ 或活性 Al_2O_3，轻质碳酸钙（$CaCO_3$）或 $Ca(OH)_2$，或纯铝酸钙水泥等。即按 $CaO \cdot 6Al_2O_3$ 中 CaO 与 Al_2O_3 的化学计量配料，将配好的料经细磨、混匀、压块，高温烧结工艺来合成。其化学反应式为：

$$6Al_2O_3 + CaCO_3 \longrightarrow CaO \cdot 6Al_2O_3 + CO_2$$

或 $$12Al(OH)_3 + Ca(OH)_2 \longrightarrow CaO \cdot 6Al_2O_3 + 19H_2O$$

或 $$4Al_2O_3 + CaO \cdot 2Al_2O_3(CA_2) \longrightarrow CaO \cdot 6Al_2O_3$$

在高温烧结过程中，当温度达 1100 ℃时已开始有 CA_6 生成，1300℃以后，随着温度的升高，CA_6 生成量迅速增加，1500℃时已有大量 CA_6 形成，在 1550～1600℃基本上完全形成 CA_6[5～9]。

用高温或超高温烧结法合成的 CA_6 耐火原料，在国外市售的主要有两种[4,10～12]。一种是在 1998 年问世的以 CA_6 为主晶相的高纯微孔轻质骨料 SLA-92，骨料体积密度为 0.75g/cm^3，化学组成为 89%～91% Al_2O_3、7.7%～9.0% CaO、0.15% SiO_2、Fe_2O_3 <0.05%、Na_2O+K_2O <0.25%，晶粒呈各向异性生长（anisotropic grain growth），晶粒沿基面（basal plane）优先生长，具有片状或平板状结晶形貌，微孔尺寸在 1～5μm，其热导率 25～1400℃时为 0.15～0.5W/(m·K)。另一种称之为博耐特（Bonite）的致密 CA_6 料，它不仅可用作骨料，还可以以细粉形式加入，生产浇注料。Bonite 的理化性质如表 2 所示。

表 2 博耐特的理化性质[12]

化学组成(*w*)/%					物理性质			
Al_2O_3	CaO	Fe_2O_3	SiO_2	$Fe_{金属}$	体积密度 /g·cm^{-3}	显气孔率 /%	吸水率 /%	热膨胀系数 (20～1000℃)/K^{-1}
90	8.5	0.09	0.9	0.01	3.0	8.5	2.7	8.0×10^{-6}

图 4 为博耐特的显微结构[10]。

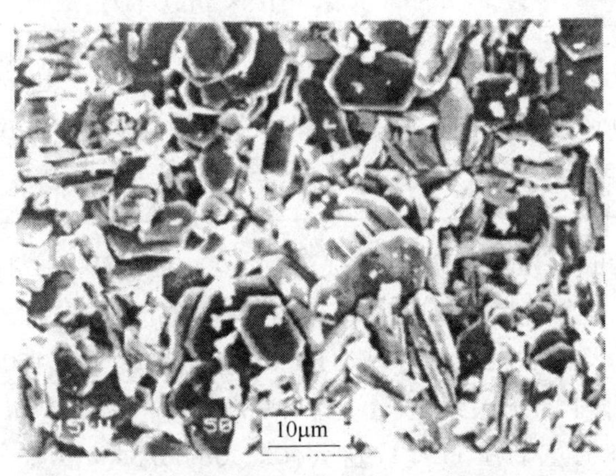

图4 3～6mm 博耐特颗粒断面的扫描电镜照片

2.2　CA_6 微孔轻质隔热耐火材料

Van Garsel 等[11]研究了用 SLA-92 作骨料、氢氧化铝粉、铝酸钙水泥与磷酸盐等制作的轻质隔热浇注料。振动成型后的浇注料在室温下养护 24h，脱模后在相对湿度不小于 90% 下养护 24h，在 110℃ 24h 干燥和 1500℃5h 烧成。烧成好的试样体积密度为 0.92 ~ 1.03g/cm^3，常温耐压强度在 2 ~ 8MPa。试样在 1400℃长时期保温 14 天后，水泥结合的浇注料大约有 0.2% 收缩，有磷酸盐结合的浇注料大约有 0.2% ~0.8% 的膨胀；而强度没有明显变化。在 1500℃保温 14 天后，微孔尺寸与气孔率保持稳定，平均气孔尺寸为 1 ~3μm，开口气孔率为 65% ~70%。即使在 1700℃下煅烧试样，虽然试样有约 10% 收缩，但也没有熔融迹象。所有试样在 300 ~1400℃，其热导率都甚低，在 0.33 ~0.5W/(m · K)。这些结果表明有大量微气孔的 SLA-92 材料，具有甚高的耐火度，其隔热性能、高温体积稳定性与抗热震性非常好。

2.3　含博耐特（Bonite）骨料与细粉的耐火浇注料

Büchel 等[12]研究了含 Bonite 骨料与细粉的无硅灰浇注料。浇注料的配料组成示于表 3，浇注料的物理性能示于表 4。

表 3　Bonite 浇注料的配料组成（*w*）　　（%）

Bonite				活性氧化铝 CTC30	水泥 CA-270	分散氧化铝（外加）		加水量（外加）
0.5 ~ 6mm	<0.5mm	<0.045mm	0.02mm			ADS3	ADW1	
55	15	5	7	13	5	0.75	0.25	7.0 ~7.5

从表 4 可见 Bonite 浇注料试样在 1000℃预烧后，体积密度为 2.82g/cm^3，显气孔率为 21.5%，常温耐压强度为 55MPa，常温抗折强度为 9MPa，说明其强度甚好。Bonite 浇注料试样经 1500℃，5h 预烧后也只有很小的永久线变化。经 1000℃预烧后的 Bonite 浇注料试样在 0.2MPa 荷重下在 1192℃显示有最大的 0.84% 膨胀，T_1 温度为 1578℃，T_2 温度为 1630℃。

表4 Bonite浇注料物理性能

项目		数值
振动流动值/cm	10min	20.5
	30min	20.6
	60min	20.5
体积密度/$g \cdot cm^{-3}$	110℃，24h	2.57
	1000℃，5h	2.82
	1500℃，5h	2.74
显气孔率/%	1000℃，5h	21.5
永久线变化率/%	400℃，5h	-0.02
	1000℃，5h	-0.03
	1500℃，5h	+0.81
常温耐压强度/MPa	110℃，24h	89
	400℃，5h	103
	1000℃，5h	55
	1500℃，5h	233
常温抗折强度/MPa	110℃，24h	15
	400℃，5h	10
	1000℃，5h	9
	1500℃，5h	47
高温抗折强度/MPa	800℃	9
	1200℃	6

3 六铝酸钙材料在铝工业炉中的应用

3.1 铝工业炉对耐火材料的要求

在“炼铝工业用耐火材料及其发展动向”[1]一文中曾对铝电解槽、铝锭或废铝熔化炉及铝合金化炉用耐火材料的要求进行过一些阐述。

在铝电解槽，槽底阴极碳质材料的破坏，主要是由于Na、NaF与冰晶石的渗入。

$$3NaF \cdot AlF_3 + Al \longrightarrow 3Na + 2AlF_3$$

Na、NaF与冰晶石渗入到碳质阴极下面的隔热层，隔热层被渗入NaF等以后，热导率增大，导致电解槽碳质阴极温度降低，当降到850℃以下，NaF等会在碳阴极内发生结晶，引起体积膨胀与碳砖鼓胀，从而使碳阴极受到破坏。为了保护碳阴极内温度在850℃以上，其办法就是在碳阴极与隔热材料之间，采用一阻挡层，以阻挡 Na、NaF 等渗入到隔热材料内。阻挡层与隔热材料一直采用 Al_2O_3-SiO_2 质材料。

铝锭或废铝熔化及铝合金化炉，虽然铝与铝合金熔化温度只有700～800℃，但 Al 及铝合金中的 Mg、Si 等元素都是很活泼的强还原剂元素，很容易将耐火材料中一些易还原氧化物如氧化铁、SiO_2 与 TiO_2 等还原，还原出的单质会溶入 Al 液，污染铝合金，严重影响铝合金质量。近年来对铝合金纯度的要求越来越高，因此对铝工业炉所用耐火材料要求应是不被 Al 与 Mg 等还原的材料，而且对其中所含易还原氧化物杂质，也有限制。

铝合金中的 Mg 有很高蒸气压，其蒸气比 Al 液更易渗入耐火材料。渗入耐火材料的 Mg 蒸气与 Al 将其中一些氧化物还原，随后又氧化，导致耐火材料变质、结构疏松与破坏。

在铝工业炉由于 Al 与铝合金元素蒸发、氧化，还会在气－固相接触面形成高熔点氧化物如 Al_2O_3、MgO、SiO_2、$MgO \cdot Al_2O_3$ 等牢牢黏附于耐火材料上，要清除这些黏附物又常常要采用机械清除与清洗剂如氯化物或氟化物等。

为保护 Al 液与 Al 合金，在 Al 液表面常常要覆盖一层氯化物与氟化物。因此要求铝与铝合金化炉与盛 Al 液桶所用耐火材料能抗 Na 和 K 的氯化物与氟化物的侵蚀。

因此铝熔炼炉对所用耐火要求：既不能被 Al、Mg 还原，又能抗钠和钾的氯化物与氟化物侵蚀的材料。

3.2 六铝酸钙制品适合应用于铝工业炉的原因

博耐特（Bonite）质耐火材料比高铝矾土类材料具有更高的纯度，不会有 SiO_2、Fe_2O_3 和 TiO_2 等杂质被 Al 与 Mg 还原，污染铝液与铝合金。

通常高 Al_2O_3 耐火材料靠加入抗润湿剂（Anti wetting agent）如 $BaSO_4$ 等来抑制 Al 液的渗透。

博耐特浇注料经高温预烧后，其气孔孔径尺寸都甚小在 1μm

以下[10]，具有微细气孔的博耐特耐火材料就能阻止 Al 液的渗入。甚至在高于1200℃时仍对 Al 液的润湿性低；而加有抗润湿剂 $BaSO_4$ 的高 Al_2O_3 耐火材料在此温度下则丧失了抗 Al 液的润湿性[12]。

Büchel 等[12]采用博耐特质振动浇注料制作的坩埚（坩埚在1100℃预烧成），坩埚尺寸为 80mm × 80mm × 80mm，中孔为 ϕ54mm × 45mm，装以铝合金 AZ8GU（含有 Mg、Zn），其上覆盖有 45% NaCl + 45% KCl + 10% NaF 混合盐，盖上坩埚盖，在950℃下保温72h，进行试验。试验结果表明，博耐特质坩埚既无 Al 液渗入，也没有与 Al 液反应；而且与混合盐也没有明显反应与作用。虽然探测到有少量碱盐渗入，但渗入既没有导致坩埚内产生裂纹，也没有观察到对坩埚的损伤。这一试验结果确认六铝酸钙耐火材料具有很强的抗 Al 液与铝合金的侵蚀外，还具有抗碱盐侵蚀的优良性能。

因此用致密六铝酸钙即博耐特或六铝酸钙轻质料 SLA-92 制成的致密浇注料或轻质隔热浇注料，经一定温度烧成后，作为铝工业炉的炉衬及隔热耐火材料用是十分合适的。

参 考 文 献

[1] 陈肇友. 化学热力学与耐火材料. 北京：冶金工业出版社，2005.

[2] Ernest M Levin, Carl R Robbins, Howard F McMurdie. Phase Diagrams for Ceramists 1969, Supplement: 137; Robert S Roth, Taki Negas et al. Phase Diagrams for Ceramists Vol. Ⅳ: 64. The American Ceramic Society.

[3] E. Criado, S. De Aza. Calcium hexaluminate as refractory material. UNITECR' 91, Aachem, Germany, 403 ~ 406.

[4] Vladimir V P, Valery V M, Larisa A. et al. Super low thermal conductivity heat insulating lightweight material on the basis of calcium hexaluminate, UNITECR'01, Concun, Mexico, 1186 ~ 1192.

[5] 李有奇，李亚伟，金胜利，等. 六铝酸钙材料的合成及其显微结构的研究，耐火材料，2004，38(5)：318 ~ 323.

[6] 李天青，李楠，李友胜. 反应烧结法制备 CA_6 多孔材料. 耐火材料，2004，38(5)：309.

[7] 王长宝，王玺堂，张保国. 浇注-烧结法合成 CA_6. 耐火材料，2008，42(4)：264 ~

266, 284.

[8] 李天青，李楠，卜源．氧化铝原料对合成 CA_6 多孔骨料性能的影响，工业炉，2006，28(4)：43～46.

[9] 李天青，李楠，王铎刚，等．工业 Al_2O_3 粒度分布对合成 CA_6 多孔材料的性能、相组成和显微结构的影响．耐火材料，2008，42(5)：334～336.

[10] 刘新彧，Buhr A. Büchel G，Racher R P. 博耐特（Bonite）——一种新型的合成致密 CA_6 耐火原料．耐火材料，2006，40(1)：60～64.

[11] Van Garsel D，Buhr A ，Gnauck V，et al. Long term high temperature stability of microporous calcium hexaluminate based insulating materials. UNITECR' 99，Berlin，Germany，181～186.

[12] Büchel G，Buhr A，Gierisch D，Racher R P. Alkalim and CO-resistance of dense calcium hexaluminate Bonite，UNITECR' 05，208～214.

[13] 陈肇友．炼铝工业用耐火材料及其发展动向．耐火材料，1996，30(1)：46.

Calcium Hexaluminate（CA_6）Material and Its Application in Aluminium Furnaces

Chen Zhaoyou　Chai Junlan

(Sinosteel Luoyang Institute of Refractories Research Co.，Ltd.)

Abstract: This paper presents the unique good properties of calcium hexaluminate material，such as high refractoriness，high purity，microporous structure，low thermal conductivity at elevated temperatures，a coefficient of expansion close to alumina，high stability in reducing atmosphere，high resistance to corrosion by molten aluminium and fluoride attack，synthesis and castable products of CA_6 and its application in aluminium furnaces.

Key words: calcium hexaluminate，aluminium furnaces，castable refractories，bonite

本文近期将在“耐火材料”上发表

澳斯麦特铜熔炼炉用耐火材料与保护层形成问题

陈肇友

（中钢集团洛阳耐火材料研究院）

摘　要： 从化学热力学角度论述了澳斯麦特铜熔炼炉用耐火材料与保护层形成的关系，得出最合适的耐火材料是 Al_2O_3-Cr_2O_3 或含 MgO 低的铝铬砖。

关键词： 澳斯麦特熔炼炉，铜熔炼，耐火材料，化学热力学

1　问题的提出

近年来我国山西侯马、安徽铜陵以及云南等地的有色金属冶炼厂都引进了顶吹浸没式澳斯麦特熔炼炉与吹炼炉。澳斯麦特炉采用浸没式喷枪顶吹工艺，通过喷枪的风量、氧气量、煤量及枪位调节控制熔体的搅拌强度。熔炼炉熔池深约 4m，熔炼温度约 1200℃，烟气中 SO_2 浓度约 11%，为连续式生产。侯马冶炼厂熔炼出来的铜锍在澳斯麦特吹炼炉内进行吹炼，吹炼也分为造渣期与造铜期，每炉吹炼时间约 7h，吹炼温度 1300℃左右，烟气中 SO_2 浓度 14% 左右。

侯马冶炼厂的澳斯麦特熔炼炉与吹炼炉炉衬均采用相同的镁铬砖，吹炼炉冶炼温度高，炉衬能够挂 30mm 的渣，炉衬寿命超过 6 个月；但熔炼炉冶炼温度低，炉衬却挂不上渣，炉衬寿命曾不到 60 天[1]。因此，澳斯麦特铜熔炼炉的炉衬寿命制约了整个系统的生产。

笔者认为，吹炼温度高，炉衬寿命长，而熔炼温度低炉衬寿命反而短的根本原因是吹炼过程中有 Fe_3O_4 形成，Fe_3O_4 从渣中析出挂在炉衬上形成保护层，而熔炼过程中则没有。本文结合澳斯麦特铜熔炼炉的生产实际，理论分析澳斯麦特铜熔炼炉炉衬挂不上渣，而吹炼炉能挂渣的原因，探讨澳斯麦特铜熔炼炉耐火材料与保护层形成问题。

2 原因分析

2.1 Fe_3O_4 的形成条件

在重有色金属冶炼中，熔渣的主要成分是 FeO 与 SiO_2。FeO 在适当条件下可氧化成 Fe_3O_4，Fe_3O_4 的熔点为 1597℃。下面理论分析 FeO 氧化生成 Fe_3O_4 的条件。

根据热力学，计算纯液态 FeO 在 1200℃ 时，由 FeO 氧化为 Fe_3O_4 时所需的氧分压。

从下列反应的标准吉布斯自由能变化[2,3]：

$$3FeO_{(s)} + 0.5O_{2(g)} = Fe_3O_{4(s)}$$

$$\Delta G^{\ominus} = -311120 + 113.61T$$

$$3FeO_{(s)} = 3FeO_{(l)}$$

$$\Delta G^{\ominus} = 94014 - 57.0T$$

可求得反应：

$$3FeO_{(l)} + 0.5O_{2(g)} = Fe_3O_{4(s)} \tag{A}$$

标准吉布斯自由能变化为：

$$\Delta G_A^{\ominus} = -405134 + 170.61T$$

当 $T = 1473K$（1200℃）时，其 $\Delta G_A^{\ominus} = -153825 J/mol$，又因 $\Delta G_A^{\ominus} = -RT\ln K_A^{\ominus}$，于是得：

$$-153825 = -8.314 \times 1473\ln(p_{O_2}/p^{\ominus})^{-0.5}$$

$$\ln p_{O_2} = -20.50$$

$$p_{O_2} = 1.25 \times 10^{-9} kPa$$

即氧分压力大于 1.25×10^{-9}kPa 时，液态纯 FeO 就可氧化为 Fe_3O_4。

组成（质量分数）为 47% FeO + 33% SiO_2 + 10% CaO 的铜熔炼渣中，如果其中的（FeO）仍以液态纯 FeO 为标准态，则下面反应：

$$3(FeO) + 0.5O_{2(g)} = Fe_3O_{4(s)} \tag{B}$$

的标准吉布斯自由能变化仍为：

$$\Delta G_B^{\ominus} = -405134 + 170.61T$$

但平衡常数 $K_B^{\ominus}$ 则为：

$$K_{B}^{\ominus} = [1/a_{(FeO)}^{3}] \cdot (p_{O_2}/p^{\ominus})^{-0.5}$$

当 $T = 1473K$，$\Delta G_{B}^{\ominus} = -153825J/mol$，因 $\Delta G_{B}^{\ominus} = -RT\ln K_{B}^{\ominus}$，于是：

$$-153825 = -8.314 \times 1473\ln[1/a_{(FeO)}^{3} \times (p^{\ominus}/p_{O_2})^{0.5}]$$

将 $p^{\ominus} = 101.325kPa$ 代入上式，得：

$$\ln a_{(FeO)}^{3} p_{O_2}^{0.5} = -10.25 \tag{1}$$

已有的研究表明，在 $FeO\text{-}SiO_2$ 系相图液相区内的 $FeO\text{-}SiO_2$ 熔渣接近理想溶液，即 $a_{(FeO)} = x_{(FeO)}$，$x_{(FeO)}$ 为 FeO 在 $FeO\text{-}SiO_2$ 熔渣中的摩尔分数。从图 1[4] 将 1265℃ 时线外延可近似地得出 $w_{(SiO_2)}$ 为 41% 时，$a_{(FeO)} = 0.38$。对于 $FeO\text{-}SiO_2\text{-}CaO$ 铜熔炼渣，由于 CaO 比 FeO 碱性强，CaO 会与 SiO_2 结合，致使熔渣中自由 FeO 增多，即 FeO 活度增大。因此，可近似地认为组成为 47% FeO + 33% SiO_2 + 10% CaO 的熔渣（其中 FeO 的摩尔分数为 0.47）中，FeO 的活度 $a_{(FeO)} \approx 0.40$，代入式（1），得：

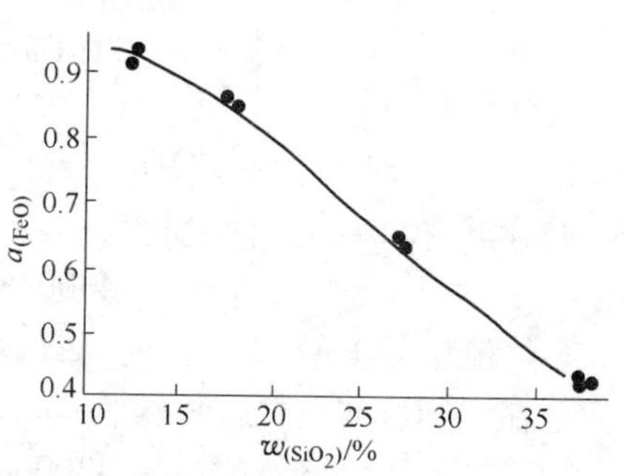

图 1　1265℃时 $FeO\text{-}SiO_2$ 熔体中 FeO 的活度

$$\ln[(0.40)^{3} \cdot p_{O_2}^{0.5}] = -10.25$$

$$\ln p_{O_2} = -15.00$$

$$p_{O_2} = 3.06 \times 10^{-7}kPa$$

即只有当氧分压大于 $3.06 \times 10^{-7}kPa$ 时，上述 $FeO\text{-}SiO_2\text{-}CaO$ 熔渣中的 FeO 才能氧化为 Fe_3O_4，并从熔渣中析出 Fe_3O_4。

2.2　澳斯麦特铜熔炼炉的氧分压

铜熔炼的目的是将铜矿中的 FeS 氧化为 FeO 使之进入熔渣中，而 Cu_2S 成为铜锍。因此，澳斯麦特铜熔炼炉内氧的实际分压可由以下反应估算出：

$$FeS_{(s)} + 3/2O_{2(g)} = SO_{2(g)} + (FeO) \tag{C}$$

由以下反应的热力学数据：

$$1/2S_{2(g)} + O_{2(g)} \xlongequal{} SO_{2(g)}$$

$$\Delta G^{\ominus} = -361660 + 72.68T$$

$$FeS_{(s)} \xlongequal{} Fe_{(s)} + 1/2S_{2(g)}$$

$$\Delta G^{\ominus} = 152297 - 78.45T$$

$$Fe_{(s)} + 1/2O_{2(g)} \xlongequal{} FeO_{(l)}$$

$$\Delta G^{\ominus} = -220705 + 38.91T$$

可求得反应：

$$FeS_{(s)} + 3/2O_{2(g)} \xlongequal{} SO_{2(g)} + FeO_{(l)} \qquad (D)$$

的标准 Gibbs 自由能变化为：

$$\Delta G_{D}^{\ominus} = -430068 + 33.14T$$

若熔渣中的 FeO 以液态纯 FeO 为标准态，铜矿中的 FeS 是纯凝聚相存在，则反应（C）的标准 Gibbs 自由能变化仍为：

$$\Delta G_{C}^{\ominus} = -430068 + 33.14T$$

在 1473K 时，$\Delta G_{C}^{\ominus} = -381253$J/mol。又由 $\Delta G_{C}^{\ominus} = -RT\ln K_{C}^{\ominus}$，

$$-381253 = -8.314 \times 1473\ln\{[p_{SO_2}/p^{\ominus} \times a_{(FeO)}]/(p_{O_2}/p^{\ominus})^{3/2}\}$$

$$\ln[p_{SO_2} \cdot a_{(FeO)}/p_{O_2}^{3/2} \cdot (p^{\ominus})^{1/2}] = 31.13$$

在 47% FeO + 33% SiO_2 + 10% CaO 熔渣中，$a_{(FeO)}$ 可近似地认为等于 0.40。铜熔炼炉内压力为 1atm 即 101.325 kPa，炉气中 SO_2 的分压为：0.11 × 101.325 = 11.15kPa。代入上式得：

$$\ln p_{O_2}^{3/2} = -27.33$$

$$\ln p_{O_2} = -18.22$$

$$p_{O_2} = 1.2 \times 10^{-8}\text{kPa}$$

这就是说，在讨论的澳斯麦特铜熔炼炉内，氧的分压只有 1.2×10^{-8}kPa。显然这一氧的分压小于将渣中（FeO）氧化为 Fe_3O_4 的氧分压 3.06×10^{-7}kPa。因此，在所讨论的澳斯麦特铜熔炼炉的条件下，不能析出 Fe_3O_4 形成保护层，即在镁铬砖炉衬上挂不上渣。

3 解决办法

3.1 提高炉内氧分压

如果能将铜熔炼炉内的氧分压提高至 3.06×10^{-7}kPa 以上，就

可以使熔渣中的 FeO 氧化为 Fe_3O_4。从化学反应式（D）的标准 Gibbs 自由能变化式与 $\Delta G = \Delta H - T\Delta S$ 的比较可知，该反应的反应热 $\Delta H = -430068$J，为放热反应。对于放热反应，升高温度不利于反应向右进行，而是利于向左进行。因此，升高温度，氧分压反而会增大。其次从化学反应式（D）还可知，增大炉气中 SO_2 的含量与熔渣中 FeO 的活度（或浓度），同样会促使反应向左进行，从而增大氧分压。但熔炼炉内氧压过高会使冰铜或 Cu_2S 氧化为 Cu_2O（通过反应：$Cu_2S + 1.5O_2 \xlongequal{} Cu_2O + SO_2$ 可算出氧压 p_{O_2}不要大于 8.85×10^{-5}kPa），进入熔渣而造成铜损失。

澳斯麦特铜吹炼炉炉衬之所以能挂渣，就是因为吹炼炉内氧分压较高的缘故。

3.2 选择适合的耐火材料

FeO 与 Cr_2O_3 能形成熔点高达2100℃的铁铬尖晶石 $FeO\cdot Cr_2O_3$，FeO 与 Al_2O_3 能形成熔点达1780℃的铁铝尖晶石。

由氧化物生成 $FeO\cdot Cr_2O_3$ 与 $FeO\cdot Al_2O_3$ 尖晶石的标准 Gibbs 自由能变化如下：

$$FeO_{(l)} + Cr_2O_{3(s)} \xlongequal{} FeO\cdot Cr_2O_{3(s)}$$

$$\Delta G^{\ominus}_{FC} = -84038 + 27T$$

$$FeO_{(l)} + Al_2O_{3(s)} \xlongequal{} FeO\cdot Al_2O_{3(s)}$$

$$\Delta G^{\ominus}_{FA} = -71086 + 11.89T$$

在1473K 时，上列反应的 $\Delta G^{\ominus}$ 皆为负值，分别为 -44267J/mol 与 -53572J/mol，即液态纯 FeO 与 Cr_2O_3 或 Al_2O_3 能自发生成 $FeO\cdot Cr_2O_3$ 或 $FeO\cdot Al_2O_3$ 尖晶石保护层。但此时 FeO 不是以液态纯 FeO 存在，而是 FeO-SiO_2-CaO 熔渣中的 FeO。当以液态纯 FeO 为标准态时，下列反应：

$$(FeO) + Cr_2O_{3(s)} \xlongequal{} FeO\cdot Cr_2O_{3(s)}$$

$$(FeO) + Al_2O_{3(s)} \xlongequal{} FeO\cdot Al_2O_{3(s)}$$

的 Gibbs 自由能变化分别为：

$$\Delta G_{FeO\cdot Cr_2O_3} = \Delta G^{\ominus}_{FC} + RT\ln 1/a_{(FeO)}$$

$$= -84038 + 27T - RT\ln a_{(FeO)}$$

$$\Delta G_{FeO\cdot Al_2O_3} = \Delta G^{\ominus}_{FA} + RT\ln 1/a_{(FeO)}$$

$$= -71086 + 11.89T - RT\ln a_{(FeO)}$$

假设熔渣中 FeO 的活度比 0.4 还小，$a_{(FeO)} = 0.2$，在 1473K 时，

$$\Delta G_{FeO\cdot Cr_2O_3} = -84038 + 27\times 1473 - 8.314\times 1473\ln 0.2$$

$$= -24550\text{J/mol}$$

$$\Delta G_{FeO\cdot Al_2O_3} = -71086 + 11.89\times 1473 - 8.314\times 1473\ln 0.2$$

$$= -33855\text{J/mol}$$

从上面热力学计算结果表明，生成铁铬或铁铝尖晶的 Gibbs 自由能皆为负值；说明澳斯麦特铜熔炼炉内熔渣中的 FeO 能与炉衬中存在的 Cr_2O_3 和 Al_2O_3 自发地形成尖晶石保护层。因此，在澳斯麦特铜熔炼炉应采用铬铝质耐火材料，因为可形成尖晶石保护层而会使其寿命提高。这一热力学理论分析结果，经山西侯马冶炼厂澳斯麦特铜熔炼炉使用锦州长城耐火材料公司生产的 SA 长城牌铬铝尖晶石砖得到证实，其寿命从原来的 60 天提高到了一年。

应当指出，对于澳斯麦特铜熔炼炉，使用刚玉砖或镁砖是不合适的。因为前者，Al_2O_3 易与 CaO 含量高的熔渣形成低熔点化合物铝酸钙；而后者，虽然 MgO 能吸收 FeO 形成连续固溶体，但 MgO 却不抗高 SiO_2 渣的侵蚀。

参 考 文 献

[1] 贾著红．澳斯麦特工艺的实践与思考．有色金属（冶炼部分），2001，(4)：1.

[2] 梁英教，车荫昌．无机物热力学数据手册．沈阳：东北大学出版社，1993.

[3] Reed Thomas. Free Energy of Formation of Binary Compounds, M. I. T. Press, 1971.

[4] Rosenqvist T. Principles of Extractive Metallurgy, Mc Gran-Hill Book Company, 1974.

本文选自《中国有色冶金》，2005，(1)：27.

有色金属火法冶炼用耐火材料及其发展动向

陈肇友

（中钢集团洛阳耐火材料研究院）

摘　要： 根据近些年来有色重金属与轻金属火法冶炼工艺技术的发展，从有色重金属与轻金属火法冶炼条件的特点分析与阐述了所用耐火材料发展的动向，着重介绍了有色金属冶炼炉，如闪速炉、澳斯麦特炉、艾萨炉、诺兰达炉、转炉、连续炼铜炉、氧气底吹熔池直接炼铅炉（QSL 炉）、铅锌密闭鼓风炉（ISP 炉）、粗锌精馏炉、锌浸出渣挥发回转窑、碱石灰法回转窑、焙烧炉、铝电解槽、铝熔化炉以及硅热还原法制原镁等窑炉关键部位所用的耐火材料。另外，为了给上述冶炼炉的关键部位选择合适的耐火材料，还对一些耐火材料组元的抗 FeO-SiO_2 渣侵蚀、抗炉渣与锍的渗透以及在炉衬工作面形成保护层等方面进行了分析与论述。此外，化学热力学计算与现场试验结果表明，含碳耐火材料不适宜用在重有色金属冶炼炉。还介绍了不同品种的镁铬耐火材料与碳化硅质耐火材料以及 Al_2O_3-Cr_2O_3-尖晶石材料，并对含 Cr_2O_3 耐火材料存在的问题与解决途径做了分析与建议。

关键词： 有色重金属冶炼炉，有色轻金属冶炼炉，含铬耐火材料，碳化硅质耐火材料

有色金属工业中消耗耐火材料较多的是铜、镍、铅、锌、锡与炼铝工业。我国 2003 年与 2006 年有色金属的产量示于表 1。2006 年我国 10 种有色金属总产量为 1917 万吨，比 2005 年增长 17.48%，连续五年居世界首位。近年来，由于我国发展的需要和世界有色金属价格的猛涨（铜为 6000 $/t，镍 40000 $/t，铅 1900 $/t，锌 3600 $/t，铝 2800 $/t），也促进了我国有色金属工业的大发展。即使这

样，我国有些有色金属仍然短缺，例如我国2006年生产不锈钢就需要15.1万吨镍，仍需进口4万~5万吨镍。但是，我国有色金属冶炼工业的过快、过度发展，不仅对资源的利用不利，若采用落后的生产设备或工艺，还会对环境造成极大污染与破坏。

表1 我国有色金属近年来产量

Table 1 Annual output of non-ferrous metal in China （万吨）

年份	铜	镍	铅	锌	锡	铝	镁
2003	177.2	6.5	157.8	229.2	10.0	556	33.9
2006	310	10.8	280	310	14.3	950	52.5

有色金属种类繁多，冶炼方法也多种多样。在此，主要结合有色重金属铜、镍、铅、锌与轻金属铝的火法冶炼中较为先进的冶炼炉用耐火材料进行论述。

1 有色重金属冶炼用耐火材料

1.1 有色重金属火法冶炼特点[1]

钢铁工业所用矿石为氧化铁矿，金属熔体为Fe-C熔体，熔渣为$CaO\text{-}SiO_2\text{-}Al_2O_3$或$CaO\text{-}SiO_2\text{-}FeO$渣系，冶炼中产生大量的CO气体；而有色重金属冶炼中所用矿石多为含铜、镍、铅、锌甚低的硫化物矿，因此，冶炼中产生的气体与遇到的熔体都与钢铁工业有很大差异，其主要特点如下：

（1）炉气气氛中含有大量SO_2气体。用的原料是硫化物矿，因此冶炼中会产生大量的SO_2气体。

（2）遇到的熔体不仅有氧化物熔渣、金属熔体，还有硫化物熔体如冰铜（铜锍）或冰镍（镍锍）。虽然冶炼温度比钢铁冶炼的低，但这些熔体的熔化温度却比钢铁工业遇到的熔体低得多，而其流动性却很好，极易渗入耐火材料内。

（3）熔渣为$FeO\text{-}SiO_2$渣系，且渣量大。由于硫化物以及冰铜或冰镍中含有大量硫化铁，为了除去铁，在熔炼或吹炼中要将FeS氧化为FeO：

$$FeS + O_2 \longrightarrow (FeO)_{渣} + SO_2 \uparrow$$

为此，必须加硅石 SiO_2 造渣，以形成低熔点渣。所以不管是采用何种冶炼炉：反射炉、闪速炉、澳斯麦特炉、诺兰达炉或是转炉吹炼冰铜或冰镍，其熔渣的主要成分都是 FeO 与 SiO_2，FeO 含量在 35% 以上。

（4）由于矿石与硫化物熔体中含有色重金属都不多，因此熔炼与吹炼时，渣量都很大，渣的侵蚀也严重。

1.2 适宜有色重金属冶炼炉的耐火材质

1.2.1 含碳耐火材料不适宜的原因分析[2,3]

含碳耐火材料在钢铁工业的高炉、铁水预处理罐、氧气转炉、盛钢桶、连铸浸入式水口等广泛使用，效果很好。很自然会想到把含碳耐火材料用于炼铜、炼镍等有色金属冶炼炉。前苏联、日本以及我国都曾试过，但效果都不理想，比普通镁铬砖还差。

为何含碳耐火材料在钢铁工业使用效果很好，而在有色金属冶炼炉上使用效果就不好呢?

高炉炉衬所在炉气气氛中含有大量 CO（高炉煤气），铁水中含碳几乎接近或达到饱和，所以，高炉、铁水预处理罐都可使用碳或含碳耐火材料。氧气转炉炼钢中吹炼铁水（Fe-C 熔体），会析出大量 CO 气体，其压力约为 0.1MPa；由反应式 $2C + O_2 = 2CO$，从热力学计算，炉气中氧分压为：$p_{O_2} = 5.5 \times 10^{-15} \sim 5.5 \times 10^{-17}$ MPa，说明炼钢转炉中氧压很低。

在有色重金属熔炼与吹炼中，炉内气氛中含有大量 SO_2，其浓度在 11% ~ 15%，即 SO_2 压力为 $p_{SO_2} = 0.01$MPa，从热力学计算，在 1200 ~ 1400℃时，其炉气中 O_2 分压 p_{O_2} 大致在 5×10^{-6} MPa，比炼钢转炉的氧压大 9 ~ 11 个数量级。因此，在有色重金属熔炼炉与吹炼炉中，含碳耐火材料中的碳很易被氧化烧掉。这可能就是含碳耐火材料在有色重金属冶炼炉上使用效果不好的原因。

1.2.2 较适宜的耐火材质

（1）耐火氧化物在铁硅渣中的溶解度及形成的液相区[4]。图 1

与图 2 分别示出了一些耐火氧化物在 $FeO-SiO_2$ 渣中的溶解度以及与 $Fe_3O_4(Fe_2O_3)-SiO_2$ 形成的液相区大小。从图中可看出，CaO（石灰）在 $FeO-SiO_2$ 渣中溶解度很大，与铁硅渣形成的液相区最大，因此，CaO 质与含 CaO 多的白云石质材料不适宜于做有色重金属冶炼炉的炉衬。SiO_2 是易与 FeO 形成低熔点的熔剂，因此，硅砖与含 SiO_2 的耐火材料也不能用来做有色重金属冶炼炉的炉衬。从图 1 与图 2 看，Cr_2O_3 及 ZrO_2 与铁硅渣构成的液相区小，而且在 $FeO-SiO_2$ 渣中溶解度小，表明 Cr_2O_3 与 ZrO_2 耐火氧化物适于做有色重金属冶炼炉的炉衬。

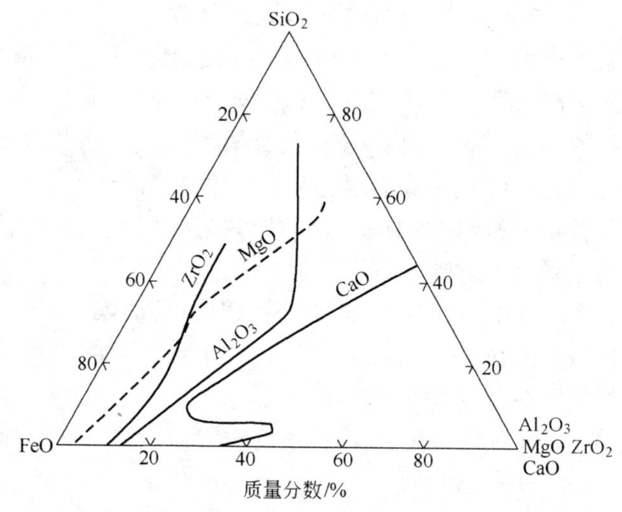

图 1　在 1500℃时 Al_2O_3、MgO、CaO、ZrO_2 在 SiO_2-FeO 渣中的溶解度

Fig. 1　Solubility limits of Al_2O_3, MgO, CaO, ZrO_2 in SiO_2-FeO slags at 1500℃

图 3[5] 示出了一些耐火氧化物在 $FeO-SiO_2$ 渣（或称铁橄榄石渣）中于不同温度（T）下的溶解速度（v，旋转圆柱体法测定）。可以看出，镁铬尖晶石（$MgO \cdot Cr_2O_3$）较好。

（2）抗熔体渗透与结构剥落。耐火材料在使用过程中，熔体可

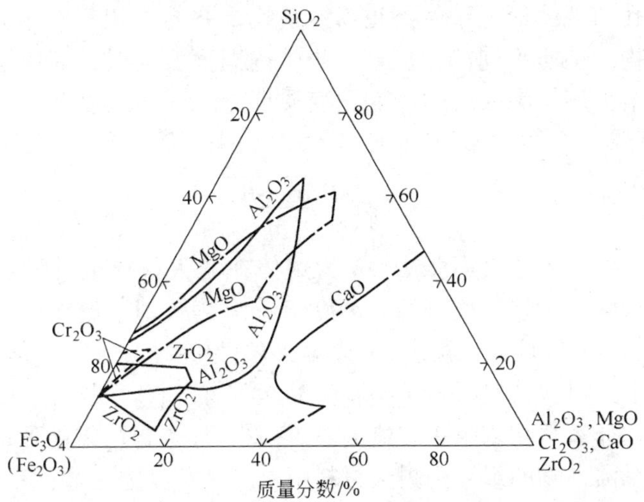

图 2 Al_2O_3-SiO_2-Fe_3O_4、Cr_2O_3-SiO_2-Fe_2O_3、ZrO_2-SiO_2-Fe_2O_3、MgO-SiO_2-Fe_3O_4 与 CaO-SiO_2-Fe_2O_3 系在 1500℃时的液相区

Fig. 2 Liquid phase zone of Al_2O_3-SiO_2-Fe_3O_4, Cr_2O_3-SiO_2-Fe_2O_3, ZrO_2-SiO_2-Fe_2O_3, MgO-SiO_2-Fe_3O_4 and CaO-SiO_2-Fe_2O_3 systems at 1500℃

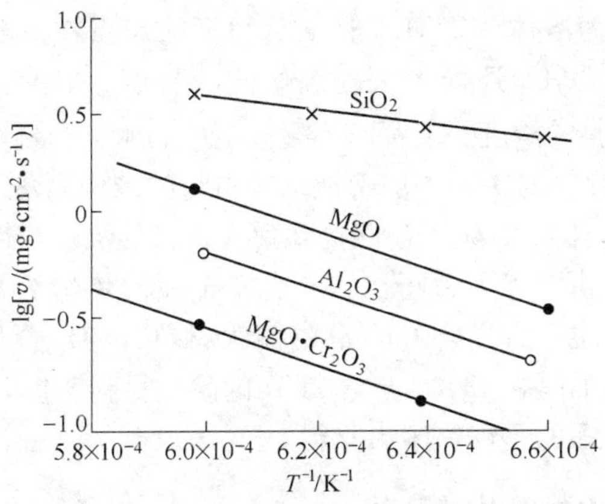

图 3 SiO_2、MgO、Al_2O_3 与镁铬尖晶石在铁橄榄石渣中的溶解速度（v）与温度（T）的关系（转速为 120r/min）

Fig. 3 Dissolution rate of SiO_2, MgO, Al_2O_3 and chrome spinel in fayalite slag *vs* $1/T$

沿其气孔与裂纹等毛细管通道渗入砖内，并与之相互作用，形成与原砖结构和性质不同的变质层。当炉内温度波动时，变质层就会开裂、剥落。熔体渗入砖内越深，变质层越厚，结构剥落也越厚。熔体渗入耐火材料内的深度 X 可由下式[6,7]来评估：

$$X = \sqrt{\frac{r\sigma\cos\theta}{2\eta}\tau}$$

式中，σ 为熔体的表面张力；θ 为熔体在耐火材料上的润湿性接触角，如果润湿性差，接触角 $\theta > 90°$，$\cos\theta$ 为负值，熔体就不能渗入耐火材料；η 为熔体的黏度；r 为耐火材料孔隙的半径；τ 为时间。

从上式可以得出减轻结构剥落的途径有[8]：1）加入与熔体润湿性不好的非氧化物以阻止熔渣的渗入；2）加入与熔体能形成高熔点物或高黏滞性物的组元到耐火材料中，以堵塞渗透通道；3）使耐火材料气孔微细化。现已认识到，使耐火材料气孔微细化不仅可以抑制熔体的渗透，提高耐火材料的抗侵蚀性，还可提高其抗热震性。

Cr_2O_3 可与许多氧化物形成固溶体、高熔点化合物或熔化温度高的低共熔物。例如 Cr_2O_3 与 SiO_2 形成的低共熔物的熔化温度达1720℃，Cr_2O_3 与 FeO 能生成熔点达2100℃的 $FeO \cdot Cr_2O_3$，Cr_2O_3 与 Al_2O_3 可形成固溶体；Cr_2O_3 与 Cu_2O 可形成熔点在1600℃以上的化合物。此外，Cr_2O_3 还能大大提高熔渣的黏度。因此，熔渣渗入含 Cr_2O_3 耐火材料的深度一般都较不含 Cr_2O_3 的耐火材料浅得多[9]，即耐火材料中加入 Cr_2O_3，一般都能减轻材料的结构剥落。ZrO_2 也有类似的特性，而且加入 ZrO_2 还能提高耐火材料的抗热震性。

从以上分析可以大致得出：有色重金属冶炼炉炉衬不适宜用含碳耐火材料，也不宜用含 CaO 高的耐火材料，SiO_2 含量高的也不适宜。较为适宜的是含 Cr_2O_3 与含 ZrO_2 的耐火材料。但 ZrO_2 太贵，最常用且用得最多的是镁铬耐火材料。

1.3 镁铬耐火材料及其品种[1]

生产镁铬砖用的原料有天然原料、合成原料以及工业氧化铬与氧化铝等。天然原料如各种级别的烧结镁砂、普通铬矿以及杂质含量低的铬精矿。合成原料由较纯菱镁矿的轻烧料与铬精矿经细磨、混匀、压坯，然后再高温煅烧制得的共烧结料；由菱镁矿与铬矿经电熔制得的电熔镁铬料（也称熔粒镁铬料）；还有电熔镁砂、电熔镁铝尖晶石等。合成料一般是杂质含量低的原料。将上述原料采用不同组合与配方可制成各种名目繁多的镁铬砖。可概括为如下一些类型：

（1）普通镁铬砖（即硅酸盐结合镁铬砖）。这种砖由镁砂与铬矿制作，杂质（CaO 与 SiO_2）含量较多，烧成温度不高，在 1500℃左右。砖的显微结构是耐火物晶粒之间由熔点较低的硅酸盐结合。

（2）直接结合镁铬砖。是由较纯镁砂与铬精矿制作，杂质含量较低，砖的烧成温度在 1700℃以上。砖的显微结构是耐火物晶粒之间多呈直接接触，因此，其高温性能、抗侵蚀性与抗冲刷性都较普通镁铬砖好。

（3）共烧结镁铬砖。砖的颗粒与细粉皆由合成共烧结镁铬料构成，杂质含量低，在 1750℃以上烧成。砖的显微结构也是耐火物晶粒之间多呈直接接触；其化学成分、尖晶石分布皆均匀。因此，这种砖的抗侵蚀性等性能都甚好。

（4）电熔（熔粒）再结合镁铬砖。砖的颗粒与细粉皆由电熔镁铬料构成，在高温下烧成。这种砖在耐磨、抗冲刷性方面甚好，但抗热震性不如共烧结镁铬砖。

（5）半再结合镁铬砖。国内将由电熔镁铬料做颗粒，共烧结料做细粉的镁铬砖称半再结合镁铬砖。严格说来，应称为熔粒-共烧结镁铬砖。具有共烧结镁铬砖与电熔再结合镁铬砖之间的一些优异性能。

（6）熔铸镁铬砖。是用镁砂和铬矿加入一定量外加剂，经混合、压坯与素烧，破碎成块进电弧炉熔融，再注入模内，退火后制得母砖，母砖经切、磨等加工成所需要的砖型。砖内尖晶石与方镁石晶粒之间的一些缝隙中有适量的低熔点硅酸盐相。正如熔铸 AZS 砖那样，低熔点相对熔铸冷凝过程中的热应力与体积效应有缓解作用。这种砖耐磨，抗高温熔体冲刷与侵蚀性好，导热性好，但抗热震性差，是专为连续式生产炉如闪速炉的关键部位研制的。我国于 1996 年研制成功，该技术一直为法国与日本所垄断。这种砖浇铸温度大约 2350℃，在超高温与高温阶段（2350～1450℃）冷却速度难以控制，容易造成大量裂纹和缩孔，成品率极低。这种砖由于制作难度大，成品率低，现在多改用熔粒再结合镁铬砖与熔粒-共烧结镁铬砖[10]。一些有色重金属冶炼炉的关键部位所用镁铬砖的理化性能示于表2。

表2　一些镁铬砖的理化性能

Table 2　Chemical compositions and physical properties of some magnesia-chrome bricks

项　目		直接结合镁铬砖	优质镁铬风口砖	共烧结镁铬砖	电熔再结合镁铬砖	进口熔粒镁铬砖	熔铸镁铬砖
化学组成（质量分数）/%	MgO	～60	～52	～60	～60	56	54.7
	Cr_2O_3	～22	26～32	～20	～20	21	20.8
	Al_2O_3	～11	9～11	～11	～11	6.5	13.9
	Fe_2O_3	～7	4～5	～7	～7	14.5	7.3
	SiO_2	～1.2	0.9～1.2	0.9	1.0～1.5	0.7	2.8
	CaO	0.8～1.0	0.9～1.5	—	1～1.5	1.3	—
显气孔率/%		17.1	19	～15	16	<18	11
体积密度/$g \cdot cm^{-3}$		3.26	3.25	～3.25	3.28	3.30	3.38
耐压强度/MPa		61.5	50	～50	60.1	>30	114.3
高温抗折强度(1400℃)/MPa		—	11.4	—	—	—	—
荷重软化开始温度/℃		>1700	1750	>1700	>1700	—	>1700
热膨胀率/%	1000℃	0.97	—	—	0.99	—	—
	1200℃	1.24	—	—	1.28	—	—
	1300℃	1.37	—	1.32	1.32	—	1.43
热导率/$W \cdot (m \cdot K)^{-1}$		1.6	—	1.4	1.43	—	1.93
抗热震性（1100℃⇌水冷）/次		—	>7	—	—	—	—

为了均衡耐火材料蚀损，达到最佳的炉衬寿命，有色金属冶炼炉通常采用综合砌炉，即不同部位砌不同材质、不同品种与质量的砖。超高温烧成的一些高级砖砌在使用条件特别严酷的部位，一般

直接结合砖用于严酷性较次部位，硅酸盐结合镁铬砖用于严酷性不大的部位。砖缝要选用合适的、较好的泥料。

1.4 铜、镍冶炼炉用耐火材料及发展动向

图4示出了铜火法冶炼的主要流程。炼镍与其极为相似，仅在以下方面有差异：炼铜转炉的产品为粗铜，而炼镍转炉的产品为高冰镍（含镍高的镍锍）；铜电解精炼用的是铜阳极板，而镍电解精炼用的是 Ni_3S_2 阳极板（Ni_3S_2 阳极：$Ni_3S_2 \longrightarrow 3Ni^{2+} + 2S + 6e$，生成的硫沉入槽底）。

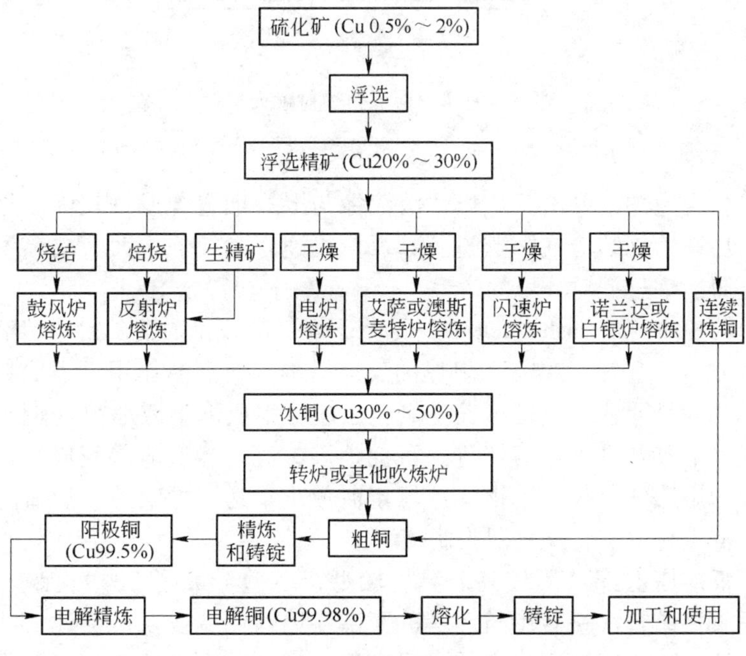

图4 火法炼铜流程

Fig. 4 Flow chart of copper pyrometallurgy process

1.4.1 闪速熔炼炉[1,11]

图5示出了芬兰奥托昆普闪速炉与炉衬耐火材料。我国江西贵溪冶炼厂建有铜熔炼闪速炉，甘肃金川有色金属公司建有镍熔炼闪

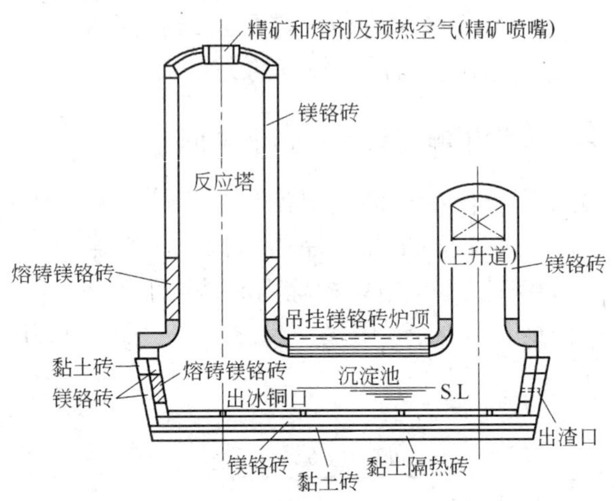

图5　闪速炉熔炼与炉衬耐火材料

Fig. 5　Flash smelter and its refractories lining

速炉。闪速炉主要由反应塔、沉淀池与上升烟道构成。其优点是矿石焙烧和熔炼结合在一起进行，反应迅速，能耗低，大大减轻了有色金属冶炼过程对环境的污染。

闪速熔炼（flash smelting）是将干燥过的硫化物精矿粉、熔剂和氧气或富氧空气一起喷入炽热的反应塔内。在高温作用下，炉料中硫化物在悬浮状态下迅速发生氧化反应，生成冰铜或冰镍（铜锍或镍锍）和初步造渣。熔体进入沉淀池后，进一步造渣并完成冰铜或冰镍与熔渣的分离。冰铜或冰镍定时放出，送转炉吹炼，炉渣连续流入渣贫化电炉，烟气回收制硫酸。

反应塔上部氧压较高，温度较低，塔壁形成了 Fe_3O_4 保护层，采用直接结合镁铬砖砌筑。塔的下部端墙与侧墙以及沉淀池渣线部位侧墙，由于所处温度高并经受高温熔体的冲刷，熔渣和锍的渗透与侵蚀，环境恶劣；因此这些部位都砌熔铸镁铬砖并安装有水冷铜套。熔铸镁铬砖的理化性能见表2。熔铸镁铬砖生成难度大，生产率很低，成本高，近年来已被熔粒再结合镁铬砖所代替。

塔顶为球形拱顶或吊挂平顶，采用直接结合镁铬砖。为避免 Fe_3O_4 在熔池底部析出，炉底隔热要好。

1.4.2 澳斯麦特炉与艾萨炉

澳斯麦特（Ausmelt）熔炼法与艾萨（Isa）熔炼法同是澳大利亚所发明，都拥有顶部喷吹浸没式喷枪技术。两种熔炼炉只是在炉体结构与燃料补充上有些差异。两种炉体下部外壳与耐火材料之间安装有水冷铜（或钢）套以降低和稳定炉温，减轻炉衬的蚀损[12]。

澳斯麦特炉与艾萨炉的优点是投资少，建设快，占地面积小，结构较简单，易操作与维修，熔炼速度快，适应性强，炉体密封性好，符合环保要求；因此受到有色冶金行业的欢迎，推广很快。我国山西侯马冶炼厂、安徽铜陵金昌冶炼厂、云南锡业公司都引进了澳斯麦特炉；云南铜业公司与云南弛宏冶炼厂引进了艾萨炉。但这一熔炼技术对耐火材料要求较为苛刻。

侯马冶炼厂引进了两台澳斯麦特炉，一台是铜熔炼炉，另一台为铜吹炼炉。引进时的配套砖是奥镁公司生产的镁铬砖（每吨约2万元，其性能指标见表3）。这种砖用在澳斯麦特熔炼炉上，炉衬寿命仅90天；但用在澳斯麦特吹炼炉上，寿命却达半年以上。改用我国生产的优质镁铬砖砌在澳斯麦特熔炼炉上，寿命只有60天，用后残砖表面凹凸不平，熔渣渗透很深。

表3 奥镁公司镁铬砖与锦州长城铬铝尖晶石砖理化性能

Table 3 Chemical compositions and physical properties of MgO-Cr_2O_3 brick and Cr_2O_3-Al_2O_3-spinel brick

<table>
<tr><th colspan="2">项　目</th><th>奥镁公司镁铬砖</th><th>锦州长城铬铝尖晶石砖</th></tr>
<tr><td rowspan="6">化学组成（质量分数）/%</td><td>MgO</td><td>60</td><td rowspan="6">含 $Cr_2O_3 + Al_2O_3$ 约94%，尖晶石20%</td></tr>
<tr><td>Cr_2O_3</td><td>20</td></tr>
<tr><td>Al_2O_3</td><td>6.0</td></tr>
<tr><td>Fe_2O_3</td><td>12.5</td></tr>
<tr><td>SiO_2</td><td>0.3</td></tr>
<tr><td>CaO</td><td>1.0</td></tr>
<tr><td colspan="2">显气孔率/%</td><td>14</td><td>≤11</td></tr>
<tr><td colspan="2">体积密度/$g \cdot cm^{-3}$</td><td>3.33</td><td>3.53</td></tr>
<tr><td colspan="2">常温耐压强度/MPa</td><td>45</td><td>170</td></tr>
<tr><td colspan="2">常温抗折强度/MPa</td><td>11.7</td><td>—</td></tr>
<tr><td colspan="2">重烧线变化率(1500℃,3h)/%</td><td>+0.3</td><td>0</td></tr>
</table>

澳斯麦特铜熔炼炉熔炼温度约1200℃，炉气气氛中含 SO_2 约11%，炉渣成分（质量分数）为：48%～51% Fe_2O_3、26%～35% SiO_2、5.5%～6.8% CaO、6.5%～7.2% Al_2O_3。澳斯麦特铜熔炼炉为连续式生产，熔炼出来的冰铜（铜锍）进入澳斯麦特吹炼炉进行吹炼。澳斯麦特吹炼炉吹炼也分为造渣期与造铜期，每炉次吹炼7h，吹炼温度在1300℃左右，烟气中 SO_2 浓度为14%，吹炼后能挂上30mm厚的 Fe_3O_4 保护层渣。澳斯麦特熔炼炉却挂不上渣[13]。

为什么在这两台澳斯麦特炉上采用同一种镁铬砖砌筑，吹炼炉温度高（1300℃），却能在炉衬上形成 Fe_3O_4 保护层，寿命达半年；而熔炼炉温度低（约1200℃），却不能形成保护层，寿命仅60～90天？

根据上述冶炼条件，通过化学热力学计算表明[14]：吹炼炉虽然温度高达1300℃，但由于氧压高，所以能使渣中FeO氧化为 Fe_3O_4：

$$3(\mathrm{FeO})_{渣} + 1/2\mathrm{O}_{2(g)} \longrightarrow \mathrm{Fe_3O}_{4(s)}$$

Fe_3O_4 熔点1597℃，因而 Fe_3O_4 附着在炉衬工作面上，形成了渣保护层。而澳斯麦特熔炼炉熔炼温度虽低，为1200℃；但由于氧压不够高，氧化性较弱，渣中FeO就不能氧化为 Fe_3O_4 黏附在炉衬工作面上，所以炉衬寿命低[14]。

如何才能在澳斯麦特熔炼炉炉衬上形成高熔点化合物保护层？根据化学热力学计算[14]，如果耐火材料中含有大量独立存在的 Cr_2O_3 或 Al_2O_3 或铬刚玉，熔渣中FeO就会与衬砖中的 Cr_2O_3 及 Al_2O_3 发生反应：

$$(\mathrm{FeO})_{渣} + \mathrm{Cr_2O}_{3(s)} \longrightarrow \mathrm{FeO} \cdot \mathrm{Cr_2O}_{3(s,熔点为2150℃)}$$

$$(\mathrm{FeO})_{渣} + \mathrm{Al_2O}_{3(s)} \longrightarrow \mathrm{FeO} \cdot \mathrm{Al_2O}_{3(s,熔点为1750℃)}$$

在炉衬工作面生成高熔点铁铬尖晶石与铁铝尖晶石，黏附在炉衬上形成保护层，保护层的形成不仅提高了炉衬的抗冲刷侵蚀，还能阻止熔体渗入砖内。

锦州长城耐火材料公司根据这一化学热力学分析结果，研制开发出了铬铝尖晶石砖（见表3），并砌在侯马冶炼厂澳斯麦特熔炼炉上试用，证明用这种砖现在炉衬寿命已达1年半以上。这种铬铝尖晶石用后残砖表面光滑，挂有一层薄薄的渣，几乎无变质层。这种砖已广泛用于我国澳斯麦特熔炼炉，并出口国外。

1.4.3 诺兰达炉（Noranda reactor）与白银炉

诺兰达熔炼炉是由加拿大开发出的，为一卧式长圆筒形熔池熔炼炉，如图6所示。我国大冶冶炼厂等建有此种炉。

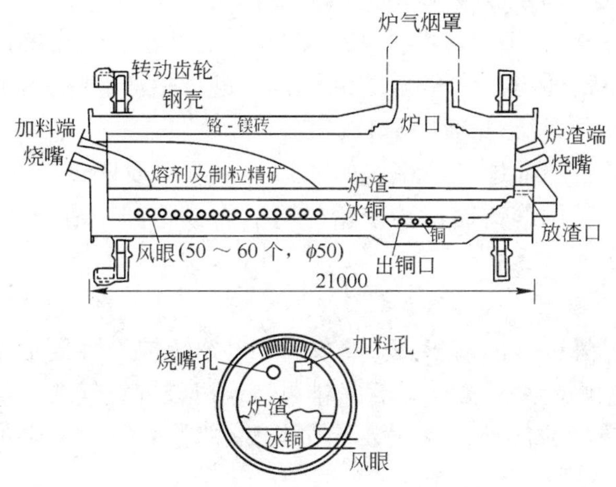

图6 诺兰达连续炼铜炉

Fig. 6 Noranda reactor

精矿、熔剂与石油焦由抛料机经炉体一端的端墙抛入炉内。在这一端还设有燃烧器以提供辅助热量。在靠加料圆筒下部一侧设有一排风口（风眼达60个），以鼓入富氧空气。炉体的另一端端墙下有放渣孔。靠放渣端沉淀区底部圆筒体一侧有冰铜放出口，定时放出冰铜。烟气从放渣端圆筒体顶部的炉孔排出。诺兰达炉生产能力大，能耗低，主要靠自热熔炼。

诺兰达炉易损部位是风口、风口区、沉淀区渣线与出冰铜口。原来这些部位皆砌筑熔铸镁铬砖，现在除出冰铜口外，均已改用熔粒再结合镁铬砖。其余部位主要采用直接结合镁铬砖。

白银炉为我国研制开发。其原理与诺兰达炉相近。也是通过富氧鼓风使精矿中硫化物（铁）氧化，放出的热达到自热熔炼，也是熔池熔炼。

白银炉为一固定式长方形炉，炉内熔池有一隔墙，将其分成熔炼区和沉淀区两部分，实现了在一个炉内动态熔炼和静态的熔渣与冰铜分离。在熔炼区拱顶设有加料口，铜精矿、熔剂与碎煤（约3%）经加料口投入熔炼区。落入熔池的炉料立即散布于由风口鼓入的富氧空气（富氧浓度45%）所激烈搅动的熔体之中，迅速完成氧化反应和造渣反应。熔体温度约1200℃。熔炼区生成的高温熔体，通过隔墙下部通道进入平静的沉淀区，进行熔渣和冰铜的分离。熔渣和冰铜分别经渣口与冰铜口放出。

白银炉易损部位是熔炼区的风口与拱顶以及隔墙与沉淀区渣线部位。风口区用熔铸镁铬砖或熔粒再结合镁铬砖，渣线区用半再结合镁铬砖。

1.4.4 转炉

炼铜、炼镍吹炼多采用P-S转炉。P-S转炉为圆筒形卧式转炉。筒体下部一侧沿水平方向设有一排风口，以鼓入空气或富氧空气。

炼铜转炉的任务，不仅要除去熔炼炉送来的冰铜中的硫化铁，而且要一直吹炼至形成粗铜。

$$FeS + 3O_2 + SiO_2 \longrightarrow FeO \cdot SiO_2 + 2SO_2\uparrow$$

$$Cu_2S + 3/2O_2 \longrightarrow Cu_2O + SO_2\uparrow$$

$$2Cu_2O + Cu_2S \longrightarrow 6Cu + SO_2\uparrow$$

炼镍转炉则只是除去硫化铁，而且只吹炼至形成Ni_3S_2（在冶炼高温下只有Ni_3S_2是稳定化合物）即停止。因为继续吹炼，Ni_3S_2会氧化成NiO进入渣中。

转炉吹炼过程中，由于反复加料、吹炼、排渣以及上、下两炉次之间的停歇，因此，炉内温度特别是风口区温度不仅波动大，而且波动频繁；再加上渣量大，熔体的剧烈搅动造成冲刷，因而，风口与风口区以上炉衬蚀损最快、最严重。例如，金川有色金属公司炼镍转炉风口与风口区耐火材料由于蚀损严重，炉衬寿命只有18炉，从而严重地影响了镍的产量。

为提高炼镍转炉风口区镁铬砖的抗热剥落与结构剥落性，减轻铁硅渣与镍锍对其渗透与冲蚀，可以适当提高镁铬砖中的Cr_2O_3与Al_2O_3含量，降低Fe_2O_3与杂质CaO、SiO_2含量。砖中Cr_2O_3、Al_2O_3

含量的增加，可提高砖内晶间尖晶石含量，提高直接结合程度与砖的强度，从而提高砖的抗铁硅渣与锍的渗透及抗冲蚀能力。变价元素铁含量的降低，有利于镁铬砖的化学稳定性与体积稳定性。为使镁铬砖内化学成分、尖晶石分布比较均匀，用合成共烧结镁铬料生产镁铬砖。中钢集团耐火材料公司采用这些措施制作的优质镁铬风口砖（性能见表2），砌于转炉风口区，使金川炼镍转炉寿命从18炉提高到了60多炉[4]。

1.4.5 连续炼铜炉

日本三菱法连续炼铜是靠冶炼熔体通过密闭的流槽自流输送，将熔炼炉、炉渣贫化电炉和吹炼炉连接成统一的整体，完成从铜精矿到粗铜的冶炼过程，如图7所示。

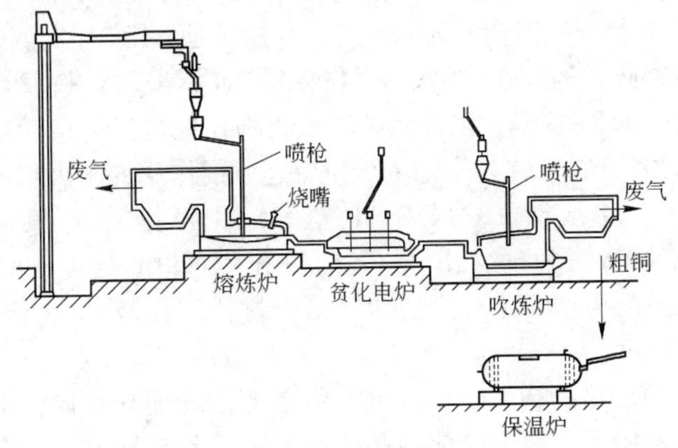

图7 连续炼铜法

Fig. 7 Continuous copper smelting and converting process

熔炼炉：精矿与熔剂从炉顶喷入，炉顶边侧设有燃烧器补充热量。产生的冰铜和熔渣通过溢流口，经流槽进入贫化电炉。流槽设有煤气喷嘴以保温。

炉渣贫化电炉：炉渣与冰铜在电炉内分层，冰铜由虹吸口经流槽流入吹炼炉，上层炉渣在加入的焦炭粉作用下还原贫化，成为弃渣。

吹炼炉：炉顶部设有喷枪，以喷入石英砂与氧气，连续地吹炼成粗铜。由于吹炼炉为连续式生产，耐火材料无热剥落与结构剥落问题，因此其炉衬寿命较长。

1.5 含 Cr_2O_3 耐火材料存在的问题与解决途径

含 Cr_2O_3 耐火材料具有很多独特的优良性质。其三价铬是无毒的。但含铬耐火材料在氧化气氛与强碱物质如 Na_2O、K_2O、CaO 大量存在条件下，会从三价铬转变为六价铬。六价铬化合物易溶于水，CrO_3 可以气相存在，属剧毒物质，对人体有害，严重污染环境。为降低与消除六价铬的危害，需要开展以下研究。

（1）含 Cr_2O_3 砖气孔微细化，以降低砖的透气率。这既可提高砖的抗侵蚀性与抗渗透性，又可降低铬的逸出。

（2）抑制三价铬转变为六价铬，其途径是：1）开发低 Cr_2O_3 砖以取代高铬砖，例如在含铬耐火材料中增加 Al_2O_3 含量；2）加入较酸性耐火物如 TiO_2 等，以抑制碱性氧化物在促进三价铬转变为六价铬的作用；3）在含铬砖中加入少量有还原剂作用的耐火组元，如金属铬（Cr）、金属钛（Ti）或 SiC 粉等，以阻止 Cr_2O_3 氧化为六价铬。加入金属铬粉时，由于 Cr 的氧化以及 Cr 与 Cr_2O_3 能形成 1645℃的共熔物，因此可能使含铬耐火材料气孔微细化，还可能降低其烧成温度。

（3）使用后的含 Cr_2O_3 耐火材料要严格管理与存放，不得导致六价铬渗入地下，并要求使用与生产单位回收再利用，采取措施将六价铬还原为低价铬。

（4）开发无铬耐火材料以取代含铬耐火材料。

1.6 铅、锌火法冶炼用耐火材料[15]

我国铅、锌矿储量丰富。炼铅、炼锌用的矿物有：方铅矿（PbS）、铅锌矿与闪锌矿（ZnS）。若为铅锌共生矿，则需采用能同时生产出粗铅与粗锌的工艺。若为单一的硫化铅矿，则采用直接炼铅法。

1.6.1 氧化底吹熔池直接炼铅炉（QSL 法）

此法是将硫化矿的烧结焙烧与还原熔炼同时在一个炉内完成。

该炉密闭、硫回收率高，符合环保要求。QSL 法是以发明人奎诺（Queneau）、舒曼（Schuman）与鲁奇（Lurgi）的名字首字母命名的。我国西北冶炼厂和韶关冶炼厂建有 QSL 炉，其示意图见图 8。

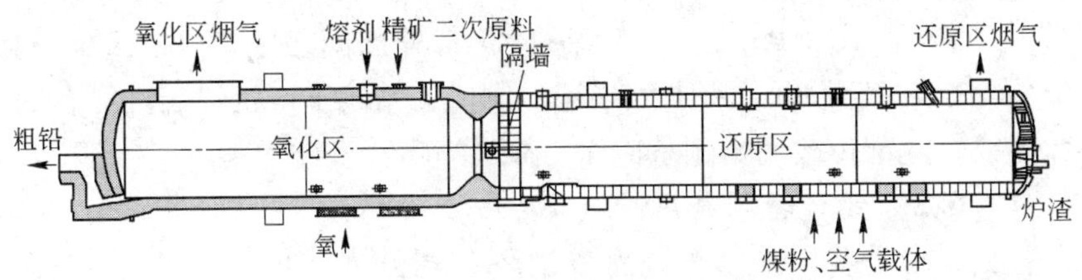

图 8 QSL 炉示意图

Fig. 8 Schematic diagram of QSL furnace

QSL 炉为长圆筒状、卧式，内有一隔墙将炉内分为氧化熔炼区和炉渣还原区；隔墙下部有孔道，以便熔体通过。氧化区炉底装有浸没式氧气喷嘴和出铅口；粒状精矿、熔剂从氧化区的炉顶投入，生成的铅液在此底部汇集。氧化区发生下列气-固-液反应：

$$PbS + O_2 = Pb + SO_2 \uparrow$$

$$2PbS + 3O_2 = 2Pb + 2SO_3 \uparrow$$

$$2PbO + PbS = 3Pb + SO_2 \uparrow$$

$$Pb + 1/2O_2 = PbO$$

在氧化区为了使硫化物氧化，熔池保持着较高的氧势。熔池内温度大致在 1200℃。还原区底部设有粉煤和载体空气的喷枪。为了使 $FeO\text{-}SiO_2\text{-}CaO$ 渣中的 PbO 还原，将粉煤与一定压力的空气（或富氧空气）同时吹入渣池，使渣中 PbO 还原（$PbO + C \longrightarrow Pb + CO$）。还原区渣池温度大致在 1300℃。

QSL 炉熔池上部采用直接结合镁铬砖，熔池部位采用熔粒再结合镁铬砖，喷枪孔也用熔粒再结合镁铬砖。

QSL 炉侵蚀最严重的部位是氧化区喷嘴的镁铬底吹砖（包括座砖）。蚀损严重的原因可能是该部位氧压较高，镁铬砖中 Cr_2O_3 可能转变为 CrO_3；而铅液由于密度大（10.6g/cm^3），流动性好，易渗入底吹砖中，渗入的 Pb 氧化为 PbO，熔点为 886℃，以及 PbO 属碱性氧化物与 Cr_2O_3 形成了低熔点的铬酸铅化合物（熔点只有 800℃左右），导致镁铬砖的结构与强度恶化，因此很容易被冲刷蚀损。从 ZrO_2-PbO 系与 Al_2O_3-PbO 系相图可知，即使 ZrO_2 吸收了 60% PbO，Al_2O_3 吸收了 25% PbO，在 1500℃时仍都处于固相区；以及 ZrO_2 与 Al_2O_3 化学稳定性好，ZrO_2 与 Al_2O_3 制成的锆刚玉砖抗热震性好；因此建议在此部位改用锆刚玉砖作为氧气喷嘴与座砖[16]。

1.6.2 铅锌密闭鼓风炉（ISP 法）

铅锌密闭鼓风炉是英国帝国冶炼公司开发出的，又简称为 ISP 法，即帝国熔炼法。该法可处理铅锌共生矿，但不适宜湿法提取的高铁铅锌矿。它是把炼铅鼓风炉和锌蒸馏炉组合在一起的冶炼炉。我国韶关冶炼厂有这种 ISP 炉，如图 9 所示。

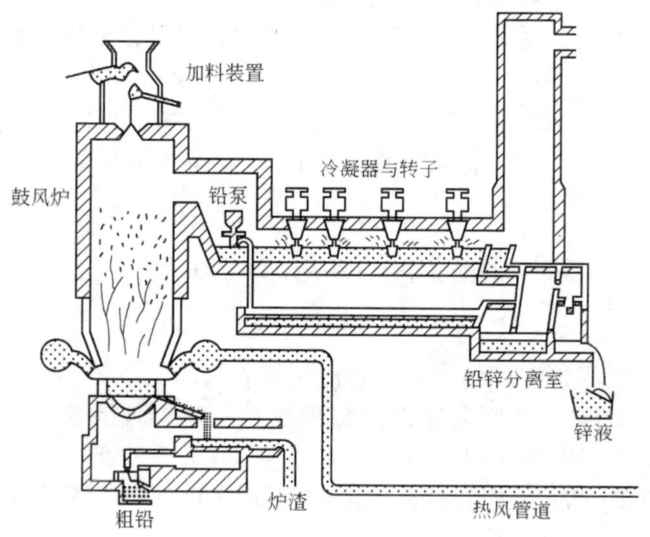

图 9　ISP 炉示意图

Fig. 9　Schematic diagram of ISP furnace

铅锌烧结矿块与焦炭分批加入炉内，在 1300 ~ 1400℃，碳将铅锌矿还原成金属，液态铅进入炉缸，锌呈气态随炉气进入铅雨冷凝器

(铅雾室)，被冷凝成液态锌，液态锌与铅进入分离室，上层锌以粗锌产出，再进入粗锌精馏装置，而下层铅液可送回冷凝器继续使用。还原得到的粗铅、熔渣与锍从炉缸放入电热前床进行分离。熔渣中 $m(CaO):m(SiO_2)$ 在 1.0~1.5，而 $m(FeO):m(SiO_2)$ 在 2 以上。

密闭鼓风炉炉身砌耐磨性好的高铝砖或红柱石砖。根据熔渣的化学成分，显然，炉缸、前床应采用含 Cr_2O_3 耐火材料；一般炉缸采用直接结合镁铬砖，前床则砌铬渣砖。冷凝器与转子由于要求导热性要好，耐冲刷、侵蚀，采用碳化硅质耐火材料。

1.6.3 竖罐炼锌蒸馏炉

竖罐炼锌蒸馏炉由竖罐（包含上延部、罐体和下延部）、燃烧室、换热器、冷凝器等组成。竖罐由罐外燃烧室间接加热。含焦炭粉的烧结团块从竖罐顶部加入，团块向下运行，团块中的 ZnO 在 1200~1300℃还原为气态锌，含气态锌的炉气从竖罐的上延部进入冷凝器，冷凝成液态粗锌，残渣由下部排出。

竖罐是间接加热，要求罐壁导热性要好；料从上向下运行，要求罐壁耐高温、耐磨；罐内为还原气氛，罐体材料不能被还原；锌蒸气不能泄漏；因此罐体采用碳化硅质耐火材料砌筑。冷凝器导热性要好，也是采用碳化硅质材料。

1.6.4 粗锌精馏炉

粗锌精馏炉是根据铅的沸点（1750℃）比锌的沸点（907℃）高得多，镉的沸点（767℃）比锌低，运用连续分馏原理将铅、铁、镉等分离以获得精锌。

锌精馏炉由熔化炉、燃烧室、精馏塔和冷凝器等组成。精馏塔中部外围为燃烧室，如图 10 所示。

精馏塔分为铅塔与镉塔。铅塔（lead column）是将 Pb 与 Zn-Cd 分离，铅塔出来的 Zn-Cd 冷凝液送入镉塔，镉塔（cadmium column）是将 Zn 与 Cd 分离。精馏塔内是由许多一个放置在另一个之上的塔盘组成。例如在镉塔内，金属蒸气沿着塔向上升，遇到金属液体即冷凝，冷凝放出的热使塔盘上金属沸腾。随着金属蒸气的向上移动，蒸气中的 Cd 含量增大；而往下移动的金属液中，Zn 含量越来越高。从镉塔下面放出的锌液，其锌的纯度达到 99.99% 以上。

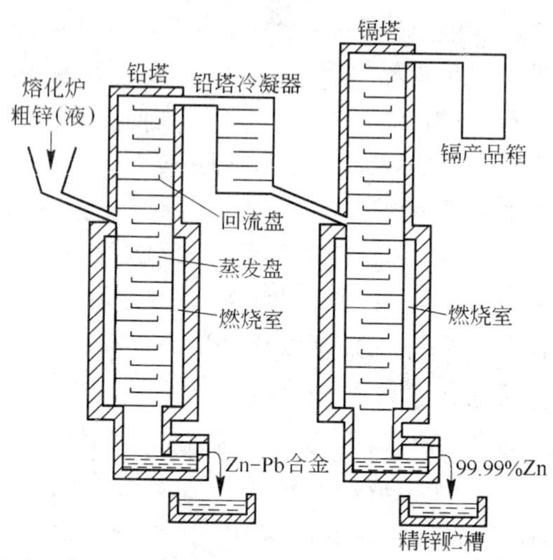

图 10 粗锌的精馏精炼炉示意图，铅塔和镉塔

Fig. 10 Shematic diagram of zinc refining furnace

塔盘（trays）分为蒸发盘与回流盘。粗锌精馏炉内衬寿命主要取决于塔盘的使用寿命。

碳化硅质耐火材料由于化学稳定性好、高温强度大、热导率高、抗热震性好、耐磨、抗冲刷、金属熔体对其润湿性差、抗金属蒸气侵蚀等优点，适宜用于还原气氛。因此，锌精馏炉的塔盘、冷凝器与转子等都采用优质碳化硅质耐火材料。锌精馏炉寿命达 10 年左右，燃烧室黏土砖寿命在 2 ~3 年。

1.6.5 碳化硅质耐火材料

碳化硅质耐火材料按结合相不同可分为：

（1）氧化物结合碳化硅。结合相可以是：黏土、SiO_2、莫来石或 Al_2O_3 等氧化物。

（2）氮化硅结合碳化硅。即由氮化硅（Si_3N_4）或氧氮化硅（Si_2N_2O）结合的碳化硅。

（3）SiAlON 结合碳化硅。即由 Si_3N_4 与 Al_2O_3 形成的固溶体 $Si_{6-z}Al_zO_zN_{8-z}$（$0 \leqslant z \leqslant 4.2$）结合的碳化硅。其中 z 值以 2 ~3 为宜。

（4）自结合碳化硅。即由较低温度下生成的 β-SiC 来结合 α-SiC。

（5）重结晶碳化硅。是指在约2000℃高温、还原气氛下，由α-SiC再结晶形成直接结合的碳化硅。

各种结合相结合的碳化硅质耐火材料性能见表4。

SiC、Si_3N_4、Si_2N_2O、SiAlON等都是含共价键的化合物，烧结较难，因此，Si_3N_4、Si_2N_2O、SiAlON结合的制品大都是采用在SiC料中加入一定量Si粉、Al_2O_3微粉、助烧剂、结合剂等，成型后在N_2气氛中升温、反应烧结而成。烧成制度是采用在低于Si的熔点温度（1412℃）以下进行分段逐步升温的制度，以免发生“流硅”现象。当砖坯中Si量已有80%以上被氮化后，可超过Si熔点温度进行氮化。砖坯内Si要充分氮化完全，残余游离Si应很低。当砖坯太厚时，由于砖的外层易氮化，致密；导致N_2往砖内渗透阻力增大，从而中心部位难氮化完全。此外还要注意“黑心”问题。

表4 不同结合相结合的碳化硅制品的理化性能

Table 4 Chemical compositions and physical properties of various binding compound bonded SiC bricks

项目		SiO_2结合	黏土结合	Si_3N_4结合①	Si_2N_2O结合①	SiAlON结合①	β-SiC结合	重结晶碳化硅
化学组成（质量分数）/%	SiC	~90	>85	>75	>70	>70	94	94~96
	SiO_2	~10	—	—	—	—	3.0	—
	Si_3N_4	—	—	>20	—	—	—	—
	Si_2N_2O	—	—	—	>20	—	—	—
	SiAlON	—	—	—	—	>20	—	—
	游离Si	—	—	0.29	—	0.39	1.0	—
体积密度/$g\cdot cm^{-3}$		2.6~2.7	~2.5	2.74	2.72	2.70	2.63	2.65~2.70
显气孔率/%		12~15	14~18	13	12	15	16	17
常温耐压强度/MPa		100~145	~100	220	208	228	140	—
抗折强度/MPa	常温	~25	20~25	53	57	53	30~50	~90
	1400℃	~20	~13	56	51	50	~30	~95
热膨胀系数/$℃^{-1}$		$\sim4.7\times10^{-6}$	$\sim4.6\times10^{-6}$	4.7×10^{-6}	4.7×10^{-6}	5.1×10^{6}	5.5×10^{-6}	—
热导率（1000℃）/$W\cdot(m\cdot K)^{-1}$		11~14.5	~11	15.0	14.6	17.4	12.8	—

①为中钢集团洛阳耐火材料研究院生产的碳化硅砖实测值。

1.6.6 锌浸出渣挥发窑

在锌的生产中，湿法提取锌占有很大比例，但湿法提取锌后，其稀硫酸浸出渣中仍含有不少 Zn、Pb、In、Ge 等有价值金属的一些氧化物或硫化物。浸出渣中含锌高达 15% ~20%、铅 0.7% ~6.0%。挥发窑就是用来回收浸出渣中的锌。我国葫芦岛锌厂、株洲冶炼厂、水口山有色金属公司等就有好几条锌挥发窑。

挥发窑为一圆筒形回转窑。酸浸出渣和焦炭混合料从回转窑尾部进入窑内，经过预热、干燥，进入高温区。焦炭将浸出渣中锌的化合物如铁酸锌（$ZnO \cdot Fe_2O_3$）、ZnO 还原为锌蒸气，并将其在冷凝器中收集。反应后的窑渣从窑头排出。进行挥发反应的温度在 1300 ~1350℃。在窑的挥发区进行下列一些反应：

$$ZnO \cdot Fe_2O_3 + 4C \longrightarrow Zn\uparrow + 2Fe + 4CO$$

$$ZnO + Fe \longrightarrow Zn\uparrow + FeO$$

$$ZnS + Fe \longrightarrow Zn\uparrow + FeS$$

$$ZnO + CO \rightleftharpoons Zn\uparrow + CO_2$$

由于反应剧烈，炉衬不仅受到熔渣、硫化物的渗透与侵蚀，还受到回转窑转动中物料的磨损与热冲击，导致炉衬的结构剥落而损毁。

挥发窑的挥发反应段现在以砌筑镁铝铬砖（以 $MgO\text{-}MgO \cdot Al_2O_3$ 为大颗粒，镁砂与铬精矿为中颗粒与细粉制的砖）或铬渣砖较好。

2 轻金属冶炼用耐火材料及其发展动向

轻金属冶炼主要是指生产铝与镁。铝、镁产量，现在我国居世界首位。在世界有色金属产量中，铝的年产量居第一位，远远超过其他有色金属。铝工业每年消耗的耐火材料比铜、镍、铅、锌消耗的总量还多。

2.1 生产 Al_2O_3 用耐火材料

生产金属铝要经过 Al_2O_3 的生产与熔盐电解。生产 Al_2O_3 有电熔法、酸法与碱法 3 种。电熔法是将铝矾土与碳装入电炉熔炼，碳将铝矾土中 SiO_2、Fe_2O_3 等还原成 Si-Fe 熔体，使之与 Al_2O_3 分离。但这种方法耗电量大，成本高，产量有限，不能满足电解铝的要求。因此，这种方法多用来生产刚玉磨料。我国用这种方法生产所谓亚白刚玉（或矾土刚玉）耐火原料。酸法由于用过的酸再生困难，很少用。现在生产 Al_2O_3 主要采用碱法。

碱法生产 Al_2O_3 主要用碱石灰烧结法。即先将 Al_2O_3/SiO_2 比小于4的铝矾土、碳酸钠、石灰混匀，于 1200～1300℃ 煅烧生成 $Na_2O \cdot Al_2O_3$、$2CaO \cdot SiO_2$ 等，然后细磨、浸出、分离出 $Al(OH)_3$，再将 $Al(OH)_3$ 焙烧脱水制得 Al_2O_3。

由于烧结时，料中碱含量高；因此，要求回转窑的耐火材料衬要能抗碱侵蚀与耐磨。回转窑窑衬采用磷酸盐结合高铝砖与低钙铝酸盐高铝浇注料。

焙烧 $Al(OH)_3$ 的悬浮焙烧炉与流态化闪速焙烧炉，要求其耐火材料不要影响 Al_2O_3 产品质量，引入杂质。在 $Al(OH)_3$ 焙烧中，初生态 Al_2O_3 活性大，可能与 Al_2O_3-SiO_2 质耐火材料中游离 SiO_2 发生莫来石反应（也称三次莫来石），使衬砖结构破坏。焙烧炉主要采用 Al_2O_3 含量高（≥65%）的浇注料和喷涂料。

2.2 铝电解槽用耐火材料[16]

铝电解槽通常为矩形钢壳，内衬碳砖。电解槽中悬有一碳阳极，其碳质槽底为阴极。电解还原出来的金属铝熔体沉积于槽底阴极。阳极放出的氧与碳阳极反应生成 CO 与 CO_2。槽内电解质与铝保持熔融状态，隔一定时间从槽内放出铝液，并向槽内加入一定量的 Al_2O_3 与冰晶石（$3NaF \cdot AlF_3$）等。电解温度为900～1000℃。

电解铝工业是耗电最大的用户之一。铝电解槽存在的重大问题是阳极材料。

2.2.1 阳极惰性材料

由于电解时在阳极上要析出氧，因此采用碳素做阳极材料，不但会氧化产生 CO 与 CO_2，污染环境，而且碳阳极消耗很大，生产 1t Al 需消耗约 300kg 碳阳极材料。因此，寻求一种导电性好，不与阳极析出的氧反应，抗氧化，又不污染铝液，能抗冰晶石熔体与 Al 液侵蚀的惰性阳极材料就成了炼铝工业中一个重大研究课题。

惰性阳极材料的研究报道不少，但至今仍未见到工业化与商品化。已有的研究多集中于[17]：（1）陶瓷型：其中有在冰晶石熔液中溶解度小，在900℃时又具有良好导电性的SnO_2、NiO、Fe_2O_3、Sb_2O_3与CuO构成的陶瓷材料如96% SnO_2 + 2% Sb_2O_3 + 2% CuO；（2）合金型，如Cu-Ni-Fe基；（3）金属陶瓷型：如$NiFe_2O_4$-18% NiO-17% Cu。由氧化物构成的陶瓷型阳极材料，虽然SnO_2热膨胀系数低，在冰晶石-Al_2O_3熔体中溶解度很小，1500℃以下很稳定，抗氧化性与抗侵蚀性都较好；但其导电性与强度不易满足要求，且很脆。由金属构成的合金型阳极材料，导电性与强度都甚好，但在抗氧化、抗侵蚀与对铝液的污染上尚不符合要求。金属陶瓷型阳极材料，由于金属导电性好，氧化物陶瓷抗氧化性好，二者结合为复合材料，对强度与克服脆性都有好处，但抗侵蚀性尚存在问题。Alcoa研究的金属陶瓷惰性阳极，最长使用时间为12.5天（300h）；他们希望这种惰性阳极寿命达到6个月[17]。

2.2.2 阴极材料

铝电解槽阴极是用碳砖。Al液会与碳反应生成Al_4C_3，以及Al液与碳质槽底阴极润湿不良；结果在槽底会沉积一些导电性不良物质，导致电压降增大，电耗增加。TiB_2在导电性，抗Al液与冰晶石的侵蚀性都甚好，TiB_2与Al液的润湿也好，适宜于做铝电解槽阴极材料。已有一些试验报道表明，在槽底碳块上覆盖一层TiB_2涂层后，由于Al液与TiB_2之间润湿性好，TiB_2涂层表面被Al液紧密黏附，槽底无沉积物积聚，极间距减小，电耗降低，电解槽使用寿命延长。

2.2.3 侧墙材料

铝电解槽侧墙过去一直采用碳砖。侧墙碳砖的破损，影响了电解槽的正常操作，降低了电解槽的寿命。为使侧墙不氧化，又具有较大电阻，并能抗Al液与冰晶石侵蚀，现在铝电解槽侧墙已采用Si_3N_4结合碳化硅砖砌筑。采用这种砖砌筑后，不仅延长了电解槽寿命，减少了漏电，降低了电耗；还可减少原来侧墙的厚度，增加电解槽的容积。

2.2.4 碳质槽底下面防电解质渗透的阻挡层[18,19]

电解质中的 NaF 等液体与蒸气能通过槽底碳质阴极渗入到下面隔热层中。隔热层渗入 NaF 等后，热导率增大，碳质阴极温度就会降低，若其温度降至 850℃以下，NaF 就会在碳质阴极内结晶，使碳砖鼓胀、破坏。为保证碳质阴极内温度在 850℃以上，其办法就是在碳阴极与隔热材料之间铺一层防渗料，使碳阴极的温度保持在 850℃以上，同时 NaF 等又不能渗入到隔热层。Allaire C 的研究表明[20]：Al_2O_3-SiO_2 材料防渗料中 Al_2O_3 与 SiO_2 的质量比大于 0.9 时，由于 NaF 会与 Al_2O_3-SiO_2 料反应生霞石（$NaAlSiO_4$ 熔点 1520℃），堵塞其气孔，从而阻止了 NaF 等的渗透。中钢集团洛阳耐火材料研究院研制的干式防渗料性能如下：$w(Al_2O_3+SiO_2)\approx 90\%$，耐火度为 1650℃，捣实密度 1.92 ~2.08g/cm³，热导率（800℃）为 0.49 ~0.50W/(m·K)，电解质反应率 9.2% ~11%。

2.3 铝熔化、合金化及 Al 液输送用耐火材料[18]

铝熔化炉与合金化炉的损毁主要是：（1）Al 液易渗入耐火材料；（2）铝与铝合金中的一些合金元素如 Mg、Si 等对一些氧化物有很强的还原能力，其反应是强放热反应；（3）合金元素如 Mg 蒸气压高，其蒸气比 Al 液更易渗入耐火材料，随之又氧化，这些反应与作用会导致耐火材料变质、结构疏松和损坏，并使铝液中 Fe、Si 杂质含量增加。因此，提高耐火材质的抗铝液与铝合金熔体的渗透性就显得十分重要。

在铝熔炼炉内，由于 Al 与合金元素的蒸发、氧化，还会在耐火衬-铝液-炉气三相交界处附近形成高熔点氧化物 Al_2O_3、MgO、SiO_2、MA 等，并牢牢黏附于耐火材料上，要清除这些黏附物，需采用机械办法与熔剂。在选择耐火衬材质时都要考虑到这些因素。

输送 Al 液用的管道，以前采用钢质材料内涂抗 Al 液侵蚀的涂层，然后在管外加热进行保温，甚不方便。

钛酸铝具有线膨胀系数低（$0.5\times10^{-6}K^{-1}$），抗热震性好，热导率低[1.2W/(m·K)]，保温性能好等优点，是做 Al 液输送管道的好材料。

2.4 镁冶炼用耐火材料

镁是最轻的金属材料，用途甚广。镁铝合金是航空、航天的好材料。

原镁不能采用 Al 电解槽办法来制取。因为 MgO 在一些熔盐熔剂中的溶解度甚低。现在开发出用无水 $MgCl_2$ 与 KCl + NaCl 熔盐电解来制 Mg[21]。阳极上产生 Cl_2，阴极上产生的金属 Mg 液轻，会浮在电解质液上面，Cl_2 与 Mg 接触又会发生反应生成氯化镁，因此需要隔离开。

现在生产原镁主要是采用硅热还原法，将煅烧后的白云石用 Si 或硅铁还原出 Mg，其反应为：

$$\text{Si(或 Si-Fe)}_{(s)} + 2(\text{MgO}\cdot\text{CaO})_{(s)} \longrightarrow 2\text{Mg}_{(g)} + 2\text{CaO}\cdot\text{SiO}_{2(s)}$$

其办法是将煅烧后的白云石粉、Si 粉或 Si-Fe 粉与少量添加剂如 CaF_2 混合压制成团块，装入不锈钢制的蒸馏罐反应器内，从外部加热或内部电加热至 1200℃，罐内真空度为 13.3 ~ 133.3Pa。使产生的 Mg 蒸气于反应器一端冷凝。外部加热即将不锈钢反应器放在燃烧室中加热，一般称为皮江法（pidgean process），这是我国生产原镁主要采用的方法。

不锈钢蒸馏罐反应器无论是用外部加热或内部电加热，温度都不是很高，耐火材料衬不会遇到什么难题。

另一方法是以白云石与铝矾土为原料用硅或硅铁还原，其反应为：

$$\text{CaO}\cdot\text{MgO(白云石)} + \text{Si(或硅铁)} + \text{Al}_2\text{O}_3\cdot\text{SiO}_2\text{(矾土)} \longrightarrow$$

$$\text{Mg}_{(g)} + \text{CaO} - \text{Al}_2\text{O}_3 - \text{SiO}_{2\text{渣}(l)}$$

其产生的炉渣为液态，是在真空电炉中进行还原反应，温度在 1600 ~ 1700℃，真空度为 2.6×10^3 ~ 13×10^3Pa（20 ~ 100mmHg）。电炉顶有石墨电极孔、进料孔与 Mg 蒸气排出孔。炉底用碳砖，采用单相交流电加热熔化炉渣[21]。

参考文献

[1] 陈肇友．炼铜、炼镍炉用耐火材料的选择与发展//蒋明学，李勇．陈肇友耐火材料论文选．北京：冶金工业出版社，1998：416～433.

[2] 陈肇友．含碳耐火材料在炼铜、炼镍转炉中使用效果不理想的原因分析．耐火材料，1992，26(3)：177.

[3] 陈肇友．化学热力学与耐火材料．北京：冶金工业出版社，2005：515～518.

[4] 陈肇友，李勇．炼镍转炉风口用耐火材料的研制与使用．耐火材料，1993，27(2，3)：72，131.

[5] Бабкин В Г，Царевский Б В，Попель С И，и др. Скоростъ расгорения огнеупорных окислов в оксидных расплавах. Огнеупоры，1974，(12)：37.

[6] Bilkerman J J. Surface Chemistry. New York：Academic Press Inc.，1958：23.

[7] 蒋明学，陈肇友．炉渣在耐火材料中的等温渗透．硅酸盐学报，1990，18(3)：256.

[8] 陈肇友．Cr_2O_3 对耐火材料性能的影响．耐火材料，1991，25(5)：354.

[9] 陈肇友．Cr_2O_3 在耐火材料中的行为．耐火材料，1990，24(2)：37.

[10] 李勇．近三十年中国铜冶金用耐火材料的回顾．《耐火材料》创刊40周年特刊，2006，40：160～163.

[11] Fujio Hamamoto. Recent trends in refractories usage in non-ferrous metal industry. Taikabutsu Overseas，1981，1(1)：97.

[12] 云斯宁，蒋明学，刘建龙．澳斯麦特技术和艾萨技术．耐火材料，2002，36(增刊)：58～60.

[13] 贾著红．澳斯麦特工艺的实践与思考．有色金属（冶炼部分)，2001，(4)：11.

[14] 陈肇友．澳斯麦特铜熔炼炉用耐火材料与保护层形成问题．中国有色冶金，2005，(1)：27.

[15] 陈肇友．铅锌火法冶炼用耐火材料//蒋明学，李勇．陈肇友耐火材料论文选．北京：冶金工业出版社，1998：521～532.

[16] 陈肇友，李勇．有色金属冶炼用耐火材料中一些问题的分析与建议．耐火材料，2002，36(增刊)：1～8.

[17] Rudolf P Pawlek. Inert Anodes，Research，Development and Potential. Light Metal Age，2002，60(1，2)：50～55.

[18] 陈肇友．炼铝工业用耐火材料及其发展动向．耐火材料，1996，30(1)：46.

[19] 张治平，赵俊国，张晔，等．铝电解槽用耐火材料．《耐火材料》创刊40周年特刊，2006，40：137～144.

[20] Claude Allaire. Refractory lining for alumina electrolytic cells. J Am Cer Soc，1992，75(8)：2308.

[21] 邱竹贤．有色金属冶金学．北京：冶金工业出版社，1995.

Developing Trends of Refractories for Nonferrous Metal Industry

Chen Zhaoyou

(Sinosteel Luoyang Institute of Refractories Research)

Abstract: This paper presents the developing trends of refractories used for nonferrous metal industry based on the characteristics and technological innovations in heavy and light metals pyro-metallurgical processes in recent years. It involved new type furnaces having high efficiency and reduced environmental pollution such as flash smelting furnace, Ausmelt or Isasmelt smelting furnace, Noranda reactor, PS converter, continuous smelting and converting furnace, QSL furnace, ISP furnace, zinc refining furnace, rotary kiln of zinc plant leaching residue, soda-lime sintering kiln, aluminum electrolytic cell, pure Al melting and alloying furnace and Pidgeon process vessel etc. In order to select suitable refractory materials of critical areas in the above mentioned new type furnaces, the properties of some refractory components such as FeO- SiO_2 slags attack resistance, slag and matte penetration resistance and formation of protection layer are analyzed and discussed. Besides, the results of the chemical thermodynamics calculation and the field trials show that the carbon-containing refractories are inappropriate for heavy metals metallurgical furnaces. In this paper, a variety of magnesite-chrome bricks, SiC-based products and Al_2O_3-Cr_2O_3-spinel refractory materials are separately discussed, and some opinions and suggestions on problems existing in the Cr_2O_3 containing refractories are proposed.

Keywords: refractories for heavy metal metallurgy, refractories for light metal metallurgy, Cr_2O_3-containing refractories, SiC based refractories

本文选自《耐火材料》，2008，42(2)：81.

钢铁工业用耐火材料的发展动向[1]

陈肇友

（冶金工业部洛阳耐火材料研究院）

摘　要：结合当今国际钢铁工业的发展及其对耐火材料的要求，介绍了炼焦、高炉与出铁沟、熔融还原炼铁、铁水预处理、氧气转炉炼钢、高功率电炉与直流电弧炉炼钢、炉外精炼、盛钢桶、连铸中间包及近终形状连铸等的发展中，所用耐火材料的动向。

耐火材料是为高温技术工业，特别是钢铁工业服务的。钢铁工业的发展与革新促进了耐火材料的发展与进步。本文将结合国外钢铁工业的发展及其对耐火材料的要求，阐述耐火材料的发展动向。

1　炼铁

1.1　焦炉

西方国家的焦炉大多建于20世纪60年代，现已老化。焦炭将出现短缺。为了生产高炉所必需的焦炭，一是延长现有焦炉的寿命，二是建造传统的新焦炉或新型焦炉。在延长焦炉寿命方面，正在开展热补与高温浇注技术研究。热补需要快速与大范围热喷补设备。对于那些不能热补修复的穿孔部位，正在开发高温浇注技术。在建筑新焦炉方面，建筑传统型号的焦炉采用高导热硅砖。值得注意的是已处于中试的FCP新型焦炉。这种焦炉是一种能连续进料与连续出焦的立式焦炉。这种焦炉要求耐火材料具有良好的耐磨损、抗侵蚀与抗剥落性能。硅砖已不适用，可能要用刚玉质或高铝质耐火材料。

---

[1] 本文是在参加UNITECR’93会议后于1994年所写。

1.2 高炉

由于高炉大型化和采用高风温、高压力、喷吹粉煤、重油，降低焦比、增加出铁比，耐火材料所处的条件更为苛刻。国外高炉寿命从 60 年代的 5 ~ 6 年、70 年代的 10 年提高到现在已连续使用 16 年仍在继续使用的水平。我国高炉炉衬 5 ~ 6 年甚至更短时间就需中修。提高高炉寿命的关键是提高炉身下部炉衬的寿命。

由于高炉强化冶炼，普通碳砖已不能满足高炉炉缸的要求，而改用微孔碳砖、超微孔碳砖、半石墨砖。普通碳砖气孔孔径约 5μm，微孔碳砖约 0.5μm，超微孔碳砖约 0.05μm。加入 Si 与 Al_2O_3，微孔碳砖的性能能得到进一步改善。加入 Si，烧成时形成 SiC、氧氮化硅，使气孔微细化，提高了抗铁水渗透性。加入 Al_2O_3，有利于提高耐磨性。微孔碳砖由于气孔孔径微小且分布均匀，铁水与渣不易渗入。因此使用中性质改变少，可以直接与铁水接触。

炉缸碳砖内脆化层的形成机理尚不十分清楚。脆化层问题至今尚未能很好解决。

近年来在炉缸碳砖层上采用了陶瓷杯，即在碳砖上再砌筑一层莫来石砖、莫来石结合刚玉砖、刚玉砖或 Si_3N_4 结合刚玉砖等陶瓷材料。这些陶瓷材料不仅可以保护碳砖在开炉时免受损害，而且还可以减少热损失，提高炉缸铁水温度。此外，采用陶瓷杯后，由于 800℃ 碱凝结等温线从原来碳砖内移到了陶瓷材料内；从而使原来发生在炉缸碳砖层内的脆化层得以避免或减少。

氮化硅结合 SiC 砖或赛隆结合 SiC 砖，由于高温强度高、热导率高、线膨胀系数低、抗氧化性优良、抗碱与抗渣侵蚀性好、高温耐磨性与抗热震性良好而受到重视。这两种砖已用于高炉炉身下部，并获得了很好的效果。

Sakaguchi 等的研究结果表明，Si_3N_4 结合 SiC 砖虽然化学性能稳定，有优良的抗碱性与抗炉渣侵蚀性，但力学性能与抗热震性不如 Sialon 结合 SiC 砖好。

β′-Sialon 为 Al_2O_3 溶解在 Si_3N_4 的固溶体（见图 1）。由于 Si_3N_4 中溶解了 Al_2O_3，这就增加了 Si_3N_4 的抗氧化能力。Al_2O_3 过多会与

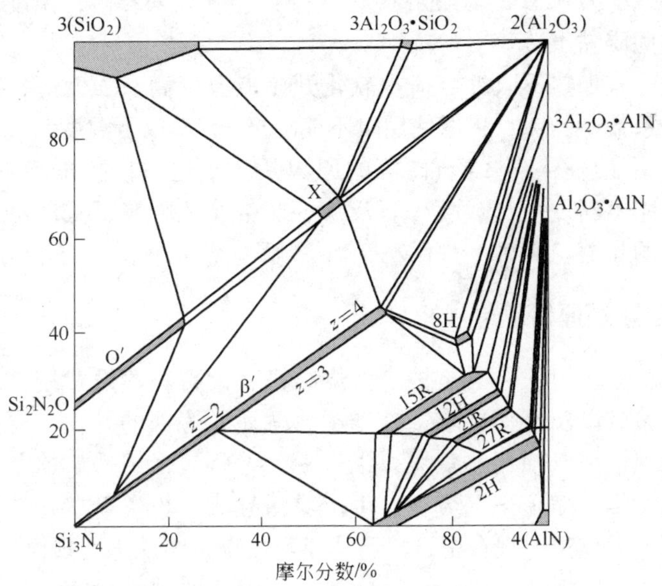

图 1 SiO_2-Si_3N_4-AlN-Al_2O_3 交互系图（约 1750℃）

SiO_2 和碱蒸气反应形成 $K_2O \cdot Al_2O_3 \cdot 4SiO_2$ 等，产生体积膨胀，导致砖的强度下降，低熔物增多。β′-Sialon 的线膨胀系数（2.7×10^{-6} K^{-1}）比 β′-Si_3N_4（$3.5\times10^{-6}K^{-1}$）小，因此 β′-Sialon 结合的碳化硅其抗热震性较 Si_3N_4 结合的碳化硅要好。

β′-Sialon 的化学式：$Si_{6-z}Al_zO_zN_{8-z}$（$0\leqslant z\leqslant4.2$）。β′-Sialon 化学式中 z 高表明 Al_2O_3 含量多。坂口（Sakaguchi）等通过研究认为，$z=2$ 的 Sialon 结合 SiC 砖综合性能最好。

高炉炉衬在使用过程中，总会出现一些局部损毁严重的地方，这些地方需要修补。对炉身下部的修补是采用在炉壳开孔，将补炉料压入炉内的办法。这种压入料要能自硬化，形成坚实的耐火衬。压入料常采用高铝-碳系材料。

1.3 热风炉

热风炉炉顶及高温区域（1500℃）采用硅砖，而 1450℃ 区域则

用含 Al_2O_3 为 65% 的红柱石砖、硅线石砖或莫来石砖，温度较低区域则用优质黏土砖。

硅砖有加热不收缩，荷重软化开始点温度高，强度好，高温时热膨胀系数小的优点；但使用时不能降至 700℃以下温度。

采用红柱石、硅线石砖等的原因是由于这些砖抗蠕变性能好，使用中能不断发生形成莫来石反应，产生体积膨胀，抵消由于高温荷重下的收缩。

1.4 熔融还原炼铁

由于焦炭短缺，大焦炉、大烧结机、大高炉建设费用高，不能直接用粉矿以及环保要求，推动了熔融还原炼铁的开发与研究。熔融还原炼铁可以使用非焦煤，以煤粉代替焦炭，用铁矿粉节能、减少环境污染、缩短工艺流程、生产灵活性大、投资低、建造快，因而受到极大重视。现在中试厂已达年产数十万吨铁水的规模。

熔融还原炼铁是铁矿在熔融状态下被还原剂（固态、液态或气态）还原成铁液的方法。其还原速度要比固-气态还原快得多。

熔融还原炼铁有一步法与二步法两种。一步法其铁矿石与煤粉是从炉的上部加入炉内，二次燃烧所需氧气从炉的上部风口与下部风口送入。二步法有 Corex（KR）法与 DIOS 法等。二步法就是将冶炼分为预还原与熔融还原二段进行的方法。

Corex 法是在还原竖炉内将烧结矿还原成海绵铁，在熔融气化炉内将海绵铁充分还原、熔化并造渣。熔融气化炉内分为干燥稳定区、流化燃烧区、风口区、炉缸四部分。流化区由于温度在 1600 ~ 1700℃以及炉料的冲击，要求耐火材料要能承受较高热负荷、耐磨、抗冲刷。风口区由于全氧操作，热负荷高，有较强的氧化作用，并受熔渣与铁水的侵蚀；其工作条件比高炉风口区更为苛刻。DIOS 法，粉矿经预热与轻度还原，再进入顶吹氧熔融还原炉进行熔融还原。在顶吹氧熔融还原炉内，由于经预热与预还原过的铁矿粉与氧气及煤粉同时喷入炉内高温区，在熔池上方进行二次燃烧，炉温与渣层温度可高达 1700 ~ 1900℃。

用熔融还原法炼铁，耐火材料所处的条件是：二次燃烧产生高温，炉渣碱度低，渣中 FeO 含量高，渣量大。研究与试验结果表明，MgO-C 砖、镁白云石砖不能适应；Cr_2O_3 含量高的镁铬砖较好，其次是含碳约 10% 的 Al_2O_3-C 砖。

1.5 出铁沟

出铁沟主要用的是低水泥或超低水泥浇注料，其中含 60% ~ 75% 刚玉、10% ~25% SiC、2% ~4% 碳。碳是以石墨、炭黑与树脂的形式加入的。石墨在水中分散性极差，需要加入表面活性剂进行亲水性处理。

铁沟料发展的方向是：自流浇注料与在使用现场不需进行搅拌混合的浇注料。

自流浇注料中细粉与超细粉含量较多，是一种不需施加振动，即能自行流动、排出气体、不发生沉淀与偏析的浇注料。由于不需要振动，施工方便、无噪声，这种浇注料发展极快。但对这种浇注料的凝结时间要求严、凝固太快气体排不出来，凝固时间太长，则会发生沉淀、偏析。自流浇注料要保持低水泥量与低水量（约为 6% ~8%），又要料浆中颗粒悬浮的稳定性好、不产生颗粒偏析与沉淀，能在自身重力作用下自流并充填模内各个部位；其关键技术是选用分散剂或稳定剂和制订合适的粒度组成。

使用现场不需搅拌混合的浇注料是一种已由生产厂加水、加结合剂混合好的浇注料。这种浇注料要具有能保存又能随时使用的特点。因此，这种浇注料不宜用水硬性的铝酸钙水泥作结合剂。

1.6 铁水预处理

在含磷较高的铁水中需要进行三脱，即脱 Si、脱 P 与脱 S 处理。脱 Si 多在铁水沟进行，脱 P 与脱 S 在鱼雷罐中进行。如果三脱都在鱼雷罐中进行，耐火材料就必须具有抗酸性渣与抗碱性渣的能力。

美国与欧洲各国使用废钢多，几乎不需要对铁水进行脱硅与脱磷处理，只需用 CaC_2 在鱼雷罐中进行脱硫。因此鱼雷罐衬用高铝砖或红柱石砖浸渍焦油沥青即可，只是在冲击区或渣线部位采用树脂结合 Al_2O_3-SiC-C 砖。

日本则用树脂结合 Al_2O_3-SiC-C 砖或 Al_2O_3-C 砖。Al_2O_3-SiC-C 砖中，SiC 含量为5% ~9%，石墨含量 10% ~12%。Al_2O_3-C 砖一般含碳为 5%。过多地增加碳含量会降低制品的强度和抗氧化性，过多地增加 SiC 含量会降低制品的抗渣性。

2 炼钢

2.1 氧气转炉炼钢

由于进入转炉的铁水经过脱硅、脱磷、脱硫处理，从转炉出来的钢液还要进行二次精炼，因此转炉在炼钢过程中的作用大为减轻。转炉已成了脱碳、升温的设备。

转炉炉龄一般在 1500 ~3000 炉。日本转炉的平均炉龄为 3000 炉以上。日本曾采用预防性喷补法使转炉炉龄达到 1 万炉。由于补炉料用得太多，补炉时间太长，而被认为是不经济的。

转炉炉衬寿命近年来有了很大提高，其原因是：铁水预处理的应用，使铁水中 Si 含量大为降低，石灰熔剂用量减少，从而渣量减少；向炉渣加入白云石或废砖，降低了炉衬中 MgO 的溶解速度；采取挂渣技术（slag splashing），由氧枪或吹渣枪将高黏度渣溅到炉衬表面形成渣保护层，有效地减轻了初期酸性渣对炉衬的侵蚀。

转炉内耐火材料的蚀损是不均匀的。蚀损严重的区域有：炉口、上部锥体与圆柱体之间的部位、圆柱体与炉底之间的部位、耳轴、渣线、出钢口及其周围、炉底供气元件及其周围、装料冲击区等。

转炉一般采用镁碳质材料，但镁碳砖中的碳含量应根据冶炼条件与使用部位来确定。现已证实，用大晶粒镁砂可以显著减轻蚀损速率。由于 ZrO_2 会使 MgO 晶粒细化，加 ZrO_2 对镁碳砖的抗侵蚀无甚好处。

生产镁碳砖用结合剂问题，在奥地利、德国、法国、瑞典等认为沥青不仅成本低，而且使用效果也比树脂好。众所周知，用沥青浸渍的砖比用酚醛树脂浸渍的砖在抗氧化性与抗热震性上都好。据叶世克（Jeschke）介绍，在沥青中加入适量的脱氢剂和较高温度处理可以使苯芘含量降至很低，而不危害健康与污染环境。一般认为，用树脂与沥青混合结合剂较好。因为这种混合结合剂可以得到细镶嵌结构且断裂能高。

威廉斯制造了一种新的酚醛树脂，它具有树脂与沥青的优点。在加热过程中，这种新酚醛树脂也要经过分子重排，即要经过键的断裂与形成中间相阶段。这种酚醛树脂形成的中间相是固相，在升温过程中可一直保持较高强度。

德辛格（Dösinger）认为，无论是用沥青还是用树脂做结合剂，加热时都会放出臭味与烟雾。他提出不用这些结合剂，即不靠上述结合剂的碳化来结合，而是由加入的炭黑与石墨来达到碳-碳结合，其强度还可由于加入金属粉而增强。

风口供气元件是复吹转炉关键部件。它是采用大晶粒电熔镁砂、高纯石墨经等静压成型的。供气元件的损毁机理尚不甚清楚。如何保证供气元件使用后期的安全可靠也是十分重要的。

转炉炉衬的维修：出钢口区域与炉底采用自流动焦油结合料，炉口采用树脂结合镁碳压入料，效果甚好。其他部位用喷补料进行喷补。

2.2 电炉炼钢

电炉炼钢的作用如同转炉一样已被减轻。由于电炉能大量用废钢进行冶炼，因此电炉炼钢有了较大增长。电炉炼钢从一般电炉发展到高功率与超高功率电炉，现在正向直流电弧炉（DC）炼钢发展。国外有的厂正用这种 DC 电弧炉取代老式电炉与转炉。

2.2.1 超高功率电炉

超高功率电炉给耐火材料带来的首要问题是热点区集中而且面积大，耐火材料不能适应，因而采用了水冷炉壁技术与泡沫渣操作。但水冷炉壁热损失大，炉体各部位不可能都采用。水冷炉墙需采用导热性好的镁碳砖。

现在超高功率电炉炉底采用干式镁质捣打料或振动料。这种骨料为镁砂，细粉是含氧化铁与氧化钙的镁砂。物料中加入热固性结合剂或加入可降低烧结温度的烧结助剂。但料中的氧化铁或氧化钙含量不能过高，否则烧后收缩过大，产生收缩裂纹。

超高功率电炉多为偏心炉底出钢。要求出钢口填料要能不烧氧引流自动出钢。填料主要由镁橄榄石或镁钙质粗砂粒组成。

电炉顶水冷三角区是砌烧成高铝砖或浇注的刚玉质浇注料。三角区外可采用烧成高铝砖或不烧高铝砖或刚玉预制件。电炉顶一般不采用碱性砖。

2.2.2 直流电弧炉

直流电弧炉是以石墨电极为阴极（正极），炉底为阳极（负极），因此要求炉底要能导电。炉底的导电可由耐火材料（ABB 型）或金属元件：钢棒（Clecim 型）、钢针（Man-GHH 型）或钢片（Vöest-Alpine 型）来完成（见图 2）。

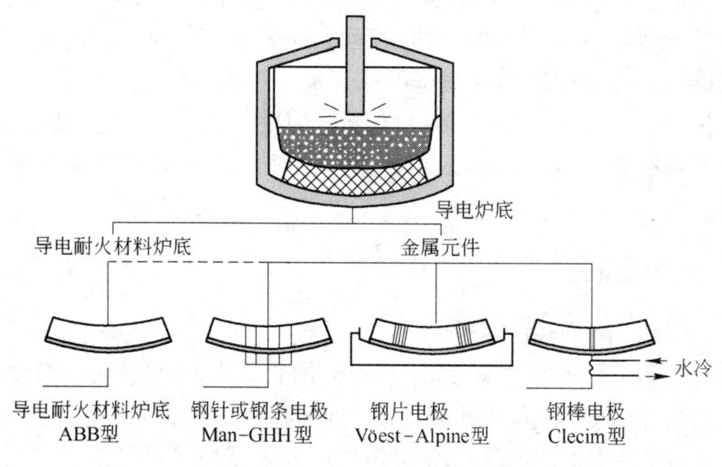

图 2　DC 电炉炉底阳极

用不导电的耐火材料作炉底，就需用一根或多根钢棒（直径约 250mm），或许多钢针（直径 25 ~ 50mm），或一些钢片（约 1.7mm 厚）作导体。钢棒外套以不导电的镁质袖砖，周围为镁质捣打料或自致密化镁质干式料。钢针或钢片之间以及炉底其余部位也是用镁质干式料。

如果以导电的耐火材料为阳极，就要求耐火材料的电阻要低（比电阻约 $10^{-3}\Omega \cdot cm$）、热导率要低、抗侵蚀性要强。导电的耐火材料炉底由镁碳砖与镁碳捣打料层构成。捣打料层为工作层。镁碳砖与镁碳捣打料中碳含量在12%～18%。碳含量过大，会使炉底导热率增大。由于石墨为片状结构，平行于石墨片状方向时其电阻低，垂直于石墨片状方向时电阻高；而成型后的镁碳砖，其石墨的取向多是平行于受压面方向；因此砌筑炉底时镁碳砖竖砌为好。

Clecim 型钢棒及其周围耐火材料的蚀损是采用将短钢棒放置在损毁的钢棒部位上，周围填以镁质干式料进行修补。其余 ABB 型等炉底的修补都要用导电补炉料，一般是镁碳料，也有用能形成金属网络结构的补炉料如镁砂与铁粉。

市川（Ichikawa）以及西尾（Nishio）等对直流电弧炉炉底用镁碳捣打料进行了研究，其结果是：(1) 石墨粒径在0.2mm以上较合适。(2) 石墨含量从10%增加至18%时，比电阻显著下降；再增加石墨含量比电阻变化不大。(3) 当石墨含量达18%时，由于石墨大都已直接接触，因此酚醛树脂加入量对比电阻影响不大。(4) 树脂加入量以4.5%较合适。(5) 树脂碳化温度在600～1000℃之间，因此镁碳捣打料热处理温度在1000℃就足够了。

2.3 炉外精炼

炉外精炼的主要目的是除去钢液中的杂质与夹杂物、脱气、调温、调整钢的化学成分与合金化。炉外精炼的方法很多，除 AOD 与 RH 外，其他精炼都是在盛钢桶内进行。值得注意的是近年来 RH 与 LF 精炼得到了较大发展。

2.3.1 AOD 炉(氩氧脱碳法)与 VOD 炉(真空吹氧脱碳法)

AOD 与 VOD 主要是用来炼不锈钢的，VOD 特别适宜于炼超低碳不锈钢。VOD 是目前所有精炼方法中耐火材料寿命最低者。主要原因是高温、真空与渣的碱度变化大。VOD 炉蚀损最严重的部位是渣线，AOD 炉蚀损最严重的部位是风口及其周围区域。在这些蚀损严重的区域都以砌镁铬砖为好。其中以 Cr_2O_3 含量高、熔剂含量低的再结合或半再结合镁铬砖更为合适。其他部位可用烧成镁白云石砖或直接结合镁铬砖。当冶炼含碳量为超低碳钢时，采用含碳耐火材料是不合适的。

2.3.2 RH 法

过去 RH 的作用只是真空脱气减少钢中夹杂物，现在在 RH 顶部装置氧枪吹氧，可以进行升温精炼。在盛钢桶内喷吹脱硫剂或精炼渣粉（见图 3）可以进行深度脱硫与精炼。现在 RH 可以冶炼超低碳不锈钢、纯铁以及含硫量极低的钢种。因此，近年来 RH 得到了较大的发展。

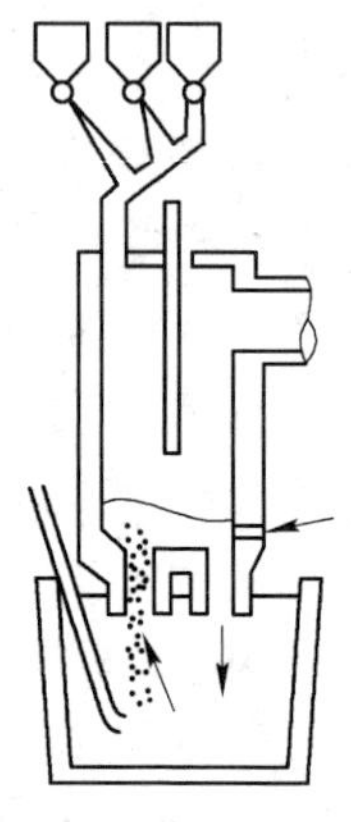

图 3 新的 RH 精炼示意图

RH 吹氧与喷吹熔剂后，由于温度升高和熔剂流动性好致使罐体下部耐火材料所处条件更为恶劣。这些部件损毁严重的原因是熔渣渗入造成的结构剥落。减轻损毁的途径是提高镁铬砖中的 Cr_2O_3 含量并使砖中气孔微细化。

玉木（Tamaki）与山本（Yamamoto）研究了 RH 下部用镁铬砖，认为砖中杂质含量低、Cr_2O_3 含量在 30% 左右、气孔率约 14% 的半再结合镁铬砖较好。

Miglani 研究了电熔镁铬细粉的比表面积对再结合镁铬砖性能的影响。认为细粉比表面积增加至 $5m^2/g$，可以明显提高砖的高温强度、抗热震性与抗侵蚀性。抗热震性的提高是由于在颗粒边界处二次尖晶石的增加，阻止了裂纹的扩展所致。

为使直接结合镁铬砖气孔孔径微细化，近来又采用了加入铬铁粉的办法。用这种方法可提高砖的抗熔渣渗透能力。

2.3.3 LF、SKF、VAD 精炼

LF、SKF 与 VAD 精炼都是在盛钢桶内进行的，只是加热搅拌方法不同，并且都是用来精炼炭素合金钢。这些精炼盛钢桶侵蚀最严重的部位是渣线，现在都用镁碳砖，效果不错。

LF 盛钢桶精炼由于埋弧加热吹 Ar 搅拌、采用合成精炼渣、便于调整成分、投资省，因而得到广泛采用。LF 用的精炼渣含 CaF_2 与 Al_2O_3 均高，有的含 CaF_2 高达 50%，属 CaF_2-Al_2O_3 系渣。这种渣熔点低，流动性好，易渗入耐火材料内。因此，需要开发能抗 CaF_2 与 Al_2O_3 侵蚀及渗透的耐火材料。由于这类渣易渗入白云石材料内，

形成大量低熔物，因此白云石耐火材料不甚合适。

2.4 盛钢桶用耐火材料

近年来连续铸钢逐年增加。采用连铸后，钢液在盛钢桶内停留时间延长，出钢温度提高，有的还在盛钢桶进行吹 Ar 处理。因此，以往常用的耐火材料已不能胜任。

盛钢桶是间歇式生产设备，耐火材料的蚀损主要是溶蚀与结构剥落，也有因桶衬黏渣严重而不能继续使用的。

减少桶衬砖缝的溶蚀与收缩裂纹的办法：采用高质量与衬砖匹配的填缝泥料，采用在使用中有微膨胀的耐火材质作桶衬。

提高耐火材料抗结构剥落的途径：（1）采用含碳耐火材料，阻止熔渣渗入；（2）采用在热面能形成高黏度黏滞层的耐火材质，使熔渣渗入困难；（3）采用能使渗入熔渣黏度提高的耐火材质，使熔渣渗入较浅；（4）使耐火材料气孔通道微细化或使用中使气孔堵塞。

由此可知，适合作盛钢桶衬的耐火材料有：含碳耐火材料、Al_2O_3-尖晶石材料、高铝-铝镁材料、含 Cr_2O_3 材料、叶蜡石、Al_2O_3-锆英石材料等。

日本采用铝酸钙水泥加少量硅微粉的 Al_2O_3-尖晶石浇注料（含尖晶石细粉约20%），盛钢桶寿命达到 240 ~ 290 次。铝酸钙水泥的 CA、CA_2 在高温下会与刚玉生成针状 CA_6 晶体，形成交织网络结构。

我国宝钢用高铝-尖晶石-碳砖、高铝-铝镁-碳砖作桶衬，也取得了很好的效果，寿命达到 130 次。

采用 Al_2O_3（或高铝）-尖晶石作桶衬效果好的原因：衬材中的刚玉易与 CaO 反应，从而将渣中的 CaO 吸收；富 Al_2O_3 尖晶石由于具有阳离子空位，易于吸收氧化铁；这样原来的 CaO-FeO-SiO_2 渣中就只剩下 SiO_2，高 SiO_2 熔渣黏度很大，很难再渗入耐火材料内。

浇注料发展的方向是自流浇注料。自流浇注料是一种易流动、易触变的泥料。浇注料作盛钢桶整体内衬的好处是：可在桶衬使用到残存厚度为 1/2 ~ 1/3 时，再用浇注料补浇修复。经反复补浇修复，可以一直用到盛钢桶本体报废为止。

2.5 滑动水口

滑动水口使用的材质主要是 Al_2O_3-C 质。近来滑动水口材质的研究，主要集中在用何种材质抵抗钙处理钢与高氧钢的侵蚀。

钙处理钢可使钢的质量与浇铸性能得到改善。钙处理用的是钙合金如钙-硅、CaC_2 等。钙处理产物是 CaO 与 CaS，易与 Al_2O_3 生成低熔物，因此钙处理钢不适宜用刚玉或刚玉-碳质材料。已有的研究结果表明 ZrO_2 质较好。

含氧高的钢显然不宜采用含碳材料，研究结果表明以 ZrO_2 质或 MgO 为约 88%，Al_2O_3 约为 10% 的镁质尖晶石滑板较好。

3 连续铸钢

3.1 中间包

过去中间包的作用只是储存、保持钢流稳定，分配钢液给各结晶器，维持连续浇铸的过渡性盛钢液的容器。现在认识到中间包是接触钢液的最后一个容器，是提高钢的质量、得到洁净钢最重要的一个环节。要求中间包衬与水口尽量对钢液污染少，并希望在中间包内能提温、除去钢中杂质与夹杂物。因此，近年来在中间包内增加了调整温度、清除钢水中非金属夹杂物和进行精炼的功能。

图 4 示出了钢中平衡氧含量与各种耐火氧化物及其化合物中的金属元素在钢液中浓度的关系。例如，若中间包衬采用莫来石（$3Al_2O_3 \cdot 2SiO_2$）材料，钢中 Si 含量为 0.1045%，钢中平衡氧［O］含量为 54.2×10^{-6}，此时钢中 Al 含量为 1.3×10^{-6}。若中间包衬采用镁橄榄石（$2MgO \cdot SiO_2$）材料，如果钢中 Si 含量仍为 0.1045%，钢中平衡氧含量［O］则降为 10.3×10^{-6}，此时钢中 Mg 含量为 7.8×10^{-6}。若中间包衬采用锆英石材料（$ZrO_2 \cdot SiO_2$），钢中 Si 含量亦为 0.1045%，钢中平衡氧含量［O］为 91.5×10^{-6}。由此看来，中间包衬采用镁橄榄石，其氧化物夹杂将比采用莫来石减少 5 倍。采用锆英石，其氧化物夹杂将比莫来石增加 1 倍。

从图 4 可见，ZrO_2、CaO、MgO、$MgO \cdot Al_2O_3$ 与 $2CaO \cdot SiO_2$ 材

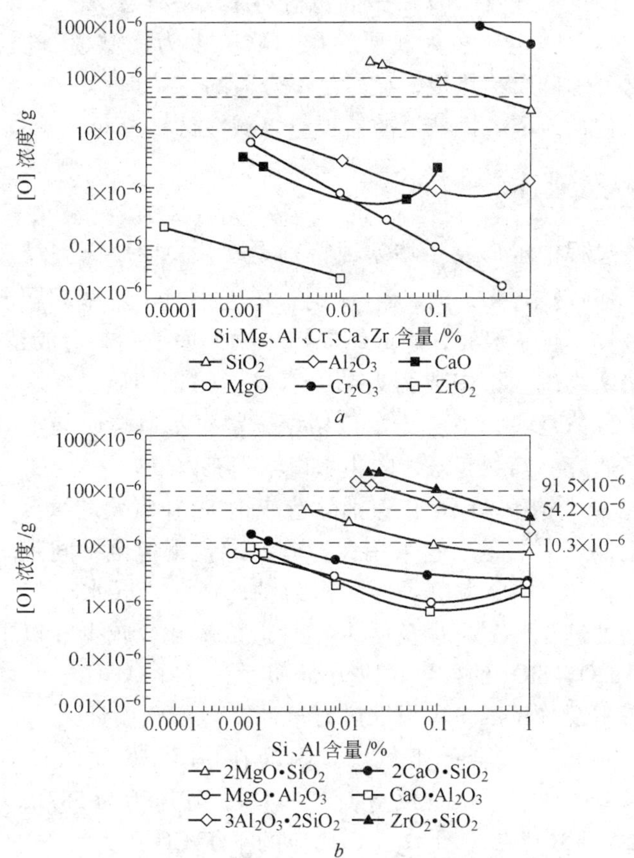

图 4 耐火氧化物及其化合物中金属元素在钢液中的浓度与钢液中平衡氧含量的关系

质是较理想的中间包衬材料，它们产生的氧化物夹杂少，不会造成钢液被耐火材料再氧化。其次是镁橄榄石，硅质是不好的。

现在不少钢种都采用 Al 脱氧。Al 脱氧要产生 Al_2O_3 晶体，溶于钢中的 Al 会将耐火材料中的 SiO_2 还原，同时产生 Al_2O_3，$2[Al] + 3/2SiO_2 \longrightarrow Al_2O_3 + 3/2[Si]$。如不从钢中除去 Al_2O_3，就会成为钢中夹杂物。采用 CaO 质材料作中间包衬，由于 CaO 易与 Al_2O_3 反应形成液态铝酸钙，在钢中上浮并被除去。此外，CaO 还有很好的脱硫效果。因此，开发 CaO 质中间包衬与涂层甚有意义。

在日本中间包衬多为镁质涂层，欧美多为镁橄榄石质绝热板。我国大部分为硅质绝热板，显然是不合适的。

中间包挡渣堰、钢液过滤器也应以碱性材料为宜。

3.2 浸入式水口

浇铸过程中水口发生堵塞，特别是在用 Al_2O_3-C 质浸入式水口浇铸 Al 镇静钢、含 Al 钢、含 Ti 钢、稀土钢时，堵塞问题严重。水口堵塞破坏了正常浇铸，引起结晶器中钢液面波动，造成拉漏停浇。水口的堵塞物进入钢中成为夹杂物直接影响钢的质量。水口堵塞机理还不十分清楚。为了防止水口堵塞，曾对水口材质与水口结构进行了许多研究。归纳起来，防止水口堵塞有以下办法：

（1）减少钢中 Al_2O_3 量，消除造成钢中 Al 氧化的氧源。其方法是在盛钢桶至中间包之间采用保护管，避免钢包至中间包之间钢流被氧化。在 Al_2O_3-C 水口表面涂密封釉，在浸入式水口与中间包之间的连接处进行密封，以免吸入空气造成氧化。减少水口中易还原氧化物 Na_2O、SiO_2 的含量，以免与 Al 反应产生 Al_2O_3。

最近本森（Benson）根据热力学计算与实验验证认为，Al_2O_3-C 浸入式水口本身就会产生氧源。因为在 Al_2O_3-C 质水口内会发生 $Al_2O_3 + C \rightleftharpoons Al_4C_3 + CO$ 反应，产生 CO，其压力为 587Pa。这一压力高于 $2Al + 3CO \rightleftharpoons Al_2O_3 + C$ 反应的平衡 CO 压力（33Pa），就会造成钢液中 Al 的氧化。因此，Al_2O_3-C 质浸入式水口的堵塞问题很难解决。

（2）钢液温度低时，钢液流动性差，易粘水口并在水口内冻结。为了避免堵塞，除提高钢液温度外，可在水口周围加隔热层或电加热。最近川村（Kawamura）指出，在制造 Al_2O_3-C 质浸入式水口时，在水口内制成一个厚 1 ~ 5mm 的陶瓷纤维隔热层，可减少浇钢初期的堵塞现象。

（3）在水口内吹 Ar，避免 Al_2O_3 粘在水口壁并带走 Al_2O_3。这一办法虽然可减轻水口的堵塞，但此时吹氩，会使钢坯产生针孔，影响钢的质量。此外，这一方法在薄壁浸入式水口上难于实行。

（4）选用与 Al_2O_3 晶体界面张力大的材质作水口内壁，使 Al_2O_3 难于粘在水口上。例如在水口内壁采用 BN-AlN-C 或 O′-Sialon-ZrO_2-C 层。这一方法确实能减少水口堵塞，但由于这些材料太贵，至今尚难推广。

O′-Sialon 是 Al_2O_3 溶解于 Si_2N_2O 的固溶体（见图 1），即以部分 Al、O 取代 Si、N 而形成的，其通式为 $Si_{2-x}Al_xN_{2-x}O_{1+x}$（$0 < x \leqslant 0.3$），通常是由 Si_3N_4、SiO_2 与 Al_2O_3 粉反应烧结制备的。O′-Sialon-ZrO_2 又简称 O′-ZrO_2，是由 Si_3N_4 与锆英石（或 ZrO_2 与 SiO_2 粉）加 Al_2O_3 与 Y_2O_3 粉于 1600 ~ 1700℃反应烧结的。Al_2O_3 与 Y_2O_3 可促进溶解—沉积与液相烧结。O′-Sialon-ZrO_2 的显微特征是 O′-Sialon 针状结晶形成交织网络结构，ZrO_2 均匀分散其中，O′-ZrO_2 具有很高的常温与高温强度，并抗金属熔体的侵蚀。O′-ZrO_2 抗钢液中 Al_2O_3 沉积的机理尚不十分清楚。

（5）采用能与 Al_2O_3 形成低熔物的材质，可避免堵塞。例如采用 CaO-ZrO_2 或 CaO-ZrO_2-C 质浸入式水口内壁。由于钢中 Al_2O_3 易与 CaO 形成 CaO-Al_2O_3 或 CaO-Al_2O_3-ZrO_2 低熔物而被钢流带走，避免堵塞。这一方法确有较好效果。统计结果表明，在这种水口内壁沉积的 Al_2O_3，其厚度只有通常 Al_2O_3-C 质水口内壁沉积的 Al_2O_3 的 50%。

奥加里（Ogari）研究过 CaO-ZrO_2-C 质浸入式水口中适宜的 CaO 含量。认为 CaO 含量不能大于 27%，也不要低于 20%。CaO · ZrO_2 的理论组成为：CaO 31.4%，ZrO_2 68.6%。CaO 多了会水化，因此 ZrO_2 的含量要大于锆酸钙的理论含量，使其矿物组成为：CaO · ZrO_2 + 稳定 ZrO_2。

南达乔夫斯基（Nadachowski）研究了 ZrO_2-2CaO · SiO_2 后认为，该材料可用来作浸入式水口。

（6）改进水口中孔形状。当中间包采用滑动水口控制钢流流量、滑动水口处于不全开时，钢流会在浸入式水口中孔内产生偏向。偏向造成钢流在水口中孔内散流与不规则流动，引起 Al_2O_3 沉积和水口堵塞。为此，提出了采用中孔呈台阶式的环状浸入式水口对钢流进行整流，防止水口堵塞的办法。

(7) 采用电磁技术，使钢流旋转。借助 Al_2O_3 晶体与钢液密度上的差异，Al_2O_3 因向心力的作用而在钢流中心黏结成团并上浮，从而防止水口堵塞。用这个办法还可以提高钢的洁净度。但要求水口材质要有良好的电性质。各种材料中 ZrB_2 较合适。

3.3 近终形连铸（Near-net-shap-conti-casting）

采用近终形连铸机（NNSCC）直接铸出接近最终要求的型材，如带钢、薄板等。这样就不再需要热轧机。近终形连铸对耐火材料的要求比水平连铸机还要高。它希望耐火材料具有密封性、润滑性，能加工到微米级，而且高温强度要高、抗侵蚀冲刷好，高温下不发生变形。看来，只能采用精细陶瓷。

参考文献

[1] Peter Jeschke, Gunther Mortl. UNITECR'93 Congress: 17.
[2] Sadame Asano. ibid: 69.
[3] Takuo 1mai. ibid: 95.
[4] Masayuki S, Tetstlo H, Koryu A, Takuzo-M. ibid: 963.
[5] Joseph S, Masaryk, Richard A, Steinke, Ralph B. Vide-tto, ibid: 527.
[6] Paul Williams, Tay Ior D, Leoni H, ibid: 347.
[7] Klaus Dosinger, Franz Reiterer. ibid: 454.
[8] Kenji Ichikawa, Ryosuke Nakamura, Satoru Usuda. ibid: 382.
[9] Shyam Miglani. ibid: 1455.
[10] Keuji Tamaki, etc. ibid: 1466.
[11] Toshio Kanatani, yasuo Imaiida. ibid: 1255.
[12] Eija Alasoarela, Wilhelm Eitel. ibid: 1267.
[13] Lumir Kuchar, Jouko Härkki. ibid: 1398.
[14] Paul M Benson, Quentin K Robinson, etc. ibid: 1087.
[15] Kazumi Oguri, Mitsuru Ando, etc. ibid: 1119.
[16] Hideaki Nishio, Kunio Minate, et al. Shinagawa Technical Report, 1994, 37: 25.
[17] Takashi Yamamura, et al. ibid: 39.
[18] Hoggard Dale B, Park Hank, et al. Am Ceram, Soc. Bull., 1990, 69(7): 1163.

Trends in Refractories for Progress of Iron and Steel Making Industry

Chen Zhaoyou

(Luoyang Institute of Refractories Research, Ministry of Metallurgical Industry)

Abstract: In this paper the trends in refractories for progress and demands of world iron and steel making industry are reviewed. These include coke oven problem, blast furnace and runner, smelting reduction ironmaking process, hot iron pretreatment, basic oxygen converter, electric arc furnace and direct current electric arc furnace, secondary refining vessels, ladle refractories, Tundish refractories, alumina clogging problem in submerged nozzle, and near net shape casting etc.

本文选自《耐火材料》, 1994, 28(6): 309.

耐火材料与洁净钢的关系

陈肇友[1] 田守信[2]

（1. 中钢集团洛阳耐火材料研究院；
2. 上海宝钢研究院资源与环境工程研究所）

摘　要：从化学热力学分析讨论了耐火氧化物及复合氧化物与钢液中平衡氧含量的关系，钢液中氧含量与氧势的关系，耐火氧化物与钢中硫含量，耐火氧化物及结合剂与钢中磷含量，耐火材料中残余水分及有机结合剂与钢中氢含量的关系，以及炼超低碳钢时的碳污染等问题。

关键词：耐火材料，洁净钢，化学热力学，二次精炼，钢中杂质含量，氧势

近年来，对洁净钢的呼声越来越高。一般把钢中氧、硫、磷、氢、氮五大元素作为有害杂质，要求其含量越低越好。对洁净钢中有害杂质的含量目前尚无统一的标准。应该说，不同钢种对于有害杂质的种类和含量的规定应是不同的。例如：怕冷脆的钢种，其磷含量应甚低；航空飞行器用钢种，其氢含量应极低；超低碳钢，碳成为有害杂质，碳含量要低；而取向硅钢，要有一定的氮含量，氮则成为有用元素。

在洁净钢（clean steel）生产中，影响钢的洁净度（cleanliness of steel）的重要环节是二次精炼炉、精炼盛钢桶、连铸中间盛钢桶（包）以及浇钢系统的水口、塞棒、滑板等耐火材料。在这里不涉及耐火材料因冲刷而卷入钢液中造成的夹杂物。

钢液中的氮通过真空除气可基本除去，因此不在本文讨论之列。本文从热力学方面着重分析、讨论了耐火材料同钢中氧、硫、磷、氢和碳含量的关系。

1 耐火材料与钢液中氧含量的关系

1.1 耐火氧化物与钢液中氧含量的关系

耐火氧化物的溶解或分解造成增氧，写成通式：

$$1/yM_xO_{y(s)} = x/y[M] + [O]$$

式中，[M] 与 [O] 分别表示溶于钢液中的金属与氧。其逆反应：

$$x/y[M] + [O] = 1/yM_xO_{y(s)}$$

则表示溶解在钢液中的脱氧剂 M 与溶于钢液中的氧反应生成脱氧产物 M_xO_y。如果 M_xO_y 不上浮，也会成为钢中夹杂物。

Al、Si、Cr、Zr 在铁液中的溶解度都很大；而 Mg 与 Ca 由于在高温下以气态存在，在铁液中的溶解度很低。

当元素在钢液中的溶解量很小时，一般说来其活度系数接近于 1，因此，可用浓度代替活度，即 $a_{[M]} = [\%M]$。

下面讨论氧化物或复合氧化物在钢液中溶解平衡时的情况。假设体系中只有 Fe 及所讨论的氧化物或复合氧化物的元素，不存在其他元素。

1.1.1 采用刚玉作耐火衬[1]

$$Al_2O_{3(s)} = 2[Al] + 3[O]$$

由热力学数据书可查得：

$$2Al_{(l)} + 2/3O_{2(g)} = Al_2O_{3(s)}$$

$$\Delta G^{\ominus} = -1682900 + 323.24T$$

$$Al_{(l)} = [Al]_{1\%}$$

$$\Delta G^{\ominus} = -63180 - 27.91T$$

$$1/2O_{2(g)} = [O]_{1\%}$$

$$\Delta G^{\ominus} = -117150 - 2.89T$$

求得反应：

$$Al_2O_{3(s)} = 2[Al]_{1\%} + 3[O]_{1\%}$$

---

[1] 本文热力学数据来自：陈肇友，化学热力学与耐火材料。

的标准吉布斯自由能变化为：

$$\Delta G^{\ominus} = 1205090 - 387.73T$$

当 $T = 1873$K 时，$\Delta G^{\ominus}_{1873} = 478872$J/mol，

由 $\Delta G^{\ominus}_{1873} = -RT\ln K^{\ominus}$可得：

$$a^2_{[\mathrm{Al}]} \cdot a^3_{[\mathrm{O}]} = 4.41 \times 10^{-14}$$

由此可绘出图 1 中的 Al_2O_3 线。

1.1.2 采用 MgO 作耐火衬

同样，由已知热力学数据：

$$MgO_{(s)} = Mg_{(g)} + 1/2O_{2(g)}$$

$$\Delta G^{\ominus} = 714420 - 193.72T$$

$$1/2O_2 = [O]_{1\%}$$

$$\Delta G^{\ominus} = -117150 - 2.89T$$

$$Mg_{(g)} = [Mg]_{1\%}$$

$$\Delta G^{\ominus} = -112550 + 49.20T$$

可求得反应：

$$MgO_{(s)} = [Mg]_{1\%} + [O]_{1\%} \tag{1}$$

的标准吉布斯自由能变化为：

$$\Delta G^{\ominus} = 484720 - 147.41T$$

当 $T = 1873$K 时，同样可由 $\Delta G^{\ominus}_{1873} = -RT\ln K^{\ominus}$求得：

$$a_{[\mathrm{Mg}]} \cdot a_{[\mathrm{O}]} = 1.52 \times 10^{-6}$$

由此可绘出图 1 中的 MgO 线。

这里顺便介绍一下如何取舍查得的热力学数据的问题。例如，在求反应（1）的标准吉布斯自由能变化时，需要 Mg 在钢液中的溶解：

$$Mg_{(g)} = [Mg]_{1\%}$$

的热力学数据，但从有关热力学数据书中可查到下列两个不同的数据：

$$\Delta G^{\ominus} = -112550 + 49.20T \tag{2}$$

和 $$\Delta G^{\ominus}=117400-31.4T \quad (3)$$

从式（2）与式（3）右边可以看出正负号相反，差异很大，该如何取舍呢?

我们知道，Mg 的沸点低，只有 1090℃，在高温下为气体。对气体的溶解，一般是温度升高不利于其溶解，即随着温度升高其 $\Delta G^{\ominus}$ 值越大（即越正）。式（2）符合这一趋向，而式（3）则不符合这一趋向。其次，Mg 与 Ca 在高温下都为气体，其在钢液中的溶解应相似，即它们的标准溶解自由能与温度关系式其右边的正负号应是一致的。式（2）与之相符。因此，应取式（2）而舍式（3）。

1.1.3 用其他氧化物作耐火衬

（1）用 Cr_2O_3 作耐火衬：

$$Cr_2O_{3(s)} = 2[Cr]_{1\%} + 3[O]_{1\%}$$

$$\Delta G^{\ominus} = 807316 - 357.81T$$

$T=1873K$ 时，$a_{[Cr]}^2 \cdot a_{[O]}^3 = 1.50\times10^{-4}$

（2）用 SiO_2 作耐火衬：

$$SiO_{2(s)} = [Si]_{1\%} + 2[O]_{1\%}$$

$$\Delta G^{\ominus} = 580550 - 220.66T$$

$T=1873K$ 时，$a_{[Si]} \cdot a_{[O]}^2 = 2.16\times10^{-5}$

（3）用 ZrO_2 作耐火衬：

$$ZrO_{2(s)} = [Zr]_{1\%} + 2[O]_{1\%}$$

$$\Delta G^{\ominus} = 793270 - 231.86T$$

$T=1873K$ 时，$a_{[Zr]} \cdot a_{[O]}^2 = 9.74\times10^{-11}$

（4）用 CaO 作耐火衬：

$$CaO_{(s)} = [Ca]_{1\%} + [O]_{1\%}$$

$$\Delta G^{\ominus} = 622240 - 138.42T$$

$T=1873K$ 时，$a_{[Ca]} \cdot a_{[O]} = 7.53\times10^{-11}$

根据以上计算结果绘制出了图1。

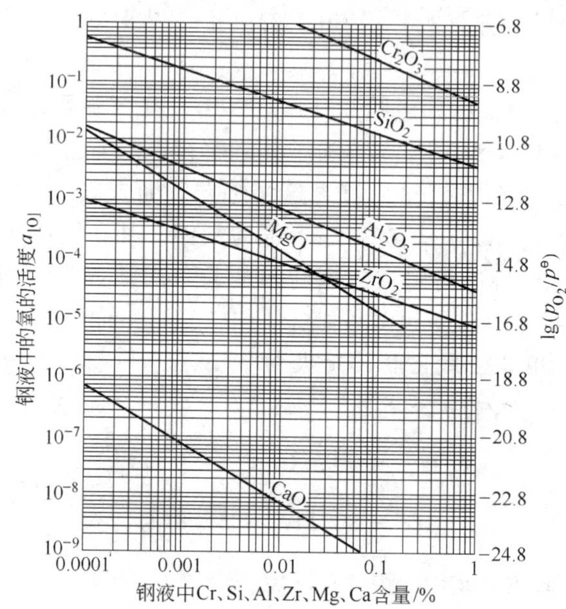

图1　耐火氧化物中的金属元素在钢液中的含量与钢液中平衡氧的活度及 $\lg\left(\frac{p_{O_2}}{p^{\ominus}}\right)$ 的关系（1600℃）

由

$$1/2O_{2(g)} = [O]_{1\%}$$

$$\Delta G^{\ominus} = -117150 - 2.89T = -RT\ln K^{\ominus}$$

可得 $T=1873K$ 时，

$$\lg a_{[O]} - \frac{1}{2}\lg\left(\frac{p_{O_2}}{p^{\ominus}}\right) = 3.41$$

将 $a_{[M]}=10^{-2}$ 时的 $a_{[O]}$ 值代入上式得到的对应的 $\lg\left(\frac{p_{O_2}}{p^{\ominus}}\right)$ 值示于表1。可以看出，要得到低氧含量的洁净钢，采用 Cr_2O_3 或 SiO_2 质耐火材料作精炼盛钢桶或中间盛钢桶的衬材是不合适的，最好采用钙质、锆质或镁钙质材料。

表1 一些耐火氧化物在1600℃钢液中溶解平衡时，对应于 $a_{[M]}=10^{-2}$ 时的 $a_{[O]}$ 及 $\lg\left(\frac{p_{O_2}}{p^{\ominus}}\right)$ 值

耐火氧化物	$\Delta G^{\ominus}_{1873}$/J · mol^{-1}	$a_{[M]}=10^{-2}$ 时的 $a_{[O]}$ 值	$a_{[O]}$ 值对应的 $\lg\left(\frac{p_{O_2}}{p^{\ominus}}\right)$
$Cr_2O_{3(s)}$ ══ $2[Cr]_{1\%}+3[O]_{1\%}$	−137138	1.14	−6.69
$SiO_{2(s)}$ ══ $[Si]_{1\%}+2[O]_{1\%}$	−167253	4.65×10^{-2}	−9.46
$Al_2O_{3(s)}$ ══ $2[Al]_{1\%}+3[O]_{1\%}$	−478872	7.61×10^{-4}	−13.04
$MgO_{(s)}$ ══ $[Mg]_{1\%}+[O]_{1\%}$	−208621	1.52×10^{-4}	−14.43
$ZrO_{2(s)}$ ══ $[Zr]_{1\%}+2[O]_{1\%}$	−358996	9.87×10^{-5}	−14.81
$CaO_{(s)}$ ══ $[Ca]_{1\%}+[O]_{1\%}$	−362979	7.53×10^{-9}	−23.05

1.2 复合氧化物与钢液中氧含量的关系

这里所讨论的复合氧化物主要是指莫来石（$3Al_2O_3\cdot2SiO_2$）、锆英石（$ZrO_2\cdot SiO_2$）、镁橄榄石（$2MgO\cdot SiO_2$）、镁铬尖晶石（$MgO\cdot Cr_2O_3$）、镁铝尖晶石（$MgO\cdot Al_2O_3$）、硅酸二钙（$2CaO\cdot SiO_2$）和铝酸钙（$CaO\cdot Al_2O_3$）等。

一般说来，复合氧化物在铁液中的溶解，主要是其中较不稳定的氧化物分解溶解。例如：莫来石、锆英石或镁橄榄石在铁液中的溶解主要是 SiO_2 分解溶解；$MgO\cdot Cr_2O_3$ 是 Cr_2O_3 分解溶解。但 $MgO\cdot Al_2O_3$ 尖晶石的溶解，从图1看，MgO 与 Al_2O_3 在低浓度时彼此靠近，因此在［%Mg］与［%Al］很低时，Al_2O_3 与 MgO 的分解溶解需要同时考虑。哈尔基（J. Härkki）等曾报道[1]：在1600℃，对于 $MgO\cdot Al_2O_3$ 的分解溶解，当其平衡氧含量为 $1.62\times10^{-3}\%$（16.2ppm）时，Fe 液中 Al 含量为 $1.37\times10^{-3}\%$（13.7ppm），而 Mg 含量为 $6.17\times10^{-4}\%$（6.17ppm），Al 的溶解量比 Mg 大一倍；再因 Al 在 Fe 液中的溶解度远大于 Mg，当平衡氧含量不是太高时，一般可不考虑 Mg 在 Fe 液中的溶解。因此，对这些复合氧化物在铁液中的分解溶解，其平衡时金属溶液中氧的活度是以元素 Si、Cr、Al 在 Fe 液中的浓度的函数来表示的。

1.2.1 以莫来石作耐火衬

莫来石分解溶解于 Fe 液中的反应为：

$$3Al_2O_3 \cdot 2SiO_{2(s)} = 3Al_2O_{3(s)} + 2[Si]_{1\%} + 4[O]_{1\%} \quad (4)$$

可由反应：

$$3Al_2O_{3(s)} + 2SiO_{2(s)} = 3Al_2O_3 \cdot 2SiO_{2(s)}$$

$$\Delta G^{\ominus} = 8600 - 17.41T$$

与反应：

$$2SiO_{2(s)} = 2[Si]_{1\%} + 4[O]_{1\%}$$

$$\Delta G^{\ominus} = 1161100 - 441.32T$$

求得反应（4）的标准吉布斯自由能变化为：

$$\Delta G_4^{\ominus} = 1152500 - 423.91T$$

当 $T = 1873K$ 时，$\Delta G_4^{\ominus} = 358516J/mol$，

由 $\Delta G^{\ominus} = -RT\ln K^{\ominus}$ 可得：

$$a_{[Si]} \cdot a_{[O]}^2 = 1.0 \times 10^{-5}$$

由此可给出图 2 中的 $3Al_2O_3 \cdot 2SiO_2$ 线。

1.2.2 以 $MgO \cdot Al_2O_3$ 尖晶石作耐火衬

$MgO \cdot Al_2O_3$ 分解溶解于 Fe 液中的反应为：

$$MgO \cdot Al_2O_{3(s)} = MgO_{(s)} + 2[Al]_{1\%} + 3[O]_{1\%}$$

$$\Delta G^{\ominus} = 1228694 - 381.82T$$

当 $T = 1873K$ 时，同样可求得：

$$a_{[Al]}^2 \cdot a_{[O]}^3 = 4.76 \times 10^{-15}$$

由此可绘出图 2 中的 $MgO \cdot Al_2O_3$ 线。

1.2.3 以 $MgO \cdot Cr_2O_3$ 尖晶石作耐火衬

$$MgO \cdot Cr_2O_{3(s)} = MgO_{(s)} + 2[Cr]_{1\%} + 3[O]_{1\%}$$

$$\Delta G^{\ominus} = 852478 - 363.17T$$

当 $T=1873\text{K}$ 时，$a_{[\text{Cr}]}^{2} \cdot a_{[\text{O}]}^{3} = 1.57 \times 10^{-5}$

1.2.4 以锆英石作耐火衬

$$ZrO_2 \cdot SiO_{2(s)} = ZrO_2 + [Si]_{1\%} + 2[O]_{1\%}$$

$$\Delta G^{\ominus} = 606046 - 233.74T$$

当 $T=1873\text{K}$ 时，$a_{[\text{Si}]} \cdot a_{[\text{O}]}^{2} = 2.03 \times 10^{-5}$。

1.2.5 以镁橄榄石作耐火衬

$$2MgO \cdot SiO_{2(s)} = 2MgO + [Si]_{1\%} + 2[O]_{1\%}$$

$$\Delta G^{\ominus} = 647750 - 224.97T$$

当 $T=1873\text{K}$ 时，$a_{[\text{Si}]} \cdot a_{[\text{O}]}^{2} = 4.857 \times 10^{-3}$。

1.2.6 以硅酸二钙作耐火衬

$$2CaO \cdot SiO_{2(s)} = 2CaO + [Si]_{1\%} + 2[O]_{1\%}$$

$$\Delta G^{\ominus} = 699350 - 209.36T$$

当 $T=1873\text{K}$ 时，$a_{[\text{Si}]} \cdot a_{[\text{O}]}^{2} = 2.7 \times 10^{-9}$。

1.2.7 $CaO \cdot Al_2O_3$

铝酸钙水泥与钢液渣洗用精炼渣的主要成分为铝酸钙，$CaO \cdot Al_2O_3$ 与钢液接触发生下列反应：

$$CaO \cdot Al_2O_{3(s)} = CaO + 2[Al]_{1\%} + 3[O]_{1\%}$$

$$\Delta G^{\ominus} = 1223090 - 368.9T$$

当 $T=1873\text{K}$ 时，$a_{[\text{Al}]}^{2} \cdot a_{[\text{O}]}^{3} = 1.44 \times 10^{-15}$。

根据以上计算结果绘制出了图2，并且将 $a_{[\text{M}]} = 10^{-2}$时的 $a_{[\text{O}]}$ 值及对应的 $\lg\left(\frac{p_{O_2}}{p^{\ominus}}\right)$ 值示于表2。可以看出，若要选用耐火复合氧化物作精炼盛钢桶或中间盛钢桶衬冶炼低氧含量钢，以选用镁铝尖晶石较好；渣则以碱性渣与铝酸钙为好。

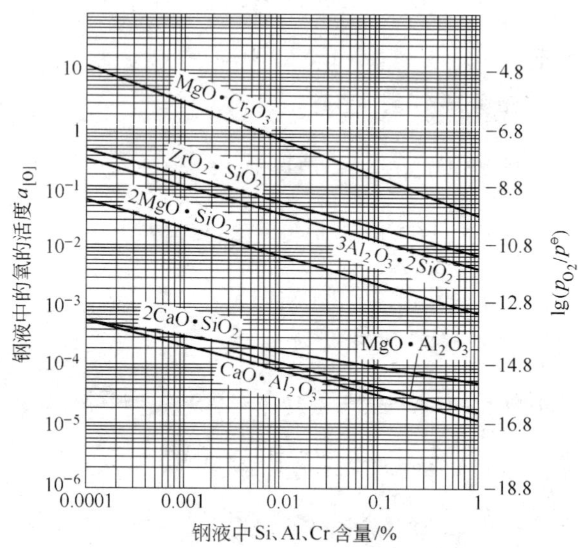

图2　1600℃时，复合氧化物中元素Si或Al或Cr在钢液中的含量与钢液中平衡氧的活度及 $\lg\left(\frac{p_{O_2}}{p^\ominus}\right)$ 的关系

表2　一些耐火复合氧化物在1600℃钢液中溶解平衡时，对应于 $a_{[M]}=10^{-2}$ 时的 $a_{[O]}$ 及 $\lg\left(\frac{p_{O_2}}{p^\ominus}\right)$ 值

耐火复合氧化物	$\Delta G^\ominus_{1873}$ /J · mol^{-1}	$a_{[M]}=10^{-2}$ 时的 $a_{[O]}$ 值	$a_{[O]}$ 值对应的 $\lg\left(\frac{p_{O_2}}{p^\ominus}\right)$
$MgO \cdot Cr_2O_{3(s)} = MgO_{(s)} + 2[Cr]_{1\%} + 3[O]_{1\%}$	-172260	0.54	-7.33
$ZrO_2 \cdot SiO_{2(s)} = ZrO_{2(s)} + [Si]_{1\%} + 2[O]_{1\%}$	-168260	4.5×10^{-2}	-9.49
$\frac{1}{2}(3Al_2O_3 \cdot 2SiO_2) = \frac{3}{2}Al_2O_{3(s)} + [Si]_{1\%} + 2[O]_{1\%}$	-179258	3.2×10^{-2}	-9.80
$MgO \cdot SiO_{2(s)} = 2MgO_{(s)} + [Si]_{1\%} + 2[O]_{1\%}$	-226381	6.97×10^{-3}	-11.11
$2CaO \cdot SiO_{2(s)} = 2CaO_{(s)} + [Si]_{1\%} + 2[O]_{1\%}$	-307218	5.2×10^{-4}	-13.37
$MgO \cdot Al_2O_{3(s)} = MgO_{(s)} + 2[Al]_{1\%} + 3[O]_{1\%}$	-513545	3.6×10^{-4}	-13.68
$CaO \cdot Al_2O_{3(s)} = CaO_{(s)} + 2[Al]_{1\%} + 3[O]_{1\%}$	-532140	2.4×10^{-4}	-14.03

1.3 钢液中氧含量与氧势的关系

O_2 溶于钢液的反应为：

$$1/2O_{2(g)} = [O]_{1\%}$$

该反应的标准吉布斯自由能变化为：

$$\Delta G^{\ominus} = -117150 - 2.89T$$

由 $\Delta G^{\ominus} = -RT\ln K^{\ominus}$ 得：

$$RT\ln a_{[O]} = \frac{1}{2}RT\ln\left(\frac{p_{O_2}}{p^{\ominus}}\right) - \Delta G^{\ominus}$$

当 $T = 1873\text{K}$ 时，$\Delta G^{\ominus}_{1873} = -122563\text{J/mol}$。代入上式得：

$$2\lg a_{[O]} - 6.8 = \lg\left(\frac{p_{O_2}}{p^{\ominus}}\right)$$

通过上式可将不太直观的氧活度 $a_{[O]}$ 转换为比较直观的氧分压$\frac{p_{O_2}}{p^{\ominus}}$或氧势 $RT\ln\left(\frac{p_{O_2}}{p^{\ominus}}\right)$或 $\lg\left(\frac{p_{O_2}}{p^{\ominus}}\right)$。转换结果示于图 1 与图 2 右边的刻度标 $\lg\left(\frac{p_{O_2}}{p^{\ominus}}\right)$。由此可以得出，要冶炼氧含量低的洁净钢，精炼设备所用耐火材料应选用氧势低的耐火氧化物或复合氧化物。

2 耐火材料与钢中硫含量的关系

钢液冷凝时，硫会浓聚于晶粒边界，加热钢锭时会在晶粒边界熔化，造成钢的“热脆”。钢液中硫含量越低，说明钢中硫化物洁净度（sulphide cleanliness）越高。

钢液的脱硫反应为钢液与熔渣之间的反应，其反应式：

$$[S] + (O^{2-}) = (S^{2-}) + [O]$$

或

$$[S] + (CaO) = (CaS) + [O]$$

式中，[ ] 表示金属熔体相，( ) 表示熔渣相。

从上面反应式可知，要使钢液中硫含量低，熔渣必须是 CaO 含量高的高碱度渣，并且钢液中溶解的氧含量应尽可能低。而要使钢液中的溶解氧含量尽可能低，就必须：(1) 采用脱氧能力极强的脱氧剂如金属 Al、Ca 合金等，使其与钢液中的［O］反应形成氧化物并上浮至熔渣相；（2）应选用氧势尽可能低的耐火材料。

从前面讨论的耐火材料的氧势大小看，CaO、ZrO_2、MgO 的氧势小。因此，为减少钢中硫含量，精炼设备、盛钢桶、中间盛钢桶及浇铸系统应选用钙质、锆质、镁钙质、锆钙质或镁铝尖晶石质材料。这不仅有利于脱硫，也有利于抗高碱度渣的侵蚀。

Bannenberg 在 UNITECR'95 会议上发表的论文[2]介绍了不同耐火材料（见表 3）对钢液硫含量的影响，其结果见图 3。可以看出，其

表 3　钢液硫含量试验用耐火材料的化学组成　（%）

编号	1	2	3	4	5	6	7	8	9	10
CaO	99. 9		2. 5	2. 5		53. 2				
MgO		0. 1	31. 0	94. 0	84. 5	38. 2			63. 2	
Al_2O_3		99. 5	65. 2		3. 3	0. 3	86. 7	81. 0	5. 1	6. 7
ZrO_2										49. 5
SiO_2	0. 4	0. 2	0. 8	1. 8	3. 7	1. 8	8. 8	12. 0	2. 3	38. 6
Cr_2O_3			1. 7		1. 2				17. 3	
Fe_2O_3		0. 3	0. 5	0. 5	0. 3	0. 4	1. 4	1. 5	9. 3	1. 5
TiO_2						2. 4	2. 4	3. 5		3. 5
C					8. 0	3. 9	3. 0			

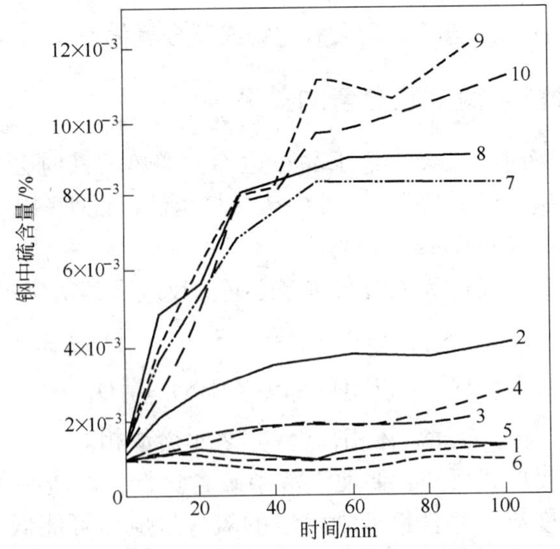

图 3　不同材质的耐火材料对钢液中硫含量影响的试验结果

中脱硫效果最好的是镁钙质、钙质与镁铝质耐火材料，而镁铬质、锆英石质与铝硅质的则不好。这些实验结果表明，钢中硫含量高低与耐火氧化物及复合氧化物的氧势高低有关。即钢液中硫含量及钢液中溶解氧的含量同耐火氧化物的氧势大小具有相同的规律。

3 耐火氧化物及结合剂与钢中磷含量的关系[3]

磷会增大钢的低温脆性。对于一般钢，要求磷含量低于0.035%；对低温韧性要求特别高的钢，磷含量则要求在0.005%，甚至0.003%以下。

钢液脱磷或增磷反应为：

$$2[P]+5[O]+3(O^{2-})\underset{\text{增 P}}{\overset{\text{脱 P}}{\rightleftharpoons}}2(PO_4^{3-})$$

或
$$2[P]+5[O]+3(CaO)=\!=\!=Ca_3(PO_4)_2$$

$$2[P]+5[O]+3(MgO)=\!=\!=Mg_3(PO_4)_2$$

松下幸雄等曾采用石灰坩埚研究过含磷铁液的脱磷。由于在他的研究中，CaO 和 $Ca_3(PO_4)_2$ 达到饱和，以独立相存在，因此 CaO 和 $Ca_3(PO_4)_2$ 的活度皆等于 1。得出：

$$\lg\frac{1}{[\%P]^2[\%O]^5}=\frac{96600}{T}-42.9$$

从下列反应的热力学数据：

$$3CaO_{(s)}+P_{2(g)}+5/2O_{2(g)}=\!=\!=3CaO\cdot P_2O_{5(s)}$$

$$\Delta G^{\ominus}=-2313800+556.5T$$

$$5/2O_{2(g)}=\!=\!=5[O]_{1\%}$$

$$\Delta G^{\ominus}=-585750-14.45T$$

$$P_{2(g)}=\!=\!=2[P]_{1\%}$$

$$\Delta G^{\ominus}=-244346-38.5T$$

可求得反应：

$$3CaO_{(s)}+2[P]+5[O]=\!=\!=Ca_3(PO_4)_{2(s)}$$

$$\Delta G^{\ominus}=-1483704+609.45T \tag{5}$$

从上式得：

$$\lg \frac{1}{a_{[P]}^{2} \cdot a_{[O]}^{5}} = \frac{77489}{T} - 31.83T$$

从式（5）可知，脱磷反应为强放热反应，其 $\Delta H^{\ominus} = -1483 kJ/mol$。因此，温度升高是不利于从钢液中脱磷的。钢的二次精炼温度很高，一般在1650~1700℃，即使在中间盛钢桶内，钢液温度也在1550~1600℃。高温不利于钢液脱磷，而有利于钢液增磷。

其次，精炼后的钢中氧含量很低。从脱磷的化学反应式可知，钢中氧含量低不利于钢液脱磷，而有利于增磷。

从脱磷化学反应式可知，精炼盛钢桶或中间盛钢桶中使用 CaO 含量高的高碱度熔渣有利于脱磷，可国内一些中间盛钢桶渣的碱度很低，其 CaO/SiO_2 比为0.5~1.0。这种低碱度渣，其阴离子主要是复合阴离子 $A_xO_y^{2-}$，而 O^{2-} 离子浓度很低，这对钢液脱磷是极不利的。

耐火氧化物原料本身的含磷量是很低的，但若采用磷酸或磷酸盐作结合剂来生产精炼盛钢桶或中间盛钢桶用耐火衬，根据上面条件与分析，耐火衬内的磷是极易进入钢液而导致钢液增磷的。

例如，目前的中间盛钢桶涂料，无论是镁铬质、镁质或镁钙质，一般都采用磷酸盐作结合剂。磷酸盐加入量为涂料质量的2.5%~4%。根据三聚磷酸钠（$Na_5P_3O_{10}$）或六偏磷酸钠（$Na_6P_6O_{18}$）的分子式计算，其磷含量为25.3%或30.6%。若5t中间盛钢桶用了800kg耐火涂料，能连续浇铸500t钢，浇铸后中间盛钢桶蚀损2/3，则每吨钢可能吸收的磷量为0.01~0.03kg，这样使钢液中磷的含量增加0.001%~0.003%。因此，浇铸磷含量低的一些低温韧性钢应采用非磷酸盐结合的耐火制品。

4 耐火材料与钢中氢含量的关系

氢会使钢中出现“白点”，引起氢脆（hydrogen embrittlement）。经过真空精炼后的钢液，氢含量通常很低，为 $1.5 \times 10^{-4}\% \sim 1 \times 10^{-4}\%$（1.5~1ppm）。增氢主要是在浇钢过程中发生的，主要来源有：（1）熔渣中溶解的氢（不属耐火材料范围）；（2）盛钢桶或中间盛钢桶耐火材料中残存的水分；（3）生产耐火材料时使用的树脂或沥青等有机结合剂。

下面分别讨论由空气中的 H_2 和水蒸气以及由有机结合剂造成钢液增氢的情况。

空气中的 H_2 进入钢液的反应为：

$$1/2H_{2(g)} = [H]_{1\%}$$

$$\Delta G^{\ominus} = 36480 + 30.46T$$

当 $T = 1873K$ 时，$\Delta G_{1873}^{\ominus} = 93532J/mol$

由 $\Delta G^{\ominus} = -RT\ln K^{\ominus}$ 可得：

$$[\%H] = 2.46 \times 10^{-3}\sqrt{\frac{p_{H_2}}{p^{\ominus}}}\text{（质量分数）}$$

空气中 H_2 含量（体积分数）为 0.01%，则 $\frac{p_{H_2}}{p^{\ominus}} = 0.0001$，因此空气中的氢造成钢液含氢量为：

$$[\%H] = 2.46 \times 10^{-3}\sqrt{0.0001} = 2.46 \times 10^{-5}$$

这说明空气中的氢气造成的钢液增氢是极微的，仅为 0.24ppm，不会使钢液大量含氢。

空气中水蒸气进入钢液，其反应为：

$$H_2O_{(g)} = 2[H]_{1\%} + [O]_{1\%}$$

$$\Delta G^{\ominus} = 203310 + 2.17T$$

当 $T = 1873K$ 时，　$\Delta G_{1873}^{\ominus} = 207374J/mol$

同样可由 $\Delta G^{\ominus} = -RT\ln K^{\ominus}$ 推得：

$$[\%H] = 1.28 \times 10^{-3}\sqrt{\frac{p_{H_2O}}{p^{\ominus}[\%O]}}$$

将 $p^{\ominus} = 101325Pa$ 代入上式得：

$$[\%H] = 4.03 \times 10^{-6}\sqrt{\frac{p_{H_2O}}{[\%O]}}\text{（质量分数）}$$

$$[\%H] = 4.03 \times 10^{-2} \sqrt{\frac{p_{H_2O}}{[\%O]}}(\text{ppm})^{❶} \tag{6}$$

从上式可知，气氛中水蒸气分压越大，钢中氧含量越低，则钢中氢含量越高。

由于钢液是经过二次精炼与充分脱氧的，其中的氧含量很低。若$[\%O]=10^{-3}$，则式（6）为：

$$[\%H] = 1.27\sqrt{p_{H_2O}}(\text{ppm})$$

20℃时，水的饱和蒸气压为2.33kPa，若相对湿度为50%，则水蒸气压$p_{H_2O}=1.165\text{kPa}$。代入上式得：

$$[\%H] = 1.27\sqrt{1165} = 43(\text{ppm})$$

由此可见，二次精炼后的钢液，水蒸气造成的增氢是特别值得注意的。实践表明，即使将中间包（盛钢桶）的表面加热至1100℃，也不能保证完全将水分排除。因此，浇铸洁净钢时，对盛钢桶衬、中间包衬、塞棒、水口等，应采取在1200℃较长时间烘烤的措施，以充分排除耐火材料中的水分。

当盛钢桶、中间包、水口及塞棒采用有机物如树脂或沥青等作结合剂时，由于树脂、沥青中大约含有6%～8%的氢，即使经过300℃甚至600℃的热处理，在使用期间还会释放出H_2O、H_2、CH_4等气体。

结合剂的加入量通常为耐火材料的4%～5%，1t耐火材料就要加入大约45kg结合剂。有机结合剂中氢含量以6%计，1t耐火材料中约含2.7kg氢。若耐火材料经过热处理与烘烤已除去氢80%，则1t耐火材料中还残留有0.54kg氢。

浇钢系统砌筑的耐火材料与盛钢桶钢液容量之比，大约每吨钢液容量需砌0.16t耐火材料。容量为50t的盛钢桶系统则需8t耐火材料，烘烤后残存氢为8×0.54=4.3kg。

在浇钢的高温下，新砌的浇钢容器中，耐火材料残存的水分与氢，主要是在浇铸前两桶钢液时进入到钢液中的。若残存的4.3kg

---

❶ $1\text{ppm}=10^{-4}\%$。

氢全部进入到前两桶的100t钢液中，其增氢为43ppm。即使只增氢10ppm，就氢含量而言，也就不洁净了。

5 低碳钢及超低碳钢的碳污染问题

近年来，低碳钢与超低碳钢（如超低碳铝镇静钢、超低碳不锈钢、纯铁等）的用量明显增加。这些钢种要求其碳含量甚低，在20ppm，甚至5ppm以下。

碳极易溶于铁液，在1600℃铁液中的溶解度为5.41%。

图4和图5分别为表4中不同碳含量的镁碳材料在1200℃经真空处理10min和在1000℃于空气中保温2h使其表面脱碳后，钢液从含碳耐火材料中吸收的碳量随时间变化的情况。可以看出，镁碳材料经过表面脱碳处理可以减少钢液从镁碳材料中吸收的碳量，但吸收的碳量仍然是相当高的。类似的实验表明，Al_2O_3-C质浸入式水口同样使钢液增碳。

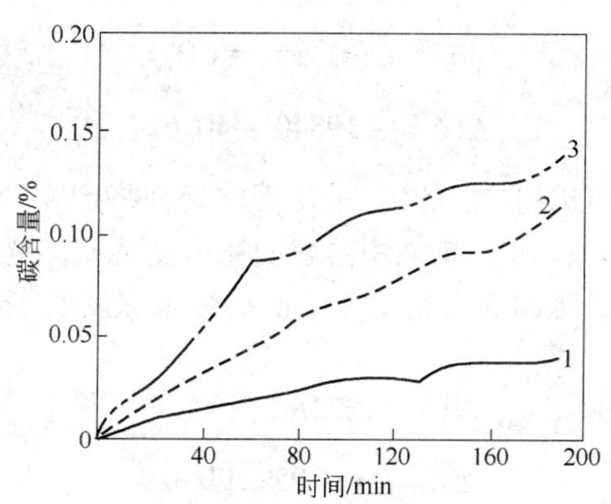

图4 钢液从不同碳含量的镁碳材料（1200℃真空处理10min）吸收的碳量

表4 不同碳含量的镁碳材料的化学组成 （%）

项 目	MgO	CaO	Al_2O_3	SiO_2	Fe_2O_3	C
1	94.26	1.83	2.55	1.08	0.25	4.95
2	94.08	1.87	2.31	1.27	0.42	9.60
3	96.63	1.75	0.52	0.82	0.22	13.75

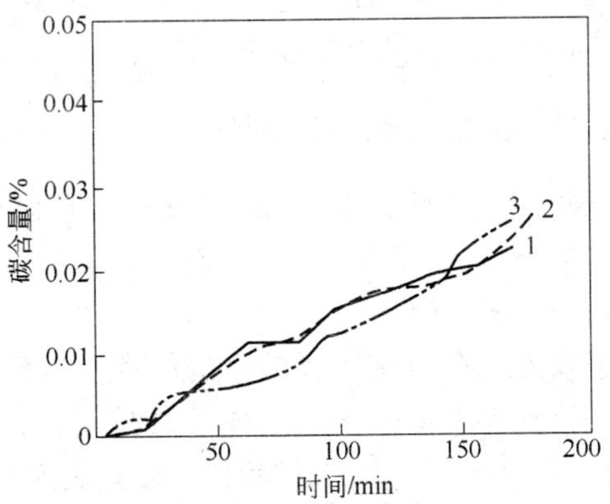

图 5 钢液从不同碳含量的镁碳材料（1000℃空气中处理 2h）吸收的碳量

炼超低碳钢主要是靠下列反应进行脱碳：

$$[C] + [O] \longrightarrow CO_{(g)}$$

$$\Delta G^{\ominus} = -19840 - 40.62T$$

从该反应可以得出：（1）采用真空处理将产物 CO 不断抽走将有利于碳的除去；（2）钢液中溶解的氧浓度越大，越有利于除去钢中的碳。因此，炼超低碳钢是在二次精炼未深度脱氧前的真空处理炉内进行的。

对于上面的反应，当 $T = 1873\text{K}$ 时，

$$\Delta G^{\ominus}_{1873} = -95921\text{J/mol}$$

由 $\Delta G^{\ominus} = -RT\ln K^{\ominus}$ 得：

$$-95921 = -8.314 \times 1873 \ln \frac{p_{CO}/p^{\ominus}}{a_{[C]} \cdot a_{[O]}}$$

$$a_{[C]} \cdot a_{[O]} = 2.11 \times 10^{-3} \times \frac{p_{CO}}{p^{\ominus}}$$

若真空处理的真空度为 200Pa，则 $p_{CO} = 200\text{Pa}$。连同 $p^{\ominus} =$

101325Pa 代入上式得：

$$a_{[C]} \cdot a_{[O]} = 4.16 \times 10^{-6}$$

由于低碳钢与超低碳钢中碳含量很低，其活度系数$f_{[C]}$可认为等于1，于是$a_{[C]} = [\%C]$，上式即为：

$$[\%C] \cdot a_{[O]} = 4.16 \times 10^{-6}$$

若采用 Al 脱氧，$[\%Al] = 0.1$ 时，从图 1 知，$a_{[O]} \approx 2 \times 10^{-4}$，$[\%C] = 2.08 \times 10^{-2}$，约 200ppm。这超过了对超低碳钢中碳含量的要求。

若只采用 Si 等脱氧剂进行钢液轻度脱氧，从图 1 知，其 $a_{[O]} \approx 10^{-2}$，$[\%C] = 4.16 \times 10^{-4}$，钢中碳含量只有 4ppm。

从上面计算可知，进行轻度脱氧，经 200Pa 真空处理后，可使钢液中碳含量降至 20ppm 以下。

对于炼超低碳不锈钢的真空处理设备，最适宜的耐火衬应是镁铬耐火材料。因为镁铬耐火材料在高温真空处理时，镁铬砖会与钢液发生下列反应：

$$MgO \cdot Cr_2O_{3(s)} + 4[C] = 2[Cr] + Mg_{(g)} + 4CO_{(g)}$$

不仅有利于脱碳，还可增加钢中铬的含量。

经过真空脱碳后的钢液，在随后的处理过程中，不应该再采用含碳耐火材料，否则，耐火材料中的碳将重新溶入钢中。

参 考 文 献

[1] Härkki J, Rytilä R, Palander M, et al. Reoxidation caused by refractory materials. Scandinavian J of Metallurgy, 1990, 19: 116 ~ 126.

[2] Bannenberg N. Demands of refractory material for clean steel production. UNITECR' 95 Congress, Proceedings Vol 1, 36 ~ 39.

[3] 陈肇友. 中间包涂料用磷酸盐作结合剂的讨论. 耐火材料, 1999, 33(4): 229 ~ 230.

Relationship between Clean Steel and Refractories

Chen Zhaoyou[1] Tian Shouxin[2]

(1. Luoyang Institute of Refractories Research;
2. China Iron & Steel Industry & Trade Group Corporation)

Abstract: The relationships between the refractory oxide or composite oxide and the equilibrium contents of oxygen dissolved in molten steel, the equilibrium contents of oxygen dissolved in molten steel and the oxygen potential, refractory oxide and the sulphur contents dissolved in molten steel, refractory oxide or phosphate binder and phosphor content in steel, residual moisture in refractories or the organic binder and hydrogen content in molten steel as well as the carbon contamination problem of the ultra-low carbon steel caused by carbon-containing refractories and the organic binders are analyzed and discussed from chemical thermodynamics.

Key words: refractories, clean steel, chemical thermodynamics, secondary steelmaking, impurities in steel, oxygen potential

本文选自《耐火材料》, 2004, 38(4): 219.

炉外精炼用耐火材料提高寿命的途径及其发展动向

陈肇友

（中钢集团洛阳耐火材料研究院）

摘　要：结合 VOD 与 RH 介绍了造成炉外精炼蚀损严重部位的原因。从 $MgO-Cr_2O_3$、MgO-CaO、MgO-C、MgO-CaO-C、$MgO-MgO\cdot Al_2O_3$ 等耐火材料性能及在精炼中的作用介绍了如何选择耐火材质；从接触角、熔渣黏度、形成高熔点化合物、气孔微细化，特别是炉渣成分控制、双饱和与精炼温度等方面介绍了提高炉外精炼用耐火材料寿命的途径。最后结合镁铬、镁钙、MgO-C、镁钙碳与无铬耐火材料介绍了炉外精炼用耐火材料的发展动向，并对 MgAlON 结合镁质耐火材料在炉外精炼中的研究与应用进行了评估与预期。

关键词：炉外精炼，VOD，RH，碱性耐火材料

我国 2005 年钢产量虽高达 3.49 亿吨，但一些高档的钢种却需要大量高价进口；而我国铁矿石短缺，国际上铁矿石随之抬高价格，大大上涨。显然，这样一种供求、生产方式与结构是十分不合理的，不仅会对环境造成大的破坏，对资源利用也不合适。其出路就是压缩一般钢产量，扩大炉外精炼，多生产技术含量高、附加值高的高档钢种。

为了有效和经济地炼出各种高质量的特殊钢，氧气转炉与电炉成了初步脱碳、升温与熔化废钢或冶炼一些普通钢的容器；而钢液的精炼过程则转移到了氧气转炉与电炉之外的精炼炉内进行；所以氧气转炉、电炉之外的精炼称之为炉外精炼或二次精炼。炉外精炼的主要任务是除去钢中杂质与夹杂物、脱气、调整化学成分和均匀化等。采用的手段有吹氧、吹氩脱碳，电加热或化学加热，调温，

真空脱气，喷入脱硫粉剂，吹氩或电磁搅拌使夹杂物上浮排除，加合金调整钢液成分与成分均匀化等。

炉外精炼的种类与方法甚多，主要有 VOD（Vacuum Oxygen Decarburization），AOD（Argon Oxygen Decarburization），VAD 或 VHD（Vacuum Arc Degassing or Vacuum Heating Degassing），DH，RH，RH-TOB，LF（Ladle Furnace），LF-VD，ASEA-SKF，CAS（Composition Adjustment by Sealed Argon Bubbing，一种吹氩、排渣、降下隔离浸渍罩，在封闭条件下吹氩调整钢液成分的简易钢包精炼法）等。

随着对钢质量、品种与成本的要求，炉外精炼也在不断改进与变化。例如 RH 过去只是钢液循环流动真空脱气，减少钢中杂质与夹杂物。现在 RH 真空室顶部或下部炉墙装置有氧枪、吹氩喷嘴等，可以吹 O_2 进行钢液真空脱碳，吹氩搅拌，喷脱硫粉剂等。于是有了 RH-OB、RH-TOB（Top Oxygen Blowing）或称 RH-KTB（Kawsaki Top Blowing），RH-MFB（Multifunction Burner 多功能喷嘴）与 RH-PB（RH-Powder Top Blowing）等。再如 CAS 现在又有了在浸渍罩内进行顶吹氧的 CAS-OB 法等。

20 世纪 90 年代以前发展较多的是 AOD、VOD、VAD 等，90 年代以后发展最快的是能吹氧、吹氩、喷粉剂的 RH 以及 LF 与 LF-VD。由于 LF 投资少，操作简便；而 RH 对钢水质量有保证，因此 LF 与 RH 发展甚快。我国大部分钢厂都有 LF 精炼钢包，宝钢、武钢、鞍钢、本钢与攀钢等都建了有吹氧的 RH 精炼设备[1]。

VOD 主要用来生产碳含量很低（0.003% ~0.001%）的超低碳不锈钢，RH-OB 等可生产超低碳薄板钢（无间隙原子 IF 钢），氧含量在 0.001% 以下的超洁净轴承钢，以及输送天然气、石油的耐侵蚀管道钢等高端钢种。一般不锈钢则大部分是由 AOD 炉精炼出的。碳素优质或低碳合金钢多由 LF 或 LF-VD 精炼出。CAS 可以精炼钢水，还可以减少中间包浸入式水口的堵塞。

由于精炼钢条件对耐火材料十分严酷，耐火材料的使用寿命一般不高，其中，VOD 炉衬寿命至今仍然是最低的，低的只有几炉，一般为十几炉至二十几炉。因此，在炉外精炼生产各种优质钢的成本中，耐火材料的费用占有不小的份额。

造成炉外精炼耐火材料衬寿命不高的原因主要有：

（1）炉外精炼温度都甚高。高温真空下，耐火材料中的易挥发组元，如 Cr_2O_3、MgO 的挥发或 MgO-C、MgO-CaO-C 砖内组元之间发生自耗反应：$MgO_{(s)} + C_{(s)} \longrightarrow Mg_{(g)} + CO_{(g)}$，以及耐火氧化物（$M_xO_y$）与钢液中碳［C］发生：$M_xO_{y(s)} + y[C] \longrightarrow x[M] + yCO_{(g)}$等反应。

（2）炉渣渗透进入耐火材料内，并发生相互作用形成变质层，由于精炼过程中温度的改变以及两炉次之间的温度剧变而导致热剥落与结构剥落。

炉外精炼渣主要是 $CaO\text{-}SiO_2\text{-}Al_2O_3\text{-}MgO$ 与脱硫渣 $CaO\text{-}CaF_2\text{-}Al_2O_3$ 渣系。但在精炼过程中形成的 $m(CaO):m(SiO_2)$ 低的酸性渣，$CaO\text{-}Al_2O_3$ 渣，以及吹氧形成的 $FeO_x\text{-}SiO_2\text{-}MnO$ 渣，在炉外精炼的高温下对耐火材料的渗透、侵蚀最为严重。

（3）为使精炼过程加速进行或排除夹杂物以及使钢液成分均匀化，往往要吹入 O_2 或 Ar 气，或电磁搅拌，使钢液、炉渣发生剧烈搅动，从而导致耐火材料受到钢液的强烈冲刷，使耐火衬表面不断更新，从而加剧了化学侵蚀与溶解过程的进行。

炉外精炼的种类与方法甚多，本文将主要以生产高端产品、精炼条件对耐火材料严酷的 VOD 与 RH-OB 为代表来阐述提高炉外精炼用耐火材料寿命的途径及其发展的动向。

1 VOD 与 RH-OB 精炼过程冶炼操作、蚀损情况及造成局部蚀损严重的原因

VOD 精炼过程的操作条件如图 1[2] 所示。从图 1 可知，在精炼超低碳不锈钢过程中，真空度可达 66 ~ 133Pa（0.5 ~ 1Torr），精炼温度在 1650 ~ 1750℃，精炼时间约为 70min 左右。VOD 侵蚀最严重部位是渣线区域，通常砌筑的是高温烧成的直接结合镁铬砖。在 VOD 脱碳期（decarburization stage），渣中含有大量 Cr_2O_3，黏度大，对镁铬砖蚀损不大。但在脱碳期末与还原期初，在约 1750℃ 的高温下加入 Si 以还原渣中 Cr_2O_3，使渣中 Cr_2O_3 含量降低，SiO_2 含量增

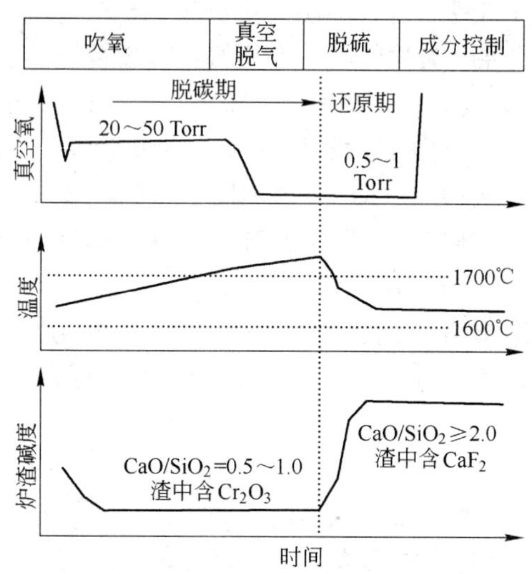

图 1　VOD 过程中操作条件的变化

Fig. 1　Change of operating conditions in VOD process

加，变为低碱度渣，渣的流动性大增，这种渣对耐火材料的侵蚀性与渗透性甚强，而且由于加入 $CaO\text{-}CaF_2\text{-}Al_2O_3$ 渣脱硫和真空操作。因此在此时期，耐火衬的蚀损最大[3]。

VOD 下部与钢液接触部位及底部耐火衬的侵蚀较渣线轻，可用稍次的直接结合镁铬砖或 MgO-CaO 砖或镁白云石砖。S. Smets 等[4]认为在 VOD 下部与底部，由于钢液的静压力以及生成气体形成气泡需要很大的附加压力：$p_{附加}=2\sigma/r$（σ 为钢液表面张力，r 为气泡半径），镁碳砖内自耗反应：$MgO_{(s)}+C_{(s)}=\!=\!=Mg_{(g)}+CO_{(g)}$ 发生困难，因此在这些部位可用沥青结合的碳含量在 5% 以下的低碳镁碳砖。在 VOD 上部的自由空间（free space or free board）的炉壁，由于处在高温吹氧、真空条件下，镁碳砖中碳会氧化，砖内还会发生自耗反应，会导致镁碳砖结构疏松，强度下降，很快蚀损[5]，故在此处不宜用镁碳砖，可砌筑 MgO-CaO 砖、镁白云或 $MgO\text{-}MgO\cdot Al_2O_3$ 砖等。

LF-VD 蚀损最严重部位也是渣线区域，AOD 炉则是吹氩的风口与风口区域及渣线。

RH-TOB 精炼过程的真空度达到 66Pa（0.5Torr），精炼温度在 1560～1650℃，较 VOD 低；精炼一炉时间在 0.5h 左右。

RH-OB 一炉役后的侵蚀情况如图 2[6,7] 所示。RH 精炼容器蚀损严重的部位是浸渍管（snorkel or immersion tube）中的上升管（up-leg）的吹氩孔、上升管与下降管（down-leg）同真空室底部（Bottom of vacuum chamber）交接处的喉口（throat）。这些部位受到钢液循环流动与氩气流的冲刷。浸渍管与真空室底部蚀损严重的原因是：（1）浸渍管下部内外同时浸泡在高温钢液中；（2）260t RH 炉浸渍管内孔受到每分钟达 200t 循环钢液流动的冲刷；（3）精炼一炉后，保温不容易，下一炉次浸渍管又再次突然浸入盛有 1600℃左右钢液的盛钢桶中，经受剧烈温度变化的冲击。浸渍管耐火材料的过度蚀损还会导致浸渍管钢体变形，造成耐火材料脱落的危险。

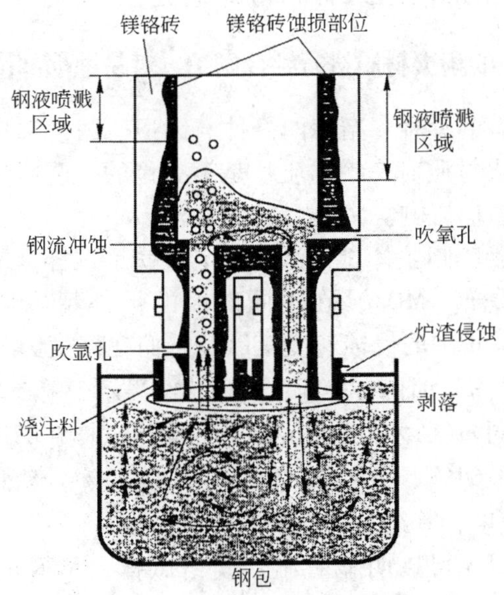

图 2　RH-OB 一炉役后的侵蚀情况

Fig. 2　The wear profile of lower vessel after one campaign

RH 真空室下部与钢液接触的容器壁，由于吹氧也使钢液中一些元素氧化，形成了 CaO/SiO_2 比低的 FeO_x-SiO_2-MnO 酸性渣，因此真空室下部的侵蚀也较严重[7,8]，但比浸渍管与真空室底部要轻，一般浸渍管耐火衬的寿命只是真空室下部衬砖寿命的 20% ~30%[9]。真空室下部与浸渍管通常砌筑的都是优质直接结合镁铬砖。

RH-TOB 真空室上部炉衬蚀损较轻，可用一般镁铬砖，也可用镁铬喷涂料或浇注料。

K. Shimizu 等[10]开发了 MgO-Y_2O_3 耐火材料，并将其砌于 RH 真空室下部，得出 MgO-Y_2O_3 砖与直接结合镁铬砖寿命相同的结果。由于 Y_2O_3 是稀有元素氧化物，比较贵；加入量若多，该种砖的推广将遇到困难。

总之，VOD 炉衬的渣线，RH 的浸渍管、真空室底部与下部以及喉口，至今仍以砌筑优质直接结合镁铬砖效果较好。

2 提高炉外精炼用耐火材料寿命的途径

2.1 选择合适的耐火材质进行综合砌炉，对易蚀损部位即时喷补

应根据精炼的钢种、精炼的条件与蚀损原因来选择合适的耐火材质。选择耐火材质时，钢的质量是第一位的，选用的材质不能对钢的质量产生负面影响。

我们曾用旋转圆柱体试样法，测定过镁铬试样（M-K）和镁钙（MgO-CaO）试样（MD8）在不同碱度的炉外精炼渣（CaO-SiO_2-Al_2O_3-MgO 渣系）中的侵蚀速度，以及它们在碱度为 1 的同一种渣中于不同转速（n）时的侵蚀速度。试验结果示于图 3 与图 4[11]。随后又测定过不同 $m(Cr_2O_3):m(MgO)$ 的镁铬试样在碱度为 1.2 的精炼渣（CaO 43.64%、SiO_2 36.36%、Al_2O_3 5%、MgO 10%、FeO 3%）中侵蚀速度，其结果示于图 5[12]。

从图 3 ~ 图 5 可以明显看出：镁铬试样（M-K）抗酸性渣侵蚀大大优于镁钙（MD8）试样；抗冲蚀性也优于镁钙试样；而且随着镁铬试样中 Cr_2O_3 含量的增加，其抗侵蚀性增强。这些研究结果能很好地解释直接结合镁铬砖砌于 VOD 渣线或 RH 真空室

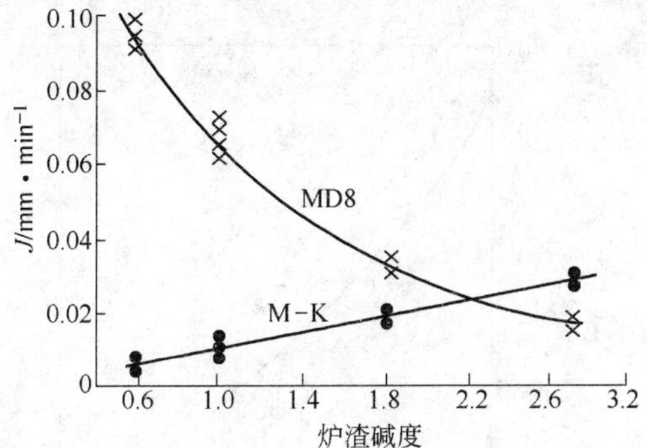

图3 炉渣碱度对 MgO-CaO（MD8）、镁铬（M-K）试样溶解速度的影响（1650℃，200r/min）

Fig. 3 Dissolution rate of MD8 and M-K for different basicities slag at 1650℃ and 200r/min

MD8：82% MgO，17% CaO；

M-K：65. 8% MgO，20. 2% Cr_2O_3，5. 5% Al_2O_3，6. 0% Fe_2O_3

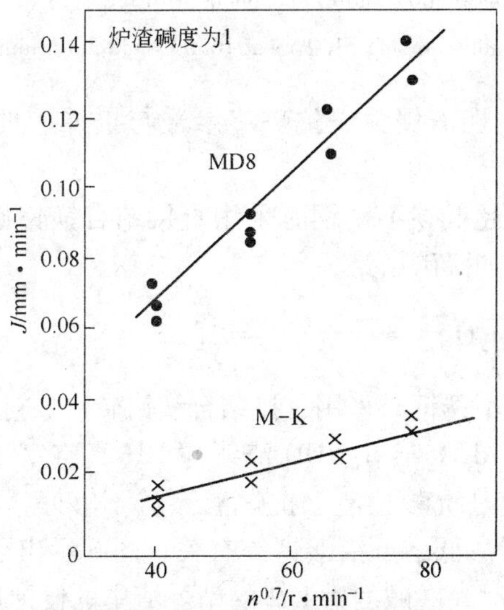

图4 在1650℃时转速对 MD8、M-K 试样溶解速度的影响

Fig. 4 Dissolution rate *vs* rotation speed $n^{0.7}$ of MD8 and M-K at 1650℃ in S-1. 0 slag

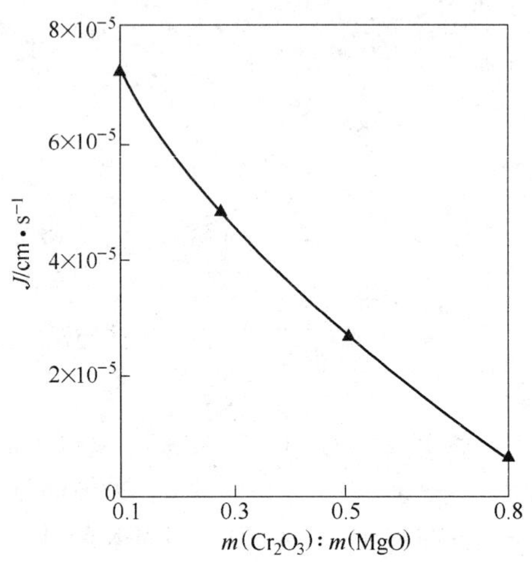

图 5　$m(Cr_2O_3)$: $m(MgO)$ 值不同的试样在 S1.2A5 渣中于 1650℃，200r/min 下的溶解速度

Fig. 5　Dissolution rate of specimens with different Cr_2O_3/MgO values in slag S1.2A5 at 1650℃ and 200r/min

下部等要求抗酸性渣侵蚀、抗炉渣渗透与抗冲刷的部位使用效果好的原因。

此外，在炼超低碳不锈钢时采用直接结合镁铬砖，通过下面反应还有利于钢液的降碳增铬：

$$MgO \cdot Cr_2O_{3(s)} + 4[C] = 2[Cr] + Mg_{(g)} + 4CO_{(g)}$$

因此，炼超低碳不锈钢时采用直接结合镁铬砖作炉衬是合适的。

MgO-MgO · Al_2O_3 砖在 VOD 渣线与 RH 真空室下部使用效果不理想的原因可能是抗酸性渣、抗炉渣渗透不够好，以及砖中 Al_2O_3 易与渣中 CaO 形成低熔点铝酸钙等有关。图 6 示出了当镁铬耐火材料中 Al_2O_3 过高时，在碱度为 1.2 的精炼渣中的侵蚀速度远大于通常含 6% Al_2O_3 的镁铬耐火材料[13]。图 6 也说明 MgO · Al_2O_3 尖晶石在抗精炼酸性渣侵蚀上是不好的。

从对镁铬旋转圆柱体经精炼渣侵蚀试验后的水淬冷试样的显微

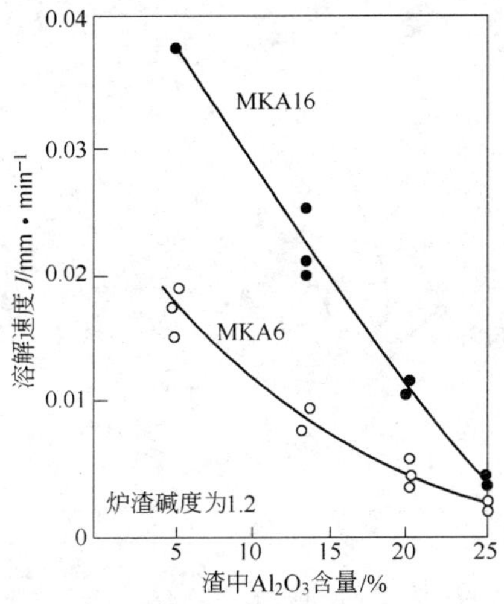

图6 渣中 Al_2O_3 含量对 Al_2O_3 含量不同的镁铬耐火材料溶解速度的影响（1650℃，200r/min）

Fig. 6 Effects of Al_2O_3 content in slag on the dissolution rate of magnesite-chrome specimens with different contents of Al_2O_3（1650℃，200r/min）

MKA16：58.6% MgO，18.4% Cr_2O_3，16.4% Al_2O_3，5.0% Fe_2O_3；

MKA6：69.2% MgO，17.9% Cr_2O_3，5.9% Al_2O_3，4.80% Fe_2O_3；

炉渣碱度为 1.2，含 10% MgO 与 3% FeO

结构与电子探针分析结果表明：方镁石和尖晶石中的 Cr_2O_3 最不易被熔渣溶解，MgO 和 Al_2O_3 则易被溶解；而尖晶石的溶蚀主要是以 $MgO \cdot Al_2O_3$ 溶解的形式进行的[12]。

图7是根据有关相图的数据与计算后绘出的。图 7 中示出了 MgO、Cr_2O_3、Al_2O_3、$MgO \cdot Cr_2O_3$（MK）、$MgO \cdot Al_2O_3$（MA）于 1700℃在 CaO-SiO_2 渣中的饱和浓度（即在 CaO-SiO_2 渣中的溶解度）。从图7可看出，Cr_2O_3 与 $MgO \cdot Cr_2O_3$ 比 MgO、$MgO \cdot Al_2O_3$ 与 Al_2O_3 更抗酸性渣的侵蚀；Al_2O_3 与 $MgO \cdot Al_2O_3$ 在抗 CaO-SiO_2 碱性渣的侵蚀上也是不好的。

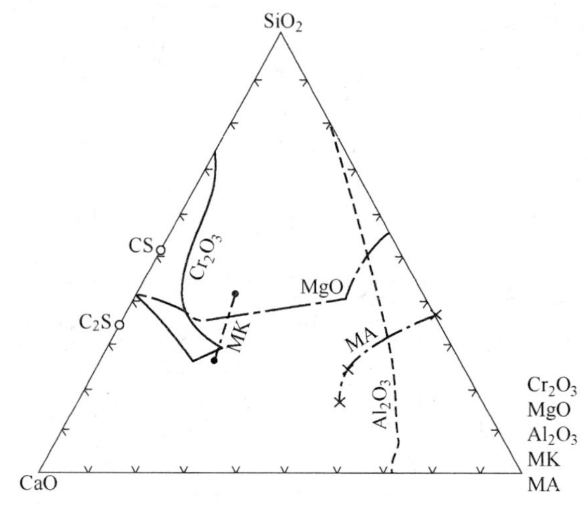

图 7 在 1700℃时 MgO、Cr_2O_3、Al_2O_3、MgO · Cr_2O_3（MK）与 MgO · Al_2O_3（MA）在 CaO-SiO_2 渣中的溶解度

Fig. 7 Solubility limits of MgO, Cr_2O_3, Al_2O_3, MgO · Cr_2O_3 (MK) and MgO · Al_2O_3 (MA) in CaO-SiO_2 slag at 1700℃

Y. Sasajima 等[14]曾将镁铝尖晶石（MgO-MgO · Al_2O_3）砖用于 RH 的浸渍管和精炼钢包的渣线区，其抗精炼渣的侵蚀与渗透都不好，不如镁铬砖。但将这种砖用于钢包上却是甚好的。

图 8 示出了一些氧化物在不同温度的蒸气压[15]。从挥发角度讲，在高温真空条件下，MgO · Al_2O_3 比 MgO · Cr_2O_3 好，MgO-CaO 比纯 MgO 材料好。

在镁铬材料中加入一定量 Al_2O_3 形成 MgO · Al_2O_3 尖晶石，由于 MgO · Cr_2O_3 与 MgO · Al_2O_3 形成尖晶石固溶体，不仅有利于降低 MgO · Cr_2O_3 的蒸气压，减轻铬对环境的污染，还可以提高镁铬材料的抗热震性。图 9 示出了镁铬砖中 Cr_2O_3、Al_2O_3、Fe_2O_3 含量对镁铬试样抗热震性的影响[16]。从图 9 可见，增加镁铬砖中 Al_2O_3 含量可以提高镁铬砖的抗热震性，而增加 Fe_2O_3 含量则会降低镁铬砖的抗热震性。此外，在镁铬砖中增加 Al_2O_3 含量还可以增加镁铬砖中晶间尖晶石的含量，提高砖的直接结合程度与强度[17]。

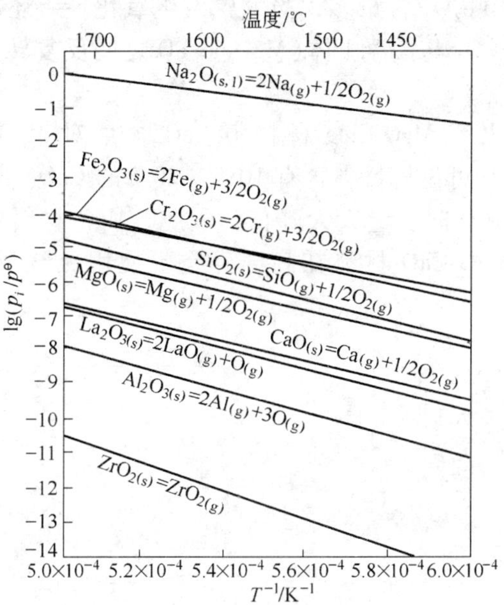

图 8　各种氧化物在不同温度下的蒸气压

Fig. 8　Temperature dependence of vapor pressure for some refractory oxides

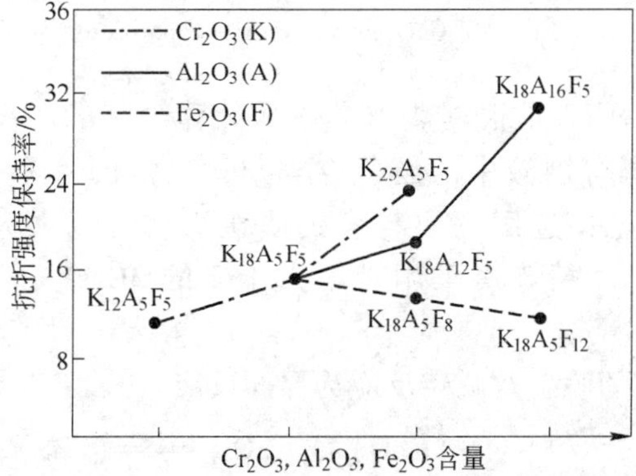

图 9　Cr_2O_3、Al_2O_3、Fe_2O_3 含量对烧结镁铬砖抗热震性的影响

Fig. 9　Effects of contents of Cr_2O_3, Al_2O_3, Fe_2O_3 in co-clinkered magnesite-chrome specimens on thermal shock resistance

镁铬砖中 Fe_2O_3 含量多，当气氛发生氧化$\rightleftharpoons$还原变化时，铁酸镁 $MgO \cdot Fe_2O_3$ 与镁浮士体$(Mg \cdot Fe)O$ 之间反复转变，还会导致砖的开裂。

图 10 示出了 MgO-CaO 材料中 CaO 含量对 MgO 挥发性的影响[18]。从图 10 可见材料中含有 10% ~20% 的 CaO（摩尔分数）就可使 MgO 的相对挥发量大大降低。因此，MgO 材料中加入一定量 CaO 制成的 MgO-CaO 材料在高温真空下使用比纯 MgO 材料更为合适。

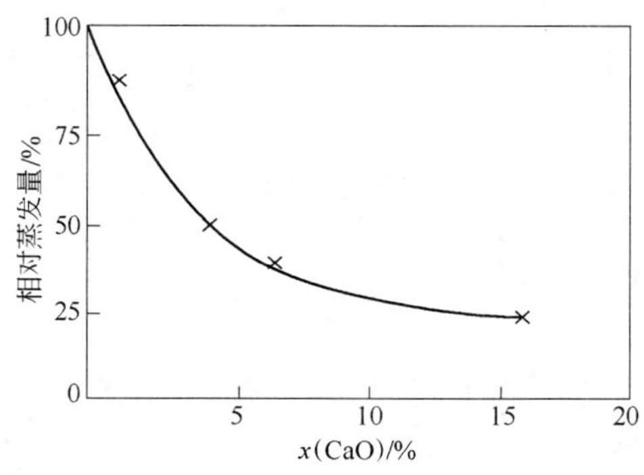

图 10　MgO-CaO 材料中 CaO 含量对 MgO 挥发性的影响

Fig. 10　Effect of CaO content on the vaporization of MgO

图 11 与图 12 是根据热力学数据计算绘制的一些耐火氧化物及复合氧化物与钢液中溶解氧含量（$a_{[O]}$）的关系[19]。从图 11 与图 12 中可见：选用钙质与镁钙质作炉衬可以大大降低钢液中溶解的氧含量；精炼渣采用碱度大于 2 的 $2CaO \cdot SiO_2$ 渣或铝酸钙渣较合适。

由于钢液的脱硫及脱磷反应为界面反应：

$$[S] + (CaO) \text{ 或 } CaO_{(s)} = (CaS) + [O]$$

$$2[P] + 5[O] + 3(CaO) \text{ 或 } CaO_{(s)} = Ca_3(PO_4)_2$$

$$2[P] + 5[O] + 3(MgO) \text{ 或 } MgO_{(s)} = Mg_3(PO_4)_2$$

因此，钢液的脱硫、脱磷也以 CaO 及 MgO 作耐火衬较合适。

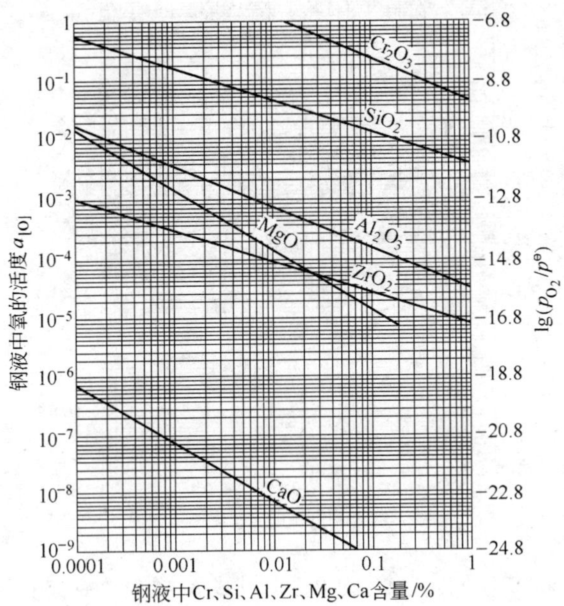

图 11 耐火氧化物中的金属元素在钢液中的含量与钢液中平衡氧的活度及 $\lg\left(\frac{p_{O_2}}{p^{\ominus}}\right)$ 的关系（1600℃）

Fig. 11 Metallic contents of refractory oxides *vs* equilibrium contents (or activities) of oxygen dissolved in steel melts and $\lg\left(\frac{p_{O_2}}{p^{\ominus}}\right)$ at 1600℃

图 13 是不同耐火材质对钢液中硫含量影响的试验结果[20]。表 1 列出了试验所用的一些耐火材质。从图 13 与表 1 可知，脱硫效果好的也是 CaO 与 MgO-CaO 材质。

从降低钢液中溶解氧含量，脱硫与脱磷，炼洁净钢的角度看，MgO-CaO 质比单纯 MgO 要好。此外，MgO 材料热膨胀系数大，抗热震性差，抗炉渣渗透也不好。加入 CaO 到 MgO 中不仅可以增加材料的热塑性，提高抗热震性；而且炉渣中 SiO_2 渗入会与 MgO-CaO 砖中 CaO 反应生成高熔点化合物 $2CaO \cdot SiO_2$ 或 $3CaO \cdot SiO_2$，形成“挡墙”，从而抑制炉渣的渗透。

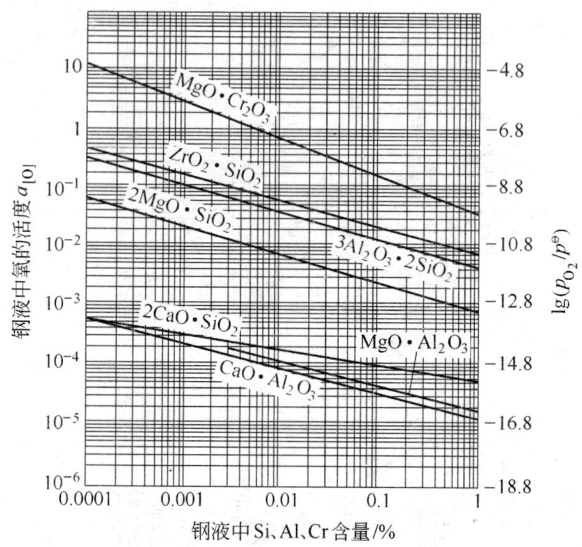

图 12　1600℃时，复合氧化物中元素 Si 或 Al 或 Cr 在钢液中的含量与钢液中平衡氧的活度及 $\lg\left(\frac{p_{O_2}}{p^{\ominus}}\right)$的关系

Fig. 12　Metallic contents of composite oxides *vs* equilibrium (or activities) of oxygen dissolved in steel melts and $\lg\left(\frac{p_{O_2}}{p^{\ominus}}\right)$ at 1600℃

表 1　进行钢液含量试验所用耐火材料的化学组成

Table 1　Chemical composition of refractories used in laboratory desulphurization tests

(%)

编号	1	2	3	4	5	6	7	8	9	10
CaO	99. 9	—	2. 5	2. 5	—	53. 2	—	—	—	—
MgO	—	0. 1	31. 0	94. 0	84. 5	38. 2	—	—	63. 2	—
Al_2O_3	—	99. 5	65. 2	—	3. 3	0. 3	86. 7	81. 0	5. 1	6. 7
ZrO_2	—	—	—	—	—	—	—	—	—	49. 5
SiO_2	0. 4	0. 2	0. 8	1. 8	3. 7	1. 8	8. 8	12. 0	2. 3	38. 6
Cr_2O_3	—	—	1. 7	—	1. 2	—	—	—	17. 3	—
Fe_2O_3	—	0. 3	0. 5	0. 5	0. 3	0. 4	1. 4	1. 5	9. 3	1. 3
TiO_2	—	—	—	—	—	2. 4	2. 4	3. 5	—	3. 5
C	—	—	—	—	8. 0	23. 9	3. 0	—	—	—

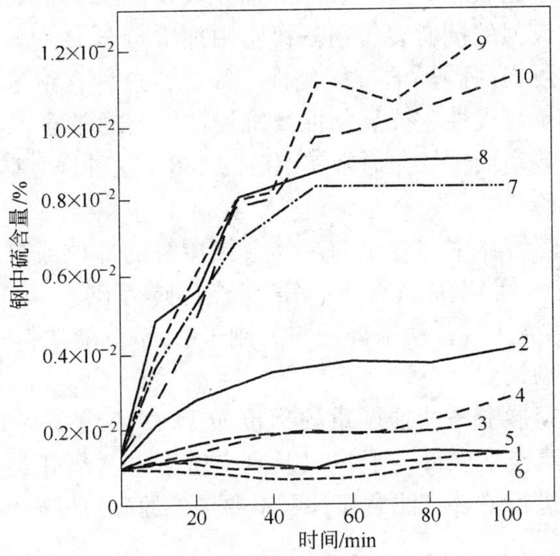

图 13 不同材质的耐火材料对钢液中硫含量影响的试验结果

Fig. 13 Laboratory tests on the influence of refractories on desulphurization

至今 CaO 的水化问题尚未得到较好解决，因此精炼低氧钢、低硫钢、低磷钢等洁净钢如超洁净轴承钢、天然气石油管道钢时，以 CaO 含量不宜过高的烧成镁白云石砖作精炼炉的耐火衬较好。在欧洲，VOD 都广泛采用镁白云石砖砌筑；在日本，则只有炼无铬钢时才采用镁白云石砖。

由于碳在铁中溶解度大，以及碳易溶于钢液中，因此精炼超低碳钢如超低碳薄板钢时应避免钢液与含碳耐火材料接触。

在镁砂中加入石墨，制成镁碳砖，克服了 MgO 砖的抗热震性差与炉渣易渗透很深、结构剥落严重的缺点，因此镁碳砖与镁钙碳（MgO-CaO-C）砖可以用于精炼一些低碳洁净钢与碳素合金钢的精炼炉作衬砖。

据日本九州耐火材料公司报道[21~23]，采用团聚体型（aggregate type）纳米碳及加有少量 B_4C 的树脂作结合剂，研制开发了总碳含量为 3.0% ~5.0% 的低碳镁碳砖。采用团聚体型纳米碳黑的好处是因其初始粒子比较小，有许多边界面积（boundary area），而且结构变化多，有较强的抗崩裂作用。树脂中加少量 B_4C 均匀地分布在纳米细粉上，可提高碳黑的抗氧化性。因此，这种含纳米碳黑的低碳镁碳砖，其抗热震性、抗氧化性及抗侵蚀性与通常含 18% 石墨的相近；而其热导率低，仅为通常镁碳砖的 1/8。这种镁碳砖在 RH 上进行了初次试验。

对于精炼容器中一些不与熔体直接接触的部位或自由空间可用一般镁铬砖、镁铝尖晶石砖、镁白云石砖等砌筑，或采用 MgO-$MgO \cdot Al_2O_3$ 浇注料、镁铬浇注料、刚玉-尖晶石浇注料[24]或喷涂料等进行综合砌筑。

对精炼容器中易蚀损严重的部位如 VOD 渣线以及 RH-OB 的浸渍管内孔、真空室底部与喉口以及真空室下部吹氧孔与对面应进行监视，即时进行喷补。注意喷补料不要导致原砌筑的砖发生水化。

2.2 抑制熔渣渗入耐火材料，减轻结构剥落

耐火材料在使用中，熔渣沿其气孔与裂隙通道渗入耐火材料内，并与之相互作用形成与原来耐火材料结构、矿物组成和性质不同的变质层。当温度发生波动或剧烈改变时，变质层与原耐火材料之间发生开裂、剥落，称为结构剥落。熔渣渗入越深，变质层越厚，结构剥落越厚，造成的蚀损越严重。结构剥落是炉外精炼这种间歇式生产设备所用耐火材料损毁的主要原因。

熔渣渗入耐火材料内的深度 X 可由下式[25,26]评估：

$$X = \sqrt{\frac{r \cdot \sigma\cos\theta}{2\eta}t} \tag{1}$$

式中，σ 为熔渣的表面张力；r 为耐火材料毛细通道的半径；θ 为熔渣在耐火材料上的接触角；η 为熔渣黏度；t 为时间。

由于熔渣的表面张力 σ 大致在 $400 \times 10^{-5} \sim 550 \times 10^{-5}$ N/cm 之间，其值变化不很大，因此熔渣表面张力对渗入深度影响不大[27]。从上式可知，减少或阻止熔渣渗入耐火材料，可采取以下办法：

（1）加入与熔渣润湿性差的石墨或其他耐火非氧化物到耐火氧化物中制成含碳或含其他耐火非氧化物的复合材料。对于不是炼超

低碳钢，又要求抗热震性、抗结构剥落性好的精炼炉，自然以采用镁碳砖或镁白云石碳砖为好。

（2）加入与熔渣能形成高熔点化合物或高黏度的组元到耐火材料中。例如加入 Cr_2O_3 到耐火材料，由于 Cr_2O_3 可与很多氧化物形成固溶体、高熔点化合物或熔化温度高的低共熔物，以及能使渗入的熔渣黏度增大；因此熔渣渗入的深度，含 Cr_2O_3 的耐火材料一般会比相应不含 Cr_2O_3 的耐火材料要浅[28,29]。再如 MgO-CaO 材料中 CaO 能与渗入渣的 SiO_2 形成高熔点化合物 $2CaO \cdot SiO_2$ 或 $3CaO \cdot SiO_2$，因此也能抑制熔渣的进一步渗透。图 14 示出了镁白云石砖中 CaO 含量对炉渣的渗透与侵蚀深度的影响[2]。从图 14 可见，随着 MgO-CaO 材料中 CaO 含量的增加，炉渣的渗透深度减少，而侵蚀深度却增大。

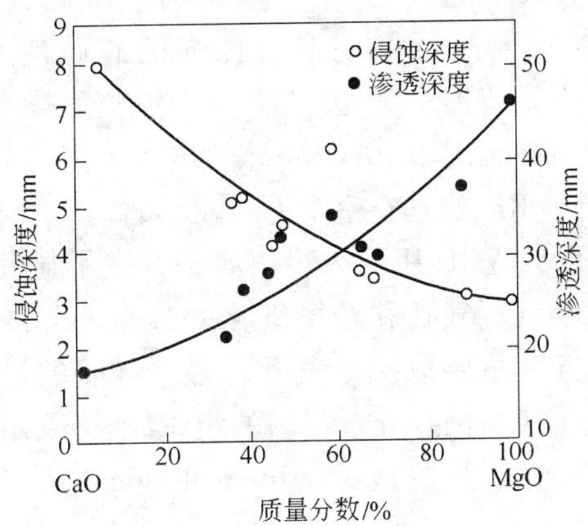

图 14 MgO-CaO 砖中炉渣渗透深度和侵蚀深度的关系

Fig. 14 Relationship between wear depth and slag penetration depth of magnesia-dolomite bricks after slag corrosion test

（3）制作气孔微细化的耐火材料。从式（1）可知，耐火材料气孔的半径越小，熔渣渗透越浅，结构剥落的危害越小。现已认识到使气孔结构微细化比单纯减少其气孔数量更能阻止熔体的渗透，提高其抗侵蚀能力。

由于直接结合镁铬砖在 VOD 渣线、RH 真空室下部与浸渍管等部位使用效果甚好；为进一步提高其寿命，一些研究者对镁铬砖的气孔微细化开展了研究。

Miglani[30]研究了电熔镁铬细粉的表面积大小对再结合镁铬砖性能的影响，结果表明：从一般镁铬砖的电熔镁铬细粉表面积的 0.6m^2/g 增至 5.4m^2/g 时，镁铬砖中二次尖晶石自形晶增多，砖的抗热震性增加，高温强度增大，抗侵蚀性增强，烧成后的气孔率由一般的 16% 大大降低至 5%，此砖在 RH 浸渍管与 AOD 炉中试验效果甚好；但进一步增大电熔镁铬细粉表面积至 7.6m^2/g，对再结合镁铬砖的性能影响不大。

Asano 等[31]加入 3% ~4% 铬铁粉到直接结合镁铬砖（含 20% Cr_2O_3）中，表明在烧成过程中铬铁粉会氧化成氧化物，产生体积效应，堵塞气孔，使砖的透气度（Permeability）降低，气孔孔径变小，并使气孔不连续；因此可抑制渗透性强的脱硫渣 60% CaO-20% CaF_2-20% Al_2O_3 渗入砖内；渗透层薄，结构剥落减轻。这种加有铬铁粉的直接结合镁铬砖用于 10t 真空感应电炉，其寿命比不加铬铁粉的高 25%，拟用于 RH 的真空室下部及浸渍管。

Itoh 等[2]在研究 VOD 用耐火材料时，开发了显气孔率与以前的砖相近，但透气度低，气孔孔径微细化并分布均匀的直接结合镁铬砖。并得出：透气度主要取决于气孔孔径，与砖的显气孔率之间关系不大；砖中气孔微细化并分布均匀的组织结构不仅能降低透气度，而且可改善抗热震性、抗热疲劳（thermal-fatigue）与抗粉化（dusting resistance）性。

Czapka 等[8]在对 RH 浸渍管用镁铬耐火材料的侵蚀机理与减少侵蚀的研究中，提出了用浸渍盐的方法来减少镁铬砖的开口气孔率与透气度。但用什么镁盐浸渍却未提及。显然这种镁盐应是既对钢的质量无不良影响，又要不污染环境。

邓勇跃等[32]研究了镁铬砖（孔径大致在 10 ~ 50μm）抽真空后分别用化学法制备的 $Cr(OH)_3$ 溶胶（平均粒径为 50nm）和 $Mg(OH)_2$-$Cr(OH)_3$ 混合溶胶进行浸渍。浸渍后，大于 12μm 的孔隙的体积由原来的 88.5% 分别下降至 40.6% 和 58.9%；中位径由浸渍前的 17.45μm 分别降至 9.56μm 和 12.24μm。

2.3 控制炉渣化学成分

提高精炼炉炉衬寿命，除选择合适的耐火材质，减轻结构剥落外，精炼过程中加入的造渣剂种类、加入量、何时加入，以及精炼温度等也十分重要。在此，将分析精炼过程中炉渣的化学组成对耐火材料侵蚀的影响。

耐火氧化物在熔渣中的溶解一般是处于扩散速度控制范围，溶解速度 J 为：

$$J = \frac{D}{\delta}(C_s - C) \tag{2}$$

式中，δ 为扩散边界层厚度；D 为耐火氧化物的扩散系数；C_s 为耐火材料与熔渣边界层中耐火氧化物的浓度，即饱和浓度；C 为熔渣本体中耐火氧化物的浓度。当熔渣中耐火氧化物浓度达饱和浓度，即 $C = C_s$ 时；于是 $J = 0$，耐火氧化物自然就不会再被溶蚀了。

作者曾从相图分析过精炼渣的化学组成对 MgO-CaO 与镁铬耐火材料侵蚀的影响。根据绘制的 $CaO-SiO_2-Al_2O_3-MgO$ 四元系在 1600℃时的液相区和饱和面图（图 15）形象地提出[33~35]：

（1）图 15 中，由 MgO-CaO 材料组成与熔渣的组成点的连线同 MgO 饱和面（方程式）的交点，即为 MgO-CaO 耐火材料与熔渣边界处氧化物的饱和浓度。由此饱和浓度可以调节精炼渣化学组成，从而减轻熔渣对 MgO-CaO 材料的侵蚀。

（2）在靠近 MgO 与 CaO（C_2S 或 C_3S）双饱和的饱和线 DE 组成的炉渣（如表 2 所示）对 MgO-CaO 材料的侵蚀应该是很小的。在靠近 MgO 与 $MgO \cdot Al_2O_3$ 双饱和的饱和线 AB 组成的炉渣，对镁铝尖晶石（$MgO-MgO \cdot Al_2O_3$）或镁铬耐火材料的侵蚀应该是很小的。

例如从图 15 可以估算出含有 80% MgO 与 20% CaO 的镁钙材料（M8 点）在组成为 40% CaO-40% SiO_2-10% Al_2O_3-10% MgO 的精炼渣（S 点）中熔蚀时，精炼渣与 MgO-CaO 材料边界处的饱和浓度。其方法是：S 点与 M8 点连线，其与 MgO 饱和面（图 15 中曲面Ⅷ）交点 b 的组成，即为 1600℃时精炼渣与 MgO-CaO 材料边界处的饱和浓度。

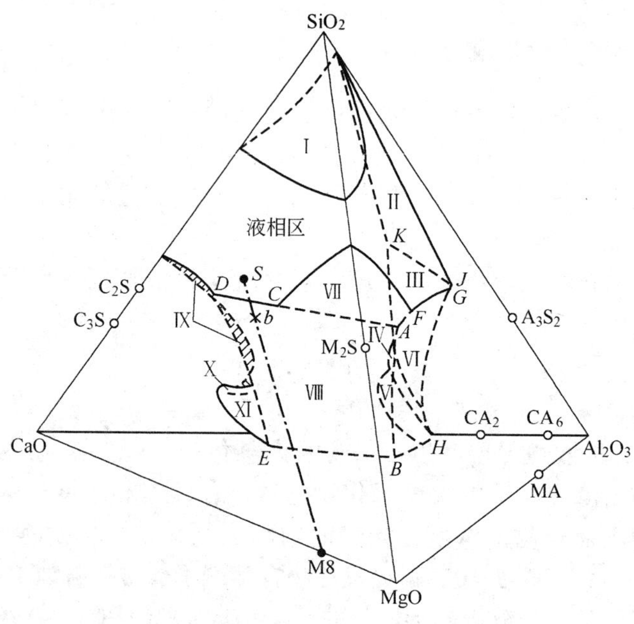

图 15　1600℃时 $CaO\text{-}SiO_2\text{-}Al_2O_3\text{-}MgO$ 系的液相区和饱和面

Fig. 15　Liquid phase zone and saturation surface of $CaO\text{-}SiO_2\text{-}Al_2O_3\text{-}MgO$ system at 1600℃

Ⅰ—SiO_2；Ⅱ—A_3S_2；Ⅲ—Al_2O_3；Ⅳ—CA_6；Ⅴ—CA_2；Ⅵ—MA；Ⅶ—M_2S；Ⅷ—MgO；Ⅸ—C_2S；Ⅹ—C_3S；Ⅺ—CaO

表 2　1600℃时 $MgO\text{-}CaO\text{-}SiO_2\text{-}Al_2O_3$ 四元系 MgO 与 CaO 双饱和线 *DE* 的化学组成

Table 2　Chemical composition of dual CaO/MgO saturation slag at 1600℃（*DE* line in Fig. 15）　　（%）

Al_2O_3	MgO	CaO	SiO_2	CaO/SiO_2
0	17.8	43.5	38.7	1.12
5.0	16.0	45.0	34.0	1.32
10.0	13.5	46.0	30.5	1.51
15.0	11.7	46.5	26.4	1.76
20.0	7.7	58.6	13.7	4.28
25.0	8.5	56.8	10.0	5.67
30.0	8.7	54.7	6.6	8.29

根据 $MgO-CaO-SiO_2-Al_2O_3$ 四元系在不同 Al_2O_3 含量时方镁石饱和面上1600℃等温线的组成数据，用待定系数法可求出靠近 b 点的MgO饱和面方程式为：

$$(\%Al_2O_3) = 0.61(\%CaO) - 1.40(\%SiO_2) + 1.55(\%MgO)$$

从 S 点与M8点的组成和上面方程式即可得出边界处的饱和浓度为：25.2% MgO、36.8% CaO、33.6% SiO_2、8.4% Al_2O_3。即精炼渣与MgO-CaO耐火材料边界处MgO与CaO的饱和浓度分别为25.2%与36.8%。从所给精炼渣组成可知精炼渣中CaO的组成为40%，已超过其饱和浓度36.8%，因此MgO-CaO材料中CaO不会溶解，而MgO则会溶解。

$$J_{MgO} = \frac{D}{\delta}(C_{MgO饱和} - C_{MgO,渣}) = \frac{D}{\delta}\Delta C_{MgO}$$

在此，$\Delta C_{MgO} = 25.2\% - 10\% = 15.2\%$

显然，ΔC_{MgO} 值越小，溶解速度 J_{MgO} 越小。若增加渣中MgO含量至15%，则

$$\Delta C_{MgO} = 25.2\% - 15\% = 10.2\%$$

溶解速度 J_{MgO} 可以降低1/3，从而减轻MgO-CaO材料的侵蚀。

对于MgO与CaO（C_2S 或 C_3S）双饱和的饱和线 DE 的组成，精炼温度不同，其组成是不相同的。例如在1700℃时CaO（C_2S 或 C_3S）与MgO双饱和线的熔渣化学组成如表3所示。

表3 1700℃时 $MgO-CaO-SiO_2-Al_2O_3$ 四元系MgO与CaO（C_2S 或 C_3S）双饱和线的化学组成

Table 3 Chemical composition of dual CaO/MgO saturation slag at 1700℃

（%）

Al_2O_3	MgO	CaO	SiO_2	CaO/SiO_2
0	15.9	48.5	35.6	1.36
5.0	15.0	45.0	35.0	1.29
10.0	12.7	50.0	27.3	1.83
15.0	11.9	58.1	15.2	3.82
20.0	9.4	59.4	11.2	5.30
25.0	10.1	56.8	8.0	7.10

若精炼温度为1700℃，精炼渣中 Al_2O_3 为5%时，根据 $CaO-SiO_2-Al_2O_3-MgO$ 四元系在5% Al_2O_3 的截面相图[36]（见图16），其饱和渣组成为：CaO 45%、SiO_2 35%、Al_2O_3 5%、MgO ~15%。即渣中MgO含量大于15%，CaO含量大于45%的 $CaO-SiO_2-Al_2O_3-MgO$ 渣，在1700℃对MgO-CaO材料的侵蚀应是最小的。

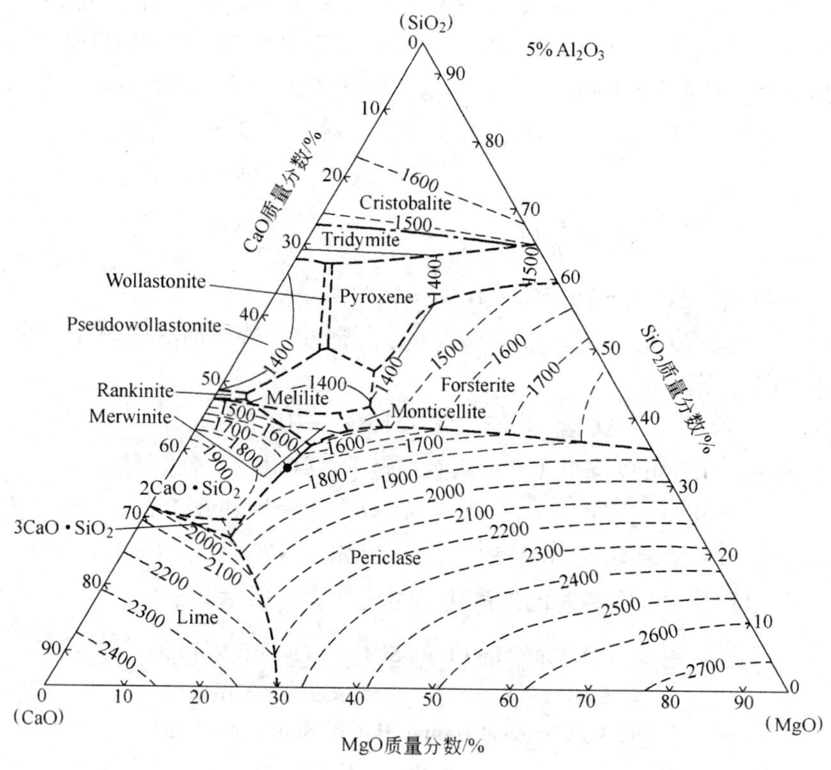

图16 Al_2O_3 含量为5%的 $CaO-SiO_2-MgO$ 组成的相图（Osborn）

Fig. 16 Phase diagram of composition $CaO-SiO_2-MgO$ with 5% Al_2O_3, after Osborn

再如，对于镁铝尖晶石或镁铬耐火材料，其主晶相为MgO与 $MgO \cdot Al_2O_3$ 或 $(Mg,Fe)O \cdot (Cr,Al,Fe)_2O_3$。从图15可见，1600℃时MgO与 $MgO \cdot Al_2O_3$（MA）的双饱和线为 *AB*。若精炼温度为

1650℃，精炼渣中 Al_2O_3 含量为30%时，$MgO \cdot Al_2O_3$ 与 MgO 双饱和渣中 CaO、MgO 与 SiO_2 的含量可从图17的相应点 X 读出，其组成为：Al_2O_3 30%、MgO 28.5%、CaO 22.5%与 SiO_2 19%。

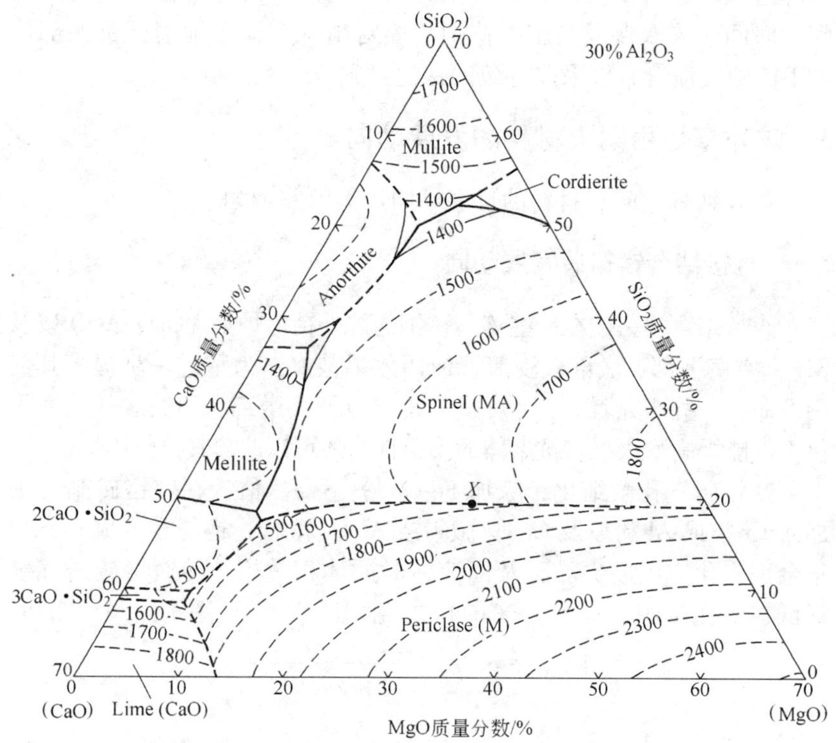

图17 Al_2O_3 含量为30%的 CaO-SiO_2-MgO 组成的相图

Fig. 17 Phase diagram of composition CaO-SiO_2-MgO with 30% Al_2O_3

这一双饱和观点已在近年来一些提高 VOD 与 AOD 炉用 MgO-CaO、MgO-CaO-C 与镁铬炉衬的寿命中得到证实[3~5]。

2.4 控制精炼温度与间歇时间的保温

根据我们的研究结果，对于镁铬及镁钙材料，温度每升高100℃，其溶蚀速度增加2~3倍[11,12]。因此，过高的精炼温度会大大加速耐火材料的侵蚀与熔渣的渗透。一般认为 VOD 精炼温度不要超过 1750℃，而 RH 精炼温度不要超过 1650℃。

精炼炉都是间歇式生产，两炉次之间有间歇时间，若炉衬温度下降过大，炉衬耐火材料会发生开裂、剥落；为此，在炉次之间的间歇时间应采取保温措施。特别是要对精炼容器中蚀损严重的部位如 RH 的浸渍管，要采取有效的保温措施。

3 炉外精炼用耐火材料的发展动向

炉外精炼用耐火材料的发展动向可大致归纳如下。

3.1 直接结合镁铬砖发展动向

直接结合镁铬砖在一些炼不锈钢的炉外精炼炉如 VOD、AOD 以及 RH 真空室下部、底部、浸渍管使用效果甚好。为了进一步提高其使用寿命，一些研究者[2,30,31]开展了镁铬砖气孔微细化研究。气孔微细化不仅能提高耐火材料抗熔体的渗透性，还可以改善其抗热震性。

镁铬砖气孔微细化，除加 Fe-Cr 粉[31]外，估计在镁铬砖制砖中加入 Cr 粉或 Al 粉以及 Cr_2O_3 微粉或 Al_2O_3 微粉，也能在烧成时，由于金属氧化、生成尖晶石及固溶体时的体积效应，使镁铬砖透气度降低，气孔微细化。从 Cr-Cr_2O_3 二元相图[37]（见图 18）看，同时

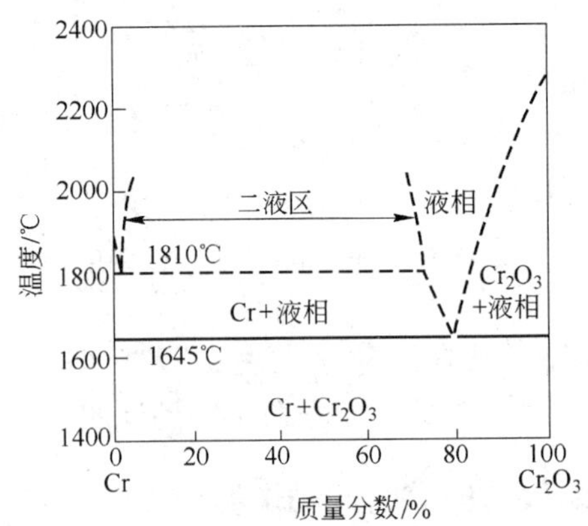

图 18 Cr-Cr_2O_3 系相图

Fig. 18 Phase diagram of Cr-Cr_2O_3 system

加入 Cr 与 Cr_2O_3 微粉，由于能形成 1645℃ 的低共熔物，因此还可以降低镁铬砖的烧成温度。

镁铬砖的主要问题，是六价铬对环境的污染。因此在生产镁铬砖时，要防止对环境的污染；使用后，要对用后残砖进行管理与处理，例如在还原气氛下，将高价铬转化为低价铬等。

3.2 镁钙（MgO-CaO）砖发展动向

精炼渣中氧化铁含量少，不会导致氧化铁与 MgO-CaO 砖中 CaO 生成较多的低熔点铁酸钙，因此，烧成镁钙砖可用于炉外精炼炉。镁钙砖用于精炼炉，不会有有害元素进入钢中，适于炼洁净钢；同时没有污染环境问题。

镁钙砖的主要问题是 CaO 水化。加入 ZrO_2 使 MgO-CaO 材料中的 CaO 与 ZrO_2 形成熔点为 2340℃ 的高熔点化合物 $CaO \cdot ZrO_2$，从而防止 MgO-CaO 材料中 CaO 的水化。ZrO_2 昂贵，MgO-CaO 材料中 CaO 含量多时，大量使用不合适。加入稀土氧化物可以抑制 MgO-CaO 材料水化[38,39]，但纯稀土氧化物贵，且均匀化存在问题。加入添加剂虽可提高 MgO-CaO 材料的抗水化性，但一般都会明显地降低 MgO-CaO 材料的使用性能，如抗侵蚀性；此外，有的添加剂如磷酸或磷酸盐，还可能污染钢液。

看来，采用欧洲生产 MgO-CaO 砖的方法是较为合适的，即由超高温竖窑煅烧生产镁钙砂，然后就近制砖，再用金属箔塑料抽真空包装，用集装箱运输到使用厂家。

避免烧制好的 MgO-CaO 砖水化，除用金属箔塑料抽真空包装外，也可开展在适当温度下通入 CO_2 并浸渍草酸溶液，使显露出的游离 CaO 转变为 $CaCO_3$ 与草酸钙 CaC_2O_4 的研究[40]。

3.3 镁碳（MgO-C）砖与镁钙碳（MgO-CaO-C）砖发展动向

含碳耐火材料与熔渣之间的润湿性差，具有抗熔渣渗透、抗热剥落与结构剥落等优点。因此，镁碳砖与镁钙碳砖适合用在优质碳素合金钢与低碳钢的一些炉外精炼钢设备如 LF 炉等作炉衬。

对于一些要求高的低碳钢，为避免镁碳或镁钙碳砖中碳过量进入钢液，现在开展了碳含量在5%以下的低碳镁质材料的研究开发。Ishii 等[41]得出：石墨的比表面积大约在5m^2/g以上时，就可提高 MgO-C 砖的抗热震性。值得注意的是，日本九州耐火材料公司[21~23]采用团聚体型纳米碳黑并以加有少量 B_4C 的树脂为结合剂，研制出的碳含量只有3%的低碳镁碳砖，但其优良性能与含石墨18%的镁碳砖相近，而热导率却很低。看来，纳米技术在不烧砖与不定形耐火材料中的应用是值得展开研究的，而降低纳米原料成本是推广这类技术的关键。

3.4 炉外精炼用无铬或低铬尖晶石砖发展情况

由于直接结合镁铬砖中的 CrO_3（六价铬）会污染环境，因此，近年来不少研究者开展了以镁铝尖晶石为主，加入 TiO_2、ZrO_2 等或加入少量 Cr_2O_3 的方镁石-尖晶石砖的研究，以取代直接结合镁铬砖。但至今这类镁尖晶石砖在大型水泥窑的烧成带以及 VOD、AOD、RH 的一些蚀损严重部位仍处于研发与试验阶段。

Kai 等[42]在 MgO-MgO · Al_2O_3 砖中加入 TiO_2，发现随着 TiO_2 加入量的增加，气孔率降低，炉渣渗透深度减少。考虑到加入 TiO_2 多会导致砖致密化，抗热震性降低，只制作了添加1% TiO_2 的烧成镁铝尖晶石砖（砖的化学组成为 MgO 81.5%、Al_2O_3 17.5%、TiO_2 1%，体积密度为3.09g/cm^3，显气孔率为12.4%），并砌于真空精炼钢包渣线部位进行试验。试验结果是其寿命只比不加 TiO_2 的镁铝尖晶石砖（MgO 79.5%、Al_2O_3 19%）提高10%（即由20炉次提高到22炉次）。但在镁铝尖晶石砖中不加 TiO_2 而改为加入 Cr_2O_3，由于 Cr_2O_3 能抑制炉渣渗透，Cr_2O_3 加入量在2%~3%时，气孔率最低，炉渣渗透深度最浅，如图19所示。将这种低铬镁铝尖晶石砖（MgO 74.0%、$Al_2O_3$18.3%、Cr_2O_3 3.0%）砌在真空精炼钢包渣线部位进行试验，其寿命提高25%（为25炉次）。

除镁铝尖晶石无铬砖的开发外，还开发了 MgO-ZrO_2 砖与 MgO-Y_2O_3 砖。K. Shimizu 等[10]报道了他们开发的 MgO-Y_2O_3 砖，并将其

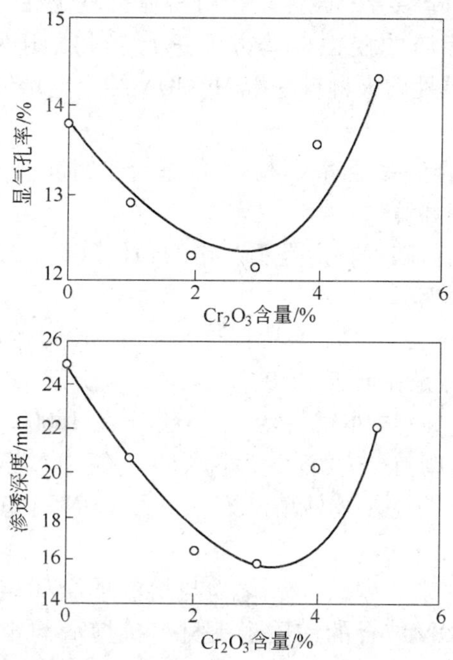

图 19 Cr_2O_3 含量与显气孔率、炉渣渗透深度之间的关系

Fig. 19 Variations of apparent porosity and thickness of slag penetration with Cr_2O_3 amount

用于 RH 真空室下部，使用寿命与镁铬砖相当，认为 $MgO\text{-}Y_2O_3$ 砖完全可以取代镁铬砖。$MgO\text{-}Y_2O_3$ 砖用后的炉渣渗透层很薄，是由于 Y_2O_3 与渣中 CaO、SiO_2 反应生成高熔点化合物 $Ca_4Y_6O(SiO_4)_6$（$4CaO \cdot 3Y_2O_3 \cdot 6SiO_2$），从而抑制了炉渣的渗透。他们还认为，在 $MgO\text{-}Y_2O_3$ 砖中加入 $MgO \cdot Al_2O_3$ 尖晶石可提高 $MgO\text{-}Y_2O_3$ 砖的抗热震性。

3.5 关于镁阿隆（MgAlON）结合镁质耐火材料在炉外精炼炉上应用的预期

炉外精炼用耐火材料还存在一些问题，开发新材质是十分必要的。建议对镁阿隆结合的碱性耐火材料在抗氧化性、与精炼渣的润湿性以及抗精炼渣的侵蚀性等方面进行研究、开发与试用实验。MgAlON结合的碱性耐火材料是指 MgAlON 结合电熔镁砂、烧结镁砂与镁铝尖晶石等。

MgAlON 结合的碱性耐火材料可能适合于精炼炉用的原因如下：

（1）不污染环境。

（2）在炼超低碳钢特别是不含铬的超低碳钢，以及含氮高的钢时，不会污染钢液。

（3）MgAlON 是 AlON 尖晶石与 $MgO \cdot Al_2O_3$ 尖晶石的固溶体。AlON 的主要缺点是在低于 1650℃不稳定，会分解，而且在氧压高的气氛下会氧化。而炉外精炼温度一般都在 1600℃ 以上，1600 ~ 1750℃之间；且精炼渣中 FeO 含量低，气氛中氧压甚低，一般在 $10^{-12} \sim 10^{-9}$Pa。因此在炉外精炼条件下，AlON 是稳定的，MgAlON 也是稳定的。

（4）一般说来，耐火非氧化物与熔渣或金属熔体的润湿性较差，因此 MgAlON 结合的镁质耐火材料抗熔渣与金属熔体的渗透性会好。

（5）MgAlON 即使发生分解，但由于产生的 N_2 在耐火材料表面可能形成气膜，也能阻挡熔体的渗透与侵蚀。

参 考 文 献

[1] 赵沛，成国光，沈甦．炉外精炼及铁水预处理实用技术手册．北京：冶金工业出版社，2004：5 ~ 9.

[2] Itoh K，Nakamura R，Ogata M. Trends of refractories for VOD Ladle. Shinagawa Technical Report，1998，41：81 ~ 90.

[3] Jones P T，Blanpain B，Wollants P，et al. Extending the life of AIZNV'S VOD ladle lining. Iron Steelmaker（I & SM），1999，26(12)：31 ~ 35.

[4] Smets S，Parada S，Waytjens J，et al. Behaviour of magnesia-carbon refractories in vacuum-oxygen decauburization ladle linings. Iron Making and Steel Making，2003，30(4)，293 ~ 300.

[5] Parada S，Smets S，Jones P T，et al. Development of a chrome-free VOD ladle refractory lining. Iron Steelmaker（I & SM），2003，30(4)：33 ~ 39.

[6] Gi-Gon Hong，Uong Chon，Hyo-Joon Kim. Wear of magnesia-chrome brick for RH-OB ves-

sel. UNITECR' 97 Congress Proceedings：231～239.

[7] Nakamura R, Ogata M, Sut M O. Wear mechanism of magnesia-chrome bricks in the RH degasser under OTB operation. Shinagawa Technical Report, 1997, 40：1～12.

[8] Czapka Z, Skalska M, Zelik W. Mechanisms of wear of refractory materials in snorkels of RH degasser and the possibilities for their reduction. UNITECR' 05 Congress Proceedings：18～22.

[9] Овсянников В Г, Сенников С Г, Жириков В Н. "Mayerton" Для Установок Вакуумирования Стали. Огнеупоры и Техническая Керамика, 2000, (8)：52～56.

[10] Shimizu K, Hokii T, Asano K. Chrome-free brick applied to lower vessel of RH degasser, UNITECR' 03 Congress Proceedings：118～121.

[11] 陈肇友，吴学真，叶方保. MgO-CaO 和镁铬耐火材料在炉外精炼渣中的溶解动力学. 硅酸盐学报，1985，13(4)：475.

[12] 李柳生，陈肇友. Cr_2O_3 含量不同的镁铬耐火材料在炉外精炼渣中的溶蚀. 硅酸盐学报，1988，16(2)：154.

[13] 陈肇友，刘波. Al_2O_3 含量不同的镁铬耐火材料在炉外精炼渣中的溶蚀. 金属学报，1988，24(3)：224.

[14] Sasajima Y, Yoshida T, Kawamoto E, et al. Performance of magnesia-spinel bricks for some refining ladle. Taikabutsu Overseas, 1993, 13(3)：39～40.

[15] Sata T, Sasamoto T, Lee H-T. High temperature vaporization from multi-component oxide materials in various atmosphere. Report of the Research Laboratory of Engineering Materials, 1978, (3)：41～52.

[16] 陈肇友，李勇. 炼镍转炉风口用耐火材料的研制与使用. 耐火材料，1993，27(2)：72.

[17] 陈肇友. Cr_2O_3 对耐火材料性能的影响. 耐火材料，1991，25(5)：345.

[18] 高宮陽一，長谷川安利，田賀井秀夫，等. CaOな含むMgOの太陽炉による溶融. 耐火物，1975，(27)：242.

[19] 陈肇友，田守信. 耐火材料与洁净钢的关系. 耐火材料，2004，38(4)：219～225.

[20] Bannenberg N. Demands of refractory material for clean steel production. UNITECR' 95 Congress Proceedings：36～39.

[21] Tamura S, Ochiai T, Takanage S, et al. Nano-tech Refractories—1：The development of the nano-structural matrix. UNITECR' 03 Congress Proceedings：517～520.

[22] Takanage S, Ochiai T, Tamura S, et al. Nano-tech Refractories—2：The application of the nano structural matrix to MgO-C bricks, UNITECR' 03 Congress Proceedings：521～524.

[23] Ochiai T. Development of refractories by applying nano-technology. Journal of the Technical Association of Refractories, Japan, 2005, 25(1)：4～11.

[24] Tsubota H, Yamada I, Hattanda, et al. Development of castable for RH degassers. Journal

of the Technical Association of Refractories, Japan, 2005, 25(2): 116 ~ 120.

[25] Bilkerman J J. Surface chemistry. New York: Academic Press Inc, 1958: 23.

[26] 蒋明学，陈肇友．炉渣在耐火材料中的等温渗透．硅酸盐学报，1990，18(3)：256.

[27] 陈肇友．炉渣对氧气转炉炉衬的侵蚀．硅酸盐学报，1980，8(4)：397.

[28] 陈肇友．Cr_2O_3 在耐火材料中的行为．耐火材料，1990，24(2)：37 ~ 44.

[29] 陈肇友．炼铜、炼镍炉用耐火材料的选择与发展．耐火材料，1992，26(2)：108.

[30] Miglani S. Effect of surface area on the properties of rebonded fused grain brick. UNITECR' 93 Congress Proceedings: 1455 ~ 1465.

[31] Asano K, Otsuki Y, Goto K, et al. Development of magnesia-chromite direct bonded bricks with Fe-Cr addition. Taikabutsu Overseas 1993, 13(3): 13 ~ 19.

[32] 邓勇跃，汪厚植，赵惠忠．溶胶浸渍对镁铬砖性能的影响．耐火材料，2005，39(6)：401 ~ 404.

[33] 陈肇友．从相图剖析炉外精炼对 MgO-CaO 系材料的侵蚀．金属学报，1983，19(6)：B237.

[34] 陈肇友．提高 AOD、VOD 镁铬或镁白云炉衬寿命的途径．钢铁，1989，24(71)：52.

[35] Chen Z Y. Measures for improving the service life of $MgO-Cr_2O_3$ and magnesia-dolomite lining of AOD and VOD. J of IRMA, 1991, XXIV(4): 11 ~ 18.

[36] The verein Deutscher Eisen huettenleute Ed. Schlachen atlas. Verlag Staleisen M. B. H. Duesseldorf, 1981.

[37] Ernest M Levin, Howard F McMurdie. Phase diagrams for ceramists 1975 supplement. Edited and Published by the American Ceramic Society, INC.

[38] 陈开献，陈肇友．混合稀土氧化物与 Fe_2O_3 对白云石烧结性能和抗水化性能的影响．耐火材料，1992，26(4)：187.

[39] 徐延庆，陈肇友．稀土氧化物对白云石烧结与抗水化性的影响．耐火材料，1992，26(5)：282.

[40] 顾华志，汪厚植，洪彦若，等．$H_2C_2O_4$ 和 CO_2 复合表面处理镁钙砂及其浇注料的性能．耐火材料，2005，39(3)：161 ~ 164.

[41] Ishii H, Kanatani S, Saski K, et al. Improvement of magnesia-carbon brick for lower vessel of RH degassing. UNITECR' 03 Congress Proceedings: 114 ~ 117.

[42] Kai T, Isaji K, Torii K. Improvement of magnesia-spinel brick for refining ladle. TAIKABUTSU, 2001, 53 (9): 521 ~ 526.

Ways of Improving Lining Life and Developing Trends of the Refractories for Secondary Refining Vessels

Chen Zhaoyou

(Sinosteel Luoyang Institute of Refractories Research)

Abstract: The ways of improving the lining life and the developing trends of the refractories for secondary refining vessels are examined, analyzed and described in combination with RH, VOD and AOD processes etc. In the first part, the ways of improving the lining life of refractories are clarified from the results of our research work by means of the rotating cylinder method under forced convection, the selection of reasonable refractories for refining different high-quality steel grades, such as ultra low carbon stainless steel, IF steel and ultra low sulphur steel etc, the contact angle of liquid slag resting on refractories, the molten slag interacting with the refractories to form high melting point compound, the change in viscosity before and after interaction of the slag with refractories, the newly developed brick with a homogeneous distribution of many small pores, the solubility limits of MgO, Al_2O_3, Cr_2O_3, MgO · Cr_2O_3 and MgO · Al_2O_3 in CaO-SiO_2 slags at 1700℃, the saturation lines for both MgO and CaO (or C_3S, or C_2S) and both MgO and spinel in the phase diagram of CaO-SiO_2-Al_2O_3-MgO quarternary system, the effect of refining temperature on corrosion and to keep the vessel hot at off-time between heats. In the secondary part, the developing trends of the refractories used in secondary refining vessels are summarized and described in combination with magnesite-chrome, MgO-CaO, MgO-MgO · Al_2O_3-3% Cr_2O_3, MgO-C, MgO-CaO-C, low carbon containing MgO-CaO and chrome-free bricks, such as MgO-CaO-ZrO_2, MgO-MgO · Al_2O_3-TiO_2, MgO-Y_2O_3 etc. Finally, the prediction of MgAlON bonded magnesite-base bricks applied to refining low carbon steel is analyzed and estimated.

Key words: Secondary refining vessels, VOD, RH, basic refractories

本文选自《耐火材料》, 2007, 41(1): 1.

RH 精炼炉用耐火材料及提高其寿命的途径

陈肇友

（中钢集团洛阳耐火材料研究院有限公司）

摘　要： 较系统地介绍、论述了以下内容：（1）RH 真空脱气精炼炉类型；（2）RH 精炼条件及侵蚀严重部位；（3）造成一些部位侵蚀严重的原因分析，包括：高速循环流动钢液的冲刷，温度波动造成的热剥落与结构剥落，真空对镁铬砖的损害，铁硅酸性渣及脱硫粉剂对真空室下部、底部与喉口炉衬的侵蚀，浸渍管耐火衬最易蚀损的原因；（4）用旋转圆柱体法、回转圆筒法及相图研究分析的结果，抑制熔渣渗入耐火材料，减轻结构剥落的途径；（5）适合 RH 炉不同部位用的耐火材质与维修喷补料的研究、开发情况；（6）RH 炉精炼硅钢的过程与炉衬用耐火材料；（7）提高 RH 炉炉衬寿命的途径。

关键词： RH 用耐火材料，抗炉渣侵蚀，镁铬砖，结构剥落，硅钢

RH 真空钢液循环脱气法是德国蒂森公司所属鲁尔钢（Ruhrstahl）公司和海拉斯（Heraeus）公司于 1956 年共同开发成功的，命名为 RH 真空脱气法（RH vacuum degassing），简称 RH 法。它是在真空室抽真空，并从浸渍管（immersion tube or snorkel or circulation tube）的上升管（up-leg）吹入氩气，使盛钢桶中的钢液进入真空室，然后钢液从浸渍管中的另一根下降管（down-leg）流回盛钢桶（见图 1）。钢液经过循环真空脱气，可以脱去钢液中氢等气体，并除去夹杂物。

现在的 RH 真空精炼炉由于增设了吹氧与喷脱硫粉剂等装置，具有吹氧脱碳、提温、脱硫、脱气、排除非金属夹杂物、控制钢液成分、有利于合金均匀化等功能；对钢质量有保证，可精炼出许多洁净钢种；因此，近年来，RH 精炼炉发展与推广极为迅速，已成为许多钢铁公司精炼优质超低碳钢等钢种的一种普遍流行方法。例如，

我国宝山钢铁公司有 300t 不同类型 RH 精炼炉 5 座，鞍山钢铁公司有 100 ~ 260t 不同类型 RH 精炼炉 5 座，武汉钢铁公司有 4 座，攀枝花钢铁公司有 3 座，其他钢铁公司和重型机械厂（如上海重型机械厂）也已有或正在新建不同类型的 RH 精炼炉。显然，开展对 RH 精炼炉用耐火材料的研究，提高其使用寿命，是十分必要和重要的。

本文从 RH 精炼炉精炼条件，对耐火材料性能的要求，选用合适的耐火材质，提高使用寿命等方面进行分析与讨论，并针对精炼硅钢用耐火材质进行探讨。

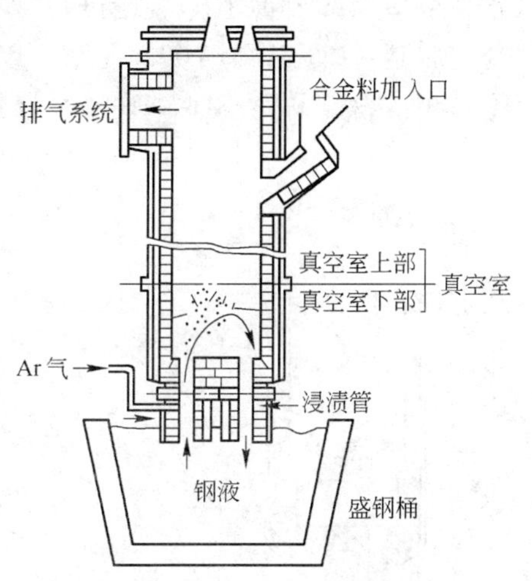

图 1 RH 装置示意图

Fig. 1 Schematic diagram of RH degasser

1 RH 真空精炼炉类型

目前，RH 真空精炼炉除图 1 所示的 RH 真空脱气装置外，基本上还有以下类型：

（1）RH-O。1969 年，联邦德国蒂森公司恒尼西钢厂开发出了 RH-O 顶吹氧技术。其方法是用水冷氧枪从真空室顶部向真空室内循环流动的钢液表面吹氧，降低钢液中的碳，以冶炼低碳不锈钢。

（2）RH-OB（Oxygen Blowing Degassing）。1972 年，新日铁室兰制铁所根据 VOD 生产超低碳不锈钢原理，在 RH 真空室下部的炉壁砌风口砖，装置 Ar 冷却吹氧喷嘴，进行对循环流动钢液吹氧脱碳、加 Al 提温的方法，称为 RH-OB 法，如图 2 所示。这一方法可炼超低碳不锈钢、铝镇静钢等。该技术在 20 世纪七八十年代得到了迅速应用，但由于风口区的砖蚀损严重，真空室结瘤等，影响了其发展。

（3）RH-KTB（Kawasaki Top Oxygen Blowing Degassing）或 RH-TOB（Top Oxygen Blowing）或 RH-OTB。1988 年，日本川崎制铁所

在真空室顶部装置水冷氧枪进行顶吹氧，对循环流动钢液进行吹氧真空脱碳，CO 二次燃烧、提温，以生产汽车用冷轧超低碳薄板钢、IF 钢的方法，称为 RH-KTB 法，如图 3 所示。此法我国引进得较多。

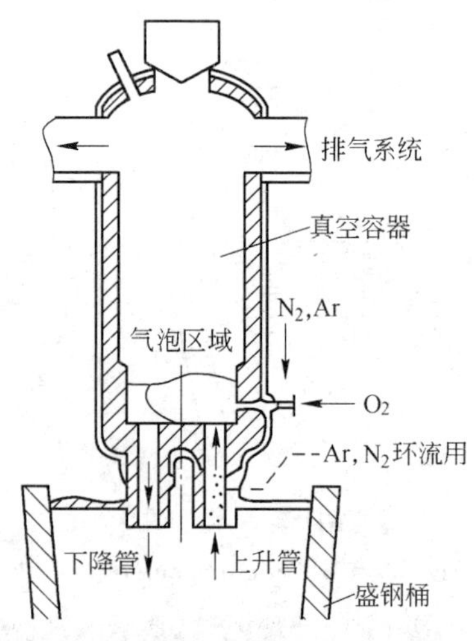

图 2　RH-OB 法示意图

Fig. 2　Schematic diagram of RH-OB

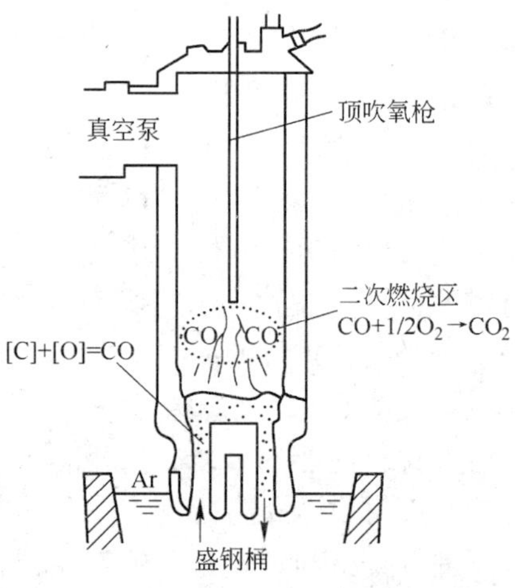

图 3　RH-KTB 法示意图

Fig. 3　Schematic diagram of RH-KTB

（4）RH-IJ（Injection）。1985 年，新日铁开发出从插入盛钢桶内的喷枪向 RH 精炼炉的上升管中流动钢液喷吹脱硫粉剂的方法。脱硫粉剂用氩气携带。其优点是喷入的脱硫粉剂可以在钢液中停留较长时间，不会受到盛钢桶钢液上部来自转炉的炉渣影响，还强化了盛钢桶下部的搅拌。如图 4 中（A）所示。

（5）RH-PB（RH-Powder Blowing）。脱硫粉剂或其他粉剂从 RH 真空室下部炉壁的吹氧孔喷吹到钢液中。如图 4 中（B）所示。

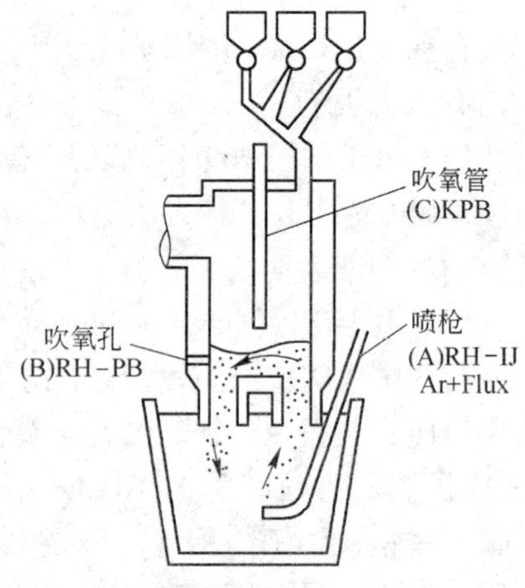

图 4　RH 精炼炉采用的几种脱硫技术

Fig. 4　Several de-S techniques using RH

（6）RH-KPB（RH-Kawasaki Top Powder Blowing or RH-Kawasaki powder blasting）。日本川崎制铁所开发出 RH-KTB 后，于 1989 年又开发出了由真空室顶部氧枪向真空室钢液喷吹脱硫粉剂与精炼粉剂的技术，称之为 RH-KPB（见图 4 中（C））。武汉钢铁公司在引进 RH-KTB 技术的同时，只购买了 PB 顶喷粉装置，自行开发出喷吹工艺技术，称之为 RH-WPB[1]。

（7）RH-MFB（RH-Multifunction Burner）。RH-MFB 技术是新日铁于 1992 年开发的，称为多功能喷嘴技术。其冶金功能与 RH-KTB 相近，但在真空吹炼中还能吹入一定量天然气，天然气燃烧可提高钢液温度。其优点是真空室结瘤少。我国攀枝花钢铁公司、梅山钢铁公司引进了该技术。

2 RH 精炼条件及侵蚀严重部位

2.1 精炼条件

RH 精炼温度一般在 1560 ~ 1650℃，真空度最高可达 66Pa（0.5Tor），每炉的真空处理时间不超过 40min。265t RH 炉的钢液循环流动量约为 200t/min。盛钢桶钢液上部渣层厚度一般在 50 ~ 100mm，渣的 $m(CaO)/m(SiO_2)$ 在 2 以上，主要是从炼钢炉带来的渣。

2.2 侵蚀严重部位

目前，日本、韩国、美国和欧洲一些国家等，其 RH 炉内所砌筑的耐火材料主要是镁铬砖。当 RH-OB 与 RH-OTB（KTB）在真空室上部砌普通镁铬砖，真空室下部与浸渍管内砌直接结合镁铬砖时，其使用后的侵蚀情况如图 5 与图 6 所示[2,3]。从图中可以看出，不论是 RH-OB 还是 RH-OTB（KTB），其使用后蚀损严重的部位基本相似，主要是真空室下部（lower vessel）、真空室底部（bottom of vacuum chamber）、喉口（throat）与浸渍管。不同之处是：RH-OB 在真空室下部吹氧孔附近与吹氧孔对面炉壁显得侵蚀严重；而 RH-OTB（即 RH-KTB）则是在距真空室底部往上约 500mm 处炉壁显得侵蚀

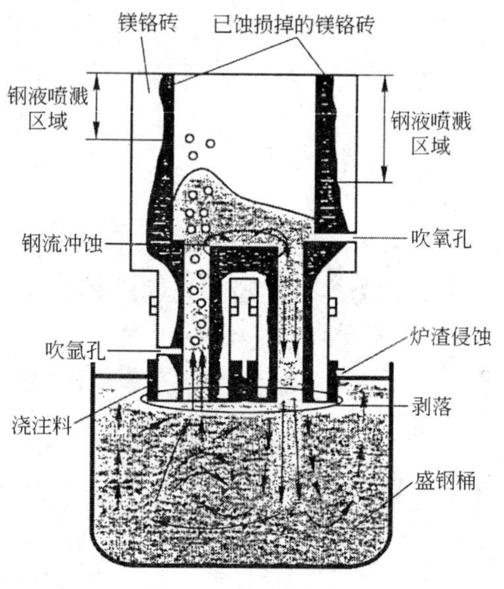

图5 RH-OB一炉役后的侵蚀情况[2]

Fig. 5 Wear profile of lower vessel of RH-OB after one campaign

严重（见图6）。

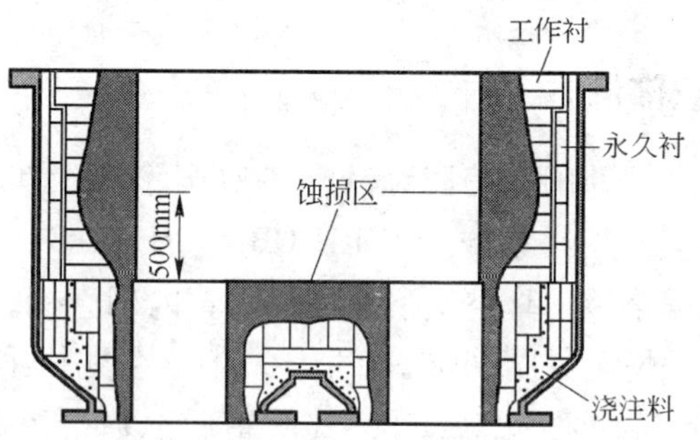

图6 RH-OTB使用后真空室下部侵蚀情况[3]

Fig. 6 Typical wear profile of lower vessel of RH-OTB

图7示出了RH-OTB在真空精炼过程中钢液剧烈流动与形成的

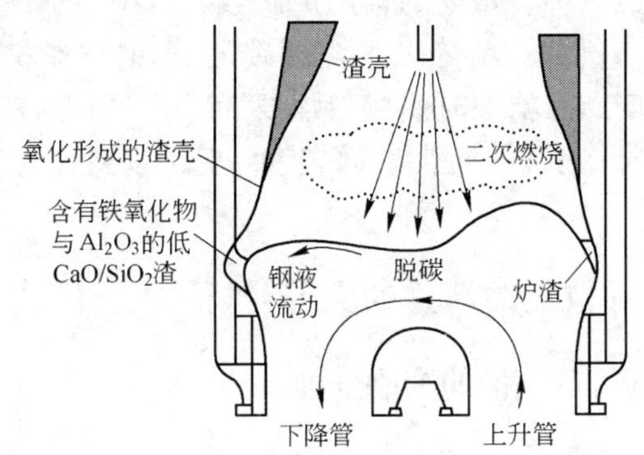

图 7　RH-OTB 钢液流动和形成的低 $m(CaO)/m(SiO_2)$ 渣对真空室下部炉衬的蚀损[3]

Fig. 7　Typical wear of lower vessel of RH degasser under OTB operation

含氧化铁的低 $m(CaO)/m(SiO_2)$ 渣对 RH-OTB 真空室下部炉壁侵蚀的影响[3]。而 RH-OB 吹氧孔附近炉壁的严重侵蚀，显然是吹氧导致的局部高温以及富氧化铁渣的侵蚀与渗透的结果。

在这些侵蚀严重的部位中，以浸渍管与喉口的侵蚀最为严重，一般浸渍管耐火材料的寿命只有真空室下部衬砖的 20% ~30%[4]。德国 Thyssen Krupp 钢厂 RH 炉通过对浸渍管与真空室联结方面的改进，对浸渍管的即时喷补维修与间歇期间的保温，使浸渍管耐火材料寿命由原来的 77 炉次提高到 148 炉次。由于浸渍管耐火材料寿命显著提高，减少了更换时导致真空室内耐火材料衬骤冷的次数，真空室下部耐火材料衬的寿命由原来的 288 炉次提高到 412 炉次，真空室上部由 2600 炉次提高到 3300 炉次[5]。

在欧洲，浸渍管与喉口耐火材料衬寿命在 120 ~180 炉次，真空室下部耐火材料衬寿命在 200 ~600 炉次，真空室上部耐火材料衬寿命在 1500 ~3000 炉次[6]。我国 RH 浸渍管耐火材料衬寿命为 70 ~100 炉次，真空室下部为 200 ~400 炉次，真空室上部在 2000 炉次以上。

总之，浸渍管耐火材料衬的寿命或耐用性制约了 RH 一个炉役寿命的长短。RH 炉各部位耐火材料衬的寿命除与耐火材料的材质有关外，还与所炼钢种、每天的精炼炉次数、精炼 1 炉的时间、温度等有很大关系。例如：精炼 1 炉深脱碳的 IF 钢与深脱碳低氧电工钢，要求真空度高，精炼时间一般需要 35min 以上；而精炼纯净钢与脱气钢如船板钢、气瓶钢、低碳 O5 板、镀锡板等钢种，则只需 20min[7]。

3 造成一些部位侵蚀严重的原因分析

3.1 高速循环流动钢液的冲刷侵蚀

RH 精炼过程中，由于真空室抽真空，浸渍管的上升管吹 Ar，使钢液产生速度很大的循环流动。例如 265t 的 RH，其循环流动钢液的速度高达 200t/min。高速流动的钢液会使与其接触的真空室下部、底部、喉口与浸渍管等通道的耐火材料衬受到很大的冲刷，不断地产生新的表面而使侵蚀加剧。

3.2 温度波动造成的结构剥落

RH 精炼为间歇式生产，炉次之间的间歇时间长，会造成炉内温度有很大的波动。

Hong 等[2]将 RH 炉用的镁铬砖切成 40mm × 40mm × 160mm 的试样，在 1500℃加热 2h 后，分别放入温度为 1000℃、800℃、600℃（温差相应为 500℃、700℃、900℃）的炉内保温 2h，经冷、热循环各 5 次后，冷至室温测定其抗折强度。由测得的抗折强度与原砖的抗折强度计算出不同温差（ΔT）下的强度损失率，其结果示于图 8。从图 8 可见，温度波动越大，对耐火材料的损伤越厉害。

熔渣与耐火材料都是氧化物体系，它们之间的润湿性较好；熔渣易渗入耐火材料气孔中，并与耐火材料相互作用，形成一层很厚的与原砖（即未变层）化学、物理性质不同的致密变质层。变质层与未变层之间热膨胀性不同，当温度发生大的波动时，变质层与未变层的边界处会产生很大的应力，这些应力就导致一些平行于热面（工作面）的裂纹产生，从而使材料开裂、剥落。这种剥落称为结构剥落。结构剥落对耐火材料衬造成的危害要比高温下熔体的熔蚀大

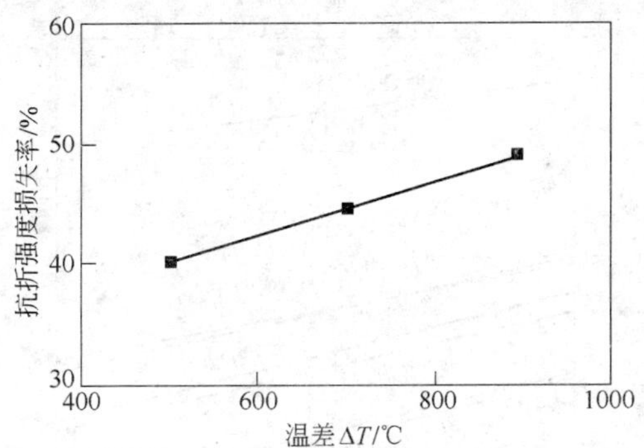

图 8 热震温差 ΔT 对镁铬砖抗折强度损失率（5 次热震后）的影响

Fig. 8 MOR degradation behavior of megnesia-chrome brick according to thermal hysterisis

得多。

根据对各钢厂 RH 精炼炉用后镁铬砖的观察、测量，发现皆在距热面 10 ~ 30mm 处有平行于热面的裂纹，证明确实存在结构剥落。

3.3 真空、吹氧对镁铬砖的损害

图 9 示出了一些氧化物在高温下的蒸气压[8]。从图 9 可知，镁铬砖中的主要组元 MgO、Cr_2O_3 与 Fe_2O_3 在精炼温度下，其蒸气压是不小的，属易挥发性氧化物。

图 10 示出了 1600℃ 时氧分压对 Cr_2O_3、MgO 与 MgO · Cr_2O_3 蒸发速率的影响[9]，表明在 1600℃ 时氧分压 p_{O_2} 或 $\frac{p_{O_2}}{p^{\ominus}}$ 对 Cr_2O_3 与 MgO · Cr_2O_3 材质蒸发速率有很大影响。图 11 示出了 Anderson[10] 的研究结果，图中的一些点是不同温度时 $MgCr_2O_4$ 的蒸发速率；实线为 Cr_2O_3 的蒸发速率，取自 Ownby 与 Jungquist[11]。从图 10 与图 11 可见，只有 $\lg(p_{O_2}/\text{atm}) = -4 \sim -5$ 时，Cr_2O_3 的蒸发速率最低，最适宜于铬质或 MgO · Cr_2O_3 质材料烧结致密化。这就是为什么高铬砖烧成时，

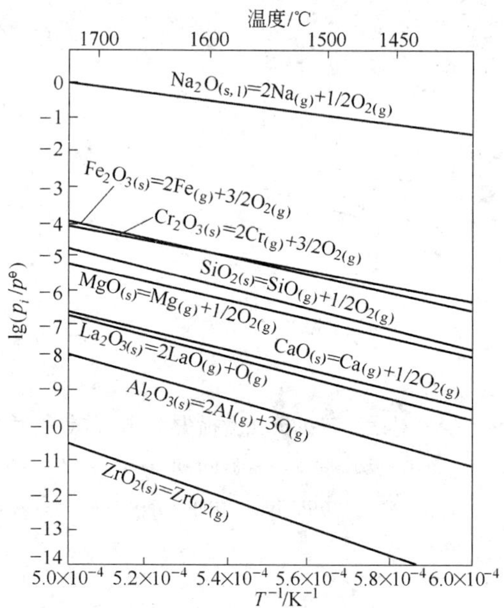

图 9　一些氧化物在不同温度下的蒸气压

Fig. 9　Temperature dependence of vapor pressure for some refractory oxides

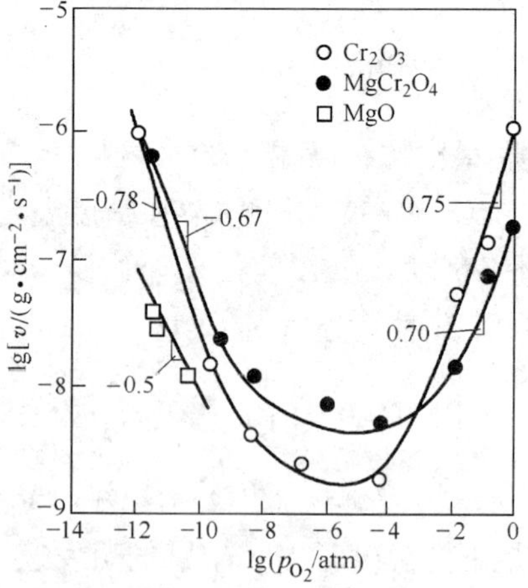

图 10　1600℃时氧分压 p_{O_2} 对 $MgO-Cr_2O_3$ 系蒸发速率的影响

Fig. 10　Oxygen partial pressure dependence of vaporization rate in system $MgO-Cr_2O_3$ at 1600℃

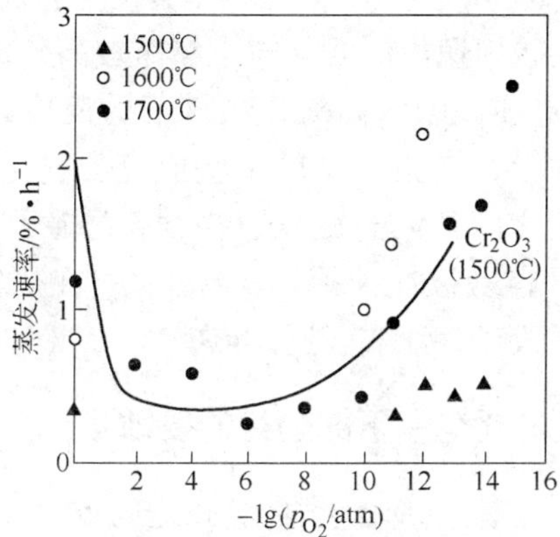

图 11 氧分压对不同温度时 $MgCr_2O_4$ 蒸发速率的影响

（实线为 1600℃时 Cr_2O_3 的蒸发速率，

取自 Ownby 与 Jungquist[11]）

Fig. 11 Rate of volatilization of $MgCr_2O_4$ compacts as a function of oxygen partial pressure (The solid line was taken from Ownby and Jungquist's data 1600℃)

炉气气氛中的氧分压要控制在 $p_{O_2}=1\sim10Pa$（$10^{-5}\sim10^{-4}atm$）的原因。

图 10 与图 11 也正好说明，Cr_2O_3 与 $MgO\cdot Cr_2O_3$ 在低氧压与高氧压下，其高温蒸发反应是不同的。

在高温、低氧压或真空条件下：

$$MgO_{(s)} = Mg_{(g)} + 1/2O_{2(g)}$$

$$Cr_2O_{3(s)} = 2Cr_{(g)} + 3/2O_{2(g)}$$

$$MgO\cdot Cr_2O_{3(s)} = Mg_{(g)} + 2Cr_{(g)} + 2O_{2(g)}$$

在高温、高氧压（如吹氧）条件下：

$$MgO_{(s)} = MgO_{(g)}$$

$$Cr_2O_{3(s)} + 3/2O_{2(g)} = 2CrO_{3(g)}$$

$$MgO\cdot Cr_2O_{3(s)} + 3/2O_{2(g)} = MgO + 2CrO_{3(g)}$$

在 RH 精炼过程中，既有吹氧，又有抽真空。在抽真空时，氧压很低，镁铬砖中的 MgO、$MgO \cdot Cr_2O_3$ 会按上述高温、低氧压下的反应以气体形式从砖中逸出。吹氧时，氧压较高，镁铬砖中的 MgO、$MgO \cdot Cr_2O_3$ 会按上述高温、高氧压条件下的反应以气体形式逸出。在真空与吹氧条件下，镁铬砖中的一些成分的气化逸出，会导致镁铬砖中晶粒或颗粒之间的结合减弱、松弛，导致结构恶化，在高速钢流的冲击下，很容易被冲蚀掉。Quon 等[12]在研究真空精炼 VOD 炉渣线镁铬砖的损毁时，证实了这一点。

3.4 铁硅酸性渣对真空室下部炉衬的侵蚀

RH-OB 是在真空室下部炉壁吹氧孔进行吹氧，RH-KTB 是从炉顶插入的氧枪吹氧。吹氧会使钢液中的脱碳反应 $[C]+[O] \longrightarrow CO\uparrow$ 加速；同时，由于 CO 二次燃烧，以及钢液中 Fe、Si、Mn 等元素氧化：

$$2Fe_{(l)} + O_2 \longrightarrow 2(FeO)$$

$$[Si] + 2[O] === (SiO_2)$$

$$[Mn] + [O] === (MnO)$$

$$2[Al] + 3[O] === (Al_2O_3)$$

使钢液升温，并形成氧化铁含量高的酸性渣 $FeO\text{-}SiO_2\text{-}MnO\text{-}Al_2O_3$。这种氧化铁含量高的酸性渣流动性很好，易渗入耐火材料内。而镁铬砖在抗高氧化铁含量的酸性渣的渗透与侵蚀性上很好[13,14]。因此，在 RH 精炼炉真空室下部砌筑直接结合镁铬砖是合适的。

3.5 脱硫粉剂的侵蚀

钢的精炼过程中都要脱硫。脱硫粉剂主要由萤石与石灰构成，属 $CaF_2\text{-}CaO\text{-}Al_2O_3$ 渣系。脱硫粉剂无论从盛钢桶向上升管喷入，还是从顶部插入的氧枪喷入，一般都会在循环流动的钢液中保留一定时间，以达到好的脱硫效果。这种保留在循环钢流中的 $CaF_2\text{-}CaO\text{-}Al_2O_3$ 渣，熔点较低，黏度低，流动性好，对耐火材料的侵蚀与渗透很厉害。渗入耐火材料内的熔渣会溶解耐火材料颗粒之间的一些结合物或基质，减弱结合，降低高温强度，从而更易被高速流动的钢液所冲刷带走。

图 12 示出了 Al_2O_3 含量不同的 $MgO\text{-}CaO\text{-}CaF_2\text{-}Al_2O_3$ 系在 1600℃时的液相区[15]。从图 12 可知，当渣中同时存在有 CaF_2 与 Al_2O_3 时，液相区显著扩展。这说明 MgO 或 MgO-CaO 材料在抗 $CaF_2\text{-}CaO\text{-}Al_2O_3$ 精炼渣熔蚀上是不好的。

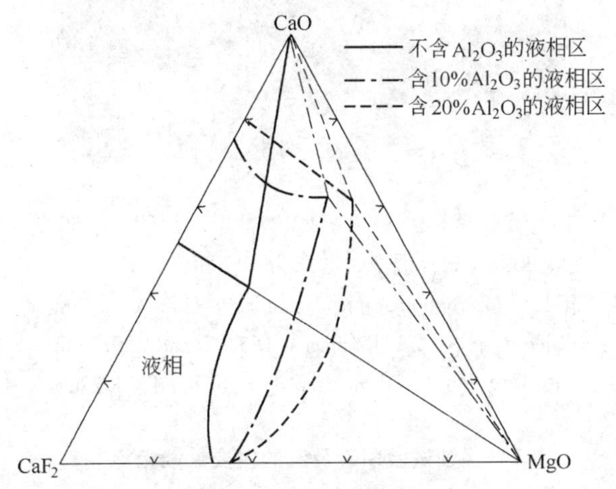

图 12 Al_2O_3 含量不同的 $MgO\text{-}CaO\text{-}CaF_2\text{-}Al_2O_3$ 系在 1600℃时的液相区

Fig. 12 Liquid phase zone of $MgO\text{-}CaO\text{-}CaF_2\text{-}Al_2O_3$ at various levels of Al_2O_3 content at 1600℃

李柳生等[16]曾用旋转圆柱体法研究过镁铬砖（其组成（w）为：MgO 55%，Cr_2O_3 27%，Al_2O_3 10%，Fe_2O_3 5%，SiO_2 0.65%）在加入 2% ~5% CaF_2 的炉外精炼渣 S1.2A5F2（其组成（w）分别为：CaO 43%，SiO_2 36%，Al_2O_3 5%，MgO 10%，FeO 3%）中的侵蚀情况。得出的结果是，加入 CaF_2 使镁铬试样的侵蚀速度增大，侵蚀后的镁铬砖中，尖晶石的蚀洞显著增多、增大，如图 13 所示。

Suto 等[17]采用电弧加热的转筒抗渣法，在 1650℃ 6h 下进行了直接结合镁铬砖与熔粒再结合镁铬砖分别在脱硫渣 $CaO\text{-}CaF_2\text{-}Al_2O_3$ 与铁硅酸性渣中的侵蚀试验研究。试验用砖及渣的主要性能指标见表 1。

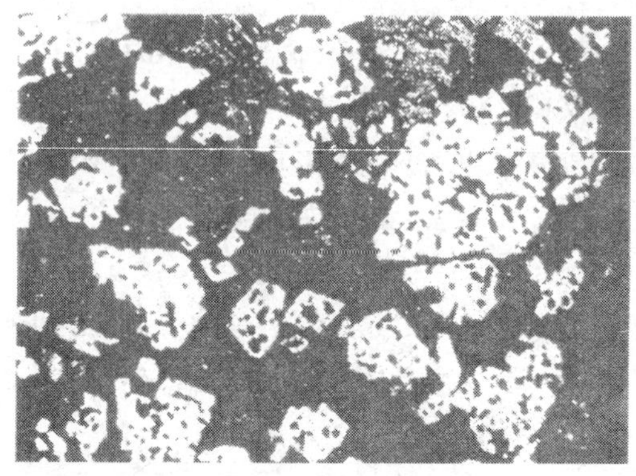

图 13 镁铬试样经 S1. 2A5F2 渣蚀后的形貌（1650℃，200r/min，缓冷，右端为工作面，×270）

Fig. 13 Microphotograph of magnesite-chrome specimen subjected to S1. 2A5F2 slag at 1650℃ and 200r/min, slowly cooled (working face on right hand, ×270)

表 1 侵蚀试验用砖及渣的主要性能指标[17]

Table 1 Compositions and properties of tested bricks and slags

项 目	质量分数/%					显气孔率/%	耐压强度/MPa
	MgO	Cr_2O_3	Al_2O_3	Fe_2O_3	SiO_2		
直接结合镁铬砖	64.5	23.8	3.7	5.5	1.4	14.6	72.2
熔粒再结合镁铬砖	62.8	23.1	4.8	8.0	0.9	12.8	43.9
脱硫渣	36.5 (CaO)	20 (CaF_2)	35	—	8.5	—	—
铁硅酸性渣	29 (CaO)	—	—	35	36	—	—

Suto 等的试验结果可归纳为：

（1）在抗脱硫渣与铁硅酸性渣侵蚀方面，熔粒再结合镁铬砖比直接结合镁铬砖好。熔粒再结合镁铬砖抗侵蚀好的原因是由于熔粒镁铬料的化学成分分布均匀，结构致密。

（2）直接结合镁铬砖经脱硫渣侵蚀后，热面基质明显地被渣优先侵蚀，表面不平，铬矿有解体与虫蛀状的外观。而直接结合镁铬砖经铁硅酸性渣侵蚀后，整个表面平滑，铬矿颗粒显露。

（3）脱硫渣在往镁铬砖中渗透的过程中，渣中的 Al_2O_3 不断与砖内 MgO 反应，生成高熔点的 $MgO \cdot Al_2O_3$，剩余渣在渗透过程中不断溶解砖中的 SiO_2，生成 C_2S（$2CaO \cdot SiO_2$）或 C_3MS_2（$3CaO \cdot MgO \cdot 2SiO_2$），最后在相当于 CMS（$CaO \cdot MgO \cdot SiO_2$）熔点的温度下冷凝，终止了渗透。因此，熔渣在渗透过程中，余渣的 Al_2O_3 与 CaO 不断减少，而 SiO_2 则不断增多，使砖中的 SiO_2 发生了迁移。

3.6 浸渍管耐火材料衬易蚀损的其他原因

浸渍管耐火材料衬是 RH 炉精炼过程中蚀损最快的部位。造成浸渍管耐火材料易蚀损的原因除上述：高速流动钢液的冲刷侵蚀、温度波动造成的热剥落与结构剥落、真空吹氧对镁铬砖的损害、铁硅酸性渣与含 CaF_2 脱硫粉剂的侵蚀等因素外，还有以下一些特殊因素：

（1）由于抽真空与从浸渍管吹 Ar 产生的抽力，会使盛钢桶中的碱性渣（从转炉带来的）卷入，进入浸渍管内。文献［3］测定了浸渍管用后镁铬砖渗透层的 $m(CaO)/m(SiO_2)$，为 2 ~ 3，证实了这一点。而在抗碱性渣的侵蚀方面，镁铬砖并不是很好的。

（2）浸渍管浸入盛钢桶钢液中，浸渍管内外的耐火材料都同时处于高温状态下，加剧了其侵蚀与损害。

浸渍管外壁一般用的是 Al_2O_3 含量较高的刚玉-尖晶石质整体浇注料，它直接与盛钢桶中的碱性渣接触，如果抗碱性渣的侵蚀性不好，渣线部位的耐火材料衬厚度会变薄，就起不到保护浸渍管钢壳的作用，钢壳的温度就会升高，导致钢壳的过度膨胀与变形。钢壳的膨胀会引起浇注的整体衬出现裂纹，当温度波动时，这些裂纹就会扩展，钢液就会渗入钢壳，从而会导致浇注料衬脱落的事故发生[18]。

而浸渍管钢壳支撑着浸渍管内砌的镁铬砖。钢壳的膨胀与变形，又会使浸渍管内砌的镁铬砖衬受力松动，使砖缝侵蚀加速。

4 抗侵蚀与抗结构剥落研究

在冶金过程中，耐火材料的蚀损主要是由于熔渣的侵蚀与渗透造成的。因此，选择耐火材质时，应根据精炼钢种所用的精炼渣系、精炼温度与蚀损原因来选择合适的耐火材质。在选择耐火材质时，钢的质量是第一位的，选用的材质不能对钢的质量产生负面影响。

RH 精炼炉与其他精炼炉不同的是，钢液的高速循环流动，使精炼渣也随之循环流动，因此 RH 内不同部位，炉渣的组成是不同的，而且不能直接获得炉内精炼过程的渣样。例如，真空室钢液面上的熔渣就无法取得，只能由间接推理得出其大致的化学组成与性质。

4.1 不同耐火材质抗精炼渣侵蚀研究

4.1.1 旋转圆柱体法抗炉外精炼渣试验研究和结果

我们曾用旋转圆柱体试样法进行过不同耐火材质抗炉外精炼渣的侵蚀试验[14,16,19,20]，其试验装置如图 14 所示。选用这一方法的优点是：有一定理论基础[21]，与实际精炼条件在抗高温、抗冲刷方面相近；温度测定可靠；在 Ar 气氛中进行；对不同材料的抗侵蚀性可定量比较；重复性好。

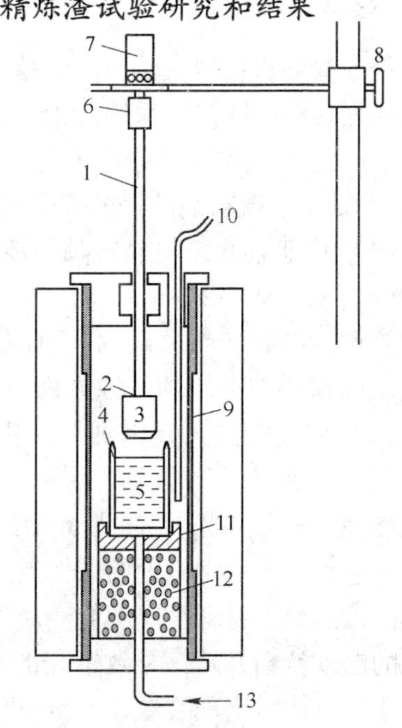

图 14 旋转圆柱体试样抗侵蚀法试验装置示意图

Fig. 14 Experimental apparatus of rotating cylinder method

1—Mo 杆；2—Mo 盖片；3—试样；4—坩埚；5—炉渣；6—万向联轴节；7—变速电动机；8—试样升降装置；9—碳管；10—热电偶；11—Al_2O_3 坩埚座；12—Al_2O_3 空心球支柱；13—Ar 气入口

试验采用的镁铬试样（M-K）是用共烧结镁铬料高温烧成的，镁钙试样（MD）是用二步煅烧合成法高温烧成的。因此，试样在化学成分分布上是均匀的，气孔率也相近，具有可比性。精炼渣是根据炉外精炼实际情况由化学试剂经高温合成的，再粉碎至 0.088mm 以下备用。图 15 示出了镁钙试样 MD8 与共烧结镁铬试样 M-K 在不同 $m(CaO)/m(SiO_2)$ 的精炼

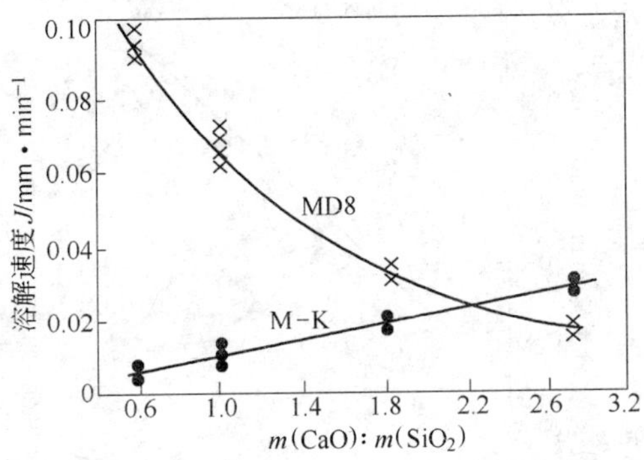

图 15　炉渣中 $m(CaO)/m(SiO_2)$ 对镁钙（MD8）、镁铬（M-K）试样溶解速度的影响（温度 1650℃，转速 200r/min）

Fig. 15　Dissolution rate of MD8 and M-K for different $m(CaO)/m(SiO_2)$ slags at 1650℃ and 200r/min

MD8 组成（w）：MgO 82%，CaO 17%

M-K 组成（w）：MgO 65.8%，Cr_2O_3 20.2%，Al_2O_3 5.5%，Fe_2O_3 6.0%

渣（其 Al_2O_3、MgO、Fe_2O_3 的质量分数分别固定在 17%、6%、3%）中，于 1650℃，转速为 200r/min 的条件下，其侵蚀速度与炉渣 $m(CaO)/m(SiO_2)$ 的关系。图 16 示出了在 1650℃ 时，试样 MD8 与 M-K 在 $m(CaO)/m(SiO_2)$ 为 1 的精炼渣中，转速对侵蚀速度的影响[14]。

从图 15 和图 16 可以清楚得出：（1）镁铬材料在抗 $m(CaO)/m(SiO_2)$ 低的酸性精炼渣侵蚀方面优于镁钙材料；而在抗 $m(CaO)/m(SiO_2)$ 高的精炼渣侵蚀方面，MgO-CaO 材料优于镁铬材料。（2）在抗冲刷侵蚀方面，镁铬材料优于 MgO-CaO 材料。

图 17 示出了不同 Cr_2O_3 含量的镁铬试样在酸性精炼渣 S1.2A5（$m(CaO)/m(SiO_2)=1.2$，$w(MgO)=10\%$，$w(Al_2O_3)=5\%$，$w(FeO)=3\%$）中的侵蚀速度[19]。结果说明，镁铬材料中 Cr_2O_3 含量越高，其抗酸性精炼渣的侵蚀性越好。

图 18 示出了两种 Al_2O_3 含量不同的镁铬试样（两试样中 Cr_2O_3、Fe_2O_3 的质量分数相近，分别为16%与6%），在 $m(CaO):m(SiO_2)=$

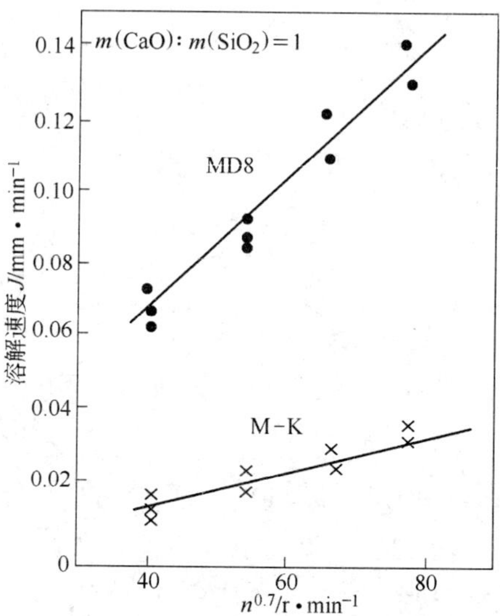

图 16　1650℃时转速对试样 MD8、M-K 溶解速度的影响

Fig. 16　Dissolution rate *vs* rotation speed $n^{0.7}$ of MD8 and M-K at 1650℃ in S-1. 0 slag

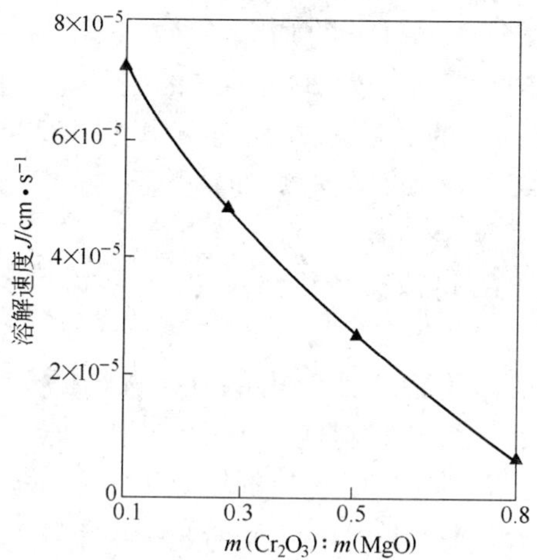

图 17　$m(Cr_2O_3)$: $m(MgO)$ 值不同的试样在 S1. 2A5 渣中的溶解速度（1650℃，200r/min）

Fig. 17　Dissolution rate of specimens with different $m(Cr_2O_3)$: $m(MgO)$ values in slag S1. 2A5 at 1650℃ and 200r/min

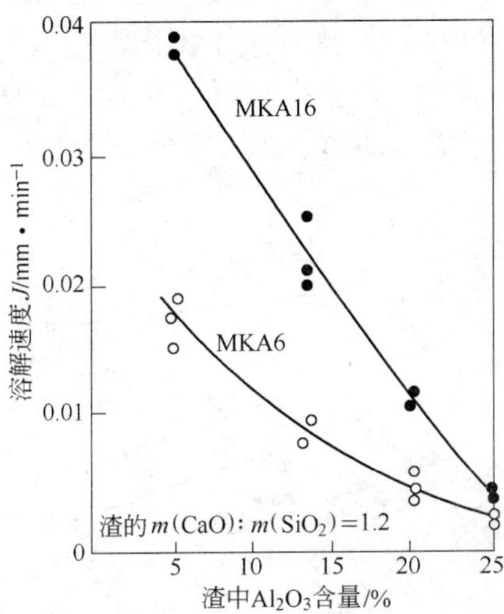

图 18 渣中 Al_2O_3 含量对 Al_2O_3 含量不同的镁铬耐火材料溶解速度的影响（1650℃，200r/min）

Fig. 18 Effects of Al_2O_3 content in slag on the dissolution rate of magnesite-chrome specimens with different contents of Al_2O_3（1650℃，200r/min）

MKA16 组成（w）：58.6% MgO，18.4% Cr_2O_3，16.4% Al_2O_3，5.0% Fe_2O_3；MKA6 组成（w）：69.2% MgO，17.9% Cr_2O_3，5.9% Al_2O_3，4.80% Fe_2O_3；炉渣碱度为 1.2，含 10% MgO，3% FeO

1.2、Al_2O_3 含量不同的精炼渣中，于 1650℃，转速为 200r/min 条件下的侵蚀速度[20]。从图 18 可见：

（1）随着精炼渣中 Al_2O_3 增加，镁铬材料的溶蚀速率下降；特别是 Al_2O_3 含量高的试样下降尤为显著，即增加渣中 Al_2O_3 可起到保护镁铬砖的作用。

（2）当渣中 Al_2O_3 含量增至 25% 时，镁铬试样中 Al_2O_3 含量虽有不同，但其熔蚀速率却趋于相近。

一般来说，增加镁铬砖中的 Al_2O_3 含量能提高镁铬砖的抗热震性。由此看来，对 Al_2O_3 含量高的精炼渣，采取增加镁铬砖中的 Al_2O_3 含量的措施是非常合适的。

图 19 示出了 Бабкин 等[22]用旋转圆柱体法对一些耐火氧化物在 $FeO-SiO_2$ 渣（或称铁橄榄石渣）中于不同温度（T）下的溶解速度的研究结果。可以看出，镁铬尖晶石（$MgO·Cr_2O_3$）材料在抗 RH 炉真空室钢液面上形成的铁硅渣侵蚀方面是较合适的。

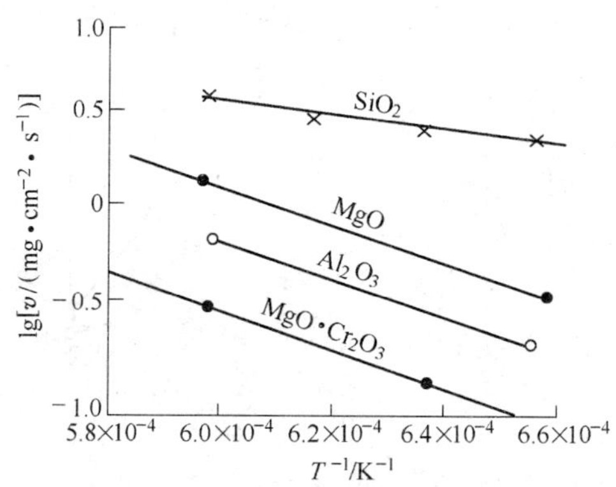

图 19　SiO_2、MgO、Al_2O_3 与镁铬尖晶石在 $FeO-SiO_2$ 渣中的溶解速度（v）与温度（T）的关系（转速为 120r/min）

Fig. 19　Dissolution rate of SiO_2, MgO, Al_2O_3 and chrome spinel in $FeO-SiO_2$ slag *vs* $1/T$

4.1.2　回转圆筒抗渣法的试验研究和结果

Tsubota 等[23]用回转圆筒法（动态）与感应电炉法（静态）对用于 RH 炉的镁铬砖、镁铬浇注料、镁质浇注料与 4 种不同组成的铝镁浇注料进行了对比试验。所用镁铬砖试样为烧成砖，浇注料试样均用适量的水混合后浇注制成，在空气中养护 24h 后在 110℃ 干燥 24h。试验用试样的化学组成与物理性能如表 2 所示。

回转圆筒法试验条件：炉内装有 SS-400 钢与 $m(CaO)/m(SiO_2)$ 为 1.8 的精炼渣；试验温度（1700 ± 50）℃，用 C_3H_8 吹 O_2 加热升温；试验时间 8h（2h × 4 次），即每隔 2h 倒出钢液，吹入空气强制冷却 15min，进行 1 次冷热循环。

表 2 镁铬砖与各种浇注料的化学组成与物理性质

Table 2 Chemical compositions and physical properties of tested specimens

试样名称及编号		镁铬砖 1	镁质浇注料 2	铝镁浇注料				镁铬浇注料 7
				3	4	5	6	
化学组成 (*w*)/%	MgO	65.0	93.1	27.0	26.0	9.0	5.0	72.2
	Cr_2O_3	22.5	—	—	—	—	—	13.8
	Al_2O_3	4.0	4.0	70.0	68.0	89.0	92.0	6.9
	SiO_2	1.2	—	1.0	2.0	—	—	1.6
镁铬砖烧后;浇注料 110℃,24h 烘干后	显气孔率/%	14.0	10.0	9.8	8.9	12.3	13.4	20.3
	体积密度/$g \cdot cm^{-3}$	3.20	3.03	3.07	3.13	3.20	3.07	2.87
	常温耐压强度/MPa	64	67.2	32.0	66.3	38.0	33.0	7.8
	常温抗折强度/MPa		9.2	7.0	11.2	7.0	5.0	1.4
	热膨胀率(1000℃)/%	1.18	—	—	—	—	—	—
1500℃,3h 烧后	显气孔率/%	—	14.3	14.9	20.8	16.7	20.2	20.0
	体积密度/$g \cdot cm^{-3}$	—	3.03	3.00	2.84	3.09	2.87	2.94
	常温耐压强度/MPa	—	36.9	90.0	97.8	123.0	83.0	54.4
	常温抗折强度/MPa	—	6.2	30.0	5.8	31.0	18.0	8.9
	永久线变化率/%	—	-0.54	0.85	2.34	1.08	1.08	-1.05

感应电炉法试验条件：炉内装有 SS-400 钢与 $m(CaO)/m(SiO_2)$ 为 1.5 的精炼渣，试验温度 (1700 ±50)℃，试验时间 6h。

试验结果表明：

(1) 无论是感应电炉静态法还是回转圆筒动态法抗侵蚀试验，其结果都是镁铬砖的抗侵蚀与冲蚀性最好，其次是镁铬浇注料。

(2) 在回转圆筒法试验中，无铬的浇注料中以试样 3($w(MgO)$ = 27%，$w(Al_2O_3)$ = 70%)的抗侵蚀与冲蚀性最好；而且在结构剥落方面与镁铬砖及镁铬浇注料比较也是轻的。最差的是 MgO 含量最高为 93% (*w*) 的试样 2，炉渣渗入较深，结构剥落厉害。但是在感应电炉的静态试验中，MgO 含量最高的试样 2 却显示较好的结果。

（3）不同试验方法的试验结果不同，其原因是由于钢液与熔渣是否流动以及冷热循环情况不同所致。因此，需根据在 RH 炉中使用的部位、所处环境与条件来选择合适的耐火材质的砖或不定形耐火材料。

4.1.3 应用相图分析

图 20 和图 21 是根据有关三元系相图与有关数据绘制出的[24]。

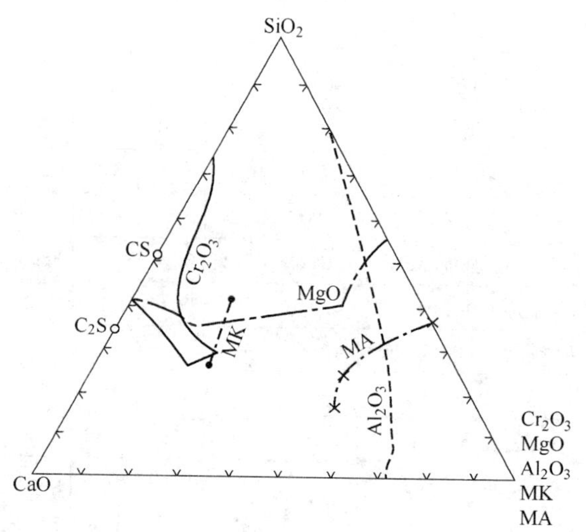

图 20 在 1700℃时 MgO、Cr_2O_3、Al_2O_3、MgO · Cr_2O_3（MK）与 MgO · Al_2O_3（MA）在 CaO-SiO_2 渣中的溶解度

Fig. 20 Solubility limits of MgO，Cr_2O_3，Al_2O_3，MgO · Cr_2O_3（MK）and MgO · Al_2O_3（MA）in CaO-SiO_2 slag at 1700℃

图 20 示出了在 1700℃ 下，MgO、Cr_2O_3、Al_2O_3、MgO · Cr_2O_3（MK）与 MgO · Al_2O_3（MA）在 CaO-SiO_2 渣中的溶解度。从图可看出，在抗 $m(CaO)/m(SiO_2)$ 低的酸性渣的溶蚀方面，Cr_2O_3 与 MgO · Cr_2O_3 较好，而 Al_2O_3 与 MgO · Al_2O_3 不太好。

图 21 示出了 Al_2O_3、Cr_2O_3、ZrO_2、MgO、CaO 与 Fe_3O_4（或 Fe_2O_3）-SiO_2 在 1500℃ 下形成的液相区。从图中液相区大小可知，在抗铁硅渣侵蚀方面，Cr_2O_3 最好，其次是 ZrO_2。

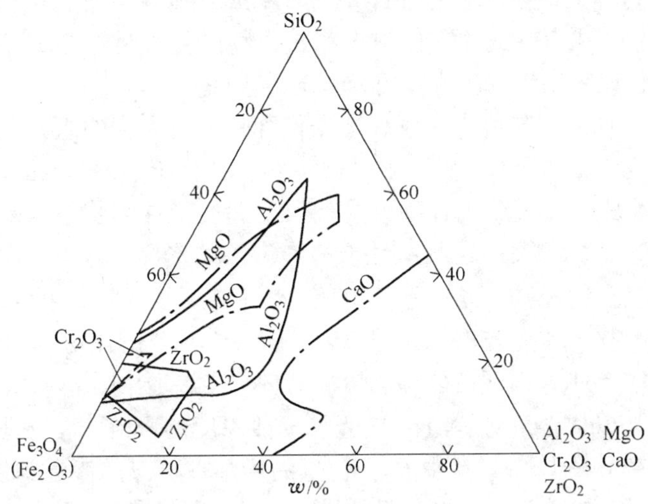

图 21　Al_2O_3-SiO_2-Fe_3O_4、Cr_2O_3-SiO_2-Fe_2O_3、ZrO_2-SiO_2-Fe_2O_3、MgO-SiO_2-Fe_3O_4 与 CaO-SiO_2-Fe_2O_3 系在 1500℃时的液相区

Fig. 21　Liquid phase zone of Al_2O_3-SiO_2-Fe_3O_4, Cr_2O_3-SiO_2-Fe_2O_3, ZrO_2-SiO_2-Fe_2O_3, MgO-SiO_2-Fe_3O_4 and CaO-SiO_2-Fe_2O_3 systems at 1500℃

4.2　抑制熔渣渗入耐火材料，减轻结构剥落的途径

熔渣渗入耐火材料越深，变质层越厚，温度波动引起的结构剥落越厚，造成的蚀损越严重。结构剥落是 RH 炉这类间歇式生产设备用耐火材料衬损毁的重要原因。熔渣渗入耐火材料内的深度 X 可由式（1）[25,26]来评估：

$$X = \sqrt{\frac{r\sigma\cos\theta}{2\eta}t} \tag{1}$$

式中，σ 为熔渣的表面张力；r 为耐火材料毛细通道的半径；θ 为熔渣在耐火材料上的润湿性接触角；η 为熔渣黏度；t 为时间。

由于熔渣的表面张力 σ 大致在(400 ~ 550）$\times 10^{-5}$ N/cm 之间，其值变化不很大，因此熔渣表面张力对渗入深度的影响不大[27]。从上式可知，减少或阻止熔渣渗入耐火材料，可采取以下办法：

（1）加入能与熔渣润湿性差的石墨或其他耐火非氧化物到耐火氧化物中制成含碳或含其他耐火非氧化物的复合材料（如不是炼超低碳钢，以采用镁碳砖或镁白云石碳砖为好）。

（2）加入能与熔渣形成高熔点化合物或高黏度的组元到耐火材料中。例如，加入 Cr_2O_3 到耐火材料中，由于 Cr_2O_3 可与很多氧化物形成固溶体、高熔点化合物或熔化温度高的低共熔物，以及能使渗入的熔渣黏度增大；因此，对于熔渣渗入的深度，含 Cr_2O_3 的耐火材料一般会比相应不含 Cr_2O_3 的耐火材料要浅[24,28]。再如，MgO-CaO 材料中 CaO 能与渗入渣的 SiO_2 形成高熔点化合物 $2CaO \cdot SiO_2$ 或 $3CaO \cdot SiO_2$，因此也能抑制熔渣的进一步渗透。图 22 示出了镁白云石砖中 CaO 含量对炉渣的渗透与侵蚀深度的影响[29]。从图 22 可见，随着 MgO-CaO 材料中 CaO 含量的增加，炉渣的渗透深度减少，而侵蚀深度却增大。因此，可以制作骨料中 MgO 多 CaO 少，基质料中 CaO 多 MgO 少的 MgO-CaO 材料。

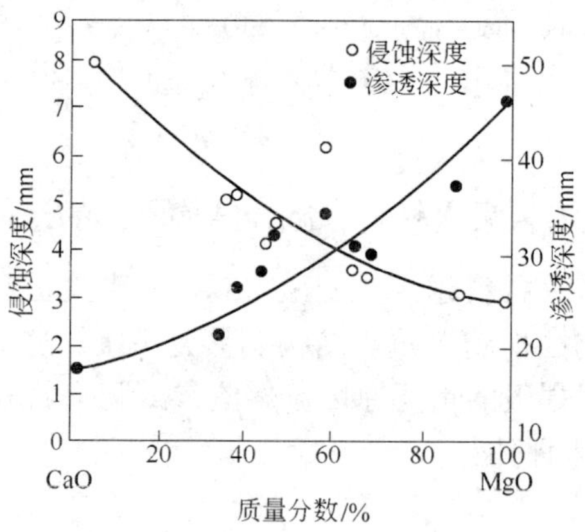

图 22　MgO-CaO 砖组成与炉渣渗透深度和侵蚀深度的关系

Fig. 22　Variations of wear depth and slag penetration depth with composition of magnesia-dolomite bricks after slag corrosion test

（3）制作气孔微细化的耐火材料。从式（1）可知，耐火材料气孔半径越小，熔渣渗入越浅，结构剥落的危害越小。现已认识到使气孔微细化比单纯减少气孔数量更能阻止熔体的渗入，提高抗侵蚀性。

由于直接结合镁铬砖在 VOD 渣线、RH 真空室下部与浸渍管等部位使用效果甚好，为进一步提高寿命，一些研究者对镁铬砖的气孔微细化开展了研究。

Miglani[30]研究了电熔镁铬细粉表面积大小对再结合镁铬砖性能的影响。结果表明：细粉由表面积 0.6 增至 $5.4m^2/g$ 时，烧成后砖的气孔率由 16% 大大降低至 5%，砖内二次尖晶石的自形晶增多，砖的抗侵蚀性增强，高温强度增大，抗热震性提高，在 RH 浸渍管上使用的效果甚好；但继续增大镁铬细粉的表面积，对再结合镁铬砖的性能影响不大。

Asano 等[31]进行了加入铬铁粉（Fe-Cr）对直接结合镁铬砖性能影响的研究。表明：在烧成过程中，Fe-Cr 粉会氧化而产生体积效应，堵塞气孔，使砖的透气度降低，气孔孔径变小，并使气孔不连续，因此可抑制熔渣渗入砖内，减轻了侵蚀与结构剥落；此外，加入的 Fe-Cr 粉还有助于直接结合镁铬砖的烧结，表 3 示出了加入 4% Fe-Cr 粉与未加 Fe-Cr 粉的直接结合镁铬砖的性能比较。

表 3 加入与未加入 Fe-Cr 粉的直接结合镁铬砖性能比较[30]

Table 3 Comparision of properties of direct bonded magnecia-chromite bricks with 4% Fe-Cr addition and without Fe-Cr

项 目		未加 Fe-Cr 粉	加 4% Fe-Cr 粉
化学组成 (*w*)/%	MgO	71.2	67.9
	Cr_2O_3	19.4	22.4
	Al_2O_3	3.6	3.4
	Fe_2O_3	3.9	4.8
	SiO_2	1.0	1.0
体积密度/$g \cdot cm^{-3}$		3.21	3.35
显气孔率/%		13.5	11.8
常温耐压强度/MPa		82	139
高温抗折强度(1480℃)/MPa		8.5	11.5

他们还用镶板声速法在 1400～700℃进行了抗热震性比较试验，说明加 Fe-Cr 粉的直接结合镁铬砖比未加的抗热震性稍差一点，但十分接近。同时又在真空感应炉内用脱硫渣 60% CaO-20% CaF_2-20% Al_2O_3 和 Cr18Ni18 不锈钢进行了抗侵蚀试验（试验条件：真空度 660Pa，1650℃，4h）。结果表明：加入 4% Fe-Cr 粉的直接结合镁铬砖比不加 Fe-Cr 粉的直接结合镁铬砖在抗脱硫渣的侵蚀性与渗透性方面都要好，前者在 4h 内的脱硫渣渗入深度只有 2.5mm，而后者却为 4.5mm。后来又将这种加 4% Fe-Cr 粉的直接结合镁铬砖砌在用于渣精炼的 10t 真空感应炉的渣线上进行使用，5 个炉役后其平均侵蚀速率为 0.16mm/min，而未加 Fe-Cr 粉的直接结合镁铬砖仅使用了 4 个炉役，其平均侵蚀速率为 0.21mm/min，使用寿命提高了 25%。

Itoh 等[29]在研究 VOD 用耐火材料时，开发了显气孔率与以前的砖相近，但透气度低，气孔孔径微细化并分布均匀的直接结合镁铬砖，得出：透气度主要取决于气孔孔径，与砖的显气孔率之间关系不大；砖中气孔微细化并分布均匀的组织结构不仅能降低透气度，而且可改善抗热震性。

20 世纪 80 年代，我们曾在镁铬试样中进行了加 Al 粉使气孔微细化的工作。但 Al 熔点低，在烧成过程中会熔化，液态 Al 由于表面张力会聚集成团，不会分散，未取得效果。而金属铬熔点较高（1860℃），Cr 粉在镁铬砖的烧成温度下不会液化聚集。因此，加入 Cr 微粉到镁铬砖中，在烧制过程中，由于 Cr 粉氧化可堵塞气孔而使镁铬砖气孔微细化；而且从 Cr-Cr_2O_3 二元相图（见图 23）看，Cr 与 Cr_2O_3 的低共熔点温度为 1645℃，因此还有助于烧结，从而降低了镁铬砖的烧成温度。建议对含 Cr_2O_3 耐火材料开展加入金属 Cr 粉的研究。

Czapka 等[18]在对 RH 浸渍管用镁铬耐火材料的侵蚀机理与减少侵蚀的研究中，提出了用浸渍盐的方法来减少镁铬砖的开口气孔率与透气度。但用什么镁盐浸渍却未提及。显然，这种镁盐应既对钢的质量无不良影响，又要不污染环境。

邓勇跃等[32]研究了镁铬砖（孔径大致在 10～50μm）抽真空后分别用化学法制备的 $Cr(OH)_3$ 溶胶（平均粒径为 50nm）和

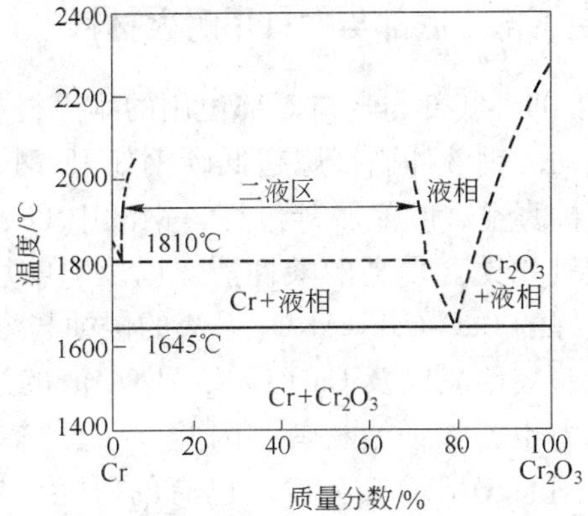

图 23 $Cr-Cr_2O_3$ 系相图

Fig. 23 Phase diagram of $Cr-Cr_2O_3$ system

$Mg(OH)_2-Cr(OH)_3$ 混合溶胶浸渍的方法。浸渍后，镁铬砖中大于 12μm 的孔隙的体积由浸渍前的 88. 5% 分别下降至 40. 6% 和 58. 9%；中位径由浸渍前的 17. 45μm 分别降至 9. 56 和 12. 24μm。

5 不同部位选用合适的耐火材质综合砌炉

5.1 RH 真空室上部用耐火材料

RH 真空室上部不直接与钢液接触，无钢液冲刷、熔渣侵蚀问题，为自由空间；炉衬寿命比较长。但由于抽真空、吹氩、吹氧，钢液的脱碳反应[C] + [O] $\longrightarrow$ CO 产生 CO 气泡，导致钢水喷溅，黏附于炉壁，甚至结瘤。中修时，为了除去结瘤冷钢，会造成炉壁耐火材料损伤。

此外，RH 真空室上部抽真空时，氧分压低；而停歇期空气进入，氧分压高，使镁铬砖中的氧化铁发生高低价态的转变而产生体积效应。真空室上部通常砌筑的是普通镁铬砖，显然也可采用一般铝镁尖晶石砖。但不宜采用镁碳砖，因为在真空条件下，会促进镁碳砖自耗反应：$MgO + C \longrightarrow Mg_{(g)} + CO_{(g)}$ 的进行。RH 真空室上部也可用 $Al_2O_3-MgO \cdot Al_2O_3$ 浇注整体衬或喷补整体衬。

5.2 RH 真空室下部、底部与喉口用耐火材料

RH 真空室下部、底部与喉口等部位用的耐火材料衬砖主要要经受：高速循环流动的钢液冲刷；炼超低碳钢如 IF 钢、硅钢等钢种时要进行较长时间抽真空、吹氧脱碳过程，钢液中 Fe、Si、Mn、Al 元素会氧化，形成氧化铁含量高的酸性渣，以及喷吹脱硫剂粉形成的熔点低、流动性好的 $CaO-CaF_2-Al_2O_3$ 系渣的侵蚀与渗透。如前所述，镁钙砖在抗氧化铁酸性渣以及 $CaO-CaF_2-Al_2O_3$ 渣的熔蚀与渗透上都不佳，抗冲刷能力也不如镁铬材料；因此，在真空室下部、底部与喉口等部位不宜用 MgO-CaO 砖砌筑。已有的研究结果表明：在抗冲蚀、抗铁硅酸性渣与脱硫渣的侵蚀与渗透方面，较好的耐火材质是 Cr_2O_3 含量较高的直接结合镁铬砖，其中以熔粒再结合的镁铬砖或基质中 Cr_2O_3 含量较高、气孔微细化的镁铬砖更为合适。因此，在 RH 炉的真空室下部、底部与喉口等部位应砌筑高温烧成的优质的直接结合镁铬砖。但含 Cr_2O_3 耐火材料在氧化气氛与强碱性氧化物如 Na_2O、K_2O 或 CaO 存在下，三价铬（Cr^{3+}）能转变为六价铬（Cr^{6+}）。六价铬化合物易溶于水，而 CrO_3 可以以气相存在，对人体有害，污染环境。因此，近年来，不少研究者从事了无铬耐火材料的研究，希望取代含 Cr_2O_3 耐火材料。在 RH 精炼炉真空室下部进行了实际试验的主要有以下两种材质。

5.2.1 MgO-Y_2O_3 砖

K. Shimizu 等[33]研究开发了 MgO-Y_2O_3 砖，并将其砌在 RH 炉真空室下部，包括底部与喉口，进行了一个炉役的完整使用试验，其使用寿命如图 24 所示。结果表明，在炼超低碳钢时间总和所占百分比相同条件下，其使用寿命与常用的镁铬砖相当，认为可以取代镁铬砖。用后 MgO-Y_2O_3 砖的炉渣渗透层较薄，并在热面附近发现有高熔点新矿物相 $Ca_4Y_6O(SiO_4)_6$ 生成。这可能是炉渣中的 CaO 与 SiO_2 同砖中 Y_2O_3 反应的结果，从而抑制了炉渣的渗透。由于炉渣渗透层薄，用后砖裂纹位置又不在炉渣渗透层与原砖层之间的边界处；因此认为，其裂纹与剥落不是结构剥落引起，而是由热剥落引起的。

为了提高 MgO-Y_2O_3 砖的抗热剥落性，K. Shimizu 等[33]又在

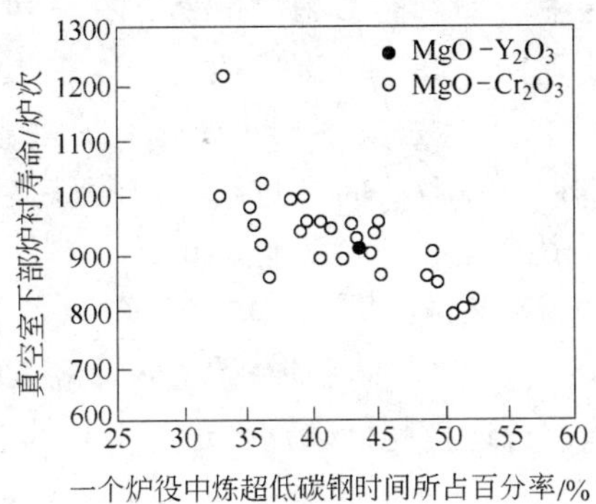

图 24　真空室下部炉衬寿命与一个炉役中炼超低碳钢时间所占百分率的关系

Fig. 24　Relationship between service life of lower vessel and ratio of ultra-low carbon steel refining time

MgO-Y_2O_3 砖中加入了 MgO · Al_2O_3，经 1400℃ 水冷热震试验表明，MgO-Al_2O_3-Y_2O_3 材料经 4 次热震后才破坏，而 MgO-Y_2O_3 砖与常用的镁铬砖都只经两次热震就被破坏了。说明加入尖晶石到 MgO-Y_2O_3 砖是可以提高抗热剥落性的。但他们对其所研发的 MgO-Y_2O_3 中的 Y_2O_3 含量没有示出。估计是在砖的基质中加入的，其量不会太多。因 Y_2O_3 是稀有元素的氧化物，资源有限，价格高，若用量大，推广上会遇到问题。

既然 MgO-Y_2O_3 砖在 RH 炉上有如此好的效果，MgO-ZrO_2 材质可能也会不错。建议今后开展 MgO-ZrO_2 材料的研究与使用试验。

5.2.2　低碳镁碳砖

Ishii 等[34]曾报道了由电熔镁砂、精细石墨粉（比表面积 $5m^2/g$）和 Si 粉制作的含 3%（w）石墨的 MgO-C 砖。由于采用了表面积很大的精细石墨，提高了 MgO-C 砖的抗热剥落与炉渣的渗透性；加 Si 粉改善了 MgO-C 砖的抗氧化性；而且 MgO-C 砖中含碳少，即使热面碳氧化，砖的热面脱碳层仍较致密，不会被钢流冲刷掉。将所开发的 MgO-C 砖砌于 300t RH 炉真空室下部，获得了比普通镁铬砖寿命高 15% 的效果。但 Ishii 等未提及该 RH 炉所炼的钢种是否为超低碳钢。

镁碳砖由于砖中含 C，而 C 在 Fe 液中溶解度大，极易溶于钢液，不利于炼超低碳钢。炼超低碳钢时，由于抽真空、吹氧、处理时间较长，温度高，C 易被氧化，也会促进砖的自耗反应：$MgO_{(s)} + C_{(s)} \longrightarrow Mg_{(g)} + CO_{(g)}$ 向右进行，对镁碳砖是不利的。但低碳 MgO-C 砖用于冶炼碳含量不是太低的钢种，则是完全可以的。

建议今后开展用 MgAlON（MgO 含量较高的）代替石墨制作 MgAlON结合的电熔或烧结镁质（或尖晶石）制品的研究，并在炉外精炼炉上进行试验，以适应超低碳钢种迅速增长的要求与需要。

5.3 浸渍管内衬用耐火材料

浸渍管内衬用耐火材料除了要求抗高速流动钢液的冲刷外，由于浸渍管在停歇期间保温不容易，温度波动的温差 ΔT 要比真空室内大得多，因此浸渍管内衬用耐火材料在抗热剥落与结构剥落上要特好。在抗炉渣侵蚀、渗透方面主要是抗 $m(CaO)/m(SiO_2)$ 在 2 以上的碱性渣。

浸渍管内衬现在多采用抗热震性好的镁铬砖砌筑。提高镁铬砖抗热震性的有效途径之一是减少氧化铁含量，增加 Al_2O_3 含量，如图 25 所示[13]。镁铬砖中氧化铁含量高，当气氛发生氧化⇌还原变

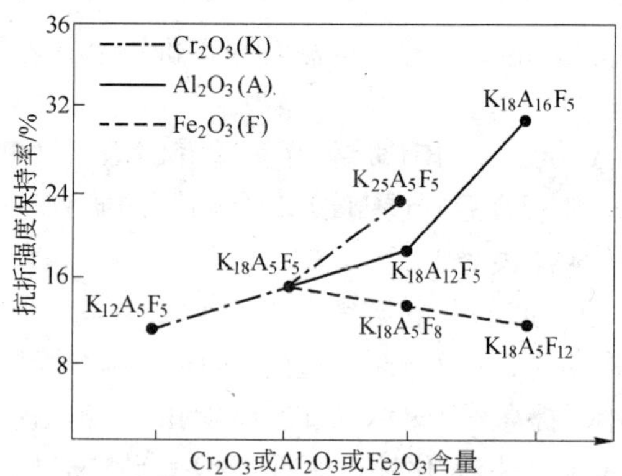

图 25 Cr_2O_3、Al_2O_3、Fe_2O_3 含量对共烧结镁铬砖抗热震性能的影响

Fig. 25 Effects of contents of Cr_2O_3, Al_2O_3, Fe_2O_3 in co-clinkered magnesite-chrome specimens on thermal shock resistance

化时，例如在高温下与钢液接触时，根据 Fe-O 状态图，热面处氧化铁是以镁浮士体(Mg · Fe)O 存在的，而在停歇时与空气接触则会转变为高价氧化铁。这种铁酸镁 $MgO \cdot Fe_2O_3$ 与镁浮士体之间的转变会导致镁铬砖的开裂。而增加镁铬砖的 Al_2O_3 含量还可以提高镁铬砖的直接结合程度，进而提高砖的强度[35]。

砌在浸渍管内壁的直接结合镁铬砖，其 $w(Cr_2O_3)$ 大致在 9% ~ 13%，$w(Al_2O_3)$ 在 15% 左右，$w(Fe_2O_3)$ 在 5% 以下。

Itoh 等[29] 和 Toyoyasu 等[36] 都曾开发了用于 RH 炉浸渍管内衬的无铬镁铝尖晶石砖。前者加入了少量的 Fe_2O_3 与 TiO_2 作为助烧结剂，降低镁铝尖晶石砖的烧成温度。后者加入了较多的 TiO_2，使其在烧成过程中形成尖晶石结构的 M_2T（熔点 1732℃），从而与尖晶石 MA（熔点 2135℃）形成固溶体，随着 M_2T 的形成和被 MA 吸收固溶，不仅使砖的耐火度逐渐升高，而且会促进砖的烧结与致密化。他们开发的镁铝尖晶石砖的理化性能示于表 4。

表 4 加 TiO_2 的镁铝尖晶石砖性能

Table 4 Properties of TiO_2-added MgO-Al_2O_3 spinel bricks

编号		M-MA[31]	M-MA-T[36]
化学组成 (w)/%	MgO	87.4	74.8
	Al_2O_3	9.9	18.6
	TiO_2	0.1	4.0
	Fe_2O_3	0.6	0
显气孔率/%		13	15
体积密度/$g \cdot cm^{-3}$		3.11	2.96
常温耐压强度/MPa		55	53
高温抗折强度/MPa		8.0（1400℃）	1.6（1500℃）

Itoh 等[29] 开发的镁铝尖晶石砖烧成后的矿物相中，方镁石的化学组成（w）为：MgO 98%、CaO 0.4%、Al_2O_3 0.24%、Fe_2O_3 0.52%，尖晶石的化学组成（w）为：MgO 29.2%、Al_2O_3 67.6%、TiO_2 1.6%、Fe_2O_3 0.74%。在烧成过程中，Fe_2O_3 进入方镁石与尖晶石中；而 TiO_2 大部分进入到尖晶石中，少部分与砖中的 CaO 形成

钙钛矿 $CaO \cdot TiO_2$（TiO_2 53.3%，CaO 41.5%）。将其砌于 RH 炉浸渍管内，发现其使用寿命与常用镁铬砖的相近。

Toyoyasu 等[36]开发的 MgO-MA-TiO_2 砖，烧成后的矿物相主要是方镁石以及 MA 与 M_2T 尖晶石固溶体。将其用于 RH 炉浸渍管内，使用寿命为 137 炉次（上升管 70 炉次 + 下降管 67 炉次），比常用的镁铬砖寿命的 123 炉次（上升管 53 炉次 + 下降管 70 炉次）要高。他们认为这是由于炉渣中的 CaO 和 Al_2O_3 渗入砖内与 TiO_2 和 MgO 反应，生成了高熔点化合物 $CaO \cdot TiO_2$（熔点 1915℃）与 MA 的结果。

若 RH 炉不是精炼超低碳钢种，RH 炉浸渍管内衬采用低碳镁碳砖或低碳镁钙碳砖（MgO-CaO-C），无论是从抗热震性、抗熔渣渗透性方面，还是从抗碱性渣侵蚀方面考虑，都是合适的。

5.4 浸渍管外壁用整体浇注料及盛钢桶衬砖

浸渍管外壁用耐火材料直接与盛钢桶中的碱性渣接触，要求其能抗碱性渣侵蚀。一般是用铝酸钙水泥结合的刚玉或刚玉-镁铝尖晶石浇注料。板状刚玉颗粒内含有许多圆形封闭微气孔，加热过程中体积稳定，抗热震性好，因此，所用刚玉自然以板状刚玉最适宜。为了提高刚玉浇注料的抗开裂性，还需加入不锈钢纤维，最好是在整体浇注体的中心部位加进不锈钢金属丝网（Stainless steel 1.4301 wire mesh）[6]。但 Czapka 等[18]的研究认为，即使加入镁铝尖晶石的刚玉质浇注料，其在浸渍管外壁上使用的效果也明显不如纯度不高的烧结镁砂浇注料。为此，他们建议在两炉次之间的间歇期间，对浸渍管外的刚玉或刚玉-尖晶石浇注的整体衬喷涂一层碱性涂料，以阻止盛钢桶内碱性渣的侵蚀。

RH 炉精炼的钢种均为高档的洁净钢[37]。为保证钢的质量，RH 浸渍管外壁应该采用碱性耐火浇注料。同样，为了保证精炼钢种质量，盛钢桶内衬也应采用碱性耐火衬如 MgO-CaO 烧成砖或低碳 MgO-C 或低碳 MgO-CaO-C 砖砌筑，或者采用 MgO-$MgO \cdot Al_2O_3$ 的整体浇注衬。

5.5 维修用喷补料

在 RH 炉精炼的两炉次之间的停歇期间，可对 RH 炉浸渍管内外耐火材料衬进行维修喷补；或在更换浸渍管时可对真空室下部、底部与喉口进行喷补维修。喷补料多为镁铬质或刚玉尖晶石质。为了获得致密的喷补料层，要求喷补料中的含水量要低，而流动性要好。

Yamashita 等[38]对 w(MgO) = 64% ~ 79%、w(Cr_2O_3) = 12%、w(Al_2O_3) = 5% ~ 18% 的镁铬喷补料的结合剂进行了研究，发现用铝酸钙水泥结合的镁铬喷补料在 1500℃，3h 的烧后线收缩率很大，为 2.6% ~ 2.9%，而不用铝酸钙水泥结合的仅收缩 0.13%。

Iida 等[39]研究了 RH 炉用铝镁质喷补料。他们研究了喷补料的粒度分布（其最大粒度为 3mm），并采用一种磺酸（Sulfonic acid）做分散剂，研制了加水量低、流动性好的铝镁质喷补料，其主要化学组成（w）为：Al_2O_3 80%，MgO 10%，CaO 2%。在研究喷补料的粒度分布时发现：随着大于 1mm 的粗颗粒量的增多，喷补体的透气度增大；而粗颗粒的量过大，超过 22%（w）时，粗颗粒会偏析，导致管道堵塞。认为，采用粗颗粒含量为 19%（w）的喷补料，可获得组织结构好的铝镁质喷补层。他们的试验还得出，随着温度升高，喷补料的流动性变差，喷补体内气孔增多。高温喷补试验结果表明：喷补料加水量越少，喷补层的结构中气孔越少；当喷补料中加水量固定时，喷补层结构与所处位置有关，处于下部位置的结构总是比处于中部与上部位置的要好。用他们开发的铝镁质喷补料在 RH 炉内进行维修热喷补试验，发现寿命从原来的 160 炉次提高到 200 炉次，提高了 25%。

6 RH 炉精炼硅钢过程与炉衬用耐火材料

硅钢是发展电力、电讯和军事工业的必需材料。用于电力方面的有各种发电机、电动机、变压器等；用于电讯方面的有音频变压器、高频变压器、脉冲变压器、磁放大器等。电动机、发电机和变压器的铁芯皆由硅钢片制成。硅钢片铁芯在交变磁场作用下所消耗的无效功率都转变为热量而损失掉，这种损失简称铁损。提高硅钢中的 Si 含量，降低杂质含量，除去夹杂物可以降低铁损；而对磁性影响最大的杂质元素是 C[40]。

硅钢按组织结构可分为晶粒取向硅钢片和无取向硅钢片两种。

取向硅钢各向异性，通过冷轧钢的结晶结构沿轧向有序排列，其磁性优越，适于用作400Hz以上频率的中高频变压器、脉冲变压器、大功率磁放大器、储存和记忆元件。无取向硅钢各向同性，可以由热轧或冷轧制成硅钢片，其性价比不错。因此，无取向硅钢片的产量约占硅钢片总产量的70%～80%。

硅钢是在工业纯铁基础上发展起来的。硅钢可视为Fe-Si二元系，是Si在α-Fe中的固溶体。从Fe-Si二元相图看，在无C时，只有当钢中的w(Si)>2.5%时才可能形成单一的α-Fe相。含Si 6.5%(w)的硅钢片，可以制造高速电动机和高效低噪声高频变压器。

从以上所述可以大致得出：RH炉炼硅钢的过程其实就是炼超低碳钢，加Al脱氧、脱硫，加Si合金化的精炼过程。根据这一精炼过程，炼硅钢的RH炉主要部位建议采用以下耐火材质作炉衬：

(1) 真空室下部。主要是要求抗铁硅酸性渣的侵蚀与高速钢液流动的冲蚀。适宜采用熔粒再结合镁铬砖，或基质中Cr_2O_3较高的直接结合镁铬砖，或气孔微细化的镁铬砖；不宜采用MgO-CaO砖或MgO-C砖。

(2) 浸渍管内衬。主要是要求抗热震性好，能抗$m(CaO)/m(SiO_2)$在2左右的熔渣渗透与抗高速钢液的流动冲刷。可采用Al_2O_3含量高、Fe_2O_3含量低的镁铬砖，或基质中加Cr_2O_3的镁铝尖晶石砖。

(3) 浸渍管外壁。主要是要求抗盛钢桶内碱性渣侵蚀与渗透的材质，以采用加钢纤维的铝镁尖晶石浇注料为宜。

7 提高RH炉炉衬寿命的途径

提高RH炉炉衬寿命的途径可归纳为：

(1) 不同钢种如超低碳钢与低碳钢，其精炼过程与条件不同，对炉衬耐火材质的要求也不一样。建议钢厂将不同钢种分别集中在不同炉役，以便根据精炼钢种选择相应的合适耐火材质。

(2) RH炉不同部位的蚀损机理不同，因此，应根据不同部位在精炼时的具体条件来选择合适的耐火材质，进行综合砌炉。

(3) 控制精炼温度，不要超过1650℃。

（4）提高 RH 精炼炉的使用效率，增加每天的精炼炉次，缩短间歇时间，并在间歇期间采取保温措施，以减少炉内温度波动。

（5）监控浸渍管的侵蚀情况，在两炉次之间的停歇期间进行喷补维修。提高浸渍管寿命，减少浸渍管更换次数，可减轻真空室下部炉衬由于温度波动较大而造成的结构剥落。

（6）更换浸渍管时，可对真空室下部、炉底、喉口等部位即时进行喷补维修，也可在喉口采用套砖填入捣打料进行维修[41]。

（7）根据 RH 炉精炼装置不断改进的新工艺、精炼的新钢种，开发符合环保要求的耐火材料新材质。

参考文献

[1] 萧忠敏．武钢炼钢生产技术进步概况[M]．北京：冶金工业出版社，2003：128.

[2] Hong GI-Gon，Chon Uong，Kim Hyo-Joon. Wear of magnesia-chrome brick for RH-OB vessel [C]//UNITECR'97 Congress Proceedings，New Orleans，US，1997：231 ~ 239.

[3] Ryosuke Nakamura，Masanor Ogata，Minoru Sufo. Wear mechanism of magnesia-chrome bricks in the RH Degasser under OTB operation[J]. Shinagawa Technical Report，1997，40：1 ~ 12.

[4] Овсянников В Г，Сенников С Г，Жириков В Н. "Mayerton" для Установк Вакуумированчя Стали[J]. Огнеупры и Техническая Керамика，2000(8)：52 ~ 56.

[5] Ingo Knopp，Heinz Liebig，Carl-Heinz Schütz. Improvement of the refractory performance of RH vacuum degasser 2 at BOF Steel Making Plant 2 of Thyssenkrupp Steel [C]//UNITECR'07 Congress Proceedings，Dresden，Germany，2007：60 ~ 63.

[6] Eichert T，Meier-kortwig J，Tembergen D，et al. Latest concepts for RH-degassers and their refractory linings [C]//UNITECR'07 Congress Proceedings，Dresden，Germany，2007：69 ~ 72.

[7] 董金钢．提高宝钢 RH 处理能力分析[J]．宝钢技术，2005(2)：7 ~ 8，51.

[8] Toshiyuki Sata，Tadashi Sasamoto，Hong-Lin Lee. High temperature vaporization form multicomponent oxide materials in various atmospheres [J]. Report of the Research Laboratory of Engineering Materials，1978(3)：41 ~ 52.

[9] Lee H L，Sata T. Effects of oxygen partial pressures on vaporization rates in the system MgO-Cr_2O_3[J]. J Ceramic Soc Japan，1978，86(1)：28 ~ 34.

[10] Anderson H U. Influence of oxygen activity on the sintering of $MgCr_2O_4$ [J]. J Am Ceram Soc，1974，57(1)：34 ~ 37.

[11] Ownby P D，Jungquist G E. Final sintering of Cr_2O_3[J]. J Am Ceram Soc，1972，55(9)：433 ~ 436.

[12] Quon D H H, Bell K E. Degradation of slag line chrome magnesite bricks in secondary steelmaking under vacuum[J]. Interceram, 1983(2): 50 ~ 52.

[13] 陈肇友，李勇．炼镍转炉风口用耐火材料的研制与使用[G]//蒋明学，李勇．陈肇友耐火材料论文选．北京：冶金工业出版社，1998：435 ~ 457.

[14] 陈肇友，吴学真，叶方保．MgO-CaO 和镁铬耐火材料在炉外精炼渣中的溶解动力学[J]．硅酸盐学报，1985，13(4)：475 ~ 487.

[15] Nafziger R H. Liquidus phase relations portions of the system CaF_2-CaO-MgO-Al_2O_3 in an inert atmosphere[J]. High Temp Sc, 1975, 7(3): 179 ~ 188.

[16] 李柳生，陈肇友．镁铬耐火材料在不同 CaF_2 含量的炉外精炼渣中的溶蚀[J]．耐火材料，1988，22(3)：1 ~ 5.

[17] Minoru Suto, Masanori Ogata, Ryosuke Nakamura. Reaction of magnesia-chrome bricks and CaO-CaF_2-Al_2O_3 slag[J]. Journal of the Technical Association of Refractories Japan, 2001, 21(4): 41 ~ 45.

[18] Czapka Z, Skalska M, Zelik W. Mechanisms of wear of refractory materials in snorkels of RH degasser and the possibilities for their reduction[C]//UNITECR'05 Congress Proceedings, Orlando, US, 2005: 18 ~ 22.

[19] 李柳生，陈肇友．Cr_2O_3 含量不同的镁铬耐火材料在炉外精炼渣中的溶蚀[J]．硅酸盐学报，1988，16(2)：154 ~ 162.

[20] 陈肇友，刘波．Al_2O_3 含量不同的镁铬耐火材料在炉外精炼渣中的溶蚀[J]．金属学报，1988，24(3)：224 ~ 226.

[21] 陈肇友．固体溶解动力学及其在耐火材料中的应用[J]．硅酸盐学报，1983，11(4)：498 ~ 507.

[22] Бабкин В Г Царевский Б В, Попель С И, et al. Скорость расгорения огнеупорных окислов в оксидных расплавах[J]. Огнеупоры, 1974(12): 37 ~ 39.

[23] Tsubota H, Yamada I, Hattanda H, et al. Development of Castables for RH degassers[J]. Journal of Technical Association of Refractories Japan, 2005, 25(2): 116 ~ 122.

[24] 陈肇友．Cr_2O_3 在耐火材料中的行为[J]．耐火材料，1990，24(2)：37 ~ 44.

[25] Bilkerman J J. Surface Chemistry[M]. New York: New York Press Inc., 1958: 23.

[26] 蒋明学，陈肇友．炉渣在耐火材料中的等温渗透[J]．硅酸盐学报，1990，18(3)：256 ~ 261.

[27] 陈肇友．炉渣对氧气转炉炉衬的侵蚀[J]．硅酸盐学报，1980，8(4)：397 ~ 408.

[28] 陈肇友．炼铜、炼镍炉用耐火材料的选择与发展[J]．耐火材料，1992，26(2)：108 ~ 113.

[29] Itoh K, Nakamura R, Ogata M. Trends of refractories for VOD ladle[J]. Shinagawa Technical Report, 1998, 41: 81 ~ 90.

[30] Miglani S. Effect of surface area on the properties of rebonded fused grain brick[C]//UNITECR'93 Congress Proceedings, Sao Paulo, Brazil, 1993: 1455 ~ 1465.

[31] Asano K, Otsuki Y, Goto K et al. Development of magnesia-chromite direct bonded bricks with Fe-Cr addition[J]. Taikabutsu Overseas, 1993, 13(3): 13 ~ 19.

[32] 邓勇跃，汪厚植，赵惠忠. 溶胶浸渍对镁铬砖性能的影响[J]. 耐火材料，2005，29(6)：401 ~ 404.

[33] Shimizu K, Hokii T, Asano K. Chrome-free brick applied to lower vessel of RH degasser [C]//UNITECR'03 Congress Proceedings, Osaka, Japan, 2003: 118 ~ 121.

[34] Ishii H, Kanatani S, Sasaki K, et al. Improvement of magnesia-carbon brick for lower vessel of RH-degassing [C]//UNITECR'03 Congress Proceedings, Osaka, Japan, 2003: 114 ~ 117.

[35] 陈肇友. Cr_2O_3 对耐火材料性能的影响[J]. 耐火材料，1991，25(6)：354 ~ 358.

[36] Toyoyasu O, Akiniro T, Isamu S. Application of chrome-free bricks to RH-degasser vessels [C]//UNITECR'99 Congress Proceedings, Berlin, Germany, 1999: 269 ~ 271.

[37] 陈肇友，田守信. 耐火材料与洁净钢的关系[J]. 耐火材料，2004，38(4)：219 ~ 225.

[38] Yamashita N, Yamad I, Yanagi K, et al. Development of injection castables for RH degassers[J]. J Ceram Soc Japan, 2005: 229 ~ 231.

[39] Iida A, Toritani Y, Okamoto T. Improvement on the injection refractories for RH degasser [C]//UNITECR'05 Congress Proceedings, Orlando, US, 2005: 1 ~ 5.

[40] 干勇，田志凌，董瀚，等. 中国材料工程大典. 2 卷：钢铁材料工程(上)[M]. 北京：化学工业出版社，2006：872 ~ 879.

[41] 金鹏，陈明，胡莉敏. 适合大循环量 RH 炉环流管的修补技术 [J]. 耐火材料，2008，42(3)：232.

Refractories for RH Degassers and Ways of Improving Their Lining Life

Chen Zhaoyou

(Sinosteel Luoyang Institute of Refractories Research Co., Ltd.)

Abstract: This paper attempts to clarify the systematic works of the refractories for the RH degassers and the ways of improving RH lining life. It includes: (1) Types of RH degassers. (2) The operating conditions of refining and the severely damaged areas in RH degassers. (3) The reasons why side wall and bottom of lower vessel, throat and snorkels become the severe wear areas are analyzed, such as erosion and abrasion caused by the high circulation rate of treated molten steel, thermal and structural spalling by the violent temperature change, high corrosion by the Fe-oxides containing siliceous slag and CaF_2-riched desulfurization powders attack, degradation of texture by the vaporisation of refractory components in vacuum and in oxygen blowing. Besides the above mentioned factors, another reason making the snorkels become the most quick wear elements is also explained. (4) The studies of resistance to refining slags attack and slag penetration and its prevention. The evaluation of various refractory materials to withstand the attack of slags is based on the experimental results of rotating cylinder method, rotary drum test and induction furnace test, and the phase diagrams analyses. The measures to reduce the slag penetration are discussed, for example the depth of slag penetration can be decreased by reducing the size of brick pores. (5) Suitable refractory materials selection and recent developments for the different severe wear areas in RH, and lining maintenance. (6) Refractories for RH to refine silicon steel. (7) The ways of improving RH lining life.

Key words: refractories for RH, refine slag resistance, magnesite-chrome brick, structural spalling, silicon steel

本文选自《耐火材料》, 2009, 43(2): 81.
或 "China's Refractories", 2010, 19(2): 1 ~ 18.

镁资源的综合利用及镁质耐火材料的发展

陈肇友　李红霞

（中钢集团洛阳耐火材料研究院）

摘　要：介绍了镁资源综合利用的途径及镁质耐火材料在高温工业中的发展情况。在镁资源综合利用方面着重介绍了金属镁的制取、镁水泥、氢氧化镁阻燃剂及轻质碳酸镁、轻质氧化镁、硫酸镁的制取与用途。在镁质耐火材料的发展情况中，从应用理论系统地分析并介绍了镁质耐火材料在高温工业：炼钢、有色金属冶炼、水泥窑及垃圾焚烧熔融炉的应用情况及其发展，并介绍了 MgO-CaO 材料的抗侵蚀和水化问题，以及尖晶石材料与镁质不定形耐火材料的研究现状和发展趋势。

关键词：镁资源，镁质耐火材料，MgO-CaO，尖晶石，钢精炼，水泥窑，有色冶炼，焚烧熔融炉

我国菱镁矿资源丰富，品位高，储量约为 31 亿吨，大约占世界菱镁矿总储量的 25% ~30% 。辽宁就有 25.7 亿吨，约占全国总量的 85% 。除辽宁外，山东、河北、新疆、甘肃、四川、西藏等也有一定储量。辽宁宽甸等地还有很好的天然水镁石 $Mg(OH)_2$，在陕西、青海、四川、吉林等地也相继发现了水镁石。此外，我国青海盐湖蕴藏的 $MgCl_2$ 约 32 亿吨，$MgSO_4$ 约 16 亿吨。但是我国镁资源的利用与世界先进国家相比还存在着不少差距。无论是在镁资源用量最大的耐火材料行业，还是在金属镁的生产，以及阻燃剂、建材用镁水泥的生产等方面都还需要进一步开展一些研究，加强镁资源的开发与利用。

1　镁资源的综合利用

菱镁矿、水镁石、氯化镁、硫酸镁等镁资源综合利用的途径如

图1所示。

镁资源

1. 镁质耐火材料（用于钢铁、有色金属、水泥等工业）
   - 氧化镁陶瓷
   - 镁砂
   - 镁砖、$MgO-ZrO_2$ 砖
   - 镁碳砖、MgO-CaO-C 砖、$MgO-Al_2O_3-C$ 砖
   - MgO-CaO 砖、$MgO-CaO-ZrO_2$ 砖
   - $MgO-Al_2O_3$ 砖、$MgO-Al_2O_3-ZrO_2$ 砖、$MgO-FeO\cdot Al_2O_3$ 砖、$MgO-Al_2O_3-TiO_2$ 砖
   - 镁铬砖（直接结合、半再结合、再结合镁铬砖，气孔微细化镁铬砖，熔铸镁铬砖）
   - 镁橄榄石砖、$MgO-SiO_2-ZrO_2$ 砖
   - 镁阿隆材料（$MgO\cdot Al_2O_3$-AlON 固溶体）、MgAlON 结合镁铝尖晶石
   - 碱性不定形耐火材料（干式捣打料、涂料、浇注料、补炉料等）
2. 金属镁
   - $MgCl_2$ 熔盐电解
   - 硅热还原法

   → 镁铝合金（航空航天工业、电子工业、汽车工业）
3. 镁盐
   - $Mg(OH)_2$——阻燃剂
   - $MgSO_4$——医药、肥料
   - $MgCl_2$——电解制 Mg 等
   - MgF_2——电解铝、光学仪器镜头、滤光片涂层、阴极射线屏荧光材料
   - 轻质 $MgCO_3$——化妆品填充剂、橡胶、塑料、油漆
   - 轻质或轻烧 MgO——动物饲料、烟气脱硫、废水处理、造纸
4. 大晶粒及单晶氧化镁——电绝缘材料、光学仪器、高温窥视窗
5. 镁水泥或氯氧镁水泥（轻烧 $MgO + MgCl_2 + H_2O$）加其他填料或纤维，作耐火浇注料或建筑装饰材料、矿山或煤矿的巷道支柱、背板等

图1 镁资源综合利用的途径

Fig. 1 Ways of comprehensive utilization of magnesium-containing natural resources

1.1 原生镁与镁铝合金

镁是最轻的金属材料，密度为 $1.74g/cm^3$，仅相当于 Al 的 2/3。镁铝合金导热、导电性好，具有电磁屏蔽作用。但镁的电极电位低，

化学性质活泼，易腐蚀。洁净的镁熔体是制取强度高，塑性好，耐蚀性好的镁合金的必要条件。2003 年我国共生产原生镁 33.4 万吨，但质量不稳定。

由于 MgO 在一些熔盐熔剂中溶解度低，不能采用类似于 Al_2O_3 溶于冰晶石的办法来电解制镁。

原生镁可由无水 $MgCl_2$ 与 KCl + NaCl 熔盐电解来生产。因此，如何利用青海盐湖蕴藏的 $MgCl_2$ 资源来生产电解镁工业需要的原料值得研究。

国外正在研究由菱镁矿氯化生产 $MgCl_2$ 的方法。其反应为：

$$MgCO_{3(s)} + CO + Cl_2 = MgCl_2 + 2CO_2 \tag{1}$$

反应（1）中的 CO 则由反应的废气 CO_2 与碳在另一反应器中制取：

$$CO_2 + C = 2CO \tag{2}$$

原生镁制取的另一方法是硅热真空还原氧化镁或白云石：

$$2MgO + Si = 2Mg_{(g)} + SiO_2 \tag{3}$$

$$2(MgO \cdot CaO) + Si = 2Mg_{(g)} + Ca_2SiO_{4(s)} \tag{4}$$

其原理如图 2 所示。随着真空度的增加，Si 开始还原 MgO 的温度下降。也可从反应（3）的 Gibbs 自由能变化：

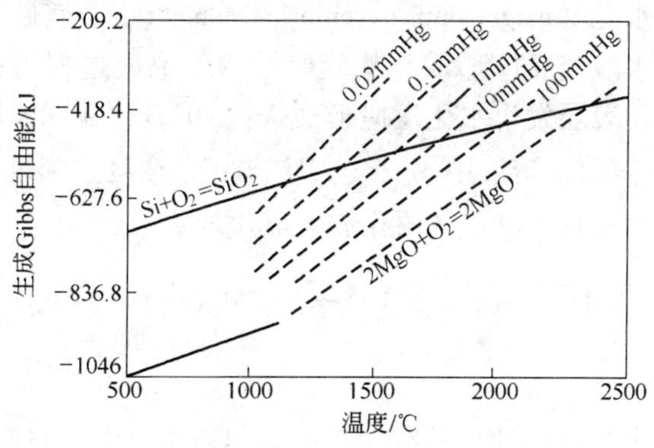

图 2　真空度及温度对 MgO 生成 Gibbs 自由能的影响

Fig. 2　Effect of vaccum and temperature on Gibbs free energy of formation of MgO

1mmHg = 133.322Pa

$$\Delta G = \Delta G^{\ominus} + RT\ln\left(\frac{p_{Mg}}{p^{\ominus}}\right)^2$$

得出，在真空条件下$\left[\left(\frac{p_{Mg}}{p^{\ominus}}\right)^2 \leqslant 1\right]$，真空度越小，$RT\ln\left(\frac{p_{Mg}}{p^{\ominus}}\right)^2$ 值越负。

为了降低硅热真空还原法的成本，现在正在研究用硅铁和煅烧过的白云石粉压成团块，在1500℃左右反应生成 Mg 蒸气，通过 H_2 将 Mg 蒸气带出，于 650～900℃ 冷凝为液态 Mg。H_2 可以返回使用[1]。

如能研究成功用碳热真空还原法生产镁：

$$MgO_{(s)} + C_{(s)} = Mg_{(g)} + CO_{(g)} \tag{5}$$

则炼钢厂大量的镁碳残砖与镁钙碳残砖就可以得到利用。这一方法主要要解决高温下 Mg 蒸气与 CO 的分离，例如采用淬冷以分离 Mg 与 CO，以免发生逆反应。

原生镁主要用于生产铝镁合金，铝镁合金主要用于航空、航天、汽车及电子工业等。

1.2 镁水泥（氯氧镁水泥）

氯氧镁水泥（magnesium oxychloride cement）为镁砂或轻烧氧化镁与 $MgCl_2$ 水溶液反应形成。其凝聚结构的形成过程为：轻烧氧化镁或镁砂颗粒表层发生水化反应形成 $Mg(OH)_2$，在 $MgCl_2$ 水溶液中 $Mg(OH)_2$ 电离，当溶液中 Mg^{2+}、OH^- 和 Cl^- 浓度达到过饱和时，即析出氯氧镁水化物针状晶体凝聚物。其反应为[2]：

$$6Mg^{2+} + 10OH^- + 2Cl^- + 8H_2O = \underset{\text{（碱式氯化镁）}}{5Mg(OH)_2 \cdot MgCl_2 \cdot 8H_2O} \tag{6}$$

氯氧镁水泥可塑性与黏结性甚好，与有机、无机材料黏结力大，在空气中会逐渐硬化。因此，将镁水泥（sorel）加入镁质颗粒料可制耐火浇注料；或加入其他填料、玻璃纤维等可制成质量轻、保温、隔热、隔声、阻燃、无静电感应的材料，这种材料可像木材一样加工成各种建筑材料或装饰材料。由于其阻燃和具有较好的强度，也被用于煤矿或矿山的巷道支柱、背板等。镁水泥混凝土在室内大致需养护 1 ~ 3 天，室外需养护 1 个月左右，即可达到高强度。

1.3 $Mg(OH)_2$ 阻燃剂[3]

$Mg(OH)_2$ 作为阻燃剂（fire retardant）近些年来发展甚快，美国年消耗高于 100 万吨，年增长率约 15%。

$Mg(OH)_2$ 在 350℃受热分解，比过去用的 $Al(OH)_3$ 阻燃剂分解温度 300℃高 50℃。$Mg(OH)_2$ 于 350℃分解释放出结晶水，同时吸收大量热量，从而降低合成材料在火焰中的实际温度，抑制聚合物分解，并对所产生的可燃气体具有冷却作用；$Mg(OH)_2$ 分解生成的 MgO 是耐火材料，从而提高了合成材料的防火性能。$Mg(OH)_2$ 还具有抑制合成材料燃烧初期的发烟作用，故又称抑烟阻燃剂。因此，$Mg(OH)_2$ 现在广泛用于塑料、油漆与黏结剂中作阻燃填料，它具有填充、阻燃、抑烟三重作用。

$Mg(OH)_2$ 还用于含酸废水处理，还可用作烟道气脱硫剂。锅炉燃料中添加 $Mg(OH)_2$ 可减少烟气中 SO_2 和其他污染物质与重金属的排放量。

1.4 大晶粒与单晶 MgO[4]

大晶粒 MgO 可作为电绝缘材料与导热用材料，单晶 MgO 可作为光学仪器镜头、高温窥视窗等。

1992 年，营口市电熔镁砖厂曾用下面方法生产大晶粒及小量单晶 MgO：采用热选将 MgO 质量分数大于 46% 的菱镁矿在 900 ~ 1000℃轻烧，筛分除去杂质，然后加入少量低熔点（助熔剂）、高温下能挥发掉的物质与水，混匀，压成球，干燥后作电熔料。电熔在 2800℃左右进行 6 ~ 8h。高温电熔中 SiO_2 杂质与低熔物挥发。电熔后保温冷却约 4 天，以利于晶粒长大。在靠近砂皮附近，少量大晶粒的单晶尺寸可达 15 ~ 30mm，大部分晶粒在 3 ~ 5mm。

1.5 其他镁盐[3,5]

$MgSO_4$：我国 $MgSO_4$ 的年产量约 15 万吨。主要通过菱镁矿轻烧后用硫酸溶解，结晶制得。通过控制干燥条件可以制得不同含水量的产品。$MgSO_4$ 主要用于医药与肥料。镁盐在植物生长中对磷的运输起关键性作用，是叶类作物的有效营养成分。植物缺镁会出现枯叶病，每公顷消耗 5 ~ 8kg。

MgF_2：由菱镁矿与氢氟酸制得，主要作为电解铝、陶瓷、玻璃的助熔剂，也用来制作光学仪器镜头、滤光片涂层及阴极射线屏的荧光材料。

轻质 $MgCO_3$：菱镁矿轻烧后加水消化，在碳化塔内通入 CO_2 生成 $Mg(HCO_3)_2$，热解后即得轻质 $MgCO_3$，再轻烧即得轻质 MgO。也可用工业硫酸与碳酸氢铵制取轻质碳酸镁。主要用来作为化妆品、爽身粉、牙膏、橡胶、塑料、油漆的填充剂和搪瓷底釉助熔剂。

轻质氧化镁：由轻质碳酸镁在 800 ~ 900℃ 煅烧制得。其用途除与轻质 $MgCO_3$ 相同外，还用来作食品和饲料的添加剂。奶牛、兔等动物由于缺镁，会引起神经质混乱，患晕倒症。

2 镁质耐火材料在高温工业中的作用

2003 年我国钢产量为 22234 万吨，硅酸盐水泥 8.13 亿吨。这些在国民经济生产中十分重要的高温工业离不开耐火材料，特别是镁质耐火材料。为什么离不开镁质耐火材料？我们知道，炼钢其实是炼渣，要生产合格的一般钢或特殊钢主要都是靠熔渣来除去其中有害杂质。炼一般钢，其熔渣主要成分为 CaO、SiO_2、FeO、P_2O_5 等。二次精炼炼优质钢，其熔渣成分有两类：一类是高碱性 $CaO\text{-}SiO_2\text{-}Al_2O_3$ 渣系，一类是高 CaO 的 $CaO\text{-}CaF_2\text{-}Al_2O_3$ 渣系。要抗这些熔渣的侵蚀以及吸收钢中有害杂质，炼洁净钢等，只有碱性镁质耐火材料最合适。

表 1 列有耐火氧化物以及 MgO 与一些氧化物形成复合氧化物的熔点或形成二元系的情况。

表1 耐火氧化物以及 MgO 与一些氧化物形成复合氧化物的熔点或形成二元系的情况

Table 1 Melting points of refractory oxides, MgO and their compounds and eutectic points of some binary systems of MgO

耐火氧化物或复合氧化物	熔点/℃	复合氧化物或二元系	熔点/℃
Al_2O_3	2045	$2MgO \cdot SiO_2$ (M_2S)	1900
CaO	2600	$2MgO \cdot TiO_2$ (M_2T)	1732
Cr_2O_3	~2400	$MgO \cdot Fe_2O_3$	1700℃以上转变为镁浮士体固溶体（MgO-FeO）
MgO	2825	MgO-FeO	固溶体
SiO_2	1723	MgO-CaO	低共熔点温度 2380
ZrO_2	2677	$MgO\text{-}ZrO_2$	低共熔点温度 2150
$MgO \cdot Al_2O_3$ (MA)	2135		
$MgO \cdot Cr_2O_3$ (MK)	2365		

从表1可以看出，在所有常用的耐火氧化物中，MgO 的熔点最高，而且 MgO 可以与许多氧化物或熔渣中成分形成高熔点的化合物或固溶体，MgO 与一些氧化物形成的二元系的低共熔点温度也很高。因此，炼钢的首选耐火材料应是含 MgO 的镁质耐火材料。

有色重金属火法冶炼同样离不开镁质耐火材料。因为有色重金属矿主要是硫化物矿，其中含有大量 FeS。FeS 在冶炼中靠反应：

$$FeS_{(s)} + \frac{3}{2}O_{2(g)} = (FeO) + SO_2 \qquad (7)$$

将其转变为 FeO 与 SO_2 除去。要将此 FeO 与金属熔体或硫化物熔体分离，就需加入 SiO_2，使之形成低熔点 $FeO\text{-}SiO_2$ 系渣。要抗 $FeO\text{-}SiO_2$ 系渣也离不开含 MgO 的耐火材料。

水泥的主要矿物成分是 $2CaO \cdot SiO_2$（C_2S）、$3CaO \cdot SiO_2$（C_3S）、$3CaO \cdot Al_2O_3$（C_3A）、$4CaO \cdot Al_2O_3 \cdot Fe_2O_3$（$C_4AF$）。抗这些水泥成分侵蚀和能挂窑皮的耐火材料只能是镁质耐火材料。因此，水泥窑的高温过渡带与烧成带离不开镁质耐火材料。

3 镁质耐火材料的发展

由菱镁矿高温煅烧后的镁砂制作的烧成镁砖，由于热膨胀系数大，抗热震性差，易吸潮水化，以及熔渣易渗入砖内甚深，抗热剥落与结构剥落性不好，现在除在一些温度比较稳定的连续式生产的高温炉中仍部分使用外，随着钢铁冶炼、有色冶炼、水泥窑的发展，使用的镁质耐火材料多为镁质复合材料，如镁碳砖、镁钙碳砖、镁钙砖、镁钙锆砖、镁铝尖晶石砖、镁铬砖等。

3.1 钢铁工业的发展对镁质耐火材料的要求

3.1.1 氧气转炉炼钢对耐火材料的要求——镁碳砖与镁钙碳砖

氧气转炉炼钢的出现，由于冶炼一炉的时间比平炉大大缩短，要求炉衬耐火材料在抗热震、抗熔渣渗透及结构剥落方面的性能要好。熔体渗入毛细管深度 X 为：

$$X = \sqrt{\frac{r\sigma\cos\theta}{2\eta}\tau}$$

式中，r 为毛细管半径；σ 为熔体表面张力；θ 为熔体与耐火材料之间的润湿性接触角；η 为熔体的黏度；τ 为时间。由于熔渣不润湿石墨，即接触角 θ 大于 90°，$\cos\theta$ 为负值，因此石墨能阻止熔渣渗入耐火材料，可以减少或避免砖的结构剥落。此外石墨还有：（1）能将 Fe_2O_3 还原为 FeO 甚至 Fe，避免了与砖中 CaO 形成低熔点的铁酸钙；（2）砖内碳的存在可避免高价铁与低价铁变化导致方镁石固溶体较大的体积变化；（3）石墨的线膨胀系数低，导热性好，石墨基底能滑移以及石墨有很好的挠曲性与可塑性变形，裂纹能在石墨中分岔，因此，含碳耐火材料具有抗热震性好等优点。再有钢铁工业所处理的金属熔体为 Fe-C 熔体，转炉炉气中 CO 压力约为 0.1MPa，炉气中氧压低，碳不易氧化。因此，镁碳砖（MgO-C）与镁钙碳砖（MgO-CaO-C）在转炉、电炉以及精炼炭素优质钢的精炼炉中得到了广泛应用，而且使用寿命长，效果好。所以镁碳砖与镁钙碳砖在 1975 年以后，其生产技术与产量得到了很大发展和提高。

氧气转炉炼钢采用溅渣护炉，由于可以大幅度提高炉龄，减少转炉的非作业时间，因而得到广泛应用。溅渣护炉就是在转炉出钢时留下一部分渣，再加入镁质稠渣剂如轻烧氧化镁球、白云石或菱镁矿，利用氧枪吹 N_2，使这种黏稠渣喷溅附着在炉衬上构成保护层，达到保护炉衬与补炉的目的。

溅渣护炉后的镁碳砖内基本分为：原砖层、金属沉淀层、烧结层、结合层与渣层[6]。溅到镁碳砖上的渣首先渗入 MgO-C 砖的脱碳层孔隙形成烧结层，使原脱碳层的大颗粒 MgO 不会松动，避免了脱落和流失。紧接烧结层的是结合层，结合层主要由高熔点化合物构成，其外为渣层。

镁碳砖的脱碳层是溅渣护炉所必需的，它有利于形成烧结层，进而构成结合层与渣层。但镁碳砖中石墨含量偏低时，脱碳层不发达，不利于形成良好的烧结层；相反石墨含量过高，脱碳层过分发达，气囊大，烧结层气孔率大，强度低。因此要取得溅渣护炉好的效果，炉衬镁碳砖的碳含量不宜太高，也不宜太低。此外，为了有利于挂渣，砖中应含有适量的 CaO。

镁碳砖与镁钙碳砖目前要解决的问题是如何减少或避免所用结合剂沥青与树脂对环境及人员的危害。

在冶炼超低碳钢时，碳成了有害杂质，应避免使用含碳耐火材料。

3.1.2 洁净钢对耐火材料的要求

近年来，对洁净钢的需求量与呼声越来越高，要求钢中杂质氧、硫、磷、氮、氢等含量越低越好。当然对不同钢种，其要求也不一样。在洁净钢生产中，影响钢的洁净度的重要环节是二次精炼炉、精炼盛钢桶、连铸中间包以及浇钢系统的水口、塞头、滑板等耐火材料。要求耐火材料不仅不污染钢液，还能除去钢中有害杂质。

对钢中溶解氧与耐火材料的关系，通过热力学计算绘制了图 3 与图 4[7]。从图 3 与图 4 可得出，要得到低氧含量的洁净钢，采用含 Cr_2O_3 或含 SiO_2 的耐火材料是不合适的。最好采用钙质、锆质、镁钙质、镁铝尖晶石质。炉渣则以造成碱度大于 2 的 $2CaO \cdot SiO_2$ 渣或

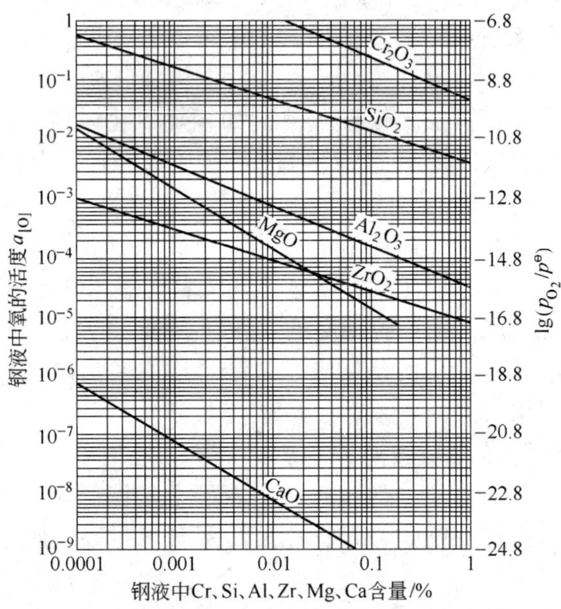

图 3　耐火氧化物的金属元素在钢液中的含量与钢液中平衡氧的活度及 $\lg(p_{O_2}/p^{\ominus})$ 的关系（1600℃）

Fig. 3　Metallic contents of refractory oxides *vs* equilibrium contents (or activities) of oxygen dissolved in steel melts and $\lg(p_{O_2}/p^{\ominus})$ at 1600℃

铝酸钙渣最合适。

钢液的脱硫与脱磷反应已证明是在钢-渣界面进行的，其反应为：

$$[S] + (O^{2-}) = (S^{2-}) + [O]$$

或

$$[S] + (CaO) = (CaS) + [O]$$

$$2[P] + 5[O] + 3(CaO) = Ca_3(PO_4)_2$$

$$2[P] + 5[O] + 3(MgO) = Mg_3(PO_4)_2$$

因此，钢液的脱硫、脱磷也以 CaO、MgO 作耐火材料衬最好。

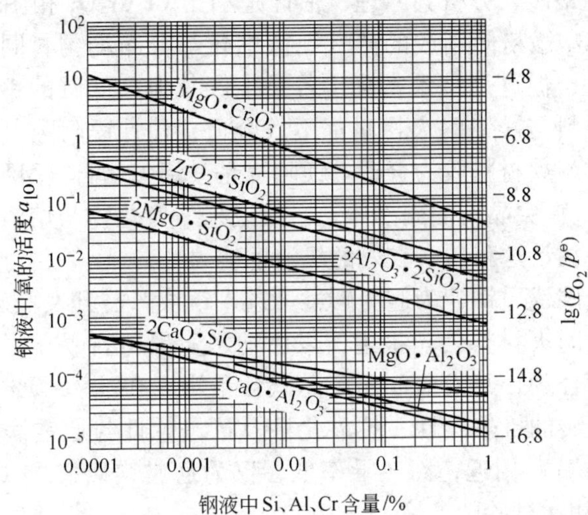

图4 1600℃时，复合氧化物中元素Si、Al或Cr在钢液中的含量与钢液中平衡氧的活度及 $\lg(p_{O_2}/p^{\ominus})$ 的关系

Fig. 4 Metallic contents of composite oxides *vs* equilibrium contents (or activities) of oxygen dissolved in steel metals and $\lg(p_{O_2}/p^{\ominus})$ at 1600℃

即在炼洁净钢的容器或接触钢液的耐火材料以MgO-CaO质最合适。

至于钢中氢含量，我们分析的结果认为：耐火材料中的水分与有机结合剂应引起特别注意，建议钢厂使用前应在1200℃以上较长时间烘烤耐火材料以除去水分，同时烧掉有机物。

对于超低碳钢，碳就成为有害杂质。因此，冶炼这些钢种，就不应采用含碳耐火材料。若是炼超低碳不锈钢，以选用镁铬耐火材料较合适，因为镁铬耐火材料在高温真空处理时，由于发生下列反应：

$$MgO \cdot Cr_2O_{3(s)} + 4[C] \xlongequal{} 2[Cr] + Mg_{(g)} + 4CO_{(g)}$$

既有利于除碳，还可以增加钢中铬含量。因此，RH、VOD、AOD炼超低碳不锈钢时仍多采用镁铬耐火材料，而且要求镁铬砖中不仅 Cr_2O_3 含量高，砖中气孔还要微细化，以减少熔渣渗入深度。生产气孔微细化镁铬砖，分析其原理，估计是利用 $Cr-Cr_2O_3$ 相图，借助 Cr 微粉与 Cr_2O_3 微粉使制成的砖气孔微细化与分布均匀，同时还能降低烧成温度，促进烧结致密化。若是生产其他超低碳的钢种，看来含碳耐火材料与镁铬耐火材料都不太合适，估计镁阿隆（MgAlON）结合的镁质耐火材料较为合适。镁阿隆是镁铝尖晶石（MA）与氧氮化铝（AlON）尖晶石的固溶体。一般说来，氮化物与熔渣的润湿性是不好的，估计这种砖有较好的抗渣蚀能力。

对于低碳优质钢，为避免碳过量进入钢液，需开发低碳镁碳砖。据日本九州耐火材料公司报道，采用纳米炭黑与石墨化炭黑及加有 B_4C 树脂结合剂，开发研制出了总碳含量为 3.0% ~5.0% 的低碳镁碳砖。这种砖的抗热震性、抗氧化性及抗侵蚀性与通常镁碳砖（含 18% 片状石墨）相近，而热导率低，仅为通常镁碳砖的 1/8。并在 RH 上进行初次试验[8,9]。

3.1.3 MgO-CaO 材料抗不同熔渣的侵蚀情况

图 5 与图 6[10]示出了不同组成的 MgO-CaO 材料在 1600℃ 吸收熔渣中一定量的 SiO_2、FeO、Fe_2O_3、MnO、Al_2O_3、P_2O_5 或 CaF_2 后产

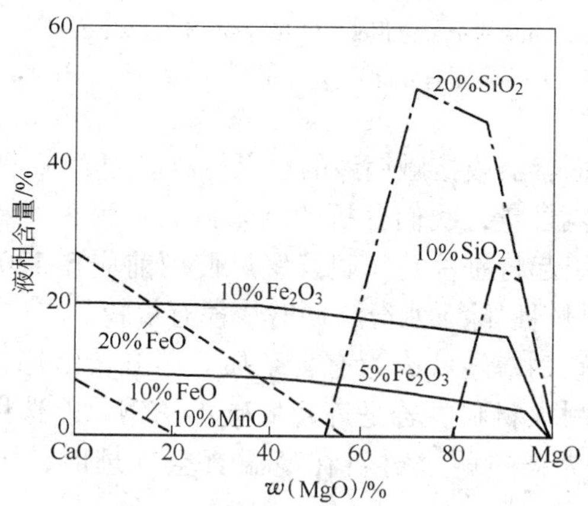

图 5 不同组成的 MgO-CaO 材料在 1600℃ 吸收一定量的 SiO_2、FeO、Fe_2O_3 或 MnO 后产生的液相量

Fig. 5 Liquid amount formed at 1600℃ in MgO-CaO refractories after absorbing a certain percents of SiO_2, FeO, Fe_2O_3 or MnO

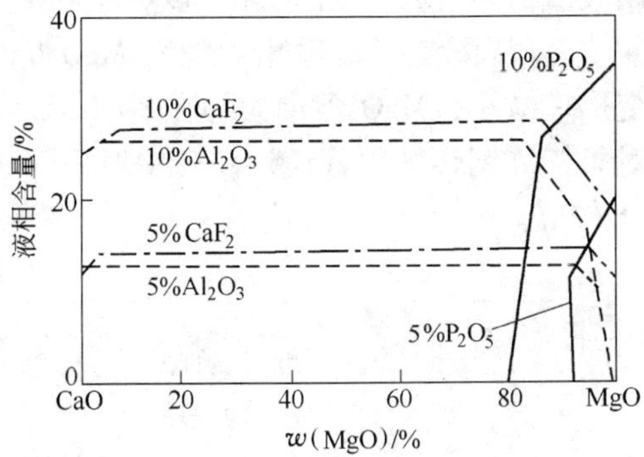

图6　不同组成的MgO-CaO材料在1600℃吸收一定量的Al_2O_3、P_2O_5或CaF_2后产生的液相量

Fig. 6　Liquid amount formed at 1600℃ in MgO-CaO refractories after absorbing a certain percents of Al_2O_3，P_2O_5，CaF_2

生的液相量。从图5与图6可以看出：

（1）MgO含量在60%以上的MgO-CaO材料在1600℃吸收20% FeO也不产生液相，即MgO含量高于60%的MgO-CaO材料抗FeO侵蚀好。

（2）随着MgO-CaO材料中MgO含量的增加，吸收Fe_2O_3后产生的液相量减少。因此，MgO含量越多，抗Fe_2O_3侵蚀越强。

（3）无论哪种组成的MgO-CaO材料，吸收10% MnO以后都不会出现液相。因此，MgO-CaO材料都能抗MnO侵蚀。

（4）CaO含量在40%以上的MgO-CaO材料，在1600℃吸收20% SiO_2后，也不会出现液相。因此，为了抗SiO_2侵蚀，MgO-CaO材料中的CaO含量应多些。

（5）MgO含量在92%以上的MgO-CaO材料才能较好地抗Al_2O_3侵蚀。

（6）CaO含量在20%以上的MgO-CaO材料，在1600℃吸收10% P_2O_5后，也不出现液相。因此，为了抗P_2O_5侵蚀，MgO-CaO材料中的CaO含量要多些。

（7）不论MgO-CaO材料组成如何，抗CaF_2侵蚀均不理想。

图 7 是采用吸渣荷重变形法研究氧气转炉不同渣系对 MgO-CaO 材料的侵蚀结果[11]。从图 7 可以看出：随着 MgO-CaO 材料中 MgO 含量的增加，变形率减小，MgO 含量大约在 80% 以后，抗侵蚀效果特别明显。即对氧气炼钢转炉，其镁钙碳砖中所用 MgO-CaO 料 MgO 含量在 80% 以上较好。

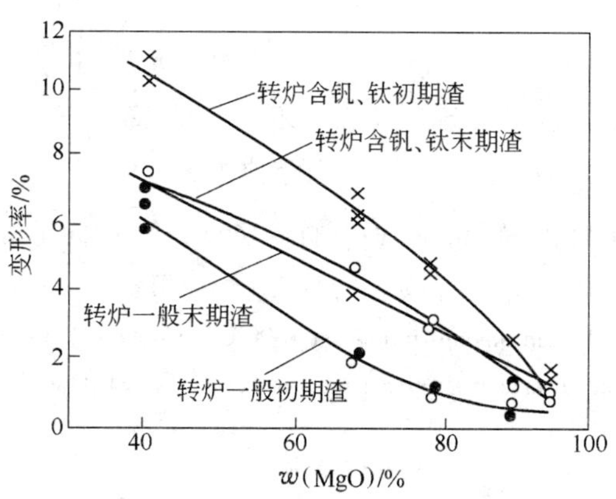

图 7　MgO-CaO 系材料于 1550℃、荷重 $1kg/cm^2$ 下，吸收不同转炉渣后在 2h 时的变形率

Fig. 7　Deformation rate of specimens *vs* their MgO content after absorbing different converter slags（1550℃，$1kg/cm^2$，2h）

图 8 是采用旋转圆柱体法研究炉外精炼 $CaO-SiO_2-Al_2O_3$ 渣系对 MgO-CaO 材料与镁铬材料的侵蚀结果[12]。随着炉外精炼渣中碱度的增加，含 80% MgO 的 MgO-CaO 材料的溶解速度显著降低。而镁铬材料更抗酸性渣侵蚀。

图 9 是 $CaO-SiO_2-Al_2O_3-MgO$ 四元系在 1600℃时的液相区和饱和面[13]。从图 9 可以估算各种组成 MgO-CaO 材料在不同 $CaO-SiO_2-Al_2O_3-MgO$ 精炼渣中其熔渣与 MgO-CaO 材料边界处的饱和浓度，根据边界处 MgO 与 CaO 的饱和浓度可以调整精炼渣组成，减轻对 MgO-CaO 材料的侵蚀[14]。

图 10 示出了 Al_2O_3 含量不同的 $MgO-CaO-CaF_2-Al_2O_3$ 系在

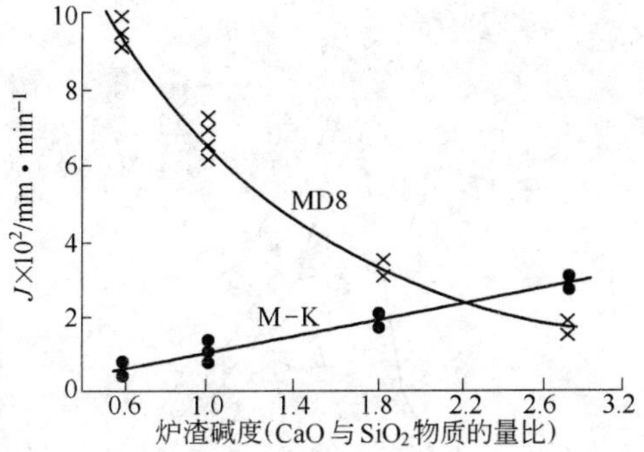

图8 炉渣碱度对镁钙（MD8，20% CaO）、镁铬（M-K，20% Cr_2O_3）试样溶解速度的影响（1650℃，200 r/min）

Fig. 8 Dissolution rate of MgO-CaO and MgO-Cr_2O_3 *vs* basicities of slags（1650℃，200r/min）

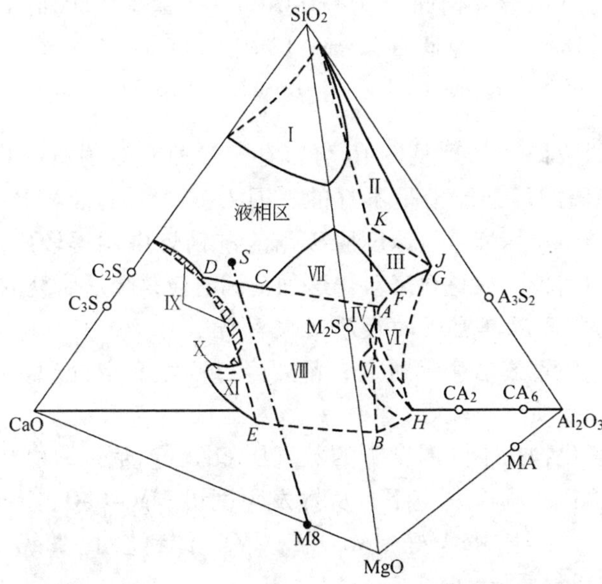

图9 CaO-SiO_2-Al_2O_3-MgO 系的液相区和饱和面

Fig. 9 Liquid phase zone and saturation surface of CaO-SiO_2-Al_2O_3-MgO system at 1600℃

Ⅰ—SiO_2；Ⅱ—A_3S_2；Ⅲ—Al_2O_3；Ⅳ—CA_6；Ⅴ—CA_2；Ⅵ—MA；Ⅶ—M_2S；Ⅷ—MgO；Ⅸ—C_2S；Ⅹ—C_3S；Ⅺ—CaO

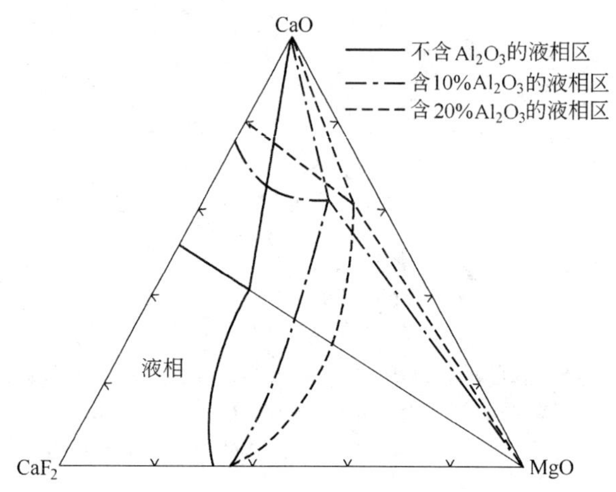

图 10 Al_2O_3 含量不同的 $MgO-CaO-CaF_2-Al_2O_3$ 系在 1600℃的液相区

Fig. 10 Liquid phase zone of $MgO-CaO-CaF_2-Al_2O_3$ at various levels of Al_2O_3 content at 1600℃

1600℃时的液相区[15]。从图 10 可以看出 MgO-CaO 材料抗 $CaO-CaF_2-Al_2O_3$ 精炼渣的熔蚀能力是不好的。因为 1600℃的液相区甚大。而 $CaO-CaF_2-Al_2O_3$ 精炼渣是深度脱硫与渣洗精炼中用得较广泛的精炼渣系。采用何种耐火材料来对付这种精炼渣应是今后研究的方向。

3.1.4 高温真空下的镁质耐火材料

冶炼优质钢或洁净钢时通常都要经过高温真空处理。在高温真空下，何种镁质材料较好?

各种氧化物在不同温度下的蒸气压如图 11 所示[16]。从图 11 可以大致得出：在高温真空下，从挥发角度讲 MgO-CaO、$MgO-Al_2O_3$、$MgO-ZrO_2$ 会比纯 MgO 好；$MgO·Al_2O_3$ 材料会比 $MgO·Cr_2O_3$、$MgO·Fe_2O_3$ 材质好。

图 12 是高宫阳一等[17]研究 CaO 含量对 MgO 挥发性的影响结果。从图 12 可见，只要 MgO 材料中含有 10% ~20% CaO（摩尔分数）就可使 MgO 相对挥发量大大下降。

图 13 是蒋明学等[18]对高温真空下 MgO-CaO-C 材料中 CaO 含量

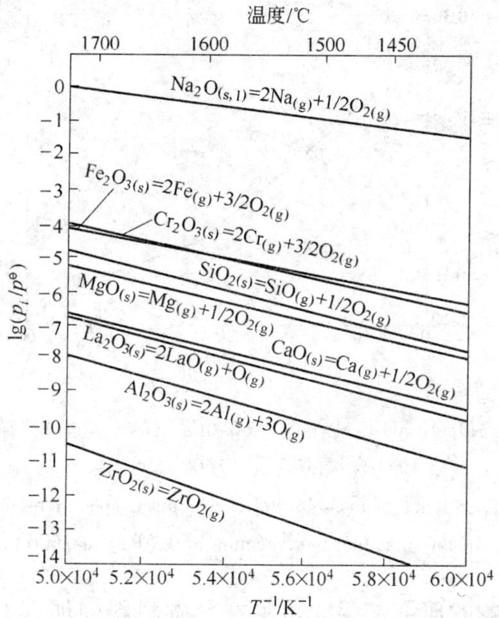

图 11 各种氧化物在不同温度下的蒸气压

Fig. 11 Temperature dependence of vapor pressure for some refractory oxides

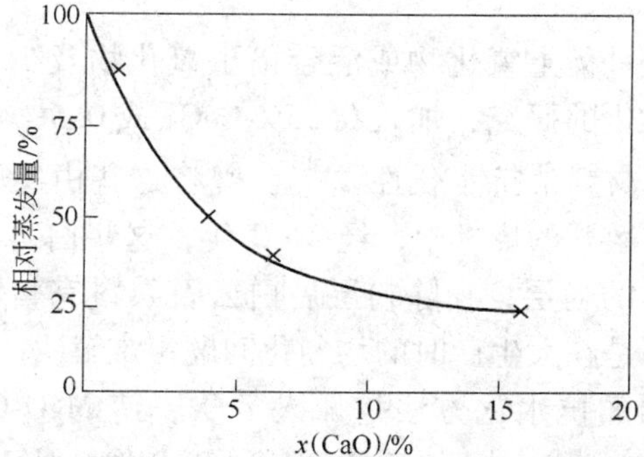

图 12 CaO 含量对 MgO 挥发性的影响

Fig. 12 Effect of CaO content on the vaporization of MgO

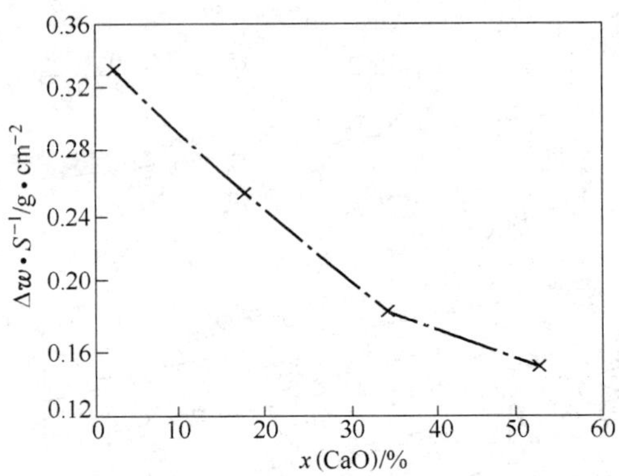

图 13 MgO-CaO-C 砖在真空 66.6Pa 下的质量损失与砖中 CaO 含量的关系（1600℃，1h）

Fig. 13 Dependence of mass loss of MgO-CaO-C specimens on the CaO content in the specimens in vaccum（66.6Pa）at 1600℃，1h

对质量损失影响的研究结果。可见在镁碳材料中加入 CaO 可以大大降低其质量损失。

3.1.5 MgO-CaO 材料的抗水化问题

含 CaO 高于 15% 的 MgO-CaO 材料极易水化，水化问题是困惑 MgO-CaO 与白云石耐火材料的最大问题。但至今仍是未能很好解决的问题。

我们曾加少量稀土氧化物或混合稀土氧化物及少量 Fe_2O_3 到白云石中进行抗水化的研究，加入 0.25% CeO_2 或 0.5% 混合稀土即能明显提高白云石材料的抗水化性[19,20]。曾将这些由实验室煅烧好的白云石熟料装于敞开的烧杯中，经 2～3 年，这些白云石熟料表面只有一层薄的似霜的粉层，扫除粉层后白云石熟料完整无缺，无任何鼓胀现象。问题是在大生产时的均匀化问题很难解决。

现在最成功的抗水化方法是加入 ZrO_2，使 MgO-CaO 材料中的 CaO 与 ZrO_2 反应生成高熔点 CaO · ZrO_2 化合物，从而防止了 MgO-CaO 材料的水化。由于 ZrO_2 很贵，这种 MgO-CaO-ZrO_2 材料中的 CaO 含量是不会很多的。MgO-CaO-ZrO_2 三元系相图见图 14[21]。从

图 14 知：其最低共熔点 E_2 与 E_3 温度分别高达 1960℃与 1990℃，表明其耐火性能很好。由于 ZrO_2 昂贵，从而妨碍了 $MgO\text{-}CaO\text{-}ZrO_2$ 的大量使用。

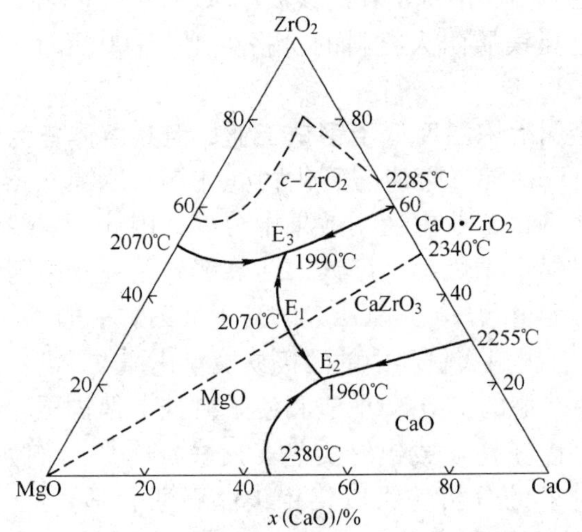

图 14　$MgO\text{-}CaO\text{-}ZrO_2$ 三元系相图

Fig. 14　Phase diagram of $MgO\text{-}CaO\text{-}ZrO_2$ system

采用使 CaO 形成高熔点磷酸盐以抗水化，等于向钢液增磷，对炼钢不合适。使镁钙材料中颗粒表面或砖碳酸化形成 $CaCO_3$ 保护膜，早就有人设想过，实施与保证也困难。

近年来从粉体化提出了"机械力化学活化"（Mechanochemical activation）。即固体物质在机械力作用下的粉化过程中，由于固体形态、晶体结构发生了变化，使固体物质在化学上的活化。从这一观点出发，将 $CaCO_3$ 细磨或将 $Ca(OH)_2$ 包覆 $CaCO_3$ 细磨（湿磨），由于颗粒微细化，比表面积增大，晶粒变小，晶格畸变的无定形化，使之更易于低温烧结和高度致密化，从而提高 CaO 的抗水化性[22,23]。其实这就是采用细磨使表面自由能增大，使之成为介稳态。该办法的难度是磨至什么细度就刚好处于最佳介稳态而不会团聚，以及既能大大提高 CaO 的抗水化性，又在经济上、工业上是可行的。

欧洲的办法是采用超高温竖窑煅烧生产 MgO-CaO 料，就近制砖，金属箔塑料抽真空包装，集装箱运输，效果较好。

3.2 有色重金属火法冶炼对镁质耐火材料的要求

虽然有色重金属冶炼消耗的镁质耐火材料量显著低于钢铁工业，但其使用的进口镁质耐火材料的价格少则 15000 元/t，多则每吨数万元。

有色重金属冶炼温度低于钢铁工业，但其熔体皆为流动性甚好的金属熔体、$FeO\text{-}SiO_2$ 熔渣与硫化物（冰铜、冰镍）熔体。由于含碳耐火材料在钢铁工业中使用效果十分好，因此，一些国家曾企图将含碳耐火材料用于炼铜、炼镍，结果都失败了。原因是有色冶炼炉气氛中含有大量 SO_2，其氧压大大高于炼钢炉中的氧压，约高 7 ~ 8 个数量级，含碳耐火材料中的碳极易被氧化掉[24]。

根据有色冶炼的 $FeO\text{-}SiO_2$ 渣和使炉衬挂上保护层，我们的分析与研究结果是以镁铬质或铝铬尖晶石质较好[25,26]。例如 Ausmelt 铜熔炼炉，理论上的分析认为以铝铬尖晶石质合适[27]。实践证明在 Ausmelt 熔炼炉上使用这种砖，已从原来用奥镁等公司的镁铬砖仅 60 ~ 90 天的寿命提高到了一年半。

3.3 水泥窑对镁质耐火材料要求

硅酸盐水泥的主要矿物成分为 $2CaO \cdot SiO_2$、$3CaO \cdot SiO_2$、$3CaO \cdot Al_2O_3$ 与 $4CaO \cdot Al_2O_3 \cdot Fe_2O_3$。对于这种成分，水泥窑的关键部位过渡带与烧成带最适宜的耐火材料只能是碱性镁质耐火材料。过去烧成带一直用镁铬砖，镁铬砖不仅能抗水泥成分的侵蚀，还能在其工作层表面挂窑皮（coating adhesion）形成保护层。但镁铬耐火材料中的 Cr_2O_3 在氧化气氛与含 Na_2O 或 CaO 高的碱性介质反应，三价铬会转化为六价铬，对环境造成污染，对人健康很有害。

为此，近年来各国一直都在研究以无铬或低铬镁质耐火材料取代镁铬砖。在水泥窑过渡带采用镁铝尖晶石砖（$MgO\text{-}MgO \cdot Al_2O_3$）完全能取代镁铬砖。但在烧成带使用镁铝尖晶石砖却挂不上窑皮，影响窑的寿命。现在烧成带研究与试验的结果是以低铬（Cr_2O_3 含量低于 5%）镁铬砖，$MgO\text{-}CaO\text{-}ZrO_2$ 砖与镁质铁铝尖晶石砖较好。镁钙锆砖的化学成分大致为：$w(MgO)=80\%\sim85\%$、$w(CaO)=4\%\sim7\%$、$w(ZrO_2)\approx12\%$，其显气孔率约15%，高温抗折强度3~5MPa，如表2中类型1所示。我们曾从相图分析过MgO-CaO-ZrO_2砖抗硅酸盐、铝酸盐水泥及炉外精炼渣的侵蚀，认为MgO-CaO-ZrO_2砖在抗硅酸盐水泥的侵蚀上是很好的，但在抗铝酸钙水泥与高Al_2O_3精炼渣则是不太好的[28]。镁铁尖晶石砖是用镁铁尖晶石（$MgO\cdot Fe_2O_3$）或铁铝尖晶石（$FeO\cdot Al_2O_3$）取代镁铬尖晶石（$MgO\cdot Cr_2O_3$）制得的耐火材料。

表2 无铬碱性砖的典型性能

Table 2 Typical properties of chrome-free basic bricks

项目		类型1	类型2	类型3	类型4	类型5
化学组成（质量分数）/%	MgO	82.3	85.8	76.9	86.5	84.5
	Al_2O_3	—	11.9	17.5	10.2	10.2
	Fe_2O_3	0.1	0.1	3.7	0.5	2.5
	CaO	5.8	—	—	—	—
	ZrO_2	11.3	0.5	—	—	—
	SiO_2	0.3	0.2	0.2	0.7	0.7
显气孔率/%		15.4	16.7	16.6	16.3	16.1
体积密度/$g\cdot cm^{-3}$		3.11	3.00	2.98	2.98	3.00
热膨胀率(1000℃)/%		1.21	1.18	1.14	1.18	1.16
常温耐压强度/MPa		46	62	54	51	52
高温抗折强度(1400℃)/MPa		3.6	4.0	5.0	4.0	4.2

水泥窑烧成带用无铬镁质材料的一些最新研究情况如下：

（1）镁铝尖晶石（$MgO-MgO\cdot Al_2O_3$）砖在接触含CaO碱性渣时，由于Al_2O_3与CaO形成低熔点铝酸钙，其耐火度下降，而且砖中的Al_2O_3含量多对挂窑皮不利，挂上窑皮，附着性也不好。

为改善MgO-MA砖挂窑皮与抑制水泥液相向砖中渗透，开展了加入ZrO_2的研究。砖中ZrO_2能与水泥中CaO形成高熔点化合物$CaO\cdot ZrO_2$，还能提高液相黏度，从而有助于挂窑皮与抑制水泥液相向砖中渗透[29]。其理化性能如表2中的类型2所示[30]。

（2）MgO-MgO · Al_2O_3 砖中的镁砂采用加 Fe_2O_3 的镁砂形成镁铁尖晶石（MgO · Fe_2O_3），以利于挂窑皮。但砖中的 Fe_2O_3 总含量不能太高，以免铁的变价带来不利影响。在制砖中除加有大量 MgO · Al_2O_3 尖晶石外，在细粉中也加入一定量 Al_2O_3 微粉，使砖在烧成过程中由于 Al_2O_3 微粉与 MgO 原位反应形成 MA 尖晶石伴随一定体积膨胀，使砖结构致密，气孔微细化，强度与抗侵蚀性提高。理化性能如表 2 中类型 3、4、5 所示[30]。

（3）在镁铝尖晶石中加入 TiO_2，TiO_2 与 MgO 能生成 2MgO · TiO_2(M_2T)尖晶石，从而与镁铝尖晶石形成固溶体。虽然 M_2T 的熔点不太高，只有 1732℃，但由于能与 MA（熔点 2135℃）形成固溶体，随着 M_2T 被 MA 吸收、固溶，不仅耐火度会升高，而且还会促进烧结时制品致密化[31]。

（4）特别值得注意的是新开发出的镁质铁铝尖晶石（magnesia-hercynite，MgO-FeO · Al_2O_3）烧成砖[32]。这种砖的柔韧性（flexibility）好，其断裂功为 900 ~ 1000N/m，比镁铬砖（76% MgO，18.5% Cr_2O_3）的 600N/m 以及镁铝砖（91.5% MgO，6.5% Al_2O_3）的 150N/m 高不少，据称这种含铁铝尖晶石的镁质砖能挂窑皮，能适应窑壳变形。该砖性价比好于其他碱性砖。

3.4 垃圾焚烧炉用耐火材料

垃圾与废弃物处理原来是采用焚烧炉（incinerator），其处理温度约 1000℃。由于存在致癌物质二噁英（dioxin）排放到大气、焚烧灰的填埋及重金属污染等问题，近年来已由单纯的焚烧炉改为了熔融焚烧炉，其处理温度高达 1350 ~ 1600℃，解决了二噁英的排放、重金属污染与填埋等问题。这种焚烧熔融炉还在发展中，可分为焚烧灰熔融炉（melting furnace of incinerated ash）和气化熔融炉（gasification-melting furnace）两类。其渣中 $m(CaO):m(SiO_2)$ 在 0.5 ~ 1.0 之间，类似煤气化炉渣，因此采用了与煤气化炉相同的耐火材料，即含 Cr_2O_3 在 10% ~ 60% 的 Al_2O_3-Cr_2O_3 材料或镁铬砖[33,34]。但含 Cr_2O_3 材料在高温氧化气氛下可能形成 Cr^{6+} 导致污染环境，还存在用后残砖处理问题。现在正在开发的材料有铝镁质（Al_2O_3 含量 87.5%，MgO 含量 11%，即 Al_2O_3-MA 材质）、镁锆质、碳化硅质与 ZrB_2 材质[35]。

3.5 镁质不定形耐火材料

3.5.1 镁质干式捣打料[36]

碱性镁质干式捣打料广泛用于各种感应电炉炉衬、超高功率电炉炉底。近年来在连续铸钢中间盛钢桶上使用，效果也好。

干式捣打料是一种不加液体结合剂与水的不定形耐火材料。施工后不必经过严格的养护，主要靠烘烤或使用时高温熔体的加热，使干式捣打料的热面烧结成整体，形成一层具有一定强度的致密工作层，由于使用中除工作层外，其余干式料仍为未烧结的紧密堆积结构，因而具有很好的隔热性能，同时避免了耐火材料在使用中因膨胀收缩产生应力导致的开裂与穿孔，此外拆除也方便。但干式捣打料不适宜用在有转动与炉身高的窑炉。

镁质、MgO-CaO 质干式捣打料常用的烧结剂是氧化铁，FeO 及铁酸钙熔点低，并会逐渐被方镁石吸收形成固溶体，即镁浮士体[(Mg·Fe)O]。镁质与镁钙质干式捣打料的杂质分别为 SiO_2 与 Al_2O_3，其含量应越低越好，不要超过 1%。

若 MgO-CaO 干式捣打料采用低熔点的硅酸钙或硅酸镁作烧结剂，此时氧化铁就成为有害杂质，而应受到限制。

对于 MgO-MgO·Al_2O_3 干式料，可采用氧化铁或硅酸镁作烧结剂；而 Al_2O_3-MgO·Al_2O_3 干式料，可采用氧化铁或低熔点铝酸钙作烧结剂。

3.5.2 镁质涂料或喷补料

镁质、镁钙质材料对净化钢液有好处，因此广泛用于连续铸钢中间盛钢桶。但这种涂料或喷补料用于浇铸低磷钢时，应避免使用磷酸盐结合剂。其次由于涂料加入了不少水分，要尽量高温烘烤排除水分，以免头几桶钢液增氢。

对于镁钙质涂料，其 CaO 来源可根据逐段分解的办法采用石灰乳[$Ca(OH)_2$]、轻质碳酸钙等，可少用高钙镁砂。

3.5.3 镁质浇注料

由于铝酸钙水泥能与 Al_2O_3 形成高熔点的 $CaO \cdot 6Al_2O_3$（CA_6），所以盛钢桶广泛采用了铝酸钙水泥结合的铝镁浇注料（Al_2O_3-MA）。如能改用由水合氧化铝结合的 MgO-MA 碱性浇注料，由于无 CaO 杂质，使用中水合氧化铝与 MgO 形成镁铝尖晶石自结合，其荷重软化温度与抗渣性都会比铝酸钙水泥结合的 Al_2O_3-MA 浇注料要好，还对提高钢的质量有好处。

镁质浇注料发展的另一方向是由 SiO_2 微粉与 MgO 细粉及水形成凝聚结合。这种结合的镁质浇注料的优点是：由于加入了 SiO_2 微粉，浇注料流动性好；凝胶含结构水少，加热过程中脱水是逐渐进行的，不会对结构造成破坏，使用中则形成镁橄榄石结合的镁质浇注料[37]。这种浇注料中加入少量 ZrO_2 或锆英石还能提高浇注料的抗热震性。此外，正在研究开发的还有由 TiO_2 微粉与 Al_2O_3 微粉及镁砂细粉形成 M_2T-MA 固溶体结合的镁质浇注料，为了提高镁质浇注料的抗渣性，现在也采用加入 AlN、AlON 或 MgAlON 的办法。

镁质含碳浇注料，由于水不润湿石墨以及石墨密度小，使镁质含碳浇注料的发展受到了影响，采用表面活性剂使石墨的憎水性表面改变为亲水性可能是解决含碳耐火浇注料的一个重要途径。此外，钢厂使用后的含碳耐火材料也是制作镁质含碳浇注料的优质原料，因为用这种残砖制作的颗粒或粉料含碳量高，C 分布均匀，且致密[38]。

参 考 文 献

[1] 张永健. 国外80年代镁工业综述. 轻金属，1990，(9)：30.

[2] Sorrel C. A，Armstrong C. R. Reaction and equilibria in magnesium oxychloride cement，J. Am. Ceram. Soc.，1976，59(1-2)：51 ~ 54.

[3] 梁国兴，朱国才，池汝安. 镁盐生产现状及发展方向. 国外金属矿选矿，1999，(6)：7.

[4] 营口市电熔镁砖厂. 大晶粒电熔镁砂鉴定资料，1991.

[5] 郑瑞伦，魏克武. 我国水镁石资源的开发利用. 中国矿业，1987，(2)：21.

[6] 苏天森. 转炉溅渣护炉技术. 北京：冶金工业出版社，1999.

[7] 陈肇友，田守信. 耐火材料与洁净钢的关系. 耐火材料，2004，38(4)：219 ~ 225.

[8] Shinichi Tamura，Tsunemi Ochiai，Shigeyuki Takanage，et al. Nano-tech. Refractories—1：

The development of the nano structural matrix. Proceedings of UNITECR 2003 congress, Osaka, Japan: 517 ~ 520.

[9] Shigeyuki Takanaga, Tsunemi Ochiai, Shinichi Tamura, et al. Nano-tech. Refractories—2: The application of the nano structural matrix to MgO-C bricks. Proceedings of UNITECR' 2003 Congress, Osaka, Japan: 521 ~ 524.

[10] 陈肇友. 从相图剖析炉渣对 MgO-CaO 系材料的侵蚀. 金属学报, 1983, 19(2): 62.

[11] 陈肇友, 吴学真, 刘慧敏, 等. 氧气转炉渣对 MgO-CaO 系材料的侵蚀. 硅酸盐学报, 1982, 10(1): 86.

[12] 陈肇友, 吴学真, 叶方保. MgO-CaO 和镁铬耐火材料在炉外精炼渣中的溶解动力学. 硅酸盐学报, 1985, 13(4): 475.

[13] 陈肇友. 从相图剖析炉外精炼渣对 MgO-CaO 系材料的侵蚀. 金属学报, 1983, 19(6): 237.

[14] 陈肇友. 提高 AOD、VOD 镁铬或镁白云石炉衬寿命的途径. 钢铁, 1989, 24(7): 52.

[15] Nafziger R H. Liquids phase relations in portions of the system CaF_2-CaO-MgO-Al_2O_3 in an inert atmosphere. High Temperature Science, 1975, (7): 179 ~ 188.

[16] Toshiyuki Sata, Tadashi Sasamoto, Hong-Lin Lee. High temperature vaporization from multicomponent oxide materials in various atmospheres. Report of the Research Laboratory of Engineering Materials, 1978, (3): 41 ~ 52.

[17] 高宫阳一, 长谷川安村, 田贺井秀夫, 等. CaOな含むMgOの太阳炉によゐ溶融. 耐火物, 1975, (27): 242.

[18] 蒋明学, 陈肇友, 石干. MgO-CaO-C 系材料在高温真空下的行为. 耐火材料, 1989, 23(6): 1 ~ 3, 9.

[19] 陈开献, 陈肇友. 混合稀土氧化物与 Fe_2O_3 对白云石烧结性能和抗水化性能的影响. 耐火材料, 1992, 26(4): 187 ~ 190.

[20] 徐延庆, 陈肇友. 稀土氧化物对白云石烧结与抗水化性的影响. 耐火材料, 1992, 26(5): 282 ~ 286.

[21] Барзакий В. П. Диаграммы Состояния Сиикатных Систем, Справоцник (Тройные Кисннё Системы), Издаельство Наука, 1974, 111.

[22] 傅正义, 魏诗榴. CaO 的机械力化学活化. 硅酸盐学报, 1989, 17(4): 308.

[23] 顾华志, 汪厚植, 洪彦若, 等. 机械化学对 $Ca(OH)_2$ 包覆 $CaCO_3$ 复合粉体的抗水化性能影响. 2004 年全国耐火材料综合学术年会论文集, 鞍山: 347 ~ 355.

[24] 陈肇友. 含碳耐火材料在炼铜、炼镍转炉中使用效果不理想的原因分析. 耐火材料, 1992, 26(3): 177.

[25] 陈肇友. 炼铜、炼镍炉用耐火材料的选择与发展. 耐火材料, 1992, 26(2): 108 ~ 113.

[26] 陈肇友, 李勇. 炼镍转炉风口用耐火材料的研制与使用. 耐火材料, 1993, 27(2, 3): 72 ~ 74, 131 ~ 136.

[27] 陈肇友．澳斯麦特铜熔炼炉用耐火材料与保护层形成问题．中国有色冶金，2005.

[28] 陈肇友．从相图讨论 MgO-CaO-ZrO_2 耐火材料抗炉外精炼渣与水泥的侵蚀．耐火材料，2002，36(2)：107～110.

[29] Arai Masashi, Shigeru Ukwa. The development of chrome-free bricks for burning zone of cement rotary kilm. Proceedings of UNITECR'2003 Congress, Osaka, Japan: 43～46.

[30] Makoto Ohno, Kozo Tokunaga, Yoshiki Tsuchiya, et al. Applications of chrome-free basic bricks to cement rotary kilns in Japan. Proceedings of UNITECR 2003 Congress, Osaka, Japan: 27～30.

[31] Hiroshi Makino, Masato Mori, Toyoyasu Obana, et al. Properties of MgO-TiO_2-Al_2O_3 aggregates. Proceedings of UNITECR 2003 Congress, Osaka, Japan: 165～167.

[32] Gerald Buchebner, Thomas Molinari. Magnesia-hercynite bricks — an innovative burnt basic refractory. Proceeding of UNITECR' 99, Germany: 201～203.

[33] Kimio Okamoto, Takahiro MiyaJi, Yoshimasa Miyagishi. High performance refractories installed for waste melting furnace in Japan-Current status and future trend. Taikabutsu Overseas, 2004, 24(1): 9～13.

[34] Junichi Haraguchi, Zhe Wang, Motoki Hayashi, et al. Refractories for waste melting furnaces. Taikabutsu Overseas, 2004, 24(1): 14～21.

[35] Shuichi Kinoshita, Yoshimasa Miyagishi, Yasushi Ono. Application of zirconium boride materials to waste melting furnace. Proceedings of UNITECR 2003 Congress, Osaka, Japan: 205～208.

[36] 陈肇友．从相图解析干式捣打料．耐火材料，1998，32(1)：45～48.

[37] 周宁生，胡书禾，张三华．不定形耐火材料发展的新动态．耐火材料，2004，38(3)：196～203.

[38] 田守信．用后耐火材料的再生利用．2004 年全国耐火材料综合学术年会论文集，鞍山，2004：56～62.

Comprehensive Utilization of Natural Magnesium-Containing Resources and Development of MgO-Based Refractories

Chen Zhaoyou　Li Hongxia

(Luoyang Institute of Refractories Research, Sinosteel Corporation)

Abstract: This paper presents the ways of comprehensive utilization of the natural magnesium-containing resources and the trends of the MgO-based refractories used in high-temperature industries. In the first part, the uses and productions of metal Mg, sorel cement, $Mg(OH)_2$ fire retardant, light magnesium carbonate, light magnesium oxide and magnesium sulphate are described. In the second part, the developments of MgO-based refractories used in steelmaking process, non-ferrous metallurgy, cement rotary kiln and waste melting furnace are described from some applied theories, and it contains corrosion resistance and slaking resistance of MgO-CaO materials, chrome-free bricks such as $MgO\text{-}CaO\text{-}ZrO_2$, $MgO\text{-}MgO\cdot Al_2O_3$, $MgO\text{-}MgO\cdot Al_2O_3\text{-}ZrO_2$, $MgO\text{-}MgO\cdot Al_2O_3\text{-}2MgO\cdot TiO_2$ and $MgO\text{-}FeO\cdot Al_2O_3$, and MgO-containing monolithic refractories, etc.

Key words: magnesium-containing resources, MgO-based refractories, MgO-CaO, spinel, steel refining, cement rotary kiln, non-ferrous metallurgy, waste melting furnace

本文选自《耐火材料》，2005，39(1)：6.
或“China’s Refractories”，2005，14(2)：3 ~ 15.

冶金工业出版社部分图书推荐

书　名	作　者	定价(元)
化学热力学与耐火材料	陈肇友　编著	66.00
炉窑环形砌砖设计计算手册	薛启文　等著	118.00
耐火材料学	李　楠　等编著	65.00
汪厚植耐火材料论文选	汪厚植　著	75.00
镁质耐火材料生产与应用	全　跃　主编	160.00
耐火材料手册	李红霞　主编	188.00
筑炉工程手册	谢朝晖　主编	168.00
高炉衬蚀损显微剖析	高振昕　著	99.00
水泥工业用耐火材料	高里存　主编	25.00
冶金材料分析技术与应用	曹宏燕　主编	195.00
耐火材料基础知识(冶金行业职业培训教材)	袁好杰　主编	28.00
无机材料热工基础(国规教材)	肖　奇　编著	26.00
无机非金属材料科学基础(国规教材)	马爱琼　主编	45.00
耐火材料(第2版)(本科教材)	薛群虎　主编	32.00
耐火材料的损毁及其抑制技术	王诚训　编著	22.00
相图分析及应用(本科教材)	陈树江　等编	20.00
耐火材料显微结构	高振昕　等主编	88.00
耐火材料厂工艺设计概论	薛群虎　等主编	35.00
耐火材料技术与应用	王诚训　等主编	20.00
钢铁工业用节能降耗耐火材料	李庭寿　等主编	15.00
不定形耐火材料	韩行禄　主编	36.00
特殊炉窑用耐火材料复合材料	尹洪峰　魏　剑　编著	32.00